·孙鑫精品图书系列·

SunXin's Series

VC++

孙 鑫◎编著

電子工業出版社
Publishing House of Electronics Industry
北京•BEIJING

内 容 简 介

本书在内容的组织上循序渐进、由浅入深；在知识的介绍上，从内到外、从原理到实践。

第 1 章首先给读者介绍了 Visual Studio 2017 的安装和使用，以及离线 MSDN 的安装。第 2 章帮助读者掌握 Windows 平台下程序运行的内部机制。第 3 章帮助读者复习 C++中的重要知识，为后续知识的学习打下良好的基础。第 4 章重点剖析 MFC 框架程序的运行脉络，并与第 2 章的知识做对照，为读者彻底扫清学习 MFC 的迷雾。相信通过这一章的学习，很多以前学过 MFC 的读者都会有一种恍然大悟的感觉。前四章可以归为基础部分，从第 5 章开始就是实际应用开发的讲解了，包括绘图、文本、菜单、对话框、定制程序外观、图形保存和重绘、文件和注册表操作、网络编程、多线程、进程间通信、ActiveX 控件、动态链接库、HOOK 编程等多个主题，并且每一章都有一个完整的例子。

图书在版编目（CIP）数据

VC++深入详解：基于 Visual Studio 2017 / 孙鑫编著. -- 3 版. -- 北京：电子工业出版社，2019.6

（孙鑫精品图书系列）

ISBN 978-7-121-36221-7

Ⅰ. ①V… Ⅱ. ①孙… Ⅲ. ①C 语言－程序设计 Ⅳ. ①TP312.8

中国版本图书馆 CIP 数据核字（2019）第 059635 号

策划编辑：高洪霞
责任编辑：黄爱萍
印　　刷：三河市双峰印刷装订有限公司
装　　订：三河市双峰印刷装订有限公司
出版发行：电子工业出版社
　　　　　北京市海淀区万寿路 173 信箱　　邮编：100036
开　　本：787×1092　1/16　印张：46.75　字数：1197 千字
版　　次：2006 年 6 月第 1 版
　　　　　2019 年 6 月第 3 版
印　　次：2023 年 1 月第 7 次印刷
定　　价：168.00 元

凡所购买电子工业出版社图书有缺损问题，请向购买书店调换。若书店售缺，请与本社发行部联系，联系及邮购电话：（010）88254888，88258888。

质量投诉请发邮件至 zlts@phei.com.cn，盗版侵权举报请发邮件至 dbqq@phei.com.cn。

本书咨询联系方式：010-51260888-819，faq@phei.com.cn。

前　　言

本书第 1 版《VC++深入详解》，从 2004 年面市，至今已有 15 年之久，作为一本技术图书，《VC++深入详解》的生命力让我惊叹，时至今日，该书仍畅销不衰。15 年时光，可以让一个幼童成长为成人，可以让一个初涉软件开发领域的编程新手成长为公司的 CTO。15 年内，我见证了很多程序爱好者通过阅读本书进入软件开发岗位。在给企业做培训时，经常有企业同行告诉我他是看着我的图书和视频成长的，这让我感到莫大的欣慰。

15 年中，Visual C++ 6.0 已经逐渐被 Visual Studio 开发环境所替代，本书的编辑、读者都希望我能够将本书进行改版，以适应当前最新的 Visual Studio 开发环境，然而由于我个人的原因，迟迟没有将本书从 Visual C++ 6.0 升级到 Visual Studio。不过，迟到的改版终于来了，本书以最新的 Visual Studio 2017 作为开发环境，将之前适用于 Visual C++ 6.0 的代码全部进行了升级，并修订了书中和代码中的一些疏漏。

本书自第 1 版面市，很多读者就给予了本书极高的评价，将之与《深入浅出 MFC》相提并论，甚至将我和侯捷老师等同，这让我诚惶诚恐。从技术角度上来说，我和侯捷老师相差甚远，从图书角度上来讲，本书对 MFC 的阐述部分仅仅是让读者快速入门，能快速应用于开发，深入理解 MFC 框架的各种原理和设计思想，读者还需要进一步参阅《深入浅出 MFC》。读者一定要正确地对待本书，切不可因本书而产生 C++编程不过如此的念头，那样实非此书之福，也非读者之福。

C++编程领域浩瀚博大，本书只是把读者领入了 Windows 平台下 Visual C++开发的道路，前方的路还很远很长，衷心希望读者能够继续学习，继续成长，终有一天成长为 C++领域的编程高手。

本书读者对象

本书读者群包括：

- 掌握了 C 语言，想进一步学习 Windows 编程的读者。
- 学习 VC++多年，但始终没有真正入门的读者。
- 正在从事 VC++开发的初级程序员。
- 有一定 VC++开发经验，想要系统地学习 VC++的读者。

本书的内容组织

本书在内容的组织上循序渐进、由浅入深；在知识的介绍上，从内到外、从原理到实践。

第 1 章首先为读者介绍了 Visual Studio 2017 的安装和使用，以及离线 MSDN 的安装。第 2 章帮助读者掌握 Windows 平台下程序运行的内部机制。第 3 章帮助读者复习 C++中的重要知识，为后续知识的学习打下良好的基础。第 4 章重点剖析 MFC 框架程序的运行脉络，并与第 2 章的知识做对照，为读者彻底扫清学习 MFC 的迷雾。相信通过这一章的学习，很多以前学过 MFC 的读者都会有一种恍然大悟的感觉。前四章可以归为基础部分，从第 5 章开始就是实际应用开发的讲解了，包括绘图、文本、菜单、对话框、定制程序外观、图形保存和重绘、文件和注册表操作、网络编程、多线程、进程间通信、ActiveX 控件、动态链接库、HOOK 编程等多个主题，并且每一章都有一个完整的例子。

本书的讲解理论结合实际，选用的例子和代码非常具有代表性和实用价值，我和我的学员在实际开发项目的过程中就曾经直接使用过很多书中的代码。

本书的实例程序

在编写本书时，使用的操作系统是 Windows 8.1 专业版，开发工具是 Visual Studio 2017，CPU 是双核四线程。本书所有的实例程序在该环境中都运行正常。

提示：由于一些网络软件使用的端口可能与本书例子中的网络程序使用的端口冲突，在运行本书例子中的网络程序时，如果出错，请更换程序中的端口号，或者关闭引起冲突的网络软件后再运行书中的程序。

学习建议

我曾经发布过一套 Visual C++ 6.0 编程开发的视频，视频中的内容与书中的内容大体是一致的，读者在学习本书时，可以以视频为辅，这样能够更快、更好地掌握 VC++编程。**本套视频可以到本书代码下载处进行下载。**

在学习本书时，建议读者多动脑（想想为什么），多动手（将知识转换为自己的）。在理解的前提下，独立地编写出书中每章的例子程序，以作为是否掌握本章内容的一个考核。

本书代码下载

轻松注册成为博文视点社区用户（www.broadview.com.cn），扫码直达本书页面。

下载资源：本书如提供示例代码及资源文件，均可在“下载资源”处下载。

提交勘误：您对书中内容的修改意见可在“提交勘误”处提交，若被采纳，将获赠博文视点社区积分（在您购买电子书时，积分可用来抵扣相应金额）。

交流互动：在页面下方 读者评论 处留下您的疑问或观点，与我们和其他读者一同学习交流。

页面入口：http://www.broadview.com.cn/36221

最后，衷心地祝愿读者能够从此书获益，从而实现自己的开发梦想。由于本书的内容较多、牵涉的技术较广，错误和疏漏之处在所难免，欢迎广大技术专家和读者指正。我的联系方式是 csunxin@sina.com。

作　者
2019 年 6 月

目　录

第 1 章 准备开发环境

工欲善其事，必先利其器。在正式进入 Visual C++的开发旅途之前，本章先带领读者准备好 Visual Studio 2017 这一强大的集成开发环境。

1.1 下载并安装 Visual Studio 2017

打开浏览器，访问微软的网站，网址为：https://visualstudio.microsoft.com/zh-hans/downloads/，出现如图 1.1 所示的页面。或者通过搜索引擎搜索 Visual Studio 2017，找到下载的网址。

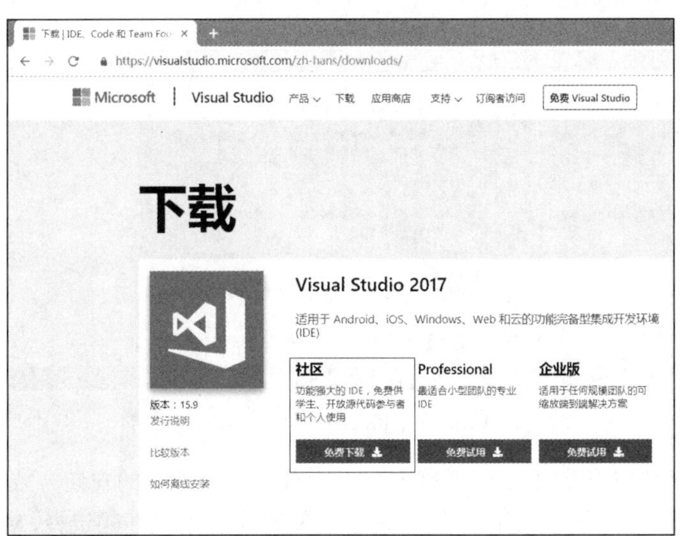

图 1.1　Visual Studio 2017 的下载页面

在这里，我们选择社区版进行下载，单击“免费下载”链接，下载 Visual Studio 2017 的安装程序。读者可能会奇怪，“怎么下载这么快”，这是因为我们下载的是一个 Web 安装程序（安装程序非常小，只有 1MB 多），在安装时还需要联网下载安装的内容。

使用鼠标双击下载的可执行程序，出现如图 1.2 所示的页面。

图 1.2　Visual Studio 2017 安装程序的启动界面

单击“继续”按钮，代表你接受了隐私声明和软件许可条款，然后等待安装程序联网下载需要安装的内容，很快出现了如图 1.3 所示的界面。

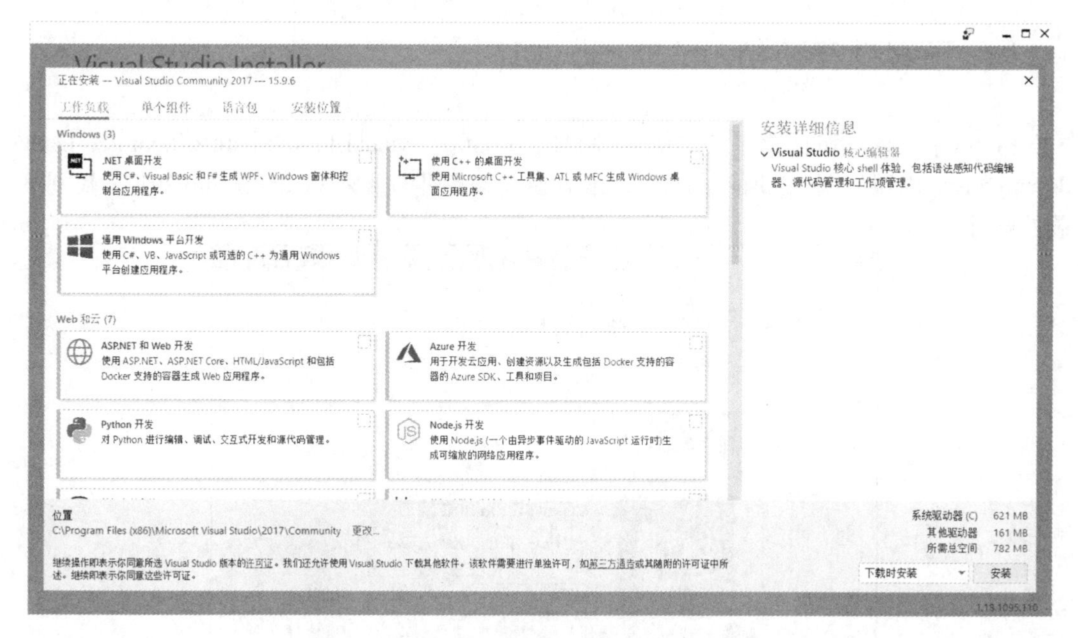

图 1.3　Visual Studio 2017 安装程序的主界面

Visual Studio 2017 修改了以前直接安装“所有开发功能”的安装方式，改为由用户根据开发的需要选择安装不同的组件，同时为了方便用户对于组件的选择，Visual Studio 2017 使用了工作负载的概念，将应用于某一场景开发所需要的组件组织在了一起。

因本书主要讲解 Windows 下的 C++开发，因此我们选中“使用 C++的桌面开发”这个工作负载，同时在右边的“安装详细信息”窗口里选中用于“x86 和 x64 的 Visual C++ MFC”和“C++/CLI 支持”这两个选项。如图 1.4 所示。

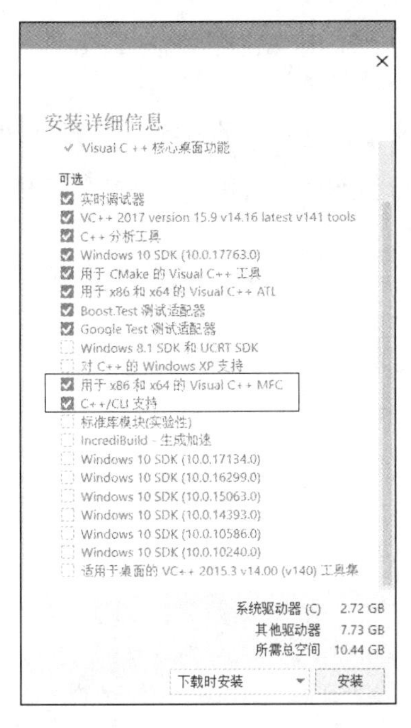

图 1.4　选中支持 MFC 和 C++/CLI 的开发

读者还可以在图 1.3 所示的对话框的底部点击“更改...”链接来调整组件的安装位置，在一切就绪后，单击“安装”按钮开始 Visual Studio 2017 集成开发环境的安装。

1.2　运行第一个程序——Hello World

在安装完成后，运行 Visual Studio 2017，出现如图 1.5 所示的界面。

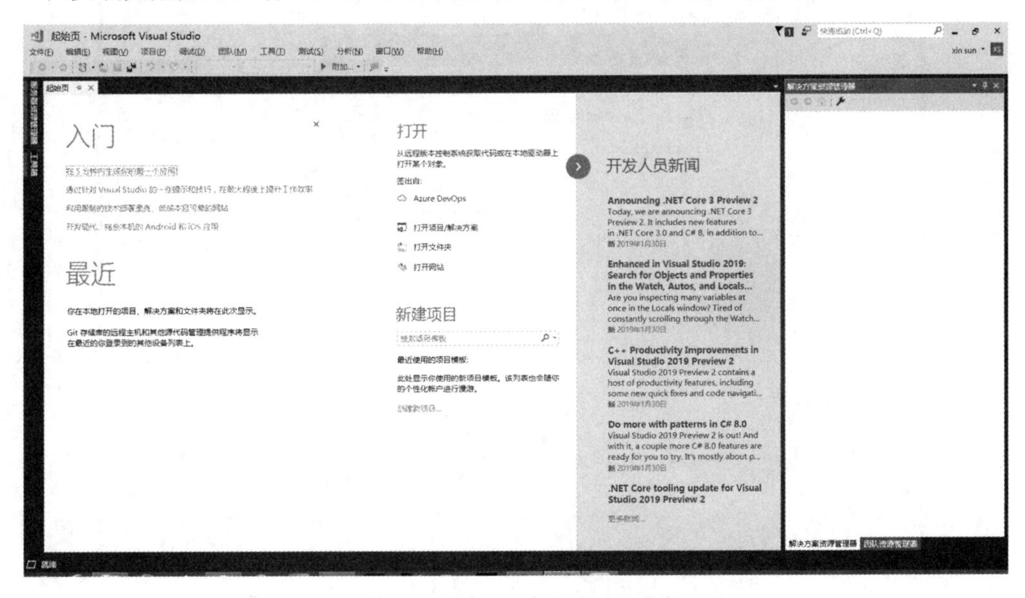

图 1.5　Visual Studio 2017 集成开发环境界面

下面我们编写一个简单的“Hello World”程序，体验一下如何使用 Visual Studio 2017 开发 C++程序。

单击【文件】菜单，选择【新建】→【项目】，出现如图 1.6 所示的对话框。

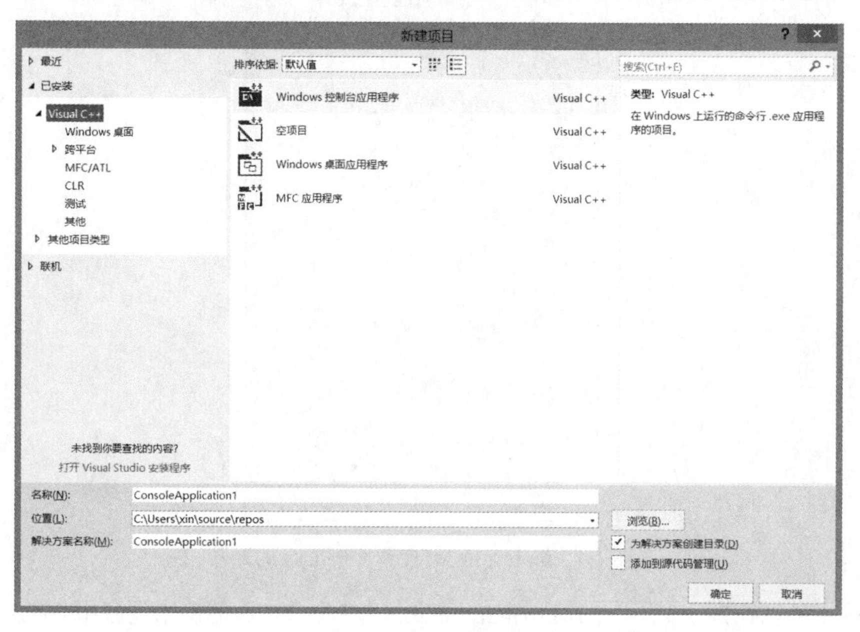

图 1.6　新建项目对话框

选择“Windows 控制台应用程序”，在对话框下方选择你的项目存放的位置，输入项目名称和解决方案名称，在这里，笔者的项目名称为“HelloWorld”，解决方案名称为“ch01”，如图 1.7 所示。

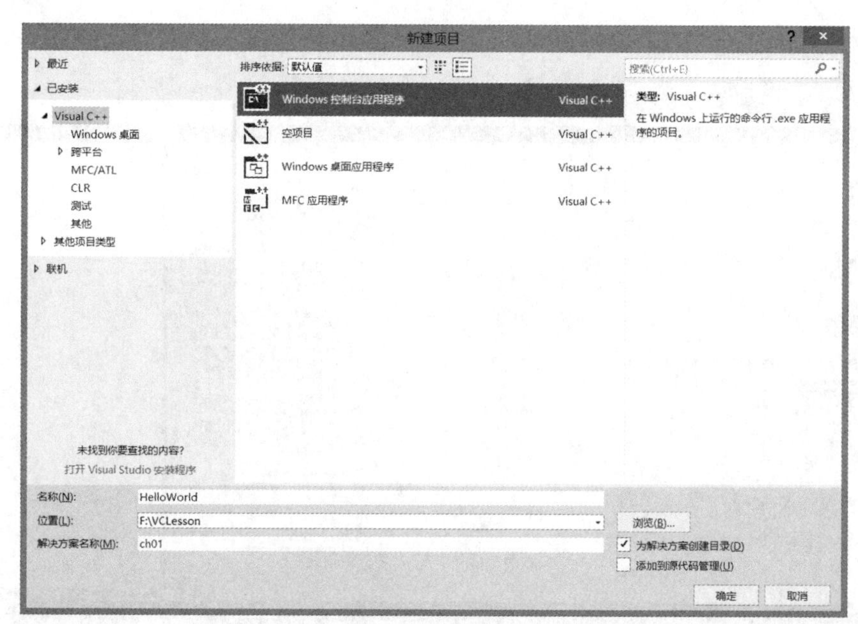

图 1.7　新建“HelloWorld”项目

单击“确定”按钮，出现如图 1.8 所示的界面。

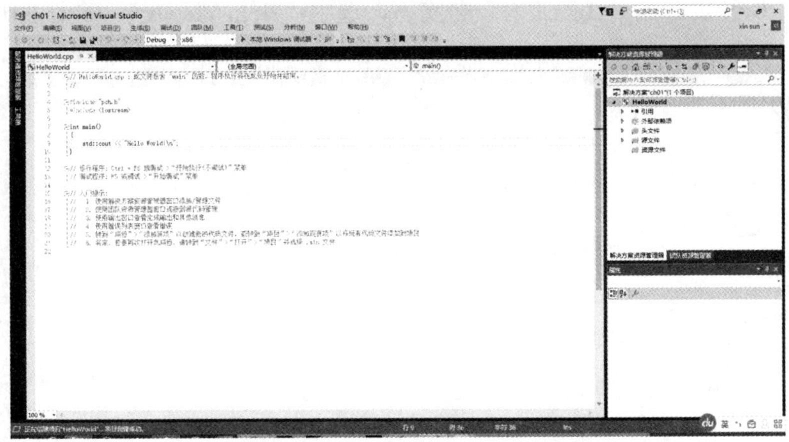

图 1.8　“HelloWorld”程序

同时按下键盘上的“Ctrl + F5”键，开始编译和运行“HelloWorld”程序，你将在控制台窗口中看到输出的“Hello World!”。

1.3　安装离线 MSDN

MSDN 全称是 Microsoft Developer Network，你可以把 MSDN 理解为微软向开发人员提供的一套帮助系统，其中包含大量的开发文档、技术文章和示例代码。MSDN 包含的信息非常全面，程序员不但可以利用 MSDN 来辅助开发，还可以利用 MSDN 来进行学习，从而提高自己。对于初学者来说，学会使用 MSDN 并从中汲取知识是必须要掌握的技能。

为了开发的方便，我们将 MSDN 下载到本地，并集成到 Visual Studio 2017 的 IDE（Integrated Development Environment，集成开发环境）中。运行“Visual Studio Installer”（在 Windows 的【开始】菜单中可以找到），出现如图 1.9 所示的界面。

图 1.9　Visual Studio Installer 的主界面

在“Visual Studio Community 2017”下方单击“修改”按钮，在出现的对话框中选择“单个组件”标签页，在“代码工具”分支下，选中“Help Viewer”，如图 1.10 所示。

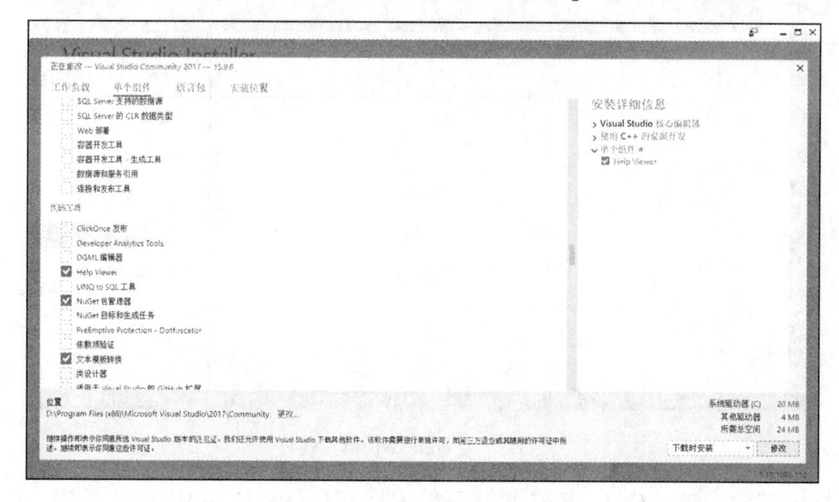

图 1.10　安装 Help Viewer 组件

单击“修改”按钮，开始安装“Help Viewer”组件。在安装完成后，启动 Visual Studio 2017，单击【帮助】菜单，选择【设置帮助首选项】→【在帮助查看器中启动】，出现如图 1.11 所示的弹出对话框，单击“是”，出现如图 1.12 所示的界面。

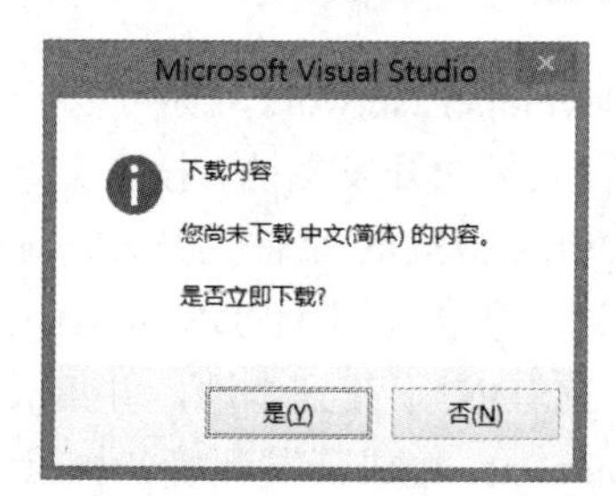

图 1.11　提示帮助查看器中尚未有下载的内容

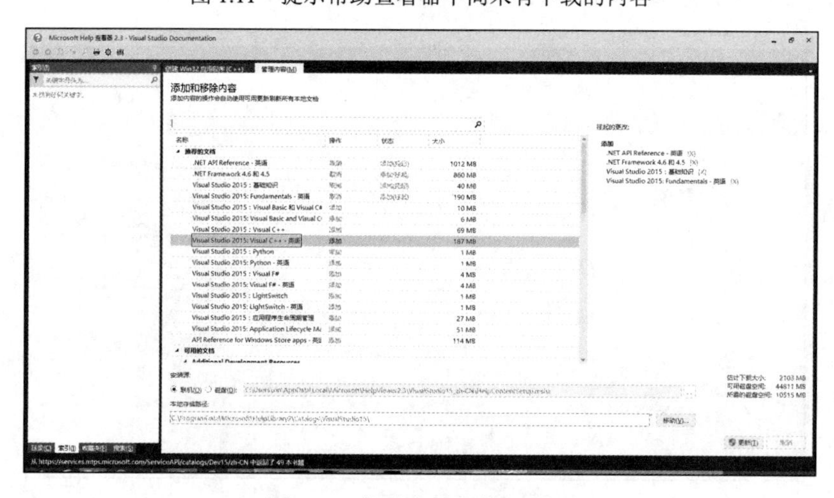

图 1.12　帮助查看器的主界面

在这个界面中，我们可以根据学习和开发的需要将文档下载到本地。本书是介绍 Visual C++开发的，因此我们先找到“Visual Studio 2015: Visual C++ - 英语”，单击“添加”操作（当然读者也可以添加上方的中文帮助内容，或者将两个都添加）；接下来在“可用的文档”分支下，找到“Windows”分支，添加“Programming reference for Windows API”文档；最后单击右下方的“更新”按钮，开始下载帮助文档。

下载帮助文档可能会比较耗时，请耐心等待。在下载完成后，当我们需要查看某个函数的用法时，就可以直接在 Visual Studio 2017 中按下键盘上的 F1 键调出帮助查看器，在本地文档中进行查找并查看。对于代码中的函数，在选中后按下 F1 键也可以调出该函数的帮助文档。

1.4　小结

本章详细介绍了 Visual Studio 2017 的下载和安装，并介绍了离线 MSDN 的安装，为后续章节程序开发的学习打下了基础。

VC++深入详解 第3版

第2章 Windows程序内部运行机制

要想熟练掌握 Windows 应用程序的开发，需要先理解 Windows 平台下程序运行的内部机制。市面上有很多介绍 Visual C++开发的书籍一上来就讲解 MFC，并且只讲操作不讲原理，结果使得很多初学者在看完书后感觉云山雾绕。本章将深入剖析 Windows 程序的内部运行机制，为读者扫清 VC++学习之路中的第一个障碍，为进一步学习 MFC 程序打下基础。

2.1 API 与 SDK

我们在编写标准 C 程序的时候，经常会调用各种库函数来辅助完成某些功能；初学者使用最多的 C 库函数就是 printf 了，这些库函数是由你所使用的编译器厂商提供的。在 Windows 平台下，也有类似的函数可供调用，不同的是，这些函数是由 Windows 操作系统本身提供的。

Windows 操作系统提供了各种各样的函数，以方便我们开发 Windows 应用程序。这些函数是 Windows 操作系统提供给应用程序编程的接口（Application Programming Interface），简称为 API 函数。我们在编写 Windows 程序时所说的 API 函数，就是指系统提供的函数，所有主要的 Windows 函数都在 Windows.h 头文件中进行了声明。

Windows 操作系统提供了 1000 多种 API 函数，作为开发人员，要全部记住这些函数调用的语法几乎是不可能的。那么我们如何才能更好地去使用和掌握这些函数呢？微软提供的 API 函数大多是有意义的单词的组合，每个单词的首字母大写，例如 CreateWindow，读者从函数的名字上就可以猜到，这个函数是用来为程序创建一个窗口的。其他的，例如，ShowWindow：用于显示窗口，LoadIcon：用于加载图标，SendMessage：用于发送消息等，这些函数的准确拼写与调用语法都可以在 MSDN 中查找到。

我们在程序开发过程中，没有必要去死记硬背函数的调用语法和参数信息，只要能快速地从 MSDN 中找到所需的信息就可以了，使用的次数多了这些函数自然也就记住了。

我们经常听人说 Win32 SDK 开发，那么什么是 SDK 呢。SDK 的全称是 Software Development Kit，中文译为软件开发包。假如我们要开发呼叫中心，在购买语音卡的同时，厂商就会提供语音卡的 SDK 开发包，以方便我们对语音卡的编程操作。这个开发包通常会包含语音卡的 API 函数库、帮助文档、使用手册、辅助工具等资源。也就是说，SDK 实际上就是开发所需资源的一个集合。现在读者应该明白 Win32 SDK 的含义了吧，即 Windows 32 位平台下的软件开发包，包括 API 函数、帮助文档、微软提供的一些辅助开发工具。

> **提示：** API 和 SDK 是一种广泛使用的专业术语，并没有专指某一种特定的 API 和 SDK，例如，语音卡 API、语音卡 SDK、Java API、Java SDK 等。

2.2　窗口与句柄

窗口是 Windows 应用程序中一个非常重要的元素，一个 Windows 应用程序至少要有一个窗口，称为主窗口。窗口是屏幕上的一块矩形区域，是 Windows 应用程序与用户进行交互的接口。利用窗口，可以接收用户的输入，以及显示输出。

一个应用程序窗口通常包含标题栏、菜单栏、系统菜单、最小化框、最大化框、可调边框，有的还有滚动条。本章应用程序创建的窗口如图 2.1 所示。

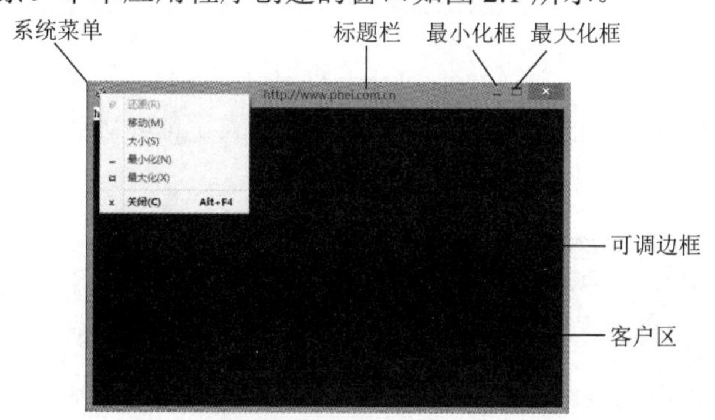

图 2.1　WS_OVERLAPPEDWINDOW 类型的窗口

窗口可以分为客户区和非客户区，如图 2.1 所示。客户区是窗口的一部分，应用程序通常在客户区中显示文字或者绘制图形。标题栏、菜单栏、系统菜单、最小化框和最大化框、可调边框统称为窗口的非客户区，它们由 Windows 系统来管理，而应用程序则主要管理客户区的外观及操作。

窗口可以有一个父窗口，有父窗口的窗口称为子窗口。除了如图 2.1 所示类型的窗口外，对话框和消息框也是一种窗口。在对话框上通常还包含许多子窗口，这些子窗口的形式有按钮、单选按钮、复选框、组框、文本编辑框等。

> **提示：** 我们在启动 Windows 系统后，看到的桌面也是一个窗口，称为桌面窗口，它由 Windows 系统创建和管理。

在 Windows 应用程序中，窗口是通过窗口句柄（HWND）来标识的。我们要对某个窗口进行操作，首先就要得到这个窗口的句柄。句柄（HANDLE）是 Windows 程序中一个重要的概念，使用也非常频繁。在 Windows 程序中，有各种各样的资源（窗口、图标、光标等），系统在创建这些资源时会为它们分配内存，并返回标识这些资源的标识号，即句柄。在后面的内容中我们还会看到图标句柄（HICON）、光标句柄（HCURSOR）和画刷句柄（HBRUSH）。

2.3 消息与消息队列

在传统的 C 程序中，我们调用 fopen 函数打开文件，这个库函数最终调用操作系统（提供的函数）来打开文件。而在 Windows 中，不仅用户程序可以调用系统的 API 函数，反过来，系统也会调用用户程序，这个调用是通过消息来进行的。

Windows 程序设计是一种完全不同于传统的 DOS 方式的程序设计方法。它是一种事件驱动方式的程序设计模式，主要是基于消息的。例如，当用户在窗口中画图的时候，按下鼠标左键，此时，操作系统会感知到这一事件，于是将这个事件包装成一个消息，投递到应用程序的消息队列中，然后应用程序从消息队列中取出消息并进行响应。在这个处理过程中，操作系统也会给应用程序“发送消息”。所谓“发送消息”，实际上是操作系统调用程序中一个专门负责处理消息的函数，这个函数称为窗口过程。

1．消息

在 Windows 程序中，消息是由 MSG 结构体来表示的。MSG 结构体的定义如下（参见 MSDN）：

```
typedef struct tagMSG {
          HWND   hwnd;
          UINT   message;
          WPARAM wParam;
          LPARAM lParam;
          DWORD  time;
          POINT  pt;
} MSG;
```

该结构体中各成员变量的含义如下。

第一个成员变量 hwnd 表示消息所属的窗口。我们通常开发的程序都是窗口应用程序，一个消息一般都是与某个窗口相关联的。例如，在某个活动窗口中按下鼠标左键，产生的按键消息就是发给该窗口的。在 Windows 程序中，用 HWND 类型的变量来标识窗口。

第二个成员变量 message 指定了消息的标识符。在 Windows 中，消息是由一个数值来表示的，不同的消息对应不同的数值。但是由于数值不便于记忆，所以 Windows 将消息对应的数值定义为 WM_XXX 宏（WM 是 Window Message 的缩写）的形式，XXX 对应某种消息的英文拼写的大写形式。例如，鼠标左键按下消息是 WM_LBUTTONDOWN，键盘按下消息是 WM_KEYDOWN，字符消息是 WM_CHAR 等。在程序中我们通常都是以 WM_XXX 宏的形式来使用消息的。

提示：如果想知道 WM_XXX 消息对应的具体数值，可以在 Visual Studio 2017 的代码编辑窗口中选中 WM_XXX，然后单击鼠标右键，在弹出菜单中选择"转到定义"（或者在选中后，直接按下 F12 键），即可看到该宏的具体定义。跟踪或查看某个变量的定义，都可以使用这个方法。

第三个和第四个成员变量 wParam 和 lParam，用于指定消息的附加信息。例如，当我们收到一个字符消息的时候，message 成员变量的值就是 WM_CHAR，但用户到底输入的是什么字符，那么就由 wParam 和 lParam 来说明。wParam、lParam 表示的信息随消息的不同而不同。如果想知道这两个成员变量具体表示的信息，可以在 MSDN 中关于某个具体消息的说明文档查看到。读者可以在 Visual Studio 的开发环境中通过"转到定义"查看一下 WPARAM 和 LPARAM 这两种类型的定义，可以发现这两种类型实际上就是 unsigned int 和 long。

最后两个变量（time 和 pt）分别表示消息投递到消息队列中的时间和鼠标的当前位置。

2. 消息队列

每一个 Windows 应用程序在开始执行后，系统都会为该程序创建一个消息队列，这个消息队列用来存放该程序创建的窗口的消息。例如，当我们按下鼠标左键的时候，将会产生 WM_LBUTTONDOWN 消息，系统会将这个消息放到窗口所属的应用程序的消息队列中，等待应用程序的处理。Windows 将产生的消息依次放到消息队列中，而应用程序则通过一个消息循环不断地从消息队列中取出消息，并进行响应。这种消息机制就是 Windows 程序运行的机制。关于消息队列和消息响应，在后面我们还会详细讲述。

3. 进队消息和不进队消息

Windows 程序中的消息可以分为"进队消息"和"不进队消息"。进队的消息将由系统放入应用程序的消息队列中，由应用程序取出并发送。不进队的消息在系统调用窗口过程时直接发送给窗口。不管是进队消息还是不进队消息，最终都由系统调用窗口过程函数对消息进行处理。

2.4　WinMain 函数

接触过 Windows 编程方法的读者都知道，在应用程序中有一个重要的函数 WinMain，这个函数是应用程序的基础。当 Windows 操作系统启动一个程序时，它调用的就是该程序的 WinMain 函数（实际是由插入可执行文件中的启动代码调用的）。WinMain 是 Windows 程序的入口点函数，与 DOS 程序的入口点函数 main 的作用相同，当 WinMain 函数结束或返回时，Windows 应用程序结束。

下面，让我们来看一个完整的 Win32 程序，该程序实现的功能是创建一个窗口，并在该窗口中响应键盘及鼠标消息，程序实现的步骤为：

1. WinMain 函数的定义；
2. 创建一个窗口；
3. 进行消息循环；
4. 编写窗口过程函数。

2.4.1 WinMain 函数的定义

WinMain 函数的原型声明如下：

```
int WINAPI WinMain(
   HINSTANCE hInstance,          // handle to current instance
   HINSTANCE hPrevInstance,      // handle to previous instance
   LPSTR lpCmdLine,              // command line
   int nCmdShow                  // show state
);
```

WinMain 函数接收 4 个参数，这些参数都是在系统调用 WinMain 函数时，传递给应用程序的。

第一个参数 hInstance 表示该程序当前运行的实例的句柄，这是一个数值。当程序在 Windows 下运行时，它唯一标识运行中的实例（注意，只有运行中的程序实例，才有实例句柄）。一个应用程序可以运行多个实例，每运行一个实例，系统都会给该实例分配一个句柄值，并通过 hInstance 参数传递给 WinMain 函数。

第二个参数 hPrevInstance 表示当前实例的前一个实例的句柄。通过查看 MSDN 我们可以知道，在 Win32 环境下，这个参数总是 NULL，即在 Win32 环境下，这个参数不再起作用。

第三个参数 lpCmdLine 是一个以空终止的字符串，指定传递给应用程序的命令行参数。例如：在 D 盘下有一个 sunxin.txt 文件，当我们用鼠标双击这个文件时将启动记事本程序（notepad.exe），此时系统会将 D:\sunxin.txt 作为命令行参数传递给记事本程序的 WinMain 函数，记事本程序在得到这个文件的全路径名后，就在窗口中显示该文件的内容。要在 Visual Studio 开发环境中向应用程序传递参数，可以单击菜单【项目】→【WinMain 属性】（WinMain 是本章程序的项目名），在左侧配置属性窗口中选择“调试”，在右侧窗口的“命令参数”编辑框中输入你想传递给应用程序的参数，如图 2.2 所示。

第四个参数 nCmdShow 指定程序的窗口应该如何显示，例如最大化、最小化、隐藏等。这个参数的值由该程序的调用者所指定，应用程序通常不需要去理会这个参数的值。

关于 WinMain 函数前的修饰符 WINAPI，请参看下面关于__stdcall 的介绍。读者可以利用“转到定义”功能查看 WINAPI 的定义，可以看到 WINAPI 其实就是__stdcall。

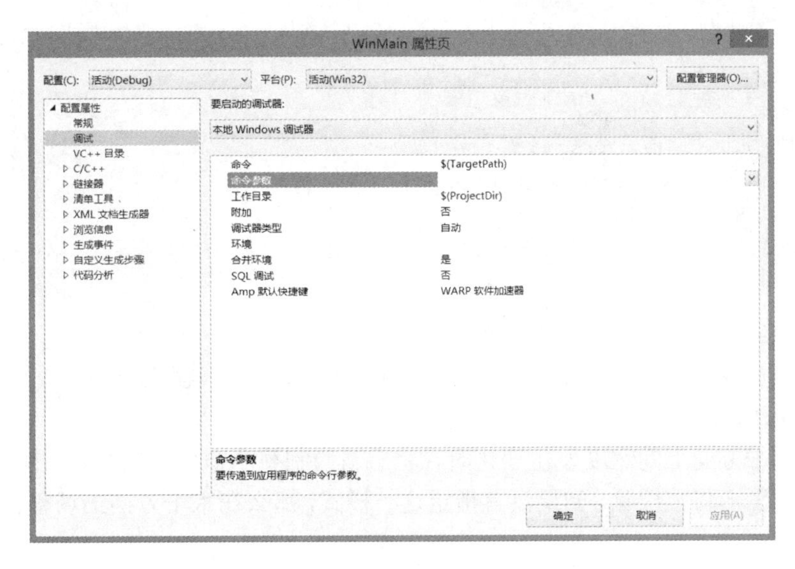

图 2.2　在 Visual Studio 开发环境中向应用程序传递参数

2.4.2　窗口的创建

创建一个完整的窗口，需要经过下面几个操作步骤：

1. 设计一个窗口类；
2. 注册窗口类；
3. 创建窗口；
4. 显示及更新窗口。

下面将分别介绍创建窗口的过程。完整的例程请参见例子代码 ch01 目录下 WinMain。

1. 设计一个窗口类

一个完整的窗口具有许多特征，包括光标（鼠标进入该窗口时的形状）、图标、背景色等。窗口的创建过程类似于汽车的制造过程。我们在生产一个型号的汽车之前，首先要对该型号的汽车进行设计，在图纸上画出汽车的结构图，设计各个零部件，同时还要给该型号的汽车取一个响亮的名字，例如“奥迪 A6”。在完成设计后，就可以按照“奥迪 A6”这个型号生产汽车了。

类似地，在创建一个窗口前，也必须对该类型的窗口进行设计，指定窗口的特征。当然，在我们设计一个窗口时，不像汽车的设计这么复杂，因为 Windows 已经为我们定义好了一个窗口所应具有的基本属性，我们只需要像考试时做填空题一样，将需要我们填充的部分填写完整，一种窗口就设计好了。在 Windows 中，要达到做填空题的效果，只能通过结构体来完成，窗口的特征就是由 WNDCLASS 结构体来定义的。WNDCLASS 结构体的定义如下（请读者自行参看 MSDN）：

```
typedef struct _WNDCLASS {
    UINT          style;
    WNDPROC       lpfnWndProc;
    int           cbClsExtra;
```

```
    int          cbWndExtra;
    HANDLE       hInstance;
    HICON        hIcon;
    HCURSOR      hCursor;
    HBRUSH       hbrBackground;
    LPCTSTR      lpszMenuName;
    LPCTSTR      lpszClassName;
} WNDCLASS;
```

下面对该结构体的成员变量做一个说明。

第一个成员变量 style 指定这一类型窗口的样式，常用的样式如下：

■ CS_HREDRAW

当窗口水平方向上的宽度发生变化时，将重新绘制整个窗口。当窗口发生重绘时，窗口中的文字和图形将被擦除。如果没有指定这一样式，那么在水平方向上调整窗口宽度时，将不会重绘窗口。

■ CS_VREDRAW

当窗口垂直方向上的高度发生变化时，将重新绘制整个窗口。如果没有指定这一样式，那么在垂直方向上调整窗口高度时，将不会重绘窗口。

■ CS_NOCLOSE

禁用系统菜单的 Close 命令，这将导致窗口没有关闭按钮。

■ CS_DBLCLKS

当用户在窗口中双击鼠标时，向窗口过程发送鼠标双击消息。

style 成员的其他取值请参阅 MSDN。

知识点 在 WinUser.h 中，以 CS_开头的类样式（Class Style）标识符被定义为 16 位的常量，这些常量都只有某 1 位为 1。在 Visual Studio 开发环境中，利用“转到定义”功能，可以看到 CS_VREDRAW=0x0001、CS_HREDRAW=0x0002、CS_DBLCLKS=0x0008 和 CS_NOCLOSE=0x0200，读者将这些 16 进制数转换为 2 进制数，就可以发现它们都只有 1 位为 1，并且为 1 的位各不相同。用这种方式定义的标识符称为“位标志”，我们可以使用位运算操作符来组合使用这些样式。例如，要让窗口在水平和垂直尺寸发生变化时发生重绘，我们可以使用位或（|）操作符将 CS_HREDRAW 和 CS_VREDRAW 组合起来，如 style=CS_HREDRAW | CS_VREDRAW。假如有一个变量具有多个样式，而我们并不清楚该变量都有哪些样式，现在我们想要去掉该变量具有的某个样式，那么可以先对该样式标识符进行取反（~）操作，然后再和这个变量进行与（&）操作即可实现。例如，要去掉先前的 style 变量所具有的 CS_VREDRAW 样式，可以编写代码：style=style & ~ CS_VREDRAW。

在 Windows 程序中，经常会用到这种位标志标识符，后面我们在创建窗口时用到的窗口样式，也属于位标志标识符。

第二个成员变量 lpfnWndProc 是一个函数指针，指向窗口过程函数，窗口过程函数是一个回调函数。回调函数不是由该函数的实现方直接调用的，而是在特定的事件或条件发生时由另外一方调用的，用于对该事件或条件进行响应。回调函数实现的机制如下。

（1）定义一个回调函数。

（2）提供函数实现的一方在初始化的时候，将回调函数的函数指针注册给调用者。

（3）当特定的事件或条件发生的时候，调用者使用函数指针调用回调函数对事件进行处理。

针对 Windows 的消息处理机制，窗口过程函数被调用的过程如下。

（1）在设计窗口类的时候，将窗口过程函数的地址赋值给 lpfnWndProc 成员变量。

（2）调用 RegisterClass(&wndclass)注册窗口类，那么系统就有了我们所编写的窗口过程函数的地址。

（3）当应用程序接收到某一窗口的消息时，调用 DispatchMessage(&msg)将消息回传给系统。系统则利用先前注册窗口类时得到的函数指针，调用窗口过程函数对消息进行处理。

一个 Windows 程序可以包含多个窗口过程函数，一个窗口过程总是与某一个特定的窗口类相关联（通过 WNDCLASS 结构体中的 lpfnWndProc 成员变量指定），基于该窗口类创建的窗口使用同一个窗口过程。

lpfnWndProc 成员变量的类型是 WNDPROC，我们在 Visual Studio 开发环境中使用“转到定义”功能，可以看到 WNDPROC 的定义：

```
typedef LRESULT (CALLBACK* WNDPROC)(HWND, UINT, WPARAM, LPARAM);
```

在这里又出现了两个新的数据类型 LRESULT 和 CALLBACK，再次使用“转到定义”，可以看到它们实际上是 long 和__stdcall。

从 WNDPROC 的定义可以知道，WNDPROC 实际上是函数指针类型。

> **注意**：WNDPROC 被定义为指向窗口过程函数的指针类型，窗口过程函数的格式必须与 WNDPROC 相同。

> **知识点**　在函数调用过程中，会使用栈。__stdcall 与__cdecl 是两种不同的函数调用约定，定义了函数参数入栈的顺序，由调用函数还是被调用函数将参数弹出栈，以及产生函数修饰名的方法。关于这两个调用约定的详细信息，读者可参看 MSDN。对于参数个数可变的函数，例如 printf，使用的是__cdecl 调用约定，Win32 的 API 函数都遵循__stdcall 调用约定。在 Visual Studio 开发环境中，默认的编译选项是__cdecl，对于那些需要__stdcall 调用约定的函数，在声明时必须显式地加上__stdcall。在 Windows 程序中，回调函数必须遵循__stdcall 调用约定，所以我们在声明回调函数时要使用 CALLBACK。使用 CALLBACK 而不是__stdcall 的原因是为了告诉我们这是一个回调函数。

WNDCLASS 结构体第三个成员变量 cbClsExtra：Windows 为系统中的每一个窗口类管理一个 WNDCLASS 结构。在应用程序注册一个窗口类时，它可以让 Windows 系统为 WNDCLASS 结构分配和追加一定字节数的附加内存空间，这部分内存空间称为类附加内存，由属于这种窗口类的所有窗口所共享，类附加内存空间用于存储类的附加信息。

Windows 系统把这部分内存初始化为 0。该参数没有使用，直接设置为 0 即可。

第四个成员变量 cbWndExtra：Windows 系统为每一个窗口管理一个内部数据结构，在注册一个窗口类时，应用程序能够指定一定字节数的附加内存空间，称为窗口附加内存。在创建这类窗口时，Windows 系统就为窗口的结构分配和追加指定数目的窗口附加内存空间，应用程序可用这部分内存存储窗口特有的数据。Windows 系统把这部分内存初始化为 0。如果应用程序用 WNDCLASS 结构注册对话框（用资源文件中的 CLASS 伪指令创建），则必须给 DLGWINDOWEXTRA 设置这个成员。该参数没有使用，直接设置为 0 即可。

第五个成员变量 hInstance 指定包含窗口过程的程序的实例句柄。

第六个成员变量 hIcon 指定窗口类的图标句柄。这个成员变量必须是一个图标资源的句柄，如果这个成员为 NULL，那么系统将提供一个默认的图标。

在为 hIcon 变量赋值时，可以调用 LoadIcon 函数来加载一个图标资源，返回系统分配给该图标的句柄。该函数的原型声明如下所示：

```
HICON LoadIcon( HINSTANCE hInstance, LPCTSTR lpIconName)
```

LoadIcon 函数不仅可以加载 Windows 系统提供的标准图标到内存中，还可以加载由用户自己制作的图标资源到内存中，并返回系统分配给该图标的句柄，请参看 MSDN 关于 LoadIcon 的解释。但要注意的是，如果加载的是系统的标准图标，那么第一个参数必须为 NULL。

LoadIcon 的第二个参数是 LPCTSTR 类型，利用“转到定义”功能将会发现它实际被定义成 CONST CHAR*，即指向字符常量的指针，而图标的 ID 是一个整数。对于这种情况我们需要用 MAKEINTRESOURCE 宏把资源 ID 标识符转换为需要的 LPCTSTR 类型。

知识点 在 VC++开发中，对于自定义的菜单、图标、光标、对话框等资源，都保存在资源脚本（通常扩展名为.rc）文件中。在 Visual Studio 开发环境中，要访问资源文件，可以在解决方案资源管理中找到你的项目，在项目下有一个“资源文件”文件夹，你将看到以树状列表形式显示的资源项目。在任何一种资源上双击鼠标左键，将打开资源编辑器。在资源编辑器中，你可以以“所见即所得”的方式对资源进行编辑。资源文件本身是文本文件格式，如果你了解资源文件的编写格式，那么也可以直接使用文本编辑器对资源进行编辑。

在 VC++中，资源是通过标识符（ID）来标识的，同一个 ID 可以标识多个不同的资源。资源的 ID 实质上是一个整数，在“resource.h”中定义为一个宏。我们在为资源指定 ID 的时候，应该养成一个良好的习惯，即在“ID”后附加特定资源英文名称的首字母，例如，菜单资源为 IDM_XXX（M 表示 Menu），图标资源为 IDI_ XXX（I 表示 Icon），按钮资源为 IDB_ XXX（B 表示 Button）。采用这种命名方式，我们在程序中使用资源 ID 时，可以一目了然。

WNDCLASS 结构体第七个成员变量 hCursor 指定窗口类的光标句柄。这个成员变量必须是一个光标资源的句柄，如果这个成员为 NULL，那么无论何时鼠标进入应用程序窗口中，应用程序都必须明确地设置光标的形状。

在为 hCursor 变量赋值时，可以调用 LoadCursor 函数来加载一个光标资源，返回系统分配给该光标的句柄。该函数的原型声明如下所示：

```
HCURSOR LoadCursor(HINSTANCE hInstance, LPCTSTR lpCursorName);
```

LoadCursor 函数除了加载的是光标外，其使用方法与 LoadIcon 函数一样。

第八个成员变量 hbrBackground 指定窗口类的背景画刷句柄。当窗口发生重绘时，系统使用这里指定的画刷来擦除窗口的背景。我们既可以为 hbrBackground 成员指定一个画刷的句柄，也可以为其指定一个标准的系统颜色值。关于 hbrBackground 成员的详细说明，请参看 MSDN。

我们可以调用 GetStockObject 函数来得到系统的标准画刷。GetStockObject 函数的原型声明如下所示：

```
HGDIOBJ GetStockObject( int fnObject);
```

参数 fnObject 指定要获取的对象的类型，关于该参数的取值，请参看 MSDN。GetStockObject 函数不仅可以用于获取画刷的句柄，还可以用于获取画笔、字体和调色板的句柄。由于 GetStockObject 函数可以返回多种资源对象的句柄，在实际调用该函数前无法确定它返回哪一种资源对象的句柄，因此它的返回值的类型定义为 HGDIOBJ，在实际使用时，需要进行类型转换。例如，我们要为 hbrBackground 成员指定一个黑色画刷的句柄，可以调用如下：

```
wndclass. hbrBackground=(HBRUSH)GetStockObject(BLACK_BRUSH);
```

当窗口发生重绘时，系统会使用这里指定的黑色画刷擦除窗口的背景。

第九个成员变量 lpszMenuName 是一个以空终止的字符串，指定菜单资源的名字。如果你使用菜单资源的 ID 号，那么需要用 MAKEINTRESOURCE 宏来进行转换。如果将 lpszMenuName 成员设置为 NULL，那么基于这个窗口类创建的窗口将没有默认的菜单。要注意，菜单并不是一个窗口，很多初学者都误以为菜单是一个窗口。

第十个成员变量 lpszClassName 是一个以空终止的字符串，指定窗口类的名字。这和汽车的设计类似，设计一款新型号的汽车，需要给该型号的汽车取一个名字。同样的，设计了一种新类型的窗口，也要为该类型的窗口取个名字，这里我们将这种类型窗口命名为“sunxin2019”，后面将看到如何使用这个名称。

2．注册窗口类

在设计完汽车后，需要报经国家有关部门审批，批准后才能生产这种类型的汽车。同样地，在设计完窗口类（WNDCLASS）后，需要调用 RegisterClass 函数对其进行注册，在注册成功后，才可以创建该类型的窗口。注册函数的原型声明如下：

```
ATOM RegisterClass(CONST WNDCLASS *lpWndClass);
```

该函数只有一个参数，即上一步骤中所设计的窗口类对象的指针。

3．创建窗口

在设计好窗口类并且将其成功注册之后，就可以用 CreateWindow 函数产生这种类型的窗口了。CreateWindow 函数的原型声明如下：

```
HWND CreateWindow(
    LPCTSTR lpClassName,    // pointer to registered class name
    LPCTSTR lpWindowName,   // pointer to window name
    DWORD dwStyle,          // window style
    int x,                  // horizontal position of window
    int y,                  // vertical position of window
    int nWidth,             // window width
    int nHeight,            // window height
    HWND hWndParent,        // handle to parent or owner window
    HMENU hMenu,            // handle to menu or child-window identifier
    HANDLE hInstance,       // handle to application instance
    LPVOID lpParam          // pointer to window-creation data
);
```

参数 lpClassName 指定窗口类的名称，即我们在步骤 1 设计一个窗口类中为 WNDCLASS 的 lpszClassName 成员指定的名称，在这里应该设置为“sunxin2019”，表示要产生“sunxin2019”这一类型的窗口。产生窗口的过程是由操作系统完成的，如果在调用 CreateWindow 函数之前，没有用 RegisterClass 函数注册过名称为“sunxin2019”的窗口类型，操作系统将无法得知这一类型窗口的相关信息，从而导致创建窗口失败。

参数 lpWindowName 指定窗口的名字。如果窗口样式指定了标题栏，那么这里指定的窗口名字将显示在标题栏上。

参数 dwStyle 指定创建的窗口的样式。就好像同一型号的汽车可以有不同的颜色一样，同一型号的窗口也可以有不同的外观样式。要注意区分 WNDCLASS 中的 style 成员与 CreatcWindow 函数的 dwStyle 参数，前者是指定窗口类的样式，基于该窗口类创建的窗口都具有这些样式，后者是指定某个具体的窗口的样式。

在这里，我们可以给创建的窗口指定 WS_OVERLAPPEDWINDOW 这一类型，该类型的定义为：

```
#define WS_OVERLAPPEDWINDOW (WS_OVERLAPPED     | \
                             WS_CAPTION        | \
                             WS_SYSMENU        | \
                             WS_THICKFRAME     | \
                             WS_MINIMIZEBOX    | \
                             WS_MAXIMIZEBOX)
```

可以看到，WS_OVERLAPPEDWINDOW 是多种窗口类型的组合，其原理和前面知识点所讲的内容是一致的。下面是这几种常用窗口类型的说明。

- WS_OVERLAPPED：产生一个层叠的窗口，一个层叠的窗口有一个标题栏和一个边框。
- WS_CAPTION：创建一个有标题栏的窗口。
- WS_SYSMENU：创建一个在标题栏上带有系统菜单的窗口，要和 WS_CAPTION 类型一起使用。

- WS_THICKFRAME：创建一个具有可调边框的窗口。
- WS_MINIMIZEBOX：创建一个具有最小化按钮的窗口，必须同时设定 WS_SYSMENU 类型。
- WS_MAXIMIZEBOX：创建一个具有最大化按钮的窗口，必须同时设定 WS_SYSMENU 类型。

使用 WS_OVERLAPPEDWINDOW 类型的窗口如图 2.1 所示。

CreateWindow 函数的参数 *x*、*y*、nWidth、nHeight 分别指定窗口左上角的 *x* 坐标、*y* 坐标、窗口的宽度和高度。如果参数 *x* 被设为 CW_USEDEFAULT，那么系统为窗口选择默认的左上角坐标并忽略 *y* 参数。如果参数 nWidth 被设为 CW_USEDEFAULT，那么系统为窗口选择默认的宽度和高度，参数 nHeight 被忽略。

参数 hWndParent 指定被创建窗口的父窗口句柄。在 2.2 节中已经介绍了，窗口之间可以有父子关系，子窗口必须具有 WS_CHILD 样式。对父窗口的操作同时也会影响到子窗口，表 2.1 列出了对父窗口的操作如何影响子窗口。

表 2.1　对父窗口的操作对子窗口的影响

父 窗 口	子 窗 口
销毁	在父窗口被销毁之前销毁
隐藏	在父窗口被隐藏之前隐藏，子窗口只有在父窗口可见时可见
移动	跟随父窗口客户区一起移动
显示	在父窗口显示之后显示

参数 hMenu 指定窗口菜单的句柄。

参数 hInstance 指定窗口所属的应用程序实例的句柄。

参数 lpParam：作为 WM_CREATE 消息的附加参数 lParam 传入的数据指针。在创建多文档界面的客户窗口时，lpParam 必须指向 CLIENTCREATESTRUCT 结构体。多数窗口将这个参数设置为 NULL。

如果窗口创建成功，CreateWindow 函数将返回系统为该窗口分配的句柄，否则，返回 NULL。注意，在创建窗口之前应先定义一个窗口句柄变量来接收创建窗口之后返回的句柄值。

4．显示及更新窗口

（1）显示窗口

在窗口创建之后，我们要让它显示出来，这就跟汽车生产出来后要推向市场一样。调用函数 ShowWindow 来显示窗口，该函数的原型声明如下所示：

```
BOOL ShowWindow(
  HWND hWnd,     // handle to window
  int nCmdShow   // show state
);
```

ShowWindow 函数有两个参数，第一个参数 hWnd 就是在上一步骤中成功创建窗口后返回的那个窗口句柄；第二个参数 nCmdShow 指定了窗口显示的状态，常用的有以下几种。

- SW_HIDE：隐藏窗口并激活其他窗口。
- SW_SHOW：在窗口原来的位置以原来的尺寸激活和显示窗口。
- SW_SHOWMAXIMIZED：激活窗口并将其最大化显示。
- SW_SHOWMINIMIZED：激活窗口并将其最小化显示。
- SW_SHOWNORMAL：激活并显示窗口。如果窗口是最小化或最大化的状态，则系统将其恢复到原来的尺寸和大小。应用程序在第一次显示窗口的时候应该指定此标志。

关于 nCmdShow 参数的详细内容请参见 MSDN。

（2）更新窗口

在调用 ShowWindow 函数之后，我们紧接着调用 UpdateWindow 来刷新窗口，就好像我们买了新房子，需要装修一下。UpdateWindow 函数的原型声明如下：

```
BOOL UpdateWindow(
  HWND hWnd   // handle to window
);
```

其参数 hWnd 指的是创建成功后的窗口的句柄。UpdateWindow 函数通过发送一个 WM_PAINT 消息来刷新窗口，UpdateWindow 将 WM_PAINT 消息直接发送给了窗口过程函数进行处理，而没有放到我们前面所说的消息队列里，请读者注意这一点。关于 WM_PAINT 消息的作用和窗口过程函数，后面我们将会详细讲解。

至此，一个窗口就算创建完成了。

2.4.3 消息循环

在创建窗口、显示窗口、更新窗口后，我们需要编写一个消息循环，不断地从消息队列中取出消息，并进行响应。要从消息队列中取出消息，我们需要调用 GetMessage()函数，该函数的原型声明如下：

```
BOOL GetMessage(
        LPMSG lpMsg,            // address of structure with message
        HWND hWnd,              // handle of window
        UINT wMsgFilterMin,     // first message
        UINT wMsgFilterMax      // last message
);
```

参数 lpMsg 指向一个消息（MSG）结构体，GetMessage 从线程的消息队列中取出的消息信息将保存在该结构体对象中。

参数 hWnd 指定接收属于哪一个窗口的消息。通常我们将其设置为 NULL，用于接收属于调用线程的所有窗口的窗口消息。

参数 wMsgFilterMin 指定要获取的消息的最小值，通常设置为 0。

参数 wMsgFilterMax 指定要获取的消息的最大值。如果 wMsgFilterMin 和 wMsgFilter Max 都设置为 0，则接收所有消息。

GetMessage 函数接收到除 WM_QUIT 外的消息均返回非零值。对于 WM_QUIT 消息，该函数返回 0。如果出现了错误，该函数返回–1，例如，当参数 hWnd 是无效的窗口句柄或 lpMsg 是无效的指针时，该函数返回–1。

通常我们编写的消息循环代码如下：

```
MSG msg;
while(GetMessage(&msg,NULL,0,0))
{
    TranslateMessage(&msg);
    DispatchMessage(&msg);
}
```

前面已经介绍了，GetMessage 函数只有在接收到 WM_QUIT 消息时，才返回 0。此时 while 语句判断的条件为假，循环退出，程序才有可能结束运行。在没有接收到 WM_QUIT 消息时，Windows 应用程序就通过这个 while 循环来保证程序始终处于运行状态。

TranslateMessage 函数用于将虚拟键消息转换为字符消息。字符消息被投递到调用线程的消息队列中，当下一次调用 GetMessage 函数时被取出。当我们敲击键盘上的某个字符键时，系统将产生 WM_KEYDOWN 和 WM_KEYUP 消息。这两个消息的附加参数（wParam 和 lParam）包含的是虚拟键代码和扫描码等信息，而我们在程序中往往需要得到某个字符的 ASCII 码，TranslateMessage 这个函数就可以将 WM_KEYDOWN 和 WM_KEYUP 消息的组合转换为一条 WM_CHAR 消息（该消息的 wParam 附加参数包含了字符的 ASCII 码），并将转换后的新消息投递到调用线程的消息队列中。注意，TranslateMessage 函数并不会修改原有的消息，它只产生新的消息并投递到消息队列中。

DispatchMessage 函数分派一个消息到窗口过程，由窗口过程函数对消息进行处理。DispachMessage 实际上是将消息回传给操作系统，由操作系统调用窗口过程函数对消息进行处理（响应）。

Windows 应用程序的消息处理机制如图 2.3 所示。

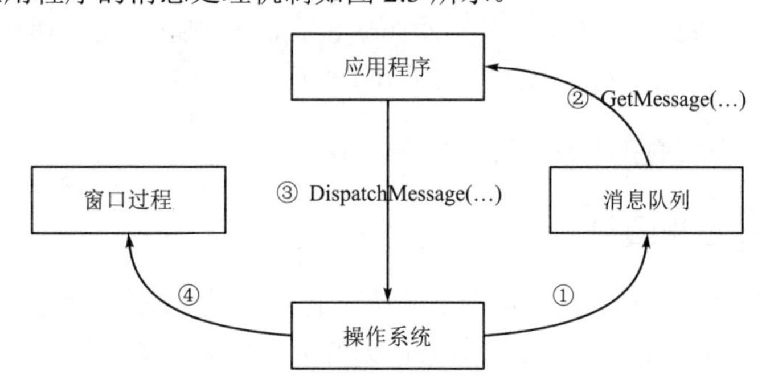

图 2.3　Windows 应用程序的消息处理机制

（1）操作系统接收到应用程序的窗口消息，将消息投递到该应用程序的消息队列中。

（2）应用程序在消息循环中调用 GetMessage 函数从消息队列中取出一条一条的消息。在取出消息后，应用程序可以对消息进行一些预处理，例如，放弃对某些消息的响应，或者调用 TranslateMessage 产生新的消息。

（3）应用程序调用 DispatchMessage，将消息回传给操作系统。消息是由 MSG 结构体对象来表示的，其中就包含了接收消息的窗口的句柄。因此，DispatchMessage 函数总能进行正确的传递。

（4）系统利用 WNDCLASS 结构体的 lpfnWndProc 成员保存的窗口过程函数的指针调用窗口过程，对消息进行处理（即“系统给应用程序发送了消息”）。

以上就是 Windows 应用程序的消息处理过程。

提示：

（1）从消息队列中获取消息还可以调用 PeekMessage 函数，该函数的原型声明如下所示：

```
BOOL PeekMessage(
  LPMSG lpMsg,          // message information
  HWND hWnd,            // handle to window
  UINT wMsgFilterMin,   // first message
  UINT wMsgFilterMax,   // last message
  UINT wRemoveMsg       // removal options
);
```

前 4 个参数和 GetMessage 函数的 4 个参数的作用相同。最后 1 个参数指定消息获取的方式，如果设为 PM_NOREMOVE，那么消息将不会从消息队列中被移除；如果设为 PM_REMOVE，那么消息将从消息队列中被移除（与 GetMessage 函数的行为一致）。关于 PeekMessage 函数的更多信息，请参见 MSDN。

（2）发送消息可以使用 SendMessage 和 PostMessage 函数。SendMessage 将消息直接发送给窗口，并调用该窗口的窗口过程进行处理。在窗口过程对消息处理完毕后，该函数才返回（SendMessage 发送的消息为不进队消息）。PostMessage 函数将消息放入与创建窗口的线程相关联的消息队列后立即返回。除了这两个函数外，还有一个 PostThreadMessage 函数，用于向线程发送消息，对于线程消息，MSG 结构体中的 hwnd 成员为 NULL。

关于线程，后面我们会有专门的章节进行介绍。

2.4.4 编写窗口过程函数

在完成上述步骤后，剩下的工作就是编写一个窗口过程函数，用于处理发送给窗口的消息。一个 Windows 应用程序的主要代码部分就集中在窗口过程函数中。在 MSDN 中可以查到窗口过程函数的声明形式，如下所示：

```
LRESULT CALLBACK WindowProc(
        HWND hwnd,          // handle to window
        UINT uMsg,          // message identifier
        WPARAM wParam,      // first message parameter
        LPARAM lParam       // second message parameter
);
```

窗口过程函数的名字可以随便取，如 WinSunProc，但函数定义的形式必须和上述声明的形式相同。

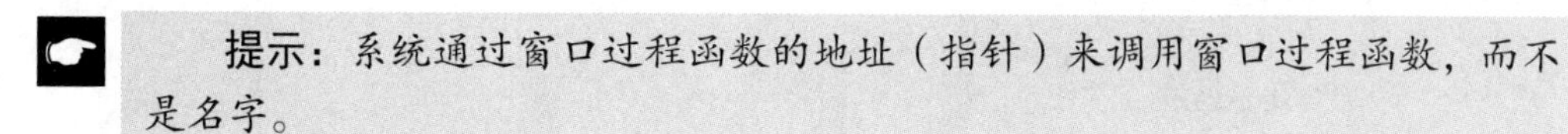

提示： 系统通过窗口过程函数的地址（指针）来调用窗口过程函数，而不是名字。

WindowProc 函数的 4 个参数分别对应消息的窗口句柄、消息代码、消息代码的两个附加参数。一个程序可以有多个窗口，窗口过程函数的第 1 个参数 hwnd 就标识了接收消息的特定窗口。

在窗口过程函数内部使用 switch/case 语句来确定窗口过程接收的是什么消息，以及如何对这个消息进行处理。我们看下面的代码：

WinMain.cpp

```
……
1. LRESULT CALLBACK WinSunProc(
2.   HWND hwnd,           // handle to window
3.   UINT uMsg,           // message identifier
4.   WPARAM wParam,       // first message parameter
5.   LPARAM lParam        // second message parameter
6. )
7. {
8.     switch(uMsg)
9.     {
10.     case WM_CHAR:
11.          char szChar[20];
12.          sprintf_s(szChar, sizeof(szChar), "char code is %d", wParam);
13.          MessageBox(hwnd,szChar,"char",0);
14.          break;
15.     case WM_LBUTTONDOWN:
16.          MessageBox(hwnd,"mouse clicked","message",0);
17.          HDC hdc;
18.          hdc=GetDC(hwnd);
19.          TextOut(hdc,0,50,"程序员之家",strlen("程序员之家"));
20.          ReleaseDC(hwnd,hdc);
21.          break;
22.     case WM_PAINT:
23.          HDC hDC;
24.          PAINTSTRUCT ps;
25.          hDC=BeginPaint(hwnd,&ps);
26. TextOut(hDC,0,0," http://www.phei.com.cn", strlen("http://www.phei.com.cn"));
27.          EndPaint(hwnd,&ps);
28.          break;
29.     case WM_CLOSE:
30.          if(IDYES==MessageBox(hwnd,"是否真的结束？","message",MB_YESNO))
31.          {
32.               DestroyWindow(hwnd);
```

```
33.             }
34.             break;
35.     case WM_DESTROY:
36.             PostQuitMessage(0);
37.             break;
38.     default:
39.             return DefWindowProc(hwnd,uMsg,wParam,lParam);
40.     }
41.     return 0;
42. }
```

10~14 行代码：当用户在窗口中按下一个字符键，程序将得到一条 WM_CHAR 消息（通过调用 TranslateMessage 函数转换得到），在其 wParam 参数中含有字符的 ASCII 码值。MessageBox 函数（其用法请读者查看 MSDN，并结合本章程序来学习）弹出一个包含了显示信息的消息框，如果我们按下字母“a”键（注意大小写），程序将弹出如图 2.4 所示的消息框。

图 2.4　消息框

15~21 行代码：当用户在窗口中按下鼠标左键时，将产生 WM_LBUTTONDOWN 消息。为了证实这一点，我们在 WM_LBUTTONDOWN 消息的响应代码中，调用 MessageBox 函数弹出一个提示信息，告诉用户“点击了鼠标”。接下来，我们在窗口中（0,50）的位置处输出一行文字。要在窗口中输出文字或者显示图形，需要用到设备描述表（Device Context），简称 DC。DC 是一个包含设备（物理输出设备，如显示器，以及设备驱动程序）信息的结构体，在 Windows 平台下，所有的图形操作都是利用 DC 来完成的。

关于 DC，我们可以用一个形象的比喻来说明它的作用。现在有一个美术老师，他让他的学生画一幅森林的图像，有的学生采用素描，有的学生采用水彩画，有的学生采用油画，每个学生所画的图都是森林，然而表现形式却各不相同。如果让我们来画图，老师指定了一种画法（例如用水彩画），我们就要去学习它，然后才能按照要求画出图形。如果画法（工具）经常变换，我们就要花大量的时间和精力去学习和掌握画法。在这里，画法就相当于计算机中的图形设备及其驱动程序。我们要想画一幅图，就要掌握我们所用平台的图形设备和它的驱动程序，调用驱动程序的接口来完成图形的显示。不同图形设备的驱动程序是不一样的，对于程序员来说，要掌握各种不同的驱动程序，工作量就太大了。因此，Windows 就给我们提供了一个 DC，让我们从学生的角色转变为老师的角色，只要下命令去画森林这幅图，由 DC 去和设备驱动程序打交道，就能完成图形的绘制。至于图形的效果，就要由所使用的图形设备来决定了。对于老师来说，只要画出的是森林图像就可以了。对于程序员来说，充当老师的角色，只需要获取 DC（DC 也是一种资源）的句柄，利用这个句柄去作图就可以了。

使用 DC，程序不用为图形的显示与打印输出做分别处理了。无论是显示，还是打印，都直接在 DC 上操作，然后由 DC 映射到这些物理设备上。

第 17 行代码：定义了一个类型为 HDC 的变量 hdc。

第 18 行代码：用 hdc 保存 GetDC 函数返回的与特定窗口相关联的 DC 的句柄。为什么 DC 要和窗口相关联呢？想像一下，我们在作图时，需要有画布，而利用计算机作图，窗口就相当于画布，因此，在获取 DC 的句柄时，总是和一个指定的窗口相关联。

第 19 行代码： TextOut 函数利用得到的 DC 句柄在指定的位置（x 坐标为 0，y 坐标为 50）输出一行文字。

第 20 行代码： 在执行图形操作时，如果使用 GetDC 函数来得到 DC 的句柄，那么在完成图形操作后，必须调用 ReleaseDC 函数来释放 DC 所占用的资源，否则会引起内存泄漏。

第 22~28 行代码： 对 WM_PAINT 消息进行处理。当窗口客户区的一部分或者全部变为“无效”时，系统会发送 WM_PAINT 消息，通知应用程序重新绘制窗口。当窗口刚创建的时候，整个客户区都是无效的。因为这个时候程序还没有在窗口上绘制任何东西，当调用 UpdateWindow 函数时，会发送 WM_PAINT 消息给窗口过程，对窗口进行刷新。当窗口从无到有、改变尺寸、最小化后再恢复，窗口的客户区都将变为无效，此时系统会给应用程序发送 WM_PAINT 消息，通知应用程序重新绘制。

> **提示：** 窗口大小发生变化时是否发生重绘，取决于 WNDCLASS 结构体中 style 成员是否设置了 CS_HREDRAW 和 CS_VREDRAW 标志。

第 25 行， 调用 BeginPaint 函数得到 DC 的句柄。BeginPaint 函数的第 1 个参数是窗口的句柄，第二个参数是 PAINTSTRUCT 结构体的指针，该结构体对象用于接收绘制的信息。在调用 BeginPaint 时，如果客户区的背景还没有被擦除，那么 BeginPaint 会发送 WM_ERASEBKGND 消息给窗口，系统就会使用 WNDCLASS 结构体的 hbrBackground 成员指定的画刷来擦除背景。

第 26 行， 调用 TextOut 函数在（0,0）的位置输出一个网址“http://www.phei.com.cn”。当发生重绘时，窗口中的文字和图形都会被擦除。在擦除背景后，TextOut 函数又一次执行，在窗口中再次绘制出 “http://www.phei.com.cn”。这个过程对用户来说是透明的，用户并不知道程序执行的过程，给用户的感觉就是你在响应 WM_PAINT 消息的代码中输出的文字或图形始终保持在窗口中。换句话说，如果我们想要让某个图形始终在窗口中显示，就应该将图形的绘制操作放到响应 WM_PAINT 消息的代码中。

那么系统为什么不直接保存窗口中的图形数据，而要由应用程序不断地进行重绘呢？这主要是因为在图形环境中涉及的数据量太大，为了节省内存的使用，提高效率，而采用了重绘的方式。

在响应 WM_PAINT 消息的代码中，要得到窗口的 DC，必须调用 BeginPaint 函数。BeginPaint 函数也只能在 WM_PAINT 消息的响应代码中使用，在其他地方，只能使用 GetDC 来得到 DC 的句柄。另外，BeginPaint 函数得到的 DC，必须用 EndPaint 函数去释放。

29~34 行代码： 当用户单击窗口上的关闭按钮时，系统将给应用程序发送一条 WM_CLOSE 消息。在这段消息响应代码中，我们首先弹出一个消息框，让用户确认是否结束。如果用户选择“否”，则什么也不做；如果用户选择“是”，则调用 DestroyWindow 函数销毁窗口，DestroyWindow 函数在销毁窗口后会向窗口过程发送 WM_DESTROY 消息。注意，此时窗口虽然销毁了，但应用程序并没有退出。有不少初学者错误地在 WM_DESTROY 消息的响应代码中提示用户是否退出，而此时窗口已经销毁了，即使用户选择不退出，也没有什么意义了。所以如果你要控制程序是否退出，应该在 WM_CLOSE 消息的响应代码中完成。

对 WM_CLOSE 消息的响应并不是必须的，如果应用程序没有对该消息进行响应，系统将把这条消息传给 DefWindowProc 函数（参见第 39 行），那么 DefWindowProc 函数则调用 DestroyWindow 函数来响应这条 WM_CLOSE 消息。

35~37 行代码：DestroyWindow 函数在销毁窗口后，会给窗口过程发送 WM_DESTROY 消息，我们在该消息的响应代码中调用 PostQuitMessage 函数（第 36 行）。PostQuitMessage 函数向应用程序的消息队列中投递一条 WM_QUIT 消息并返回。我们在第 2.4.3 节介绍过，GetMessage 函数只有在收到 WM_QUIT 消息时才返回 0，此时消息循环才结束，程序退出。要想让程序正常退出，我们必须响应 WM_DESTROY 消息，并在消息响应代码中调用 PostQuitMessage，向应用程序的消息队列中投递 WM_QUIT 消息。传递给 PostQuitMessage 函数的参数值将作为 WM_QUIT 消息的 wParam 参数，这个值通常用作 WinMain 函数的返回值。

38、39 行代码：DefWindowProc 函数调用默认的窗口过程，对应用程序没有处理的其他消息提供默认处理。对于大多数的消息，应用程序都可以直接调用 DefWindowProc 函数进行处理。在编写窗口过程时，应该将 DefWindowProc 函数的调用放到 default 语句中，并将该函数的返回值作为窗口过程函数的返回值。

读者可以试着将第 38、39 行代码注释起来，运行一下，看看会有什么结果。**提示：在运行之后，在 Windows 中启动任务管理器（同时按下键盘上的“Ctrl + Alt + Del”键），切换到进程标签，查看程序是否运行。**

2.5 动手写第一个 Windows 程序

到现在为止，读者对创建一个窗口应该有了大致的印象，但是，光看书是不行的，应该试着动手去编写程序。本节的内容就是教读者怎样去编写一个 Windows 窗口应用程序。完整的例程请参见 ch02 目录下的 WinMain。

1 启动 Visual Studio 2017，单击【文件】菜单，选择【新建】→【项目】，然后选择“空项目”，项目名称为：WinMain，解决方案名称为 ch02，如图 2.5 所示。

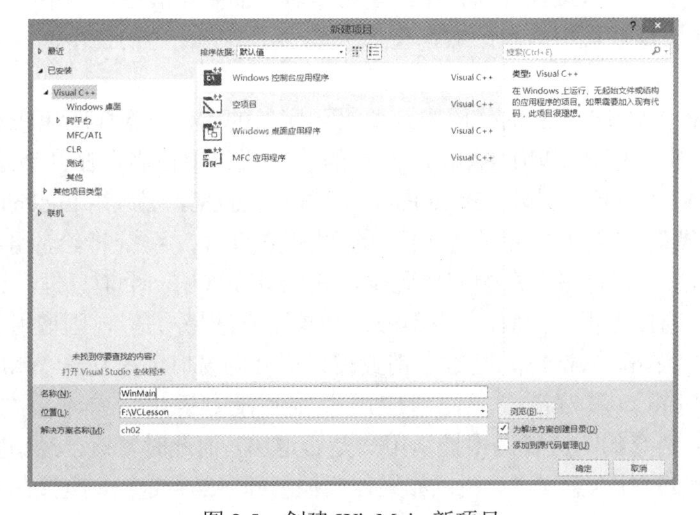

图 2.5　创建 WinMain 新项目

2 单击“确定”按钮，这样就生成了一个空的应用程序外壳，如图 2.6 所示。

图 2.6　一个空的应用程序外壳

3 这样的应用程序外壳并不能做什么，甚至不能运行，我们还要为它加上源文件。在右侧的“解决方案资源管理器”窗口中，右键单击“源文件”文件夹，从弹出菜单中，选择【添加】→【新建项】，出现如图 2.7 所示的窗口。

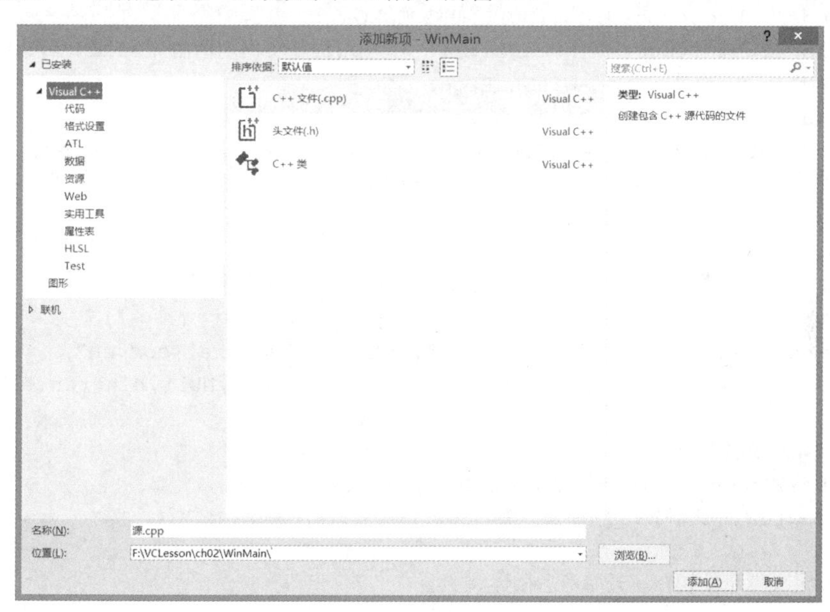

图 2.7　添加新项窗口

4 选中“C++文件”，在下方的“名称”处输入源文件的文件名，单击【添加】按钮。在代码编辑窗口中输入以下代码：

WinMain.cpp

```
#include <windows.h>
#include <stdio.h>
```

```
LRESULT CALLBACK WinSunProc(
  HWND hwnd,         // handle to window
  UINT uMsg,         // message identifier
  WPARAM wParam,     // first message parameter
  LPARAM lParam      // second message parameter
);

int WINAPI WinMain(
  HINSTANCE hInstance,          // handle to current instance
  HINSTANCE hPrevInstance,      // handle to previous instance
  LPSTR lpCmdLine,              // command line
  int nCmdShow                  // show state
)
{
    //设计一个窗口类
    WNDCLASS wndcls;
    wndcls.cbClsExtra=0;
    wndcls.cbWndExtra=0;
    wndcls.hbrBackground=(HBRUSH)GetStockObject(BLACK_BRUSH);
    wndcls.hCursor=LoadCursor(NULL,IDC_CROSS);
    wndcls.hIcon=LoadIcon(NULL,IDI_ERROR);
    wndcls.hInstance=hInstance;     //应用程序实例句柄由 WinMain 函数传进来
    wndcls.lpfnWndProc=WinSunProc;
    wndcls.lpszClassName="sunxin2006";
    wndcls.lpszMenuName=NULL;
    wndcls.style=CS_HREDRAW | CS_VREDRAW;
    RegisterClass(&wndcls);

    //创建窗口，定义一个变量用来保存成功创建窗口后返回的句柄
    HWND hwnd;
    hwnd=CreateWindow("sunxin2006","http://www.phei.com.cn",
            WS_OVERLAPPEDWINDOW,0,0,600,400,NULL,NULL,hInstance,NULL);

    //显示及刷新窗口
    ShowWindow(hwnd,SW_SHOWNORMAL);
    UpdateWindow(hwnd);

    //定义消息结构体，开始消息循环
    MSG msg;
    while(GetMessage(&msg,NULL,0,0))
    {
        TranslateMessage(&msg);
        DispatchMessage(&msg);
    }
    return msg.wParam;
}
```

```
//编写窗口过程函数
LRESULT CALLBACK WinSunProc(
  HWND hwnd,          // handle to window
  UINT uMsg,          // message identifier
  WPARAM wParam,      // first message parameter
  LPARAM lParam       // second message parameter
)
{
    switch(uMsg)
    {
    case WM_CHAR:
        char szChar[20];
        sprintf_s(szChar, sizeof(szChar), "char code is %d", wParam);
        MessageBox(hwnd,szChar,"char",0);
        break;
    case WM_LBUTTONDOWN:
        MessageBox(hwnd,"mouse clicked","message",0);
        HDC hdc;
        hdc=GetDC(hwnd);                //不能在响应 WM_PAINT 消息时调用
        TextOut(hdc,0,50,"程序员之家",strlen("程序员之家"));
        ReleaseDC(hwnd,hdc);
        break;
    case WM_PAINT:
        HDC hDC;
        PAINTSTRUCT ps;
        hDC=BeginPaint(hwnd,&ps);   //BeginPaint 只能在响应 WM_PAINT 消息时调用
        TextOut(hDC,0,0,"http://www.phei.com.cn",strlen("http://www.
phei.com.cn"));
        EndPaint(hwnd,&ps);
        break;
    case WM_CLOSE:
        if(IDYES==MessageBox(hwnd,"是否真的结束？","message",MB_YESNO))
        {
            DestroyWindow(hwnd);
        }
        break;
    case WM_DESTROY:
        PostQuitMessage(0);
        break;
    default:
        return DefWindowProc(hwnd,uMsg,wParam,lParam);
    }
    return 0;
}
```

如果读者消化吸收了本章的内容，那么编写上述程序并不难。希望读者仔细思考一下本章所讲的内容，尽量参照每一步中所讲述的知识点，自己将程序编写出来。

2.6 消息循环的错误分析

有不少初学者在学完本章后，编写了下面的代码：

```
…
    HWND hwnd;
    hwnd=CreateWindow(…);
…
    MSG msg;
    while(GetMessage(&msg,hwnd,0,0))
    {
        TranslateMessage(&msg);
        DispatchMessage(&msg);
    }
…
```

注意代码中以粗体显示的部分。这段代码基于这样一个想法：本章的程序只有一个窗口，而我们前面说了 GetMessage 函数的 hWnd 参数用于指定接收属于哪一个窗口的消息，于是不少人就在消息循环中为 GetMessage 函数的 hWnd 参数指定了 CreateWindow 函数返回的窗口句柄。

读者可以用上述代码中的消息循环部分替换第 2.5 节代码中的消息循环部分，然后运行程序，关闭程序。你会发现你的机器“变慢了”，同时按下键盘上的“Ctrl + Alt + Delete”键，启动 Windows 的任务管理器，切换到“进程”选项卡，单击“CPU”项进行排序，你会发现如图 2.8 所示的情况。

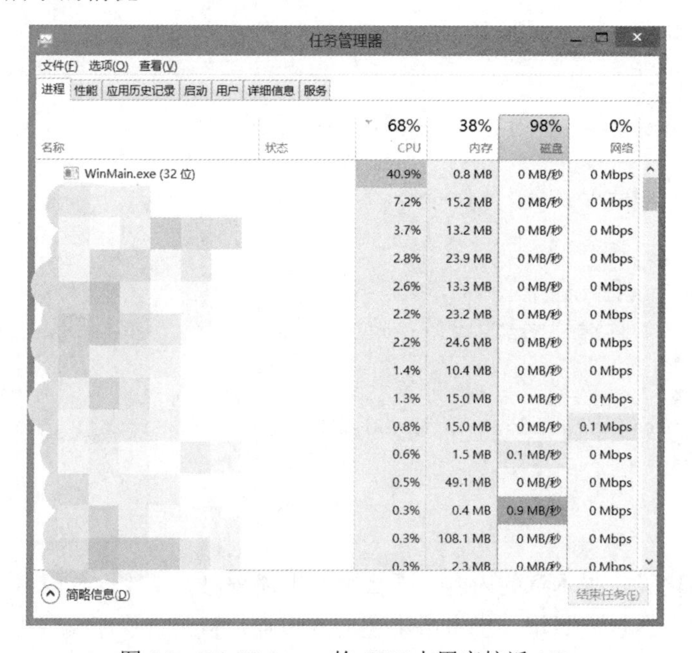

图 2.8 WinMain.exe 的 CPU 占用率接近 100

从图 2.8 中可以看到，WinMain.exe 的 CPU 占用率非常高，难怪机器“变慢了”。那么这是什么原因呢？实际上这个问题的答案在 MSDN 中就可以找到，并且就在 GetMessage 函数的说明文档中。不少初学者在遇到问题时，首先是头脑一片空白，接着就去找人求助，这种思想用在程序开发的学习中没有什么好处。笔者经常遇到学员问问题，结果有不少问题的答案在 MSDN 关于某个函数的解释中就可看到（由于显示器的限制，有的答案需要滚动窗口才能看到☺）。所以在这里，笔者也建议读者在遇到问题时一定要记得查看 MSDN，学会使用 MSDN 并从中汲取知识，这将使你受用无穷。

回到正题，在第 2.4.3 节介绍 GetMessage 函数时，曾说过如果 hWnd 参数是无效的窗口句柄或 lpMsg 参数是无效的指针，则 GetMessage 函数将返回−1。当我们关闭窗口时，调用了 DestroyWindow 来销毁窗口，由于窗口被销毁了，窗口的句柄当然也就是无效的句柄了，那么 GetMessage 将返回−1。在 C/C++语言中，非 0 即为真，由于窗口被销毁，句柄变为无效，GetMessage 总是返回−1，循环条件总是为真，于是形成了一个死循环，机器当然就“变慢了”。☺

在 MSDN 关于 GetMessage 函数的说明文档中给出了下面的代码：

```
BOOL bRet;

    while( (bRet = GetMessage( &msg, NULL, 0, 0 )) != 0)
    {
        if (bRet == -1)
        {
            // handle the error and possibly exit
        }
        else
        {
            TranslateMessage(&msg);
            DispatchMessage(&msg);
        }
    }
```

针对我们这个问题，可以修改上述代码如下：

```
…
    HWND hwnd;
    hwnd=CreateWindow(…);
    …
    MSG msg;
    BOOL bRet;

    while( (bRet = GetMessage( &msg, hwnd, 0, 0 )) != 0)
    {
        if (bRet == -1)
        {
            // handle the error and possibly exit
            return -1;
```

```
        }
        else
        {
            TranslateMessage(&msg);
            DispatchMessage(&msg);
        }
    }
...
```

读者可以再次运行修改后的程序，看看运行的结果。

2.7 变量的命名约定

由于Windows程序一般很长，编程人员在一段时间后自己都有可能忘记所定义的变量的含义。为了帮助大家记忆与区分变量，微软公司创建了Windows的命名约定，称之为匈牙利表示法（Hungarian notation）。匈牙利表示法提供了一组前缀字符，如表2.2所示，这些前缀也可以组合起来使用。

表2.2 匈牙利表示法

前 缀	含 义
a	数组
b	布尔值（int）
by	无符号字符（字节）
c	字符（字节）
cb	字节记数
rgb	保存RGB颜色值的长整型
cx,cy	短整型（计算*x*、*y*的长度）
dw	无符号长整型
fn	函数
h	句柄
i	整数（integer）
m_	类的数据成员
n	短整型或整型
np	近指针
p	指针
l	长整型
lp	长指针
s	字符串
sz	以零结束的字符串
tm	正文大小
w	无符号整型
x,y	无符号整型（表示*x*或*y*的坐标）

2.8 小结

这一章详细介绍了 Windows 程序运行的内部机制。建议读者花点时间把本章的内容消化理解了。如果读者没有完全掌握本章的内容也不要灰心，这里涉及的一些内容，在后续章节中还会讲到。学习 VC++开发的路程是很艰苦的，必须具有一定的毅力并不断努力，才有可能精通 VC++编程。

下面我们再次为读者总结一下创建一个 Win32 应用程序的步骤。

1. 编写 WinMain 函数，可以在 MSDN 上查找并复制。
2. 设计窗口类（WNDCLASS）。
3. 注册窗口类。
4. 创建窗口。
5. 显示并更新窗口。
6. 编写消息循环。
7. 编写窗口过程函数。窗口过程函数的语法可通过 MSDN 查看 WNDCLASS 的 lpfnWndProc 成员变量，在这个成员的解释中可以查到。

第 3 章 掌握 C++

在学习 Visual C++编程之前，有必要复习一下 C++中的面向对象的一些基本概念。我们知道，C++与 C 相比有许多优点，主要体现在封装性（Encapsulation）、继承性（Inheritance）和多态性（Polymorphism）上。封装性把数据与操作数据的函数组织在一起，不仅使程序结构更加紧凑，并且提高了类内部数据的安全性；继承性增加了软件的可扩充性及代码重用性；多态性使设计人员在设计程序时可以对问题进行更好的抽象，有利于代码的维护和可重用。Visual C++不仅仅是一个编译器，更是一个全面的应用程序开发环境，读者可以充分利用具有面向对象特性的 C++语言开发出专业级的 Windows 应用程序。熟练掌握本章的内容，将为后续章节的学习打下良好的基础。

3.1 从结构到类

在 C 语言中，我们可以定义结构体类型，将多个相关的变量包装为一个整体使用。在结构体中的变量，可以是相同、部分相同，或完全不同的数据类型。在 C 语言中，结构体不能包含函数。在面向对象的程序设计中，对象具有状态（属性）和行为，状态保存在成员变量中，行为通过成员方法（函数）来实现。C 语言中的结构体只能描述一个对象的状态，不能描述一个对象的行为。在 C++中，对结构体进行了扩展，C++的结构体可以包含函数。

3.1.1 结构体的定义

下面我们看看如例 3-1 所示的程序（EX01.CPP）。

例 3-1

```
#include <iostream>
using namespace std;
```

```
struct Point
{
    int x;
    int y;
};
int main()
{
    Point pt;
    pt.x=0;
    pt.y=0;
    cout<<pt.x<<endl<<pt.y<<endl;
    return 0;
}
```

在这段程序中，我们定义了一个结构体 Point，在这个结构体当中，定义了两个整型的变量，作为一个点的 *x* 坐标和 *y* 坐标。在 main 函数中，定义了一个结构体的变量 pt，对 pt 的两个成员变量进行赋值，然后调用 C++的输出流类的对象 cout 将这个点的坐标输出。

在 C++中预定义了三个标准输入/输出流对象：cin（标准输入）、cout（标准输出）和 cerr（标准错误输出）。cin 与输入操作符（>>）一起用于从标准输入读入数据，cout 与输出操作符（<<）一起用于输出数据到标准输出上，cerr 与输出操作符（<<）一起用于输出错误信息到标准错误上（一般同标准输出）。默认的标准输入通常为键盘，默认的标准输出和标准错误输出通常为显示器。

cin 和 cout 的使用比 C 语言中的 scanf 和 printf 要简单得多。使用 cin 和 cout 你不需要去考虑输入和输出的数据的类型，cin 和 cout 可以自动根据数据的类型调整输入与输出的格式。

对于输出来说，按照例 3-1 中所示的方式调用就可以了，对于输入来说，我们以如下方式调用即可：

```
int i;
cin>>i;
```

注意：在使用 cin 和 cout 对象时，要注意箭头的方向。在输出中我们还使用了 endl（end of line），表示换行，注意最后一个是字母“l”，而不是数字 1。endl 相当于 C 语言的'\n'，endl 在输出流中插入一个换行，并刷新输出缓冲区。

因为用到了 C++的标准输入/输出流，所以我们需要包含 iostream 这个头文件，就像我们在 C 语言中用到了 printf 和 scanf 函数时，要包含 C 的标准输入/输出头文件 stdio.h。此外，由于输入/输出流对象是定义在 std 这个名称空间下的，使用时要带上名称空间，如 std::cout。为了简单起见，我们在代码的第二行使用 using 指令引用名称空间 std，这样后面在使用输入/输出流对象时，就不用添加名称空间了。

提示：在定义结构体时，一定不要忘了在右花括号处加上一个分号（;）。

我们将结构体 point 的定义修改一下，结果如例 3-2 所示：

例 3-2

```
struct Point
{
    int x;
    int y;
    void output()
    {
        cout<<x<<endl<<y<<endl;
    }
};
```

在 Point 这个结构体中加入了一个函数 output。我们知道在 C 语言中，结构体中是不能有函数的，然而在 C++中，结构体中是可以有函数的，称为成员函数。这样，在 main 函数中就可以以如下方式调用：

```
int main()
{
    Point pt;
    pt.x=0;
    pt.y=0;
//  cout<<pt.x<<endl<<pt.y<<endl;
    pt.output();
    return 0;
}
```

> **注意：** 在 C++中，//......用于注释一行，/*......*/用于注释多行。

3.1.2 结构体与类

将上面例 3-2 所示的 Point 结构体定义中的关键字 struct 换成 class，得到如例 3-3 所示的定义。

例 3-3

```
class point
{
    int x;
    int y;
    void output()
    {
        cout<<x<<endl<<y<<endl;
    }
};
```

这就是 C++中的类的定义，看起来是不是和结构体的定义很类似？在 C++语言中，结构体是用关键字 struct 声明的类。类和结构体的定义除了使用关键字“class”和“struct”

不同之外，更重要的是在成员的访问控制方面有所差异。结构体在默认情况下，其成员是公有（public）的；类在默认情况下，其成员是私有（private）的。在一个类当中，公有成员是可以在类的外部进行访问的，而私有成员就只能在类的内部进行访问了。例如，现在设计“家庭”这样一个类，对于家庭的客厅，可以让家庭成员以外的人访问，我们就可以将客厅设置为 public。对于卧室，只有家庭成员才能访问，我们可以将其设置为 private。

> **提示：** 在定义类时，同样不要忘了在右花括号处加上一个分号（;）。

如果我们编译例 3-4 所示的程序（EX02.CPP）：

例 3-4

```
#include <iostream>
using namespace std;

class Point
{
     int x;
     int y;
     void output()
     {
          cout<<x<<endl<<y<<endl;
     }
};

int main()
{
     Point pt;
     pt.x=0;
     pt.y=0;
     pt.output();
     return 0;
}
```

将会出现如图 3.1 所示的错误提示信息，提示我们不能访问类中私有的成员变量和成员函数。

```
1>------ 已启动生成: 项目: EX02, 配置: Debug Win32 ------
1>EX02.cpp
1>f:\vclesson\ch03\ex02\ex02.cpp(21): error C2248: “Point::x”: 无法访问 private 成员(在“Point”类中声明)
1>f:\vclesson\ch03\ex02\ex02.cpp(10): note: 参见“Point::x”的声明
1>f:\vclesson\ch03\ex02\ex02.cpp(8): note: 参见“Point”的声明
1>f:\vclesson\ch03\ex02\ex02.cpp(22): error C2248: “Point::y”: 无法访问 private 成员(在“Point”类中声明)
1>f:\vclesson\ch03\ex02\ex02.cpp(11): note: 参见“Point::y”的声明
1>f:\vclesson\ch03\ex02\ex02.cpp(8): note: 参见“Point”的声明
1>f:\vclesson\ch03\ex02\ex02.cpp(23): error C2248: “Point::output”: 无法访问 private 成员(在“Point”类中声明)
1>f:\vclesson\ch03\ex02\ex02.cpp(12): note: 参见“Point::output”的声明
1>f:\vclesson\ch03\ex02\ex02.cpp(8): note: 参见“Point”的声明
1>已完成生成项目“EX02.vcxproj”的操作 - 失败。
========== 生成: 成功 0 个，失败 1 个，最新 0 个，跳过 0 个 ==========
```

图 3.1　在类的外部访问类中私有成员变量提示出错

3.2 C++的特性

下面我们将通过具体的代码演示，给读者讲解 C++类的特性。

> 提示：上述两个例子程序（EX01 和 EX02），我们是在同一个解决方案（ch03）下创建了两个项目，后面将继续在同一个解决方案下添加新项目。

1 确保 ch03 解决方案处于打开状态，然后在右侧的“解决方案资源管理器”窗口中，用鼠标右键单击“解决方案'ch03 '”，从弹出菜单中选择【添加】→【新建项目】，如图 3.2 所示。

2 接下来在“添加新项目对话框”中选择“Windows 控制台应用程序”，输入项目的名称 EX03，如图 3.3 所示。

3 单击“确定”按钮，这样就生成了一个输出“Hello World”的简单控制台应用程序，该程序中包含了一个 C++源文件 EX03.cpp。

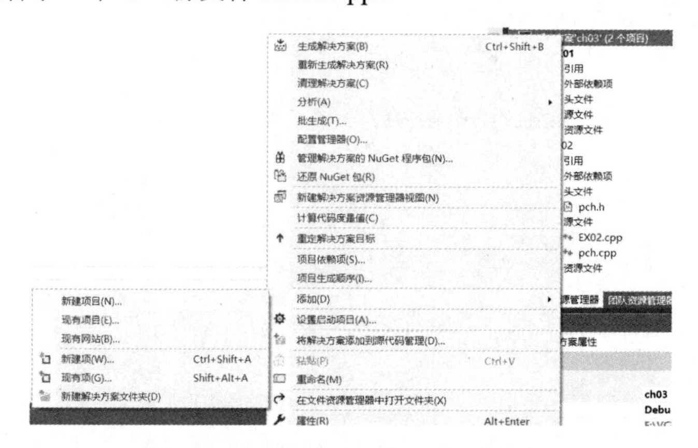

图 3.2　在现有解决方案中添加新项目

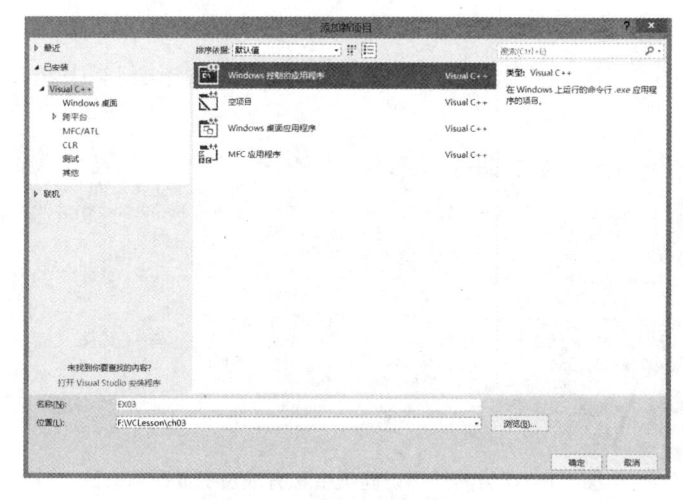

图 3.3　添加 EX03 新项目

在 EX03.cpp 文件中输入以下代码：

例 3-5

```
#include "pch.h"
#include <iostream>
using namespace std;

class Point
{
public:
     int x;
     int y;
     void output()
     {
          cout<<x<<endl<<y<<endl;
     }
};
int main()
{
     Point pt;
     pt.output();
     return 0;
}
```

粗体部分是我们添加的代码。

说明：本章后续内容的例子代码，都将通过上述方式创建。

3.2.1　类与对象

在这个程序中，我们定义了一个类 Point，在 main 函数中我们定义了一个 pt 对象，它的类型是 Point 这个类。C++语言是面向对象的语言，那么，什么是类？什么是对象呢？

类描述了一类事物，以及事物所应具有的属性，例如：我们可以定义“电脑”这个类，那么作为“电脑”这个类，它应该具有显示器、主板、CPU、内存、硬盘等。那么什么是“电脑”的对象呢？例如，我们组装的一台具体的电脑，它的显示器是 AOC 的，主板是华硕的，CPU 是 Intel 的，内存是现代的，硬盘用的是希捷的，也就是“电脑”这个类所定义的属性，在我们购买的这台具体的电脑中有了具体的值。

这台具体的电脑就是我们“电脑”这个类的一个对象。我们还经常听到“类的实例”，什么是“类的实例”呢？实际上，类的实例和类的对象是一个概念。

对象是可以销毁的。例如，我们购买的这台电脑，它是可以被损毁的。而类是不能被损毁的，“电脑”类是一个抽象的概念。

3.2.2　构造函数

按下键盘上的“Ctrl+F7”键编译例 3-5 的代码，在确保编译成功后，单击【项目】菜单，单击【设为启动项目】菜单项，将 **EX03** 项目设为 **ch03** 解决方案的启动项目。然后按下键盘上的“Ctrl+F5”键执行程序，出现如图 3.4 所示的运行结果。

> **提示**：在解决方案中同时只能有一个启动项目，要执行哪个项目，就需要将该项目设置为启动项目。在“解决方案资源管理器”中，启动项目的名称是以粗体形式显示的。

从图中可以看到，输出了两个很大的负数。这是因为在构造 pt 对象时，系统要为它的成员变量 *x* 和 *y* 分配内存空间，而在这个内存空间中的值是一个随机值，在程序中我们没有给这两个变量赋值，因此输出时就看到了如图 3.4 所示的结果。这当然不是我们所期望的，作为一个点的两个坐标来说，应该有一个合理的值。为此，我们想到定义一个初始化函数，用它来初始化 *x* 坐标和 *y* 坐标。这时程序的代码如例 3-6 所示，其中加灰显示的部分为新添加的代码。

图 3.4　EX03 程序的运行结果

例 3-6

```
#include <iostream.h>
class Point
{
public:
     int x;
     int y;
     void init()
     {
          x=0;
          y=0;
     }
     void output()
     {
          cout<<x<<endl<<y<<endl;
     }
};
int main()
{
     Point pt;
     pt.init();
     pt.output();
     return 0;
}
```

然而，对于我们定义的init函数，在编写程序时仍然有可能忘记调用它。那么，能不能在我们定义pt这个对象的同时，就对pt的成员变量进行初始化呢？在C++当中，给我们提供了一个**构造函数**，可以用来对类中的成员变量进行初始化。

C++规定，构造函数的名字必须和类名相同，没有返回值。我们将init这个函数删去，增加一个构造函数Point。这时程序的代码如例3-7所示，其中加灰显示的部分为新添加的代码。

例3-7

```
#include <iostream.h>
class Point
{
public:
     int x;
     int y;
     Point()      //Point类的构造函数
     {
          x=0;
          y=0;
     }
     void output()
     {
          cout<<x<<endl<<y<<endl;
     }
};

int main()
{
     Point pt;
     pt.output();
     return 0;
}
```

在程序中，Point这个构造函数没有任何返回值。我们在函数内部对x和y变量进行了初始化，按“Ctrl+F5”键编译执行程序，可以看到输出结果是两个0。

构造函数的作用是对对象本身做初始化工作，也就是给用户提供初始化类中成员变量的一种方式。可以在构造函数中编写代码，对类中的成员变量进行初始化。在例3-7的程序中，当在main函数中执行“Point pt”这条语句时，就会自动调用point这个类的构造函数，从而完成对pt对象内部数据成员x和y的初始化工作。

如果一个类中没有定义任何的构造函数，那么C++编译器在某些情况下会为该类提供一个默认的构造函数，这个默认的构造函数是一个不带参数的构造函数。只要一个类中定义了一个构造函数，不管这个构造函数是否是带参数的构造函数，C++编译器就不再提供默认的构造函数。也就是说，如果为一个类定义了一个带参数的构造函数，还想要无参数的构造函数，则必须自己定义。

知识点 国内很多介绍 C++的图书，对于构造函数的说明，要么是错误的，要么没有真正说清楚构造函数的作用。在网友 backer 的帮助下，我们参看了 ANSI C++的 ISO 标准，并从汇编的角度试验了几种主流编译器的行为，对于编译器提供默认构造函数的行为得出了下面的结论：

如果一个类中没有定义任何的构造函数，那么编译器只有在以下三种情况下，才会提供默认的构造函数：

1．类有虚拟成员函数或者虚拟继承父类（即有虚拟基类）；

2．类的基类有构造函数（可以是用户定义的构造函数，或编译器提供的默认构造函数）；

3．在类中的所有非静态的对象数据成员所属的类中有构造函数（可以是用户定义的构造函数，或编译器提供的默认构造函数）。

3.2.3 析构函数

当一个对象的生命周期结束时，我们应该去释放这个对象所占有的资源，这可以利用析构函数来完成。析构函数的定义格式为：~类名()，如：~point()。

析构函数是“反向”的构造函数。析构函数不允许有返回值，**更重要的是析构函数不允许带参数，并且一个类中只能有一个析构函数。**析构函数的作用正好与构造函数相反，析构函数用于清除类的对象。当一个类的对象超出它的作用范围时，对象所在的内存空间被系统回收，或者在程序中用 delete 删除对象时，析构函数将自动被调用。对一个对象来说，析构函数是最后一个被调用的成员函数。

根据析构函数的这种特点，我们可以在构造函数中初始化对象的某些成员变量，为其分配内存空间（堆内存），在析构函数中释放对象运行期间所申请的资源。

例如，下面这段程序：

```
class Student
{
private:
    char *pName;
public:
    Student()
    {
        pName=new char[20];
    }
    ~Student()
    {
        delete[] pName;
    }
};
```

在 Student 类的构造函数中，给字符指针变量 pName 在堆上分配了 20 个字符的内存空间，在析构函数中调用 delete，释放在堆上分配的内存。如果没有 delete[] pName 这句代码，当我们定义一个 Student 的对象，在这个对象生命周期结束时，在它的构造函数中分配的这块堆内存就会丢失，造成内存泄漏。

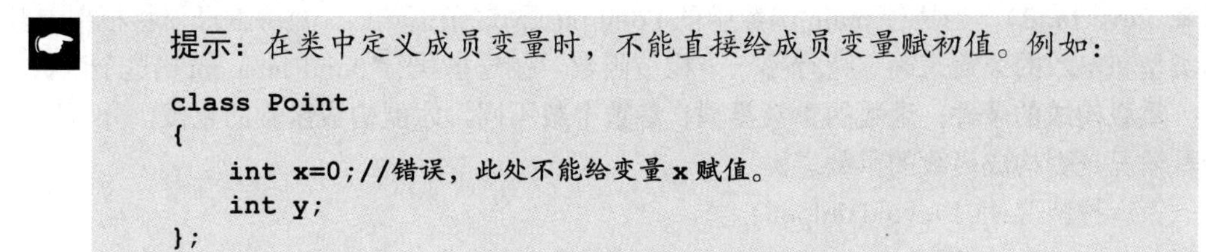

提示：在类中定义成员变量时，不能直接给成员变量赋初值。例如：

```
class Point
{
    int x=0;//错误，此处不能给变量 x 赋值。
    int y;
};
```

不过在最新的 C++ 11 标准中，这种赋初值的方式是允许的。

3.2.4　函数的重载

我们希望在构造 pt 这个对象的同时，传递 x 坐标和 y 坐标的值。可以再定义一个构造函数，如例 3-8 所示。

例 3-8

```
#include <iostream.h>
class Point
{
public:
    int x;
    int y;
    Point()
    {
        x=0;
        y=0;
    }
    Point(int a, int b)
    {
        x=a;
        y=b;
    }
    void output()
    {
        cout<<x<<endl<<y<<endl;
    }
};


int main()
{
    Point pt(5,5);
    pt.output();
    return 0;
}
```

在这个程序中，有两个构造函数，它们的函数名是一样的，只是参数的类型和个数不一样，这在 C 语言中是不被允许的，而在 C++中上述定义是合法的，**这就是 C++中函数的重载（overload）**。当执行 main 函数中的 Point pt(5,5)这条语句时，C++编译器将根据参数的类型和参数的个数来确定执行哪一个构造函数，在这里执行 Point(int a, int b)这个函数。

重载构成的条件：函数的参数类型、参数个数不同，才能构成函数的重载。分析以下两种情况是否构成函数的重载。

第一种情况：（1）void output();

（2）int output();

第二种情况：（1）void output(int a, int b=5);

（2）void output(int a);

对于第一种情况，当我们在程序中调用 output()函数时，读者认为应该调用的是哪一个函数呢？**要注意：只有函数的返回类型不同是不能构成函数的重载的。**

对于第二种情况，当我们在程序中调用 output(5)时，应该调用哪一个函数呢？调用（1）的函数可以吗？当然是可以的，因为（1）的函数第二个参数有一个默认值，因此可以认为调用的是第一个函数；当然也可以调用（2）的函数。由于调用有歧义，因此这种情况也不能构成函数的重载。**在函数重载时，要注意函数带有默认参数的这种情况。**

3.2.5 this 指针

我们再看例 3-9 所示的这段代码（EX04.CPP）：

例 3-9

```
#include "pch.h"
#include <iostream>
using namespace std;

class Point
{
public:
     int x;
     int y;
     Point()
     {
          x=0;
          y=0;
     }
     Point(int a,int b)
     {
          x=a;
          y=b;
     }
     void output()
     {
          cout<<x<<endl<<y<<endl;
```

```
	}
	void input(int x,int y)
	{
		x=x;
		y=y;
	}
};
int main()
{
	Point pt(5,5);
	pt.input(10,10);
	pt.output();
	return 0;
}
```

我们在 Point 类中定义了一个 input 函数。在这个函数中，用参数 *x* 和参数 *y* 分别给成员变量 *x* 和 *y* 进行了赋值。在 main 函数中，先调用 pt 对象的 input 函数，接收用户输入的坐标值，然后调用 output 函数输出 pt 对象的坐标值。

读者可以先思考一下这段程序的运行结果，然后编译运行，看看结果和你所思考的结果是不是一样的。

有的读者可能会认为在 input（int x, int y）函数中，利用形参 *x* 和形参 *y* 对 point 类中的成员变量 *x* 和 *y* 进行了赋值，然而事实是这样的吗？因为变量的可见性，point 类的成员变量 *x* 和 *y* 在 input（int x, int y）这个函数中是不可见的，所以，我们实际上是将形参 x 的值赋给了形参 x，将形参 y 的值赋给了形参 *y*，根本没有给 point 类的成员变量 *x* 和 *y* 进行赋值，程序运行的结果当然就是“5,5”了。

如何在 input（int x, int y）这个函数中对 point 类的成员变量 *x* 和 *y* 进行赋值呢？有的读者马上就想到，将 input 函数的参数名改一下不就可以了吗？比如：将函数改为 input（int a, int b），当然，这也是一种解决办法。如果我们不想改变函数的参数名，那么又如何去给 Point 类的成员变量 *x* 和 *y* 进行赋值呢？

在这种情况下，可以利用 C++提供的一个特殊的指针——this 来完成这个工作。this 指针是一个隐含的指针，它是指向对象本身的，代表了对象的地址。一个类所有的对象调用的成员函数都是同一个代码段，那么，成员函数又是怎么识别属于不同对象的数据成员呢？原来，在对象调用 pt.input（10,10）时，成员函数除了接收两个实参外，还接收到了 pt 对象的地址，这个地址被一个隐含的形参 this 指针所获取，它等同于执行 this=&pt。所有对数据成员的访问都隐含地被加上了前缀 this->。例如：x=0; 等价于 this->x=0。

利用 this 指针，我们重写 input（int x, int y）函数，结果如例 3-10 所示。

例 3-10

```
#include "pch.h"
#include <iostream>
using namespace std;

class Point
```

```
{
public:
    int x;
    int y;
    Point()
    {
        x=0;
        y=0;
    }
    Point(int a,int b)
    {
        x=a;
        y=b;
    }
    void output()
    {
        cout<<x<<endl<<y<<endl;
    }
    void input(int x,int y)
    {
        this->x=x;
        this->y=y;
    }
};
void main()
{
    Point pt(5,5);
    pt.input(10,10);
    pt.output();
}
```

再编译运行，此时的结果就如预期所料了。

3.2.6 类的继承

1．继承

我们定义一个动物类，对于动物来说，它应该具有吃、睡觉和呼吸的方法。

```
class Animal
{
public:
    void eat()
    {
        cout<<"animal eat"<<endl;
    }
    void sleep()
    {
        cout<<"animal sleep"<<endl;
```

```
    }
    void breathe()
    {
        cout<<"animal breathe"<<endl;
    }
};
```

我们再定义一个鱼类，对于鱼来说，它也应该具有吃、睡觉和呼吸的方法。

```
class Fish
{
public:
    void eat()
    {
        cout<<"fish eat"<<endl;
    }
    void sleep()
    {
        cout<<"fish sleep"<<endl;
    }
    void breathe()
    {
        cout<<"fish breathe"<<endl;
    }
};
```

如果我们再定义一个绵羊类，对于绵羊来说，它也具有吃、睡觉和呼吸的方法，我们是否又需要重写一遍代码呢？既然鱼和绵羊都是动物，是否可以让鱼和绵羊继承动物的方法呢？**在 C++中，提供了一种重要的机制，就是继承。**类是可以继承的，我们可以基于 Animal 这个类来创建 Fish 类，Animal 称为基类（Base Class，也称为父类），Fish 称为派生类（Derived Class，也称为子类）。派生类除了自己的成员变量和成员方法外，还可以继承基类的成员变量和成员方法。

重写 Animal 类和 Fish 类，让 Fish 从 Animal 继承，代码如例 3-11 所示（EX05.CPP）。

例 3-11

```
#include "pch.h"
#include <iostream>
using namespace std;

class Animal
{
public:
    void eat()
    {
        cout<<"animal eat"<<endl;
    }
    void sleep()
```

```
	{
		cout<<"animal sleep"<<endl;
	}
	void breathe()
	{
		cout<<"animal breathe"<<endl;
	}
};
class Fish : public Animal
{
};
int main()
{
	Animal an;
	Fish fh;
	an.eat();
	fh.eat();
	return 0;
}
```

虽然Fish类没有显式地编写一个方法，但Fish类从Animal类已经继承了eat、sleep、breathe方法，我们通过编译运行可以看到结果。

下面，我们在Animal类和Fish类中分别添加构造函数和析构函数，然后在main函数中定义一个Fish类的对象fh，看看在构造Fish类的对象时，Animal类的构造函数是否被调用；如果被调用，那么Animal类和Fish类的构造函数的被调用顺序是怎样的。完整代码如例3-12所示（EX06.CPP）。

例3-12

```
#include "pch.h"
#include <iostream>
using namespace std;

class Animal
{
public:
	Animal()
	{
		cout<<"animal construct"<<endl;
	}
	~Animal()
	{
		cout<<"animal destruct"<<endl;
	}
	void eat()
	{
		cout<<"animal eat"<<endl;
	}
```

```
        void sleep()
        {
            cout<<"animal sleep"<<endl;
        }
        void breathe()
        {
            cout<<"animal breathe"<<endl;
        }
    };
    class Fish : public Animal
    {
    public:
        Fish()
        {
            cout<<"fish construct"<<endl;
        }
        ~Fish()
        {
            cout<<"fish destruct"<<endl;
        }
    };
    int main()
    {
        Fish fh;
        return 0;
    }
```

编译运行，出现如图 3.5 所示的结果。

可以看到当构造 Fish 类的对象 fh 时，Animal 类的构造函数也要被调用，而且在 Fish 类的构造函数调用之前被调用。当然，这也很好理解，没有父亲就没有孩子，因为 Fish 类从 Animal 类继承而来，所以在 Fish 类的对象构造之前，Animal 类的对象要先构造。在析构时正好相反。

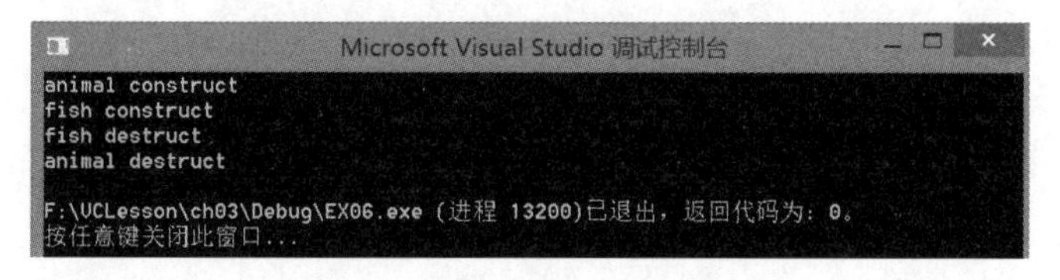

图 3.5　EX06 程序的运行结果

2. 在子类中调用父类带参数的构造函数

下面我们修改一下 Animal 类的构造函数，增加两个参数 height 和 weight，分别表示动物的高度和重量。代码如例 3-13 所示。

例 3-13

```
#include "pch.h"
#include <iostream>
```

```
using namespace std;

class Animal
{
public:
    Animal(int height, int weight)
    {
        cout<<"animal construct"<<endl;
    }
    ~Animal()
    {
        cout<<"animal destruct"<<endl;
    }
    void eat()
    {
        cout<<"animal eat"<<endl;
    }
    void sleep()
    {
        cout<<"animal sleep"<<endl;
    }
    void breathe()
    {
        cout<<"animal breathe"<<endl;
    }
};
class Fish : public Animal
{
public:
    Fish()
    {
        cout<<"fish construct"<<endl;
    }
    ~Fish()
    {
        cout<<"fish destruct"<<endl;
    }
};
int main()
{
    fish fh;
    return 0;
}
```

当我们编译这个程序时，就会出现如下错误：

```
1>f:\vclesson\ch03\ex06\ex06.cpp(33): error C2512: “Animal”: 没有合适的默认构造函数可用
1>f:\vclesson\ch03\ex06\ex06.cpp(5): note: 参见“Animal”的声明
```

那么这个错误是如何出现的呢？当我们构造 Fish 类的对象 fh 时，它需要先构造 Animal 类的对象，调用 Animal 类的默认构造函数（即不带参数的构造函数），而在我们的程序中，Animal 类只有一个带参数的构造函数，在编译时，因找不到 Animal 类的默认构造函数而出错。

因此，在构造 Fish 类的对象时（调用 Fish 类的构造函数时），要想办法去调用 Animal 类的带参数的构造函数，那么，我们如何在子类中向父类的构造函数传递参数呢？可以采用如例 3-14 所示的方式，在构造子类时，显式地去调用父类的带参数的构造函数。

例 3-14

```
#include "pch.h"
#include <iostream>
using namespace std;

class Animal
{
public:
    Animal(int height, int weight)
    {
        cout<<"animal construct"<<endl;
    }
    …
};
class Fish : public Animal
{
public:
    Fish() : Animal(400,300)
    {
        cout<<"fish construct"<<endl;
    }
    …
};
int main()
{
    fish fh;
    return 0;
}
```

注意程序中以粗体显示的代码。在 fish 类的构造函数后，加一个冒号（:），然后加上父类带参数的构造函数。这样，在子类的构造函数被调用时，系统就会去调用父类带参数的构造函数去构造对象。这种初始化方式，还常用来对类中的常量（const）成员进行初始化，如下面的代码所示：

```
class Point
{
public:
     point():x(0),y(0)
```

```
private:
    const int x;
    const int y;
};
```

当然，类中普通的成员变量也可以采取这种方式进行初始化，然而，这就没有必要了。

3．类的继承及类中成员的访问特性

在类中还有另外一种成员访问权限修饰符：protected。下面是 public、protected、private 三种访问权限的比较：

- public 定义的成员可以在任何地方被访问。
- protected 定义的成员只能在该类及其子类中访问。
- private 定义的成员只能在该类自身中访问。

对于继承，也可以有 public、protected 或 private 这三种访问权限去继承基类中的成员，例如，例 3-14 所示代码中，Fish 类继承 Animal 类，就是采用 public 的继承方式。如果在定义派生类时没有指定如何继承访问权限，则默认为 private。如果派生类以 private 访问权限继承基类，则基类中的成员在派生类中都变成了 private 类型的访问权限。如果派生类以 public 访问权限继承基类，则基类中的成员在派生类中仍以原来的访问权限在派生类中出现。如果派生类以 protected 访问权限继承基类，则基类中的 public 和 protected 成员在派生类中都变成了 protected 类型的访问权限。

> **注意：**基类中的 private 成员不能被派生类访问，因此，private 成员不能被派生类所继承。

4．多重继承

如同该名字中所描述的，一个类可以从多个基类中派生。在派生类由多个基类派生的多重继承模式中，基类是用基类表语法成分来说明的，多重继承的语法与单一继承很类似，只需要在声明继承的多个类之间加上逗号来分隔，定义形式如下。

```
class 派生类名：访问权限 基类名称，访问权限 基类名称，访问权限 基类名称
{
    ……
};
```

例如 B 类是由类 C 和类 D 派生的，可按如下方式进行说明。

```
class B：public C, public D
{
    ……
}
```

基类的说明顺序一般没有重要的意义，除非在某些情况下要调用构造函数和析构函数时，会有一些影响。

- 由构造函数引起的初始化发生的顺序。如果你的代码依赖于 B 的 D 部分要在 C 部

分之前初始化，则此说明顺序将很重要，你可以在继承表中把 D 类放到 C 类的前面。初始化是按基类表中的说明顺序进行初始化的。

- 激活析构函数以做清除工作的顺序。同样，当类的其他部分正在被清除时，如果某些特别部分要保留，则该顺序也很重要。析构函数的调用是按基类表说明顺序的反向进行调用的。

虽然多重继承使程序编写更具有灵活性，并且更能真实地反映现实生活，但由此带来的麻烦也不小。我们看例 3-15 所示的程序（EX07.CPP）：

例 3-15

```
1. #include <iostream>
2. class B1
3. {
4. public:
5.      void output();
6. };
7. class B2
8. {
9. public:
10.     void output();
11. };
12. void B1::output()
13. {
14.     std::cout<<"call the class B1"<<std::endl;
15. }
16. void B2::output()
17. {
18.     std::cout<<"call the class B2"<<std::endl;
19. }
20.
21. class A:public B1,public B2
22. {
23. public:
24.     void show();
25. };
26. void A::show()
27. {
28.     std::cout<<"call the class A"<<std::endl;
29. }
30. int main()
31. {
32.     A a;
33.     a.output();          //该语句编译时会报错
34.     a.show();
35.     return 0;
36. }
```

例 3-15 的程序乍一看好像没有错误，但是，编译时就会出错。原因何在？由第 21 行代码我们知道派生类 A 是从基类 B1 和 B2 多重继承而来的，而基类 B1 和 B2 各有一个 output()函数，在第 33 行，当类 A 的对象 a 要使用 a.output()时，编译器无法确定用户需要的到底是哪一个基类的 output()函数，而产生如下的错误信息，请读者注意。

```
1>f:\vclesson\ch03\ex07\ex07.cpp(37): error C2385: 对“output”的访问不明确
1>f:\vclesson\ch03\ex07\ex07.cpp(37): note: 可能是“output”(位于基“B1”中)
1>f:\vclesson\ch03\ex07\ex07.cpp(37): note: 也可能是“output”(位于基“B2”中)
```

3.2.7 虚函数与多态性、纯虚函数

1. 虚函数与多态性

因为鱼的呼吸是吐泡泡，和一般动物的呼吸不太一样，所以我们在 Fish 类中重新定义 breathe 方法。我们希望如果对象是鱼，就调用 Fish 类的 breathe()方法，如果对象是动物，那么就调用 Animal 类的 breathe()方法。程序代码如例 3-16 所示（EX08.CPP）。

例 3-16

```
#include "pch.h"
#include <iostream>
using namespace std;

class Animal
{
public:
     void eat()
     {
          cout<<"animal eat"<<endl;
     }
     void sleep()
     {
          cout<<"animal sleep"<<endl;
     }
     void breathe()
     {
          cout<<"animal breathe"<<endl;
     }
};
class Fish : public Animal
{
public:
     void breathe()
     {
          cout<<"fish bubble"<<endl;
     }
};

void fn(Animal *pAn)
```

```
{
    pAn->breathe();
}
int main()
{
    Animal *pAn;
    Fish fh;
    pAn=&fh;
    fn(pAn);
    return 0;
}
```

我们在 Fish 类中重新定义了 breathe()方法，采用吐泡泡的方式进行呼吸。接着定义了一个全局函数 fn()，指向 Animal 类的指针作为 fn()函数的参数。在 main()函数中，定义了一个 Fish 类的对象，将它的地址赋给了指向 Animal 类的指针变量 pAn，然后调用 fn()函数。看到这里，我们可能会有些疑惑，照理说，C++是强类型的语言，对类型的检查应该是非常严格的，但是，我们将 Fish 类的对象 fh 的地址直接赋给指向 Animal 类的指针变量，C++编译器居然不报错。这是因为 Fish 对象也是一个 Animal 对象，将 Fish 类型转换为 Animal 类型不用强制类型转换，C++编译器会自动进行这种转换。反过来，则不能把 Animal 对象看成是 Fish 对象，如果一个 Animal 对象确实是 Fish 对象，那么在程序中需要进行强制类型转换，这样编译才不会报错。

读者可以猜想一下例 3-16 运行的结果，输出的结果应该是"animal breathe"，还是"fish bubble"呢？

运行这个程序，你将看到如图 3.6 所示的结果。

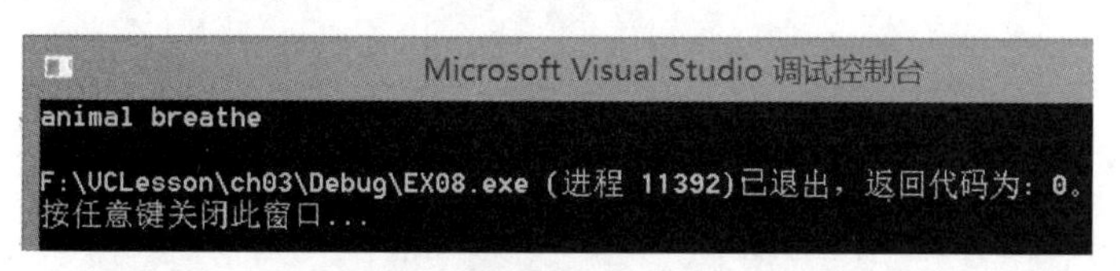

图 3.6　EX08 程序的运行结果（一）

为什么输出的结果不是"fish bubble"呢？这是因为在我们将 Fish 类的对象 fh 的地址赋给 pAn 时，C++编译器进行了类型转换，此时 C++编译器认为变量 pAn 保存的就是 Animal 对象的地址。当在 fn 函数中执行 pAn->breathe()时，调用的当然就是 Animal 对象的 breathe 函数。

为了帮助读者更好地理解对象类型的转换，我们给出了 Fish 对象内存模型，如图 3.7 所示。

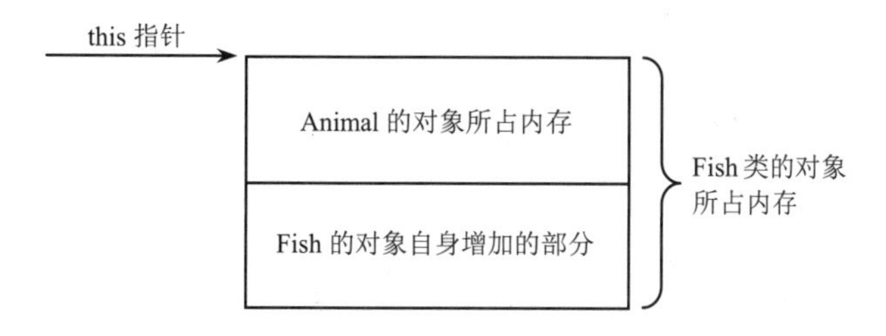

图 3.7　Fish 类对象的内存模型

当我们构造 Fish 类的对象时，首先要调用 Animal 类的构造函数去构造 Animal 类的对象，然后才调用 Fish 类的构造函数完成自身部分的构造，从而拼接出一个完整的 Fish 对象。当我们将 Fish 类的对象转换为 Animal 类型时，该对象就被认为是原对象整个内存模型的上半部分，也就是图 3.7 中的“Animal 的对象所占内存”。当我们利用类型转换后的对象指针去调用它的方法时，自然也就是调用它所在的内存中的方法。因此，出现如图 3.6 所示的运行结果，也就顺理成章了。

现在我们在 Animal 类的 breathe()方法前面加上一个 virtual 关键字，结果如例 3-17 所示。

例 3-17

```
#include "pch.h"
#include <iostream>
using namespace std;

class Animal
{
public:
    void eat()
    {
        cout<<"animal eat"<<endl;
    }
    void sleep()
    {
        cout<<"animal sleep"<<endl;
    }
    virtual void breathe()
    {
        cout<<"animal breathe"<<endl;
    }
};
class Fish : public Animal
{
public:
    void breathe()
    {
        cout<<"fish bubble"<<endl;
    }
};

void fn(Animal *pAn)
{
    pAn->breathe();
}
int main()
{
    Animal *pAn;
    Fish fh;
```

```
        pAn=&fh;
        fn(pAn);
        return 0;
    }
```

用 virtual 关键字申明的函数叫作虚函数。运行例 3-17 这个程序，结果调用的是 fish 类的呼吸方法。

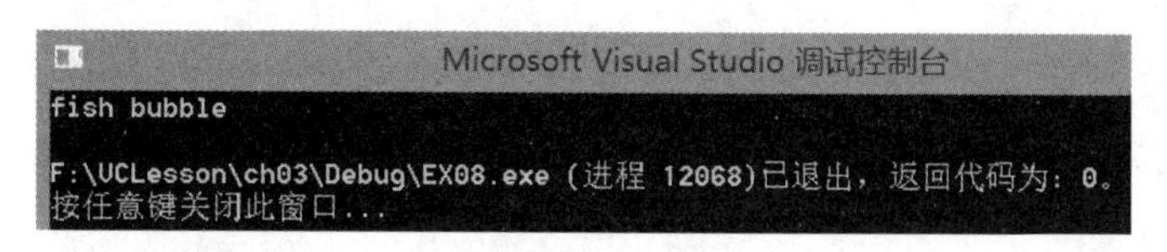

图 3.8　EX08 程序的运行结果（二）

这就是 C++中的多态性。当 C++编译器在编译的时候，发现 Animal 类的 breathe()函数是虚函数，这个时候 C++就会采用迟绑定（late binding）技术。也就是编译时并不确定具体调用的函数，而是在运行时，依据对象的类型（在程序中，我们传递的 Fish 类对象的地址）来确认调用的是哪一个函数，这种能力就叫作 C++的多态性。我们没有在 breathe()函数前加 virtual 关键字时，C++编译器在编译时就确定了哪个函数被调用，这叫作早期绑定（early binding）。

C++的多态性是通过迟绑定技术来实现的，关于迟绑定技术，读者可以参看相关的书籍，在这里，我们就不深入讲解了。

C++的多态性用一句话概括就是：**在基类的函数前加上 virtual 关键字，在派生类中重写该函数，运行时将会根据对象的实际类型来调用相应的函数**。如果对象类型是派生类，就调用派生类的函数；如果对象类型是基类，就调用基类的函数。

2. 纯虚函数

将 breathe()函数申明为纯虚函数，结果如例 3-18 所示。

例 3-18

```
class Animal
{
public:
    void eat()
    {
        cout<<"animal eat"<<endl;
    }
    void sleep()
    {
        cout<<"animal sleep"<<endl;
    }
    virtual void breathe() = 0;
};
```

纯虚函数是指被标明为不具体实现的虚成员函数（注意：纯虚函数也可以有函数体，但这种提供函数体的用法很少见）。纯虚函数可以让类先具有一个操作名称，而没有操作内容，让派生类在继承时再去具体地给出定义。含有纯虚函数的类叫作抽象类，这种类不能声明对象，只是作为基类为派生类服务。在派生类中必须完全实现基类的纯虚函数，否则，派生类也变成了抽象类，不能实例化对象。

纯虚函数多用在一些方法行为的设计上。在设计基类时，不太好确定或将来的行为多种多样，而此行为又是必需的，我们就可以在基类的设计中，以纯虚函数来声明此种行为，而不具体实现它。

> **注意**：C++的多态性是由虚函数来实现的，而不是纯虚函数。在子类中如果有对基类虚函数的覆盖定义，那么无论该覆盖定义是否有 virtual 关键字，都是虚函数。

3.2.8 函数的覆盖和隐藏

1．函数的覆盖

在上一节介绍多态性的时候，我们给出了下面的代码片段：

例 3-19

```
class Animal
{
public:
        …
    virtual void breathe()
    {
        cout<<"animal breathe"<<endl;
    }
};
class Fish : public Animal
{
public:
    void breathe()
    {
        cout<<"fish bubble"<<endl;
    }
};
```

在基类 Animal 的 breathe 函数前添加了 virtual 关键字，声明该函数为虚函数。在派生类 Fish 中重写了 breathe 函数，我们注意到，Fish 类的 breathe 函数和 Animal 类的 breathe 函数完全一样，无论是函数名，还是参数列表都是一样的，这称为函数的覆盖（override）。构成函数覆盖的条件为：

- 基类函数必须是虚函数（使用 virtual 关键字进行声明）。
- 发生覆盖的两个函数要分别位于派生类和基类中。
- 函数名称与参数列表必须完全相同。

由于 C++的多态性是通过虚函数来实现的，所以函数的覆盖总和多态关联在一起。在函数覆盖的情况下，编译器会在运行时根据对象的实际类型来确定要调用的函数。

2．函数的隐藏

我们再看例 3-20 的代码：

例 3-20

```
class Animal
{
public:
        …
    void breathe()
    {
        cout<<"animal breathe"<<endl;
    }
};
class Fish : public Animal
{
public:
    void breathe()
    {
        cout<<"fish bubble"<<endl;
    }
};
```

你看出来这段代码和例 3-19 所示代码的区别了吗？在这段代码中，派生类 Fish 中的 breathe 函数和基类 Animal 中的 breathe 函数也是完全一样的，不同的是 breathe 函数不是虚函数，这种情况称为函数的隐藏。**所谓隐藏，是指派生类中具有与基类同名的函数（不考虑参数列表是否相同），从而在派生类中隐藏了基类的同名函数。**

初学者很容易把函数的隐藏与函数的覆盖、重载相混淆，我们看下面两种函数隐藏的情况：

（1）派生类的函数与基类的函数完全相同（函数名和参数列表都相同），只是基类的函数没有使用 virtual 关键字。此时基类的函数将被隐藏，而不是被覆盖（请参照上文讲述的函数覆盖进行比较）。

（2）派生类的函数与基类的函数同名，但参数列表不同，在这种情况下，不管基类的函数声明是否有 virtual 关键字，基类的函数都将被隐藏。注意这种情况与函数重载的区别，重载发生在同一个类中。

下面我们给出一个例子，以帮助读者更好地理解函数的覆盖和隐藏，代码如例 3-21 所示。

例 3-21

```
class Base
{
public:
     virtual void fn();
};
class Derived : public Base
```

```
{
public:
     void fn(int);
};

class Derived2 : public Derived
{
public:
     void fn();
};
```

在这个例子中，Derived 类的 fn(int)函数隐藏了 Base 类的 fn()函数，Derived 类 fn(int)函数不是虚函数（注意和覆盖相区别）。Derived2 类的 fn()函数隐藏了 Derived 类的 fn(int)函数，由于 Derived2 类的 fn()函数与 Base 类的 fn()函数具有同样的函数名和参数列表，因此 Derived2 类的 fn()函数是一个虚函数，覆盖了 Base 类的 fn()函数。注意，在 Derived2 类中，Base 类的 fn()函数是不可见的，但这并不影响 fn 函数的覆盖。

当隐藏发生时，如果在派生类的同名函数中想要调用基类的被隐藏函数，那么可以使用“基类名::函数名(参数)”的语法形式。例如，要在 Derived 类的 fn(int)方法中调用 Base 类的 fn()方法，可以使用 Base::fn()语句。

有的读者可能会想，我怎样才能更好地区分覆盖和隐藏呢？实际上只要记住一点：函数的覆盖发生在派生类与基类之间，两个函数必须完全相同，并且都是虚函数。那么不属于这种情况的就是隐藏了。

最后，我们再给出一个例子，留给读者思考，代码如例 3-22 所示（EX09.CPP）。

例 3-22

```
#include "pch.h"
#include <iostream>
using namespace std;

class Base
{
public:
        virtual void xfn(int i)
        {
            cout<<"Base::xfn(int i)"<<endl;
        }

        void yfn(float f)
        {
            cout<<"Base::yfn(float f)"<<endl;
        }

        void zfn()
        {
            cout<<"Base::zfn()"<<endl;
```

```
        }
};

class Derived : public Base
{
public:
        void xfn(int i) //覆盖了基类的 xfn 函数
        {
            cout<<"Drived::xfn(int i)"<<endl;
        }

        void yfn(int c) //隐藏了基类的 yfn 函数
        {
            cout<<"Drived::yfn(int c)"<<endl;
        }

        void zfn()      //隐藏了基类的 zfn 函数
        {
            cout<<"Drived::zfn()"<<endl;
        }
};


int main()
{
        Derived d;

        Base *pB=&d;
        Derived *pD=&d;

        pB->xfn(5);
        pD->xfn(5);

        pB->yfn(3.14f);
        pD->yfn(3.14f);

        pB->zfn();
        pD->zfn();
        return 0;
}
```

3.2.9　引用

在 C++中，还有一个引用的概念。引用就是一个变量的别名，它需要用另一个变量或对象来初始化自身。引用就像一个人的外号一样，例如：有一个人，他的名字叫作张旭，因他在家排行老三，所以别人给他取了一个外号叫张三，这样，我们叫张三或张旭，指的都是同一个人。下面的代码声明了一个引用 b，并用变量 a 进行了初始化。

```
int a = 5;
int &b = a; //用&表示申明一个引用。引用必须在申明时进行初始化
```

考虑下面代码：

```
int a = 5;
int &b = a;
int c=3;
b=c;          //此处并不是将 b 变成 c 的引用，而是给 b 赋值，此时，b 和 a 的值都变成了 3
```

引用和用来初始化引用的变量指向的是同一块内存，因此通过引用或者变量可以改变同一块内存中的内容。引用一旦被初始化，它就代表了一块特定的内存，再也不能代表其他的内存。

那么引用和指针变量有什么区别呢？

引用只是一个别名，是一个变量或对象的替换名称。引用的地址没有任何意义，因此C++没有提供访问引用本身地址的方法。引用的地址就是它所引用的变量或者对象的地址，对引用的地址所做的操作就是对被引用的变量或对象的地址所做的操作。指针是地址，指针变量要存储地址值，因此要占用存储空间，我们可以随时修改指针变量所保存的地址值，从而指向其他的内存。

引用和指针变量的内存模型如图 3.9 所示。

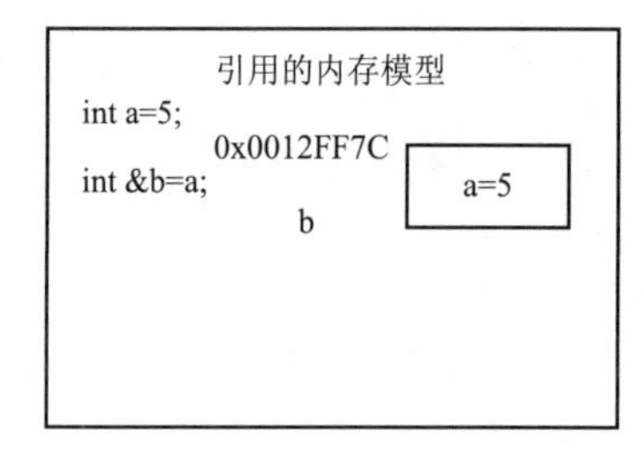

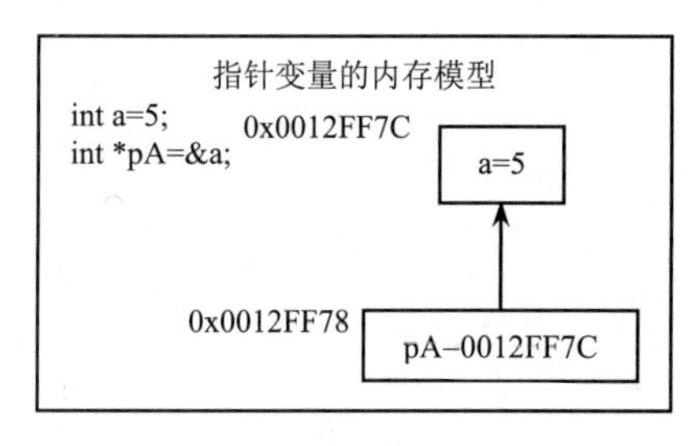

图 3.9　引用和指针变量的内存模型

在编写程序时，很少直接使用引用，即用一个变量来初始化一个引用（int a; int &b=a），如果这么做，那么通过变量和引用都可以修改同一块内存的内容，在程序中，就很容易出现问题，不知道此时内存中的值到底是多少了。

引用多数用在函数的形参定义上，在调用函数传参时，我们经常使用指针传递，一是避免在实参占较大内存时发生值的复制，二是完成一些特殊的作用，例如，要在函数中修改实参所指向内存中的内容。同样，使用引用作为函数的形参也能完成指针的功能，在有些情况下还能达到比使用指针更好的效果。

下面，我们以一段程序的讲解作为引用这一小节的结束，如例 3-23 所示。

例 3-23

```
#include <iostream>
using namespace std;

//change 函数主要用来交换 a 和 b 的值
```

```
void change(int& a,int& b);

int main()
{
    int x=5;
    int y=3;
    cout<<"original x="<<x<<endl;
    cout<<"original y="<<y<<endl;
    change(x,y);    //此处如果用指针传递，则调用 change（&x, &y)，这样很容易让人
                    迷惑，不知道交换的是 x 和 y 的值，还是 x 和 y 的地址？此处用引用，
                    可读性就比指针要好
    cout<<"changed x="<<x<<endl;
    cout<<"changed y="<<y<<endl;
    return 0;
}
/*在 change()函数的实现中，我们采用了一个小算法，完成了 a 和 b 值的交换，读者下来可以仔
细研读，细细体味一下（读者还可以采用其他的方法，当然也可以直接使用通常的实现，定义一个
临时变量，完成 a 和 b 值的交换）*/
void change(int& a,int& b)
{
    a=a ^ b;
    b=a ^ b;
    a=a ^ b;
}
```

3.2.10　C++类的设计习惯及头文件重复包含问题的解决

在设计一个类的时候，通常是将类的定义及类成员函数的声明放到头文件（即.h 文件）中，将类中成员函数的实现放到源文件（即.cpp）中。对于 Animal 类需要 animal.h 和 animal.cpp 两个文件，同样，对于 Fish 类需要 fish.h 和 fish.cpp。对于 main()函数，我们把它单独放到 EX10.cpp 文件中。

首先我们按照第 3.2 节介绍的方式，在 ch03 解决方案中添加一个新项目 EX10，依然选择“Windows 控制台应用程序”，这将会自动生成一个 EX10.CPP。接下来我们就将 Animal 类和 Fish 类的定义各自拆分成两个文件：头文件和源文件。

往一个现有项目（注意，在多项目的解决方案中，要将该项目设置为启动项目）中添加头文件（.h 文件）或源文件（.cpp 文件）有两种方式：一种是在“解决方案资源管理器”中，找到要添加文件的项目，在该项目下，在“头文件”节点上单击鼠标右键，在弹出菜单中选择【添加】→【新建项】，如图 3.10 所示。

在接下来的“添加新项”对话框中，选中“头文件(.h)”，输入文件名：animal.h，如图 3.11 所示。

单击“添加”按钮，完成 animal.h 头文件的添加。

接下来，在“解决方案资源管理器”窗口中，在“源文件”节点上单击鼠标右键，在弹出菜单中选择【添加】→【新建项】，在出现的“添加新项”对话框中，选中“C++文

件(.cpp)”，输入文件名：animal.cpp，然后单击“添加”按钮完成添加。过程和添加头文件类似。

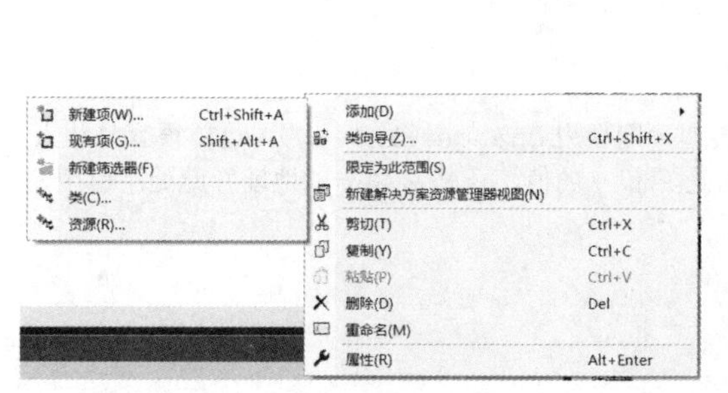

图 3.10　新建头文件

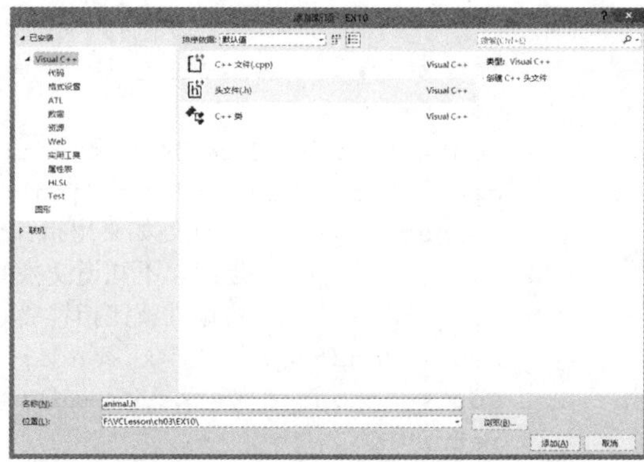

图 3.11　新建 animal.h 头文件

添加 Fish 类的头文件和源文件，我们采用另一种方式。另一种方式是直接添加类，Visual Studio 开发环境会自动给你提供头文件和源文件。在“解决方案资源管理器”窗口中，直接在项目上单击鼠标右键，在弹出菜单中选择【添加】→【类】，出现如图 3.12 所示的添加类对话框。

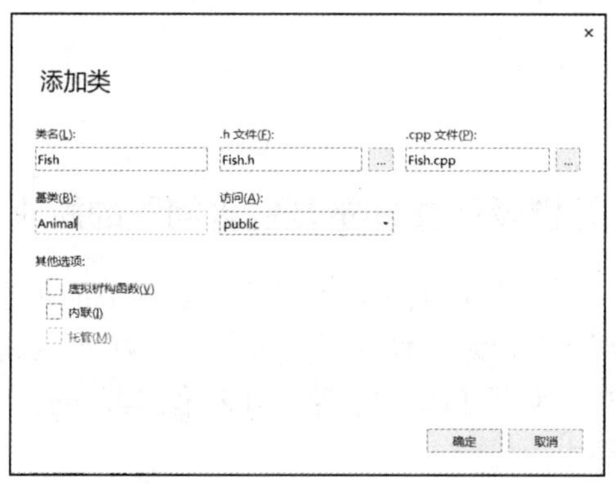

图 3.12　新建 Fish 类

输入类名和基类的名字后，单击“确定”按钮，完成添加。

提示：Visual Studio 2017 生成的头文件中包含了如下的一句指令代码，我们先将其注释起来，本节后面会解释该句代码的作用。

```
#pragma once
```

代码如例 3-24 所示。

例 3-24

```
animal.h
//在头文件中包含类的定义及类成员函数的声明
class Animal
```

```
{
public:
    Animal();
    ~Animal();
    void eat();
    void sleep();
    virtual void breathe();
};
```

animal.cpp

```
//在源文件中包含类中成员函数的实现
#include "pch.h"
#include "animal.h"            //因为在编译 animal.cpp 时，编译器不知道 animal 到底
                               是什么，所以要包含 animal.h，这样，编译器就知道 animal
                               是一种类的类型
#include <iostream>            //在包含头文件时，<>和""有什么区别？<>和""表示编译器
                               在搜索头文件时的顺序不同，<>表示从系统目录下开始搜索，
                               然后再搜索 PATH 环境变量所列出的目录，不搜索当前目录；
                               ""表示先从当前目录搜索，然后是系统目录和 PATH 环境变
                               量所列出的目录。所以如果我们知道头文件在系统目录下，
                               就可以直接用<>，这样可以加快搜索速度
using namespace std;

Animal:: Animal()              //::叫作作用域标识符，用于指明一个函数属于哪个类或一
                               个数据成员属于哪个类。::前面如果不跟类名，则表示是全局
{                              函数（即非成员函数）或全局数据
}

Animal::~ Animal()
{
}

void Animal::eat()             //注意：虽然我们在函数体中什么也没写，但仍然是实现了
                               这个函数
{
}

void Animal::sleep()
{
}

void Animal::breathe()         //注意，在头文件（.h 文件）中加了 virtual 后，在源文
                               件（.cpp 文件）中就不必再加 virtual 了
{

    cout<<"animal breathe"<<endl;
}
```

fish.h

```
#include "animal.h"          //因 fish 类从 animal 类继承而来，要让编译器知道
                             animal 是一种类的类型，就要包含 animal.h 头文件

class Fish:public Animal
{
public:
     void breathe();
};
```

fish.cpp

```
#include "pch.h"
#include "fish.h"
#include <iostream>
using namespace std;
void Fish::breathe()
{
    cout<<"fish bubble"<<endl;
}
```

EX10.cpp

```
#include "pch.h"
#include "animal.h"
#include "fish.h"
void fn(Animal *pAn)
{
    pAn->breathe();
}
int main()
{
    Animal *pAn;
    Fish fh;
    pAn=&fh;
    fn(pAn);
    return 0;
}
```

接下来单击菜单【生成】→【生成 EX10】，编译结果如下：

```
1>------ 已启动生成：项目：EX10，配置：Debug Win32 ------
1>EX10.cpp
1>f:\vclesson\ch03\ex10\animal.h(3): error C2011: “Animal”:“class”类型重定义
1>f:\vclesson\ch03\ex10\animal.h(2): note: 参见“Animal”的声明
1>f:\vclesson\ch03\ex10\fish.h(4): error C2504: “Animal”: 未定义基类
1>f:\vclesson\ch03\ex10\ex10.cpp(10): error C2027: 使用了未定义类型“Animal”
1>f:\vclesson\ch03\ex10\animal.h(2): note: 参见“Animal”的声明
1>f:\vclesson\ch03\ex10\ex10.cpp(17): error C2440: “=”: 无法从“Fish *”转换为“Animal *”
1>f:\vclesson\ch03\ex10\ex10.cpp(17): note: 与指向的类型无关；强制转换要求 reinterpret_cast、C 样式强制转换或函数样式强制转换
```

这一堆错误其实都是由第一个错误引起的，也就是 Animal 类重复定义了，那么为什么会出现这个错误？请读者仔细查看 EX10.cpp 文件，在这个文件中包含了 animal.h 和 fish.h

这两个头文件。当编译器编译 EX10.cpp 文件时，因为在文件中包含了 animal.h 头文件，编译器展开这个头文件，知道 Animal 这个类定义了，接着展开 fish.h 头文件，而在 fish.h 头文件中也包含了 animal.h，再次展开 animal.h，于是 Animal 这个类就重复定义了。

要解决头文件重复包含的问题，可以使用条件预处理指令。修改后的头文件如下：

animal.h

```
#ifndef ANIMAL_H_H          //我们一般用#define 定义一个宏，是为了在程序中使用，能使程
                            序更加简洁，维护更加方便，然而在此处，我们只是为了判断
#define ANIMAL_H_H          ANIMAL_H_H 是否定义，以此来避免类重复定义，因此我们没有为
                            其定义某个具体的值。在选择宏名时，要选用一些不常用的名字，
class Animal                因为我们的程序经常会跟别人写的程序集成，如果选用一个很常用
                            的名字（例如：X），则有可能会造成一些不必要的错误
{
public:
     Animal();
     ~Animal();
     void eat();
     void sleep();
     virtual void breathe();
};
#endif
```

fish.h

```
#include "animal.h"
#ifndef FISH_H_H
#define FISH_H_H
class Fish : public Animal
{
public:
     void breathe();
};
#endif
```

我们再看 EX10.cpp 的编译过程。当编译器展开 animal.h 头文件时，条件预处理指令判断 ANIMAL_H_H 没有定义，于是就先定义它，然后继续执行，定义了 Animal 这个类；接着展开 fish.h 头文件，而在 fish.h 头文件中也包含了 animal.h，再次展开 animal.h 时条件预处理指令发现 ANIMAL_H_H 已经定义，于是跳转到#endif，执行结束。

通过分析，我们发现在这次的编译过程中，Animal 这个类只定义了一次。

再次编译执行程序，就能看到正确的结果了。

前面我们提到，Visual Studio 2017 生成的头文件中自动添加了一句指令代码：#pragma once，那么该代码有何作用呢？下面我们在 animal.h 和 fish.h 头文件中取消对该代码的注释，同时将我们编写的条件预处理指令代码注释起来。修改后的头文件如下：

animal.h

```
#pragma once
//#ifndef ANIMAL_H_H
```

```
//#define ANIMAL_H_H
class Animal
{
public:
    Animal();
    ~Animal();
    void eat();
    void sleep();
    virtual void breathe();
};
//#endif
```

```
                                    fish.h
#pragma once
#include "animal.h"
//#ifndef FISH_H_H
//#define FISH_H_H

class Fish :public Animal
{
public:
    void breathe();
};
//#endif
```

再次编译执行程序，可以看到没有出现头文件重复包含的错误。实际上，#pragma once 这句代码的也是用来避免头文件被重复包含的，不同的是，该指令代码是 Visual Studio 的 C++编译器独有的，在其他平台上编写 C++代码不能用该指令。如果咱们只是编写运行于 Windows 平台下的 C++程序，那么可以用该指令来代替条件预处理指令的使用，简单且方便。

接下来，我们看看 Visual Studio 2017 每次生成项目给我们自动生成的 pch.h 文件有什么作用。打开 pch.h 文件，你可以看到如下代码：

```
                                    pch.h
#ifndef PCH_H
#define PCH_H

// TODO: 添加要在此处预编译的标头

#endif //PCH_H
```

原来这只是一个预编译头文件（使用条件预处理指令），其作用也是为了防止头文件的重复包含，我们可以将常用的头文件在 TODO 的位置引入，或者将一些全局变量的定义放在这里。该文件没有任何实质内容，但是我们编写的源文件还必须要包含这个头文件，否则，编译就要出错，这是为什么呢？这是因为 Visual Studio 2017 在生成项目时，强制使用了该预编译头文件，所以你的源文件才不得不包含它。要想不使用该文件也很简单，单击 Visual Studio 菜单栏上的【项目】→【EX10 属性】（EX10 是你的项目名称），出现如图 3.13 所示的项目属性设置对话框。

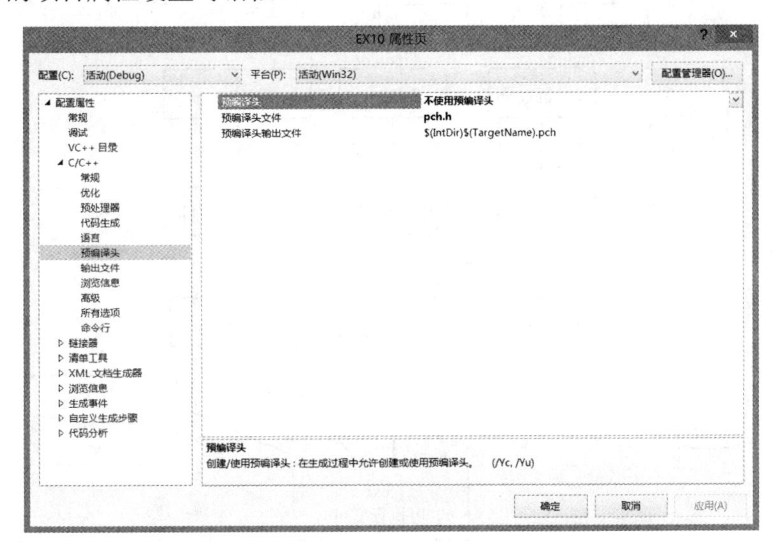

图 3.13　项目属性对话框

展开“C/C++”节点，选中“预编译头”在右侧的窗口中的“预编译头”，将其内容修改为“不使用预编译头”。单击“确定”按钮后，我们就可以在源文件中删除对 pch.h 头文件的引用了。

3.2.11　VC++程序编译链接的原理与过程

我们在 EX10 这个项目中，选择菜单【生成】→【重新生成 EX10】，重新编译所有的项目文件，可以看到如下输出：

```
1>------ 已启动全部重新生成: 项目: EX10, 配置: Debug Win32 ------
1>pch.cpp
1>animal.cpp
1>EX10.cpp
1>Fish.cpp
1>正在生成代码...
1>EX10.vcxproj -> F:\VCLesson\ch03\Debug\EX10.exe
========== 全部重新生成: 成功 1 个，失败 0 个，跳过 0 个 ==========
```

从这个输出中，我们可以看到可执行程序 EX10.exe 的产生经过了两个步骤：首先，C++编译器对项目中的三个源文件 EX10.cpp、Fish.cpp、animal.cpp 单独进行编译（Compiling...）。在编译时，先由预处理器对预处理指令（#include、#define 和#if）进行处理，在内存中输出翻译单元（一种临时文件）。编译器接受预处理的输出，将源代码转换成包含机器语言指令的三个目标文件（扩展名为 obj 的文件）：EX10.obj、fish.obj、animal.obj。注意，在编译过程中，头文件不参与编译；在 EX10 项目的 Debug 目录下，我们可以看到编译生成的 obj 文件。然后是链接过程（正在生成代码...），链接器将目标文件和你所用到的 C++类库文件一起链接生成 EX10.exe。整个编译链接的过程如图 3.14 所示。

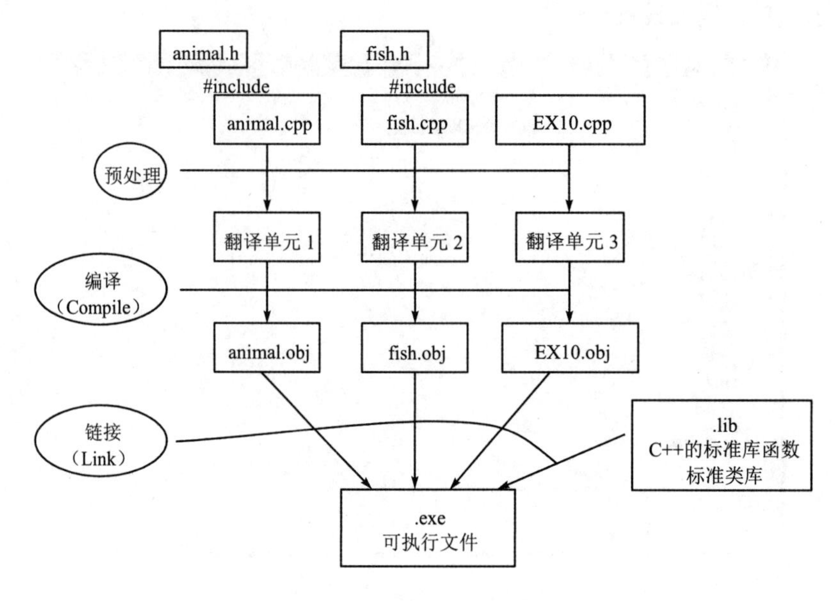

图 3.14　EX10 程序编译链接的过程

好了，到此 C++的知识就讲解完毕了。当然 C++的内容还有很多，但这一章的内容，对于我们从事 VC++开发已经足够了，还有部分 C++内容，会在后面的章节中讲解。先休息一下，然后继续我们的 VC++之旅。

第 4 章 MFC 框架程序剖析

本章将剖析基于 MFC 的框架程序，探讨 MFC 框架程序的内部组织结构。MFC（Microsoft Foundation Class，微软基础类库）是微软为了简化程序员的开发工作所开发的一套 C++类的集合，是一套面向对象的函数库，以类的方式提供给用户使用。利用这些类，可以有效地帮助程序员完成 Windows 应用程序的开发。

4.1 MFC 应用程序向导

MFC 应用程序向导是一个辅助我们生成源代码的向导工具，它可以帮助我们自动生成基于 MFC 框架的源代码。在该向导的每一个步骤中，我们都可以根据需要来选择各种特性，从而实现定制应用程序。

下面我们就利用 MFC 应用程序向导来创建一个基于 MFC 的单文档界面（SDI）应用程序。

1 启动 Visual Studio 2017，单击【文件】菜单，选择【新建】→【项目】，在出现的新建项目对话框中，在左侧窗口中选择“Visual C++”节点，在右侧窗口中选择“MFC 应用程序”。项目名称为 Test，解决方案的名称为 ch04。如图 4.1 所示。

2 单击【确定】按钮，出现 MFC 应用程序类型选项设置对话框，在“应用程序类型”的下拉列表框中选择“单个文档”，在“项目样式”的下拉列表框中选择“MFC standard”，其他保持默认选择，如图 4.2 所示。

3 单击【下一步】按钮，出现“文档模板属性”设置对话框，保持默认选择，如图 4.3 所示。

4 单击【下一步】按钮，出现“用户界面功能”设置对话框，保持默认选择，如图 4.4 所示。

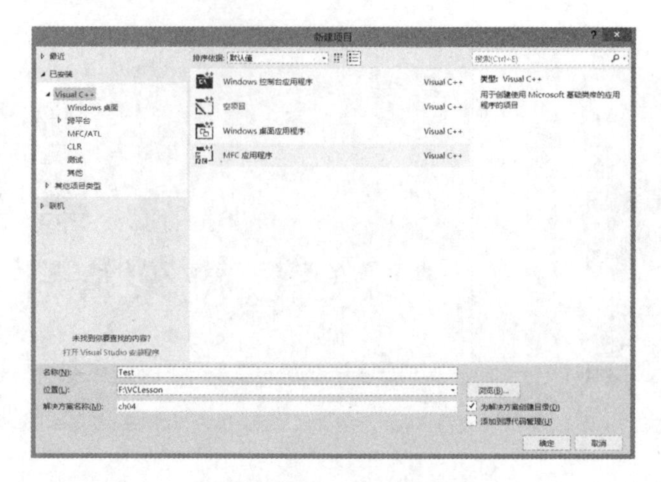

图 4.1　新建项目对话框

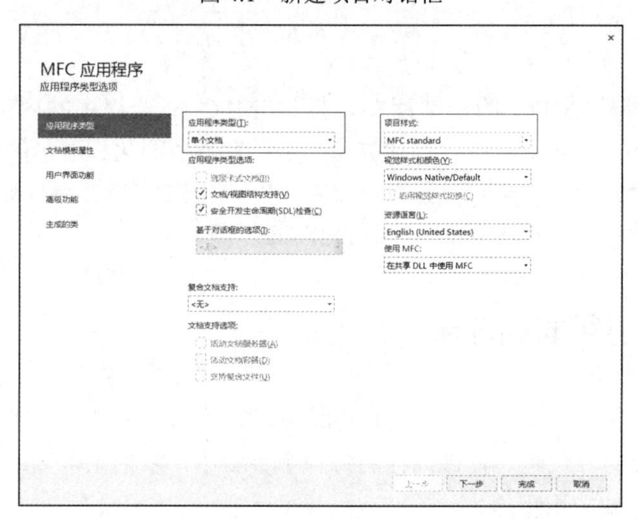

图 4.2　选择应用程序类型

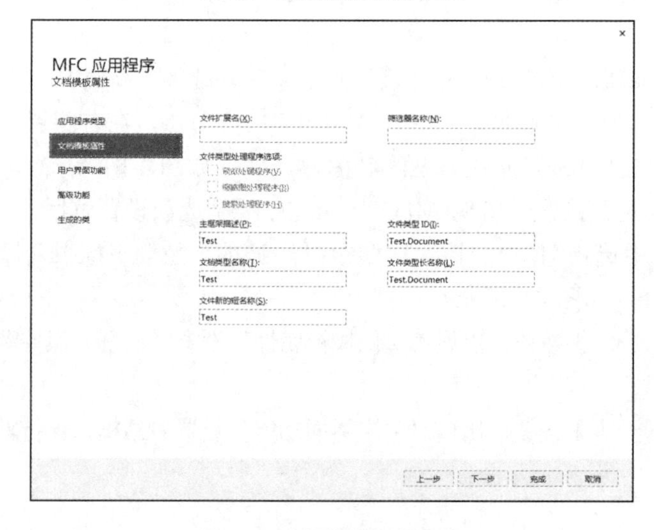

图 4.3　文档模板属性设置

图 4.4　用户界面功能设置

5 单击【下一步】按钮，出现“高级功能”设置对话框，保持默认选择，如图 4.5 所示。

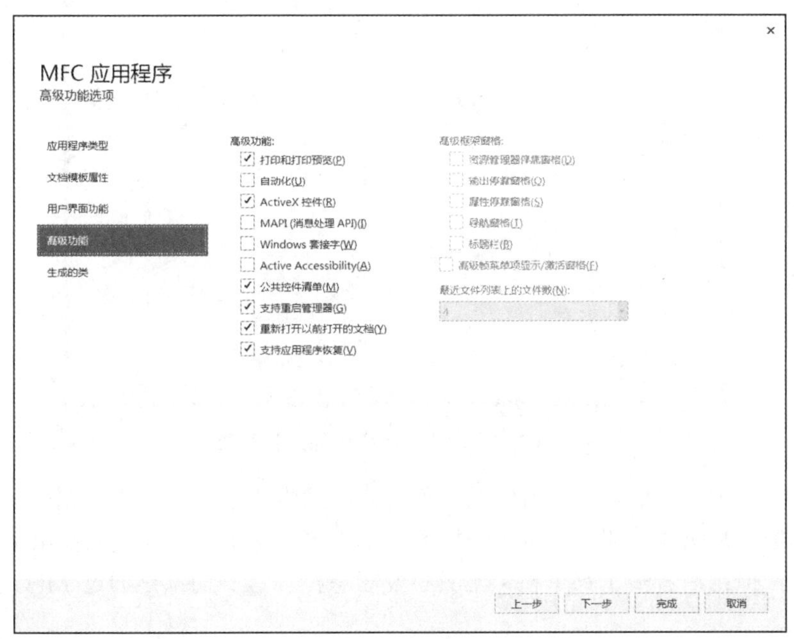

图 4.5　高级功能设置

6 单击【下一步】按钮，出现“生成的类”设置对话框，保持默认选择，如图 4.6 所示。

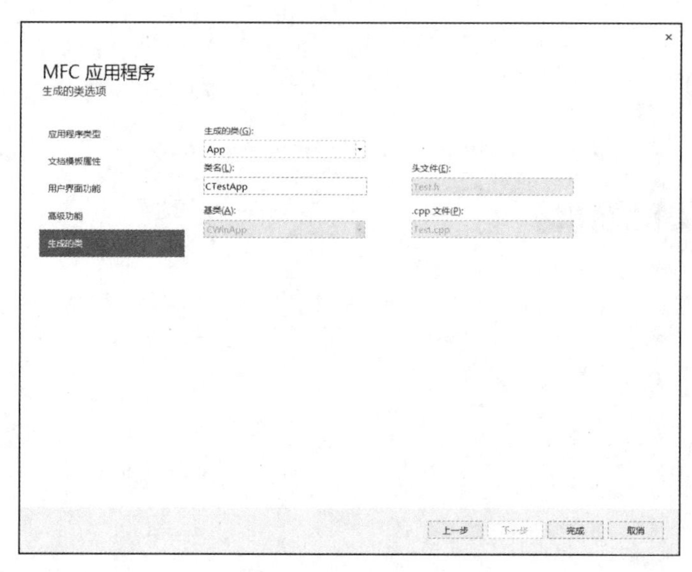

图 4.6　生成的类设置

[7] 单击【完成】按钮，MFC 应用程序向导就为我们创建了一个新的项目：Test。现在，按下“Ctrl+F5”键编译并运行程序，可以看到如图 4.7 所示的运行结果。

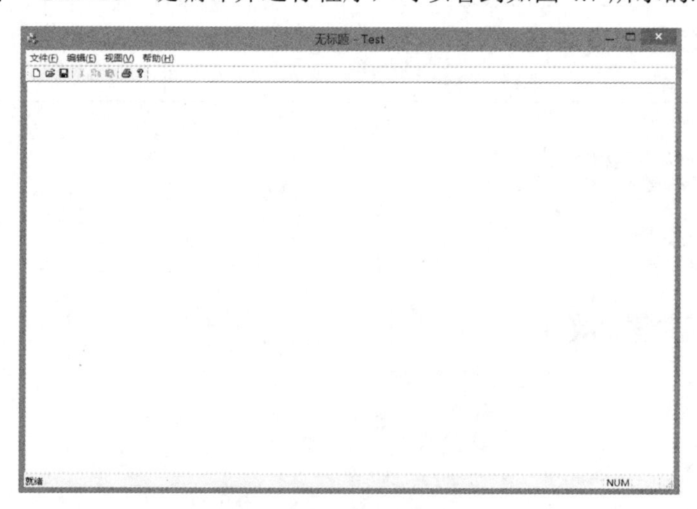

图 4.7　单文档应用程序的运行结果

在这个程序中，我们自己没有编写任何代码，就生成了一个带有标题栏，具有最小化框、最大化框、系统菜单和一个可调边框的应用程序。这个程序和我们在第 1 章中所创建的程序类似，但比后者多了菜单栏、工具栏及状态栏。这一切都是通过 MFC 应用程序向导生成的。

4.2　基于 MFC 的程序框架剖析

MFC 库是开发 Windows 应用程序的 C++接口。MFC 提供了面向对象的框架，程序开发人员可以基于这一框架开发 Windows 应用程序。MFC 采用面向对象设计，将大部分的 Windows API 封装到 C++类中，以类成员函数的形式提供给程序开发人员调用。

下面我们看一下 MFC 应用程序向导帮助我们生成的这些代码。单击 Visual Studio 菜单栏上的【视图】菜单，单击【类视图】菜单项，这将打开类视图子窗口，方便我们查看项目中的类组织结构。

在“类视图”中展开 Test 根节点，可以看到项目中所有的五个类，如图 4.8 所示。

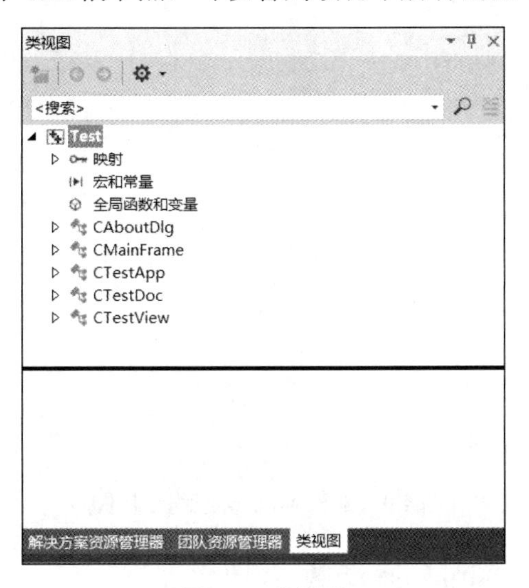

图 4.8 类视图

> **提示**：如果要查看某个类的成员信息，可以直接选中某个类，就会在下方的窗格中显示该类拥有的函数和属性。

在 MFC 中，类的命名都以字母“C”开头，就像 Delphi 中类名以 T 开头，Oracle 的类名以 O 开头一样，当然，这并不是必需的，而只是一种约定。对于一个单文档应用程序（即我们在创建项目时第二步应用程序类型中选择的“单个文档”），都有一个 CMainFrame 类、一个以“C+项目名+App”为名字的类、一个以“C+项目名+Doc”为名字的类和一个以“C+项目名+View”为名字的类。作为读者，在刚接触 MFC 的程序时，一定要逐步熟悉 MFC 应用程序向导所生成的这几个类，以及类中的代码。这样才能在阅读程序时，知道哪些类、哪些代码是向导生成的，哪些类、哪些代码是我们自己编写的。

在类视图窗口中的类名上双击，在左边的代码编辑器窗口中就会打开定义该类的头文件。我们可以发现五个类都有一个基类，例如，CTestView 派生于 CView；CMainFrame 派生于 CFrameWnd……，这些基类都是 MFC 中的类，可以查看一下这些基类的帮助信息。

> **提示**：如果想查看某个类或函数的帮助，那么可以把当前光标放在该类或函数所在位置，然后按 F1 键，即可打开 MSDN 中的相应帮助。在 MSDN 帮助页中每个类的说明页底部都有一个“Hierarchy Chart”超链接，单击此链接，即可看到整个 MFC 类的组织结构图。

图 4.9 是 MFC 类组织结构图中的一部分，可以发现 CFrameWnd 是由 CWnd 派生的。另外，也可以发现从 CWnd 派生的还有 CView 类。这就说明这个程序中的 CMainFrame 类和 CTestView 类追本溯源有一个共同的基类：CWnd 类。CWnd 类是 MFC 中一个非常重要的类，它封装了与窗口相关的操作。

图 4.9　部分 MFC 类组织结构图

4.2.1　MFC 程序中的 WinMain 函数

读者还记得我们在第 2 章中讲述的创建 Win32 应用程序的几个步骤吗？当时，我们介绍 Win32 应用程序有一条很明确的主线：首先进入 WinMain 函数，然后设计窗口类、注册窗口类、产生窗口、显示窗口、更新窗口，最后进入消息循环，将消息路由给窗口过程函数去处理。遵循这条主线，我们在写程序时就有了一条很清晰的脉络。

但在编写 MFC 程序时，我们找不到这样一条主线，甚至在程序中找不到 WinMain 函数。可以在当前 Test 项目中中查找 WinMain 函数，方法是在 Visual Studio 开发环境中单击【编辑】菜单，选择【查找和替换】→【快速查找】菜单项（或者通过快捷方式，同时按下键盘上的“Ctrl+F”键），在弹出的“查找和替换对话框”中“查找内容”文本框内输入“WinMain”，“查找范围”设置为“整个解决方案”。如图 4.10 所示。

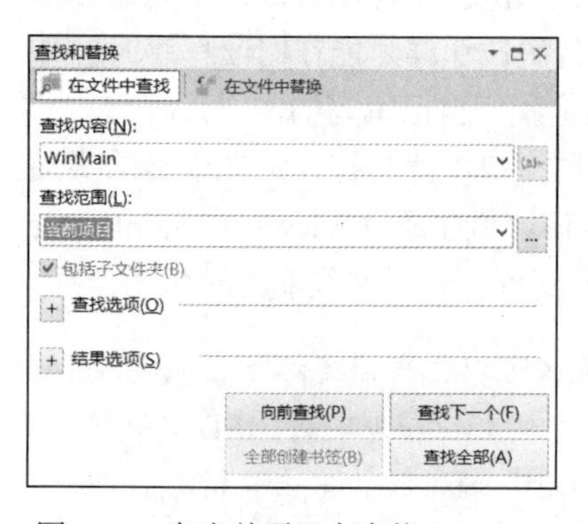

图 4.10　在当前项目中查找 WinMain

单击【查找全部】按钮，结果当然是找不到 WinMain 函数。读者可以在这个项目中再查找一下 WNDCLASS、CreateWindow 等，你会发现仍然找不到。那么是不是 MFC 程序就不需要 WinMain 函数、设计窗口类，也不需要创建窗口了呢？当然不是。我们之所以看不见这些，是因为微软在 MFC 的底层框架类中封装了这些每一个窗口应用程序都需要的步骤，目的主要是为了简化程序员的开发工作，但这也给我们在学习和掌握 MFC 程序时造成了很多不必要的困扰。

为了更好地学习和掌握基于 MFC 的程序，有必要对 MFC 的运行机制及封装原理有所了解。在第 2 章就讲述了 WinMain 函数是所有 Win32 程序的入口函数，就像纯 C/C++程序下的 main 函数一样。我们创建的这个 MFC 程序也不例外，它也有一个 WinMain 函数，但这个 WinMain 函数是在程序编译链接时由链接器将该函数链接到 Test 程序中的。

在安装完 Visual Studio 2017 后，在安装目录下（笔者将 Visual Studio 2017 安装到了 D:\Program Files (x86)下），微软提供了部分 MFC 的源代码，我们可以跟踪这些源代码，来找出程序运行的脉络。笔者机器上 MFC 源代码的具体路径为 D:\Program Files (x86)\Microsoft Visual Studio\2017\Community\VC\Tools\MSVC\14.16.27023\atlmfc\src\mfc，读者可以根据这个目录结构在自己机器上查找相应的目录，该目录层级结构太复杂，读者可以在安装目录下搜索关键字“*.cpp”来找到源码所在的目录。在找到相应的目录后，在资源浏览器的“高级选项”下选中“文件内容”，然后在搜索框中输入“WinMain”，按下键盘上的回车键，搜索结果如图 4.11 所示。

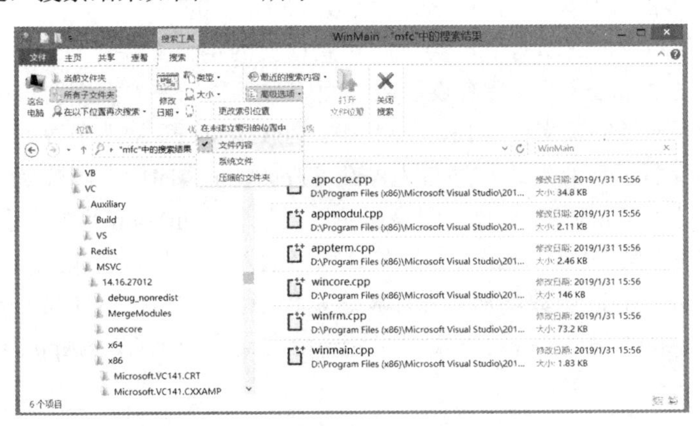

图 4.11　包含“WinMain”文字的搜索结果

实际上，WinMain 函数在 appmodul.cpp 这个文件中。保持 Test 项目的打开状态，然后双击 appmodul.cpp 即可在 Visual Studio 环境中打开该文件，在其中可以找到如例 4-1 所示的这段代码。

例 4-1

```
extern "C" int WINAPI
_tWinMain(HINSTANCE hInstance, HINSTANCE hPrevInstance,
    _In_ LPTSTR lpCmdLine, int nCmdShow)
#pragma warning(suppress: 4985)
{
    // call shared/exported WinMain
    return AfxWinMain(hInstance, hPrevInstance, lpCmdLine, nCmdShow);
}
```

WinMain 函数找到了。现在我们可以看看 Test 程序是否会进入这个 WinMain 函数。**在 WinMain 函数中按下 F9 键设置一个断点，然后按下 F5 键调试运行当前程序。**我们发现程序确实运行到该断点处停了下来，如图 4.12 所示。这说明 Test 这个 MFC 程序确实有 WinMain 函数，在程序编译链接时，WinMain 函数就成为该程序的一部分。

```
19    extern "C" int WINAPI
20    _tWinMain(HINSTANCE hInstance, HINSTANCE hPrevInstance,
21        _In_ LPTSTR lpCmdLine, int nCmdShow)
22    #pragma warning(suppress: 4985)
23    {
24        // call shared/exported WinMain
25        return AfxWinMain(hInstance, hPrevInstance, lpCmdLine, nCmdShow);
26    }
```

图 4.12　程序运行到 WinMain 断点处

但这个_tWinMain 函数和第 2 章所讲的 WinMain 函数有些不同，实际上_tWinMain 是系统定义的一个宏，程序编译时就会替换为 WinMain 了。

1．theApp 全局对象

找到了 WinMain 函数，那么它是如何与 MFC 程序中的各个类组织在一起的呢？也就是说，MFC 程序中的类是如何与 WinMain 函数关联起来的呢？

双击类视图窗口中的 CTestApp 类，跳转到该类的定义文件（Test.h）中。可以发现 CTestApp 派生于 CWinApp 类，后者表示应用程序类。我们在类视图窗口中双击该类的构造函数，就跳转到该类的源文件（Test.cpp）中。在 CTestApp 构造函数处设置一个断点，然后调试运行 Test 程序，将发现程序首先停在 CTestApp 类的构造函数处，继续运行该程序。这时程序才进入 WinMain 函数，即停在先前我们在 WinMain 函数中设置的断点处。

在我们通常的理解当中，WinMain 函数是程序的入口函数。也就是说，程序运行时首先应该调用的是 WinMain 函数，那么为什么这里程序会首先调用 CTestApp 类的构造函数呢？看一下 CTestApp 的源文件，可以发现在程序中定义了一个 CTestApp 类型的全局对象：theApp。代码如下。

```
// 唯一的 CTestApp 对象

CTestApp theApp;
```

提示：MFC 程序的全局变量都放置在类视图窗口中的“全局函数和变量”分支下，单击该分支即可看到程序当前所有的全局函数和变量。双击某个全局变量，即可定位到该变量的定义处。

我们在这个全局对象定义处设置一个断点，然后调试运行 Test 程序，将发现程序执行的顺序依次是：theApp 全局对象定义处、TestApp 构造函数、WinMain 函数。

为了更好地解释这一过程，我们在 ch04 解决方案下，添加一个新的“Windows 控制台应用程序”项目，该项目的名称为：global。

接下来，在 global.cpp 文件中输入如例 4-2 所示的代码。

例 4-2

```
#include "pch.h"
#include <iostream>
```

```
using namespace std;

int a = 6;

int main()
{
    cout<< a<<endl;
    return 0;
}
```

上述代码非常简单，首先定义了一个 int 类型的全局变量 a，并给它赋了一个初值 6。然后在 main 函数中将全局变量 a 的值输出到标准输出 cout 上。

将该项目设置为启动项目，然后在 main 函数处设置一个断点，调试运行该程序，将会发现程序在进入 main 函数时，a 的值已经是 6 了。也就是说，在程序入口 main 函数加载时，系统就已经为全局变量或全局对象分配了存储空间，并为它们赋了初始值。

小技巧：在程序运行过程中，如果想要查看某个变量的当前值，那么方法一是把鼠标移到该变量上停留片刻，Visual Studio 就会弹出一个小窗口，在此窗口中显示了该变量的当前值，如图 4.13 所示。

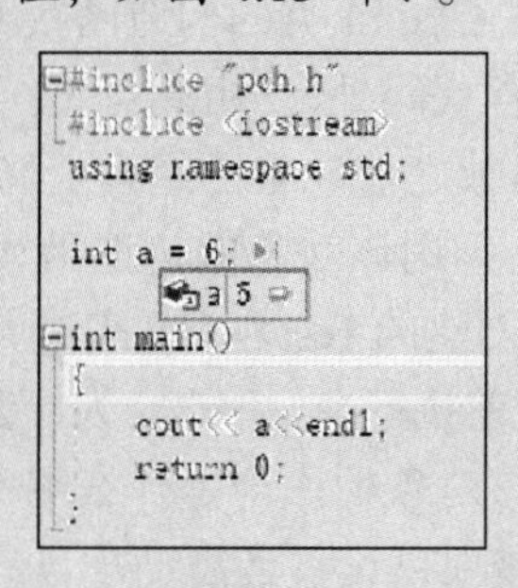

图 4.13　显示当前变量的取值

方法二是利用 Visual Studio 提供的自动窗口来查看变量的当前值。如图 4.14 所示。

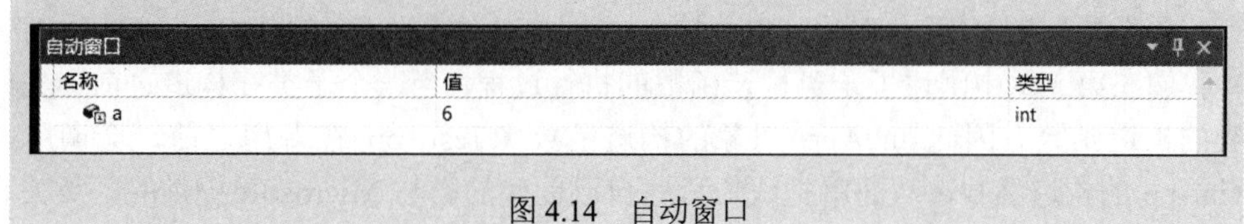

图 4.14　自动窗口

接下来，把全局变量 a 换成一个全局对象，看看结果如何。修改如例 4-2 所示的代码，新定义一个 CPoint 类，并定义该类的一个全局变量 pt，结果如例 4-3 所示。

例 4-3

```
1. #include "pch.h"
2. #include <iostream>
3. using namespace std;
```

```
4. //int a=6;

5.  class CPoint
6.  {
7.  public:
8.      CPoint()
9.      {
10.     }
11. };

12. CPoint pt;
13. void main()
14. {
15. //   cout<<a<<endl;
16. }
```

设置三个断点：CPoint 构造函数处（第 9 行代码处）、pt 全局对象定义处（第 12 行代码处）和 main 函数定义处（第 14 行代码处）。选择调试运行 main 函数，将会看到程序代码执行的先后顺序。这时我们将发现 global 程序首先到达 pt 全局对象定义处（第 12 行代码处）；继续运行程序，程序到达 CPoint 类的构造函数（第 9 行代码处）；再继续运行程序，程序到达 main 函数处（第 14 行代码处）。由此可见，无论是全局变量，还是全局对象，程序在运行时，在加载 main 函数之前，就已经为全局变量或全局对象分配了内存空间。对一个全局对象来说，此时就会调用该对象的构造函数构造该对象，并进行初始化操作。

至此，读者应该明白了先前创建的 Test 程序的运行顺序，也就是为什么全局变量 theApp 的构造函数会在 WinMain 函数之前执行了。那么，为什么要定义一个全局对象 theApp，让它在 WinMain 函数之前执行呢？该对象的作用是什么呢？

我们回到 Test 项目，并将该项目设置为启动项目。在前面介绍 Win32 SDK 应用程序时，曾经讲过应用程序的实例是由实例句柄（WinMain 函数的参数 hInstance）来标识的。而对 MFC 程序来说，通过产生一个应用程序类的对象来唯一标识应用程序的实例。每一个 MFC 程序有且仅有一个从应用程序类（CWinApp）派生的类。每一个 MFC 程序实例有且仅有一个该派生类的实例化对象，也就是 theApp 全局对象。该对象就表示了应用程序本身。

我们在第 3 章中阐述了子类构造函数的执行过程，当一个子类在构造之前会先调用其父类的构造函数。因此 theApp 对象的构造函数 CTestApp 在调用之前，会调用其父类 CWinApp 的构造函数，从而就把我们程序自己创建的类与 Microsoft 提供的基类关联起来了。CWinApp 的构造函数完成程序运行时的一些初始化工作。

下面让我们看看 CWinApp 类构造函数的定义。像前面搜索“WinMain”函数那样，找到 Microsoft 提供的 CWinApp 类定义的源文件：appcore.cpp，并在编辑环境中打开，其中 CWinApp 构造函数的代码如例 4-4 所示。

例 4-4

```
CWinApp::CWinApp(LPCTSTR lpszAppName)
{
    if (lpszAppName != NULL)
```

```
    m_pszAppName = _tcsdup(lpszAppName);
else
    m_pszAppName = NULL;

// initialize CWinThread state
AFX_MODULE_STATE* pModuleState = _AFX_CMDTARGET_GETSTATE();
ENSURE(pModuleState);
AFX_MODULE_THREAD_STATE* pThreadState = pModuleState->m_thread;
ENSURE(pThreadState);
ASSERT(AfxGetThread() == NULL);
pThreadState->m_pCurrentWinThread = this;
ASSERT(AfxGetThread() == this);
m_hThread = ::GetCurrentThread();
m_nThreadID = ::GetCurrentThreadId();

// initialize CWinApp state
ASSERT(afxCurrentWinApp == NULL); // only one CWinApp object please
pModuleState->m_pCurrentWinApp = this;
ASSERT(AfxGetApp() == this);

// in non-running state until WinMain
m_hInstance = NULL;
m_hLangResourceDLL = NULL;
m_pszHelpFilePath = NULL;
m_pszProfileName = NULL;
m_pszRegistryKey = NULL;
m_pszExeName = NULL;
m_pszAppID = NULL;
m_pRecentFileList = NULL;
m_pDocManager = NULL;
m_atomApp = m_atomSystemTopic = NULL;
m_lpCmdLine = NULL;
m_pCmdInfo = NULL;
m_pDataRecoveryHandler = NULL;

// initialize wait cursor state
m_nWaitCursorCount = 0;
m_hcurWaitCursorRestore = NULL;

// initialize current printer state
m_hDevMode = NULL;
m_hDevNames = NULL;
m_nNumPreviewPages = 0;     // not specified (defaults to 1)

// initialize DAO state
m_lpfnDaoTerm = NULL;   // will be set if AfxDaoInit called

// other initialization
```

```
        m_bHelpMode = FALSE;
        m_eHelpType = afxWinHelp;
        m_nSafetyPoolSize = 512;            // default size

        m_dwRestartManagerSupportFlags = 0;    // don't support Restart Manager
by default
        m_nAutosaveInterval = 5 * 60 * 1000;   // default autosave interval is
5 minutes (only has effect if autosave flag is set)

        m_bTaskbarInteractionEnabled = TRUE;

        // Detect the kind of OS:
        OSVERSIONINFO osvi;
        osvi.dwOSVersionInfoSize = sizeof(OSVERSIONINFO);

    // Fix for warnings when building against WinBlue build 9444.0.130614-1739
    // warning C4996: 'GetVersionExW': was declared deprecated
    // externalapis\windows\8.1\sdk\inc\sysinfoapi.h(442)
    //  Deprecated. Use VerifyVersionInfo* or IsWindows* macros from
VersionHelpers.
    #pragma warning( disable : 4996 )
        ::GetVersionEx(&osvi);
    #pragma warning( default : 4996 )

        m_bIsWindows7 = (osvi.dwMajorVersion == 6) && (osvi.dwMinorVersion >=
1) || (osvi.dwMajorVersion > 6);

        // Taskbar initialization:
        m_bComInitialized = FALSE;

        m_pTaskbarList = NULL;
        m_pTaskbarList3 = NULL;
        m_bTaskBarInterfacesAvailable = TRUE;
    }
```

上述 CWinApp 的构造函数中有这样两行代码：

```
pThreadState->m_pCurrentWinThread = this;
pModuleState->m_pCurrentWinApp = this;
```

m_pCurrentWinThread 对象的类型是 CWinThread，该类是 CWinApp 的父类。

根据 C++继承性原理，这个 this 对象代表的是子类 CTestApp 的对象，即 theApp。同时，可以发现 CWinApp 的构造函数有一个 LPCTSTR 类型的形参：lpszAppName。但是我们程序中 CTestApp 的构造函数是没有参数的。在第 3 章介绍 C++编程知识时，曾经介绍，如果基类的构造函数带有一个形参，那么子类构造函数需要显式地调用基类带参数的构造函数。那么，为什么我们程序中的 CTestApp 构造函数没有这么做呢？

我们知道，如果某个函数的参数有默认值，那么在调用该函数时可以传递该参数的值，也可以不传递，直接使用默认值即可。我们可以在例 4-4 所示代码中的 CWinApp 类名上单击鼠标右键，利用【转到定义】命令，定位到 CWinApp 类的定义处，代码如例 4-5 所示。

例 4-5

```
class CWinApp : public CWinThread
{
    DECLARE_DYNAMIC(CWinApp)
public:

// Constructor
    explicit CWinApp(LPCTSTR lpszAppName = NULL);     // app name defaults
to EXE name

……
```

从例 4-5 所示代码中可以看到，CWinApp 构造函数的形参确实有一个默认值（NULL）。这样，在调用 CWinApp 类的构造函数时，就不用显式地去传递这个参数的值。

2. AfxWinMain 函数

当程序调用了 CWinApp 类的构造函数，并执行了 CTestApp 类的构造函数，且产生了 theApp 对象之后，接下来就进入 WinMain 函数。根据前面例 4-1 所示的代码，可以发现 WinMain 函数实际上是通过调用 AfxWinMain 函数来完成它的功能的。

> **知识点**　Afx 前缀的函数代表应用程序框架（Application Framework）函数。应用程序框架实际上是一套辅助我们生成应用程序的框架模型。该模型把多个类进行了一个有机的集成，可以根据该模型提供的方案来设计我们自己的应用程序。在 MFC 中，以 Afx 为前缀的函数都是全局函数，可以在程序的任何地方调用它们。

我们可以采取同样的方式查找定义 AfxWinMain 函数的源文件，在搜索到的文件中双击 winmain.cpp，并在其中找到 AfxWinMain 函数的定义代码，如例 4-6 所示。

例 4-6

```
int AFXAPI AfxWinMain(HINSTANCE hInstance, HINSTANCE hPrevInstance,
    _In_ LPTSTR lpCmdLine, int nCmdShow)
{
    ASSERT(hPrevInstance == NULL);

    int nReturnCode = -1;
①  CWinThread* pThread = AfxGetThread();
    CWinApp* pApp = AfxGetApp();

    // AFX internal initialization
    if (!AfxWinInit(hInstance, hPrevInstance, lpCmdLine, nCmdShow))
        goto InitFailure;

    // App global initializations (rare)
②  if (pApp != NULL && !pApp->InitApplication())
        goto InitFailure;
```

```
    // Perform specific initializations
③   if (!pThread->InitInstance())
    {
        if (pThread->m_pMainWnd != NULL)
        {
            TRACE(traceAppMsg, 0, "Warning: Destroying non-NULL m_pMainWnd\n");
            pThread->m_pMainWnd->DestroyWindow();
        }
        nReturnCode = pThread->ExitInstance();
        goto InitFailure;
    }
④   nReturnCode = pThread->Run();

InitFailure:
#ifdef _DEBUG
    // Check for missing AfxLockTempMap calls
    if (AfxGetModuleThreadState()->m_nTempMapLock != 0)
    {
        TRACE(traceAppMsg, 0, "Warning: Temp map lock count non-zero
(%ld).\n", AfxGetModuleThreadState()->m_nTempMapLock);
    }
    AfxLockTempMaps();
    AfxUnlockTempMaps(-1);
#endif

    AfxWinTerm();
    return nReturnCode;
}
```

在例 4-6 所示的代码中，AfxWinMain 首先调用 AfxGetThread 函数获得一个 CWinThread 类型的指针，接着调用 AfxGetApp 函数获得一个 CWinApp 类型的指针。从 MFC 类库组织结构图（读者可以按照前面介绍的方法在 MSDN 中找到该结构图）中可以知道 CWinApp 派生于 CWinThread。例 4-7 是 AfxGetThread 函数的源代码，位于 thrdcore.cpp 文件中。

例 4-7

```
CWinThread* AFXAPI AfxGetThread()
{
    // check for current thread in module thread state
    AFX_MODULE_THREAD_STATE* pState = AfxGetModuleThreadState();
    CWinThread* pThread = pState->m_pCurrentWinThread;
    return pThread;
}
```

从例 4-7 所示代码中可以发现，AfxGetThread 函数返回的就是在 CWinApp 构造函数中保存的 this 指针（请结合例 4-4 查看）。对 Test 程序来说，这个 this 指针实际上指向的是 CTestApp 的全局对象：theApp。

AfxGetApp 是一个全局函数，定义于 afxwin1.inl 中：

```
_AFXWIN_INLINE CWinApp* AFXAPI AfxGetApp()
    { return afxCurrentWinApp; }
```

而 afxCurrentWinApp 的定义位于 afxwin.h 文件中，代码如下：

```
#define afxCurrentWinApp    AfxGetModuleState()->m_pCurrentWinApp
```

结合查看前面例 3-4 所示的 CWinApp 构造函数代码，就可以知道 AfxGetApp 函数返回的是在 CWinApp 构造函数中保存的 this 指针。对 Test 程序来说，这个 this 指针实际上指向的是 CTestApp 的对象：theApp。也就是说，对 Test 程序来说，pThread 和 pApp 所指向的都是 CTestApp 类的对象，即 theApp 全局对象。

3．InitInstance 函数

再回到例 4-6 所示的 AfxWinMain 函数，可以看到在接下来的代码中，pThread 和 pApp 调用了三个函数（加灰显示的代码行），这三个函数就完成了 Win32 程序所需要的几个步骤：设计窗口类、注册窗口类、创建窗口、显示窗口、更新窗口、消息循环，以及窗口过程函数。pApp 首先调用 InitApplication 函数，该函数完成 MFC 内部管理方面的工作。接着，调用 pThread 的 InitInstance 函数。在 Test 程序中，可以发现从 CWinApp 派生的应用程序类 CTestApp 也有一个 InitInstance 函数，其声明代码如下所示。

```
virtual BOOL InitInstance();
```

从其定义可以知道，InitInstance 函数是一个虚函数。根据类的多态性原理，可以知道 AfxWinMain 函数在这里调用的实际上是子类 CTestApp 的 InitInstance 函数（读者可以在此函数处设置一个断点，并调试运行程序验证一下）。CTestApp 类的 InitInstance 函数定义代码如例 4-8 所示。

例 4-8

```
BOOL CTestApp::InitInstance()
{
    // 如果一个运行在 Windows XP 上的应用程序清单指定要
    // 使用 ComCtl32.dll 版本 6 或更高版本来启用可视化方式，
    //则需要 InitCommonControlsEx()。  否则，将无法创建窗口
    INITCOMMONCONTROLSEX InitCtrls;
    InitCtrls.dwSize = sizeof(InitCtrls);
    // 将它设置为包括所有要在应用程序中使用的
    // 公共控件类
    InitCtrls.dwICC = ICC_WIN95_CLASSES;
    InitCommonControlsEx(&InitCtrls);

    CWinApp::InitInstance();


    // 初始化 OLE 库
    if (!AfxOleInit())
    {
        AfxMessageBox(IDP_OLE_INIT_FAILED);
```

```
        return FALSE;
    }

    AfxEnableControlContainer();

    EnableTaskbarInteraction(FALSE);

    // 使用 RichEdit 控件需要 AfxInitRichEdit2()
    // AfxInitRichEdit2();

    // 标准初始化
    // 如果未使用这些功能并希望减小
    // 最终可执行文件的大小，则应移除下列
    // 不需要的特定初始化例程
    // 更改用于存储设置的注册表项
    // TODO: 应适当修改该字符串，
    // 例如修改为公司或组织名
    SetRegistryKey(_T("应用程序向导生成的本地应用程序"));
    LoadStdProfileSettings(4);  // 加载标准 INI 文件选项(包括 MRU)


    // 注册应用程序的文档模板。  文档模板
    // 将用作文档、框架窗口和视图之间的连接
    CSingleDocTemplate* pDocTemplate;
①  pDocTemplate = new CSingleDocTemplate(
        IDR_MAINFRAME,
        RUNTIME_CLASS(CTestDoc),
        RUNTIME_CLASS(CMainFrame),       // 主 SDI 框架窗口
        RUNTIME_CLASS(CTestView));
    if (!pDocTemplate)
        return FALSE;
    AddDocTemplate(pDocTemplate);

    // 分析标准 shell 命令、DDE、打开文件操作的命令行
    CCommandLineInfo cmdInfo;
    ParseCommandLine(cmdInfo);

    // 调度在命令行中指定的命令。  如果
    // 用 /RegServer、/Register、/Unregserver 或 /Unregister 启动应用程序，则
返回 FALSE。
    if (!ProcessShellCommand(cmdInfo))
        return FALSE;

    // 唯一的一个窗口已初始化，因此显示它并对其进行更新
    m_pMainWnd->ShowWindow(SW_SHOW);
    m_pMainWnd->UpdateWindow();
    return TRUE;
}
```

4.2.2　MFC 框架窗口

1. 设计和注册窗口

有了 WinMain 函数，根据创建 Win32 应用程序的步骤，接下来设计窗口类和注册窗口类。MFC 已经为我们预定义了一些默认的标准窗口类，只需要选择所需的窗口类，然后注册就可以了。窗口类的注册是由 AfxEndDeferRegisterClass 函数完成的，该函数的定义位于 wincore.cpp 文件中。其定义代码较长，由于篇幅所限，在这里仅列出部分代码，如例 4-9 所示。

例 4-9

```
BOOL AFXAPI AfxEndDeferRegisterClass(LONG fToRegister)
{
……
    // common initialization
    WNDCLASS wndcls;
    memset(&wndcls, 0, sizeof(WNDCLASS));   // start with NULL defaults
①  wndcls.lpfnWndProc = DefWindowProc;
    wndcls.hInstance = AfxGetInstanceHandle();
    wndcls.hCursor = afxData.hcurArrow;
……
    // work to register classes as specified by fToRegister, populate
fRegisteredClasses as we go
    if (fToRegister & AFX_WND_REG)
    {
        // Child windows - no brush, no icon, safest default class styles
        wndcls.style = CS_DBLCLKS | CS_HREDRAW | CS_VREDRAW;
        wndcls.lpszClassName = _afxWnd;
        if (AfxRegisterClass(&wndcls))
            fRegisteredClasses |= AFX_WND_REG;
    }
    if (fToRegister & AFX_WNDOLECONTROL_REG)
    {
        // OLE Control windows - use parent DC for speed
        wndcls.style |= CS_PARENTDC | CS_DBLCLKS | CS_HREDRAW | CS_VREDRAW;
        wndcls.lpszClassName = _afxWndOleControl;
        if (AfxRegisterClass(&wndcls))
            fRegisteredClasses |= AFX_WNDOLECONTROL_REG;
    }
……
    if (fToRegister & AFX_WNDMDIFRAME_REG)
    {
        // MDI Frame window (also used for splitter window)
        wndcls.style = CS_DBLCLKS;
        wndcls.hbrBackground = NULL;
        if (_AfxRegisterWithIcon(&wndcls, _afxWndMDIFrame, AFX_IDI_STD_
MDIFRAME))
```

```
            fRegisteredClasses |= AFX_WNDMDIFRAME_REG;
        }
        if (fToRegister & AFX_WNDFRAMEORVIEW_REG)
        {
            // SDI Frame or MDI Child windows or views - normal colors
            wndcls.style = CS_DBLCLKS | CS_HREDRAW | CS_VREDRAW;
            wndcls.hbrBackground = (HBRUSH) (COLOR_WINDOW + 1);
            if (_AfxRegisterWithIcon(&wndcls, _afxWndFrameOrView, AFX_IDI_STD
_FRAME))
                fRegisteredClasses |= AFX_WNDFRAMEORVIEW_REG;
        }
    ……
    }
```

从例 4-9 所示代码可知，AfxEndDeferRegisterClass 函数首先判断窗口类的类型，然后赋予其相应的类名（wndcls.lpszClassName 变量），这些类名都是 MFC 预定义的。之后调用 AfxRegisterClass 函数注册窗口类，后者的定义也位于 WINCORE.CPP 文件中，代码如例 4-10 所示。

例 4-10

```
BOOL AFXAPI AfxRegisterClass(WNDCLASS* lpWndClass)
{
    WNDCLASS wndcls;
    if (GetClassInfo(lpWndClass->hInstance, lpWndClass->lpszClassName,
        &wndcls))
    {
        // class already registered
        return TRUE;
    }

    if (!RegisterClass(lpWndClass))
    {
        TRACE(traceAppMsg, 0, _T("Can't register window class named %Ts\n"),
            lpWndClass->lpszClassName);
        return FALSE;
    }

    BOOL bRet = TRUE;

    if (afxContextIsDLL)
    {
        AfxLockGlobals(CRIT_REGCLASSLIST);
        TRY
        {
            // class registered successfully, add to registered list
            AFX_MODULE_STATE* pModuleState = AfxGetModuleState();
            pModuleState->m_strUnregisterList+=lpWndClass->lpszClassName;
```

```
            pModuleState->m_strUnregisterList+='\n';
        }
        CATCH_ALL(e)
        {
            AfxUnlockGlobals(CRIT_REGCLASSLIST);
            THROW_LAST();
            // Note: DELETE_EXCEPTION not required.
        }
        END_CATCH_ALL
        AfxUnlockGlobals(CRIT_REGCLASSLIST);
    }

    return bRet;
}
```

从例 4-10 所示代码可知，AfxRegisterClass 函数首先获得窗口类信息。如果该窗口类已经注册，则直接返回一个真值；如果尚未注册，就调用 RegisterClass 函数注册该窗口类。读者可以看出这个注册窗口类函数与第 2 章介绍的 Win32 SDK 编程中所使用的函数是一样的。

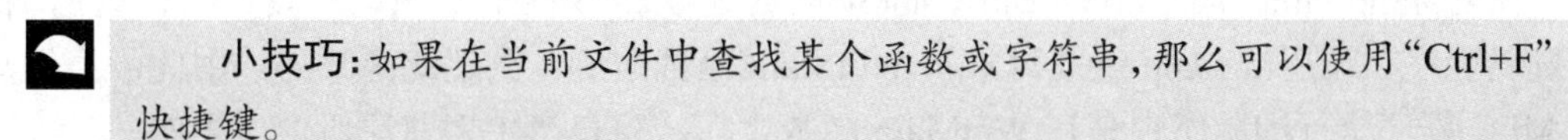
小技巧：如果在当前文件中查找某个函数或字符串，那么可以使用“Ctrl+F”快捷键。

我们创建的这个 MFC 应用程序 Test，实际上有两个窗口。其中一个是 CMainFrame 类的对象所代表的应用程序框架窗口，该类有一个 PreCreateWindow 函数，这是在窗口产生之前被调用的。该函数的默认实现代码如例 4-11 所示。

例 4-11

```
BOOL CMainFrame::PreCreateWindow(CREATESTRUCT& cs)
{
    if( !CFrameWnd::PreCreateWindow(cs) )
        return FALSE;
    // TODO: 在此处通过修改
    //  CREATESTRUCT cs 来修改窗口类或样式

    return TRUE;
}
```

从其代码可知，该函数首先调用 CFrameWnd 的 PreCreateWindow 函数。后者的定义位于源文件 winfrm.cpp 中，代码如例 4-12 所示。

例 4-12

```
BOOL CFrameWnd::PreCreateWindow(CREATESTRUCT& cs)
{
    if (cs.lpszClass == NULL)
    {
        VERIFY(AfxDeferRegisterClass(AFX_WNDFRAMEORVIEW_REG));
        cs.lpszClass = _afxWndFrameOrView;  // COLOR_WINDOW background
```

```
    }

    if (cs.style & FWS_ADDTOTITLE)
        cs.style |= FWS_PREFIXTITLE;

    cs.dwExStyle |= WS_EX_CLIENTEDGE;

    return TRUE;
}
```

我们发现在该函数中调用了 AfxDeferRegisterClass 函数，读者可以在 afximpl.h 文件中找到后者的定义，定义代码如下：

```
#define AfxDeferRegisterClass(fClass) AfxEndDeferRegisterClass(fClass)
```

由其定义代码可以发现，AfxDeferRegisterClass 实际上是一个宏，真正指向的是 AfxEndDeferRegisterClass 函数。根据前面介绍的内容，我们知道这里完成的功能就是注册窗口类。

在 CMainFrame 类的 PreCreateWindow 函数处设置一个断点，调试运行 Test 程序，将会发现程序在调用 theApp 全局对象和 WinMain 函数之后，到达此函数处。由此，我们知道 MFC 程序执行的脉络也是在 WinMain 函数之后、窗口产生之前注册窗口类的。

2. 创建窗口

按照 Win32 程序编写步骤，在设计窗口类并注册窗口类之后创建窗口。在 MFC 程序中，窗口的创建功能是由 CWnd 类的 CreateEx 函数实现的，该函数的声明位于 afxwin.h 文件中，具体代码如下所示。

```
virtual BOOL CreateEx(DWORD dwExStyle, LPCTSTR lpszClassName,
    LPCTSTR lpszWindowName, DWORD dwStyle,
    int x, int y, int nWidth, int nHeight,
    HWND hWndParent, HMENU nIDorHMenu, LPVOID lpParam = NULL);
```

其实现代码位于 wincore.cpp 文件中，部分代码如例 4-13 所示。

例 4-13

```
BOOL CWnd::CreateEx(DWORD dwExStyle, LPCTSTR lpszClassName,
    LPCTSTR lpszWindowName, DWORD dwStyle,
    int x, int y, int nWidth, int nHeight,
    HWND hWndParent, HMENU nIDorHMenu, LPVOID lpParam)
{
    // allow modification of several common create parameters
    CREATESTRUCT cs;
    cs.dwExStyle = dwExStyle;
    cs.lpszClass = lpszClassName;
    cs.lpszName = lpszWindowName;
    cs.style = dwStyle;
……
    if (!PreCreateWindow(cs))
```

```
    {
        PostNcDestroy();
        return FALSE;
    }

    AfxHookWindowCreate(this);
    HWND hWnd = ::CreateWindowEx(cs.dwExStyle, cs.lpszClass,
        cs.lpszName, cs.style, cs.x, cs.y, cs.cx, cs.cy,
        cs.hwndParent, cs.hMenu, cs.hInstance, cs.lpCreateParams);
……
}
```

在 MFC 底层代码中，CFrameWnd 类的 Create 函数内部调用了上述 CreateEx 函数。而前者又由 CFrameWnd 类的 LoadFrame 函数调用。读者可以自行跟踪这一调用过程。

CFrameWnd 类的 Create 函数的声明也位于 afxwin.h 文件中，具体代码如下所示。

```
virtual BOOL Create(LPCTSTR lpszClassName,
            LPCTSTR lpszWindowName,
            DWORD dwStyle = WS_OVERLAPPEDWINDOW,
            const RECT& rect = rectDefault,
            CWnd* pParentWnd = NULL,        // != NULL for popups
            LPCTSTR lpszMenuName = NULL,
            DWORD dwExStyle = 0,
            CCreateContext* pContext = NULL);
```

其定义位于在 winfrm.cpp 文件中，部分代码如例 4-14 所示。

例 4-14

```
BOOL CFrameWnd::Create(LPCTSTR lpszClassName,
    LPCTSTR lpszWindowName,
    DWORD dwStyle,
    const RECT& rect,
    CWnd* pParentWnd,
    LPCTSTR lpszMenuName,
    DWORD dwExStyle,
    CCreateContext* pContext)
{
……
    if (!CreateEx(dwExStyle, lpszClassName, lpszWindowName, dwStyle,
        rect.left, rect.top, rect.right - rect.left, rect.bottom - rect.top,
        pParentWnd->GetSafeHwnd(), hMenu, (LPVOID)pContext))
    {
        TRACE(traceAppMsg, 0, "Warning: failed to create CFrameWnd.\n");
        if (hMenu != NULL)
            DestroyMenu(hMenu);
        return FALSE;
    }
……
}
```

CFrameWnd 类派生于 CWnd 类，根据类的继承性原理，CFrameWnd 类就继承了 CWnd 类的 CreateEx 函数。因此，例 4-14 所示 CFrameWnd 类的 Create 函数内调用的实际上就是 CWnd 类的 CreateEx 函数。读者可以在这两个函数的定义处都设置断点，然后调试运行 Test 程序以验证这一点。

提示：读者在调试 Test 程序时，会发现无法进入 MFC 源码设置的断点处，这是因为在 Visual Studio 2017 默认安装后没有带调试所需要的 PDB 文件（该文件主要存储了 Visual Studio 调试程序时所需要的基本信息），需要我们自己下载。在 Visual Studio 开发环境中，单击菜单栏上的【工具】菜单，单击【选项】菜单项，在出现的“选项”对话框中，在左边的列表框中找到“调试”节点，选中“符号”，在右侧选中“Microsoft 符号服务器”，同时可以设置一个缓存符号的目录，如图 4.15 所示。单击“确定”按钮，就可以开始调试运行 Test 程序，跟踪 MFC 的源码了。第一次调试的时候可能会比较慢，这是因为在调试过程中会下载所需的 PDB 文件，下载的同时会缓存到我们指定的缓存符号的目录下，后期调试将直接使用本地的 PDB 文件，就很快了。

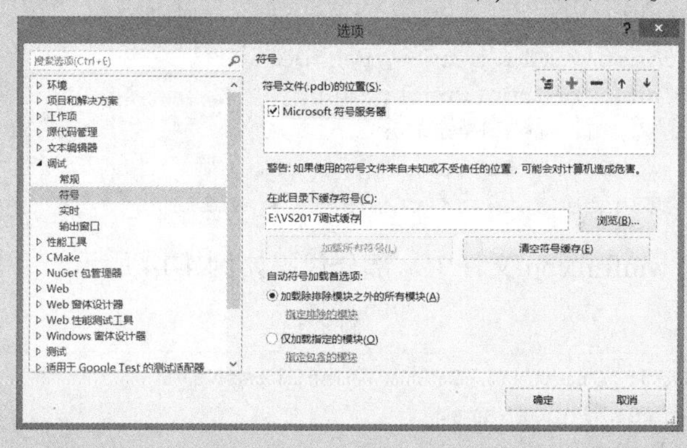

图 4.15 下载符号文件

再回到例 4-13 所示 CWnd 类的 CreateEx 函数实现代码中，可以发现在该函数中又调用了 PreCreateWindow 函数，后者是一个虚函数。因此，这里实际上调用的是子类，即 CMainFrame 类的 PreCreateWindow 函数。之所以在这里再次调用这个函数，主要是为了在产生窗口之前让程序员有机会修改窗口外观，例如，去掉窗口的最大化按钮等，PreCreateWindow 函数的参数就是为了实现这个功能而提供的。该参数的类型是 CREATETRUCT 结构，我们可以把这个结构体与 CreateWindowEx 函数的参数做一个比较，如图 4.16 所示是 CREATETRUCT 结构和 CreateWindowEx 函数声明的一个对比，注意左边结构体成员与右边函数参数的对应关系。

可以发现，CREATETRUCT 结构体中的字段与 CreateWindowEx 函数的参数是一致的，只是先后顺序相反而已。同时，可以看到 PreCreateWindow 函数的这个参数是引用类型。这样，在子类中对此参数所做的修改，在其基类中是可以体现出来的。再看看前面例 4-13 所示 CWnd 类的 CreateEx 函数代码，如果在子类的 PreCreateWindow 函数中修改了 CREATESTRUCT 结构体的值，那么，接下来调用 CreateWindowEx 函数时，其参数就会发生相应的改变，从而创建一个符合我们要求的窗口。

```
typedef struct tagCREATESTRUCT {
  LPVOID    lpCreateParams;
  HANDLE    hInstance;
  HMENU     hMenu;
  HWND      hwndParent;
  int       cy;
  int       cx;
  int       y;
  int       x;
  LONG      style;
  LPCSTR    lpszName;
  LPCSTR    lpszClass;
  DWORD     dwExStyle;
} CREATESTRUCT;
```

```
HWND CreateWindowEx(
  DWORD dwExStyle,      // extended window style
  LPCTSTR lpClassName,  // pointer to registered class name
  LPCTSTR lpWindowName, // pointer to window name
  DWORD dwStyle,        // window style
  int x,                // horizontal position of window
  int y,                // vertical position of window
  int nWidth,           // window width
  int nHeight,          // window height
  HWND hWndParent,      // handle to parent or owner window
  HMENU hMenu,          // handle to menu, or child-window identifier
  HINSTANCE hInstance,  // handle to application instance
  LPVOID lpParam        // pointer to window-creation data
);
```

图 4.16　CREATETRUCT 结构和 CreateWindowEx 函数定义的对比

知识点　在 MFC 中后缀名为 Ex 的函数都是扩展函数。

3. 显示窗口和更新窗口

Test 程序的应用程序类 TestApp 从它的基类 CWinThread 继承了一个名为 m_pMainWnd 的成员变量（公有成员）。该变量是一个 CWnd 类型的指针，它保存了应用程序框架窗口对象的指针。也就是说，是指向 CMainFrame 对象的指针。在 CTestApp 类的 InitInstance 函数实现内部有如下两行代码。

```
m_pMainWnd->ShowWindow(SW_SHOW);
m_pMainWnd->UpdateWindow();
```

这两行代码的功能是显示应用程序框架窗口和更新这个窗口。

4.2.3　消息循环

至此，注册窗口类、创建窗口、显示和更新窗口的工作都已完成，就该进入消息循环了。CWinThread 类的 Run 函数就是完成消息循环这一任务的，该函数是在 AfxWinMain 函数中调用的，调用形式如下（位于例 4-6 AfxWinMain 函数实现代码的符号④处）所示。

```
pThread->Run();
```

CWinThread 类的 Run 函数的定义位于 thrdcore.cpp 文件中，代码如例 4-15 所示。

例 4-15

```
// main running routine until thread exits
int CWinThread::Run()
{
    ASSERT_VALID(this);
    _AFX_THREAD_STATE* pState = AfxGetThreadState();

    // for tracking the idle time state
    BOOL bIdle = TRUE;
    LONG lIdleCount = 0;

    // acquire and dispatch messages until a WM_QUIT message is received.
    for (;;)
```

```
    {
        // phase1: check to see if we can do idle work
        while (bIdle &&
            !::PeekMessage(&(pState->m_msgCur), NULL, NULL, NULL, PM_NOREMOVE))
        {
            // call OnIdle while in bIdle state
            if (!OnIdle(lIdleCount++))
                bIdle = FALSE; // assume "no idle" state
        }

        // phase2: pump messages while available
        do
        {
            // pump message, but quit on WM_QUIT
            if (!PumpMessage())
                return ExitInstance();

            // reset "no idle" state after pumping "normal" message
            //if (IsIdleMessage(&m_msgCur))
            if (IsIdleMessage(&(pState->m_msgCur)))
            {
                bIdle = TRUE;
                lIdleCount = 0;
            }

        } while (::PeekMessage(&(pState->m_msgCur), NULL, NULL, NULL,
PM_NOREMOVE));
    }
}
```

该函数的主要结构是一个 for 循环，该循环在接收到一个 WM_QUIT 消息时退出。在此循环中调用了一个 PumpMessage 函数，使用【转到定义】功能找到该函数的实现代码，如例 4-16 所示。

例 4-16

```
BOOL CWinThread::PumpMessage()
{
    return AfxInternalPumpMessage();
}
```

继续使用【转到定义】功能找到 AfxInternalPumpMessage 函数的实现代码，如例 4-17 所示。

例 4-17

```
BOOL AFXAPI AfxInternalPumpMessage()
{
    _AFX_THREAD_STATE *pState = AfxGetThreadState();

    if (!::GetMessage(&(pState->m_msgCur), NULL, NULL, NULL))
```

```
        {
    ......
            return FALSE;
        }
    ......
        // process this message
        if (pState->m_msgCur.message != WM_KICKIDLE && !AfxPreTranslateMessage
(&(pState->m_msgCur)))
        {
            ::TranslateMessage(&(pState->m_msgCur));
            ::DispatchMessage(&(pState->m_msgCur));
        }
        return TRUE;
    }
```

可以发现，这与前面第 2 章中讲述的 SDK 编程的消息处理代码是一致的。

4.2.4 窗口过程函数

现在已经进入了消息循环，那么 MFC 程序是否也把消息路由给一个窗口过程函数去处理呢？回头看看例 4-9 所示的 AfxEndDeferRegisterClass 函数的源程序，其中有这样一句代码（符号①所在的那行代码）。

```
wndcls.lpfnWndProc = DefWindowProc;
```

这行代码的作用就是设置窗口过程函数，这里指定的是一个默认的窗口过程：DefWindowProc。但实际上，MFC 程序并不是把所有消息都交给 DefWindowProc 这一默认窗口过程来处理的，而是采用了一种称之为**消息映射的机制**来处理各种消息的。关于该机制将在后面的内容中将详细介绍。

至此，我们就了解了 MFC 程序的整个运行机制，实际上与 Win32 SDK 程序是一致的。它同样也需要经过：设计窗口类（只不过在 MFC 程序中已经预定义了一些窗口类，我们可以直接使用），注册窗口类，创建窗口，显示并更新窗口，消息循环。

再次调试运行 Test 程序，把 MFC 程序的运行过程再梳理一遍。

- 首先利用全局应用程序对象 theApp 启动应用程序。正是产生了这个全局对象，基类 CWinApp 中的 this 指针才能指向这个对象。如果没有这个全局对象，则程序在编译时不会出错，但在运行时就会出错。
- 调用全局应用程序对象的构造函数，从而就会先调用其基类 CWinApp 的构造函数。后者完成应用程序的一些初始化工作，并将应用程序对象的指针保存起来。
- 进入 WinMain 函数。在 AfxWinMain 函数中可以获取子类（对 Test 程序来说，就是 CTestApp 类）的指针，利用此指针调用虚函数：InitInstance，根据多态性原理，实际上调用的是子类（CTestApp）的 InitInstance 函数。后者完成应用程序的一些初始化工作，包括窗口类的注册、创建，窗口的显示和更新。期间会多次调用 CreateEx 函数，因为一个单文档 MFC 应用程序有多个窗口，包括框架窗口、工具条、状态条等。

- 进入消息循环。虽然也设置了默认的窗口过程函数，但是，MFC 应用程序实际上是采用消息映射机制来处理各种消息的。当收到 WM_QUIT 消息时，退出消息循环，程序结束。

4.2.5 文档/视类结构

前面已经提到，我们创建的 MFC 程序除了主框架窗口以外，还有一个窗口是视类窗口，对应的类是 CView 类，CView 类也派生于 CWnd 类。框架窗口是视类窗口的一个父窗口，它们之间的关系如图 4.17 所示。主框架窗口就是整个应用程序外框所包括的部分，即图中粗框以内的内容；而视类窗口只是主框架窗口中空白的地方。

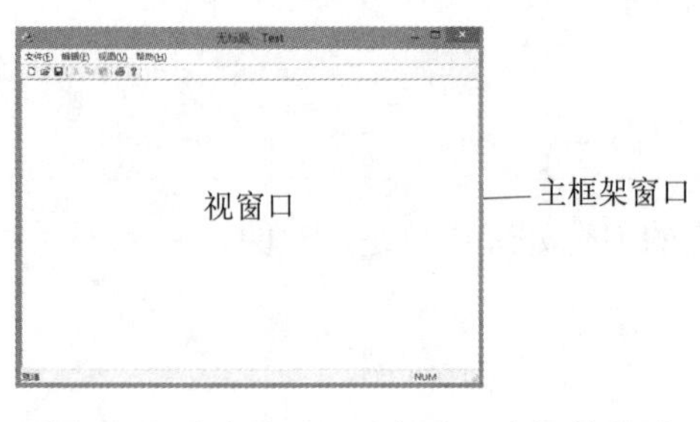

图 4.17 主框架窗口和视窗口之间的关系

可以看到 Test 程序中还有一个 CTestDoc 类，它派生于 CDocument 类。其基类是 CCmdTarget，而后者又派生于 CObject 类，从而，可以知道这个 CTestDoc 类不是一个窗口类，它实际上是一个文档类。

MFC 提供了一个文档/视（Document/View）结构，其中文档就是指 CDocument 类，视就是指 CView 类。Microsoft 在设计基础类库时，考虑到要把数据本身与它的显示分离开，于是就采用文档类和视类结构来实现这一想法。数据的存储和加载由文档类来完成，数据的显示和修改则由视类来完成，从而把数据管理和显示方法分离开来。文档/视结构是 MFC 程序的一个重点，后面章节将详细介绍此内容，读者应很好地掌握。

我们回头看看如例 4-8 所示 CTestApp 类的 InitInstance 函数实现代码，可以看到其中定义了一个单文档模板对象指针（①符号所示处的 pDocTemplate 变量）。该对象把文档对象、框架对象、视类对象有机地组织在一起，程序接着利用 AddDocTemplate 函数把这个单文档模板添加到文档模板中，从而把这三个类组织成为一个整体。

4.2.6 帮助对话框类

我们可以发现 Test 程序还有一个 CAboutDlg 类，从其定义可知，其基类是 CDialog 类，该类的派生层次结构如图 4.18 所示，由此可知后者又派生于 CWnd 类。因此，CAboutDlg 类也是一个窗口类。其主要作用是为用户提供一些与程序有关的帮助信息，例如版本号等。该类是一个无关紧要的类，可有可无。在程序运行时，通过单击【帮助\关于 Test...】菜单命令可以显示相应的帮助窗口。其操作命令及运行结果分别如图 4.19 和图 4.20 所示。

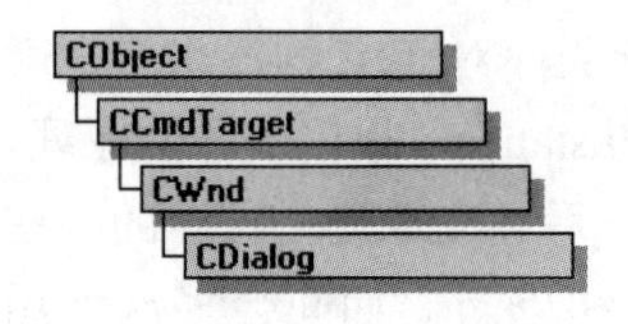

图 4.18 CDialog 类的继承结构层次图

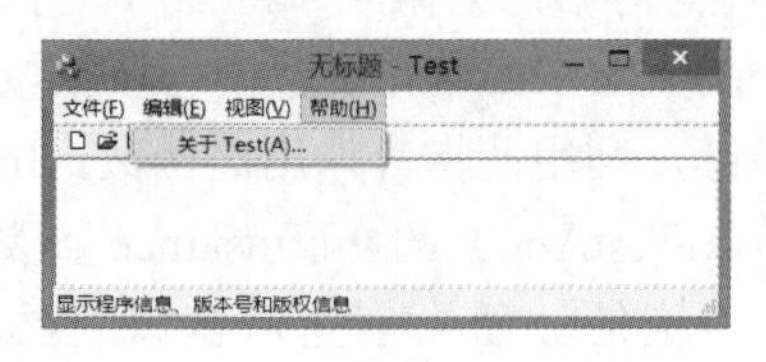

图 4.19 打开帮助窗口的操作

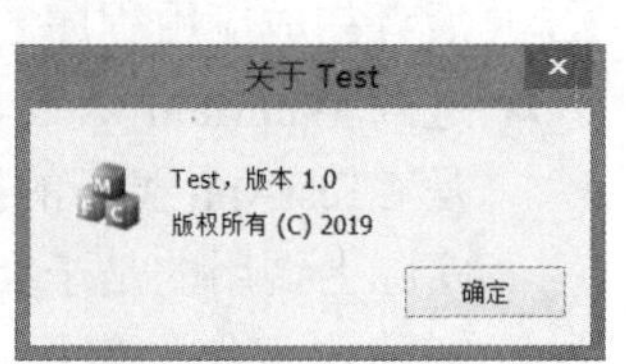

图 4.20 帮助窗口

4.3　窗口类、窗口类对象与窗口

4.3.1　三者之间关系

很多开发人员都将窗口类、窗口类对象和窗口之间的关系弄混淆了。为了使读者能更好地理解它们之间的关系，下面我们将模拟 CWnd 类的封装过程。

首先在解决方案 ch04 下添加一个新的空项目（参看第 2.5 节），项目名称为：WinMain，在项目创建完成后，将 WinMain 项目设为启动项目。

接下来在 WinMain 项目中添加一个名为 CWnd 的类，添加类的方式可以参看第 3.2.10 节。在该类中定义四个函数：创建窗口函数（CreateEx）、显示窗口函数（ShowWindow）、更新窗口函数（UpdateWindow）和销毁窗口函数（DestroyWindow），并定义一个成员变量（m_hWnd）。

CWnd 类的头文件（cwnd.h）代码如例 4-18 所示。

例 4-18

```
#pragma once
#include <Windows.h>
class CWnd
{
public:
    CWnd();
    ~CWnd();
public:
    BOOL CreateEx(DWORD dwExStyle,      // extended window style
        LPCTSTR lpClassName,            // registered class name
        LPCTSTR lpWindowName,           // window name
        DWORD dwStyle,                  // window style
        int x,                          // horizontal position of window
        int y,                          // vertical position of window
        int nWidth,                     // window width
        int nHeight,                    // window height
        HWND hWndParent,                // handle to parent or owner window
        HMENU hMenu,                    // menu handle or child identifier
        HINSTANCE hInstance,            // handle to application instance
        LPVOID lpParam);                // window-creation data
    BOOL ShowWindow(int nCmdShow);
    BOOL UpdateWindow();
    BOOL DestroyWindow();
public:
    HWND m_hWnd;

};
```

小技巧：这些函数的参数可以参照 MSDN 中相应 MFC 函数的定义，然后直接复制这些参数即可。

提示：因为 SDK 函数数量很多，所以程序员记忆负担很重。MFC 中使用的大部分函数名与相应的 SDK 函数名相同，这样做的目的就是为了方便程序员减轻记忆负担。程序员只需要记住两者中的一个就可以了。

接下来在 CWnd 类的源文件（cwnd.cpp）中完成这三个函数的定义，代码如例 4-19 所示。

例 4-19

```
#include "cwnd.h"

CWnd::CWnd()
{
    m_hWnd = NULL;
}
CWnd::~CWnd()
{
    DestroyWindow();
}

BOOL CWnd::CreateEx(DWORD dwExStyle,    // extended window style
    LPCTSTR lpClassName,                // registered class name
    LPCTSTR lpWindowName,               // window name
    DWORD dwStyle,                      // window style
    int x,                              // horizontal position of window
    int y,                              // vertical position of window
    int nWidth,                         // window width
    int nHeight,                        // window height
    HWND hWndParent,                    // handle to parent or owner window
    HMENU hMenu,                        // menu handle or child identifier
    HINSTANCE hInstance,                // handle to application instance
    LPVOID lpParam)                     // window-creation data
{
    m_hWnd = ::CreateWindowEx(dwExStyle, lpClassName, lpWindowName,
        dwStyle, x, y,nWidth, nHeight, hWndParent, hMenu,
        hInstance,lpParam);
    if (m_hWnd != NULL)
        return TRUE;
    else
        return FALSE;
}

BOOL CWnd::ShowWindow(int nCmdShow)
{
```

```
    return ::ShowWindow(m_hWnd, nCmdShow);
}

BOOL CWnd::UpdateWindow()
{
    return ::UpdateWindow(m_hWnd);
}
BOOL CWnd::DestroyWindow()
{
    BOOL bResult = FALSE;

    if (m_hWnd != NULL)
    {
        bResult = ::DestroyWindow(m_hWnd);
        m_hWnd = NULL;
    }
    return bResult;
}
```

其中，我们定义的 CWnd 类的 CreateEx 函数需要完成创建窗口的工作，这可以利用 Win32 提供的 SDK 函数：CreateWindowEx 函数来实现。该函数返回一个句柄，标识它所创建的窗口。这里，我们就可以利用已定义的 CWnd 类的成员变量 m_hWnd 来保存这个窗口句柄。因为我们定义的 CreateEx 函数返回值是一个 BOOL 型，所以应该判断一下这个窗口句柄。根据其值是否为空来决定函数是返回 TRUE 值，还是 FALSE 值。

读者应注意的是，在实际开发时，应该初始化 m_hWnd 变量，这可以在构造函数中实现，给它赋一个初值 NULL。这里我们只是为了演示 CWnd 类是如何与窗口关联起来的，因此就不进行初始化工作了。

接下来定义 ShowWindow 函数的实现。同样，需要调用 SDK 函数，即 ShowWindow 来完成窗口的显示。为了区分这两个同名函数，在调用这个 SDK 函数时，前面加上作用域标识符（即::）。这种以“::”开始的表示方法表明该函数是一个全局函数，这里表示调用的 ShowWindow 函数是 SDK 函数。因为 CreateEx 函数已经获取了窗口句柄并保存到 m_hWnd 成员变量中，所以，ShowWindow 函数可以直接把这个句柄变量作为参数来使用。

> **提示：** 读者在定义自己的成员函数时，如果调用的 API 函数名与自己的函数名不同，那么该 API 函数名前可以加也可以不加“::”符号，编译器会自动识别 API 函数。但是如果当前定义的成员函数与内部调用的 API 函数名相同，那么后者前面必须加“::”符号，否则程序在编译或运行时就会出错。

我们自己定义的 UpdateWindow 函数的实现比较简单，直接调用 SDK 函数：UpdateWindow 完成更新窗口的工作。

从例 4-19 所示代码可知，我们定义的 CWnd 类的后两个函数（ShowWindow 和 UpdateWindow）内部都需要一个窗口句柄，即需要知道对哪个窗口进行操作。

现在我们就实现了一个窗口类：CWnd。但我们知道如果要以类的方式来完成窗口的创建、显示和更新操作，那么首先还需要编写一个 WinMain 函数。读者并不需要记忆这个函数的写法，只要机器上有 MSDN 就可以了，在 MSDN 中找到该函数的帮助文档，直接复制其定义即可。

在项目中添加一个源文件，名字为 winmain.cpp，然后编写 WinMain 函数。这里，我们只是想讲解在这个函数内部所做的工作，并不是真正的实现，因此只是写出其主要的代码，如例 4-20 所示。

例 4-20

```
int WINAPI WinMain(
  HINSTANCE hInstance,      // handle to current instance
  HINSTANCE hPrevInstance,  // handle to previous instance
  LPSTR lpCmdLine,          // command line
  int nCmdShow              // show state
)
{
    //首先是设计窗口类，即定义一个 WNDCLASS，并为相应字段赋值。
    WNDCLASS wndcls;
    wndcls.cbClsExtra=0;
    wndcls.cbWndExtra=0;
    ......
//注册窗口类
RegisterClass(&wndcls);

//创建窗口
CWnd wnd;
wnd.CreateEx(...);

//显示窗口
wnd.ShowWindow(SW_SHOWNORMAL);

//更新窗口
wnd.UpdateWindow();
//接下来就是消息循环，此处省略
......
return 0;
}
```

有兴趣的读者可以参照第 2 章的内容自行完善例 4-20 的代码。

请读者回想一下第 2 章中我们利用 SDK 编程时为创建窗口、显示窗口和更新窗口所编写的代码（如例 4-21 所示），并比较例 4-20 和例 4-21 这两段代码的区别。

例 4-21

```
HWND hwnd;
hwnd=CreateWindowEx();
::ShowWindow(hwnd,SW_SHOWNORMAL);
::UpdateWindow(hwnd);
```

我们可以发现，SDK 程序中多了一个 HWND 类型的变量 hwnd。该变量用来保存由 CreateWindowEx 函数创建的窗口句柄，并将其作为参数传递给随后的显示窗口操作（ShowWindow 函数）和更新窗口操作（UpdateWindow 函数）。而我们自定义的实现代码中，CWnd 类定义了一个 HWND 类型的成员变量：m_hWnd，用于保存这个窗口句柄。首先 CWnd 类的 CreateEx 函数创建窗口，并将该窗口句柄保存到这个成员变量，接着在调用 CWnd 类的 ShowWindow 函数显示窗口时，就不需要再传递这个句柄了，因为它已经是成员变量，该函数可以直接使用它。CWnd 类的 UpdateWindow 函数也是一样的道理。

许多程序员在进行 MFC 程序开发时，容易混淆一点：认为这里的 CWnd 类型的 wnd 这个 C++对象所代表的就是一个窗口。因为在实践中，他们看到的现象是：当 C++窗口类对象被销毁时，相应的窗口也就没了。有时正好巧合，当窗口被销毁时，C++窗口类对象的生命周期也到了，从而也被销毁了。正因为如此，许多程序员感觉 C++窗口类对象就是窗口，窗口就是这个 C++窗口类对象。事实并非如此。读者可以想像一下，如果我们关闭了一个窗口，这个窗口就被销毁了，那么该窗口对应的 C++窗口类对象真的销毁了吗？当然没有。当一个窗口销毁时，它会调用 CWnd 类的 DestroyWindow 函数，该函数销毁窗口后，将 CWnd 成员变量 m_hWnd 设为 NULL。

C++窗口类对象的生命周期和窗口的生命周期不是一致的。当一个窗口被销毁时，与 C++窗口类对象没有关系，它们之间的纽带仅仅在于这个 C++窗口类内部的成员变量：m_hWnd，该变量保存了与这个 C++窗口类对象相关的那个窗口的句柄。

当我们设计的这个 C++窗口类对象被销毁的时候，与之相关的窗口也是应该被销毁的，因为它们之间的纽带（m_hWnd）已经断了。另外，窗口也是一种资源，它也占据内存。这样，在 C++窗口类对象析构时，也需要回收相关的窗口资源，即销毁这个窗口。

因此，读者一定要注意：**C++窗口类对象与窗口并不是一回事，它们之间唯一的关系是 C++窗口类对象内部定义了一个窗口句柄变量，保存了与这个 C++窗口类对象相关的那个窗口的句柄。当窗口被销毁时，与之对应的 C++窗口类对象被销毁与否，要看其生命周期是否结束。但当 C++窗口类对象被销毁时，与之相关的窗口也将被销毁。**在我们定义的这个 WinMain 程序（例 4-20 所示代码）中，当程序运行到 WinMain 函数的右花括号（}）时，该函数内部定义的 Wnd 窗口类对象的生命周期也就结束了。

这是我们自己定义的 CWnd 类，那么 MFC 提供的 CWnd 类是不是这样实现的呢？读者在 MSDN 中查看 MFC 提供的 CWnd 类，将会发现该类确实定义了一个数据成员：m_hwnd，用来保存与之相关的窗口的句柄。因为 MFC 中所有的窗口类都是由 CWnd 类派生的，于是，所有的窗口类（包括子类）内部都有这样的一个成员用来保存与之相关的窗口句柄。所以，读者不能认为我们前面创建的 MFC 程序 Test 中的 CMainFrame 类和 CTestView 类的对象就是一个窗口。

4.3.2　在窗口中显示按钮

为了更好地理解窗口类、窗口类对象和窗口之间的关系，我们接下来实现在窗口中显示一个按钮这一功能，仍然在已有的 Test 程序（记得设为启动项目）中实现。首先需要创

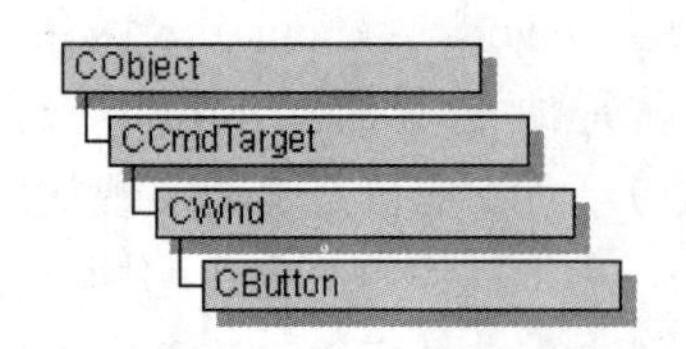

图 4.21　CButton 类的继承层次结构

建一个按钮类对象，按钮对应的 MFC 类是 CButton 类，其继承层次结构如图 4.21 所示，从而可以得知 CButton 类派生于 CWnd 类。

在 MFC 提供的资源类中，有些类的对象的构造（包括对象构造与初始化）直接通过其构造函数就可以完成。也就是说，这些对象的构造函数包含了这个对象的初始化操作。但有些对象的产生除了调用构造函数外，还需要调用其他一些函数来进行初始化的工作，然后才能使用该对象。

对于一个 CButton 对象，在定义之后就可以使用了。但是作为一个窗口类对象，即 CWnd 对象，如果在构造之后还需要产生这个窗口的话，则需要调用 CreateEx 函数来完成初始化工作。也就是说，如果要显示一个按钮，那么在定义这个 CButton 类对象之后（即调用 CButton 类的构造函数之后）还需要调用 CButton 的 Create 函数创建这个按钮窗口，从而把按钮窗口与 CButton 对象关联起来。

CButton 的 Create 函数声明如下。

```
virtual BOOL Create(
   LPCTSTR lpszCaption,
   DWORD dwStyle,
   const RECT& rect,
   CWnd* pParentWnd,
   UINT nID
);
```

各个参数的意义如下所述。

■ lpszCaption

指定按钮控件的文本。

■ dwStyle

指定按钮控件的风格。按钮控件不仅具有按钮风格类型，还具有窗口风格类型。多种风格类型可以通过位或操作加以组合。

■ rect

指定按钮控件的大小和位置。该参数是 RECT 结构体类型，通过指定左上角和右下角两个点的坐标定义一个矩形。结构体也是一种特殊的类，所以可以用类 CRect 来构造一个 RECT 结构体。

■ pParentWnd

指定按钮控件的父窗口。这是一个 CWnd 类型的指针。MFC 中不再通过窗口句柄，而是通过一个与窗口相关的 C++窗口类对象指针来传递窗口对象。

■ nID

指定按钮控件的标识。

为了在框架窗口上产生一个按钮控件，显然应该是在框架窗口产生之后，再创建该按钮控件，否则没有地方放置它。窗口创建时都会产生 WM_CREATE 消息，CMainFrame 类提供一个 OnCreate 函数，该函数就是用来响应这条窗口创建消息的。该函数的默认实现代码如例 4-22 所示。

例 4-22

```
int CMainFrame::OnCreate(LPCREATESTRUCT lpCreateStruct)
{
    if (CFrameWnd::OnCreate(lpCreateStruct) == -1)
        return -1;

    if (!m_wndToolBar.CreateEx(this, TBSTYLE_FLAT, WS_CHILD | WS_VISIBLE
| CBRS_TOP | CBRS_GRIPPER | CBRS_TOOLTIPS | CBRS_FLYBY | CBRS_SIZE_DYNAMIC) ||
        !m_wndToolBar.LoadToolBar(IDR_MAINFRAME))
    {
        TRACE0("未能创建工具栏\n");
        return -1;      // 未能创建
    }

    if (!m_wndStatusBar.Create(this))
    {
        TRACE0("未能创建状态栏\n");
        return -1;      // 未能创建
    }
    m_wndStatusBar.SetIndicators(indicators, sizeof(indicators)/sizeof(UINT));

    // TODO: 如果不需要可停靠工具栏，则删除这三行
    m_wndToolBar.EnableDocking(CBRS_ALIGN_ANY);
    EnableDocking(CBRS_ALIGN_ANY);
    DockControlBar(&m_wndToolBar);

    return 0;
}
```

从例 4-22 所示代码可知，CMainFrame 类的 OnCreate 函数首先调用基类 CFrameWnd 的 OnCreate 函数，创建一个窗口，然后创建工具栏（m_wndToolBar）和状态栏（m_wndStatusBar）对象。我们可以在该函数的最后完成按钮的创建工作，即在 return 语句之前添加例 4-23 所示代码中加灰显示的代码。

例 4-23

```
int CMainFrame::OnCreate(LPCREATESTRUCT lpCreateStruct)
{
......
    CButton btn;
    btn.Create(L"按钮", WS_CHILD | BS_DEFPUSHBUTTON,
        CRect(0, 0, 100, 100), this, 123);

    return 0;
}
```

> **提示：**读者可能注意到了字符串“按钮”前面有一个大写的字母 L，Visual Studio 2017 默认使用 Unicode 字符集，这是和 VC++ 6.0 不同的地方，大写字母 L 的使用就是告诉编译器，该字符串应该编译为一个 Unicode 字符串。不过，这种方式只能对字面常量使用。

将该按钮的名称设置为“按钮”，其位置由 CRect（0,0,100,100）这一矩形确定，ID 号为 123。前面已经讲过，按钮控件不仅具有按钮风格类型，还具有窗口风格类型，因此，在按钮的 Create 函数中指定该按钮具有 WS_CHILD 窗口风格类型，同时还具有 BS_DEFPUSHBUTTON 按钮风格类型，即下按按钮风格。

另外，我们知道每个对象都有一个 this 指针，代表对象本身。为了让按钮控件的父窗口是框架窗口，这里可以直接将代表 CMainFrame 对象的 this 指针作为参数传递给按钮的 Create 函数。

编译并运行 Test 程序，却发现按钮并没有显示出来。问题的原因有两个：一是这里定义的 btn 对象是一个局部对象，当执行到 OnCreate 函数的右花括号（}）时，该对象的生命周期就结束了，就会发生析构。前面已经讲过，如果一个窗口与一个 C++窗口类对象相关联，那么当这个 C++对象生命周期结束时，该对象在析构时通常会把与之相关联的窗口资源进行回收。这就是说，当执行到例 4-22 所示的 OnCreate 函数的右花括号时，刚刚创建的 btn 窗口就被与之相关的 C++对象销毁了。因此，不能将这个按钮对象定义为一个局部对象。解决方法是：将其定义为 CMainFrame 类的一个成员变量，可以将其访问权限定义为 private 类型以实现信息隐藏。

有多种方法可以定义一个类的成员变量，可以直接在该类的定义中添加成员变量定义代码，也可以利用 Visual Studio 提供的便捷功能来定义。后者的方法是：在类视图窗口中的类名 CMainFrame 上单击鼠标右键，从弹出的快捷菜单上选择【添加】→【添加变量】，将弹出“添加变量”对话框。通常，在定义类的成员变量名称时都以“m_”为前缀，表明这个变量是类的一个成员变量。我们将变量名称设置为 m_btn，类型输入 CButton，访问权限设置为 private，如图 4.22 所示。

图 4.22　添加变量对话框

单击【确定】按钮，即可以在 CMainFrame 类的头文件中看到新成员变量的定义，代码如下：

```
private:
    CButton m_btn;
```

修改例 4-23 所示 CMainFrame 类 OnCreate 函数中创建按钮的代码，删除局部按钮对象的定义，并将调用 Create 函数的按钮对象名称改为 m_btn，结果如例 4-24 所示。

例 4-24

```
int CMainFrame::OnCreate(LPCREATESTRUCT lpCreateStruct)
{
......
    m_btn.Create(L"按钮",WS_CHILD | BS_DEFPUSHBUTTON,CRect(0,0,100,100),
this,123);

    return 0;
}
```

再次运行 Test 程序，你会发现按钮依然没有出现。这一问题的第二个原因就是在一个窗口创建完成之后，应该将这个窗口显示出来。因此，需要在调用 Create 函数之后再添加一条窗口显示的代码，如例 4-25 所示。

例 4-25

```
int CMainFrame::OnCreate(LPCREATESTRUCT lpCreateStruct)
{
......
1.  m_btn.Create(L"按钮",WS_CHILD | BS_DEFPUSHBUTTON,CRect(0,0,100,100),
this,123);
2.  m_btn.ShowWindow(SW_SHOWNORMAL);

    return 0;
}
```

再次运行 Test 程序，这时就可以看到按钮出现了，如图 4.23 所示。

根据运行结果，我们可以看到该按钮显示在工具栏上了，这是因为按钮当前的父窗口是 CMainFrame 类窗口，即主框架窗口。在该窗口中，标题栏和菜单都位于非客户区，而工具栏位于它的客户区（关于窗口的客户区和非客户区的内容将在下一章讲解）。我们程序中的按钮是在主框架窗口的客户区出现的，其位置由 CRect（0,0,100,100）参数指定，说明其左上角就是其父窗口客户区的（0,0）点，因此，该按钮就在程序的菜单下、工具栏上显示出来了。

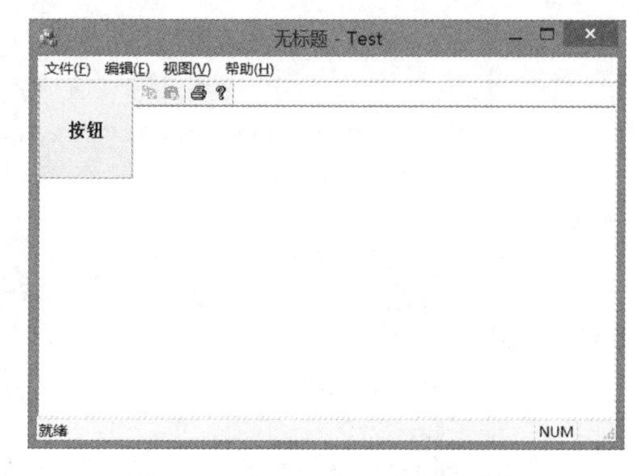

图 4.23　在框架窗口中显示按钮

读者可以设想一下，如果我们改在 CTestView 类中创建这个按钮，那么会是什么样的结果呢？首先，我们把 CMainFrame 中创建按钮的代码（即上述例 4-25 所示代码中第 1 行和第 2 行代码）注释起来，然后为 CTestView 类定义一个 CButton 类型的成员变量 m_btn。但是接下来，我们发现 CTestView 类中没有 OnCreate 函数。我们知道，Windows 下的程序都是基于消息的，无论 MFC 程序，还是 SDK 程序都是这样的。既然窗口在创建时都会产生一个 WM_CREATE 消息，那么就可以让 CTestView 响应这个消息，也就是为这个类添加 WM_CREATE 消息的处理函数。

在 Visual Studio 中，为一个类添加某个消息的处理函数的方法是：在 ClassView 标签页上，在该类名上单击鼠标右键，从弹出的快捷菜单上选择【类向导】菜单命令，这时将弹出如图 4.24 所示的类向导对话框。

选中消息标签页，在消息列表中找到并选中 WM_CREATE 消息，然后单击“添加处理程序”按钮，如图 4.25 所示。

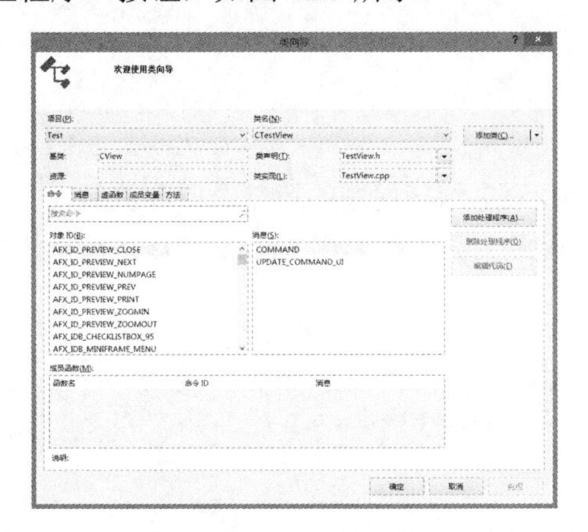

图 4.24　类向导对话框

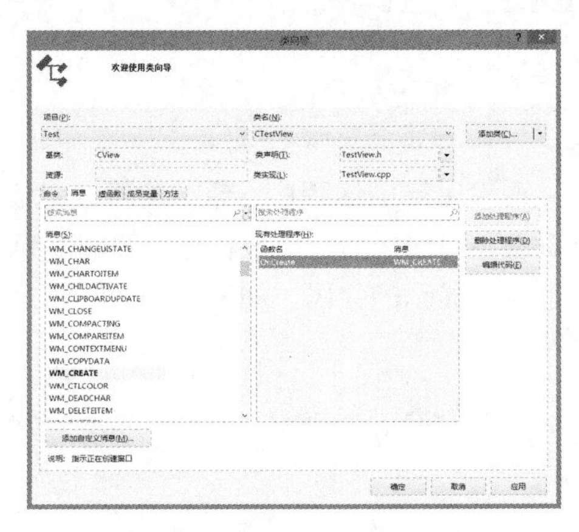

图 4.25　添加消息处理程序

单击“编辑代码”按钮，这样就直接定位到了响应 WM_CREATE 消息的处理函数 OnCreate 函数中。

我们在该函数的尾部添加显示按钮的代码，与 CMainFrame 中的代码相同，可以直接复制过来，结果如例 4-26 所示。

例 4-26

```
int CTestView::OnCreate(LPCREATESTRUCT lpCreateStruct)
{
    if (CView::OnCreate(lpCreateStruct) == -1)
        return -1;

    // TODO: Add your specialized creation code here
    m_btn.Create(L"按钮",WS_CHILD | BS_DEFPUSHBUTTON,CRect(0,0,100,100),
this,123);
    m_btn.ShowWindow(SW_SHOWNORMAL);

    return 0;
}
```

编译并运行 Test 程序，结果如图 4.26 所示。

我们可以看到按钮显示出来了，但位置发生了变化。因为这时给按钮的 Create 函数传递的 this 指针指向的是 CTestView 类的对象，因此，这时按钮的父窗口就是视类窗口，所以按钮在视窗口的客户区中显示。如果这时仍想让按钮的父窗口为CMainFrame类窗口，即视类窗口的父窗口，那么可以调用 GetParent 函数来获得视类的父窗口对象的指针，并将该指针传递给按钮的 Create 函数。这时的 CTestView 类 OnCreate 函数定义代码如例 4-27 所示。

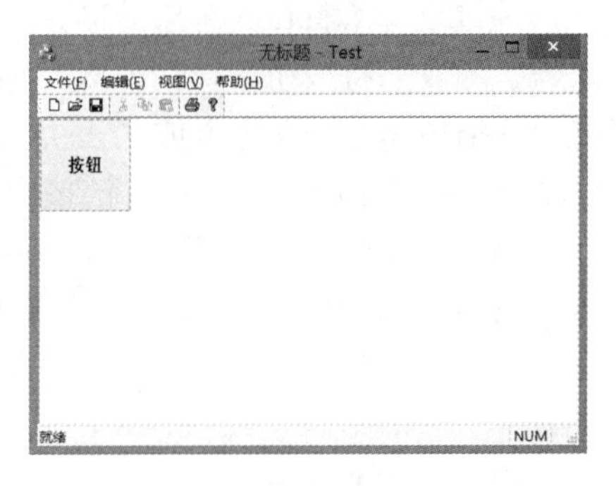

图 4.26　在视窗口中显示按钮

例 4-27

```
int CTestView::OnCreate(LPCREATESTRUCT lpCreateStruct)
{
    if (CView::OnCreate(lpCreateStruct) == -1)
        return -1;

    // TODO: Add your specialized creation code here
    m_btn.Create(L"按钮",WS_CHILD | BS_DEFPUSHBUTTON, CRect(0,0,100,100),
GetParent(), 123);
    m_btn.ShowWindow(SW_SHOWNORMAL);

    return 0;
}
```

运行 Test 程序，读者会发现按钮的位置与在 CMainFrame 中创建按钮的位置一样，可见按钮的位置与其父窗口有关，而不是与创建它的代码所在的类有关。

另外，如果想在创建按钮之后立即显示，则可以将其窗口风格指定为 WS_VISIBLE，这时，就不需要再调用 ShowWindow 函数了。此时按钮的创建和显示只需要下面这一条代码即可：

```
    m_btn.Create(L" 按 钮 ",WS_CHILD  |  WS_VISIBLE  |  BS_DEFPUSHBUTTON,
CRect(0,0, 100,100), GetParent(),123);
```

> **小技巧：** 在 Windows 中很多函数名都是一些有意义的单词的组合，并且每个单词的首字母大写。例如，如果想要得到某个类的父窗口，那么我们可以猜想这个函数名应该是 Get 再加上 ParentWindow 这样的名字。打开 MSDN 的索引标签页，键入 GetParentWindow，发现没有这个函数，但有一个 GetParent 函数，打开这个函数，发现就是我们所要的函数。在编程时，通过这种方法，可以快速找到所需要的函数。

在本例中，我们选择的是 BS_DEFPUSHBUTTON 按钮风格类型，读者可以试着使用其他类型的风格，例如 BS_AUTORADIOBUTTON、BS_CHECKBOX 等，看看结果如何。

通过这个 CButton 对象的创建，希望读者能更好地理解 C++窗口类对象和窗口之间的关系。当我们将按钮窗口销毁时，它所对应的 m_btn 这个 C++对象并没有被销毁，因为它是 CTestView 类的一个成员变量，它的生命周期与 CTestView 对象是一致的。只要 CTestView 对象没有被销毁，该按钮对象就一直存在，在程序中仍可以访问这个对象。

另外，我们发现在调用 CButton 的 ShowWindow 函数时，并没有传递一个窗口句柄，因为 CButton 类是 CWnd 类的子类，因此，它已有一个用于保存窗口句柄的成员变量 m_hwnd。这样，CButton 的成员函数就可以直接使用这个变量，并不需要再传递窗口句柄了。

另一点需要注意的是，按钮的父窗口不同，其显示位置也会有所差异。

最后，我们在写程序时，如果不知道某个函数的名称，那么可以凭感觉利用单词的组合来拼写，通过这种方法一般都能在 MSDN 中找到需要的函数。

4.4 本章小结

本章主要剖析了 MFC 框架的运行机制，可以发现在其框架内部也有与 Win32 SDK 程序相应的操作，包括设计窗口类、注册窗口类、创建窗口、显示和更新窗口、消息循环，以及窗口处理过程，只不过它使用的是一个默认的窗口处理函数。当然，MFC 最终的消息处理是利用消息映射来完成的，这将在后面的章节中介绍。另外，本章还介绍了窗口类的封装过程。我们发现很多窗口类的函数调用都不再需要传递窗口句柄了，因为它们都在内部维护了一个窗口句柄成员变量。

第 5 章 简单绘图

本章将剖析 MFC 消息映射机制，探讨发送给窗口的消息是如何被 MFC 框架通过窗口句柄映射表和消息映射表来用窗口类的处理函数进行响应的。另外，还将讲述“类向导”这一工具的运用，讨论设备描述表及其封装类 CDC 的使用，以及 CDC 是如何与具体的设备发生关联的，并结合具体的画图程序进行分析。

5.1 MFC 消息映射机制

首先为读者介绍一些绘图方面的知识，从最简单的画线开始。在程序中画线和在纸上画线不太一样，在纸上画线时，我们只需用笔在纸上拖动一下就可以绘制出一条线，但在程序中画线时需要知道两个点，即线条的起点和终点。程序中如何捕获到这两个点呢？读者回想一下，在本书第 2 章中就曾介绍，Windows 程序是基于消息编程的。在程序运行过程中，当单击鼠标左键时，就可以获得一个点，即线条的起点。接着按住鼠标左键并拖动一段距离后松开鼠标，此时也可以获得一个点，即线条的终点。也就是说，我们需要捕获两个消息，一个是鼠标左键按下消息（WM_LBUTTONDOWN），在该消息响应函数中可以获得将要绘制的线条的起点；另一个是鼠标左键弹起来的消息（WM_LBUTTONUP），在该消息响应函数中可以获得将要绘制的线条的终点。有了这两个点就可以绘制出一条线。有了这一思路，下面我们就来实际编写一个绘制线条的程序。

新建一个单文档类型的 MFC 应用程序，项目名为 Draw，解决方案名为 ch05，步骤参见第 4.1 节。既可以在视类中进行鼠标左键操作消息的捕获，也可以在框架类中进行此项工作。先在框架类中进行这项工作。利用第 4 章中介绍的为一个类添加某个消息的响应函数的方法，我们为 CMainFrame 类添加 WM_LBUTTONDOWN 这个消息的响应函数。在此函数内部，添加一条显示消息框的代码（利用 MessageBox 函数实现），用来表明在程序运行时鼠标左键确实被按下去了。

在添加MessageBox函数这行代码时，根据VC++提供的智能提示（代码如下所示），读者可以发现此处的MessageBox函数与我们在第2章中利用SDK编程时使用的MessageBox函数有所区别，此处的MessageBox调用少了一个参数：窗口句柄（HWND类型的变量hWnd）。在第4章中，我们已经介绍过CWnd类定义了一个HWND类型的成员变量m_hWnd，用于保存当前窗口的句柄，并且该成员变量具有public类型的访问权限。这样，窗口的所有操作就不再需要传递这个句柄了，因为它已经是成员变量，可以直接使用。根据类继承性原理，所有派生于CWnd类的子类都拥有这一成员变量，用来保存当前子类窗口的句柄，因此在调用与子类窗口有关的操作时，也不再需要传递这个窗口句柄了。我们知道CMainFrame是CWnd类的一个子类，因此也就应该明白为什么此处MessageBox函数会没有窗口句柄这一参数了。

```
MessageBox ()
int MessageBoxW(LPCTSTR lpszText, LPCTSTR lpszCaption = (LPCTSTR)0, UINT nType = 0U)
```

> **提示：** 读者可能注意到了提示的MessageBox函数后面多了一个大写的字母W，我们在第4.3.2节的提示中说到Visual Studio 2017默认使用Unicode字符集（即宽字符，用两个字节表示一个字符），而此处我们使用的MessageBox只是一个宏，它会根据项目使用的字符集在编译时自动转换为宽字符函数版本，或者ANSI字符串函数版本。

同时，读者会发现MessageBox函数的后两个参数都具有默认值，因此，添加的MessageBox函数调用如例5-1所示。

例5-1

```
void CMainFrame::OnLButtonDown(UINT nFlags, CPoint point)
{
    MessageBox(L"MainFrame Clicked!");
    CFrameWnd::OnLButtonDown(nFlags, point);
}
```

Build并运行Draw程序，然后在程序窗口上单击鼠标左键，发现程序并未如我们所愿，弹出消息框。这是为什么呢？我们暂时先把这一问题搁置一下，再看一下，如果在视类中捕获鼠标左键操作消息并处理，结果会如何？

5.1.1 类向导

在第4.3.2节，我们介绍过如何使用类向导给某个类添加消息响应的处理函数，类向导是Visual C++开发中一个很重要的组成部分。它可以帮助我们创建一个新类，为已有类添加成员变量，添加消息和命令的响应函数，以及虚函数的重写。这里，我们再详细介绍一下类向导所具有的功能。

类向导对话框如图 5.1 所示。

最右侧的“添加类”按钮用来向项目中添加一个新类，可选择四种类型的类进行添加，如图 5.2 所示。

图 5.1　类向导对话框

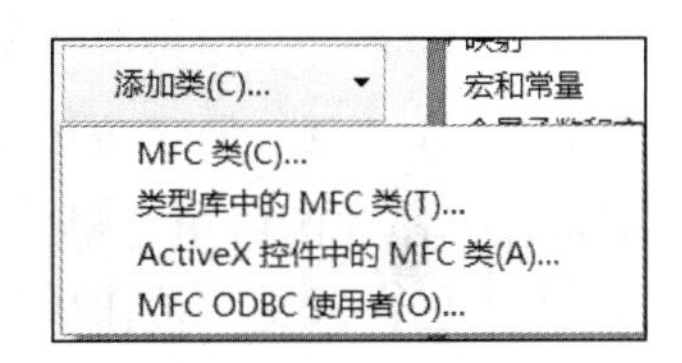

图 5.2　类向导对话框中的“添加类”按钮

类向导的功能主要由五个选项卡提供，分别是：命令、消息、虚函数、成员变量和方法。下面就分别介绍这五个选项卡。

1．命令选项卡

在启动类向导后，默认呈现的就是命令选项卡（如图 5.1 所示），该选项卡主要用于添加对菜单、工具栏按钮、控件等所产生的命令消息进行响应的处理函数。

2．消息选项卡

消息选项卡的界面如图 5.3 所示，可以通过该选项卡添加或删除消息处理函数。

消息列表框列出了所有针对该类可以处理的消息，下方的“添加自定义消息”按钮可以添加自定义的消息，后面章节我们会介绍如何添加自定义消息，以及如何对其进行响应。

3．虚函数选项卡

虚函数选项卡的界面如图 5.4 所示，可以通过该选项卡对基类的虚函数进行重写，或者删除已重写的虚函数。

虚函数列表框列出了所有针对该类可以重写的虚函数。

4．成员变量选项卡

成员变量选项卡的界面如图 5.5 所示，通过该选项卡，我们可以加入与对话框上的控件相关联的成员变量，以便程序利用这些成员变量与对话框上的控件进行信息交换。至于如何将变量与控件相关联，将在后面的章节中详细介绍。

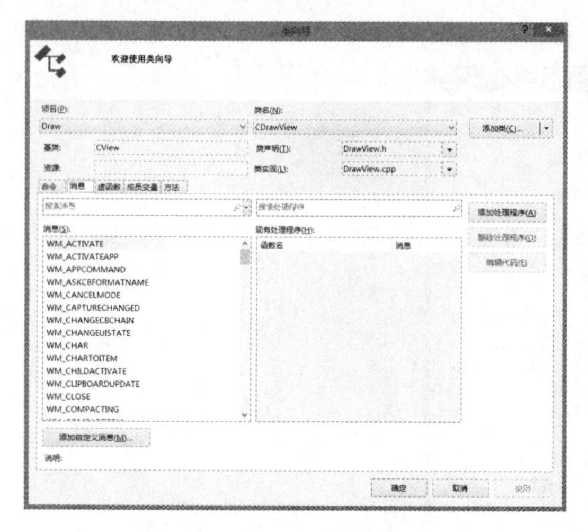

图 5.3　类向导的消息选项卡

图 5.4　类向导的虚函数选项卡

控件 ID 项显示对话框中所具有的控件的 ID 号；类型项显示添加的成员变量的类型；成员项显示添加的成员变量的名字。右侧的“添加变量”按钮用于给选定的控件添加成员变量；“添加自定义”按钮用于给类添加不与控件相关联的普通的成员变量。

5．方法选项卡

成员变量选项卡的界面如图 5.6 所示。通过该选项卡，我们可以给指定的类添加各种类型的函数（如静态函数、虚函数等），或者删除函数。

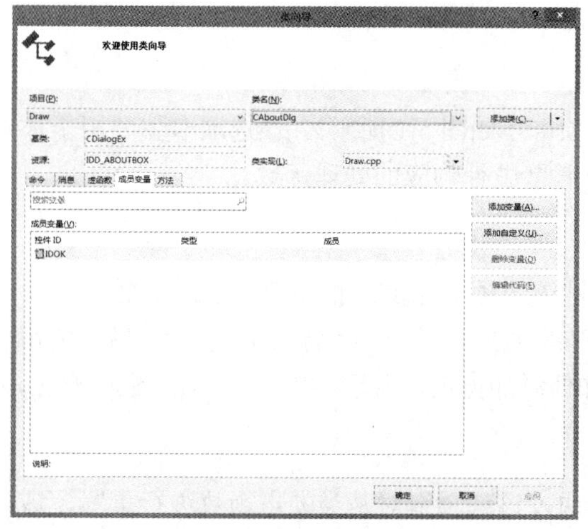

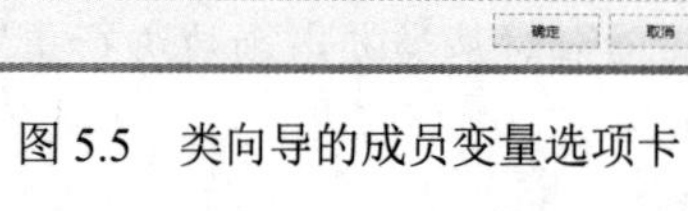

图 5.5　类向导的成员变量选项卡

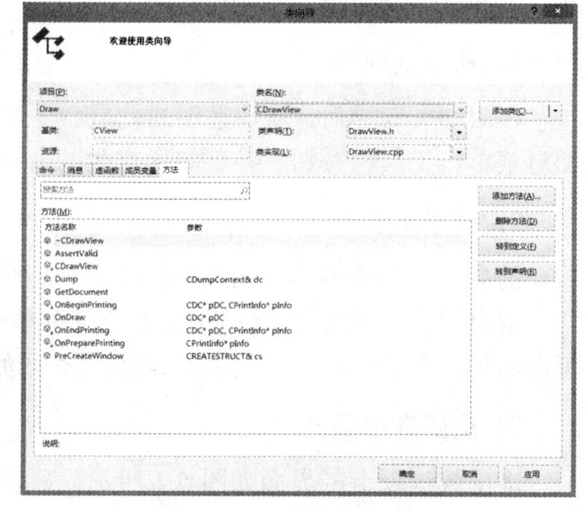

图 5.6　类向导的方法选项卡

选中某个方法，单击“转到定义”按钮将定位到函数的实现处（即源文件中的相应位置），单击“转到声明”按钮将定位到函数的声明处（即头文件中的相应位置）。

现在我们利用了类向导首先给项目 Draw 的视类 CDrawView 添加 WM_ LBUTTONDOWN

消息的响应函数，切换到消息选项卡，确保类名选中的是 CDrawView，然后在消息列表框中找到 WM_LBUTTONDOWN 并选中，单击“添加处理程序”按钮，“单击编辑代码”按钮，定位到 OnLButtonDown 函数的定义处。与前面 CMainFrame 类的处理一样，在此函数中添加一个显示消息框的函数，代码如例 5-2 所示。

例 5-2

```
void CDrawView::OnLButtonDown(UINT nFlags, CPoint point)
{
     MessageBox(L"View Clicked!");
     CView::OnLButtonDown(nFlags, point);
}
```

编译并运行 Draw 程序，然后在程序窗口上单击鼠标左键，此时会弹出一个消息框（如图 5.7 所示）。这就说明视类所代表的窗口被单击了。也就是说，视类捕获鼠标左键按下消息这一操作生效了。

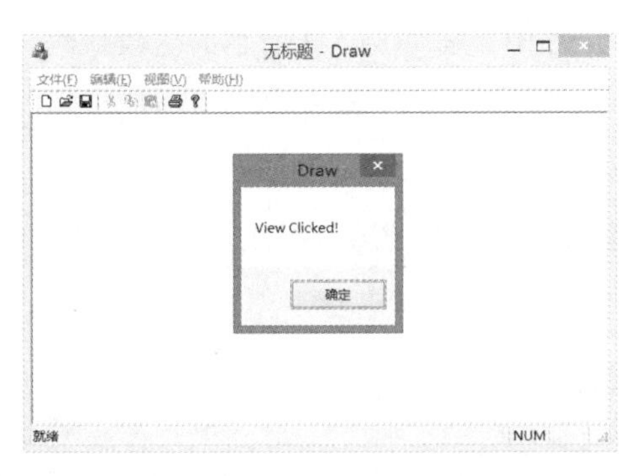

图 5.7　在视类中捕获 WM_LBUTTONDOWN 消息时程序运行结果

那么为什么前面在框架类中捕获这一消息就没有生效呢？在前面第 4 章中讲述文档/视类结构时，曾说过视类窗口始终覆盖在框架类窗口之上。我们可以打个比方，框架窗口就像一面墙，而视类窗口就像墙纸，它始终挡在这面墙的前面。那么此时对这面墙的所有操作，其实都是在墙纸上进行的。同样的道理也适用于框架窗口和视窗口。也就是说，所有操作，包括鼠标单击、鼠标移动等操作都只能由视类窗口捕获。这就是为什么在框架类窗口中收不到鼠标左键单击这一消息的原因。

这时，我们可以删除框架类中已经添加的 WM_LBUTTONDOWN 这一消息的响应函数。不过，读者应注意的是，通过 MFC 提供的类向导添加消息响应函数后，类向导会在所选类的头文件和源文件中添加几处相关的信息，第 5.1.2 节将介绍通过类向导添加的内容及其所在的位置。因此删除某个消息响应函数时要小心，一定要确保这几处相关代码均被删除。最好不要直接手工删除源代码中的函数定义。可以通过类向导来进行删除，这样就可以把头文件和源文件中所有与此函数相关的信息全部删除了。

5.1.2　消息映射机制

读者可以浏览一下 Draw 项目 CDrawView 的头文件和源文件，可以发现在为视类增加一个鼠标左键按下这一消息响应函数之后，在文件中增加了三处代码。

（1）消息响应函数原型

在 CDrawView 类的头文件中，有如例 5-3 所示的这段代码。

例 5-3

```
// 生成的消息映射函数
protected:
    DECLARE_MESSAGE_MAP()
public:
    afx_msg void OnLButtonDown(UINT nFlags, CPoint point);
```

例 5-3 所示这段代码中，在 OnLButtonDown 函数声明的前面有一个 afx_msg 限定符，这是一个宏。该宏表明这个函数是一个消息响应函数的声明。

（2）ON_WM_LBUTTONDOWN 消息映射宏

在 CDrawView 类的源文件中，有如例 5-4 所示的这段代码。

例 5-4

```
BEGIN_MESSAGE_MAP(CDrawView, CView)
   // 标准打印命令
   ON_COMMAND(ID_FILE_PRINT, CView::OnFilePrint)
   ON_COMMAND(ID_FILE_PRINT_DIRECT, CView::OnFilePrint)
   ON_COMMAND(ID_FILE_PRINT_PREVIEW, CView::OnFilePrintPreview)
   ON_WM_LBUTTONDOWN()
END_MESSAGE_MAP()
```

上述例 5-4 所示代码中，BEGIN_MESSAGE_MAP 和 END_MESSAGE_MAP()这两个宏之间定义了 CDrawView 类的消息映射表，其中有一个 ON_WM_LBUTTONDOWN 消息映射宏，这个宏的作用就是把鼠标左键按下消息（WM_LBUTTONDOWN）与一个消息响应函数关联起来（在本例中是把 WM_LBUTTONDOWN 消息与 OnLButtonDown 函数关联起来）。通过这种机制，一旦有消息产生，程序就会调用相应的消息响应函数来进行处理。

（3）消息响应函数的定义

在 CDrawView 类的源文件中，可以看到 OnLButtonDown 函数的定义（如例 5-2 所示）。

经过以上分析可以知道，一个 MFC 消息响应函数在程序中有三处相关信息：函数原型、函数实现，以及用来关联消息和消息响应函数的宏。在头文件中使用 afx_msg 宏来表明这是一个消息响应函数原型的声明，在源文件中有两处：一处是在 BEGIN_MESSAGE_MAP(...)和 END_MESSAGE_MAP()这两个宏之间的消息映射宏 ON_WM_LBUTTONDOWN()；另一处是源文件中的消息响应函数的实现代码。

在第 2 章中讲述消息循环时曾介绍过，当有消息产生时，操作系统会把这条消息放到应用程序的消息队列中，应用程序通过 GetMessage 函数从这个队列中取出一条具体的消息，并通过 DispatchMessage 函数把消息交给操作系统，后者调用应用程序的窗口过程，即窗口过程函数 WndProc 进行处理。该函数利用 switch-case 结构来对消息进行判别并分类处理。然而，我们看到在 MFC 程序中，并不是按照这种途径进行处理的，只要遵照上述步骤，定义了与消息有关的三处信息后，就可以实现消息的响应处理。MFC 中采用的这种消息处理机制称为 **MFC 消息映射机制**。

实际上，消息路由可以有多种实现方式。其中一种可能的实现方式是，在基类中针对每种消息定义一个虚函数。当子类需要对某个消息进行处理时，只需要重写基类相应的虚函数即可。当在程序中调用这个函数时，根据多态性原理，如果子类重写了该函数，就调用子类的这个函数，否则就调用父类的相应函数。通过这种方式也可以完成消息的路由。这样做从原理上讲是没有问题的，但是从编程角度讲，是不可取的。

为什么不可取？因为虚函数必须由一个**虚函数表（vtable）**来实现。在应用程序中使用的每个派生类，系统都要为它们分配一个 vtable，并且不管基类中虚函数是否在派生类中被重写，这个 vtable 表都要为基类的每一个虚函数提供一个 4 字节的输入项。而我们知道，MFC 中类的派生层次有很多，这样做将使 MFC 类及其派生类背着一个很大的虚拟函数表的包袱，这对内存资源是一种浪费。而且，每次扫描虚拟函数表也非常消耗时间，这种定义虚拟函数的做法显然是不合适的。所以，MFC 没有采用虚拟函数这种机制，而是采用一种称之为消息映射的机制来完成消息路由。

MFC 消息映射机制的具体实现方法是：在每个能接收和处理消息的类中，定义一个消息和消息函数静态对照表，即消息映射表。在消息映射表中，消息与对应的消息处理函数指针是成对出现的。某个类能处理的所有消息及其对应的消息处理函数的地址都列在这个类所对应的静态表中。当有消息需要处理时，程序只要搜索该消息静态表，查看表中是否含有该消息，就可知道该类能否处理此消息。如果能处理该消息，那么依照静态表同样能很容易找到并调用对应的消息处理函数。

下面让我们看看 MFC 消息映射机制的实际实现过程。MFC 在后台维护了一个窗口句柄与对应的 C++对象指针的对照表。以本例中的 CDrawView 类为例，与 CDrawView 对象相关的有一个窗口，窗口当然有它的窗口句柄，该句柄与 CDrawView 对象的一个指针（即 CDrawView*）存在着一一对应关系，在窗口句柄与 C++对象对照表中就维护了这种对应关系。当收到某一消息时，消息的第一个参数就指明该消息与哪个窗口句柄相关，通过对照表，就可以找到与之相关的 C++对象指针。把这个指针传递给应用程序框架窗口类的基类，后者会调用一个名为 WindowProc 的函数。该函数的定义位于 wincore.cpp 文件，代码如例 5-5 所示。

例 5-5

```
LRESULT CWnd::WindowProc(UINT message, WPARAM wParam, LPARAM lParam)
{
   // OnWndMsg does most of the work, except for DefWindowProc call
   LRESULT lResult = 0;
   if (!OnWndMsg(message, wParam, lParam, &lResult))
         lResult = DefWindowProc(message, wParam, lParam);
   return lResult;
}
```

转到 WindowProc 函数的声明处，我们可以发现它是一个虚函数。在这个函数的内部调用了一个 OnWndMsg 函数，真正的消息路由，也就是消息映射就是由此函数完成的。

OnWndMsg 函数的定义也位于 wincore.cpp 文件中，部分代码如例 5-6 所示。

例 5-6

```
    BOOL CWnd::OnWndMsg(UINT message, WPARAM wParam, LPARAM lParam, LRESULT*
pResult)
    {
        LRESULT lResult = 0;
        union MessageMapFunctions mmf;
        mmf.pfn = 0;
        CInternalGlobalLock winMsgLock;
        // special case for commands
        if (message == WM_COMMAND)
        {
            if (OnCommand(wParam, lParam))
            {
                lResult = 1;
                goto LReturnTrue;
            }
            return FALSE;
        }
        ......
        // special case for notifies
        if (message == WM_NOTIFY)
        {
            NMHDR* pNMHDR = (NMHDR*)lParam;
            if (pNMHDR->hwndFrom != NULL && OnNotify(wParam, lParam, &lResult))
                goto LReturnTrue;
            return FALSE;
        }

        // special case for activation
        if (message == WM_ACTIVATE)
            _AfxHandleActivate(this, wParam, CWnd::FromHandle((HWND)lParam));

        // special case for set cursor HTERROR
        if (message == WM_SETCURSOR &&
            _AfxHandleSetCursor(this, (short)LOWORD(lParam), HIWORD(lParam)))
        {
            lResult = 1;
            goto LReturnTrue;
        }

        ......
        const AFX_MSGMAP* pMessageMap; pMessageMap = GetMessageMap();
        UINT iHash; iHash = (LOWORD((DWORD_PTR)pMessageMap) ^ message) &
(iHashMax-1);
        winMsgLock.Lock(CRIT_WINMSGCACHE);
```

```
    AFX_MSG_CACHE* pMsgCache; pMsgCache = &_afxMsgCache[iHash];
    const AFX_MSGMAP_ENTRY* lpEntry;
    if (message == pMsgCache->nMsg && pMessageMap == pMsgCache-> pMessageMap)
    {
        // cache hit
        lpEntry = pMsgCache->lpEntry;
        winMsgLock.Unlock();
        if (lpEntry == NULL)
            return FALSE;

        // cache hit, and it needs to be handled
        if (message < 0xC000)
            goto LDispatch;
        else
            goto LDispatchRegistered;
    }
    else
    {
        // not in cache, look for it
        pMsgCache->nMsg = message;
        pMsgCache->pMessageMap = pMessageMap;

        for (/* pMessageMap already init'ed */; pMessageMap->pfnGetBaseMap != NULL;
            pMessageMap = (*pMessageMap->pfnGetBaseMap)())
        {
            // Note: catch not so common but fatal mistake!!
            //      BEGIN_MESSAGE_MAP(CMyWnd, CMyWnd)
            ASSERT(pMessageMap != (*pMessageMap->pfnGetBaseMap)());
            if (message < 0xC000)
            {
                // constant window message
                if ((lpEntry = AfxFindMessageEntry(pMessageMap->lpEntries,
                    message, 0, 0)) != NULL)
                {
                    pMsgCache->lpEntry = lpEntry;
                    winMsgLock.Unlock();
                    goto LDispatch;
                }
            }
            else
            {
                // registered windows message
                lpEntry = pMessageMap->lpEntries;
                while ((lpEntry = AfxFindMessageEntry(lpEntry, 0xC000, 0,
0)) != NULL)
                {
                    UINT* pnID = (UINT*)(lpEntry->nSig);
                    ASSERT(*pnID >= 0xC000 || *pnID == 0);
```

```
                    // must be successfully registered
                if (*pnID == message)
                {
                    pMsgCache->lpEntry = lpEntry;
                    winMsgLock.Unlock();
                    goto LDispatchRegistered;
                }
                lpEntry++;      // keep looking past this one
            }
        }
    }

    pMsgCache->lpEntry = NULL;
    winMsgLock.Unlock();
    return FALSE;
  }
  return TRUE;
}
```

OnWndMsg 函数的处理过程是：

判断消息是否有消息响应函数。判断方法是在消息映射表中进行查找，如果找到了，则直接通过传递给 WindowProc 函数的窗口子类指针调用子类中的消息响应函数。如果在子类中没有找到消息响应函数，那么就交由基类进行处理。

而消息映射表就是通过头文件中的 DECLARE_MESSAGE_MAP()宏，以及源文件中的 BEGIN_MESSAGE_MAP(...)和 END_MESSAGE_MAP()宏构建的，在这两个宏之间的每个消息映射宏都将作为消息映射表的一个条目。

通过以上步骤，MFC 就实现了具体的消息映射，从而完成对消息的响应。

5.2 绘制线条

了解了 MFC 的消息映射机制，下面我们就来完成画线功能。在先前创建的 Draw 项目中，可以看到消息响应函数 OnLButtonDown 有两个参数（如例 5-2 所示），其中第二个参数是 CPoint 类型，CPoint 类表示一个点。也就是说，当按下鼠标左键时，鼠标单击处的坐标点已由此参数传递给 OnLButtonDown 这一消息响应函数。这样，我们所需要做的工作就是在此消息响应函数中保存该点的信息。为此，需要在视类中增加一个成员变量。给一个类增加成员变量可以通过在类视图中用鼠标右键单击该类，并从弹出的快捷菜单中选择【添加】→【添加变量】，变量名称为 m_ptOrigin，类型为 CPoint，访问权限设置为 private，如图 5.8 所示。

单击【确定】按钮，完成成员变量的添加操作。

接下来在 CDrawView 构造函数中初始化这个变量，将其值初始化为 0。

然后，在消息响应函数 OnLButtonDown 中保存鼠标按下点的信息，代码如例 5-7 所示。

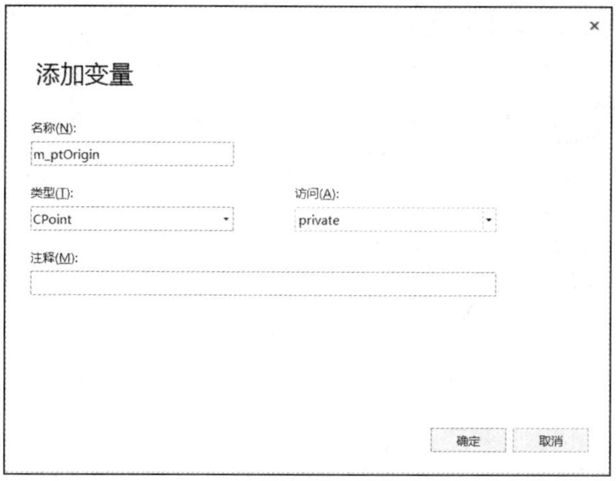

图 5.8　添加成员变量

例 5-7

```
void CDrawView::OnLButtonDown(UINT nFlags, CPoint point)
{
    m_ptOrigin = point;
    CView::OnLButtonDown(nFlags, point);
}
```

此时，我们就得到了将要绘制的线条的起点，现在还要获得线条的终点才能绘制出一个线条。终点是在鼠标左键弹起来时获得的，因此，在 CDrawView 类中还需要对 WM_LBUTTONUP 消息进行响应。利用前面介绍的方法添加该消息响应函数，该函数的初始代码如例 5-8 所示。

例 5-8

```
void CDrawView::OnLButtonUp(UINT nFlags, CPoint point)
{
    // TODO: 在此添加消息处理程序代码和/或调用默认值

    CView::OnLButtonUp(nFlags, point);
}
```

可以看到，Visual Studio 自动产生的这个消息响应函数也有一个 CPoint 类型的参数，表示鼠标左键弹起时的位置点，也就是需要绘制的线条的终点。有了这两个点，就可以绘制线条了。

5.2.1　利用 SDK 全局函数实现画线功能

例 5-9 是利用 SDK 函数实现画线功能的代码。

例 5-9

```
void CDrawView::OnLButtonUp(UINT nFlags, CPoint point)
{
```

```
    // 首先获得窗口的设备描述表
    HDC hdc;
    hdc = ::GetDC(m_hWnd);
    //移动到线条的起点
    MoveToEx(hdc, m_ptOrigin.x, m_ptOrigin.y, NULL);
    //画线
    LineTo(hdc, point.x, point.y);
    //释放设备描述表
    ::ReleaseDC(m_hWnd,hdc);

    CView::OnLButtonUp(nFlags, point);
}
```

在第 2 章中，我们介绍过，为了进行绘图操作，必须获得一个设备描述表（DC）。因此，例 5-9 所示代码首先定义一个 HDC 类型的变量：hdc，接着调用全局函数 GetDC 获得当前窗口的设备描述表。在第 4 章中已经讲述过，CWnd 类有一个成员变量（m_hWnd）用于保存窗口句柄，而 CDrawView 类派生于 CWnd 类，因此该类也有这样的一个成员变量，这里的 GetDC 函数可以直接把这个成员变量作为参数来使用。

接下来进行画线操作，首先调用 MoveToEx 函数将当前位置移动到需要绘制的线条的起点处。该函数有四个参数，其中第一个参数是设备描述表的句柄；第二个和第三个参数分别是新位置处的 *X* 坐标和 *Y* 坐标；第四个参数是指向 POINT 结构体的指针，用于保存移动操作前鼠标的位置坐标，在本例中不需要这个坐标值，将此参数设置为 NULL。

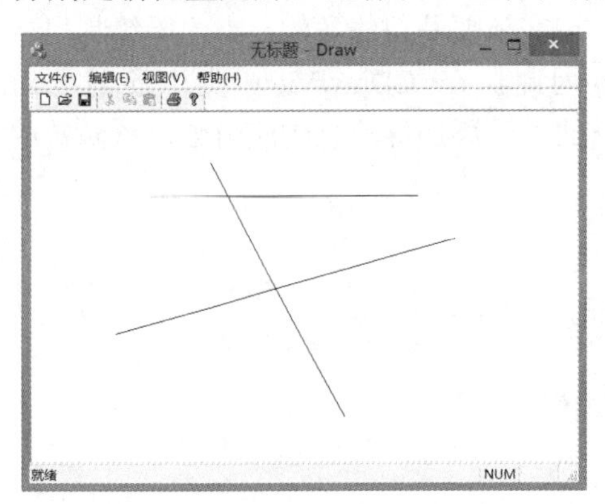

图 5.9　在程序视类窗口中画线

然后调用 LineTo 函数绘制一条到指定点的线。该函数有三个参数，其中第一个参数是设备描述表的句柄，第二个和第三个参数分别是线条终点的 *X* 坐标和 *Y* 坐标。

在前面已经讲述过，在绘图操作结束后，一定要释放设备描述表资源。因此，代码最后调用 ReleaseDC 函数来完成这一功能。

编译并运行 Draw 程序，拖动鼠标就可以在窗口中绘制线条了。程序运行结果如图 5.9 所示。

5.2.2 利用 MFC 的 CDC 类实现画线功能

MFC 为我们提供一个设备描述表的封装类 CDC，该类封装了所有与绘图相关的操作。该类提供一个数据成员 m_hDC，用来保存与 CDC 类相关的 DC 句柄，其道理与 CWnd 类提供 m_hWnd 成员变量保存与窗口相关的窗口句柄的道理是一样的。如例 5-10 所示就是利用 MFC 的 CDC 类实现画线功能的代码。

例 5-10

```
void CDrawView::OnLButtonUp(UINT nFlags, CPoint point)
{
```

```
/*  // 首先获得窗口的设备描述表
    HDC hdc;
    hdc = ::GetDC(m_hWnd);
    //移动到线条的起点
    MoveToEx(hdc, m_ptOrigin.x, m_ptOrigin.y, NULL);
    //画线
    LineTo(hdc, point.x, point.y);
    //释放设备描述表
    ::ReleaseDC(m_hWnd,hdc);
*/
    CDC* pDC = GetDC();
    pDC->MoveTo(m_ptOrigin);
    pDC->LineTo(point);
    ReleaseDC(pDC);

    CView::OnLButtonUp(nFlags, point);
}
```

为了能够让读者更好地理解使用 CDC 类和使用 SDK 函数实现画线功能的异同，笔者并未删除先前利用 SDK 函数编写的画线代码，只是将其注释起来，这样可以更直观地比较这两种实现方式。

从例 5-10 所示的代码可以看出，在利用 MFC 类实现画线功能时，首先需要定义一个 CDC 类型的指针，并利用 CWnd 类的成员函数 GetDC 获得当前窗口的设备描述表对象的指针；然后利用 CDC 类的成员函数 MoveTo 和 LineTo 完成画线操作；最后调用 CWnd 类的成员函数 ReleaseDC 释放设备描述表资源。

编译并运行 Draw 程序，拖动鼠标同样可以在窗口中绘制线条。

> **提示：**因为 CWnd 类提供了成员函数 GetDC 和 ReleaseDC，因此先前在利用 SDK 函数实现画线功能时，这两个函数前面都加上了两个冒号，表明它们是全局 SDK 函数。否则，VC++编译器将认为它们是 CWnd 类的成员函数。

5.2.3　利用 MFC 的 CClientDC 类实现画线功能

下面再介绍一种画线的实现方法，这里将利用 MFC 提供的 CClientDC 类来实现这一功能。这个类派生于 CDC 类，并且在构造时调用 GetDC 函数，在析构时调用 ReleaseDC 函数。也就是说，当一个 CClientDC 对象在构造时，它在内部会调用 GetDC 函数，获得一个设备描述表对象；在这个 CClientDC 对象析构时，会自动释放这个设备描述表资源。这样的话，如果在程序中使用 CClientDC 类型定义 DC 对象，就不需要显式地调用 GetDC 函数和 ReleaseDC 函数了。只需要定义一个 CClientDC 对象，就可以利用该对象提供的函数进行绘图操作了。当该对象的生命周期结束时，会自动释放其所占用的设备资源，这就是 CClientDC 对象的好处。例 5-11 所示就是利用 CClientDC 类实现画线功能的代码。

例 5-11

```
void CDrawView::OnLButtonUp(UINT nFlags, CPoint point)
{
     CClientDC dc(this);
     dc.MoveTo(m_ptOrigin);
     dc.LineTo(point);

     CView::OnLButtonUp(nFlags, point);
}
```

在例 5-11 所示的代码中，在构造 CClientDC 对象时，需要一个 CWnd 类型的指针作为参数。如果这时我们想在视类窗口中绘图，就应该传递 CDrawView 对象的指针。在前面讲述 C++知识时就曾经介绍过，每个对象都有一个 this 指针指向自己本身。因为本例想要构造一个与视类窗口有关的 CClientDC 对象，所以就把代表视类对象的 this 指针作为参数传递给了该对象的构造函数。

> **提示：**这里的 CClientDC 类型的变量（dc）是一个对象，因此使用点操作符（.）来调用该对象的函数。

我们注意到，利用 CClientDC 类绘图时，因为该对象在析构时会自动调用 ReleaseDC 函数释放设备资源，所以不需要程序员再去调用这个函数了。

编译并运行 Draw 程序，拖动鼠标同样可以在窗口中绘制线条。

以上几种实现方式都可以实现在程序窗口的客户区绘制线条，但是我们发现它们都不能在工具栏和菜单栏上画线。另外，例 5-11 代码构造了一个与视类相关的 CClientDC 对象，那么如何构造一个与视窗口的父窗口相关的 CClientDC 对象呢？视窗口的父窗口就是框架窗口，即与 CMainFrame 类相关联的窗口。前面的内容已经讲述过，在编写程序时，如果不知道某个函数的具体名称，那么可以根据函数的功能来猜测其名称。例如，这里想要获得父窗口的指针，那么我们可以猜测其函数名是不是“Get”加上“Parent”，于是以此名称在 MSDN 中查找，发现确实存在一个这样的函数，仔细阅读该函数的帮助信息，发现它就是我们所需要的那个函数。读者在实际编程时，可以试试这种猜测方法，相信会大有帮助。

现在，将例 5-11 所示代码中构造 CClientDC 对象的代码替换为下面这行代码。

```
CClientDC dc(GetParent());
```

编译并运行 Draw 程序，拖动鼠标在窗口中绘制线条，发现此时线条可以画到程序的工具栏上，如图 5.10 所示。

在前面第 4 章中已经讲述过视类窗口和框架窗口的位置关系，在图 5.10 所示的程序界面中，整个程序窗口就是框架窗口，而工具栏以下的白色区域部分才是视类窗口。视类窗口只有客户区（即视类窗口本身），而框架窗口既有客户区（即菜单栏以下部分），也有非客户区（就是程序运行界面中的标题栏和菜单栏）。而绘图操作一般都是在窗口的客户区进行的。因此，对上述例 5-11 所示的代码来说，因为其构造的设备描述表与视类窗口相关，所以程序只能在视窗口的客户区中画线。而如果构造的设备描述表与框架窗口相关，那么就可以在工具栏上绘制图形了，因为工具栏所在位置也属于框架窗口的客户区。

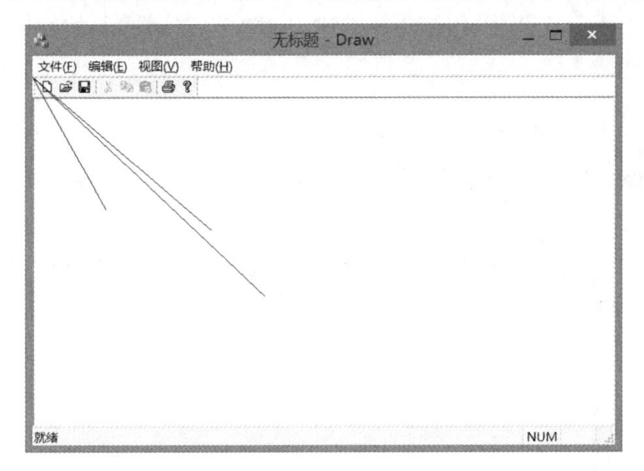

图 5.10　利用 CClientDC 实现在框架窗口的客户区画线

读者可以思考一下，为什么线条出现在工具栏上时，线条的起点都是同一个点。提示一下，要想在工具栏上画出线条，那么鼠标左键按下的位置就要在工具栏上，此时，视类窗口能否接收到 WM_LBUTTONDOWN 消息呢？如果接收不到，那么代表线条起点的成员变量 m_ptOrigin 的值应该是多少？想清楚这些问题，就能知道答案了。

提示：工具栏是浮动的，可以利用鼠标把它拖动到程序窗口的任意位置处。

5.2.4　利用 MFC 的 CWindowDC 类实现画线功能

这里再介绍一个 MFC 类：CWindowDC，这个类也派生于 CDC 类，并且在构造时调用 GetWindowDC 函数获得相应的设备描述表对象，在析构时调用 ReleaseDC 函数释放该设备描述对象所占用的资源。也就是说，当我们利用 CWindowDC 对象绘图时，也不需要显式地调用 GetDC 和 ReleaseDC 函数，该对象会自动获取和释放设备描述表资源。

使用 CWindowDC 对象有哪些好处呢？该对象可以访问整个窗口区域，包括框架窗口的非客户区和客户区。该对象的构造与 CClientDC 对象相同，如果要构造一个与视类窗口相关的设备描述表，则可以利用视类对象的指针来构造这个 CWindowDC 对象。如例 5-12 所示是利用 CWindowDC 对象实现画线功能的代码。

例 5-12

```
void CDrawView::OnLButtonUp(UINT nFlags, CPoint point)
{
    CWindowDC dc(this);
    dc.MoveTo(m_ptOrigin);
    dc.LineTo(point);

    CView::OnLButtonUp(nFlags, point);
}
```

编译并运行 Draw 程序，将会发现这段代码实现的功能与利用 CClientDC 类画线时没什么区别，也只能在视类窗口中画线，因为这时创建的设备描述表与视类窗口相关。

接着，把例 5-12 所示代码中构造设备描述表对象时使用的参数 this 指针换为指向视类父窗口的指针。

```
CWindowDC dc(GetParent());
```

编译并运行 Draw 程序，将会发现此时线条可以画到工具栏和菜单栏上，程序运行结果如图 5.11 所示。

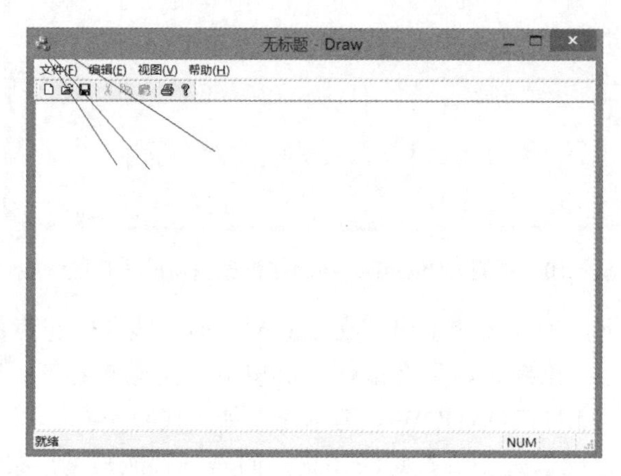

图 5.11　利用 CWindowDC 实现在框架窗口的客户区及非客户区中画线

知识点　通常都是在客户区中绘图。但是如果利用 CWindowDC 类，就可以实现在工具栏和菜单上绘图。

5.2.5　在桌面窗口中画线

如果获得了一个与桌面窗口相关的设备描述表，就可以在桌面窗口中绘图。CWnd 类的 GetDesktopWindow 成员函数可以获得 Windows 桌面窗口的句柄。让我们修改例 5-12 所示代码中构造设备描述表的代码，结果如例 5-13 所示。

例 5-13

```
void CDrawView::OnLButtonUp(UINT nFlags, CPoint point)
{
    CWindowDC dc(GetDesktopWindow());
    dc.MoveTo(m_ptOrigin);
    dc.LineTo(point);

    CView::OnLButtonUp(nFlags, point);
}
```

再次 Build 并运行 Draw 程序，并拖动鼠标画线，发现这时可以在整个屏幕窗口上画线。程序运行结果如图 5.12 所示。

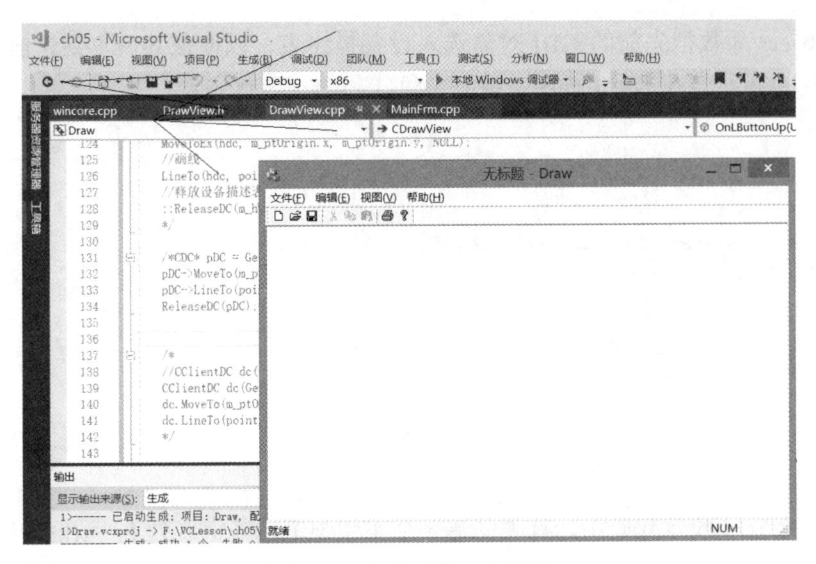

图 5.12　在桌面窗口中画线

5.2.6　绘制彩色线条

上述各种方法实现的画线功能所绘制的都是黑色线条。这是因为在**设备描述表中有一个默认的黑色画笔**，因此绘制的线条都是黑色的。如果想要绘制其他颜色的线条，首先需要创建一个特定颜色的画笔，然后将此画笔选入设备描述表中，接下来绘制的线条的颜色就由这个新画笔的颜色决定了。

可以利用 MFC 提供的类 CPen 来创建画笔对象。该类封装了与画笔相关的操作，它有三个构造函数，其中一个构造函数的原型声明如下所示。

```
CPen( int nPenStyle, int nWidth, COLORREF crColor );
```

其中，第一个参数（nPenStyle）指定笔的线型（实线、点线、虚线等）；第二个参数（nWidth）指定笔的线宽；第三个参数（crColor）指定笔的颜色，这个参数是 COLORREF 类型，利用 RGB 宏可以构建这种类型的值。RGB 宏的声明如下所示。

```
COLORREF RGB( BYTE bRed, BYTE bGreen,  BYTE bBlue color);
```

可以看到，RGB 宏有三个参数，分别代表红、绿、蓝三种颜色的值。这三个参数都是 BYTE 类型，取值范围为 0～255。如果将 RGB 宏的三个分量全部设置为 0，则得到黑色；如果全部设置为 255，则得到白色；……可以将这三个分量设置成 0～255 之间的任意值，从而得到各种不同的颜色。

另外，**在程序中，当构造一个 GDI 对象后，该对象并不会立即生效，必须选入设备描述表，它才会在以后的绘制操作中生效。**利用 SelectObject 函数可以实现把 GDI 对象选入设备描述表中，并且该函数会返回指向先前被选对象的指针。这主要是为了在完成当前绘制操作后，还原设备描述表。例如，当我们在某个局部范围内绘图时，可能需要改变画笔的颜色，并把新画笔选入设备描述表。当这部分绘图操作完成之后，需要恢复到原来的画笔颜色，然后完成其他部分的绘图操作。**在一般情况下，在完成绘图操作之后，都要利**

用 SelectObject 函数把先前的 GDI 对象选入设备描述表，以便使其恢复到先前的状态。

如例 5-14 所示是在 Draw 程序中绘制彩色线条的程序代码。

例 5-14

```
void CDrawView::OnLButtonUp(UINT nFlags, CPoint point)
{
     CPen pen(PS_SOLID,1,RGB(255,0,0));
     CClientDC dc(this);
     CPen* pOldPen = dc.SelectObject(&pen);
     dc.MoveTo(m_ptOrigin);
     dc.LineTo(point);
     dc.SelectObject(pOldPen);
     CView::OnLButtonUp(nFlags, point);
}
```

在上述例 5-14 所示代码中，首先创建一个实线画笔，其宽度为 1，颜色为红色。接着利用 SelectObject 函数将新画笔对象选入设备描述表。然后利用画线函数绘制线条。最后，再次调用 SelectObject 函数恢复设备描述表中的画笔对象。

编译并运行 Draw 程序，并拖动鼠标画线，这时可以看到这次绘制的是红色的线条。读者可以试着修改画笔的颜色，将会绘制出其他各种颜色的线条。也可以改变画笔的宽度，例如改为 10，此时程序运行结果如图 5.13 所示。

也可以改变画笔的线型，例如选择虚线线型，即用下面这行代码替换例 5-14 所示代码中构造画笔对象的那行代码。

```
CPen pen(PS_DASH,10,RGB(255,0,0));
```

编译并运行 Draw 程序，并拖动鼠标左键进行画线操作，将会发现绘制的还是一条实线，并不是想像中的虚线。这是因为**当画笔的宽度小于等于 1 时，虚线线型才有效。**因此，读者可以修改构造画笔对象的代码，将其宽度设置为 1，再次编译并运行 Draw 程序，并拖动鼠标左键绘制线条，这时可以看到绘制的是虚线，如图 5.14 所示。

图 5.13　宽度为 10 的画笔绘制结果

另外，我们还可以绘制点线（将画笔的线型改为 PS_DOT），程序运行结果如图 5.15 所示。

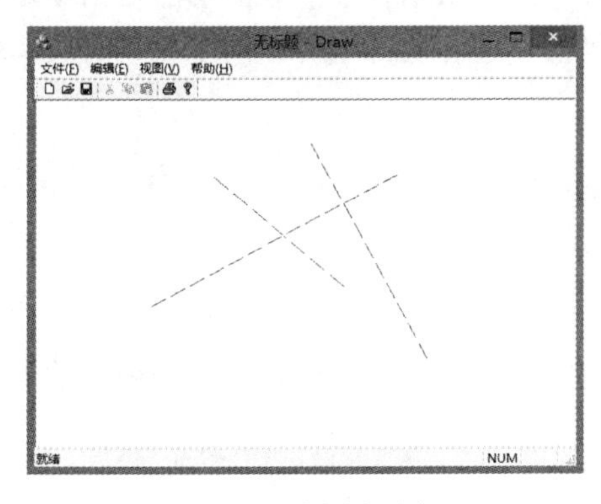

图 5.14　绘制虚线条

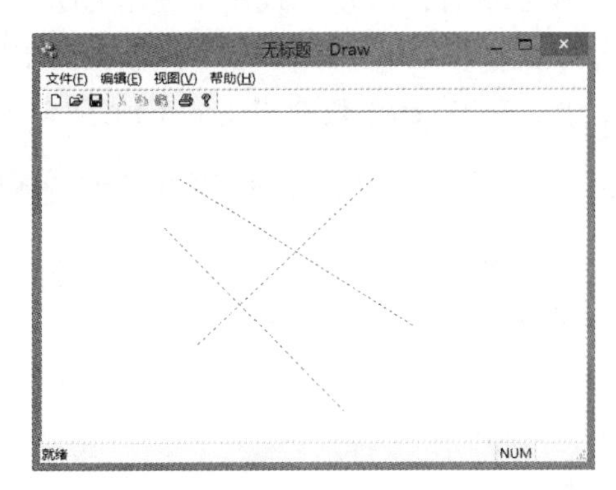

图 5.15　绘制点线

5.3　使用画刷绘图

MFC 提供了一个 CBrush 类，可以用来创建画刷对象。画刷通常用来填充一块区域。

5.3.1　简单画刷

如例 5-15 所示代码实现的功能是利用一个红色画刷填充鼠标拖曳过程中形成的一块矩形区域。

例 5-15

```
void CDrawView::OnLButtonUp(UINT nFlags, CPoint point)
{
    //创建一个红色画刷
    CBrush brush(RGB(255,0,0));
    //创建并获得设备描述表
    CClientDC dc(this);
    //利用红色画刷填充鼠标拖曳过程中形成的矩形区域
    dc.FillRect(CRect(m_ptOrigin,point),&brush);

    CView::OnLButtonUp(nFlags, point);
}
```

在上述例 5-15 所示代码中，首先创建一个红色画刷；接着创建设备描述表对象；然后调用设备描述表对象的成员函数 FillRect，利用指定的画刷填充一块指定的矩形区域，而鼠标拖动过程中的起点和终点就决定了需要填充的矩形区域的大小，因此，在代码中通过 CRect 类利用鼠标拖动的起点和终点构造了这块矩形区域。CRect 类提供了多个构造函数，本例使用的是下面这个构造函数，即通过指定矩形区域的左上角和右下角这两个点来构造一块矩形区域。

```
CRect( POINT topLeft, POINT bottomRight );
```

在上述例 5-15 所示代码中使用 CDC 类的成员函数 FillRect，该函数的功能是用指定的画刷填充一个矩形。该函数将填充全部的矩形，包括左边和上部边界，但不填充右边和底部边界。FillRect 函数的声明如下所示。

```
void FillRect( LPCRECT lpRect, CBrush* pBrush );
```

该函数有两个参数，各自的含义如下所述。

■ lpRect

指向一个 RECT 结构体或 CRect 对象的指针，该结构体或对象中包含了要填充的矩形的逻辑坐标。

■ pBrush

指向用于填充矩形的画刷对象的指针。

编译并运行 Draw 程序，并在程序窗口中任意拖动鼠标，将会得到多个红色区域，如图 5.16 所示。

提示：这里我们只是用指定的画刷填充一块区域，因此，并不需要把画刷选入设备描述表中。在设备描述表中存在一个默认的白色画刷。

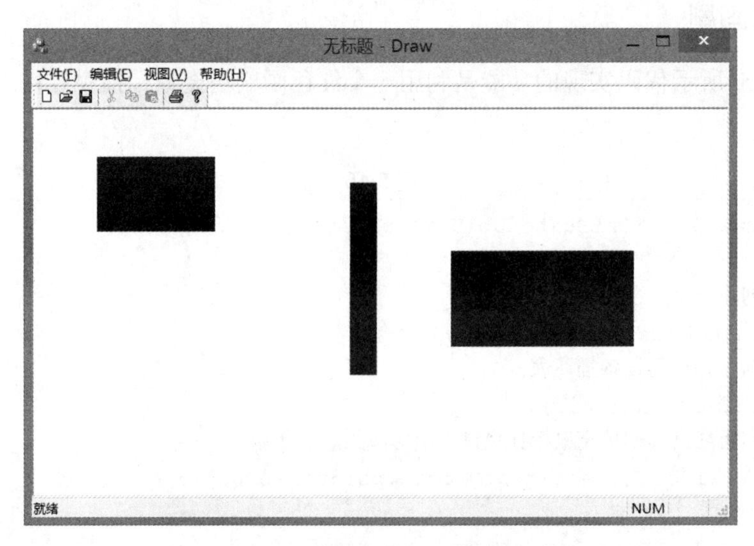

图 5.16 画刷填充矩形区域结果

5.3.2 位图画刷

CBrush 类有下面这样一个构造函数。

```
CBrush( CBitmap* pBitmap );
```

该构造函数要求一个 CBitmap 类型的指针，CBitmap 类是位图类，于是我们就会这样想：利用这个构造函数是否可以创建一个位图画刷呢？事实确实如此。

在创建 CBitmap 对象时，仅调用其构造函数并不能得到一个有用的位图对象，还需要调用一个初始化函数来初始化这个位图对象。CBitmap 类提供多个初始化函数，例如，LoadBitmap、CreateBitmap、CreateBitmapIndirect 等。本例使用 LoadBitmap 函数来加载一幅位图，该函数的声明如下。

```
BOOL LoadBitmap( LPCTSTR lpszResourceName );
BOOL LoadBitmap( UINT nIDResource );
```

其中第二种声明需要一个资源 ID 作为参数。

首先需要给 Draw 程序增加一个位图资源。在 Visual Studio 开发环境右侧的“解决方案资源管理器”窗口中，在“资源文件”文件夹上单击鼠标右键，在弹出菜单中选择【添加】→【资源】，出现如图 5.17 所示的“添加资源”对话框。

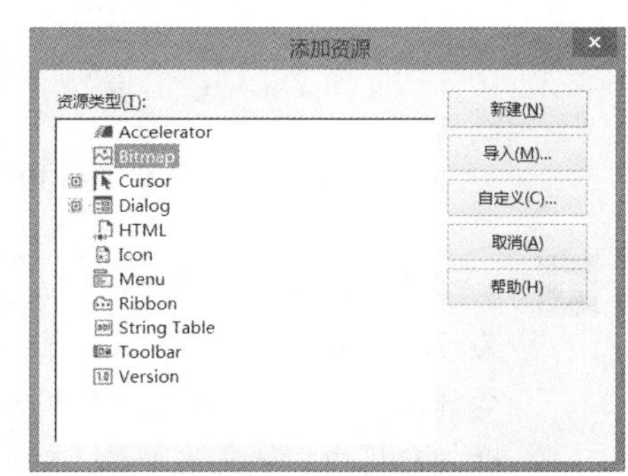

图 5.17　添加资源对话框

选择 Bitmap 资源类型，单击【新建】按钮，即可创建一个默认名称为 IDB_BITMAP1 的位图资源，并在 Visual Studio 集成开发环境左边的代码编辑区域中打开位图编辑器，如图 5.18 所示。

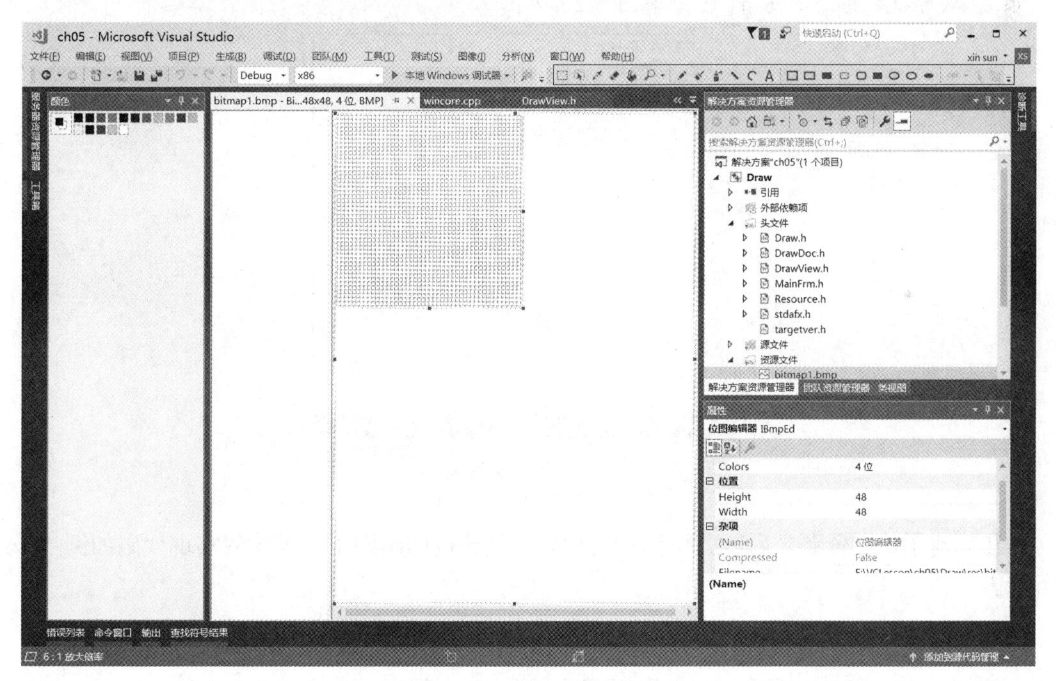

图 5.18　位图资源编辑器

可以利用编辑器左边的颜色面板和图 5.18 矩形框中的图像编辑器工具栏按钮来编辑位图资源，还可以通过拉伸位图编辑器中网格周围的黑色方点来调整位图的大小。本例创建了一个如图 5.19 所示的位图资源，读者可以根据自己的需要创建任意形式的位图。

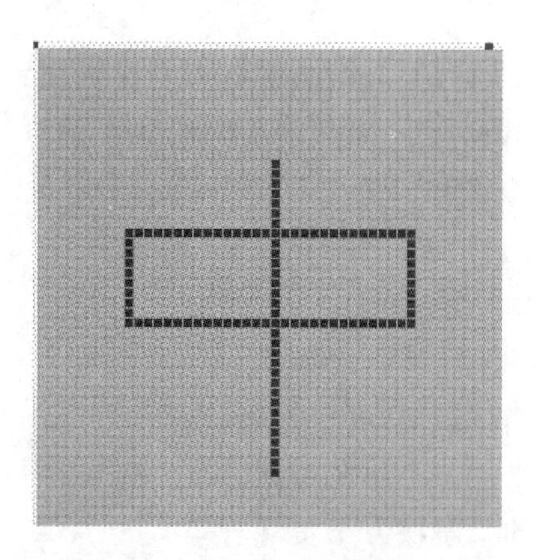

图 5.19　本例使用的位图资源

提示： 项目中的资源都是在一个资源文件中定义的，针对本例，该文件名为 Draw.rc，这是一个文本文件，在了解其格式的情况下，我们可以手动编写资源文件。而在集成开发环境中，显然不需要我们这么做。在 Visual Studio 2017 开发环境中，单击菜单栏上的【视图】菜单，选择【其他窗口】→【资源视图】，就可以打开资源视图，在该视图窗口中，我们可以查看项目中的所有资源，并以可视化的方式编辑它，如图 5.20 所示。

图 5.20　资源视图

在创建了位图资源之后，就可以利用代码来创建位图画刷了，具体的实现代码如例 5-16 所示。

例 5-16

```
void CDrawView::OnLButtonUp(UINT nFlags, CPoint point)
{   //创建位图对象
    CBitmap bitmap;
    //加载位图资源
    bitmap.LoadBitmap(IDB_BITMAP1);
    //创建位图画刷
    CBrush brush(&bitmap);
```

```
    //创建并获得设备描述表
    CClientDC dc(this);
    //利用位图画刷填充鼠标拖曳过程中形成的矩形区域
    dc.FillRect(CRect(m_ptOrigin,point),&brush);

    CView::OnLButtonUp(nFlags, point);
}
```

同时在 CDrawView 的源文件的头部添加下面一句包含语句。

```
#include "Resource.h"
```

这是因为我们刚添加的位图资源，其 ID 名 IDB_BITMAP1 是在该文件中定义的。

编译并运行 Draw 程序，然后在程序窗口内拖动鼠标，即可看到利用所创建的位图画刷填充的效果，如图 5.21 所示。

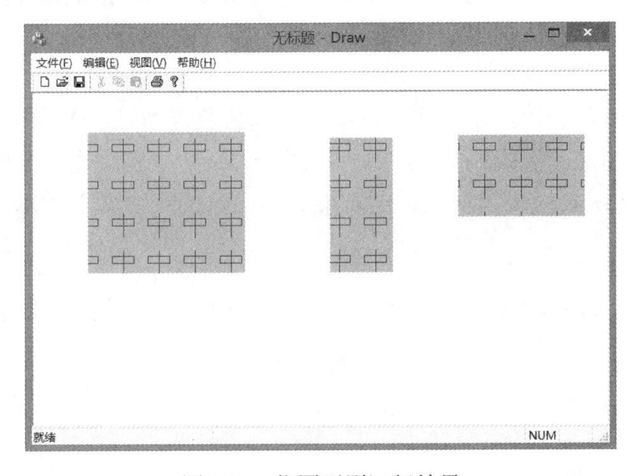

图 5.21　位图画刷运行结果

5.3.3　透明画刷

下面我们利用 CDC 的 Rectangle 函数绘制一个矩形，代码如例 5-17 所示。

例 5-17

```
void CDrawView::OnLButtonUp(UINT nFlags, CPoint point)
{
    //创建并获得设备描述表
    CClientDC dc(this);
    //绘制一个矩形
    dc.Rectangle(CRect(m_ptOrigin,point));

    CView::OnLButtonUp(nFlags, point);
}
```

编辑并运行 Draw 程序，然后拖动鼠标即可在程序窗口中绘制矩形。但是，当我们绘制两个相互重叠的矩形时，后绘制的矩形就会遮盖住先前绘制的矩形，如图 5.22 所示。这

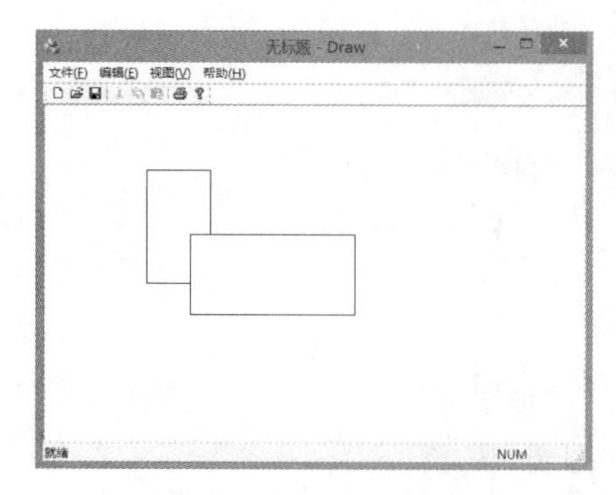

图 5.22　存在遮盖情况的矩形

是因为在**设备描述表中有一个默认的白色画刷**，在绘图时，它会利用这个画刷来填充矩形内部。所以，当位置存在重叠时，后绘制的矩形就会把先前绘制的矩形遮挡住。

如果希望矩形内部是透明的，能够看到被遮挡的图形，那么就要创建一个透明画刷。此时，我们会立即想到 CBrush 类是否有创建透明画刷的方法。但很遗憾，CBrush 类并没有提供这样的函数，我们只能另想其他的办法了。

在第 2 章中曾介绍过 GetStockObject 这个函数，利用该函数可以获取一个黑色或白色的画刷句柄。这个函数是否能够获得一个透明画刷的句柄呢？从 MSDN 提供的帮助信息中，可以看到该函数的参数取值之一可以是 NULL_BRUSH，以获取一个空画刷。那么，这个空画刷是否就是我们所需要的透明画刷呢？我们可以试试看。

但这时存在一个问题，利用 GetStockObject 函数获取的是一个画刷句柄，而我们在进行绘制操作时需要的是一个画刷对象。如何从画刷句柄转换为画刷对象呢？CBrush 类提供了一个 FromHandle 函数用来实现这样的功能。该函数的声明如下所示。

```
static CDC* PASCAL FromHandle(HBRUSH hBrush);
```

如例 5-18 所示就是具体的创建透明画刷并进行相应绘制操作的实现代码。

例 5-18

```
void CDrawView::OnLButtonUp(UINT nFlags, CPoint point)
{
    //创建并获得设备描述表
    CClientDC dc(this);
    //创建一个空画刷
    CBrush *pBrush = CBrush::FromHandle((HBRUSH)GetStockObject(NULL_BRUSH));
    //将空画刷选入设备描述表
    CBrush *pOldBrush = dc.SelectObject(pBrush);
    //绘制一个矩形
    dc.Rectangle(CRect(m_ptOrigin,point));
    //恢复先前的画刷
    dc.SelectObject(pOldBrush);

    CView::OnLButtonUp(nFlags, point);
}
```

上述例 5-18 所示代码中有以下几处需要注意的地方。

- FromHandle 函数的调用方式，这是调用类的静态成员函数的方式。
- 由于 GetStockObject 函数返回的类型是 HGDIOBJECT，需要进行一个强制类型转换，将其转换为 HBRUSH 类型。

- 这里创建的 pBrush 变量本身就是一个指针类型，因此在调用 SelectObject 函数时，该变量前面不用再加上取址符（&）。
- 另外，我们可以比较一下前面使用的 FillRect 函数和这里的 Rectangle 函数。首先，二者都能绘制矩形，但前者在参数中提供了绘制使用的画刷，因此它就直接利用此画刷来填充矩形，并不需要先把需要的画刷选入设备描述表中。而后者并没有提供画刷这个参数，因此先要把需要的画刷选入设备描述表中，然后再调用此函数来绘制矩形。

编译并运行 Draw 程序，拖动鼠标在窗口中任意绘制多个相互重叠的矩形。此时能够看到被覆盖的矩形线条了，如图 5.23 所示。由此可见，利用参数 NULL_BRUSH 调用 GetStockObject 函数可以实现透明画刷这一功能。

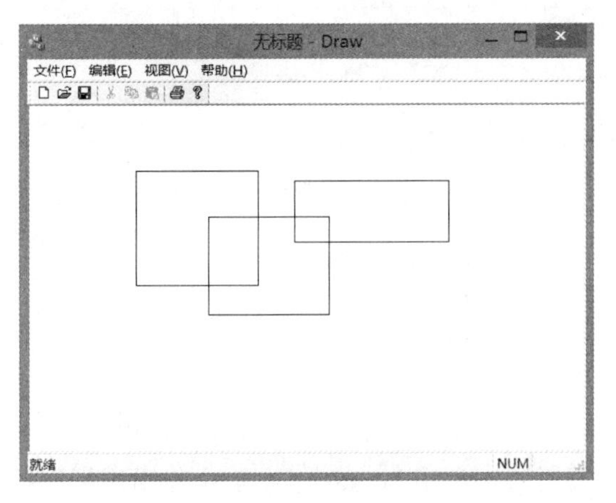

图 5.23　透明画刷运行结果

静态成员函数

为了更好地理解上述代码中 FromHandle 函数的调用方式，我们在解决方案 ch05 中添加一个 Windows 控制台应用程序 Test，在 Test.cpp 中添加如例 5-19 所示的代码。

例 5-19

```
#include "pch.h"

class Point
{
public:
     void output()
     {
     }
     static void init()
     {
     }
};

int main()
{
    Point pt;
    pt.init();
    pt.output();
    return 0;
}
```

在上述例 5-19 所示代码中，我们定义了一个 Point 类。该类有两个 public 类型的函数：一个是成员函数 output，另一个是静态成员函数 init。在程序的主函数（main）中，首先定义了一个 Point 对象，然后依次调用该对象的两个成员函数。代码非常简单，编译这个程序，发现成功通过。

现在把 main 函数中的代码改成如例 5-20 所示的内容。

例 5-20

```
int main()
{
//  Point pt;
//  pt.init();
//  pt.output();

    Point::init();
    Point::output();
    return 0;
}
```

也就是说，我们不像刚才那样先定义一个 Point 对象，然后才调用该对象的成员函数。而是直接利用 Point 类名，加上作用域标识符（::），再加上函数名这样的形式来调用 CPoint 类的成员函数。同时按下键盘上的“Ctrl+F7”编译程序，系统会报告如下错误。

```
1>f:\vclesson\ch05\test\test.cpp(25): error C2352: “Point::output”: 非静态成员函数的非法调用
1>f:\vclesson\ch05\test\test.cpp(10): note: 参见“Point::output”的声明
```

该错误信息提示：非法调用非静态成员函数 Point::output。但为什么 init 函数的调用没有出错呢？我们可以看到它的定义前面有一个“static”限定符，表明该函数是一个静态函数。**静态成员函数和静态成员变量属于类本身，在加载类的时候，即为它们分配了空间，所以可以通过类名::函数名或类名::变量名来访问。而非静态成员函数和非静态成员属于对象的方法和数据，也就是应该首先产生类的对象，然后通过类的对象去引用。**

下面我们再次修改上述例 5-19 和例 5-20 所示代码，给 Point 类添加两个具有 private 访问权限的 int 类型变量 *x* 和 *y*，并在 init 函数中对它们进行赋值，同时将刚才出错的 output 调用注释起来。修改后的程序代码如例 5-21 所示。

例 5-21

```
#include "pch.h"

class Point
{
public:
    void output()
    {
    }
    static void init()
    {
        x=0;
        y=0;
```

```
        }
    private:
        int x,y;
    };

    int main()
    {
        Point::init();
    //  Point::output();
        return 0;
    }
```

再次编译 Draw 程序，系统会报告以下两个错误。

```
D 1>f:\vclesson\ch05\test\test.cpp(15): error C2597: 对非静态成员“Point::x”的非法引用
1>f:\vclesson\ch05\test\test.cpp(16): error C2597: 对非静态成员“Point::y”的非法引用
```

这些错误提示是说：在静态成员中非法引用了 Point 对象的 x 和 y 数据成员。为什么会出现这样的错误呢？上面已经讲过，init 是一个静态函数，不属于某个具体的对象，也就是说在还没有产生 Point 类的任何一个具体对象时，该函数就已经存在于程序的代码区了。但这时，Point 类的数据成员 x 和 y 还没有分配内存空间，因而，在 init 函数中对它们进行赋值操作怎么会成功呢？也就是说，**在静态成员函数中是不能调用非静态成员的，包括非静态成员函数和非静态成员变量。**

如果把上述例 5-21 所示代码中对 x 和 y 的赋值操作放到一个非静态成员函数中，比如放到本例中的 output 函数中，程序将会成功生成执行文件。因为当程序构造一个 Point 类型的对象时，就会给成员变量 x 和 y 分配内存空间，给 output 成员函数分配代码区空间。因而，在 output 函数中访问 x 和 y 时，它们都已经存在于内存空间中，所以可以成功赋值。

这时，读者也许会有这样的疑问，在非静态成员函数中是否可以调用静态成员函数呢？我们可以试试看。在上述例 5-21 所示的 output 函数中加一条调用 init 方法的语句，结果如例 5-22 所示。

例 5-22

```
        void output()
        {
            init();
        }
```

编译执行程序，可以发现没有任何问题。我们可以分析一下这种情况：因为静态成员函数属于类本身，在类的对象产生之前就已经存在了，所以在非静态成员函数中是可以调用静态成员函数的。

实际上，关于函数之间的引用许可，可以从内存模型这一角度来考虑。也就是说，**无论采用什么样的操作，程序代码都是在内存中运行的，只有在内存中占有了一席之地，我们才能够访问它。如果一个成员函数或成员变量还未在内存中产生，那么自然是无法访问**

它的。读者只要把握了这一内存模型，就可以知道函数之间的调用许可了。

根据上面的内容，可以推导出，**静态成员函数只能访问静态成员变量**。我们可以在上述例 5-21 所示例子中，将 Point 类的成员变量 *x* 和 *y* 的定义之前加上 static 限定符，使它们成为静态成员变量。

```
static int x,y;
```

然后单击菜单栏上的【生成】→【生成 Test】，此时将出现以下错误提示信息。

```
1>------ 已启动生成: 项目: Test, 配置: Debug Win32 ------
1>pch.cpp
1>Test.cpp
1>Test.obj : error LNK2001: 无法解析的外部符号 "private: static int Point::x" (?x@Point@@0HA)
1>Test.obj : error LNK2001: 无法解析的外部符号 "private: static int Point::y" (?y@Point@@0HA)
1>F:\VCLesson\ch05\Debug\Test.exe : fatal error LNK1120: 2 个无法解析的外部命令
1>已完成生成项目“Test.vcxproj”的操作 - 失败。
========== 生成: 成功 0 个，失败 1 个，最新 0 个，跳过 0 个 ==========
```

我们发现上述错误并不是编译错误，而是在链接时发生的错误。之所以会出现这样的错误，是因为对于静态成员变量，必须对它进行初始化，并且应在类的定义之外进行此操作。我们在 Point 类的定义之外，加上如下两条初始化语句。

```
int Point::x=0;
int Point::y=0;
```

再次单击菜单栏上的【生成】→【生成 Test】生成 Test 执行程序，将会发现成功实现。

这里，还有一种情况需要读者注意，如果没有初始化静态成员变量，同时在程序中也没有访问这些静态变量，那么在程序生成时也不会报错。读者可以试试这种情况。

让我们再返回到前面的 Draw 项目中（例 5-18 所示代码），因为 FromHandle 是 CBrush 类的一个静态成员函数，因此在调用时，可以直接写上 CBrush 类名，接着加上域作用符（::），再加上 FromHandle 函数名。

5.4 绘制连续线条

Windows 系统为我们提供了一个画图应用程序，在该程序中，利用画笔可以绘制连续的线条，下面我们就在 Draw 程序中实现这样的功能。

为了绘制连续的线条，首先需要得到线条的起点，这在前面的内容已经实现了。然后需要捕获鼠标移动过程中的每一个点，这可以通过捕获鼠标移动消息（WM_MOUSEMOVE）来实现。在此消息响应函数中，在依次捕获到的各个点之间绘制一条条非常短的线段，从而就可以绘制出一条连续的线条。

遵照这一思路，我们开始增加 Draw 程序的功能。首先为视类增加鼠标移动消息

（WM_MOUSEMOVE）的响应函数（默认名称为 OnMouseMove）。这样，只要鼠标在应用程序窗口中移动时，就会进入这个消息响应函数中。但这并不是我们所期望的，我们希望在鼠标左键按下去之后才开始绘图。因此，我们需要有一个变量来标识鼠标左键是否按下去了这一状态，然后在鼠标移动消息响应函数中对这一变量进行判断。当此变量为真，即鼠标左键已经按下去时，我们才开始绘图。为此，我们在视类中添加一个 BOOL 型的私有成员变量 m_bDraw，当鼠标左键按下去时，此变量为真；当鼠标左键弹起来时，此变量为假，这时，我们就不再绘制线条了。该变量在视类头文件中的定义代码如下所示。

```
private:
    BOOL m_bDraw;
```

接下来在视类的构造函数中，将此变量初始化为 FALSE。

```
    m_bDraw = FALSE;
```

当鼠标左键按下去时，即在视类的 OnLButtonDown 函数中将此变量设置为真。

```
    m_bDraw = TRUE;
```

当鼠标左键弹起来时，即在视类的 OnLButtonUp 函数中将此变量设置为假。

```
    m_bDraw = FALSE;
```

提示： 读者可以将 OnLButtonUp 函数中先前编写的代码全部注释起来。

然后在 OnMouseMove 函数中对 m_bDraw 变量进行判断，如果其值为真，则说明鼠标左键已经按下去了，这时就可以开始进行画线操作。还有一点需要注意，因为每绘制一条线段后，在下一次都应该从这条线段的终点开始继续绘制。因此，在绘制完当前线段后，应该修改线段的起点，将当前线段的终点作为下一条线段的起点，具体代码如例 5-23 所示。

例 5-23

```
void CDrawView::OnMouseMove(UINT nFlags, CPoint point)
{
     CClientDC dc(this);
     if(m_bDraw == TRUE)
    {
         dc.MoveTo(m_ptOrigin);
         dc.LineTo(point);
         //修改线段的起点
         m_ptOrigin = point;
    }

     CView::OnMouseMove(nFlags, point);
}
```

编译执行 Draw 程序，按下鼠标左键并在程序窗口中拖动鼠标，发现可以像在 Windows 提供的画图程序中的画笔那样绘制连续的线条了，结果如图 5.24 所示。

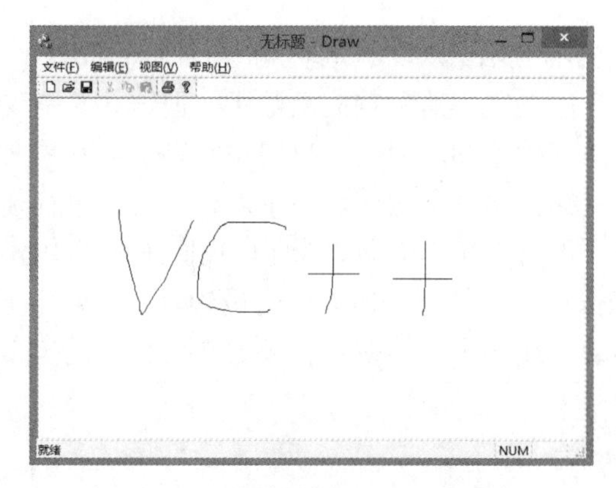

图 5.24　在窗口中绘制连续线条

如果希望给线条增加颜色，就需要使用前面介绍的画笔类（CPen 类）来实现。如例 5-24 所示代码创建了一个红色的画笔，于是绘出的线条就是红色的。

例 5-24

```
void CDrawView::OnMouseMove(UINT nFlags, CPoint point)
{
	CClientDC dc(this);
	//创建一个红色的、宽度为 1 的实线画笔
	CPen pen(PS_SOLID, 1, RGB(255,0,0));
	//把创建的画笔选入设备描述表
	CPen *pOldPen = dc.SelectObject(&pen);
	if(m_bDraw == TRUE)
	{
		dc.MoveTo(m_ptOrigin);
		dc.LineTo(point);
		//修改线段的起点
★		m_ptOrigin = point;
	}
	//恢复设备描述表
	dc.SelectObject(pOldPen);

	CView::OnMouseMove(nFlags, point);
}
```

再次运行 Draw 程序，看看效果。

5.5　绘制扇形效果的线条

如果在上面绘制连续线条的程序中，保持每段小直线的起点不变，即以鼠标左键按下时的点为起点不变，分别绘制到鼠标移动点的直线，这时就会出现扇形的效果。也就是去掉上述例 5-24 所示 OnMouseMove 函数中修改线段起点的那行代码（★符号所在的那行代码），编译运行 Draw 程序，按下鼠标左键并拖动鼠标，就可以看到类似扇形的效果，如图 5.25 所示。

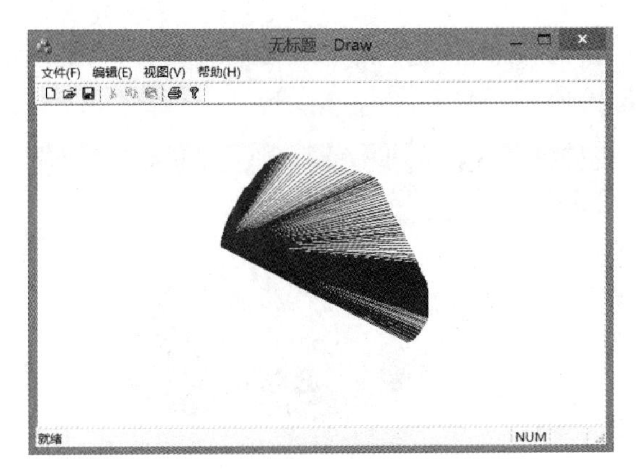

图 5.25　扇形效果

如果想要绘制一个带边线的扇形，就需要为视类再增加一个成员变量，用来保存鼠标的上一个移动点，并在 OnMouseMove 函数中添加代码，以实现从鼠标当前点到鼠标上个移动点的连线，也就是绘制一条边线，同时，还要保存当前鼠标点，为下一条边线做准备。因此，我们首先给 CDrawView 类增加一个 CPoint 类型的私有成员变量 m_ptOld，代码如下所示。

```
CPoint m_ptOld;
```

接着在 OnLButtonDown 消息响应函数中初始化这个变量。

```
m_ptOld = point;
```

然后在 OnMouseMove 中添加实现代码，结果如例 5-25 所示。

例 5-25

```
void CDrawView::OnMouseMove(UINT nFlags, CPoint point)
{
★   CClientDC dc(this);
    //创建一个红色的、宽度为 1 的实线画笔
    CPen pen(PS_SOLID, 1, RGB(255,0,0));
    //把创建的画笔选入设备描述表
    CPen *pOldPen = dc.SelectObject(&pen);
    if(m_bDraw == TRUE)
    {
        dc.MoveTo(m_ptOrigin);
        dc.LineTo(point);
        dc.LineTo(m_ptOld);
        //修改线段的起点
        //m_ptOrigin = point;
        m_ptOld = point;
    }
    //恢复设备描述表
    dc.SelectObject(pOldPen);

    CView::OnMouseMove(nFlags, point);
}
```

编译并运行 Draw 程序，在程序窗口中按下鼠标左键，然后拖动鼠标，即可看到带边线的扇形效果，如图 5.26 所示。

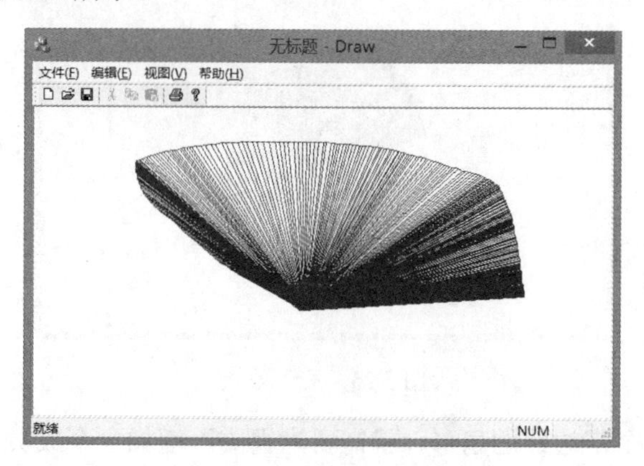

图 5.26 带边线的扇形效果

MFC 还为我们提供一个设置绘图模式的函数 SetROP2，该函数的声明如下所示。

```
int SetROP2( int nDrawMode );
```

SetROP2 函数带有一个参数，用来指定绘图模式。该参数有多种取值，例如 R2_BLACK、R2_WHITE、R2_MERGENOTPEN 等。这里，我们可以简单地看看这个函数的作用。在上述例 5-25 所示 OnMouseMove 函数中定义了设备描述表对象（★符号所示的那行代码）之后，添加下面这行代码。

```
dc.SetROP2(R2_MERGENOTPEN);
```

> **知识点** R2_MERGENOTPEN 模式的作用是：先把画笔的颜色取反，再与屏幕颜色进行“或”操作，从而得到像素最终显示的颜色。

编译并运行 Draw 程序，在程序窗口中按下鼠标左键，并拖动鼠标，发现在程序窗口中看不到绘制的线条。这就是设置了 R2_MERGENOTPEN 这种绘图模式的结果。

如果将绘图模式换成 R2_BLACK，再次运行程序，就会发现绘制的线条颜色始终都是黑色的。读者可以自行查看 MSDN 中关于此函数的帮助信息，看看该参数的各种取值及其作用。

5.6 本章小结

本章介绍了类向导的使用，详细讲解了 MFC 消息映射机制的实现过程。在了解了消息映射机制后，我们介绍了图形绘制的基本操作，包括画线、画笔和画刷的使用等，读者在学习本章时，要理解 DC 的概念，并通过学习基本图形的绘制操作掌握复杂图形的绘制。

第 6 章 文本编程

相信大多数读者都有过使用 Word 和记事本软件的经验，Word 和记事本这类文本处理软件可以让我们输入文字，并对文字进行编辑和修改，本章将介绍与文字处理相关的编程操作。

6.1 插入符

常用的文本处理程序有 Word、记事本和写字板，我们所使用的 Visual Studio 集成开发环境也可以看成是一个文本处理程序，在它的源代码编辑窗口中可以输入、编辑和修改代码。不难发现，在这些文本处理程序的编辑窗口中都有一条闪烁的竖线，称之为**插入符**（**Caret**）。插入符可以用于提示用户：你输入的文字信息将在这个插入符所在的位置显示出来。

6.1.1 创建文本插入符

在程序中想要创建插入符，可以利用 CWnd 类的 CreateSolidCaret()函数来完成，该函数的原型声明如下：

```
void CreateSolidCaret( int nWidth, int nHeight );
```

该函数各个参数的含义如下所述。

■ nWidth

指定插入符的宽度（逻辑单位）。如果该参数的值为 0，那么系统将其设置为系统定义的窗口边界的宽度。

■ nHeight

指定插入符的高度（逻辑单位）。如果该参数的值为 0，那么系统将其设置为系统定义的窗口边界的高度。

下面我们利用这个函数在程序窗口中创建一个插入符，首先请读者按照第 4 章介绍的步骤创建一个单文档类型的 MFC 应用程序，项目名为 Text，解决方案名为 ch06。

插入符需要在窗口上创建，单文档类型的工程有两个窗口，即框架类窗口和视类窗口，我们应该选择哪一个窗口来创建插入符呢？在第5章曾介绍过，视类窗口始终位于框架类窗口之上，对窗口客户区的鼠标和键盘操作实际上都是在视类窗口上进行的，因此应该在视类窗口上创建插入符。

插入符的创建应该在窗口创建之后进行，可以在 WM_CREATE 消息的响应函数 OnCreate 中（在创建窗口的代码之后）添加创建插入符的代码。MFC 应用程序向导所生成的 CTextView 类中没有 OnCreate 函数，我们需要手动添加。为 CTextView 类添加 WM_CREATE 消息的响应函数 OnCreate，在此函数中创建一个宽度为 20、高度为 100 的插入符，代码如例 6-1 所示。

例 6-1

```
int CTextView::OnCreate(LPCREATESTRUCT lpCreateStruct)
{
    if (CView::OnCreate(lpCreateStruct) == -1)
        return -1;

    CreateSolidCaret(20,100);
    return 0;
}
```

编译并运行 Text 程序，发现程序窗口中并没有出现刚才我们创建的插入符，这是为什么呢？实际上，在 CreateSolidCaret 函数创建插入符以后，该插入符初始时是隐藏的，必须调用 ShowCaret 函数来显示它。因此，在上述例 6-1 所示代码中调用 CreateSolidCaret 函数之后，应再添加下面这句代码：

```
ShowCaret();
```

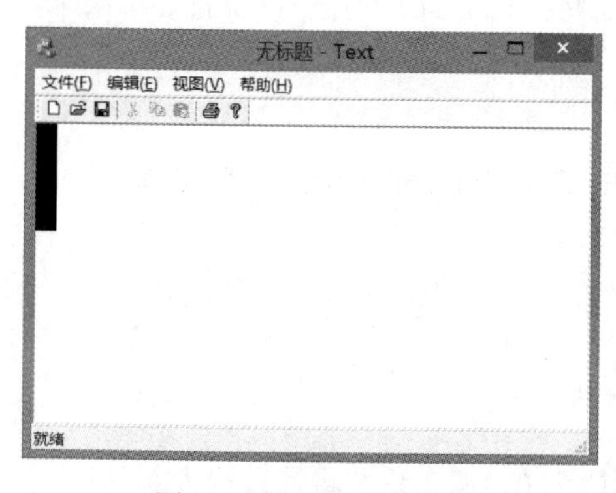

图 6.1　插入符显示结果

编辑并运行 Text 程序，创建的插入符终于显示在程序窗口中了，程序运行结果如图 6.1 所示。

显然，这个插入符看起来不太正常，太高、太宽了。我们在使用 Word 时，都有这样的经验，插入符的大小会根据当前所选的字号来变化，如果选择了比较大的字号，那么插入符也会相应的大。对 Text 程序来说，如何才能够让插入符适合于当前字体的大小呢？首先我们需要得到设备描述表中当前字体的信息，也就是文本的信息，然后根据字体的信息来调整插入符的大小。

调用 CDC 类的 GetTextMetrics 成员函数可以得到设备描述表中当前字体的度量信息。该函数的原型声明如下所示：

```
BOOL GetTextMetrics( LPTEXTMETRIC lpMetrics ) const;
```

可以看到，该函数的参数要求是一个 TEXTMETRIC 结构体的指针，也就是说，我们可以定义一个 TEXTMETRIC 结构体类型的变量，然后将该变量的地址传递给这个参数。通过 GetTextMetrics 这个函数调用，它会用设备描述表中当前字体的信息来填充这个结构体。

TEXTMETRIC 结构体的定义如下：

```
typedef struct tagTEXTMETRIC {  /* tm */
    int  tmHeight;
    int  tmAscent;
    int  tmDescent;
    int  tmInternalLeading;
    int  tmExternalLeading;
    int  tmAveCharWidth;
    int  tmMaxCharWidth;
    int  tmWeight;
    BYTE tmItalic;
    BYTE tmUnderlined;
    BYTE tmStruckOut;
    BYTE tmFirstChar;
    BYTE tmLastChar;
    BYTE tmDefaultChar;
    BYTE tmBreakChar;
    BYTE tmPitchAndFamily;
    BYTE tmCharSet;
    int  tmOverhang;
    int  tmDigitizedAspectX;
    int  tmDigitizedAspectY;
} TEXTMETRIC;
```

可以发现 TEXTMETRIC 这个结构体的信息比较多，但实际上常用的只有几个。为了更好地理解 TEXTMETRIC 结构体中 tmAscent 和 tmDescent 成员的含义，先来看看图 6.2 所示的字体信息示意图。

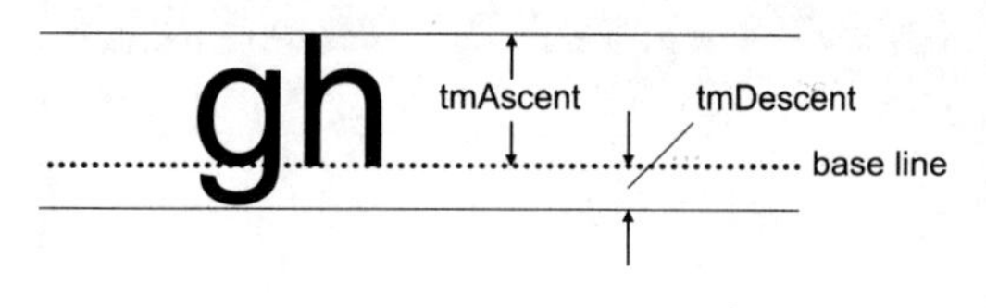

图 6.2 字体信息示意图

从图 6.2 中可以看到，对英文字符来说，g 和 h 的高度明显是不一样的。每一种字体都有一条**基线**（base line），基线以上到图中 h 字符最高点之间的高度称为**升序高度**（tmAscent），基线以下到图中 g 字符最底点之间的高度称为**降序高度**（tmDescent）。升序高度加上降序高度就是**字体的高度**（tmHeight）。这样，当我们在文本程序窗口中输入文字时，下一行的文字才不会覆盖上一行的文字部分。

英文字符的宽度也是不同的。读者可以在任意文本处理程序中输入一个 w 和 i 字符，将会很明显地看到这两个字符的宽度是不一样的，显然 w 要比 i 宽。因此，字体并没有一个具体的宽度值，只有一个**平均宽度**（tmAveCharWidth）。另外，TEXTMETRIC 结构体中还定义了字体的**最大字符宽度**（tmMaxCharWidth）。

得到了字体的信息，我们就可以利用字体的高度和平均宽度来计算插入符的高度和宽度。例 6-2 是具体的实现代码：

例 6-2

```
int CTextView::OnCreate(LPCREATESTRUCT lpCreateStruct)
{
    if (CView::OnCreate(lpCreateStruct) == -1)
        return -1;

    //创建设备描述表
    CClientDC dc(this);
    //定义文本信息结构体变量
    TEXTMETRIC tm;
    //获得设备描述表中的文本信息
    dc.GetTextMetrics(&tm);
    //根据字体大小，创建合适的插入符
    CreateSolidCaret(tm.tmAveCharWidth/8, tm.tmHeight);
    //显示插入符
    ShowCaret();

    return 0;
}
```

读者可能要提出这样的疑问，为什么上述例 6-2 所示代码在创建插入符时，要将字体平均宽度除以 8 呢？这是一个经验值，读者可以试试其他数值，看看结果是否符合自己的需要。

编译并运行 Text 程序，这时在应用程序窗口的左上角就出现了一条闪烁的竖线，且其大小也比较符合常规。程序运行结果如图 6.3 所示。

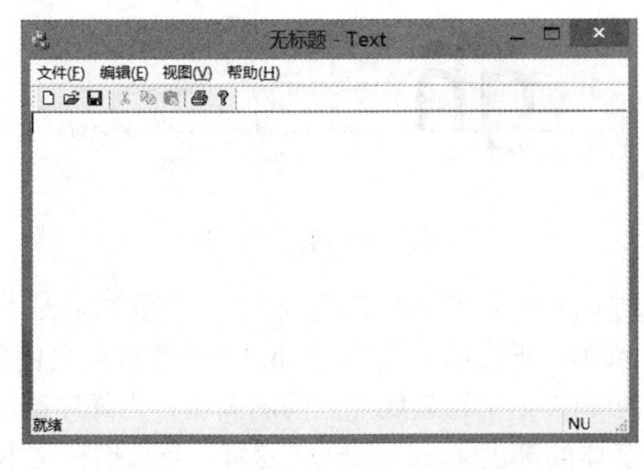

图 6.3　根据字体大小创建的插入符

6.1.2　创建图形插入符

上面创建的是一般文字处理程序所使用的文本插入符，下面将介绍如何创建图形插入符，这可以利用 CWnd 类的另一个函数 CreateCaret 来实现。该函数的声明形式如下所示：

```
void CreateCaret( CBitmap* pBitmap );
```

这个函数用来创建图形插入符，它有一个参数，要求是 CBitmap 指针类型。在使用这个函数之前，要先构造一个 CBitmap 对象，并利用 CBitmap 的成员函数初始化位图对象，之后，才能使用这个位图对象。

为了创建一个位图对象，既可以新建一个位图资源，也可以导入一个已有的位图资源。导入的方法是在解决方案资源管理器窗口中右键单击“资源文件”文件夹（或者在资源视图窗口中右键单击项目名），从弹出菜单中选择【添加】→【资源】，在出现如图 6.4 所示的“添加资源”对话框中单击【导入】按钮。

这时会出现如图 6.5 所示的导入资源对话框。在这个对话框中，找到需要导入的位图文件并选中，最后单击【打开】按钮，即可实现已有位图的导入。

本例将新建一个位图，新建位图资源的方法已经在第 5 章介绍过了，这里不再重复。本例新建的位图资源的结果如图 6.6 所示（读者可以根据自己的需要建立任意形式的位图资源，并不一定非要创建与本例一模一样的位图）。

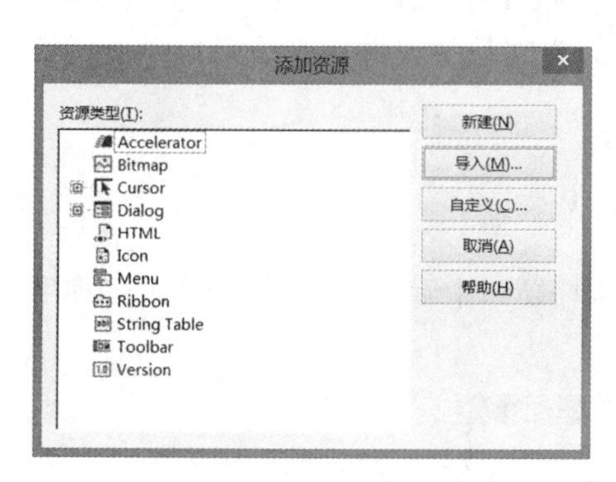

图 6.4　添加资源对话框

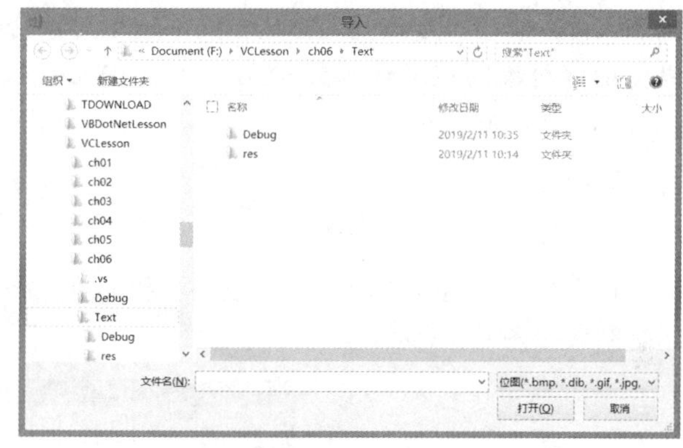

图 6.5　Import Resource 对话框

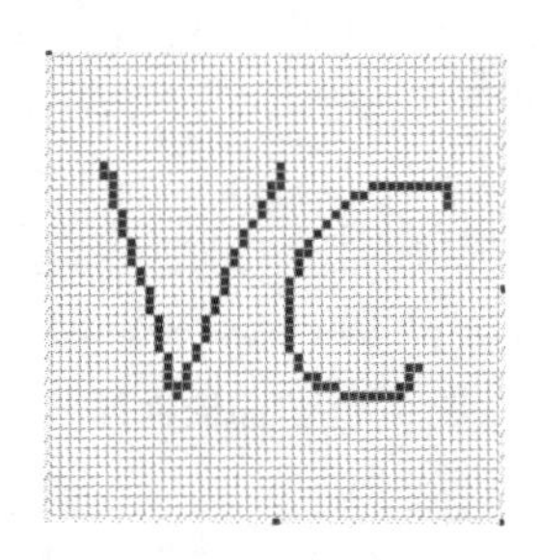

图 6.6　本例使用的位图资源

如例 6-3 所示就是创建图形插入符的具体实现代码。

例 6-3

```
int CTextView::OnCreate(LPCREATESTRUCT lpCreateStruct)
{
    if (CView::OnCreate(lpCreateStruct) == -1)
        return -1;

    CBitmap bitmap;
    bitmap.LoadBitmap(IDB_BITMAP1);
    CreateCaret(&bitmap);
    ShowCaret();
    return 0;
}
```

同时记得在 CTextView 的源文件的头部添加下面的包含语句：

```
#include "Resource.h"
```

编辑并运行 Text 程序，读者将会发现并非如我们所愿，程序窗口上什么也没有。这是为什么呢？我们再回顾上述例 6-3 所示的代码，发现这里定义的 bitmap 对象是一个局部变量。当 OnCreate 函数执行完成之后，这个 bitmap 对象就要发生析构。通常，与资源相关联的对象，在其析构时都会把与之相关联的资源销毁。于是，在本例中，我们就看不到位图插入符。解决的方法就是将这个局部位图对象修改为 CTextView 类的成员变量。读者可以剪切该对象的定义代码并粘贴到 CTextView 类的头文件中，并将其访问权限设置为 private，结果如下所示。

```
private:
        CBitmap bitmap;
```

再次编译并运行 Text 程序，这时，我们就会在程序窗口中看到一个位图插入符。程序运行结果如图 6.7 所示。

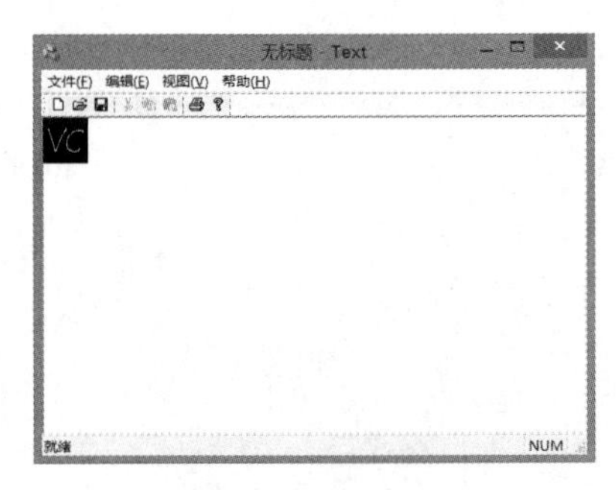

图 6.7　位图插入符

6.2 窗口重绘

在 Windows 程序运行时，如果程序窗口大小发生变化，窗口会发生重绘，那么窗口中已输入的文字或图形就会被擦除掉。如果希望输入的内容始终保留在窗口上，就要在响应 WM_PAINT 消息的函数中将内容再次输出。在 MFC 应用程序向导产生的视类代码中，给我们提供了一个类似于 WM_PAINT 消息响应函数的 OnDraw 函数，当窗口发生重绘时，应用程序框架代码就会调用该函数。

6.2.1 OnDraw 函数

在 CTextView 类中，OnDraw 函数的定义如例 6-4 所示。

例 6-4

```
void CTextView::OnDraw(CDC* /*pDC*/)
{
    CTextDoc* pDoc = GetDocument();
    ASSERT_VALID(pDoc);
    if (!pDoc)
        return;

    // TODO: 在此处为本机数据添加绘制代码
}
```

我们可以在此函数处设置一个断点，调试运行程序，看看程序调用这个函数的时机。我们知道当窗口初次出现时，即从无到有时，会产生 WM_PAINT 消息，让窗口重绘，这时程序停在所设置的 OnDraw 函数断点处。继续调试程序，在调试过程中，可以看到，当窗口尺寸发生变化的时候，也会进入 OnDraw 函数。因此，如果希望输入的图形或文字始终能够在窗口上显示的话，就可以在这个 OnDraw 函数中进行处理。

另外，从这个函数的定义可知，当它被调用时，应用程序框架会构造一个 CDC 类对象的指针并传递给这个函数，这给我们提供了方便，在这个函数内部就不需要再去构造 CDC 类的对象，可以直接使用传递进来的 CDC 对象指针去调用 CDC 类的成员函数，完成绘制功能。**不过，要注意的是，MFC 应用程序向导自动生成的 OnDraw 函数的代码中形参 pDC 被注释起来了，在使用时，将注释取消即可。**

接下来，我们要实现在程序窗口中输出一串文字这一功能，这可以使用第 2 章中介绍的 TextOut 这个函数来实现。在 C 语言中，如果要使用字符串的话，那么一般是定义一个 char*类型的变量。在 MFC 中，它提供了一个字符串类：CString，这个类没有基类。一个 CString 对象由一串可变长度的字符组成。在 C 语言中，利用 char 类型指针操作字符串时，一旦给它分配了堆内存，那么它就只能存储已分配大小的字符数量。如果想要另外再多存储些字符，就只能对这个指针所指向的堆内存进行再分配。然而，利用 CString 操作字符串时，无论存储多少个字符，我们都不需要对它进行内存分配，因为这些操作在 CString 类的内部都已经替我们完成了，这就是 CString 类的好处。在 MFC 程序中利用 CString 类对字符串进行操作是很方便的。读者可以在 MSDN 中查看 CString 类的成员，将会发现它重载了多个操作符，这为我们操作 CString 类的对象提供了极大的便利。可以把 CString 类型的对象当作简单类型的变量一样进行赋值、相加操作，例如利用“=”操作符，可以直接把一个字符或另一个 CString 类型的字符串赋给一个 CString 类型的对象；利用"+"操作符，可以方便地把两个字符串或一个字符与一个字符串联成一个字符串。

CString 类提供了多个重载的构造函数（如例 6-5 代码所示），利用这些构造函数，我们可以构造一个空的 CString 对象，或者用一个已有的 CString 对象构造一个新的 CString 对象，或者用一个字符指针构造一个 CString 对象。

例 6-5

```
CString( );
CString( const CString& stringSrc );
CString( TCHAR ch, int nRepeat = 1 );
CString( LPCTSTR lpch, int nLength );
CString( const unsigned char* psz );
CString( LPCWSTR lpsz );
CString( LPCSTR lpsz );
```

例 6-6 所示代码就是利用 CString 类在 OnDraw 函数内实现字符串显示的代码：

例 6-6

```
void CTextView::OnDraw(CDC* pDC)
{
    CTextDoc* pDoc = GetDocument();
    ASSERT_VALID(pDoc);

    CString str(_T("VC++深入编程"));
    pDC->TextOut(50,50,str);
}
```

提示：CDC 类封装的 TextOut 函数与 SDK 提供的全局 TextOut 函数的区别：前者不需要 DC 句柄作为参数，因为 CDC 内部专门有一个成员变量（m_hDC）保存了 DC 句柄。

提示：例 6-6 中灰底显示的代码中有一个_T 宏的使用，该宏的作用与在字面常量字符串前面添加大写字母 L 的作用是一样的，不同的是，字面常量字符串需要放到括号中，与此类似的还有 TEXT 宏的使用，例如：

CString str(TEXT("VC++深入编程"));

读者可以用【转到定义】功能查看一下_T 宏和 TEXT 宏的定义，就能一清二楚了。

编译并运行 Text 程序，可以看到在程序窗口中输出了我们指定的字符串，如图 6.8 所示。并且可以发现，当窗口大小发生改变时，字符串仍显示在窗口当中，这是因为我们是在 OnDraw 函数中实现字符串的显示操作的。

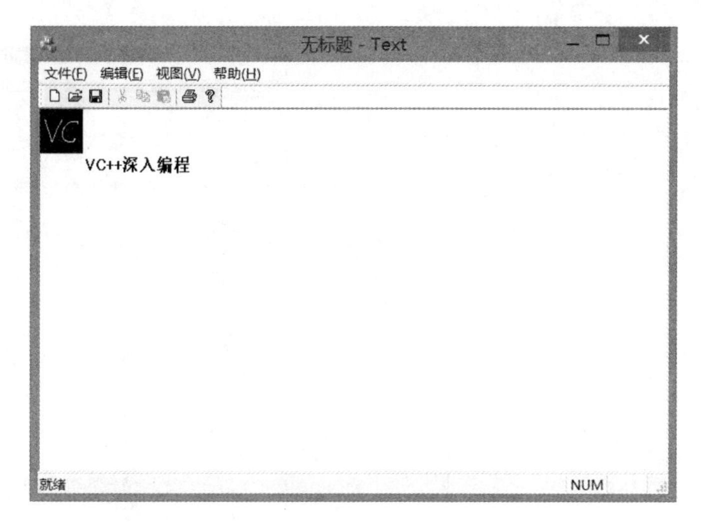

图 6.8　字符串显示结果

下面是另一种 CString 字符串构造形式：

```
CString str;
str = _T("VC++深入编程");
```

CString 类重载了“=”操作符，可以直接把一个字符串赋给一个 CString 对象。读者可以尝试运行这段代码，将会发现运行结果是一样的。

6.2.2　添加字符串资源

CString 类还提供了一个成员函数：LoadString，其声明形式如下：

```
BOOL LoadString( UINT nID );
```

该函数可以装载一个由 nID 标识的字符串资源。其好处是，我们可以构造一个字符串资源，在需要使用时将其装载到字符串变量中，这样就不需要在程序中对字符串变量直接赋值了。

在 Visual Studio 开发环境中，如何定义字符串资源呢？切换到资源视图中，可以看到有一项是 String Table，表示字符串表（如图 6.9 所示）。展开“String Table”节点，双击节点下的字符串表，就会在左边的代码编辑区域打开当前程序的字符串表，其中列出了已经定义的各个字符串，如图 6.10 所示。在这个字符串表中，第一列是字符串资源的 ID 号，第二列是字符串资源 ID 对应的数值，第三列是字符串资源的文本内容。

如果想要添加新的字符串资源，可以在这个字符串表最底部的空行上单击一下，就会自动添加一个字符串资源。本例定义一个 ID 为 IDS_STRINGVC 的字符串资源，内容为“VC++深入编程第六章文本编程”。如图 6.11 所示。

修改上述例 6-6 所示的程序代码，利用 LoadString 函数加载这个新建的字符串。具体实现代码如例 6-7 所示。

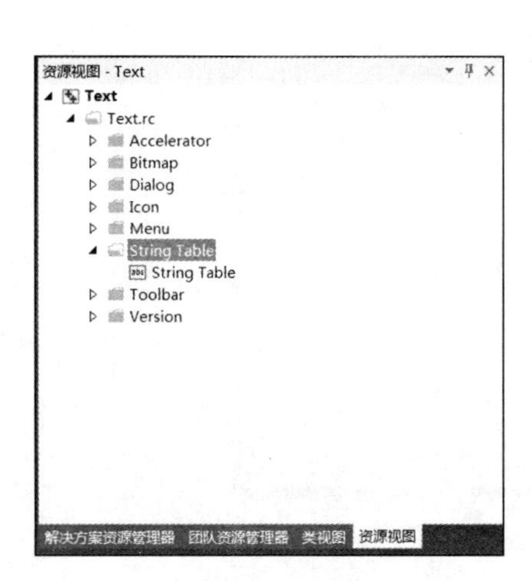

图 6.9　资源视图

Text.rc - String Table

ID	值	标题
IDP_OLE_INIT_FAILED	100	OLE 初始化失败。请确保 OLE 库是正确的版本。
IDR_MAINFRAME	128	Text\n\nText\n\n\nText.Document\nText.Document
AFX_IDS_APP_TITLE	57344	Text
AFX_IDS_IDLEMESSAGE	57345	就绪
ID_FILE_NEW	57600	创建新文档\n新建
ID_FILE_OPEN	57601	打开现有文档\n打开
ID_FILE_CLOSE	57602	关闭活动文档\n关闭
ID_FILE_SAVE	57603	保存活动文档\n保存
ID_FILE_SAVE_AS	57604	用新名称保存活动文档\n另存为
ID_FILE_PAGE_SETUP	57605	更改打印选项\n页面设置
ID_FILE_PRINT_SETUP	57606	更改打印机选项和打印选项\n打印设置
ID_FILE_PRINT	57607	打印活动文档\n打印
ID_FILE_PRINT_DIRECT	57608	使用当前选项打印活动文档\n快速打印
ID_FILE_PRINT_PREVIEW	57609	显示整页\n打印预览
ID_FILE_MRU_FILE1	57616	打开此文档
ID_FILE_MRU_FILE2	57617	打开此文档
ID_FILE_MRU_FILE3	57618	打开此文档
ID_FILE_MRU_FILE4	57619	打开此文档
ID_FILE_MRU_FILE5	57620	打开此文档
ID_FILE_MRU_FILE6	57621	打开此文档
ID_FILE_MRU_FILE7	57622	打开此文档
ID_FILE_MRU_FILE8	57623	打开此文档
ID_FILE_MRU_FILE9	57624	打开此文档
ID_FILE_MRU_FILE10	57625	打开此文档
ID_FILE_MRU_FILE11	57626	打开此文档
ID_FILE_MRU_FILE12	57627	打开此文档
ID_FILE_MRU_FILE13	57628	打开此文档
ID_FILE_MRU_FILE14	57629	打开此文档
ID_FILE_MRU_FILE15	57630	打开此文档
ID_FILE_MRU_FILE16	57631	打开此文档
ID_EDIT_CLEAR	57632	清除所选内容\n清除
ID_EDIT_CLEAR_ALL	57633	清除全部内容\n全部清除
ID_EDIT_COPY	57634	复制所选内容，将其放入剪贴板\n复制
ID_EDIT_CUT	57635	剪切所选内容，将其放入剪贴板\n剪切
ID_EDIT_FIND	57636	查找指定的文本\n查找
ID_EDIT_PASTE	57637	插入剪贴板内容\n粘贴
ID_EDIT_REPEAT	57640	重复上一操作\n重复
ID_EDIT_REPLACE	57641	用其他文本替换特定的文本\n替换

图 6.10　字符串表

IDS_STRINGVC	101	VC++深入编程第六章文本编程

图 6.11　添加的新的字符串资源

例 6-7

```
void CTextView::OnDraw(CDC* pDC)
{
    CTextDoc* pDoc = GetDocument();
    ASSERT_VALID(pDoc);

    //CString str(_T("VC++深入编程"));
    CString str;
    str = _T("VC++深入编程");
    pDC->TextOut(50,50,str);

    str.LoadString(IDS_STRINGVC);
    pDC->TextOut(0,200,str);
}
```

编译并运行 Text 程序，结果如图 6.12 所示，可以看到，在屏幕上横坐标为 0、纵坐标为 200 的地方输出了我们刚才新建的那个字符串资源文本。

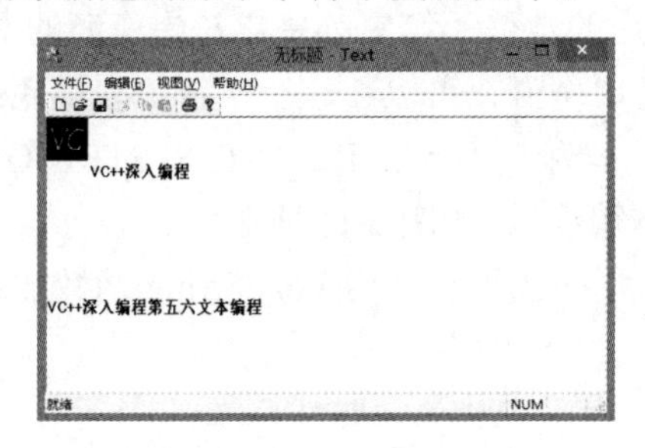

图 6.12　利用字符串资源显示文本

6.3 路径

在设备描述表中还有一个**路径层（path bracket）**的概念。什么是路径层呢？路径层的概念就像当年军阀割据时圈地那样，在地域上划定了界线，界线之内的是各自的地盘，别人不能侵犯。

在 MFC 中，创建路径层是利用 CDC 类提供的 BeginPath 和 EndPath 这两个函数来实现的，首先调用前者 BeginPath，该函数的作用是在设备描述表中打开一个路径层；然后利用图形设备接口（GDI）提供的绘图函数进行绘图操作，例如绘制一些点、矩形、椭圆等；最后，在绘图操作完成之后，应用程序通过调用 EndPath 函数关闭这个路径层。

下面我们在路径层中绘制一个矩形，将先前输出的“VC++深入编程”字符串框起来。如果要用一个矩形把字符串框起来，就需要知道这个字符串在窗口中的坐标值。在上述例 6-6 所示代码中，字符串“VC++深入编程”是在坐标（50,50）处输出的，于是我们可以确定矩形的左上角坐标为（50,50），但是如何确定矩形的右下角坐标呢？对一个字符串来说，如果能够知道它的宽度和高度，再加上它的左上角坐标就能够得到包围这个字符串的矩形的右下角坐标了。我们能不能利用 C 语言中的 strlen 函数来获得字符串的宽度呢？要注意，strlen 这个函数获得的是字符串中字符的个数，而字符串在窗口中显示时占据的宽度并不是由其字符数来决定的。例如“w”和“i”同样都是一个字符，但它们所占据的宽度是不一样的。同时，字体的大小也会影响字符串在窗口中显示的宽度。另外，我们在使用 Word 时，经常会根据需要调整字间距，也就是说，字符和字符之间实际上是有间距的。由此可见，一个字符串在屏幕上显示的宽度是由多个方面的因素决定的，因此，希望利用 strlen 函数来获得字符串的宽度是根本无法做到的。CDC 类为我们提供了一个 GetTextExtent 函数，利用这个函数可以获得一个字符串在屏幕上显示的宽度和高度，这个函数的一种声明形式如下所示：

```
CSize GetTextExtent( const CString& str ) const;
```

从上述声明中可以得知，我们需要给这个函数传递一个字符串，它会返回一个 CSize 类型的对象。CSize 类类似于 Windows 的 SIZE 结构体。Windows 的 SIZE 结构体的定义如下所示：

```
typedef struct tagSIZE {
   int cx;
   int cy;
} SIZE;
```

该结构体有两个成员变量：cx 和 cy，分别表示宽度和高度。

GetTextExtent 函数需要一个 CString 对象的引用作为其参数，前面刚刚说过，不同的字符在窗口中显示时，其宽度可能也是不同的，因此，想要得到字符串在窗口中的显示宽度，必须针对特定的字符串调用 GetTextExtent 函数。不要把这个函数和前面讲过的 GetTextMetrics 函数混淆了，**对 GetTextMetrics 函数来说，它获得的是设备描述表中当前**

字体的度量信息。而 **GetTextExtent** 函数则是获得某个特定的字符串在窗口中显示时所占据的宽度和高度。读者一定要注意区分这两个函数的作用。

例 6-8 所示代码是使用路径层的具体实现代码。

例 6-8

```
1.  void CTextView::OnDraw(CDC* pDC)
2.  {
3.      CTextDoc* pDoc = GetDocument();
4.      ASSERT_VALID(pDoc);
5.
6.      //CString str(_T("VC++ 深入编程"));
7.      CString str;
8.      str = _T("VC++ 深入编程");
9.      pDC->TextOut(50,50,str);

10.     CSize sz = pDC->GetTextExtent(str);

11.     str.LoadString(IDS_STRINGVC);
12.     pDC->TextOut(0,200,str);

13.     pDC->BeginPath();
14.     pDC->Rectangle(50,50,50+sz.cx,50+sz.cy);
15.     pDC->EndPath();
16. }
```

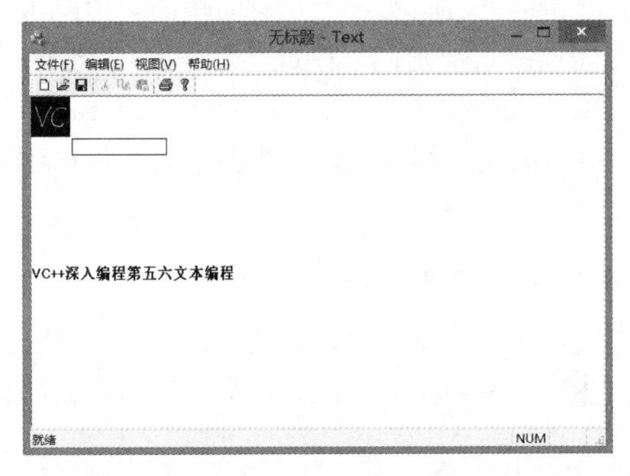

图 6.13　不在路径中绘制矩形的程序效果

请读者思考一下，如果将上述例 6-8 所示代码中的第 10 行代码放到第 11 行之后，是否可以？

Build 并运行 Text 程序，读者将会发现程序窗口与前面的程序结果没有什么不同。但是当我们把上述代码中打开和关闭路径层的两行代码（第 13 行和第 15 行）注释起来，也就是不在路径中绘制矩形时，看看程序运行结果会是怎样的。这时的程序运行界面如图 6.13 所示。

前面已经讲过，在设备描述表中有一个默认的白色画刷，当绘制矩形时，它会用这个画刷来填充矩形内部，因此在本例中，调用 Rectangle 函数后，就把先前绘制的文字给覆盖了。前面我们已经看到，如果是在路径层中绘制矩形，那么它对先前输出的文字是没有影响的。既然没有影响，那么路径层有什么作用呢？

下面我们先在窗口中绘制一些网格状线条，这些线条将覆盖已输出的文字。具体代码如例 6-9 所示。

例 6-9

```
void CTextView::OnDraw(CDC* pDC)
```

```
{
    CTextDoc* pDoc = GetDocument();
    ASSERT_VALID(pDoc);

    //CString str(_T("VC++  深入编程"));
    CString str;
    str = _T("VC++  深入编程");
    pDC->TextOut(50,50,str);

    CSize sz = pDC->GetTextExtent(str);

    str.LoadString(IDS_STRINGVC);
    pDC->TextOut(0,200,str);

    pDC->BeginPath();
    pDC->Rectangle(50,50,50+sz.cx,50+sz.cy);
    pDC->EndPath();

    for(int i=0; i<300; i+=10)
    {
        pDC->MoveTo(0,i);
        pDC->LineTo(300,i);
        pDC->MoveTo(i,0);
        pDC->LineTo(i,300);
    }
}
```

上述例 6-9 所示代码中利用一个循环来实现网格状线条的绘制，线条与线条之间的间距为 10 个逻辑单位。在这个循环中，首先是纵坐标不断变化，绘制网格的横线；然后是横坐标不断变化，绘制网格的竖线。

编译并运行 Text 程序，结果如图 6.14 所示，我们发现多了些网格线把先前输出的文字遮盖住了。此时，我们还是没有看出路径层到底有什么好处。

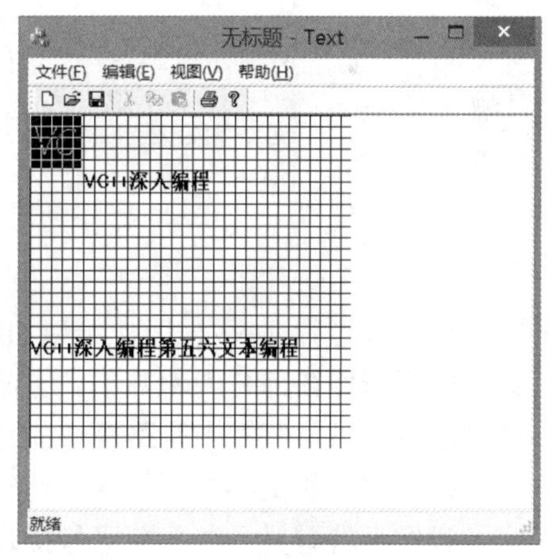

图 6.14　加了网格线的效果

这里，先介绍一下**裁剪区域（clipping region）**的概念。可以把它理解为一个绘图区域，其大小可以由我们来控制。我们知道对单文档应用程序来说，除了标题栏、菜单栏以外，剩余的就是客户区。通常可以把客户区看作一个大的裁剪区域，但裁剪区域也可以局限于客户区中一个很小的范围之内。例如，可以限制一个矩形区域作为裁剪区域，把后面的绘图操作仅限于这个矩形之内。

CDC 类提供了一个 SelectClipPath 函数，该函数的作用是把当前设置的路径层和设备描述表中已有的裁剪区域按照一种指定的模式进行一个互操作。该函数的声明形式如下所示：

```
BOOL SelectClipPath( int nMode );
```

其中，参数 nMode 用来指定互操作的模式，它可以有多种取值，例如 RGN_DIFF，该模式的含义是新的裁剪区域包含当前裁剪区域，但排除当前路径层区域。我们可以看看这个模式产生的效果。修改上述例 6-9 的代码，在 EndPath 函数调用之后，添加 SelectClipPath 函数的调用，结果如例 6-10 所示。

例 6-10

```
void CTextView::OnDraw(CDC* pDC)
{
    CTextDoc* pDoc = GetDocument();
    ASSERT_VALID(pDoc);
    // TODO: add draw code for native data here
    //CString str(_T("VC++深入编程"));
    CString str;
    str = _T("VC++深入编程");
    pDC->TextOut(50,50,str);

    CSize sz = pDC->GetTextExtent(str);

    str.LoadString(IDS_STRINGVC);
    pDC->TextOut(0,200,str);

    pDC->BeginPath();
    pDC->Rectangle(50,50,50+sz.cx,50+sz.cy);
    pDC->EndPath();
    pDC->SelectClipPath(RGN_DIFF);

    for(int i=0; i<300; i+=10)
    {
        pDC->MoveTo(0,i);
        pDC->LineTo(300,i);
        pDC->MoveTo(i,0);
        pDC->LineTo(i,300);
    }
}
```

编译并运行 Text 程序，结果如图 6.15 所示。可以发现在窗口中绘制的线条到了程序设置的矩形路径部分就断开了。这正是 RGN_DIFF 模式的效果，它使新的裁剪区域包含了当前裁剪区域，但把当前路径层的范围排除在外。因此，在程序窗口中就看不到有线条穿过路径范围内的文字，到了这个路径范围线条就终止了。

我们再看看另一种裁剪区域操作模式：RGN_AND 的效果。该模式的作用是，新的裁剪区域是当前裁剪区域和当前路径层的交集。把上述例 6-9 所示代码中的裁剪区域操作模式（即加灰显示的那行代码中的参数：RGN_DIFF）换成 RGN_AND，然后编译并运行 Text 程序，结果如图 6.16 所示。可以发现，这时只有矩形路径中显示有线条，其他部分均没有线条。

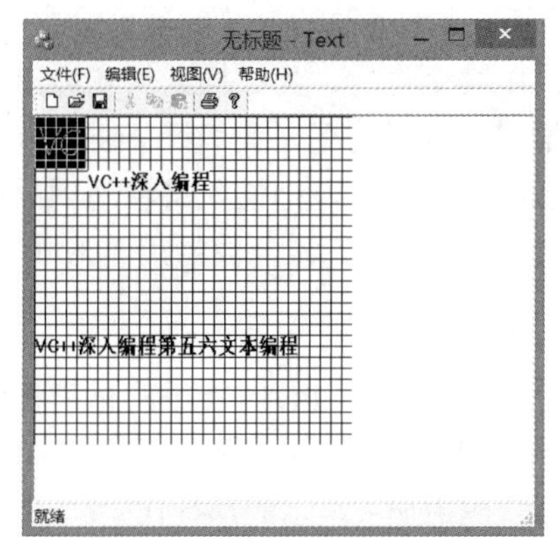

图 6.15　裁剪区域 RGN_DIFF 模式效果

图 6.16　裁剪区域 RGN_AND 模式效果

至此，读者应该可以理解路径层的作用了。以后在绘图时，就可以利用路径层这一特点来实现特殊的效果。例如，如果希望整幅图形中某一部分与其他部分有所区别，就可以把这部分的图形放置到一个路径层中，然后利用 SelectClipPath 函数设置一种模式，让路径层和裁剪区域进行互操作以达到一种特殊的效果。

6.4　字符输入

下面要实现字符的输入功能，也就是当用户在键盘上按下某个字符按键后，要把该字符输出到程序窗口上。这就需要程序捕获键盘按下这一消息。在第 1 章中曾介绍过 WM_CHAR 消息，这里，我们可以捕获这个消息，在该消息的响应函数中完成字符输出功能。但在字符输出时有一个问题需要注意，利用 TextOut 函数在窗口中输出字符时，需要提供字符显示位置的 x 坐标和 y 坐标，例如，我们打算在（0,0）位置处输出用户按键的字符，如果用户先后按下了“a”“b”“c”这三个字符，对于“a”字符，输出的位置是（0,0），紧接着我们要在“a”字符之后输出字符“b”，但我们如何才能确定“b”字符的输出位置呢？这在实现时有一定的难度，因为每个字符在屏幕上所占据的宽度都是不一样的，这样我们要获得下一个输入点的坐标就不太容易实现。为此，我们可以采取一种简单的方式，把每次输入的字符都存储到一个字符串中，例如，按下了“a”和“b”字符键之后，将这两个字符组成一个字符串：“ab”。当随后再按下“c”键后，再把它与“ab”组成一个字符串：“abc”。在程序中，每当按下新的字符时，都在窗口当前插入符的位置把这个字符串重新输出一次。因为人眼具有视觉残留的效应，因此，用户感觉不到这种重新输出的变化，只能感觉到每按下一个字符，窗口中就都多了一个字符。

遵照这种思路，我们继续在已有的 Text 程序中添加功能，让 CTextView 类捕获 WM_CHAR 消息，接着为该类定义一个私有的 CString 类型的成员变量：m_strLine，专门用来存储输入的字符串，并在 CTextView 类的构造函数中将这个变量初始化为空，初始化代码为：

```
m_strLine = "";
```

这里仍有几个问题需要注意，第一个问题是，程序应该在当前插入符的位置输出字符。也就是说，在程序运行时，如果用鼠标左键单击窗口中某个位置，那么插入符就应该移动到这个地方，随后输入的字符都应在此位置处往后输出。这样的话，我们还需要捕获鼠标左键按下消息（WM_ LBUTTONDOWN），在该消息响应函数中，把插入符移动到鼠标左键的单击点处。这可以利用 CWnd 类的 SetCaretPos 函数来实现。该函数的声明形式为：

```
static void PASCAL SetCaretPos( POINT point );
```

从该函数的声明可以知道，它是一个静态函数，并带有一个 POINT 结构体类型的参数，该参数表示一个点。在本例中，这个点就是鼠标左键单击点。接下来，我们就可以在鼠标左键按下这一消息的响应函数中添加例 6-11 所示代码中加灰显示的那行代码，以完成插入符移动到当前鼠标左键单击点处的功能。

例 6-11

```
void CTextView::OnLButtonDown(UINT nFlags, CPoint point)
{
    SetCaretPos(point);

    CView::OnLButtonDown(nFlags, point);
}
```

编译并运行 Text 程序，然后用鼠标左键在程序窗口中任意位置处单击，将会发现插入符随着鼠标左键的单击而移动。程序结果如图 6.17 所示。

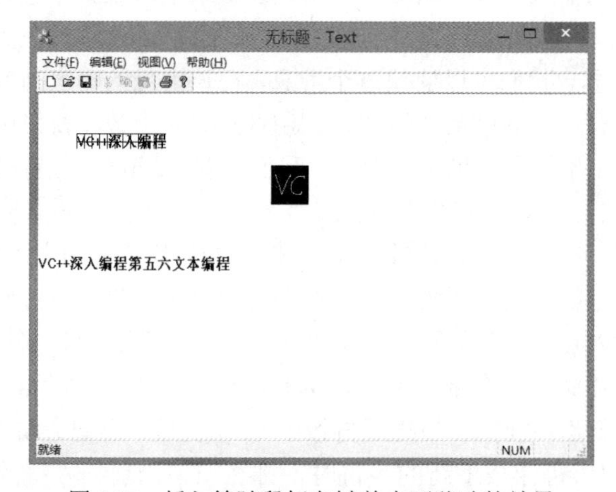

图 6.17　插入符随鼠标左键单击而移动的效果

第二个需要注意的问题是，用来存储输入的字符串的成员变量 m_strLine 的取值变化问题。当用鼠标左键单击窗口中一个新的地方时，插入符就会移动到这个新位置，那么以后输入的字符都应从这个位置处开始输出，而以前输入的字符不应再从此位置处重新输出，因此，这时就要把 m_strLine 中已有的内容清空。这可以利用 CString 类的成员函数 Empty 来实现。于是，我们在上述例 6-11 所示代码中添加 Empty 函数调用，清空 m_strLine 中的内容，结果如例 6-12 所示。

例 6-12

```
void CTextView::OnLButtonDown(UINT nFlags, CPoint point)
{
    SetCaretPos(point);
    m_strLine.Empty();

    CView::OnLButtonDown(nFlags, point);
}
```

第三个问题是，每次输入的字符串都应在当前插入符位置，也就是鼠标左键单击点处开始显示，这样，就需要把鼠标左键单击点的坐标保存起来，以便在 OnChar 函数中使用。于是我们为 CTextView 类再增加一个 CPoint 类型的成员变量来保存这个坐标值，将这个变量取名为：m_ptOrigin，并将其访问权限设置为私有的。然后在 CTextView 类的构造函数中设置其初值为 0；接着在鼠标左键按下这一消息的响应函数中保存当前鼠标单击点，代码如例 6-13 所示。

例 6-13

```
void CTextView::OnLButtonDown(UINT nFlags, CPoint point)
{
    // TODO: Add your message handler code here and/or call default
    SetCaretPos(point);
    m_strLine.Empty();
    m_ptOrigin = point;

    CView::OnLButtonDown(nFlags, point);
}
```

第四个问题是，在输出字符时，还应考虑到回车字符的处理。在按下回车键后，插入符应换到下一行，随后的输入也应从这一新行开始输出。这样就需要清空上一行保存的字符，并计算插入符在下一行的新位置。这时插入符的横坐标不变，纵坐标发生了变化，而利用已保存的当前插入点的纵坐标加上当前字体的高度就可以得到回车后插入符的新位置的纵坐标。使用前面已经介绍过的 GetTextMetrics 函数，即可获得当前设备描述表中字体的高度信息。

第五个问题是，在输出字符时，还要处理一个特殊的字符：退格键（即 Backspace 键）。当按下退格键后，应当删除屏幕上位于插入符前面的那个字符，也就是将这个字符从屏幕上抹掉，同时，插入符的位置应回退一个字符。这个问题的处理也有一定的难度，但我们可以采用一种取巧的方式来实现。我们知道可以使用删除的方式让用户在屏幕上看不见这个字符。另外，如果文本的颜色与背景色一样的话，在屏幕上也看不到这个文本，给用户的感觉就是删除了这个文本。因此，我们可以先把文本的颜色设置为背景色，在窗口中把该文本输出一次。然后从保存输入字符的字符串变量（m_strLine）中把要删除的字符删除，再把文本的颜色设置为原来的颜色，之后再把字符串在窗口中输出一次。这时在屏幕上看到的就是正确的删除效果。因为这些操作都是连续的操作，而且执行的时间非常短，所以给用户的感觉就是一按退格键，就删除了插入符前面的那个字符。

在具体实现时，为了获取背景色，可以利用 CDC 类的 GetBkColor 函数。而设置文本颜色，可以利用 CDC 类提供的另一个成员函数 SetTextColor，该函数的声明如下所示：

```
virtual COLORREF SetTextColor( COLORREF crColor );
```

这个函数将会返回文本先前的颜色。我们需要把这个返回值保存起来，因为后面还要把文本的颜色设置回先前的颜色再次显示。

如果想要实现从字符串中删除一个字符，则可以利用 CString 类的 Left 函数，该函数的声明形式如下所示：

```
CString Left( int nCount ) const;
```

这个函数返回一个 CString 对象，即返回指定字符串左边指定数目（nCount 参数指定）的字符。例如字符串的值为“Windows”，如果指定参数值为 3，调用 Left 函数，那么将返回字符串：“Win”，即“Windows”左边的三个字符。因为本例要删除字符串最右边的那个字符，所以可以将 Left 函数的参数指定为待显示字符串中字符个数减去数值 1 后得到的数值。利用 CString 类提供的 GetLength 函数，可以得到指定字符串中字符的个数。

如果当前输入的字符不是以上这两种特殊字符（回车键和退格键），就应该把它添加到 m_strLine 变量中，以便在屏幕上输出。

> **知识点** 回车字符的 ASCII 码十六进制值是 0x0d。退格键的 ASCII 码十六进制值是 0x08。

解决了以上这些问题，就可以在 WM_CHAR 消息响应函数中进行字符输出的处理了，具体实现代码如例 6-14 所示。

例 6-14

```
1.  void CTextView::OnChar(UINT nChar, UINT nRepCnt, UINT nFlags)
2.  {
3.  
4.      CClientDC dc(this);
5.      TEXTMETRIC tm;
6.      dc.GetTextMetrics(&tm);
7.      if( 0x0d == nChar)
8.      {
9.          m_strLine.Empty();
10.         m_ptOrigin.y += tm.tmHeight;
11.     }
12.     else if( 0x08 == nChar)
13.     {
14.         COLORREF clr = dc.SetTextColor(dc.GetBkColor());
15.         dc.TextOut(m_ptOrigin.x,m_ptOrigin.y,m_strLine);
16.         m_strLine = m_strLine.Left(m_strLine.GetLength() - 1);
17.         dc.SetTextColor(clr);
18.     }
19.     else
20.     {
```

```
21.          m_strLine += (TCHAR)nChar;
22.      }

23.      dc.TextOut(m_ptOrigin.x,m_ptOrigin.y,m_strLine);

24.      CView::OnChar(nChar, nRepCnt, nFlags);
25. }
```

提示： 例 6-14 中灰底显示的代码使用了一个 TCHAR 数据类型，这主要是为了应对程序中对于 ANSI 和 UNICODE 字符的不同处理而定义的类型，便于我们对字符操作采用统一的处理方式。Visual Studio 的编译器通过条件预处理指令来决定实际使用类型的字符。TCHAR 的定义方式如下：

```
#ifdef UNICODE
typedef WCHAR TCHAR
#else
typedef CHAR TCHAR
```

编译并运行 Text 程序，将会发现程序现在能够在当前插入符位置处显示输入字符了，结果如图 6.18 所示。

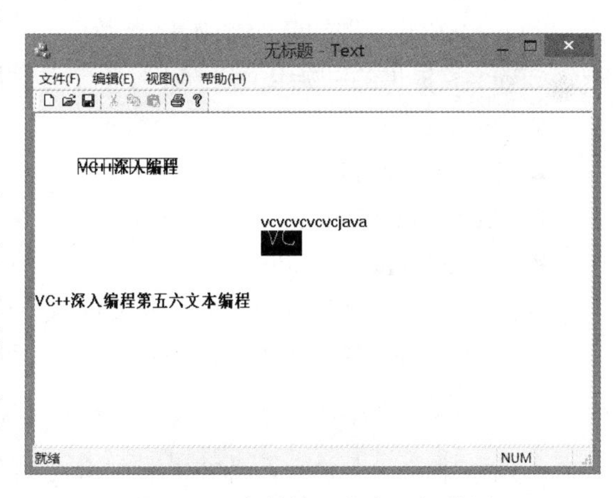

图 6.18　字符输入程序运行结果

但是你会发现这个程序还有点问题，当在屏幕上输出字符时，插入符的位置并没有改变。正常来说，插入符应该随着字符的输入而移动。我们已经知道可以利用 SetCaretPos 函数来设置插入符的位置，但移动的位置如何确定呢？实际上，对于同一行上的输入来说，插入符横向移动的距离就是输入字符的宽度，而其纵坐标是不变的。根据前面的内容，我们知道利用 GetTextExtent 函数就可以得到字符串的宽度。因此，在上述例 6-14 所示代码的第 23 行之前添加例 6-15 所示代码，以实现插入符随字符的输入而移动这一功能。

例 6-15

```
CSize sz = dc.GetTextExtent(m_strLine);
CPoint pt;
pt.x = m_ptOrigin.x + sz.cx;
pt.y = m_ptOrigin.y;
SetCaretPos(pt);
```

再次编译并运行 Text 程序，并输入任意字符，可以发现程序屏幕上插入符随着字符的输入而移动了。Text 程序运行结果如图 6.19 所示。这时，我们也可以试试回车键和退格键的效果，可以发现均成功实现所需功能。

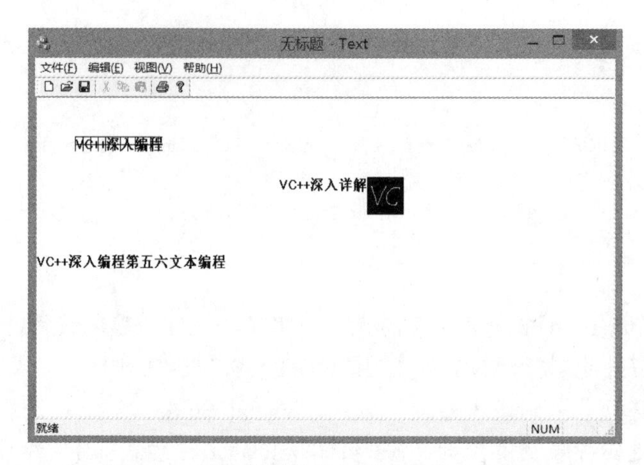

图 6.19　插入符随着输入的字符移动的效果

6.4.1　设置字体

MFC 提供了一个 CFont 类专门用来设置字体。这个类派生于 CGdiObject 类，封装了一个 Windows 图形设备接口（GDI）的字体。在实际编程时，在构造了一个 CFont 对象后，还必须利用该类提供的几个初始化函数之一对该对象进行初始化，然后才能使用这个对象。CFont 类提供的初始化函数有：

- CreateFont
- CreateFontIndirect
- CreatePointFont
- CreatePointFontIndirect

这些初始化函数的作用主要是将 CFont 这个 C++对象与字体资源关联起来。本例将使用 CreatePointFont 这个初始化函数，其声明形式如下所示。

```
BOOL CreatePointFont( int nPointSize, LPCTSTR lpszFaceName, CDC* pDC = NULL );
```

该函数带有三个参数，各个参数的含义如下所述。

- nPointSize

设置将要创建的字体的高度，单位是一个点的十分之一。例如，如果该参数值为 120，那么要求创建一个 12 个点的字体。

- lpszFaceName

字体的名称，就像 Word 中使用的“楷体”“宋体”这些字体名称一样。在 Visual Studio 开发环境中，可以看到这些字体的名称，方法是单击【工具】菜单下的【选项】菜单命令，这时会弹出“选项”对话框，在左边的列表框中展开“环境”节点，选中“字体和颜色”，接下来就可以在“字体”的下拉列表中看到所有可用的字体名称，如图 6.20 所示。但是，Visual Studio 开发环境支持的字体还是少了一些，我们可以在机器的系统目录下看到系统已安装的所有字体。笔者的机器安装的是 Windows 8.1，系统目录是 Windows。在系统目录下有一个 Fonts 目录，在该目录下列出的内容就是操作系统已安装的字体。我们编写的程序并不能够对所有这些字体提供支持，程序支持哪些字体，需要通过试验才能知道。

图 6.20　Visual Studio 集成开发环境支持的字体

■ pDC

这是一个 CDC 对象的指针，用来把 nPointSize 中指定的高度转换为逻辑单位。如果其值为空，就使用一个屏幕设备描述表来完成这种转换。

在程序中，与其他 GDI 对象一样，当创建了一个字体对象并初始化后，还必须将它选入设备描述表，之后这个新字体才能发挥作用。这可以利用 CDC 类的 SelectObject 函数来实现，同样，该函数会返回先前的字体，我们可以保存这个字体，在使用完新字体后，再把设备描述表中的字体恢复为先前的字体。

在 OnChar 函数中添加了字体的设置之后，该函数完整的代码如例 6-16 所示，其中灰色部分就是设置字体所需的代码。

例 6-16

```
void CTextView::OnChar(UINT nChar, UINT nRepCnt, UINT nFlags)
{
    CClientDC dc(this);
    CFont font;
    font.CreatePointFont(300, _T("华文行楷"), NULL);
    CFont *pOldFont = dc.SelectObject(&font);
    TEXTMETRIC tm;
    dc.GetTextMetrics(&tm);
    if( 0x0d == nChar)
    {
        m_strLine.Empty();
        m_ptOrigin.y += tm.tmHeight;
    }
    else if( 0x08 == nChar)
    {
```

```
            COLORREF clr = dc.SetTextColor(dc.GetBkColor());
            dc.TextOut(m_ptOrigin.x,m_ptOrigin.y,m_strLine);
            m_strLine = m_strLine.Left(m_strLine.GetLength() - 1);
            dc.SetTextColor(clr);
        }
        else
        {
            m_strLine +=  (TCHAR)nChar;
        }

        CSize sz = dc.GetTextExtent(m_strLine);
        CPoint pt;
        pt.x = m_ptOrigin.x + sz.cx;
        pt.y = m_ptOrigin.y;
        SetCaretPos(pt);

        dc.TextOut(m_ptOrigin.x,m_ptOrigin.y,m_strLine);

        dc.SelectObject(pOldFont);

        CView::OnChar(nChar, nRepCnt, nFlags);
    }
```

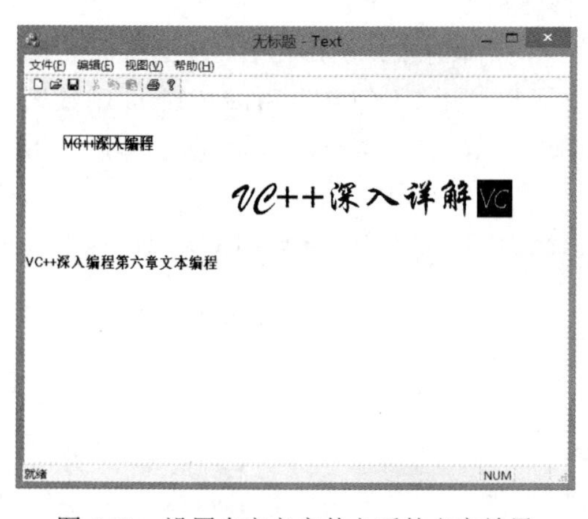

图 6.21　设置自定义字体之后的文字效果

重新编译并运行 Text 程序，试着在程序窗口中输入文字看看效果，我们会发现字体改变了。程序运行结果如图 6.21 所示。

当然，这里创建的这个文本程序功能很简单，如果要实现一个功能完整的字处理程序的话，那么所要做的工作还有很多。MFC 提供了 CEditView 和 CRichEditView 这两个类，可以用来帮助我们实现功能强大的字处理程序，其中，后者提供的功能比前者更为强大。如果让程序的视类直接派生于这两个类之一的话，程序就已经具备字处理程序的一些基本功能了，例如输出字符、回车键的功能，还有一些简单的编辑功能。因此，如果读者以后要实现字处理程序，则可以让程序的视类直接派生于这两个类中的其中之一即可。

6.4.2　字幕变色功能的实现

读者平时在唱卡拉 OK 时，应该注意到歌曲字幕会随着曲调的播放而有一个平滑的变色过程。如何在程序中实现这种效果呢？如果我们先把字符串输出到屏幕上，接着把文本的颜色设置为新的颜色，然后一个字符、一个字符地输出显示该字符串，那么也可以达到一种变色效果，但不能达到平滑的变色效果。为了达到卡拉 OK 字幕那样平滑的变色效果，我们需要利用 CDC 类提供的另一个输出文字的函数 DrawText 来实现。DrawText 函数的作用是在指定的矩形范围内输出文字。该函数的一种声明形式如下所示：

```
int DrawText( const CString& str, LPRECT lpRect, UINT nFormat );
```

该函数三个参数的含义如下所述：

■ str

指定要输出的字符串。

■ lpRect

指定文字显示范围的矩形。

■ nFormat

指定文本的输出格式。

DrawText 函数实际上是把文字的输出局限在一个矩形范围内。当输出的文字太多，以至于超过设定的矩形范围时，DrawText 函数就会截断输出的文字，只显示在设定矩形内能够显示的那部分文字。利用 DrawText 函数的这个特点，我们可以将文本设置为一个新的颜色，在窗口中已有文本的位置重新输出一遍该文本，在初始输出文本时先把矩形的宽度设置为一个较小的值，然后不断地加大矩形的宽度，这样就可以不断地增加显示文字的内容，从而实现文字的平滑变色效果。

文字变色是一个不断变化、自动进行的过程，这意味着我们需要不断地调用 DrawText 函数，同时增大包含文本的矩形宽度。要实现这个功能，我们需要用到**定时器**，通过定时器来自动控制文字变色的进程。

定时器与我们日常生活中使用的闹钟有些相似，我们可以把闹钟定在某个时刻，当时间到达这个时刻，闹钟就会振铃。当我们听到振铃声，就知道我们定的时间到了。定时器的功能也是这样的，当它到了一定的时间，就会发送一个消息。我们收到消息，就知道时间到了。但定时器与闹钟不同的地方是，定时器是每隔一定的时间发送一条消息，而闹钟是固定在某个时刻，只有到了这一时刻才会振铃。例如，我们把闹钟定在早上 8 点这个时刻，那么只有到了这个时刻，闹钟才会振铃；而定时器则可以设置为间隔 10 分钟发送一条消息，这样，每隔 10 分钟，我们就会收到一条定时器发送的消息。

利用定时器不断发送消息的特点，我们可以在响应定时器消息的响应函数中，不断增加显示文字的矩形宽度，从而实现平滑的文字变色效果。

利用 CWnd 类的 SetTimer 成员函数可以设置定时器，该函数的声明形式如下所示：

```
    UINT  SetTimer(  UINT  nIDEvent,  UINT  nElapse,  void  (CALLBACK  EXPORT*
lpfnTimer)(HWND, UINT, UINT, DWORD) );
```

如果这个函数调用成功，那么它将返回新定时器的标识。该函数各参数的含义如下所述：

■ nIDEvent

指定一个非零值的定时器标识。也就是说，当我们定义定时器时，可以为它设置一个标识。如果该函数调用成功，那么这个标识将作为返回值返回。这就是说，如果这个函数执行成功的话，它的第一个参数和返回值就是相等的。

■ nElapse

指定定时器的时间间隔，也就是指定定时器每隔多长时间发送一次**定时器消息**

（**WM_TIMER**）。需要注意的是，它是以**毫秒为单位**的。例如，如果将该值设置为 1000，那么每隔 1 秒钟，就发送一次定时器消息。

■ lpfnTimer

这是一个函数指针，并且要求是一个回调函数。在第 1 章中已经介绍了 CALLBACK 的含义。这个回调函数的写法已经在上述声明中列出了。当设定好定时器之后，每隔设定的时间间隔，它就会发送一条定时器消息。如果在这里设置了回调函数，那么操作系统就会调用这个回调函数来处理定时器消息。如果我们将此参数设置为 NULL 值，那么定时器消息，即 WM_TIMER 消息就会被放到应用程序的消息队列中，然后由程序中响应此消息的窗口对象来处理。

在这个 Text 例子中，我们在视类的 OnCreate 函数中设置定时器。在此函数中，设置一个时间间隔为 100ms，标识为 1 的定时器。实现代码如例 6-17 所示。

例 6-17

```
int CTextView::OnCreate(LPCREATESTRUCT lpCreateStruct)
{
    if (CView::OnCreate(lpCreateStruct) == -1)
        return -1;

    bitmap.LoadBitmap(IDB_BITMAP1);
    CreateCaret(&bitmap);
    ShowCaret();

    SetTimer(1,100,NULL);
    return 0;
}
```

另外，本例是在视类中对定时器消息进行处理，因此需要给 CTextView 类添加 WM_TIMER 消息的响应函数，该函数的初始定义如例 6-18 所示。

例 6-18

```
void CTextView::OnTimer(UINT nIDEvent)
{
    // TODO: 在此添加消息处理程序代码和/或调用默认值

    CView::OnTimer(nIDEvent);
}
```

可以看到，这个响应函数有一个参数：nIDEvent，这是定时器的标识。在一个应用程序中，我们可以设置多个定时器，每个定时器都有自己的时间间隔和标识符。但所有的定时器都发送 WM_TIMER 消息，这时就可以通过这个 nIDEvent 参数来获得当前是哪个定时器发送的消息，然后针对不同的定时器做不同的处理。本例中只有一个定时器，因此就不需要对此参数进行判断了。

因为需要让 DrawText 函数的第二个参数（即显示文字的矩形范围）不断增加，所以需要设置一个变量，让它的值不断增加，然后在程序中把这个变量赋给矩形的宽度成员，从而实现该矩形的宽度值不断增加。因此，在 CTextView 类中再添加一个 int 类型的私有成员变量：m_nWidth，并在视类的构造函数中将其初始化为 0。这一步很重要，如果不初始化这个变量的话，那么它的值将是一个随机值，在随后程序中对它进行自加或自减操作时，结果将很难被确定。

提示：在对一个变量进行自加或自减操作前，一定要初始化这个变量。否则，结果是不确定的。

本程序将对前面已在窗口中显示的那行由字符串资源（IDS_STRINGVC）定义的文字实现平滑变色效果。需要先获得包围这行文字的矩形的位置，实际上，只需要获得这个矩形的高度就可以了，因为矩形的左上角坐标就是这行文字显示时的起始坐标。而这个矩形的宽度并不需要知道，它是由 m_nWidth 变量决定的，从 0 开始按某个值不断增加。为了获得这个矩形的高度，也就是要获得设备描述表中当前字体的高度，可以通过 GetTextMetrics 函数来实现。

下面，我们就在 OnTimer 函数中实现文字平滑变色效果，具体实现代码如例 6-19 所示。

例 6-19

```
1. void CTextView::OnTimer(UINT nIDEvent)
2. {
3.       m_nWidth += 5;

4.       CClientDC dc(this);
5.       TEXTMETRIC tm;
6.       dc.GetTextMetrics(&tm);
7.       CRect rect;
8.       rect.left = 0;
9.       rect.top = 200;
10.      rect.right = m_nWidth;
11.      rect.bottom = rect.top + tm.tmHeight;

12.      dc.SetTextColor(RGB(255,0,0));
13.      CString str;
14.      str.LoadString(IDS_STRINGVC);
15.      dc.DrawText(str,rect,DT_LEFT);

16.      CView::OnTimer(nIDEvent);
17. }
```

在上述例 6-19 所示代码中，首先设置 m_nWidth 变量的值，按 5 个像素点增加（代码的第 3 行），也就是说后面调用的 DrawText 函数的第二个参数，即限制显示文字范围的那个矩形的宽度按 5 个像素点不断增加。接着，根据设备描述表中当前字体的高度得到这个矩形的高度，并利用这些信息初始化矩形对象（代码的第 7～11 行）。接下来，程序将设备描述表中文本颜色设置为红色，并根据字符串资源获得要显示的字符串。然后就调用 DrawText 函数，完成在指定矩形范围内文字的输出。因为定时器每隔 100ms 就会发出一次 WM_TIMER 消息，也就是每隔 100ms，OnTimer 函数就会被调用一次，每调用一次，这个矩形的宽度就会增加 5 个像素点，所以，以红色输出的文字范围就会增加一些，从而实现了一种文字平滑变色的效果。

编译并运行 Text 程序，将会看到一种很平滑的变色效果，而不是一个字、一个字地变色。在程序运行过程中某个时间点处的结果如图 6.22 所示。

在上述例 6-19 所示代码中，DrawText 函数使用的输出格式（即它的第三个参数）是 DT_LEFT，这是一种左对齐格式。我们可以再试试其他格式（例如 DT_RIGHT）看看效果。将下面这几行代码添加到上述例 6-19 所示 OnTimer 函数的第 15 行代码的后面。

```
rect.top = 150;
rect.bottom = rect.top + tm.tmHeight;
dc.DrawText(str,rect,DT_RIGHT);
```

编译并运行 Text 程序，程序运行结果如图 6.23 所示。我们可以发现 DT_LEFT 输出格式从字符串的左边开始，逐渐向右输出文字。而 DT_RIGHT 输出格式从要输出字符串的最右边的那个字符开始输出，逐渐向左输出文字。

在这个 Text 程序运行时，我们发现还有一些问题。其中一个问题是，当以 DT_RIGHT 输出格式显示文字时，在字符串全部输出完毕后，应该让它从头开始输出，而不是随着限制显示范围的矩形的宽度不断加大慢慢地从程序窗口上消失。

此外，当我们唱卡拉 OK 时，会发现字幕会随着音乐的播放而平滑变色，当一句话唱完后，它会变成另外一种颜色，用另外一种颜色表明这句话已经唱过了。那么在程序中要实现这个功能，需要判断限制显示范围的矩形宽度是否超过了需要显示的字符串在屏幕上显示时的宽度。而要获取字符串在屏幕上显示时的宽度，需要用到 GetTextExtent 函数。这时完整的 OnTimer 函数的实现代码如例 6-20 所示，其中加灰显示的代码为新增代码。

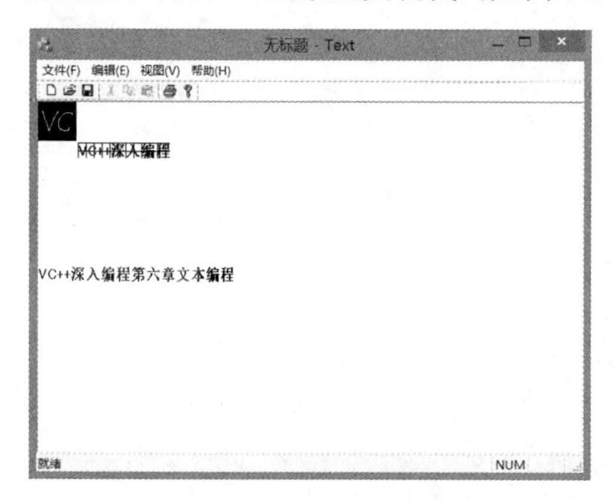

图 6.22 文本的平滑变色效果

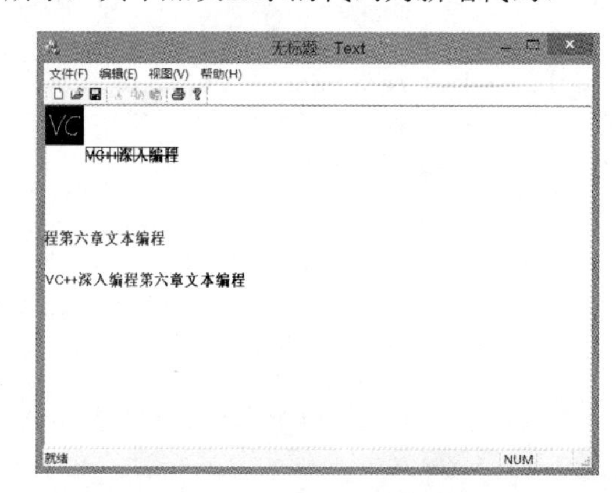

图 6.23 两种输出格式的比较

例 6-20

```
void CTextView::OnTimer(UINT nIDEvent)
{
    m_nWidth += 5;

    CClientDC dc(this);
    TEXTMETRIC tm;
    dc.GetTextMetrics(&tm);
```

```
        CRect rect;
        rect.left = 0;
        rect.top = 200;
        rect.right = m_nWidth;
        rect.bottom = rect.top + tm.tmHeight;

        dc.SetTextColor(RGB(255,0,0));
        CString str;
        str.LoadString(IDS_STRINGVC);
        dc.DrawText(str,rect,DT_LEFT);

        rect.top = 150;
        rect.bottom = rect.top + tm.tmHeight;
        dc.DrawText(str,rect,DT_RIGHT);

        CSize sz = dc.GetTextExtent(str);
        if(m_nWidth > sz.cx)
        {
            m_nWidth = 0;
            dc.SetTextColor(RGB(0,255,0));
            dc.TextOut(0,200,str);
        }

        CView::OnTimer(nIDEvent);
    }
```

上述例 6-20 所示 OnTimer 函数中新增的代码段（加灰显示的部分）首先利用 GetText Extent 函数得到需要显示的字符串的尺寸。接着判断限制显示范围的矩形宽度是否超过了该字符串在屏幕上显示时的宽度。一旦发现其超过了，就将该矩形宽度设置为 0，让文本重新开始输出。并将设备描述表中文本的颜色设置为绿色，但此时，先前已输出到窗口中的文本的颜色并未改变，因此还需要再调用一次 TextOut 函数，在原位置以新的颜色重新输出文本。

编译并运行 Text 程序，我们可以看到当字符串全部显示完毕后，会立即从头开始重新显示，并且（0,200）处的字符串在全部显示完毕后会变成绿色。

另外，我们还可以看看把 DrawText 函数的第三个参数设置为 DT_CENTER 时的效果。这时，我们会发现文字是从字符串的中间字符开始向两边扩展显示的。

以上就是模拟卡拉 OK 字幕变色效果的实现。当然这个程序的功能比较简单，读者可以遵照这样的思路，去实现一个卡拉 OK 这样的系统。

6.5　本章小结

本章主要介绍了一些文字处理编程方面的知识，以及在处理文字时的一些技巧。希望读者通过对本章的学习，能够拓宽编程的思路，培养发散性思维方式，对于一个问题的解决，要从多个方面考虑，而不要陷入固定的思维模式中。

第 7 章 菜 单

菜单栏、工具栏和状态栏是组成 Windows 程序图形界面的三个主要元素。大多数 Windows 应用程序都提供了菜单，作为用户与应用程序之间交互的一种途径。本章主要讲解与菜单相关的编程知识。

7.1 菜单命令响应函数

首先，新建一个单文档类型的 MFC 应用程序，项目名为 Menu，解决方案名为 ch07。然后编译并运行该程序，可以看到对于这个新建的程序来说，MFC 已经帮我们创建了一个菜单，并完成了一些菜单功能。例如单击【文件】菜单下的【打开】菜单命令，即可弹出打开文件对话框。当用户单击某个菜单项时，程序中就会调用这个菜单项的命令响应函数，来完成这个菜单项的功能。

在 Visual Studio 集成开发环境中，打开资源视图，依次展开节点“Menu”→“Menu.rc”→“Menu”，可以看到有一个名为 IDR_MAINFRAME 的菜单资源，它就是刚才我们在 Menu 应用程序界面中所看到的菜单。这是 MFC 应用程序向导为 Menu 这个单文档程序自动创建的一个主菜单。双击这个菜单资源名称，即可在 Visual Studio 的左边窗格中打开菜单编辑器。

可以看到 Menu 项下有一个名为 IDR_MAINFRAME 的菜单资源，它就是刚才我们在 Menu 应用程序界面中所看到的菜单。这是 MFC AppWizard 为 Menu 这个单文档程序自动创建的一个主菜单。双击这个菜单资源名称，即可在 VC++开发界面的右边窗格中打开菜单编辑器，如图 7.1 所示。

Visual Studio 提供了一个所见即所得的资源编辑器，如果我们要为程序添加自己的菜单项，那么可以在这个菜单中直接添加，程序运行时就能看到自己定义的菜单项。例如，可以在【帮助】菜单后添加一个新的菜单，单击“请在此处输入”文本框，然后输入 Test，按下键盘上的回车键，就可以看到在 IDR_MAINFRAME 菜单栏资源上新增了一个【Test】菜单，如图 7.2 所示。

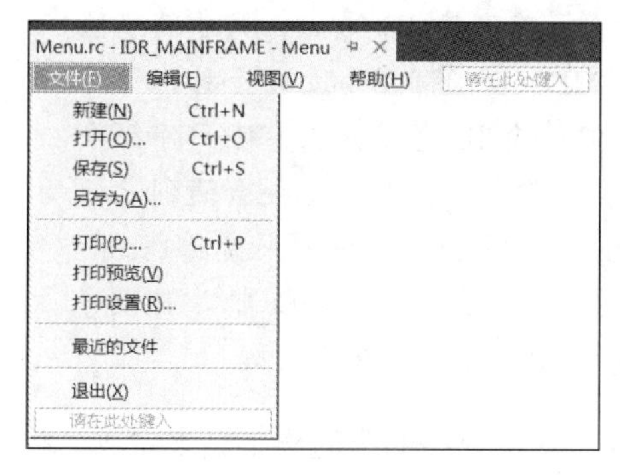

图 7.1 默认的菜单资源

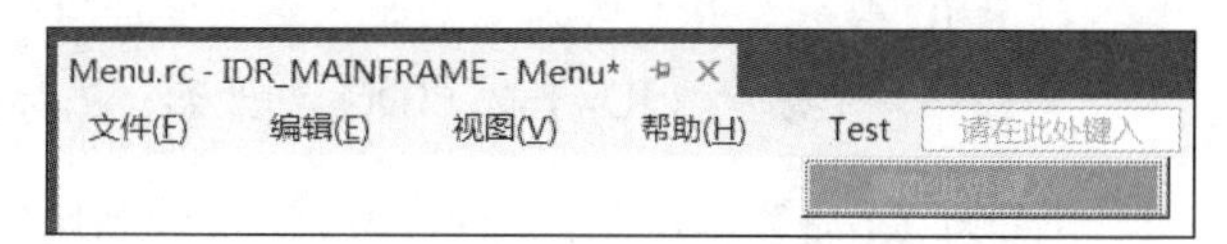

图 7.2 新增的 Test 菜单

选中【Test】菜单，在 Visual Studio 开发环境右下角的属性窗口中，我们看到“杂项”中的 ID 项是灰色的，如图 7.3 所示。

可以用鼠标分别单击【文件】、【编辑】、【视图】和【帮助】菜单，发现它们的 ID 项都是灰色的。但是当我们单击这些子菜单下的菜单项时，例如【文件】子菜单下的【新建】菜单项，可以发现它的 ID 项是可以输入和修改的，如图 7.4 所示。

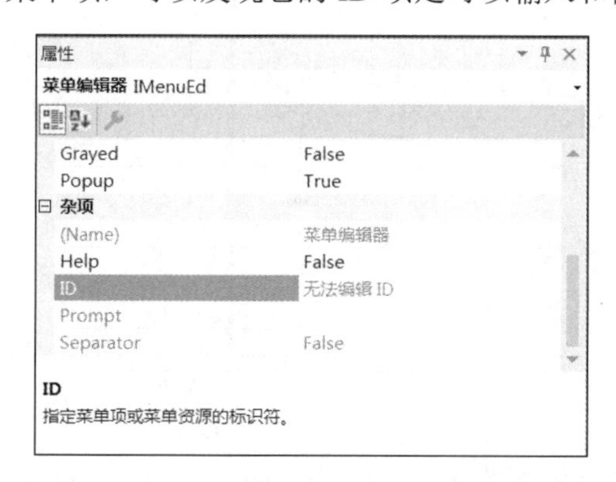

图 7.3 属性窗口中显示的【Test】菜单的信息

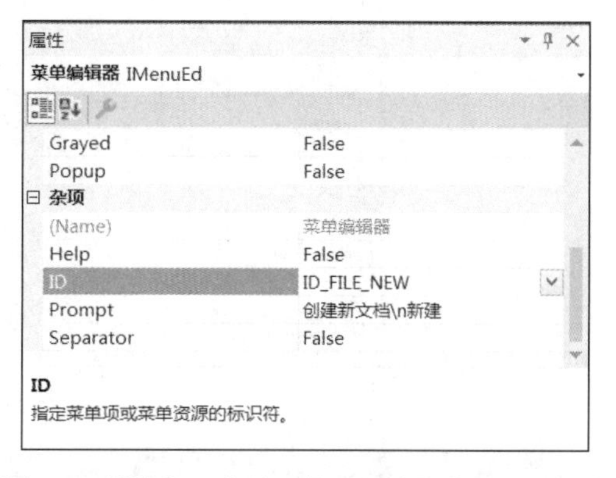

图 7.4 属性窗口中显示的【新建】菜单项的信息

可以比较一下图 7.3 和图 7.4 属性窗口中 Popup 项的值，可以看到前者的 Popup 项的值是 True，而后者为 False。读者可以再看看【文件】、【编辑】、【视图】和【帮助】这几个菜单，会发现它们的 Popup 项的值都是 True。在 MFC 中，Popup 类型（值为 True）的菜单称为**弹出式菜单**，Visual Studio 默认顶层菜单为弹出式菜单。这种菜单不能响应命令。是不是顶层菜单只能是弹出式菜单呢？当然不是，只要将顶层菜单的 Popup 项的值设置为 False，该菜单就不是弹出式菜单，而成为一个菜单项了。例如，把刚才新建的【Test】菜单的 Popup 项的值设为 FALSE，这时它的 ID 项就能够被编辑了，我们可以输入一个 ID 号，例如 IDM_TEST。

提示： MFC 都是采用大写字母来标识资源 ID 号的。为了与 MFC 保持一致，程序中也应该使用大写字母来标识 ID 号。

> **小技巧**：程序中会用到多种资源，在为资源确定其 ID 号时，为了明确区分资源类型，一般都遵循这样一个原则：在“ID”字符串后加上一个标识资源类型的字母，例如，我们给 Test 菜单项指定的这个 ID 号就是在“ID”字符串后加了一个字母“M”，表示这是 Menu，即菜单资源。以后我们还会遇到光标（Cursor）资源，其 ID 号是在“ID”字符串后加上一个字母“C”；而图标资源（Icon）的 ID 号会在“ID”字符串后加上一个字母“I”。也就是说，菜单资源 ID 号以“IDM_”开始；光标资源 ID 号以“IDC_”开始；图标资源 ID 号以“IDI_”开始。

下面为【Test】菜单添加命令响应，可以利用第 5 章中介绍的类向导工具来完成。单击 Visual Studio 菜单栏上的【项目】→【类向导】（或者同时按下键盘上的“Ctrl+Shift+X”组合键），打开类向导，这里，我们打算在框架窗口中响应这个菜单命令，因此在“类名”下拉框中找到 CMainFrame 并选中，在“对象 ID”列表中找到并选中 IDM_TEST，在“消息”列表框中选中 COMMAND 项，如图 7.5 所示。

图 7.5　添加 Test 菜单命令的消息响应函数

单击【添加处理程序】按钮来增加一个响应函数，这时会弹出如图 7.6 所示的对话框。在这个对话框中，给出了 Test 菜单命令响应函数的默认名称：OnTest，可以修改这个名称，本例保持该名称不变，单击【确定】按钮，返回到类向导对话框。这时，在该对话框底部的“成员函数”列表中多了一项，就是新添加的【Test】菜单命令响应函数，如图 7.7 所示。单击对话框上的【编辑代码】按钮，即可跳转到 OnTest 函数的定义处。

我们可以在 OnTest 函数中添加下面这行代码，弹出一个消息框表示该函数被调用了：

```
MessageBox(L"MainFrame Clicked");
```

编译并运行 Menu 程序，当单击程序菜单栏上的【Test】菜单项时，就会弹出一个消息框，该消息框上显示了在 OnTest 函数中设置的字符串：MainFrame Clicked，这就说明 OnTest 函数被调用了。

图 7.6 添加成员函数对话框

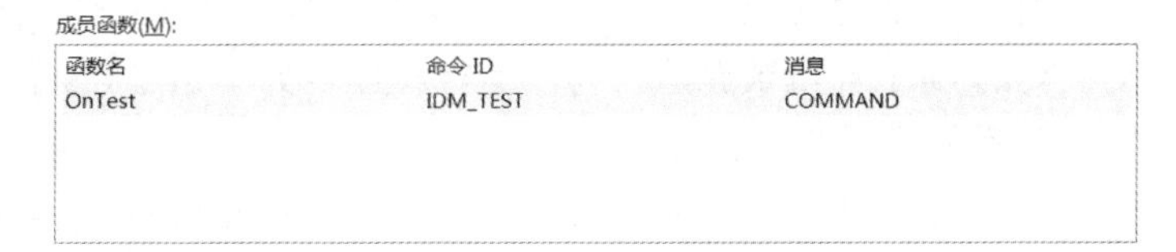

图 7.7 新添加的 OnTest 命令响应函数项

7.2 菜单命令的路由

7.2.1 程序类对菜单命令的响应顺序

是不是菜单项命令只能由 CMainFrame 这个类来捕获呢？可以打开类向导对话框，在“类名”下拉列表中选择除 CMainFrame 之外的其他类，例如 CMenuApp，在“对象 ID”列表中选择 IDM_TEST，单击【添加处理程序】按钮，保留默认函数名，添加菜单命令响应函数。依次更改类名为 CMenuDoc、CMenuView，为【Test】菜单项各添加一个命令响应函数。这时，【Test】这个菜单项就有了四个命令响应函数，那么在程序运行时，当单击这个【Test】菜单项后，应该由哪一个函数来响应呢？还是这四个函数都会响应？我们可以在这四个函数内部都加上一条 MessageBox 函数调用，让这四个函数显示不同的提示信息。这样，在程序运行时，就可以根据弹出的消息框中显示的提示信息得知当前对【Test】菜单命令做出响应的是哪一个函数。

因为 CMenuApp 类和 CMenuDoc 类都不是从 CWnd 类派生的，所以，它们都没有 MessageBox 成员函数。我们可以使用全局的 MessageBox 函数，或者使用应用程序框架的函数：AfxMessageBox，在这里，我们使用后者。AfxMessageBox 函数的原型声明如下：

```
int AfxMessageBox( LPCTSTR lpszText, UINT nType = MB_OK, UINT nIDHelp = 0 );
```

可以看到，AfxMessageBox 函数的后两个参数有默认值，因此只需要给第一个参数赋值就可以了。为 CMenuApp 类的 OnTest 函数添加下面这行代码：

```
AfxMessageBox(L"App Clicked!");
```

接着给 CMenuDoc 类的 OnTest 函数添加下面这行代码：

```
AfxMessageBox(L"Doc Clicked!");
```

因为 CMenuView 类是直接从 CWnd 类派生的，所以可以直接使用 MessageBox 函数，给视类的 OnTest 函数添加下面这行代码：

```
MessageBox(L"View Clicked");
```

编译并运行 Menu 程序，当我们单击程序的【Test】菜单项时，将会看到弹出的对话框上的提示信息："View Clicked!"，这就是说，视类最先响应这个菜单命令。在我们关闭这个提示信息对话框后，发现没有其他信息显示，说明其他几个菜单命令响应函数都没有起作用。

下面，我们首先将视类的 OnTest 响应函数删除，再次运行程序，读者认为现在会是哪个类响应【Test】这个菜单命令呢？这时，我们会发现是文档类做出了响应。接着，再把文档类的 OnTest 函数删除，再次运行程序，并单击【Test】菜单项，这时，我们发现是框架类对此菜单项做出了响应。接下来，将框架类的 OnTest 响应函数删除，再次运行程序，单击【Test】菜单项，发现最后一个对此菜单项做出响应的是应用程序类：CMenuApp。最后，将这个类的 OnTest 函数也删除。

根据上述试验可以得知，**响应【Test】菜单项命令的顺序依次是：视类、文档类、框架类，最后才是应用程序类。**

> **提示：** 删除菜单命令响应函数的方法同第 5 章中介绍的删除消息响应函数的方法类似，即在类向导中选中要删除的响应函数，单击"删除处理程序"按钮即可，这样就会把程序中与该菜单命令响应函数有关的信息全部删除。

7.2.2 Windows 消息的分类

实际上，菜单命令也是一种消息，在 Windows 中，消息分为以下三类。

■ 标准消息

除 WM_COMMAND 之外，所有以 WM_开头的消息都是标准消息。从 CWnd 派生的类，都可以接收到这类消息。

■ 命令消息

来自菜单、加速键或工具栏按钮的消息。这类消息都以 WM_COMMAND 的形式呈现。在 MFC 中，通过菜单项的标识（ID）来区分不同的命令消息；在 SDK 中，通过消息的 wParam 参数识别。从 CCmdTarget 派生的类，都可以接收到这类消息。

■ 通告消息

由控件产生的消息，例如按钮的单击、列表框的选择等都会产生这类消息，目的是为了向其父窗口（通常是对话框）通知事件的发生。这类消息也是以 WM_COMMAND 形式呈现的。从 CCmdTarget 派生的类，都可以接收到这类消息。

通过 MSDN 提供的 MFC 类层次结构图，可以发现 CWnd 类实际上派生于 CCmdTarget 类。也就是说，**凡是从 CWnd 派生的类既可以接收标准消息，也可以接收命令消息和通告消息。而对于那些从 CCmdTarget 派生的类，则只能接收命令消息和通告消息，不能接收标准消息。**

因为在本例中的文档类（CMenuDoc）和应用程序类（CWinApp）都派生于 CCmdTarget 类，所以，它们可以接收菜单命令消息。但是因为它们不是从 CWnd 类派生的，所以不能接收标准消息。

7.2.3 菜单命令路由的过程

这里，我们再给 Menu 程序中的视类添加【Test】菜单项的命令响应函数。在添加完成后可以发现，这时在程序的三个地方添加了与菜单命令消息响应函数相关的信息。在视类的头文件中，在 DECLARE_MESSAGE_MAP()宏的下方，用 afx_msg 限定符标识的消息响应函数原型；在视类的源文件中有两处信息，一处是在 BEGIN_MESSAGE_MAP(...)和 END_MESSAGE_MAP()宏之间添加了 ON_COMMAND 宏，将菜单 ID 号与命令响应函数关联起来，另一处是在视类源文件中的命令消息响应函数的实现代码，代码如下所示。

```
// 生成的消息映射函数
protected:
    DECLARE_MESSAGE_MAP()
public:
    afx_msg void OnTest();            ①

BEGIN_MESSAGE_MAP(CMenuView, CView)
    // 标准打印命令
    ON_COMMAND(ID_FILE_PRINT, &CView::OnFilePrint)
    ON_COMMAND(ID_FILE_PRINT_DIRECT, &CView::OnFilePrint)
    ON_COMMAND(ID_FILE_PRINT_PREVIEW, &CView::OnFilePrintPreview)
    ON_COMMAND(IDM_TEST, &CMenuView::OnTest)       ②
END_MESSAGE_MAP()
// CMenuView 消息处理程序

void CMenuView::OnTest()          ③
{
    // TODO: 在此添加命令处理程序代码
}
```

可以发现，菜单命令消息响应函数的映射与第 4 章中介绍的标准消息的映射是一样的，只不过命令消息使用的是 ON_COMMAND 宏。但是命令消息和标准消息的路由过程还是有所区别的，图 7.8 所示显示了消息的路由过程。

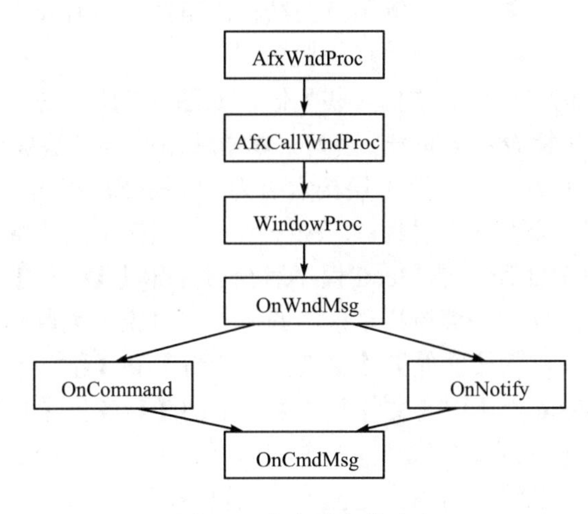

图 7.8　命令消息的路由

MFC 在后台把窗口过程函数替换成了 AfxWndProc 函数（读者可以在 MFC 的源代码中查看一下这个函数），由这个函数对所有的消息进行处理。该函数内部将调用 AfxCallWndProc 函数。后者又将调用 WindowProc 函数，这是 CWnd 类的一个成员函数，应用程序所有类型的消息都会进入这个函数中。WindowProc 函数又将调用 OnWndMsg 函数，这个函数会对到来的消息进行一个类型判断，如果是标准消息，就利用第 5 章介绍的消息映射机制来查找是哪个类响应了当前这个消息，并调用相应的消息映射函数，完成对消息的处理；如果是命令消息，就会交由 OnCommand 这个函数来处理，在这个函数中将完成命令消息的路由；如果是通告消息，那么它将交由 OnNotify 这个函数来处理，该函数将完成通告消息的路由。二者最后都会调用 OnCmdMsg 函数。

知识点 WindowProc 函数是 CWnd 类的一个成员函数。

下面，我们以 Menu 这个程序为例，来看看**菜单命令消息路由的具体响应过程：当单击某个菜单项时，最先接收到这个菜单命令消息的是框架类。框架类将把接收到的这个消息交给它的子窗口，即视类，由视类进行处理。视类根据命令消息映射机制查找自身是否对此消息进行了响应，如果响应了，就调用相应响应函数对这个消息进行处理，消息路由过程结束；如果视类没有对此命令消息做出响应，就交由文档类。文档类同样查找自身是否对这个菜单命令进行了响应，如果响应了，就由文档类的命令消息响应函数进行处理，路由过程结束。如果文档类也未做出响应，就把这个命令消息交还给视类，后者又把该消息交还给框架类。框架类查看自己是否对这个命令消息进行了响应，如果它也没有做出响应，就把这个菜单命令消息交给应用程序类，由后者来进行处理。**这就是菜单命令的路由过程。

7.3 基本菜单操作

要对菜单进行编程，首先需要了解菜单的结构。虽然菜单看起来似乎很简单，但初学者经常会犯错误，分不清子菜单和菜单项的概念。

实际上，菜单的结构与房屋的结构有些类似，如图 7.9 所示的是房屋结构示意图，图中纵坐标表示楼层，横坐标表示房间号。因为菜单中使用的索引是从 0 开始的，所以图 7.9 中的楼层和房间号也从 0 开始，即第 1 层楼索引为 0，第 2 层楼索引为 1，……每一层第一个房间索引为 0，第二个房间索引为 1，……那么，程序中的菜单到底与房屋具有什么样的对应关系呢？如图 7.11 所示是 Menu 程序运行后打开其【文件】子菜单时的界面。实际上，整个楼房对应于程序中的菜单栏，楼房的每一层对应于菜单栏上的子菜单，即我们在 Menu 这个程序中所看到的【文件】、【编辑】、【查看】和【帮助】这些菜单对象。而房间对应于菜单项，即 Menu 程序中【文件】子菜单下的【新建】、【打开】等对象。

在日常生活中，为了找到某个房间，首先我们要找到这个房间所在的楼，然后找到该房间所在的楼层，最后找到这个房间。定位菜单项也是同样的过程，首先需要找到程序的菜单栏，然后找到该菜单项所属的子菜单，最后找到这个菜单项。对于房间和楼层，都能按照索引来访问，菜单也可以按索引来访问，在图 7.10 中，【文件】是第一个子菜单，【编辑】是第二个子菜单，【文件】子菜单下的【新建】菜单项的索引号是 0，【打开】菜单项索引号是 1。对于房间来说，通常每个房间都有一个标识。例如，写字楼内的房间都有标识“经理室”“财务室”等名称，住宅楼里的房间上都有门牌号，如 512、513 等。另外，房间也可以通过位置索引来访问，例如三楼第一个房间。同样，对于菜单来说，如果要访问某个菜单项，既可以通过该菜单项的标识 ID，也可以通过其位置索引来实现访问。但对于子菜单来说，只能通过索引号进行访问，因为子菜单是没有标识号的。

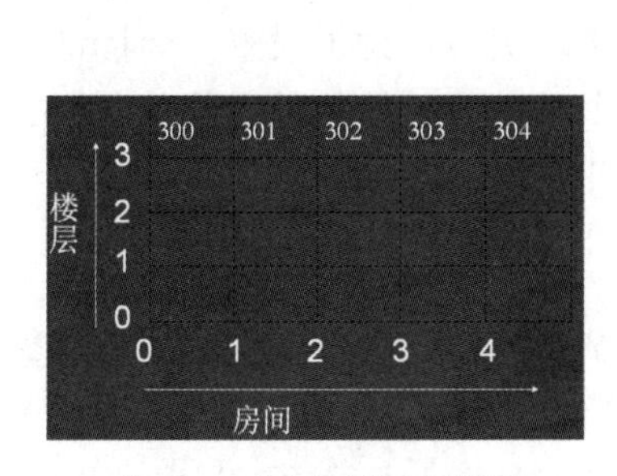

图 7.9　房屋结构示意图

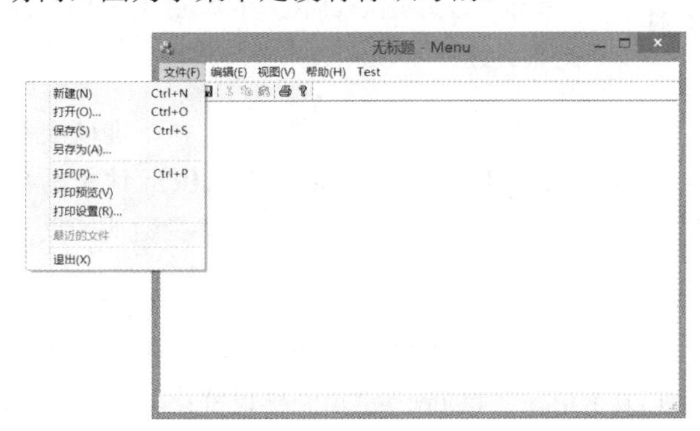

图 7.10　Menu 程序文件子菜单下的内容

7.3.1　标记菜单

运行刚才创建的 Menu 程序，可以看到程序的【视图】子菜单下的两个菜单项前面都带有一个对号（√）（如图 7.11 所示），我们称这种类型的菜单为**标记菜单**。

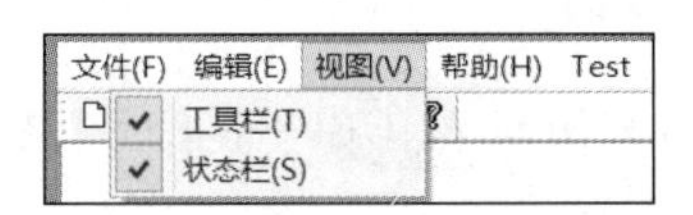

图 7.11　视图菜单下的菜单项

下面，我们想要实现这样的功能：在【文件】子菜单中的【新建】菜单项上添加一个标记。因为程序的主菜单属于框架窗口，所以需要在框架类窗口创建完成之后再去访问菜单对象。可以在框架类（CMainFrame 类）的 OnCreate 函数的最后（但一定要在 return 语句之前）添加实现这个功能的代码。

为了获得【文件】子菜单下的【新建】菜单项，要先获得程序的菜单栏，也就是要在框架窗口中获得指向菜单栏的指针，这可以通过 CWnd 的成员函数 GetMenu 来实现，该函数具有如下形式的声明：

```
CMenu* GetMenu( ) const;
```

从其声明可以知道，该函数返回一个指向 CMenu 类对象的指针。CMenu 类是一个 MFC 类，是 Windows 菜单句柄 HMENU 的一个封装，提供了一些与菜单操作有关的成员函数，例如菜单的创建、更新和销毁等，还可以获取一个菜单的子菜单，这是通过 GetSubMenu 这个成员函数实现的，这个函数的声明形式如下：

```
CMenu* GetSubMenu( int nPos ) const;
```

可以看到，这个函数有一个参数（nPos），该参数指定了子菜单的索引号。另外，这个函数也返回一个指向CMenu对象的指针，但是，这个函数返回值所指向的对象与上面CWnd类的GetMenu函数返回值所指向的对象是不一样的，后者返回的是指向程序菜单栏对象的指针，而CMenu类的GetSubMenu成员函数返回的是由参数nPos指定的子菜单的指针。

> **提示**：GetMenu函数是CWnd类的成员函数，而GetSubMenu函数是CMenu的成员函数。

找到了子菜单，相当于找到了楼层，下面就要找房间了。另外，为了设置一个标记菜单，需要使用CMenu类的CheckMenuItem这个函数，这个函数的功能就是为菜单项添加一个标记，或者移除菜单项的标记。该函数的声明形式如下所示：

```
UINT CheckMenuItem( UINT nIDCheckItem, UINT nCheck );
```

该函数的第一个参数nIDCheckItem指定需要处理的菜单项，它的取值由第二个参数决定。第二个参数nCheck指定怎样设置菜单项，以及如何定位该菜单项的位置，它的取值可以是MF_CHECKED或MF_UNCHECKED与MF_BYPOSITION或MF_BYCOMMAND的组合，这些标志的含义分别如下所述：

- MF_CHECKED

设置菜单项的复选标记。

- MF_UNCHECKED

移走菜单项的复选标记。

- MF_BYPOSITION

表明应该根据菜单项的位置来访问菜单项，即第一个参数指定的是菜单项的索引号。

- MF_BYCOMMAND

表明应该根据菜单项的命令来访问菜单项，即第一个参数指定的是菜单项的命令ID。

另外，在Menu程序中，【文件】子菜单及其【新建】菜单项的索引号均为0。有了以上这些知识，我们就可以实现为【文件】子菜单中的【新建】菜单项添加标记这一功能了，例7-1所示代码中加灰显示的那行代码就是具体的实现代码，读者只需在CMainFrame类的OnCreate函数的return语句之前添加这条语句即可。

例7-1

```
int CMainFrame::OnCreate(LPCREATESTRUCT lpCreateStruct)
{
......
GetMenu()->GetSubMenu(0)->CheckMenuItem(0, MF_BYPOSITION | MF_CHECKED);
   return 0;
}
```

编辑并运行Menu程序，打开【文件】子菜单，可以看到其下的【新建】菜单项左边已经添加了一个复选标记，如图7.12所示。这时，如果希望取消这个标记，则可以使用MF_UNCHECKED标志来调用CheckMenuItem函数。

当然，也可以通过菜单项标识来访问菜单项。首先，打开菜单编辑器，在属性窗口中，找到【新建】菜单项的标识：ID_FILE_NEW。然后，修改上述例7-1中加灰显示的那行代码，使用菜单项标识来实现设置【新建】菜单项标记的功能，修改后的代码如例 7-2 所示。

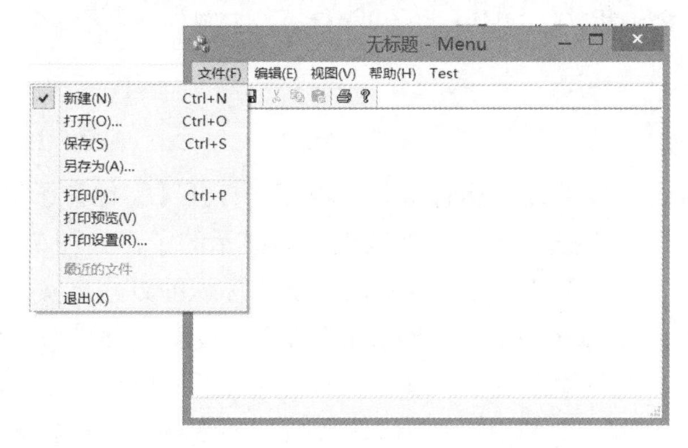

图 7.12 标记菜单功能的实现

例 7-2

```
int CMainFrame::OnCreate(LPCREATESTRUCT lpCreateStruct)
{
......
GetMenu()->GetSubMenu(0)->CheckMenuItem(ID_FILE_NEW, MF_BYCOMMAND | MF_CHECKED);

    return 0;
}
```

读者可以再次运行 Menu 程序，可以发现程序实现了同样的效果，即为【文件】子菜单下的【新建】菜单项添加一个标记符号。

7.3.2 默认菜单项

当使用各种软件时，读者可能注意到，有些应用程序的子菜单下有一个菜单项是以粗体形式显示的，以这种形式显示的就是该子菜单的**默认菜单项**。为了实现这种菜单项，可以利用 CMenu 类的 SetDefaultItem 成员函数来完成。这个函数的声明形式如下所示：

```
BOOL SetDefaultItem( UINT uItem, BOOL fByPos = FALSE );
```

这个函数有两个参数，并且第一个参数的取值也是由第二个参数决定的。第一个参数（uItem）可以是新的默认菜单项的标识或位置索引，如果值为–1，则表明没有默认菜单项。第二个参数（fByPos）是 BOOL 类型，如果它的值为 FALSE，则表明第一个参数是菜单项标识，否则是菜单项位置索引。由此可见，这个函数也为我们提供了两种访问菜单项的方式。

下面，我们就把【文件】子菜单下的【打开】菜单项设置为该子菜单的默认菜单项。利用位置索引的方式来实现，这时，SetDefaultItem 函数的第二个参数应该设置为 TRUE，并且【打开】菜单项的位置索引是 1，代码如例 7-3 中加灰显示的那行代码所示。

例 7-3

```
int CMainFrame::OnCreate(LPCREATESTRUCT lpCreateStruct)
{
......
```

```
    GetMenu()->GetSubMenu(0)->CheckMenuItem(0, MF_BYPOSITION | MF_CHECKED);
    GetMenu()->GetSubMenu(0)->SetDefaultItem(1,TRUE);

    return 0;
}
```

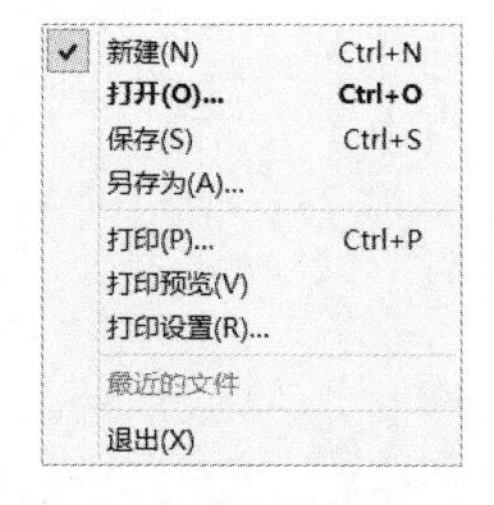

图 7.13 打开菜单项为默认菜单项

编译并运行 Menu 程序，打开【文件】子菜单，就会看到【打开】菜单项已经变成以粗体显示的了，如图 7.13 所示。

当然，也可以利用菜单项标识的方式来实现默认菜单项。这时，SetDefaultItem 函数的第二个参数应该设置为 FALSE，因为这个参数的默认值就是 FALSE，所以也可以不写这个参数。可以在菜单编辑器中利用属性窗口查到【打开】菜单项的标识：ID_FILE_OPEN。有了这个标识，就可以利用菜单项标识的方式实现默认菜单项，代码如例 7-4 中加灰显示的那行代码所示。

例 7-4

```
int CMainFrame::OnCreate(LPCREATESTRUCT lpCreateStruct)
{
......
    GetMenu()->GetSubMenu(0)->CheckMenuItem(0, MF_BYPOSITION | MF_CHECKED);
    GetMenu()->GetSubMenu(0)->SetDefaultItem(ID_FILE_OPEN,FALSE);

    return 0;
}
```

下面，再将 Menu 程序中的【文件】子菜单下的【打印】菜单项也设置为默认菜单项，看看程序会出现什么样的结果。根据图 7.13 所示的【文件】子菜单的内容，可以数一下【打印】这个菜单项的索引号，如果按有文字显示的菜单项计数的话，得到的结果就应该是数值 4。接下来，我们在上述例 7-4 中加灰显示的那行代码之后添加例 7-5 所示加灰显示的这行代码，以便将【打印】菜单项也设置为默认菜单。

例 7-5

```
int CMainFrame::OnCreate(LPCREATESTRUCT lpCreateStruct)
{
......
    GetMenu()->GetSubMenu(0)->CheckMenuItem(0, MF_BYPOSITION | MF_CHECKED);
    GetMenu()->GetSubMenu(0)->SetDefaultItem(ID_FILE_OPEN,FALSE);
    GetMenu()->GetSubMenu(0)->SetDefaultItem(4,TRUE);

    return 0;
}
```

编译并运行 Menu 程序，你会发现【打印】菜单项并没有变成粗体显示。这是什么原因呢？是不是默认菜单项只能有一项呢？我们把设置【打开】菜单项为默认菜单项的那行代码（即上述例 7-4 中加灰显示的那行代码）注释起来，然后再次编译并运行 Menu 程序，结果发现【打印】菜单项还是没有以粗体显示。其实，真正的原因是我们在进行【打印】这个菜单项的索引计算时失误了。根据图 7.13，可以看到在【另存为】和【打印】菜单项之间有一个很长的分隔栏，这个**分隔栏在子菜单中是占据索引位置的**，也就是说，【打印】菜单项的索引应该是 5，读者一定要注意这一点。于是，我们修改上述例 7-5 中加灰显示的那行代码，将菜单位置索引值由 4 改为 5。再次编译并运行 Menu 程序，可以发现【打印】菜单项 7 终于变成粗体显示的了，结果如图 7.14 所示。

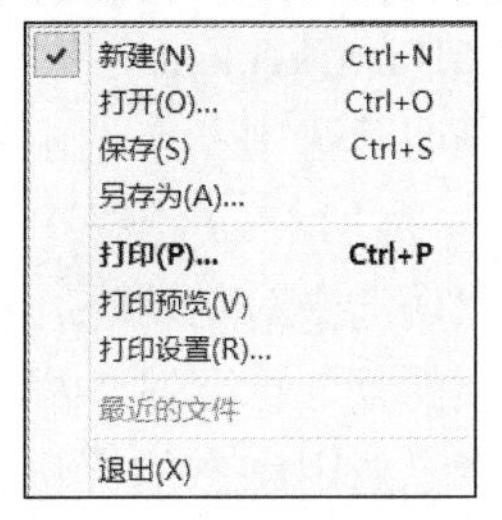

图 7.14　打印菜单项为默认菜单项

那么一个子菜单下能够同时有两个默认菜单项吗？我们把刚才注释掉的设置【打开】菜单项为默认菜单项的那行代码前面的注释去掉，即这时代码应如例 7-5 所示，也就是说，程序希望将【文件】子菜单下的【打开】和【打印】这两个菜单项都设置为默认菜单项。编译并运行 Menu 程序，打开【文件】子菜单，将会发现【打开】菜单项没有以粗体显示，只有【打印】菜单项以粗体显示了，结果与图 7.14 是一样的。这说明**一个子菜单只能有一个默认菜单项**。

7.3.3　图形标记菜单

我们可以看到在 Visual Studio 开发环境中，【视图】子菜单下的多个菜单项前面都带有图形，如图 7.15 所示。

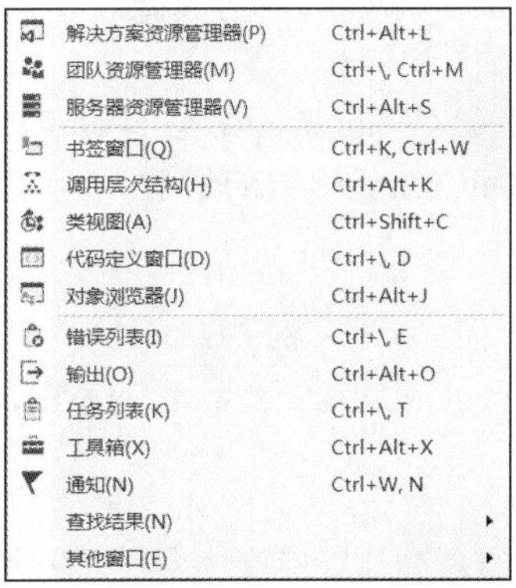

图 7.15　Visual Studio 开发环境中带有图形的菜单项

为了实现这种图形标记菜单项的效果，可以利用 CMenu 类的 SetMenuItemBitmaps 函数，这个函数的作用是将指定的位图与菜单项关联起来。该函数的声明如下所示：

```
    BOOL SetMenuItemBitmaps( UINT nPosition, UINT nFlags, const CBitmap*
pBmpUnchecked, const CBitmap* pBmpChecked );
```

这个函数有四个参数，同样，第一个参数（nPosition）的取值也是由第二个参数（nFlags）的值决定的。如果第二个参数的值是 MF_BYCOMMAND，则表明第一个参数的值是菜单项标识；如果第二个参数的值是 MF_BYPOSITION，则表明第一个参数的值是菜单项位置索引。后两个参数都是 CBitmap 类型的指针，用来设置与菜单项关联的两幅位图，其中，第三个参数（pBmpUnchecked）指定当取消菜单项选中状态时的位图，第四个参数（pBmpChecked）指定选中菜单项时显示的位图。这样，可以让菜单项显示两幅位图，来表明其选中和未选中状态。

以 Menu 程序中【视图】子菜单下的【工具栏】标记菜单项为例，看看菜单项选中和取消选中时的状态，以及产生的功能。当【工具栏】菜单项处于选中状态，即显示该菜单项的复选标记时，程序窗口中显示了工具栏。当再次单击【工具栏】菜单项时，它前面的表示选中状态的标记消失，程序窗口上的工具栏也消失了。再次单击这个菜单项，它又处于选中状态，标记符号又显示了，同时，工具栏也在程序窗口中出现了。

为了显示图形标记菜单，首先就需要准备图形，可以新建一个位图资源。这里，我们先创建一个默认大小的白色背景的位图。笔者创建的位图资源如图 7.16 所示。

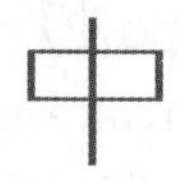

图 7.16　白色背景位图

笔者注：因为这幅位图的背景是白色的，与书籍的纸张背景色相同，所以读者只能看到这幅位图上的内容。

其次，可以在 CMainFrame 类的 OnCreate 函数中完成图形标记菜单的实现。因为要把位图作为图形标记菜单的内容来显示，所以就不能把位图作为局部变量来使用，否则，当 OnCreate 函数调用结束时，这个位图对象的生命周期也就结束了，在程序中就看不到位图了。我们把位图对象设置为 CMainFrame 的成员变量，为 CMainFrame 类添加一个 CBitmap 类型的成员变量：m_bitmap。

例 7-6 中加灰显示的代码是在 CMainFrame 类的 OnCreate 函数中添加的实现图形标记菜单的具体代码（读者可以在 OnCreate 函数的最后，但一定要在 return 语句之前，加上如下这段代码）：

例 7-6

```
int CMainFrame::OnCreate(LPCREATESTRUCT lpCreateStruct)
{
……
    GetMenu()->GetSubMenu(0)->CheckMenuItem(0, MF_BYPOSITION | MF_CHECKED);
GetMenu()->GetSubMenu(0)->SetDefaultItem(ID_FILE_OPEN,FALSE);
GetMenu()->GetSubMenu(0)->SetDefaultItem(4,TRUE);

m_bitmap.LoadBitmap(IDB_BITMAP1);
GetMenu()->GetSubMenu(0)->SetMenuItemBitmaps(0,MF_BYPOSITION,    &m_bitmap,
&m_bitmap);
return 0;

}
```

在例 7-6 所示代码中，加载位图资源，初始化图形标记菜单将使用位图对象，然后将程序【文件】子菜单下的【新建】菜单项实现为图形标记菜单项，并且将该菜单项的选中和取消选中状态都设置为同一幅位图。

要提醒读者的是，一旦我们在程序中使用了新增的资源的ID，就要在源文件中包含 Resource.h 这个文件。

编译并运行 Menu 程序，打开【文件】子菜单，可以看如图 7.17 所示的图形标记菜单。

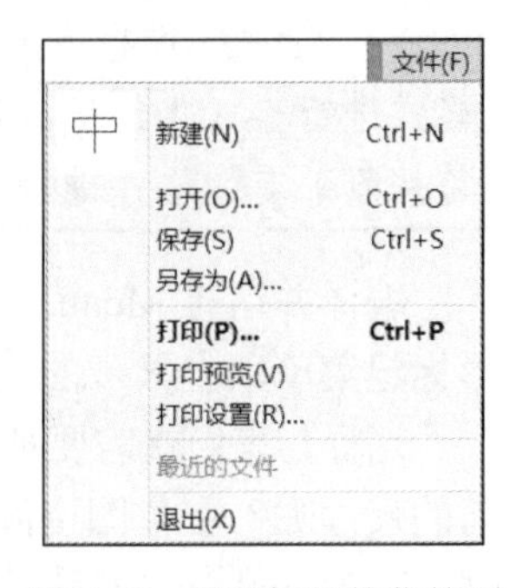

图 7.17 图形标记的菜单项

比较图 7.15 和图 7.17 菜单项的图形标记，可以看到我们添加的图形标记有些大了。实际上，图形标记菜单上显示的位图的尺寸有固定的标准，我们可以通过 GetSystemMetrics 函数来得到图形标记菜单上显示的位图的尺寸。这个函数的声明如下所述：

```
int GetSystemMetrics(  int nIndex  );
```

这个函数只有一个参数，用来指定希望获取哪部分系统信息。当该参数的值为 SM_CXMENUCHECK 或 SM_CYMENUCHECK 时，这个函数将获取标记菜单项上标记图形的默认尺寸，前者是获得标记图形的宽度，后者将获得标记图形的高度。我们可以分别以这两个参数值调用 GetSystemMetrics 函数两次，从而得到标记菜单项上位图的尺寸。于是，我们对上述例 7-6 所示 Menu 程序中 CMainFrame 类的 OnCreate 函数进行改进，在加载位图的那行代码（即 LoadBitmap 调用）之前添加获取该位图尺寸的代码，结果如例 7-7 中加灰显示的代码所示。

例 7-7

```
int CMainFrame::OnCreate(LPCREATESTRUCT lpCreateStruct)
{
......
    GetMenu()->GetSubMenu(0)->CheckMenuItem(0, MF_BYPOSITION | MF_CHECKED);
GetMenu()->GetSubMenu(0)->SetDefaultItem(ID_FILE_OPEN,FALSE);
GetMenu()->GetSubMenu(0)->SetDefaultItem(4,TRUE);

CString str;
str.Format(L"x=%d,
y=%d",GetSystemMetrics(SM_CXMENUCHECK),GetSystemMetrics(SM_CYMENUCHECK));
MessageBox(str);
m_bitmap.LoadBitmap(IDB_BITMAP1);
GetMenu()->GetSubMenu(0)->SetMenuItemBitmaps(0,MF_BYPOSITION, &m_bitmap, &m
_bitmap);

return 0;
}
```

在上述例 7-7 所示代码中，把获得的位图尺寸放到字符串 str 中，利用 MessageBox 函数将其显示出来。

> **知识点** CString 类提供了一个名为 Format 的函数，这个函数可以按照一定的格式把内容格式化，然后将结果保存到 CString 类型的字符串对象中。

> 在 C 语言中也有两个这样的格式化函数，一个是 printf，该函数把内容按照一定的格式进行格式化，然后把结果输出到屏幕上。另一个是 sprintf，该函数把一个整数或字符按照一定的格式进行格式化，然后把结果保存到一个缓存中。

编译并运行 Menu 程序，这时会弹出一个消息框，如图 7.18 所示。也就是说，作为图形标记菜单项上显示的位图，其宽度和高度都是 19。

这样，我们就需要把程序中位图资源的尺寸调整到 19×19。但是如何知道位图资源当前的尺寸呢？在位图资源编辑器中，用鼠标拖动位图外围的黑色方框以改变位图资源大小时，在 Visual Studio 开发环境窗口底部的状态条中有一格专门用来显示位图当前的尺寸信息，该信息会随着鼠标的拖动而变化。

在调整好位图资源的大小后，设置位图资源的内容。重新编译并运行 Menu 程序，打开【文件】子菜单，这时可以看到在【新建】菜单项的左侧就显示了刚刚创建的位图。如图 7.19 所示。

图 7.18　图形标记位图的尺寸信息

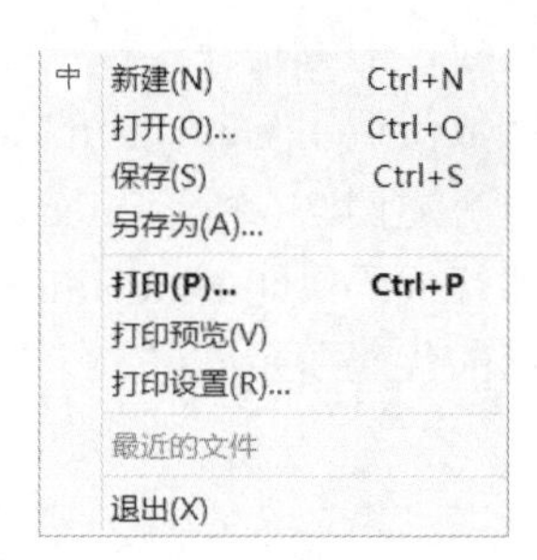

图 7.19　图形标记菜单的显示结果

7.3.4　禁用菜单项

如果我们运行 Menu 程序，并单击【文件】子菜单下的【打开】菜单项，将会出现“打开文件”对话框。这是 MFC 应用程序向导自动为我们实现的功能。下面，我们要禁用这个菜单项，以屏蔽文件打开功能，这可以利用 CMenu 类的成员函数 EnableMenuItem 来完成。该函数的作用是设置菜单项的状态：能够使用、禁用或变灰显示。其声明形式如下所示：

```
UINT EnableMenuItem( UINT nIDEnableItem, UINT nEnable );
```

同前面已介绍的 CMenu 类的其他成员函数一样，EnableMenuItem 函数第一个参数的含义也是由第二个参数决定的。后者可以是 MF_DISABLED、MF_ENABLED 或 MF_GRAYED 与 MF_BYCOMMAND 或 MF_BYPOSITION 的组合，下面具体介绍。

■ MF_BYCOMMAND

指定第一个参数是菜单项的标识 ID。

■ MF_BYPOSITION

指定第一个参数是菜单项的位置索引。

■ MF_DISABLED

禁用菜单项，用户不能选择该菜单项，但该菜单项并没有变成灰色。

■ MF_ENABLED

使菜单项可用，用户可以选择这个菜单项。

■ MF_GRAYED

禁用菜单项，用户不能选择该菜单项，并且该菜单项变成灰色的显示形式。例如，在 Menu 程序运行时，它的【编辑】子菜单下的几个菜单项都是变灰显示的，如图 7.20 所示。同时，我们会发现在工具栏上与这几个菜单项相对应的几个工具按钮也是不可用的。

文件(F)	编辑(E)	视图(V)	帮助(H)	Test
	撤消(U)	Ctrl+Z		
	剪切(T)	Ctrl+X		
	复制(C)	Ctrl+C		
	粘贴(P)	Ctrl+V		

图 7.20 变灰显示的菜单项

提示：菜单的禁用状态和变灰状态是不同的。

一般来说，当用户看到某个菜单项是灰色显示（设置了 MF_GRAYED 标志）时，就知道这个菜单项是不能用的。如果菜单项是禁用状态（设置了 MF_DISABLED 标志），菜单项并没有变灰，那么用户就会认为这个菜单项是可用的，但是，当他选择这个菜单项时，程序并没有反应，用户就会认为这个程序的编写有问题。因此，从用户的角度考虑，我们通常把 **MF_GRAYED 和 MF_DISABLED 这两个标志放在一起使用。但是，这么做并不是必需的。**

应该在什么地方调用 EnableMenuItem 函数以禁用某个菜单项呢？同上面的功能实现一样，在 CMainFrame 类的 OnCreate 函数中调用此函数可以达到我们的目的吗？实践出真知，为方便起见，我们先将上述例 7-1 到例 7-7 中自己添加的代码注释起来或删除，然后在 CMainFrame 类的 OnCreate 函数中添加 EnableMenuItem 函数调用，希望禁用【文件】子菜单项下的【打开】菜单项（【打开】菜单项在【文件】子菜单下的位置索引为 1），使其不再弹出“打开文件”对话框，结果如例 7-8 所示。

例 7-8

```
int CMainFrame::OnCreate(LPCREATESTRUCT lpCreateStruct)
{
     if (CFrameWnd::OnCreate(lpCreateStruct) == -1)
       return -1;

     if (!m_wndToolBar.CreateEx(this, TBSTYLE_FLAT, WS_CHILD | WS_VISIBLE
| CBRS_TOP
       | CBRS_GRIPPER | CBRS_TOOLTIPS | CBRS_FLYBY | CBRS_SIZE_DYNAMIC) ||
       !m_wndToolBar.LoadToolBar(IDR_MAINFRAME))
     {
       TRACE0("Failed to create toolbar\n");
       return -1;          // 未能创建
     }

     if (!m_wndStatusBar.Create(this) ||
       !m_wndStatusBar.SetIndicators(indicators,
         sizeof(indicators)/sizeof(UINT)))
     {
       TRACE0("Failed to create status bar\n");
       return -1;          // 未能创建
```

```
    }

    // TODO: 如果不需要可停靠工具栏，则删除这三行
    m_wndToolBar.EnableDocking(CBRS_ALIGN_ANY);
    EnableDocking(CBRS_ALIGN_ANY);
    DockControlBar(&m_wndToolBar);

GetMenu()->GetSubMenu(0)->EnableMenuItem(1, MF_BYPOSITION | MF_DISABLED);

return 0;
}
```

编译并运行 Menu 程序，选择【文件】子菜单下的【打开】菜单项，会发现这时仍会出现“打开文件”对话框，这说明【打开】菜单项并未被禁用。作为程序员，一旦程序出现问题，我们就要思考可能出错的原因。这里，我们可能首先会想到是不是使用的菜单位置索引不对，但是【文件】子菜单的位置索引确实是 0，而【打开】菜单项在其子菜单下的位置索引确实也是 1，因此，可以排除菜单项索引出错的可能性；然后我们可能会想，是不是 MF_DISABLED 和 MF_GRAYED 这两个标志必须一起使用？读者可以试验一下，在上述代码中加上 MF_GRAYED 标志，结果会发现也不是这个原因；最后，我们还是求助于 MSDN 吧。在 MSDN 中找到关于 EnableMenuItem 函数的说明，在该说明的最后提供的例子中，有一处提示信息，原说明文字如下：

```
// NOTE: m_bAutoMenuEnable is set to FALSE in the constructor of
// CMainFrame so no ON_UPDATE_COMMAND_UI or ON_COMMAND handlers are
// needed, and CMenu::EnableMenuItem() will work as expected.
```

这个提示信息是说，**一旦在CMainFrame类的构造函数中把成员变量m_bAutoMenuEnable 设置为 FALSE 后，就不需要对 ON_UPDATE_COMMAND_UI 或 ON_COMMAND 消息进行响应处理了，CMenu 类的 EnableMenuItem 函数将能够正常工作。**

实际上，MFC 为菜单提供了一种命令更新的机制（下面的内容将详细讲解），程序在运行时，根据此机制先去判断哪个菜单可以使用，哪个菜单不能够使用，然后显示其相应的状态。在默认情况下，所有菜单项的更新都是由 MFC 的命令更新机制完成的。如果我们想自己更改菜单项的状态，那么就必须先把 m_bAutoMenuEnable 变量设置为 FALSE，之后，我们自己对菜单项的状态更新才能起作用。接下来，我们就在程序 Menu 的 CMainFrame 类构造函数中把 m_bAutoMenuEnable 这个变量初始化为 FALSE，代码如例 7-9 所示。

例 7-9

```
CMainFrame::CMainFrame()
{
    m_bAutoMenuEnable = FALSE;
}
```

再次编译并运行 Menu 程序，选择【文件】子菜单下的【打开】菜单项，可以发现该菜单项以灰色显示了，而且在单击时也没有出现“打开文件”对话框，这就说明

EnableMenuItem 函数起作用了，【打开】菜单被禁用了。如图 7.21 所示。

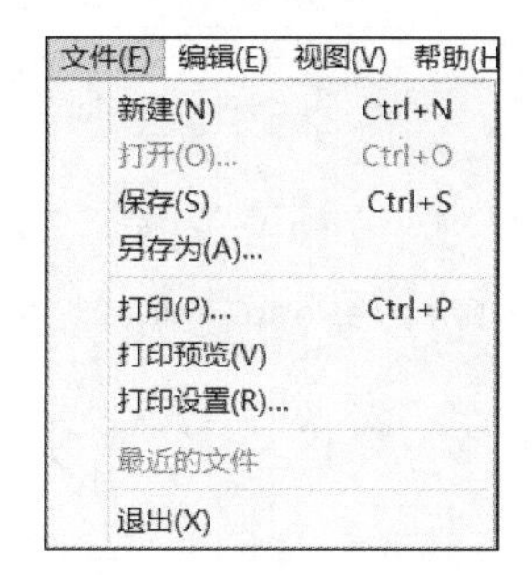

图 7.21 【打开】菜单项被禁用

提示： 使用新版本的 Visual Studio 进行 VC++开发，在禁用菜单项后，该菜单项也会被自动变灰，而之前的 VC++ 6.0 单独禁用菜单项，该菜单项是不会变灰的。为了保持兼容，我们在调用 EnableMenuItem 函数禁用菜单项时，最好同时加上 MF_GRAYED 标志。可以将例 7-8 加灰显示的代码修改为：

```
GetMenu()->GetSubMenu(0)->EnableMenuItem(1, MF_BYPOSITION | MF_DISABLED | MF_GRAYED);
```

当然，这里也可以利用菜单项标识来调用 EnableMenuItem 函数，方法是把该函数的第一个参数换成【打开】菜单项的标识 ID，并把 MF_BYPOSITION 标志换成 MF_BYCOMMAND 标志。

另外，当在 CMainFrame 类的构造函数中把成员变量 m_bAutoMenuEnable 设置为 FALSE 后，将发现 Menu 程序的编辑子菜单下的几个菜单项不再以灰色显示了。因为当 m_bAutoMenuEnable 设置为 FALSE 后，MFC 就不再利用它的菜单命令更新机制去判断哪个菜单可以使用，哪个菜单不能使用，所以它也就不能根据菜单项的状态以不同的外观来显示了。而菜单能否使用这些判断操作，就需要我们自己去完成了。

好了，在进行下一节内容之前，我们先将在 CMainFrame 构造函数中编写的设置 m_bAutoMenuEnable 变量为 false 的代码注释起来，后面我们将会介绍菜单命令更新机制。

7.3.5 移除和装载菜单

在程序中，如果想要移除一个菜单的话，那么可以利用 CWnd 类提供的 SetMenu 成员函数来实现，该函数的声明形式如下所示：

```
BOOL SetMenu(CMenu* pMenu );
```

这个函数有一个 CMenu 类型指针的参数，它指向一个新菜单对象。如果这个参数值为 NULL，则当前菜单就被移除了。于是，为了移除 Menu 程序的菜单，可以在上述例 7-8 所示 CMainFrame 类的 OnCreate 函数的最后（return 语句前）添加 SetMenu 函数调用，结果如例 7-10 所示。

例 7-10

```
int CMainFrame::OnCreate(LPCREATESTRUCT lpCreateStruct)
{
……

GetMenu()->GetSubMenu(0)->EnableMenuItem(1, MF_BYPOSITION | MF_DISABLED |
MF_GRAYED);
SetMenu(NULL);

return 0;
}
```

编译并运行 Menu 程序，这时就会发现 Menu 程序没有菜单了。程序运行界面如图 7.22 所示。

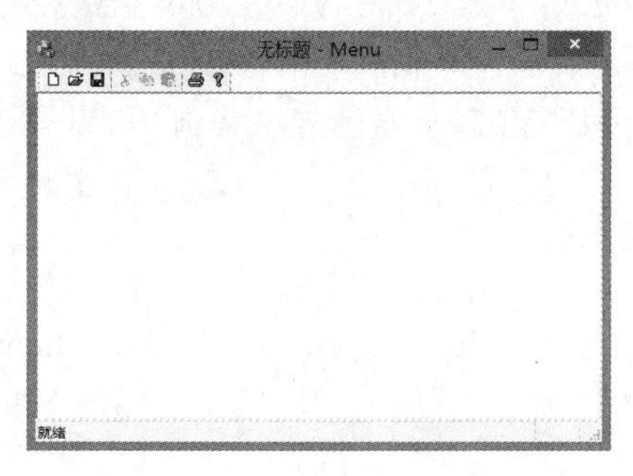

图 7.22　没有菜单的 Menu 程序界面

在程序中也可以装载一个菜单资源并显示。例如，在例 7-10 中，我们将 Menu 程序的菜单移除了，这里，我们可以再把它显示出来。例 7-11 就是具体的实现代码，其中加灰显示的部分就是新添加的代码。

例 7-11

```
int CMainFrame::OnCreate(LPCREATESTRUCT lpCreateStruct)
{
……
GetMenu()->GetSubMenu(0)->EnableMenuItem(1, MF_BYPOSITION | MF_DISABLED |
MF_GRAYED);
SetMenu(NULL);

CMenu menu;
menu.LoadMenu(IDR_MAINFRAME);
SetMenu(&menu);

return 0;
}
```

这段新添加的代码首先定义了一个菜单对象：menu，然后与位图对象需要加载位图资源一样，我们也需要把菜单资源加载到这个菜单对象中，Menu 程序主菜单的资源标识是

IDR_MAINFRAME。最后调用 SetMenu 函数，把程序的菜单设置为刚刚加载的菜单对象。

编译并运行 Menu 程序，会发现这时 Menu 程序的菜单又出现了。

> **知识点** 在编程中，除了使用 MFC 自动创建的 IDR_MAINFRAME 菜单以外，还可以自己创建一个菜单资源并加载，调用 SetMenu 函数，从而使程序的菜单变成自己定义的这个菜单。通过这种方式，可以实现动态更换程序菜单的功能。

对于上述例 7-11 所示的代码，不知读者是否注意到一个问题，这里定义的 CMenu 对象 menu，是一个局部对象，但在程序启动后似乎并未出现异常。实际上，当你单击任意一个子菜单时，程序就会提示出错了，显示如图 7.23 所示的异常信息对话框。这个异常的产生是因为这里的 CMenu 对象 menu 是一个局部对象而引起的。

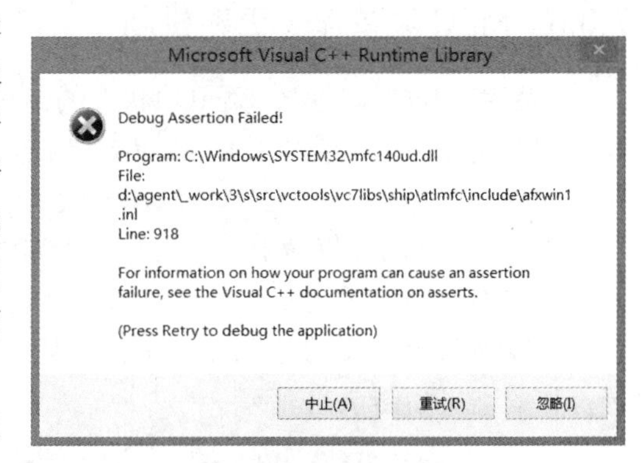

图 7.23 程序异常信息对话框

为了解决这个问题，可以把上述例 7-11 所示代码中的 CMenu 对象定义为 CMainFrame 类的一个成员变量。这里，再介绍另一种解决方式。仍把这个菜单对象定义为局部对象，但在调用 SetMenu 函数把此对象设置为窗口的菜单之后，立即调用 CMenu 类的另一个成员函数 Detach，以便把菜单句柄与这个菜单对象分离。SetMenu 函数会把窗口的菜单设置为其参数指定的新菜单，导致窗口重绘，以反映菜单的这种变化，同时也将该菜单对象的所有权交由给窗口对象。而随后的 Detach 函数会把菜单句柄与这个菜单对象分离，这样，当这个局部菜单对象的生命周期结束时，它不会去销毁一个它不再拥有所有权的菜单，而这个菜单在窗口被销毁时会自动销毁。因此，我们在上述例 7-11 所示代码的最后，添加对菜单对象的 Detach 函数的调用，代码如例 7-12 所示。

例 7-12

```
    int CMainFrame::OnCreate(LPCREATESTRUCT lpCreateStruct)
    {
    ……
    GetMenu()->GetSubMenu(0)->EnableMenuItem(1, MF_BYPOSITION | MF_DISABLED |
MF_GRAYED);
    SetMenu(NULL);

    CMenu menu;
    menu.LoadMenu(IDR_MAINFRAME);
    SetMenu(&menu);
    menu.Detach();

    return 0;
    }
```

编译并运行 Menu 程序，随便单击子菜单和菜单项，这时会发现程序一切正常，没有出现刚才的非法操作。

提示：在设置窗口菜单时，如果定义的是局部菜单对象，则一定要在调用 SetMenu 函数设置窗口菜单之后，立即调用菜单对象的 Detach 函数将菜单句柄与菜单对象分离。

7.3.6 MFC 菜单命令更新机制

在利用 MFC 编程时，菜单项状态的维护依赖于 CN_UPDATE_COMMAND_UI 消息。我们可以通过手工，或利用 ClassWizard 在消息映射中添加 ON_UPDATE_COMMAND_UI 宏来捕获 CN_UPDATE_ COMMAND_UI 消息。

例如，在 Menu 程序中，如果想让【编辑】子菜单下的【剪切】菜单项变为可用状态，则可以在类向导对话框中，在左边的“对象 ID”列表框中选择 ID_EDIT_CUT（这是【剪切】菜单项的标识），在右边的“消息”列表框中选择 UPDATE_COMMAND_UI 消息。选择操作的结果如图 7.24 所示。

图 7.24 为剪切菜单项增加 UPDATE_COMMAND_UI 消息处理函数

单击【添加处理程序】按钮增加一个消息响应函数，再单击【编辑代码】按钮定位到这个新增加的函数定义处。这时，类向导就会在 CMainFrame 类的消息映射中添加一个 ON_UPDATE_COMMAND_UI 宏（这个宏就是用来捕获 CN_UPDATE_ COMMAND_UI 消息的），我们在该类的源文件中可以看到如例 7-13 所示代码。

例 7-13

```
BEGIN_MESSAGE_MAP(CMainFrame, CFrameWnd)
  ON_WM_CREATE()
  // ON_COMMAND(IDM_TEST, &CMainFrame::OnTest)
  ON_UPDATE_COMMAND_UI(ID_EDIT_CUT, &CMainFrame::OnUpdateEditCut)
END_MESSAGE_MAP()
```

当程序框架捕获到 CN_UPDATE_COMMAND_UI 消息后，最终还是交由该消息的响应函数来处理，例如本例中的 OnUpdateEditCut 函数。例 7-14 所示代码是这个函数的初始定义代码。

例 7-14

```
void CMainFrame::OnUpdateEditCut(CCmdUI* pCmdUI)
{
  // TODO: 在此添加命令更新用户界面处理程序代码
}
```

我们看到 OnUpdateEditCut 函数有一个 CCmdUI 指针类型的参数。利用这个 CCmdUI 类，可以决定一个菜单项是否可以使用、是否有标记，还可以改变菜单项的文本。

知识点 UI 是 User Interface 的简写，就是用户接口。菜单项就是一个用户接口。

提示：UPDATE_COMMAND_UI 消息的响应只能应用于菜单项，不能应用于永久显示的顶级菜单（即弹出式菜单）。

在上例中，我们利用类向导为【编辑】子菜单下的【剪切】菜单项添加了一个 UPDATE_COMMAND_UI 消息响应函数，MFC 在后台所做的工作是：当要显示菜单时，操作系统发出 WM_INITMENUPOPUP 消息，然后由程序窗口的基类（如 CFrameWnd）接管。它会创建一个 CCmdUI 对象，并与程序的第一个菜单项相关联，调用该对象的一个成员函数 DoUpdate()。这个函数发出 CN_UPDATE_COMMAND_UI 消息，这条消息带有一个指向 CCmdUI 对象的指针。这时，系统会判断是否存在一个 ON_UPDATE_COMMAND_UI 宏去捕获这个菜单项消息。如果找到这样一个宏，就调用相应的消息响应函数进行处理，在这个函数中，可以利用传递过来的 CCmdUI 对象去调用相应的函数，使该菜单项可用，或禁用该菜单项。当更新完第一个菜单项后，同一个 CCmdUI 对象就设置为与第二个菜单项相关联，依此顺序进行，直到完成所有菜单项的处理。这就是 **MFC 采用的命令更新机制**。

利用 MFC 提供的命令更新机制，在程序中实现菜单项的可用或禁用功能时就变得很简单了。我们只需要捕获 UPDATE_COMMAND_UI 消息，在该消息的响应函数中调用 CCmdUI 对象的相应函数，例如 Enable、SetCheck 或 SetText 函数，就可以分别实现使菜单项可用或禁用、设置标记菜单，或者设置菜单项的文本这些功能。其中，CCmdUI 类的 Enable 函数的声明形式如下所示：

```
virtual void Enable(BOOL bOn = TRUE );
```

我们注意到，这个函数有一个 BOOL 类型的参数，当它的值为 TRUE 时，菜单项可用；当其值为 FALSE 时，禁用菜单项。BOOL 类型的参数的默认值为 TRUE。于是，我们在上述例 7-14 所示 OnUpdateEditCut 函数中添加例 7-15 中加灰显示的代码，就可以使【剪切】菜单项可用。

例 7-15

```
void CMainFrame::OnUpdateEditCut(CCmdUI* pCmdUI)
{
    pCmdUI->Enable();
}
```

编译并运行 Menu 程序，打开【编辑】子菜单，可以发现【剪切】菜单项变成可用状态了，结果如图 7.25 所示。

图 7.25　剪切菜单项变成可用状态

同时，我们会发现工具栏上的【剪切】工具按钮也可以使用了。那么工具栏上的按钮与菜单项是如何关联起来的呢？在 Visual Studio 开发环境中打开资源视图，展开“Toolbar”节点，双击“IDR_MAINFRAME”工具栏标识，将会在左边的窗口中打开工具栏资源。单击【剪切】工具按钮，在属性窗口中可以看到其 ID 是 ID_EDIT_CUT。

我们再看看【剪切】菜单项的标识。可以发现，【剪切】菜单项的标识同样也是 ID_EDIT_CUT。因此，我们就知道了，**如果要把工具栏上的一个工具按钮与菜单栏中的某个菜单项相关联，只需要将它们的 ID 设置为同一个标识就可以了。**

如果希望禁用【文件】子菜单下的【新建】菜单项（其 ID 为 ID_FILE_NEW），则首先可以利用类向导为这个菜单项添加一个 UPDATE_COMMAND_UI 消息响应函数。然后在此函数中加入例 7-16 所示代码中加灰显示的那行代码。

例 7-16

```
void CMainFrame::OnUpdateFileNew(CCmdUI* pCmdUI)
{
    pCmdUI->Enable(FALSE);
}
```

编译并运行 Menu 程序，打开【文件】子菜单，就会发现【新建】菜单项变成灰色显示的了，即被禁用了。如图 7.26 所示。同样，工具栏上的【新建】按钮也变灰了。

另外，CCmdUI 类有一个 m_nID 成员变量，用于保存当前菜单项和工具栏的按钮，或者是其他由 CCmdUI 对象表示的 UI 对象的标识。例如，我们可以在上面创建的【新建】菜单项的 UPDATE_COMMAND_UI 消息响应函数中添加一个判断，判断当前是否是新建菜单项，该函数最终的实现代码如例 7-17 所示。

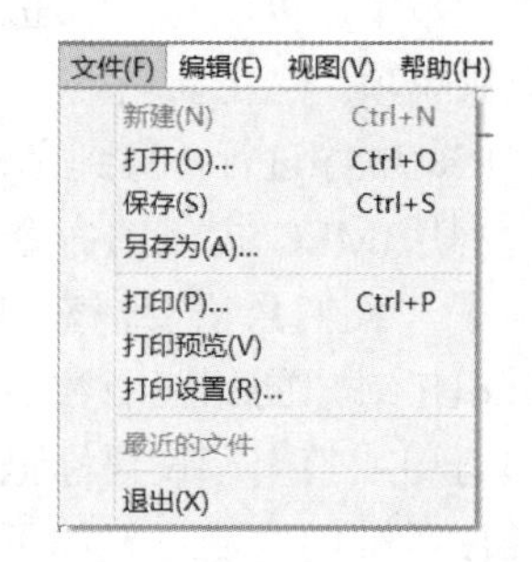

图 7.26　禁用新建菜单项的效果

例 7-17

```
void CMainFrame::OnUpdateFileNew(CCmdUI* pCmdUI)
{
    if(ID_FILE_NEW == pCmdUI->m_nID)
      pCmdUI->Enable(FALSE);
}
```

笔者注：在 MFC 调用菜单命令更新函数时，已经确定了特定的菜单项，在实际编写代码时无须判断，此处只是为了介绍知识，因此做一个判断。

与前面介绍的几个 CMenu 类的成员函数一样，这里除了能够利用标识来访问菜单项以外，还可以利用菜单项的位置索引来访问。CCmdUI 类还有一个成员变量：m_nIndex，保存了当前菜单项的位置索引。于是，我们可以把上述例 7-18 所示代码中的判断语句修改为下面这条语句（注：【新建】菜单项的位置索引为 0）：

```
if(0 == pCmdUI->m_nIndex)
```

下面，我们利用位置索引的方式来实现【剪切】菜单可用这一功能。在资源视图中找到并打开菜单资源，计算【剪切】菜单项的位置索引，可以得到结果 2，记住：**计算菜单项索引时，一定要把分隔栏菜单项计算在内**。然后，修改前面创建的【剪切】菜单项消息响应函数：OnUpdateEditCut，修改后的代码如例 7-18 所示。

例 7-18

```
void CMainFrame::OnUpdateEditCut(CCmdUI* pCmdUI)
{
    if(2 == pCmdUI->m_nIndex)
     pCmdUI->Enable();
}
```

编译并运行 Menu 程序，打开【编辑】子菜单，发现【剪切】菜单项变成可用了，但是，我们却发现这时工具栏上的【剪切】按钮仍是变灰的。为什么会出现这样的情况呢？如果我们把上述代码中的位置索引换成【剪切】菜单项的标识会产生什么样的结果呢？读者可以试一下，将会发现这时工具栏上的剪切按钮也变成可用的了。那为什么使用标识就可以，使用位置索引就不行呢？这是因为**菜单项和工具栏按钮的位置索引计算方式不同**。对于菜单项来说，它的索引是从其所在子菜单下的第 1 个菜单项开始的，从 0 开始计数，但对于工具栏上的工具按钮来说，它是以工具栏上最前面的那个按钮为起始位置从 0 开始计数的。因此，在 Menu 这个例子中，【剪切】菜单项的位置索引是 2，但工具栏上的【剪切】按钮的位置索引却是 4（同样，**在工具栏上的分隔符的位置也要计算在内**）。正因为它们二者的位置索引值不一样，所以在上述程序中就出现了二者的状态不一致的情况。因为菜单项和工具栏按钮的位置索引并不是一一对应的，所以，读者在编程时，**为了保证二者状态保持一致，最好采用菜单项标识或工具栏按钮标识的方式进行设置**。

综上所述，**如果要在程序中设置某个菜单项的状态，首先通过类向导为这个菜单项添加 UPDATE_COMMAND_UI 消息响应函数，然后在这个函数中进行状态的设置即可。**

7.3.7 快捷菜单

我们平时在使用程序时，经常会用到单击鼠标右键显示**快捷菜单**（也称为**上下文菜单**或**右键菜单**）这一功能。现在我们的 Menu 程序还不具备这个功能，读者可以试试在 Menu 程序的窗口中单击鼠标右键，会发现程序没有任何反应。

要实现右键快捷菜单功能，我们需要使用 TrackPopupMenu 函数，该函数用来显示一个快捷菜单，函数声明如下：

```
    BOOL TrackPopupMenu(UINT nFlags,int x,int y,CWnd* pWnd,LPCRECT lpRect = NULL);
```

该函数的参数含义如下所述：

- nFlags

指定菜单在屏幕上显示的位置。

- *x* 和 *y*

分别指定快捷菜单显示位置处的 *x* 坐标和 *y* 坐标。

- pWnd

指定快捷菜单的拥有者，也就是标识拥有快捷菜单的窗口对象。

- lpRect

指定一块矩形区域。如果用户在这个设定区域之内单击鼠标，则快捷菜单仍保持显示；否则快捷菜单消失。如果这个参数的值是 NULL，当用户在这个快捷菜单范围之外的地方单击鼠标时，那么这个菜单将消失。lpRect 参数的默认值是 NULL。

接下来我们按照下面的几个步骤来实现右键快捷菜单功能。

1 为 Menu 程序增加一个新的菜单资源。在资源视图窗口中的“Menu”节点上单击鼠标右键，从弹出的菜单中选择【插入 Menu】菜单命令，这时，在“Menu”节点下就多了一个名为 IDR_MENU1 的菜单资源，同时在 Visual Studio 的左边窗口中打开这个菜单资源。接着就要为这个菜单资源添加菜单项了。因为在显示快捷菜单时顶级菜单是不出现的，所以可以给顶级菜单设置任意的文本，例如 abc。接着，依次添加表 7.1 中列出的两个菜单项。

表 7.1 需添加的菜单项

菜单项文本	菜单项标识
显示	IDM_SHOW
退出	IDM_EXIT

2 给 CMenuView 类添加 WM_RBUTTONDOWN 消息响应函数。如果是在鼠标右键单击窗口时显示快捷菜单，那么就应该捕获这个消息。实现代码如例 7-19 所示。

例 7-19

```
void CMenuView::OnRButtonDown(UINT nFlags, CPoint point)
{
    CMenu menu;
    menu.LoadMenu(IDR_MENU1);
```

```
    CMenu* pPopup = menu.GetSubMenu(0);

    pPopup->TrackPopupMenu(TPM_LEFTALIGN | TPM_RIGHTBUTTON, point.x,
point.y,this);

    CView::OnRButtonDown(nFlags, point);
}
```

在这个鼠标右键消息响应函数中，首先定义了一个 CMenu 对象：menu，接着加载（LoadMenu 函数）菜单资源，并获取该菜单的第一个子菜单（GetSubMenu 函数）。对快捷菜单来说，实际上只有一个子菜单（位置索引为 0）。最后，调用 TrackPopupMenu 函数显示快捷菜单。

编译并运行 Menu 程序，在该程序窗口中单击鼠标右键，此时就会出现我们自定义的快捷菜单，如图 7.27 所示。

但是，这个快捷菜单显示的位置好像不太对，并不是在鼠标右键单击点处显示的。这是因为 TrackPopupMenu 函数中的 *x* 和 *y* 参数都是屏幕坐标，而鼠标单击点处的坐标是窗口客户区坐标，即以程序窗口左上角为坐标原点。图 7.28 显示了窗口坐标和屏幕坐标的关系。

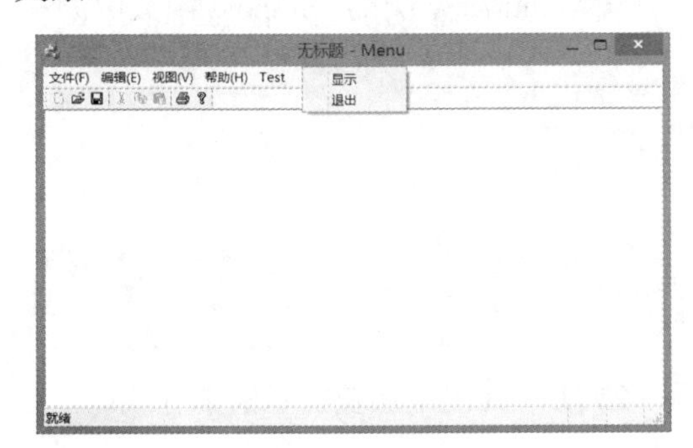

图 7.27 自定义的快捷菜单的显示

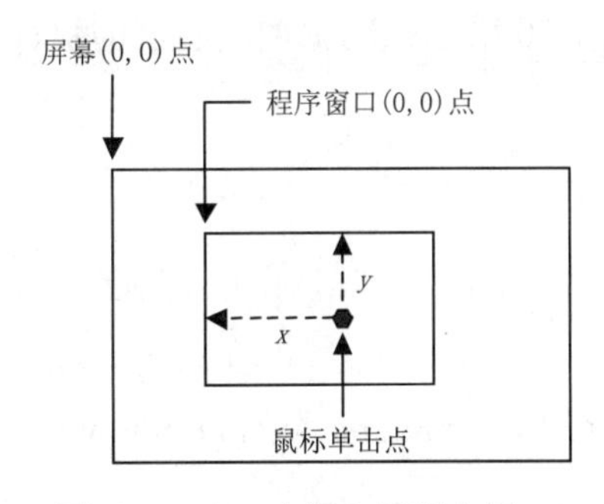

图 7.28 窗口坐标和屏幕坐标

这样，就需要把客户区坐标转换为屏幕坐标，该功能的实现可以用 ClientToScreen 函数来完成，该函数是 CWnd 类的成员函数，原型声明如下：

```
void ClientToScreen(LPPOINT lpPoint) const;
void ClientToScreen(LPRECT lpRect) const;
```

修改例 7-19 所示 CMenuView 类的 OnRButtonDown 函数，在调用 TrackPopupMenu 函数之前添加下面这行代码完成坐标转换：

```
ClientToScreen(&point);
```

再次编译并运行 Menu 程序，并在程序窗口中单击鼠标右键，发现此时快捷菜单的显示位置正常了，如图 7.29 所示。

3 为 Menu 程序添加快捷菜单上各菜单项命令的响应函数。首先可以在资源视图窗口中双击 IDR_MENU1 菜单资源，使其在资源编辑窗口中打开。然后在【显示】菜单项上单击鼠标右键，从出现的快捷菜单中选择【添加事件处理程序】命令，这时会出现如图 7.30

所示的“事件处理程序向导”对话框。利用“事件处理程序向导”，分别为 CMainFrame 类和 CMenuView 类添加一个响应【显示】菜单项的函数，函数处理程序名称保持默认值：OnShow，消息类型选择：COMMAND。

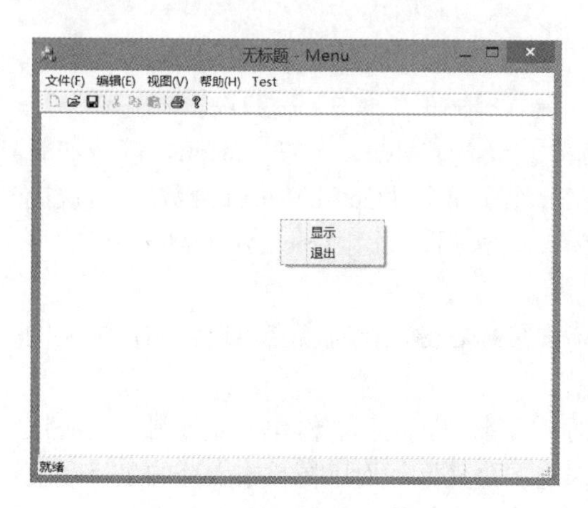

图 7.29　正确的快捷菜单显示

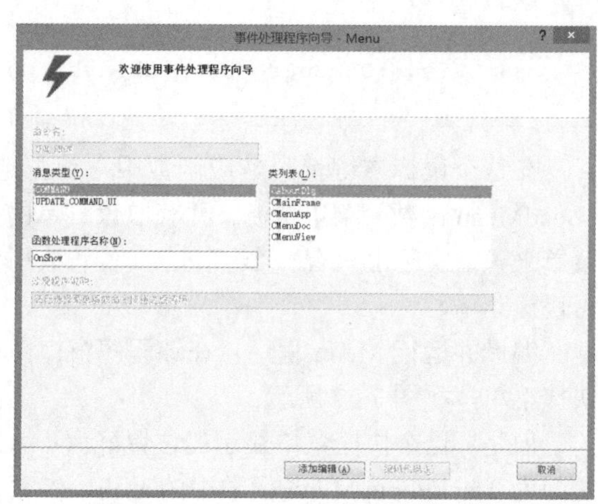

图 7.30　事件处理程序向导对话框

接下来为新添加的消息处理函数添加代码，在 CMenuView 类的 OnShow 函数中添加如例 7-20 所示代码中加灰显示的那行代码。

例 7-20

```
void CMenuView::OnShow()
{
    MessageBox(L"View show");
}
```

在 CMainFrame 类的 OnShow 函数中添加例 7-21 所示代码中加灰显示的那行代码。

例 7-21

```
void CMainFrame::OnShow()
{
    MessageBox(L"Main show");
}
```

编译并运行 Menu 程序，并在程序窗口中单击鼠标右键，从出现的快捷菜单中选择【显示】菜单项，这时会弹出一个消息框，发现它显示的信息是：View show，说明是视类响应了这个菜单命令消息。我们将 CMenuView 类对【显示】菜单命令消息的响应函数删除，再次运行 Menu 程序，并选择快捷菜单中的【显示】菜单项，可是，这时程序没有任何反应。这主要是因为在创建快捷菜单时，即在调用 TrackPopupMenu 函数时，对这个快捷菜单的拥有者参数传递的是 this 值，也就是视类窗口拥有这个快捷菜单。所以，只有视类才能对快捷菜单项命令做出响应。如果想让 CMainFrame 类能对这个快捷菜单项进行响应的话，就应该在调用 TrackPopupMenu 函数时把快捷菜单的拥有者指定为 CMainFrame 类窗口，为此，我们可以修改 CMenuView 类 OnRButtonDown 函数中对 TrackPopupMenu 函数的调用，结果如例 7-22 所示。

例 7-22

```
    void CMenuView::OnRButtonDown(UINT nFlags, CPoint point)
    {
        CMenu menu;
        menu.LoadMenu(IDR_MENU1);
        CMenu* pPopup = menu.GetSubMenu(0);

        ClientToScreen(&point);

    pPopup->TrackPopupMenu(TPM_LEFTALIGN | TPM_RIGHTBUTTON, point.x, point.y,
GetParent());

        CView::OnRButtonDown(nFlags, point);
    }
```

编译并运行 Menu 程序，并在程序窗口中单击鼠标右键，从出现的快捷菜单中选择【显示】菜单项，这时会弹出一个消息框，发现它显示的信息是：Main show，这说明是框架类窗口响应了这个菜单命令消息。

这时，如果我们在视类中也添加了这个【显示】菜单项的响应函数，那么会是谁做出响应呢？我们可以为 CMenuView 类再次添加这个响应函数，并为其添加如例 7-20 所示的代码。然后编译并运行 Menu 程序，选择快捷菜单中的【显示】菜单项，发现这时弹出的消息框中显示的是：View show，说明是视类捕获到了这个菜单命令。读者可以根据本章前面讲述的菜单命令消息路由的过程来解释这个结果。

提示：对于快捷菜单，如果将其拥有者窗口设置为框架类窗口，则框架类窗口才能有机会获得对该快捷菜单中的菜单项的命令响应，否则，就只能由视类窗口做出响应。

7.4 动态菜单操作

在程序运行的过程中，可以根据需要对程序的菜单进行添加、插入和删除操作，这些动态操作包括两种情况，一种是针对弹出菜单的动态操作，另一种是针对菜单项的动态操作。

7.4.1 添加菜单项目

给 ch07 解决方案添加一个新的单文档类型的 MFC 应用程序，项目取名为：Menu2，添加好后，将 Menu2 项目设为启动项目。在上面进行添加菜单项目（笔者注：这里的菜单项目包括子菜单和菜单项两种，以下同）的操作时，都是通过在资源编辑器中添加完成的。现在要通过代码来动态地添加菜单项目。这可以利用 CMenu 类提供的一个成员函数 AppendMenu 来完成。这个函数的作用是把一个新菜单项目添加到一个指定菜单项目的末尾。AppendMenu 函数具有以下形式的声明：

```
    BOOL AppendMenu(UINT nFlags,UINT_PTR nIDNewItem = 0,LPCTSTR lpszNewItem =
NULL );
```

这个函数的各个参数的含义如下所示：

■ nFlags

指定新添加的菜单项目的状态信息，可以指定一种或多种状态标志，如表 7.2 所示。

■ nIDNewItem

取值取决于第一个参数。如果第一个参数的值是 MF_POPUP，那么 nIDNewItem 就是一个顶层菜单的句柄；否则就是要添加的新菜单项的命令 ID。如果第一个参数的值是 MF_SEPARATOR，那么 nIDNewItem 的值将被忽略。

■ lpszNewItem

取值同样取决于第一个参数。如果第一个参数的值是 MF_STRING，则 lpszNewItem 就是指向要添加的这个新菜单项目的文本的指针。如果第一个参数的值是 MF_OWNERDRAW，则 lpszNewItem 就是指向该菜单项目的一个附加数据的指针。如果第一个参数的值是 MF_SEPARATOR，则 lpszNewItem 的值将被忽略。

表 7.2　菜单标志

菜单标志	说　明
MF_CHECKED	在菜单项前面放置一个对号（√）标记
MF_UNCHECKED	移除菜单项前面的对号标记
MF_ENABLED	使菜单项可用
MF_DISABLED	禁用菜单项
MF_CRAYED	禁用菜单项并加灰显示
MF_OWNERDRAW	表明菜单项目是一个 owner-draw 风格的菜单项
MF_POPUP	表明是一个弹出菜单项
MF_SEPARATOR	表明是一个分隔栏项
MF_STRING	使用一个字符串标识该菜单项目
MF_MENUBREAK	更改菜单项目的显示方式。例如如果是为一个弹出菜单添加这样的菜单项，那么将为这个菜单添加新的一列以显示新添加的这个菜单项。但在列之间并没有显示分隔线
MF_MENUBARBREAK	同上。但在菜单项列之间显示分隔线

为了添加菜单，首先需要创建一个菜单对象，这可以利用 CMenu 类提供的另一个成员函数 CreatePopupMenu 来实现。这个函数的作用是创建一个弹出菜单，然后将其与一个 CMenu 对象相关联起来。同样，在本例中，我们也在程序的 CMainFrame 类的 OnCreate 函数中实现动态添加菜单这一功能，具体代码如例 7-23 所示。

例 7-23

```
int CMainFrame::OnCreate(LPCREATESTRUCT lpCreateStruct)
{
......
CMenu menu;
```

```
    menu.CreatePopupMenu();
    GetMenu()->AppendMenu(MF_POPUP,(UINT)menu.m_hMenu,L"Test");

    return 0;
    }
```

例 7-23 新添加的代码段首先定义了一个 CMenu 对象：menu，然后调用它的 Create PopupMenu()函数创建一个弹出菜单，之后调用窗口的 GetMenu 函数得到程序框架窗口菜单栏的指针，并利用该指针调用 AppendMenu 函数，以添加一个新的弹出菜单。这个新的弹出菜单显示文本为：Test。因为 CMenu 对象的 m_hMenu 成员变量是菜单句柄，其类型为 HMENU，但这里函数要求的是 UINT 类型，所以必须进行强制类型转换。另外，现在添加的是一个弹出菜单，相当于是程序框架窗口菜单的一个子菜单，所以，在获得程序框架窗口的指针后，也不用再去调用 GetSubMenu 函数得到某个子菜单了。

但这段代码有一个问题，就是前面已经遇到的 menu 对象是局部变量。我们可以试着运行一下这个 Menu2 程序，当程序启动后，发现程序窗口上的菜单栏上确实多了一个 Test 子菜单（Menu2 程序运行界面如图 7.31 所示）。

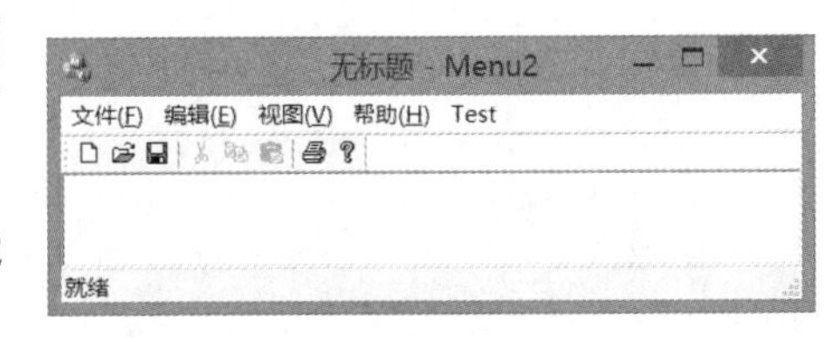

图 7.31　动态添加 Test 子菜单后的程序界面

但当我们用鼠标单击此子菜单时，立即就会弹出一个提示程序出现异常的对话框。原因就是我们在程序中把 menu 对象定义成了局部变量，至于解决这个问题的办法，前面已经介绍了，有两种方法：一种是把 menu 对象修改为框架类的成员变量，另一种是在完成菜单的添加之后立即调用菜单对象的 Detach 函数，将菜单句柄与菜单对象之间的关联断开。也就是在上述例 7-23 所示代码中在加灰显示的代码之后再添加下面这行代码：

```
    menu.Detach();
```

再次运行 Menu2 程序，并单击【Test】子菜单，程序就不会出现异常了。

7.4.2　插入菜单项目

除了在已有菜单项目后面添加新的菜单项目以外，也可以在已有菜单项目之间插入一个新的菜单项目，这包括在两个子菜单之间插入一个子菜单，以及在两个菜单项之间插入一个新的菜单项。这可以利用 CMenu 类的 InsertMenu 成员函数来实现。这个函数的声明具有以下形式：

```
    BOOL InsertMenu(UINT nPosition,UINT nFlags,UINT_PTR nIDNewItem = 0,
LPCTSTR lpszNewItem = NULL );
```

InsertMenu 函数有四个参数，其中参数 nFlags、nIDNewItem 和 lpszNewItem 与 AppendMenu 函数中相应参数具有相同的意义。但参数 nFlags 除了具有 AppendMenu 函数中介绍的那些标志以外，还可以利用或运算与 MF_BYCOMMAND 或 MF_BYPOSITION 标志相组合。而参数 nPosition 指定的是新菜单项目插入的位置，它的取值取决于参数 nFlags，当 nFlags 参数指定的是 MF_BYCOMMAND 标志时，参数 nPosition 指定的是一个菜单命令标识，表示新菜单项将在这个标识所表示的菜单项之前插入；如果 nFlags 参数指定的是 MF_BYPOSITION 标志，那么，新菜单项目将在参数 nPosition 指定的位置所表示的菜单项目之前插入，也就是说，参数 nPosition 这时所表示的就是这个新菜单项目插入后所在的位置。

因为在 Menu2 程序中，【编辑】子菜单的位置索引是 1，所以如果要在 Menu2 程序的【编辑】和【视图】这两个子菜单之间插入一个名为 Test 的菜单项目，插入位置应该是 2。读者可以把上述例 7-23 所示程序中调用 AppendMenu 函数的那行代码注释起来，并在其后添加上面的 InsertMenu 函数调用，结果如例 7-24 所示。

例 7-24

```
int CMainFrame::OnCreate(LPCREATESTRUCT lpCreateStruct)
{
......
CMenu menu;
menu.CreatePopupMenu();
//GetMenu()->AppendMenu(MF_POPUP,(UINT)menu.m_hMenu,L"Test");
GetMenu()->InsertMenu(2,MF_POPUP | MF_BYPOSITION, (UINT)menu. m_hMenu,
L"Test");
menu.Detach();

return 0;
}
```

编译并运行 Menu2 程序，发现在【编辑】和【视图】这两个子菜单之间多了一个名为【Test】的子菜单。Menu2 程序运行界面如图 7.32 所示。

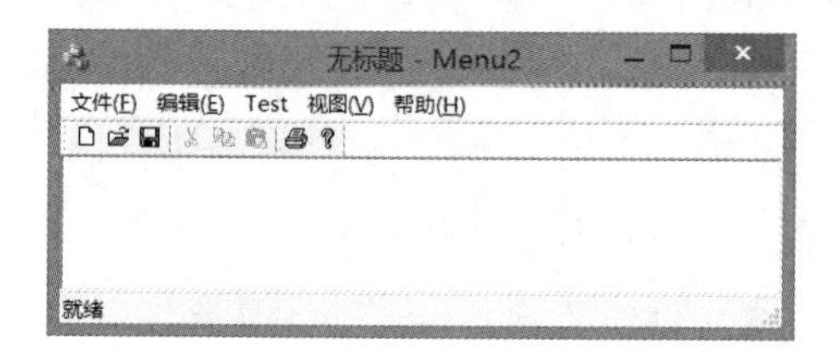

图 7.32　动态插入【Test】子菜单后的程序界面

如果要在新插入的子菜单中添加菜单项的话，那么同样可以使用 AppendMenu 函数来实现，我们可以在上述例 7-24 所示代码中 InsertMenu 函数之后添加如例 7-25 所示代码中加灰显示的那几行代码。

例 7-25

```
int CMainFrame::OnCreate(LPCREATESTRUCT lpCreateStruct)
{
......
CMenu menu;
menu.CreatePopupMenu();
//GetMenu()->AppendMenu(MF_POPUP,(UINT)menu.m_hMenu,"Test");
GetMenu()->InsertMenu(2,MF_POPUP | MF_BYPOSITION, (UINT)menu. m_hMenu,
"Test");
★ menu.AppendMenu(MF_STRING,111,L"Hello");
   menu.AppendMenu(MF_STRING,112,L"Bye");
   menu.AppendMenu(MF_STRING,113,L"Mybole");
```

```
    menu.Detach();

  return 0;
  }
```

注：因为这里仅仅是一个示例，所以笔者给这些新添加的菜单项随便赋予了一个 ID 号，并不是说它们必须是 111、112 或 113。

编译并运行 Menu2 程序，单击【Test】子菜单，会发现在它的下面多了三个菜单项（如图 7.33 所示），就是上述代码创建的三个菜单项。

如果要在 Menu2 程序的【文件】子菜单下添加一个菜单项，则可以在上述例 7-25 所示 CMainFrame 类的 OnCreate 函数中添加下面这行代码来实现：

```
  GetMenu()->GetSubMenu(0)->AppendMenu(MF_STRING,114,L"Welcome");
```

编译并运行 Menu2 程序，单击【文件】子菜单，发现它的下面多了一个菜单项 Welcome。如图 7.34 所示。

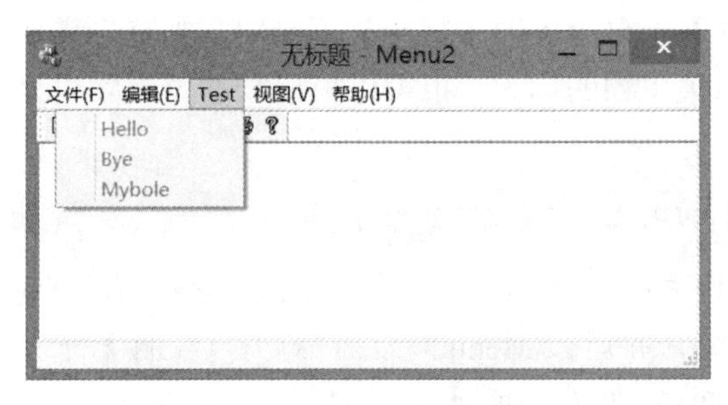

图 7.33　动态添加的菜单项

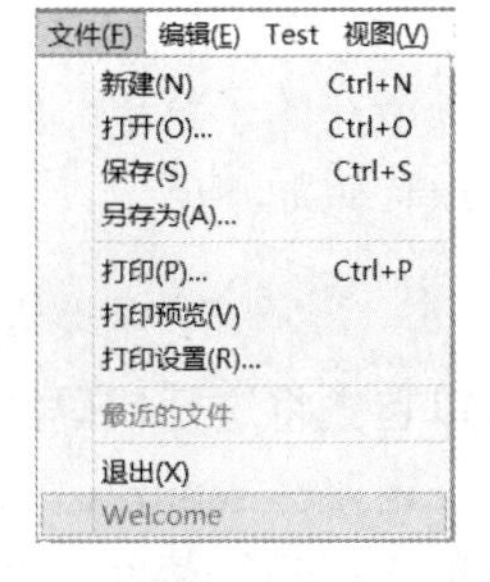

图 7.34　为文件子菜单动态添加菜单项后的结果

如果要在 Menu2 程序的【文件】子菜单的【新建】和【打开】菜单项之间插入一个新菜单项，可以在 CMainFrame 类的 OnCreate 函数中添加下面这行代码来实现：

```
  GetMenu()->GetSubMenu(0)->InsertMenu(ID_FILE_OPEN,MF_BYCOMMAND | MF_STRING,
115,L"VC 编程");
```

编译并运行 Menu2 程序，单击【文件】子菜单，发现在【新建】和【打开】菜单项之间多了一个菜单项：VC 编程（如图 7.35 所示）。

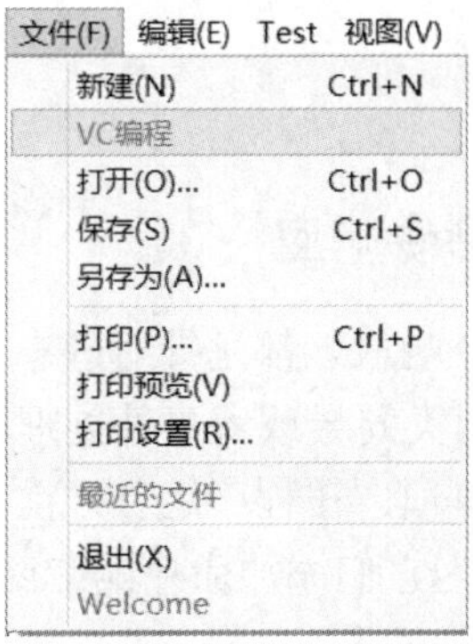

图 7.35　为文件子菜单动态插入新菜单项后的结果

7.4.3 删除菜单

CMenu 提供了一个 DeleteMenu 成员函数，该函数具有以下形式的声明：

```
BOOL DeleteMenu( UINT nPosition, UINT nFlags );
```

利用这个函数，可以删除一个菜单项目，包括子菜单及子菜单下的菜单项，主要取决于调用这个函数的对象，如果该对象是程序的菜单栏对象，那么删除的就是指定的子菜单；如果该对象是一个子菜单对象，那么删除的就是该子菜单下的一个菜单项。DeleteMenu 函数的两个参数与前面讲述的 CMenu 类的其他几个函数的同名参数具有相同的意义。

仍以上述 Menu2 程序为例，如果想要删除其【编辑】子菜单，那么就可以在 CMainFrame 类的 OnCreate 函数的最后（但记住一定要在 return 语句之前）添加下面这行代码来实现：

```
GetMenu()->DeleteMenu(1,MF_BYPOSITION);
```

编译并运行 Menu2 程序，发现【编辑】子菜单已经消失了。程序界面如图 7.36 所示。

如果要删除一个菜单项，例如删除【文件】子菜单下的【打开】菜单项，则首先需要得到该菜单项所在的子菜单，然后既可以按照菜单项的标识，也可以根据它的位置索引来删除它。实现代码如下所示：

```
GetMenu()->GetSubMenu(0)->DeleteMenu(2,MF_BYPOSITION);
```

读者可以首先将这行代码添加到 Menu2 程序中 CMainFrame 类的 OnCreate 函数的最后（但记住一定要在 return 语句之前）。然后编译并运行 Menu2 程序，打开【文件】子菜单，将会发现【打开】菜单项没有了。程序界面如图 7.37 所示。

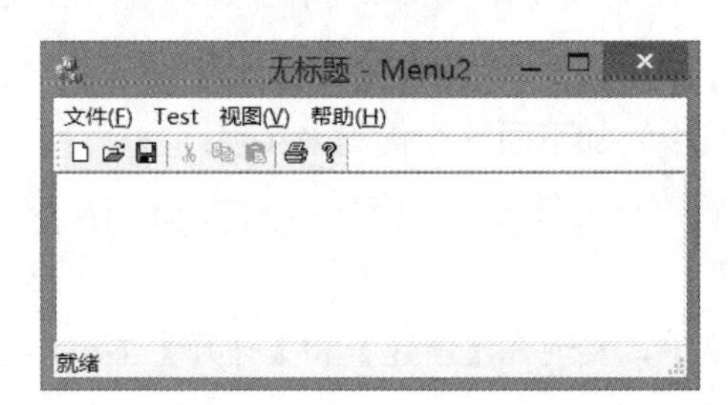

图 7.36 动态删除【编辑】子菜单后的程序界面

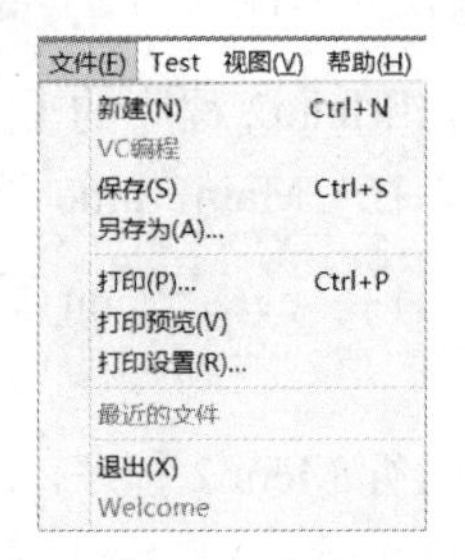

图 7.37 动态删除【文件】子菜单下的【打开】菜单项后的结果

7.4.4 动态添加的菜单项的命令响应

上面我们对菜单项进行的命令响应，都是针对静态创建的菜单项，即在程序的菜单资源中已经存在的菜单项标识，利用类向导或者事件处理程序向导为某个类添加该菜单项的响应函数。但对于动态添加的菜单项，在程序运行之前，它们的标识是不知道的，在类向导中找不到它们的 ID，那么如何为它们添加命令响应函数呢？

下面以刚才为 Menu2 程序添加的【Test】子菜单下的【Hello】菜单项为例，来看看如何为动态添加的菜单项添加命令消息响应函数。首先，应该为这个菜单项创建一个菜单资源 ID。在解决方案资源管理器窗口中，展开“头文件”文件夹，可以看到其中有一个 Resource.h 文件，在这个文件中定义了程序当前使用的一些资源的 ID，我们可以手工在该文件中为【Hello】菜单项添加一个新的 ID，例如：

```
#define IDM_HELLO  111
```

这样，Menu2 程序就有了一个名为 IDM_HELLO 的 ID，在程序中可以为【Hello】菜单项使用这个 ID 了。在 CMainFrame 的源文件的头部包含 Resource.h 文件，把上述例 7-25 所示代码中添加 Hello 菜单项的那条 AppendMenu 语句（★符号所在那行代码）修改为下面这行语句：

```
menu.AppendMenu(MF_STRING,IDM_HELLO,L"Hello");
```

接下来为这个菜单项添加命令消息响应函数。在这种情况下的命令响应一样要遵循 MFC 的消息映射机制，即需要添加三处代码来实现命令消息的响应。为此，我们按照以下三步来完成【Hello】菜单命令消息的响应。

1 在响应这个菜单项命令的程序类（本例中是 CMainFrame 类）的头文件中添加响应函数原型，并使用 afx_msg 限定符，声明代码如例 7-26 所示。

例 7-26

```
// 生成的消息映射函数
afx_msg int OnCreate(LPCREATESTRUCT lpCreateStruct);
afx_msg void OnHello();
DECLARE_MESSAGE_MAP()
```

我们可以遵循 MFC 的命名习惯，在菜单项名称的前面加上 On 来命名该菜单命令响应函数。因此，这里【Hello】菜单项的响应函数名称可以命名为 OnHello。当然这只是一种习惯，并不是规定函数名一定要这样来命名。

2 在响应这个菜单项命令的程序类的源文件中的消息映射表中添加消息映射。添加的位置在 BEGIN_MESSAGE_MAP 和 END_MESSAGE_MAP 宏之间，添加之后的代码如例 7-27 所示。

例 7-27

```
BEGIN_MESSAGE_MAP(CMainFrame, CFrameWnd)
   ON_WM_CREATE()
   ON_COMMAND(IDM_HELLO, &CMainFrame::OnHello)
END_MESSAGE_MAP()
```

> **提示**：手工在消息映射表中添加消息映射时，一定要记住：在代码后面不要加分号。

3 实现菜单命令消息响应函数的定义体。可以在 CMainFrame 类的源文件中添加如例 7-28 所示的代码。

例 7-28

```
void CMainFrame::OnHello()
{
   MessageBox(L"Hello");
}
```

编译并运行 Menu2 程序，打开【Test】子菜单，将会发现【Hello】菜单项现在可以使用了。单击该菜单项，即可弹出一个消息提示对话框，显示文字：Hello。

至此，就完成了为动态添加的菜单项添加命令响应函数的功能。刚开始读者可能会觉得做这项工作有些困难，在这里笔者为读者提供一个小技巧，可以先利用类向导对程序中某个已有的静态菜单项添加命令消息响应，然后模仿类向导在程序中为其添加的内容来完成为动态菜单添加命令响应函数这一任务。

7.5 电话本示例程序

下面我们利用 Menu2 程序实现这样的一个功能：在应用程序的窗口中输入一行文字，这行文字的格式是：人名 电话号码。在这行文字输入完成之后按下回车键，就会在程序的菜单栏上的【帮助】菜单之后动态生成一个子菜单，刚才输入的人名将作为其中的一个菜单项来显示。继续上述过程，在程序窗口中输入下一行文字，但这时按下回车键后，并不需要再新添加一个子菜单，而是直接在已添加的子菜单下添加菜单项，这个新菜单项的文本就是新输入的人名。当单击这个动态生成的子菜单中的某个菜单项时，程序就会把相应的人名和电话号码显示在程序窗口上。在实现这项功能之前，为了方便起见，读者可以把先前在 Menu2 程序 CMainFrame 类的 OnCreate 函数中自已添加的所有代码都注释起来或删除，即这时 OnCreate 函数代码如例 7-29 所示。

例 7-29

```
int CMainFrame::OnCreate(LPCREATESTRUCT lpCreateStruct)
{
    if (CFrameWnd::OnCreate(lpCreateStruct) == -1)
        return -1;

    if (!m_wndToolBar.CreateEx(this, TBSTYLE_FLAT, WS_CHILD | WS_VISIBLE
| CBRS_TOP | CBRS_GRIPPER | CBRS_TOOLTIPS | CBRS_FLYBY | CBRS_SIZE_DYNAMIC) ||
        !m_wndToolBar.LoadToolBar(IDR_MAINFRAME))
    {
        TRACE0("未能创建工具栏\n");
        return -1;      // 未能创建
    }

    if (!m_wndStatusBar.Create(this))
    {
        TRACE0("未能创建状态栏\n");
```

```
        return -1;      // 未能创建
    }
    m_wndStatusBar.SetIndicators(indicators, sizeof(indicators)/sizeof(UINT));

    // TODO: 如果不需要可停靠工具栏，则删除这三行
    m_wndToolBar.EnableDocking(CBRS_ALIGN_ANY);
    EnableDocking(CBRS_ALIGN_ANY);
    DockControlBar(&m_wndToolBar);

    return 0;
}
```

7.5.1 动态添加子菜单的实现

为了在窗口中显示键盘输入的文字内容，视类需要捕获 WM_CHAR 消息，这可以利用类向导来完成消息响应函数的添加。程序在运行时，只有在第一次输入一行文字后按下回车键，才需要在菜单栏上添加一个动态子菜单，以后只是向这个子菜单添加菜单项即可。这就需要为视类添加一个成员变量，用来指示当前是第几次按下回车键。为此，我们为视类添加一个 int 类型的私有成员变量：m_nIndex，并在视类构造函数中将其初始化为–1。另外，还需要为视类增加一个 CMenu 类型的私有成员变量 m_menu，用于创建新的子菜单使用。之后在 WM_CHAR 消息响应函数中进行判断，只有第一次按下回车键时，才为程序添加一个新的子菜单，具体实现代码如例 7-30 所示。

例 7-30

```
void CMenu2View::OnChar(UINT nChar, UINT nRepCnt, UINT nFlags)
{
    if(0x0d == nChar)
    {
      if(0 == ++m_nIndex )
      {
            m_menu.CreatePopupMenu();
            GetParent()->GetMenu()->AppendMenu(MF_POPUP,(UINT)m_menu.m_
hMenu, "PhoneBook");
      }
    }
    CView::OnChar(nChar, nRepCnt, nFlags);
}
```

在上述例 7-30 所示代码中，当第一次按下回车键时，首先创建一个弹出菜单，然后把这个菜单项目添加到程序的菜单栏上。这段代码中有一个问题需要注意：之前，我们都是在 CMainFrame 类中调用 GetMenu 函数来获取程序的菜单栏指针的，而视类窗口是没有菜单的，因此在视类中直接调用 GetMenu 函数无法获得程序的菜单栏对象。如果要在视类中获得属于框架类的菜单栏对象，那么首先需要利用 GetParent 函数获得视类的父窗口，即框架类窗口对象，然后再调用框架类窗口对象的 GetMenu 函数就可以获得程序的菜单栏对象的指针了。

编译并运行 Menu2 程序，读者可以先随便敲几个字符（因为这时我们还没有为 Menu2 程序添加显示输入字符的代码，因此，在程序窗口中不会显示输入的字符），然后按下回车键，这时会发现 Menu2 程序的菜单栏上并没有添加【PhoneBook】子菜单，但当我们用鼠标单击应该显示这个子菜单的位置时，或者在程序窗口的尺寸发生变化之后，这个子菜单就出现了。

为什么会出现这样的现象？为什么先前在 CMainFrame 类的 OnCreate 函数中进行的菜单操作会立即显示结果？这是因为 CMainFrame 类的 OnCreate 函数的作用是实现窗口的创建，也就是说，在调用这个函数时，程序的窗口还未创建和显示，所以在这个函数中对窗口上菜单所做的修改会立即在程序界面上呈现出来。但在窗口创建并显示完成之后，再去修改程序菜单的内容时，需要对菜单栏进行一次重绘操作才能显现修改的结果。CWnd 类提供了一个 DrawMenuBar 成员函数用来完成菜单栏的重绘操作。我们可以在上述例 7-30 所示代码中，在添加菜单项目之后，使菜单栏进行一次重绘操作，修改后的代码如例 7-31 所示。

例 7-31

```
void CMenu2View::OnChar(UINT nChar, UINT nRepCnt, UINT nFlags)
{
    if(0x0d == nChar)
    {
      if(0 == ++m_nIndex )
      {
         m_menu.CreatePopupMenu();
         GetParent()->GetMenu()->AppendMenu(MF_POPUP,
                (UINT)m_menu.m_hMenu, L"PhoneBook");
         DrawMenuBar();
      }
    }
    CView::OnChar(nChar, nRepCnt, nFlags);
}
```

编译并运行 Menu2 程序，读者可以随便输入几个字符并按下回车键，将会发现程序的状态和刚才是一样的：程序的菜单栏上还是没有出现【PhoneBook】子菜单，当我们用鼠标单击应该显示这个子菜单的位置时，或者在程序窗口的尺寸发生变化之后，这个子菜单就出现了。

这又是什么原因呢？阅读上述例 7-31 所示代码，可以发现当前我们是在视类中调用 DrawMenuBar 这个函数，前面的内容已经讲过，菜单是属于框架类窗口的，因此，应该让框架类窗口去重绘菜单栏。这样的话，在 CMenu2View 类的 OnChar 函数中，就应该先利用 GetParent 函数获得视类的父窗口：框架类窗口，然后再利用该窗口对象去调用 DrawMenuBar 函数。修改后的代码如例 7-32 所示。

例 7-32

```
void CMenu2View::OnChar(UINT nChar, UINT nRepCnt, UINT nFlags)
{
    // TODO: Add your message handler code here and/or call default
```

```
    if(0x0d == nChar)
    {
      if(0 == ++m_nIndex )
      {
          m_menu.CreatePopupMenu();
          GetParent()->GetMenu()->AppendMenu(MF_POPUP,
            (UINT)m_menu.m_hMenu, L"PhoneBook");
          GetParent()->DrawMenuBar();
      }
    }
    CView::OnChar(nChar, nRepCnt, nFlags);
}
```

读者可以测试一下这时的 Menu2 程序，当按下回车键后，将会发现程序的菜单栏上立即多了一个子菜单：PhoneBook。

7.5.2 显示输入的字符

如果当前用户输入的不是回车键，就应该在程序窗口中显示当前输入的字符。为了显示输入的字符，可以按照第 6 章中介绍的技巧来实现，即把输入的字符都保存到一个字符串中，然后在窗口中显示这个字符串就可以了。这样，我们就需要为视类添加一个 CString 类型的私有成员变量，用来保存输入的字符。本例中定义的字符串成员变量为：m_strLine。

在视类构造函数中将这个变量初始化为空：

```
m_strLine = "";
```

在 OnChar 函数中可以把当前输入的字符先添加到 m_strLine 变量中，再利用 CDC 类的 TextOut 函数在窗口（0,0）位置处输出。具体代码如例 7-33 所示，其中加灰显示的代码是新添加的。

例 7-33

```
void CMenu2View::OnChar(UINT nChar, UINT nRepCnt, UINT nFlags)
{
    CClientDC dc(this);
    if(0x0d == nChar)
    {
        if(0 == ++m_nIndex )
        {
            m_menu.CreatePopupMenu();
            GetParent()->GetMenu()->AppendMenu(MF_POPUP,
              (UINT)m_menu.m_hMenu, L"PhoneBook");
            GetParent()->DrawMenuBar();
        }
    }
    else
    {
        m_strLine += (TCHAR)nChar;
```

```
            dc.TextOut(0,0,m_strLine);
        }
        CView::OnChar(nChar, nRepCnt, nFlags);
    }
```

编译并运行 Menu2 程序，读者可以随意输入一行文字来测试一下，例如，输入以下这行文字：

```
abc 12345678
```

将会发现输入的文字在程序窗口中显示出来了，当按下回车键后，将会发现程序的菜单栏上立即多了一个子菜单：PhoneBook。程序运行界面如图 7.38 所示。

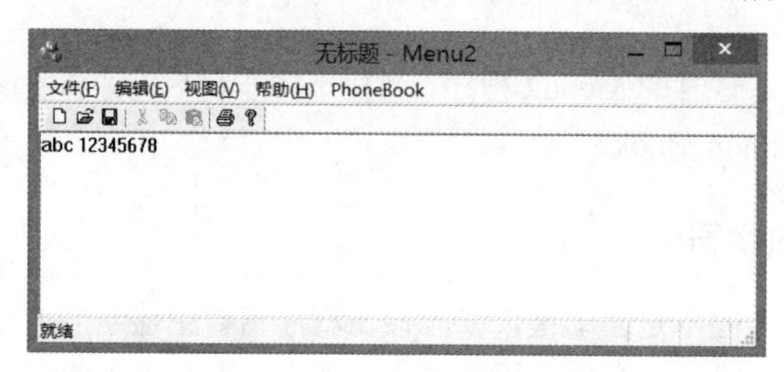

图 7.38　Menu2 程序运行结果之一

但是当再次输入字符时，发现字符是接着刚才那行文字输出的。这是因为在程序中将输入的字符不断地添加到用来保存输入字符的 CString 对象 m_strLine 中，这样它就会把以前输入的内容也显示出来。正确的做法应该是在按下回车键后，将 m_strLine 这个变量中的内容清空。修改后的代码如例 7-34 所示，加灰显示的部分是新添加的。

例 7-34

```
void CMenu2View::OnChar(UINT nChar, UINT nRepCnt, UINT nFlags)
{
    // TODO: Add your message handler code here and/or call default
    CClientDC dc(this);
    if(0x0d == nChar)
    {
        if(0 == ++m_nIndex )
        {
            m_Menu.CreatePopupMenu();
            GetParent()->GetMenu()->AppendMenu(MF_POPUP,
                (UINT)m_menu.m_hMenu, L"PhoneBook");
            GetParent()->DrawMenuBar();
        }
        m_strLine.Empty();
    }
    else
    {
        m_strLine += (TCHAR)nChar;
        dc.TextOut(0,0,m_strLine);
    }
```

```
    CView::OnChar(nChar, nRepCnt, nFlags);
}
```

再次测试 Menu2 程序，将会发现又出现一个新问题：再次输入的文字是在上次输入的文字之上显示的。我们希望将上次显示的内容清除掉，再显示当前输入的文字。有多种方法可以实现将窗口上的文字擦除，在这里，我们利用窗口重绘这种方法来实现。CWnd 类有一个名为 Invalidate 的成员函数，该函数的作用是让窗口的整个客户区无效，这样，当下一条 WM_PAINT 消息发生时，窗口就会被更新。这个函数的声明如下所示：

```
void Invalidate( BOOL bErase = TRUE );
```

这个函数有一个 BOOL 类型的参数，如果该参数的值是 TRUE，在窗口重绘时就会把窗口的背景擦除掉；否则，保留窗口的背景。该参数的默认值是 TRUE。在本例中，可以在例 7-34 所示代码中的 m_strLine.Empty()代码之后加上下面这行代码，即给 Invalidate 函数传递一个 TRUE 值，让视类窗口重绘并擦除窗口的背景，这样，在显示新一行输入字符串前，窗口上显示的上一次输入的文字就消失了。

```
Invalidate();
```

再次测试 Menu2 程序，可以发现当按下回车键后，先前输入的文字从窗口上消失了。再次输入字符时，窗口就会显示新的输入字符。

7.5.3 添加菜单项及其命令响应函数

接下来，需要实现在输入人名、空格、电话号码，并按下回车键后，把输入的人名作为菜单项的文本添加到【PhoneBook】子菜单这一功能。因为我们把当前输入的内容全部保存到 m_strLine 这个变量中，并且人名和电话号码之间是以空格分隔的，所以，需要从 m_strLine 变量中分离出人名字符串。CString 类提供了一个 Find 成员函数，这个函数在字符串中可以查找一个字符或者一个字符串，返回匹配结果的第一个字符在该字符串中的位置索引。例如利用 Find 函数在字符串“Hello”中查找字符：“l”，将得到“Hello”这个字符串中第一个“l”字符出现的位置索引：2。这里需要提醒读者的是：**在 C/C++语言中，字符串的索引**是从 0 开始计数的。因此，我们可以先在 m_strLine 中查找空格字符，得到它的位置索引，然后利用前面我们已经介绍的 CString 类的另一个成员函数 Left 把人名字符串截取出来，并将该字符串作为菜单项名称添加到 PhoneBook 子菜单。具体的实现代码如例 7-35 所示，其中加灰显示的代码是新添的。

例 7-35

```
void CMenu2View::OnChar(UINT nChar, UINT nRepCnt, UINT nFlags)
{
    // TODO: Add your message handler code here and/or call default
    CClientDC dc(this);
    if(0x0d == nChar)
    {
      if(0 == ++m_nIndex )
      {
```

```
            m_Menu.CreatePopupMenu();
            GetParent()->GetMenu()->AppendMenu(MF_POPUP,
                (UINT)m_menu.m_hMenu, L"PhoneBook");
            GetParent()->DrawMenuBar();
        }
        m_menu.AppendMenu(MF_STRING,111,m_strLine.Left(m_strLine.Find(' ')));
        m_strLine.Empty();
        Invalidate();
    }
    else
    {
        m_strLine += (TCHAR)nChar;
        dc.TextOut(0,0,m_strLine);
    }
    CView::OnChar(nChar, nRepCnt, nFlags);
}
```

注：这里暂时先给新添加的这个菜单项临时取了一个 ID：111。

读者可以测试一下 Menu2 程序，当程序运行后，输入几行："人名 电话号码"这样的文字，并回车，检查【PhoneBook】子菜单下的内容。将会发现输入的人名都作为菜单项添加到这个子菜单了。

下面就要实现当单击这些菜单项时，在程序窗口中显示的对应的字符串，即：人名 电话号码。在程序中应该将所有输入的字符串都保存起来。我们可以定义一个字符串数组来保存用户输入的所有字符串，但是因为不知道用户会输入多少个字符串，所以数组的大小无法确定。当然对于这种动态增加的数组，可以通过链表来实现，但是这种方法很麻烦，也比较复杂。MFC 为我们提供了一些非常有用的集合类，这些集合类类似于数组的功能，但它们可以很方便地动态增加和删除元素。这里我们可以利用一个名为 CStringArray 的集合类，这个集合类支持 CString 对象的数组。为了增加一个字符串元素，可以利用该集合类的 Add 成员函数，该函数的声明具有如下的形式：

```
int Add( LPCTSTR newElement );
```

该函数的参数是一个指向常量字符串的指针（LPCTSTR 类型）。而通过 MSDN，我们可以在类 CString 的成员函数中发现这个类重载了 LPCTSTR 操作符。这样的话，当我们向 CStringArray 对象中添加元素时，可以直接给 Add 函数的参数传递一个 CString 类型的对象，编译器会自动完成转换的。当需要返回一个集合元素时，可以利用集合类的 GetAt 成员函数，这个函数具有如下声明形式：

```
CString GetAt( int nIndex ) const;
```

提示： MFC 提供了几个存储不同类型元素的集合类，它们的成员函数都很类似，所以，只要掌握了其中的一个，其他的也就都明白了。

下面，我们就先为 CMenu2View 类定义一个公有的（public 类型）CStringArray 类型的成员变量：m_strArray，用来保存所有输入的字符串。至于为什么将 m_strArray 声明为公有的，在后面会讲述。然后在 OnChar 函数中，在按下回车键后、清空 m_strLine 变量之前，把当前输入的一行文字增加到这个集合类变量中，即在 CMenu2View 类的 OnChar 函数中添加下述加灰显示的代码。

例 7-36

```
void CMenu2View::OnChar(UINT nChar, UINT nRepCnt, UINT nFlags)
{
……
        m_menu.AppendMenu(MF_STRING, 111,m_strLine.Left(m_strLine.Find(' ')));
        m_strArray.Add(m_strLine);
        m_strLine.Empty();
        Invalidate();
……
}
```

当单击动态添加的人名菜单项时，程序要在窗口中显示对应的字符串：人名 电话号码。这就需要对动态添加的菜单项进行命令捕获。这里，笔者为读者介绍一种比较有技巧的实现方法。首先，在 Menu2 工程中，在资源编辑器中打开程序的菜单，然后在【帮助】子菜单后面添加一个新的子菜单，名称可以任意，例如“abc”，接着再为它添加几个菜单项，例如四个，本例添加菜单项的名称及其 ID 如表 7.3 所示。

表 7.3 新添菜单项的名称及 ID

菜单项名称	菜单项 ID
1	IDM_PHONE1
2	IDM_PHONE2
3	IDM_PHONE3
4	IDM_PHONE4

保存对资源所做的修改，然后打开 Menu2 程序的 Resource.h 文件，在其中可以看到如下几行代码：

```
#define IDM_PHONE1                    32771
#define IDM_PHONE2                    32772
#define IDM_PHONE3                    32773
#define IDM_PHONE4                    32774
```

利用类向导为 CMenu2View 类分别添加以上这四个菜单项的命令响应函数，其中在消息列表中都选择 COMMAND 消息。之后，CMenu2View 类对这四个菜单项就有了四个命令响应函数。

我们在菜单资源编辑器中删除刚才新添加的子菜单（abc），但是你会发现它们的命令响应函数在头文件和源文件中都被保留下来了。

再回到上述例 7-36 所示的 CMenu2View 的 OnChar 函数中，找到动态添加菜单项的代码，即调用 AppendMenu 函数的那行代码，把其中的菜单 ID 参数改成 IDM_PHONE1，即修改成下面这行代码：

```
m_menu.AppendMenu(MF_STRING,IDM_PHONE1,m_strLine.Left(m_strLine.Find('')));
```

这行代码将添加ID为IDM_PHONE1的菜单项，但是，程序不能在每次添加新菜单项时都使用这个菜单ID值，在第二次添加时应该是IDM_PHONE2……，直到第四次添加时应该是IDM_PNONE4（因为这里只是一个示例，所以本例假设最多只添加四个菜单项）。但是如何编写程序代码让这里的ID号由IDM_PHONE1自动增加到IDM_PHONE4呢？前面我们已经定义了一个变量：m_nIndex，当每次按下回车键增加菜单项时，它的值就增1，这样，就可以利用这个变量加上IDM_PHONE1的值来确定当前的菜单ID。当第一次按下回车键后，m_nIndex的值是0，加上IDM_PHONE1后得到IDM_PHONE1，即第一个菜单项的ID；当第二次按下回车键后，m_nIndex的值增加为1，再加上IDM_PHONE1（它的值是32771）后，变成32772，即IDM_PHONE2，也就是第二个菜单项的ID；……因此，利用这种方法，随着文字的输入、回车键的按下，m_nIndex的数值不断增加，得到的菜单项ID号也在不断变化。读者可以修改上述添加菜单项的代码，如下所示：

```
m_menu.AppendMenu(MF_STRING,IDM_PHONE1+m_nIndex,m_strLine.Left(m_strLine.Fi
nd('')));
```

利用上面讲述的方法添加命令响应函数的过程很快，而且也很方便。

经过以上几步，Menu2程序的CMenu2View类就有了四个动态菜单项的命令响应函数。下面我们可以为它们分别添加具体的代码，以显示相应的人名和电话号码。例如，第一个动态菜单项的命令响应函数的定义如例7-37所示。

例7-37

```
void CMenu2View::OnPhone1()
{
   CClientDC dc(this);
   dc.TextOut(0,0,m_strArray.GetAt(0));
}
```

在该函数中，首先定义设备描述表对象：dc，然后得到字符串数组中第一个字符串（其位置索引为0），并在窗口的（0,0）位置处显示出来。其他几个命令响应函数的处理基本相同，只是在获取字符串数组中字符串元素时使用的位置索引不同而已，第二个命令响应函数使用的索引是1，第三个命令响应函数使用的索引是2，依次类推。对其他几个菜单命令响应函数而言，可以直接复制第一个菜单命令响应函数中的代码，然后修改索引值就可以了。最后，读者运行程序并测试，将会发现Menu2程序能够响应那些动态添加的菜单项的命令了。

7.5.4 框架类窗口截获菜单命令消息

下面我们让程序中动态添加的菜单项命令由框架类来捕获。根据前面第7.2节“菜单命令的路由”中的内容，我们知道，当框架类窗口接收到一个消息时，它首先会把消息交给其子窗口，即视类窗口去处理。那么如何让框架类窗口首先捕获菜单命令并响应呢？我们再回想一下“菜单命令的路由”一节中讲述的命令消息的路由过程（如图7.8所示），我们知道菜单命令是交由 OnCommand 函数来处理的，在这个函数中将完成命令消息的路由。那么我们就可以这样设想，如果 OnCommand 函数是一个虚函数，我们就可以在框架类中重写它，然后截获本该交由视类去响应的命令消息，让框架类来完成对这些消息的处理。

如果在 MSDN 中查看 OnCommand 这个函数的信息，则可以找到该函数以下形式的声明：

```
virtual BOOL OnCommand( WPARAM wParam, LPARAM lParam );
```

可以发现它确实是一个虚函数。这样，我们就可以在 Menu2 程序的框架类中重写这个函数，截获那些动态添加的菜单项的命令消息，让它们不再继续向下路由。遵照这样的思路，我们先给 CMainFrame 类添加一个 OnCommand 虚函数，添加的方法是在类向导中，选中 CMainFrame 类，切换到“虚函数”标签页，然后在虚函数列表中找到 OnCommand，单击【添加函数】，为 CMainFrame 类增加一个 OnCommand 虚函数的重写，如图 7.39 所示。

图 7.39　为 CMainFrame 类添加 OnCommand 虚函数的重写

单击对话框上的【编辑代码】按钮，定位到程序中 OnCommand 这个重写函数的定义处，该函数的定义代码如例 7-38 所示。

例 7-38

```
BOOL CMainFrame::OnCommand(WPARAM wParam, LPARAM lParam)
{
    // TODO: 在此添加专用代码和/或调用基类

    return CFrameWnd::OnCommand(wParam, lParam);
}
```

这时，在程序运行时，当菜单命令由程序框架类（CFrameWnd 类）的 OnWndMsg 函数交由 OnCommand 函数后，因为其子类 CMainFrame 类重写了这个 OnCommand 函数，菜单命令消息就会先到子类的这个函数（即上述例 7-38 所示的 OnCommand 函数）中报到。后者最后将调用基类（即程序框架类 CFrameWnd）的 OnCommand 函数进行消息的路由。

OnCommand 函数对所有的命令消息进行路由处理，包括菜单、工具按钮，以及加速键的命令消息。而这里我们只对动态添加的菜单项的命令感兴趣。因此，在上述例 7-38 所示的 OnCommand 函数中，需要对到达的消息加以判断，检查该消息是否是我们需要的。根据上述例 7-38 所示的 OnCommand 函数代码，可以看到，OnCommand 这个函数带有两个参数，其中第一个参数的类型是 WPARAM，这是一个 4 字节的无符号整型。在参数 wParam 低位的两个字节中放置的是发送当前消息的菜单项、工具按钮，或加速键的命令 ID。我们可以利用 LOWORD 这个宏取得当前消息的命令 ID，然后判断其是否是程序中动态添加的菜单项，即当前消息的命令 ID 是否在这些菜单项 ID 范围之内，如果是，就处理；否则，就把消息交由基类继续路由。

> **知识点** LOWORD 宏从给定的 32 位值中取得低端字。HIWORD 宏从给定的 32 位值中取得高端字。

在本例中要处理的菜单项命令范围的下限就是我们刚才定义的 IDM_PHONE1，但是我们并不知道在程序中会动态增加多少菜单项。为了让程序具有较好的可扩充性，在程序中就不应该用具体的数字来指定这个范围，例如，把这个范围的上限指定为 IDM_PHONE1 +3，或者 IDM_PHONE1+5，这是不合适的。因为我们已经把每次输入的字符串都保存到 m_strArray 这个集合类变量中了。集合类的成员函数 GetSize 可以获得集合变量中元素的个数，也就是输入的字符串个数。但是 m_strArray 是视类 CMenu2View 的成员变量，在框架类 CMainFrame 中如何去访问视类的成员变量呢？当然，我们首先需要获得视类对象，然后才能访问该对象的公有成员。我们可以利用 CMainFrame 类提供的 GetActiveView 成员函数，获取与框架相关联的当前视类的指针。这个函数的声明如下所示：

```
CView* GetActiveView( ) const;
```

我们可以看到这个函数返回一个 CView 类型的指针，而程序需要的是 CMenu2View 类型的指针，因此需要进行类型转换。有了这个视类指针，就可以调用其 public 类型的成员变量了，这就是先前把 m_strArray 定义为 public 的原因了。

下面，我们就在 CMainFrame 类的 OnCommand 函数中添加需处理的菜单命令范围的实现代码，代码如例 7-39 所示。

例 7-39

```
BOOL CMainFrame::OnCommand(WPARAM wParam, LPARAM lParam)
{
    int MenuCmdID = LOWORD(wParam);
    CMenu2View *pView = (CMenu2View *)GetActiveView();
    if( MenuCmdID >= IDM_PHONE1 && MenuCmdID < IDM_PHONE1 + pView->m_strArray.
GetSize() )
```

```
        {
        }

    return CFrameWnd::OnCommand(wParam, lParam);
}
```

对于例 7-39 所示这段代码，还有一个问题需要提醒读者注意，就是菜单项范围的上限的确定问题，到底应该是小于，还是小于等于这个上限值呢？读者可以简单地计算一下，例如，如果 m_strArray 中存储了两个字符串，对应的菜单项标识就应该是 IDM_PHONE1 和 IDM_PHONE2。并且 GetSize 函数返回值是 2，而 IDM_PHONE1+2 相当于 IDM_PHONE3 了，因此到底应该是小于，还是小于等于，经过这种计算就很清楚了。

小技巧： 在编写程序时，经常会遇到一些逻辑上的问题。我们可以像在这里遇到的问题一样，先简单地把问题变成一些具体的数值，然后去计算，就可以得到答案了。

编译这时的 Menu2 程序，将会出现如下错误信息：

```
1>------ 已启动生成：项目：Menu2，配置：Debug Win32 ------
1>MainFrm.cpp
1>f:\vclesson\ch07\menu2\mainfrm.cpp(122): error C2065: “CMenu2View”：未声明的标识符
1>f:\vclesson\ch07\menu2\mainfrm.cpp(122): error C2065: “pView”：未声明的标识符
1>f:\vclesson\ch07\menu2\mainfrm.cpp(122): error C2059: 语法错误：“)”
1>f:\vclesson\ch07\menu2\mainfrm.cpp(123): error C2065: “pView”：未声明的标识符
1>已完成生成项目“Menu2.vcxproj”的操作 - 失败。
========== 生成：成功 0 个，失败 1 个，最新 0 个，跳过 0 个 ==========
```

这是因为在框架类（CMainFrame）中用到了视类（CMenu2View）类型，所以应该在框架类的源文件中包含视类的头文件。即把下面灰色显示的那行代码添加到 CMainFrame 类的源文件的前部，结果如例 7-40 所示。

例 7-40

```
// MainFrm.cpp : CMainFrame 类的实现
//

#include "stdafx.h"
#include "Menu2.h"

#include "MainFrm.h"

#include "Resource.h"
#include "Menu2View.h"
```

再次编译 Menu2 程序，仍有错误发生，编译器提示发生以下错误：

```
1>------ 已启动生成：项目：Menu2，配置：Debug Win32 ------
1>MainFrm.cpp
1>f:\vclesson\ch07\menu2\menu2view.h(16): error C2143: 语法错误：缺少“;”(在“*”的前面)
1>f:\vclesson\ch07\menu2\menu2view.h(16): error C4430: 缺少类型说明符 - 假定为 int。注意：C++ 不支持默认 int
1>f:\vclesson\ch07\menu2\menu2view.h(16): error C2238: 意外的标记位于“;”之前
1>已完成生成项目“Menu2.vcxproj”的操作 - 失败。
========== 生成：成功 0 个，失败 1 个，最新 0 个，跳过 0 个 ==========
```

上述错误信息提示：在“*”号之前少了一个“;”。读者可以在 Visual Studio 的错误列表中双击第一条错误提示，Visual Studio 将在代码编辑窗口中打开 CMenu2View 类的头文件，并定位到如图 7.40 中光标所示位置。

```
8   class CMenu2View : public CView
9   {
10  protected: // 仅从序列化创建
11      CMenu2View() noexcept;
12      DECLARE_DYNCREATE(CMenu2View)
13
14  // 特性
15  public:
16      CMenu2Doc* GetDocument() const;
17
18  // 操作
19  public:
```

图 7.40　编译器提示的出错位置

这个错误在程序开发中会经常遇到，实际上，并不是错误信息所说的那样要在*号前加一个分号，而是程序不认识 CMenu2Doc 这个类。在第 2 章中我们曾经介绍过，C++程序在编译时只有源文件参与编译，我们刚才在 CMainFrame 类的源文件头部加入了包含 Menu2view.h 文件的代码，因此，在编译 CMainFrame 类的源文件时，如果遇到这行语句，就会展开 Menu2View.h 文件的内容，但该文件中引用了尚未定义的 CMenu2Doc 类，即图 7.40 中所示代码处引用了尚未定义的 CMenu2Doc 类。正因为如此，编译器才会报告上述错误信息。那为什么视类的源文件包含它的头文件，在编译时没有出错呢？可以看看 CMenu2View 类的源文件，如例 7-41 所示是它开始的几行语句。

例 7-41

```
// Menu2View.cpp : CMenu2View 类的实现
//

#include "stdafx.h"
// SHARED_HANDLERS 可以在实现预览、缩略图和搜索筛选器句柄的
// ATL 项目中进行定义，并允许与该项目共享文档代码。
#ifndef SHARED_HANDLERS
#include "Menu2.h"
#endif

#include "Menu2Doc.h"
#include "Menu2View.h"
```

可以看到，Menu2View.cpp 文件在包含 Menu2view.h 文件之前包含了 Menu2Doc.h 文件，这样，当编译器在编译这个源文件时，将先展开 Menu2Doc.h 文件的内容，该文件中是 CMenu2Doc 类的定义。然后才展开 Menu2View.h 文件，这时编译器已经知道了

CMenu2Doc 类的定义。其实，为了解决上述错误，归根到底就是要让编译器在引用 CMenu2View 类定义之前就已经知道了 CMenu2Doc 类的定义。为了解决这里出现的问题，可以把视类源文件中包含文档类的定义语句移到视类的头文件中，并放置在视类定义之前。即剪切 Menu2View.cpp 文件中的“#include "Menu2Doc.h"”这行语句，并将其粘贴到 Menu2View.h 文件的头部。如例 7-42 所示是修改之后的 Menu2View.h 文件的头部代码。

例 7-42

```
// Menu2View.h : CMenu2View 类的接口
//

#pragma once

#include "Menu2Doc.h"

class CMenu2View : public CView
{
protected: // 仅从序列化创建
   CMenu2View() noexcept;
   DECLARE_DYNCREATE(CMenu2View)
```

再次编译 Menu2 程序，这时程序将顺利通过，问题解决了。

让我们再回到 CMainFrame 类的 OnCommand 函数，现在做一个测试，在这个函数内部添加一条显示消息框的代码，看看这个函数是不是确实捕获到了动态添加的菜单项的命令消息。修改后的 OnCommand 函数代码如例 7-43 所示（注意 MessageBox 函数添加的位置）。

例 7-43

```
BOOL CMainFrame::OnCommand(WPARAM wParam, LPARAM lParam)
{
   // TODO: Add your specialized code here and/or call the base class
   int MenuCmdID = LOWORD(wParam);
   CMenu2View *pView = (CMenu2View *)GetActiveView();
   if( MenuCmdID >= IDM_PHONE1 && MenuCmdID < IDM_PHONE1 + pView->m_strArray.
GetSize() )
   {
      MessageBox(L"Test");
   }

   return CFrameWnd::OnCommand(wParam, lParam);
}
```

编译并运行 Menu2 程序，读者可以随意输入一行文字，例如：aaa 12345，然后按下回车键，即可看到程序的菜单栏上多了一个子菜单：PhoneBook，打开此菜单，可以看到它有一个菜单项：aaa，单击这个菜单项，程序随即弹出一个对话框，上面显示的文字是：“Test”，说明确实是 CMainFrame 类的 OnCommand 函数响应了这个菜单项命令。这就证明了 CMainFrame 类确实捕获到了动态添加的菜单的命令。关闭这个信息框，随即看到程序窗口上显示出了这个菜单项对应的文字，我们知道这是刚才在视类中为这个菜单命令添加的响应函数起作用的结果。这说明：框架类（CMainFrame 类）首先捕获到这个菜单命令，然后视类也捕获到了这个命令。我们查看一下例 7-43 所示 CMainFrame 类 OnCommand 函数的实现代码，当程序框架把消息传递给其子类 CMainFrame 类的 OnCommand 函数时，该函数就捕获到了一条消息，然后判断该消息是否是动态添加的菜单项命令消息，如果不是，则直接交由基类 CFrameWnd 类的 OnCommand 函数继续消息路由；如果是，就对其进行处理（在本例中就是显示一个对话框），然后把该消息仍交给基类 CFrameWnd 类的 OnCommand 函数继续消息路由。后者会将消息传递给程序的视类 CMenu2View，如果该类对当前消息有响应，就由视类的这个响应函数处理，消息路由结束。在本例中，我们先前已经对动态添加的菜单项 CMenu2View 类添加了命令响应函数，所以这里，当框架类响应了这个消息后，视类仍会做出响应。

为了只让框架类捕获到这些动态菜单命令消息，那么应该在框架类对这些消息做出响应之后，不要让它们再继续路由了。也就是在框架类对这些消息处理完成之后直接返回一个 TRUE 值，这样，这些消息就不会再交给基类 CFrameWnd 类的 OnCommand 函数，它们也就不会再继续路由了。我们可以试验一下，在上述例 7-43 所示代码的 MessageBox 函数调用之后，再添加下面这条语句：

```
return TRUE;
```

运行 Menu2 程序，输入一行文字，例如：aaa 12345，然后按下回车键，打开新添加的【PhoneBook】子菜单，并单击它下面的【aaa】菜单项，这时程序会显示一个对话框，关闭这个对话框，程序并没有像先前那样在窗口中显示对应的文字信息了。说明这个【aaa】菜单项的命令消息仅由 CMainFrame 类捕获到，并没有继续路由了。

下面，我们完善框架类的 OnCommand 函数，当它捕获到动态菜单项的命令后，在窗口中显示相应的文字，即接管视类先前的工作。具体实现代码如例 7-44 所示。

例 7-44

```
BOOL CMainFrame::OnCommand(WPARAM wParam, LPARAM lParam)
{
   // TODO: Add your specialized code here and/or call the base class
   int MenuCmdID = LOWORD(wParam);
   CMenu2View *pView = (CMenu2View *)GetActiveView();
   if( MenuCmdID >= IDM_PHONE1 && MenuCmdID < IDM_PHONE1 + pView->m_strArray.
GetSize() )
   {
//    MessageBox(L"Test");
      CClientDC dc(pView);
      dc.TextOut(0,0,pView->m_strArray.GetAt(MenuCmdID - IDM_PHONE1));
      return TRUE;
   }

   return CFrameWnd::OnCommand(wParam, lParam);
}
```

在上述例 7-44 所示代码中，当截获了动态菜单项的命令消息时，就需要显示相应的文字。根据前面的知识，我们知道要进行绘图操作，首先就需要创建一个设备描述表，因此这段代码首先创建了一个 CClientDC 类对象：dc，但这时给这个类的构造函数传递的指针，并不是先前在视类中实现菜单命令响应函数时传递的 this 指针。这里的 this 指针现在指向的是框架类：CMainFrame 类。在前面已经讲过：视类窗口一直位于框架类窗口之上，在程序窗口进行的绘图操作实际上是在视类窗口中进行的，所以这里应该创建的是与视类窗口相关联的设备描述表对象。正因为如此，在上述例 7-44 所示代码中，利用先前已经获得的与框架类相关的当前视类指针作为参数来创建设备描述表对象。

然后，我们需要根据当前单击的菜单项命令，从 StringArray 中得到应该显示的文字。因为每次显示的文字在 StringArray 中的位置都不同，所以不能给 GetAt 函数传递一个固定的数字作为参数。为了让程序响应菜单选择的这种动态变化，可以用当前传递进来的命令 ID 减去 IDM_PHONE1，得到当前应显示的字符串在 StringArray 中的位置。我们可以验证一下，看看这种方法对不对，假设传进来的是 IDM_PHONT1，那么减去 IDM_PHONT1 后得到数值 0，即从 StringArray 中取出第 1 个元素，这是对的；假设传进来的是 IDM_PHONT2，减去 IDM_PHONT1 后得到数值 1，即从 StringArray 中取出第 2 个元素，也是对的。读者可以继续这样分析下去，从而验证这种方法是正确的。这样，就可以动态地将数组中保存的人名和电话号码取出来了。

编译并运行 Menu2 程序，任意输入几行文字并回车，例如：

```
aaa 12345↙
bbb 54321↙
```

最后，在新添加的【PhoneBook】子菜单下分别选择【aaa】和【bbb】菜单项，可以发现在程序窗口中正确地显示了相应的文字内容。刚才我们已经验证了视类不再响应这些菜单项命令，因此这里显示的结果都是由 CMainFrame 类的 OnCommand 函数做出的响应，也就实现了本应由视类捕获的命令消息被框架类截获了。

7.6 本章小结

本章主要是关于菜单编程方面的内容，可以分为两大块：静态菜单操作和动态菜单操作。其中，静态菜单操作包括标记菜单、默认菜单、图形菜单的实现原理及具体实现，以及快捷弹出菜单的实现方式及其命令响应函数的添加。动态菜单操作主要包括：如何让程序在运行时产生新的子菜单和菜单项，以及如何手工地为这些新产生的菜单项命令添加响应处理函数。本章最后以一个小例子对菜单编程进行了一个实战演练，并实现了如何在顶层窗口，即框架类窗口中截获对菜单命令的处理。相信读者在学完本章的知识后，对菜单编程应该有了很好的掌握，应该了解了 Windows 中消息的分类，以及菜单命令消息的路由过程，并更进一步熟悉了 CString 类的使用。

第 8 章 对话框（一）

Windows 应用程序工作的基本流程是从用户那里得到数据，经过相应的处理之后，再把处理结果输出到屏幕、打印机或者其他的输出设备上。那么，应用程序是如何从用户那里得到数据，并且再将修改后的数据显示给用户的呢？这就需要用到 Windows 应用程序中一个很重要的用户接口——对话框。

8.1 对话框基本知识

实际上，对话框就是一个窗口，它不仅可以接收消息，而且还可以被移动和关闭，甚至可以在它的客户区中进行绘图。我们也可以将对话框看成是一个大容器，在它上面能够放置各种各样的标准控件和扩展控件，使程序支持用户输入的手段更加丰富。

8.1.1 常用控件介绍

在 MFC 中，所有的控件类都是由 CWnd 类派生来的，因此，控件实际上也是窗口，实际上，控件通常是作为对话框的子窗口而创建的。另外，控件也可以出现在视类窗口、工具栏和状态条中。控件（Control）是独立的小部件，在对话框与用户的交互过程中，担任着主要角色。Visual Studio 提供的控件的种类很多，如图 8.1 显示了对话框中的一些基本控件。

MFC 的控件类封装了控件的功能，表 8.1 列出了一些常用的控件及其对应的控件类。

表 8.1 常用控件及对应的控件类

控 件	功 能	对应控件类
静态文本框（Static Text）	显示文本，一般不能接受输入信息	CStatic
图像控件（Picture Control）	显式位图、图标、方框和图元文件，一般不能接受输入信息	CStatic
编辑框（Edit Control）	输入并编辑正文，支持单行和多行编辑	CEdit
按钮（Button）	响应用户的输入，触发相应的事件	CButton

续表

控　　件	功　　能	对应控件类
复选框（Check Box）	用作选择标记，可以有选中、未选中和不确定三种状态	CButton
单选按钮（Radio Button）	用来从两个或多个选项中选中一项	CButton
组框（Group Box）	显示正文和方框，主要用来将相关的一些控件（用于共同的目的）组织在一起	CButton
列表框（List Box）	显示一个列表，用户可以从该列表中选择一项或多项	CListBox
组合框（Combo Box）	是一个编辑框和一个列表框的组合．分为简易式、下拉式和下拉列表式	CComboBox

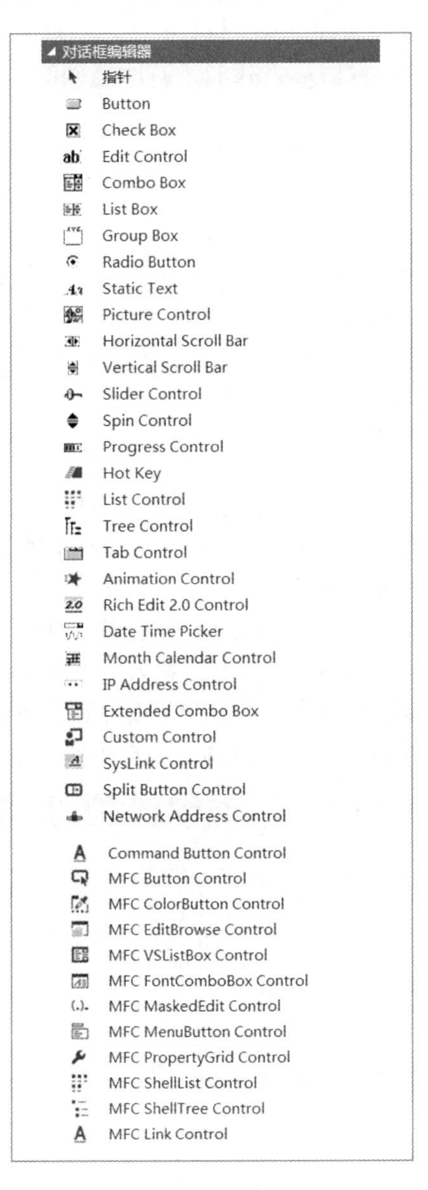

图 8.1　基本控件

8.1.2 对话框的种类

有两种类型的对话框：模态（Modal）对话框和非模态（Modeless）对话框。

■ 模态对话框

模态对话框是指当其显示时，程序会暂停执行，直到关闭这个模态对话框后，才能继续执行程序中的其他任务。例如，在 Visual Studio 中利用【文件\打开\文件夹】菜单命令显示一个“选择文件夹”对话框后，再用鼠标去选择其他菜单，或者在进行该对话框以外的任何操作时，只会听到咚咚声，这是因为“选择文件夹”对话框是一个模态对话框。模态对话框垄断了用户的输入，当一个模态对话框打开时，用户只能与该对话框进行交互，而其他用户界面对象接收不到输入信息。我们平时所遇到的大部分对话框都是模态对话框。

■ 非模态对话框

当非模态对话框显示时，允许程序转而执行其他任务，而不用关闭这个对话框。典型的例子是 Windows 提供的记事本程序中的“查找”对话框，该对话框不会垄断用户的输入，打开“查找”对话框后，仍可以与其他用户界面对象进行交互，用户可以一边查找、一边修改文章，这样，就大大方便了使用。

8.2 对话框的创建和显示

首先新建一个单文档类型的 MFC 应用程序项目，项目名为 Mybole，解决方案名为 ch08，接着编译并执行这个新程序，然后打开该程序菜单栏上的【帮助】子菜单，并单击其中的【关于 Mybole...】菜单项，程序会弹出一个如图 8.2 所示的对话框。这是 MFC 为我们自动创建的一个“关于”对话框，主要用来显示程序的版本号和版权信息。

如果想在程序中创建自己的对话框，可以通过插入一个对话框资源来完成。具体方法是：在 Visual Studio 开发环境中，单击菜单栏上的【项目】子菜单，选择【添加资源】菜单项，在出现的“添加资源”对话框中选中 Dialog 资源类型，如图 8.3 所示。

图 8.2 程序的“关于”对话框

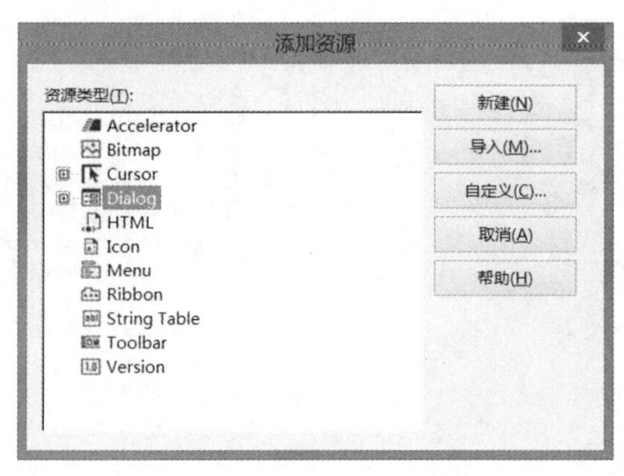

图 8.3 添加资源对话框

单击【新建】按钮，即可为程序添加一个新的对话框资源。Visual Studio 自动将其标识设置为 IDD_DIALOG1，并添加到资源视图窗口中资源的 Dialog 分支下，同时在资源编辑窗口中打开了这个新对话框资源，如图 8.4 所示。从该图中，可以看到在 Dialog 分支下还有一个对话框资源标识：IDD_ABOUTBOX，这就是上面所说的那个“关于”对话框的对话框资源。

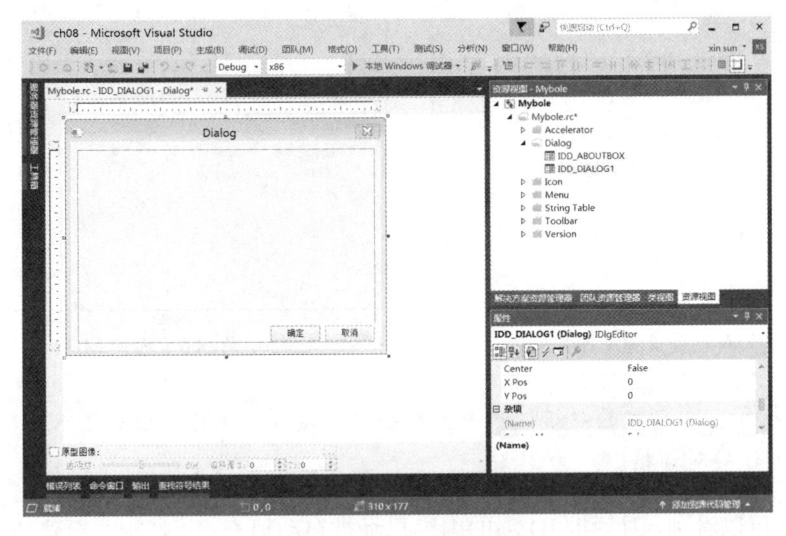

图 8.4　新建的对话框资源

> **提示：** 也可以在资源视图窗口中，在 Dialog 分支上单击鼠标右键，从弹出的菜单中选择【插入 Dialog】来插入对话框资源。

可以看到，在这个新建的 IDD_DIALOG1 对话框中有两个按钮：确定和取消，在属性窗口中可以发现它们的 ID 分别为 IDOK 和 IDCANCEL。Visual Studio 已经为这两个按钮提供了默认的消息响应函数 OnOK 和 OnCancel，它们实现的主要功能都是一样的，就是关闭对话框，因此，当程序运行时，单击这两个按钮中的任何一个都可以关闭对话框。不过要注意的是，在单击这两个按钮关闭对话框后，返回的结果值是不一样的，在程序中，通常会根据该返回值来判断用户单击的是哪个按钮，从而确定用户的行为：是确定还是取消当前操作。

我们选中 IDD_DIALOG1 这个对话框资源本身，在属性窗口中将其 Caption 属性（Caption 属性在外观分支下）设置为“测试”，以下统称这个对话框为测试对话框。

在 MFC 中，对资源的操作通常都是通过一个与资源相关的类来完成的。对话框资源也有一个相应的基类：CDialog。根据 MSDN 提供的帮助信息，可以知道 CDialog 类派生于 CWnd 类，所以它是一个与窗口相关的类，主要用来在屏幕上显示一个对话框。由此可知，对话框本身也是一个窗口界面。

既然在 MFC 中，对资源的操作是通过一个类来完成的，那么就需要创建一个类与这个新建的对话框资源相关联。为此，在打开的对话框资源上单击鼠标右键，从弹出的菜单中选择【添加类】，如图 8.5 所示。

出现如图 8.6 所示的添加 MFC 类的对话框，通过这个对话框就可以为新建的对话框资源创建一个关联的类。

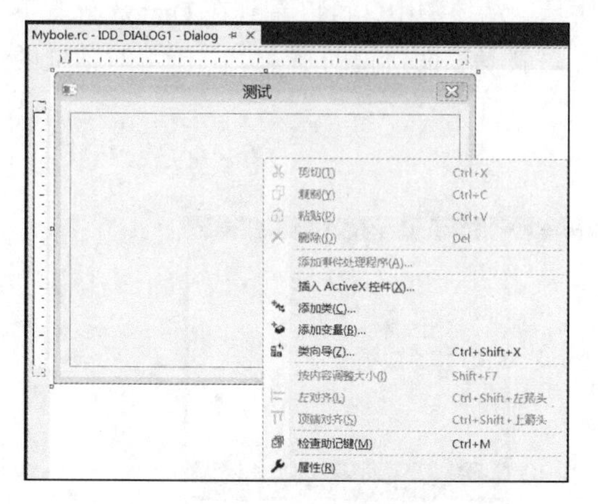

图 8.5　为对话框资源添加一个类

图 8.6　添加 MFC 类

> **提示**：在新建的对话框资源上双击鼠标左键，也可弹出如图 8.6 所示的添加 MFC 类对话框。

从图 8.6 可以看到，对话框 ID 项的内容已经被自动填充，就是刚才新建的那个对话框资源标识：IDD_DIALOG1。输入类名：CTestDlg，头文件名：TestDlg.h，源文件名：TestDlg.cpp，基类选择：CDialog，如图 8.7 所示。

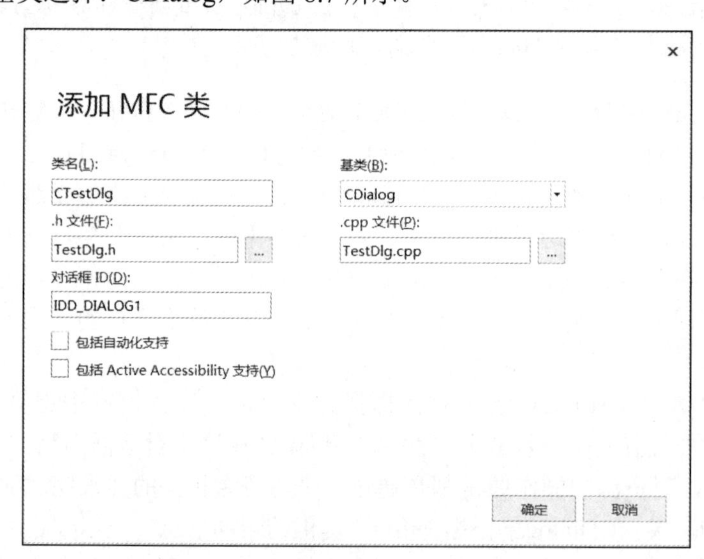

图 8.7　为新类命名后的添加 MFC 类对话框

单击【确定】按钮，完成 CTestDlg 这个新类的创建。

这时，在类视图窗口中就可以看到这个新类。还可以看到，CTestDlg 类有三个成员函数，其中一个是它的构造函数，其定义代码如例 8-1 所示。

例 8-1

```
CTestDlg::CTestDlg(CWnd* pParent /*=NULL*/)
    : CDialog(IDD_DIALOG1, pParent)
{

}
```

从例 8-1 所示的代码中可以看到，CTestDlg 类的构造函数首先调用其基类 CDialog 的构造函数，并传递两个参数：一个是 CTestDlg 类的关联的对话框资源的 ID，另一个是父窗口指针。

CTestDlg 类的另一个函数是：DoDataExchange，主要用来完成对话框数据的交换和校验，其定义如例 8-2 所示。

例 8-2

```
void CTestDlg::DoDataExchange(CDataExchange* pDX)
{
    CDialog::DoDataExchange(pDX);
}
```

现在，我们就有了类 CTestDlg 与 IDD_DIALOG1 这个对话框资源相关联了，就像程序中 CAboutDlg 类与 IDD_ABOUTBOX 这个对话框资源相关联一样。接下来，我们希望在程序中显示这个对话框窗口，为此，可以为 Mybole 程序增加一个菜单项，当用户单击这个菜单项时就显示这个对话框窗口。

打开菜单资源编辑器，在【帮助】子菜单后增加一个菜单项，名字为对话框，在属性窗口中将 Popup 属性设置为 False，ID 设置为 IDM_DIALOG，如图 8.8 所示。

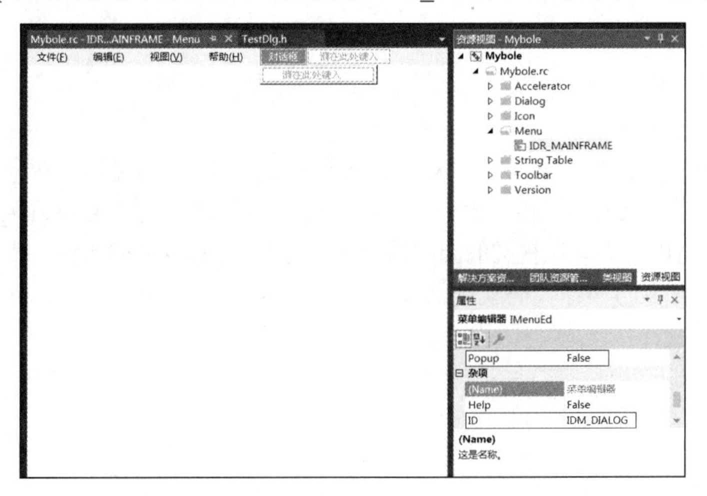

图 8.8　新增的【对话框】菜单项的属性

在【对话框】菜单项上单击鼠标右键，从弹出的菜单中选择【添加事件处理程序】，消息类型选择 COMMAND，从类列表中选择 CMyboleView，如图 8.9 所示。单击【添加编辑】按钮完成命令消息响应函数的添加。

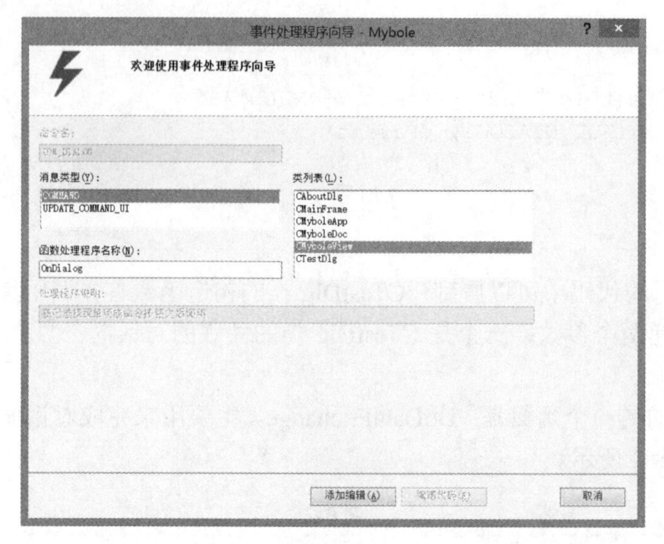

图 8.9 为【对话框】菜单项添加命令消息响应函数

8.2.1 模态对话框的创建

首先实现模态对话框的创建。创建模态对话框需要调用 CDialog 类的成员函数：DoModal，该函数的功能就是创建并显示一个模态对话框，其返回值将作为 CDialog 类的另一个成员函数 EndDialog 的参数，后者的功能是关闭模态对话框。例 8-3 就是显示模态对话框的具体实现代码。

例 8-3

```
void CMyboleView::OnDialog()
{
    CTestDlg dlg;
    dlg.DoModal();
}
```

在上述代码中，首先定义了一个对话框对象：dlg，然后利用这个对象调用 DoModal 函数以产生一个模态对话框。要注意的是，在视类中并不知道这个 CTestDlg 对话框是什么样的数据类型，所以还必须在视类的源文件中包含这个 CTestDlg 类的头文件，结果如例 8-4 所示，其中加灰显示的那行代码就是需要添加的内容。

例 8-4

```
// MyboleView.cpp: CMyboleView 类的实现
//

#include "stdafx.h"
// SHARED_HANDLERS 可以在实现预览、缩略图和搜索筛选器句柄的
// ATL 项目中进行定义，并允许与该项目共享文档代码。
#ifndef SHARED_HANDLERS
#include "Mybole.h"
#endif
```

```
#include "MyboleDoc.h"
#include "MyboleView.h"
#include "TestDlg.h"
```

编译并运行 Mybole 程序，单击程序菜单栏上的【对话框】菜单，即可弹出先前创建的那个测试对话框窗口，如图 8.10 所示。这时，读者可以试着单击程序菜单栏上的菜单，将会发现不能进行任何操作。这是因为当 Mybole 程序执行到 CMyboleView 类 OnDialog 函数中的 DoModal 这行代码时，它就会停在这行代码处，不再向下执行。只有这个模态对话框被关闭了之后，这行代码才会返回，程序才能继续执行。

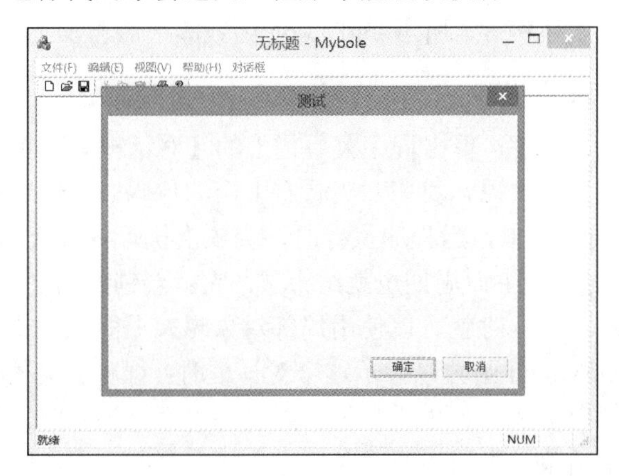

图 8.10　模态对话框的显示

8.2.2　非模态对话框的创建

如果要创建非模态对话框，则需要利用 CDialog 类的 Create 成员函数。该函数具有以下两种形式的声明：

```
BOOL Create( LPCTSTR lpszTemplateName, CWnd* pParentWnd = NULL );
BOOL Create( UINT nIDTemplate, CWnd* pParentWnd = NULL );
```

也就是说，Create 函数的第一个参数可以是对话框资源的 ID（nIDTemplate 参数），或者也可以是对话框模板的名称（lpszTemplateName 参数）。这个函数的第二个参数指定了对话框的父窗口，如果其值是 NULL，对话框的父窗口就是主应用程序窗口。对本例来说，如果这个父窗口参数值是 NULL，对话框的父窗口就是框架窗口。这里，我们仍在 CMyboleView 类 OnDialog 函数中实现创建非模态对话框的功能。先将上面例 8-3 所示代码中创建模态对话框的代码注释起来，然后在其后面添加创建非模态对话框的代码，结果如例 8-5 所示。

例 8-5

```
void CMyboleView::OnDialog()
{
//  CTestDlg dlg;
//  dlg.DoModal();
```

```
    CTestDlg dlg;
    dlg.Create(IDD_DIALOG1,this);
}
```

编译并运行 Mybole 程序，单击程序菜单栏上的【对话框】菜单，发现并未出现测试对话框窗口。在这里，读者一定要注意，**当利用 Create 函数创建非模态对话框时，还需要调用 ShowWindow 函数将这个对话框显示出来。**那为什么上面利用 DoModal 函数创建对话框时不需要呢？这是因为 DoModal 函数本身就有显示模态对话框的作用，所以对模态对话框来说，不需要调用 ShowWindow 函数来显示对话框，但非模态对话框需要调用此函数。因此，我们需要在上述例 8-5 所示 OnDialog 函数的最后再加上下面这行代码：

```
dlg.ShowWindow(SW_SHOW);
```

编译并运行 Mybole 程序，单击程序菜单栏上的【对话框】菜单，你会发现测试对话框一闪就消失了，这是为什么呢？我们回头看看上面的代码，发现这里创建的非模态对话框对象（dlg）是一个局部对象，当程序执行时，会依次执行各行代码，当 OnDialog 函数执行结束时，dlg 这个对象的生命周期也就结束了，它就会销毁与之相关联的对话框资源。那为什么上面创建模态对话框时就可以使用局部对象呢？上面已经讲过，在创建模态对话框时，当执行到调用 DoModal 函数以显示这个对话框时，程序就会暂停执行，直到模态对话框关闭，程序才继续向下执行。也就是说，当模态对话框显示时，程序中创建的 dlg 这个对象的生命周期并未结束。正因为两者在执行方式上有所不同，所以在创建非模态对话框时，不能把对话框对象定义为局部对象。对于这个问题，有两种解决办法：一种方法是把这个对话框对象定义为视类的成员变量；另一种方法是将它定义为指针，在堆上分配内存。我们知道，在堆上分配的内存与程序的整个生命周期是一致的，当然这里是指程序中没有主动释放该内存的情况。这里，我们采用后一种方式，修改已有代码，结果如例 8-6 所示。

例 8-6

```
void CMyboleView::OnDialog()
{
//  CTestDlg dlg;
//  dlg.DoModal();

    CTestDlg *pDlg = new CTestDlg;
    pDlg->Create(IDD_DIALOG1,this);
    pDlg->ShowWindow(SW_SHOW);
}
```

提示：因为这里定义的对话框对象是指针类型，所以在调用其成员函数时应该用→操作符。

编译并运行 Mybole 程序，单击程序菜单栏上的【对话框】菜单，测试对话框出现了，这时试着单击菜单栏上的其他菜单，将会发现可以进行这项操作，如图 8.11 所示。这就是非模态对话框的特点。因为在程序显示非模态对话框时，并不会停留在某条语句处，所以CMyboleView类的OnDialog函数内部的代码就会被顺序地执行，直到该函数执行结束，程序就可以执行其他任务了，例如响应菜单项的单击操作。

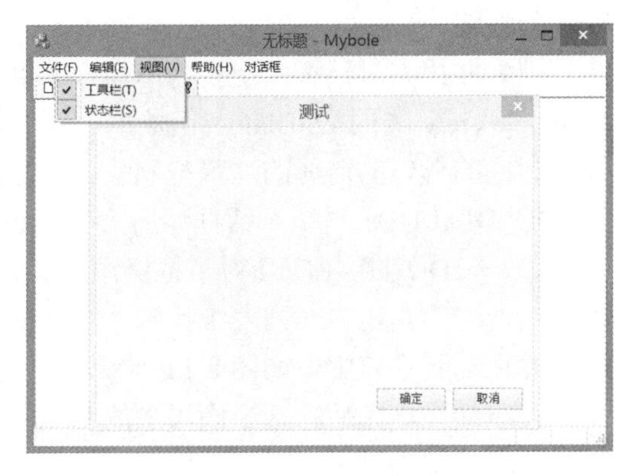

图 8.11　非模态对话框的显示

可是，上述例 8-6 所示的这段程序仍有问题，首先，我们定义的 pDlg 这个指针变量是一个局部对象，这样当它的生命周期结束时，它所保存的内存地址就丢失了，那么在程序中也就无法再引用到它所指向的那块内存了。这个问题的解决办法有两种：一是将这个指针变量定义为视类（CMyboleView）的成员变量，然后在CMyboleView类的析构函数中调用delete函数来释放这个指针变量所指向的那块内存；二是在 CTestDlg 类中重载 PostNcDestroy 虚函数（该函数是在窗口销毁时调用的最后一个函数，用于执行一些清理操作），释放 this 指针所指向的内存，代码如例 8-7 所示，其中加灰显示的代码是我们添加的代码。

例 8-7

```
void CTestDlg::PostNcDestroy()
{
    delete this;
    CDialog::PostNcDestroy();
}
```

另外，读者会发现上述示例中无论创建的是模态对话框，还是非模态对话框，当单击对话框上的【OK】按钮时，对话框都会消失。但有一点需要提醒读者注意，对模态对话框而言，此时对话框窗口对象被销毁了。而对非模态对话框来说，对话框窗口对象并未被销毁，只是隐藏起来了。我们来分析一下在非模态对话框中单击【OK】按钮后程序所发生的事情。这时，程序会调用基类（CDialog）的 OnOK 函数，这是一个虚函数。后者又会调用 EndDialog 函数，这个函数用于终止模态对话框，而对于非模态对话框来说，这个函数只是使对话框窗口不可见，并不销毁它。因此，对非模态对话框来说，如果有一个 ID 值为 IDOK 的按钮，就必须重写基类的 OnOK 这个虚函数，并在重写的函数中调用DestroyWindow 函数，以完成销毁对话框的工作，同时注意不要再调用基类的 OnOK 函数。同样地，如果非模态对话框中有一个 ID 值为 IDCANCEL 的按钮，那么也必须重写基类的OnCancel 虚函数，并在重写的函数中调用 DestroyWindow 函数，销毁对话框，同时注意不要再调用基类的 OnCancel 函数。

8.3　动态创建按钮

下面，我们要实现这样的功能：当单击对话框中某个按钮时，就在对话框中动态创建一个新按钮。

因为非模态对话框实现较为麻烦，所以本章下面的内容仍以模态对话框为例。首先将 CMyboleView 类的 OnDialog 函数中创建非模态对话框的代码注释起来，并把先前创建模态对话框的代码的前面的注释符删除，即恢复上述例 8-3 所示的 OnDialog 函数实现。然后，为 IDD_DIALOG1 这个对话框添加一个按钮，方法是：打开资源视图窗口，展开“Dialog”分支，双击 IDD_DIALOG1 对话框资源，这将会打开对话框资源编辑器；接着在 Visual Studio 的左边选中工具箱，在列表中找到“对话框编辑器”分支并展开，用鼠标左键按住 Button 控件并拖动到窗口中，如图 8.12 所示。

在添加完毕完后，选中刚添加的 Button 控件，在属性窗口中，将 Caption 属性设置修改为 Add，ID 属性修改为 IDC_BTN_ADD。

下面我们开始实现当单击这个【Add】按钮后，在对话框中动态创建一个按钮这一功能。为了实现一单击按钮就动态创建新按钮这一功能，首先需要响应【Add】按钮单击消息，即为程序添加【Add】按钮单击消息的响应函数。添加方法是：用鼠标右键单击【Add】按钮，在弹出的快捷菜单中选择【添加事件处理程序】菜单项，在事件处理程序向导中，保持默认选中的类（CTestDlg），消息类型保持默认选中的 BN_CLICKED，函数处理程序名称也保持默认，如图 8.13 所示。然后单价【添加编辑】按钮，定位到新添加的这个函数的定义处。

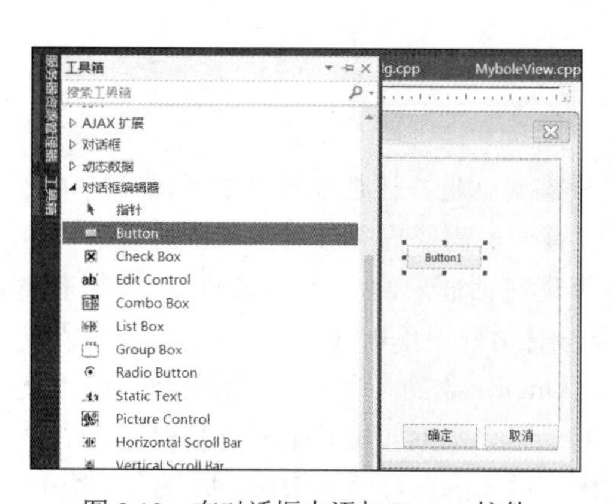

图 8.12　在对话框中添加 Button 控件

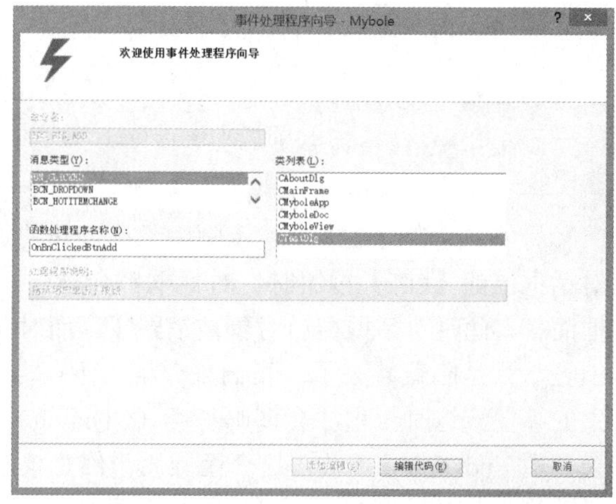

图 8.13　为 Add 按钮添加按钮单击消息响应函数

> **知识点**　Windows 消息分为三类：标准消息、命令消息和通告消息。像按钮的单击、列表框的选择这类消息都属于通告消息。

关于动态创建按钮这一功能，在第 4 章中已经介绍过了，读者可以回顾一下。我们先为 CTestDlg 类添加一个私有的 CButton 成员变量：m_btn。根据第 4 章的知识，我们知道要创建一个按钮，可以调用 CButton 类的成员函数 Create 来实现，例 8-8 就是具体的实现代码。

例 8-8

```
void CTestDlg::OnBnClickedBtnAdd()
{
    m_btn.Create(L"New",BS_DEFPUSHBUTTON | WS_VISIBLE | WS_CHILD,
                CRect(0,0,100,100),this,123);
}
```

提示：如果在写代码时，不知道按钮的类型，则可以求助于 MSDN。

上述代码在对话框窗口客户区的（0,0）处创建了一个文本为“New”、长度和宽度均为 100 个逻辑单位的按钮。为了简单起见，这里给这个新建按钮随意赋了一个 ID 号：123。另外，需要提醒读者注意的是，如果在创建按钮时，没有指定 WS_VISIBLE 风格，那么随后一定要调用这个按钮对象的 ShowWindow 函数，才能将按钮控件显示出来。

编译并运行 Mybole 程序，单击程序菜单栏上的【对话框】菜单，测试对话框出现了，单击该对话框上的【Add】按钮，这时在该对话框的左上角就会出现一个动态创建的按钮：New，如图 8.14 所示。

但是，当我们再次单击【Add】按钮时，程序就会弹出一个非法操作对话框，如图 8.15 所示。

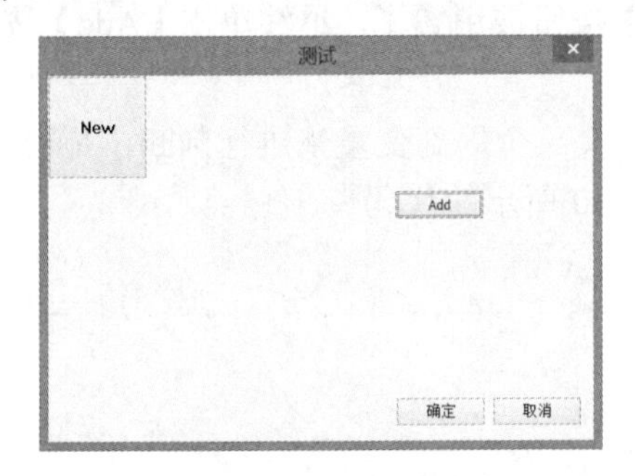

图 8.14 动态创建的按钮

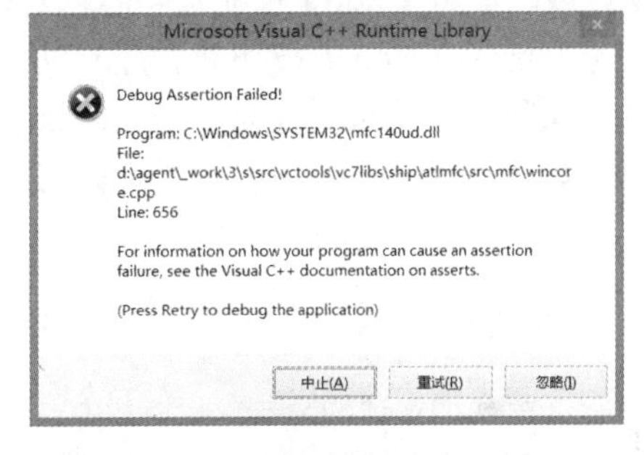

图 8.15 非法操作提示对话框

这是因为当单击【Add】按钮时，就会调用 CButton 的 Create 函数，创建一个窗口，并与 m_btn 这个对象相关联。当再次单击【Add】按钮时，它又重复创建一个窗口并试图与 m_btn 这个对象相关联，但因为此时 m_btn 这个对象已经和一个窗口绑定在一起了，因此就会出现非法操作。

为了解决这一问题，在程序中需要进行判断，如果 m_btn 对象已经与一个窗口绑定在一起了，就需要先销毁这个窗口。当下次再单击 Add 按钮时，就可以将新创建的窗口与 m_btn 对象进行绑定。要完成该项判断，我们可以为 CTestDlg 类增加一个私有的 BOOL 类型成员变量：m_bIsCreated，用来标识是否已经创建过按钮窗口了，并在 CTestDlg 类的构造函数中将此变量初始为 FALSE。在【Add】按钮单击消息的响应函数（OnBnClickedBtnAdd）中，首先判断 m_bIsCreated 这个变量的值，如果其值为 FALSE，说明还没有创建按钮窗口，那么就调用 Create 函数创建，然后将 m_bIsCreated 变量设置为 TRUE；否则销毁已创建的按钮窗口，这可以调用 CWnd 类的成员函数：DestroyWindow 来实现（与这个函数对应的

SDK 函数在第 2 章中就已经用过了，相信大家不会对它感到陌生），在销毁窗口后将 m_bIsCreated 变量设置为 TRUE。最终的实现代码如例 8-9 所示。

例 8-9

```
void CTestDlg::OnBnClickedBtnAdd()
{
    if(m_bIsCreated == FALSE)
    {
        m_btn.Create(L"New",BS_DEFPUSHBUTTON | WS_VISIBLE | WS_CHILD,
                CRect(0,0,100,100),this,123);
        m_bIsCreated = TRUE;
    }
    else
    {
        m_btn.DestroyWindow();
        m_bIsCreated = FALSE;
    }
}
```

编译并运行 Mybole 程序，单击程序菜单栏上的【对话框】菜单，测试对话框出现了，单击该对话框上的【Add】按钮，这时在该对话框的左上角就会出现一个动态创建的按钮：New。再次单击【Add】按钮，动态创建的【New】按钮被销毁了，继续单击【Add】按钮，又动态创建了【New】按钮。程序一切正常。

如果这里不用成员变量 m_bIsCreated，而是定义一个局部变量来进行判断，是否可行呢？例如，把上述例 8-9 所示的代码修改为如例 8-10 所示的代码。

例 8-10

```
void CTestDlg::OnBnClickedBtnAdd()
{
    BOOL bIsCreated = FALSE;
    if(bIsCreated == FALSE)
    {
        m_btn.Create(L"New",BS_DEFPUSHBUTTON | WS_VISIBLE | WS_CHILD,
                CRect(0,0,100,100),this,123);
        bIsCreated = TRUE;
    }
    else
    {
        m_btn.DestroyWindow();
        bIsCreated = FALSE;
    }
}
```

在 OnBtnAdd 函数中，首先定义了一个局部变量 bIsCreated，并初始化为 FALSE。然后对这个变量进行判断，根据其值来进行不同的处理。但是，由于 bIsCreated 是局部变量，因此在每次调用 OnBtnAdd 函数时，这个局部变量都会被重新定义，并被赋值为 FALSE，也就是说，每次执行的都是 if 部分的语句，显然这是错误的。因此，这种方法行不通。

如果要在每次调用 OnBtnAdd 函数时，不再对 bIsCreated 变量进行初始化，则可以将这个局部变量改成静态变量，即把 bIsCreated 变量的定义代码改为：

```
static BOOL bIsCreated = FALSE;
```

对于这个静态变量来说，当第一次加载 OnBtnAdd 函数时，系统会为它分配内存空间，并初始化为 FALSE。以后再进入 OnBtnAdd 函数时，就不会再为这个静态变量分配内存空间并对它进行初始化操作了。读者可以试试这种方法，会发现同样能够实现正确的结果。

以上是通过定义一个变量来判断是否已经创建了一个按钮窗口并与按钮对象相关联，下面我们利用一种更直接的方法来实现这种判断。根据前面的知识，我们知道 CWnd 对象都有一个成员变量 m_hWnd，用来保存与窗口对象相关联的窗口句柄。如果窗口对象没有与任意一个窗口相关联，这个句柄就为 NULL。因此，在我们这个例子的 OnBtnAdd 函数中，可以这样判断：如果 m_btn 这个按钮对象的窗口句柄为空，就创建按钮；否则就销毁。在窗口对象被销毁时，会把它的窗口句柄设置为 NULL。

利用 CWnd 类的窗口句柄成员实现本例所需功能的具体代码如例 8-11 所示。

例 8-11

```
void CTestDlg::OnBnClickedBtnAdd()
{
    if(!m_btn.m_hWnd)
    {
        m_btn.Create(L"New",BS_DEFPUSHBUTTON | WS_VISIBLE | WS_CHILD,
                CRect(0,0,100,100),this,123);
    }
    else
    {
        m_btn.DestroyWindow();
    }
}
```

读者可以测试一下这时的 Mybole 程序，将会看到同样的效果。

实际上，有多种方法可以实现 Mybole 程序中的这种判断，但上面我们使用的最后一种方法是最简单的，也是最直接的。当然，这就要求我们对 MFC 的 CWnd 类有一定的了解，才会想到利用这种方法来实现。

8.4　控件的访问

下面，我们在对话框上再放置几个控件：三个静态文本控件（Static Text）和三个编辑框控件（Edit Control），并将静态文本控件的文本分别设置为：“Numer1:”“umer2:”“Numer3:”。如图 8.16 所示。

> **知识点**　静态文本控件主要用来作为标签，即作为注释用；编辑框控件允许用户输入一些文本信息。

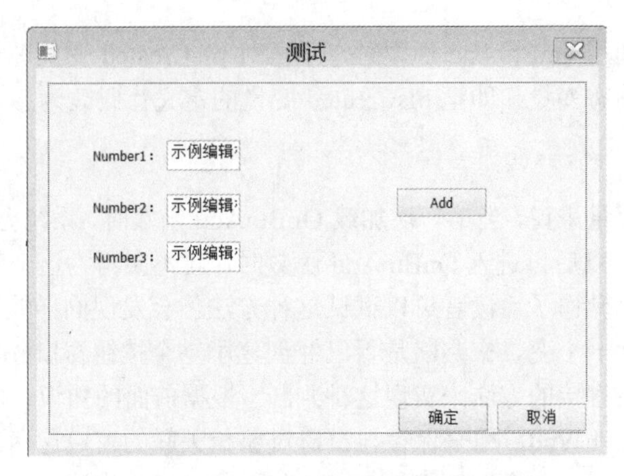

图 8.16　添加几个控件后的测试对话框

> 提示：如果要再添加一个对话框中已有类型的控件，则可以按住 Ctrl 键，并用鼠标拖动这个已有控件到需要的位置，然后松开鼠标键，再松开 Ctrl 键，即可实现对已有控件的复制和粘贴的功能。

8.4.1　控件的调整

如果在对话框中添加了多个控件，则可以根据需要调整对话框窗口的大小，方法是在对话框资源编辑器中选中对话框窗口本身，然后拖动其外围边框上出现的黑色小方框，直到合适的大小时松开鼠标，即可完成其大小的调整。

为了调整对话框上多个控件的位置，或者设置它们的大小及间距，可以利用 Visual Studio 开发环境提供的对话框编辑器工具栏提供的各种功能。单击菜单【视图】，选择【工具栏】→【对话框编辑器】，即可调出对话框编辑器工具栏。如图 8.17 所示。

图 8.17　对话框编辑器工具栏

为了调整刚才添加的三个静态文本框的位置，首先需要选中它们，然后单击对话框编辑器工具栏上的【左对齐】按钮，即可使这三个控件按照左边框对齐。再选择工具栏上的【使大小相同】按钮，即可使这三个控件具有相同的大小。接着选择工具栏上的【纵向】按钮，即可使这三个控件中相邻两个控件之间具有相同的间距。利用同样的方法，调整三个编辑框的大小和位置。

> 提示：按住 Ctrl 键的同时，用鼠标单击控件，可以选择多个控件。

有一点需要注意：只有在当前编辑窗口为对话框编辑窗口时，对话框编辑器工具栏才会出现。

8.4.2　静态文本控件

下面，我们要实现这样的功能：当单击“Number1:”这个静态文本时，将其文本变成：“数值 1:”。在此控件上单击鼠标右键，从弹出的快捷菜单中选择【添加事件处理程序】菜单项命令，你会发现在事件处理程序向导中“消息类型”和“函数处理程序名称”的位置都为空，无法添加消息响应函数，如图 8.18 所示。

图 8.18　无法为静态文本控件添加消息处理程序

这是为什么呢？回到对话框编辑窗口，查看对话框中其他两个静态文本控件，你会发现它们的 ID 都是一样的，都是 IDC_STATIC。那么是不是同一种类型的控件都具有相同的 ID 呢？我们可以再看看三个编辑框控件的 ID，你会发现它们是不同的。前面已经介绍过，静态文本框主要是用作标签使用的，并不是用来响应诸如鼠标单击这类消息的，所以它们的 ID 都是一样的，默认都是 IDC_STATIC。但在有些特殊情况下，例如本例这种情况，需要处理静态文本控件上的鼠标单击消息，则可以通过修改其 ID 的方法，来为它添加所需的消息响应函数。为此，我们将“Number1:”静态文本的 ID 修改为：IDC_NUMBER1。然后再次打开事件处理程序向导，就可以添加消息处理函数了，如图 8.19 所示。保持默认选择，单击【添加编辑】按钮，跳转到这个响应函数的定义处。

前面已经讲过，控件实际上也是窗口，因此如果想获取静态文本控件上显示的文本，就可以利用 CWnd 类的成员函数 GetWindowText 来实现。但是首先要获得这个静态文件控件对象，然后才能调用该对象的 GetWindowText 函数来获取该控件上显示的文本。如何获取这个静态文本框控件对象呢？这可以利用 CWnd 类的另一个成员函数：GetDlgItem，该函数的一种声明形式如下所示：

```
CWnd* GetDlgItem( int nID ) const;
```

图 8.19　为静态文本框添加消息响应函数

可以看到，这个函数返回一个指向由参数 nID 指定的控件或子窗口对象的指针。在大多数情况下，这个函数都是在对话框中使用的。

如果要设置控件的文本，则可以利用 CWnd 类中与 GetWindowText 函数相对应的另一个成员函数 SetWindowText 来实现。

接下来，我们就可以为 OnStnClickedNumber1 函数编写如例 8-12 所示的代码。

例 8-12

```
void CTestDlg::OnStnClickedNumber1()
{
    CString str;
    if(GetDlgItem(IDC_NUMBER1)->GetWindowText(str), str == L"Number1: ")
    {
        GetDlgItem(IDC_NUMBER1)->SetWindowText("数值 1: ");
    }
    else
    {
        GetDlgItem(IDC_NUMBER1)->SetWindowText("Number1: ");
    }
}
```

在上述例 8-12 所示代码中，首先获得 IDC_NUMBER1 这个静态文本控件的文本，然后判断一下该文本是否是“Number1：”，如果是，则将该静态文本控件的文本改变为“数值 1：”；否则还将该静态文本控件的文本设置回“Number1：”。

在上述例 8-12 所示代码中，有一点需要注意：if 语句中使用了一条**逗号表达式**。逗号表达式的结果是最后一个表达式的返回值，这里就是判断字符串是否相等的那条语句的返回值。

编译并运行 Mybole 程序，单击程序菜单栏上的【对话框】菜单，测试对话框窗口出现了，单击该对话框上的“Number1：”静态文本框，你会发现这个控件的文本并没有改变。这是为什么呢？是调用的函数不正确，还是在进行文本比较的时候中英文冒号使用不当导致的呢？实际上，这里真正的原因是因为**静态文本控件在默认状态下是不发送通告消息的**。回到对话框资源编辑窗口，选中 IDC_NUMBER1 静态文本控件，在其属性窗口中外观分支下有一个 Notify 属性，其值为 FALSE，因此静态文本控件就不能向其父窗口发送鼠标事件，从而父窗口，即本例中的对话框窗口就接收不到在静态文本控件上鼠标单击这一消息。我们将 Notify 属性设置为 TRUE，再测试一下程序，可以发现这时在 IDC_NUMBER1 静态文本控件上单击鼠标左键，即可实现文本的改变。

综上所述，**为了使一个静态文本控件能够响应鼠标单击消息，需要进行两个特殊的步骤：第一步，改变它的 ID；第二步，在它的属性窗口中将 Notify 属性设置为 TRUE。**

8.4.3　编辑框控件

利用上面的对话框实现这样的功能：在前两个编辑框中分别输入一个数字，然后单击【Add】按钮，对前两个编辑框中的数字求和，并将结果显示在第三个编辑框中。

1．第一种方式

为了对前两个编辑框中的数字求和，就要获得这两个编辑框中的内容。根据上面介绍的知识，我们知道可以利用 GetWindowText 函数来实现这个功能。同时，可以利用 SetWindowText 函数将求和结果显示在第三个编辑框中。因此，实现代码如例 8-13 所示。

例 8-13

```
void CTestDlg::OnBnClickedBtnAdd()
{
    int num1, num2, num3;
    TCHAR ch1[10], ch2[10], ch3[10];

    GetDlgItem(IDC_EDIT1)->GetWindowText(ch1, 10);
    GetDlgItem(IDC_EDIT2)->GetWindowText(ch2, 10);

    num1 = _tstoi(ch1);
    num2 = _tstoi(ch2);
    num3 = num1 + num2;

    _itot_s(num3, ch3, 10);
    GetDlgItem(IDC_EDIT3)->SetWindowText(ch3);
}
```

注：读者可以先将【Add】按钮单击消息响应函数 OnBtnAdd 中已有代码注释起来，然后将上述代码添加到这个函数中。以下几种实现方式与此相同。

在上述例 8-13 所示代码中，首先定义了三个数值型变量和三个大小为 10 的字符数组。然后获得前两个编辑框中的文本内容，但为了进行求和运算，必须将字符形式的内容转换为数值，C 语言提供了一个转换函数 atoi，可以将一个由数字组成的字符串转换为相应的数值。而在这里，为了兼顾 ANSI 和 UNICODE 字符串，我们使用了_tstoi 宏，由编译器在编译的时候，根据是否预定义了 UNICODE 宏来决定是转为 ANSI 版本（atoi）还是 UNICODE 版本（_wtoi）的函数。在程序中对转换后的数值求和，结果是一个数值，但为了将结果显示在第三个编辑框中，还必须将这个数值转换为文本，这可以利用 C 语言中与 atoi 函数相对应的另一个函数 itoa 来实现，同样，在这里我们使用与字符集无关的版本来调用，即_itot_s 宏（对应的 UNICODE 版本的函数是_itow_s）。最后，调用 SetWindowText 函数将转换后的文本结果显示在第三个编辑框中。

> **提示：**_itot_s 函数的第三个参数表示转换的进制，数字 10 表示十进制。

编译并运行 Mybole 程序，单击程序菜单栏上的【对话框】菜单，测试对话框窗口出现了，读者可以试着在前两个编辑框中分别输入一个数字，例如，分别输入 34 和 56，然后单击【Add】按钮，即可看到在第三个编辑框中显示了求和结果：90。程序运行界面如图 8.20 所示。

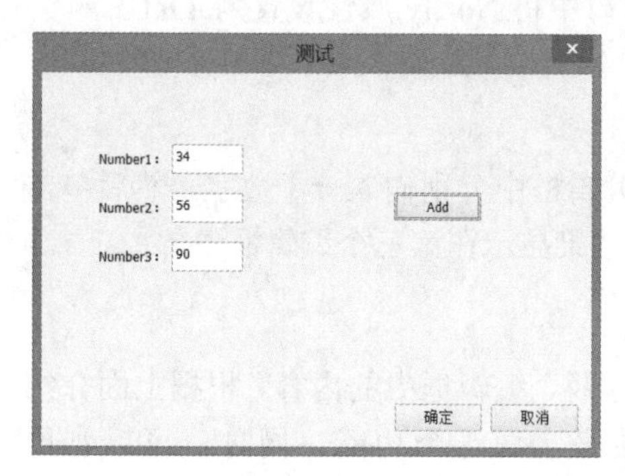

图 8.20　编辑框控件操作结果

2．第二种方式

下面再介绍另外一种实现方法。CWnd 类还提供了一个成员函数 GetDlgItemText，这个函数将返回对话框中指定 ID 的控件上的文本。也就是说，GetDlgItemText 函数把上面介绍的 GetDlgItem 和 GetWindowText 这两个函数的功能组合起来了。CWnd 类也有一个与之对应的成员函数 SetDlgItemText，用来设置对话框中指定 ID 的控件上的文本。例 8-14 就是利用 GetDlgItemText 和 SetDlgItemText 函数的实现代码。

例 8-14

```
void CTestDlg::OnBnClickedBtnAdd()
{
    int num1, num2, num3;
    char ch1[10], ch2[10], ch3[10];

    GetDlgItemText(IDC_EDIT1,ch1,10);
    GetDlgItemText(IDC_EDIT2,ch2,10);

    num1 = atoi(ch1);
    num2 = atoi(ch2);
    num3 = num1 + num2;

    itoa(num3,ch3,10);
    SetDlgItemText(IDC_EDIT3,ch3);
}
```

读者可以试试这段代码，会发现同样实现了要求的功能。

3. 第三种方式

利用 CWnd 类的另一对成员函数：GetDlgItemInt 和 SetDlgItemInt 来实现上述功能。其中，GetDlgItemInt 函数返回指定控件的文本，并将其转换为一个整型数值，它的声明形式如下所示：

```
UINT GetDlgItemInt( int nID, BOOL* lpTrans = NULL, BOOL bSigned = TRUE ) const;
```

其中，各参数的意义如下所述。

■ nID

控件的 ID。

■ lpTrans

指向一个布尔型变量，该变量接收转换标志。如果这个函数在调用时有错误发生，例如，遇到一个非数值型的字符，或者得到的数值超过了 UINT 类型所能表示的最大值，则这个函数将一个 0 值（即 FALSE）放置到这个参数所指向的地址空间中；否则，给这个参数所指向的地址空间中设置一个非 0 值（即 TRUE）。如果在调用这个函数时，将这个参数设置为 NULL，则这个函数将不对错误提出警告。

■ bSigned

指定被检索的值是否有符号。如果为真，则说明这个数值是有符号的；否则，是无符号的数值。

与 GetDlgItemInt 函数的功能相对应，SetDlgItemInt 函数用指定的数值来设置特定控件的文本，该函数具有如下形式的声明：

```
void SetDlgItemInt( int nID, UINT nValue, BOOL bSigned = TRUE );
```

该函数各个参数的意义如下所述。

■ nID

控件的 ID。

■ nValue

指定用来产生控件上文本的整型数值。

■ bSigned

设定 nValue 参数指定的数值是否有符号。如果其值为 TRUE，则 nValue 指定的数值就是一个有符号数；否则是无符号数。

例 8-15 就是利用 GetDlgItemInt 和 SetDlgItemInt 这两个函数实现本例所需功能的具体代码。

例 8-15

```
void CTestDlg::OnBnClickedBtnAdd()
{
    int num1, num2, num3;
    num1 = GetDlgItemInt(IDC_EDIT1);
```

```
    num2 = GetDlgItemInt(IDC_EDIT2);

    num3 = num1 + num2;

    SetDlgItemInt(IDC_EDIT3,num3);
}
```

读者可以试试这段代码，会发现同样实现了要求的功能。还可以试试在前两个编辑框中输入负值，看看求和的结果如何，你会发现结果一样是正确的。

4．第四种方式

将这三个编辑框分别与对话框类的三个成员变量相关联，然后通过这些成员变量来检索和设置编辑框的文本，这是最简单的访问控件的方式。

为了将对话框控件与类成员变量相关联，可以利用类向导来帮助我们完成。打开类向导对话框，切换到成员变量选项卡，在“类名”下拉列表框中选择 CTestDlg，这时在“成员变量”列表中将列出这个对话框中所有控件的 ID。如图 8.21 所示。

图 8.21　类向导的成员变量选项卡

为 IDC_EDIT1 编辑框添加一个相关联的成员变量，首先是在“成员变量”列表中选中 IDC_EDIT1，然后单击【添加变量】按钮，这时将出现如图 8.22 所示的对话框。在此对话框中，设置与控件相关联的成员变量的名称为：m_num1；变量的类别为：值；变量的类型为：int；访问权限为：private。然后单击【完成】按钮，这时，在类向导对话框的“成员变量”选项卡的“成员变量”列表中，就可以看到 IDC_EDIT1 控件有了一个与之关联的 int 类型成员变量：m_num1，如图 8.23 所示。

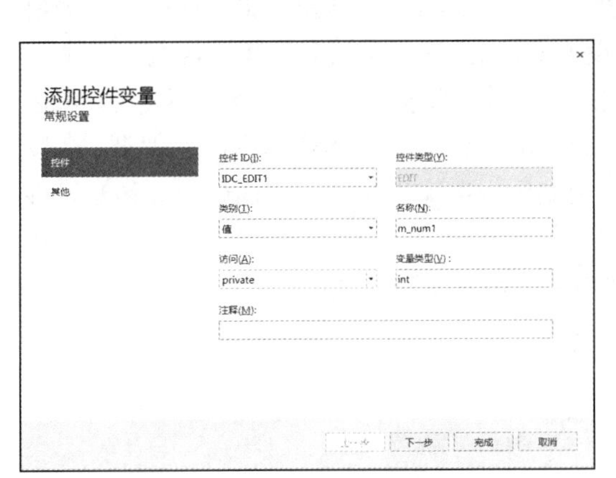

图 8.22　添加控件变量对话框

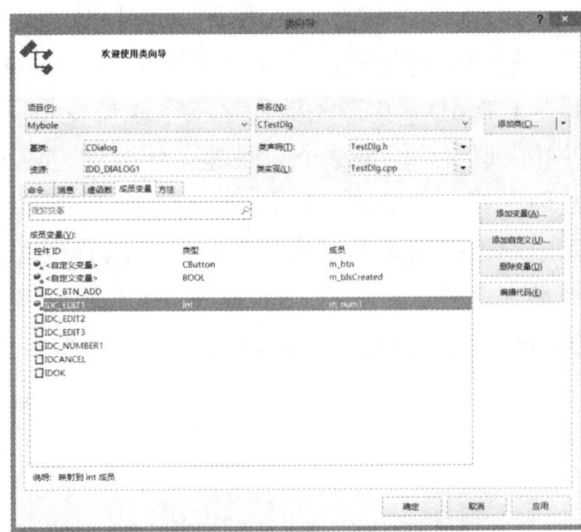

图 8.23　IDC_EDIT1 控件有了一个关联的类成员变量

利用同样的方法，为 IDC_EDIT2 和 IDC_EDIT3 这两个编辑控件分别添加与之相关联的成员变量：m_num2 和 m_num3，并且都是 int 类型。之后，单击类向导对话框上的【确定】按钮，关闭这个对话框。这时，可以浏览一下 CTestDlg 类的源代码，看看类向导添加了哪些新内容？

> **提示：**为控件关联成员变量也可以在对话框编辑窗口中操作，使用鼠标右键单击控件，从弹出的菜单中选择【添加变量】菜单项命令，也将出现如图 8.22 所示的添加控件变量对话框。

首先，在这个类的头文件中增加了三个成员变量，代码如例 8-16 所示。

例 8-16

```
private:
    int     m_num1;
    int     m_num2;
    int     m_num3;
```

接着，在 CTestDlg 类的构造函数中，利用初始化列表的方式对这三个成员变量进行了初始化，将它们分别赋值为 0。代码如例 8-17 所示。

例 8-17

```
CTestDlg::CTestDlg(CWnd* pParent /*=NULL*/)
    : CDialog(IDD_DIALOG1, pParent)
    , m_num1(0)
    , m_num2(0)
    , m_num3(0)
{
    m_bIsCreated = FALSE;
}
```

编译并运行 Mybole 程序，单击程序菜单栏上的【对话框】菜单项，将出现我们自己定义的测试对话框，可以发现这时在三个编辑框中都显示了一个数值：0。这个初始的值就是 CTestDlg 构造函数为这三个成员变量所设置的，因为这三个成员变量已经与这三个控件相关联了。但是这个关联是在什么地方完成的呢？继续浏览 CTestDlg 类的源文件，可以发现它有一个 DoDataExchange 函数（代码如例 8-18 所示），这个函数由程序框架调用，以完成对话框数据的交换和校验。可以看到在这个函数内部调用了三个 DDX_Text 函数，该函数的功能就是将 ID 指定的控件与特定的类成员变量相关联。也就是说，**在 DoDataExchange 函数内部实现了对话框控件与类成员变量的关联。**

例 8-18

```
void CTestDlg::DoDataExchange(CDataExchange* pDX)
{
    CDialog::DoDataExchange(pDX);
    DDX_Text(pDX, IDC_EDIT1, m_num1);
    DDX_Text(pDX, IDC_EDIT2, m_num2);
    DDX_Text(pDX, IDC_EDIT3, m_num3);
}
```

知识点 MFC 提供了多种以 DDX_为前缀的函数，这些函数分别用于不同控件的数据交换。

既然编辑框控件已经与类成员变量相关联了，我们就可以直接利用这些相关联的变量来编程实现上述所需功能，具体实现代码如例 8-19 所示。

例 8-19

```
void CTestDlg::OnBnClickedBtnAdd()
{
    m_num3 = m_num1 + m_num2;
}
```

编译并运行 Mybole 程序，打开测试对话框窗口，在前两个编辑框中输入两个数值，单击【Add】按钮，但是发现在第三个编辑框中并没有出现计算的结果。在上述语句处设置一个断点，按下键键盘上的 F5 功能键调试运行 Mybole 程序，打开测试对话框，并在测试对话框的前两个编辑框中分别输入两个数值，例如 34 和 56，单击对话框上的【Add】按钮，程序将暂停在刚才设置的断点处。此时，我们可以看看这几个变量的值，前面已经介绍过一种查看的方法，就是把鼠标放到想查看的变量上，稍停片刻，Visual Studio 就会弹出一个小框，里面显示了该变量的当前值，如图 8.24 所示。

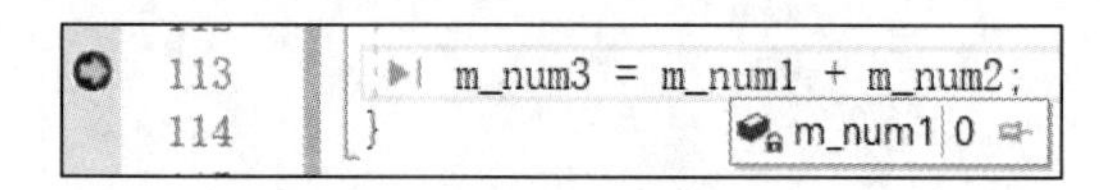

图 8.24　m_num1 变量的当前值

从图 8.24 可知，m_num1 变量的当前值是 0。利用同样的方法，可以获得 m_num2 变量的当前值，发现它也是 0。也就是说，这两个变量没有获取到在编辑框控件中输入的数值。但是，先前我们看到了在对话框初始显示时，这几个编辑框的文本确实是由与它们相关联的几个变量的初始值设置的，即在 CTestDlg 类的构造函数中将这几个变量初始化为 0，在对话框显示时，这几个编辑框的文本都为“0”。那么为什么在这里却没有获得编辑框的文本呢？刚才已经提到对话框数据交换是由 DoDataExchange 函数完成的，我们再来研究一下这个函数。由 MSDN 提供的帮助信息，可以知道：在程序代码中从来不直接调用这个函数，而是通过 CWnd 类的另一个成员函数 UpdateData 来调用。通过调用后者来初始化对话框控件或从对话框获取数据。也就是说，为了让数据交换生效，就必须去调用 DoDataExchange 函数，但程序代码不是直接调用这个函数，而是需要去调用 UpdateData 这个函数。后者具有如下声明形式：

```
BOOL UpdateData( BOOL bSaveAndValidate = TRUE );
```

UpdateData 函数有一个 BOOL 类型的参数。如果其值为 TRUE，则说明该函数正在获取对话框的数据；如果其值为 FALSE，则说明该函数正在初始化对话框的控件。对模态对话框来说，当它创建时，框架自动以参数值 FALSE 调用 UpdateData 函数来初始化对话框控件的内容。因此，上面 Mybole 程序中的测试对话框中的几个编辑框控件才能收到在 CTestDlg 类的构造函数中设置的初始值。那么，现在想要获得编辑框中的文本，就需要以参数值 TRUE 调用 UpdateData 函数，再对与编辑框控件相关联的变量进行计算。也就是在上述例 8-19 所示的 OnBtnAdd 函数代码中，在计算语句之前需要加上下面这行代码：

```
UpdateData();
```

提示：因为 UpdateData 函数参数的默认值就是 TRUE，所以从对话框获取数据时可以省略其参数值。

在调用了先前的计算语句之后，m_num3 变量就保存了计算结果，但要想把这个结果显示在第三个编辑框中，还需要进行一次数据交换，但这次是要以参数值 FALSE 来调用 UpdateData 函数，即用变量的值来初始化对话框控件。也就是在上述例 8-19 所示的 OnBnClickedBtnAdd 函数中，在先前编写的那条计算语句之后再加上下面这条语句：

```
UpdateData(FALSE);
```

这时，CTestDlg 类的 OnBnClickedBtnAdd 函数的完整代码应该如例 8-20 所示。

例 8-20

```
void CTestDlg::OnBnClickedBtnAdd()
{
    UpdateData();
    m_num3 = m_num1 + m_num2;
    UpdateData(FALSE);
}
```

读者可以再次编译并运行 Mybole 程序，测试一下在编辑框中输入数据的计算结果，将会发现这时程序正确地实现了所需功能。

这时，如果在前两个编辑框的任一个中输入一个非数值型的字符，然后单击【Add】

按钮，那么程序就会弹出一个对话框，提示：“请输入一个整数”，如图 8.25 所示。

可是我们并没有编写过判断输入字符是否数值型的功能，这里为什么会出现这样一个提示对话框呢？实际上，这是因为我们把编辑框控件与一个 int 型的变量相关联了，这样，即使当输入的内容不是数值时，程序也会弹出这样的提示信息框。

另外，我们还可以对编辑框控件中输入的数值设定一个范围，这同样可以通过类向导来完成。打开类向导对话框，选择“成员变量”选项卡，删除与控件 IDC_EDIT1 和 IDC_EDIT2 关联的成员变量 m_num1 和 m_num2，再次按照前述步骤添加两个变量，不过此时在添加完变量后，不要着急单击【完成】按钮，应选择下一步，或者单击“其他”标签，如图 8.26 所示。在最小值编辑框中输入 0，最大值编辑框中输入 100，单击【完成】按钮，完成变量的添加。

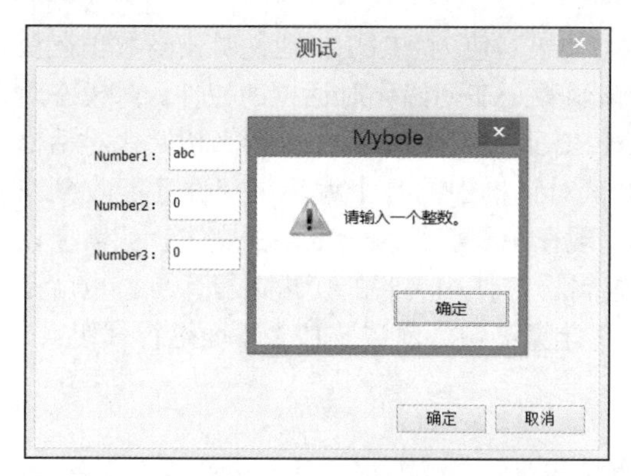

图 8.25　输入了非数值型字符的错误提示

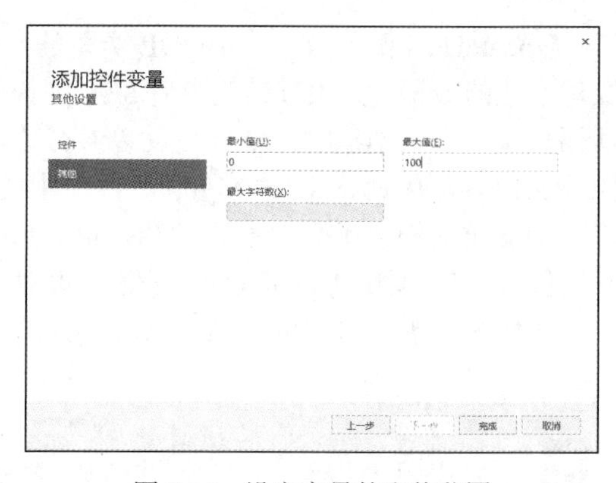

图 8.26　设定变量的取值范围

再次编译并运行 Mybole 程序，打开测试对话框，在前两个编辑框中输入一个超过 100 的数值，然后单击【Add】按钮，程序将会出弹出一个对话框，提示：“请输入一个 0 至 100 之间的整数。”如图 8.27 所示。

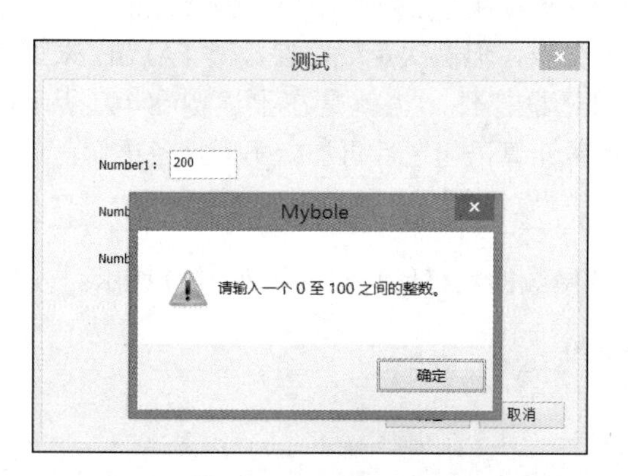

图 8.27　输入了超出变量取值范围的数值后的错误提示

要注意，这个功能也不是我们自己实现的，而是我们刚才在类向导中设定了这两个编辑框的取值范围而产生的。这时，查看一下 CTestDlg 类的源程序，发现添加控件取值范围之后，类向导又在程序的 DoDataExchange 函数中添加了几行代码。例 8-21 是这时的 DoDataExchange 函数的代码。

例 8-21

```
void CTestDlg::DoDataExchange(CDataExchange* pDX)
{
    CDialog::DoDataExchange(pDX);
    DDX_Text(pDX, IDC_EDIT3, m_num3);
    DDX_Text(pDX, IDC_EDIT1, m_num1);
```

```
        DDV_MinMaxInt(pDX, m_num1, 0, 100);
        DDX_Text(pDX, IDC_EDIT2, m_num2);
        DDV_MinMaxInt(pDX, m_num2, 0, 100);
    }
```

可以看到，类向导又添加了两个 DDV_MinMaxInt 函数。通过这个函数，设定了两个编辑框控件的取值应在 0 到 100 之间。**MFC 提供了多个以 DDV_为前缀的数据校验函数**，读者可以在 MSDN 中查看这些函数。

知识点　DDX——Dialog Data Exchange，对话框数据交换；
DDV——Dialog Data Validation，对话框数据校验。

5. 第五种方式

下面，我们把编辑框控件再与一个变量相关联，但与上面不同的是，此次关联的是一个控件变量，即代表控件本身。我们先为 IDC_EDIT1 编辑框控件增加一个控件类型的变量：m_edit1。同样，可以利用类向导打开增加控件变量对话框。这里，变量的类别应选择控件，此时，变量类型会自动变为 CEdit，如图 8.28 所示。然后单击【完成】按钮完成控件变量的添加。利用同样的方法为 IDC_EDIT2 和 IDC_EDIT3 编辑框控件分别增加一个控件类型的变量：m_edit2 和 m_edit3。

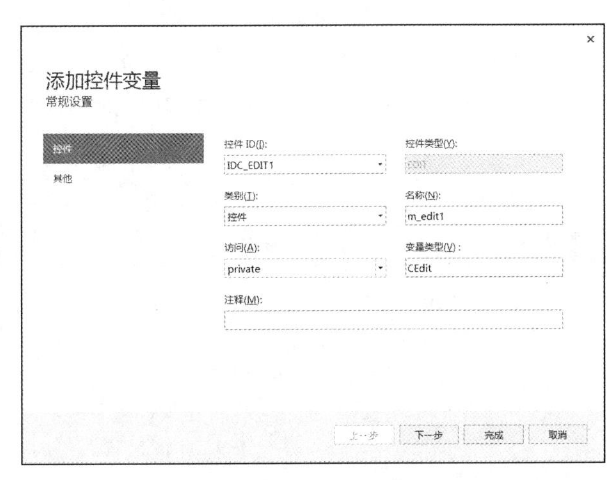

图 8.28　为控件增加一个与之关联的控件类型变量

这时，在 CTestDlg 的头文件中可以看到，类向导为 CTestDlg 类增加了三个 CEdit 类型的成员变量，代码如例 8-22 所示。

例 8-22

```
private:
    int      m_num1;
    int      m_num2;
    int      m_num3;
    CEdit    m_edit1;
    CEdit    m_edit2;
    CEdit    m_edit3;
```

同时，在 CTestDlg 类的 DoDataExchange 函数中增加了三个 DDX_Control 函数，分别将一个对话框控件与一个控件变量相关联，代码如例 8-23 所示。

例 8-23

```
void CTestDlg::DoDataExchange(CDataExchange* pDX)
{
    CDialog::DoDataExchange(pDX);
    DDX_Text(pDX, IDC_EDIT3, m_num3);
    DDX_Text(pDX, IDC_EDIT1, m_num1);
    DDV_MinMaxInt(pDX, m_num1, 0, 100);
    DDX_Text(pDX, IDC_EDIT2, m_num2);
    DDV_MinMaxInt(pDX, m_num2, 0, 100);
    DDX_Control(pDX, IDC_EDIT1, m_edit1);
    DDX_Control(pDX, IDC_EDIT2, m_edit2);
    DDX_Control(pDX, IDC_EDIT3, m_edit3);
}
```

因为这些控件变量代表的就是控件本身，并且 CEdit 类派生于 CWnd 类，因此，可以利用这些控件变量调用 GetWindowText 和 SetWindowText 这两个函数来获取和设置编辑框的文本。通过这种方法实现上述加法功能的具体代码如例 8-24 所示。

例 8-24

```
void CTestDlg::OnBnClickedBtnAdd()
{
    int num1, num2, num3;
    TCHAR ch1[10], ch2[10], ch3[10];

    m_edit1.GetWindowText(ch1, 10);
    m_edit2.GetWindowText(ch2, 10);

    num1 = _tstoi(ch1);
    num2 = _tstoi(ch2);
    num3 = num1 + num2;

    _itot_s(num3, ch3, 10);
    m_edit3.SetWindowText(ch3);
}
```

读者可以试试这段代码，将会发现它同样实现了所需的功能。

6. 第六种方式

前面已经介绍过，Windows 程序都是基于消息的，因此，为了获取和设置窗口的文本，只需要知道获取和设置窗口文本的消息是什么，就可以通过 SendMessage 来发送这条消息，从而获取和设置窗口的文本。在 Windows 系统中，获取窗口文本的消息是 WM_GETTEXT，在发送该消息后，系统将把指定窗口的文本复制到调用者提供的一个缓存中。在这个消息的两个附加参数中，wParam 指定要复制的字符数，lParam 就是调用者提供的用来保存窗口文本的缓存地址。

而设置窗口文本的消息是 WM_SETTEXT，这个消息的 wParam 参数没有被使用，值为 0，lParam 参数指定了用来设置窗口文本的字符串地址。

例 8-25 就是利用 SDK 的 SendMessage 函数，通过发送 WM_GETTEXT 消息来获取前两个编辑框控件的文本，接着将它们转换为相应的数值并完成加法计算，然后将结果转换为对应的字符串，最后再发送 WM_SETTEXT 消息，用得到的结果字符串设置第三个编辑框文本的实现代码。

例 8-25

```
void CTestDlg::OnBnClickedBtnAdd()
{
1. int num1, num2, num3;
2. TCHAR ch1[10], ch2[10], ch3[10];

3. ::SendMessage(GetDlgItem(IDC_EDIT1)->m_hWnd, WM_GETTEXT, 10,(LPARAM)
ch1);
4. ::SendMessage(m_edit2.m_hWnd, WM_GETTEXT, 10,(LPARAM)ch2);

5. num1 = _tstoi(ch1);
6. num2 = _tstoi(ch2);
7. num3 = num1 + num2;

8. _itot_s(num3, ch3, 10);
9. m_edit3.SendMessage(WM_SETTEXT, 0, (LPARAM)ch3);
}
```

对于上述例 8-25 所示代码，有以下几点说明。

- 因为 SDK 和 CWnd 类都提供了 SendMessage 函数，所以，如果想要调用 SDK 的函数，则前面必须加上两个冒号（::），就像上述代码中第 3 行和第 4 行那样。
- 如果调用的是 SDK SendMessage 函数，则第一个参数是窗口的句柄。根据前面的知识，我们知道每个窗口类对象都有一个保存了窗口句柄的成员 m_hWnd，因此对于编辑框控件来说，可以先获取编辑框窗口对应的 C++对象的指针（即上述第 3 行代码中调用 GetDlgItem 函数的作用），然后通过该指针获得窗口句柄（即 CWnd 类的 m_hWnd 成员变量）。
- 因为先前我们已经把编辑框控件与一个控件对象相关联了，所以可以直接利用该对象来获取其窗口句柄，即像上述第 4 行代码那样，直接利用 m_edit2 对象获得第二个编辑框的窗口句柄：m_hWnd。
- 因为编辑框控件也是窗口，所以可以调用该对象的 SendMessage 函数来发送相应消息，就像上述第 9 行代码那样，直接调用 m_edit3 对象的 SendMessage 函数通过发送 WM_SETTEXT 消息来设置第三个编辑框的文本。此时，像前面介绍的所有 CWnd 类成员函数一样，SendMessage 函数就不需要窗口句柄这个参数了。
- SendMessage 函数的最后一个参数要求是 LPARAM 类型，因此在代码中必须进行强制类型转换。

读者可以试试上述代码，会发现它一样能够实现所需的功能。

7. 第七种方式

这种方式也是通过发送消息来完成对控件的访问，但这时是直接给对话框的子控件发送消息的，使用的函数是SendDlgItemMessage，该函数的声明形式如下所示：

```
LRESULT SendDlgItemMessage( int nID, UINT message, WPARAM wParam = 0, LPARAM lParam = 0 );
```

可以看到，这个函数的后三个参数与SendMessage函数的参数相同，它的第一个参数指定了接收当前发送的这条消息的对话框控件。实际上，SendDlgItemMessage函数的功能相当于把上面的GetDlgItem和SendMessage这两个函数组合起来了。因为SendDlgItemMessage函数本身就是在一个对话框中给它的子控件发送消息时使用的，所以在调用时，不必先获得子控件对象再发送消息，可以直接给子控件发送消息。如例8-26所示就是利用SendDlgItemMessage函数实现本例所需功能的代码。

例8-26

```
void CTestDlg::OnBnClickedBtnAdd()
{
    int num1, num2, num3;
    TCHAR ch1[10], ch2[10], ch3[10];

    SendDlgItemMessage(IDC_EDIT1, WM_GETTEXT, 10,(LPARAM)ch1);
    SendDlgItemMessage(IDC_EDIT2, WM_GETTEXT, 10,(LPARAM)ch2);

    num1 = _tstoi(ch1);
    num2 = _tstoi(ch2);
    num3 = num1 + num2;

    _itot_s(num3, ch3, 10);
    SendDlgItemMessage(IDC_EDIT3, WM_SETTEXT, 0, (LPARAM)ch3);
}
```

读者可以试试上述例8-26所示的代码，会发现它一样能够实现所需的功能。

另外，如果要获得编辑框中复选的内容，则可以利用EM_GETSEL消息来实现。这个消息的wParam参数将接收复选内容的开始位置，lParam参数将接收复选内容的结束位置。这两个参数都要求指向DWORD类型的指针。与EM_GETSEL消息对应的是EM_SETSEL消息，该消息用来设置编辑框控件中的复选内容。下面，我们利用这个消息设置上例中第三个编辑框的复选内容，可以在上述例8-26所示代码的最后再加上下面这条语句：

```
SendDlgItemMessage(IDC_EDIT3, EM_SETSEL,1,3);
```

知识点 EM_开头的消息是指编辑框控件消息（Edit Control Message）。

编译并运行Mybole程序，打开测试对话框，在前两个编辑框中输入两个数值，单击【Add】按钮，求和结果出现在第三个编辑框中，但是我们并没有看到复选的效果。我们知道，如果要对编辑框控件的内容进行复选，则当前焦点应该位于这个编辑框上。可是，当我们单击【Add】按钮后，焦点将位于这个按钮上。因此，为了能看到第三个编辑框上的复选内容，需要把焦点转移到这个编辑框上，这可以利用 CWnd 类的一个成员函数 SetFocus 来实现。在上面新添加的 SendDlgItemMessage 函数之后再添加下面这条语句：

```
m_edit3.SetFocus();
```

编译并运行 Mybole 程序，打开测试对话框，在前两个编辑框中输入两个数，单击【Add】按钮，求和结果出现在第三个编辑框中，并且看到了复选的内容。如图 8.29 所示。

对于 EM_SETSEL 消息，还有一种特殊的情况，如果这个消息的 wParam 参数值为 0，lParam 参数值为–1，那么编辑框控件中的所有内容都将被复选。当你想选中编辑框中的所有内容，但又不知道内容的长度时，这将非常有用。

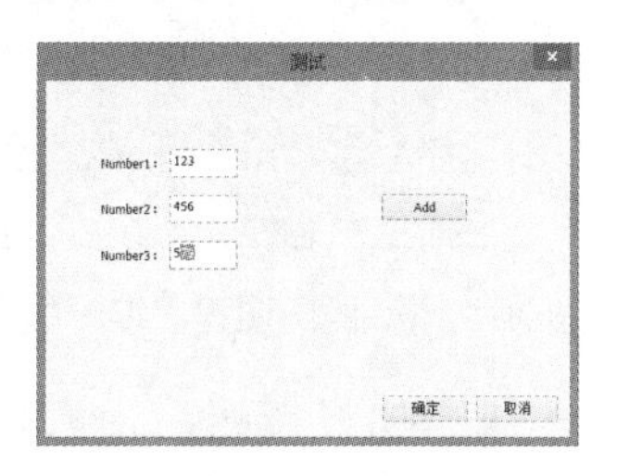

图 8.29 编辑框内容的复选效果

上面总共介绍了七种访问对话框控件的方式，下面是对这些方式的一个总结：

- GetDlgItem()->Get(Set)WindowText()
- GetDlgItemText()/SetDlgItemText()
- GetDlgItemInt()/SetDlgItemInt()
- 将控件和整型变量相关联
- 将控件和控件变量相关联
- SendMessage()
- SendDlgItemMessage()

读者在编写程序时，可以根据自己的需要选择其中一种或两种方式来使用，其中最常用的是第一种、第四种和第五种。另外，在把控件和变量相关联时，可以根据需要与特定类型的变量相关联，例如，如果需要得到编辑框控件中的字符串内容，则可以把编辑框控件与一个 CString 类型的变量相关联。在利用 MFC 编程时，SendMessage 和 SendDlgItemMessage 方法用得比较少。在上述方法中，读者一定要掌握 GetDlgItem 这个函数的用法，在对话框编程中经常会用到这个函数。

8.5 对话框伸缩功能的实现

先让我们来看看老版 Windows 提供的画图程序中的一个功能，单击画图程序的【颜色】菜单下的【编辑颜色】菜单项，将出现编辑颜色对话框，如图 8.30 所示。当单击该对话框上的【规定自定义颜色】按钮时，该对话框将扩展为如图 8.31 所示的样子。

下面为读者介绍如何实现对话框的扩展与收缩功能。首先，在 Mybole 程序中的测试对话框上再添加一个按钮，并在属性窗口中将其 Caption 设置为：“收缩<<”。当程序运行时，用户在单击此按钮后，将把这个测试对话框切除一部分，并且把此按钮的文本改成：“扩展>>”。然后，当用户再次单击这个“扩展”按钮时，程序还原整个对话框。关于如何在程序中动态修改按钮的文本，可以参考上面程序中修改静态文本控件文本的实现代码。

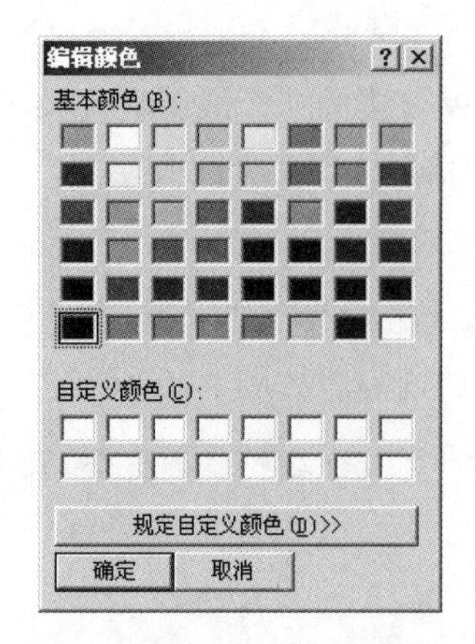

图 8.30　原始的画图程序编辑颜色对话框

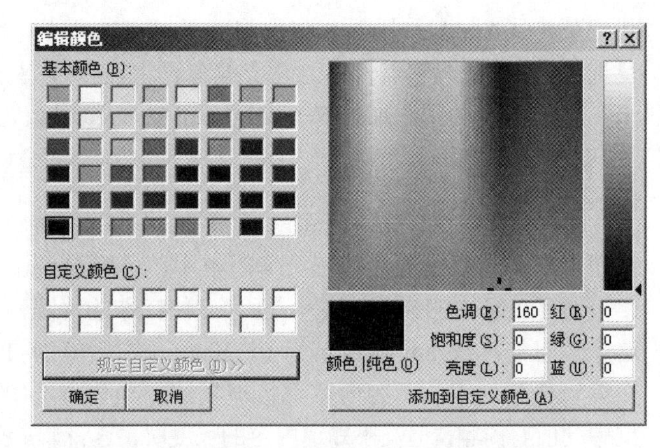

图 8.31　扩展后的画图程序编辑颜色对话框

在添加好按钮后，直接在这个按钮上双击鼠标左键，就可以完成鼠标单击消息（BN_CLICKED）响应函数的添加，并直接跳转到这个函数的定义处。这种添加命令消息响应函数的方式在你不需要修改消息类型、改变类，以及修改函数名称时，是很方便的。

下面，我们在响应函数中实现鼠标单击按钮后按钮文本发生变化这一功能，具体实现代码如例 8-27 所示。

例 8-27

```
void CTestDlg::OnBnClickedButton2()
{
    CString str;
    if (GetDlgItemText(IDC_BUTTON2, str), str == "收缩<<")
    {
        SetDlgItemText(IDC_BUTTON2, L"扩展>>");
    }
    else
    {
        SetDlgItemText(IDC_BUTTON2, L"收缩<<");
    }
}
```

在上述例 8-27 所示代码中，首先获得了 IDC_BUTTON2 按钮的文本，然后对该文本进行判断，如果是“收缩<<”，那么将该按钮的文本改变为“扩展>>”；否则将其还原为“收缩<<”。

编译并运行 Mybole 程序，打开测试对话框，单击【收缩<<】按钮，该按钮的文本立即变为“扩展>>”。再次单击此按钮，其文本又还原为“收缩<<”。也就是说，随着鼠标的单击，该按钮的文本在“收缩<<”和“扩展>>”之间来回切换。

下面在测试对话框资源中放置一个分隔条，用来划分对话框中要动态切除的部分。这个分隔条可以通过 Visual Studio 提供的图像控件来实现。打开对话框资源编辑器，在工具箱中找到图像控件（Picture Control），在对话框靠近底部的位置拖动鼠标拉出一条线。这时的测试对话框资源如图 8.32 所示。

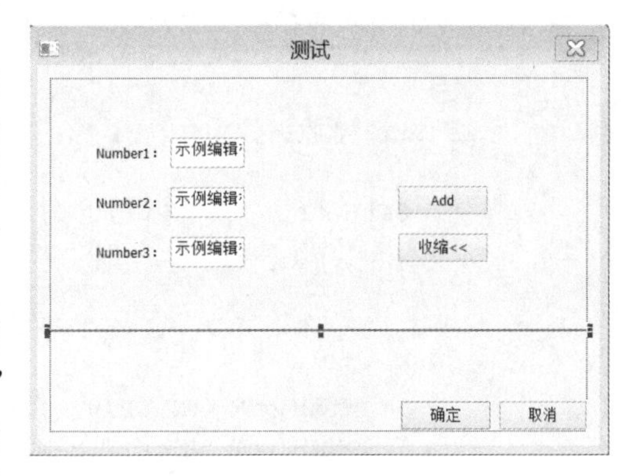

图 8.32　添加的图片控件

在图像控件的属性窗口中，可以看到它的 ID 也是 IDC_STATIC，我们首先将其 ID 改为 IDC_SEPARATOR，然后在外观分支下找到 Sunken 属性，将它的值设为 TRUE，这样，分隔条就会呈现出一种下陷的状态。

下面就要实现这样的功能：当单击【收缩<<】按钮时，对话框显示新添的这条“分隔条”以上的内容；当单击【扩展>>】按钮时，对话框还原为原来的样子。为了还原对话框，需要保存其原始位置，对话框的原始位置通过调用 GetWindowRect 函数就能得到。那么如何确定收缩后的对话框大小呢？我们注意到，当切除掉“分隔条”以下部分后，对话框的左上角坐标，以及对话框的宽度并没有改变，发生变化的只是右下角的纵坐标。也就是说，我们只要得到切除后的对话框右下角的纵坐标，也就得到了切除后的对话框的大小和位置。要得到切除后的对话框右下角的纵坐标，就要利用我们所添加的图像控件窗口（作为分隔条使用）。我们可以在图像控件对象上调用 GetWindowRect 函数来得到图像控件窗口的大小和位置，它的右下角纵坐标也就是收缩后的对话框的右下角纵坐标。

具体的实现代码如例 8-28 所示（其中灰色部分为新添的代码）。

例 8-28

```
void CTestDlg::OnBnClickedButton2()
{
    CString str;
    if(GetDlgItemText(IDC_BUTTON1, str), str == L"收缩<<")
    {
        SetDlgItemText(IDC_BUTTON1, L"扩展>>");
    }
    else
    {
        SetDlgItemText(IDC_BUTTON1, L"收缩<<");
    }
    static CRect rectLarge;
    static CRect rectSmall;

    if(rectLarge.IsRectNull())
    {
        CRect rectSeparator;
        GetWindowRect(&rectLarge);
        GetDlgItem(IDC_SEPARATOR)->GetWindowRect(&rectSeparator);

        rectSmall.left=rectLarge.left;
        rectSmall.top=rectLarge.top;
```

```
        rectSmall.right=rectLarge.right;
        rectSmall.bottom=rectSeparator.bottom;
    }
    if(str=="收缩<<")
    {
        SetWindowPos(NULL,0,0,rectSmall.Width(),rectSmall.Height(),
            SWP_NOMOVE | SWP_NOZORDER);
    }
    else
    {
        SetWindowPos(NULL,0,0,rectLarge.Width(),rectLarge.Height(),
            SWP_NOMOVE | SWP_NOZORDER);
    }
}
```

在新添加的代码中，首先定义了两个矩形变量：rectLarge 和 rectSmall，分别用来保存对话框原始尺寸和切除部分区域之后的尺寸。在第一次单击【收缩<<】按钮获得这两个尺寸后，以后再次单击此按钮时，就不需要再去设置这两个变量的值，因此，将这两个变量定义为静态变量。

接下来，判断对话框的原始尺寸是否已经被赋值。CRect 类有两个成员函数可以用来判断一个矩形是否为空。

■ IsRectEmpty

检测矩形区域是否为空。如果矩形的宽度和高度为 0 或是一个负值，则说明此矩形为空，返回非零值；否则，返回 0。

■ IsRectNull

如果矩形的左上角和右下角的四个坐标值都是 0，则此函数返回一个非零值；否则，返回 0。

可以通过下面的例子来看看这两个函数的区别，下面定义了两个矩形变量：

```
CRect rect1(10,10,10,10);
CRect rect2(0,0,0,0);
```

于是，IsRectEmpty（rect1）和 IsRectEmpty（rect2）调用都将返回一个非零值，IsRectNull（rect2）调用也将返回一个非零值，但 IsRectNull（rect1）调用将返回 0。

在本例中，因为矩形变量是静态变量，系统将它们的坐标均初始化为 0。因此，可以使用这两个函数中的任一个来判断矩形是否为空。

在上述例 8-28 所示程序中，如果判断出 rectLarge 为空，那么首先调用 GetWindowRect 函数获取这个对话框的原始尺寸，并保存于 rectLarge 中。然后获得 IDC_SEPARATOR 图片控件的位置，并设置对话框切除部分区域之后的位置坐标，即设置 rectSmall 变量的值。上面已经分析过了，对话框在切除图片控件以下的部分区域后，剩余部分的大小，即 rectSmall 变量的左上角是没有变化的，右下角横坐标也没有变化，只有纵坐标发生了变化，变化后的纵坐标也就是图像控件的右下角纵坐标。

有了原始和切除后的矩形尺寸，就可以利用 SetWindowPos 函数来设置对话框的收缩和扩展之后的大小了。这个函数的原型声明如下所示：

```
BOOL SetWindowPos( const CWnd* pWndInsertAfter, int x, int y, int cx, int cy, UINT nFlags );
```

该函数的作用是设置窗口的位置和大小，各参数的意义如下所示。

■ pWndInsertAfter

标识一个 CWnd 对象，该对象是在以 Z 次序排序的窗口中位于当前窗口前面的那个窗口对象。这个参数可以是指向某个 CWnd 对象的指针，也可以是指向表 8.2 中所列值的指针之一。

表 8.2 SetWindowPos 函数的 pWndInsertAfter 参数取值

参数取值	意　义
wndBottom	把当前窗口放置于 Z 次序的底部
wndTop	将当前窗口放置于 Z 次序的顶部
wndTopMost	将当前窗口设置为一个顶层窗口，放置于所有非顶层窗口之上，即使窗口未被激活也将保持顶层位置
wndNoTopMost	将当前窗口放置于所有非顶层窗口之上，但在所有顶层窗口之后

■ *x* 和 *y*

窗口左上角的 *x* 坐标和 *y* 坐标。

■ cx 和 cy

窗口的宽度和高度。

■ nFlags

设定窗口的尺寸和定位。该参数可以是表 8.3 中所列各种取值的组合。

表 8.3 nFlags 参数取值

参数取值	意　义
SWP_DRAWFRAME	在窗口周围绘制一个边框，这是在窗口创建时定义的
SWP_FRAMECHANGED	给窗口发送 WM_NCCALCSIZE 消息，即使窗口尺寸没有改变也会发送此消息。如果未指定这个标志，那么只有在改变了窗口尺寸时才发送 WM_NCCALCSIZE 消息
SWP_HIDEWINDOW	隐藏窗口
SWP_NOACTIVATE	不激活窗口。如果未设置此标志，那么窗口被激活，并根据 pWndInsertAfter 参数的取值，将当前窗口设置到其他顶层窗口或非顶层窗口之上
SWP_NOCOPYBITS	清除客户区的所有内容。如果未设置此标志，则客户区的有效内容将被保存并且在窗口尺寸更新和重定位后复制回客户区
SWP_NOMOVE	维持窗口当前位置，这将忽略 *x* 和 *y* 参数
SWP_NOOWNERZORDER	不改变 Z 次序中的所有者窗口的位置
SWP_NOREDRAW	不重画改变的内容。如果设置此标志，则不发生任何重画动作。适用于客户区和非客户区（包括标题栏和滚动条），以及任何由子窗口移动而露出的父窗口的部分。如果设置了此标志，则应用程序必须明确地使窗口无效，并且重画窗口和父窗口中任何需要重画的部分
SWP_NOREPOSITION	与 SWP_NOOWNERZORDER 标志的作用相同
SWP_NOSENDCHANGING	禁止窗口接收 WM_WINDOWPOSCHANGING 消息
SWP_NOSIZE	维持窗口的当前尺寸，这将忽略 cx 和 cy 参数
SWP_NOZORDER	维持当前的 Z 次序，这将忽略 pWndInsertAfter 参数
SWP_SHOWWINDOW	显示窗口

可见，本例中 SetWindowPos 函数的 nFlags 参数不能取 SWP_NOSIZE 这个值，因为它将忽略 cx 和 cy 参数，从而就无法改变对话框矩形区域的大小了。

知识点 窗口的 Z 次序表明了重叠窗口堆中窗口的位置，这个窗口堆是按一个假想的轴定位的，这个轴就是从屏幕向外伸展的 Z 轴。Z 次序最上面的窗口覆盖所有其他的窗口，Z 次序最底层的窗口被所有其他的窗口覆盖。应用程序设置窗口在 Z 次序中的位置是通过把它放在一个给定窗口的后面，或是放在窗口堆的顶部或底部。

Windows 系统管理三个独立的 Z 次序——一个用于顶层窗口、一个用于兄弟窗口，还有一个是用于最顶层窗口。最顶层窗口覆盖所有其他非最顶层窗口，而不管它是不是活动窗口或是前台窗口。应用程序通过设置 WS_EX_TOPMOST 风格创建最顶层窗口。

在一般情况下，Windows 系统把刚刚创建的窗口放在 Z 次序的顶部，用户可通过激活另外一个窗口来改变 Z 次序；Windows 系统总是把活动的窗口放在 Z 次序的顶部，应用程序可用函数 BringWindowToTop 把一个窗口放置到 Z 次序的顶部。函数 SetWindowPos 和 DeferWindowPos 用来重排 Z 次序。

■ 兄弟窗口

共享同一个父窗口的多个子窗口叫兄弟窗口。

■ 活动窗口

活动窗口是应用程序的顶层窗口，也就是当前使用的窗口。只有一个顶层窗口可以是活动窗口，如果用户使用的是一个子窗口，Windows 系统就激活与这个子窗口相应的顶层窗口。

在任何时候系统中都只能有一个顶层窗口是活动的。用户通过单击窗口（或其中的一个子窗口）、使用“ALT+TAB”或“ALT+ESC”组合键来激活一个顶层窗口，应用程序则调用函数 SetActiveWindow 来激活一个顶层窗口。

■ 前台窗口和后台窗口

在 Windows 系统中，每一个进程都可运行多个线程，每个线程都能创建窗口。创建正在使用窗口的线程称之为前台线程，这个窗口就称之为前台窗口。所有其他的线程都是后台线程，由后台线程所创建的窗口叫后台窗口。

用户通过单击一个窗口、使用“ALT+TAB”或“ALT+ESC”组合键来设置前台窗口，应用程序则用函数 SetForegroundWindow 设置前台窗口。如果新的前台窗口是一个顶层窗口，那么 Windows 系统就激活它，换句话说，Windows 系统激活相应的顶层窗口。

编译并运行 Mybole 程序，打开测试对话框，如图 8.33 所示。单击【收缩<<】按钮，会发现对话框立即切除了分隔条以下的部分，并且此按钮的名称变为“扩展>>”，如图 8.34 所示；再次单击此按钮，会发现对话框又还原为原来的样子，并且此按钮的名称也还原为“收缩<<”。可见，程序实现了所需的功能。如果不想让用户看到对话框中这条添加的分隔条，则可以在图像控件的属性窗口中，将它的 Visible 属性设置为 FALSE。再次运行 Mybole 程序，打开测试对话框，这时就看不到添加的分隔条了，如图 8.35 所示。

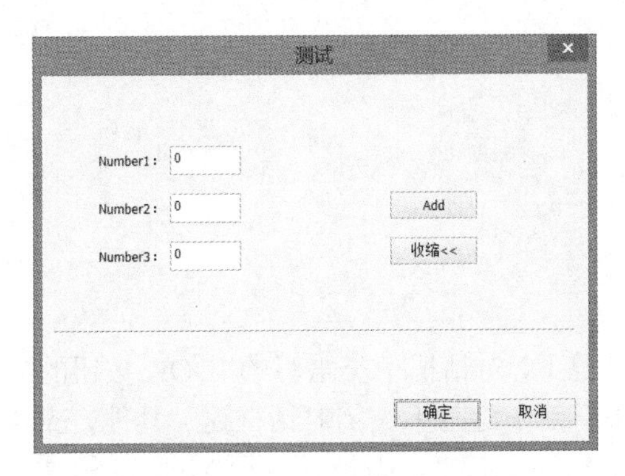

图 8.33　原始大小的测试对话框

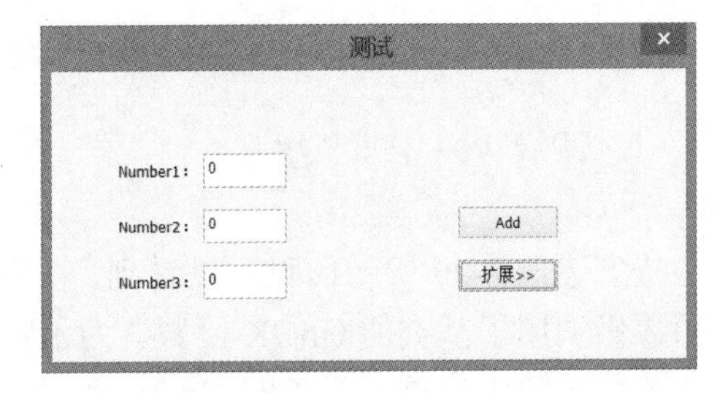

图 8.34　切除部分内容后的测试对话框

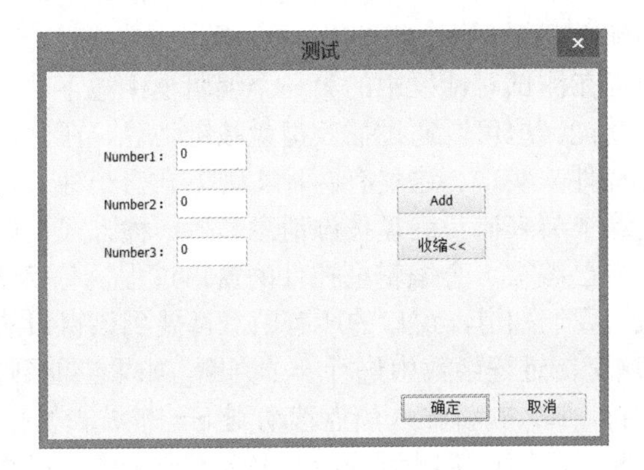

图 8.35　“分隔条”为不可见状态

8.6　输入焦点的传递

现在，我们打开 Mybole 程序的测试对话框，在第一个编辑框中输入字符，按下回车键，这时会发现这个对话框被关闭了。我们在对话框资源界面中查看该对话框上【确定】按钮的属性，将会发现它的 ID 是 IDOK，在行为分支下可以看到它的 Default Button 属性的值是 TRUE。再看看其他按钮的属性，发现他们的 Default Button 属性的值都是 FALSE，说明这个【确定】按钮是测试对话框的默认按钮。实际上，当在对话框中按下回车键时，会选择对话框中默认按钮的消息响应函数来处理这一事件，而基类（CDialog）的 IDOK 按钮的默认响应函数（OnOK）的功能就是关闭对话框。因此，一旦我们在 Mybole 程序的测试对话框中按下回车键，这个对话框就被关闭了。

接下来我们希望实现的功能是：当在第一个编辑框中按下回车键后，将输入焦点转移到第二个编辑框。**为了屏蔽掉到默认的回车键关闭对话框这一功能，应该在对话框子类（本例中是指 CTestDlg 类）中重写【确定】按钮的消息响应函数。**由于基类（CDialog）提供的 OnOk 函数是虚函数，要重写该函数，可以利用类向导，切换到“虚函数”选项卡，找到 OnOK 函数并进行重写。

例 8-29 是这个函数的原始定义代码。

例 8-29

```
void CTestDlg::OnOK()
{
    // TODO: 在此添加控件通知处理程序代码

    CDialog::OnOK();
}
```

从上述例 8-29 所示代码可以看到，在默认情况下，对话框子类重写的 IDOK 按钮的响应函数仍调用了基类的 OnOK 函数。为了实现按下回车键时不关闭对话框这一功能，应该在此重写函数中将调用基类的 OnOK 函数这条语句注释起来。编译并运行 Mybole 程序，打开测试对话框，把输入焦点移到第一个编辑框中，按下回车键，发现此时对话框并没有被关闭。可见，默认按钮关闭对话框这一问题解决了。

下面，我们要实现当在测试对话框中的第一个编辑框中按下回车键后，输入焦点被转移到第二个编辑框这一功能。这可以通过捕获键盘按键消息，在此消息响应函数中把输入焦点移动到下一编辑框控件来实现。这里有两种实现方式，一种方式是为编辑框控件生成一个相关联的类，利用这个类来捕获键盘按键消息。另一种方式是修改编辑框控件的窗口过程函数，也就是说，自己编写一个编辑框控件的窗口过程，替换 MFC 提供的默认的编辑框控件窗口过程函数。我们知道，窗口的所有消息都要到该窗口的窗口过程函数中来报道。因此，我们可以在这个新过程函数中进行一个判断，如果当前到来的是一个字符消息，并且该字符是一个回车符，那么就将输入焦点移动到下一个编辑框控件。根据前面的知识，我们知道，窗口过程是在定义窗口类时设置的。那么当一个窗口已经创建之后，如何去修改该窗口已指定的过程函数呢？这可以通过调用 SetWindowLong 函数来实现。该函数的原型声明如下所示：

```
LONG SetWindowLong(HWND hWnd, int nIndex, LONG dwNewLong );
```

该函数的作用是改变指定窗口的属性，它的各个参数的意义如下所述：

■ hWnd

指定想要改变其属性的窗口句柄。

■ nIndex

指定要设置的属性值的偏移地址。其取值可以取表 8.4 中所列各值。

表 8.4　nIndex 参数取值之一

取　值	意　义
GWL_EXSTYLE	设置一个新的扩展窗口风格
GWL_STYLE	设置一个新的窗口风格
GWL_WNDPROC	设置一个新的窗口过程
GWL_HINSTANCE	设置一个新的应用程序实例句柄
GWL_ID	为窗口设置一个新的标识
GWL_USERDATA	设置与窗口相关的 32 位值

当 hWnd 参数指定的是一个对话框时，那么 nIndex 参数也可以取表 8.5 中所列各值。

表 8.5　nIndex 参数取值之二

取　值	意　义
DWL_DLGPROC	设置新的对话框过程
DWL_MSGRESULT	设置在对话框过程中处理的消息返回值
DWL_USER	设置新的额外信息，该信息仅为应用程序所有，例如句柄或指针

■ dwNewLong

指定设置的新值。

如果调用成功，则 SetWindowLong 函数将返回先前为窗口指定的 32 位整形值。也就是说，如果为指定窗口设定一个新的窗口过程，则该函数将返回先前为该窗口类指定的窗口过程的地址。可是修改操作放在哪个函数中比较合适呢？可以把修改编辑框窗口过程的操作放到 WM_CREATE 消息的响应函数中吗？我们知道，在响应这个消息的时候，对话框的子控件还未创建完成，只有在此消息处理完毕之后，对话框及其子控件才全部创建完成。因此，在此消息的响应函数中是无法获得对话框中各子控件的窗口对象的，也就无法修改编辑框控件的窗口过程函数。

实际上，在程序运行时，当对话框及其上的子控件创建完成时，将在显示之前会发送一个消息：WM_INITDIALOG。因此，在此消息的响应函数中修改编辑框控件的窗口过程比较合适。不过要注意的是，该消息在 Visual Studio 的新版本中已经不再提供，改为使用 OnInitDialog 虚函数来代替。所以，我们只需要利用类向导在 CTestDlg 类中重写该虚函数就可以了。添加操作可以参照上面添加 OnOK 函数的步骤进行。

例 8-30 是实现我们所需功能而自定义的编辑框窗口过程函数。

例 8-30

```
1. WNDPROC  prevProc;
2. LRESULT CALLBACK NewEditProc(
3. HWND hwnd,        // handle to window
4. UINT uMsg,        // message identifier
5. WPARAM wParam,    // first message parameter
6. LPARAM lParam     // second message parameter
7. )
8. {
9.     if( uMsg == WM_CHAR && wParam == 0x0d)
10.     {
11.         ::SetFocus(GetNextWindow(hwnd,GW_HWNDNEXT));
12.         return 0;
13.     }
14.     else
15.     {
16.         return prevProc(hwnd,uMsg,wParam,lParam);
17.     }
18. }
```

在上述例 8-30 所示代码中，定义了一个窗口过程函数，在此函数中，截获 WM_CHAR 消息并做相应判断和处理。由于 WM_CHAR 消息的 wParam 参数保存的是字符的 ASCII

码，所以，我们可以利用此参数判断当前字符是不是回车符。如果是回车符，则把输入焦点传递到下一个编辑框控件。如果不是回车符，那么就调用先前的窗口过程来处理该消息。

> **提示：**窗口过程的函数原型比较复杂，不容易记住。实际上，我们也没有必要去记忆它，在需要时可以查看 MSDN 提供的关于 WNDCLASS 结构的帮助，在其帮助页中可以找到 WindowProc 函数的帮助信息，然后直接复制该函数的声明，再把函数名修改为自己的窗口过程名称即可。在程序开发过程中，很多函数并不需要记忆，只需要知道如何去查找它们就可以了。

另外，设置焦点可以利用 SetFocus 函数来实现。因为 NewEditProc 这个窗口过程是全局函数，所以不能调用 CWnd 类的成员函数，只能使用相应的 SDK 函数。SDK 提供的 SetFocus 函数只有一个参数，即设置输入焦点的窗口句柄，其声明形式如下所示：

```
HWND SetFocus(  HWND hWnd   );
```

如果希望获得对话框中某个控件的下一个控件的句柄，则可以调用 GetNextWindow 函数，当然这里也应该调用 SDK 提供的这个函数，其声明形式如下所示：

```
HWND GetNextWindow( HWND hWnd,  UINT wCmd);
```

这个函数将返回指定窗口的下一个窗口的句柄，它的第一个参数指定当前窗口句柄，在本例中是指测试对话框中第一个编辑框的窗口句柄。第二个参数是查找的方向，如果是 GW_HWNDNEXT，那么该函数将查找指定窗口的下一个窗口；如果是 GW_HWNDPREV，则该函数将返回指定窗口的上一个窗口的句柄。因为本例是要将输入焦点移动到当前编辑框控件的下一个窗口上，所以应选择 GW_HWNDNEXT。

现在我们要得到第一个编辑框控件的窗口句柄，作为 GetNextWindow 函数的第一个参数。为此，读者可能首先想到的是调用 GetDlgItem 函数，注意在这里只能调用 SDK 提供的 GetDlgItem 函数，然而通过这个函数来得到编辑框控件的句柄，实现起来比较麻烦。

回顾一下我们在第 1 章中介绍的 Windows 消息运行机制。**所有的窗口消息，都伴随着一个该窗口的句柄（回想一下 MSG 结构体）**。对消息进行处理的窗口过程的前四个参数和消息结构体（MSG）的前四个成员变量是一致的，既然 NewEditProc 窗口过程是为第一个编辑框控件服务的，那么第一个编辑框的窗口句柄也将作为参数传递给 NewEditProc 窗口过程函数，也就是说，NewEditProc 函数的 hwnd 参数保存的就是第一个编辑框控件的句柄。因此，GetNextWindow 函数的第一个参数可以直接使用 hwnd 这个参数。

当设置完输入焦点后，可以简单地让窗口过程返回数值 0，结束对回车字符的处理。

然后在 CTestDlg 类的 OnInitDialog 这个虚函数中修改第一个编辑框的窗口过程函数，代码如例 8-31 所示。

例 8-31

```
BOOL CTestDlg::OnInitDialog()
{
   CDialog::OnInitDialog();
```

```
    prevProc=(WNDPROC)SetWindowLong(GetDlgItem(IDC_EDIT1)->m_hWnd,
GWL_WNDPROC, (LONG)NewEditProc);

    return TRUE;
}
```

编译并运行 Mybole 程序，打开测试对话框，把输入焦点移到第一个编辑框中，然后按下回车键，但是将会发现输入焦点并没有像我们想像的那样移动到第二个编辑框中。这是什么原因呢？我们打开测试对话框资源，查看第一个编辑框的属性，在属性窗口的行为分支下，有一个 Multiline 属性，其值为 FALSE，即这个编辑框不支持多行，因此就无法接收回车键按下这一消息。修改 Multiline 属性的值，设置为 TRUE，再测试一下程序，在第一个编辑框中按下回车键，将会发现输入焦点被转移到第二个编辑框窗口上了。

但是，如果希望当再次按下回车键时，那么输入焦点从第二个编辑框转移到第三个编辑框，目前是无法实现的，因为现在只修改了第一个编辑框的窗口过程。当然，我们可以按照此方法，再修改第二个编辑框的窗口过程函数，让输入焦点往下传递。显然，这种方式实现起来很不方便，后面将为读者介绍一种比较方便的方法，可以将输入焦点依次向下传递。

这里再介绍一种获得窗口句柄的方法：使用 GetWindow 函数来实现。该函数返回与指定窗口有特定关系的窗口句柄，其声明形式如下所示：

```
HWND GetWindow(HWND hWnd,UINT uCmd  );
```

该函数的第一个参数是开始查找的窗口的句柄，第二个参数设定 hWnd 参数指定的窗口与要获得的窗口之间的关系，如果其取值是 GW_HWNDNEXT，则该函数将查找在 Z 次序中位于指定窗口下面的窗口；如果其取值是 GW_HWNDPREV，则该函数将查找在 Z 次序中位于指定窗口前面的窗口。关于 nCmd 参数的更多取值，请参看 MSDN。我们可以试试这个函数，首先将上述例 8-30 所示的窗口过程函数代码中的第 11 行代码注释起来，然后在其后添加例 8-32 所示代码中加灰显示的那行语句。

例 8-32

```
1. WNDPROC  prevProc;
2. LRESULT CALLBACK NewEditProc(
3. HWND hwnd,      // handle to window
4. UINT uMsg,      // message identifier
5. WPARAM wParam,  // first message parameter
6. LPARAM lParam   // second message parameter
7. )
8. {
9.     if( uMsg == WM_CHAR && wParam == 0x0d)
10.     {
11.     //  ::SetFocus(GetNextWindow(hwnd,GW_HWNDNEXT));
12.         SetFocus(::GetWindow(hwnd,GW_HWNDNEXT));
13.         return 1;
14.     }
15.     else
16.     {
```

```
17.         return prevProc(hwnd,uMsg,wParam,lParam);
18.     }
19. }
```

编译并运行 Mybole 程序，打开测试对话框，先把输入焦点放到第一个编辑框中，然后按下回车键，将会发现输入焦点转移到了第二个编辑框。可见，上述例 8-32 代码同样实现了所需功能。

第三种获得窗口句柄的方法：利用 GetNextDlgTabItem 函数来实现。该函数将返回指定控件前面或后面的一个具有 WS_TABSTOP 风格的控件。关于 WS_TABSTOP 风格，可以选中测试对话框中任意一个编辑框控件，在属性窗口中的杂项分支下有一个 Tabstop 属性，其值为 TRUE，这就表示编辑框具有 WS_TABSTOP 风格。读者可以再看看测试对话框中其他控件的属性，将会发现在默认情况下，所有的编辑框控件和按钮控件的该属性值都为 TRUE，而静态文本控件该属性的值是 FALSE。如果 Tabstop 属性值为 TRUE，则在对话框中按下 Tab 键后，输入焦点可以转移到此控件上。

GetNextDlgTabItem 函数的原型声明如下所示：

```
HWND GetNextDlgTabItem(HWND hDlg,HWND hCtl,BOOL bPrevious);
```

该函数各个参数的意义如下所述：

■ hDlg

指定将被搜索的对话框。

■ hCtl

指定用来作为搜索开始点的控件。

■ bPrevious

指定搜索的方向。如果此参数为 TRUE，则该函数将寻找对话框中上一个控件；如果此参数为 FALSE，则该函数将搜索对话框中下一个控件。

可见，如果想要利用 GetNextDlgTabItem 函数来实现所需功能，首先需要获得对话框的句柄，而当前只有该对话框中子控件的句柄。然后我们可以通过调用子控件的 GetParent 函数，得到它的父窗口，也就是对话框的句柄。另外，应该把 GetNextDlgTabItem 函数的第三个变量设置为 FALSE，让它查找下一个控件。

下面，在 Mybole 程序中，把上面例 8-32 所示代码中的第 12 行代码，即调用 GetWindow 函数的语句替换为下面这行代码：

```
SetFocus(::GetNextDlgTabItem(::GetParent(hwnd),hwnd,FALSE));
```

再次编译并运行 Mybole 程序，先将输入焦点放在第一个编辑框，然后按下回车键，可以发现输入焦点被转移到第二个编辑框了。可见，此方法同样实现了所需功能。

如果想让焦点在对话框中各控件上依次传递，按照上述方法来实现的话，那么很显然是比较麻烦的。这里再介绍另一种实现方法，就是利用对话框的默认按钮。**在 MFC 中，在默认情况下，当在对话框窗口中按下回车键时，会调用对话框的默认按钮的响应函数，**我们可以在此默认按钮的响应函数中把焦点依次向下传递。

为了利用这种方法，首先将第一个编辑框的 MultiLine 属性的值设为 FALSE。然后在

CTestDlg 类的 OnOK 函数中添加例 8-33 所示代码中加灰显示的那行语句。

例 8-33

```
void CTestDlg::OnOK()
{
    GetDlgItem(IDC_EDIT1)->GetNextWindow()->SetFocus();

    //CDialog::OnOK();
}
```

这行新添加的代码先调用 GetDlgItem 函数获取第一个编辑框的窗口指针，然后利用此指针调用 GetNextWindow 函数得到它的下一个窗口，最后调用 SetFocus 函数将输入焦点设置到该窗口上。

这里使用的都是 CWnd 类的成员函数，其中 GetNextWindow 函数的原型声明如下所示：

```
CWnd* GetNextWindow( UINT nFlag = GW_HWNDNEXT ) const;
```

该函数只有一个参数，用来指定返回的是下一个窗口的句柄（GW_HWNDNEXT），还是上一个窗口的句柄（GW_HWNDPREV）。默认值就是 GW_HWNDNEXT，因此，这里就不需要给它传递参数了。

编译并运行 Mybole 程序，打开测试对话框，先把焦点放置到第一个编辑框中，按下回车键，将会发现焦点转移到第二个编辑框了，但再次回车时，焦点并未转移到第三个编辑框中。我们分析一下 OnOK 函数中添加的代码，这句代码首先获取到第一个编辑框的窗口指针，然后得到它的下一个窗口，并设置焦点。当再次回车时，仍由这个函数来响应，那么它获得的仍是第一个编辑框的指针，把焦点传递给它的下一个窗口，从而永远不会把焦点传递到第三个编辑框中。

为了使焦点能够依次向下传递，应该获取的是当前拥有焦点的窗口，利用此窗口去调用 GetNextWindow 函数，得到当前拥有焦点的窗口的下一个窗口，再设置后者拥有焦点。实现代码如下所示，即将上述例 8-33 所示的 OnOK 函数中已有的那行 GetDlgItem 调用代码替换掉，换成例 8-34 所示代码中加灰显示的那行代码：

例 8-34

```
void CTestDlg::OnOK()
{
    // TODO: Add extra validation here
//GetDlgItem(IDC_EDIT1)->GetNextWindow()->SetFocus();
    GetFocus()->GetNextWindow()->SetFocus();

    CDialog::OnOK();
}
```

编译并运行 Mybole 程序，打开测试对话框，先把输入焦点放到第一个编辑框，然后按下回车键，将会发现焦点转移到第二个编辑框，再次按下回车键，可以看到焦点转移到了第三个编辑框。但是当我们继续再按三次回车键后，程序就会异常退出。这主要是因为在程序运行时，在调用 GetNextWindow 函数获得下一个窗口的过程中，当对对话框中最后一个控件调用此函数时，它返回的这个窗口指针是一个空（NULL）指针，此时再对该指针调用 SetFocus 函数，就会出现非法访问。

如果我们把上述例 8-45 所示的 OnOK 函数中调用的 GetNextWindow 函数换成 GetWindow 函数，即用下面这行语句来代替该行代码，那么结果会如何呢？

```
GetFocus()->GetWindow(GW_HWNDNEXT)->SetFocus();
```

读者会发现程序仍会出现非法访问而异常退出，这是因为 GetNextWindow 和 GetWindow 这两个函数的调用机理是一样的。为了解决这个问题，可以使用 CWnd 类的另一个成员函数 GetNextDlgTabItem 来获取对话框中的下一个控件。该函数的原型声明如下所示：

```
CWnd* GetNextDlgTabItem( CWnd* pWndCtl, BOOL bPrevious = FALSE ) const;
```

这个函数与上面介绍的 SDK 同名函数的作用相同，其参数就是后者的后两个参数。我们用下面这条语句代替上述例 8-34 所示的 OnOK 函数中调用 GetNextWindow 函数的那行代码：

```
GetNextDlgTabItem(GetFocus())->SetFocus();
```

编译并运行 Mybole 程序，打开测试对话框，并把输入焦点放到第一个编辑框上，按下回车键，可以发现焦点转移到了第二个编辑框，继续按回车键，会发现焦点在对话框的各个控件间来回传递。程序一切正常。

实际上，GetNextDlgTabItem 函数和先前使用的 GetNextWindow 和 GetWindow 这两个函数搜索窗口的行为是不一样的。前者是查找具有 Tabstop 属性（其值为 TRUE）的控件，并按 Tab 顺序依次查找各控件。那么对话框的 **Tab 顺序**是什么样的顺序呢？在对话框资源编辑器中，同时按下键盘上的 Ctrl+D（或者单击菜单栏上的菜单【格式】→【Tab 键顺序】），就可以看到对话框各个子控件上都有一个序号（如图 8.36 所示），这些序号就是各控件的 Tab 顺序。当用户在对话框中按下 Tab 键后，输入焦点将按照这个顺序依次传递。这个顺序是可以改变的，例如，如果想让本例中第一个编辑框的序号为 1，则可以在如图 8.37 所示状态下用鼠标单击这个控件，此时，会看到第一个编辑框的序号变为 1，【确定】按钮的序号为 2，如图 8.37 所示。

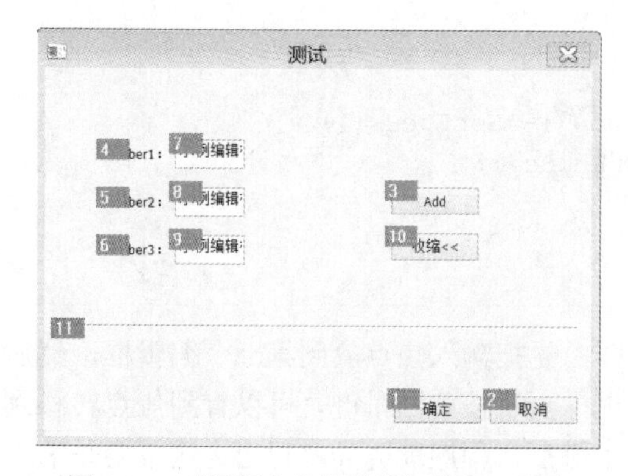

图 8.36　对话框上各控件的初始 Tab 顺序

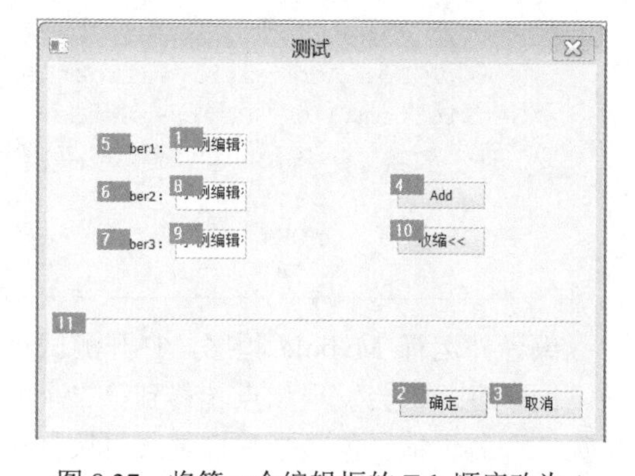

图 8.37　将第一个编辑框的 Tab 顺序改为 1

再次运行 Mybole 程序，把输入焦点放置到第一个编辑框中，按下回车键，将会发现这时程序首先将焦点传递到【确定】按钮上，然后传递到【Cancel】按钮。也就是说，GetNextDlgTabItem 函数按照各子控件的 Tab 序号循环地去查找下一个窗口。

8.7　默认按钮的进一步说明

如果把测试对话框中的收缩按钮设置为默认按钮，即在其属性窗口中将 Default Button 属性的值设为 TRUE，那么当在测试对话框中按下回车键时，就不会再由 CTestDlg 类的 OnOK 函数来响应，而是由收缩按钮的响应函数（OnBnClickedButton2）来响应这一事件了。读者可以试着运行这时的 Mybole 程序，会发现当按下回车键后，对话框会发生收缩，再次按下回车键时，对话框又还原了。也就是说，这时，按下回车键这一操作由收缩按钮的响应函数来响应了。

现在，我们取消收缩按钮的默认设置（将 Default Button 属性的值设为 FALSE），并删除【确定】按钮，再次运行 Mybole 程序，打开测试对话框，按下回车键，会发现焦点仍在各控件间依次转移。也就是说，当用户按下回车键时，Windows 将查看对话框中是否存在指定的默认按钮，如果有，就调用该默认按钮单击消息的响应函数。如果没有，就会调用虚拟的 OnOK 函数，即使对话框没有包含默认的【确定】按钮。但是读者一定要注意，这个默认【确定】按钮的 ID 是：IDOK。

8.8　本章小结

本章主要讲解了对话框用户界面程序的编写，包括：

- 向对话框控件关联数据成员及其实现机理；
- 向对话框控件关联控件类；
- 利用对话框类的成员函数向控件发送消息和获取对话框控件对象；
- 直接利用对话框控件类操纵对话框控件（发送消息和直接调用成员函数）；
- 在程序运行时产生和销毁控件；
- 对话框控件的几种访问方式的优劣比较分析；
- 实现对话框的部分收缩和展开；
- 利用 SetWindowLong 改变窗口的窗口过程函数；
- 利用默认按钮实现随着回车键的按下将输入焦点在对话框中各子控件间依次传递。

第 9 章 对话框（二）

本章将继续介绍与对话框相关的编程，包括“逃跑”按钮的实现，以及属性表单和向导的创建。

9.1 “逃跑”按钮的实现

首先新建一个 MFC 应用程序，项目名为 Test，解决方案名为 ch09，在 MFC 应用程序向导的第一步，选择应用程序类型为基于对话框，如图 9.1 所示。然后直接单击【完成】按钮接受其余各步的默认设置，完成应用程序的创建。

图 9.1　创建一个基于对话框的应用程序

我们首先看一下基于对话框的应用程序与单文档应用程序之间的区别，打开类视图窗口，可以看到基于对话框的 Test 应用程序有三个类，如图 9.2 所示。

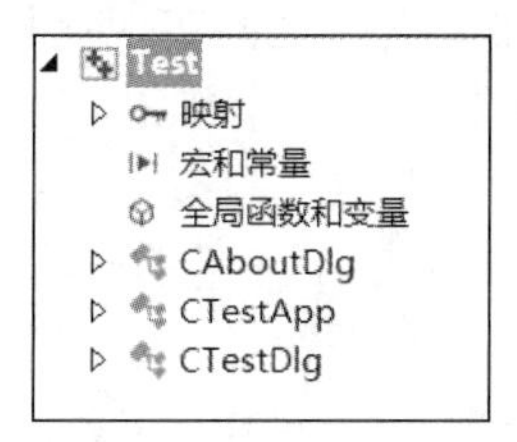

图 9.2　应用程序向导为基于对话框的应用程序创建的类

■ CAboutDlg

派生于 CDialogEx 类，这个类与 SDI 应用程序中相应的类 CAboutDlg 作用相同，用来显示一个关于对话框。

■ CTestApp

这是 MFC 应用程序中必不可少的一个类，派生于 CWinApp 类，它的对象代表了应用程序本身。

■ CTestDlg

也是从 CDialogEx 类派生的，这是基于对话框的 MFC 应用程序的主界面。

> **提示**：CDialogEx 继承自 CDialog 类，增加了一些界面美化的功能。比如修改对话框的背景颜色、标题栏的颜色、标题栏的位图、标题栏字体的位置和颜色、包括激活和非激活状态、对话框边界的颜色，对话框字体等。VC++6.0 是没有 CDialogEx 这个类的。

可以看到，基于对话框的应用程序中没有从 CView 类派生出来的视类，也没有从 CFrameWnd 类派生出来的框架类及从 CDocument 类派生的文档类，它只有从 CDialogEx 类派生出来的一个对话框类：CTestDlg，这一类应用程序的窗口就是一个对话框界面。运行此时的 Test 程序，其结果如图 9.3 所示，可以看到其界面就是一个对话框。

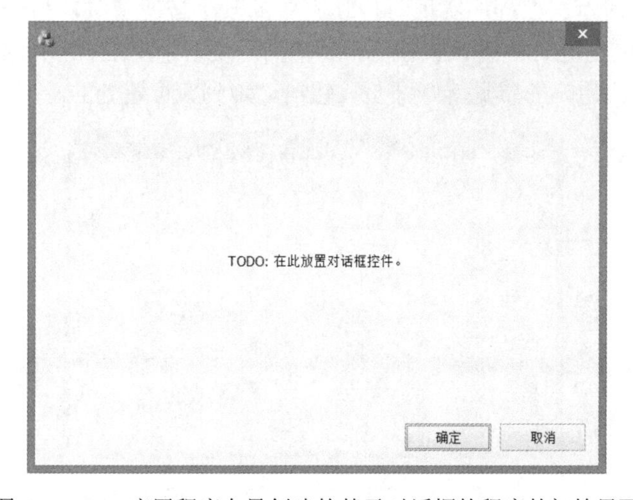

图 9.3　MFC 应用程序向导创建的基于对话框的程序的初始界面

平时，我们经常会从网上下载一些小程序，当安装完成之后，它会在桌面上生成一个小人或小动物，当我们用鼠标去单击这个小人/小动物时，它会在屏幕上到处乱跑，我们始终也无法点中这个小人。下面，我们就要实现这种功能的一种简化版本。具体地说，就是在 Test 程序的对话框主界面上增加一个按钮，当用鼠标单击这个按钮时，该按钮会自动移动到另一个位置，就像一个“逃跑”的按钮。

为了实现所需功能，首先删除 MFC 应用程序向导自动创建的对话框资源 IDD_TEST_DIALOG 上的所有控件，然后添加一个按钮控件，在其属性窗口中，将其 Caption 修改为“你能抓住我吗？”。接着我们想改变按钮文本的字体，但发现在属性窗口中并没有提供设置字体的属性，那么在对话框资源的属性窗口中是否会有这样的选项呢？选中整个对话框，在属性窗口的底部字体分支下可以看到一个 Font(Size)属性，如图 9.4 所示。单击后面的省略号按钮，就会弹出如图 9.5 所示的对话框，利用此界面就可以设置对话框窗体及其上所有子控件的字体。

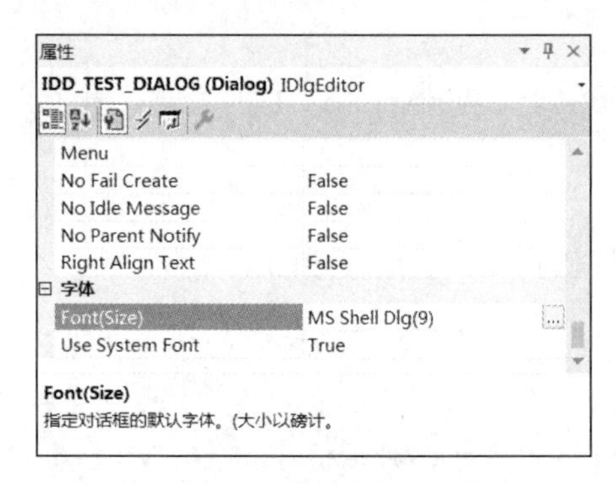

图 9.4　对话框属性对话框

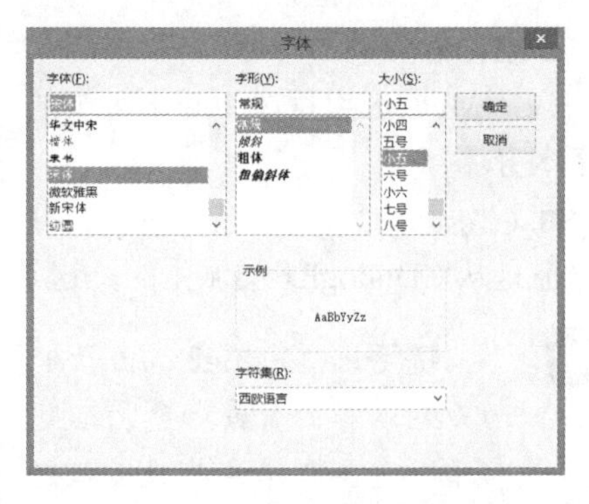

图 9.5　字体设置对话框

根据前面的知识，我们知道为了实现这种“逃跑”按钮，可以通过捕获鼠标移动的消息，并在此消息响应函数中让这个按钮的位置发生变化来实现。本例为读者介绍另一种巧妙的实现方法，在 IDD_TEST_DIALOG 对话框资源窗口中，复制刚才添加的那个按钮，并在其下方进行粘贴操作，这样 IDD_TEST_DIALOG 对话框资源中就有了两个外观相同的按钮，如图 9.6 所示。在程序实现时，让其中的一个按钮隐藏，另一个按钮显示；当把鼠标移动到显示的按钮上时，将该按钮隐藏，把另一个显示出来。因为这两个按钮的外观是完全一样的，因此给用户的感觉就好像是按钮自动跑到新位置处的。

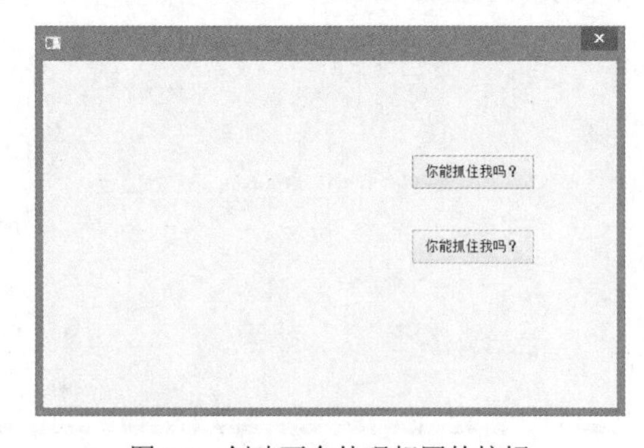

图 9.6　创建两个外观相同的按钮

为了实现上述功能，Test 程序首先要捕获鼠标移动消息，那么由谁来捕获这个消息比较合适呢？如果让对话框窗口（CTestDlg 类）来捕获，一旦鼠标在对话框窗口中移动，程序就会让按钮上下移动，这显然不是我们想要的结果。我们想要的功能是当鼠标移动到按钮上时，按钮才上下移动。也就是说，鼠标移动的消息应该由按钮窗口来捕获，为此，在我们的程序中，可以创建一个从 CButton 类派生的新类，然后将按钮控件与这个新类型的成员变量相关联，从而就把按钮控件与一个自定义的按钮窗口类关联起来了。

下面，我们通过类向导为 Test 应用程序增加一个从 CButton 派生的新类，方法是首先打开类向导，然后单击【添加类】按钮后面的向下箭头，从其下拉菜单中选择【MFC 类(C)…】命令（如图 9.7 所示），即可弹出添加 MFC 类的对话框。在此对话框中，设置新类的名称为 CNewButton，基类为 CButton，头文件名为 NewButton.h，源文件名为 NewButton.cpp，如图 9.8 所示。然后单击【确定】按钮，完成对新类的添加。

添加类(C)...
MFC 类(C)...
类型库中的 MFC 类(T)...
ActiveX 控件中的 MFC 类(A)...
MFC ODBC 使用者(O)...

图 9.7　添加 MFC 类

图 9.8　添加的新类

接下来，我们要把对话框中的两个按钮分别关联一个成员变量，这同样可以利用类向导来完成，打开类向导，类名选中 CTestDlg，切换到“成员变量”选项卡，选中 IDC_BUTTON1，单击【添加变量】按钮，在添加变量对话框中，设置变量名称为 m_btn1，访问权限为 private，变量类型为 CNewButton，如图 9.9 所示。

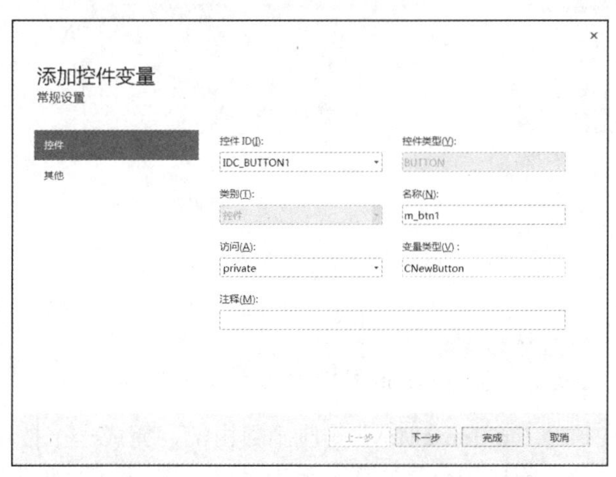

图 9.9　为第一个按钮添加的成员变量

之后，单击【完成】按钮，完成第一个按钮的关联变量的添加。接下来，按照同样的方法为第二个按钮添加一个同样类型的成员变量：m_btn2。

这样就会在 CTestDlg 类中添加两个 CNewButton 类型的成员变量，但由于 CNewButton 类是我们自定义的类型，所以还需要在 CTestDlg 类的头文件中包含 CNewButton 类的头文件。添加后的 CTestDlg 类的头文件部分代码如例 9-1 所示。

例 9-1

```
#pragma once
#include "NewButton.h"
// CTestDlg 对话框
class CTestDlg : public CDialogEx
{
// 构造
public:
    CTestDlg(CWnd* pParent = nullptr); // 标准构造函数
    ......

};
```

下面就让 CNewButton 类捕获鼠标移动消息，首先打开类向导，类名选中 CNewButton，然后切换到消息选项卡，在“消息”列表中找到 WM_MOUSEMOVE 消息并选中，再单击【添加处理程序】按钮，即可完成对鼠标移动消息响应函数的添加。如图 9.10 所示。

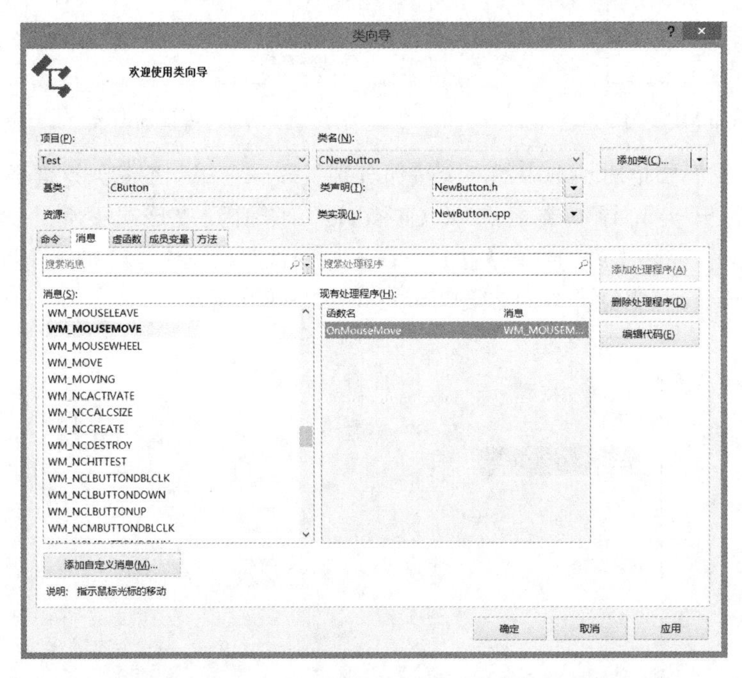

图 9.10　为 CNewButton 类添加鼠标移动消息的响应函数

下面，我们就在这个 OnMouseMove 响应函数内部，完成一个按钮显示和一个按钮隐藏的功能。按钮的隐藏功能比较容易实现，因为当鼠标移动到该按钮上时，就会由这个按钮的鼠标移动消息的响应函数 OnMouseMove 来响应，如果在此函数中，以参数 SW_HIDE 去调用这个按钮的 ShowWindow 函数，则可将其隐藏。可是这时为了让另一个按钮显示出来，必须要知道另一个按钮所关联的那个对象的内存地址，才能调用该对象的 ShowWindow 函数将其显示出来。为了在一个按钮对象中获取另一个按钮控件对象的地址，最简单的方式就是在 CNewButton 类中定义一个成员变量，让其指向另一个按钮对象的地址。为此，我们为 CNewButton 类再添加一个公有的 CNewButton*类型的成员变量：m_pBtn，当用 CNewButton 类去实例化 CTestDlg 类的成员变量 m_btn1 和 m_btn2 时，这两个对象内部就都有了一个 m_pBtn 成员变量，我们可以让这两个对象内部的 m_pBtn 变量分别保存对方的首地址，相当于这两个对象互相交换了自己的首地址，这个过程如图 9.11 所示。这样，当 m_btn1 按钮隐藏时，就可以利用它的成员变量 m_pBtn 去调用 ShowWinodw 函数，将 m_btn2 按钮显示出来；同样地，当 m_btn2 按钮隐藏时，可以利用它的成员变量 m_pBtn 去调用 ShowWindow 函数，将 m_bnt1 按钮显示出来。

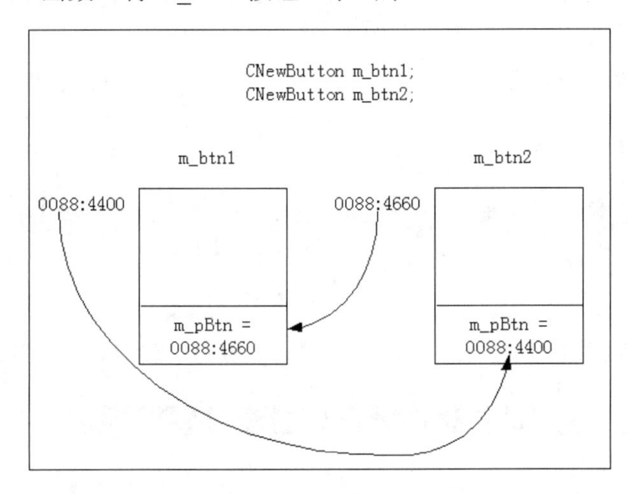

图 9.11　两个按钮对象互相保存对方的首地址

下面我们继续完善程序代码，在 CTestDlg 类中把 m_btn1 和 m_btn2 这两个对象的首地址交换一下，这一工作可以放在 OnInitDialog 函数中实现，因为根据前面的知识，我们知道这个函数是在对话框要显示之前被调用的。读者可以在 CTestDlg 类的 OnInitDialog 函数的最后、return 语句之前添加以下代码：

```
m_btn1.m_pBtn = &m_btn2;
m_btn2.m_pBtn = &m_btn1;
```

在 CNewButton 类的 OnMouseMove 函数中，先让对象自己隐藏起来，然后调用成员 m_pBtn 的 ShowWindow 函数将对方显示出来，具体实现代码如例 9-2 所示。

例 9-2

```
void CNewButton::OnMouseMove(UINT nFlags, CPoint point)
{
    ShowWindow(SW_HIDE);
    m_pBtn->ShowWindow(SW_SHOW);
```

```
    CButton::OnMouseMove(nFlags, point);
}
```

我们可以分析上述例 9-2 所示的这段代码，当鼠标移动到第一个按钮对象（m_btn1）上时，程序就会调用该对象的 OnMouseMove 函数，在这个函数中，调用 ShowWindow 函数将自身隐藏。因为第一个按钮对象的成员 m_pBtn 保存的是第二个按钮对象 m_btn2 的地址，所以接下来的 m_pBtn→ShowWindow（SW_SHOW）的调用就将第二个按钮显示出来。当随后鼠标移动到第二个按钮对象上时，实现原理相同，只是对 m_bnt2 对象来说，它的 m_pBtn 成员变量保存的是 m_btn1 按钮的地址。

编译并运行 Test 程序，可以看到，程序初始显示时有两个按钮（如图 9.12 所示），当鼠标移动到其中的一个按钮上时，它就消失了，另一个按钮处于显示状态（如图 9.13 所示）；当把鼠标移动到这个显示的按钮上时，它又消失了，另一个按钮又显示出来（如图 9.14 所示）……给我们的感觉好像是这个按钮在上下移动似的，我们始终无法抓住这个按钮。可见，程序实现了所需的“逃跑”按钮的效果。

图 9.12　程序初始运行界面

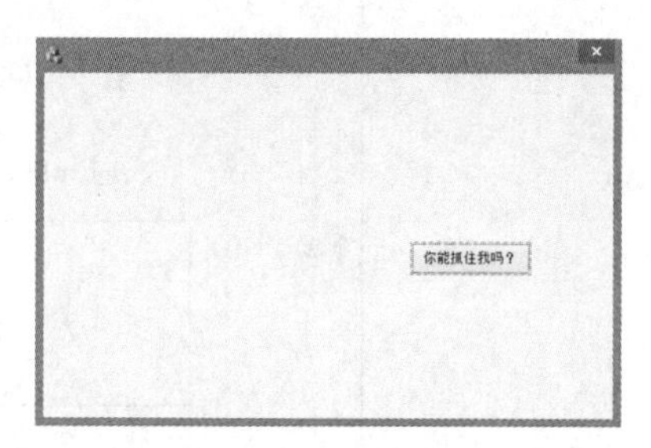

图 9.13　隐藏第一个按钮显示第二个按钮

图 9.14　隐藏第二个按钮显示第一个按钮

但是，这个程序还有一个缺陷，就是在初始显示时，两个按钮都是显示状态，这很容易让用户看出程序的实现方式。因此，在初始时应该隐藏一个按钮。为了解决这个问题，我们可以在按钮的属性窗口中把第一个按钮的 Visible 属性设置为 False。再次运行 Test 程序，将会看到这时只有一个按钮处于显示状态了，然后把鼠标移到这个按钮上，这个按钮就隐藏了，并显示出另一个按钮；再把鼠标移到这个显示的按钮上时，它又消失了，另一个又显示出来……这就是本例对“逃跑”按钮的一种巧妙的实现方式。当然，你也可以利用 SetWindowPos 函数来设置按钮在屏幕上移动的新位置，读者可以自行尝试这种方法。

9.2　属性表单和向导的创建

我们有时候会看到如图 9.15 所示的这种对话框，这个对话框就是一个属性表单，它的每一个选项卡就是一个属性页。**一个属性表单由一个或多个属性页组成。**它有效地解决了大量信息无法在一个对话框上显示这一问题，并提供了对信息的分类和组织管理的功能。在程序设计时，可以把相关的选项放在一个属性页中。

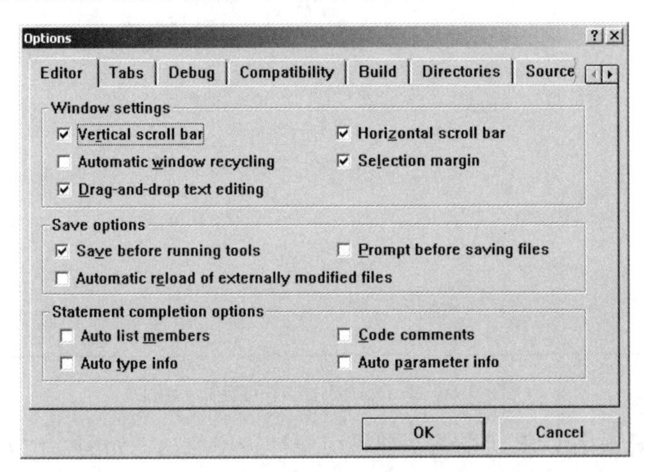

图 9.15　VC++ 6.0 集成环境的 Options 对话框

而我们每次利用 Visual Studio 新建一个项目时使用的 MFC 应用程序就是一个向导，它通过一步一步地引导用户选择一些信息，从而生成相应的应用程序框架。

下面，我们再新建一个 MFC 应用程序项目，看一下这个向导提供的功能，项目取名为 Prop，MFC 应用程序向导的第一步窗口如图 9.16 所示。在该对话框中要求用户选择生成哪种类型的应用程序：单个文档、多个文档、基于对话框，多个顶层文档的应用程序。如果选择"单个文档"选项，则生成一个单文档—视图应用程序框架；如果选择"多个文档"选项，则生成一个多文档—视图应用程序框架，多文档应用程序可以同时打开多个文档，例如，我们常用的 Word 程序；如果选择"基于对话框"选项，则生成一个基于对话框界面的应用程序。在本例中，我们选择"单个文档"选项，项目样式选择"MFC standard"。另外，如果取消该对话框上的"文档/视图结构支持"选项，则应用程序向导将不会为该应用程序生成文档类。"使用 MFC"选项是询问你怎么使用 MFC 类库：是作为一个共享的库，还是作为一个静态链接的库。如果选择把 MFC 类库作为一个共享的库（在共享 DLL 中使用 MFC）来使用，那么编译后生成的文件就比较小，但是以后将可执行程序移植到其他系统下，有可能会因为缺少 MFC 类库而导致程序不能运行。而如果选择把 MFC 类库作为一个静态链接库（在静态库中使用 MFC）来使用，就不会出现这个问题。因此，如果选择了把 MFC 类库作为共享库来使用的话，为了以防万一，在产品开发完成后，在最后发布时，可以将相关的 MFC 类库一起打包到产品发布包中，发布给最终的用户。"资源语言"选项保持默认选择即可。

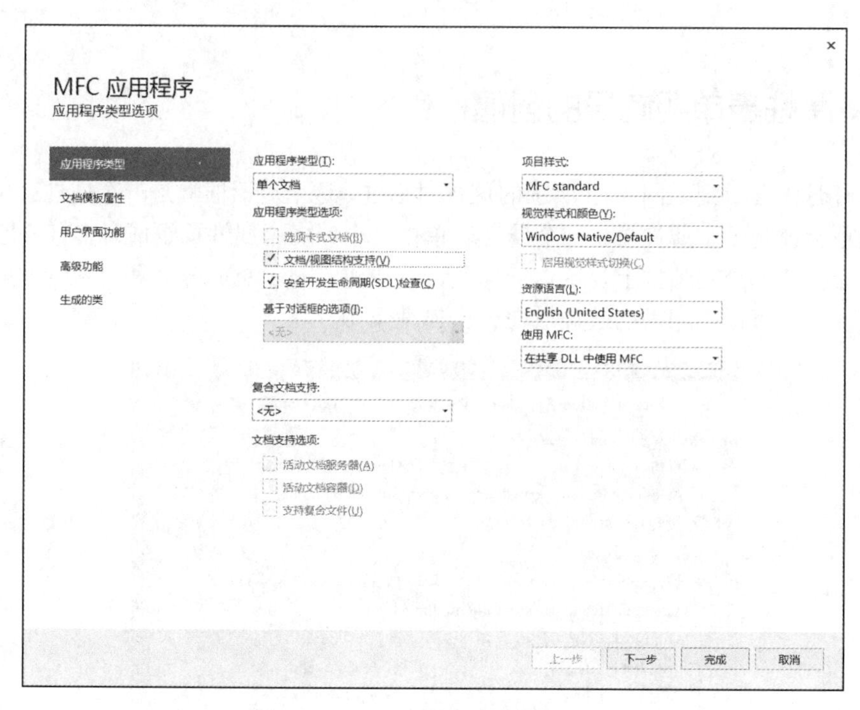

图 9.16 MFC 应用程序向导第一步

单击【下一步】按钮，将切换到文档模板属性设置窗口，如图 9.17 所示。在这个界面中一般不需要做任何修改，继续单击【下一步】按钮，出现用户界面功能设置窗口，如图 9.18 所示。

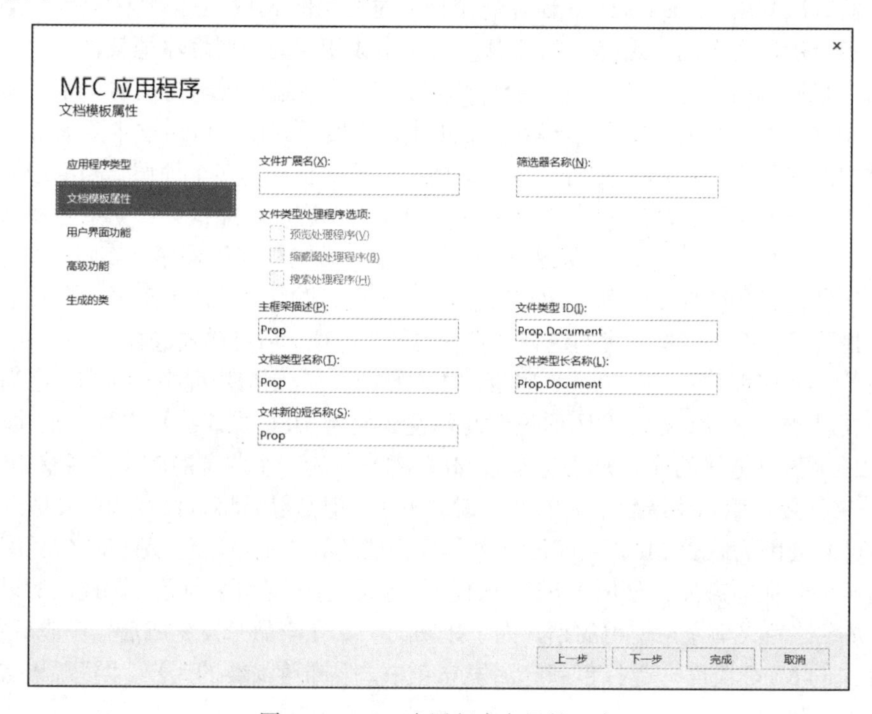

图 9.17 MFC 应用程序向导第二步

图 9.18　MFC 应用程序向导第三步

在这个界面中提供了可以修改应用程序窗口外观的选项，比如窗口是否包含最大化框、最小化框按钮，窗口是否以最大化、最小化的样式显示，窗口是否包含系统菜单等。“拆分”窗口选项用来设置是否使用拆分窗口。当然，也可以在程序中利用代码来实现窗口外观的改变。通常不需要修改这些选项，直接单击【下一步】按钮跳转到高级功能设置窗口，如图 9.19 所示。

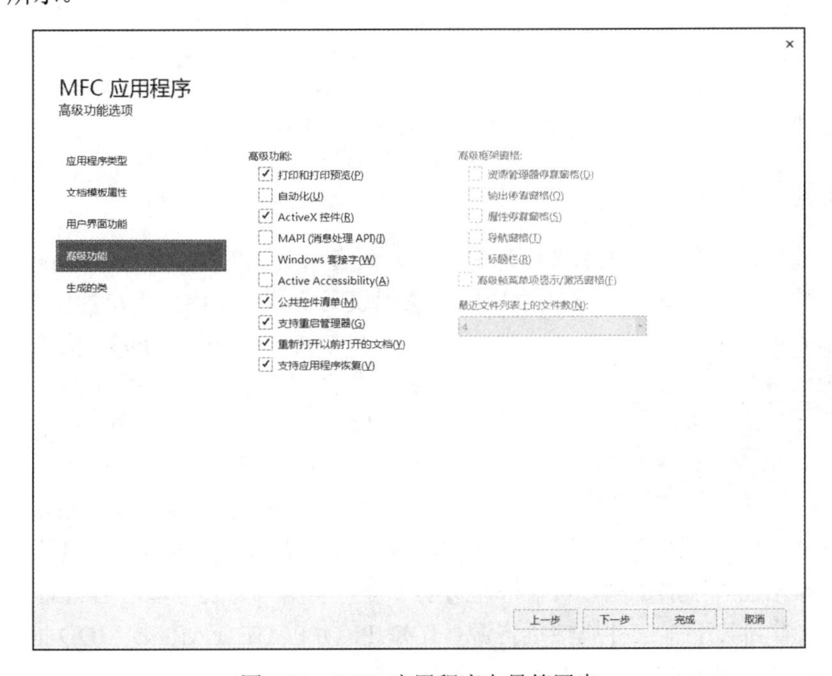

图 9.19　MFC 应用程序向导第四步

在这个界面中询问你要在应用程序中包含哪些功能。本例不使用打印和打印预览功能，所以可以取消“打印和打印预览”选项的选择。

继续单击【下一步】按钮，出现如图 9.20 所示的应用程序向导自动生成的所有类的信息的窗口，给出了默认的类名称及其所在文件的名称，用户可以在这个界面中修改类名和类所在的两个文件的文件名（App 类所在的文件名不能修改），还可以修改应用程序视类的基类，如果想让视类窗口具有编辑功能，则可以在这里把它的基类修改为 CEditView 或 CRichEditView。可以通过“生成的类”下拉列表框来查看每个类的相关信息。本例我们全部采用默认设置。单击【完成】按钮，MFC 应用程序向导就为我们自动创建了 Prop 应用程序的框架。

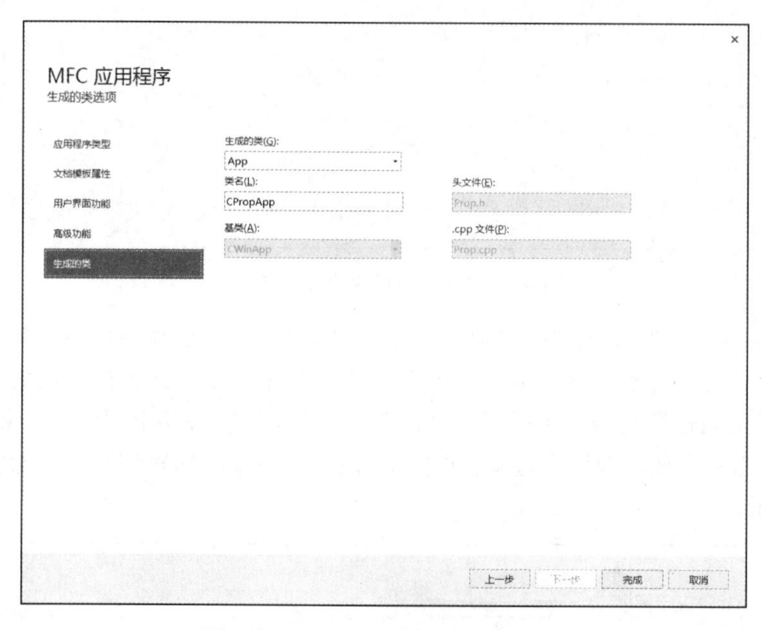

图 9.20　MFC 应用程序向导第五步

9.2.1　创建属性页

为了创建属性表单，首先需要创建属性页，后者对应的 MFC 类是 CPropertyPage，其继承层次结构如图 9.21 所示，该类生成的对象代表了属性表单中一个单独的属性页。

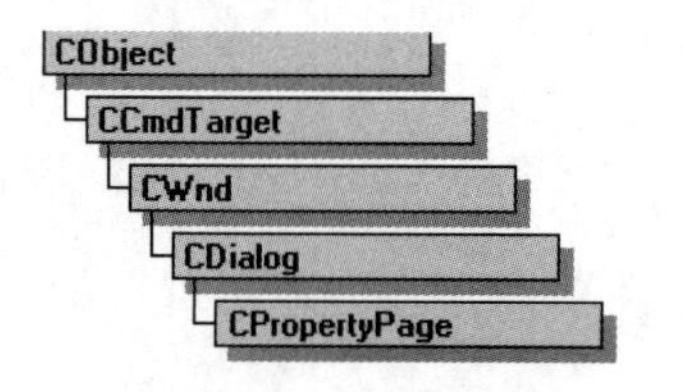

图 9.21　CPropertyPage 类的继承层次结构

可以看到，CPropertyPage 类是从 CDialog 派生而来的，因此，一个属性页窗口其实就是一个对话框窗口。根据前面章节的知识，我们知道为了创建一个对话框窗口，首先需要创建一个对话框资源。打开资源视图，在 Dialog 分支上单击鼠标右键，从弹出菜单中选择【添加资源】菜单命令，在弹出的“添加资源”对话框左边的“资源类型”列表中单击 Dialog 类型前面的“+”，即可以看到其下有三种属性页资源：IDD_PROPPAGE_LARGE、IDD_PROPPAGE_MEDIUM 和 IDD_PROPPAGE_SMALL，如图 9.22 所示。

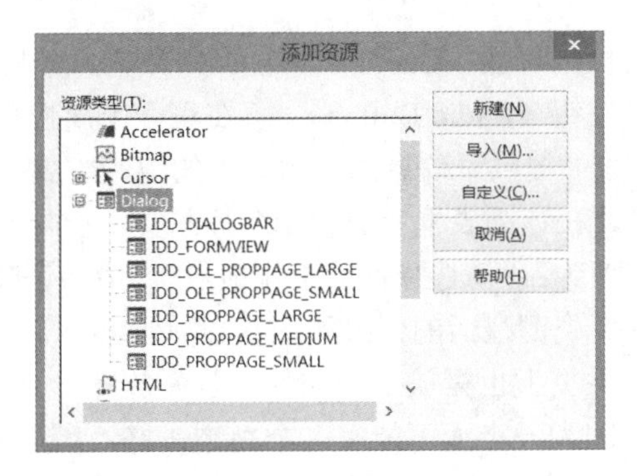

图 9.22 “添加资源”对话框

本例选择 IDD_PROPPAGE_LARGE 类型，然后单击【新建】按钮，之后在 Prop 项目的资源视图中就可以看到，Visual Studio 为我们新建了一个属性页资源：IDD_PROPPAGE_LARGE。按照同样的方法，再插入两个属性页资源。然后按照表 9.1 中所列内容修改这三个属性页资源的 ID 及标题（Caption 属性）。

表 9.1　属性页资源属性设置

序　号	ID	Caption
1	IDD_PROP1	Page1
2	IDD_PROP2	Page2
3	IDD_PROP3	Page3

知识点　一个属性页的标题就是最终在属性页上显示的选项卡的名称。

现在，让我们看看插入的属性页资源和通常插入的对话框资源之间的区别。通过在属性窗口中查看它们各自的属性，可以看到，这两种对话框资源的区别如表 9.2 中所列。

表 9.2　普通对话框资源和属性页资源的属性区别

属　性	“关于对话框”资源	“属性页”资源
Style	Popup	Child
Border	对话框外框（Dialog Frame）	Thin
System menu	True	False
Disabled	False	True

属性页资源的 Disabled 属性为 TRUE，这样，该属性页在初始显示时是不能使用的。

知道了这两种资源之间的区别，你也可以在程序中先增加一个普通对话框资源，然后修改其属性，使其符合属性页资源的要求，并把它当作属性页资源来使用。

下面，我们继续完成 Prop 程序中属性表单的创建。首先删除 Prop 程序中各个属性页资源上已有的静态文本控件，然后在每个属性页中增加一些控件。在第一个属性页中放置一个组框（Group Box），组框可以用来起到分组的作用，可以把相关的一些选项放置在一个组框中。例如，在如图 9.15 所示的属性页中，根据其第一个组框的标题：Window settings，就可以知道该组框内的选项是一些与窗口有关的设置。

先将新添加的这个组框的标题（Caption 属性）修改为："请选择你的职业"。然后在这个组框内放置三个单选按钮（Radio Button）。再在第一个属性页上放置一个列表框控件（List Box），这种类型的控件提供了信息的一种简单的组织方式，可以排列一些字符串提供给用户进行选择。然后，在该列表框上放置一个静态文本控件，这种控件主要起标示作用，本例将其文本属性修改为："请选择你的工作地点"。最后调整一下各个控件的位置，使其美观些。第一个属性页资源最后的效果如图 9.23 所示。

接下来，在第二个属性页上也摆放一些控件。首先放置一个组框，将其标题修改为："请选择你的兴趣爱好"。因为一个人可能有多个兴趣爱好，所以我们选择复选框（Check Box）来设置各种兴趣爱好选项。本例添加四个复选框，并把它们的标题分别修改为："足球""篮球""排球""游泳"。然后调整各个控件的摆放位置，最终得到的第二个属性页资源如图 9.24 所示。

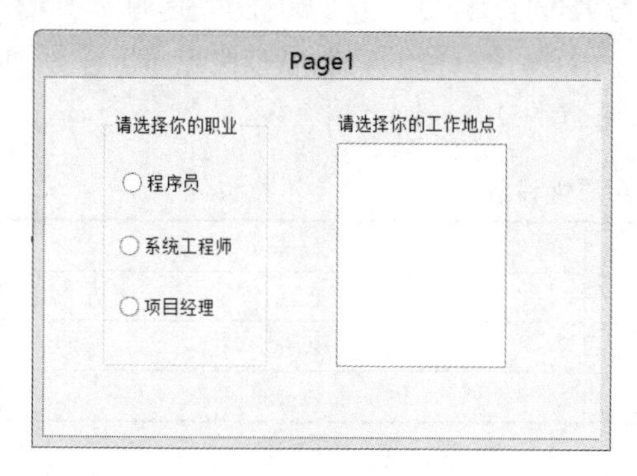

图 9.23　第一个属性页上控件的设置

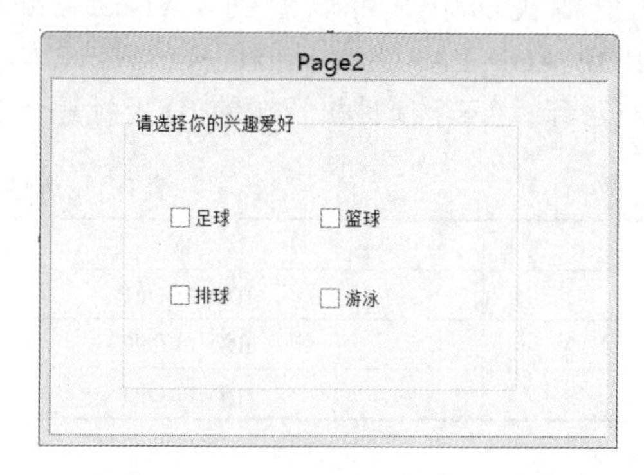

图 9.24　第二个属性页上控件的设置

最后，在第三个属性页中也添加一些控件。首先增加一个组合框（Combo Box），组合框提供了编辑框加列表框的功能，Visual Studio 提供了三种类型的组合框，读者可以在组合框的属性窗口中查看 Type 属性，单击右侧的下拉箭头，可以看到有三种类型，如图 9.25 所示。

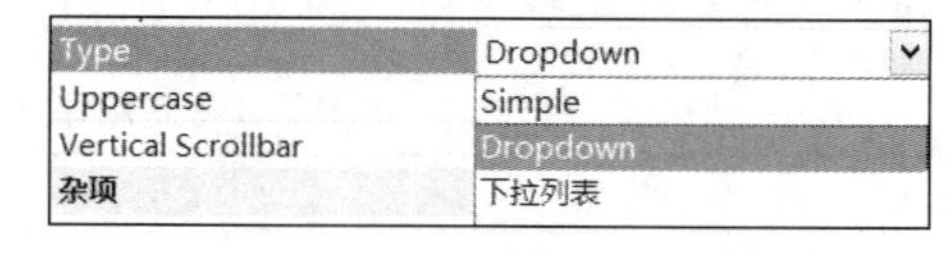

图 9.25　组合框控件的三种类型

■ 简易式（Simple）

这种类型的组合框包含一个编辑框和一个总是显示的列表框。

■ 下拉式（Dropdown）

类似于简易式组合框，二者的区别在于下拉式组合框仅在单击下拉箭头后，列表框才会弹出。

■ 下拉列表（Drop List）

下拉列表式组合框也有一个下拉的列表框，但它的编辑框是只读的，不能输入字符。也就是说，这种类型的组合框只能从其下拉列表中选择内容。

本例选择下拉列表类型。在第三个属性页上，在添加的组合框控件上方摆放一个静态文本框，并将其标题设置为："请选择你的薪资水平"。最终得到的第三个属性页资源如图 9.26 所示。

> **提示：**在设计对话框时，可以利用【格式】菜单下的【测试对话框】菜单命令（快捷方式“Ctrl+T”），或者单击对话框编辑器工具栏上的 ，测试当前对话框资源，包括属性页最终的运行效果。之后，按下 Esc 键，即可关闭对话框资源的测试，回到编辑窗口。

现在，Prop 程序有了三个属性页对话框资源，那么就要针对这三个资源生成相应的属性页类，方法是选中属性页对话框资源，单击鼠标右键，从弹出菜单中选择【添加类】，将类名设置为 CProp1，基类选择 CMFCPropertyPage，头文件名为 Prop1.h，源文件名为 Prop1.cpp，如图 9.27 所示。

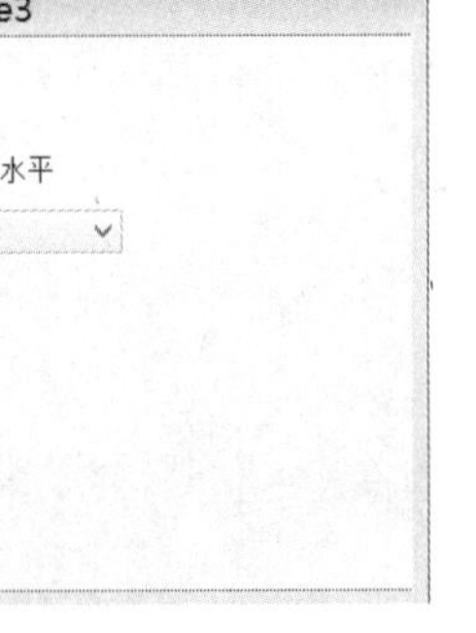

图 9.26　第三个属性页上控件的设置

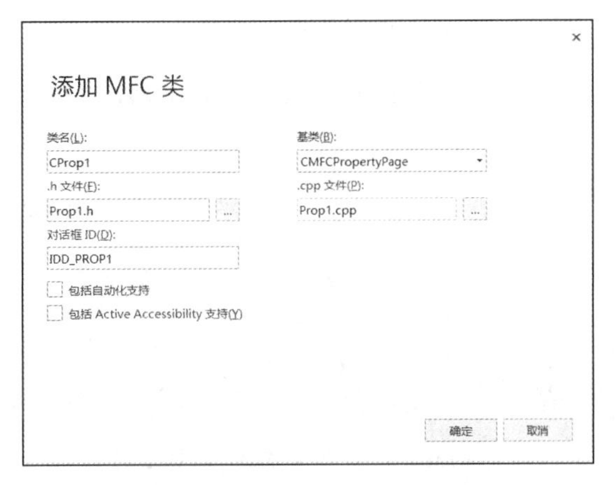

图 9.27　为属性页资源添加类

单击【确定】按钮，完成对新类的添加。利用同样的方法为 IDD_PROP2 和 IDD_PROP3 分别添加一个新类：CProp2 和 CProp3。

> **提示：**CMFCPropertyPage 是 Visual Studio 后期版本引入的新类，从 CPropertyPage 类派生，支持在属性页上显示弹出菜单。在 VC++ 6.0 中是没有这个类的。同样，后面属性表单类也将使用新类 CMFCPropertySheet，该类是从 CPropertySheet 类派生的。

不过，悲剧的是，Visual Studio 这个集成开发环境对 CMFCPropertyPage 类的支持不是很好，我们在添加 CProp1、CProp2 和 CProp3 时，选择它作为基类，向导自动生成的代码居然没有为我们关联对应的属性页资源。为此，我们需要手动添加与属性页对话框资源绑定的代码。首先在 CProp1、CProp2 和 CProp3 这三个类的头文件中添加一个枚举常量 IDD 的定义，代码如例 9-3 所示。

例 9-3

Prop1.h

```
class CProp1 : public CMFCPropertyPage
{
    DECLARE_DYNAMIC(CProp1)
```

```
public:
    CProp1();
    virtual ~CProp1();
    enum { IDD = IDD_PROP1 };
    ......
                                Prop2.h
    class CProp2 : public CMFCPropertyPage
{
        DECLARE_DYNAMIC(CProp2)

public:
        CProp2();
        virtual ~CProp2();
        enum { IDD = IDD_PROP2 };
    ......
                                Prop3.h
class CProp3 : public CMFCPropertyPage
{
    DECLARE_DYNAMIC(CProp3)

public:
    CProp3();
    virtual ~CProp3();
    enum { IDD = IDD_PROP3 };
    ......
```

然后找到 CProp1、CProp2 和 CProp3 这三个类的构造函数，在其初始化列表中添加如例 9-4 所示的代码。

例 9-4

```
                                Prop1.cpp
CProp1::CProp1() : CMFCPropertyPage(CProp1::IDD)
{

}

                                Prop2.cpp
    CProp2::CProp2() : CMFCPropertyPage(CProp2::IDD)
{

}

                                Prop3.cpp
CProp3::CProp3() : CMFCPropertyPage(CProp3::IDD)
{

}
```

9.2.2　创建属性表单

为了创建一个属性表单，首先需要创建一个 **CMFCPropertySheet** 对象，然后，在此对象中为每一个属性页创建一个对象（**CMFCPropertyPage** 类型），并调用 **AddPage** 函数添加每一个属性页，最后调用 **DoModal** 函数显示一个模态属性表单，或者调用 **Create** 函数创建一个非模态属性表单。

下面，我们通过以下几个步骤实现属性表单创建的功能。

1 为 Prop 程序创建一个属性表单对象。打开类向导，【添加类】→【MFC 类】，类名为 CPropSheet，基类选择 CMFCPropertySheet，头文件名为 PropSheet.h，源文件名为 PropSheet.cpp。如图 9.28 所示。

图 9.28　添加的属性表单类

2 在属性表单对象（CPropSheet）中添加属性页。这需要调用 CMFCPropertySheet 类的成员函数：AddPage，其声明原型如下所示：

```
void AddPage( CPropertyPage *pPage );
```

可以看到，这个函数有一个 CPropertyPage 类型指针的参数，它指向的就是需要添加到属性表单中的属性页对象。也就是说，通过这个函数，可以将属性页对象添加到属性表单中。

我们首先在属性表单类（CPropSheet）的头文件中为先前创建的三个属性页分别定义一个成员对象，代码如下所示：

```
CProp1 m_prop1;
CProp2 m_prop2;
CProp3 m_prop3;
```

但是对 CPropSheet 对象来说，此时它还不知道 CProp1、CProp2 和 CProp3 这三种类型的定义，所以还必须在 CPropSheet 类的头文件中分别把这三个属性页类的头文件包含进来，代码如下所示：

```
#include "Prop1.h"
#include "Prop2.h"
#include "Prop3.h"
```

然后我们在属性表单对象的构造函数中添加属性页对象，代码如例 9-5 所示。

例 9-5

```
CPropSheet::CPropSheet()
{
    AddPage(&m_prop1);
    AddPage(&m_prop2);
    AddPage(&m_prop3);
}
```

3 显示属性表单。CMFCPropertySheet 类是从 CPropertySheet 类派生的，而后者又是从 CWnd 类派生而来的，并不是派生于 CDialog 类。不过，CPropertySheet 对象和 CDialog 对象的操作方式是类似的。例如，属性表单对象的创建也需要两个步骤，第一步调用构造函数定义一个属性表单对象，第二步调用 DoModal 成员函数创建一个模态属性表单，或者调用 Create 成员函数创建一个非模态属性表单。

知道了属性表单的创建步骤，下面我们就据此在 Prop 程序中创建并显示 CPropertySheet 对象。在该项目的主菜单上添加一个菜单项，当用户单击这个菜单项后，程序显示 CPropertySheet 属性表单对象。为了简单起见，就在 Prop 程序主菜单的【帮助】子菜单后面添加一个菜单项，并将其 Popup 属性设置为：False，Caption 属性设置为：属性表单，ID 属性设置为：IDM_PROPERTYSHEET，结果如图 9.29 所示。

Caption	属性表单
Checked	False
Enabled	True
Grayed	False
Popup	False
⊟ 杂项	
(Name)	菜单编辑器
Help	False
ID	IDM_PROPERTYSHEET

图 9.29 【属性表单】菜单项的属性设置

设置好属性后，在该菜单项上单击鼠标右键，从弹出菜单中选择【添加事件处理程序】菜单命令，然后在向导对话框中的类列表中选择 CPropView，并接受向导自动赋予的响应函数名称 OnPropertysheet，单击【添加编辑】按钮，在响应函数中添加如例 9-6 所示的代码。

例 9-6

```
void CPropView::OnPropertysheet()
{
    CPropSheet propSheet;
    propSheet.DoModal();
}
```

上述例 9-6 所示代码中，首先构造了一个 CPropSheet 类型的属性表单对象：propSheet，然后，调用该属性表单对象的 DoModal 函数，显示一个模态属性表单。当然，别忘了在 CPropView 类中包含 CPropSheet 类的头文件，即在 CPropView 类的源文件的开始部分添加例 9-7 所示代码中加灰显示的那行语句。

例 9-7

```
// PropView.cpp : CPropView 类的实现
//

#include "stdafx.h"
// SHARED_HANDLERS 可以在实现预览、缩略图和搜索筛选器句柄的
// ATL 项目中进行定义，并允许与该项目共享文档代码。
#ifndef SHARED_HANDLERS
#include "Prop.h"
#endif

#include "PropDoc.h"
#include "PropView.h"
#include "PropSheet.h"
```

> **提示**：CPropertySheet 类并不是派生于 CDialog 类，但它同样也由 DoMoDal 成员函数来显示一个模态属性表单。

编译并运行 Prop 程序，单击【属性表单】菜单项，即可弹出如图 9.30 所示的属性表单。

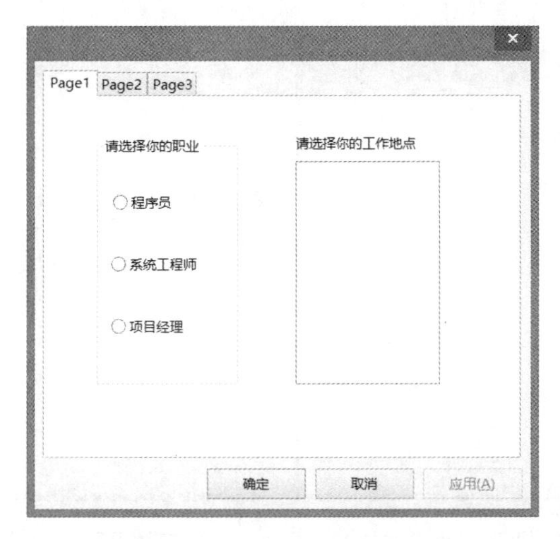

图 9.30 创建的模态属性表单

分别单击 Page2 和 Page3 选项页，可以看到如图 9.31 和图 9.32 所示的属性页。

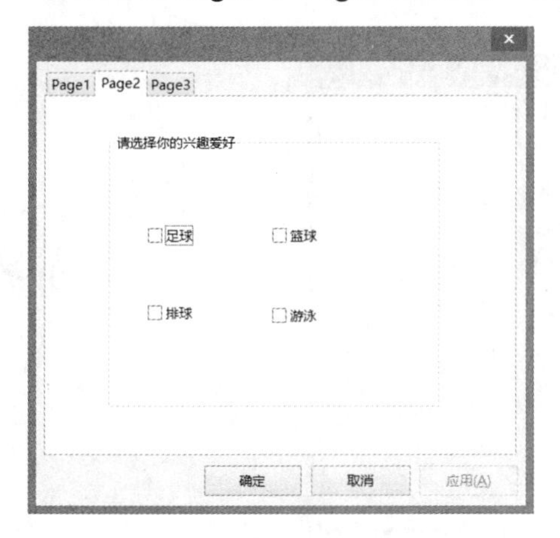

图 9.31 属性表单的第二个属性页

图 9.32 属性表单的第三个属性页

9.2.3 向导的创建

创建一个向导类型的对话框，应该遵循创建一个标准属性表单的步骤来实现，但在调用属性表单对象的 DoModal 函数之前，应该先调用 SetWizardMode 这一函数。因此，我们在 Prop 项目的 CPropView 类的 OnPropertysheet 函数（上述例 9-6 所示代码）中，在调用 DoModal 函数之前添加下面这条语句：

```
    propSheet.SetWizardMode();
```

编译并运行 Prop 程序，单击【属性表单】菜单命令，即可出现如图 9.33 所示的对话框，可以发现该对话框已经变成了一种向导的模式，它底部的按钮变成了：【上一步】、【下一步】和【取消】。

通过单击如图 9.33 所示属性页上的【下一步】按钮，进入该向导的下一个页面，如图 9.34 所示。

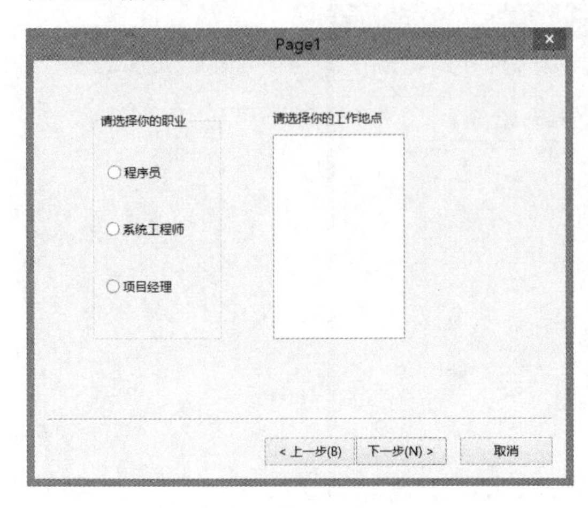

图 9.33　向导对话框的第一页

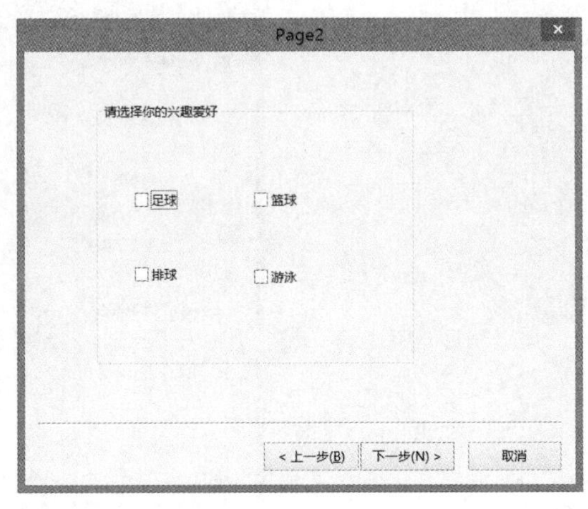

图 9.34　向导对话框的第二页

通过单击如图 9.34 所示属性页上的【下一步】按钮，进入该向导的第三个页面，如图 9.35 所示。

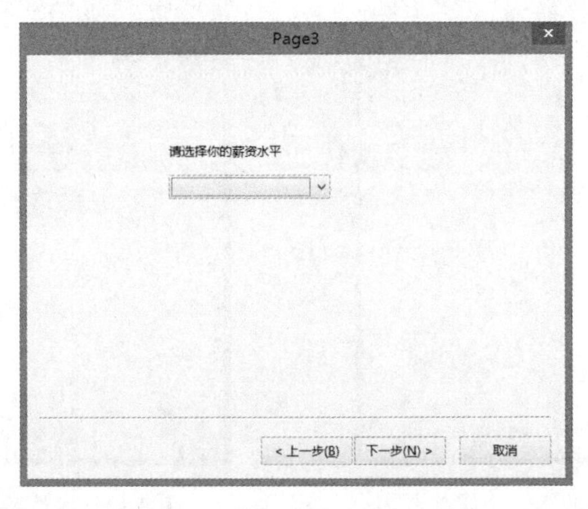

图 9.35　向导对话框的第三页

仔细观察向导对话框的每一页，可以看到，这个向导对话框仍存在一些问题：在第一个页面上，不应该有【上一步】这个按钮；在最后一个页面上，不应该是【下一步】按钮，而应该是【完成】按钮。在前面定义属性页资源时，我们并没有添加这些按钮，可见这些按钮是属于属性表单的，那么就需要调用属性表单的相关函数来修改它的按钮。CPropertySheet 类提供了一个 SetWizardButtons 成员函数，可以用来设置向导对话框上的按钮。该函数的原型声明如下所示：

```
void SetWizardButtons( DWORD dwFlags );
```

该函数有一个参数：dwFlags，可以是表 9.3 中所列各值的组合。

表 9.3　dwFlags 参数的取值

值	意　义
PSWIZB_BACK	设置一个上一步按钮
PSWIZB_NEXT	设置一个下一步按钮
PSWIZB_FINISH	设置一个完成按钮
PSWIZB_DISABLEDFINISH	设置一个禁用的完成按钮

一般来说，应该在属性页的 OnSetActive 函数中调用 SetWizardButtons 这个函数。当属性页被选中，成为一个活动页面时，应用程序框架就会调用 OnSetActive 这个函数。OnSetActive 函数是一个虚函数，我们可以在属性页子类中重写这个函数，根据需要设置该属性页上的按钮。

下面，我们首先在第一个属性页资源关联的类（CProp1）中重写 OnSetActive 函数。打开类向导，类名选择 CProp1，切换到虚函数选项卡，找到 OnSetActive 函数，然后单击【添加函数】按钮，在添加重写的函数后，单击【编辑代码】按钮，定位到这个重写的函数定义处。

接下来，在这个重写的 OnSetActive 函数中，调用属性表单对象的 SetWizardButtons 函数设置第一个属性页上的按钮。不过，这里要如何获得属性表单对象呢？因为属性页是被添加到属性表单中的，也就是说，属性表单是属性页的父窗口，所以，就可以通过 GetParent 函数获取属性页父窗口的指针，即属性表单的指针，但该函数返回的是 CWnd 类型的指针，而我们需要的是属性表单类型，因此还需要进行强制类型转换，将 CWnd 类型的指针转换为 CPropertySheet 类型的指针。然后利用该指针，调用 SetWizardButtons 函数。对于第一个属性页来说，应该只有一个【下一步】按钮，因此，SetWizardButtons 函数的参数应该为 PSWIZB_NEXT。

CProp1 类的 OnSetActive 函数的具体实现代码如例 9-8 所示。

例 9-8

```
BOOL CProp1::OnSetActive()
{
    ((CPropertySheet*)GetParent())->SetWizardButtons(PSWIZB_NEXT);
    return CPropertyPage::OnSetActive();
}
```

然后，为第二个属性页（CProp2 类）添加 OnSetActive 虚函数。因为第二个属性页应该有【上一步】和【下一步】按钮，所以，它的具体实现代码如例 9-9 所示。

例 9-9

```
BOOL CProp2::OnSetActive()
{
    ((CPropertySheet*)GetParent())->SetWizardButtons(PSWIZB_BACK |
PSWIZB_NEXT);
```

```
    return CPropertyPage::OnSetActive();
}
```

最后，再为第三个属性页（CProp3 类）添加 OnSetActive 虚函数。因为第三个属性页应该有【上一步】和【完成】按钮，所以，它的具体实现代码如例 9-10 所示。

例 9-10

```
BOOL CProp3::OnSetActive()
{
    ((CPropertySheet*)GetParent())->SetWizardButtons(PSWIZB_BACK | PSWIZB_
FINISH);
    return CPropertyPage::OnSetActive();
}
```

编译并运行 Prop 程序，单击【属性表单】菜单命令，将显示如图 9.36 所示的向导对话框。可以看到，这时第一个页面上的【上一步】按钮是不可用的。

单击如图 9.36 所示属性页上的【下一步】按钮，将显示第二个页面，如图 9.37 所示。可以看到，该页面上的【上一步】和【下一步】这两个按钮均可用。

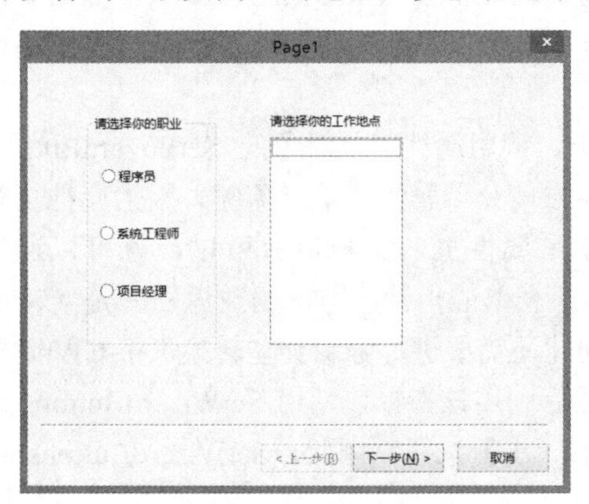

图 9.36　向导对话框的第一页

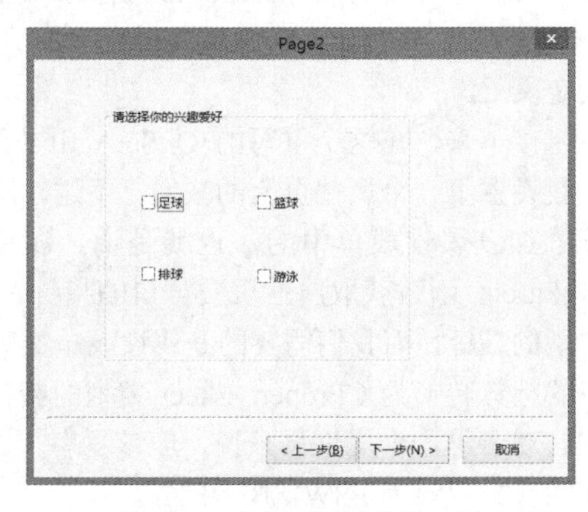

图 9.37　向导对话框的第二页

单击如图 9.37 所示属性页上的【下一步】按钮，将显示第三个页面，如图 9.38 所示。可以看到，这时它具有【上一步】、【完成】和【取消】按钮。

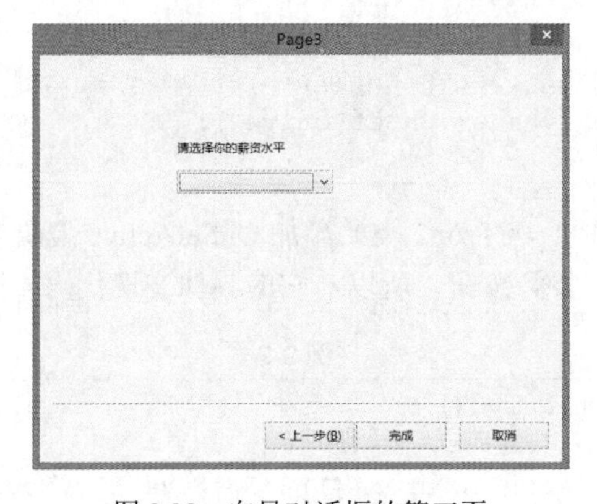

图 9.38　向导对话框的第三页

1．处理第一个页面

对于向导来说，通常希望用户在每个属性页中都进行一些选择。下面，我们就对每一个页面都进行一个判断，检查用户是否做出选择，如果没有，就禁止程序进入下一个页面。也就是说，用户必须进行了一项选择之后，才能进入下一个页面。

首先处理第一个页面，为了操作方便，给这个页面上的单选按钮关联一个成员变量。不过，悲剧的事情又来了，前面说过 Visual Studio 对 CMFCPropertyPage 类的支持不是很好，向导给我们生成的 CProp1、CProp2 和 CProp3 这三个类均没有提供 DoDataExchange 函数，而该函数恰恰是用来完成对话框数据的交换和校验的，如果没有这个函数，我们利用类向导就无法正常为控件关联成员变量。好在这个函数的添加并不麻烦，打开类向导，切换到“虚函数”选项卡，找到 DoDataExchange 函数，分别为 CProp1、CProp2 和 CProp3 这三个类添加 DoDataExchange 函数的重写。

接下来切换到“命令”选项卡，在“对象 ID”列表中可以看到第一个属性页资源上的三个单选按钮控件的 ID：IDC_RADIO1、IDC_RADIO2 和 IDC_RADIO3，如图 9.39 所示。

切换到“成员变量”选项卡，准备为单选按钮关联成员变量，结果我们在“成员变量”列表中却没有看到单选按钮的 ID，如图 9.40 所示。

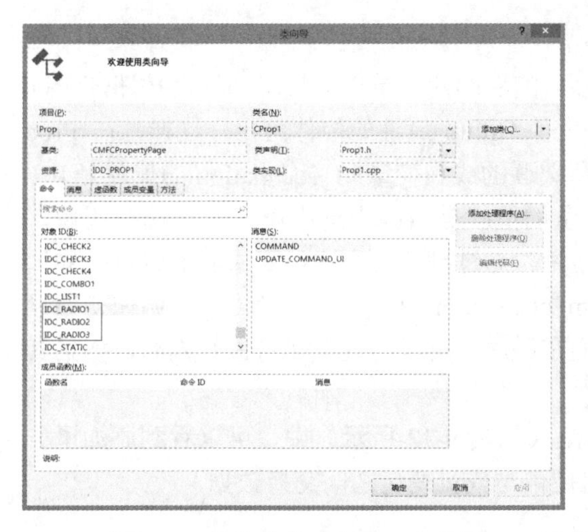

图 9.39　类向导的“命令”选项卡

图 9.40　类向导的“成员变量”选项卡

这是因为对一组单选按钮来说，需要设置该组中第一个单选按钮的 Group 属性。选中第一个单选按钮，在其属性窗口中找到 Group 属性，将值设置为 TRUE。

再次打开类向导对话框，即可在它的“成员变量”选项卡中看到 IDC_RADIO1 这个 ID 了。选中该 ID，并单击【添加变量】按钮，将弹出如图 9.41 所示的“添加控件变量”对话框，为这个控件增加一个值类型的成员变量 m_occupation，变量类型为 int。

这时，可以在 CProp1 类的头文件中看到 m_occupation 变量的定义，并可以看到在 CProp1 类的构造函数的初始化列表中将 m_occupation 变量初始化为 0，将 0 值修改为-1，代码如例 9-11 所示。

图 9.41 “添加控件变量”对话框

例 9-11

```
CProp1::CProp1() : CMFCPropertyPage(CProp1::IDD)
, m_occupation(-1)
{
}
```

当为第一个单选按钮设置了 Group 选项后，随后的两个单选按钮就和这个按钮属于同一组了，直到遇到下一个（按照 Tab 顺序）具有 Group 属性的控件为止。这样，在 Prop 程序运行时，当选中第一个单选按钮后，它所关联的成员变量 m_occupation 的值就是 0；当选中第二个单选按钮后，m_occupation 变量的值就是 1；当选中第三个单选按钮后，m_occupation 变量的值就是 2。于是，在程序中，通过判断这个成员变量的值就可以知道当前选中的是哪个单选按钮控件。这里，将 m_occupation 变量初始化为-1，表明在初始显示时，三个单选按钮一个也没有被选中。我们在程序中可以对这个变量进行判断，如果其值为-1，就说明用户没有选择单选按钮选项。

另外，在 CProp1 的 DoDataExchange 函数（如例 9-12 所示）中，可以看到添加了一条 DDX_Radio 函数的调用，用来在单选按钮控件与成员变量之间交换数据。

例 9-12

```
void CProp1::DoDataExchange(CDataExchange* pDX)
{
    CPropertyPage::DoDataExchange(pDX);
    DDX_Radio(pDX, IDC_RADIO1, m_occupation);
}
```

当用户单击第一个属性页上的【下一步】按钮后，应该判断用户是否选择了某个职业，只有当用户选择了某个职业时，程序才能进入下一个属性页。实际上，当用户单击属性页上的【下一步】按钮后，程序将调用 OnWizardNext 这个虚函数，如果这个函数返回 0，那么程序自动进入当前向导的下一个属性页；如果返回-1，则禁止属性页发生变更。因此，我们可以为 CProp1 类添加 OnWizardNext 这个虚函数的处理，来完成对该属性页上【下一步】按钮的命令响应。该虚函数的添加方法与前面 OnSetActive 虚函数的添加方法相同。在添加之后，我们就可以在这个虚函数中判断 m_occupation 变量的值，如果是-1，则说明用户没有选择任何一个职业，就会弹出一个对话框，提示用户应选择一个职业，让这个虚函数返回-1，禁止进入下一个属性页。具体的实现代码如例 9-13 所示。

例 9-13

```
LRESULT CProp1::OnWizardNext()
{
    if(m_occupation == -1)
    {
        MessageBox(L"请选择你的职业！");
        return -1;
    }
    return CPropertyPage::OnWizardNext();
}
```

编译并运行 Prop 程序，单击【属性表单】菜单命令，将显示向导对话框，可以看到在初始显示时，并没有选中任何一种职业。我们任选一种职业，单击【下一步】按钮，程序立即弹出一个对话框，提示：“请选择你的职业！”，如图 9.42 所示。

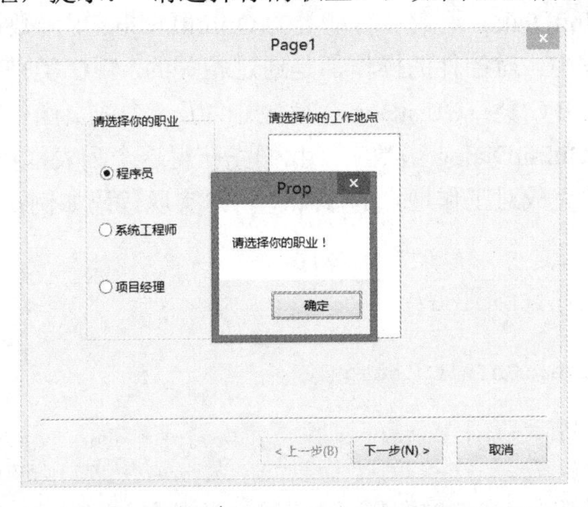

图 9.42 选择职业后单击【下一步】按钮时出现的提示对话框

可是我们已经选择了一种职业，为什么还会出现这个提示对话框呢？问题出在哪里呢？请读者回想一下第 8 章介绍的内容，控件与成员变量的数据交换是通过 DoData Exchange 函数来完成的，在程序中并不直接调用这个函数，而是通过调用 UpdateData 函数来调用它。当 UpdateData 函数的参数为 TRUE 时，从控件得到成员变量的值；当参数值为 FALSE 时，用成员变量的值初始化控件。如果在 CProp1 类的 OnWizardNext 函数中想要从控件得到相关联的变量的值，就应该以 TRUE 为参数来调用 UpdateData 函数。另外，由于这个参数的默认值就是 TRUE，所以，此时可以以不带参数的形式直接调用 UpdateData 函数，即这时的 OnWizardNext 函数代码如例 9-14 所示。

例 9-14

```
LRESULT CProp1::OnWizardNext()
{
UpdateData();
    if(m_occupation == -1)
    {
        MessageBox("请选择你的职业！");
        return -1;
    }
    return CPropertyPage::OnWizardNext();
}
```

再次编译并运行 Prop 程序，单击【属性表单】菜单命令，将显示向导对话框。我们先不做任何选择，直接单击【下一步】按钮，程序立即弹出一个对话框，提示："请选择你的职业！"。关闭这个提示对话框，然后选择一种职业，再单击【下一步】按钮，程序就进入第二个属性页面。

接下来，为第一个属性页添加对工作地点的选择进行判断的代码。在工作地点列表框中增加一些工作地点。根据第 8 章的知识，我们知道应该在这个属性页的 OnInitDialog 函数中完成这一任务，也就是在这个属性页显示之前向列表框中增加一些工作地点。因此，为 CProp1 类添加 OnInitDialog 函数（对基类的 OnInitDialog 虚函数进行重写）。前面已经介绍过，**在 MFC 编程中，对控件的操作都是通过相关的 MFC 类来完成的**。对于列表框，也有一个与之对应的 MFC 类：CListBox。该类提供了一个成员函数 AddString，用来向列表框添加字符串。在 OnInitDialog 函数中，我们先获得这个列表框控件对象，然后调用该对象的 AddString 函数完成对工作地点的添加。具体实现代码如例 9-15 所示。

例 9-15

```
BOOL CProp1::OnInitDialog()
{
    CPropertyPage::OnInitDialog();

    ((CListBox*)GetDlgItem(IDC_LIST1))->AddString("北京");
    ((CListBox*)GetDlgItem(IDC_LIST1))->AddString("天津");
    ((CListBox*)GetDlgItem(IDC_LIST1))->AddString("上海");

    return TRUE;

}
```

运行这时的 Prop 程序，打开属性表单，将会看到在工作地点列表框中显示了我们添加的三个地址，如图 9.43 所示。

现在，就可以对工作列表框控件进行判断，让用户必须选择一个工作地点，否则，不能进入下一个属性页面。同前面的单选按钮一样，首先需要给这个列表框控件关联一个成员变量，方法同样是通过类向导来完成的，类别选择值类型，变量的名称为 m_workAddr，变量类型为 CString。

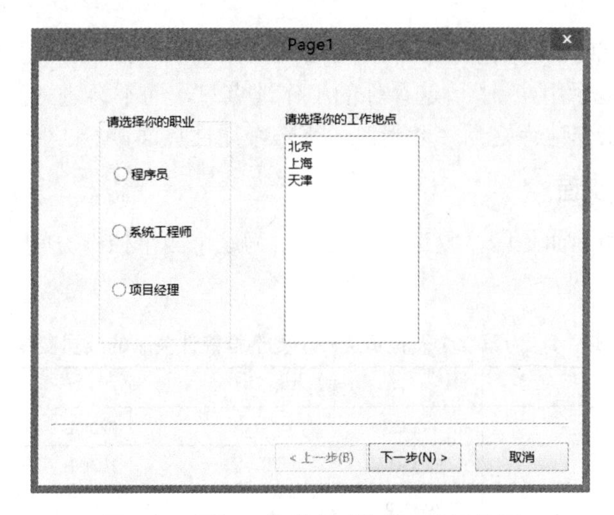

图 9.43　添加工作地点后的第一个属性页

同前面的 m_occupation 变量一样，CProp1 类在其构造函数的初始化列表中对 m_workAddr 变量也进行了初始化，代码如下所示：

```
m_workAddr(_T(""))
```

并在 DoDataExchange 函数中添加了下面这条调用 DDX_LBString 函数的代码，从而实现列表框控件与成员变量的数据交换。

```
DDX_LBString(pDX, IDC_LIST1, m_workAddr);
```

同样，我们可以在 CProp1 类的 OnWizardNext 函数中对列表框控件相关联的成员变量进行判断，检查用户是否选择了一个工作地点。如果 m_workAddr 变量为空，那么说明用户没有选择工作地点，OnWizardNext 函数就返回–1 值，禁止进入下一个属性页。添加的代码为例 9-16 所示代码中加灰显示的部分。

例 9-16

```
LRESULT CProp1::OnWizardNext()
{
    UpdateData();
    if(m_occupation == -1)
    {
        MessageBox("请选择你的职业！");
        return -1;
    }
    if(m_workAddr == "")
    {
        MessageBox("请选择你的工作地点！");
        return -1;
    }
    return CPropertyPage::OnWizardNext();
}
```

读者可以测试这时的 Prop 程序，并且会发现如果不选择工作地点的话，那么程序会显示一个对话框，提示用户："请选择你的工作地点！"，而不会进入下一个属性页面。只有在选择了职业和工作地点之后，才能进入下一个属性页面。

2. 处理第二个页面

第二个属性页面上面是四个复选框，同样，为这个四个控件分别关联一个成员变量。结果如表 9.4 所示。

表 9.4　为第二个属性页上四个复选框控件关联的成员变量

控　件	成员变量	变量类型
IDC_CHECK1	m_football	BOOL
IDC_CHECK2	m_basketball	BOOL
IDC_CHECK3	m_volleyball	BOOL
IDC_CHECK4	m_swim	BOOL

对于复选框控件来说，当选中时，它所关联的成员变量的值应该为 TRUE，否则为 FALSE。在 Prop2 类的构造函数（如例 9-17 所示代码）的初始化列表中，可以看到它将新添加的四个成员变量都初始化为 FALSE。

例 9-17

```
CProp2::CProp2() : CMFCPropertyPage(CProp2::IDD)
, m_football(FALSE)
, m_basketball(FALSE)
, m_volleyball(FALSE)
, m_swim(FALSE)
{

}
```

我们希望程序实现：如果用户没有选择任何一个兴趣爱好，就不让程序进入下一个属性页面。因此，同前面的第一个属性页一样，首先为 CProp2 类添加 OnWizardNext 虚函数的重写。然后在此函数中，对用户是否做出选择进行判断。实际上，对于这四个成员变量，如果有任意一个变量为 TRUE，就可以进入下一个属性页面；否则显示一个对话框，提示用户必须先选择一个兴趣爱好，然后该虚函数返回–1，禁止程序进入下一个属性页。同时，读者需要注意一点，根据前面对第一个属性页面的处理，我们有了这样的经验，就是在对与控件相关联的变量进行判断之前，需要调用 UpdateData 函数，以实现控件与成员变量的数据交换。具体实现代码如例 9-18 所示。

例 9-18

```
    LRESULT CProp2::OnWizardNext()
    {
1.      UpdateData();
2.      if( m_football || m_basketball || m_volleyball || m_swim)
3.          return CPropertyPage::OnWizardNext();
```

```
    4.        else
    5.        {
    6.            MessageBox("请选择你的兴趣爱好！");
    7.            return -1;
    8.        }
          }
```

提示：在编写程序时，一定要灵活，不要总是最后才调用 MFC 自动添加的代码。这里，判断这四个变量任一个为真，比判断它们同时为假要好理解得多。如果满足这个条件，就调用 MFC 为我们添加的默认代码（上述第 3 行代码），进入下一个属性页。否则，再进行一些提示处理，并且不让程序进入下一个属性页。

编译并运行 Prop 程序，打开向导对话框，当进入第二个属性页后，不做出任何选择，直接单击【下一步】按钮，程序立即会弹出一个对话框，提示："请选择你的兴趣爱好！"。程序运行界面如图 9.44 所示。只有在用户选择了一种兴趣爱好后，再单击【下一步】按钮，才可以进入下一个属性页。

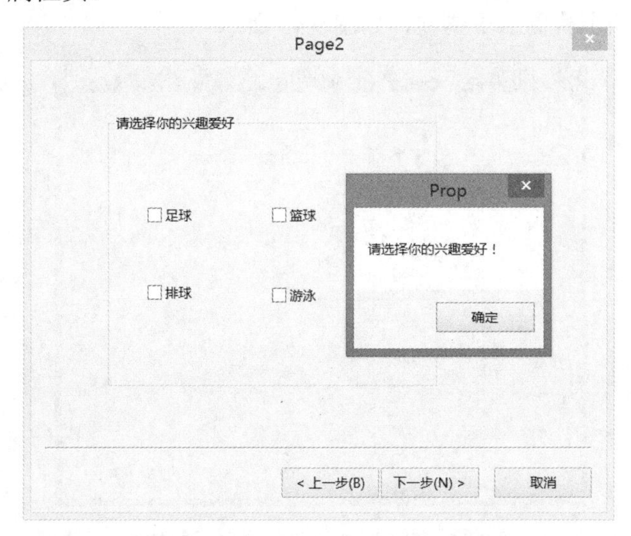

图 9.44　不选择任何一个兴趣爱好直接单击【下一步】按钮时出现的提示对话框

3. 处理第三个页面

在第三个属性页中摆放的是一个组合框控件，我们要向这个组合框中添加一些薪资选项，以便用户进行选择。组合框控件由一个编辑框和一个列表框组成，其相对应的 MFC 类是 CComboBox，该类也有一个成员函数：AddString，用来向组合框控件的列表框中添加字符串选项。按照第二个属性页的处理方式，首先为 CProp3 类添加 OnInitDialog 虚函数的重写，在此函数中对这个属性页对话框进行初始化，即在此函数中调用组合框对象的 AddString 函数，向组合框控件的列表框中添加一些薪资选项，具体代码如例 9-19 所示。

例 9-19

```
BOOL CProp3::OnInitDialog()
{
    CPropertyPage::OnInitDialog();

    ((CComboBox*)GetDlgItem(IDC_COMBO1))->AddString(L"3000 元以下");
    ((CComboBox*)GetDlgItem(IDC_COMBO1))->AddString(L"3000-5000 元");
    ((CComboBox*)GetDlgItem(IDC_COMBO1))->AddString(L"5000-8000 元");
    ((CComboBox*)GetDlgItem(IDC_COMBO1))->AddString(L"8000 元以上");
    return TRUE;
}
```

在上述例 9-19 所示代码中，首先调用 GetDlgItem 函数得到指向组合框控件的指针，可是这个函数返回的是 CWnd 类型的指针，而我们需要的是 CComboBox 类型的指针，因此需要进行强制类型转换。然后，利用这个组合框对象指针，调用 AddString 成员函数添加四个薪资水平选项。

编译并运行 Prop 程序，打开向导对话框，当进入第三个属性页时，可以看到在组合框的列表框中有了四个薪资水平选项，如图 9.45 所示。

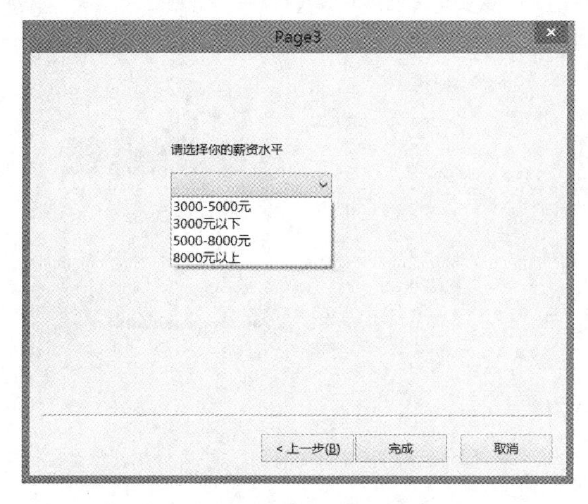

图 9.45　添加薪资水平选项之后的效果

但是，我们发现这四个选项的显示顺序与代码中添加的顺序不一样。这主要是因为组合框在默认情况下具有排序的功能，可以在这个组合框控件的属性窗口中查看 Sort 属性的值，发现其值是 TRUE。如果希望组合框的列表框中的字符串按照代码中添加的顺序显示的话，那么就应该将 Sort 属性的值设置为 FALSE。本例将 Sort 属性的值设置为 FALSE。

读者可以再次运行 Prop 程序，并打开向导对话框，运行到显示第三个属性页时，单击组合框右边的下拉箭头，这时会发现下拉列表框中的字符串是按照程序代码中添加的顺序显示的。

另外，我们希望在第三个属性页对话框初始显示时，这个组合框在其编辑框中有一个初始选择的项，这可以通过组合框的一个成员函数 SetCurSel 来完成，该函数的功能是选择组合框的列表框中的一个字符串，并将其显示在该组合框的编辑框中。SetCurSel 函数的声明原型如下所示：

```
int SetCurSel( int nSelect );
```

该函数有一个参数：nSelect，是一个基于 0 的索引，指定选择项的索引位置。如果其值为-1，那么将移除该组合框的当前选择，并清空该组合框的编辑框中的内容。

在 CProp3 类的 OnInitDialog 函数（上述例 9-19 所示代码）中添加下面这条语句，让组合框在初始显示时选中第一个选项。

```
((CComboBox*)GetDlgItem(IDC_COMBO1))->SetCurSel(0);
```

编译并运行 Prop 程序，打开向导对话框，当进入第三个属性页时，可以看到组合框当前选中的是第一个选项，如图 9.46 所示。既然这个组合框有了默认的选项，那么在程序中就不需要再判断用户是否进行了选择。

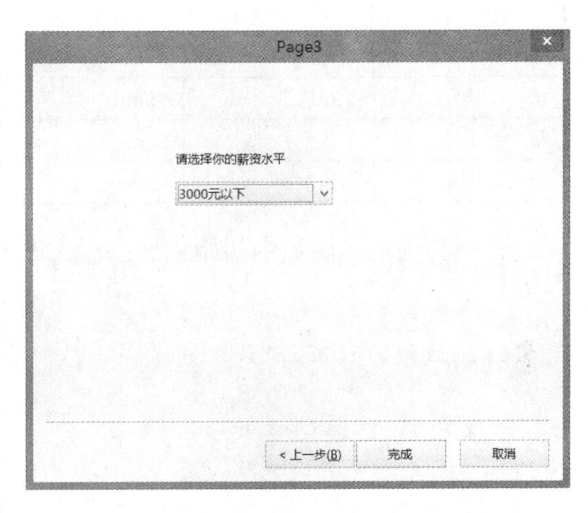

图 9.46　向导对话框的第三个属性页

4．接收用户在向导中所做的选择

下面，我们要实现这样的功能，Prop 程序要将向导中用户的选择输出到视类的窗口中。为了在视类中得到用户在这三个页面中所进行的选择，首先，为第三个页面添加一个 CString 类型的成员变量 m_strSalary，用来接收用户的选择。然后，程序应该在用户单击【完成】按钮时，将用户选择的薪资水平保存到这个变量中，而这个工作应该放到 CProp3 类的 OnWizardFinish 函数，该函数在用户单击【完成】按钮时会被调用，为 CProp3 类添加 OnWizardFinish 虚函数的重写。

为了获取用户选择的薪资选项，需要得到该选项的索引值，这可以利用 CComboBox 类的 GetCurSel 成员函数来实现，该函数的返回值是一个基于 0 的索引，表明组合框的列表框中当前选中项的位置。获得用户选择的薪资选项索引之后，可以再调用 CComboBox 类的另一个成员函数 GetLBText，从组合框的列表框中指定位置处得到一个字符串，该函数有两种原型声明，其中一种如下所示：

```
void GetLBText( int nIndex, CString& rString ) const;
```

该函数有两个参数，第一个参数指定列表框中将被复制的字符串的索引位置，本例将它设置为 GetCurSel 函数的返回值，即得到当前选中项的字符串。第二个参数就是指定用来接收复制字符串的缓存。

因此，CProp3 类的 OnWizardFinish 函数的实现代码如例 9-20 所示。

例 9-20

```
BOOL CProp3::OnWizardFinish()
{
```

```
    int index;
    index=((CComboBox*)GetDlgItem(IDC_COMBO3))->GetCurSel();
    ((CComboBox*)GetDlgItem(IDC_COMBO3))->GetLBText(index,m_strSalary);

    return CPropertyPage::OnWizardFinish();
}
```

为了接收用户在向导中做出的选择，在视类中需要定义一些变量来保存它们，表 9.5 中列出了为视类添加的成员变量，它们的访问权限都是私有的。

表 9.5　为视类添加的成员变量

页　面	用户的选择	对应的视类成员变量类型	对应的视类成员变量名称
第一个页面	职业	int	m_iOccupation
第一个页面	工作地点	CString	m_strWorkAddr
第二个页面	爱好	BOOL	m_bLike[4]
第三个页面	薪资水平	CString	m_strSalary

在视类的构造函数中初始化这些添加的变量，代码如例 9-21 所示。

例 9-21

```
CPropView::CPropView()
{
    m_iOccupation=-1;
    m_strWorkAddr="";
    memset(m_bLike,0,sizeof(m_bLike));
    m_strSalary="";
}
```

例 9-21 所示代码中使用 C 语言的 memset 函数对 m_bLike 数组进行快速初始化，该函数的原型声明如下：

```
void *memset( void *dest, int c, size_t count );
```

该函数的功能是把 dest 参数指定的内存中前 count 个字节设置为字符 c。它有三个参数，其含义分别如下所述：

■ dest

指向将被赋值的目标内存。

■ c

设置的字符值。

■ count

设置的字节数。

对数组来说，数组名就是它的首地址，数组大小可以利用 sizeof 操作符来获取。在 C/C++语言中，非 0 值即为真（TRUE），0 值即为假（FALSE）。因此，可以用 0 值设置数组 m_bLike 指向的内存缓存，从而将它的元素都设置为 FALSE。

接下来，就要在视类中把用户在向导中的选择输出到窗口中。但有一点需要注意：只有用户单击【完成】按钮关闭向导后，才输入用户的选择；如果用户单击的是【取消】按钮，即放弃当前所做的选择，那么程序就不应该输出用户的选择。**在一般情况下，CPropertySheet 类的 DoModal 函数的返回值是 IDOK 或 IDCANCEL。但是如果属性表单已经被创建为向导了，那么该函数的返回值将是 ID_WIZFINISH 或 IDCANCEL。**因此，在程序中我们需要对属性表单对象的 DoModal 函数的返回值进行判断，如果返回的是完成按钮的 ID：ID_WIZFINISH，那么才进行输出处理。

有一点需要注意，当 DoModal 函数返回后，属性表单窗口就被销毁了，但 propSheet 这个属性表单对象的生命周期并没有结束。所以，仍然可以利用这个对象去访问它的内部成员。**这里又一次提到窗口和对象的关系，希望读者一定要记住它们并不是同一个事物。**接收用户在向导中所选择的程序代码如例 9-22 所示。

例 9-22

```
void CPropView::OnPropertysheet()
{
    CPropSheet propSheet("属性表单");
    propSheet.SetWizardMode();
    if(ID_WIZFINISH==propSheet.DoModal())
    {
        m_iOccupation=propSheet.m_prop1.m_occupation;
        m_strWorkAddr=propSheet.m_prop1.m_workAddr;
        m_bLike[0]=propSheet.m_prop2.m_football;
        m_bLike[1]=propSheet.m_prop2.m_basketball;
        m_bLike[2]=propSheet.m_prop2.m_volleyball;
        m_bLike[3]=propSheet.m_prop2.m_swim;
        m_strSalary=propSheet.m_prop3.m_strSalary;
        Invalidate();
    }
}
```

当获取到用户所做的选择后，就可以在视类窗口中显示它们。为此，在上述代码的最后，我们调用了 Invalidate 函数，让视类窗口无效，从而引起重绘操作。这样，就可以在视类的 OnDraw 函数中完成对这些信息的输出，具体的程序代码如例 9-23 所示。

例 9-23

```
void CPropView::OnDraw(CDC* pDC)
{
    CPropDoc* pDoc = GetDocument();
    ASSERT_VALID(pDoc);
    if (!pDoc)
        return;

    CFont font;
    font.CreatePointFont(300, L"华文行楷");

    CFont *pOldFont;
    pOldFont = pDC->SelectObject(&font);
```

```
CString strTemp;
strTemp = L"你的职业：";

switch (m_iOccupation)
{
case 0:
    strTemp += L"程序员";
    break;
case 1:
    strTemp += L"系统工程师";
    break;
case 2:
    strTemp += L"项目经理";
    break;
default:
    break;
}
pDC->TextOut(0, 0, strTemp);

strTemp = L"你的工作地点：";
strTemp += m_strWorkAddr;

TEXTMETRIC tm;
pDC->GetTextMetrics(&tm);

pDC->TextOut(0, tm.tmHeight, strTemp);

strTemp = L"你的兴趣爱好：";
if (m_bLike[0])
{
    strTemp += L"足球 ";
}
if (m_bLike[1])
{
    strTemp += L"篮球 ";
}
if (m_bLike[2])
{
    strTemp += L"排球 ";
}
if (m_bLike[3])
{
    strTemp += L"游泳 ";
}
pDC->TextOut(0, tm.tmHeight * 2, strTemp);

strTemp = L"你的薪资水平：";
```

```
    strTemp += m_strSalary;
    pDC->TextOut(0, tm.tmHeight * 3, strTemp);

    pDC->SelectObject(pOldFont);
}
```

在上述例 9-23 所示代码中，先构造了一种字体（构造方法可参见前面第 6 章的相关内容），并调用 SelectObject 函数将其选入当前设备描述表中。接着，利用 switch/case 语句判断用户选择的职业类型，并在视类窗口的（0,0）位置处显示相应的职业字符串。

接下来，在窗口中输出用户选择的工作地点。当然这时不能在（0,0）处显示了，应该在上一行文字的下一行输出，为此调用 GetTextMetrics 函数得到当前文本的高度，然后以此高度作为输出开始点的 y 坐标，显示工作地点字符串。

然后，程序判断用户选择了哪些爱好。由于爱好是可以多选的，为了在提示信息中清晰地看到各种爱好，所以在各爱好文本之间用空格加以分隔，并且应在上述两行文字的下一行输出爱好字符串，即输出函数 TextOut 的 y 坐标应是 tm.tmHeight*2。

最后，在窗口中输出用户选择的薪资水平，并且应在上述三行文字的下一行输出，所以输出函数 TextOut 的 y 坐标应是 tm.tmHeight*3。

在代码的最后，再次调用 SelectObject 函数恢复设备描述表中先前的字体。

> **提示：** 虽然在上述代码中，switch/case 语句块最后的 default 子句什么也没有做，但应该养成良好的编程习惯，添加上这条子句。

编译并运行 Prop 程序，初始界面如图 9.47 所示。

单击【属性表单】菜单项，将显示向导的第一个页面，用户需要选择职业和工作地点，例如分别选择“系统工程师”和“上海”，如图 9.48 所示。

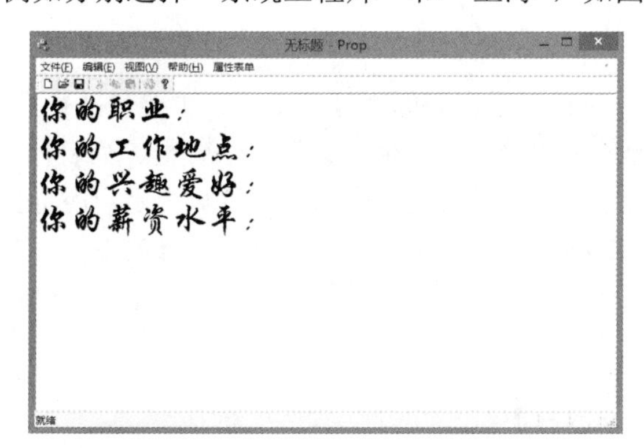

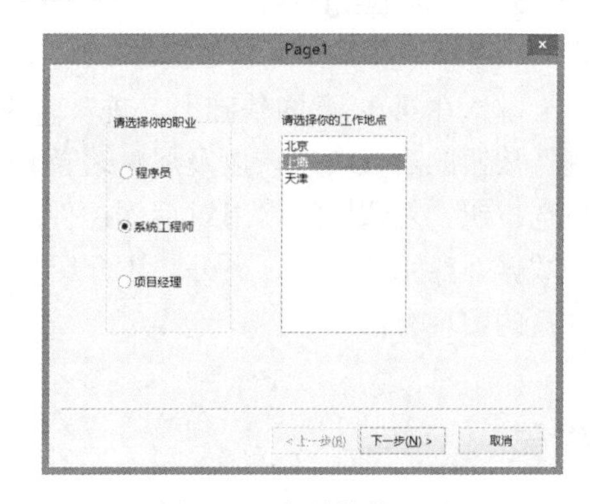

图 9.47　显示用户所作选择的初始程序界面　　　图 9.48　向导的第一页

单击【下一步】按钮，将进入向导的第二页，用户需要选择兴趣爱好，例如选择“足球”“篮球”和“排球”，如图 9.49 所示。

单击【下一步】按钮，进入向导的最后一页，用户需要选择薪资水平，例如选择“8000 元以上”选项，如图 9.50 所示。

单击【完成】按钮，该向导将被关闭，并在视类窗口中显示出刚才我们在向导窗口中所做的选择，如图 9.51 所示。

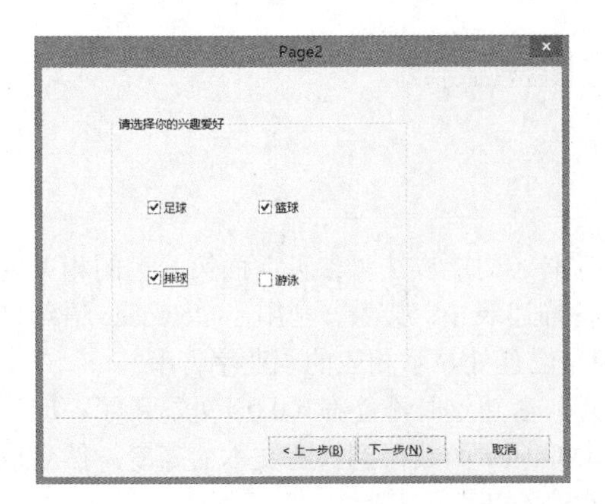

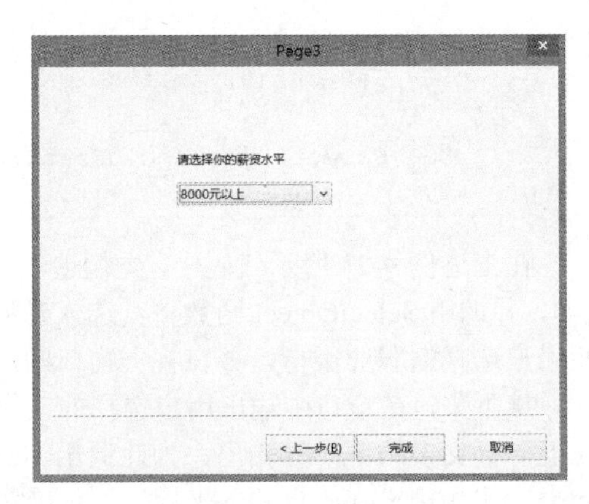

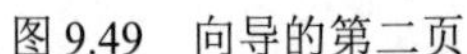

图 9.49　向导的第二页　　　　图 9.50　向导的第三页

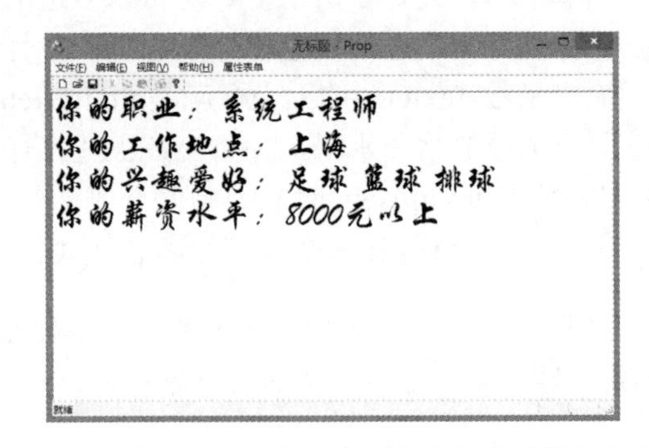

图 9.51　在视窗口中显示用户在向导中所做的选择

9.3　本章小结

本章在第 8 章的基础上，进一步讲解了对话框用户界面程序的编写，主要包括：“逃跑”按钮的巧妙实现，以及属性表单和向导的创建。其中，融合讲解了组合框、列表框、单选按钮、复选框等常用对话框控件的使用方法，以及在视类中获取属性页上用户所选择的数据并显示的方法，另外，还介绍了只有在满足设定的条件下才能进入向导的下一个属性页的实现方法。

附录

本篇文章是笔者在教学过程中解决学员的一个问题后撰写的，在此奉上此文，以飨读者。

如何在对话框程序中让对话框捕获 WM_KEYDOWN 消息

作者：孙鑫　写作日期：2003-9-4　修订日期：2019-2-20

在对话框程序中，我们经常利用对话框上的子控件进行命令响应来处理一些事件。如果我们想要让对话框（子控件的父窗口）类来响应我们的按键消息，则可以通过类向导对 WM_KEYDOWN 消息进行响应，但当程序运行后，我们按下键盘上的按键，对话框不会有任何的反应。这是因为在对话框程序中，某些特定的消息，例如按键消息，它们被 Windows 内部的对话框过程处理了（在基类中完成了处理，有兴趣的读者可以查看 MFC 的源代码），或者被发送给子控件进行处理，所以我们在对话框类中就捕获不到按键的消息了。

既然我们知道了这个处理的过程，就可以找到底层处理按键消息的函数，然后在子类中重载它，便能在对话框程序中处理按键消息了。在 MFC 中，利用 BOOL ProcessMessage Filter(**int** *code*, **LPMSG** *lpMsg*)这个虚函数来过滤或响应菜单和对话框的特定 Windows 消息。下面我们通过程序给大家演示基于对话框的应用程序对 WM_KEYDOWN 消息的捕获。

1 在 ch09 解决方案中新建一个 MFC 应用程序，项目名为 WinSun，单击【确定】按钮，进入下一步，应用程序类型选择"基于对话框"，单击【完成】按钮。

2 切换到类视图，在 CWinSunApp 类上单击右键，从弹出菜单中选择【添加】→【添加变量】，增加一个类型为 HWND、变量名为 m_hwndDlg 的 public 的变量，代码如下：

WinSun.h

```
class CWinSunApp : public CWinApp
{
public:
    CWinSunApp();

// 重写
public:
    virtual BOOL InitInstance();

// 实现

    DECLARE_MESSAGE_MAP()
public:
    HWND m_hwndDlg;
};
```

3 在 WinSun.cpp（CWinSunApp 类）文件中的 InitInstance()函数中添加如下代码。

WinSun.cpp

```
BOOL CWinSunApp::InitInstance()
{
    ......
    m_hwndDlg=NULL;
    return FALSE;
}
```

4 在 CWinSunApp 类上单击右键，从弹出菜单中选择【类向导】，切换到虚函数选项卡，找到 ProcessMessageFilter 虚函数，为 CWinSunApp 类添加该函数的重写，然后在该函数中加入下面的代码。

```
                          WinSun.cpp
BOOL CWinSunApp::ProcessMessageFilter(int code, LPMSG lpMsg)
{
    if(m_hwndDlg!=NULL)
    {
        //判断消息，如果消息是从对话框发出的或者其子控件发出的，就进行处理
        if((lpMsg->hwnd==m_hwndDlg) || ::IsChild(m_hwndDlg,lpMsg->hwnd))
        {
            //如果消息是 WM_KEYDOWN，就弹出一个消息框
            if(lpMsg->message==WM_KEYDOWN)
            {
                AfxMessageBox("捕获 WM_KEYDOWN 消息成功！");
            }
        }
    }
    return CWinApp::ProcessMessageFilter(code, lpMsg);
}
```

5 在 WinSunDlg.cpp（CWinSunDlg 类）中的 OnInitialDialog()函数中加入以下代码：

```
                          WinSunDlg.cpp
BOOL CWinSunDlg::OnInitDialog()
{
    ......
    //将对话框的句柄传递到 CWinSunApp 类中
    ((CWinSunApp*)AfxGetApp())->m_hwndDlg=m_hWnd;
    return TRUE;
}
```

6 在对话框窗口被销毁后，将 CWinSunApp 类中的变量 m_hwndDlg 设置为 NULL，为此我们利用类向导为 CWinSunDlg 类添加一个 WM_DESTROY 消息的响应函数，然后加入以下代码：

```
                          WinSunDlg.cpp
void CWinSunDlg::OnDestroy()
{
    CDialog::OnDestroy();

    ((CWinSunApp*)AfxGetApp())->m_hwndDlg=NULL;
}
```

至此，我们的工作就做完了，现在我们可以按“Ctrl+F5”快捷键运行程序，看到我们想要的结果。当然，如果我们想捕获 WM_KEYUP 或 WM_CHAR 消息，那么步骤也是类似的，这就交给读者自行完成了。

第 10 章 定制应用程序外观

本章将讲述如何修改 MFC AppWizard 自动生成的应用程序的外观，包括工具栏和状态栏的编程，以及如何为应用程序添加一个启动画面。

10.1 修改应用程序窗口的外观

在日常生活中，建筑商在盖楼时，通常都是在楼房建成之前先设计好它的外观和大小。当楼房建成之后，还可以对其外观进行翻新或改造。同样，对于 MFC 应用程序来说，为了改变 MFC 应用程序向导自动生成的应用程序外观和大小，我们既可以在应用程序窗口创建之前进行，也可以在该窗口创建之后进行。

10.1.1 在窗口创建之前修改

新建一个单文档类型的 MFC 应用程序，项目名为 Style，解决方案名为 ch10，项目样式选择 MFC standard。

如果希望在应用程序窗口创建之前修改它的外观和大小，就应该在 CMainFrame 类的 PreCreateWindow 成员函数中进行。该函数的初始定义代码如例 10-1 所示。

例 10-1

```
BOOL CMainFrame::PreCreateWindow(CREATESTRUCT& cs)
{
   if( !CFrameWnd::PreCreateWindow(cs) )
        return FALSE;
    // TODO: 在此处通过修改
    //  CREATESTRUCT cs 来修改窗口类或样式

   return TRUE;
}
```

在前面第 4 章中已经介绍了 PreCreateWindow 函数，它是一个虚函数。在 MFC 底层代码中，当调用 PreCreateWindow 函数时，如果传递了子类对象的指针，根据多态性原理，那么就会调用子类对象的 PreCreateWindow 函数。从例 10-1 所示的代码可知，这个函数有一个参数，其类型是 CREATETRUCT 结构。在第 4 章中，我们已经把这个结构与 CreateWindowEx 函数的参数进行了比较，得知 CREATETRUCT 结构中的字段与 CreateWindowEx 函数的参数是完全一致的，只是先后顺序相反而已。另外，PreCreateWindow 函数的这个参数声明为引用类型，因此，如果在子类对象中修改了这个参数中成员变量的值，那么这种改变会反映到 MFC 底层代码中，当 MFC 底层代码调用 CreateWindowEx 函数去创建窗口时，它就会使用改变后的参数值去创建这个窗口。也就是说，要修改一个窗口的外观和大小，我们只需要修改 CREATETRUCT 结构体中相关成员变量的值就可以了。

下面，我们先修改 Style 应用程序窗口的大小，将其宽度设为 600，高度设为 400，即修改 CREATETRUCT 结构体中的 cx 和 cy 成员，修改后的代码如例 10-2 所示。

例 10-2

```
BOOL CMainFrame::PreCreateWindow(CREATESTRUCT& cs)
{
    if( !CFrameWnd::PreCreateWindow(cs) )
          return FALSE;

    cs.cx = 600;
    cs.cy = 400;
    return TRUE;
}
```

编译并运行 Style 程序，就可以看到初始大小为 600 像素×400 像素的应用程序窗口，如图 10.1 所示。

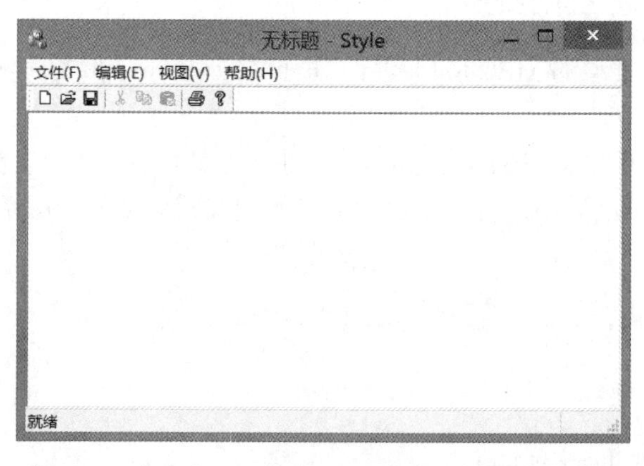

图 10.1　大小为 600 像素×400 像素的应用程序窗口

如果想要修改应用程序窗口的标题，则可以通过修改 CREATETRUCT 结构体中 lpszName 成员的值来实现，例如，可以在上述例 10-2 所示代码中添加下面这条代码来修改 Style 程序窗口的标题（提示：读者应该在 return 语句之前添加这条语句）。

```
cs.lpszName = L"http://www.phei.com.cn/";
```

重新生成 Style 程序并运行，会发现 Style 应用程序的标题并未发生改变。这是什么原因呢？读者应该注意到，当新建一个 Word 文档时，Word 窗口标题栏上显示的标题是：“文档 1”，如图 10.2 所示。当我们再新建一个 Word 文档时，它的标题变为“文档 2”；当继续新建 Word 文档，它的标题会变为“文档 3”“文档 4”……，这些都是当前文档的标题。同样，在 MFC SDI 应用程序窗口标题栏上显示的“无标题”（如图 10.1 所示）这个字符串也是文档的标题。我们创建的这个 Style 应用程序是一个 SDI 应用程序，在单文档界面（SDI）应用程序中，框架的默认窗口样式是 WS_OVERLAPPEDWINDOW 和 FWS_ADDTOTITLE 样式的组合。其中，FWS_ADDTOTITLE 是 MFC 特定的一种样式，指示框架将文档标题添加到窗口标题上。因此，如果想让窗口显示自己设置的标题，则只需要将窗口的 FWS_ADDTOTITLE 样式去掉即可。在第 2 章中就已经介绍过如何在现有类型的基础上去掉某个类型的方法，即对 FWS_ADDTOTITLE 类型取反，并与现有的窗口类型进行与操作，就可以将窗口的这个特定类型去掉。因此，在 Style 程序中，在上面设置窗口标题的代码之前加上下面这句代码：

```
cs.style &= ~FWS_ADDTOTITLE;
```

或者

```
cs.style = cs.style & ~FWS_ADDTOTITLE;
```

上述两种写法是一样的，建议使用前一种，读者应习惯这种写法。

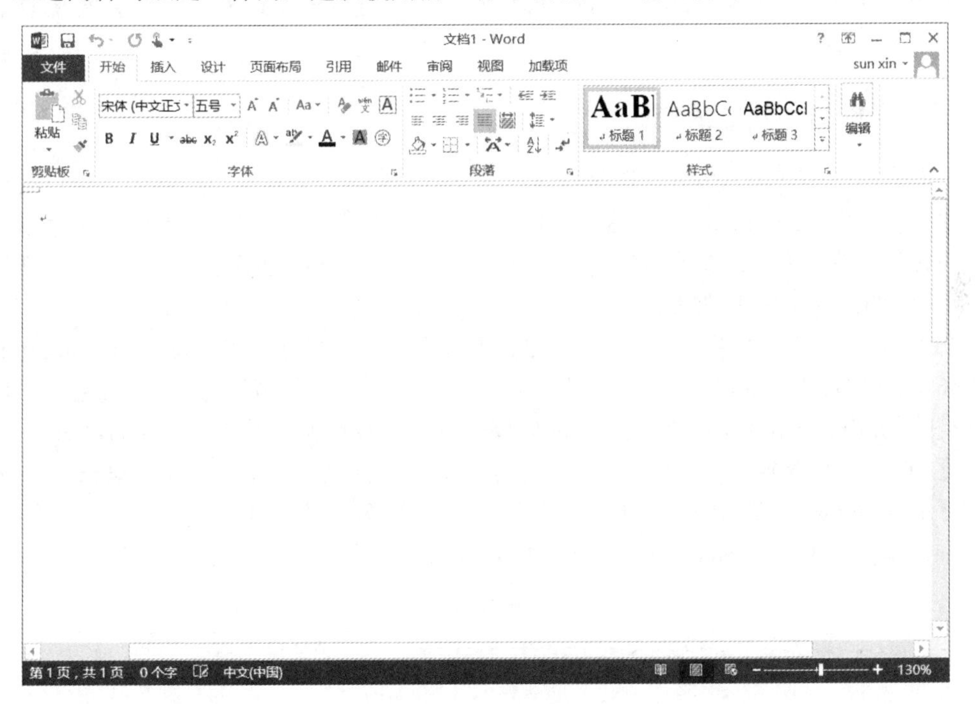

图 10.2　Word 文档界面

重新生成 Style 程序并运行，将会发现 Style 应用程序的标题变成了我们所设置的标题，如图 10.3 所示。

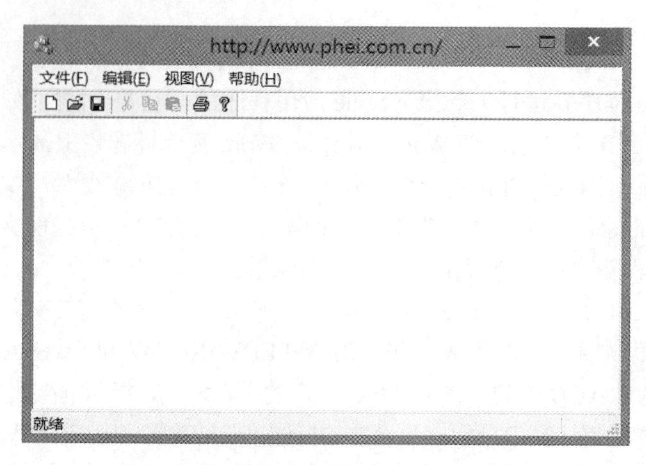

图 10.3　程序中设置窗口的标题

当然，在上述例 10-2 所示代码中，也可以直接把 CREATETRUCT 结构体中的 style 成员设置为 WS_OVERLAPPEDWINDOW。该成员的初始定义代码是：

```
cs.style = WS_OVERLAPPEDWINDOW | FWS_ADDTOTITLE;
```

可以将该成员的初始代码修改为：

```
cs.style = WS_OVERLAPPEDWINDOW;
```

相当于去掉了 FWS_ADDTOTITLE 类型。读者可以试试这种方法，会发现效果是一样的。

10.1.2　在窗口创建之后修改

上面介绍的是在窗口创建之前修改它的默认外观的方法，在窗口创建之后可以利用前面已经介绍过的 SetWindowLong 这个函数来实现这种功能。关于该函数的声明可参见第 8 章中的相关内容，为了改变窗口的类型，该函数的第二个参数应指定为 GWL_STYLE，第三个参数应指定新的窗口类型。

在 MFC 程序中，如果想在窗口创建之后改变其外观，则可以在框架类（CMainFrame）的 OnCreate 函数中添加具体的实现代码。读者可以查看该函数的代码，会发现它首先调用了基类的 OnCreate 函数，以完成窗口的创建，这样，我们就可以在该函数的最后、return 语句之前添加改变窗口外观的代码。注意：这时我们应先将上面在 CMainFrame 类 PreCreateWindow 函数中添加的代码注释起来（恢复到例 10-1 所示代码），然后在 OnCreate 函数的最后、return 语句之前添加如例 10-3 中加灰显示的那行代码。

例 10-3

```
int CMainFrame::OnCreate(LPCREATESTRUCT lpCreateStruct)
{
    …

    // TODO: Delete these three lines if you don't want the toolbar to
    //  be dockable
```

```
    m_wndToolBar.EnableDocking(CBRS_ALIGN_ANY);
    EnableDocking(CBRS_ALIGN_ANY);
    DockControlBar(&m_wndToolBar);

    ①SetWindowLong(m_hWnd,GWL_STYLE,WS_OVERLAPPEDWINDOW);

    return 0;
}
```

编译并运行 Style 程序，将会发现 Style 应用程序窗口的标题栏上去掉了文档的标题，如图 10.4 所示。

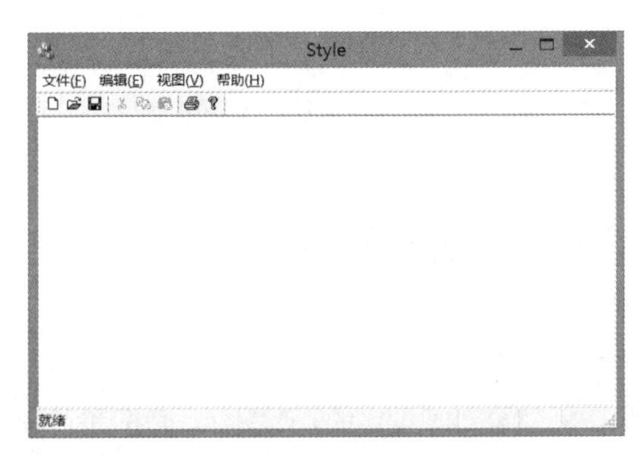

图 10.4　修改窗口外观后的效果

当修改窗口外观时，如果是在已有类型的基础上进行一些修改的话，那么首先要获得这个窗口的现有类型，这可以利用 GetWindowLong 这个函数来实现。该函数的作用是获取指定窗口的信息，它的原型声明如下所示。

```
LONG GetWindowLong( HWND hWnd,  int nIndex);
```

其中，第一个参数（hWnd）是想要获取其信息的窗口的句柄；第二个参数（nIndex）指定要获取的信息类型，其取值参见第 8 章中对 SetWindowLong 函数的介绍，如果将这个参数指定为 GWL_STYLE，那么该函数就是获取指定窗口的类型。GetWindowLong 函数的返回值就是获取到的窗口信息。

知识点　GWL 就是 GetWindowLong 三个单词首字母的缩写。

下面，我们先在 Style 程序的 CMainFrame 类的 OnCreate 函数中，把上面添加的那条修改窗口外观的语句（例 10-3 所示代码中 ① 符号所标注的那行代码）注释起来。接着，在该代码的下方添加下面这行语句，利用 GetWindowLong 函数和 SetWindowLong 函数修改 Style 程序窗口外观：去掉窗口的最大化功能。前者获取窗口已有的类型，后者在此基础上去掉窗口的最大化框类型。

```
    SetWindowLong(m_hWnd,GWL_STYLE,GetWindowLong(m_hWnd,GWL_STYLE)  &  ~WS_
MAXIMIZEBOX);
```

编译并运行 Style 程序，可以看到，程序窗口右上角的最大化框变灰了（如图 10.5 所示）。当用鼠标双击程序的标题栏时，窗口也不会放大了。

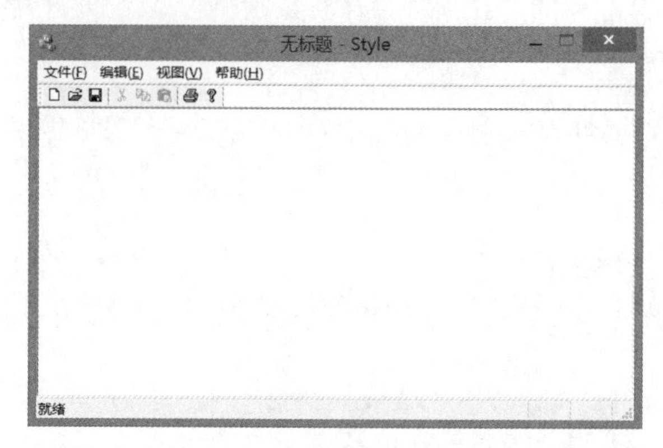

图 10.5　去掉窗口的最大化框类型

10.2　修改窗口的光标、图标和背景

10.2.1　在窗口创建之前修改

窗口的类型和大小是在创建窗口时设定的。而图标、光标和背景是在设计窗口类时指定的，窗口类的设计和注册是由 MFC 底层代码自动帮助我们完成的，我们不可能，也不应该去修改 MFC 底层代码。那么，我们怎样才能改变窗口的光标、图标和背景呢？虽然我们不能修改 MFC 底层代码，但是，我们可以编写自己的窗口类并注册，然后让随后的窗口按照我们编写的窗口类去创建。下面，我们在 Style 程序的 CMainFrame 类的 PreCreateWindow 函数中编写一个自己的窗口类并注册，代码如例 10-4 所示。

例 10-4

```
1. BOOL CMainFrame::PreCreateWindow(CREATESTRUCT& cs)
2. {
3.   if( !CFrameWnd::PreCreateWindow(cs) )
4.        return FALSE;
5.
6.     WNDCLASS wndcls;
7.     wndcls.cbClsExtra=0;
8.     wndcls.cbWndExtra=0;
9.     wndcls.hbrBackground=(HBRUSH)GetStockObject(BLACK_BRUSH);
10.    wndcls.hCursor=LoadCursor(NULL,IDC_HELP);
11.    wndcls.hIcon=LoadIcon(NULL,IDI_ERROR);
12.    wndcls.hInstance=AfxGetInstanceHandle();
13.    wndcls.lpfnWndProc=::DefWindowProc;
14.    wndcls.lpszClassName=L"sunxin";
15.    wndcls.lpszMenuName=NULL;
16.    wndcls.style=CS_HREDRAW | CS_VREDRAW;
17.
18.    RegisterClass(&wndcls);
```

```
19.     cs.lpszClass = L"sunxin";
20.
21.     return TRUE;
22. }
```

上述例 10-4 所示代码中，首先定义了一个 WNDCLASS 类型的变量 wndcls，然后设置该变量的各个成员：

- 类的额外内存（cbClsExtra）和窗口的额外内存（cbWndExtra）：这里并不需要使用它们，因此将它们都设置为 0。
- 窗口背景：利用第 2 章中介绍的 GetStockObject 函数获取一个黑色的画刷来设置窗口类的背景（hbrBackground），该函数返回的是 HGDIOBJ 类型，而这里需要的是一个画刷句柄（HBRUSH），因此需要进行一个强制类型转换。
- 窗口的光标（hCursor）：使用第 2 章中介绍的 LoadCursor 函数加载一个光标。如果使用系统标准光标，则该函数的第一个参数必须设置为 NULL，第二个参数就是标准光标的 ID，本例使用系统提供的帮助光标，其 ID 为：IDC_HELP。
- 窗口的图标（hIcon）：同样可以使用第 2 章中介绍的 LoadIcon 函数加载一个图标。如果使用系统标准图标，则该函数的第一个参数必须设置为 NULL，第二个参数就是标准图标的 ID，本例使用系统提供的错误图标，其 ID 为：IDI_ERROR。
- 应用程序实例的句柄（hInstance）：在本书第 2 章的示例中，WinMain 函数是我们自己编写的，当系统调用应用程序时，它为该应用程序分配了一个句柄，并把该句柄作为 WinMain 函数的参数传递进来，因此，我们可以直接通过该参数对窗口类的 hInstance 成员赋值。但在这里，程序代码是通过应用程序向导自动生成的，WinMain 函数被隐藏了。那么我们如何才能获取到当前应用程序的句柄呢？MFC 为我们提供了一个全局函数：AfxGetInstanceHandle，可以用来获取当前应用程序的实例句柄。

> **提示：**凡是以 Afx 开始的函数都是应用程序框架类函数，也就是全局函数，在程序的所有类中都可以直接调用。

- 窗口过程（lpfnWndProc）：本例只是想去修改窗口的光标、图标和背景，并不想改变窗口过程，也不想对消息进行一些特殊处理，所以可以直接调用 DefWindowProc 函数获得窗口的过程。因为 CWnd 类中也有一个 DefWindowProc 成员函数，但这里应该调用全局的 API 函数，所以在该函数的前面加上作用域标识符（::）。
- 类的名称（lpszClassName）：设定为“sunxin”。
- 菜单的名称（lpszMenuName）：设置为 NULL。窗口的菜单并不是在设计窗口类时创建的。当利用应用程序向导生成 MFC SDI 应用程序时，在应用程序类（本例即 CStyleApp 类）的 InitInstance 函数中有下面这段代码：

```
CSingleDocTemplate* pDocTemplate;
pDocTemplate = new CSingleDocTemplate(
    IDR_MAINFRAME,
```

```
        RUNTIME_CLASS(CStyleDoc),
        RUNTIME_CLASS(CMainFrame),       // 主 SDI 框架窗口
        RUNTIME_CLASS(CStyleView));
    if (!pDocTemplate)
        return FALSE;
    AddDocTemplate(pDocTemplate);
```

也就是说，在创建单文档模板时，将菜单资源标识（IDR_MAINFRAME）作为其中的一个参数传入。当 MFC 底层代码在创建框架窗口时，就会把此标识转换为相应的菜单句柄后，再去创建菜单和框架窗口。因此，在这里把菜单名称设置为 NULL，并不会影响窗口菜单的创建。

■ 类型（style）：这里并不是窗口的类型，而是窗口类的类型。本例指定窗口类具有水平重绘和垂直重绘两种类型。

在设计完窗口类之后，就应该注册这个窗口类。这样，我们就有了一个新的窗口类，它的光标、图标和背景都是我们自己设定的。

接下来，就要让程序框架窗口按照我们新设计的窗口类来创建，也就是将当前窗口的类名（cs 的 lpszClass 成员）修改为："sunxin"。

编译并运行 Style 程序时，却发现窗口的背景仍是白色的，光标仍是 MFC SDI 应用程序默认的箭头形式，而不是在程序中我们设定的带一个问号形状的箭头光标（系统标准帮助光标的样子），同时，我们也发现程序的图标发生了改变（程序窗口左上角位置处的图标），程序界面如图 10.6 所示。

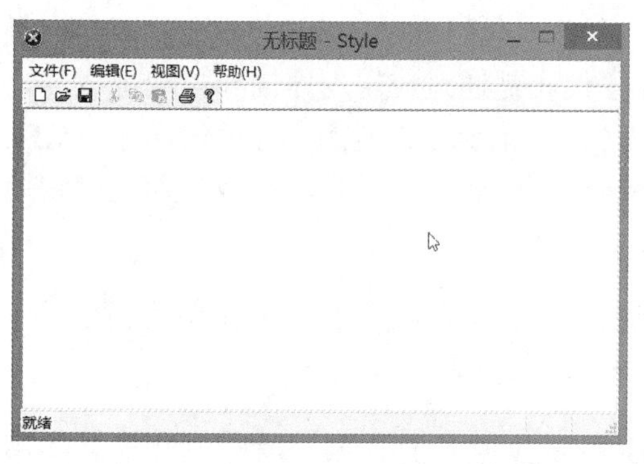

图 10.6　使用自定义的窗口类创建的程序框架窗口

那为什么窗口的背景和光标没有改变呢？前面已经介绍过：应用程序包含两个窗口，即应用程序框架窗口和视类窗口，前者包含了后者，后者覆盖在前者的上面。所以，当 Style 程序运行后，我们看到的窗口实际上是视类窗口，而上述代码修改的实际上是框架窗口的背景和光标。但由于应用程序的图标属于框架窗口，因此，在上述 Style 程序运行后，程序窗口左上角的图标发生了改变。也就是说，在应用程序框架类中只能改变程序窗口的图标，而如果想要改变应用程序窗口的背景和光标的话，则只能在视类中实现。

因此，对 Style 程序来说，我们应该在其视类（CStyleView）创建窗口之前，即在 PreCreateWindow 函数中将窗口类设置为先前自定义的那个窗口类。因为这时该窗口类已经注册了，所以在创建视类窗口时，可以直接使用这个窗口类名，即在 CStyleView 类的 PreCreateWindow 函数中添加如例 10-5 中加灰显示的那行代码。

例 10-5

```
BOOL CStyleView::PreCreateWindow(CREATESTRUCT& cs)
{
★     cs.lpszClass = L"sunxin";
```

```
    return CView::PreCreateWindow(cs);
}
```

编译并运行 Style 程序，这时，就会看到程序窗口的背景变成了黑色，光标变成了一个 Help 光标。程序运行界面如图 10.7 所示。

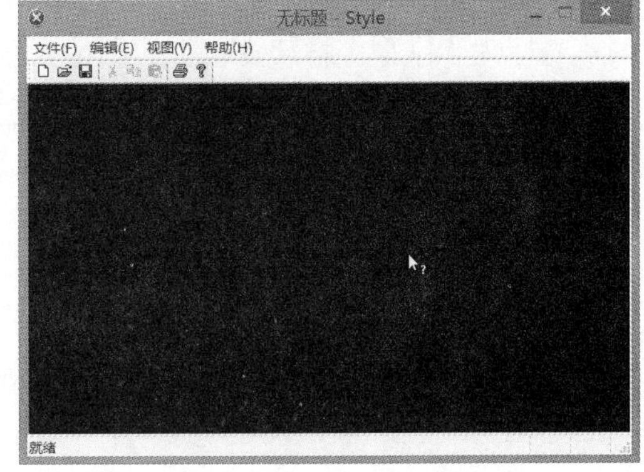

图 10.7　使用自定义的窗口类创建的视类窗口

综上所述，可以知道，**在 MFC 程序中，如果想要修改应用程序窗口的图标，则应在框架类中进行，因为在框架窗口中才有标题栏，所以才能修改位于该标题栏上的图标；如果想要修改程序窗口的背景和光标，则应该在视类中进行。**

这里，**我们先在 Style 程序的视类源文件中将上面例 10-5 中★符号指示的那行代码注释起来**，然后回到框架类的 PreCreateWindow 函数定义处。我们已经知道，在框架窗口类中只能修改窗口的图标，而为了实现这一功能，我们需要重写整个窗口类。很显然，这是一件很麻烦的事情，微软也考虑到了这一点，在 MFC 中为我们提供了一个全局函数 AfxRegisterWndClass，用于设定窗口的类型、光标、背景和图标。该函数的原型声明如下所示：

```
    LPCTSTR AFXAPI AfxRegisterWndClass( UINT nClassStyle, HCURSOR hCursor = 0,
HBRUSH hbrBackground = 0, HICON hIcon = 0 );
```

可以看到，该函数后三个参数都有默认值。另外，它的返回值就是注册之后的类名，可以直接将这个返回值作为程序中随后创建窗口时所依赖的类。下面就利用这个函数来实现修改窗口图标的功能，首先需要将 CMainFrame 类的 PreCreateWindow 函数中先前添加的修改窗口光标、图标和背景的代码（上述例 10-4 所示代码中的第 6 行到第 19 行代码）注释起来，然后添加下面这条语句：

```
    cs.lpszClass = AfxRegisterWndClass(CS_HREDRAW | CS_VREDRAW, 0, 0, LoadIcon
(NULL,IDI_WARNING));
```

在上述代码中，直接让 cs 的 lpszClass 成员等于 AfxRegisterWndClass 函数的返回值。并且因为在框架窗口中修改窗口类的光标和背景是毫无意义的，因此，在调用这个函数时将这两个参数设置为 0，同时，将窗口的图标设置为一个警告类型的图标（IDI_WARNING）。

编译并运行 Style 程序，结果如图 10.8 所示，程序窗口的图标改变了。可以看到采用 AfxRegisterWndClass 函数来改变窗口的图标是很方便的，不需要再去重新定义一个窗口类了。

接下来，在视类的 PreCreateWindow 函数中利用 AfxRegisterWndClass 函数修改视类窗口的背景和光标，代码如下所示：

```
    cs.lpszClass = AfxRegisterWndClass(CS_HREDRAW | CS_VREDRAW, LoadCursor
(NULL,IDC_CROSS),(HBRUSH)GetStockObject(BLACK_BRUSH),0);
```

上述代码将视类窗口的光标设置为一个十字形状的光标，背景设置为黑色。同时，对于视类窗口来说，它本身并没有标题栏，也就没有图标，因此，在 AfxRegisterWndClass 函数中不需要设置该窗口的图标，将相应的参数赋值为 0 即可。

编译并运行 Style 程序，结果如图 10.9 所示。可以看到，程序视类窗口的背景是黑色的，光标为十字型，框架窗口上的图标为警告图标。

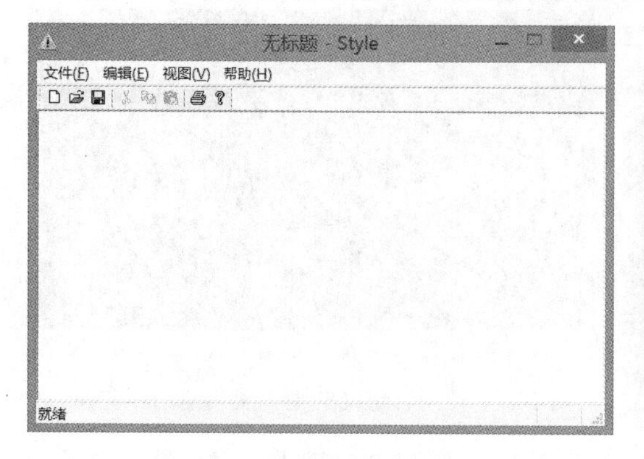

图 10.8　利用 AfxRegisterWndClass 函数修改程序窗口图标

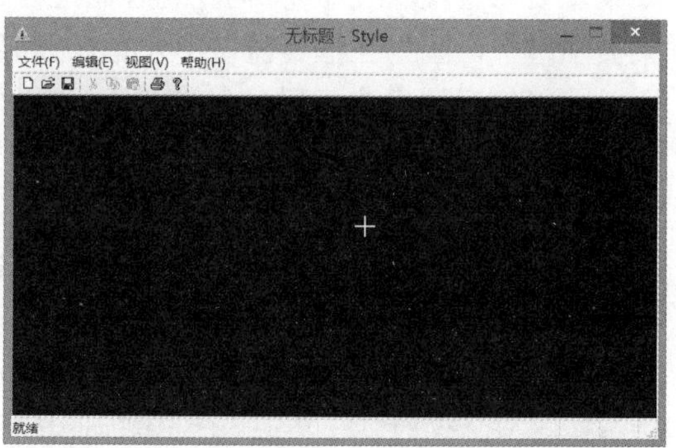

图 10.9　利用 AfxRegisterWndClass 函数修改程序视类窗口的背景及光标

10.2.2　在窗口创建之后修改

以上就是在创建窗口之前重新设计窗口类，利用这个新的窗口类去创建随后的窗口，从而实现修改程序窗口外观的方法。那么当窗口创建完成之后，还能修改它的光标、图标和背景吗？答案是：当然可以！这时可以利用全局 API 函数：SetClassLong 来实现，该函数用来重置指定窗口所属窗口类的 WNDCLASSEX 结构体（是 WNDCLASS 结构的扩展）中指定数据成员的属性，该函数的原型声明为：

```
DWORD SetClassLong( HWND hWnd, int nIndex, LONG dwNewLong );
```

其中，各个参数的含义如下所述：

■ hWnd

指定要设置新属性的窗口句柄。

■ nIndex

指定要设置的属性的索引，此参数的取值及其意义如表 10.1 所示。

表 10.1　nIndex 参数的取值及其意义

取　值	意　义
GCL_HBRBACKGROUND	设置新的背景画刷
GCL_HCURSOR	设置新的光标
GCL_HICON	设置新的图标
GCL_STYLE	设置新的窗口样式

■ dwNewLong

指定要设置的新的属性值。

下面，我们在 Style 程序中实现在程序窗口创建之后修改窗口的光标、图标和背景这一功能。首先，需要把 Style 程序中先前在框架类和视类的 PreCreateWindow 函数中我们自己添加的代码注释起来或删除。然后，在 CMainFrame 类的 OnCreate 函数的最后、return 语句之前，添加如例 10-6 所示代码中加灰显示的那行语句。

例 10-6

```
int CMainFrame::OnCreate(LPCREATESTRUCT lpCreateStruct)
{
    …
    m_wndToolBar.EnableDocking(CBRS_ALIGN_ANY);
    EnableDocking(CBRS_ALIGN_ANY);
    DockControlBar(&m_wndToolBar);

    SetClassLong(m_hWnd,GCL_HICON,(LONG)LoadIcon(NULL,IDI_ERROR));

    return 0;
}
```

前面已经介绍过，在框架类中只有对窗口图标的修改会对程序界面产生影响，而对窗口的光标和背景的修改是不会产生什么效果的。因此，这里只需要调用 SetClassLong 函数设置程序窗口的图标就可以了。

读者可以生成并运行 Style 程序，并且会发现程序窗口的图标变成了错误符号形状的图标，就像图 10.6 所示的那样。

接下来，在 Style 程序的视类中修改视类窗口的光标和背景。对于 CStyleView 类来说，应用程序向导并没有自动为它创建 OnCreate 函数，因此，我们需要为该类添加 WM_CREATE 消息的响应函数，然后在这个响应函数（OnCreate 函数）中，调用 SetClassLong 函数修改视类窗口的光标和背景，代码如例 10-7 所示。

例 10-7

```
int CStyleView::OnCreate(LPCREATESTRUCT lpCreateStruct)
{
    if (CView::OnCreate(lpCreateStruct) == -1)
        return -1;

    SetClassLong(m_hWnd,GCL_HBRBACKGROUND,(LONG)GetStockObject(BLACK_
BRUSH));
    SetClassLong(m_hWnd,GCL_HCURSOR,(LONG)LoadCursor(NULL,IDC_HELP));

    return 0;
}
```

在上述例 10-7 所示代码中，首先调用 SetClassLong 函数将视类窗口的背景修改为黑色，然后再次调用该函数设置窗口的光标，将其设置为一个 Help 光标。

读者可以运行最新的 Style 程序，并且将会发现程序界面就像图 10.7 所示的那样。

10.3 模拟动画图标

我们平常在使用一些软件时，发现它们的图标一直在不断地循环变化，给人一种动画的效果。这种功能的实现比较简单，就是预先准备好几幅图标，然后在程序中每隔一定的时间按顺序循环显示这几幅图标，从而就实现了动画的效果。在实际编码实现时，利用定时器和 SetClassLong 函数就可以完成这个功能。因为 SetClassLong 函数可以在窗口创建完成之后修改窗口的图标，所以我们可以在程序中每隔一定时间就调用一次这个函数，让其显示预先已准备好的一组图标中的下一幅，从而就可以实现所需的动画效果。

10.3.1 加载图标资源

本例使用三幅图标，对应的文件放在本例所在目录的 res 目录下（该目录主要是用来放置当前项目的资源文件的），文件名分别为：News.ico、User.ico 和 Zip File.ico。读者可以先任意准备三个图标文件，把它们直接复制到自己的 Style 项目的 res 目录下。然后，在 Visual Studio 开发环境中打开资源视图，依次展开 Style、Style.rc 节点，使用鼠标右键单击 Icon 节点，从弹出菜单中选择【添加资源】，出现如图 10.10 所示的添加资源对话框。

单击【导入】按钮，在弹出的导入对话框中找到上述三个图标文件（提示：在选择图标文件时，按住 Ctrl 键，可一次性选中多个文件），单击【打开】按钮在项目中导入图标资源。

这样，Style 程序中就有了三幅新图标，其 ID 如图 10.11 所示，分别为：IDI_ICON1、IDI_ICON2 和 IDI_ICON3。

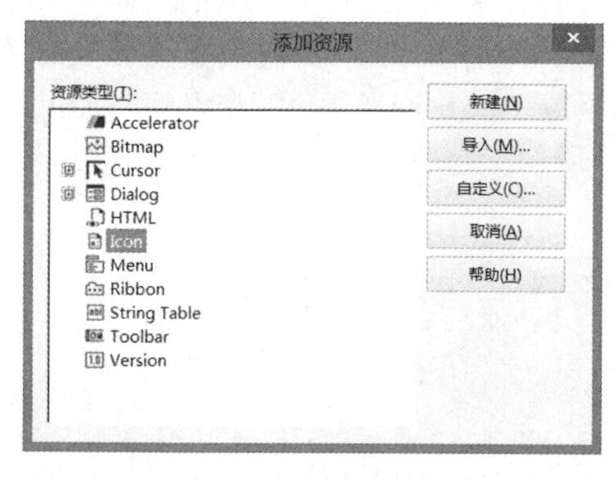

图 10.10 “添加资源”对话框

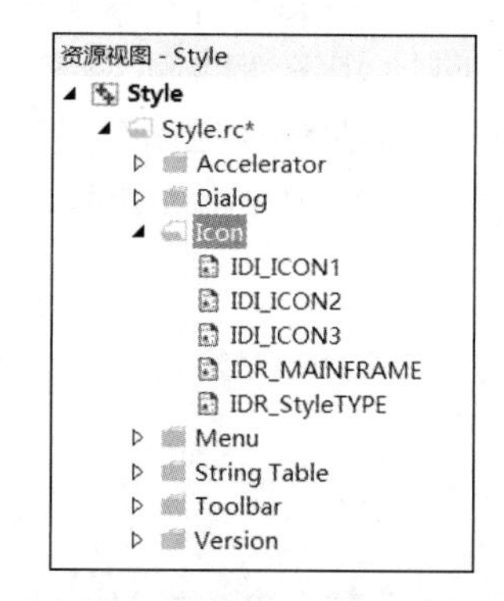

图 10.11 新导入的图标资源

然后，我们在 Style 程序的 CMainFrame 类中，定义一个图标句柄数组成员变量，用来存放这三幅图标的句柄。该数组成员变量的定义代码如下所示。

```
private:
    HICON m_hIcons[3];
```

接下来，在 CMainFrame 类的 OnCreate 函数中利用 LoadIcon 函数加载这三个图标，添加的代码如例 10-8 所示代码中加灰显示的部分。

例 10-8

```
int CMainFrame::OnCreate(LPCREATESTRUCT lpCreateStruct)
{
    …
    m_wndToolBar.EnableDocking(CBRS_ALIGN_ANY);
    EnableDocking(CBRS_ALIGN_ANY);
    DockControlBar(&m_wndToolBar);

    SetClassLong(m_hWnd,GCL_HICON,(LONG)LoadIcon(NULL,IDI_ERROR));

m_hIcons[0]=LoadIcon(AfxGetInstanceHandle(),MAKEINTRESOURCE(IDI_ICON1));
m_hIcons[1]=LoadIcon(theApp.m_hInstance,MAKEINTRESOURCE(IDI_ICON2));
m_hIcons[2]=LoadIcon(AfxGetApp()->m_hInstance,MAKEINTRESOURCE(IDI_ICON3));

    return 0;
}
```

提示：如果 Visual Studio 提示找不到这三个图标资源的 ID，则可以在 CMainFrame 类的源文件的头部添加一条包含语句，包含 Resource.h 文件。

这段新添加的代码首先加载第一幅图标（IDI_ICON1）。因为在这之前我们使用的都是系统标准图标，所以将 LoadIcon 函数的第一个参数设置为 NULL，但这里需要使用自定义的图标，那么该函数的第一个参数应该设置为应用程序的当前实例句柄。前面已经讲述过，AfxGetInstanceHandle 函数可以获取应用程序当前的实例句柄。另外，LoadIcon 函数的第二个参数需要的是图标的名称，或者是图标资源标识符字符串，而我们只有图标资源的 ID，这里必须通过 MAKEINTRESOURCE 宏将资源 ID 转换为相应的资源标识符字符串。这个宏的定义代码如下所示。

```
LPTSTR MAKEINTRESOURCE( WORD wInteger );
```

可以看到，这个宏的返回值是一个字符串类型，也就是字符指针类型。

接下来，加载第二幅图标，在本例中使用另一种方法来获得应用程序当前的实例句柄。我们已经知道，在 MFC SDI 应用程序中，有一个表示应用程序本身的类，在本例中就是 CStyleApp，它派生于 CWinApp 类。该类有一个数据成员：m_hInstance，标识了应用程序当前的实例，也就是说，如果我们能获取到应用程序的 CWinApp 对象，就可以利用这个对象来调用它的 m_hInstance 数据成员，从而得到应用程序当前的实例句柄。根据前面的知识，我们知道在 CStyleApp 的源文件中已经定义了一个 CStyleApp 类型的全局变量：theApp。这样，我们就可以利用这个全局对象来调用其内部的数据成员。但是，**在一个源文件中要想调用另一个源文件中定义的全局变量，必须在调用这个变量之前声明这个变量是在外部定义的**，声明代码如下所示，读者可以把它放到 CMainFrame 类的 OnCreate 函数定义之前：

```
extern CStyleApp theApp;
```

> **注意**：该行代码不是在定义一个变量，而是在声明一个变量，声明这个变量是在外部的一个源文件中定义的。

接着，加载第三幅图标，这里我们再换一种方式来获取应用程序当前的实例句柄。MFC 提供了一个全局函数 AfxGetApp，可以获得当前应用程序对象的指针。因为这个函数是全局函数，所以在应用程序的任意地方都可以调用它。在本程序中，利用 AfxGetApp 函数的返回值来访问应用程序对象的 m_hInstance 数据成员。

10.3.2 定时器的处理

接下来设置定时器。本例首先设置间隔 1000 毫秒触发一次定时器消息，在 CMainFrame 类的 OnCreate 函数中添加如例 10-9 所示代码中加灰显示的那行代码。

例 10-9

```
int CMainFrame::OnCreate(LPCREATESTRUCT lpCreateStruct)
{
	…
	m_wndToolBar.EnableDocking(CBRS_ALIGN_ANY);
	EnableDocking(CBRS_ALIGN_ANY);
	DockControlBar(&m_wndToolBar);

	SetClassLong(m_hWnd,GCL_HICON,(LONG)LoadIcon(NULL,IDI_ERROR));

m_hIcons[0]=LoadIcon(AfxGetInstanceHandle(),MAKEINTRESOURCE(IDI_ICON1));
m_hIcons[1]=LoadIcon(theApp.m_hInstance,MAKEINTRESOURCE(IDI_ICON2));
m_hIcons[2]=LoadIcon(AfxGetApp()->m_hInstance,MAKEINTRESOURCE(IDI_ICON3));

SetTimer(1,1000,NULL);

	return 0;
}
```

然后，为 CMainFrame 类添加定时器消息（WM_TIMER）的响应函数，并在该响应函数中调用 SetClassLong 函数改变应用程序窗口的图标，具体代码如例 10-10 所示。

例 10-10

```
void CMainFrame::OnTimer(UINT nIDEvent)
{
	static int index=0;
	SetClassLong(m_hWnd,GCL_HICON,(LONG)m_hIcons[index]);
	index=++index%3;

	CFrameWnd::OnTimer(nIDEvent);
}
```

上述例 10-10 所示代码中，首先定义了一个图标索引变量：index，并将其初始化为 0。然后调用 SetClassLong 函数改变窗口的图标。本例是要循环显示三幅图标，因此 index 这个索引值就需要在 0、1 和 2 这三个值之间循环变化，并且因为程序在每次发送定时器消息后，都会调用 OnTimer 这个响应函数，因此应该把 index 变量定义为静态的。**作为一个静态的局部变量，它将存放在程序的数据区中，而不是在栈中分配空间**。当第一次调用 OnTimer 函数时，系统会在数据区中为 index 变量分配空间，并根据它的定义将其初始化为 0。当以后再次调用 OnTimer 函数时，因为 index 变量的空间已经存在了，所以程序将直接引用该地址中已有的值。当然，本例也可以把 index 变量定义为 CMainFrame 类的成员变量。

> **小技巧：** 如果希望把某个数值始终限定在一个范围内，那么最好的办法当然就是进行**取模运算（%）**。例如，如果希望某个变量的取值在 0～10 变化，因为 0～10 有 11 个数，所以就应该把这个变量对 11 取模。实际上，取模运算就是取余。

另外，在上述如例 10-10 所示代码中，SetClassLong 函数的第三个参数需要一个 LONG 型的值，而 m_hIcons[index]是 HICON 类型，因此需要进行一个强制类型转换。

编译并运行 Style 程序，将会发现程序在初始启动时，显示的是应用程序原来的图标，之后才会动态地依次循环显示我们自定义的三幅图标。

如果希望应用程序在启动后不再显示原来的图标，而是直接显示我们自定义的图标，那么在上述例 10-10 所示 CMainFrame 类的 OnCreate 函数中，在加载图标之后，就直接调用 SetClassLong 函数将应用程序的图标设置为我们自定义的第一幅图标，结果如例 10-11 所示。

例 10-11

```
int CMainFrame::OnCreate(LPCREATESTRUCT lpCreateStruct)
{
	…
	m_wndToolBar.EnableDocking(CBRS_ALIGN_ANY);
	EnableDocking(CBRS_ALIGN_ANY);
	DockControlBar(&m_wndToolBar);

	SetClassLong(m_hWnd,GCL_HICON,(LONG)LoadIcon(NULL,IDI_ERROR));

m_hIcons[0]=LoadIcon(AfxGetInstanceHandle(),MAKEINTRESOURCE(IDI_ICON1));
m_hIcons[1]=LoadIcon(theApp.m_hInstance,MAKEINTRESOURCE(IDI_ICON2));
m_hIcons[2]=LoadIcon(AfxGetApp()->m_hInstance,MAKEINTRESOURCE(IDI_ICON3));
SetClassLong(m_hWnd,GCL_HICON,(LONG)m_hIcons[0]);
SetTimer(1,1000,NULL);

	return 0;
}
```

因为现在自定义图标数组中的第一幅图标已经被设置为窗口初始的图标了，在程序运行后应该接着显示第二幅图标，所以在 OnTimer 函数中，应该将 index 变量的初始值修改为 1。之后，读者可以再次运行一下 Style 程序，看看程序现在的图标，将会发现程序一启动就显示了我们自定义的第一幅图标，不再再显示原来的图标了，然后会依次循环显示自定义的三幅图标。

10.4 工具栏编程

下面将为读者介绍工具栏的编程。为了清晰起见，我们首先将之前在 CStyleView 类的 OnCreate 函数中添加的设置窗口背景和光标的代码（上述例 10-7 所示代码中加灰显示的部分）注释起来。

工具栏是 Windows 应用程序中一个非常重要的图形界面元素，它提供了一组顺序排列的带有位图图标的按钮。工具栏把常用的菜单命令集合起来，以按钮的形式提供给用户使用，目的是为了方便用户的操作。在 Style 项目中，在资源视图的 Toolbar 文件夹下有一个工具栏资源：IDR_MAINFRAME，双击这个资源 ID，即可在资源编辑窗口中打开工具栏资源，如图 10.12 所示。可以看到，这是一些带有位图图标的按钮，用户通过这些位图就能大概知道每个按钮的功能。

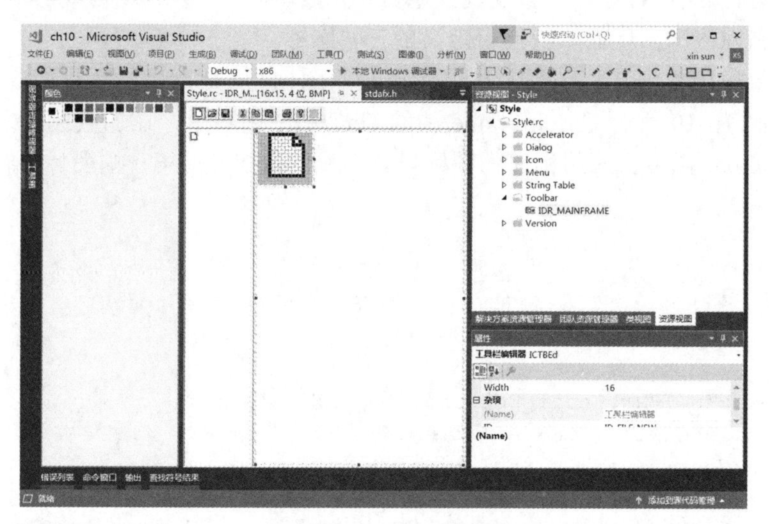

图 10.12 工具栏资源

为了查看工具栏上某个按钮的属性，可以在资源编辑窗口中选中该按钮，然后就可以在属性窗口中查看了，如图 10.13 所示。

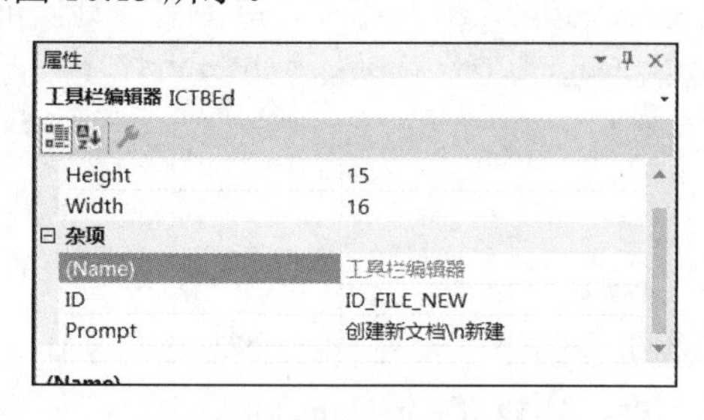

图 10.13 工具栏按钮的属性窗口

可以看到，这个按钮的 ID 是：ID_FILE_NEW。利用同样的方法可以知道第二个按钮的 ID 是：ID_FILE_OPEN。我们再看看 Style 程序中各菜单项的 ID，将会发现菜单资源中【文件】子菜单下的【新建】和【打开】菜单项的 ID 分别与上述这两个按钮的 ID 相同。这样，在程序运行时，可以通过单击工具栏上的按钮来调用相应菜单项的命令，这比打开程序子菜单再选择其下的菜单命令要方便、快捷些。

10.4.1　在工具栏上添加和删除按钮

下面，我们要在 Style 程序已有的工具栏上再添加一个按钮，添加方法是单击工具栏上最后一个空白按钮，然后在按钮编辑窗口，利用图像编辑器工具栏上提供的绘图工具设计按钮的外观。本例添加的按钮资源如图 10.14 所示，ID 设置为 IDM_TEST。

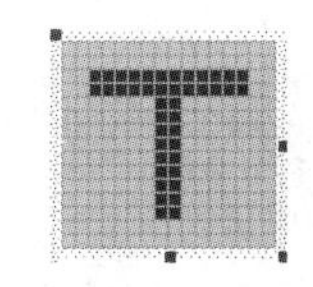

图 10.14　新添加的按钮

然后，在菜单资源的【帮助】子菜单下再添加一个菜单项，并将其 ID 设置为刚才新添加的那个按钮的 ID：IDM_TEST，Caption 设置为：Test。接着，为该菜单项添加一个命令消息响应函数：OnTest，并在这个函数中添加下面这条代码。

```
MessageBox(L"test");
```

编译并运行 Style 程序，当单击帮助子菜单下的 Test 菜单命令时，程序将弹出一个如图 10.15 所示的消息框。当单击工具栏上的 T 按钮时，同样也会弹出这样一个消息框。因为它们的 ID 是一样的，因此，当单击工具栏上的 T 按钮时，它仍然由 OnTest 响应函数进行响应。在日常编写程序时，通常是在菜单资源设计完成后，为一些常用的菜单命令设置相应的按钮，摆放到工具栏上，以方便用户的操作。

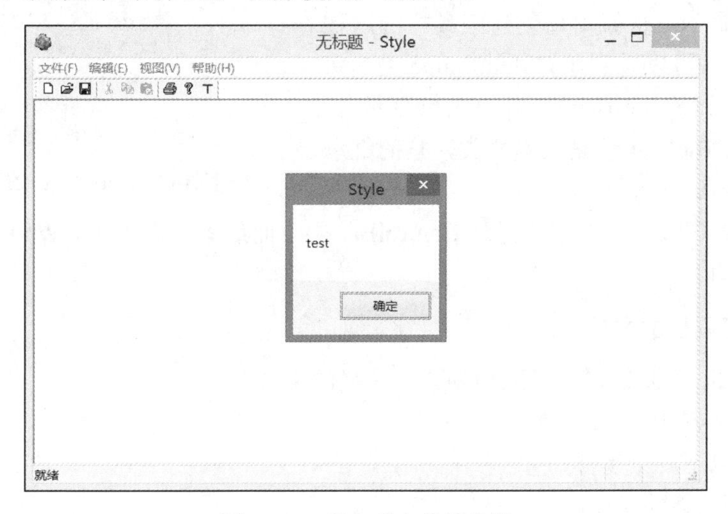

图 10.15　程序弹出的消息框

读者可能注意到了，在 Style 程序的工具栏上有些按钮之间有一条竖线，这称为“分隔符”。主要用来分隔按钮，例如在图 10.15 所示的 Style 程序运行界面中，其工具栏上前三个按钮代表的是【文件】子菜单下的【新建】、【打开】和【保存】菜单命令，接下来的三个按钮分别代表的是【编辑】子菜单下的【剪切】、【复制】和【粘贴】菜单命令。这两组按钮之间添加了一个分隔符用以区分这两组按钮。为了在刚才新添加的按钮和已有的【帮助】按钮之间添加一个分隔符，我们可以在资源编辑窗口中，用鼠标把 T 按钮向右拖动一点距离后再松开鼠标，此时可以看到，在帮助按钮和 T 按钮之间就有了一点空隙，如图 10.16 所示。

图 10.16　在【帮助】按钮和 T 按钮之间增加分隔符

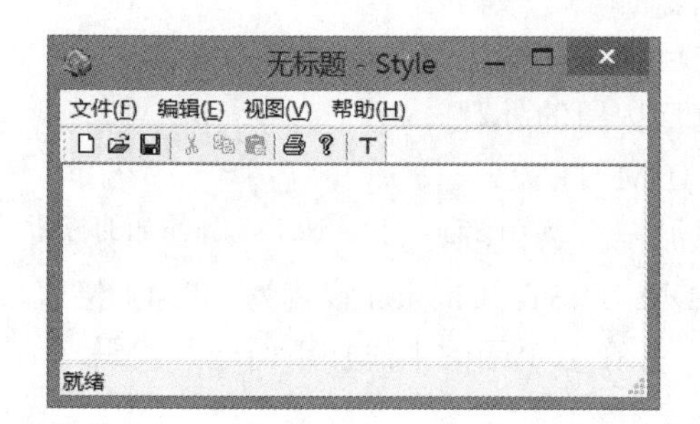

图 10.17　在按钮之间添加分隔符的运行效果

编译并运行 Style 程序，程序运行界面如图 10.17 所示，可以看到此时在帮助按钮和 T 按钮之间就有了一个分隔符。

如果想要删除工具栏上的某个按钮，那么我们可能第一个想到的方法就是在资源编辑窗口中选中这个按钮，然后利用键盘上的 Del 键删除它。但是，读者会发现这样做并不会删除按钮，只是将按钮上的图像删除了。要删除工具栏上的按钮，首先在资源编辑窗口中，在此按钮上按下鼠标左键，然后将该按钮拖出工具栏，再松开鼠标左键，这样就可以把该按钮从工具栏上删除。

10.4.2　创建工具栏

让我们先看一下框架窗口创建工具栏的过程。在 Style 程序中，可以看到在 CMainFrame 类的头文件中定义了一个 CToolBar 类型的成员变量：m_wndToolBar。CToolBar 就是工具栏类，它的继承层次结构如图 10.18 所示。

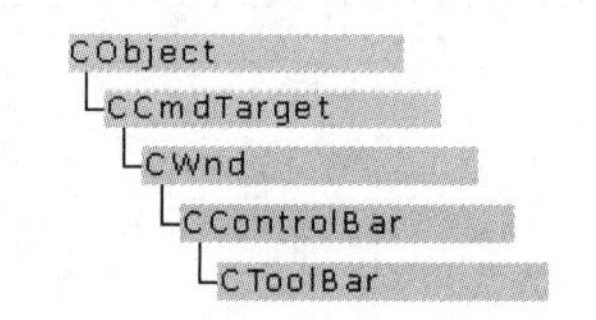

图 10.18　CToolBar 类的继承层次结构

可以看到，CToolBar 类派生于 CControlBar 类，而后者又派生于 CWnd 类，因此工具栏也是一个窗口。

1．创建工具栏的方法

Visual Studio 为我们提供了两种创建工具栏的方法。

（1）第一种方法

需要遵循以下几个步骤：

1 创建工具栏资源；

2 构造 CToolBar 对象；

3 调用 Create 或 CreateEx 函数创建 Windows 工具栏，并把它与已创建的 CToolBar 对象关联起来；

4 调用 LoadToolBar 函数加载工具栏资源。

其中，CToolBar 类的 Create 成员函数的原型声明如下所示。

```
    BOOL Create( CWnd* pParentWnd, DWORD dwStyle = WS_CHILD | WS_VISIBLE |
CBRS_TOP, UINT nID = AFX_IDW_TOOLBAR );
```

该函数中各个参数的意义如下所述：

■ pParentWnd

CWnd 类型的指针，指定工具栏对象的父窗口。

■ dwStyle

指定工具栏的样式，例如工具栏是一个子窗口（WS_CHILD）、工具栏是可视的（WS_VISIBLE）、工具栏停靠在框架窗口的顶部（CBRS_TOP）。

■ nID

指定工具栏子窗口的 ID。

CToolBar 类的 CreateEx 成员函数的原型声明如下所示。

```
    BOOL CreateEx(CWnd* pParentWnd, DWORD dwCtrlStyle = TBSTYLE_FLAT, DWORD
dwStyle = WS_CHILD | WS_VISIBLE | CBRS_ALIGN_TOP, CRect rcBorders = CRect(0,
0, 0, 0), UINT nID = AFX_IDW_TOOLBAR);
```

该函数各个参数的意义如下所述：

■ pParentWnd

CWnd 类型的指针，指定工具栏对象的父窗口。

■ dwCtrlStyle

设置内嵌在工具栏上的 CToolBarCtrl 对象创建时的扩展风格，该参数默认值为 TBSTYLE_FLAT。

■ dwStyle

与 Create 函数同名参数相同，用来指定工具栏的样式。

■ rcBorders

定义工具栏窗口边框的宽度。

■ nID

与 Create 函数同名参数相同，用来指定工具栏子窗口的 ID。

（2）第二种方法

需要遵循以下几个步骤：

1 构造 CToolBar 对象；

2 调用 Create 或 CreateEx 函数创建 Windows 工具栏，并把它与已创建的 CToolBar 对象关联起来；

3 调用 LoadBitmap 函数加载包含工具栏按钮图像的位图；

我们之前在 Style 程序中看到的工具栏资源 IDR_MAINFRAME，在保存时是以一幅位图的形式保存的，该位图文件名称为 Toolbar.bmp，位置是在当前项目所在目录下的 res 目录下。这幅位图上有许多小的图像，它们分别对应于工具栏上的各个按钮。

4 调用 SetButtons 函数设置按钮样式，并把工具栏上的一个按钮与位图中的一个图像相关联。

2. MFC 创建工具栏的过程

在 Style 程序中，MFC 应用程序向导自动产生的与工具栏对象相关的代码存在于 CMainFrame 类的 OnCreate 函数中，如例 10-12 所示。

例 10-12

```
int CMainFrame::OnCreate(LPCREATESTRUCT lpCreateStruct)
{
    ......
    if (!m_wndToolBar.CreateEx(this, TBSTYLE_FLAT, WS_CHILD | WS_VISIBLE
| CBRS_TOP | CBRS_GRIPPER | CBRS_TOOLTIPS | CBRS_FLYBY | CBRS_SIZE_DYNAMIC) ||
        !m_wndToolBar.LoadToolBar(IDR_MAINFRAME))
    {
        TRACE0("未能创建工具栏\n");
        return -1;      // 未能创建
    }
    ......

   // TODO: 如果不需要可停靠工具栏，则删除这三行
    m_wndToolBar.EnableDocking(CBRS_ALIGN_ANY);
    EnableDocking(CBRS_ALIGN_ANY);
    DockControlBar(&m_wndToolBar);
......
}
```

从如例 10-12 所示代码可以看到，在 CMainFrame 类的 OnCreate 函数中，首先调用 CreateEx 函数创建程序的工具栏对象，然后调用 LoadToolBar 函数加载工具栏资源：IDR_MAINFRAME。

知识点 MFC 为我们自动创建的工具栏和主菜单的资源 ID 是一样的。也就是说，在 MFC 编程中，一个 ID 可以表示多种资源。

CMainFrame 类的 OnCreate 函数调用工具栏对象的 EnableDocking 成员函数设置工具栏停靠的位置，工具栏停靠位置如表 10.2 所示。

表 10.2 工具栏停靠位置

停靠位置	说　明
CBRS_ALIGN_TOP	允许停靠在客户区的顶部
CBRS_ALIGN_BOTTOM	允许停靠在客户区的底部
CBRS_ALIGN_LEFT	允许停靠在客户区的左边
CBRS_ALIGN_RIGHT	允许停靠在客户区的右边
CBRS_ALIGN_ANY	允许停靠在客户区的任意一边
CBRS_FLOAT_MULTI	允许多个控制条在一个单一的小框架窗口中浮动

然后，CMainFrame 类的 OnCreate 函数又调用了一个 EnableDocking 函数，很多初学者看到这里的代码总会有一些疑惑，不知道这两个 EnableDocking 函数到底是什么含义。

读者一定要注意，**先前第一次调用的 EnableDocking 函数是工具栏对象的成员函数，目的是让工具栏对象可以停靠，而这里调用的是 CFrameWnd 对象的 EnableDocking 成员函数，目的是让主框架窗口可以被停靠**，停靠位置是表 10.2 所列的前五种。

最后，CMainFrame 类的 OnCreate 函数调用 DockControlBar 函数，让工具栏停靠在主框架窗口上。

3．创建自定义的工具栏

下面，我们就按照上面所讲的第一种创建工具栏的方法，为 Style 程序创建一个自己的工具栏。

首先，为 Style 程序插入一个新的工具栏资源。方式是打开资源视图，在 Toolbar 文件夹上单击鼠标右键，从弹出的快捷菜单中选择【插入 Toolbar】菜单命令（如图 10.19 所示），即可插入新的工具栏资源。

这时 Visual Studio 会在 Style 程序中插入一个名为 IDR_ TOOLBAR1 的工具栏资源，并且该工具栏上只有一个空白的按钮。接下来，我们就可以根据需要在该按钮上绘制图形。本例在这个新工具栏上又添加了两个按钮，并分别为这三个按钮绘制了图形：矩形、椭圆和圆形，结果如图 10.20 所示。

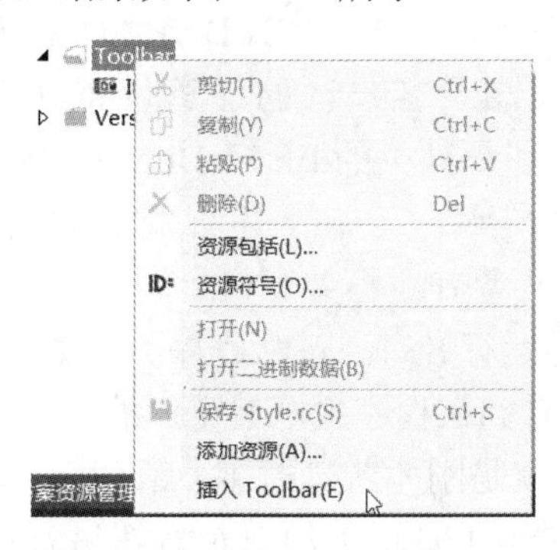

图 10.19　利用【插入 Toolbar】快捷菜单插入新的工具栏资源

图 10.20　新添加的工具栏资源

按照上面所说的创建步骤，接下来要构造一个 CToolBar 对象，也就是为 CMainFrame 类添加一个 CToolBar 类型的成员变量，本例在该类的头文件中添加下面这条语句：

```
CToolBar m_newToolBar;
```

第三步，调用 Create 或 CreateEx 函数创建工具栏，并与 CToolBar 对象相关联。这可以在 CMainFrame 类的 OnCreate 函数中实现，在该函数中添加如例 10-13 所示代码中加灰显示的部分。

例 10-13

```
int CMainFrame::OnCreate(LPCREATESTRUCT lpCreateStruct)
{
......
m_hIcons[0]=LoadIcon(AfxGetInstanceHandle(),MAKEINTRESOURCE(IDI_ICON1));
m_hIcons[1]=LoadIcon(theApp.m_hInstance,MAKEINTRESOURCE(IDI_ICON2));
```

```
    m_hIcons[2]=LoadIcon(AfxGetApp()->m_hInstance,MAKEINTRESOURCE(IDI_ICON3));
    SetClassLong(m_hWnd,GCL_HICON,(LONG)m_hIcons[0]);
    SetTimer(1,1000,NULL);

    if (!m_newToolBar.CreateEx(this, TBSTYLE_FLAT, WS_CHILD | WS_VISIBLE |
CBRS_RIGHT | CBRS_GRIPPER | CBRS_TOOLTIPS | CBRS_FLYBY | CBRS_SIZE_DYNAMIC)
|| !m_newToolBar.LoadToolBar(IDR_TOOLBAR1))
    {
        TRACE0("Failed to create toolbar\n");
        return -1;      // fail to create
    }
    m_newToolBar.EnableDocking(CBRS_ALIGN_ANY);
    DockControlBar(&m_newToolBar);

        return 0;
    }
```

这段新添加的代码首先调用 CToolBar 的成员函数 CreateEx 创建工具栏，并与工具栏对象 m_newToolBar 相关联，这里将新工具栏的停靠位置设置为 CBRS_RIGHT，然后调用 LoadToolBar 函数加载我们刚刚新建的工具栏资源（IDR_TOOLBAR1）。接着，调用工具栏对象的 EnableDocking 函数允许工具栏停靠于客户区的任意位置（CBRS_ALIGN_ANY）。因为在 OnCreate 函数的前面已经调用了框架类的 EnableDocking 函数，让主框架窗口可以被停靠，所以这里就不需要再调用这个函数了。在上述新添加代码的最后调用框架类的 DockControlBar 函数，让这个新工具栏停靠在主框架窗口上。

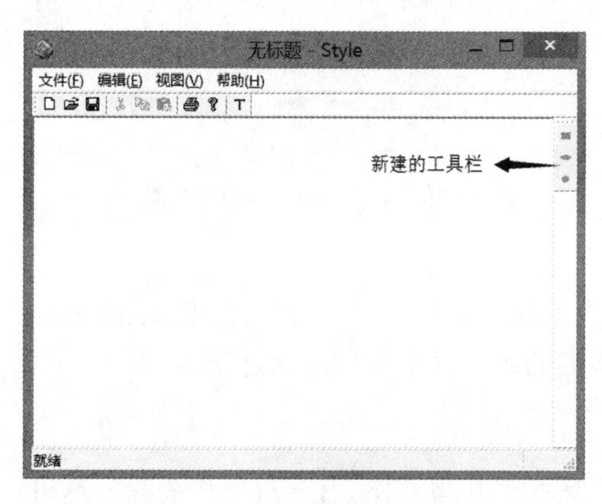

图 10.21　新添加的工具栏

编译并运行 Style 程序，程序界面如图 10.21 所示，可以看到在程序主框架窗口的右边多了一个工具栏，就是刚才新建的那个工具栏。因为程序还没有对该工具栏上的三个按钮进行命令消息响应，所以它们都是灰的。

当我们单击 Style 程序的【视图\工具栏】菜单命令时，会发现程序原来由 MFC 帮助我们产生的那个工具栏从窗口中消失了。当再次单击相同的菜单命令后，该工具栏又显示出来了。下面我们也要对刚才自己新建的工具栏实现同样的隐藏和显示功能。为 Style 程序再添加一个菜单项，通过单击该菜单项来隐藏或显示刚才新建的那个工具栏。并且同样要为该菜单项设置一个复选标记，当这个新工具栏出现时，该菜单项带有这个复选标记；当这个新工具栏消失时，该菜单项没有这个复选标记。

本例是在 Style 程序的【视图】子菜单下再添加一个菜单项，将其 ID 属性设置为 IDM_VIEW_NEWTOOLBAR，Caption 属性设置为“新的工具栏”。为 CMainFrame 类添加对这个菜单项的命令响应函数，并在此函数中，实现先前新建的那个工具栏的显示和隐藏。前面已经提到过，工具栏本身也是一个窗口，所以可以调用 CWnd 类的 ShowWindow 函数让其显示或隐藏。具体实现代码如例 10-14 所示。

例 10-14

```
void CMainFrame::OnViewNewtoolbar()
{
    if(m_newToolBar.IsWindowVisible())
    {
        m_newToolBar.ShowWindow(SW_HIDE);
    }
    else
    {
        m_newToolBar.ShowWindow(SW_SHOW);
    }
}
```

在上述如例 10-14 所示代码中，判断这个新工具栏的当前状态，是显示的还是隐藏的。如果是显示的，就让它隐藏起来；如果是隐藏的，就让它显示出来。

编译并运行 Style 程序，程序界面如图 10.21 所示。当单击【视图\新的工具栏】菜单命令后，可以发现窗口右边的那个新工具栏上的按钮消失了，但是这个工具栏还存在，如图 10.22 所示。

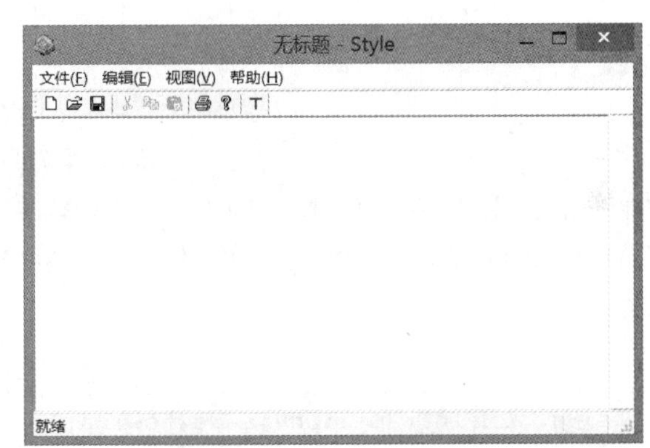

图 10.22　新工具栏上的按钮消失了

为什么会出现这种情况呢？这是因为当窗口上的工具栏被隐藏或显示后，停靠在窗口上的其他控制条对象的位置可能会有所变动，这时需要调用框架类的 RecalcLayout 成员函数来重新调整它们的位置，这个函数的原型声明如下所示：

```
virtual void RecalcLayout( BOOL bNotify = TRUE );
```

该函数有一个 BOOL 类型的参数：bNotify，如果该参数为真，则框架窗口上活动的对象会收到布局变动的通知；如果为假，则不会收到。默认值是 TRUE。

下面，我们在上述例 10-14 所示的 CMainFrame 类的 OnViewNewtoolbar 函数的最后再添加 RecalcLayout 函数的调用，结果如例 10-15 所示。

例 10-15

```
void CMainFrame::OnViewNewtoolbar()
{
    if(m_newToolBar.IsWindowVisible())
    {
        m_newToolBar.ShowWindow(SW_HIDE);
    }
    else
```

```
        {
            m_newToolBar.ShowWindow(SW_SHOW);
        }
        RecalcLayout();
    }
```

编译并运行 Style 程序，程序界面如图 10.21 所示。当单击【查看\新的工具栏】菜单命令后，会发现窗口右边的那个新建工具栏消失了；再次单击【查看\新的工具栏】菜单命令后，这个工具栏又显示出来了。可见，程序实现了我们所需要的功能。

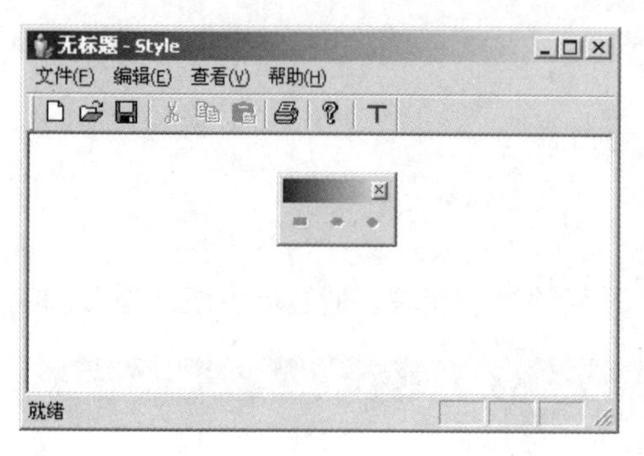

图 10.23　浮动的工具栏

把我们自定义的这个工具栏拖动到窗口中间的某个位置，也就是让它处于一种浮动的状态，结果如图 10.23 所示。再次单击【查看\新的工具栏】菜单命令，会发现此时程序又出现了同样的问题：工具栏上的按钮消失了，但工具栏仍存在。

实际上，当工具栏再次显示或隐藏后，需要再次调用框架类的 DockControlBar 函数，让工具栏停靠在主框架窗口上。因此，为了解决上述问题，需要在 CMainFrame 类的 OnViewNewtoolbar 函数的最后再调用一次框架类的 DockControlBar 函数，结果如例 10-16 所示。

例 10-16

```
    void CMainFrame::OnViewNewtoolbar()
    {
        // TODO: Add your command handler code here
        if(m_newToolBar.IsWindowVisible())
        {
            m_newToolBar.ShowWindow(SW_HIDE);
        }
        else
        {
            m_newToolBar.ShowWindow(SW_SHOW);
        }
        RecalcLayout();
        DockControlBar(&m_newToolBar);
    }
```

再次编译并运行 Style 程序，并将自定义的工具栏拖动到窗口中间的某个位置，让它处于一种浮动的状态。然后单击【查看\新的工具栏】菜单命令，这时，会发现这个工具栏从窗口中消失了。当再次单击【查看\新的工具栏】菜单命令后，会发现这个工具栏停靠在客户区的顶部了，如图 10.24 所示。

如果我们把 Style 程序中的应用程序向导自动创建的那个工具栏拖动到窗口中间的某个位置，让其处于一种浮动状态，然后单击【查看\工具栏】菜单命令，那么该工具栏将消失；当再次单击【查看\工具栏】菜单命令后，会发现这个工具栏在先前浮动位置处又显示出来了。那么如何让我们新建的工具栏也在原先显示的位置处显示出来呢？这就需要用到下面将介绍的 ShowControlBar 函数。

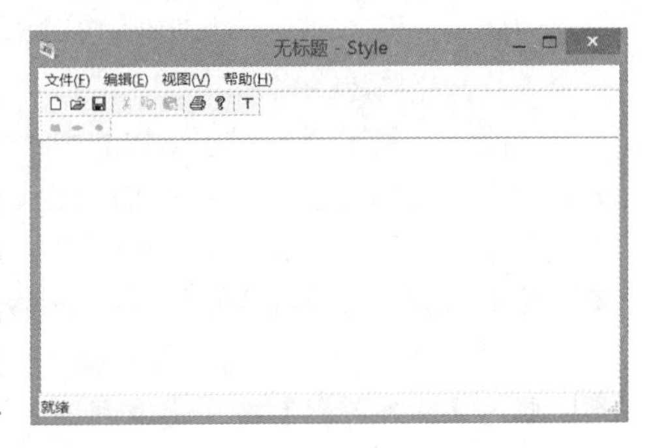

图 10.24　隐藏再显示时工具栏的停靠位置

ShowControlBar 是 CFrameWnd 类的成员函数，该函数的作用是隐藏或显示指定的控制条。该函数的原型声明如下所示：

```
void ShowControlBar( CControlBar* pBar, BOOL bShow, BOOL bDelay );
```

各个参数的意义如下所述：

■ pBar

CControlBar 类型的指针，指向将要显示或隐藏的控制条。前面已经介绍过：CToolBar 类派生于 CControlBar 类。

■ bShow

布尔类型，其值如果为 TRUE，则表示显示指定的控制条；如果为 FALSE，则表示隐藏指定的控制条。

■ bDelay

如果为 TRUE，则延迟显示控制条；如果为 FALSE，则立即显示控制条。

下面，我们在 Style 程序中利用 ShowControlBar 函数来显示或隐藏工具栏。首先将 CMainFrame 类的 OnViewNewtoolbar 函数中已有代码注释起来或删除，然后添加如例 10-17 中加灰显示的那行代码。

例 10-17

```
void CMainFrame::OnViewNewtoolbar()
{
ShowControlBar(&m_newToolBar,!m_newToolBar.IsWindowVisible(),FALSE);
}
```

上述新添加的代码通过调用工具栏对象的 IsWindowVisible 成员函数，获得工具栏当前的状态，如果该函数的返回值是 TRUE，则说明工具栏当前是显示状态，那么这时应该隐藏该工具栏，也就是说，这时 ShowControlBar 函数的第二参数应该为 FALSE；如果该函数的返回值是 FALSE，则说明工具栏当前是隐藏状态，那么这时应该显示该工具栏，也就是说，这时 ShowControlBar 函数的第二个参数应该为 TRUE。因此，应该将 IsWindowVisible 函数的返回值进行逻辑非操作之后作为 ShowControlBar 函数的第二个参数的值。

编译并运行 Style 程序，将会发现这时的程序能够实现和刚才介绍的显示/隐藏工具栏的方法同样的效果。通过上述两种实现方法可以看到，使用 ShowControlBar 函数比较简单，一个函数就能搞定。

下面，我们还要为刚才添加的名称为“新的工具栏”的菜单项设置复选标记，为此，需要为这个菜单项添加一个 UPDATE_COMMAND_UI 消息响应函数，这可以通过“事件处理程序向导”来完成，在菜单资源编辑窗口中，在“新的工具栏”菜单项上单击鼠标右键，从弹出菜单中选择【添加事件处理程序】菜单命令，出现如图 10.25 所示的“事件处理程序”向导对话框，消息类型选择 UPDATE_COMMAND_UI，在类列表选中 CMainFrame 类，单击【添加编辑】按钮定位到该函数的定义处。

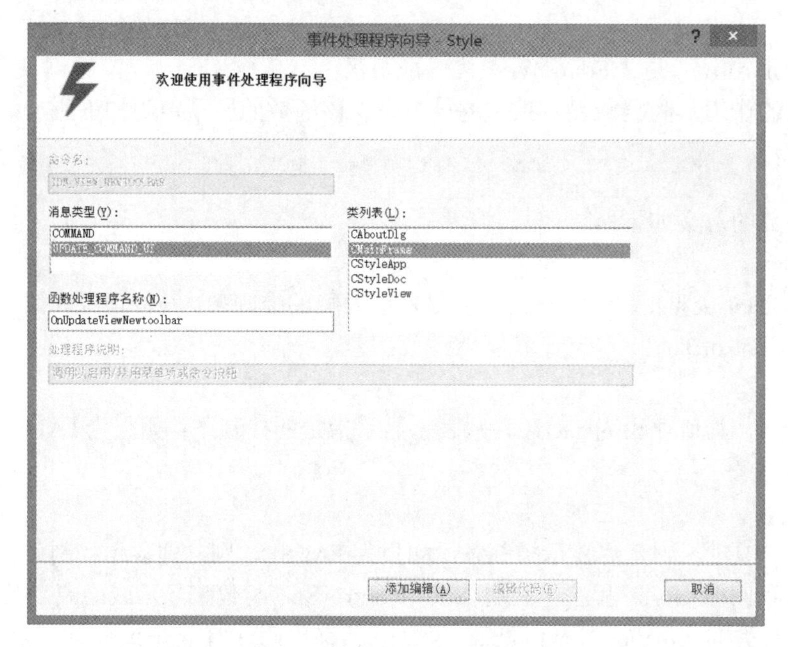

图 10.25　为“新的工具栏”菜单项添加 UPDATE_COMMAND_UI 消息响应

在 OnUpdateViewNewtoolbar 函数内部添加下面这行代码。

```
pCmdUI->SetCheck(m_newToolBar.IsWindowVisible());
```

在这里，也利用工具栏对象的 IsWindowVisible 函数的返回值来设置是否显示复选标记。如果该函数返回 TRUE，则说明当前工具栏是显示状态，因此应该设置复选标记；如果该函数返回 FALSE，则说明当前工具栏是隐藏状态，因此不应该显示复选标记。

编译并运行 Style 程序，可以看到程序初始显示时自定义的工具栏处于显示状态，打开【视图】子菜单，可以看到在【新的工具栏】按钮前面有了一个复选标记，程序界面如图 10.26 所示。

当我们单击【视图\新的工具栏】按钮后，自定义的工具栏从窗口中消失了。这时，再次打开【视图】子菜单，可以看到在【新的工具栏】按钮前的复选标记也消失了。程序界面如图 10.27 所示。

可以看到，**通过为菜单项添加 UPDATE_COMMAND_UI 消息的响应，可以非常方便地为该菜单项设置或取消复选标记。**

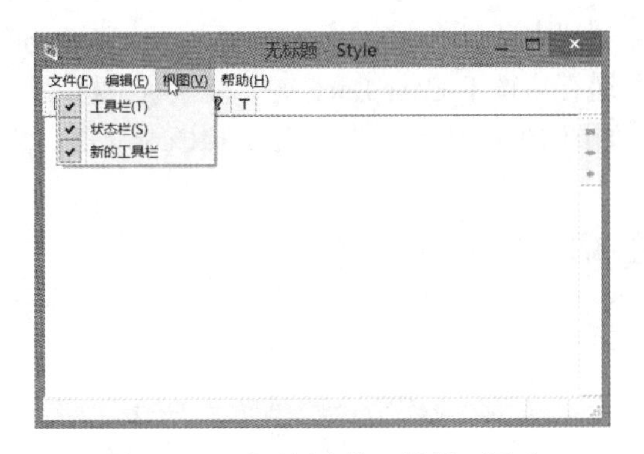

图 10.26　显示新建的工具栏，同时相应菜单项带有复选标记

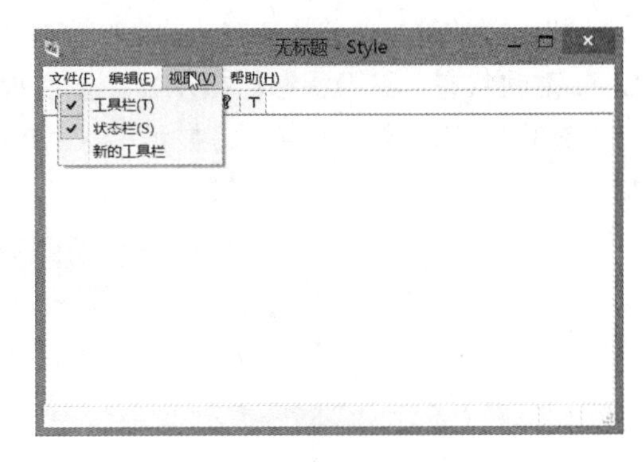

图 10.27　新建的工具栏消失，菜单项复选标记也消失

10.5　状态栏编程

应用程序窗口的最下方就是状态栏，如图 10.28 所示。

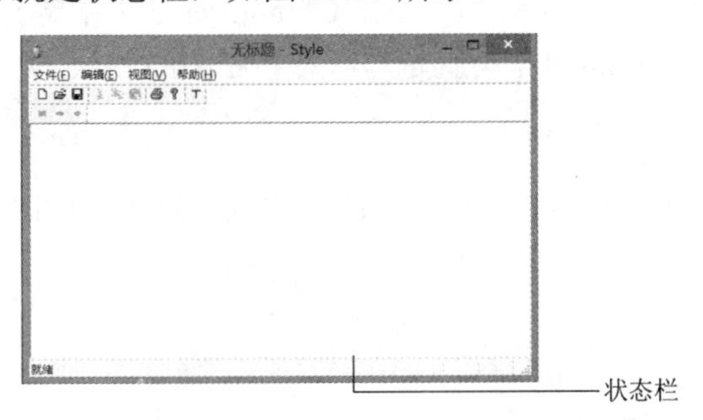

图 10.28　状态栏

状态栏可以分为两部分，其中左边最长的那部分称为**提示行**，当我们把鼠标移动到某个菜单项或工具按钮上时，该部分将显示相应的提示信息。例如当鼠标移动到 Style 程序中【文件】子菜单下的【保存】菜单项时，状态栏最左边的窗格将显示该菜单项的提示信息："保存活动文档"，如图 10.29 所示。

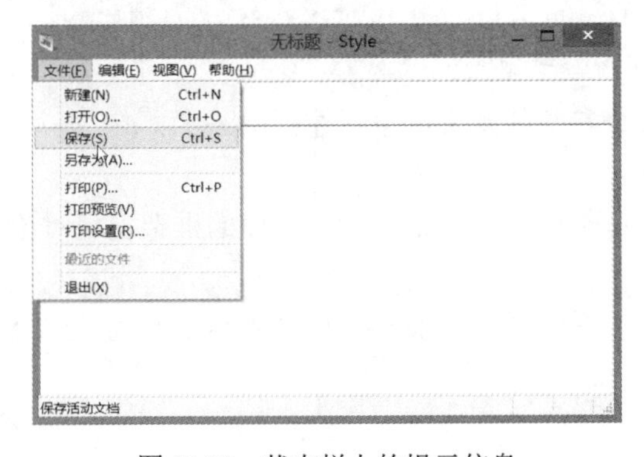

图 10.29　状态栏上的提示信息

状态栏的第二部分是其右边的三个窗格，主要用来显示 Caps Lock、Num Lock 和 Scroll Lock 键的状态，称为**状态栏指示器**。当在程序运行后按下 Caps Lock 键，程序状态栏上这三个窗格中左边第一个窗格将显示："CAP"，如图 10.30 所示；当再次按下 Caps Lock 键后，该窗格上的字符串就消失了。

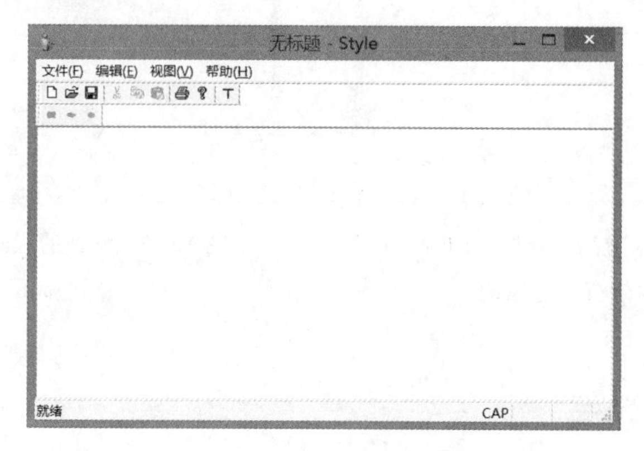

图 10.30　Caps Lock 键按下后的状态栏

在 Style 程序中，状态栏对象也是在 CMainFrame 类中定义的，在该类的头文件中有下面这行代码，其中 CStatusBar 类就是与状态栏相关的 MFC 类：

```
CStatusBar  m_wndStatusBar;
```

在 CMainFrame 类的 OnCreate 函数中可以看到如例 10-18 所示的这段代码。

例 10-18

```
    if (!m_wndStatusBar.Create(this))
    {
        TRACE0("未能创建状态栏\n");
        return -1;      // 未能创建
    }
m_wndStatusBar.SetIndicators(indicators, sizeof(indicators)/sizeof(UINT));
```

这段代码首先调用状态栏对象的 Create 函数创建状态栏对象，这个函数的原型声明如下所示：

```
    BOOL Create( CWnd* pParentWnd, DWORD dwStyle = WS_CHILD | WS_VISIBLE | CBRS_
BOTTOM, UINT nID = AFX_IDW_STATUS_BAR );
```

其中，该函数的各个参数的意义如下所述：

- pParentWnd

指定状态栏的父窗口指针，通常都是指向程序的框架窗口对象。

- dwStyle

第二个参数指定状态栏的风格，除了标准的 Windows 窗口风格以外，该参数还可以取表 10.3 中所列的值。

表 10.3　状态栏风格

dwStyle 取值	说　　明
CBRS_TOP	控制条位于框架窗口的顶部
CBRS_BOTTOM	控制条位于框架窗口的底部
CBRS_NOALIGN	当父窗口大小发生改变时，控制条的位置不变

■ nID

指定状态栏这个子窗口的 ID，默认值是 AFX_IDW_STATUS_BAR。

上述代码在创建状态栏之后，调用 SetIndicators 函数设置状态栏指示器，其中用到一个数组参数：indicators，这个数组是在 CMainFrame 类源文件的前部定义的，定义代码如例 10-19 所示。

例 10-19

```
static UINT indicators[] =
{
      ID_SEPARATOR,           // 状态行指示器
      ID_INDICATOR_CAPS,
      ID_INDICATOR_NUM,
      ID_INDICATOR_SCRL,
};
```

可以看到，这个数组是一个静态的变量，数组元素是一些 ID，第一个 ID 表示的是刚才看到的状态栏最左边最长的那个窗格，即提示行，后面三个 ID 分别是 Caps Lock、Num Lock 和 Scroll Lock 键的状态指示器。

SetIndicators 函数的第二个参数用来设定 indicators 数组中元素的个数。

实际上，indicators 数组中后三个 ID 都是 MFC 预先为我们定义好的字符串资源 ID，读者可以在 Visual Studio 开发环境中打开资源视图，双击 String Table 文件夹下的 String Table 项，即可打开 Style 程序的字符串资源，在其中可以找到这三个 ID 的定义，如图 10.31 所示。

图 10.31　状态栏使用的字符串资源 ID 的定义

如果想要修改状态栏的外观，例如添加或减少状态栏上的窗格，则只需要在 indicators 数组中添加或减少相应的字符串资源 ID 即可。本例想在 Style 程序的状态栏上显示当前系统的时间和一个进度条控件，为此，首先需要为 Style 程序增加两个新的字符串资源，其 ID 及 Caption 如表 10.4 所示。

表 10.4　新增的字符串资源

ID	Caption
IDS_TIMER	时钟
IDS_PROGRESS	进度栏

然后将这两个新的字符串资源 ID 添加到 indicators 数组中，结果如例 10-20 所示。

例 10-20

```
static UINT indicators[] =
{
    ID_SEPARATOR,            // 状态行指示器
    IDS_TIMER,
    IDS_PROGRESS,
    ID_INDICATOR_CAPS,
    ID_INDICATOR_NUM,
    ID_INDICATOR_SCRL,
};
```

编译并运行 Style 程序，结果如图 10.32 所示，可以看到程序的状态栏上多了两个窗格，其中一个显示的是“时钟”，另一个显示的是“进度栏”，也就是刚才我们定义的字符串资源所代表的文本内容。

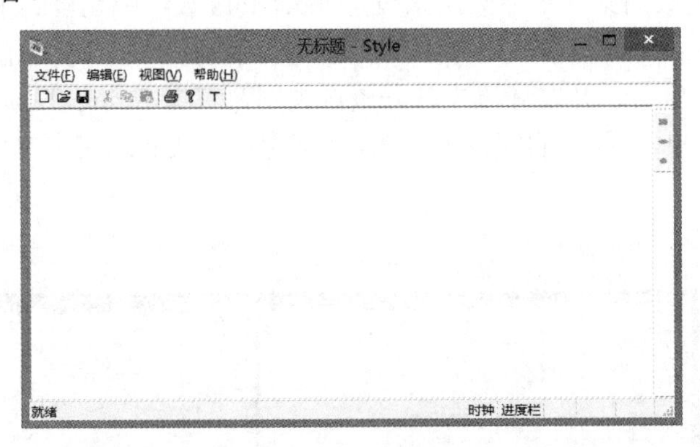

图 10.32　新添加两个窗格后的状态栏显示效果

接下来，我们希望在状态栏上显示“时钟”字符串的那个窗格上显示系统当前的时间，那么首先就要获取到系统的当前时间，这需要用到一个新的 MFC 类：CTime，该类有一个静态的成员函数：GetCurrentTime。该函数返回一个 CTime 类型的对象，表示系统当前的时间。然后，可以调用 CTime 类的另一个成员函数：Format，对得到的 CTime 类型的时间对象进行格式化，得到一个包含格式化时间的字符串。该函数常用的格式如表 10.5 所示（关于其他格式读者可查看 MSDN 中相关信息）。

表 10.5　CTime 类的 Format 函数常用的格式

格　式	说　明
%y	不带世纪的年号，00～99
%m	月份，1～12
%d	日期，1～31
%H	以 24 小时制表示的时间，0～23
%I	以 12 小时制表示的时间，1～12

为了将字符串显示到状态栏的窗格上，可以调用 CStatusBar 类的 SetPaneText 函数，该函数的原型声明如下所示：

```
BOOL SetPaneText(int nIndex, LPCTSTR lpszNewText, BOOL bUpdate = TRUE );
```

可以看到，这个函数有三个参数，其中，第一个参数是窗格在指示器数组（indicators）中的索引，这里，根据前面 indicators 数组的定义，可以知道 IDS_TIMER 表示的窗格在 indicators 数组中的索引是 1；第二个参数就是在窗格上显示的文本；第三个参数是 BOOL 类型，如果其值为 TRUE，那么在设置窗格的文本之后，该窗格变成无效的，当下次 WM_PAINT 消息发送后，该窗格将发生重绘，该参数的默认值是 TRUE。

要实现在状态栏上显示“时钟”字符串的那个窗格上显示系统当前的时间，我们在 Style 程序的 CMainFrame 类的 OnCreate 函数的尾部、return 语句之前添加例 10-21 这段代码。

例 10-21

```
CTime t=CTime::GetCurrentTime();
CString str=t.Format("%H:%M:%S");
m_wndStatusBar.SetPaneText(1,str);
```

在上述如例 10-21 所示代码中，首先定义了一个 CTime 类型的对象 t，接着调用 CTime 类的静态函数 GetCurrrentTime，返回一个表示系统当前时间的 CTime 类型的对象。接下来，调用 CTime 类的 Format 函数得到一个表示时间的格式化字符串，其中“%H”“%D”都是格式化符号，而“：”字符将原样输出。最后，调用 CStatusBar 对象的 SetPaneText 函数把得到的时间字符串显示到状态栏的相应窗格上。

编译并运行 Style 程序，结果如图 10.33 所示，可以看到这时在程序状态栏上显示了系统当前的时间。

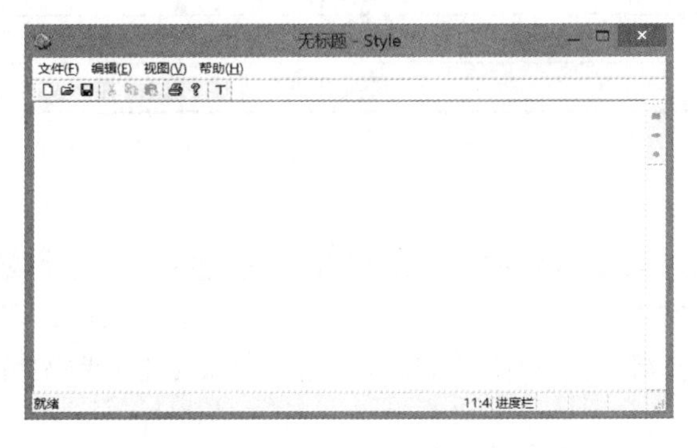

图 10.33　状态栏上显示系统当前时间

如果在设置窗格的文本时不知道窗格的索引，那么可以利用 CStatusBar 类的另一个成员函数 CommandToIndex，通过指定资源 ID 来得到相应的索引。在这种情况下，上述例 10-21 所示代码应该变成如例 10-22 所示的这样。

例 10-22

```
CTime t=CTime::GetCurrentTime();
CString str=t.Format("%H:%M:%S");

int index=0;
index=m_wndStatusBar.CommandToIndex(IDS_TIMER);

m_wndStatusBar.SetPaneText(index,str);
```

读者可以测试一下这段代码，将会发现它与前面的代码实现的结果是一样的。不过，读者可能已经注意到，由于这个窗格的宽度太小，因此未能将时间字符串显示完整，图 10.33 只显示了小时和分钟数的一半，而且没有秒数。为了把时间字符串显示完整，需要把这个窗格的宽度再加大些。这可以利用 CStatusBar 类的另一个成员函数 SetPaneInfo 来实现。该函数可以为指定的窗格设置新的 ID、样式和宽度。它的原型声明如下所示：

```
void SetPaneInfo(int nIndex, UINT nID, UINT nStyle, int cxWidth );
```

可以看到，这个函数有四个参数，其意义分别如下所述：

■ nIndex

指定将要设置其样式的窗格索引。

■ nID

为指定窗格重新设置的新 ID。

■ nStyle

指示窗格的样式，表 10.6 中列出了这个参数能够取的值及其意义。

表 10.6　SetPaneInfo 函数的 nStyle 参数取值

样　式	意　义
SBPS_NOBORDERS	窗格周围没有 3 维边框
SBPS_POPOUT	边框下陷，文本突出
SBPS_DISABLED	不绘制文本
SBPS_STRETCH	伸展窗格以填充未用空间。一个控制栏只能有一个窗格具有这种样式
SBPS_NORMAL	不伸展，周围有边框，但不下陷，文本也不突出

■ cxWidth

指定窗格新的宽度。

如果想让窗格把时间文本显示完整，那么首先就要获得这个文本在显示时占据的宽度，然后直接用这个宽度去修改窗格的宽度。根据前面的知识，我们知道这里应该调用 GetTextExtent 函数来获得时间文本的宽度。因此，对例 10-22 代码修改后的结果如例 10-23 所示。

例 10-23

```
CTime t=CTime::GetCurrentTime();
CString str=t.Format("%H:%M:%S");
CClientDC dc(this);
CSize sz=dc.GetTextExtent(str);
int index=0;
index=m_wndStatusBar.CommandToIndex(IDS_TIMER);
m_wndStatusBar.SetPaneInfo(index,IDS_TIMER,SBPS_NORMAL,sz.cx);
m_wndStatusBar.SetPaneText(index,str);
```

编译并运行 Style 程序，结果如图 10.34 所示。这时，可以看到在程序状态栏上将当前时间完整地显示出来了。

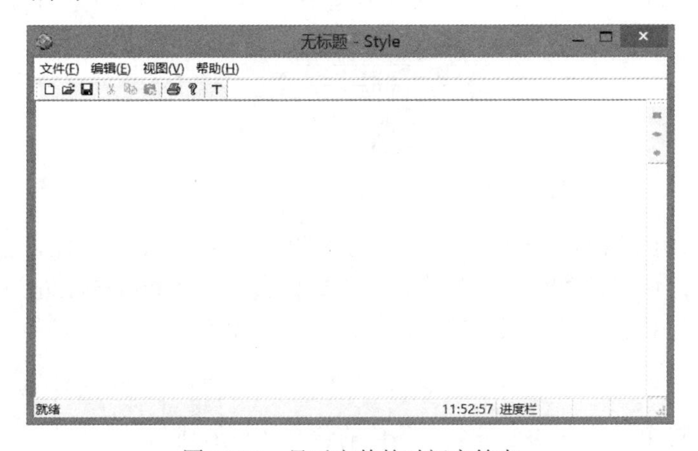

图 10.34　显示完整的时间字符串

但是，这个时间是一个静止的时间，我们希望能够实时地显示系统当前时间。也就是说，让这个时间"动起来"。前面我们已经为 Style 程序设置了一个定时器，该定时器每隔 1 秒钟发送一次 WM_TIMER 定时器消息，因此，我们可以在该定时器消息响应函数中再次获得系统当前时间，并设置状态栏窗格的文本。下面在 OnTimer 函数中添加如例 10-24 所示代码中加灰显示的代码。

例 10-24

```
void CMainFrame::OnTimer(UINT nIDEvent)
{
    static int index=0;
    SetClassLong(m_hWnd,GCL_HICON,(LONG)m_hIcons[index]);
    index=++index%3;

    CTime t=CTime::GetCurrentTime();
    CString str=t.Format("%H:%M:%S");
    CClientDC dc(this);
    CSize sz=dc.GetTextExtent(str);
    m_wndStatusBar.SetPaneInfo(1,IDS_TIMER,SBPS_NORMAL,sz.cx);
    m_wndStatusBar.SetPaneText(1,str);
```

```
    CFrameWnd::OnTimer(nIDEvent);
}
```

编译并运行Style，这时会看到状态栏上显示的时间实时地反映了系统的当前时间，这个时间“动起来”了。

10.6　进度栏编程

我们平时在安装软件时通常都会看到有一个进度栏，用以指示当前的安装进度。在MFC中，进度栏也有一个相关的类：CProgressCtrl。该类的继承层次结构如图10.35所示。

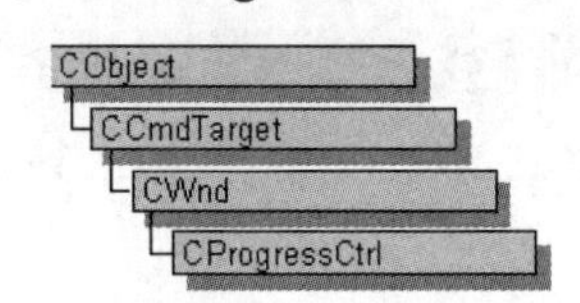

图10.35　CProgressCtrl类的继承层次结构

从图10.35中可以看到，CProgressCtrl类派生于CWnd类，因此，它也是一个窗口类。如果要在程序中使用进度栏，那么首先需要构造一个CProgressCtrl对象，然后调用CProgressCtrl类的Create函数创建进度栏控件。该函数的原型声明如下所示：

```
BOOL Create(DWORD dwStyle, const RECT& rect, CWnd* pParentWnd, UINT nID );
```

可以看到，这个函数有四个参数，各自的含义如下所述：

■ dwStyle

指定进度栏控件的类型。因为进度栏也是窗口，所以它具有窗口所具有的各种类型，同时，它还有自己的类型：PBS_VERTICAL和PBS_SMOOTH。如果指定了PBS_VERTICAL，则进度栏将垂直显示，否则，将创建一个水平显示的进度栏。如果指定了PBS_SMOOTH，那么在进度条控件中将显示渐进、平滑的填充。

■ rect

指定进度栏控件的大小和位置。

■ pParentWnd

指定进度栏的父窗口。

■ nID

指定进度栏控件的ID。

10.6.1　在窗口中创建进度栏

为了在Style程序的窗口中创建进度栏控件，首先需要在CMainFrame类的头文件中定义一个CProgressCtrl类型的成员变量：m_progress。然后在CMainFrame类的OnCreate函数中，在窗口创建完成之后、该函数返回之前创建进度栏控件。添加的代码如下所示：

```
① m_progress.Create(WS_CHILD | WS_VISIBLE, CRect(100,100,200,120),this, 123);
```

这行代码将在窗口的（100,100）位置处创建一个水平进度栏控件。注意，这时进度栏的宽度要宽一些，高度要小一些。程序运行结果如图 10.36 所示。

利用 CProgressCtrl 类的 SetPos 成员函数可以设置进度栏的当前进度，例如，在上述①符号所示代码之后再添加下面这行代码，将进度栏上当前位置设置为 50。

```
② m_progress.SetPos(50);
```

这时 Style 程序的运行结果如图 10.37 所示。

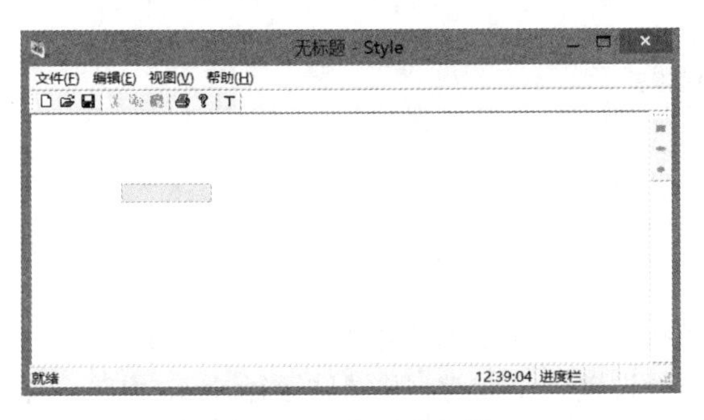

图 10.36　水平进度栏

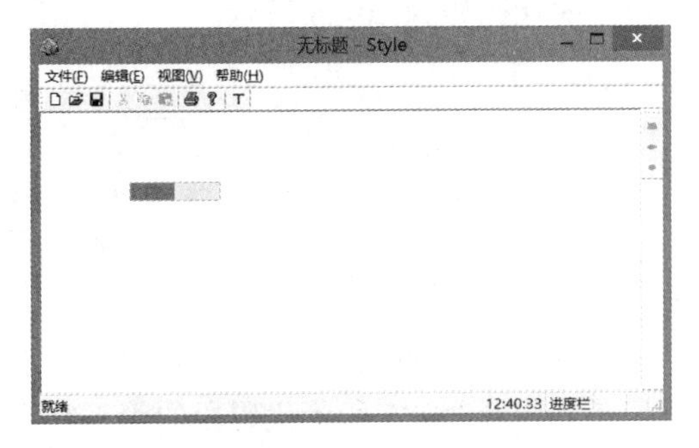

图 10.37　设置当前位置后的进度栏

我们还可以创建一个垂直的进度栏，在创建进度栏时要指定 PBS_VERTICAL 类型，同时应注意，进度栏的高度值需要设置得大一些，宽度值要小一些。否则，不能给用户一种直观的感觉。这时调用的 Create，可以是下面这样的：

```
    m_progress.Create(WS_CHILD | WS_VISIBLE | PBS_VERTICAL, CRect(100,100,120,
200), this, 123);
```

这时的 Style 程序运行界面如图 10.38 所示。

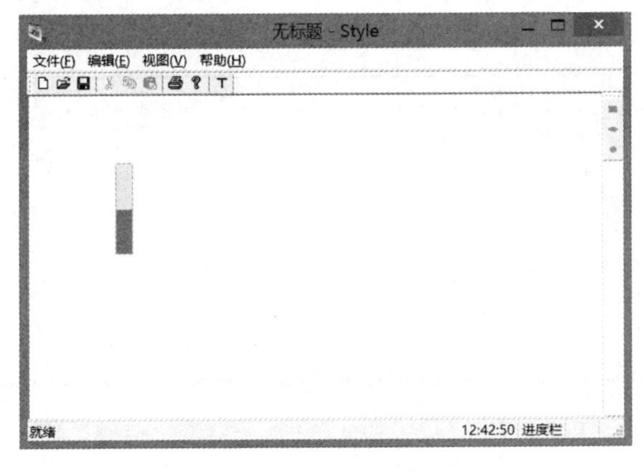

图 10.38　垂直进度栏

10.6.2　在状态栏的窗格中创建进度栏

下面，我们要实现在程序状态栏的窗格中显示进度栏。这时，首先需要获得该窗格的区域，然后将这个区域的大小作为进度栏的大小。为了获得窗格的区域，可以利用 CStatusBar 类的 GetPaneInfo 成员函数来完成。该函数的原型声明如下所示：

```
void GetItemRect(int nIndex, LPRECT lpRect ) const;
```

其中，第一个参数（nIndex）指定窗格索引；第二个参数（lpRect）用来接收指定索引的窗格的矩形区域。

下面，在 Style 程序的 CMainFrame 类的 OnCreate 函数中，对上面 ① 和 ② 符号所示的创建进度栏的代码进行修改，以实现在状态栏的第三个窗格（即 IDS_PROGRESS 资源 ID 指定的窗格，其索引为 2）上显示进度栏，此时，状态栏对象将作为进度栏的父窗口。修改后的代码如例 10-25 所示。

例 10-25

```
1. CRect rect;
2. m_wndStatusBar.GetItemRect(2,&rect);
3. m_progress.Create(WS_CHILD | WS_VISIBLE,rect,&m_wndStatusBar,123);
4. m_progress.SetPos(50);
```

编译并运行 Style 程序，读者将会发现在状态栏上并未创建进度栏。为了找到原因，我们在上述例 10-25 所示代码段的第三行代码处设置一个断点，并调试运行 Style 程序。当程序执行到这个断点时，查看 rect 变量的当前值，如图 10.39 所示。可以看到，这时，rect 对象的左上角和右下角的坐标值都是(−20,0)。这明显不是一个正常的矩形区域，说明我们没有得到状态栏上指定窗格的区域。因此，随后创建进度栏的操作自然也就失败了。

这里之所以没有得到状态栏上指定窗格的矩形区域，是因为此时状态栏的初始化工作，即对窗格的摆放操作还没有完成。我们知道，CMainFrame 类的 OnCreate 函数是在响应框架窗口的 WM_CREATE 消息时调用的，只有在这个函数执行完成之后，才能够获得窗口状态栏上窗格的矩形区域。遵照这种思路，我们可以试试这样的方法是否可行：首先自定义一个消息，然后在 CMainFrame 类的 OnCreate 函数中在其返回之前发送这条消息，最后在这个自定义消息的响应函数中获得状态栏上窗格的矩形区域。

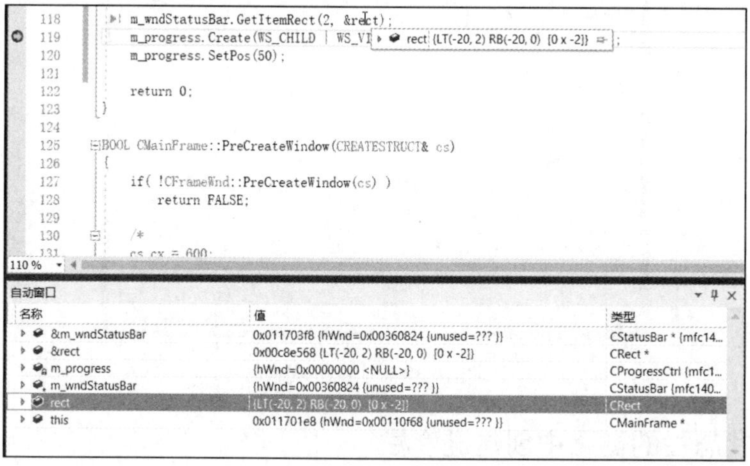

图 10.39 调试状态下 rect 变量的当前值

我们知道，在 Windows 中，所有的消息都是用一个特定的整数值来表示的，为了避免我们自定义的这条消息与其他已有消息值发生冲突，Windows 给我们提供了一个常量：

WM_USER。小于这个常量的值都是 Windows 系统保留的，我们自定义的消息只需要大于这个常量就可以了。所以，在定义自定义消息时，通常都用 WM_USER 加上一个数值，这个值可由编程人员自行决定，但是要注意最后表示消息的数值不要超过 0x7FFF（关于消息数值的范围和它们表示的含义，读者可以在 MSDN 中查看 WM_USER 的帮助文档）。在本例中，加上值 1 就可以了。

首先，在 Style 程序中，在 CMainFrame 类的头文件中定义一条自定义的消息，定义代码如下所示：

```
#define UM_PROGRESS     WM_USER+1
```

提示：Windows 消息用 WM_为前缀表示，我们自定义的消息最好用 UM_为前缀表示，表示用户消息（User Message）。但这并不是必需的。

然后，在 CMainFrame 类的头文件中为这条自定义消息添加消息响应函数原型声明，结果如例 10-26 所示。

例 10-26

```
// 生成的消息映射函数
protected:
    afx_msg int OnCreate(LPCREATESTRUCT lpCreateStruct);
    afx_msg LRESULT OnProgress(WPARAM wParam, LPARAM lParam);
    DECLARE_MESSAGE_MAP()
```

之后，就是为这条自定义消息添加消息映射，前面介绍的命令消息用 ON_COMMAND 宏将消息与消息响应函数关联起来，而对于自定义消息来说，使用 ON_MESSGE 宏来实现这一功能。在 CMainFrame 类的源文件中，在 BEGIN_MESSAGE_MAP(…)和 END_MESSAGE_MAP()宏之间，添加 UM_PROGRESS 这一自定义消息的消息映射，结果如例 10-27 所示。

例 10-27

```
BEGIN_MESSAGE_MAP(CMainFrame, CFrameWnd)
    ON_WM_CREATE()
    ON_WM_TIMER()
    ON_COMMAND(IDM_VIEW_NEWTOOLBAR, &CMainFrame::OnViewNewtoolbar)
    ON_UPDATE_COMMAND_UI(IDM_VIEW_NEWTOOLBAR,
&CMainFrame::OnUpdateViewNewtoolbar)

    ON_MESSAGE(UM_PROGRESS,OnProgress)
END_MESSAGE_MAP()
```

接下来，当然就是添加这个消息响应函数的实现，具体代码如例 10-28 所示。

例 10-28

```
LRESULT CMainFrame::OnProgress(WPARAM wParam, LPARAM lParam)
{
```

```
    CRect rect;
    m_wndStatusBar.GetItemRect(2,&rect);
    m_progress.Create(WS_CHILD | WS_VISIBLE,rect,&m_wndStatusBar, 123);
    m_progress.SetPos(50);
}
```

最后在 CMainFrame 类的 OnCreate 函数中将先前创建进度栏的代码（即上述例 10-25 所示代码段）注释起来，在其后添加下面这条语句，即利用 SendMessage 函数发送 UM_PROGRESS 这个自定义的消息：

```
SendMessage(UM_PROGRESS);
```

编译并运行 Style 程序，结果发现在状态栏上仍没有看到进度栏控件。为了了解程序的运行过程，我们可以在 Style 程序中设置三个断点，一个是在 CMainFrame 类的 OnCreate 函数中刚刚添加的 SendMessage 函数处，一个位于这条代码下面的 return 语句，第三个断点设置在 OnProgress 函数的定义处。然后调试运行 Style 程序，程序首先暂停在 SendMessage 函数处；继续执行，程序将会暂停在 OnProgress 函数的定义处；再继续执行，程序将会暂停在 OnCreate 函数的 return 语句处。也就是说，在 OnCreate 中调用 SendMessage 函数发送 UM_PROGRESS 消息后，程序就会调用这个消息的响应函数来处理。在这个响应函数执行完成之后，又返回到 OnCreate 函数中执行 SendMessage 函数的下一条语句，即 return 语句。我们可以发现，实际上，这时就相当于把创建进度栏的代码直接放在了 OnCreate 函数中，与上面的实现方式是相同的，因此这时也不能获得窗格的矩形区域，自然，进度栏也就没有创建成功。

造成这种情况的主要原因是 SendMessage 函数发送消息的机制，它直接把消息发送给消息响应函数，由消息响应函数处理完成之后，SendMessage 函数才返回。这就造成了当消息发送之后，程序流程跳转到相应的消息响应函数中，执行完成之后再返回到 SendMessage 函数的下一条语句继续执行。因此这里不能使用 SendMessage 这个函数，应该使用 PostMessage 函数。PostMessage 函数是先把消息放到消息队列中，然后立即返回，之后程序通过 GetMessage 函数按顺序把消息一条一条地取出来。对于本例来说，OnCreate 是 WM_CREATE 消息的响应函数，在对这个消息处理完毕后（即 OnCreate 函数执行完毕），MFC 底层代码调用 GetMessage 函数才从消息队列中取出 UM_PROGRESS 这条自定义消息，这时才轮到 OnProgress 函数去执行，此时因为 OnCreate 函数已经执行完毕，状态栏的初始工作也已经全部完成了，就可以得到状态栏窗格的矩形区域，从而就可以创建进度栏了。读者可以把刚才那条 SendMessage 函数换成 PostMessage 函数，再运行一下 Style 程序，将会看到在程序的状态栏上终于显示出了进度栏，如图 10.40 所示。

不过，这个进度栏还有一些缺陷，当 Style 程序窗口尺寸发生变化后，会发现进度栏显示的位置发生了错误，如图 10.41 所示。可以看到，这时的进度栏并不是如我们所希望的那样在指定的窗格中显示的。发生这种情况主要是因为当程序窗口尺寸区域发生变化时，窗口上的状态栏的窗格尺寸区域也会随之变化，上述 OnProgress 代码中最早获得的窗格区域就不正确了，所以就看到进度栏与窗格发生了脱离。

图 10.40　在状态栏上显示进度栏

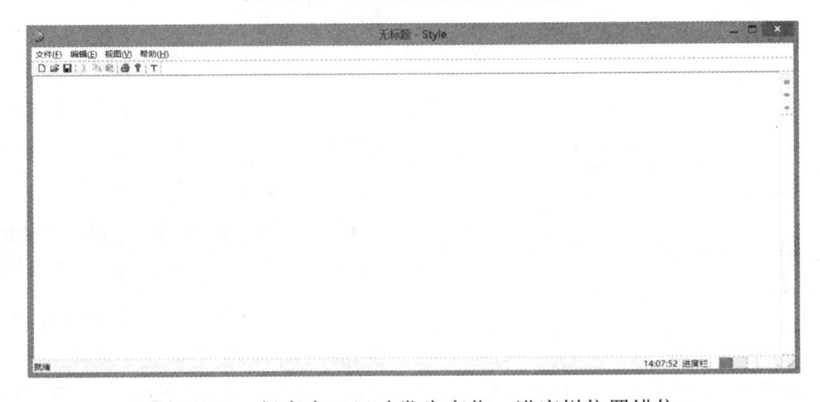

图 10.41　程序窗口尺寸发生变化，进度栏位置错位

为了解决这个问题，我们需要在程序窗口尺寸区域发生变化时，重新去获取索引为 2 的状态栏窗格区域，将进度栏移动到这个区域中。我们知道，当窗口尺寸发生变化时，窗口会发生重绘，这时会发送一条 WM_PAINT 消息。因此，我们只需要在响应这个消息的函数中，重新去获取索引值为 2 的状态栏窗格区域，将进度栏移动到这个区域中就可以了。下面我们为 CMainFrame 类添加 WM_PAINT 消息的响应函数，在此函数中添加如例 10-29 所示的代码。

例 10-29

```
void CMainFrame::OnPaint()
{
    CPaintDC dc(this);

    CRect rect;
    m_wndStatusBar.GetItemRect(2,&rect);
    m_progress.Create(WS_CHILD | WS_VISIBLE | PBS_SMOOTH,
        rect,&m_wndStatusBar,123);
    m_progress.SetPos(50);

}
```

要注意，此时先前在 CMainFrame 类的 OnCreate 函数添加的发送自定义消息的那条代码就不需要了，因为当窗口第一次显示时，就会调用 OnPaint 函数，这样就得到了窗格的区域，并创建进度栏。**我们把 OnCreate 函数中调用 PostMessage 函数的那句代码注释起来，让程序不再发送 UM_PROGRESS 这条自定义消息。**但并不需要把 OnProgress 函数中已有代码注释起来，因为对自定义消息来说，只有程序自己主动发送这些消息，消息的响应函数才会被调用。因为我们已经把发送 UM_PROGRESS 这条消息的代码注释起来了，所以这个自定义消息的响应函数 OnProgress 就永远没有执行的机会，也就不需要把它的代码注释起来了。

读者可以运行一下此时的 Style 程序，会发现程序在初始显示时进度栏显示的位置是正确的，但当程序窗口尺寸发生变化后，程序会弹出一个非法操作提示对话框。如图 10.42 所示。

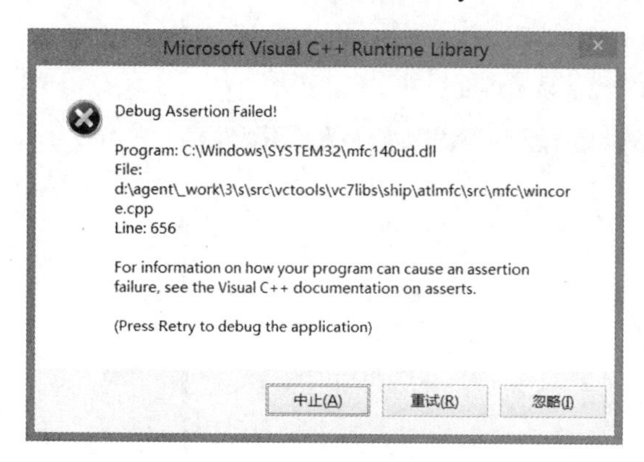

图 10.42　非法操作对话框

这个问题的发生实际上与前面第 8 章中介绍动态按钮的创建时发生的错误是一样的，当程序窗口尺寸发生变化时，会发送一个 WM_PAINT 消息对这个窗口进行重绘。于是，程序就会调用 OnPaint 这个消息响应函数。然而，由于程序这时已经创建了一个进度栏，并与 m_progress 对象相关联，所以这里再一次创建进度栏对象并进行关联，自然就会出错。为了解决这个问题，我们需要在程序中进行一个判断，如果进度栏还没有创建，就创建它；如果已经创建了，就把进度栏移动到目标矩形区域中。实现这种判断的方法，在前面介绍过多种，其中最简单的方法就是直接判断 m_progress 对象的窗口句柄，如果该句柄没有值，即为 NULL 时，就说明该对象还没有被创建，于是就创建进度栏，并与 m_progress 对象相关联；否则，就把进度栏移动到目标矩形区域中。为了移动一个窗口，可以调用 CWnd 类的成员函数 MoveWindow 来实现。

修改后的 OnPaint 函数代码如例 10-30 所示。

例 10-30

```
void CMainFrame::OnPaint()
{
    CPaintDC dc(this);

    CRect rect;
    m_wndStatusBar.GetItemRect(2,&rect);
    if(!m_progress.m_hWnd)
        m_progress.Create(WS_CHILD | WS_VISIBLE | PBS_SMOOTH,
            rect,&m_wndStatusBar,123);
    else
        m_progress.MoveWindow(rect);
    m_progress.SetPos(50);
}
```

读者可以再次运行 Style 程序，将会发现不管程序窗口尺寸如何变化，进度栏都能正确地显示。因为在每次窗口尺寸发生变化时，都会发送一条 WM_PAINT 消息，而在这个消息的响应函数（OnPaint）中，再次得到了指定窗格的矩形区域，并且判断出 m_progress 对象的窗口句柄已经有值了，程序就直接把进度栏移到了这个区域中。

> **提示：**也可以调用 SetWindowPos 函数设置进度栏的位置，这个函数的使用比较麻烦，没有 MoveWindow 函数简单。但前者的功能要多一些，例如它可以将程序窗口设置为顶层窗口。

下面，我们要让新建的这个进度栏“动起来”，即在进度栏上以某种显示方式不断地增加当前的位置，这可以通过 CProgressCtrl 类的 StepIt 成员函数来完成。该函数将使进度栏控件的当前位置按照一定的步长前进。至于每次前进的步长可以通过 CProgressCtrl 类的另一个成员函数 SetStep 来设置。一旦调用这个函数设置了一个步长，随后的 StepIt 函数就将按照这个步长前进。另外，对于进度栏来说，还可以设置它的范围，这可以通过调用 CProgressCtrl 类的 SetRange 这一成员函数来实现。在默认情况下，范围的最小值是 0，最大值是 100。一般来说，应该根据该进度栏所实现的功能来设置它的范围。例如，如果要实现一个软件安装的进度控制，则可以根据软件安装的进度来设置进度栏的范围；如果要实现一个影片播放的进度控制，则可以根据影片的播放时间来设置进度栏的范围。

让我们回到 Style 程序，让进度栏的当前位置每隔一秒钟就前进一步，也就是在 CMainFrame 类的 OnTimer 函数中添加例 10-31 所示代码中加灰显示的那行语句。

例 10-31

```
void CMainFrame::OnTimer(UINT nIDEvent)
{
    // TODO: Add your message handler code here and/or call default
    static int index=0;
    SetClassLong(m_hWnd,GCL_HICON,(LONG)m_hIcons[index]);
    index=++index%3;

    CTime t=CTime::GetCurrentTime();
    CString str=t.Format("%H:%M:%S");
    CClientDC dc(this);
    CSize sz=dc.GetTextExtent(str);
    m_wndStatusBar.SetPaneInfo(1,IDS_TIMER,SBPS_NORMAL,sz.cx);
    m_wndStatusBar.SetPaneText(1,str);

    m_progress.StepIt();

    CFrameWnd::OnTimer(nIDEvent);
}
```

编译并运行 Style 程序，将会看到在状态栏上创建的进度栏从当前位置一点一点地平滑地向前行进，当到达进度栏的最大范围后，又从头开始一点一点地前进。

10.7 在状态栏上显示鼠标当前位置

下面，我们要实现这样的功能：当在Style程序窗口中移动鼠标时，把鼠标当前的坐标显示在状态栏的第一个窗格上。

为了完成这个功能，就要捕获鼠标移动消息。前面已经介绍过，视类窗口始终覆盖在框架窗口之上，所以如果想要捕获与鼠标相关的消息，则应该在视类中完成。下面，为CStyleView类添加WM_MOUSEMOVE消息的响应函数，并在此函数中添加在程序状态栏的第一个窗格上显示鼠标当前位置的代码，结果如例10-32所示。

例10-32

```
1. void CStyleView::OnMouseMove(UINT nFlags, CPoint point)
2. {
3.
4.      CString str;
5.      str.Format(L"x=%d,y=%d",point.x,point.y);
6.      ((CMainFrame*)GetParent())->m_wndStatusBar.SetWindowText(str);

7.      CView::OnMouseMove(nFlags, point);
8. }
```

在上述例10-32所示代码中，首先格式化鼠标当前位置的信息。然后为了把该信息显示在状态栏的第一个窗格上，需要获取状态栏对象，而后者是在框架类窗口中定义的，由于框架类窗口是视类窗口的父窗口，因此在视类对象中通过调用GetParent函数就可以得到视类的父窗口，即框架窗口。GetParent函数返回的是一个CWnd类型的指针，而这里需要的是CMainFrame类型的指针，所以需要进行一个类型转换。在得到框架窗口对象后就可以去访问该对象内部的状态栏成员变量m_wndStatusBar，以得到状态栏对象，但是我们注意到该变量被声明为保护（protected）类型，对于保护类型的类成员变量来说，只能在该类及其子类中访问，在其他类中是不能直接访问的。为了能够访问这个变量，我们修改这个变量的定义，将其访问权限修改为public，即在CMainFrame类的头文件中，把这个变量的定义修改为：

```
public:
    CStatusBar  m_wndStatusBar;
```

> **提示**：对于MFC自动创建的代码，在编程过程中，只要知道程序编写的原理，就可以根据自己的需要进行修改。

在得到状态栏对象后，就可以把鼠标当前位置信息显示在第一个窗格上了。这里有多种实现方法，分别如下所述。

1. 第一种方法

调用SetWindowText函数设置状态栏窗口文本，就可以把鼠标当前位置信息设置到状态栏的第一个窗格上。

因为在上述代码中用到了框架类的类型，所以在视类的源文件中应该将框架类的头文件包含进来，即在 CStyleView.cpp 文件的前部添加下面这句代码：

```
#include "MainFrm.h"
```

编译并运行 Style 程序，当在程序窗口中移动鼠标时，在程序状态栏的第一个窗格上就显示了鼠标的当前坐标信息，程序运行界面如图 10.43 所示。

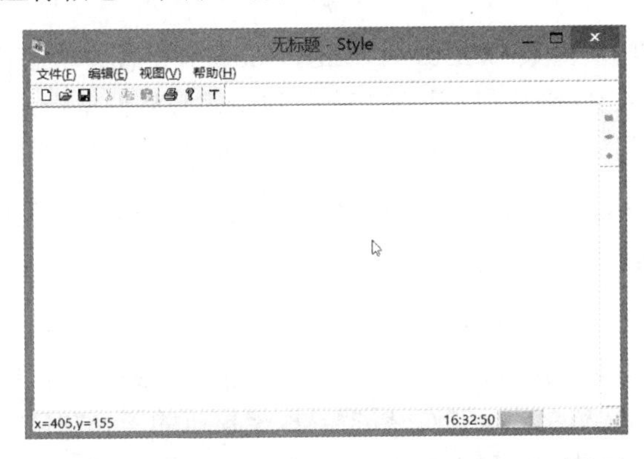

图 10.43　在状态栏第一个窗格上显示鼠标当前位置

2．第二种方法

利用 CFrameWnd 类的成员函数 SetMessageText 来实现，该函数的作用是在 ID 为 0 值的状态栏窗格上（通常是状态栏上最左边的那个最长的窗格）设置一个字符串。该函数的一种原型声明如下所示：

```
void SetMessageText( LPCTSTR lpszText );
```

其中，参数 lpszText 就是用来设置的字符串。

读者应注意，SetMessageText 函数是 CFrameWnd 类的成员函数，并且该函数直接在状态栏的第一个窗格上放置文本，这样在程序中不需要先获得状态栏对象再进行设置文本的处理。我们知道 CMainFrame 类派生于 CFrameWnd 类，因此它继承了 SetMessageText 函数。于是，这里首先需要调用 GetParent 函数得到视类的父对象，即 CMainFrame 对象，然后调用该对象的 SetMessageText 函数设置状态栏文本。也就是说，上述例 10-32 所示 CStyleView 类的 OnMouseMove 函数的第 6 行代码可以用下面这行代码来替换：

```
((CMainFrame*)GetParent())->SetMessageText(str);
```

读者可以测试一下这种实现方法，将会发现 Style 程序的运行结果与上述第一种方法的结果是一样的。

3．第三种方法

CFrameWnd 类的成员函数 GetMessageBar 可以返回状态栏对象的指针，这样就不需要去访问 CMainFrame 类的保护成员变量 m_wndStatusBar 了，因此也就不需要像上述第一种方法那样将该变量的访问权限修改为 public 类型了。有了状态栏对象的指针，就可以像上述第一种方法那样，调用 SetWindowText 函数设置状态栏第一个窗格的文本。因此，第三种实现方法的代码如下所示：

```
((CMainFrame*)GetParent())->GetMessageBar()->SetWindowText(str);
```

读者可以测试一下这种实现方法，将会发现 Style 程序的运行结果与上述两种方法的结果是一样的。

4．第四种方法

利用 CWnd 类的成员函数 GetDescendantWindow 获得程序状态栏对象的指针。这个函数的功能是通过指定的 ID 来获得子孙窗口的。这个函数将搜索当前窗口的整个子窗口树，而不仅仅是搜索当前窗口的直接子窗口。该函数的原型声明如下所示：

```
CWnd* GetDescendantWindow( int nID, BOOL bOnlyPerm = FALSE ) const;
```

因此，只要给出状态栏窗口的 ID，GetDescendantWindow 函数就可以找到指向状态栏窗口的指针。读者应注意，这里不应该在视类中直接调用这个函数，因为状态栏不属于视类窗口，而属于框架类窗口，所以，在调用时应该首先得到框架窗口的指针，然后调用框架窗口的 GetDescendantWindow 函数，以搜寻框架窗口的子孙窗口，从而得到状态栏窗口的指针。另外，根据前面的知识，我们知道状态栏子窗口的 ID 是 AFX_IDW_STATUS_BAR，利用这个 ID 调用 GetDescendantWindow 函数就可以找到主框架窗口所拥有的状态栏子窗口的指针。因此，第四种实现方法的代码如下所示：

```
GetParent()->GetDescendantWindow(AFX_IDW_STATUS_BAR)->SetWindowText(str);
```

注意： 这里调用 GetParent 函数后不需要再进行类型转换，因为 GetDescendant Window 函数本身就是 CWnd 类的成员函数。

读者可以测试一下这种实现方法，将会发现 Style 程序的运行结果与上述方法实现的结果是一样的。

知识点 对于一些常用的控制条（例如状态栏、工具栏等），MFC 都已经预先为它们定义了 ID 号。可以在 Style 程序中，在上述代码中的 AFX_IDW_STATUS_BAR 这个 ID 上单击鼠标右键，从弹出的快捷菜单中选择【转到定义】菜单项，就会跳转到 MFC 的源代码 afxres.h 中 AFX_IDW_STATUS_BAR 这个 ID 的定义处，代码如下所示：

```
#define AFX_IDW_TOOLBAR                0xE800  // main Toolbar for window
#define AFX_IDW_STATUS_BAR             0xE801  // Status bar window
#define AFX_IDW_PREVIEW_BAR            0xE802  // PrintPreview Dialog Bar
#define AFX_IDW_RESIZE_BAR             0xE803  // OLE in-place resize bar
#define AFX_IDW_REBAR                  0xE804  // COMCTL32 "rebar" Bar
#define AFX_IDW_DIALOGBAR              0xE805  // CDialogBar
#define AFX_IDW_MENUBAR                0xE806  // CMFCMenuBar
```

从中可以看到，MFC 为我们预定义了工具栏（AFX_IDW_TOOLBAR）、状态栏、对话条（AFX_IDW_DIALOGBAR）等子窗口的 ID。

因此，在编写程序时，如果需要查找一个标准控制条的 ID，我们只要知道其中某个控制条的 ID，就可以通过上述方法，找到其他控制条的 ID。

另外，GetDescendantWindow 函数的调用还有一点需要注意：它的第二个参数用来指定该函数返回的窗口能否是一个临时窗口。如果为 TRUE，则只有持久的窗口可以被返回；如果为 FALSE，则该函数可以返回一个临时的窗口。关于临时窗口和持久窗口的概念，读者可以自行查看 MSDN 中的相关信息。

10.8 本章小结

本章主要讲解了以下内容：

- 修改 MFC AppWizard 向导生成的框架程序的外观和大小，这既可以在窗口创建之前，也可以在窗口创建之后进行。
- 修改程序窗口的图标、光标和背景的方法。在创建窗口之前，通过设计窗口类来修改程序窗口的图标、光标和背景；在窗口创建之后，通过 SetClassLong 函数修改窗口的图标、光标和背景。
- 实现了一个动态变化的图标的例子。
- 工具栏和状态栏的编程。

第 11 章 绘图控制

通常，在软件运行过程中，用户可以根据软件提供的设置对话框、颜色对话框和字体对话框等用户接口实现对软件的定制功能，本章将主要介绍对图形绘制的定制，以及如何在程序窗口中显示一幅位图。

11.1 简单绘图

新建一个单文档类型的 MFC 应用程序，项目名为 Graphic，解决方案名称为 ch11，项目样式为 MFC standard。本程序将实现简单的绘图功能，包括点、直线和椭圆的绘制。为了实现这些功能，首先为此程序添加一个子菜单，菜单名称为“绘图”，并为其添加四个菜单项，分别用来控制不同图形的绘制。当用户选择其中的一个菜单项后，程序将按照当前的选择进行相应图形的绘制。添加的四个菜单项的 ID 及名称如表 11.1 所示。然后分别为这四个菜单项添加命令响应，本程序让视类（CGraphicView）对这些菜单命令进行响应，这四个响应函数的名称分别如表 11.1 所示。

表 11.1　添加的菜单项

菜单项 ID	菜单项名称	菜单项命令响应函数
IDM_DOT	点	OnDot
IDM_LINE	直线	OnLine
IDM_RECTANGLE	矩形	OnRectangle
IDM_ELLIPSE	椭圆	OnEllipse

提示：记得在视类 CGraphicView 的源文件的头部添加一条包含语句，包含 Resource.h 头文件。

在程序运行后，当用户单击某个菜单项时，应该把用户的选择保存起来，以便随后的绘图操作使用。为此，在 CGraphicView 类中添加一个私有变量用来保存用户的选择，该变量的定义如下所述：

```
private:
        UINT m_nDrawType;
```

接着，在视类的构造函数中将此变量初始化为 0，代码如例 11-1 所示。

例 11-1

```
CGraphicView::CGraphicView()
{
    m_nDrawType = 0;
}
```

当用户选择【绘图】菜单下的不同子菜单项时，将变量 m_nDrawType 设置为不同的值，如表 11.2 所示。

表 11.2　m_nDrawType 变量的取值

菜单项名称	m_nDrawType 变量的取值
点	1
直线	2
矩形	3
椭圆	4

程序代码如例 11-2 所示。

例 11-2

```
void CGraphicView::OnDot()
{
    m_nDrawType=1;
}

void CGraphicView::OnLine()
{
    m_nDrawType=2;
}

void CGraphicView::OnRectangle()
{
    m_nDrawType=3;
}

void CGraphicView::OnEllipse()
{
    m_nDrawType=4;
}
```

对于直线、矩形和椭圆，在绘图时都可以由两个点来确定其图形。当按下鼠标左键时得到一个点，当松开鼠标左键时又得到另外一个点。也就是说，在按下鼠标左键时将当前点保存为绘图原点，当松开鼠标左键时，就可以绘图了。为此，需要为视类分别捕获按下鼠标左键和松开鼠标左键这两个消息。另外，当按下鼠标左键时，需要将鼠标按下的当前点保存起来，因此为CGraphicView类再增加一个CPoint类型的私有成员变量m_ptOrigin，并在CGraphicView类的构造函数中，将该变量的值初始为0，即将原点设置为（0, 0）。

然后，在鼠标左键按下消息响应函数中，保存当前点，代码如例11-3所示。

例 11-3

```
void CGraphicView::OnLButtonDown(UINT nFlags, CPoint point)
{
    m_ptOrigin=point;
    CView::OnLButtonDown(nFlags, point);
}
```

在鼠标左键松开消息响应函数中实现绘图功能，具体代码如例11-4所示。

例 11-4

```
1. void CGraphicView::OnLButtonUp(UINT nFlags, CPoint point)
2. {
3.
4.      CClientDC dc(this);
5.      switch(m_nDrawType)
6.      {
7.      case 1:
8.           dc.SetPixel(point,RGB(255,0,0));
9.           break;
10.     case 2:
11.          dc.MoveTo(m_ptOrigin);
12.          dc.LineTo(point);
13.          break;
14.     case 3:
15.          dc.Rectangle(CRect(m_ptOrigin,point));
16.          break;
17.     case 4:
18.          dc.Ellipse(CRect(m_ptOrigin,point));
19.          break;
20.     }
21.     CView::OnLButtonUp(nFlags, point);
22. }
```

通过前面的知识，我们知道，为了进行绘图操作，首先需要有DC对象，所以在上述例11-4所示代码中首先定义了一个CClientDC类型的变量dc。

在具体绘图时应根据用户的选择来进行绘制，该选择已经保存在变量m_nDrawType中了，我们可以利用switch/case语句来进行判断，分别完成对不同图形的绘制。

- 如果要设置一个点，则需要用到函数SetPixel，这也是CDC类的一个成员方法，该函数有两种声明形式，其中一种如下所示：

```
COLORREF SetPixel(POINT point, COLORREF crColor);
```

该函数是将指定点处的像素设置为某个颜色。其中第一个参数（point）就是指定的点，第二个参数（crColor）就是指定的颜色。在程序中设定的颜色在系统颜色表中可能不存在，但系统会选择一种和这个颜色最接近的颜色。本例把点设置为红色。

■ 当用户选择直线时，需要绘制直线，首先调用 MoveTo 函数移动到原点，然后调用 LineTo 函数绘制到终点。

■ 在绘制矩形时可以使用 Rectangle 函数，该函数有一种声明形式如下所示：

```
BOOL Rectangle(LPCRECT lpRect);
```

该函数需要一个指向 CRect 对象的指针参数，而 CRect 对象可以利用两个点来构造。在这里，需要注意一点，该函数需要的是指向 CRect 对象的指针，而在上述代码中传递的却是 CRect 对象（如例 11-4 所示代码的第 15 行），但在程序编译时却能成功通过，运行时也不会报错，这是为什么呢？我们知道 C 系列的语言都是强类型语言，如果类型不匹配，则需要进行强制类型转换。但这里为什么没有进行强制类型转换，程序也可以成功通过编译呢？实际上，CRect 类提供了这样一个成员函数：重载 LPCRECT 操作符，其作用是将 CRect 转换为 LPCRECT 类型。当在程序中给 Rectangle 函数的参数赋值时，如果它发现该参数是一个 CRect 对象，它就会隐式地调用 LPCRECT 操作符，将 CRect 类型的对象转换为 LPCRECT 类型。因此，在给函数传递参数时，如果我们看到传递的数值类型和所需要的类型不匹配，但编译和运行都正确，就要想想这其中的缘由了。当然，在某些情况下这些类型之间本来就可以互相转换，例如 short 类型和 int 类型。但是如果参数是对象类型，就要考虑它选择的是对象的构造方法进行的隐式转换，还是有其他重载的操作符。这些知识细节，即类型转换原理上的内容，如果读者能够熟练掌握的话，在遇到这些情况时，自然就能够想到它采用的是什么样的类型转换。当然，在我们思考完之后，应该到 MSDN 中进行验证。

■ 当用户选择椭圆菜单项时，调用 Ellipse 函数绘制一个椭圆。

编译并运行 Graphic 程序，选择【点】菜单项，首先在窗口中任意处单击鼠标左键，可以发现在窗口中绘制了一些红色的点；选择【直线】菜单项，然后在程序窗口中按下鼠标左键并拖动，当松开鼠标左键时，就会在窗口中绘制一条从鼠标左键按下点到松开点的直线；选择【矩形】菜单项，然后在程序窗口中按下鼠标左键并拖动，当松开鼠标左键时，就会在程序窗口中绘制一个矩形；选择【椭圆】菜单项，然后在程序窗口中按下鼠标左键并拖动，当松开鼠标左键时，就会在程序窗口中绘制一个椭圆。另外，前面的内容已经介绍过，在 DC 中有一个默认的白色画刷，在绘制图形时会使用这个默认画刷填充其内部，因此在绘制时，如果存在重叠部分，那么先前绘制的图形会被后来绘制的图形所覆盖。程序运行界面如图 11.1 所示。

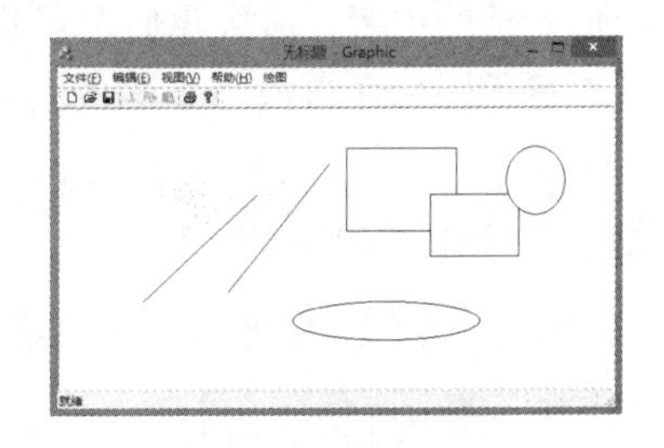

图 11.1　简单绘图程序运行界面

读者可以发现这时绘制的直线，以及矩形和椭圆的边框都是黑色的。一般来说，在程序运行过程中，用户都希望能够使用自己指定的颜色来绘制各种图形。通过前面章节的介绍，我们知道线条的颜色是由 DC 中画笔的颜色确定的，这样的话，为了绘制其他颜色的线条，就需要先构造一个 CPen 对象，并为它指定一种颜色，例如红色（RGB（255,0,0)），然后将此画笔选入设备描述表中，随后的绘图操作就会使用该画笔的颜色来绘制了。

要为图形添加颜色，我们可以在上述例 11-4 所示的 CGraphicView 类的 OnLButtonUp 函数中，在第 4 行代码之后添加如例 11-5 所示代码中加灰显示的代码。

例 11-5

```
1. void CGraphicView::OnLButtonUp(UINT nFlags, CPoint point)
2. {
3.
4.      CClientDC dc(this);
5.      CPen pen(PS_SOLID,1,RGB(255,0,0));
6.      CPen* oldPen = dc.SelectObject(&pen);
7.      switch(m_nDrawType)
8.      {
9.      case 1:
10.          dc.SetPixel(point,RGB(255,0,0));
11.          break;
12.      case 2:
13.           dc.MoveTo(m_ptOrigin);
14.           dc.LineTo(point);
15.           break;
16.      case 3:
17.           dc.Rectangle(CRect(m_ptOrigin,point));
18.           break;
19.      case 4:
20.           dc.Ellipse(CRect(m_ptOrigin,point));
21.           break;
22.      }
23.      dc.SelectObject(oldPen);
24.      CView::OnLButtonUp(nFlags, point);
25. }
```

编译并运行 Graphic 程序，选择相应菜单项，绘制直线、矩形和椭圆，可以看到这时在程序窗口中绘制的图形的边框都是红色的线条。

如果不想使用 DC 默认的白色画刷来填充矩形或椭圆的内部，而是希望能够看到这些图形内部的内容，那么我们可以把 DC 中的画刷设置为透明的。在上述例 11-5 所示代码的第 6 行代码后面再添加下面的两行代码：

```
CBrush *pBrush=CBrush::FromHandle((HBRUSH)GetStockObject(NULL_BRUSH));
CBrush *pOldBrush = dc.SelectObject(pBrush);
```

在上述例 11-5 所示代码的第 23 行代码后面再添加下面的这行代码：

```
dc.SelectObject(pOldBrush);
```

前面已经介绍过，利用参数 NULL_BRUSH 调用 GetStockObject 函数可以创建透明画刷，调用 CBrush 类的静态成员函数 FromHandle 将画刷句柄转换为指向画刷对象的指针。但是该函数的参数需要的是 HBRUSH 类型，而 GetStockObject 函数返回的是 HGDIOBJ 类型，因此需要进行强制类型转换，将其转换为画刷的句柄，即 HBRUSH 类型。同样地，还需要将创建的新画刷选入设备描述表中。

再次运行 Graphic 程序，选择相应菜单项，然后绘制各种图形，这时可以看到所有绘制的线条都可以看到了（程序运行界面如图 11.2 所示），现在使用的是透明画刷。

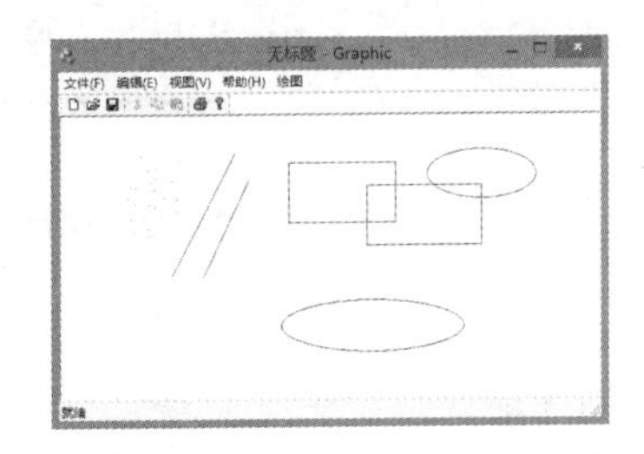

图 11.2　使用透明画刷绘制图形

11.2　设置对话框

许多软件都为用户提供了设置对话框，或者称为选项对话框，允许用户通过设置一些选项来改变软件的某些行为和特性。例如 Visual Studio 开发环境就有一个【选项】菜单项，通过给出的一些选项设置，从而改变 Visual Studio 开发环境的一些行为和特性。在本例中，我们也给 Graphic 程序添加一个设置对话框，允许用户指定画笔的类型、线宽，并且让随后的绘图操作就使用用户指定的新设置值来进行绘制。

为了实现这一功能，需要为 Graphic 程序添加一个对话框资源，并按照表 11.3 所列内容修改其属性。

表 11.3　新添对话框资源的属性

属　　性	值
ID	IDD_DLG_SETTING
Caption	设置
Font	宋体

11.2.1　设置线宽

本程序首先实现对线宽的设置。为新添加的设置对话框资源添加一个静态文本框，并将其 Caption 属性设置为线宽。接着再添加一个编辑框，让用户输入线宽，将其 ID 设置为 IDC_LINE_WIDTH。添加控件之后的设置对话框资源如图 11.3 所示。

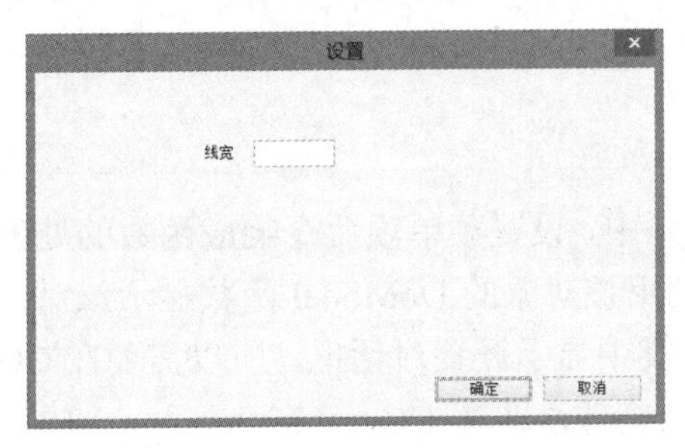

图 11.3　设置对话框资源（一）

针对此对话框资源，创建一个关联的对话框类。方法是双击此对话框资源，将出现如图 11.4 所示的“添加 MFC 类”对话框，类名输入：CSettingDlg，基类保持默认选择：CDialogEx，头文件名为：SettingDlg.h，源文件名为：SettingDlg.cpp。

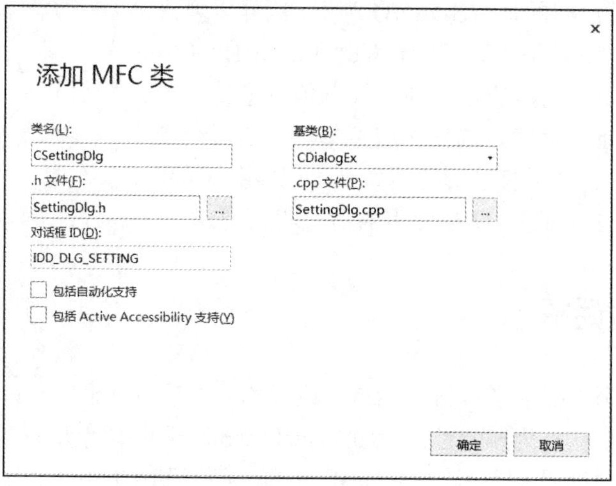

图 11.4　添加 MFC 类对话框

单击【确定】按钮，即为 IDD_DLG_SETTING 对话框资源创建了一个对话框类：CSettingDlg，在类视图中可以看到这个新创建的类。

接下来，需要为编辑框控件（IDC_LINE_WIDTH）关联一个成员变量，方法是首先在该编辑框控件上单击鼠标右键，从弹出的快捷菜单中选择【添加变量】菜单项，然后利用打开的“添加控件变量”对话框为该编辑框控件添加一个值类别的成员变量：m_nLineWidth，类型为 UINT。因为对于线宽，我们不希望用户输入小于 0 的值，因此将它的类型设定为无符号整型（UINT）。

然后，为 Graphic 程序在【绘图】子菜单下再增加一个菜单项，名称为：设置，并将其 ID 设置为：IDM_SETTING。用户单击该菜单项后，程序就显示刚才新建的设置对话框。

接下来，为此菜单项添加一个命令响应，并选择视类对此消息做出响应。该响应函数的具体代码如例 11-6 所示。

例 11-6

```
void CGraphicView::OnSetting()
{
    CSettingDlg dlg;
    dlg.DoModal();
}
```

在上述例 11-6 所示代码中，设置菜单项命令响应函数的处理非常简单，首先构造设置对话框对象（dlg），然后调用该对象的 DoModal 函数显示该对话框。

因为在 CGraphicView 类中显示设置对话框，所以需要在 CGraphicView 类的源文件中包含定义这个对话框类的头文件，即在 CGraphicView.cpp 的头部添加如例 11-7 所示代码中加灰显示的代码。

例 11-7

```
......
#include "GraphicDoc.h"
#include "GraphicView.h"

#include "SettingDlg.h"
```

编译并运行 Graphic 程序，单击【绘图\设置】菜单项，即可显示设置对话框，如图 11.5 所示。

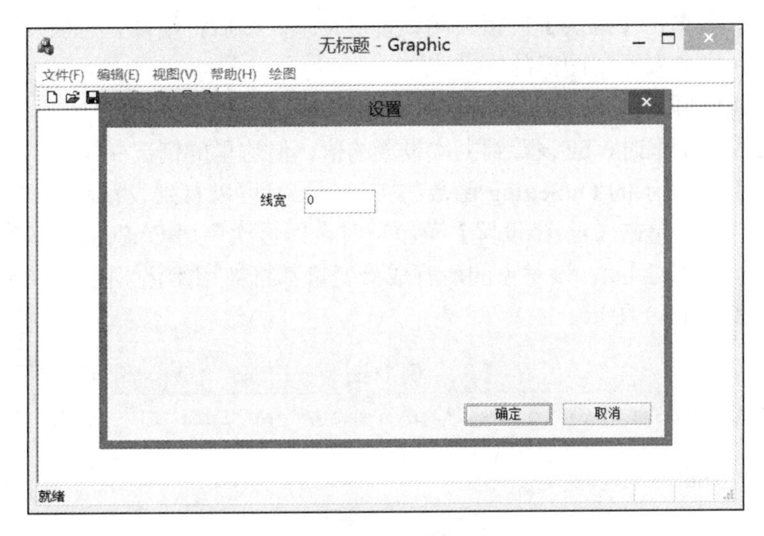

图 11.5　设置对话框的显示（一）

当用户在线宽编辑框中输入线宽值并确定此操作后，程序应把这个线宽值保存起来，随后的绘图都使用这个线宽值来设置线的宽度。为 CGraphicView 类添加一个私有的成员变量 m_nLineWidth，类型也是 UINT，用来保存用户输入的线宽，并在 CGraphicView 类的构造函数中将其初始化为 0。

当然，在用户输入线宽后，在用户单击【确定】按钮后才保存这个线宽值，如果用户选择的是【取消】按钮，则并不需要保存这个线宽值。因此在 CGraphicView 类的 OnSetting 函数中需要判断一下用户关闭设置对话框时的选择，如果选择的是【确定】按钮，则保存用户输入的线宽值。

对上述例 11-6 所示的 OnSetting 函数进行修改，结果代码如例 11-8 所示。

例 11-8

```
void CGraphicView::OnSetting()
{
    CSettingDlg dlg;
    if(IDOK==dlg.DoModal())
    {
      m_nLineWidth=dlg.m_nLineWidth;
    }
}
```

在构造画笔对象时，其宽度就可以利用 m_nLineWidth 这个变量来代替了。将 CGraphicView 类 OnLButtonUp 函数中先前创建画笔的代码（即上述例 11-5 所示代码中的第 5 行代码）修改为下面这行代码：

```
CPen pen(PS_SOLID,m_nLineWidth,RGB(255,0,0));
```

在程序运行时，当用户设置线宽后，在下一次绘图时，就会以用户输入的线宽创建画笔，那么随后的绘图就是按照用户设置的线宽来绘制了。

编译并运行 Graphic 程序，单击【绘图\设置】菜单项，在弹出的设置对话框中指定新线宽，例如 10，并单击【确定】按钮关闭设置对话框。然后再绘图，可以发现程序使用的是用户指定的新线宽来绘制图形的。

但是，当我们再次打开设置对话框时，线宽编辑框的值又变回了 0。一般来说，当再次回到这个设置对话框时，应该看到上次设置的值，但这里的情况并不是这样的。我们回头看看上面例 11-8 所示的 OnSetting 函数的实现代码，可以看到设置对话框对象 dlg 是一个局部对象。当再次单击【绘图\设置】菜单项时，即再次调用 OnSetting 函数时，又将重新构造 dlg 这个对象，因此，该对象的所有成员变量都将被初始化，而 CSettingDlg 对象的构造函数代码如例 11-9 所示。

例 11-9

```
CSettingDlg::CSettingDlg(CWnd* pParent /*=nullptr*/)
   : CDialogEx(IDD_DLG_SETTING, pParent)
    , m_nLineWidth(0)
{

}
```

由此可知，m_nLineWidth 变量的值又被重新初始化为了 0。因此，当我们再次打开设置对话框时，线宽的值又变为 0 了。

为了解决这个问题，当 CSettingDlg 类的对象 dlg 产生之后，应该将 CGraphicView 类中保存的用户先前设置的线宽再传回给这个设置对话框。修改后的 OnSetting 函数代码如例 11-10 所示，其中加灰显示的代码是新增的代码。

例 11-10

```
void CGraphicView::OnSetting()
{
    CSettingDlg dlg;
    dlg.m_nLineWidth = m_nLineWidth;
    if(IDOK==dlg.DoModal())
    {
      m_nLineWidth=dlg.m_nLineWidth;
    }
}
```

看到这里，有些读者可能会产生这样的疑问：我们知道一旦程序执行到 OnSetting 函数的右边大括号外的时候，dlg 对象的生命周期就终止了，自然它的成员变量 m_nLineWidth

的值也就丢失了。但为什么 CGraphicView 类的成员变量 m_nLineWidth 保存的值会一直存在？这是因为 CGraphicView 类对象的生命周期从应用程序产生时就开始了，直到应用程序结束，CGraphicView 类的对象才终止。因此，在 OnSetting 函数中，当设置对话框被关闭后，CGraphicView 类的对象仍存在，它的成员变量 m_nLineWidth 所保存的值也是一直存在的。

读者可以自行测试一下修改后的 Graphic 程序，先在设置对话框中设置一个线宽值，然后进行绘图操作；接着再次打开设置对话框，这时将会发现线宽编辑框中显示的是上次设置的线宽值。这就是说，此时程序已经把用户上次设置的线宽值保存下来了。

11.2.2 设置线型

下面，为 Graphic 程序添加允许用户设置线型的功能，本例将提供一些单选按钮让用户从多种线型中选择一种。

首先为 Graphic 程序已有的设置对话框资源添加一个组框，并将其 Caption 设置为：线型。我们知道，组框通常起标示作用，所以它的 ID 在默认情况下是 IDC_STATIC。但是，如果在程序中需要对组框进行操作，那么其 ID 就不能是默认的 IDC_STATIC 了，需要修改这个 ID。因为后面的程序会对这个组框进行一些操作，所以这里将它的 ID 修改为：IDC_LINE_STYLE。

接着，在此组框内放置三个单选按钮，保持它们默认的 ID 值不变，将它们的名称分别设置为：实线、虚线、点线。这时，设置对话框资源如图 11.6 所示（读者可以根据实际情况调整对话框资源的大小，及各控件的位置）。

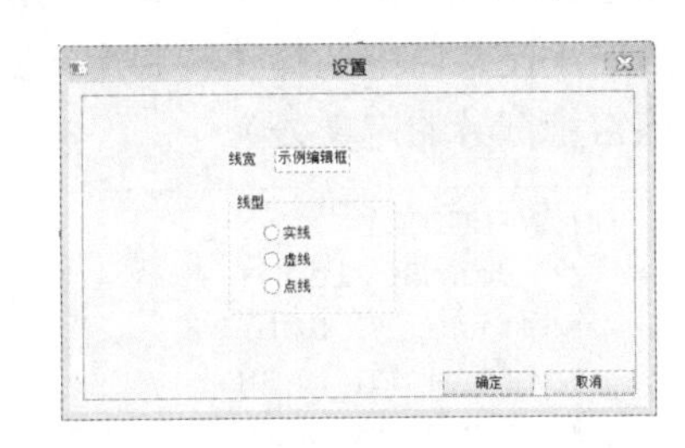

图 11.6 设置对话框资源（二）

然后，将这三个单选按钮设置成一组。方法是先选中第一个单选按钮（实线），在属性窗口中将其 Group 属性设置为 TRUE，这时，这三个单选按钮就成为一组了。接下来，为这组单选按钮关联一个值类别的成员变量 m_nLineStyle，变量类型为 int，然后在 CSettingDlg 的构造函数中将这个变量初始化为-1。在程序运行时，如果选中第一个单选按钮，则该变量的值是 0；如果选中第二个单选按钮，则该变量的值是 1；如果选中第三个单选按钮，则该变量的值是 2；如果都没有选中，那么该变量的值是-1。

同样，当用户单击设置对话框上的【确定】按钮关闭该对话框后，应该将用户选择的线型保存下来，因此需要为 CGraphicView 类再添加一个 int 类型的私有成员变量：m_nLineStyle，并在该类的构造函数中将其初始化为 0。

然后，在 CGraphicView 类的 OnSetting 函数中，当用户单击设置对话框的【确定】按钮关闭该对话框后，将用户选择的线型保存到 CGraphicView 类的 m_nLineStyle 变量中。另外，与前面线宽的设置一样，为了把上一次选择的线型保存下来，同样需要在 CGraphicView 类中把已保存的线型值再赋给设置对话框的线型变量。这时的 OnSetting 函数的代码如例 11-11 所示，加灰的代码是新增的。

例 11-11

```
void CGraphicView::OnSetting()
{
    CSettingDlg dlg;
    dlg.m_nLineWidth = m_nLineWidth;
    dlg.m_nLineStyle = m_nLineStyle;
    if(IDOK==dlg.DoModal())
    {
       m_nLineWidth = dlg.m_nLineWidth;
       m_nLineStyle = dlg.m_nLineStyle;
    }
}
```

在获得用户指定的线型后，程序应根据此线型创建画笔，也就是说，如果用户当前选中的是实线，就创建一个实线画笔；如果用户当前选中的是虚线，就创建一个虚线画笔；如果用户当前选中的是点线，就创建一个点线画笔。这时，读者可能会想到需要一个 switch/case 语句来实现不同线型画笔的创建。实际上，这里并不需要使用该语句。在 wingdi.h 文件中有下面这段代码，定义了一些符号常量（读者可以在 CGraphicView 类 OnLButtonUp 函数中构造画笔的那行代码中的符号常量 PS_SOLID 上单击鼠标右键，从弹出的快捷菜单中选择【转到定义】菜单项，Visual Studio 将打开 wingdi.h 文件，并定位到该常量符号的定义处）。

```
//WINGDI.h
/* Pen Styles */
#define PS_SOLID            0
#define PS_DASH             1       /* -------  */
#define PS_DOT              2       /* .......  */
#define PS_DASHDOT          3       /* _._._._  */
#define PS_DASHDOTDOT       4       /* _.._.._  */
#define PS_NULL             5
#define PS_INSIDEFRAME      6
#define PS_USERSTYLE        7
#define PS_ALTERNATE        8
#define PS_STYLE_MASK       0x0000000F
```

从中可以看到 PS_SOLID（实线）的值本身就是 0，PS_DASH（虚线）就是 1，PS_DOT（点线）就是 2。这正好与 CGraphicView 类的成员变量 m_nLineStyle 的取值一一对应。这是因为我们在设置对话框中排列的线型顺序正好是按照实线、虚线和点线的顺序来排列的。因此，本程序在构造画笔对象时，可以直接使用 m_nLineStyle 变量作为线型参数的值。修改 CGraphicView 类的 OnLButtonUp 函数中构造画笔对象的代码，如下所示：

```
CPen pen(m_nLineStyle,m_nLineWidth,RGB(255,0,0));
```

说明：这里线型的排列顺序是故意这么做的。如果读者在实际编程时，线型顺序并不是这样的，那么在程序中一定要先进行判断，再创建相应线型的画笔。

编译并运行 Graphic 程序，打开设置对话框，可以看到初始的选择是实线，如图 11.7 所示。这是因为在 CGraphicView 类的构造函数中将线型变量（m_nLineStyle）初始设置为 0，即实线；程序在构造设置对话框对象之后，将 CGraphicView 类的线型变量赋给了这个对话框对象的线型变量，因此在该对话框初始显示时，选中的线型是实线。

我们可以先选择虚线，然后进行直线的绘制，这时绘制虚线效果的直线。如果进行椭圆或矩形的绘制，则也可以看到它们的边框都是虚线的。程序运行界面如图 11.8 所示。当再次打开设置对话框时，可以发现上一次选择的线型（这里是虚线）被保存下来了。

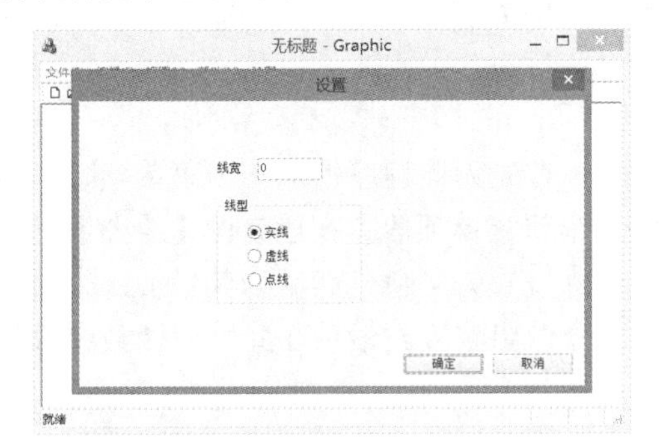

图 11.7　设置对话框的显示（二）

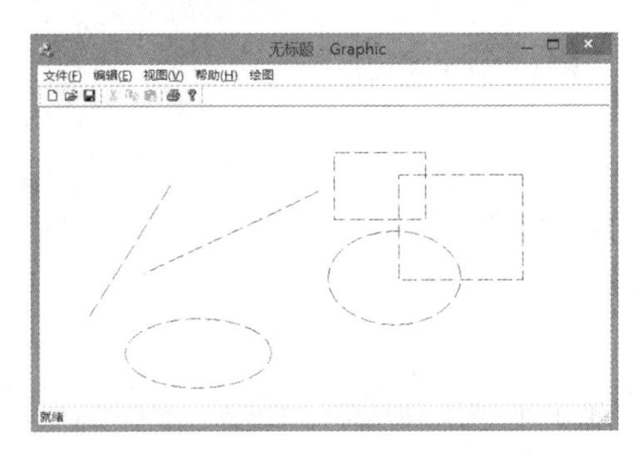

图 11.8　根据用户指定的线型绘制图形的效果

11.3　颜色对话框

颜色对话框类似于 Windows 提供的画图程序中选择【编辑颜色】按钮后出现的对话框，如图 11.9 所示。利用颜色对话框，可以让用户选择一种颜色，程序随后按照此颜色创建绘图所需的画笔。

如图 11.9 所示的颜色对话框看起来比较复杂。实际上，MFC 为我们提供了一个类：CColorDialog，可以很方便地创建这样的一个颜色对话框。该类的派生层次结构如图 11.10 所示，由此可以知道颜色对话框也是一个对话框。

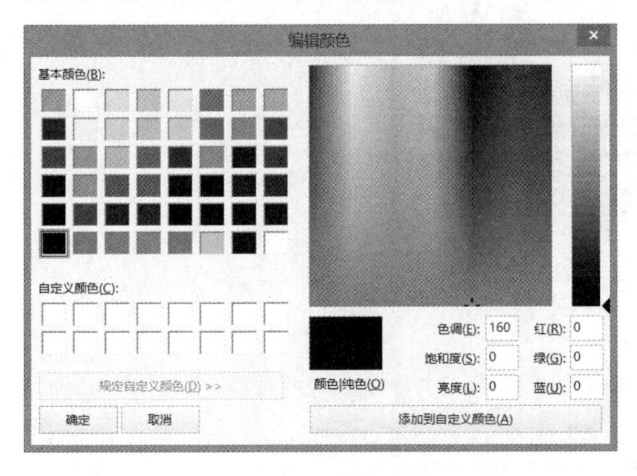

图 11.9　画图程序提供的颜色对话框

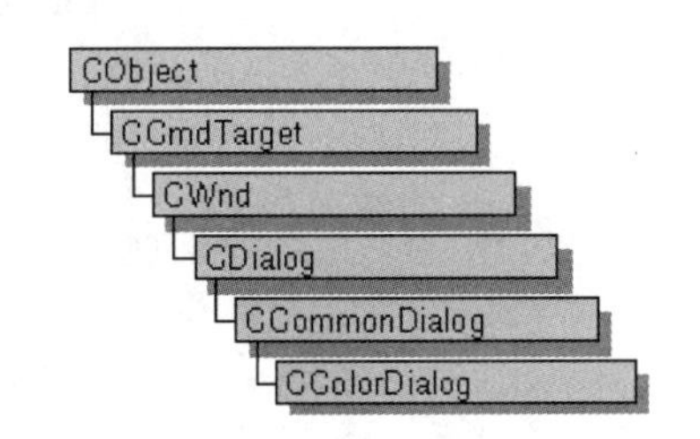

图 11.10　CColorDialog 类的派生层次结构图

CColorDialog 类的构造方法如下所示：

```
CColorDialog(clrInit = 0, DWORD dwFlags = 0, CWnd* pParentWnd = NULL);
```

该构造函数具有三个参数，含义分别如下所述：

■ clrInit

指定默认的颜色选择。默认是黑色。

■ dwFlags

指定一组标记，用来定制颜色对话框的功能和它的外观。

■ pParentWnd

指向颜色对话框父窗口或拥有者窗口的指针。

为了在 Graphic 程序中增加颜色对话框的显示，首先为该程序增加一个菜单项，当用户选择此菜单项时，程序将显示颜色对话框。将这个新菜单项放置在已有的【绘图】子菜单下，并将其 ID 设置为 IDM_COLOR，Caption 属性设置为颜色。然后为其增加一个命令响应函数，并选择 CGraphicView 类对此菜单项命令做出响应。最后在此响应函数中添加显示颜色对话框的代码，结果如例 11-12 所示。

例 11-12

```
void CGraphicView::OnColor()
{
    CColorDialog dlg;
    dlg.DoModal();
}
```

运行 Graphic 程序，选择【绘图\颜色】菜单项，即可看到出现了一个颜色对话框，并且可以看到在该对话框左边颜色面板的黑色块上有一个黑色的边框，说明默认选择的是黑色，这和我们刚才在画图程序中所看到的颜色对话框是一样的。如图 11.11 所示。

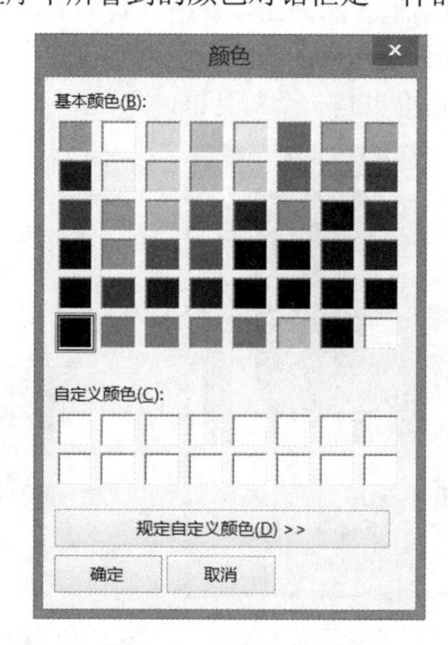

图 11.11　颜色对话框

下一步要做的事情就是将用户选择的颜色保存下来。CColorDialog 类有一个 CHOOSECOLOR 结构体类型的成员变量 m_cc。CHOOSECOLOR 结构体的定义如例 11-13 所示。

例 11-13

```
typedef struct {
     DWORD lStructSize;
     HWND hwndOwner;
     HWND hInstance;
     COLORREF rgbResult;
     COLORREF *lpCustColors;
     DWORD Flags;
     LPARAM lCustData;
     LPCCHOOKPROC lpfnHook;
     LPCTSTR lpTemplateName;
} CHOOSECOLOR, *LPCHOOSECOLOR;
```

当用户单击颜色对话框上的【确定】按钮后，这个结构体中的 rgbResult 变量就保存了用户选择的颜色，在程序中就可以通过这个变量获得用户选择的颜色。

在 Graphic 程序中，为了保存用户选择的颜色，为 CGraphicView 类再增加一个 COLORREF 类型的私有成员变量：m_clr，并在 CGraphicView 类的构造函数中将其初始化为红色，即添加下面这行代码：

```
m_clr=RGB(255,0,0);
```

在 OnColor 函数中进行判断，如果用户单击的是【确定】按钮，那么就将用户选择的颜色保存下来。修改后的代码如例 11-14 所示。

例 11-14

```
void CGraphicView::OnColor()
{
     CColorDialog dlg;
     if(IDOK==dlg.DoModal())
     {
        m_clr=dlg.m_cc.rgbResult;
     }
}
```

当用户选择颜色后，随后进行的绘图操作都应该用此颜色来进行绘制，也就是说应该用此颜色来创建绘图用的画笔。修改 CGraphicView 类 OnLButtonUp 函数中已有的创建画笔的代码，将用户当前选择的颜色（即 m_clr 变量）传递给 CPen 构造函数的第三个参数。另外，还需要修改该函数中绘制点图形的代码，使用用户当前选择的颜色来设置像素点的颜色，修改后的 OnLButtonUp 代码如例 11-15 所示，其中加灰的代码是进行了修改的代码。

例 11-15

```
void CGraphicView::OnLButtonUp(UINT nFlags, CPoint point)
{
```

```
    CClientDC dc(this);
    CPen pen(m_nLineStyle,m_nLineWidth,m_clr);
    dc.SelectObject(&pen);
    CBrush *pBrush=CBrush::FromHandle((HBRUSH)GetStockObject(NULL_BRUSH));
    dc.SelectObject(pBrush);
    switch(m_nDrawType)
    {
    case 1:
        dc.SetPixel(point,m_clr);
        break;
    case 2:
        dc.MoveTo(m_ptOrigin);
        dc.LineTo(point);
        break;
    case 3:
        dc.Rectangle(CRect(m_ptOrigin,point));
        break;
    case 4:
        dc.Ellipse(CRect(m_ptOrigin,point));
        break;
    }
    CView::OnLButtonUp(nFlags, point);
}
```

运行 Graphic 程序，单击【绘图\颜色】菜单项，打开颜色对话框，选择某种颜色，然后进行绘图操作，可以发现这时所绘制的图形边框的颜色就是刚才选择的颜色。

但是当再次打开颜色对话框时，它默认选择的仍是黑色，而不是刚才选择的颜色。这时，我们自然就会想到应该像设置对话框的处理一样，将用户选择的颜色（即 CGraphicView 类的 m_clr 变量保存的颜色值）再设置成颜色对话框对象，为此，修改 CGraphicView 类的 OnColor 函数，添加例 11-16 所示代码中加灰显示的那行代码。

例 11-16

```
void CGraphicView::OnColor()
{
    CColorDialog dlg;
    dlg.m_cc.rgbResult=m_clr;
    if(IDOK==dlg.DoModal())
    {
        m_clr=dlg.m_cc.rgbResult;
    }
}
```

再次运行 Graphic 程序，先选择一种颜色，然后进行图形的绘制，可是当再次打开颜色对话框时，却发现结果仍不对，默认选中的颜色仍是黑色。

实际上，如果想要设置颜色对话框初始选择的颜色，就需要设置该对话框的 CC_RGBINIT 标记，这个标记可以在创建颜色对话框对象时通过其构造函数的第二个参数来设置，也可以在该对话框对象创建之后，设置其 m_cc 成员变量的 Flags 成员。这里，采用后一种方法，修改 CGraphicView 类的 OnColor 函数，添加如例 11-17 所示代码中加灰显示的那行代码。

例 11-17

```
void CGraphicView::OnColor()
{
    CColorDialog dlg;
    dlg.m_cc.Flags=CC_RGBINIT;
    dlg.m_cc.rgbResult=m_clr;
    if(IDOK==dlg.DoModal())
    {
        m_clr=dlg.m_cc.rgbResult;
    }
}
```

再次运行 Graphic 程序，选择【绘图\颜色】菜单项，出现了一个非法操作提示对话框，如图 11.12 所示。

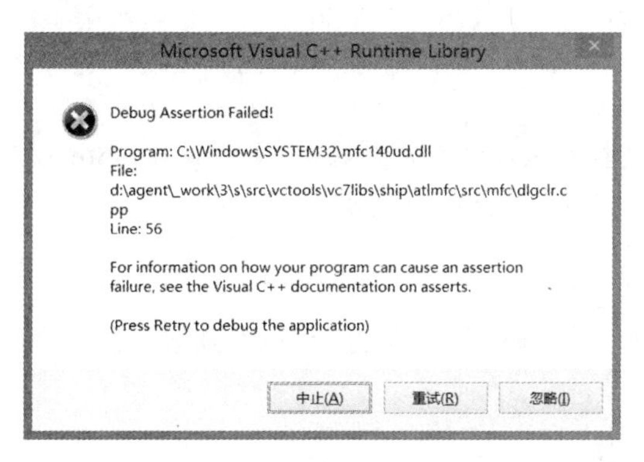

图 11.12　非法操作提示对话框

实际上，在创建 CColorDialog 对象 dlg 时，它的数据成员 m_cc 中的 Flags 成员已经具有了一些初始的默认标记。当我们将 CC_RGBINIT 标记直接赋给 Flags 成员时，就相当于把 Flags 成员初始默认的标记都去掉了。

如果读者认为这种解释不太可信，则可以先构造一个 CString 对象，然后利用该对象的 Format 函数将初始的 Flags 成员的值格式化，并用 MessageBox 显示输出，记住输出的数值。然后在 Visual Studio 编辑窗口中，在 CC_RGBINIT 符号上单击鼠标右键，从弹出的快捷菜单中选择【转到定义】菜单项，定位到该符号的定义处（commdlg.h 文件中），可以看到 Flags 成员可取的值（代码如例 11-18 所示，并且 Flags 的取值可以通过或操作对这些数值进行组合），然后与刚才 MessageBox 显示的数值做比对，就可以知道 Flags 的取值了。

例 11-18

```
#define CC_RGBINIT               0x00000001
#define CC_FULLOPEN              0x00000002
#define CC_PREVENTFULLOPEN       0x00000004
#define CC_SHOWHELP              0x00000008
#define CC_ENABLEHOOK            0x00000010
```

```
#define CC_ENABLETEMPLATE               0x00000020
#define CC_ENABLETEMPLATEHANDLE         0x00000040
#if(WINVER >= 0x0400)
#define CC_SOLIDCOLOR                   0x00000080
#define CC_ANYCOLOR                     0x00000100
#endif /* WINVER >= 0x0400 */
```

为了进一步验证 Flags 的初始取值，可以根据得到的数值，换成相应的符号值，并赋给 Flags 成员，再运行程序，看看颜色对话框是否能够正确地显示就可以验证这一点了。

小技巧：在 Visual Studio 开发环境中，同时按下 Ctrl 键和 Tab 键，就可以切换到下一个窗口。

通过上述分析可以知道，这里不能给 Flags 标记直接赋值，应利用或操作（|）将 CC_RGBINIT 标记与 Flags 先前的标记组合起来，即修改后的代码如下所示：

```
dlg.m_cc.Flags |= CC_RGBINIT;
```

再次运行 Graphic 程序，打开颜色对话框，可以看到初始选择的就是红色。接着，选择其他某种颜色并关闭该对话框，然后再打开颜色对话框，这时就可以看到现在选中的是先前选择的颜色了。

另外，Flags 成员的取值还有一个常用标记：CC_FULLOPEN，该标记的作用就是让颜色对话框完全展开。将上面那句代码修改为：

```
dlg.m_cc.Flags |= CC_RGBINIT | CC_FULLOPEN;
```

再次运行 Graphic 程序，打开颜色对话框，可以看到这个颜色对话框处于完全展开的状态。

11.4 字体对话框

下面为 Graphic 程序添加字体对话框应用，该对话框类似于我们在设置对话框资源的属性 Font(Size)时弹出的字体对话框，如图 11.13 所示。

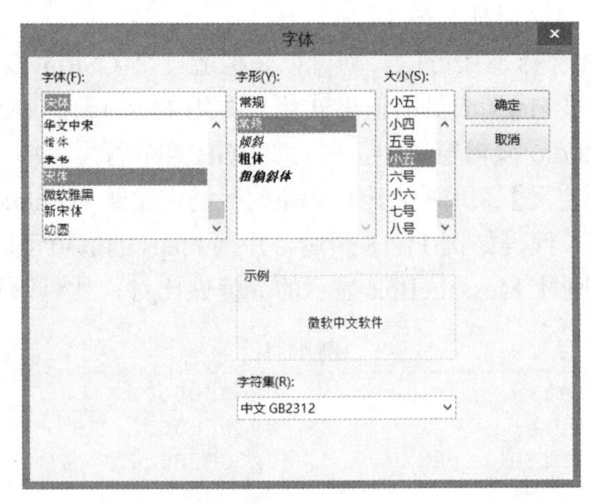

图 11.13　字体对话框

与上面的颜色对话框一样，字体对话框的创建也很简单，因为 MFC 也提供了一个相应的类：CFontDialog，该类的派生层次结构如图 11.14 所示，可知该类也派生于 CDialog，是一个对话框类。

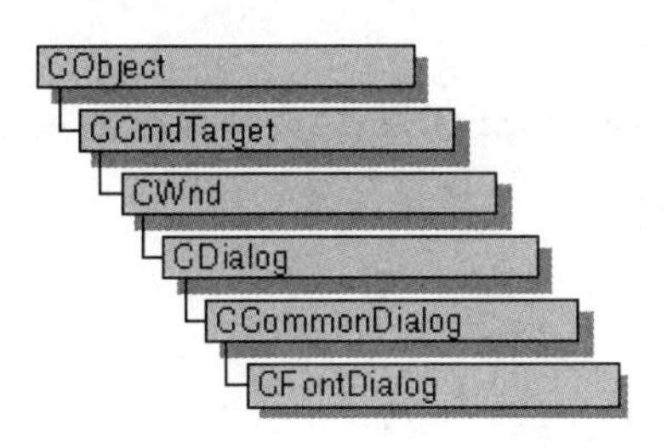

图 11.14　CFontDialog 类的派生层次结构图

CFontDialog 类的构造函数如下所示：

```
CFontDialog(
LPLOGFONT lplfInitial = NULL,
DWORD dwFlags = CF_EFFECTS | CF_SCREENFONTS,
CDC* pdcPrinter = NULL,
CWnd* pParentWnd = NULL
);
```

该函数有四个参数，含义分别如下所述：

■ lplfInitial

指向 LOGFONT 结构体的指针，允许用户设置一些字体的特征。

■ dwFlags

主要设置一个或多个与选择的字体相关的标记。

■ pdcPrinter

指向打印设备上下文的指针。

■ pParentWnd

指向字体对话框父窗口的指针。

由 CFontDialog 类的构造函数的声明可知，它的参数都有默认值，因此在构造字体对话框时可以不用指定任何参数。

字体对话框的创建与前面的颜色对话框的创建步骤一样，首先构造一个字体对话框对象，然后调用该对象的 DoModal 函数显示这个对话框即可。为了便于显示字体对话框，我们再为 Graphic 程序增加一个菜单项，将其 ID 设置为 IDM_FONT，Caption 设置为字体。接着为其增加一个命令响应，并选择 CGraphicView 类对此菜单项命令做出响应，然后在此响应函数中添加创建并显示字体对话框的代码，结果如例 11-19 所示。

例 11-19

```
void CGraphicView::OnFont()
{
     CFontDialog dlg;
     dlg.DoModal();
}
```

下面我们要实现这样的功能：当用户通过字体对话框选择某种字体后，程序应该把当前选择保存下来，然后在 CGraphicView 类中利用此字体将用户选择的字体名称显示出来。例如如果用户选择的是“黑体”，那么在程序中就创建“黑体”这种字体，再利用这种字体把字体名称“黑体”显示出来。

CFontDialog 类有一个 CHOOSEFONT 结构体类型的数据成员 m_cf。CHOOSEFONT 结构体的定义如例 11-20 所示。

例 11-20

```
typedef struct {
     DWORD lStructSize;
     HWND hwndOwner;
     HDC hDC;
     LPLOGFONT lpLogFont;
     INT iPointSize;
     DWORD Flags;
     COLORREF rgbColors;
     LPARAM lCustData;
     LPCFHOOKPROC lpfnHook;
     LPCTSTR lpTemplateName;
     HINSTANCE hInstance;
     LPTSTR lpszStyle;
     WORD nFontType;
     INT nSizeMin;
     INT nSizeMax;
} CHOOSEFONT, *LPCHOOSEFONT;
```

其中成员 lpLogFont 是指向逻辑字体（LOGFONT 类型）的指针。LOGFONT 结构的定义如例 11-21 所示。

例 11-21

```
typedef struct tagLOGFONT { // lf
   LONG lfHeight;
   LONG lfWidth;
   LONG lfEscapement;
   LONG lfOrientation;
   LONG lfWeight;
   BYTE lfItalic;
   BYTE lfUnderline;
   BYTE lfStrikeOut;
   BYTE lfCharSet;
   BYTE lfOutPrecision;
   BYTE lfClipPrecision;
   BYTE lfQuality;
   BYTE lfPitchAndFamily;
   TCHAR lfFaceName[LF_FACESIZE];
} LOGFONT;
```

其中成员 lfFaceName 中存放的就是字体的名称。也就是说，可以通过此成员得到字体的名称。

至于字体对象的创建，可以利用 CFont 类构造一个字体对象，然后利用 CFont 类的 CreateFontIndirect 成员函数根据指定特征的逻辑字体（LOGFONT 类型）来初始化这个字体对象。该函数的声明形式如下所示：

```
BOOL CreateFontIndirect(const LOGFONT* lpLogFont);
```

CreateFontIndirect 函数的功能就是利用参数 lpLogFont 指向的 LOGFONT 结构体中的一些特征来初始化 CFont 对象。

为了保存用户选择的字体，首先为 Graphic 工程的 CGraphicView 类增加一个 CFont 类型的成员变量 m_font，再增加一个 CString 类型的成员 m_strFontName，用来保存所选字体的名称，并将这两个变量的访问权限都设置为私有的。然后在 CGraphicView 类的构造函数中将 m_strFontName 变量初始化为空，代码如下所示：

```
m_strFontName="";
```

说明： 读者在练习时，可以对 m_font 变量也进行初始化，为它创建一种默认的字体。

下面，在 CGraphicView 类的 OnFont 函数中进行判断，如果用户单击的是字体对话框的【确定】按钮，就用所选字体信息初始化 m_font 对象，并保存所选字体的名称。具体代码如例 11-22 所示。

例 11-22

```
1. void CGraphicView::OnFont()
2. {
3.      CFontDialog dlg;
4.      if(IDOK==dlg.DoModal())
5.      {
6.           m_font.CreateFontIndirect(dlg.m_cf.lpLogFont);
7.           m_strFontName=dlg.m_cf.lpLogFont->lfFaceName;
8.      }
9. }
```

接下来，在视类窗口中把字体名称用选择的字体显示出来，这可以在 CGraphicView 类的 OnDraw 函数中实现。为了让窗口进行重绘，我们在上述 OnFont 函数中，第 7 行代码之后添加 Invalidate 函数的调用，让窗口无效，这样当下一次发生 WM_PAINT 消息时，窗口就会进行重绘。CGraphicView 类 OnDraw 函数的最终代码如例 11-23 所示。

例 11-23

```
void CGraphicView::OnDraw(CDC* pDC)
{
     CGraphicDoc* pDoc = GetDocument();
     ASSERT_VALID(pDoc);
```

```
        if (!pDoc)
            return;
        CFont *pOldFont=pDC->SelectObject(&m_font);
        pDC->TextOut(0,0,m_strFontName);
        pDC->SelectObject(pOldFont);
    }
```

在上述例 11-23 所示代码中，首先把用户选择的新字体选入设备上下文，然后在窗口的(0, 0)处显示所选字体的名称，最后再把先前的字体选入设备上下文。

编译并运行 Graphic 程序。选择【绘图\字体】菜单项，这时将打开字体对话框，可以选择任一种字体、字形，还可以指定字体的大小。例如字体选择隶书，字形选择粗体，大小指定为 20（如图 11.15 所示），然后单击字体对话框的【确定】按钮，这时在视类窗口中就可以看到用选定的字体、字形和大小输出了所选字体的名称：隶书，如图 11.16 所示。

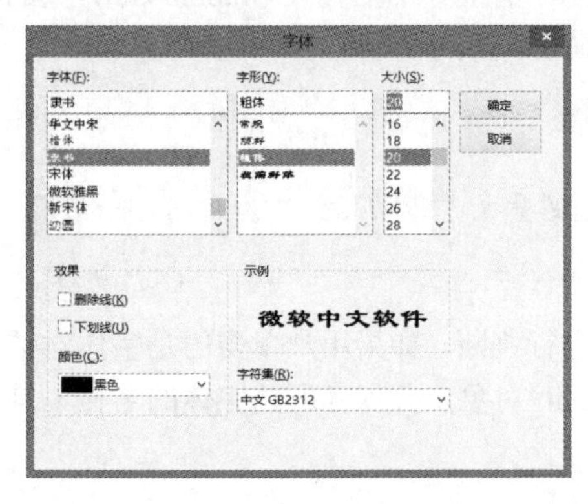

图 11.15　选定字体

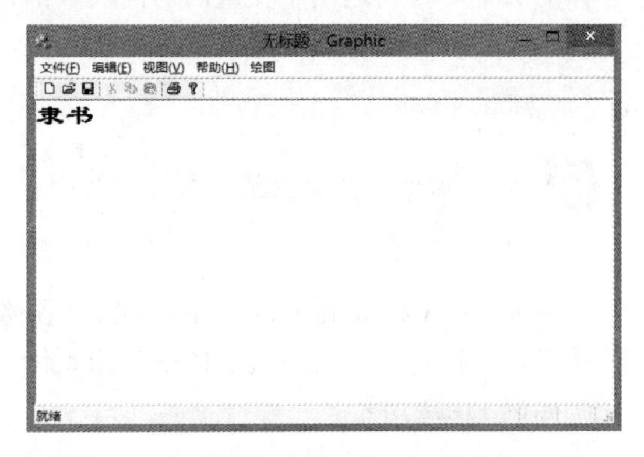

图 11.16　用选定的字体显示所选字体名称

可是当再次打开字体对话框，选择一种字体，单击【确定】按钮后，程序将出现非法操作提示。这是因为当第一次选择字体后，在 OnFont 函数中就把 m_font 对象与选择的字体资源相关联了（上述例 11-22 中 OnFont 函数第 6 行代码的结果）。当再次选择一种字体后，OnFont 函数又会试图把 m_font 对象与新字体资源相关联，这时当然就会出错。因此，在程序中应该进行一个判断，如果 m_font 对象已经与一个字体资源相关联了，那么首先就要切断这种关联，释放该字体资源，然后才能与新资源相关联。

要想释放先前的资源，可以利用 CGdiObject 类（CPen、CFont、CBitmap、CBrush 都派生于该类）的 DeleteObject 成员函数来实现。该函数通过释放所有为 Windows GDI 对象所分配的资源，从而删除与 CGdiObject 对象相关联的 Windows GDI 对象，而与 CGdiObject 对象相关的存储空间并不会受此调用影响。这句话的意思是要读者注意区分 Windows GDI 和 CGdiObject 对象，后者是一个类的对象，而前者是一种资源对象，就好像窗口类的对象和窗口的关系一样，例如视类对象和视类窗口，它们之间的联系在于视类对象有一个数据成员 m_hWnd 保存了窗口资源的句柄值。同样地，CGdiObject 类的对象和 Windows GDI 资源对象是两个不同的概念，它们之间也是通过一个数据成员来维系的。当删除 Windows GDI 资源对象后，对于 CGdiObject 类所定义的对象来说并不受影响，只是它们之间的联系被切断了。

如果想判断 m_font 对象是否已经与某个字体资源相关联了，那么最简单的方法就是利用 CGdiObject 对象的数据成员 m_hObject 来判断，该变量保存了与 CGdiObject 对象相关联的 Windows GDI 资源的句柄。如果已经有关联了，则调用 DeleteObject 释放这个字体资源，再与新的资源相关联。因此，在上述如例 11-22 所示 OnFont 函数的第 6 行代码前添加下述代码：

```
if(m_font.m_hObject)
    m_font.DeleteObject();
```

再次运行 Graphic 程序，这时可以发现多次打开字体对话框选择字体，程序一切正常。

11.5　示例对话框

在上述字体对话框中，当选择某种字体后，在此对话框的示例区立即显示出了当前选择的字体效果（如图 11.15 所示的字体对话框中的示例组框内的内容）。这里，再为 Graphic 程序添加一个类似的功能，也就是在已有的设置对话框中添加一个示例区，当用户改变线宽或选择不同的线型时，在示例区也能看到这种改变。

首先在设置对话框中增加一个组框，并将它的 Caption 设置为示例（如图 11.17 所示）。前面我们已经提到过，组框的默认 ID 是 IDC_STATIC，如果在程序中需要对组框进行操作，则需要修改它的 ID。因为后面的程序会对这个示例组框进行一些操作，所以这里将它的 ID 修改为：IDC_SAMPLE。

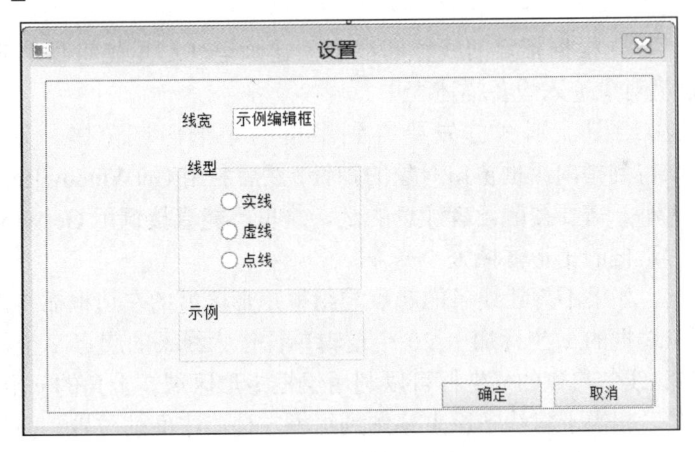

图 11.17　增加示例组框

对编辑框控件来说，当用户在其上面对文本进行改变时，它会向其父窗口，即对话框发送一个 EN_CHANGE 通知消息；当用户单击单选按钮时，该按钮会向对话框发送 BN_CLICKED 消息。为了反映用户对线宽和线型所做的改变，CSettingDlg 类需要捕获这两个通知消息，以反映出用户所做的改变。于是，我们利用事件处理程序向导，先为 CSettingDlg 类添加编辑框控件（IDC_LINE_WIDTH）的 EN_CHANGE 消息的响应函数 OnChangeLineWidth；然后分别对三个单选按钮（IDC_RADIO1、IDC_RADIO2 和 IDC_

RADIO3），选择 BN_CLICKED 消息，添加它们的消息响应函数：OnClickedRadio1、OnBnClickedRadio2 和 OnBnClickedRadio3。

如果把在示例组框中绘制线条的代码在这四个消息响应函数中都写一遍，则代码重复性太高，不太合适。我们可以考虑这样做：在这四个函数中调用 Invalidate 函数让窗口无效，当下一次发生 WM_PAINT 消息重绘窗口时，在该消息的响应函数 OnPaint 中完成示例线条的绘制。这样，编写一处绘制线条的代码就可以了。

下面，为 CSettingDlg 类添加 WM_PAINT 消息的响应函数，并在此函数中完成对示例线条的绘制。具体实现代码如例 11-24 所示。

例 11-24

```
1. void CSettingDlg::OnPaint()
2. {
3.       CPaintDC dc(this);
4.
5.       CPen pen(m_nLineStyle,m_nLineWidth,RGB(255,0,0));
6.       dc.SelectObject(&pen);
7.
8.       CRect rect;
9.       GetDlgItem(IDC_SAMPLE)->GetWindowRect(&rect);
10.
11.      dc.MoveTo(rect.left+20,rect.top+rect.Height()/2);
12.      dc.LineTo(rect.right-20,rect.top+rect.Height()/2);
13. }
```

在此函数中，首先根据指定的线宽和线型创建画笔（这里先将画笔的颜色设置为红色），然后将该画笔对象选入设备描述表中。

要想在组框中绘图，那么首先要得到组框的矩形区域范围。这可以通过调用 GetDlgItem 函数来得到指向组框窗口对象的指针，然后利用 GetWindowRect 函数获得组框窗口矩形区域的大小。需要提醒读者注意的是，这里不能直接调用 GetWindowRect 函数，否则得到的将是对话框的矩形区域大小。

在绘制线条时，如果不想让线条的起点与组框矩形区域的左边框靠得太近，则可以对得到的组框矩形左边框的 *x* 坐标加上 20 个逻辑单位作为线条的起点 *x* 坐标，让组框与线条之间有一点空隙。线条起点的 *y* 坐标可以利用组框矩形区域左上角的 *y* 坐标加上一个值：矩形高度值的一半，相当于将线条原点移到到组框左边靠中间的位置。而线条终点的 *x* 坐标是组框矩形右上角 *x* 坐标减去 20 个逻辑单位，线条终点的 *y* 坐标与起点的 *y* 坐标相等。

编译并运行 Graphic 程序，打开设置对话框，改变线宽的值，但是在示例组框中并没有发现绘制的线条（如图 11.18 所示），这是为什么呢？其实这主要是因为 GetWindowRect 函数调用的问题，该函数的声明如下所示。

```
void GetWindowRect( LPRECT lpRect ) const;
```

该函数的参数是指向 CRect 或 RECT 结构体的变量，接收屏幕坐标，也就是说，通过该函数接收到的是屏幕坐标。我们绘图时以对话框左上角为原点的客户区坐标，而通过

GetWindowRect 函数得到的屏幕坐标以屏幕左上角为原点，这样得到的 rect 对象的各个坐标值是相对屏幕左上角的，值都比较大。但是在绘制线条时又是以对话框客户区的左上角为原点进行的，因此就绘制到对话框的外面了，也就看不到线条了。

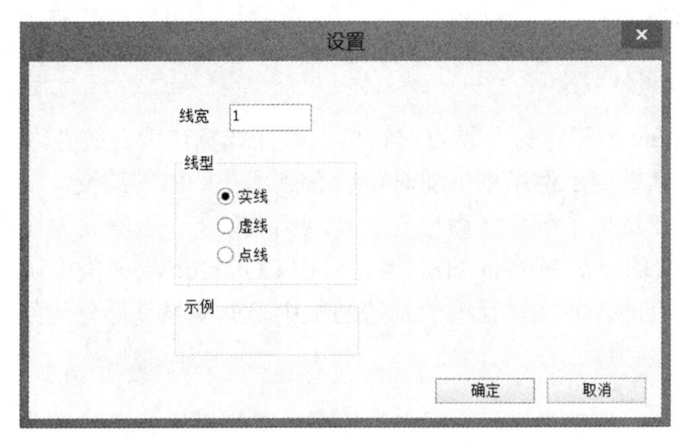

图 11.18　看不到绘制的示例线条

通过上面的分析可以知道，在得到组框的矩形区域大小后，需要将其由屏幕坐标转换为客户坐标。这可以利用 ScreenToClient 函数来实现。该函数的声明形式如下所示：

```
void ScreenToClient(LPRECT lpRect ) const;
```

在上述例 11-24 所示 CSettingDlg 类 OnPaint 函数的第 9 行代码之后添加下面这句语句：

```
ScreenToClient(rect);
```

细心的读者可能会发现，上面的 ScreenToClient 函数的声明要求该函数的参数是 LPRECT 类型，但在我们添加的代码中传递的却是 CRect 对象，程序却能成功编译，这与前面的情况一样，是因为 CRect 类重载了 LPRECT 操作符。在一般情况下，为了清晰起见，通常还是为此参数添加一个取地址符，表示传递的是指针，即：

```
ScreenToClient(&rect);
```

再次运行 Graphic 程序，打开设置对话框，这时就会发现在示例组框中有了示例线条，如图 11.19 所示。

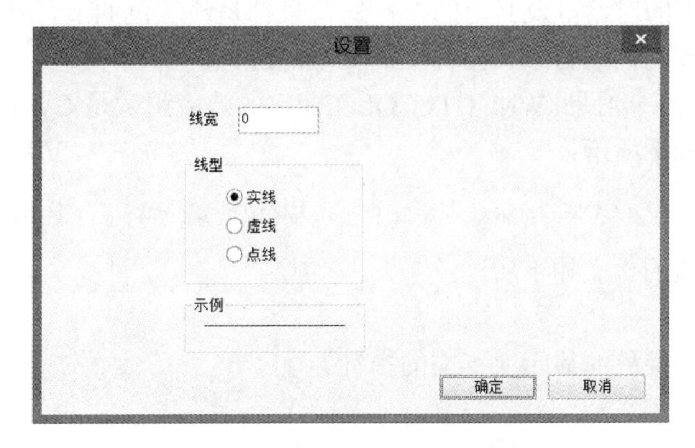

图 11.19　正确显示的示例线条

改变线宽的值，但是发现示例组框中线条的宽度并没有发生变化。回想一下前面讲述的知识，当一个控件与一个成员变量关联时，如果想让控件上的值反映到成员变量上，则必须调用 UpdateData 函数。因此，我们在上述例 11-24 所示 OnPaint 函数的第 5 行代码之前添加下面这条语句：

```
UpdateData();
```

再次运行 Graphic 程序，打开设置对话框，改变线宽，或在线宽为 1 时，选择不同线型，这时在设置对话框的示例组框中随时可以看到用户所做的改变。

如果希望用户在选择了颜色之后也反映到示例线条上，这就要为设置对话框再添加一个 COLORREF 类型的成员变量 m_clr，因为要在 CGraphicView 类中访问这个变量，因此将此变量设置为公有的。并在对话框的构造函数中将此变量初始化为红色。

```
m_clr = RGB(255,0,0);
```

对现在的 Graphic 程序来说，当用户利用颜色对话框选择某种颜色后，选择的结果会保存到 CGraphicView 类的 m_clr 变量中，所以应该在 CGraphicView 类中，在设置对话框显示时将该变量保存的颜色值传递给设置对话框的 m_clr 变量，即在上述例 11-11 所示 CGraphicView 类的 OnSetting 函数中，在调用 CSettingDlg 对象的 DoModal 函数之前添加下面这行代码：

```
dlg.m_clr = m_clr;
```

修改例 11-24 所示 CSettingDlg 类的 OnPaint 函数中创建画笔的代码，将 m_clr 变量作为画笔构造函数的第三个参数，即把创建画笔的代码修改为下面这句代码：

```
CPen pen(m_nLineStyle,m_nLineWidth,m_clr);
```

再次运行 Graphic 程序，打开颜色对话框选择某种颜色，然后打开设置对话框，这时可以看到示例组框中线条的颜色就是刚才所选的颜色。

11.6 改变对话框和控件的背景及文本颜色

通常，我们看到的对话框及其上的控件的背景都是浅灰色的，有时为了使程序的界面更加美观，需要更改它们的背景及控件上的文本的颜色。

这里，首先介绍一个消息：WM_CTLCOLOR，它的响应函数是 CWnd 类的 OnCtlColor。该函数的声明形式如下所示：

```
afx_msg HBRUSH OnCtlColor( CDC* pDC, CWnd* pWnd, UINT nCtlColor );
```

该函数各个参数的含义如下所述：

■ pDC

指向当前要绘制控件的显示上下文的指针。

■ pWnd

指向当前要绘制的控件的指针。

■ nCtlColor

指定当前要绘制的控件的类型，它的取值如表 11.4 所示。

表 11.4　nCtlColor 参数的取值

nCtlColor 的取值	含　义
CTLCOLOR_BTN	按钮控件
CTLCOLOR_DLG	对话框
CTLCOLOR_EDIT	编辑框控件
CTLCOLOR_LISTBOX	列表框控件
CTLCOLOR_MSGBOX	消息框控件
CTLCOLOR_SCROLLBAR	滚动条控件
CTLCOLOR_STATIC	静态文本控件

该函数返回被用来绘制控件背景的画刷的句柄。当一个子控件将要被绘制时，它会向它的父窗口（这个父窗口通常是对话框）发送一个 WM_CTLCOLOR 消息来准备一个设备上下文（即上述 pDC 参数），以便使用正确的颜色来绘制该控件。如果想要改变该控件上的文本颜色，则可以在 OnCtlColor 函数中以指定的颜色为参数调用 SetTextColor 函数来实现。

对对话框来说，它上面的每一个控件在绘制时都要向它发送 WM_CTLCOLOR 消息，它需要为每一个控件准备一个 DC，该 DC 将通过 pDC 参数传递给 OnCtlColor 函数。也就是说，对话框对象的 OnCtlColor 这个消息响应函数会被多次调用。

11.6.1　改变整个对话框及其上子控件的背景色

下面为 Graphic 程序的设置对话框（CSettingDlg 类）捕获 WM_CTLCOLOR 消息，即添加该消息的响应处理，该响应函数的默认代码如例 11-25 所示。

例 11-25

```
HBRUSH CSettingDlg::OnCtlColor(CDC* pDC, CWnd* pWnd, UINT nCtlColor)
{
    BRUSH hbr = CDialogEx::OnCtlColor(pDC, pWnd, nCtlColor);

     // TODO:  在此更改 DC 的任何特性

     // TODO:  如果默认的不是所需画笔，则返回另一个画笔
    return hbr;
}
```

可以看到，在 OnCtlColor 这个消息响应函数中，首先调用对话框基类 CDialogEx 的 OnCtlColor 函数，得到一个画刷句柄（hbr），然后直接返回这个画刷句柄。之后，系统就会使用这个画刷句柄来绘制对话框及其子控件的背景。如果想要改变对话框的背景色，则只需要自定义一个画刷，让 OnCtlColor 函数返回这个画刷句柄即可。

下面，首先为 CSettingDlg 类定义一个 CBrush 类型的私有成员变量：m_brush，并在

其构造函数中利用 CreateSolidBrush 函数将该画刷初始化为一个蓝色的画刷，初始化代码为：

```
m_brush.CreateSolidBrush (RGB(0,0,255));
```

然后，在 OnCtlColor 响应函数返回上述自定义的画刷：m_brush，即该函数的代码修改为如例 11-26 所示代码。

例 11-26

```
HBRUSH CSettingDlg::OnCtlColor(CDC* pDC, CWnd* pWnd, UINT nCtlColor)
{
    HBRUSH hbr = CDialog::OnCtlColor(pDC, pWnd, nCtlColor);


    //return hbr;
    return m_brush;
}
```

编译并运行 Graphic 程序，打开设置对话框，可以看到对话框和控件的背景都变成了蓝色（如图 11.20 所示）。这是因为在绘制该对话框时，会调用 OnCtlColor 函数，并用该函数返回的画刷句柄（即 m_brush）来绘制对话框背景。当绘制其子控件时，也调用这个 OnCtlColor 函数，也用 m_brush 这个画刷来绘制背景。所以，我们看到子控件和对话框的背景都是蓝色的。至于该对话框上两个按钮的背景为什么没有改变，稍后再介绍。

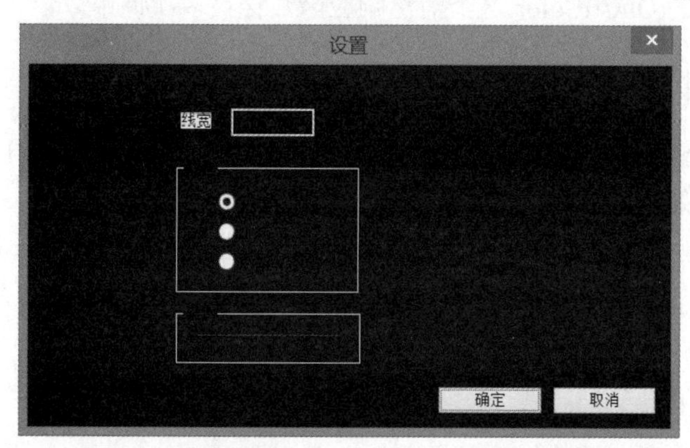

图 11.20　设置对话框及其子控件的背景色

11.6.2　仅改变某个子控件的背景及文本颜色

如果想要精确控制对话框上某个控件（例如本例中的线型组框）的背景的绘制，就需要判断当前绘制的是哪一个控件。通过上面的介绍，我们知道 OnCtlColor 函数的第二个参数 pWnd 表示当前要绘制的控件窗口对象，然后利用该参数调用 CWnd 类的 GetDlgCtrlID 成员函数得到该控件的 ID，判断该 ID 是否就是需要控制其背景绘制的控件 ID，如果是，就处理。GetDlgCtrlID 函数的声明形式如下所示：

```
int GetDlgCtrlID( ) const;
```

该函数不仅能返回对话框子控件的 ID，还能返回子窗口的 ID。但是因为顶层窗口不具有 ID 值，所以如果调用该函数的 CWnd 对象是一个顶层窗口，则该函数返回的值就是一个无效值。

下面，我们在 CSettingDlg 类的 OnCtlColor 函数中先利用传递进来的 pWnd 调用 GetDlgCtrlID 函数，然后判断一下，如果其返回值等于线型组框的 ID（IDC_LINE_STYLE），那么就可以知道当前绘制的是线型组框，然后改变该控件的背景色，即返回自定义的画刷；对于其他控件仍使用先前的画刷。修改后的 OnCtlColor 函数的代码如例 11-27 所示。

例 11-27

```
HBRUSH CSettingDlg::OnCtlColor(CDC* pDC, CWnd* pWnd, UINT nCtlColor)
{
    HBRUSH hbr = CDialog::OnCtlColor(pDC, pWnd, nCtlColor);
    if(pWnd->GetDlgCtrlID()==IDC_LINE_STYLE)
    {
        return m_brush;
    }

    return hbr;
}
```

同样地，相信有的读者已经注意到，OnCtlColor 函数要求返回 HBRUSH 类型的画刷句柄，但上述代码却返回了一个 CBrush 类型的画刷对象，这是因为 CBrush 类重载了 HBRUSH 操作符。

编译并运行 Graphic 程序，打开设置对话框，可以发现线型组框的背景色变成了蓝色。如图 11.21 所示。

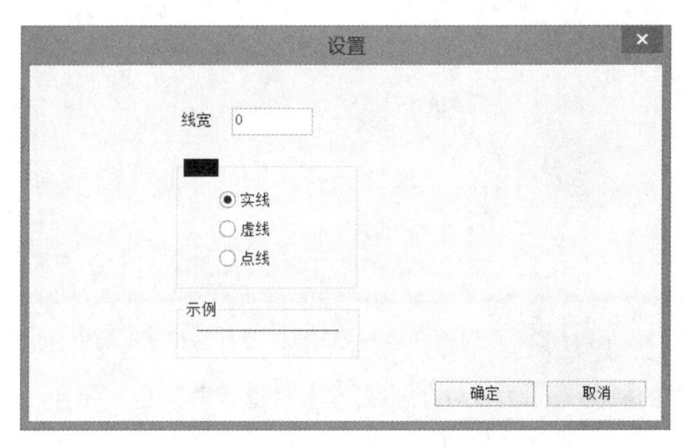

图 11.21　仅改变线型组框的背景色

接下来，我们改变静态文本框的背景色和文本颜色，在 OnCtlColor 函数中添加一个判断，如果控件 ID 是 IDC_STATIC，就将它的文本颜色设置为红色，并返回自定义的画刷，文本颜色的设置可以调用 CDC 类的成员函数 SetTextColor 来完成。

在 OnCtlColor 函数中添加如例 11-28 所示代码中加灰显示的代码。

例 11-28

```
HBRUSH CSettingDlg::OnCtlColor(CDC* pDC, CWnd* pWnd, UINT nCtlColor)
{
    HBRUSH hbr = CDialog::OnCtlColor(pDC, pWnd, nCtlColor);

    if(pWnd->GetDlgCtrlID()==IDC_LINE_STYLE)
    {
        return m_brush;
    }
    if(pWnd->GetDlgCtrlID()==IDC_STATIC)
    {
        pDC->SetTextColor(RGB(255,0,0));
        return m_brush;
    }

    return hbr;
}
```

再次运行 Graphic 程序，打开设置对话框，可以看到线宽这个静态文本框上的文字是红色的，不过背景色的显示好像有问题，只有最右侧出现了一点蓝色的背景，如图 11.22 所示。

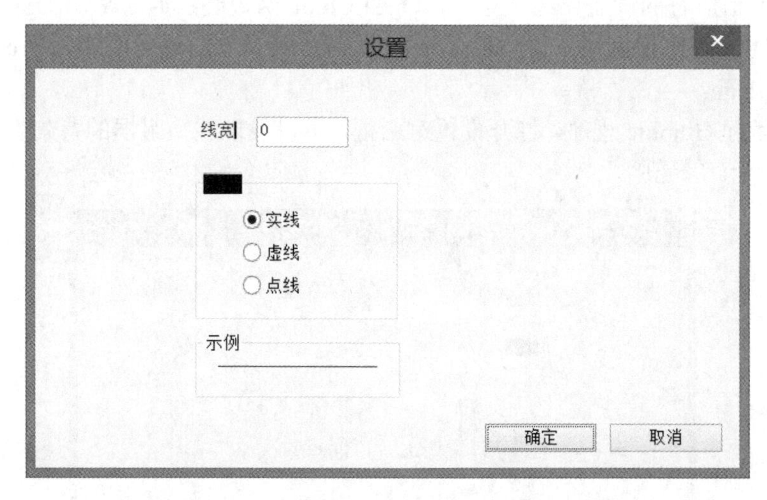

图 11.22　同时改变静态文本框的背景色和文本颜色

出现这个问题的原因是因为控件上的文本本身也有背景色，覆盖了控件的背景，导致显示效果出现了问题。要解决这个问题，我们可以将控件上的文字背景设置为透明的，即在上述例 10-28 所示代码中 SetTextColor 函数调用之后再添加下面这行语句：

```
pDC->SetBkMode(TRANSPARENT);
```

再次运行 Graphic 程序，将会看到线宽静态文本控件上的文字背景色没有了，如图 10.23 所示。

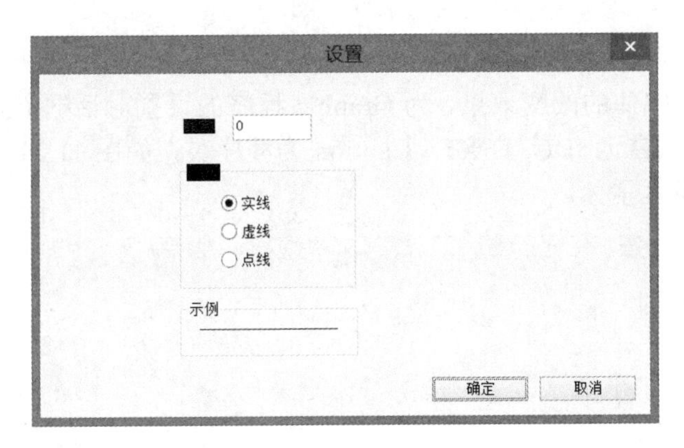

图 11.23　设置透明模式后的静态文本框上的文字显示效果

下面，我们再实现编辑框控件背景和文本颜色的改变。实现原理同上，在 OnCtlColor 函数中判断，如果当前绘制的是编辑框控件，就设置它的文本颜色，并返回自定义的画刷。

参照上面修改静态文本控件的代码来实现编辑框控件背景色和文本颜色的改变，代码如例 11-29 所示。

例 11-29

```
HBRUSH CSettingDlg::OnCtlColor(CDC* pDC, CWnd* pWnd, UINT nCtlColor)
{
   HBRUSH hbr = CDialog::OnCtlColor(pDC, pWnd, nCtlColor);

   if(pWnd->GetDlgCtrlID()==IDC_LINE_STYLE)
   {
      return m_brush;
   }
if (pWnd->GetDlgCtrlID() == IDC_STATIC)
    {
       pDC->SetTextColor(RGB(255, 0, 0));
       pDC->SetBkMode(TRANSPARENT);
       return m_brush;
    }
   if(pWnd->GetDlgCtrlID()==IDC_LINE_WIDTH)
   {
      pDC->SetTextColor(RGB(255,0,0));
      pDC->SetBkMode(TRANSPARENT);
      return m_brush;
   }

   return hbr;
}
```

编译并运行 Graphic 程序，可以看到编辑框的背景色变成了蓝色，文字变成了红色。

11.6.3　改变控件上的文本字体

接下来，改变控件上文本的字体。也就是说，在绘制控件时为其准备一种字体，让它按照这种字体显示文本。

为了显示控件字体的改变效果，为 Graphic 程序的设置对话框资源再增加一个静态文本控件，设置其 ID 为 IDC_TEXT，Caption 为程序员，如图 11.24 所示。然后在程序中修改该控件的文本字体。

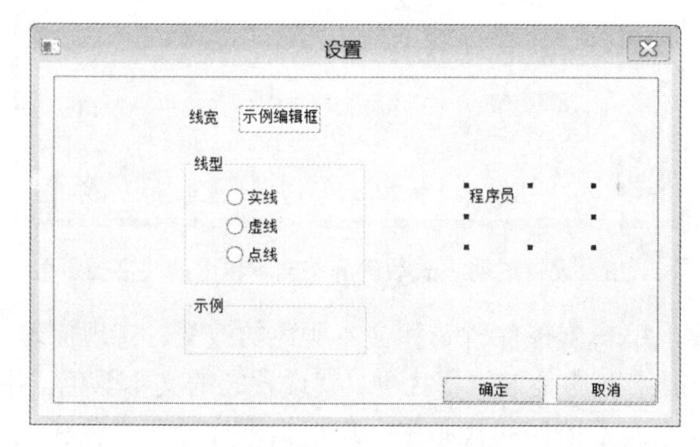

图 11.24　增加的“程序员”静态文本控件

先为 CSettingDlg 类增加一个 CFont 类型的私有成员变量：m_font，并在其构造函数中添加下面这句代码初始化该变量。这条语句将创建一个大小为 200，名称为“华文行楷”的字体。

```
m_font.CreatePointFont(200, L"华文行楷");
```

然后在 CSettingDlg 类的 OnCtlColor 函数中进行判断，如果当前绘制的是“程序员”静态文本控件，就将新建的字体（m_font）选入设备描述表中，这样，DC 中的字体就被改变了，它就会使用新创建的字体来显示文本，具体代码如例 11-30 所示。

例 11-30

```
if(pWnd->GetDlgCtrlID()==IDC_TEXT)
{
    pDC->SelectObject(&m_font);
}
```

编译并运行 Graphic 程序，打开设置对话框，可以看到静态文本控件的内容按照程序中指定的字体显示了。如图 11.25 所示。

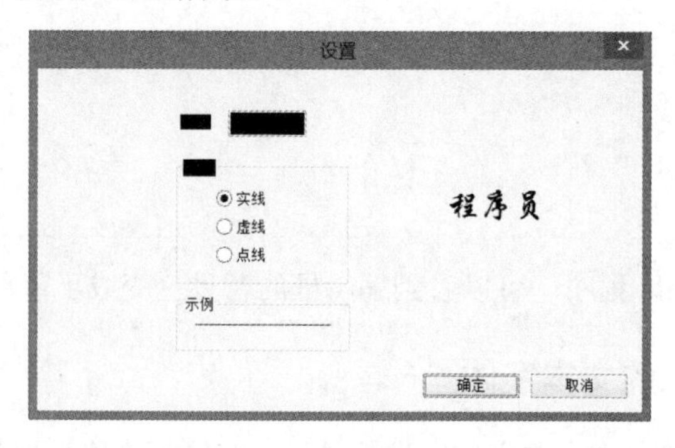

图 11.25　以指定的字体显示静态文本控件上的文本

11.6.4　改变按钮控件的背景色及文本颜色

下面，我们根据上面的知识，按照同样的方法改变 Graphic 程序中设置对话框上的【确定】按钮的背景色及其文字的颜色。也就是说，在 CSettingDlg 类的 OnCtlColor 函数中，如果判断出当前绘制的控件的 ID 等于【确定】按钮的 ID（IDOK），那么就返回自定义的画刷，代码如例 11-31 所示。

例 11-31

```
if(pWnd->GetDlgCtrlID()==IDOK)
{
    return m_brush;
}
```

编译并运行 Graphic 程序，读者会发现只是按钮的边框颜色发生了改变，而整个按钮本身的背景没有任何变化，如图 11.26 所示。

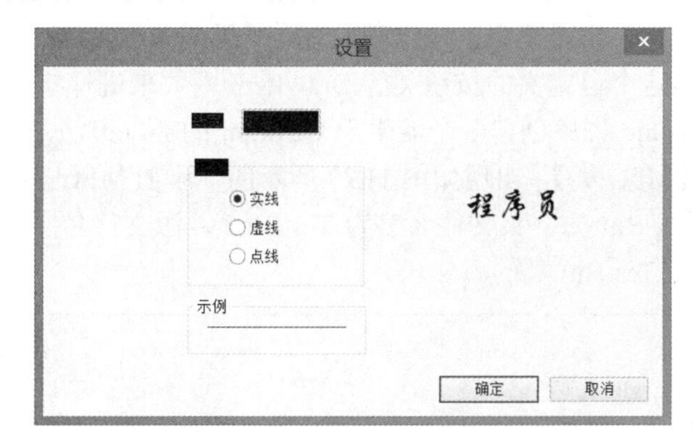

图 11.26　按钮边框的颜色发生了改变

那么我们试着改变一下按钮文字的颜色，在上述例 11-31 所示代码的 return 语句之前添加下面这条语句：

```
pDC->SetTextColor(RGB(255,0,0));
```

再次运行 Graphic 程序，将会发现添加的代码没有任何作用，【确定】按钮的文本颜色也没有发生改变。可见，对于按钮来说，使用上述方法来改变其背景和文本颜色是无效的，只能寻找其他的解决方法。实际上，如果想要改变按钮控件的背景色和文本颜色，那么需要使用 CButton 类的一个成员函数：DrawItem，该函数的声明形式如下所示：

```
virtual void DrawItem( LPDRAWITEMSTRUCT lpDrawItemStruct );
```

从其声明形式可知，这个函数是一个虚函数。当一个自绘制按钮（具有 BS_OWNERDRAW 风格的按钮）在绘制时，框架将会调用这个虚函数。所以，如果想要实现一个自绘制按钮控件的绘制，则应该重载这个虚函数。该函数的参数是 DRAWITEMSTRUCT 结构类型，其定义如下所示：

```
typedef struct tagDRAWITEMSTRUCT {
  UINT CtlType;
```

```
    UINT CtlID;
    UINT itemID;
    UINT itemAction;
    UINT itemState;
    HWND hwndItem;
    HDC hDC;
    RECT rcItem;
    DWORD itemData;
} DRAWITEMSTRUCT;
```

在该结构体中有一个成员 hDC，指向将要绘制的按钮的 DC。为了绘制这个按钮，可以向该 DC 中选入自定义的颜色、画刷等对象。但是有一点读者一定要注意，在此重载函数结束前，一定要恢复 hDC 中的原有对象。

也就是说，如果想要改变【确定】按钮的背景色和文本颜色，则需要编写一个自定义的按钮类，让这个类派生于 CButton 类，并重写 DrawItem 函数，在此函数中实现按钮背景色和文本颜色的设置。将【确定】按钮对象与这个类相关联。这样，在绘制【确定】按钮时，框架就会调用这个自定义的按钮类的 DrawItem 函数来进行绘制。

下面我们为 Graphic 程序创建一个派生于 CButton 的类，方法是打开类向导，选择右侧的【添加类】→【MFC 类】，出现如图 11.27 所示的"添加 MFC 类"对话框。类名输入 CTestBtn，基类选择 CButton，头文件名字为 TestBtn.h，源文件名字为 TestBtn.cpp。单击【确定】按钮，完成 CTestBtn 类的添加。

图 11.27 "添加 MFC 类"对话框

在 Graphic 项目的类视图中就可以看到这个新增的类：CTestBtn。下面为这个类添加 DrawItem 虚函数的重写，并在其中添加实现按钮绘制的代码，结果如例 11-32 所示。

例 11-32

```
void CTestBtn::DrawItem(LPDRAWITEMSTRUCT lpDrawItemStruct)
{
    UINT uStyle = DFCS_BUTTONPUSH;
```

```
    // This code only works with buttons.
    ASSERT(lpDrawItemStruct->CtlType == ODT_BUTTON);

    // If drawing selected, add the pushed style to DrawFrameControl.
    if (lpDrawItemStruct->itemState & ODS_SELECTED)
        uStyle |= DFCS_PUSHED;

    // Draw the button frame.
    ::DrawFrameControl(lpDrawItemStruct->hDC, &lpDrawItemStruct->rcItem,
        DFC_BUTTON, uStyle);

    // Get the button's text.
    CString strText;
    GetWindowText(strText);

    // Draw the button text using the text color red.
    COLORREF crOldColor = ::SetTextColor(lpDrawItemStruct->hDC, RGB(255, 0, 0));
    ::DrawText(lpDrawItemStruct->hDC, strText, strText.GetLength(),
        &lpDrawItemStruct->rcItem, DT_SINGLELINE | DT_VCENTER | DT_CENTER);
    ::SetTextColor(lpDrawItemStruct->hDC, crOldColor);
}
```

提示： 例 11-32 所示的代码不用自己编写，在 MSDN 的索引页中查找 DrawItem，在该函数的帮助文档中给出了上述的例子代码，直接复制粘贴到项目中就可以了。

接下来，为设置对话框上的【确定】按钮关联一个成员变量。变量名称为 m_btnTest，类型输入 CTestBtn，如图 11.28 所示。

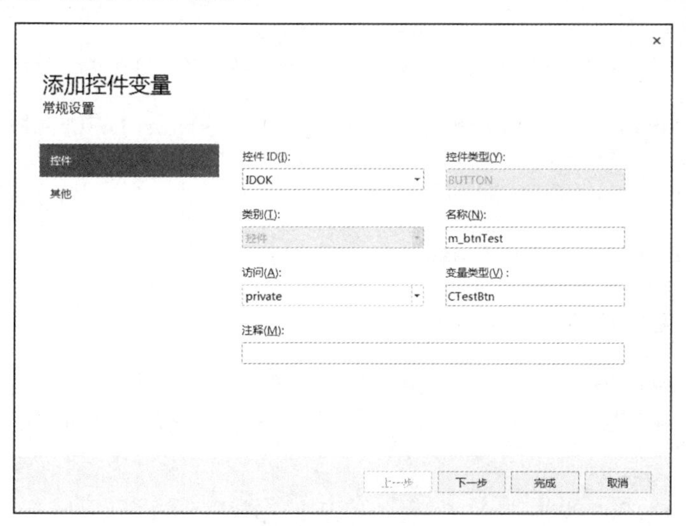

图 11.28　为【确定】按钮控件添加关联的成员变量

在单击【完成】按钮后，还需要在 CSettingDlg 类的头文件中包含 CTestBtn 类的定义文件。在 SettingDlg.h 文件的前部添加下面这条语句：

```
#include "TestBtn.h"
```

另外，前面已经介绍过了，自绘制控件应该具有 BS_OWNERDRAW 风格，这可以通过属性窗口中的 Owner Draw 属性来设置。在对话框资源编辑器中，选中【确定】按钮，在其属性窗口中找到 Owner Draw 属性，将它的值设为 TRUE。

编译并运行 Graphic 程序，打开设置对话框，这时可以看到【确定】按钮的文字变成了红色，并且按钮的风格也发生了变化。如图 11.29 所示。

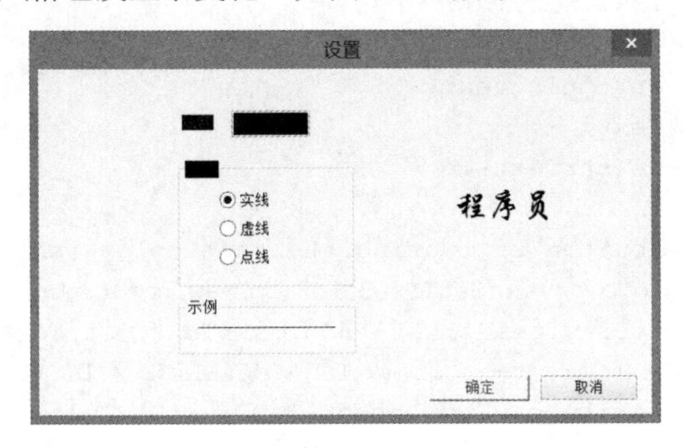

图 11.29　【确定】按钮的文字颜色和风格发生了变化

接下来改变【确定】按钮的背景色，在例 11-32 所示代码中添加改变背景色的代码，如例 11-33 所示代码中加灰显示的代码。

例 11-33

```
void CTestBtn::DrawItem(LPDRAWITEMSTRUCT lpDrawItemStruct)
{
    UINT uStyle = DFCS_BUTTONPUSH;

     // This code only works with buttons.
     ASSERT(lpDrawItemStruct->CtlType == ODT_BUTTON);

     // If drawing selected, add the pushed style to DrawFrameControl.
     if (lpDrawItemStruct->itemState & ODS_SELECTED)
          uStyle |= DFCS_PUSHED;

     // Draw the button frame.
     ::DrawFrameControl(lpDrawItemStruct->hDC, &lpDrawItemStruct->rcItem,
          DFC_BUTTON, uStyle);

     // 改变背景色
     CDC* pDC = CDC::FromHandle(lpDrawItemStruct->hDC);
     CBrush brush;
     CRect rect;
     CRect focusRect;
     focusRect.CopyRect(&lpDrawItemStruct->rcItem);
```

```
        DrawFocusRect(lpDrawItemStruct->hDC, (LPRECT)&focusRect);
        focusRect.left += 4;
        focusRect.right -= 4;
        focusRect.top += 4;
        focusRect.bottom -= 4;
        rect.CopyRect(&lpDrawItemStruct->rcItem);
        pDC->Draw3dRect(rect, ::GetSysColor(COLOR_BTNSHADOW), ::GetSysColor
(COLOR_BTNHILIGHT));
        brush.CreateSolidBrush(RGB(0, 255, 0));
        ::FillRect(lpDrawItemStruct->hDC, &rect, (HBRUSH)brush.m_hObject);
        ::SetBkMode(lpDrawItemStruct->hDC, TRANSPARENT);

        // Get the button's text.
        CString strText;
        GetWindowText(strText);

        // Draw the button text using the text color red.
        COLORREF crOldColor = ::SetTextColor(lpDrawItemStruct->hDC, RGB(255,
0, 0));
        ::DrawText(lpDrawItemStruct->hDC, strText, strText.GetLength(),
            &lpDrawItemStruct->rcItem, DT_SINGLELINE | DT_VCENTER | DT_CENTER);
        ::SetTextColor(lpDrawItemStruct->hDC, crOldColor);
    }
```

可以看到，无论是改变按钮的文本颜色还是改变背景色，都比较麻烦，没办法，这就是 VC++编程开发的方式，当然也是魅力所在。在实际开发中，读者可以在网上查找一些现成的按钮控件类，然后根据自己的需要去修改代码，而不用自己从头去编写了。笔者之前用过一个 CButtonST 类，该类的功能比较完善，感兴趣的读者可以上搜索引擎搜索“CButtonST”关键字，下载这个按钮类来学习和使用。

11.7　位图的显示

有多种方法可以实现在窗口中显示位图，如图 11.30 所示的步骤是其中的一种。

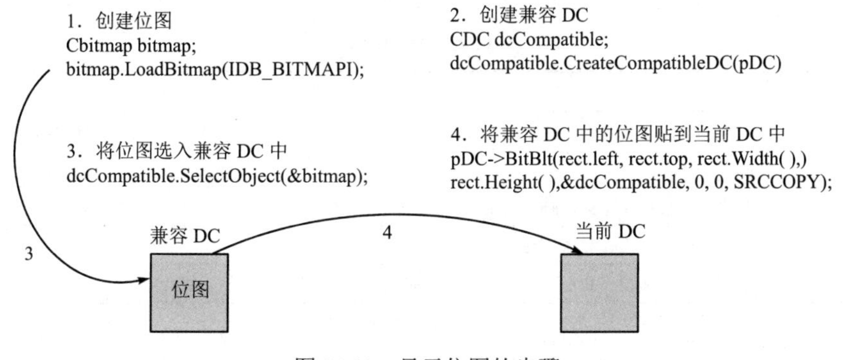

图 11.30　显示位图的步骤

图 11.30 所示的这种方法的第一步是创建位图，这可以先利用 CBitmap 构造一个位图对象，然后利用 LoadBitmap 函数加载一幅位图资源。

第二步是创建兼容 DC。其中 CreateCompatibleDC 函数将创建一个内存设备上下文，与参数 pDC 所指定的 DC 相兼容。内存设备上下文实际上是一个内存块，表示一个显示的表面。如果想把图像复制到实际的 DC 中，则可以先用其兼容的内存设备上下文在内存中准备图像，然后再将这些数据复制到实际 DC 中。

第三步是将位图选入兼容 DC 中。当兼容的内存设备上下文被创建时，它的显示表面是标准的一个单色像素宽和一个单色像素高。在应用程序中可以使用内存设备上下文进行绘图操作之前，必须将一个具有正确高度和宽度的位图选入设备上下文，这时，内存设备上下文的显示表面大小就由当前选入的位图决定了。

第四步是将兼容 DC 中的位图贴到当前 DC 中。有多个函数可以以几种不同的方式完成这一操作。图 11.30 所示的例子是调用 BitBlt 函数将兼容 DC 中的位图复制到当前 DC 中。该函数的声明形式如下所示：

```
BOOL BitBlt(int x, int y, int nWidth, int nHeight, CDC* pSrcDC, int xSrc, int ySrc, DWORD dwRop );
```

BitBlt 函数的功能是把源设备上下文中的位图复制到目标设备上下文中。该函数带有 8 个参数，各参数含义如下所述：

■ *x* 和 *y*

指定目标矩形区域左上角的 *x* 坐标和 *y* 坐标。

■ nWidth 和 nHeight

指定源和目标矩形区域的逻辑宽度和高度。因为该函数在复制时是按照 1∶1 的比例进行的，所以源矩形区域和目标矩形区域的宽度和高度是相同的。

■ pSrcDC

指向源设备上下文对象。

■ xSrc 和 ySrc

指定源矩形区域左上角的 *x* 坐标和 *y* 坐标。

■ dwRop

指定复制的模式，也就是指定源矩形区域的颜色数据，与目标矩形区域的颜色数据组合以得到最终的颜色。表 11.5 列出了常见的复制模式。

表 11.5　复制模式

模　式	说　明
BLACKNESS	表示使用与物理调色板中索引 0 相关的色彩来填充目标矩形区域（对默认的物理调用板而言，该颜色为黑色）
DSTINVERT	表示使目标矩形区域颜色取反
MERGECOPY	表示使用与操作将源矩形区域的颜色与特定模式相组合
MERGEPAINT	通过使用或操作将反向的源矩形区域的颜色与目标矩形区域的颜色合并
NOTSRCCOPY	将源矩形区域的颜色取反，再复制到目标矩形区域
NOTSRCERASE	使用或操作将源矩形区域和目标矩形区域的颜色值，然后将合成的颜色取反

续表

模　式	说　明
PATCOPY	将特定的模式复制到目标位图上
PATINVERT	使用或操作将源矩形区域取反后的颜色值与特定模式的颜色合并，然后使用或操作将该操作的结果与目标矩形区域内的颜色合并
PAINTINVERT	通过使用异或操作将目标矩形区域内的颜色与特定模式的颜色合并
SRCAND	通过使用与操作将源矩形区域和目标矩形区域内的颜色合并
SRCCOPY	将源矩形区域直接复制到目标矩形区域
SRCERASE	通过使用与操作将目标矩形区域颜色取反后与源矩形区域的颜色值合并
SRCINVERT	通过使用异或操作将源矩形区域和目标矩形区域的颜色合并
SRCPAINT	通过使用或操作将源矩形区域和目标矩形区域的颜色合并
WHITENESS	使用与物理调色板中索引 1 相关的色彩来填充目标矩形区域（对默认的物理调用板而言，该颜色为白色）

如果函数调用成功，则 BitBlt 函数将返回非 0 值；否则返回 0。

下面，我们按照上述四个步骤，来完成在窗口中显示位图的功能。

首先需要准备一幅位图。本例使用的位图是通过把整个桌面抓取下来并保存而得到的，该位图文件位于本章示例程序的 res 目录下，文件名为 background.bmp。读者可以使用自己喜爱的任一幅位图。

然后在 Graphic 项目中，打开资源视图，右键单击 Graphic.rc 文件夹，从弹出的菜单中选择【添加资源】菜单项，在打开的“添加资源”对话框上选择 Bitmap 资源类型，如图 11.31 所示。单击【导入】按钮，找到位图文件，导入项目中。

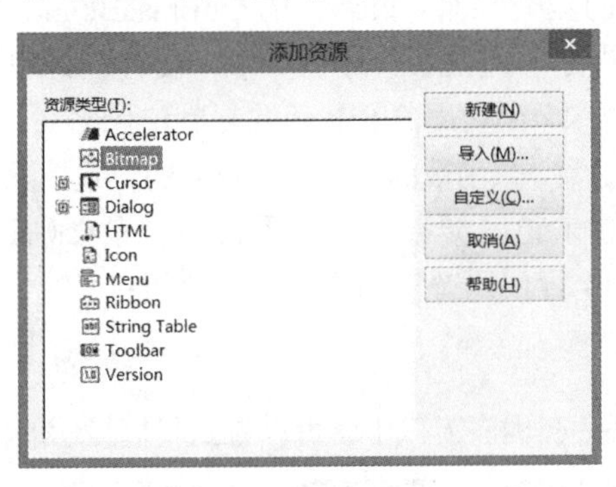

图 11.31　添加位图资源

接下来完成位图的显示。首先我们需要了解一下窗口的绘制过程，包含两个步骤：首先擦除窗口背景，然后在对窗口重新进行绘制。

当擦除窗口背景时，程序会发送一条 WM_ERASEBKGND 消息，因此可以在此消息的响应函数中完成位图的显示。另外，根据前面的知识，我们知道应该在视类窗口中进行位图的绘制。

为 Graphic 项目的 CGraphicView 类添加 WM_ERASEBKGND 消息的响应处理函数：OnEraseBkgnd。按照前面介绍的步骤，在此函数中实现位图的显示。结果代码如例 11-34 所示。

例 11-34

```
1. BOOL CGraphicView::OnEraseBkgnd(CDC* pDC)
2. {
3.     CBitmap bitmap;
4.     bitmap.LoadBitmap(IDB_BITMAP1);
5.
6.     CDC dcCompatible;
7.     dcCompatible.CreateCompatibleDC(pDC);
8.
9.     dcCompatible.SelectObject(&bitmap);
10.
11.     CRect rect;
12.     GetClientRect(&rect);
13.     pDC->BitBlt(0,0,rect.Width(),rect.Height(),&dcCompatible,0,0,SRCCOPY);
14.     return CView::OnEraseBkgnd(pDC);
15. }
```

在上述如例 11-34 所示的代码中，首先构建位图对象：bitmap，并加载位图：IDB_BITMAP1，接下来创建与当前 DC（pDC）兼容的 DC：dcCompatible。第三步，调用 SelectObject 函数将位图选入兼容 DC 中，从而确定兼容 DC 显示表面的大小。第四步，将兼容 DC（dcCompatible）中的位图复制到目的 DC（pDC）中，因为要指定复制目的矩形区域的宽度和高度，所以需要得到目的 DC 客户区大小，为此，构造一个 CRect 对象，然后调用 GetClientRect 函数得到客户区的大小。接下来就可以调用 BitBlt 函数复制了，这里，源 DC 就是先前创建的兼容 DC，复制模式选择 SRCCOPY，就是将源位图复制到目的矩形区域中。最后，调用视类的基类（即 CView）的 OnEraseBkgnd 函数。

编译并运行 Graphic 程序，但是在程序窗口中却没有看到加载的位图，这主要是因为在上述 OnEraseBkgnd 代码中，在调用 BitBlt 函数复制位图之后，又调用了视类的基类（即 CView）的 OnEraseBkgnd 函数，该函数的调用又把窗口的背景擦除了，所以就看不到位图了。

对 OnEraseBkgnd 函数来说，如果其擦除了窗口背景，则返回非 0 值。因此在上述例 11-34 所示代码中把第 14 行代码替换为下面这行代码：

```
return TRUE;
```

再次运行 Graphic 程序，在程序窗口中就可以看到我们显示的位图了，如图 11.32 所示。

图 11.32　利用 BitBlt 实现在窗口中显示位图

读者可能注意到了，位图在窗口中并没有完整地被显示出来。如果窗口放大些，就可以看到更多的位图部分。有时我们需要在窗口中完整地显示一幅位图，如果位图比窗口大，就要压缩位图；如果位图比窗口小，就要拉伸位图。然而 BittBlt 函数是没有办法实现位图压缩和拉伸的，因为它是按照 1:1 的比例进行复制的，这里再介绍另一个显示位图的函数：StretchBlt，其声明形式如下所示：

```
BOOL StretchBlt(int x, int y, int nWidth, int nHeight, CDC* pSrcDC, int xSrc, 
int ySrc, int nSrcWidth, int nSrcHeight, DWORD dwRop );
```

该函数与前面介绍的 BitBlt 函数的功能基本相同，都是从源矩形区域中复制一个位图到目标矩形，但是与 BitBlt 函数不同的是，StretchBlt 函数可以实现位图的拉伸或压缩，以适合目的矩形区域的尺寸。

与 BitBlt 函数相比，StretchBlt 函数只是多了两个参数：nSrcWidth 和 nSrcHeight，分别用来指示源矩形区域的宽度和高度。

前面已经说过了，兼容 DC 原始只有 1 个像素大小。它的大小由选入的位图的大小所决定，也就是说，如果想要得到源矩形的宽度和高度，就要想办法得到选入的位图的宽度和高度，这可以通过调用 CBitmap 类的 GetBitmap 函数来得到，该函数的原型声明如下：

```
int GetBitmap( BITMAP* pBitMap );
```

该函数有一个参数，是一个指向 BITMAP 结构体的指针，该函数将用位图的信息填充这个结构体。BITMAP 结构体的定义如下所示：

```
typedef struct tagBITMAP { /* bm */
  int bmType;
  int bmWidth;
  int bmHeight;
  int bmWidthBytes;
  BYTE bmPlanes;
  BYTE bmBitsPixel;
  LPVOID bmBits;
} BITMAP;
```

其中 bmWidth 表示位图的宽度，bmHeight 表示位图的高度。

在上述例 11-34 所示 CGraphicView 类的 OnEraseBkgnd 函数中，在位图对象 bitmap 成功加载位图资源（即第 4 行代码）之后，添加下列代码：

```
BITMAP bmp;
bitmap.GetBitmap(&bmp);
```

接下来就可以调用 StretchBlt 函数复制位图了。首先将上述例 11-34 所示代码中调用 BitBlt 函数的语句注释起来，然后在其后添加下面的语句：

```
pDC->StretchBlt(0,0,rect.Width(),rect.Height(),&dcCompatible,0,0,bmp.bmW
idth,bmp.bmHeight,SRCCOPY);
```

编译并运行 Graphic 程序，这时就可以看到整幅位图都显示出来了，如图 11.33 所示。

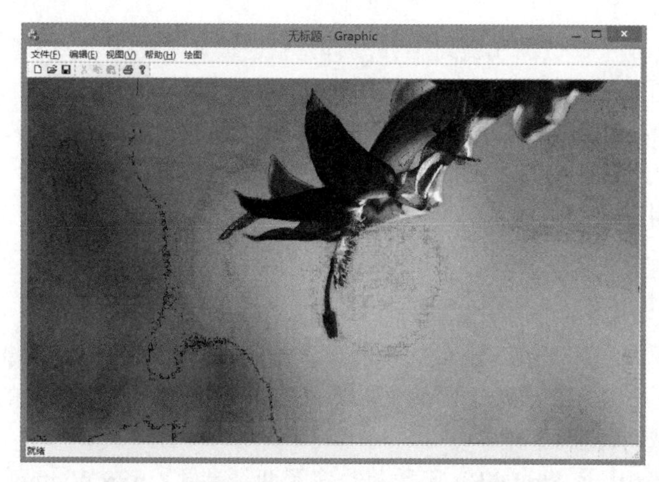

图 11.33　利用 StretchBlt 实现在窗口中显示位图

本例是在窗口显示更新的第一步，即在擦除窗口背景这一步实现了位图的显示，读者在自己编写代码时，也可以在窗口显示更新的第二步，即在重绘窗口时实现这一功能。我们知道在窗口重绘时会调用 OnDraw 函数，因此可以把上述显示位图的代码放到这个函数中，读者可以自行试验这种方法，将会看到程序显示的结果是一样的，但是这种方式产生的效果是不一样的：当窗口尺寸发生变化时，程序窗口会有闪烁现象。这是因为当窗口尺寸发生变化时，会引起窗口重绘操作，它会首先擦除背景，然后在 OnDraw 函数中再重新贴上位图。而在前一种实现方式下，窗口闪烁比较小。因为我们没有擦除背景，而是直接贴上位图。当然这里还可以做一些改进，读者可以自己实践一下。由此可见，在窗口中显示一幅位图时，除了需要将其正确地显示出来以外，同时还要考虑到显示效果。如果我们非常清楚窗口重绘的原理，就可以知道在哪个过程中完成图形的显示比较合理。

11.8　本章小结

本章主要介绍了图形绘制时的一些控制，包括：

- 设置对话框、颜色对话框、字体对话框的创建，并根据用户的设置控制图形的绘制；
- 在对话框上增加示例功能；
- 改变对话框及其控件的背景色、文本颜色，以及字体；
- 在窗口中显示位图。

第 12 章 图形的保存和重绘

在前面章节的学习中，我们发现这样的情况会经常发生：当程序窗口发生重绘时（例如窗口尺寸发生变化），已在窗口中绘制的图形会消失不见。本章将介绍如何保存窗口中已绘制的图形，并当窗口发生重绘时，如何再现窗口中先前的内容。

12.1 坐标空间和转换

Microsoft Windows 下的程序运用坐标空间和转换来对图形输出进行缩放、旋转、平移、斜切和反射。

12.1.1 坐标空间

一个坐标空间是一个平面的空间，通过使用两个相互垂直并且长度相等的轴来定位二维对象，如图 12.1 所示。

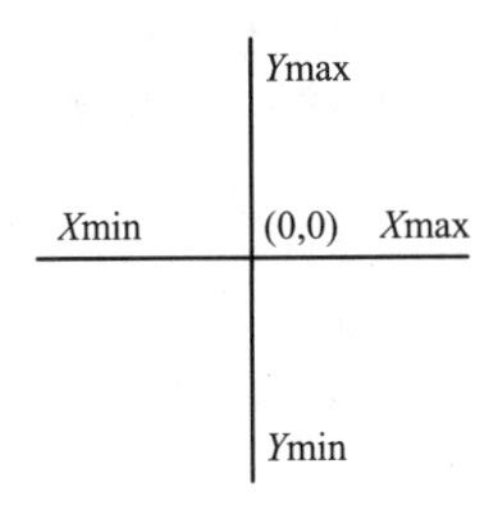

图 12.1 坐标空间示意图

Win32 应用程序编程接口（API）使用四种坐标空间：世界坐标系空间、页面空间、设备空间和物理设备空间。应用程序运用世界坐标系空间对图形输出进行旋转、斜切或者反射。**Win32 API 把世界坐标系空间和页面空间称为逻辑空间。**最后一种坐标空间（物理设备空间）通常指应用程序窗口的客户区，但是它也包括整个桌面、完整的窗口（包括框架、标题栏和菜单栏）或打印机的一页或绘图仪的一页纸。物理设备的尺寸随显示器、打印机或绘图仪所设置的尺寸而变化。

12.1.2 转换

如果要在物理设备上绘制输出，Windows 就把一个矩形区域从一个坐标空间复制到（或映射到）另一个坐标空间，直至最终完整地输出呈现在物理设备（通常是屏幕或打印机）上。

如果应用程序调用了 SetWorldTransform 函数，那么映射就从应用程序的世界坐标系空间开始；否则，映射从页面空间开始进行。在 Windows 把矩形区域的每一点从一个空间复制到另一个空间时，它采用了一种被称作转换的算法，**转换是把对象从一个坐标空间复制到另一个坐标空间时改变（或转变）这一对象的大小、方位和形态**，尽管转换把对象看成一个整体，但它也作用于对象中的每一点或每条线。如图 12.2 所示是运用 SetWorldTransform 函数进行的一个典型转换。

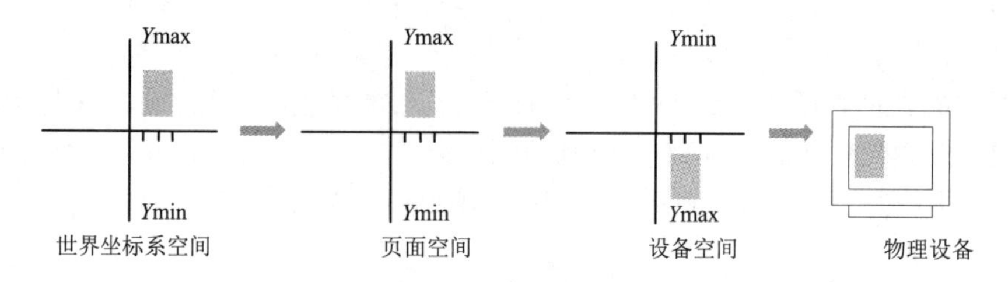

图 12.2 调用 SetWorldTransform 函数后程序进行的转换过程

在实际绘图时，世界坐标系空间中的一个区域要先被映射到页面空间，然后再由页面空间映射到设备空间。对设备空间来说，通常它的左上角是坐标点（0,0），向右是 x 增加的方向，向下是 y 增加的方向。然后再由设备空间映射到物理设备空间（通常就是屏幕），于是，图形就在计算机的屏幕上显示出来了。我们平时在开发程序时，如果需要把图形的某个局部区域放大，就可以利用世界坐标系和转换来完成，读者可以参看例 12-1 所示的由 MSDN 提供的这个例子。

例 12-1

```
void TransformAndDraw(int iTransform, HWND hWnd)
{
    HDC hDC;
    XFORM xForm;
    RECT rect;

    // Retrieve a DC handle for the application's window.

    hDC = GetDC(hWnd);

    // Set the mapping mode to LOENGLISH. This moves the
    // client area origin from the upper left corner of the
    // window to the lower left corner (this also reorients
    // the y-axis so that drawing operations occur in a true
```

```
// Cartesian space). It guarantees portability so that
// the object drawn retains its dimensions on any display.

SetGraphicsMode(hDC, GM_ADVANCED);
SetMapMode(hDC, MM_LOENGLISH);

// Set the appropriate world transformation (based on the
// user's menu selection).

switch (iTransform)
{
    case SCALE:        // Scale to 1/2 of the original size.
         xForm.eM11 = (FLOAT) 0.5;
         xForm.eM12 = (FLOAT) 0.0;
         xForm.eM21 = (FLOAT) 0.0;
         xForm.eM22 = (FLOAT) 0.5;
         xForm.eDx  = (FLOAT) 0.0;
         xForm.eDy  = (FLOAT) 0.0;
         SetWorldTransform(hDC, &xForm);
         break;

    case TRANSLATE:   // Translate right by 3/4 inch.
         xForm.eM11 = (FLOAT) 1.0;
         xForm.eM12 = (FLOAT) 0.0;
         xForm.eM21 = (FLOAT) 0.0;
         xForm.eM22 = (FLOAT) 1.0;
         xForm.eDx  = (FLOAT) 75.0;
         xForm.eDy  = (FLOAT) 0.0;
         SetWorldTransform(hDC, &xForm);
         break;

    case ROTATE:      // Rotate 30 degrees counterclockwise.
         xForm.eM11 = (FLOAT) 0.8660;
         xForm.eM12 = (FLOAT) 0.5000;
         xForm.eM21 = (FLOAT) -0.5000;
         xForm.eM22 = (FLOAT) 0.8660;
         xForm.eDx  = (FLOAT) 0.0;
         xForm.eDy  = (FLOAT) 0.0;
         SetWorldTransform(hDC, &xForm);
         break;

    case SHEAR:       // Shear along the x-axis with a
                      // proportionality constant of 1.0.
         xForm.eM11 = (FLOAT) 1.0;
         xForm.eM12 = (FLOAT) 1.0;
         xForm.eM21 = (FLOAT) 0.0;
         xForm.eM22 = (FLOAT) 1.0;
         xForm.eDx  = (FLOAT) 0.0;
```

```
            xForm.eDy  = (FLOAT) 0.0;
            SetWorldTransform(hDC, &xForm);
            break;

        case REFLECT:     // Reflect about a horizontal axis.
            xForm.eM11 = (FLOAT) 1.0;
            xForm.eM12 = (FLOAT) 0.0;
            xForm.eM21 = (FLOAT) 0.0;
            xForm.eM22 = (FLOAT) -1.0;
            xForm.eDx  = (FLOAT) 0.0;
            xForm.eDy  = (FLOAT) 0.0;
            SetWorldTransform(hDC, &xForm);
            break;

        case NORMAL:      // Set the unity transformation.
            xForm.eM11 = (FLOAT) 1.0;
            xForm.eM12 = (FLOAT) 0.0;
            xForm.eM21 = (FLOAT) 0.0;
            xForm.eM22 = (FLOAT) 1.0;
            xForm.eDx  = (FLOAT) 0.0;
            xForm.eDy  = (FLOAT) 0.0;
            SetWorldTransform(hDC, &xForm);
            break;

    }

    // Find the midpoint of the client area.

    GetClientRect(hWnd, (LPRECT) &rect);
    DPtoLP(hDC, (LPPOINT) &rect, 2);

    // Select a hollow brush.

    SelectObject(hDC, GetStockObject(HOLLOW_BRUSH));

    // Draw the exterior circle.

    Ellipse(hDC, (rect.right / 2 - 100), (rect.bottom / 2 + 100),
        (rect.right / 2 + 100), (rect.bottom / 2 - 100));

    // Draw the interior circle.

    Ellipse(hDC, (rect.right / 2 -94), (rect.bottom / 2 + 94),
        (rect.right / 2 + 94), (rect.bottom / 2 - 94));

    // Draw the key.

    Rectangle(hDC, (rect.right / 2 - 13), (rect.bottom / 2 + 113),
```

```
        (rect.right / 2 + 13), (rect.bottom / 2 + 50));
    Rectangle(hDC, (rect.right / 2 - 13), (rect.bottom / 2 + 96),
        (rect.right / 2 + 13), (rect.bottom / 2 + 50));

    // Draw the horizontal lines.

    MoveToEx(hDC, (rect.right/2 - 150), (rect.bottom / 2 + 0), NULL);
    LineTo(hDC, (rect.right / 2 - 16), (rect.bottom / 2 + 0));

    MoveToEx(hDC, (rect.right / 2 - 13), (rect.bottom / 2 + 0), NULL);
    LineTo(hDC, (rect.right / 2 + 13), (rect.bottom / 2 + 0));

    MoveToEx(hDC, (rect.right / 2 + 16), (rect.bottom / 2 + 0), NULL);
    LineTo(hDC, (rect.right / 2 + 150), (rect.bottom / 2 + 0));

    // Draw the vertical lines.

    MoveToEx(hDC, (rect.right/2 + 0), (rect.bottom / 2 - 150), NULL);
    LineTo(hDC, (rect.right / 2 + 0), (rect.bottom / 2 - 16));

    MoveToEx(hDC, (rect.right / 2 + 0), (rect.bottom / 2 - 13), NULL);
    LineTo(hDC, (rect.right / 2 + 0), (rect.bottom / 2 + 13));

    MoveToEx(hDC, (rect.right / 2 + 0), (rect.bottom / 2 + 16), NULL);
    LineTo(hDC, (rect.right / 2 + 0), (rect.bottom / 2 + 150));

    ReleaseDC(hWnd, hDC);
}
```

读者应注意的是，如果应用程序没有调用 SetWorldTransform 函数，就不会发生从世界坐标空间到页面空间的转换。通常，在实际编程过程中，主要处理的是从页面空间到设备空间的转换。

1. 从页面空间到设备空间的转换

从页面空间（也称为逻辑空间）到设备空间的转换是原 Windows 接口的一部分。这种转换确定与一个特定设备描述表相关的所有图形输出的映射方式。所谓**映射方式是指确定用于绘图操作的单位大小的一种量度转换**，也就是说，设定的映射方式主要是确定应该如何将页面空间的一个坐标点转换为设备空间中的一个设备坐标点。

映射方式是一种影响几乎任何客户区绘图的设备环境属性。另外还有四种设备环境属性：窗口原点、视口原点、窗口范围和视口范围，这四种属性与映射方式密切相关。其中“窗口”是基于逻辑坐标的，逻辑坐标可以是像素、毫米、英寸等单位；“视口”是基于设备坐标（像素）的。通常，视口和客户区相同。

页面空间到设备空间的转换所用的是两个矩形的宽与高的比率（通常将其称为转换因子），其中页面空间中的矩形被称为窗口，设备空间中的矩形被称为视口，Windows 把窗口原点映射到视口原点，把窗口范围映射到视口范围，就完成了这种转换。该转换过程如图 12.3 所示。

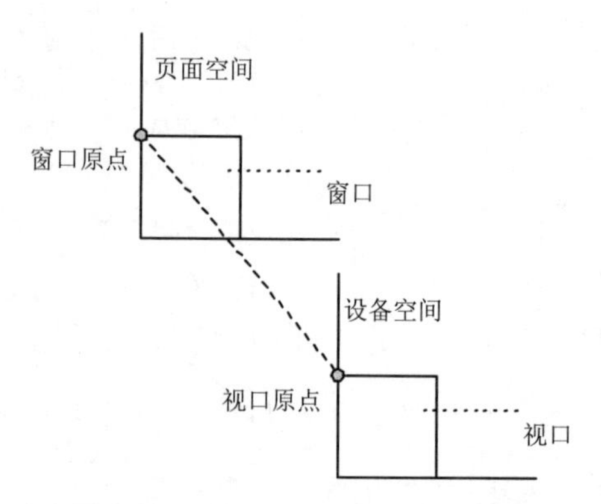

图 12.3　页面空间到设备空间的转换

2. 从设备空间到物理空间的转换

从设备空间到物理空间的转换有几个独特之处：它只限于平移，并由 Windows 的窗口管理部分控制。这种转换的唯一用途是确保设备空间的原点被映射到物理设备上的适当点上。没有函数能设置这种转换，也没有函数可以获取有关数据。也就是说从设备空间到物理空间的转换是由 Windows 控制的，程序员是没有办法去设置这种转换的。因此，通常我们所要考虑的只是从页面空间到设备空间的转换。

3. 默认转换

一旦应用程序建立了设备描述表，并调用 GDI 绘图或输出函数，则运用默认页面空间到设备空间的转换和设备空间到客户区的转换（再次强调：在应用程序调用 SetWorld Transform 函数之前，不会出现从世界坐标空间到页面空间的转换）。

从默认页面空间到设备空间的转换结果是一对一的映射，即页面空间上给出的一个点映射到设备空间的一个点。正如前文讲到的，这种转换没有以矩阵指定，而是通过把视口宽除以窗口宽，把视口高除以窗口高而得出的转换因子来完成的。在默认的情况下，视口尺寸为 1×1 个像素，窗口尺寸为 1×1 页单位。

从设备空间到物理设备（客户区、桌面或打印机）的转换结果总是一对一的，即设备空间的一个单位总是与客户区、桌面，或者打印机上的一个单位相对应。这一转换的唯一用途是平移。无论窗口移到桌面的什么位置，它都确保输出能够正确无误地出现在窗口上。正因为从设备空间到物理设备的转换结果总是一对一的，所以，通常也把设备空间看作是客户区，而程序实现时主要考虑的还是从页面空间到设备空间的转换。

默认转换的一个独特之处是设备空间和应用程序窗口的 y 轴方向。在默认的状态下，y 轴正向朝下，负 y 方向朝上。

12.1.3　逻辑坐标和设备坐标

几乎在所有 GDI 函数中使用的坐标值采用的都是逻辑单位。Windows 必须将逻辑单位转换为“设备单位”，即像素。这种转换是由映射方式、窗口和视口的原点，以及窗口和视口的范围所控制的。例如下面这条在窗口中输出文本的 TextOut 语句：

```
dc->TextOut(0, 100, "text");
```

该函数的参数值（0,100）采用的就是逻辑单位，当程序运行后，在窗口中真正显示文本时，该参数值需要被转换为设备单位，而且转换的结果由映射方式、窗口和视口的原点，以及窗口和视口的范围控制。

Windows 对所有的消息（如 WM_SIZE、WM_MOUSEMOVE、WM_LBUTTONDOWN、WM_LBUTTONUP），所有的非 GDI 函数和一些 GDI 函数（例如 GetDeviceCaps 函数），永远使用设备坐标。

1. 映射模式

Windows 提供的映射模式如表 12.1 所示。默认映射模式为 MM_TEXT，在此映射模式下，逻辑单位和设备单位相同，这时将逻辑坐标值（0,100）转换为设备坐标后，它的值仍是（0,100）。映射模式的改变可以通过 SetMapMode 函数来实现。

表 12.1 映射模式

映射模式	说明
MM_ANISOTROPIC	逻辑单位被转换为任意单位，其中轴可以被随意缩放。将映射模式设置为 MM_ANISIOTROPIC 不会改变当前窗口或视口的设置，为了更改单位、方向和缩放，需要调用 SetWindowExt 和 SetViewportExt 函数
MM_ISOTROPIC	逻辑单位被映射为具有等刻度轴的任意单位，即 x 轴上的一个单位等于 y 轴上的一个单位。使用 SetWindowExtEx 和 SetViewportExtEx 函数指定所需的轴的单位和方向。GDI 会根据需要进行调整，以确保 x 轴和 y 轴的单位大小保持一致
MM_HIENGLISH	一个逻辑单位被转换为 0.001 英寸。x 轴向右为正，y 轴向上为正
MM_HIMETRIC	一个逻辑单位被转换为 0.01 毫米。x 轴向右为正，y 轴向上为正
MM_LOENGLISH	一个逻辑单位被转换为 0.01 英寸。x 轴向右为正，y 轴向上为正
MM_LOMETRIC	一个逻辑单位被转换为 0.1 毫米。x 轴向右为正，y 轴向上为正
MM_TEXT	一个逻辑单位被转换为 1 个设备像素。x 轴向右为正，y 轴向下为正
MM_TWIPS	一个逻辑单位被转换为 1/20 磅（因为 1 磅=1/72 英寸，所以一个 twip 是 1/1440 英寸）。x 轴向右为正，y 轴向上为正

2. 逻辑坐标和设备坐标的相互转换

对于逻辑坐标和设备坐标之间的相互转换，可以利用以下相应公式来完成。

窗口（逻辑）坐标转换为视口（设备）坐标的两个公式：

```
xViewport=(xWindow-xWinOrg)* xViewExt/xWinExt +xViewOrg
yViewport=(yWindow-yWinOrg)* yViewExt/yWinExt +yViewOrg
```

视口（设备）坐标转换为窗口（逻辑）坐标的两个公式：

```
xWindow=(xViewPort-xViewOrg)* xWinExt/xViewExt +xWinOrg
yWindow=(yViewPort-yViewOrg)* yWinExt/yViewExt +yWinOrg
```

在 MM_TEXT 映射方式下逻辑坐标和设备坐标的相互转换

因为在 MM_TEXT 映射方式下，逻辑单位和设备单位是一样的，而且它们的窗口和视口的范围都是 1×1 的，相当于它们的转换因子就是 1，因此窗口（逻辑）坐标转换为视口

（设备）坐标的两个公式为：

```
xViewport = xWindow-xWinOrg+xViewOrg
yViewport = yWindow-yWinOrg+yViewOrg
```

视口（设备）坐标转换为窗口（逻辑）坐标的两个公式为：

```
xWindow = xViewport-xViewOrg+xWinOrg
yWindow = yViewport-yViewOrg+yWinOrg
```

而通过消息，例如鼠标左键单击消息得到的坐标点以设备坐标为单位，即以像素为单位的值。因为默认映射模式是MM_TEXT，所以逻辑单位和设备单位是一样的，因此，在前面章节的程序中我们没有显式地进行坐标点的转换，而是直接使用得到的设备坐标调用GDI函数进行了图形的绘制。

3．视口和窗口原点的改变

CDC中提供了两个成员函数：SetViewportOrg和SetWindowOrg，用来改变视口和窗口的原点。如果将视口原点设置为（xViewOrg,yViewOrg），则逻辑点（0,0）就会被映射为设备点（xViewOrg,yViewOrg）。如果将窗口原点改变为（xWinOrg,yWinOrg），则逻辑点（xWinOrg,yWinOrg）将会被映射为设备点（0,0），即设备客户区的左上角。**注意：不管对窗口和视口原点如何改变，设备点（0,0）始终是客户区的左上角。**

12.2 图形的保存和重绘

本章将在第11章已有程序（Graphic）的基础上继续添加图形的保存和重绘功能，为了使程序演示效果更好，首先将已有的Graphic程序的窗口恢复为默认的白色背景，也就是将CGraphicView类的OnEraseBkgnd函数中显示位图的代码注释起来。然后，读者可以运行一下Graphic程序，并利用相应菜单命令在窗口中绘制一些图形，当窗口尺寸发生变化时，会发现窗口中绘制的图形都消失了。这是因为当窗口尺寸发生变化时，会引起窗口重绘而发送WM_PAINT消息，这时首先会擦除窗口的背景，然后再进行重绘操作，这样就把窗口中先前绘制的图形擦除掉了。如果希望所绘制的图形始终在窗口中呈现出来，就需要将这些图形保存起来，然后当窗口尺寸发生变化引起窗口重绘时，将这些图形再次在窗口中输出。根据前面的知识我们知道，当窗口重绘时总会调用程序视类的OnDraw函数，因此我们可以在该函数中完成图形的输出。而保存图形的方式有多种，对于本例所绘制的图形来说，有三个要素：起点、终点和绘制的类型（点、线、矩形或椭圆），也就是说，对本例所绘制的每一个图形，只需要保存这三个要素就可以了。当窗口重绘时，在CGraphicView类的OnDraw函数中，根据每一个已保存的图形的绘制类型，利用其起点和终点将该图形在窗口中重新输出。由于这三个要素的数据类型不同，而在C++中用结构体来保存不同类型的对象是比较合适的。在C++中，结构体就是一个类，因此，本例也可以利用一个类来保存图形的这三个要素，这比较符合面向对象的思想。

下面，我们为Graphic程序增加一个新类：CGraph，增加方法是在Visual Studio开发环境中单击菜单栏上的【项目】→【添加类】，随后在弹出的“添加类”对话框中，输入类名：CGraph，头文件的名字：Graph.h，源文件的名字：Graph.cpp，不需要设置基类。如图 12.4 所示。

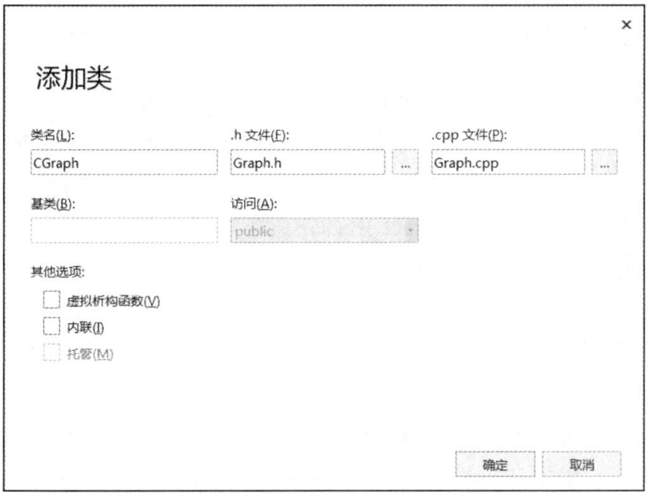

图 12.4　新增 Graph 类

为 CGraph 这个新类增加三个成员变量（如表 12.2 所示），这里将这三个变量的访问权限都设置为 public，因为在后面的程序中其他类需要访问它们。

表 12.2　为 CGraph 类添加的成员变量

变 量 名	变量类型	说　明
m_nDrawType	UINT	绘制类型
m_ptOrigin	CPoint	起点
m_ptEnd	CPoint	终点

为了能够方便地对这三个新增加的变量进行赋值，我们再为 CGraph 类提供一个带参数的构造函数（其定义代码如例 12-2 所示），允许用户在构造 CGraph 类的对象时，直接通过参数给这三个成员变量赋值。

例 12-2

```
CGraph::CGraph(UINT m_nDrawType,CPoint m_ptOrigin,CPoint m_ptEnd)
{
    this->m_nDrawType=m_nDrawType;
    this->m_ptOrigin=m_ptOrigin;
    this->m_ptEnd=m_ptEnd;
}
```

准备好 CGraph 类后，在程序中，就可以通过这个类的对象来保存图形的三个要素。因为在绘图时可能会绘制多个图形，所以必须为每一个图形创建一个对应的 CGraph 对象，以保存该图形的三个要素。我们可以采用数组来保存这些创建的 CGraph 对象，但是这样做非常不方便，因为数组有一个缺点，一旦定义之后，就只能存储一定容量的元素。而用户每次绘制的图形个数是不确定的，需要创建的 CGraph 对象的个数也是不确定的，因此应该采用一种动态的存储结构来保存这些 CGraph 对象。本例将使用 MFC 提供的一个集合类来完成这一任务。当然，这里也可以使用链表来保存这些对象，但其实现比较麻烦。

12.2.1 集合类 CPtrArray

前面已经介绍过 MFC 提供的一个集合类：CStringArray，它可以用来存储 CString 类型的对象，而且它的容量是可以动态增加的。这里再为读者介绍一个集合类：CPtrArray，它支持 void 类型的指针数组，该类的成员函数与 CObArray 类的相应函数类似，只是在 CObArray 类的成员函数中使用 CObject 指针作为参数或返回值类型的地方，在 CPtrArray 类中都用 void 类型的指针代替。在程序中，我们可以利用 CPtrArray 对象存储多个对象的地址，如果想要增加一个成员，则可以调用其 Add 方法；如果想要取得这个集合类中的某个元素，则可以调用其 GetAt 方法；如果想获得这个集合类的元素数目，则可以调用其 GetSize 方法。

下面，我们首先为 Graphic 程序的 CGraphicView 类增加一个 CPtrArray 类型的私有成员变量：m_ptrArray。然后在每次绘图操作结束后，就构造一个对应的 CGraph 对象，并将该对象的地址保存到 m_ptrArray 对象中。在 CGraphicView 类的 OnLButtonUp 函数中添加下述如例 12-3 所示代码中加灰显示的代码。

例 12-3

```
void CGraphicView::OnLButtonUp(UINT nFlags, CPoint point)
{
     // TODO: Add your message handler code here and/or call default
     CClientDC dc(this);
     CPen pen(m_nLineStyle,m_nLineWidth,m_clr);
     CPen* pOldPen = dc.SelectObject(&pen);

    CBrush *pBrush = CBrush::FromHandle((HBRUSH)GetStockObject(NULL_BRUSH));
    CBrush *pOldBrush = dc.SelectObject(pBrush);

    switch (m_nDrawType)
    {
    case 1:
        dc.SetPixel(point, m_clr);
        break;
    case 2:
        dc.MoveTo(m_ptOrigin);
        dc.LineTo(point);
        break;
    case 3:
        dc.Rectangle(CRect(m_ptOrigin, point));
        break;
    case 4:
        dc.Ellipse(CRect(m_ptOrigin, point));
```

```
            break;
        }
        dc.SelectObject(pOldPen);
        dc.SelectObject(pOldBrush);

        CGraph graph(m_nDrawType,m_ptOrigin,point);
        m_ptrArray.Add(&graph);

        CView::OnLButtonUp(nFlags, point);
    }
```

因为在上述例 12-3 所示的 CGraphicView 类的 OnLButtonUp 函数中使用了 CGraph 类，所以在 GraphicView.cpp 文件的前部应添加下述语句，以便将 CGraph 类的定义包含进来：

```
    #include "Graph.h"
```

接下来就可以在 OnDraw 函数中将保存的图形元素再次绘制出来，具体代码如例 12-4 所示。

例 12-4

```
    void CGraphicView::OnDraw(CDC* pDC)
    {
        CGraphicDoc* pDoc = GetDocument();
        ASSERT_VALID(pDoc);
        if (!pDoc)
            return;

        CBrush *pBrush=CBrush::FromHandle((HBRUSH)GetStockObject(NULL_BRUSH));
        CBrush *pOldBrush = pDC->SelectObject(pBrush);

        for(int i=0;i<m_ptrArray.GetSize();i++)
        {
            switch(((CGraph*)m_ptrArray.GetAt(i))->m_nDrawType)
            {
            case 1:
                pDC->SetPixel(((CGraph*)m_ptrArray.GetAt(i))->m_ptEnd,RGB
(0,0,0));
                break;
            case 2:
                pDC->MoveTo(((CGraph*)m_ptrArray.GetAt(i))->m_ptOrigin);
                pDC->LineTo(((CGraph*)m_ptrArray.GetAt(i))->m_ptEnd);
                break;
            case 3:
                pDC->Rectangle(CRect(((CGraph*)m_ptrArray.GetAt(i))->m_
ptOrigin, ((CGraph*)m_ptrArray.GetAt(i))->m_ptEnd));
                break;
            case 4:
                pDC->Ellipse(CRect(((CGraph*)m_ptrArray.GetAt(i))->m_ptOrigin,
```

```
                ((CGraph*)m_ptrArray.GetAt(i))->m_ptEnd));
            break;
        }
    }
    pDC->SelectObject(pOldBrush);
}
```

在上述如例 12-4 所示代码中，首先创建一个透明的画刷（pBrush），并将该画刷选入设备描述表中。接着利用一个 for 循环，将集合类对象（m_ptrArray）中保存的图形对象取出来，然后利用 switch/case 语句根据所保存的绘图类型来绘制相应的图形。因为集合类的 GetAt 方法返回的是 void*类型，所以应将其强制转换为 CGraph 类型的指针。

编译并运行 Graphic 程序，利用相应菜单项在窗口中绘制一些图形，但是当窗口尺寸发生变化时，这些图形仍然消失了，并未如我们所期望的那样在窗口中再次出现。这时可能出现问题的地方有两处，一是在 OnDraw 函数中绘制时没有取出相应的图形元素，另一个是在保存图形元素时出现了问题。我们检查一下代码，会发现前一种可能不存在，而在保存图形元素时，即在上述例 12-3 所示 CGraphicView 类的 OnLButtonUp 函数中，定义的 CGraph 类的对象 graph 是一个局部变量，当调用 CPtrArray 类的 Add 方法后，这个局部对象的地址就被保存到 m_ptrArray 集合类对象中，这一过程如图 12.5 所示。

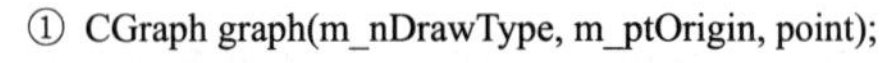

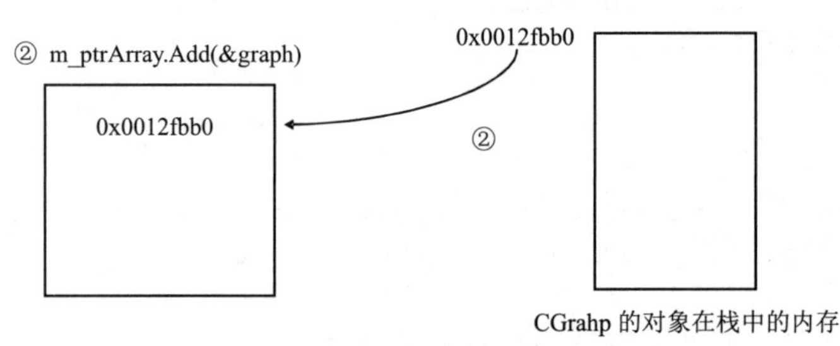

图 12.5　将局部 CGraph 对象在栈中的地址保存到集合类对象中的过程

当 OnLButtonUp 函数执行完成之后，graph 这个局部对象就会发生析构，其所占内存就被回收了，也就是说该 graph 对象在内存中就不存在了。虽然这时在 m_ptrArray 集合对象中仍保存了这个 graph 对象先前在内存中的地址，但是这个对象本身已经不存在了。

这就好像有一个人去放马，累了想休息一下，于是就手拿缰绳在大树下睡着了，但是这匹马却趁主人睡着的时候，将缰绳咬断后跑了。当主人醒来之后，虽然手上还拿着缰绳，但是马已经不在了。这与我们这里的情况非常类似，虽然 m_ptrArray 集合对象仍然保存着 graph 对象先前的内存地址，但该地址处的对象已经不存在了。在上述例 12-4 所示的 OnDraw 函数中，GetAt 函数实际上是从 m_ptrArray 集合对象中取出其所保存的地址，但是原先在这个地址处的对象已经不存在了，因此得到的并不是先前保存的那个 graph 对象。

为了解决这一问题，应该在例 12-3 所示 CGraphicView 类 OnLButtonUp 函数中，把定义的 CGraph 类型的对象修改为 CGraph 指针类型的变量，修改后的代码如下所示（即把例 12-3 所示代码中加灰显示的那两行代码用下面这两行代码代替）：

```
CGraph *pGraph=new CGraph(m_nDrawType,m_ptOrigin,point);
m_ptrArray.Add(pGraph);
```

因为 pGraph 变量是在 OnLButtonUp 函数中定义的，所以它也是一个局部变量，系统将在 Graphic 程序的栈中为该变量分配一个内存。图 12.6 是这时的内存示意图，图中假定 pGraph 变量所在内存地址为：0x0012fbc4。然后利用 new 操作符构造一个 CGraph 对象，并将该对象赋给 pGraph 这个变量。我们知道凡是用 new 分配内存的对象均是在堆中定义的，也就是说，现在 pGraph 这个变量保存的是 CGraph 对象在堆中内存的首地址：0x00346708。

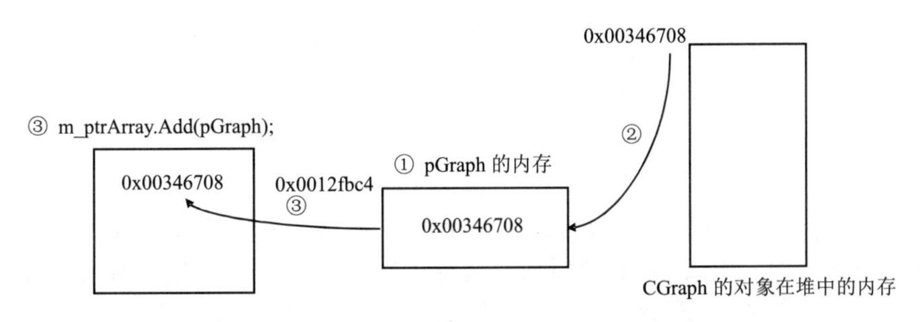

图 12.6　将 CGraph 对象在堆中的地址保存到集合类对象中的过程

接下来利用集合类的 Add 方法将 pGraph 这个变量的值保存起来，这个值就是 CGraph 对象在堆中的内存地址：0x00346708。因为对在堆中分配的对象来说，如果程序中不显式地析构该对象，那么该对象的生命周期将与应用程序的生命周期是一致的。当 OnLButtonUp 函数执行完成之后，pGraph 是一个局部变量，所以它的内存要被回收，但是它所指向的对象的值，即我们用 new 操作符在堆中所分配的对象的内存地址 0x00346708，已经被保存到集合类的对象 m_ptrArray 中了，所以这时仍然可以通过这个地址索引到相应的 CGraph 对象。这一过程的内存示意图如 12.7 所示。

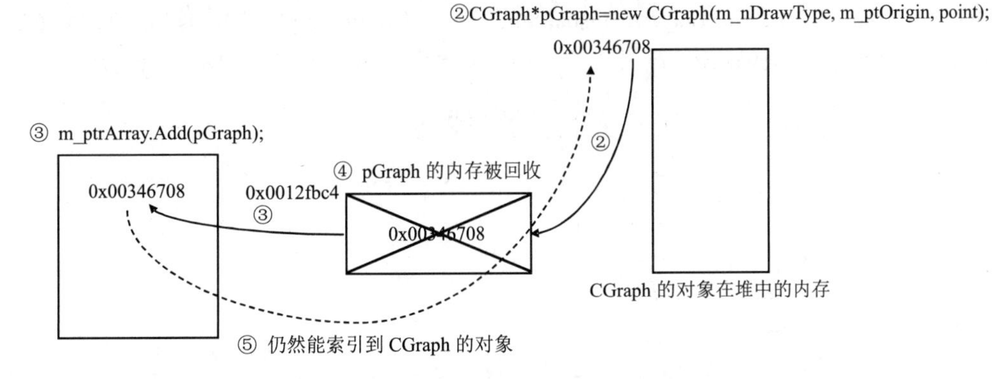

图 12.7　局部变量 pGraph 内存被回收后，集合类对象仍能根据所保存的地址值索引到正确的对象

再次运行 Graphic 程序，并利用相应菜单项在窗口中绘制一些图形，当窗口尺寸发生变化时，会发现所绘制的图形始终在窗口中。通过这个例子的学习，希望读者一定要注意对象和指针类型之间的区别。

不过，虽然现在结果正确了，但是还有个问题需要引起我们的注意。我们在 OnDraw 函数中创建的 CGraph 对象是在堆上分配的内存，对在堆中分配的对象来说，如果在程序中不显式地析构该对象，那么该对象的生命周期将与应用程序的生命周期是一致的，所以我们应该对于那些在堆上分配内存的对象，时刻想着在不使用时进行内存回收操作。为此，我们在 CGraphicView 类的析构函数中，对 m_ptrArray 集合对象中保存的 CGraph 对象进行释放操作，代码如例 12-5 所示。

例 12-5

```
CGraphicView::~CGraphicView()
{
    for (int i = 0; i < m_ptrArray.GetSize(); i++)
    {
        delete m_ptrArray.GetAt(i);
    }
}
```

如果在 m_ptrArray 集合对象中没有保存任何元素，那么 GetSize 函数的调用就返回 0，自然循环就不会进行下去，所以，我们也就没必要先去判断 m_ptrArray 集合对象的内容是否为空了。

12.2.2 OnPaint 与 OnDraw

前面我们已经介绍过，在窗口重绘时会发送一条 WM_PAINT 消息，如果想让图形在窗口中始终都能显示出来，就可以将图形的绘制操作放置在该消息的响应函数（OnPaint）中。而 OnDraw 函数只是一个虚函数，并不是 WM_PAINT 消息的响应函数，那为什么它会在窗口重绘过程中被调用呢？

可以看一下 Graphic 程序视类的基类 CView 类对 WM_PAINT 消息的响应函数 OnPaint 的实现。该函数的实现源代码位于 viewcore.cpp 中，在笔者的机器上，该文件所在的路径是：D:\Program Files (x86)\Microsoft Visual Studio\2017\Community\VC\Tools\MSVC\14.16.27023\atlmfc\src\mfc。在 viewcore.cpp 文件中，OnPaint 函数的定义代码如例 12-6 所示。

例 12-6

```
void CView::OnPaint()
{
     // standard paint routine
     CPaintDC dc(this);
     OnPrepareDC(&dc);
     OnDraw(&dc);
}
```

读者可以在这个函数的定义处设置一个断点，然后调试运行 Graphic 程序，可以发现程序将停留在此断点处。

在上述例 12-5 所示代码中，OnPaint 函数首先利用 CPaintDC 类构造一个设备上下文对象 DC。但在第 2 章中曾提到，在响应 WM_PAINT 消息时，如果想得到 DC 句柄，只能调用 BeginPaint 函数，而如果想释放这个 DC 句柄的话，应调用 EndPaint 函数。然而在这里并没有看到这两个函数的调用，只是利用 CPaintDC 类构造了一个 DC 对象，根据如图 12.8 所示的 CPaintDC 类的派生层次结构，可以知道 CPaintDC 是从 CDC 类派生的设备上下文类。

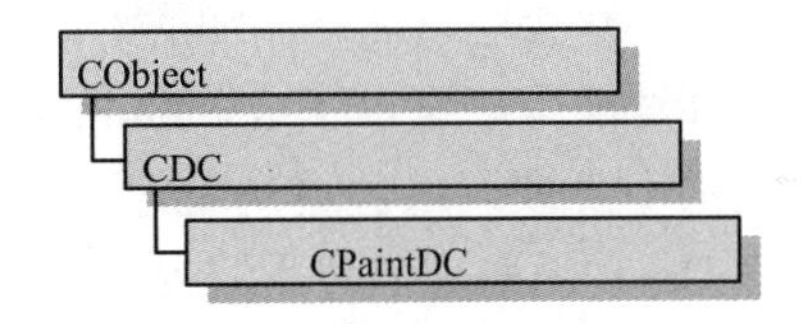

图 12.8　CPaintDC 类继承层次结构

实际上，CPaintDC 类将对 BeginPaint 和 EndPaint 这两个函数的调用封装到了其构造方法和析构方法中，在构造时执行 BeginPaint 函数，在析构时执行 EndPaint 函数。也就是说，CPaintDC 对象仍通过调用 BeginPaint 函数得到 DC 句柄，当不再需要这个 DC 时，该对象仍通过调用 EndPaint 函数释放 DC。并且 CPaintDC 对象只能够在响应 WM_PAINT 消息时使用，通常在 OnPaint 函数中使用。如果在程序中其他地方想要使用 DC 句柄，则只能利用 GetDC 和 ReleaseDC 函数来得到所需的 DC 和释放 DC。

在上述例 12-5 所示的 OnPaint 函数中，接着调用了 OnPrepareDC 函数，这是一个虚函数，在为屏幕显示而调用 OnDraw 函数之前，以及在打印或打印预览过程中调用 OnPrint 函数打印每一页文档之前，框架都会调用该函数。如果是因为屏幕显示而被调用，那么 OnPrepareDC 函数的默认实现就什么也不做，但是它在派生类中被重写，例如，在 CScrollView 类中被重写，用以调整设备上下文的属性。如果你自己重写了 OnPrepareDC 函数，则在该函数的开始处总是应该调用基类的 OnPrepareDC 函数。

例 12-5 所示的 OnPaint 函数接下来调用 OnDraw 函数，这是一个虚函数，而这时与 CGraphicView 类相关的视类窗口需要更新，向框架传递的视类指针就是子类 CGraphicView 的指针。在程序运行时，根据多态性原理，这里调用的实际上是 CGraphicView 类的 OnDraw 函数。为了验证这一点，读者可以先在 CGraphicView 类的 OnDraw 函数处设置一个断点，然后调试运行 Graphic 程序，将会发现程序首先进入 CView 类的 OnPaint 函数，然后进入到 CGraphicView 类的 OnDraw 函数。

也就是说，因为基类 CView 在响应 WM_PAINT 消息的函数 OnPaint 中调用了 OnDraw 函数，所以程序视类的子类中的 OnDraw 函数才会被调用。给程序员的感觉好像是：在 MFC 程序中，应用程序向导自动生成的视类的 OnDraw 函数就是专门用来重绘窗口的。实际上，MFC 程序的窗口重绘过程与第 2 章中讲述的 Win32 程序窗口重绘过程是一样的，只是前者将重绘的过程封装成一个函数 OnPaint 了。在 OnPaint 函数中调用 OnDraw 函数，主要是为程序员提供方便的，让我们可以在此函数中自行进行图形的绘制。

当然，我们也可以在 CGraphicView 类中增加 WM_PAINT 消息的响应函数，默认的函数实现代码如例 12-7 所示。

例 12-7

```
void CGraphicView::OnPaint()
{
    CPaintDC dc(this); // device context for painting
                    // TODO: 在此处添加消息处理程序代码
                    // 不为绘图消息调用 CView::OnPaint()
}
```

可以发现此时在 CGraphicView 类的 OnPaint 函数中并没有调用 OnDraw 函数。读者可以调试运行这时的 Graphic 程序，看看这时程序还会不会调用 CGraphicView 类的 OnDraw

函数。读者可以在新添加的 OnPaint 函数内先设置一个断点，然后调试运行 Graphic 程序，将会发现程序进入了这个 OnPaint 函数，但始终没有进入 OnDraw 函数中。可见此时 OnDraw 函数不会被调用，这是因为我们在自己捕获 WM_PAINT 消息的响应函数中并没有调用 OnDraw 函数。当然我们也可以在这个 OnPaint 函数中调用 OnDraw 函数，并在调用之前添加 OnPrepareDC 函数调用（调用这个函数的原因，下面会讲述），即 CGraphicView 类的 OnPaint 函数的代码如例 12-8 所示。

例 12-8

```
void CGraphicView::OnPaint()
{
    CPaintDC dc(this);

    OnPrepareDC(&dc);
    OnDraw(&dc);
}
```

再次调试运行 Graphic 程序，就会发现这时它将调用 OnDraw 函数。这一过程与在基类 CView 的 OnPaint 函数中调用 OnDraw 函数是一样的。

12.3 窗口滚动功能的实现

12.3.1 CScrollView 类

在利用 MFC 应用程序向导创建项目时，在向导的最后一步，可以把视类的基类选择为 CScrollView，如图 12.9 所示。这样，视图窗口就具有了滚动功能，当图形在窗口中不能完整显示时，可以通过拖动滚动条来浏览整个窗口中的内容。

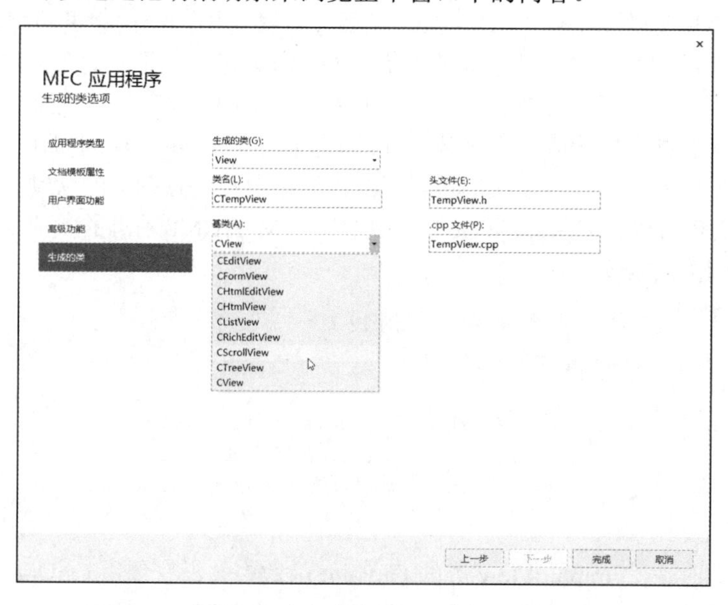

图 12.9 在应用程序向导的最后一步修改视类的基类

但是现在我们的 Graphic 程序已经生成了，如果要为其增加窗口滚动的能力，可以手动将该程序视类的基类由 CView 修改为 CScrollView，这需要修改程序中的几处地方。在 CGraphicView 类头文件中只有一处需要修改，即该类的定义处，将 CView 修改为 CScrollView 即可，让 CGraphicView 类从后者派生。修改后的代码如下所示：

```
class CGraphicView : public CScrollView
{
......
```

但在 CGraphicView 类的源文件中有多处需要修改，为了避免遗漏，可以利用快捷键 Ctrl+H（菜单命令【编辑】→【查找和替换】→【快速替换】）进行替换，这时会出现如图 12.10 所示的查找替换小窗口，在第一个编辑框中输入 CView，第二个编辑框中输入 CScrollView，选中“全字匹配”，然后单击【全部替换】图标按钮，这样就将 GraphView.cpp 文件中所有出现 CView 的地方都替换为了 CScrollView。

图 12.10　查找替换小窗口

这时，Graphic 程序能够被成功编译和链接，但是在运行时会出现一个非法操作提示。这是因为对滚动窗口来说，在初始创建时，需要进行一些设置，包括整个滚动窗口的大小，以及当单击滚动条箭头时滚动条滚动的数值和单击滚动栏时滚动条滚动的数值。要进行这些设置，需要调用 CScrollView 类的成员函数：SetScrollSizes，该函数的声明形式如下所示：

```
void SetScrollSizes( int nMapMode, SIZE sizeTotal, const SIZE& sizePage = sizeDefault, const SIZE& sizeLine = sizeDefault );
```

SetScrollSizes 函数的作用是设置滚动窗口的大小，有四个参数，其中后面两个参数都有默认值。

■ nMapMode

指定映射模式，其取值可以是表 12.1 所列值之一。

■ sizeTotal

设置滚动视图窗口总的尺寸。

■ sizePage

设置响应鼠标单击滚动条的轴时水平和垂直方向滚动的量。

■ sizeLine

设置响应鼠标单击滚动箭头时水平和垂直方向滚动的量。

因为该函数的后两个参数都有默认值，所以在调用时可以只为其传递前两个参数的值。

根据前面的知识，可以断定应该在视类窗口创建之后再调用 SetScrollSizes 函数。这里，可以为 CGraphicView 类重载一个虚函数 OnInitialUpdate。该函数是在窗口完全创建完成之后第一个调用的函数，也就是说，该函数在第一次调用 OnDraw 函数之前调用。利用此特点，可以在此函数中对窗口进行一些初始化工作，本例就是设置滚动窗口的初始尺寸。OnInitialUpdate 函数的具体代码如例 12-9 所示。

例 12-9

```
void CGraphicView::OnInitialUpdate()
{
    CScrollView::OnInitialUpdate();

    SetScrollSizes(MM_TEXT,CSize(1600,900));
}
```

编译并运行 Graphic 程序，这时可以看到程序窗口多了两个滚动条（如图 12.11 所示）。读者可以利用相应菜单在窗口中绘制一些图形，拖动滚动条，可以看到程序窗口具有了滚动能力。

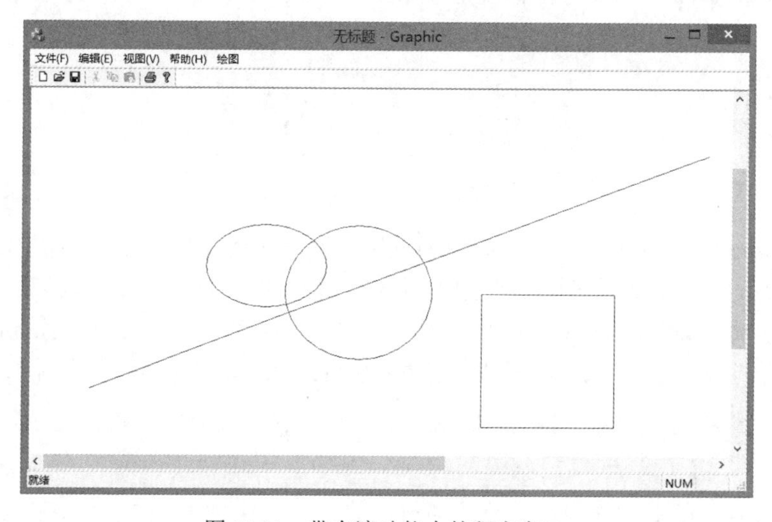

图 12.11　带有滚动能力的程序窗口

12.3.2　图形错位现象

但是，此时的 Graphic 程序的窗口滚动功能还不完善。例如，读者可以先将垂直滚动条拖动到最底端，然后在窗口的右下角中绘制一些图形，接着稍微改变一下窗口尺寸，你会发现图形出现在了原位置的上方。

我们知道，当窗口尺寸发生变化时，窗口会发生重绘，也就是在 OnDraw 函数中将重新绘制图形。先前 CGraphicView 类以 CView 类为基类，窗口中绘制的图形无论窗口尺寸如何变化，都能正确显示，但为什么在增加滚动功能后窗口中的内容就不能正确显示了呢？根据前面的知识，我们知道在调用 GDI 函数绘图时使用的是逻辑坐标，而 Windows 需要将其转换为设备坐标再输出图形。前面已经介绍了，在调用 OnDraw 函数之前，OnPaint 函数调用 OnPrepareDC 函数来调整显示上下文的属性。因此，我们猜想可能就是在此函数中调整了显示上下文的属性，从而导致图形错位了。

为了更好地找到问题的原因，我们可以看看 CScrollView 中已经重写的 OnPrePareDC

函数的定义，该函数的定义位于微软提供的 MFC 源文件 viewscrl.cpp 中，具体代码如例 12-10 所示。

例 12-10

```
/////////////////////////////////////////////////////////////////////////////
// CScrollView painting

void CScrollView::OnPrepareDC(CDC* pDC, CPrintInfo* pInfo)
{
    ASSERT_VALID(pDC);

    if (m_bInitialRedraw)
    {
        return;
    }

#ifdef _DEBUG
     if (m_nMapMode == MM_NONE)
    {
        TRACE(traceAppMsg, 0, "Error: must call SetScrollSizes() or
SetScaleToFitSize()");
        TRACE(traceAppMsg, 0, "\tbefore painting scroll view.\n");
        ASSERT(FALSE);
        return;
    }
#endif //_DEBUG
     ASSERT(m_totalDev.cx >= 0 && m_totalDev.cy >= 0);
     switch (m_nMapMode)
     {
     case MM_SCALETOFIT:
        pDC->SetMapMode(MM_ANISOTROPIC);
        pDC->SetWindowExt(m_totalLog);  // window is in logical coordinates
        pDC->SetViewportExt(m_totalDev);
        if (m_totalDev.cx == 0 || m_totalDev.cy == 0)
            TRACE(traceAppMsg, 0, "Warning: CScrollView scaled to nothing.\n");
        break;

     default:
          ASSERT(m_nMapMode > 0);
          pDC->SetMapMode(m_nMapMode);
          break;
    }

     CPoint ptVpOrg(0, 0);       // assume no shift for printing
     if (!pDC->IsPrinting())
     {
          ASSERT(pDC->GetWindowOrg() == CPoint(0,0));
```

```
            // by default shift viewport origin in negative direction of scroll
            ptVpOrg = -GetDeviceScrollPosition();

            if (m_bCenter)
            {
                CRect rect;
                GetClientRect(&rect);

                // if client area is larger than total device size,
                // override scroll positions to place origin such that
                // output is centered in the window
                if (m_totalDev.cx < rect.Width())
                    ptVpOrg.x = (rect.Width() - m_totalDev.cx) / 2;
                if (m_totalDev.cy < rect.Height())
                    ptVpOrg.y = (rect.Height() - m_totalDev.cy) / 2;
            }
        }
        pDC->SetViewportOrg(ptVpOrg);

        CView::OnPrepareDC(pDC, pInfo);     // For default Printing behavior
    }
```

在例 12-10 所示的 OnPrePareDC 函数中，首先判断映射模式并设置相应的模式，默认是 MM_TEXT 映射模式。

接着定义一个点对象（ptVpOrg），然后判断程序当前是否在打印操作中，如果不是，则调用 GetDeviceScrollPosition 函数，并将它的返回值加上负号作为视口原点坐标。然后调用 SetViewportOrg 函数设置视口的原点。

下面我们就调试运行 Graphic 程序，看看视口原点坐标的变化。这里，读者一定要注意，在调试运行前不要在上述 CScrollView 类的 OnPrepareDC 函数中设置断点。因为我们要将垂直滚动条拖动到窗口的底端，在这个过程中，会不断进行窗口重绘，触发 WM_PAINT 消息，导致 OnPaint 函数一直被调用，而在该函数中又调用了 OnPrepareDC 函数，这样程序执行就会不断地暂停于此函数中设置的断点处，影响我们对问题的解决。

我们先不设置断点，然后调试运行 Graphic 程序，将垂直滚动条拖动到窗口的最底端，在窗口底部绘制一条直线，然后切换到 Visual Studio 界面，在 CScrollView 类的 OnPrepareDC 函数中调用 SetViewportOrg 函数的代码行处设置断点，当再次切换回 Graphic 程序窗口时，稍微改变一下窗口尺寸，或者将窗口最小化后恢复窗口，这时程序就会进入刚刚设置的断点处，如图 12.12 所示。可以发现，现在视口原点的坐标是（0, –294），也就是说，当我们把垂直滚动条拖动到窗口的最底端后，当窗口发生重绘时，在 OnPrepareDC 中调用 SetViewportOrg 函数将视口原点坐标设置为了（0, –294）。至此，我们可以推测可能就是因为视口原点的改变而导致图形跑到原位置的上方了。

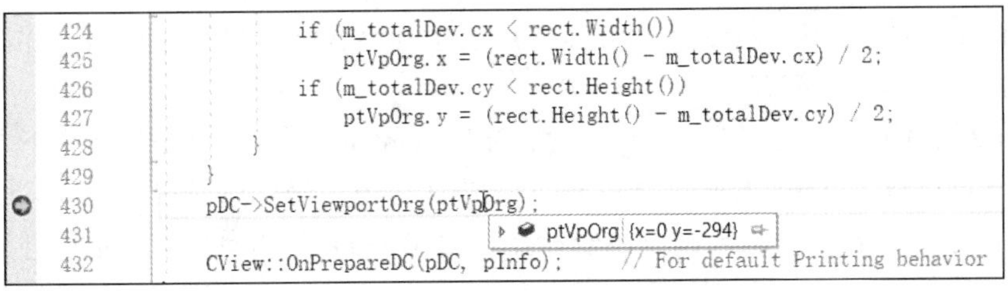

```
424                 if (m_totalDev.cx < rect.Width())
425                     ptVpOrg.x = (rect.Width() - m_totalDev.cx) / 2;
426                 if (m_totalDev.cy < rect.Height())
427                     ptVpOrg.y = (rect.Height() - m_totalDev.cy) / 2;
428             }
429         }
430         pDC->SetViewportOrg(ptVpOrg);
431                     ptVpOrg {x=0 y=-294}
432         CView::OnPrepareDC(pDC, pInfo);     // For default Printing behavior
```

图 12.12　视口原点的当前坐标值

1．关于图形错位的说明

当我们在窗口中单击鼠标左键的时候，得到的是设备坐标，例如（1270,500）。在 MM_TEXT 的映射模式下，逻辑坐标和设备坐标是相等的，因此我们利用集合类保存的这个点的坐标以像素为单位，坐标值为（1270, 500）。在调用 OnDraw 函数前，在 OnPaint 函数中调用了 OnPrepareDC 函数，调整了显示上下文的属性，将视口的原点设置为了（0, –294），这样的话，窗口的原点，也就是逻辑坐标（0, 0）将被映射为设备坐标（0, –294），在画线的时候，因为 GDI 的函数使用的是逻辑坐标，而在图形显示的时候，Windows 需要将逻辑坐标转化为设备坐标，因此，原先保存的坐标点（1270, 500）（在 GDI 函数中，作为逻辑坐标使用），根据转换公式 xViewport = xWindow-xWinOrg+xViewOrg 和 yViewport = yWindow-yWinOrg+yViewOrg，得到设备点的 x 坐标为 1270–0+0=1270，设备点的 y 坐标为 500–0+ (–294)=206，正因为点的 y 坐标变小了，所以我们看到图形在原先显示地方的上方出现了。

在 Graphic 程序中，当把垂直滚动条拖动到窗口最底端后，第一次画线时是在 CGraphicView 类的 OnLButtonUp 函数中实现的图形绘制，窗口并没有发生重绘，也就没有调用基类的 OnPrepareDC 函数去调整显示上下文的属性。也就是说，这时窗口和视口原点都是客户区左上角的（0, 0）点，此时根据逻辑点（1270, 500）绘制出的坐标仍是（1270, 500）。而在窗口发生重绘时，调用了 OnPrepareDC 函数，后者修改了视口原点，此时视口原点不再是客户区左上角的（0, 0）点，而是（0, –294）点，窗口原点的坐标仍是（0,0）。这时在 OnDraw 函数中再次绘制直线时，所得到的设备坐标变成了（1270, 206），而先前是（1270, 500），于是图形就在原位置的上方出现了。

读者应记住：不管视口原点和窗口原点如何改变，设备坐标（0, 0）点始终位于窗口客户区的左上角。

2．关于解决方法的说明

那么如何让图形在原先的位置上显示呢？首先在绘制图形之后，在保存坐标点之前，应该调用 OnPrepareDC 函数，调整显示上下文的属性，将视口的原点设置为（0, –294），这样的话，窗口的原点，也就是逻辑坐标（0, 0）将被映射为设备坐标（0, –294），然后再调用 DPtoLP 函数将设备坐标（1270,500）转换为逻辑坐标，设备坐标转换为逻辑坐标的公式为：

```
xWindow = xViewport-xViewOrg+xWinOrg
yWindow = yViewport-yViewOrg+yWinOrg
```

得到逻辑点的 x 坐标为 1270−0+0=1270，y 坐标为 500−(−294)+0=794，并将得到的逻辑坐标（1270, 794）保存起来。

Graphic 程序在窗口重绘时，会先调用 OnPrepareDC 函数，调整显示上下文的属性，将视口的原点设置为（0, −294），然后 GDI 函数使用逻辑坐标点（1270, 794）绘制图形，而该坐标值将被 Windows 转换为设备坐标点（1270, 500），和原先显示图形时的设备点是一样的，于是图形就在原先的地方显示出来了。

下面就遵照上述方法对 Graphic 程序进行修改，在 CGraphicView 类的 OnLButtonUp 函数中添加例 12-11 所示代码中加灰显示的代码。

例 12-11

```
void CGraphicView::OnLButtonUp(UINT nFlags, CPoint point)
{
    CClientDC dc(this);
    CPen pen(m_nLineStyle,m_nLineWidth,m_clr);
    CPen* pOldPen = dc.SelectObject(&pen);
    CBrush *pBrush=CBrush::FromHandle((HBRUSH)GetStockObject(NULL_BRUSH));
    CBrush *pOldBrush = dc.SelectObject(pBrush);
    switch(m_nDrawType)
    {
    case 1:
        dc.SetPixel(point,m_clr);
        break;
    case 2:
        dc.MoveTo(m_ptOrigin);
        dc.LineTo(point);
        break;
    case 3:
        dc.Rectangle(CRect(m_ptOrigin,point));
        break;
    case 4:
        dc.Ellipse(CRect(m_ptOrigin,point));
        break;
    }
    dc.SelectObject(pOldPen);
    dc.SelectObject(pOldBrush);

//  CGraph graph(m_nDrawType,m_ptOrigin,point);
//  m_ptrArray.Add(&graph);

    OnPrepareDC(&dc);
    dc.DPtoLP(&m_ptOrigin);
    dc.DPtoLP(&point);

    CGraph *pGraph=new CGraph(m_nDrawType,m_ptOrigin,point);
    m_ptrArray.Add(pGraph);
```

```
        CScrollView::OnLButtonUp(nFlags, point);
    }
```

再次运行 Graphic 程序，将垂直滚动条拖动到窗口最底端，并在窗口底部绘制图形。然后改变窗口尺寸，或者在最小化窗口后恢复窗口，可以发现图形仍在原位置处显示了。也就是说，图形错位的问题解决了。

这里，读者还应注意，因为在每次窗口重绘时，都会调用 OnPrepareDC 函数，而 **OnPrepareDC 会随时根据滚动窗口的位置来调整视口的原点**。也就是说，**视口的原点不是一成不变的，它会随着滚动条的位置不同而变化**。我们仍可以通过调试运行程序来验证这一点。首先将 OnPrepareDC 函数中设置的断点去掉，然后调试运行 Graphic 程序，把垂直滚动条拖动到窗口最底端，并在窗口底部绘制一条直线，然后把垂直滚动条拖动到窗口的最上端，再在 CScrollView 类的 OnPrepareDC 函数中调用 SetViewportOrg 函数的代码行处设置断点，接着切换回 Graphic 程序窗口并稍微改变一下尺寸，这时程序就会进入 OnPrepareDC 函数所设断点处，可以发现此时的视口原点为（0, 0）。也就是说，当我们把垂直滚动条拖动到窗口最上端时，OnPrepareDC 会将视口原点调整为（0,0），而不再是（0, –294）。

为了理解上述内容，读者一定要了解，我们在绘图时使用的都是逻辑坐标，也就是说，我们是在页面空间，即逻辑空间中进行绘图操作的。但是这些图形实际上都要被映射到设备空间中，因此坐标值必须要被转换为设备坐标，而这种转换不仅由映射模式，还由窗口原点和视口原点、窗口范围和视口范围来约束。在 MM_TEXT 映射模式下，因为逻辑坐标单位和设备坐标单位都是像素，所以相对来说转换比较简单，但是这时的转换仍会受到窗口原点和视口原点的影响。

12.4　元文件

下面再介绍两种保存图形和重绘图形的方式：元文件和兼容设备描述表。下面介绍利用元文件实现图形的保存和重绘。

12.4.1　元文件的使用

这时需要用到元文件设备上下文类：CMetaFileDC，该类的派生层次结构如图 12.13 所示。

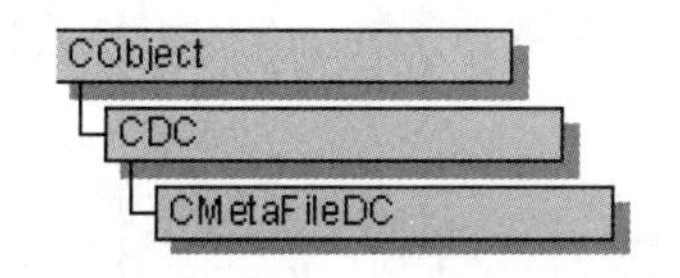

图 12.13　CMetaFileDC 类派生层次结构

从图 12.13 可知，CMetaFileDC 类是从 CDC 类派生的。一个 Windows 元文件 DC 包含了一系列图形设备接口命令，在程序中可以重放这些命令，以便创建所需的图形或文本。

为了更好地理解元文件 DC 的作用，我们可以这样比喻，我们先准备一块画布来绘制图形，这块画布就相当于元文件 DC，然后我们在这块画布上绘制各种各样的图形，但是这些图形并没有被别人所看到。在画好之后，如果有人想看，我们就可以随时打开这块画布，让他们观看，也就是说可以多次重复地打开同一块画布以展示上面的内容。元文件的工作原理与此类似，它包含的实际上是一系列图形设备接口命令，例如绘制一条直线、绘制一个椭圆、输出一行文本，但这时绘制的图形是看不到的，它们存在于元文件中，实际上是在内存中绘制的。当在元文件中绘制完成之后，可以播放该元文件，这时就可以在窗口中看到先前在该文件中绘制的图形了。要注意的是，**元文件并没有包含所绘图形的图形数据，它包含的是图形的绘制命令。**

我们可以通过以下步骤来使用 Windows 元文件。

1 利用 CMetaFileDC 构造函数先构造一个元文件 DC 对象，然后调用该类的 CreateEnhanced 成员函数为增强格式的元文件创建一个设备上下文，并将其与已构造的 CMetaFileDC 对象关联起来。CMetaFileDC 类的 CreateEnhanced 函数的声明如下所示：

```
BOOL CreateEnhanced(
   CDC* pDCRef,
   LPCTSTR lpszFileName,
   LPCRECT lpBounds,
   LPCTSTR lpszDescription
);
```

各参数含义分别如下所述。

参数 pDCRef 标识增强型元文件的引用设备。Windows 使用 pDCRef 参数标识的参考设备来记录最初显示图像的设备的分辨率和单位。如果该参数为 NULL，则使用当前显示设备作为参考。

参数 lpszFileName 指向一个以 NULL 结尾的字符串，该字符串指定要创建的增强型元文件的文件名。如果此参数为 NULL，则创建的增强型元文件是一个内存元文件。

参数 lpBounds 指向一个 RECT 数据结构或者 CRect 对象，指定要存储在增强型元文件中的图像尺寸，以 HIMETRIC 为单位（以 0.01 毫米为增量）。如果 lpBounds 参数为 NULL，则图形设备接口（GDI）将计算能够包含应用程序绘制的图像的最小矩形的尺寸。

参数 lpszDescription 指向一个以 0 结尾的字符串，该字符串指定创建图片的应用程序名称和图像的标题。lpszDescription 参数指向的字符串必须在应用程序名称和图像名称之间包含一个空字符，而且必须以两个空字符结束。例如，“XYZ Graphics Editor\0Bald Eagle\0\0”，其中\0 表示空字符。如果 lpszDescription 参数为 NULL，则增强型元文件的头中没有相应的条目。

虽然 CreateEnhanced 函数的参数多且不好理解，但从上面的介绍我们知道，这些参数都是可以为 NULL 的，对于本节的例子来说，为该函数的参数全部传递 NULL 而创建一个基于内存的增强型元文件足以满足需求了。

2 给已创建的增强型元文件 DC 对象发送一系列的 GDI 命令，例如 MoveTo 或 LineTo 等。

3 在给增强型元文件 DC 对象发送了需要的命令之后，调用 CloseEnhanced 成员函数关闭增强型元文件设备上下文，返回增强型元文件的句柄（HENHMETAFILE 类型）。CMetaFileDC 类的 CloseEnhanced 成员函数的声明如下所示。

```
HENHMETAFILE CloseEnhanced( );
```

4 以得到的增强型元文件句柄为参数，调用 CDC 类的 PlayMetaFile 成员函数播放该元文件。PlayMetaFile 函数的声明如下所示。

```
BOOL PlayMetaFile(
  HENHMETAFILE hEnhMetaFile,
  LPCRECT lpBounds
);
```

参数 hEnhMetaFile 标识要播放的增强型元文件；参数 lpBounds 指向一个 RECT 结构或者 CRect 对象，该结构或对象包含播放图像的边界矩形的坐标，坐标以逻辑单位指定。也就是说，增强型元文件的图像是在我们指定的一个矩形区域内显示。

5 在播放完其中的图形绘制命令之后，就不再需要该增强型元文件了。因为增强型元文件也是一种资源，所以在使用结束后，也需要释放，这可以通过调用 DeleteEnhMetaFile 函数将其删除。该函数的声明形式如下所示。

```
BOOL DeleteEnhMetaFile (HENHMETAFILE hmf);
```

下面就在 Graphic 程序中利用增强型元文件来保存图形，并在 OnDraw 函数中播放该元文件。

1 为 CGraphicView 类先添加一个 CMetaFileDC 类型的私有成员变量 m_dcMetaFile。然后在该类的构造函数中调用 CMetaFileDC 类的 Create 方法（代码如下所示）创建一个基于内存的增强型元文件的 DC。

```
m_dcMetaFile.CreateEnhanced(NULL, NULL, NULL, NULL);
```

2 在 CGraphicView 类的 OnLButtonUp 函数中，将已有的设备上下文对象都换成增强型元文件设备上下文对象，即把该函数中 CClientDC 类型的对象 DC 都替换为 CMetaFileDC 类型的对象 m_dcMetaFile。并将该函数中先前编写的将图形对象保存到集合类对象中的代码注释起来。即这时的 OnLButtonUp 函数如例 12-12 所示。

例 12-12

```
void CGraphicView::OnLButtonUp(UINT nFlags, CPoint point)
{
     CPen pen(m_nLineStyle, m_nLineWidth, m_clr);
    m_dcMetaFile.SelectObject(&pen);
    CBrush                            *pBrush                    =
CBrush::FromHandle((HBRUSH)GetStockObject(NULL_BRUSH));
    m_dcMetaFile.SelectObject(pBrush);
```

```
    switch (m_nDrawType)
    {
    case 1:
        m_dcMetaFile.SetPixel(point, m_clr);
        break;
    case 2:
        m_dcMetaFile.MoveTo(m_ptOrigin);
        m_dcMetaFile.LineTo(point);
        break;
    case 3:
        m_dcMetaFile.Rectangle(CRect(m_ptOrigin, point));
        break;
    case 4:
        m_dcMetaFile.Ellipse(CRect(m_ptOrigin, point));
        break;
    }
    CScrollView::OnLButtonUp(nFlags, point);
}
```

按照上面元文件使用步骤的第 3 步及之后的步骤，接下来应该在窗口重绘时，即在 OnDraw 函数中播放元文件，以实现图形的显示。为了简单起见，我们首先将 OnDraw 函数先前编写的绘制图形的代码注释起来或删除，然后添加新代码，结果如例 12-13 所示，其中加灰显示的代码为新添加的代码。

例 12-13

```
void CGraphicView::OnDraw(CDC* pDC)
{
    CGraphicDoc* pDoc = GetDocument();
    ASSERT_VALID(pDoc);
    if (!pDoc)
        return;

    1.  HENHMETAFILE hmetaFile;
    2.  hmetaFile = m_dcMetaFile.CloseEnhanced();
    3.
    4.  CRect rect;
    5.  GetClientRect(&rect);
    6.  rect.left = rect.right / 4;
    7.  rect.right = 3 * rect.right / 4;
    8.  rect.top = rect.bottom / 4;
    9.  rect.bottom = 3 * rect.bottom / 4;
    10.
    11. pDC->PlayMetaFile(hmetaFile, &rect);
    12. m_dcMetaFile.CreateEnhanced(NULL, NULL, NULL, NULL);
    13. DeleteEnhMetaFile(hmetaFile);
}
```

在新添加的这段代码中，首先调用 CloseEnhanced 函数关闭增强型元文件设备上下文，获得增强型元文件句柄。因为增强型元文件图像的显示是在一个矩形区域内的，所以这里我们定义了一个 CRect 类的对象 rect，调用 GetClientRect 函数获取窗口客户区的大小，并调整矩形区域的大小为窗口客户区的一半，这样图像就会在窗口客户区的中心区域显示出来。接下来，利用 CDC 类的成员函数 PlayMetaFile 在指定的矩形区域播放该元文件。因为在窗口重绘之后，用户可能希望能够继续绘制图形，而我们仍采用增强型元文件的方式来实现图形的绘制，所以在播放先前增强型元文件中的图像之后，应该接着再创建一个增强型元文件设备上下文对象，以便用户再次绘制图形时使用。最后调用 DeleteMetaFile 函数释放元文件资源。

编译并运行 Graphic 程序，利用相应菜单命令在窗口中绘制图形，通过某种方式让窗口发生重绘（例如最大化窗口）后，就可以看到绘制的图形了。用户可以继续绘制图形，并通过某种方式让窗口重绘来看到新绘制的图形。读者会注意到，这时在程序窗口中，我们先前绘制的图形没有了，只是把我们最新绘制的图形显示出来了。这是因为我们在代码中又创建了一个新的增强型元文件设备上下文（上述例 12-13 所示的第 12 行代码），所以先前绘制的图形都不存在了。如果想要保存先前绘制的图形，那么在创建新的增强型元文件的 DC 之后，应该用这个新的增强型元文件的 DC 的 PlayMetaFile 函数去播放先前的增强型元文件。即在上述例 12-12 所示的第 12 行代码之后添加下面这句代码：

```
m_dcMetaFile.PlayMetaFile(hmetaFile,&rect);
```

注意：这时在 OnDraw 函数中，当调用 pDC 的 PlayMetaFile 函数播放增强型元文件时，它会将指定增强型元文件中的 GDI 命令在窗口中输出。而调用新的增强型元文件 DC（m_dcMetaFile）的 PlayMetaFile 函数播放元文件时，它会将先前在元文件中绘制的图形在该增强型元文件 DC 中绘制，实际上，这就相当于把先前的图形绘制命令保存到新的 m_dcMetaFile 中了。接下来，用户可以利用这个新的增强型元文件 DC 继续调用 GDI 函数绘制新的图形（即 OnLButtonUp 函数中实现的功能）。这样，当下一次调用 OnDraw 函数时，m_dcMetaFile 中保存的就是所有图形绘制命令，于是得到的增强型元文件（hmetaFile）中就保存了用户已进行的所有图形绘制的命令，这时调用 pDC 的 PlayMetaFile 函数就可以把用户已绘制的所有图形在窗口中显示出来了。

读者可以再次运行 Graphic 程序检验一下效果，会发现当程序窗口发生重绘后，先前所绘的图形也能显示出来了。

12.4.2　元文件的保存与打开

接下来，我们希望把保存图形绘制命令的元文件保存为磁盘文件，以便在以后需要时可以随时打开该文件，并在程序窗口中显示其中的图形内容。

下面，为 Graphic 程序的 CGraphicView 类分别添加【文件】子菜单下的【打开】和【保存】菜单命令的响应函数，然后在这两个命令响应函数（分别为 OnFileOpen 和 OnFileSave）

中分别实现元文件的打开和保存。

为了保存元文件，可以使用 CopyMetaFile 函数，该函数的作用是把 Windows 元文件的内容复制到指定的文件。该函数的声明形式如下所示：

```
HENHMETAFILE CopyEnhMetaFile(
  HENHMETAFILE hemfSrc,
  LPCTSTR lpszFile
);
```

CopyMetaFile 函数有两个参数，含义分别如下所述：

■ hemfSrc

指定要复制的增强型元文件的句柄。

■ lpszFile

指定目标文件的名称。如果这个参数为 NULL，那么要复制的增强型元文件将会被复制到内存中。

我们在 Graphic 程序的 OnFileSave 函数中添加如例 12-14 所示的代码，以实现增强型元文件的保存。

例 12-14

```
void CGraphicView::OnFileSave()
{
    HENHMETAFILE hmetaFile;
    hmetaFile = m_dcMetaFile.CloseEnhanced();
    HENHMETAFILE hemfCopy = CopyEnhMetaFile(hmetaFile, L"meta.emf");
    m_dcMetaFile.CreateEnhanced(NULL, NULL, NULL, NULL);
    DeleteEnhMetaFile(hmetaFile);
    DeleteEnhMetaFile(hemfCopy);
}
```

在上述例 12-14 所示代码中，首先定义一个 HENHMETAFILE 类型的增强型元文件的句柄变量，接着调用元文件设备上下文的 CloseEnhanced 成员函数得到对应的增强型元文件的句柄，然后调用 CopyEnhMetaFile 函数将该元文件句柄所指向的元文件中的内容复制到指定的磁盘文件 meta.emf 中。对增强型元文件来说，当把它的内容保存为一个磁盘文件时，通常将其扩展名取为“emf”。在复制操作完成后，需要重新再创建一个增强型元文件的 DC，以备下一次绘制图形时使用。这时，对于已得到的增强型元文件句柄 hmetaFile 和 CopyEnhMetaFile 函数调用返回的增强型元文件副本的句柄来说，它们所标识的元文件就不再需要了，所以将它们删除，以释放元文件所占有的内存资源。

再次运行 Graphic 程序，利用【绘图\直线】菜单项在程序窗口中绘制一条直线，然后利用【文件\保存】菜单命令保存元文件内容，这时可以发现 Graphic 程序目录下多了一个文件：meta.emf。

接下来，在 Graphic 程序中实现将刚才已保存的元文件打开这一功能，这可以利用 GetEnhMetaFile 函数来得到指定增强型元文件的句柄。在 Graphic 程序的 OnFileOpen 函数中添加如例 12-15 所示代码，以实现元文件的打开。

例 12-15

```
void CGraphicView::OnFileOpen()
{
    CRect rect;
    GetClientRect(&rect);
    rect.left = rect.right / 4;
    rect.right = 3 * rect.right / 4;
    rect.top = rect.bottom / 4;
    rect.bottom = 3 * rect.bottom / 4;

    HENHMETAFILE hmetaFile;
    hmetaFile = GetEnhMetaFile(L"meta.emf");
    m_dcMetaFile.PlayMetaFile(hmetaFile, &rect);
    DeleteEnhMetaFile(hmetaFile);
    Invalidate();
}
```

在上述例 12-15 所示代码中，首先准备一个用于播放增强型元文件中图像的矩形区域，然后调用 GetEnhMetaFile 函数获得指定元文件 meta.emf 的句柄，接着就在元文件设备上下文中播放该元文件，这样，该元文件包含的图形绘制命令就被记录下来了。在播放之后，对于增强型元文件句柄 hmetaFile 来说，已经没有作用了，所以将其删除以释放相关资源。在上述代码的最后调用 Invalidate 函数以引起窗口的重绘，这样程序就会调用 OnDraw 函数。前面我们已经在 OnDraw 函数中调用当前窗口的设备上下文（pDC）的 PlayMetaFile 函数在当前窗口中播放元文件，因此程序就可以在当前窗口中显示该元文件包含的图形绘制命令的结果。

再次运行 Graphic 程序，利用【文件\打开】菜单命令即可打开先前保存的元文件，这时，在程序窗口中可以看到先前绘制的图形。这里再次强调，元文件保存的并不是图形数据，而是图形绘制命令。

12.5 兼容设备描述表

下面再介绍另一种图形保存和重绘的方式：利用兼容 DC 来实现。关于兼容 DC 的知识，在前面的章节中已经介绍过了，当时主要是利用兼容 DC 在内存中准备一幅图像，然后将该图像复制到目的窗口中。我们也可以利用兼容 DC 来保存图形，在 OnDraw 函数中将兼容 DC 保存的图形复制到目的窗口中。

下面在 Graphic 程序中利用兼容 DC 来实现图形的保存和重绘。首先需要为 CGraphicView 类创建一个兼容 DC 对象，为其增加一个 CDC 类型的私有成员变量：m_dcCompatible，然后在该类的 OnLButtonUp 函数中，利用兼容 DC 实现图形的保存，具体实现代码如例 12-16 所示。

例 12-16

```
1.  void CGraphicView::OnLButtonUp(UINT nFlags, CPoint point)
2.  {
```

```
3.
4.      CClientDC dc(this);
5.     CBrush *pBrush=CBrush::FromHandle((HBRUSH)GetStockObject(NULL_BRUSH));
6.      if(!m_dcCompatible.m_hDC)
7.      {
8.          m_dcCompatible.CreateCompatibleDC(&dc);
9.          CRect rect;
10.         GetClientRect(&rect);
11.         CBitmap bitmap;
12.        bitmap.CreateCompatibleBitmap(&dc,rect.Width(),rect.Height());
13.         m_dcCompatible.SelectObject(&bitmap);
14.         m_dcCompatible.SelectObject(pBrush);
15.     }
16.     switch(m_nDrawType)
17.     {
18.     case 1:
19.         m_dcCompatible.SetPixel(point,RGB(0,0,0));
20.         break;
21.     case 2:
22.         m_dcCompatible.MoveTo(m_ptOrigin);
23.         m_dcCompatible.LineTo(point);
24.         break;
25.     case 3:
26.         m_dcCompatible.Rectangle(CRect(m_ptOrigin,point));
27.         break;
28.     case 4:
29.         m_dcCompatible.Ellipse(CRect(m_ptOrigin,point));
30.         break;
31.     }
32.     CScrollView::OnLButtonUp(nFlags, point);
33. }
```

下面我们来剖析如例 12-16 所示代码。

第 6 行~第 8 行：判断是否已经创建了 m_dcCompatible 这个兼容 DC 对象，如果没有创建（即 m_dcCompatible 对象的 m_hDC 数据成员为 NULL），就创建该对象，并与当前窗口 DC（dc）兼容。因为在 Graphic 程序运行时，OnLButtonUp 函数会被多次调用，所以一定要进行这样的判断，不能重复地创建这个兼容 DC，只有在第一次判断其还没有被创建时，才创建该兼容 DC 对象。

第 9 行~第 12 行：在前面已经提到过，在兼容 DC 初始创建时，它会选择一幅单色位图。之前，我们通过 SelectObject 函数将一幅位图选入兼容 DC 来确定其显示表面的大小。但现在没有这样一幅位图，而我们需要去创建一个与当前窗口 DC 相兼容的 DC，它的显示表面大小与当前客户区大小是一致的，这可以利用兼容位图来满足这样的要求。CBitmap 类的成员函数 CreateCompatibleBitmap 可以通过指定的宽和高创建一幅与指定 DC 相兼容的位图。为此，我们通过 GetClientRect 函数获取当前窗口客户区的大小，然后利用该大小设置兼容位图的宽和高。

第 13 行： 在有了兼容位图之后，就可以把该兼容位图选入兼容 DC 中，从而确定兼容 DC 显示表面的大小。这里，读者一定要注意，对兼容 DC 来说，如果想在其上调用 GDI 函数，那么必须先为其选入一幅位图，这幅位图可以是一幅普通位图，也可以是通过 CreateCompatibleBitmap 函数创建的兼容位图。只有经过这一操作之后，才能确定兼容 DC 显示表面的大小。

第 14 行： 将透明画刷选入兼容 DC 中。

在例 12-16 所示代码中剩余的代码行只是将 OnLButtonUp 函数中原有的元文件 DC 都替换为新创建的兼容 DC。

因为兼容 DC 实际上是一块内存，所以利用它绘制的图形在窗口中是看不到的。接下来在 CGraphicView 类的 OnDraw 函数中利用已创建的兼容 DC 对象，将该 DC 中的内容复制到目的 DC 中，从而实现图形的显示。该函数的具体代码如例 12-17 所示。

例 12-17

```
    void CGraphicView::OnDraw(CDC* pDC)
    {
         CGraphicDoc* pDoc = GetDocument();
         ASSERT_VALID(pDoc);
         if (!pDoc)
            return;

         CRect rect;
         GetClientRect(&rect);
         pDC->BitBlt(0,0,rect.Width(),rect.Height(),&m_dcCompatible,0,0,
SRCCOPY);

    }
```

在上述例 12-17 所示代码中，首先利用 GetClientRect 函数得到窗口客户区大小，然后利用前面已经使用过的 BitBlt 函数将兼容 DC 中的内容复制到当前窗口 DC 中，从而实现图形的显示。

编译并运行 Graphic 程序，然后利用相应菜单进行绘图操作，但是当窗口尺寸发生变化时会发现程序出现问题了，程序并没有如我们所愿在窗口中显示出我们刚刚绘制的图形。之所以会出现这样的问题是因为 CreateCompatibleBitmap 函数返回的位图对象只包含相应设备描述表中位图的信息头，并不包含该位图的颜色表和像素数据块。因此，选入该位图对象的设备描述表不能像选入普通位图对象的设备描述表一样应用，必须在 SelectObject 函数之后，调用 BitBlt 函数将原始设备描述表的颜色表及像素数据块复制到兼容设备描述表。也就是说，需要在上述例 12-16 所示 CGraphicView 类的 OnLButtonUp 函数的第 13 行代码之后添加下面这条语句。

```
m_dcCompatible.BitBlt(0,0,rect.Width(),rect.Height(),&dc,0,0,SRCCOPY);
```

这里，即使读者对位图的格式不太了解的话，也没有太大的影响，只需要记住：**在调**

用 SelectObject 函数将兼容位图选入兼容 DC 之后，还需要调用 BitBlt 函数将原始设备描述表的颜色表及像素数据块复制到兼容设备描述表。

再次运行 Graphic 程序，并利用相应菜单命令绘制一些图形，改变窗口大小使窗口重绘，这时在程序窗口就可以看到刚刚绘制的图形了。

以上就是利用兼容设备描述表来完成图形的保存和重绘功能的实现过程，这里的重绘实际上是利用 BitBlt 函数通过贴图操作来完成的。

如果读者想在图形绘制时，在窗口中也能够看到正绘制的图形，则可以在 CGraphicView 类的 OnLButtonUp 函数中进行两次图形绘制函数的调用，一次是利用兼容 DC 调用图形绘制函数在内存中绘制图形，另一次是利用当前窗口 DC 调用图形绘制函数在窗口上绘制图形。这样的话，绘制的图形不仅可以在当前窗口中显示出来，同时也保存到兼容 DC 中了。读者可以自行实现这样的功能。

12.6 本章小结

本章主要介绍了图形的保存和重绘方面的内容。首先介绍了一些 Windows 图形绘制相关的基础知识，包括坐标空间和转换，Win32 应用程序设计接口（API）四种坐标空间：世界坐标系空间、页面空间、设备空间和物理设备空间。其中，世界坐标系空间主要用来对图形进行一些特殊的处理，例如旋转、斜切或者反射；对于物理设备空间来说，因为我们不能对其进行任何操作，所以不需要考虑。我们需要考虑的主要是从页面空间到设备空间的转换，对页面空间来说，我们通常把它称为逻辑空间。在绘制图形时，需要将逻辑坐标点转换为设备坐标点。这种转换一般是由 Windows 自动完成的，但在一些特殊的情况下需要程序员自己去操作，例如，如果是在滚动窗口中绘制图形的话，就需要进行一些额外的处理。

另外，本章还介绍了集合类 CPtrArray 的使用、OnPaint 与 OnDraw 在 CView 中的关系及实现内幕、滚动窗口等功能的实现。

最后，还介绍了两种图形保存和绘制的方法，分别利用元文件和兼容 DC 实现图形的保存和再现。

P

第 13 章 文件和注册表操作

13.1 const char*和 char* const

很多与文件操作相关的函数其参数类型都是 const char*（指向常量的指针）类型，本章将首先简单介绍指向常量的指针（const char*）与指针常量（char* const）这两种类型的区别。

13.1.1 const char*

const char*类型是指向常量的指针，注意此时 const 所在的位置：在“*”的前面。const 在 char 的前面或后面都是一样的，但通常将 const 放置在 char 的前面。对一个利用 const char*类型定义的常量指针来说，不能修改其指向的内存中的内容，但可以修改其所指向的内存地址。const char*类型的使用方法如下所示：

```
char ch[5]="lisi";
const char* pStr=ch;
```

上述所示代码的第一行定义了一个字符数组 ch，并赋值为字符串 lisi。注意这种赋值形式只能在定义的同时进行。另一点需要读者注意的是，这里定义的字符数组元数个数为 5，而不是 4！因为在 C 语言中，对于常量字符串来说，在它的最后都需要放置一个“\0”字符表示字符数组的结束，因此这里的字符数组元素个数应该为 5。

接下来，上述代码的第二行利用 const char*类型定义了一个指向常量的指针变量 pStr，用已定义的字符数组 ch 给这个变量赋值，相当于将这个数组的首地址赋给了这个变量。因为对于利用 const char*类型定义的指向常量的指针变量，不能修改其指向的内存中的内容，但可以修改其本身的值，即变量所保存的内存地址。因此，对于 pStr 来说，这个指针变量的值是可以修改的，而其指向的对象（即数组中的元素）被看作是常量，不能够被修改。

假定 ch 这个字符数组在内存中存放的首地址是：0088:4400，那么该字符数组的内存模型，以及在执行上述两行代码之后，各变量的内容如图 13.1 所示。

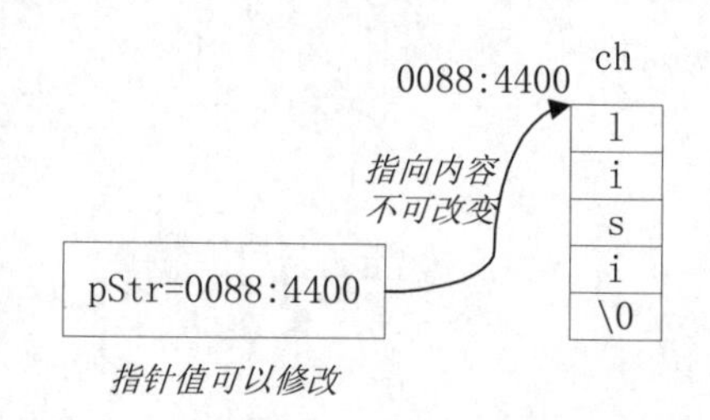

图 13.1 const char*类型变量内存模型示例

这时，对 pStr 变量进行如下操作。

```
*pStr = 'w';                //error
pStr = "wangwu";            //ok
```

上述代码的第一行是错误的，因为它试图修改 pStr 所指向的内存中的数据。pStr 被声明为指向常量的指针类型，表明它所指向的内存中的数据是常量，不能被修改，这句代码在编译时编译器就会提示出错。而第二行代码是把一个常量字符串赋给 pStr，相当于把这个常量字符串的首地址赋给这个指针变量，因为常量指针的值是可以修改的，所以这个操作是允许的。

提示：虽然我们不能利用 pStr 去修改它所指向的数组元素的值，但是我们可以通过数组变量 ch 来修改元素的值。

由此可见，一旦把 pStr 声明为指向常量的指针类型（const char*类型），在编译时就保证了不能利用 pStr 修改其所指向的内容。所以，在开发中定义函数时，如果想利用指针类型来传递参数，则通常将形参声明为 const char*类型，这样就不能利用形参来修改该指针所指向的内容了，从而保证了数据的一致性。

13.1.2 char* const

char* const 类型定义的是一个指针常量。它的使用方法如下所示。

```
char ch[5] = "lisi";
char * const pStr = ch;
```

上述代码首先定义了一个字符数组 ch，然后利用 char* const 类型定义了一个指针常量 pStr，同时用字符数组给这个指针常量赋值，相当于将字符数组的首地址赋给了指针常量。

注意此时 const 的位置：在“*”的后面，但在所定义的指针名称的前面。这种定义形式表明定义了一个指针常量。要注意的是，对于指针常量，必须在其定义的同时赋值。指针常量表示指针本身是常量，因此，对于 pStr 来说，其值是不能够修改的，但它所指向的内容是可以修改的。

假定上述代码中 ch 这个字符数组在内存中存放的首地址是：0088:4400，那么该字符数组的内存模型，以及在执行上述两行代码之后，各变量的内容如图 13.2 所示。

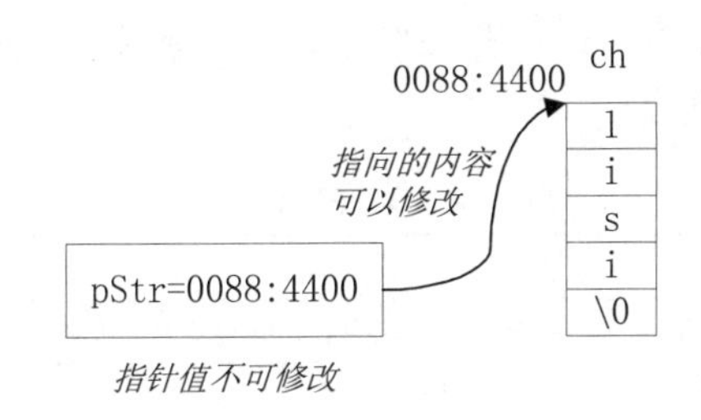

图 13.2　const char*类型变量内存模型示例

这时，对 pStr 变量进行如下操作：

```
pStr = "zhangsan";            //error
*pStr = 'W';                  //ok
```

上述第一行代码试图修改指针常量 pStr 的指针值，这是错误的，因为指针常量的指针值是不可以修改的。而第二行代码是修改指针常量 pStr 所指向的内容，这是可以的。

知识点　const char*类型的指针（指向常量的指针）所指向的内容是常量，是不可以修改的，但其指针值是可以修改的。对于 char* const 类型的指针（常量指针）来说，它的地址是一个常量，也就是说，它的指针值是常量，不可以修改，但其指向的内容是可以修改的。

13.2　C 语言对文件操作的支持

新建一个单文档类型的 MFC 应用程序，项目名为 File，解决方案名为 ch13，项目样式选择 MFC standard。在项目创建后，为该程序的主菜单增加一个子菜单，菜单名称为：文件操作。为其添加两个菜单项，并分别为它们添加相应的命令响应函数，本例让 CFileView 类接收这些菜单项的命令响应。这两个新添菜单项的 ID、名称，以及相应的响应函数名称如表 13.1 所示。

表 13.1　新添菜单项属性及响应函数名称

ID	菜单名称	响应函数
IDM_FILE_WRITE	写入文件	OnFileWrite
IDM_FILE_READ	读取文件	OnFileRead

13.2.1　文件的打开

在 C 语言中，对于文件的操作是利用 FILE 结构体进行的，在具体实现时，需要利用 fopen 函数返回一个指向 FILE 结构体的指针，该函数的声明形式如下所述：

```
FILE *fopen( const char *filename, const char *mode );
```

可以看到，fopen 函数有两个参数，其中第一个参数（filename）是一个指向文件名字符串的常量指针类型，表明将要打开的文件；第二个参数（mode）指定文件打开的模式，该参数的取值如表13.2中所示。

表13.2　文件打开的模式

文件打开模式	意　义
r	为读取而打开。如果文件不存在或不能找到，则函数调用失败
w	为写入操作打开一个空文件。如果给定的文件已经存在，那么它的内容将被清空
a	为写入操作打开文件。如果文件已经存在，那么在该文件尾部添加新数据，在写入新的数据之前，不会移除文件中已有的EOF标记；如果文件不存在，那么首先创建这个文件
r+	打开文件用于写入操作和读取操作，文件必须存在
w+	为写入操作和读取操作打开一个空的文件。如果给定文件已经存在，那么它的内容将被清空
a+	打开文件用于读取操作和添加操作。添加操作在添加新数据之前会移除该文件中已有的EOF标记，当写入操作完成之后再恢复EOF标记。如果指定文件不存在，那么首先将创建这个文件

13.2.2　文件的写入

在C语言中，向文件中写入数据可以利用fwrite函数实现，该函数的声明形式如下所述：

```
size_t fwrite( const void *buffer, size_t size, size_t count, FILE *stream );
```

fwrite函数有四个参数，各自的含义分别如下所述：

■ buffer

指向将要被写入文件的数据。

■ size

以字节为单位的项的大小。类型是size_t，实际上就是unsigned integer类型。

■ count

将要被写入的项的最大数目。

为了更清楚地说明size和count这两个参数的含义，我们举例来说明，假如现在要写入6个字符的数据，如果将size参数设置为1个字节，那么这时需要写入6个字节，也就是说需要将count参数设置为6，才能将6个字符写入文件中；如果将项的大小（size参数）设置为2，则只需要写入3次（即把count参数设置为3），即可写入6个字节的数据。一般来说，主要是在向文件中写入一些整型数据的时候需要注意这两个参数的使用。例如定义了一个整型数组，就可以将项的大小（size）设置为4个字节，因为一个整型占据4个字节；如果在该整型数组中有5个元素，就可以将count设置为5，这样一次fwrite调用就可以把这个整型数组中的所有元素完整地写入文件中。如果此时将size参数设置为1，而将count参数设置为5的话，就不能把该整型数组中的所有元素完全写入文件中。

■ stream

指向FILE类型的指针，该指针可以通过fopen函数获取到。

下面，在File程序的CFileView类的OnFileWrite函数中添加如例13-1所示的代码，从而利用C语言提供的函数实现文件的写入操作。

例 13-1

```
    void CFileView::OnFileWrite()
    {
        FILE *pFile=fopen("1.txt","w");
        fwrite("http://www.phei.com.cn/",1,strlen("http://www.phei.com.cn/"
),pFile);
    }
```

在例 13-1 所示代码中，首先利用 fopen 函数打开文件 1.txt，打开方式为“w”，即为写入操作而打开该文件。然后，调用 fwrite 函数向该文件中写入数据，写入数据的大小可以利用 strlen 函数来得到。

编译 File 程序，你会看到如下的错误提示信息：

```
    1>f:\vclesson\ch13\file\fileview.cpp(111): error C4996: 'fopen': This
function or variable may be unsafe. Consider using fopen_s instead. To disable
deprecation, use _CRT_SECURE_NO_WARNINGS. See online help for details.
```

这是因为微软觉得 fopen 函数是不安全的，因而提供了一个新的安全版本的 fopen_s 函数，这个函数并不能防止或者纠正安全性错误，不过，在发生错误时可以捕获错误。此外，使用 fopen 函数打开文件，该文件是共享的，可以被其他进程打开；而使用 fopen_s 函数打开文件，该文件除非被关闭，否则不能被其他文件访问。

在这里，我们依然使用 fopen 函数来打开文件，为此，需要关闭上述的错误提示。方法是单击菜单栏上的【项目】子菜单，选择【File 属性】，在出现的“File 属性页”对话框中展开“C/C++”节点，选中“预处理器”，在“预处理器定义”中，添加_CRT_SECURE_NO_WARNINGS 这个预定义宏。如图 13.3 所示。

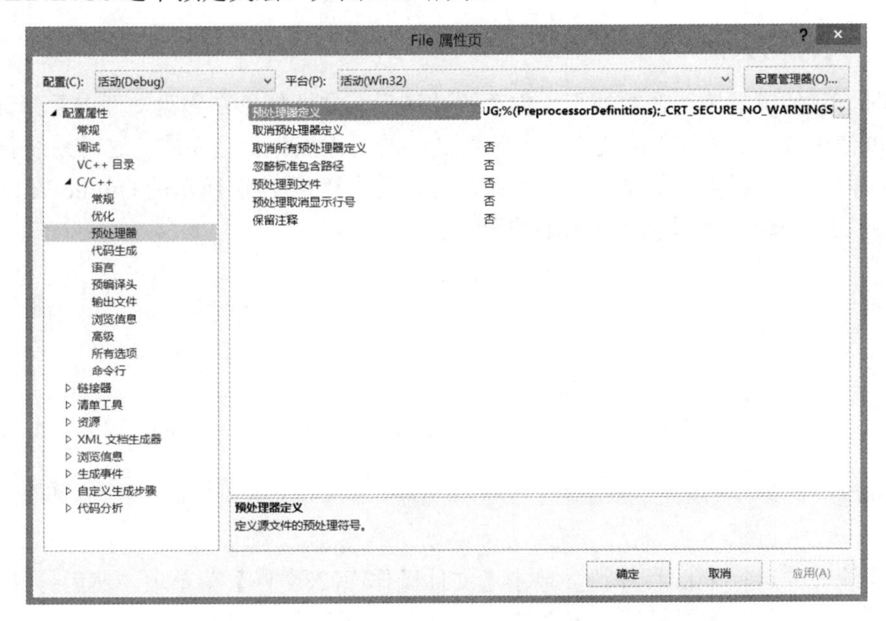

图 13.3 添加_CRT_SECURE_NO_WARNINGS 预处理定义

提示：在编译File程序时，如果提示找不到IDM_FILE_WRITE和IDM_FILE_READ这两个ID号，请在CFileView类的源文件头部包含Resource.h。

再次编译File程序，发现错误提示没有了。运行File程序，单击【文件操作\写入文件】菜单项，在File项目所在目录下就可以看到多了一个文件:1.txt，但是将其打开之后，会发现在这个文件中没有任何内容。接下来，我们关闭正运行的File程序，再次打开1.txt文件，这时就可以看到在该文件中有内容了，就是我们在程序中写入的数据：http://www.phei.com.cn/，如图13.4所示。

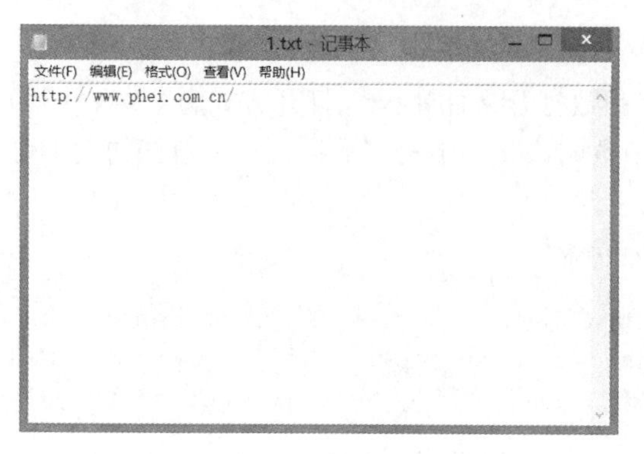

图13.4 利用C语言实现的文件写入操作后的结果

那么为什么会出现这种情况呢？这是因为**C语言对文件的操作使用了缓冲文件系统**，具体地说就是系统自动为每个正在使用的文件在内存中开辟了一块缓冲区域，从内存向磁盘文件写入的数据必须先送到内存中的这个缓冲区，直到该缓冲区装满之后，才把其中的数据一起送到磁盘上的文件中。我们在运行File程序时，数据实际上是写到这个文件的缓冲区中的，而这个缓冲区并没有满，所以就没有写入磁盘文件中，自然在我们打开文件时就看不到任何数据了。而当我们关闭File程序后，系统就会将缓冲区中的数据写入磁盘上的文件中，因此就可以看到该文件中有内容了。同样地，如果是从磁盘文件向内存中读取数据，其过程也是先将一批数据读入内存中的缓冲区，当该缓冲区满了之后，再将数据从该缓冲区逐个送到程序的数据区中。

13.2.3 文件的关闭

有时，我们可能需要在数据写入内存缓冲区后，立即能够在磁盘文件中看到该数据，那么可以使用fclose函数关闭文件，表示对文件的写入操作已经完成，这时系统就会把缓冲区中的内容写入磁盘上的文件中。为此，可以在上述例13-2所示的OnFileWrite函数中添加如例13-3所示代码中加灰显示的代码。

例13-3

```
1. void CFileView::OnFileWrite()
2. {
3. FILE *pFile=fopen("1.txt","w");
4. fwrite("http://www.phei.com.cn/",1,strlen("http://www.phei.com.cn/"),
pFile);
5. fclose(pFile);
6. }
```

再次编译并运行File程序，并单击【文件操作\写入文件】菜单项，然后打开1.txt文件，这时可以看到数据已经写入该文件了，但此时程序并未退出。

13.2.4　fflush 函数

有一点需要注意，在程序中一旦调用了 fclose 函数关闭文件之后，如果需要再次访问该文件时，就需要重新打开该文件。程序对某个文件的访问次数比较多的做法不是很方便。如果希望每次对文件操作之后并不关闭它，但仍能将缓冲区中的数据立即写入磁盘文件中，那么可以使用另一个 C 函数 fflush，这个函数的作用是将缓冲区中的数据写入磁盘文件。因此，可以将上述例 13-3 所示代码中第 5 行 fclose 函数的调用替换为 fflush 函数。读者可以自行测试，会发现程序能够得到所需的结果。

我们知道，对于服务端软件来说，经常需要将各种信息写入日志中，如果使用 C 语言的缓冲文件系统，可能就会出现问题。例如，在系统运行时突然停电了，此时就有可能导致没有把缓冲区中的内容写入日志中。如果这些日志信息是一些普通的信息，可能就无所谓。但如果是一些告警之类的信息，问题就比较大了。因此，当服务器从网络上接收到信息后，应立即写入日志中，但又不能关闭该文件，因为随时可能要写入新的日志信息，如果在每次写入时都要先打开，写入后再关闭文件就会非常麻烦，影响程序效率。这时就可以使用 fflush 函数来刷新缓冲区中的数据，将它们写入磁盘文件中。

13.2.5　文件指针定位

当调用文件写入函数向文件中写入数据后，还可以再次写入其他数据。例如，可以在例 13-3 所示的 OnFileWrite 函数的第 4 行代码之后添加下面这行代码：

```
★    fwrite("欢迎访问",1,strlen("欢迎访问"),pFile);
```

编译并运行 File 程序，单击【文件操作\写入文件】菜单项，打开 1.txt 文件，可以看到紧接着上次的数据写入了新数据。此时该文件的内容如图 13.5 所示。

在第二次调用 fwrite 函数时，系统如何知道应该从文件中何处开始继续写入数据呢？对于 C 语言的文件操作来说，它有一个文件指针，该指针会随时根据我们对文件的操作来移动位置，始终指向文件下一个将要写入的位置。当执行写入操作之后，文件指针就指向了所写数据占据位置的下一个位置。如果希望在写入数据后，返回到文件的开始位置处再写入数据，就需要将这个文件指针移动到文件开始位置，这可以利用 C 语言中的 fseek 函数来实现。该函数的作用是把文件指针从当前位置移动到指定的位置。fseek 函数声明形式如下所示：

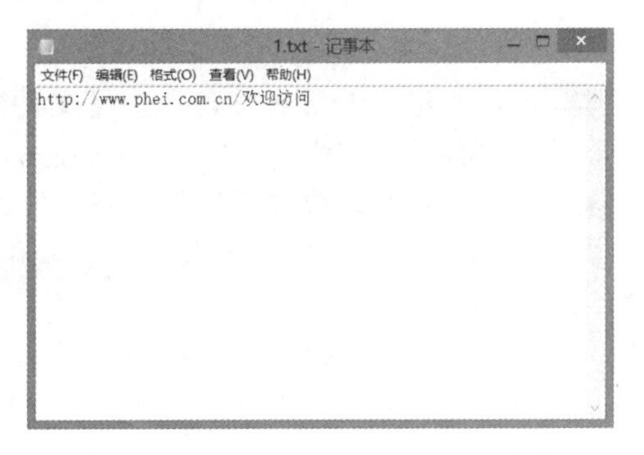

图 13.5　连续写入数据后的文件内容

```
int fseek( FILE *stream, long offset, int origin );
```

可以看到，fseek 函数有三个参数，各参数的含义分别如下所述。

■ stream

指向 FILE 结构体指针。

■ offset

设定偏移量。

■ origin

指定文件指针的起始位置。该参数可以取如表 13.3 所示的三个值。

表 13.3 origin 参数的取值

取　值	说　明
SEEK_CUR	从文件指针当前位置处开始
SEEK_END	从文件的结尾处开始
SEEK_SET	从文件的开始处开始

如果希望将文件指针移动到文件的开始位置处，就应该将 fseek 函数的 origin 参数设置为 SEEK_SET，并且将 offset 参数设置为 0。要在文件开始位置处写入数据，可以在已有的 OnFileWrite 函数中第二次调用 fwrite 函数（即上述★符号所示代码）之前先将文件指针的位置移动到文件开始处，这样，第二次调用 fwrite 函数写入的数据将出现在文件的开始处，这时 OnFileWrite 函数的代码如例 13-4 所示。

例 13-4

```
    void CFileView::OnFileWrite()
    {
        FILE *pFile=fopen("1.txt","w");
        fwrite("http://www.phei.com.cn/",1,strlen("http://www.phei.com.cn/"
),pFile);
        fseek(pFile,0,SEEK_SET);
        fwrite(" ftp:",1,strlen(" ftp:"),pFile);
    //  fwrite("欢迎访问",1,strlen("欢迎访问"),pFile);
        fclose(pFile);
    }
```

编译并运行 File 程序，单击【文件操作\写入文件】菜单项，打开 1.txt 文件，可以看到此时文件的内容为：“ ftp://www.phei.com.cn/”（如图 13.6 所示），即第二次调用 fwrite 函数写入文件的内容位于文件的开始处。这就是利用 fseek 函数控制文件指针位置的实现。

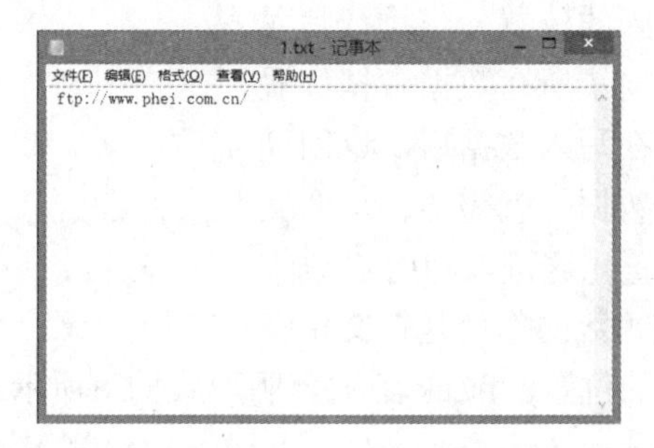

图 13.6　利用 fseek 函数移动文件指针后写入文件的结果

13.2.6　文件的读取

对于文件的读取，首先也需要打开文件，即调用 fopen 函数得到指向 FILE 类型的指针，然后要读取文件的内容，需要调用 fread 函数。该函数的声明形式如下所示：

```
size_t fread( void *buffer, size_t size, size_t count, FILE *stream );
```

可以看到，fread 函数与 fwrite 函数一样，也有四个参数，并且各参数的含义与 fwrite 函数的相应参数含义相同，只是第一个参数 buffer 是指向用来存放数据的缓冲区的指针。

下面，我们就在 File 程序 CFileView 类的 OnFileRead 函数中添加如例 13-5 所示的代码，利用 C 语言提供的函数实现文件的读取操作。

例 13-5

```
void CFileView::OnFileRead()
{
    FILE *pFile=fopen("1.txt","r");
    char ch[100];
    fread(ch,1,100,pFile);
    fclose(pFile);
    ::MessageBoxA(NULL, ch, "文件", 0);
}
```

在上述例 13-5 所示代码中，首先调用 fopen 函数得到想要读取其内容的文件结构指针，本例将读取上面写入操作使用的文件:1.txt。因为只是要读取文件中的数据，所以我们使用“r”的方式打开。接着，定义了一个可以存放 100 个字符的字符数组，用来接收读取的数据，然后调用 fread 函数读取刚才写入文件 1.txt 中的内容。同样，在文件读取操作完成之后，调用 fclose 函数关闭文件。最后，调用 MessageBoxA 函数将读取到的数据显示出来。

提示： MessageBoxA 是 MessageBox 的 ANSI 版本，由于 Visual Studio 2017 默认使用 Unicode 字符串，而在此处使用的是 ANSI 字符串，所以，为了简单起见，我们直接调用 MessageBox 的 ANSI 版本来显示数据。

编译并运行 File 程序，利用相应菜单命令先写入文件，再读取文件，这时在程序显示的消息框中就可以看到读取到的数据，如图 13.7 所示。

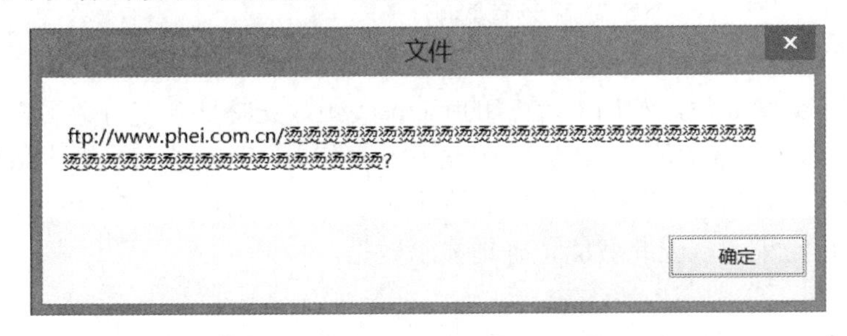

图 13.7　读取文件数据后显示结果不正确

不过这里读取到的数据显示有些问题，开始部分是我们在程序中写入的数据：“ ftp://www.phei.com.cn/”，但后面显示了一串乱码。这里再一次强调，在 C 语言中，字符串是以“\0”符号结束的。在显示字符串时，系统会寻找“\0”字符。而这里定义的 100 个元素的字符数组 ch，它里面的数据是随机的，可能有许多数据都是不可读的，系统会从该字符数组的开始地址依次往后查找，由于在其中没有找到“\0”字符，于是它就把这些不可读的数据显示出来了，结果就是我们所看到的乱码。因此，我们应该在读取到的数据之后添加“\0”字符，以便作为字符串的结尾。

有多种方法可以向一个字符串添加“\0”字符，以表示该字符串的结束。

■ 第一种方法

在写入数据时多写入一个字节，例如上面向 1.txt 文件中写入的字符串“http://www.phei.com.cn/”是 23 个字节，可以在写入时在其后再添加一个字节，其内容设置为“\0”，即这时的写入文件代码如例 13-6 所示。

例 13-6

```
void CFileView::OnFileWrite()
{
    FILE *pFile=fopen("1.txt","w");
    char buf[24]="http://www.phei.com.cn/";
    buf[23] = '\0';
    fwrite(buf,1,24,pFile);
    fclose(pFile);
}
```

运行 File 程序，在单击【文件操作\写入文件】菜单项后，可以发现生成的 1.txt 文件大小是 24 个字节。读者可以以二进制方式打开该文件，可以看到最后一个数据是 0。读者应注意：**“\0”就是 0**。在读取文件数据时，“\0”字符也将被读取，当把读取到的数据存入字符数组后，就可以根据其中的“\0”字符判断出字符串的结尾。这时，再单击【文件操作\读取文件】菜单项，在弹出的消息框中就可以看到正确的内容了，结果如图 13.8 所示。

图 13.8　读取文件数据后

这种方式的缺点是增加了文件大小，虽然只是多写了一个字节，但是从文件大小的精确度来说，这种方式不是很好，对于某些二进制文件来说，比如可执行程序、图像文件等，多一个字节就会有影响。

■ 第二种方法

在定义字符数组之后，利用 C 语言的 memset 函数先将这个字符数组中的所有数据都设置为 0（代码如例 13-7 所示）。然后在程序中读取文件时，读取到多少数据就会在该字符数组中存放多少数据，字符数组中剩下的数据全是 0。这样，在字符串显示时遇到“\0”，就表示该字符串结束了，因此就能正确地显示数据。

例 13-7

```
void CFileView::OnFileRead()
{
    FILE *pFile=fopen("1.txt","r");
    char ch[100];
    memset(ch,0,100);
```

```
    fread(ch,1,100,pFile);
    fclose(pFile);
    ::MessageBoxA(NULL, ch, "文件", 0);
}
```

> **提示：**也可以利用数组初始化的特性来将一个数组的元素全部设置为 0，例如：
>
> ```
> char ch[100]={0};
> ```
>
> 在初始化列表中只给出了第一个元素的值 0，剩余的元素自动被设置为 0。

■ 第三种方法

有时在读取文件时，并不知道文件的大小，这里我们定义的字符数组固定为 100 个元素，但如果容量不够了怎么办呢？所以在程序中需要获取文件的长度，根据这个长度来分配存放该数据的内存。这可以利用 C 语言中的 ftell 函数来得到文件的长度，ftell 函数将返回文件指针当前的位置。因此，可以先利用 fseek 函数将文件指针移动到文件的结尾处，然后利用 ftell 函数就可以得到文件指针当前的位置，也就是文件的长度。具体代码如例 13-8 所示。

例 13-8

```
1. void CFileView::OnFileRead()
2. {
3.     FILE *pFile=fopen("1.txt","r");
4.     char *pBuf;
5.     fseek(pFile,0,SEEK_END);
6.     int len=ftell(pFile);
7.     pBuf=new char[len+1];
8.     fread(pBuf,1,len,pFile);
9.     pBuf[len]=0;
10.    fclose(pFile);
11.    ::MessageBoxA(NULL, pBuf, "文件", 0);
12. }
```

在上述例 13-8 所示代码中，在得到文件长度（len）之后，首先分配内存以便用来保存读取到的数据，这时应多分配一个字节，用来存放表示字符串结尾的“\0”字符，接着读取文件内容，并将数组的最后一个元素设置为 0（例 13-8 所示代码的第 9 行代码）。对于数组来说，它的索引从 0 开始，因此对于元素个数为 len+1 的数组来说，索引为 len 的元素就是它的最后一个元素。然后调用 fclose 函数关闭文件，最后调用 MessageBox 函数显示读取到的数据。

再次运行 File 程序，单击【文件操作\读取文件】菜单项，你会发现这时程序显示的消息框中显示的数据又出现了乱码。我们对上述例 13-8 所示代码进行分析，在我们将文件指针移动到文件结尾后（上述例 13-8 所示代码的第 5 行），再次读取文件时（上述例 13-8 所示代码的第 8 行），是从文件指针指向的下一个写入位置处开始读取的，而此时文件指针已经到了文件结尾，当然是读取不到数据的。这是在对文件进行操作时移动文件指针经常会犯的一个错误。因此，我们应该在读取之前将文件指针再次移动到文件开始处，当然这可以通过 fseek 函数来实现，但这里我们使用另一个函数 rewind 来实现这一功能，该函数的功能是将文件指针重新放置到文件的开始处。rewind 函数只有一个参数，就是指向 FILE 结构体的指针。

在上述读取代码（例 13-8 所示代码的第 8 行）之前，添加下面这条语句，将文件指针重新放置到文件开始处。

```
rewind(pFile);
```

再次运行 File 程序，单击【文件操作\读取文件】菜单项，可以发现在程序显示的消息框中显示的结果正确了。

这里，再次提醒读者，在使用 C 语言函数对文件进行读取操作时，应注意以下几点。

- 在读取文件数据时，如果是字符数据，则通常在定义用于保存数据的字符数组时，在字符数据个数的基础上，多分配一个字节，以存放表示字符串结尾的字符：“\0”。
- 在读取文件内容时，应正确地设置文件指针的位置。

13.2.7 二进制文件和文本文件

下面我们看一个在文件写入时经常会遇到的问题。先将 File 程序中 OnFileWrite 和 OnFileRead 这两个函数中的已有代码注释起来。然后在 OnFileWrite 函数中添加如例 13-9 所示的代码。

例 13-9

```
void CFileView::OnFileWrite()
{
1. FILE *pFile=fopen("2.txt","w");
2. char ch[3];
3. ch[0]='a';
4. ch[1]=10;
5. ch[2]='b';
6. fwrite(ch,1,3,pFile);
7. fclose(pFile);
}
```

在上述例 13-9 所示代码中，定义了一个 FILE 结构体指针：pFile，并调用 fopen 函数得到相应的 FILE 结构体指针；接下来，定义一个包含三个元素的字符数组（ch），并设置各个元素的值，其中将第一个元素设置为“a”，第二个元素设置为 10，第三个元素设置为“b”。读者应注意，在 C 语言中，整数与字符是可以互操作的。如果将一个整数赋给字符变量，那么实际上就是将该整数作为 ASCII 码赋给这个字符变量。同样，如果将字符赋给字符变量，那么实际在内存中，该字符变量保存的值仍是该字符的 ASCII 码。对于整数 10

来说，它实际上是换行符的 ASCII 码。然后，调用 fwrite 函数将字符数组 ch 中的数据写入文件。最后，调用 fclose 函数关闭文件。

运行 File 程序，单击【文件操作\写入文件】菜单项，可以看到 File 程序目录下多了一个文件：2.txt，但是这个文件的大小是 4 个字节，而我们刚才写入的只有 3 个字节。我们以二进制方式打开这个文件，结果如下所示：

```
00000000h: 61 0D 0A 62                                        ; a..b
```

其中 61 就是字符 a 的 ASCII 码，62 是字符 b 的 ASCII 码，0A 就是十进制数 10。读者可以发现多了一个 0D 字符，该字符实际上是回车字符，也就是十进制数 13。我们并没有写入这个字符，而是系统在写入文件时自动加入的，从而将我们的文件变成了 4 个字节。

接下来，再看一下读取 2.txt 文件时会发生什么样的情况。在 OnFileRead 函数中添加如例 13-10 所示的代码。

例 13-10

```
void CFileView::OnFileRead()
{
1. FILE *pFile=fopen("2.txt","r");
2. char ch[100];
3. fread(ch,1,3,pFile);
4. ch[3]=0;
5. fclose(pFile);
6. ::MessageBoxA(NULL, ch, "文件", 0);
}
```

在上述例 13-10 所示代码中，首先定义了一个 FILE 指针 pFile，并利用 fopen 函数打开刚刚生成的 2.txt 文件。因为我们先前在写入该文件时写入的是 3 个字节的数据，所以在读取时直接指定读取的字节数：3 个字节，并将数组中的第 4 个元素设置为 0，这样，从文件中读取到的数据之后紧接着就是字符："\0"，然后调用 fclose 函数关闭文件，最后调用 MessageBoxA 函数显示读取到的数据。

运行 File 程序，单击【文件操作\读取文件】菜单项，可以发现读取操作是正确的。也就是说，虽然这个文件的大小是 4 个字节，而我们只读取了 3 个字节就把其内容全部读取出来了。

在 C 语言中默认是以文本方式打开文件的，下面我们在读取文件时，以另一种方式打开 2.txt 文件，即以二进制的方式打开。将上述例 13-10 所示 OnFileRead 函数中调用 fopen 函数打开文件的那行代码（例 13-10 所示代码的第 1 行）修改为：

```
FILE *pFile=fopen("2.txt","rb");
```

再次运行 File 程序，单击【文件操作\读取文件】菜单项，读者可以看到这时只读取到一个字符：a。读者可以在例 13-10 所示 OnFileRead 函数中第 4 行代码处设置断点，调试运行 File 程序，当程序在设置的断点处停止时，可以看到 ch 数组中的内容，即从文件中读取到的内容是字符 a，后面是\r\n（即回车换行），如图 13.9 所示，而 b 字符并没有被读取出来，这是因为我们只读取了 3 个字节。通过上面两种打开文件的方式进行读取操作的结果，我们可以知道，以文本方式和二进制方式读取文件有明显的区别。

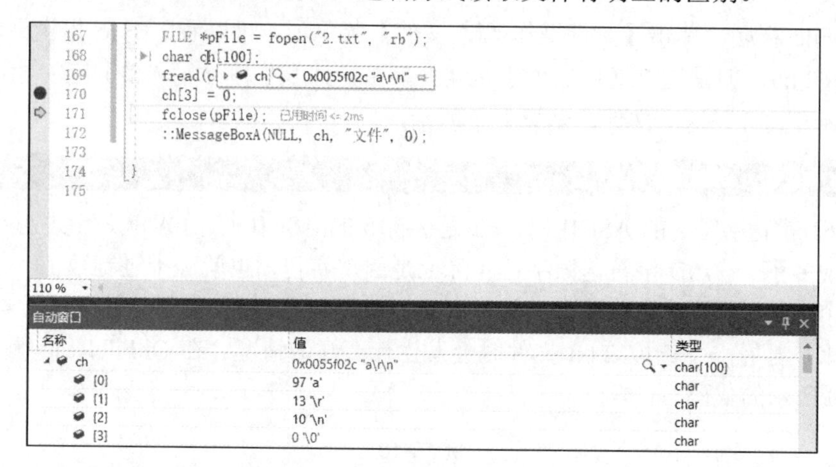

图 13.9 以二进制方式读取文件后得到的数据

这时，读者可能想到如果在写入文件时也以二进制方式写入，那么这时文件的大小是多少呢？我们将例 13-9 所示 OnFileWrite 函数中调用 fopen 函数打开文件的代码（即第 1 行代码）修改为：

```
FILE *pFile=fopen("2.txt","wb");
```

再次运行 File 程序，单击【文件操作\写入文件】菜单项，在 File 程序所在目录下，可以看到这时生成的 2.txt 文件的大小是 3 个字节，而上面以文本方式写入时是 4 个字节，比二进制方式写入时多了一个字节。

实际上，文件在计算机内存中是以二进制表示的数据在外部存储介质上的另一种存放形式。文件通常分为二进制文件和文本文件。二进制文件是包含在 ASCII 及扩展 ASCII 字符中编写的数据或程序指令的文件，一般是可执行程序、图形、图像、声音等文件。文本文件（也称为 ASCII 文件）：它的每一个字节存放的是可表示为一个字符的 ASCII 代码的文件。它是以“行”为基本结构的一种信息组织和存储方式的文件，可用任何文字处理程序阅读。

读者应注意，虽然我们在这里把文件分为二进制文件和文本文件，但实际上它们都是以二进制数据的方式存储的，这里再一次强调一下：**文件只是计算机内存中以二进制表示的数据在外部存储介质上的另一种存放形式。对于文本文件来说，它只是一种特殊形式的文件，它所存放的每一个字节都可以转换为一个可读的字符**，就像先前我们用记事本程序打开 2.txt 文件时看到的 a 字符和 b 字符一样，它们是可读的。但是对于文件本身来说，在其存放数据时，实际上是按照数据在内存中存放的方式来存放的。在内存中不会存放 a 和 b 这样的字符，存放的都是它们的 ASCII 码：61 和 62。

13.2.8 文本方式和二进制方式

当按照文本方式向文件中写入数据时，一旦遇到“换行”字符（ASCII 码为 10），就

会转换为“回车−换行”（ASCII 码分别为 13、10）。在读取文件时，一旦遇到“回车−换行”的组合（连续的 ASCII 码为 13、10），就会转换为换行字符（ASCII 码为 10）。因此，上面我们以文本方式读取 3 个字节的时候，虽然在文件中存放的是 4 个字节的数据，但在读取时正好遇到 13、10 这个组合，系统会将它们转换为换行字符：10，然后读取进来，相当于只读取了 3 个字节的数据，也正因为如此，我们才能看到最后一个字节 b 也被读取进来了。

当按照二进制方式向文件中写入数据时，则会将数据在内存中的存储形式原样输出到文件中。上面我们以二进制方式写入数据时，可以在看到文件中只存放了换行字符的 ASCII 码 10。

由于文本方式和二进制方式在读取和写入文件时的差异，所以在**写入和读取文件时要保持一致。如果采用文本方式写入，则应采用文本方式读取；如果采用二进制方式写入数据，那么在读取时也应采用二进制方式**，否则会出现问题。例如在图像文件中可能有多个 13、10 组合，如果以二进制方式读取，则不会有问题，但是如果以文本方式读取的话，就会把这些组合转换为换行符：10，从而导致位图数据丢失。**不管是文本文件，还是二进制文件，如果统一采用二进制方式进行写入和读取，则是不会出错的**，因为这种读取和写入是严格按照一个字节一个字节进行的。

读者一定要注意文本文件和二进制文件、文本方式和二进制方式之间的区别，不要混淆。**不管是文本文件还是二进制文件，都可以采用二进制方式或文本方式打开，然后进行写入和读取。但是，对于二进制文件来说，如果以文本方式读取，则可能会出现一些问题。**

这里，为读者出一道在面试中经常出现的题目。具体的题目是：给你一个整数，例如：98341，将这个整数保存到文件中，要求在以记事本程序打开该文件时，显示的是：98341，结果如图 13.10 所示。

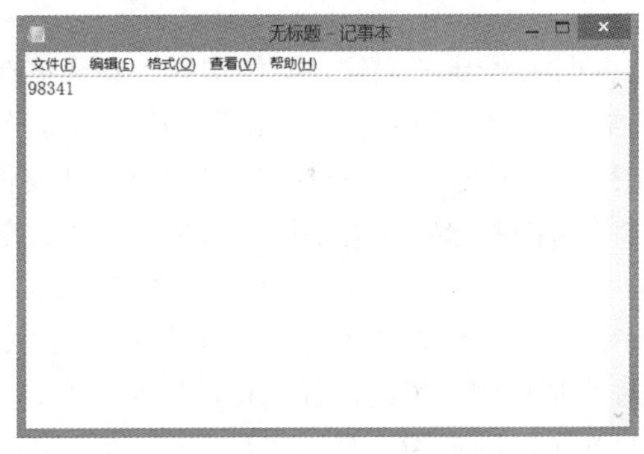

图 13.10　面试题要求的显示结果

当然这个题比较简单，主要考察应试者对文本文件和二进制文件的理解。如果直接将这个整数 98341 写入文本文件中，那么再打开这个文件能否看到这个整数呢？答案是不可以的。刚才已经说过，对于文本文件来说，它的每一个字节存放一个可表示为字符的 ASCII 代码，在记事本中看到“98341”这几个字符，实际上看到的是这些字符相应的 ASCII 码转换后的字符，也就是说，在记事本中看到的“98341”只是 5 个字符，而并不是整数：98341。

我们可以做一个试验，直接将整数 98341 写入文本文件，然后用记事本程序打开该文件，看看结果如何？首先将 File 程序中 OnFileWrite 函数已有代码注释起来，然后添加下述如例 13-11 所示的代码。

例 13-11

```
void CFileView::OnFileWrite()
{
```

```
    FILE *pFile=fopen("3.txt","w");
    int i=98341;
    fwrite(&i,4,1,pFile);
    fclose(pFile);
}
```

在上述例 13-11 所示代码中，因为一个整数占据 4 个字节，所以调用 fwrite 函数将整数 i 的值写入文件时，将项的大小设置为 4，这样对整数来说，只需要写入一项就可以了。

运行 File 程序，单击【文件操作\写入文件】菜单项，首先在 File 程序目录下找到 3.txt 文件，并在记事本中打开该文件，可以发现结果是乱码。然后以二进制的方式打开这个文件，结果如下所示：

```
00000000h: 25 80 01 00                                    ; %€..
```

可以看到，这时的结果是：00 01 80 25，因为一个整数在内存中占据 4 个字节，这是十六进制表示，转换为十进制就是 98341。

> **提示**：对于一个多字节的对象（例如整型对象），在不同的计算机中，其字节的存储排列顺序不一样。有两种排列规则：一种称为 little endian，即在存储器中按照从最低字节到最高字节的顺序存储对象，基于 Intel 的机器都采用这种规则。正因为采用了 little endian 存储顺序，所以上面的 98341（二进制表示为 00 01 80 25）在存储时表示为 25 80 01 00。另一种排列规则称为 big endian，在存储器中按照从最高字节到最低字节的顺序存储对象，也就是和我们平常的书写习惯一致。

读者一定要记住，文件实际上是数据在内存中的存储形式、在外部存储介质上的另一种存放形式。当用记事本程序打开 3.txt 这个文件的时候，也就是以文本方式打开该文件时，在该文件中存储的每一个字节的数据都要作为 ASCII 码转换为相应的字符，但是它的每一个字节的数据转换为字符之后又是不可读的，因此看到的就是乱码。

如果对文本文件和二进制文件之间的区别比较了解的话，就可以知道，要想在记事本中打开文件时能够看到“98341”这 5 个字符，则在存储时应该存储“98341”这 5 个字符的 ASCII 码。为此，我们可以定义一个 5 个字符的数组，对于数字字符来说，字符“0”的 ASCII 码是 48，所以“1”这个数字字符的 ASCII 码就是：1+48，依次类推。在写入文件时直接写入这个字符数组即可。具体实现代码如例 13-12 所示。

例 13-12

```
void CFileView::OnFileWrite()
{
    FILE *pFile=fopen("3.txt","w");
    char ch[5];
    ch[0]=9+48;
    ch[1]=8+48;
    ch[2]=3+48;
    ch[3]=4+48;
```

```
        ch[4]=1+48;

        fwrite(ch,1,5,pFile);
        fclose(pFile);
    }
```

运行 File 程序，单击【文件操作\写入文件】菜单项。在记事本中打开新生成的 3.txt 文件，这时可以看到其中的内容为：98341。

当然，这里也可以采用一种简单的实现方式，直接利用 itoa 函数将整数转换为字符串，将这个字符串写入文件即可。具体实现代码如例 13-13 所示。

例 13-13

```
    void CFileView::OnFileWrite()
    {
        FILE *pFile=fopen("3.txt","w");
        int i=98341;
        char ch[6];
        _itoa(i, ch, 10);

        fwrite(ch,1,5,pFile);
        fclose(pFile);
    }
```

提示：_itoa 函数将整数转换为空终止的字符串，因此在定义数组时需要多加一个元素容量。

上面介绍的这道面试题比较简单，只涉及对数字的保存，有些面试题把数字和字符夹杂在一起，并要求以记事本打开时能看到数字，这时只能利用上面介绍的第一种方法，将这些整数数字转换为 ASCII 字符，然后再写入文件中。

另一种面试题目是，给定一个字符串，其中既有数字字符，又有 26 个英文字母中的几个字符，让你判断一下哪些是数字字符。对这种问题的解答，实际上就是判断各字符的 ASCII 码，**对于数字字符来说，它们的 ASCII 码大于等于 48，小于等于 57，在此范围之内，就是数字字符。**

13.3 C++对文件操作的支持

在 C++中，向文件中写入数据可以使用 ofstream 类来实现，其构造函数为：

```
    ofstream( const char* szName, int nMode = ios::out, int nProt = filebuf::
openprot );
```

可见，ofstream 类的构造函数有三个参数，其中后两个参数有默认值。这三个参数各自的含义如下所述：

■ szName

指定要打开的文件名。

■ nMode

指定文件打开的模式，其取值如表 13.4 所示，可以利用位或操作将这些模式组合起来使用。

表 13.4　nMode 的取值

模　式	说　明
ios::app	函数将执行一个定位操作，将文件指针移动到文件的结尾。当向文件写入新数据时，将总是添加到文件的末尾处，即使已经用 ostream::seekp 函数移动了文件指针的位置
ios::ate	函数将执行一个定位操作，将文件指针移动到文件的结尾。当向文件写入第一个新的字节数据时，将在文件的末尾处添加。但随后写入的其他字节的数据，将被写入当前位置
ios::in	如果指定了此模式，则原始文件（如果存在的话）将不会被截断
ios::out	打开文件，用于输出（暗指用于所有的 ofstream 对象）
ios::trunc	如果文件已经存在，则它的内容将被清空。如果指定了 ios::out 模式，并且没有指定 ios::app, ios::ate 和 ios::in 模式，则就隐含地指定了此模式
ios::nocreate	如果文件不存在，则函数失败
ios::noreplace	如果文件已经存在，则函数失败
ios::binary	以二进制方式打开文件（默认是文本方式）

■ nProt

指定文件保护规格说明。其取值如表 13.5 所示。

表 13.5　nProt 参数取值

取　值	说　明
filebuf::sh_compat	兼容共享模式
filebuf::sh_none	排他独占模式，不共享
filebuf::sh_read	允许读共享
filebuf::sh_write	允许写共享

下面我们利用 ofstream 类来实现文件写入操作，首先将 File 程序的 OnFileWrite 函数中已有代码注释起来，然后添加例 13-14 所示代码。

例 13-14

```
void CFileView::OnFileWrite()
{
    ofstream ofs("4.txt");
    ofs.write("http://www.phei.com.cn/",strlen("http://www.phei.com.cn/"));
    ofs.close();
}
```

在上述例 13-14 所示代码中，首先构造了一个 ofstream 对象：ofs，然后利用该类的 write 方法向文件中写入数据，并在数据写完之后，利用这个类的 close 方法来关闭文件。

因为这里使用了 C++中的 ofstream 类来完成文件的写入操作，所以还必须在

FileView.cpp 文件中包含头文件：fstream，这是系统头文件，应该使用尖括号（<>），并使用 using 指令引用名称空间 std。代码如下所示：

```
#include <fstream>
using namespace std;
```

运行 File 程序，单击【文件操作\写入文件】菜单项，在 File 程序所在目录下可以看到新生成的 4.txt 文件，打开该文件可以看到在程序中写入的内容：http://www.phei.com.cn/。

相应地，在利用 C++读取文件时，可以使用 ifstream 类，其构造方法与 ofstream 类的相同。我们首先将 File 程序的 OnFileRead 函数中已有代码注释，然后添加如例 13-15 所示的代码。

例 13-15

```
void CFileView::OnFileRead()
{
    ifstream ifs("4.txt");
    char ch[100];
    memset(ch,0,100);
    ifs.read(ch,100);
    ifs.close();
    ::MessageBoxA(NULL, ch, "文件", 0);
}
```

在例 13-15 所示代码中，首先构造了一个 ifstream 对象：ifs，接着定义一个字符数组 ch，用来保存读取到的数据，并通过调用 memset 函数将该字符数组中的元素都设置为 0，然后调用 ifstream 类的 read 函数读取文件中的内容。当对文件读取操作完成之后，调用 ifstream 类的 close 方法关闭文件。最后调用 MessageBoxA 函数显示读取到的数据。

运行 File 程序，单击【文件操作\读取文件】菜单项，从程序弹出的消息框中可以看到从文件中读取到的数据。

13.4　Win32 API 对文件操作的支持

Win32 API 提供了一些与文件操作相关的函数，这些函数的功能都很强大，这里利用 CreateFile、ReadFile 和 WriteFile 函数来完成文件的创建、打开、写入和读取，后面的内容还会用到它们。

13.4.1　文件的创建和打开

CreateFile 函数将创建或打开下列对象，并返回一个用于读取该对象的句柄。

- 文件
- 管道
- 邮槽
- 通信资源

■ 磁盘设备（仅适用于 Windows NT 平台）
■ 控制台
■ 目录（仅适用于打开操作）

由此可见，CreateFile 函数不仅可以对文件对象进行操作，还可以对其他多种对象进行创建和打开操作。该函数的原型声明如下所示。

```
HANDLE CreateFile(
  LPCTSTR lpFileName,
  DWORD dwDesiredAccess,
  DWORD dwShareMode,
  LPSECURITY_ATTRIBUTES lpSecurityAttributes,
  DWORD dwCreationDisposition,
  DWORD dwFlagsAndAttributes,
  HANDLE hTemplateFile
);
```

CreateFile 函数的参数比较多，各个参数的含义分别如下所述：

■ lpFileName

指定用于创建或打开的对象的名称。

■ dwDesiredAccess

指定对对象的访问方式，应用程序可以得到读访问、写访问、读-写访问或设备查询访问等类型，此参数可以是如表 13.6 所示各值的任意组合。

表 13.6　dwDesiredAccess 参数取值

对象访问方式	说　明
0	应用程序可以在不访问该文件或设备的情况下查询某些元数据，如文件、目录或设备属性，即使 GENERIC_READ 访问被拒绝
GENERIC_READ	指定对对象具有读访问。可以从文件中读取数据，并且可移动文件中的指针。如果与 GENERIC_WRITE 联合使用，则可以得到对对象的读-写访问
GENERIC_WRITE	指定对对象具有写访问。可以向文件中写入数据，并且可移动文件中的指针。如果与 GENERIC_READ 联合使用，则可以得到对对象的读-写访问

■ dwShareMode

指定共享方式。如果将此参数设置为 0，那么对象不能被共享，后续对该对象进行打开操作将会失败，直到关闭句柄为止。为达到对象共享效果，可以使用如表 13.7 所示各值中的一个或多个值的组合。

表 13.7　dwShareMode 参数取值

共享方式	说　明
FILE_SHARE_DELETE	启用文件或设备上的后续打开操作以请求删除访问权限
FILE_SHARE_READ	如果是请求读访问，那么对对象后续打开操作将成功
FILE_SHARE_WRITE	如果是请求写访问，那么对对象后续打开操作将成功

■ lpSecurityAttributes

指向一个 SECURITY_ATTRIBUTES 结构的指针，用来确定返回的句柄是否能够被子进程所继承。实际上，这个参数用来指定我们所创建的文件对象的访问权限，以及返回的文件对象句柄是否能够被子进程所继承。

SECURITY_ATTRIBUTES 结构的定义如下所示。

```
typedef struct _SECURITY_ATTRIBUTES {
    DWORD  nLength;
    LPVOID lpSecurityDescriptor;
    BOOL   bInheritHandle;
} SECURITY_ATTRIBUTES;
```

其中与安全相关的只有一个成员：lpSecurityDescriptor，它指定了对象的安全描述符。如果将该参数指定为 NULL，则说明将创建一个具有默认安全权限的对象，但是这时所返回的文件对象句柄不能被子进程继承，默认的安全性意味着这个对象的管理成员和创建者拥有对该对象的全部访问权，而其他人均无权访问这个对象。我们通常在创建服务器端软件时使用这个参数，在客户端程序中很少使用这个参数，所以在下面的例子中直接给它传递了一个 NULL 值，让对象使用默认的安全性。

■ dwCreationDisposition

指定如何创建文件。此参数必须是如表 13.8 所示值之一。

表 13.8　dwCreationDisposition 参数取值

dwCreationDisposition 参数取值	说　明
CREATE_NEW	创建一个新文件，如果指定的文件已经存在，则函数调用失败
CREATE_ALWAYS	创建一个新文件，如果文件存在，则函数重写文件且清空现有属性
OPEN_EXISTING	打开文件，如果文件不存在，则函数调用失败
OPEN_ALWAYS	如果文件存在，则打开文件；如果文件不存在，则函数的行为就像 dwCreation Disposition 参数取 CREATE_NEW 值一样创建文件
TRUNCATE_EXISTING	打开文件，一旦文件被打开，文件将被截断，以便它的大小为 0 字节，调用函数必须用 GENERIC_ WRITE 访问来打开文件，如果文件不存在，则函数调用失败

■ dwFlagsAndAttributes

设置文件属性和标志，该参数可取如表 13.9 所示属性中的任意组合。

表 13.9　dwFlagsAndAttributes 参数取值（一）

dwFlagsAndAttributes 参数取值	说　明
FILE_ATTRIBUTE_ARCHIVE	该文件是存档文件，应用程序用此属性标记文件的备份或删除
FILE_ATTRIBUTE_HIDDEN	该文件是隐藏文件，它不包括在一般目录列表中
FILE_ATTRIBUTE_NORMAL	该文件没有其他属性设置。该属性只有在单独使用时才有效
FILE_ATTRIBUTE_OFFLINE	文件的数据不能立即使用。表明该文件数据已经在物理上移动到离线存储设备中
FILE_ATTRIBUTE_READONLY	该文件是只读文件，应用程序可以读取该文件中的内容，但不能向该文件中写入内容，或删除该文件
FILE_ATTRIBUTE_SYSTEM	该文件是操作系统文件
FILE_ATTRIBUTE_TEMPORARY	该文件做暂时存储使用。如果有足够的 Cache 内存可用，那么文件系统将会把所有数据存储在该内存中，而不是将它们写回大容量存储器中。当不再需要临时文件时，应用程序通常会立即删除它

续表

dwFlagsAndAttributes 参数取值	说　明
FILE_FLAG_WRITE_THROUGH	指示系统不经过缓存而直接将数据写入磁盘。如果没有指定 FILE_FLAG_NO_BUFFERING 标志，那么系统写缓存机制仍有效，但同时数据会立即写入磁盘；如果同时指定了 FILE_FLAG_NO_ BUFFERING 标志，那么系统写缓存机制无效，数据将不被写入缓存，而直接写入磁盘。但并不所有的硬件都具备这种写直通能力
FILE_FLAG_OVERLAPPED	指示系统初始化该文件对象，以便那些需要较长时间才能完成的操作返回 ERROR_IO_ PENDING 标志。当这种操作完成时，事先指定的事件将被设置为有信号状态
FILE_FLAG_NO_BUFFERING	指示系统以不带系统缓冲的方式打开该文件。当与 FILE_FLAG_OVERLAPPED 标志结合使用时，能提供最大的异步性能，因为此时 I/O 操作将与内存管理器的同步操作无关。但是因为数据没有被缓存，所以一些 I/O 操作可能会花费更长的时间
FILE_FLAG_RANDOM_ACCESS	指示该文件是随机访问方式
FILE_FLAG_SEQUENTIAL_SCAN	指示该文件是顺序访问方式
FILE_FLAG_DELETE_ON_CLOSE	指示当该文件的所有句柄（并不仅仅是指定 FILE_FLAG_DELETE_ON_CLOSE 标志的那个句柄）都被关闭之后，操作系统将立即删除该文件
FILE_FLAG_BACKUP_SEMANTICS	此标志表明是为备份或恢复操作而打开或创建该文件的
FILE_FLAG_POSIX_SEMANTICS	表明将根据 POSIX 规则访问该文件。这包括允许系统支持这样的文件命名：多个文件具有相同名称，但是大小写不同。使用这一选项时应注意，因为用此标志创建的文件不能被 MS-DOS 或 16 位 Windows 应用程序所访问
FILE_FLAG_OPEN_REPARSE_POINT	指定此标志禁止 NTFS 重分析点的重分析行为。当打开文件时，将返回一个文件句柄，而不管控制重分析点的过滤器是否运作
FILE_FLAG_OPEN_NO_RECALL	表明虽然请求了该文件的数据，但该数据仍应继续保存在远程存储器中，而不应被传回本地存储器。此标志是给远程存储系统系统使用的

如果 CreateFile 函数打开命名管道的客户端，那么 dwFlagsAndAttributes 参数也可以包含服务信息的安全特性。当调用程序指定了 SECURITY_SQOS_PRESENT 标志，dwFlagsAndAttributes 参数可以包含表 13.10 所列值中的一个或多个。

表 13.10　dwFlagsAndAttributes 参数取值（二）

dwFlagsAndAttributes 参数取值	说　明
SECURITY_ANONYMOUS	指定在 Anonymous 模拟级别模拟客户
SECURITY_IDENTIFICATION	指定在 Identification 模拟级别模拟客户
SECURITY_IMPERSONATION	指定在 Impersonation 模拟级别模拟客户
SECURITY_DELEGATION	指定在 Delegation 模拟级别模拟客户
SECURITY_CONTEXT_TRACKING	指定安全跟踪模式是动态的。如果没有指定此标志，则安全跟踪模式是静态的
SECURITY_EFFECTIVE_ONLY	指定只有客户端安全属性中那些可用的属性对服务器端是可用的。如果没有指定此标志，那么服务器可以使用客户端安全属性的所有方面

■ hTemplateFile

指定具有 GENERIC_READ 访问方式的模板文件的句柄。如果为此参数传递了一个文件句柄，那么 CreateFile 函数会忽略为所创建的文件设置的属性标志，而使用 hTemplateFile

相关联的文件的属性标志。读者一定要注意，hTemplateFile 必须使用 GENERIC_READ 方式打开。另外，如果是打开一个现有文件，而不是创建一个新文件，则这个参数将被忽略。因此，如果希望这个参数有效，则必须满足两个条件：一是创建新文件；二是给 hTemplateFile 参数传递的文件句柄必须使用 GENERIC_READ 方式打开。

13.4.2　文件的写入

Win32 API 提供的 WriteFile 函数可以向一个文件中写入数据，并可以指定是以同步还是异步方式来完成写入操作。该函数的声明形式如下所示：

```
BOOL WriteFile(
  HANDLE hFile,
  LPCVOID lpBuffer,
  DWORD nNumberOfBytesToWrite,
  LPDWORD lpNumberOfBytesWritten,
  LPOVERLAPPED lpOverlapped
);
```

WriteFile 函数各个参数的含义如下所述：

■ hFile

指定要写入数据的文件的句柄。

■ lpBuffer

指向包含将要写入文件的数据的缓冲区的指针。

■ nNumberOfBytesToWrite

指明要向文件中写入的字节数。

■ lpNumberOfBytesWritten

用来接收实际写入到文件中的字节数。

■ lpOverlapped

指向 OVERLAPPED 结构体的指针。读者应注意，如果想要这个参数起作用，那么在利用 CreateFile 打开文件设置文件属性时需要添加 FILE_FLAG_OVERLAPPED 标记，告诉系统需要异步地访问这个文件。如果没有设置这个标记，那么在默认情况下就是以同步 IO 的方式访问这个文件。所谓同步，是指在写入时，如果没有完整地写入数据，或者在读取数据时，没有读完的话，那么程序将被挂起，直到数据写入或读取完毕，程序才能继续运行。如果设置了 FILE_FLAG_OVERLAPPED 这个标记，也就是设置了异步 IO 方式，那么相当于告诉系统，在调用读写函数时不必等到 IO 结束，函数调用会立即返回，操作系统会使用它的线程为我们完成 IO 操作，当操作系统完成 IO 操作时，应用程序会得到相应的通知。

下面，我们在 File 程序中利用 Win32 API 提供的 CreateFile 函数打开，或者说是创建一个文件，利用 WriteFile 函数写入一些数据。首先将 CFileView 类的 OnFileWrite 函数中已有代码注释起来，然后添加如例 13-16 所示的代码。

例 13-16

```
void CFileView::OnFileWrite()
{
```

```
        //定义一个句柄变量
        HANDLE hFile;
        //创建文件
        hFile=CreateFile(L"5.txt",GENERIC_WRITE,0,NULL,CREATE_NEW,
            FILE_ATTRIBUTE_NORMAL,NULL);
        //接收实际写入的字节数
        DWORD dwWrites;
        //写入数据
        WriteFile(hFile,"http://www.phei.com.cn/",strlen("http://www.phei.com.cn/
"), &dwWrites,NULL);
        //关闭文件句柄
        CloseHandle(hFile);
    }
```

在上述例 13-16 所示代码中，调用 CreateFile 函数创建文件：5.txt，因为要进行写入操作，所以访问方式设置为 GENERIC_WRITE；共享方式参数设置为 0，表明该对象不能被共享；第四个参数设置为 NULL，让我们创建的这个文件对象使用默认的安全属性；第五个参数，即文件的创建方式设置为 CREATE_NEW，即创建一个新文件，如果指定的文件已经存在，则该函数调用将失败；第六个参数，即文件属性设置为 FILE_ATTRIBUTE_NORMAL；最后一个参数，即模板文件的句柄设置为 NULL。

接下来，调用 WriteFile 函数向文件中写入字符串数据：http://www.phei.com.cn/。对于该函数的最后一个参数，即指向 OVERLAPPED 结构体的指针，因为在打开文件时并没有指定 FILE_FLAG_OVERLAPPED 标记，也就是使用默认的同步 IO 方式，所以在调用 WriteFile 时，可以将此参数设置为 NULL。

运行 File 程序，单击【文件操作\写入文件】菜单项，打开 File 程序所在目录下的 5.txt 文件，可以看到其中的数据就是在程序中写入的字符串：http://www.phei.com.cn/，说明写入操作成功了。

13.4.3 文件的读取

ReadFile 函数可以从文件读取数据，该函数的声明形式如下所示。

```
BOOL ReadFile(
  HANDLE hFile,
  LPVOID lpBuffer,
  DWORD nNumberOfBytesToRead,
  LPDWORD lpNumberOfBytesRead,
  LPOVERLAPPED lpOverlapped
);
```

ReadFile 函数各个参数与 WriteFile 函数相应参数的含义类似，分别如下所述：

■ hFile

指定要读取其数据的文件的句柄。

■ lpBuffer

指向一个缓冲区的指针，该缓冲区将接收从文件中读取的数据。

■ nNumberOfBytesToRead

指定从文件读取的字节数。

■ lpNumberOfBytesRead

用来接收实际读到的字节数。

■ lpOverlapped

指向 OVERLAPPED 结构体的指针。读者应注意，该参数与上面的 WriteFile 函数相同，如果想起作用的话，那么在利用 CreateFile 打开文件设置文件属性时需要添加 FILE_FLAG_OVERLAPPED 标记。

下面，我们在 File 程序中利用 CreateFile 函数打开上面创建的文件：5.txt，利用 ReadFile 函数读取其中的数据。首先将 CFileView 类的 OnFileRead 函数中已有代码注释起来，然后添加如例 13-17 所示的代码。

例 13-17

```
void CFileView::OnFileRead()
{
    HANDLE hFile;
    //打开文件
    hFile=CreateFile(L"5.txt",GENERIC_READ,0,NULL,OPEN_EXISTING,
        FILE_ATTRIBUTE_NORMAL,NULL);
    //接收实际读取到的数据
    char ch[100];
    //接收实际读取到的字节数
    DWORD dwReads;
    //读取数据
    ReadFile(hFile,ch,100,&dwReads,NULL);
    //设置字符串结束字符
    ch[dwReads]=0;
    //关闭打开的文件对象的句柄
    CloseHandle(hFile);
    //显示读取到的数据
    MessageBoxA(NULL, ch, "文件", 0);
}
```

在上述例 13-17 所示代码中，首先使用 CreateFile 打开现有文件：5.txt，因为现在要从文件中读取数据，所以访问方式设置为 GENERIC_READ；共享方式参数设置为 0，表明该对象不能被共享；第四个参数设置为 NULL，让我们创建的这个文件对象使用默认的安全属性；第五个参数，即文件的创建方式设置为 OPEN_EXISTING，即打开一个已有文件；第六个参数，即文件属性设置为 FILE_ATTRIBUTE_NORMAL；最后一个参数，即模板文件的句柄设置为 NULL。

调用 ReadFile 函数从文件中读取数据。该函数的第一个参数设置为 CreateFile 函数返回的文件句柄；第二个参数就是用来接收从文件中读取的数据的缓冲区：ch；第三个参数指定读取的字节数:100；第四个参数接收实际读到的字节数，将该字节数保存到 dwReads 变量中；最后一个参数指向 OVERLAPPED 结构体的指针，这里设置为 NULL。读者一定要记住，如果想让最后一个参数起作用的话，则在打开文件时一定要设置 FILE_FLAG_OVERLAPPED 标记。

在读取操作完成之后，读到的数据就保存到了字符数组 ch 中，将该字符数组中保存的已读取到的数据的下一个元素设置为 0，作为所读取字符串的结尾。

读者可以运行 File 程序，单击【文件操作\读取文件】菜单项，从程序弹出的消息框中，可以看到读取的数据是正确的。

13.5 MFC 对文件操作的支持

MFC 中提供的支持文件操作的基类是 CFile，该类提供了没有缓存的二进制格式的磁盘文件输入/输出功能，通过其派生类能够间接地支持文本文件和内存文件。该类有三种形式的构造函数，其中一种声明形式如下所示：

```
CFile( LPCTSTR lpszFileName, UINT nOpenFlags );
```

可以看到，这种构造形式有两个参数，其中参数 lpszFileName 指定文件的名称，参数 nOpenFlags 指定文件共享和访问的方式，可以指定如表 13.11 所示值之一或多个值的组合。

表 13.11　nOpenFlags 参数取值

取　值	说　明
CFile::modeCreate	指示构造函数创建一个新文件。如果该文件已经存在，那么将它的长度截断为 0
CFile::modeNoTruncate	与 CFile::modeCreate 组合使用。如果正创建的文件已经存在，那么它的长度将不会被截断为 0
CFile::modeRead	打开文件，该文件仅用于读取操作
CFile::modeReadWrite	打开文件，该文件可读、可写
CFile::modeWrite	打开文件，该文件仅用于写入操作
CFile::modeNoInherit	禁止子进程继承该文件
CFile::shareDenyNone	打开文件，同时并不拒绝其他进程对该文件的读取或写入访问。如果该文件已经被其他进程以兼容模式打开，那么文件创建失败
CFile::shareDenyRead	打开文件，并且拒绝其他进程对该文件的读取访问。如果该文件已经被其他进程以兼容模式，或者读取访问打开，那么文件创建失败
CFile::shareDenyWrite	打开文件，并且拒绝其他进程对该文件的写入访问。如果该文件已经被其他进程以兼容模式，或者写入访问打开，那么文件创建失败
CFile::shareExclusive	以排它独占模式打开文件，拒绝其他进程对该文件的读取和写入访问。如果该文件已经以任何其他模式为读取或写入访问而打开，即使是由当前进程打开的，构造函数也失败
CFile::shareCompat	此标志在 32 位 MFC 中不可用。当在 CFile::Open 函数中使用时，此标记将映射为 CFile::shareExclusive
CFile::typeText	设置文本模式，带有一对回车换行字符（仅在 CFile 类的派生类中使用）
CFile::typeBinary	设置二进制模式（仅在 CFile 类的派生类中使用）

CFile 类提供了很多非常有用的方法，例如，写入数据可以调用 Write 方法，读取数据可以使用 Read 方法。同时，该类也提供了移动文件指针的方法，其中 Seek 方法可以将文件指针移动到指定的位置；SeekToBegin 方法将把文件指针放置到文件的开始位置；

SeekToEnd 方法将把文件指针放置到文件的结尾处。另外，还可以通过 CFile 类的 GetLength 方法获得文件的长度。

13.5.1　文件的写入

下面，我们在 File 程序中利用 CFile 类提供的方法来实现文件的写入操作。首先将 CFileView 类的 OnFileWrite 函数中已有代码注释起来，然后添加如例 13-18 所示代码。

例 13-18

```
void CFileView::OnFileWrite()
{
    CFile file(L"6.txt",CFile::modeCreate | CFile::modeWrite);
    file.Write("http://www.phei.com.cn/",strlen("http://www.phei.com.cn/"));
    file.Close();
}
```

在例 13-18 所示的代码中，首先构造了一个 CFile 类型的文件对象：file，因为这时需要创建一个新文件，以便向其写入一些数据，所以将该文件的访问方式指定为 CFile::modeCreate 和 CFile::modeWrite 模式的组合。接着，调用 CFile 类的 Write 方法向新创建的文件中写入一串字符：http://www.phei.com.cn/。最后，当对文件的写入操作完成之后，调用 CFile 类的 Close 方法关闭文件。

运行 File 程序，单击【文件操作\写入文件】菜单项，会看到 File 程序所在目录下多了一个名称为 6.txt 的文件，打开该文件，就可以看到写入的数据：http://www.phei.com.cn/。

13.5.2　文件的读取

下面，我们在 File 程序中利用 CFile 类提供的方法来实现文件的读取操作。首先将 CFileView 类的 OnFileRead 函数中已有代码注释起来，然后添加如例 13-19 所示代码。

例 13-19

```
void CFileView::OnFileRead()
{
    CFile file(L"6.txt", CFile::modeRead);
    char *pBuf;
    UINT dwFileLen;
    dwFileLen = (UINT)file.GetLength();
    pBuf = new char[dwFileLen + 1];
    pBuf[dwFileLen] = 0;
    file.Read(pBuf, dwFileLen);
    file.Close();
    MessageBoxA(NULL, pBuf, "文件", 0);
}
```

在如例 13-19 所示的代码中，首先构造了一个 CFile 类型的文件对象：file，因为这时需要读取文件的内容，所以将该文件的访问方式选择为 CFile::modeRead；接着，利用 CFile 类的 GetLength 方法得到文件长度，由于 GetLength 方法返回的类型是 ULONGLONG（64

位的无符号整型），因此这里做了一个强制类型转换。接下来，利用得到的文件长度构造用来存放数据的缓存区（pBuf 所指向的内存），注意，这里在为该缓存区分配内存时多分配了一个字节，并将分配内存后得到的缓存区的最后一个字节元素赋值为 0，用来作为所读取的字符串数据的结尾。然后利用 CFile 类的 Read 方法读取文件，其中第二个参数，即读取的数据总数，可以用已得到的文件长度作为参数值传递进去。当对文件的读取操作完成之后，调用 CFile 类的 Close 方法关闭文件。最后，调用 MessageBoxA 函数将读取到的数据显示出来。

运行 File 程序，单击【文件操作\读取文件】菜单项，从程序弹出的消息框中，可以看到读取到了正确的数据。

通过上面的例子，读者可以看到，CFile 类的使用非常方便，因此在利用 MFC 编程时，如果涉及文件操作，则最好采用 CFile 类来完成。

13.5.3 CFileDialog 类

下面，我们为 File 程序增加“打开文件”对话框和“另存为”对话框的功能。这可以利用 MFC 类 CFileDialog 来完成。如图 13.11 所示是 CFileDialog 类的派生层次结构图。

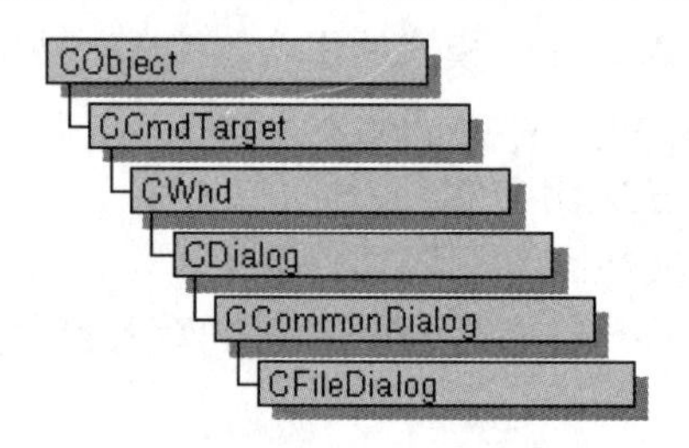

图 13.11　CFileDialog 类的派生层次结构

从图 13.11 可以看出，CFileDialog 类是从 CCommonDialog 派生而来的，并且间接派生于 CDialog 类，因此它也是一个对话框类。该类的构造函数声明形式如下所示：

```
    CFileDialog( BOOL bOpenFileDialog, LPCTSTR lpszDefExt = NULL, LPCTSTR
lpszFileName = NULL, DWORD dwFlags = OFN_HIDEREADONLY | OFN_OVERWRITEPROMPT,
LPCTSTR lpszFilter = NULL, CWnd* pParentWnd = NULL, DWORD dwSize = 0, BOOL
bVistaStyle = TRUE );
```

该构造函数的参数比较多，其意义分别如下所述。

■ bOpenFileDialog

BOOL 类型。如果将此参数设置为 TRUE，那么将构建一个打开对话框；如果将此参数设置为 FALSE，那么将构建一个“保存为”对话框。也就是说，通过 CFileDialog 类，既可以创建“打开”对话框，也可以创建“保存为”对话框。

■ lpszDefExt

指定默认的文件扩展名。如果用户在文件名编辑框中输入的文件名没有包含扩展名，那么此参数指定的扩展名将自动添加到输入的文件名后面，作为该文件的扩展名。如果此参数为 NULL，就不会为文件添加扩展名。在保存文件时，可以设置这个参数来指定一个默认的文件扩展名。当用户没有输入文件扩展名时，系统将会自动添加一个。

■ lpszFileName

指定显示在文件对话框中的初始文件名。如果为 NULL，则没有初始的文件名显示。

■ dwFlags

一个或多个标记的组合，允许定制文件对话框。该参数的取值与 OPENFILENAME 结构体中的 Flags 字段相同。

■ lpszFilter

一连串的字符串对，用来指定一个或一组文件过滤器。如果指定了文件过滤器，那么只有被选择的文件才出现在文件列表中。我们平时在使用文件打开对话框打开文件时，并不是所有文件都显示在文件列表中，而是根据我们所选择的文件类型来显示相应文件，选择的文件类型就应用了过滤器，根据指定的过滤器对文件进行过滤，只有选定的文件才会出现在文件列表当中。

■ pParentWnd

一个 CWnd 指针，用来指定文件对话框的父窗口或者拥有者窗口。

■ dwSize

OPENFILENAME 结构体的大小。这个值取决于操作系统版本，MFC 使用这个参数来确定要创建的对话框的类型。默认大小是 0，表示 MFC 代码将根据运行程序的操作系统版本来确定要使用的正确的对话框大小。

■ bVistaStyle

这个参数指定文件对话框的样式，不过该参数只能在 Visual Studio 2008 和更高版本中使用，并且操作系统需要是 Windows Vista 或者更高版本。如果为 TRUE（默认值），则将使用新的 Vista 样式的文件对话框；如果为 FALSE，则将使用旧样式的对话框。

在使用时，因为 CFileDialog 类构造函数的后面几个参数都有默认值，所以通常只需要为第一个参数赋值就可以了。

1. “另存为”对话框

下面利用 CFileDialog 类来创建一个“另存为”对话框。本例仍在 File 程序的基础上增加功能。先将 CFileView 类的 OnFileWrite 函数中已经代码注释起来，然后添加如例 13-20 所示代码。

例 13-20

```
void CFileView::OnFileWrite()
{
    CFileDialog fileDlg(FALSE);
    fileDlg.DoModal();
}
```

在例 13-20 所示代码中，首先构造了一个 CFileDialog 对象：fileDlg。因为这时我们要创建一个“另存为”对话框，所以为 CFileDialog 构造函数的第一个参数传递 FALSE 值。另外，我们已经知道 CFileDialog 类是从 CDialog 类间接派生的，因此可以直接调用 DoModal 函数显示创建的对话框。

运行 File 程序，单击【文件操作\写入文件】菜单项，这时，可以看到程序弹出了一个“另存为”对话框。程序运行界面如图 13.12 所示。

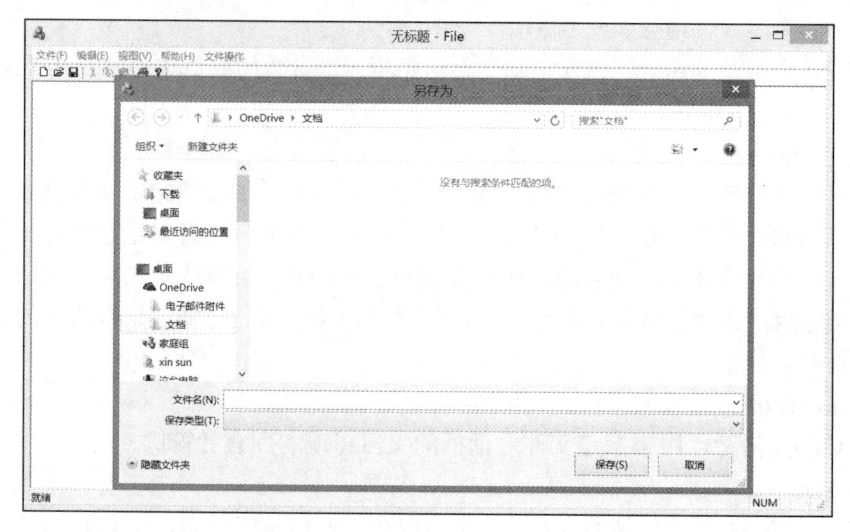

图 13.12 “另存为”对话框的显示

如果读者想改变“另存为”对话框的标题，则可以利用 CFileDialog 类的数据成员 m_ofn 来实现。该数据成员是 OPENFILENAME 结构体类型，这个结构体中有一个 LPCTSTR 类型的成员 lpstrTitle，用来指定 CFileDialog 对话框的标题。如果这个成员的值为 NULL，则系统使用默认的标题：“另存为”或“打开”。因此，如果想修改本例创建的对话框的标题，则可以在上述例 13-20 所示代码中在调用 DoModal 函数显示对话框之前添加下面这条语句，从而将对话框的标题修改为：我的文件保存对话框。

```
①      fileDlg.m_ofn.lpstrTitle=L"我的文件保存对话框";
```

如果读者想要设置保存类型，即设置过滤器的话，则可以利用 m_ofn 这个数据成员中的另一个字段 lpstrFilter 来完成，该字段是一个指向包含多个过滤字符串对的缓冲区的指针，在各过滤字符串对之间，以及字符串对内部两个字符串之间都以“\0”分隔，最终的过滤器字符串必须以两个“\0”字符结尾。对一个字符串对来说，第一个字符串描述过滤器，而第二个字符串表明过滤使用的文件扩展名称，多个扩展名称之间用分号（;）分隔。例如，如果把过滤字符串设置为“Text Files (*.txt)”，那么该字符串只是作为出现在“另存为”对话框中保存类型列表框中所看到的文字，并不具有过滤的功能。如果要想具有过滤功能，则必须在其后加上“\0”字符，并随后加上“*.txt”字符串。

在上述①符号所示代码之后再添加下面这条语句设置文件的过滤条件：

```
②  fileDlg.m_ofn.lpstrFilter=L"Text Files(*.txt)\0*.txt\0All Files(*.*)\
    0*.*\0\0";
```

另外，利用 m_ofn 数据成员的 lpstrDefExt 字段还可以设置默认的扩展名。在上述②符号所示代码之后再添加下面这条语句，以设置默认扩展名为“txt”。

```
fileDlg.m_ofn.lpstrDefExt=L"txt";
```

运行 File 程序，单击【文件操作\写入文件】菜单项，程序将弹出“另存为”对话框（如图 13.13 所示），此时可以看到该对话框的标题变成了：我的文件保存对话框。在保存类型下拉列表框中出现了“Text Files(*.txt)”和“All Files(*.*)”两种文件过滤类型，它们分别是上述②符号所示代码中所写的两个过滤器字符串对中“\0”前的字符串，而过滤功能则是通过这两个过滤字符串对中“\0”字符后面的“*.txt”和“*.*”字符串实现的。在初始显示时，我们看到在该对话框的文件列表中只能看到文本文件。如果想要看到所有文件，则在保存类型下拉列表框中选择“All Files(*.*)”类型即可。

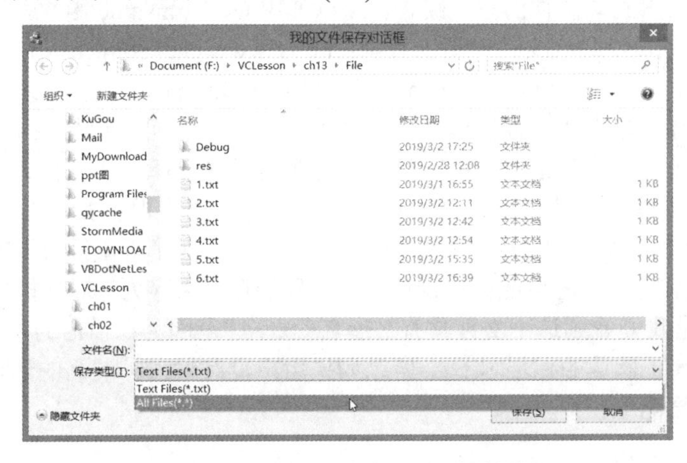

图 13.13　定制“另存为”对话框的结果

接下来，我们要实现这样的功能：当用户通过“另存为”对话框选择了某个文件（或输入了文件名）并单击该对话框上的【保存】按钮后，程序根据用户选择的文件名，打开（创建）该文件，然后向其中写入数据。

为了获取用户输入的文件名，CFileDialog 类提供了两个函数：GetPathName 和 GetFileName。其中 GetPathName 返回选择文件的完整路径；GetFileName 返回选择文件的文件名。例如，对于“C:\FILES\TEXT.DAT”文件来说，GetPathName 函数将返回该文件完整的路径；而 GetFileName 函数只返回文件名：text.dat。

这时的 OnFileWrite 函数的具体实现代码如例 13-21 所示，其中加灰显示的为新增的代码。

例 13-21

```
void CFileView::OnFileWrite()
{
    CFileDialog fileDlg(FALSE);
    fileDlg.m_ofn.lpstrTitle="我的文件保存对话框";
    fileDlg.m_ofn.lpstrFilter="Text Files(*.txt)\0*.txt\0All Files(*.*)\
0*.*\0\0";
    fileDlg.m_ofn.lpstrDefExt="txt";
    if(IDOK==fileDlg.DoModal())
    {
        CFile file(fileDlg.GetFileName(),CFile::modeCreate | CFile::mode Write);
```

```
        file.Write("http://www.phei.com.cn/",strlen("http://www.phei.com. cn/"));
        file.Close();
    }
}
```

在例 13-21 所示代码中，当用户单击“另存为”对话框上的【保存】按钮（其 ID 为 IDOK）关闭该对话框后，程序就以用户在“另存为”对话框中输入的文件名作为参数来构造一个 CFile 对象。首先，本例使用 CFileDialog 类的 GetFileName 函数得到用户输入的文件名。如果要想得到该文件的完整路径，可以使用 GetPathName 函数。接着，程序调用 CFile 类的 Write 成员函数向文件中写入数据：http://www.phei.com.cn/。最后，在对文件的写入操作完成之后，调用 CFile 类的 Close 成员函数关闭文件。

运行 File 程序，单击【文件操作\写入文件】菜单项，即可弹出如图 13.13 所示的“另存为”对话框，通过这个对话框，我们可以在文件列表中选择一个已有文件作为数据保存的目标文件，也可以在文件名编辑框中输入一个字符串作为保存数据的文件名称，例如 test。然后单击该对话框上的【保存】按钮，之后在 File 程序所在目录下就可以看到有一个名为 test.txt 的文件。读者可能会有疑问，刚才我们在“另存为”对话框中并没有输入文件的扩展名，但是我们看到这个文件具有扩展名：txt。这是因为在前面的程序中为这个“另存为”对话框设置了默认的扩展名 txt。所以如果用户没有输入扩展名的话，那么系统将自动为文件加上扩展名 txt。

2．打开文件对话框

下面，我们再利用 CFileDialog 类创建一个打开文件对话框。在 CFileView 类的 OnFileRead 函数添加如例 13-22 所示的代码。

例 13-22

```
void CFileView::OnFileRead()
{
    CFileDialog fileDlg(TRUE);
    fileDlg.m_ofn.lpstrTitle=L"我的文件打开对话框";
    fileDlg.m_ofn.lpstrFilter=L"Text Files(*.txt)\0*.txt\0All Files(*.*)\ 0*.
*\0\0";

    if(IDOK==fileDlg.DoModal())
    {
        CFile file(fileDlg.GetFileName(),CFile::modeRead);
        char *pBuf;
        UINT dwFileLen;
        dwFileLen = (UINT)file.GetLength();
        pBuf=new char[dwFileLen+1];
        pBuf[dwFileLen]=0;
        file.Read(pBuf,dwFileLen);
        file.Close();
        MessageBoxA(NULL, pBuf, "文件", 0);
    }
}
```

在例 13-22 所示代码中，首先构造了一个 CFileDialog 类型的对象：fileDlg。因为现在需要创建“文件打开”对话框，所以在构造 CFileDialog 类对象时第一个参数应设置为 TRUE；接下来，与上面的“另存为”对话框一样，我们也修改“文件打开”对话框的标题并设置文件过滤字符串。接下来，如果判断用户单击的是“文件打开”对话框上的【打开】按钮，那么就根据用户选择的文件名构造一个 CFile 对象，并且因为是为读取操作而打开文件的，所以在构造 CFile 对象时，指定文件模式为 CFile::modeRead。然后就可以读取该文件的内容了，这部分的代码在上面已经讲述过，这里就不再赘述了。

运行 File 程序，单击【文件操作\读取文件】菜单项，这时程序就会显示如图 13.14 所示的“文件打开”对话框。通过这个对话框，用户可以选择一个文件，并单击该对话框上的【打开】按钮，即可打开该文件，并在弹出的消息框上看到该文件的内容。

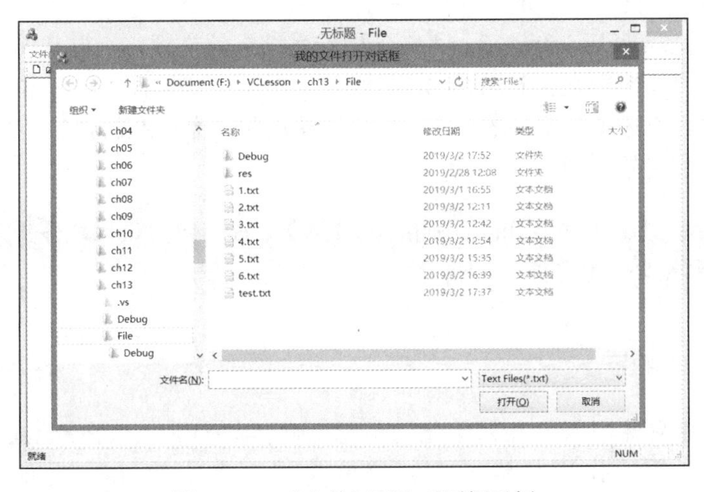

图 13.14　“文件打开”对话框示例

13.6　INI 文件的访问

13.6.1　INI 文件的结构

有时在编写程序时，需要将一些初始化的信息写入一个配置文件中，当程序启动时从这个配置文件中读取这些初始化信息。现在，大多数的软件都是将这些信息写入注册表中，在软件启动时，从注册表中读取这些初始化信息，但依然有不少的软件将初始化信息写入自定义的配置文件中。早期的一些软件都是将这些初始化信息写入 win.ini 文件中，该文件位于系统安装磁盘（通常是 C 盘）的 Windows 目录下，其中的内容如例 13-23 所示（这是笔者机器上 win.ini 文件中的内容，由于读者机器上安装的操作系统及应用程序与笔者的不同，所以该文件会有不同的内容）。

例 13-23

```
; for 16-bit app support
[fonts]
```

```
[extensions]
[mci extensions]
[files]
[Mail]
MAPI=1
[ResponseResult]
ResultCode=0
[System]
WT_ACCOUNT_ENCODE=1
```

其中，方括号中的内容（例如，font、extensions、System 等）是节名，其下等号（=）左边的字符串是键名（例如，ResultCode、WT_ACCOUNT_ENCODE），等号右边是键的值（例如，0，1）。

win.ini 文件是早期 Windows 3.x 系统使用的系统配置文件，不过从 Windows 95 开始已经逐渐转向使用注册表来存储系统的配置信息。对于一些软件来说，本身所需的配置信息很少，因此也可以采用自定义的 INI 文件来存储这些信息，在软件启动时，再从文件中读取这些信息来配置软件的运行环境。

提示：INI 文件是 Initialization File 的缩写，即初始化文件，是 Windows 的系统配置文件所采用的存储格式。

13.6.2 INI 文件的写入

如果要向 INI 文件写入一些初始化的信息，则可以使用 WritePrivateProfileString 函数来实现。该函数的作用是将一个字符串复制到指定的 INI 文件的指定节中。WritePrivateProfileString 函数的原型声明如下所示。

```
BOOL WritePrivateProfileString(
  LPCTSTR lpAppName,
  LPCTSTR lpKeyName,
  LPCTSTR lpString,
  LPCTSTR lpFileName
);
```

该函数各个参数的含义如下所述：

■ lpAppName

指定要将字符串复制到的节的名称。如果该节不存在，则创建这个节。节的名称与大小写无关，字符串可以是大小写字母的任意组合，当然我们不建议节的名称为大小写混杂，因为这样可读性太差了。

■ lpKeyName

与要复制的字符串关联的键的名称。如果这个键在指定节中不存在，则创建这个键。如果这个参数为 NULL，则删除整个节，包括节中所有的条目。

■ lpString

要写入文件的以空结尾的字符串。如果此参数为 NULL，则参数 lpKeyName 所指定的键将被删除。

■ lpFileName

初始化文件的名称。如果文件是使用 Unicode 字符创建的，则函数会将 Unicode 字符写入文件。否则，函数将写入 ANSI 字符。

下面，我们就在 File 程序中利用 WritePrivateProfileString 函数将程序的初始化信息写入 file.ini 文件中。将这个函数的调用放到 CFileApp 类的 InitInstance 函数的最后，在 return 语句之前，添加例 13-24 所示代码中加灰显示的那行代码。

例 13-24

```
BOOL CFileApp::InitInstance()
{
    ......
    m_pMainWnd->ShowWindow(SW_SHOW);
    m_pMainWnd->UpdateWindow();

    WritePrivateProfileString(L"http://www.phei.com.cn/", L"admin",
           L"zhangsan", L".\\file.ini");

    return TRUE;
}
```

该代码将在项目所在目录下创建一个 file.ini 文件，并向文件中写入信息，创建一个新的节，名称为 http://www.phei.com.cn/，在其下创建一个新的键，键名为 admin，其值为 zhangsan。

编译并运行 File 程序，然后在项目目录下找到 file.ini 文件并打开，可以在该文件中看到新添加的节名、键名及其值，如图 13.15 所示。

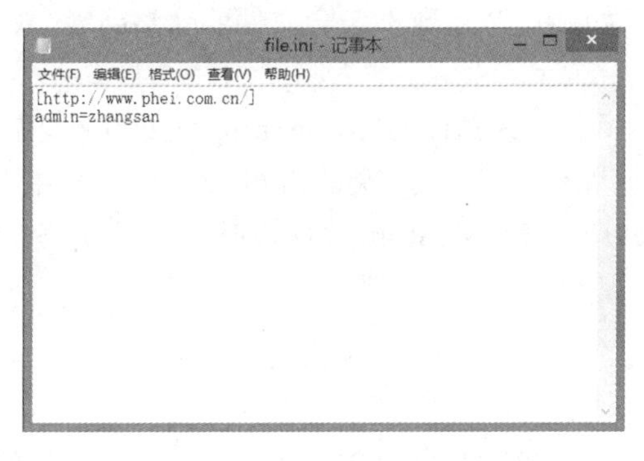

图 13.15　向 file.ini 文件中写入的信息

13.6.3 INI 文件的读取

如果想要获取 INI 文件中保存的初始化信息，则可以利用 Win32 API 提供的 GetPrivateProfileString 函数来实现。该函数的作用是获取初始化文件中的指定节下的一个字符串。该函数的声明形式如下所示。

```
DWORD GetPrivateProfileString (
  LPCTSTR lpAppName,
  LPCTSTR lpKeyName,
  LPCTSTR lpDefault,
  LPTSTR lpReturnedString,
  DWORD nSize
  LPCTSTR lpFileName
);
```

该函数各参数的含义如下所述：

■ lpAppName

包含键名的节的名称。如果这个参数是 NULL，则 GetPrivateProfileString 函数会将文件中所有的节名复制到提供的缓冲区中。

■ lpKeyName

键的名称，与该键相关联的字符串将被获取。如果这个参数是 NULL，则 lpAppName 参数指定的节中的所有键名都将复制到 lpReturnedString 参数指定的缓冲区中。

■ lpDefault

默认的字符串。如果参数 lpKeyName 所指定的键在初始化文件中没有找到，则 GetPrivateProfileString 函数将使用该默认字符串复制到参数 lpReturnedString 所指向的缓冲区中。如果这个参数是 NULL，则默认是一个空字符串（""）。

■ lpReturnedString

指向一个缓冲区的指针，该缓冲区将接收获取到的字符串。

■ nSize

指定参数 lpReturnedString 所指向的缓冲区的大小，以字符为单位。

■ lpFileName

初始化文件的名称。如果这个参数不包含文件的完整路径，则系统将在 Windows 目录中搜索该文件。

下面就在 File 程序中利用 GetPrivateProfileString 函数获取之前写入 file.ini 文件中的信息。同样，将这个操作放置到 CFileApp 类的 InitInstance 函数中，先将上面例 13-24 所示代码中加灰显示的 WritePrivateProfileString 函数的调用注释起来，然后在其后添加例 13-25 所示的代码。

例 13-25

```
CString str;
::GetPrivateProfileString(L"http://www.phei.com.cn/",
        L"admin", L"lisi", str.GetBuffer(100), 100, L".\\file.ini");
AfxMessageBox(str);
```

在上述例 13-25 所示代码中，首先定义了一个 CString 对象：str，用来接收从 file.ini 文件中获取的信息。接着调用 Win32 API 提供的 GetPrivateProfileString 函数获取之前写入 file.ini 文件中的信息，并将键的默认值设置为“lisi”。因为 GetPrivateProfileString 函数的第四个参数需要的是一个缓冲区的指针（LPTSTR 类型），正好 CString 类的 GetBuffer 函数可以返回这种类型的值，所以直接调用该函数为这个参数传值。GetBuffer 函数有一个参数，用于指定字符串的长度，本例将此长度设置为 100。最后调用 AfxMessageBox 函数显示读取到的数据。在这里之所以使用全局函数 AfxMessageBox 来显示消息框，是因为 CWinApp 类并不是从 Wnd 类派生的，因此它没有 MessageBox 成员函数。

运行 File 程序，程序将弹出如图 13.16 所示的消息框，可以看到程序从 file.ini 文件中获取到了正确的结果。

图 13.16 从 file.ini 文件中获取到的数据

13.7 CWinApp 的注册表读写函数

在 CWinApp 类中提供了两个成员函数：WriteProfileString 和 GetProfileString，前者将指定的字符串写入应用程序注册表的指定节中，或者用于获取应用程序注册表中指定节内的项关联的字符串。

CWinApp 类的 WriteProfileString 函数的声明形式如下所示：

```
    BOOL WriteProfileString( LPCTSTR lpszSection, LPCTSTR lpszEntry, LPCTSTR
lpszValue );
```

该函数各个参数的含义如下所述：

■ lpszSection

指向一个以空结尾的字符串，该字符串指定包含条目的节名。如果该节不存在，则创建这个节。节的名称与大小写无关，字符串可以是大小写字母的任意组合。

■ lpszEntry

指向一个以空结尾的字符串，该字符串包含要写入值的条目。如果在指定节中不存在该条目，则创建该条目。如果这个参数是 NULL，则删除 lpszSection 指定的节。

■ lpszValue

指向要写入的字符串。如果这个参数是 NULL，则删除 lpszEntry 参数指定的条目。

> **提示**：在不同的操作系统下，WriteProfileString 函数实现的功能不一样。在 Windows 3.x 系统下，该函数将把信息写入 win.ini 文件中；在 Windows 95 系统下，该函数将把信息写入 win.ini 文件的一个缓冲版本中，主要是为了提升系统的性能。而目前我们使用的操作系统，该函数将把信息写入注册表中。

下面就在 File 程序中利用 CWinApp 类的 WriteProfileString 函数保存程序的初始信息。同样，将这个操作放置到 CFileApp 类的 InitInstance 函数中，先将例 13-25 所示的代码全部注释起来，然后添加下面这句代码：

```
★    WriteProfileString(L"http://www.phei.com.cn/", L"admin", L"zhangsan");
```

运行 File 程序，用 regedit 命令打开注册表，将会看到我们刚刚写入的信息位于：HKEY_CURRENT_USER\SOFTWARE\应用程序向导生成的本地应用程序\File 子项下，如图 13.17 所示。

在 CFileApp 类的 InitInstance 函数中，有如下这句代码：

```
SetRegistryKey(_T("应用程序向导生成的本地应用程序"));
```

可以发现，注册表项“应用程序向导生成的本地应用程序”与 SetRegistryKey 函数的参数值完全一样，由此可见，正是因为这个函数的调用，才在注册表中添加了函数参数所指定的项。为了验证这一点，我们可以把 SetRegistryKey 函数的参数替换为另一个字符串，例如替换为一个网址：www.phei.com.cn，再次运行 File 程序，然后打开注册表，发现这时写入的信息保存在了 HKEY_CURRENT_USER\SOFTWARE\www.phei.com.cn\File 子项下，如图 13.18 所示。

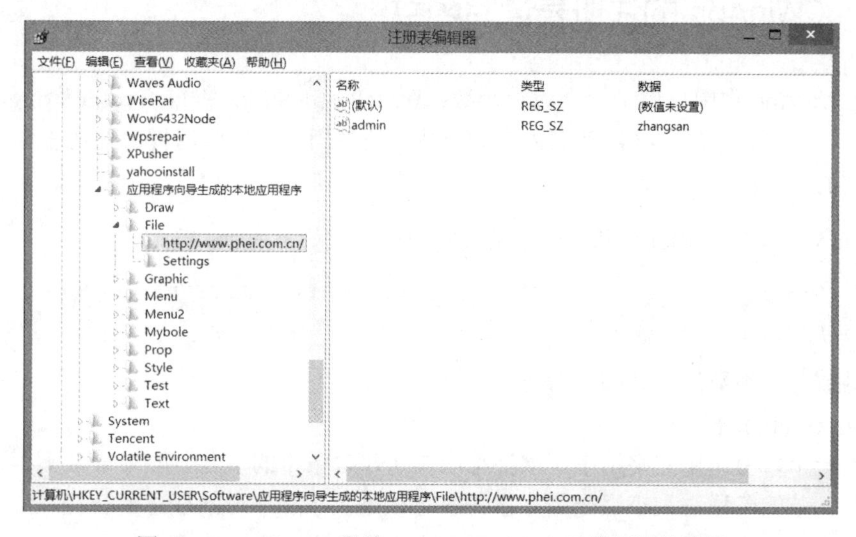

图 13.17　CWinApp 类的 WriteProfileString 函数调用的结果

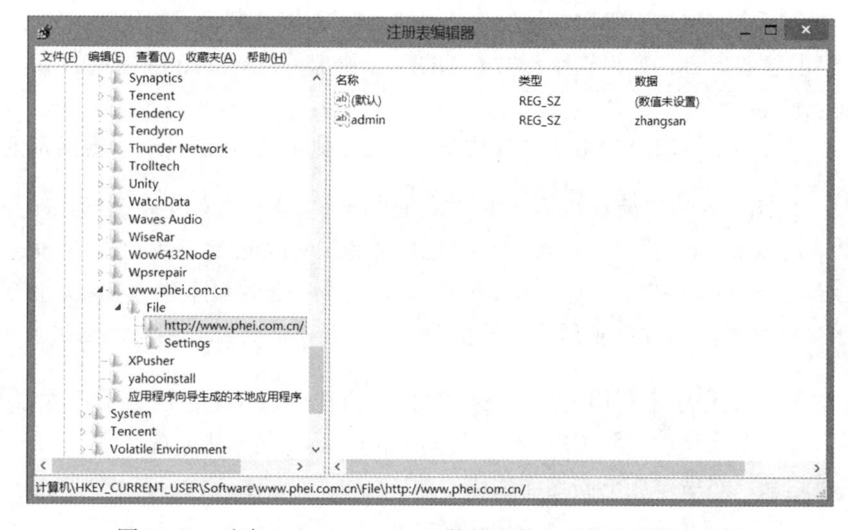

图 13.18　改变 SetRegistryKey 函数的参数之后信息的保存位置

小技巧：按下键盘上的 F5 键，可以刷新注册表编辑器的内容。

CWinApp 类提供的 GetProfileString 函数的声明形式如下所示：

```
    CString GetProfileString( LPCTSTR lpszSection, LPCTSTR lpszEntry, LPCTSTR
lpszDefault = NULL );
```

该函数各个参数的含义如下所述：

■ lpszSection

指向一个以空结尾的字符串，该字符串指定包含条目的节名。

■ lpszEntry

指向一个以空结尾的字符串，该字符串指定要检索其字符串的条目。这个值不能为 NULL。

■ lpszValue

指定一个默认的字符串值。如果在注册表中没有找到给定的条目，则使用这个默认的字符串值。

下面，我们在 File 程序中利用 CWinApp 类的 GetProfileString 函数从注册表中读取上面写入的信息。同样，将这个操作放置到 CFileApp 类的 InitInstance 函数中，先将之前在该函数中添加的代码（即上面★符号所示的那行代码）注释起来，然后添加如例 13-26 所示的代码。

例 13-26

```
    CString str;
    str = GetProfileString(L"http://www.phei.com.cn/", L"admin");
    AfxMessageBox(str);
```

在上述代码中，首先调用 CWinApp 类提供的 GetProfileString 函数获取先前写入注册表中的信息，然后利用 AfxMessageBox 函数将获得的信息显示出来。

读者运行一下 File 程序，可以看到程序将显示正确的信息。

13.8　注册表的编程

13.8.1　注册表 API

注册表存储在二进制文件中，Win32 API 提供了大量的函数以便应用程序访问注册表。在下面的内容中将介绍一些常用的与注册表操作相关的 API 函数。

1. 创建键

下面介绍 RegCreateKeyEx 函数，该函数创建指定的注册表项，如果这个表项已经存在，则该函数将打开这个表项。注意，表项名不区分大小写。RegCreateKeyEx 函数的声明形式如下所示。

```
    LONG RegCreateKeyEx(
      HKEY                        hKey,
```

```
    LPCTSTR                     lpSubKey,
    DWORD                      Reserved,
    LPTSTR                      lpClass,
    DWORD                      dwOptions,
    REGSAM                     samDesired,
    const LPSECURITY_ATTRIBUTES lpSecurityAttributes,
    PHKEY                      phkResult,
    LPDWORD                     lpdwDisposition
);
```

RegCreateKeyEx 函数各个参数的含义如下所述：

■ hKey

指向当前打开表项的句柄，或者是下列预定义的保留句柄值之一（实际上就是注册表中的几个分支）。调用进程必须对该表项具有 KEY_CREATE_SUB_KEY 访问权限。

- HKEY_CLASSES_ROOT
- HKEY_CURRENT_CONFIG
- HKEY_CURRENT_USER
- HKEY_LOCAL_MACHINE
- HKEY_USERS

■ lpSubKey

将打开或创建子项的名称。这个子项必须是由 hKey 参数所标识的项的子项。如果 lpSubKey 是指向空字符串（""）的指针，phkResult 参数将接收到由 hKey 参数指定的表项的新句柄。这个参数不能为 NULL。

■ Reserved

这个参数是保留的，必须为零。

■ lpClass

这个表项的用户自定义的类的类型，这个参数可以被忽略，设置为 NULL 即可。

■ dwOptions

这个参数的取值可以是表 13.12 所示各值的其中之一。

表 13.12　dwOptions 参数取值

值	说　明
REG_OPTION_BACKUP_RESTORE	如果设置了此标志，则函数将忽略所需的 samDesired 参数，并尝试使用备份或恢复表项所需的访问权限来打开表项
REG_OPTION_CREATE_LINK	这个表项是一个符号链接。目标路径被分配给表项的“SymbolickValue”值，且必须是绝对注册表路径
REG_OPTION_NON_VOLATILE	这个表项不是易失的，这是默认值。信息存储在一个文件中，并在系统重新启动时保存
REG_OPTION_VOLATILE	函数创建的所有表项都是易失的。信息存储在内存中，在卸载相应的注册表配置单元时不被保存。对于已经存在的表项，忽略该标志

■ samDesired

指定要创建的表项的访问权限的掩码。这个参数的取值除了标准的访问权限外，还有针对注册表项的特定访问权限，分别如表 13.13 和表 13.14 所示。

表 13.13　标准访问权限

值	说　明
DELETE	删除对象的权限
READ_CONTROL	读取对象安全描述符中信息的权限，不包括系统访问控制列表（SACL）中的信息
WRITE_DAC	修改对象安全描述符中的自由访问控制列表（DACL）的权限
WRITE_OWNER	更改对象的安全描述符中所有者的权限

表 13.14　注册表项对象的特定访问权限

值	说　明
KEY_ALL_ACCESS	是所有权限的组合
KEY_CREATE_LINK	保留供系统使用
KEY_CREATE_SUB_KEY	需要创建注册表项的子项
KEY_ENUMERATE_SUB_KEYS	需要枚举注册表项的子项
KEY_EXECUTE	同 KEY_READ
KEY_NOTIFY	需要为注册表项或注册表项的子项请求更改通知
KEY_QUERY_VALUE	需要查询注册表项的值
KEY_READ	是 READ_CONTROL、 KEY_QUERY_VALUE、 KEY_ENUMERATE_SUB_KEYS 和 KEY_NOTIFY 权限的组合
KEY_SET_VALUE	需要创建、删除或设置注册表值
KEY_WOW64_32KEY	指示 64 位 Windows 上的应用程序应在 32 位注册表视图上操作。此标志被 32 位 Windows 忽略，且必须使用或运算符与此表中查询或访问注册表值的其他标志组合在一起使用
KEY_WOW64_64KEY	指示 64 位 Windows 上的应用程序应在 64 位注册表视图上操作。此标志被 32 位 Windows 忽略，且必须使用或运算符与此表中查询或访问注册表值的其他标志组合在一起使用
KEY_WRITE	是 READ_CONTROL、KEY_SET_VALUE 和 KEY_CREATE_SUB_KEY 访问权限的组合

■ lpSecurityAttributes

指向 SECURITY_ATTRIBUTES 结构体的指针，用来确定返回的句柄是否能够被子进程所继承。如果将该参数指定为 NULL，则无法继承句柄。结构体的 lpSecurityDescriptor 成员为新表项指定安全描述符。如果 lpSecurityDescriptor 为空，则该表项将获取默认的安全描述符。

■ phkResult

这是一个返回值，指向一个变量的指针，用来接收创建或打开的表项的句柄。当不再需要此返回的注册表项句柄时，调用 RegCloseKey 函数关闭这个句柄。

■ lpdwDisposition

这也是一个返回值，指向一个变量的指针，用来接收表 13.15 所列的值之一。如果这个参数是 NULL，则不返回任何处置信息。

表 13.15　处置信息

值	说　明
REG_CREATED_NEW_KEY	表项不存在，已创建
REG_OPENED_EXISTING_KEY	表项已经存在，只是简单地打开而没有被更改

2. 打开键

在可以处理注册表之前，需要打开注册表中的一个表项，这可以利用 RegOpenKeyEx 函数来实现，该函数将打开指定的注册表项。RegOpenKeyEx 函数的原型声明如下所述。

```
LONG RegOpenKeyEx(
  HKEY   hKey,
  LPCTSTR lpSubKey,
  DWORD  ulOptions,
  REGSAM samDesired,
  PHKEY  phkResult
);
```

RegOpenKeyEx 函数具有三个参数，其含义分别如下所述：

■ hKey

打开的注册表项的句柄。此句柄可以是调用 RegCreateKeyEx 或者 RegOpenKeyEx 函数返回的句柄，或者是下列预定义的保留句柄值之一。

- HKEY_CLASSES_ROOT
- HKEY_CURRENT_CONFIG
- HKEY_CURRENT_USER
- HKEY_LOCAL_MACHINE
- HKEY_USERS

■ lpSubKey

要打开的注册表子项的名称。如果给该参数传递空字符串（""），而 hKey 参数是 HKEY_CLASSES_ROOT，那么 phkResult 参数将接收到传入函数的相同 hKey 句柄。否则，phkResult 参数将接收到 hKey 指定的表项的新句柄。

■ ulOptions

指定打开表项时要应用的选项。取值可以是 0，或者 REG_OPTION_OPEN_LINK（表示表项是一个符号链接）。

■ samDesired

同 RegCreateKeyEx 函数的 samDesired 参数。

■ phkResult

指向一个变量的指针，该变量保存此函数所打开的注册表项的句柄。如果表项不是预定义的注册表项之一，那么在使用完句柄后调用 RegCloseKey 函数关闭这个句柄。

3．写入注册表

RegSetValue 函数可以设置指定注册表项的默认值或者未命名值的数据。**在注册表中，对值来说，包含三个部分：值名称、值类型和值本身。**例如在上面图 13.18 所示的注册表编辑器窗口中，admin 是值的名称，REG_SZ 是值的类型，zhangsan 是值本身。另外，在注册表中有些值是没有名称的，例如该值是默认值。

RegSetValue 函数的声明形式如下。

```
LONG RegSetValue(
  HKEY hKey,
  LPCTSTR lpSubKey,
  DWORD dwType,
  LPCTSTR lpData,
  DWORD cbData
);
```

RegSetValue 函数具有五个参数，其含义分别如下所述：

■ hKey

同 RegOpenKeyEx 函数的 hKey 参数。

■ lpSubKey

hKey 参数的子项的名称。RegSetValue 函数为该参数指定的子项设置默认值。如果 lpSubKey 指定的子项不存在，函数将创建它。如果此参数为 NULL，或指向一个空字符串，那么此函数将为参数 hKey 所指定的注册表项设置默认值。

■ dwType

指示将被存储的信息类型。该参数必须是 REG_SZ 类型，实际上就是字符串类型。如果要存储其他类型的数据，则必须使用另一个函数：RegSetValueEx。

■ lpData

要存储的数据，这个参数不能为空。

■ cbData

这个参数被忽略。函数根据 lpData 参数中的数据大小来计算这个值。

另外，如果想要设置注册表项下不是默认值，则可以调用 RegSetValueEx 函数，该函数将在注册表项下设置指定值的数据和类型。该函数的原型声明如下所示。

```
LONG RegSetValueEx(
  HKEY hKey,
  LPCTSTR lpValueName,
  DWORD Reserved,
  DWORD dwType,
  CONST BYTE *lpData,
  DWORD cbData
);
```

RegSetValueEx 函数具有六个参数，其含义分别如下所述：

■ hKey

打开的注册表项的句柄，该表项必须用 KEY_SET_VALUE 访问权限打开。其他同 RegSetValue 函数的 hKey 参数。

■ lpValueName

要设置的值的名称。若拥有该名称的值并不存在于指定的注册表项中，则此函数将其加入该项中。如果此参数为 NULL，或指向空字符串，则此函数为该项的未命名值或默认值设置类型和数据。

■ Reserved

保留，必须为 0。

■ dwType

指定将被存储的值的数据类型，该参数可以取如表 13.16 中所示的类型代码之一。

表 13.16　注册表项值的类型代码

取　值	说　明
REG_BINARY	任何形式的二进制数据
REG_DWORD	一个 32 位的数字
REG_DWORD_LITTLE_ENDIAN	一个“低字节在前”格式的 32 位数字。它和 REG_DWORD 是等价的。在“低字节在前”格式下，一个多字节的值在内存中按先低字节、后高字节的顺序存储
REG_DWORD_BIG_ENDIAN	一个“高字节在前”格式的 32 位数字。在“高字节在前”格式下，一个多字节的值在内存中按先高字节、后低字节的顺序存储
REG_EXPAND_SZ	一个空结尾的字符串，该字符串包含对环境变量（如“%PATH%”）的未扩展引用
REG_LINK	一个空结尾的 Unicode 字符串，它包含符号链接的目标路径，该符号链接是使用 REG_OPTION_CREATE_LINK 标志调用 RegCreateKeyEx 函数创建的
REG_MULTI_SZ	一个以空结尾的字符串的序列，该序列也以空结尾，如：String1\0String2\0String3\0LastString\0\0
REG_NONE	未定义值类型
REG_QWORD	一个 64 位的数字
REG_QWORD_LITTLE_ENDIAN	一个“低字节在前”格式的 64 位数字。它和 REG_QWORD 是等价的。在“低字节在前”格式下，一个多字节的值在内存中按先低字节、后高字节的顺序存储
REG_SZ	一个以空结尾的字符串

■ lpData

要存储的数据。对于基于字符串的类型，例如 REG_SZ，字符串必须以空结尾。对于 REG_MULTI_SZ 数据类型，字符串必须以两个空字符结尾。

■ cbData

指定由 lpData 参数所指向的数据的大小，以字节为单位。如果数据类型是 REG_SZ、REG_EXPAND_SZ，或者 REG_MULTI_SZ，则 cbData 必须包括结尾空字符的大小。

4．从注册表中读数据

RegQueryValue 函数可以获得指定注册表项默认的值或未命名的值相关的数据，该函数的原型声明如下所示。

```
LONG RegQueryValue(
  HKEY hKey,
  LPCTSTR lpSubKey,
  LPTSTR lpData,
  PLONG lpcbData
);
```

RegQueryValue 函数具有四个参数，其含义分别如下所述：

■ hKey

打开的注册表项的句柄。该表项必须是以 KEY_QUERY_VALUE 访问权限打开的。其他同 RegSetValue 函数的 hKey 参数。

■ lpSubKey

hKey 参数的子项的名称，函数将获取该子项的默认值。如果这个参数是 NULL 或空字符串，则函数将获取由参数 hKey 标识的表项的默认值。

■ lpData

是一个返回值，指向一个缓存区，用来获得与指定表项的默认值。如果 lpData 为 NULL，而 lpcbData 为非空，则函数返回 ERROR_SUCCESS，并将数据大小（以字节为单位）存储在 lpcbData 指向的变量中。这使应用程序能够根据此特性来确定为值的数据分配多大的缓冲区。

■ lpcbData

指向一个变量，指定 lpData 参数指向的缓冲区的大小，以字节为单位。当此函数返回时，该参数包含了被复制到 lpData 中的数据的大小，该大小包含数据长度和结尾的空字符。

如果在调用 RegQueryValue 函数时，将其第三个参数 lpData 设置为 NULL，第四个参数 lpcbData 设置为非空，则函数返回 ERROR_SUCCESS，并将数据大小（以字节为单位）存储在 lpcbData 指向的变量中。这使应用程序能够根据此特性来确定为值的数据分配多大的缓冲区。也就是说，程序可以先根据此时 lpcbData 参数中返回的数据长度动态地分配一块内存，用来保存将要获取到的数据，然后再去获取数据。因此，如果在调用 RegQueryValue 函数时还不知道将要获取的数据的大小，就可以采用这种方法，调用两次 RegQueryValue 函数：第一次调用该函数得到将要获取的数据的长度，然后动态分配内存，接着再次调用该函数得到数据。

同样，如果想要读取注册表项下不是默认值，则可以调用 RegQueryValueEx 函数，该函数将读取注册表项下指定值的数据和类型。该函数的原型声明如下所示。

```
LONG RegQueryValueEx(
  HKEY hKey,
  LPTSTR lpValueName,
  LPDWORD lpReserved,
  LPDWORD lpType,
  LPBYTE lpData,
  LPDWORD lpcbData
);
```

RegQueryValueEx 函数具有六个参数，其含义分别如下所述：

■ hKey

同 RegQueryValue 函数的 hKey 参数。

■ lpValueName

要查询的值的名称。如果此参数为 NULL 或指向一个空字符串，则函数将获得该注册表项的未命名值或默认值的类型及数据（前提是这些值和数据存在）。

■ lpReserved

保留，必须为 NULL。

■ lpType

指向一个变量的指针，该变量用于接收保存在指定值中的数据的类型代码（参见上面 RegSetValueEx 函数的 dwType 参数的说明）。如果不需要类型代码，则此参数可以为 NULL。

■ lpData

一个指向缓冲区的指针，该缓冲区接收该值的数据。如果不需要此数据，则这个参数可以为 NULL。

■ lpcbData

指向一个变量的指针，该变量指示由参数 lpData 所指向的缓冲区的大小，以字节为单位。当 RegQueryValueEx 函数返回时，此参数所指向的变量则包含实际复制到缓冲区的字节数。

13.8.2 注册表访问示例

下面，我们就在 File 程序中实现对注册表的访问。先将 CFileApp 类的 InitInstance 函数中先前添加的代码（即例 13-26 所示代码）注释起来，然后为 File 程序的【文件操作】子菜单再增加两个菜单项，并为 CFileView 类增加这两个菜单项的命令消息响应，其 ID、名称，以及响应函数名如表 13.17 所示。

表 13.17 为注册表操作增加的菜单项

菜单项名称	ID	响应函数
写注册表	IDM_REG_WRITE	OnRegWrite
读注册表	IDM_REG_READ	OnRegRead

首先，我们在 OnRegWrite 函数中添加写注册表操作的实现代码，结果如例 13-27 所示。

例 13-27

```
1. void CFileView::OnRegWrite()
2. {
3.   HKEY hKey;
4.   LONG lResult;
5.   lResult = RegCreateKeyEx(HKEY_LOCAL_MACHINE,
         L"Software\\www.phei.com.cn\\admin",
         0, NULL, REG_OPTION_NON_VOLATILE,
```

```
        KEY_WRITE, NULL, &hKey, NULL);

6.  if (lResult == ERROR_SUCCESS)
7.  {
8.      MessageBox(L"创建注册表项成功");
9.  }
10. else
11. {
12.     MessageBox(L"创建注册表项失败");
13.     return;
14. }

15. RegSetValue(hKey, NULL, REG_SZ, L"zhangsan", _tcslen(L"zhangsan"));
16. RegCloseKey(hKey);
17. }
```

在例 13-27 所示的代码中，首先定义了一个注册表项句柄变量：hKey，接着调用 RegCreateKeyEx 函数创建一个注册表项。这里需要提醒读者注意的是，**在向注册表中写入软件信息时，通常是在 HKEY_CURRENT_USER 和 HKEY_LOCAL_MACHINE 分支下写入的**。RegCreateKeyEx 函数的第二个参数是指定注册表项的子项，本例是：Software\www.phei.com.cn\admin。然后对 RegCreateKeyEx 函数调用的返回值进行判断，如果创建表项成功，则提示成功，否则，提示失败。

接下来，就利用 RegSetValue 函数设置注册表项的值，本例是设置指定项的默认值的数据，将其值设置为字符串类型的“zhangsan”。

最后，当不再需要访问注册表项时，调用 RegCloseKey 函数关闭句柄。

运行 File 程序，单击【文件操作\写注册表】菜单项，结果弹出“创建注册表项失败的”的消息框。为了找到问题的原因，我们在例 13-27 所示代码的第 6 行设置一个断点，调试运行程序，单击【文件操作\写注册表】菜单项，看看 RegCreateKeyEx 函数的返回值是多少。结果如图 13.19 所示。

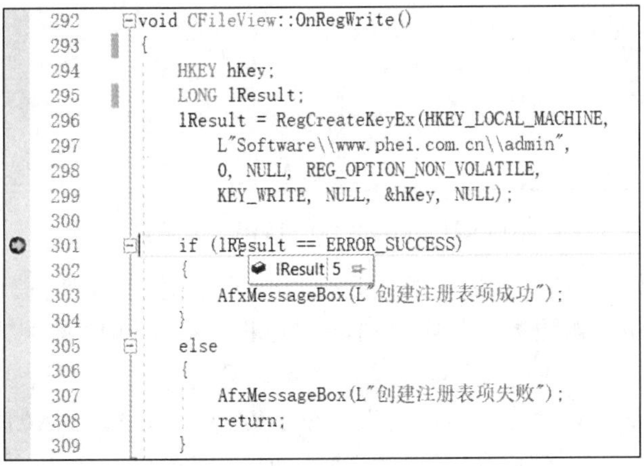

```
292 void CFileView::OnRegWrite()
293 {
294     HKEY hKey;
295     LONG lResult;
296     lResult = RegCreateKeyEx(HKEY_LOCAL_MACHINE,
297         L"Software\\www.phei.com.cn\\admin",
298         0, NULL, REG_OPTION_NON_VOLATILE,
299         KEY_WRITE, NULL, &hKey, NULL);
300
301     if (lResult == ERROR_SUCCESS)
302     {                 lResult 5
303         AfxMessageBox(L"创建注册表项成功");
304     }
305     else
306     {
307         AfxMessageBox(L"创建注册表项失败");
308         return;
309     }
```

图 13.19　RegCreateKeyEx 函数的返回值

在 RegCreateKeyEx 函数调用失败后，会返回在 Winerror.h 中定义的错误代码，根据这个错误代码，我们就可以大致判断出问题出现的原因。读者心里可能会想，怎么判断哪里出错了？别着急，在 Visual Studio 开发环境中，首先单击【工具】子菜单，选择【错误查找】，在出现的“错误查找”对话框中输入 5，然后单击【查找】按钮，就可以看到错误代码对应的文本描述，如图 13.20 所示。

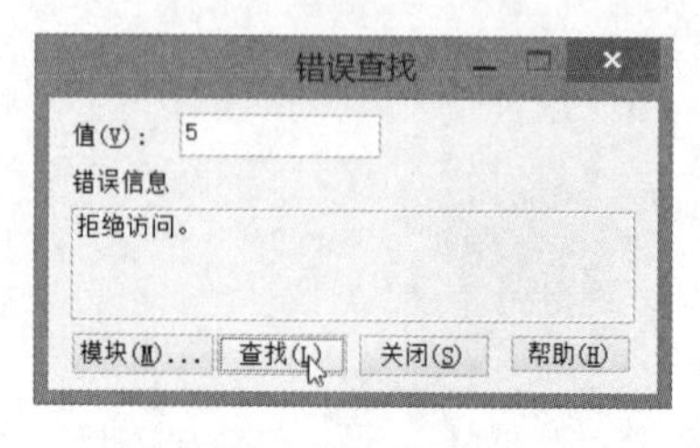

图 13.20　错误查找对话框

也就是说，我们对注册表的操作被拒绝了。这是因为从 Windows 7 开始，为了防止一些木马程序利用注册表干坏事，对注册表的写入进行了一些限制，需要获取相应的管理权限才能进行写入。我们可以转到项目目录下的 Debug 子目录下，右键单击 File.exe，从弹出的菜单中选择【以管理员身份运行】，启动程序，单击【文件操作\写注册表】菜单项，就可以看到“创建注册表成功”的消息框了。但是这样太麻烦，因为我们在编写程序时，随时要运行程序、查看结果，这样来回切换运行会耽误时间。为此，我们可以在 Visual Studio 的开发环境中直接提升程序的权限，让程序运行自动具有管理员权限。方式是，首先单击【项目】→【File 属性】，在出现的 File 属性页中，在左边窗口中选择“链接器”→“清单文件”，在右边窗口中选中“UAC 执行级别”，将其值修改为“requireAdministrator (/level='requireAdministrator')”，如图 13.21 所示。

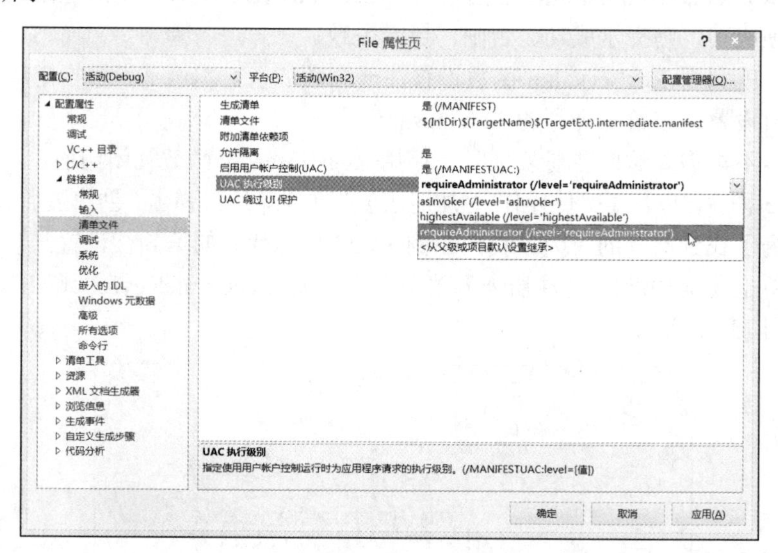

图 13.21　修改程序的 UAC 执行级别

单击【确定】按钮，运行 File 程序，此时会出现一个提示对话框，要求你保存当前更改，重启 Visual Studio，遵照提示，重启 Visual Studio，打开 ch13 解决方法，再次运行 File 程序，单击【文件操作\写注册表】菜单项，就可以看到“创建注册表成功”的消息框了。

接下来，使用 regedit 命令打开注册表，在 HKEY_LOCAL_MACHINE\Software 分支下查找 www.phei.com.cn 表项，却发现找不到。展开 Wow6432Node 这个分支，在其下发现了 www.phei.com.cn 表项，如图 13.22 所示。

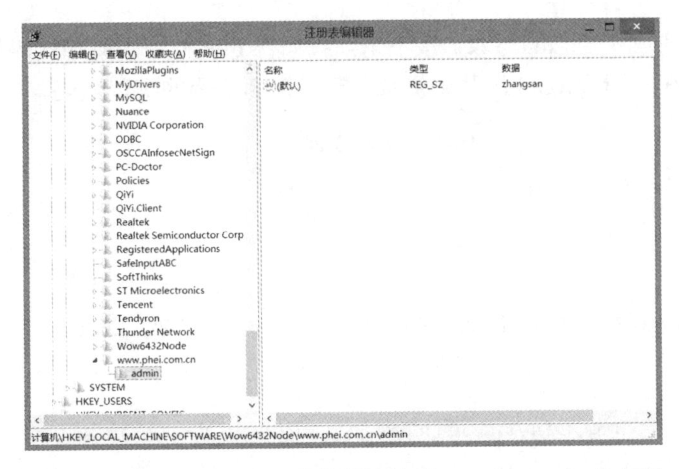

图 13.22　向注册表中写入的数据被转到 Wow6432Node 分支下

也就是说，我们创建的表项路径是 HKEY_LOCAL_MACHINE\Software\www.phei.com.cn，最终路径却变成了 HKEY_LOCAL_MACHINE\Software\Wow6432Node\www.phei.com.cn，这是因为笔者使用的是 64 位操作系统，写入的 32 位注册表信息自动被转入了 HKEY_LOCAL_MACHINE\Software\Wow6432Node 下。要解决这个问题也很简单，修改例 13-27 的第 5 行代码，给 samDesired 参数增加 KEY_WOW64_64KEY 访问权限，修改后的代码如下所示：

```
lResult = RegCreateKeyEx(HKEY_LOCAL_MACHINE,
        L"Software\\www.phei.com.cn\\admin",
        0, NULL, REG_OPTION_NON_VOLATILE,
        KEY_WRITE | KEY_WOW64_64KEY, NULL, &hKey, NULL);
```

再次运行 File 程序，单击【文件操作\写注册表】菜单项，打开注册表，这时在 HKEY_LOCAL_MACHINE\Software 分支下，就能看到我们创建的 www.phei.com.cn 表项了。展开该项，可以看到其下还有一个子项：admin，并且可以看到程序为该子项写入的默认值的数据是：zhangsan，值的类型为 REG_SZ，即字符串类型，如图 13.23 所示。

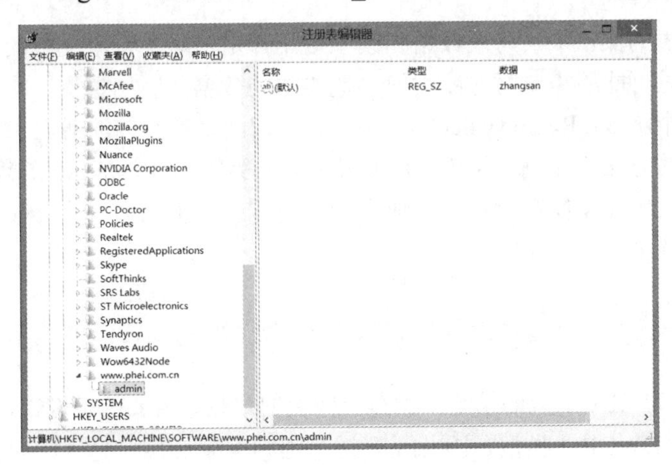

图 13.23　向注册表中写入字符串类型的值

终于搞定了注册表信息的写入，接下来，我们在 File 程序中添加代码以读取刚才写入注册表的数据。在 OnRegRead 函数中添加如例 13-28 所示的实现代码。

例 13-28

```
void CFileView::OnRegRead()
{
    HKEY hKey;
    LONG lValue;
    RegOpenKeyEx(HKEY_LOCAL_MACHINE, L"Software", 0,
        KEY_READ | KEY_WOW64_64KEY, &hKey);
    LONG lResult;
    lResult = RegQueryValue(hKey,
        L"www.phei.com.cn\\admin", NULL, &lValue);
    if(lResult == ERROR_SUCCESS)
    {
        TCHAR *pBuf = new TCHAR[lValue];
        RegQueryValue(hKey, L"www.phei.com.cn\\admin", pBuf, &lValue);
        MessageBox(pBuf);
    }
}
```

在 13-28 所示的代码中，首先调用 RegOpenKeyEx 函数打开指定的注册表项（HKEY_LOCAL_MACHINE\Software），之后，为了获得先前写入的注册表项的默认值的数据而调用了两次 RegQueryValue 函数：第一次调用该函数得到将要读取的数据的长度，然后根据此长度来分配保存数据的内存：pBuf，因为返回的长度本身就已经包含了标识字符串终止的空字符，因此就不需要再多分配一个字节了；第二次调用 RegQueryValue 函数，就得到了要读取的数据。然后，调用 MessageBox 函数将读取到的数据显示出来。因为 pBuf 指向的字符串中已经包含了表示终止的空字符，所以不需要对该字符串再添加空字符了。

运行 File 程序，单击【文件操作\读注册表】菜单项，从程序弹出的消息框中可以看到读取到的数据是正确的。

上面对注册表的操作中，写入数据和读取数据都是针对字符串类型的数据进行的，在实际应用中，有时可能还需要写入或读取其他类型的数据，例如整型，此时在写入数据时就需要调用另一个函数：RegSetValueEx。下面，我们就来看看向注册表中写入并从注册表中读取整型数据的方法。在例 13-27 所示 CFileView 类的 OnRegWrite 函数的第 15 行代码之后添加下面的代码，以便在指定的注册表项下设置指定值（名称为 age）的数据（30）和类型（DWORD）：

```
DWORD dwAge=30;
RegSetValueEx(hKey,L"age",0,REG_DWORD,(CONST BYTE*)&dwAge,4);
```

因为 RegSetValueEx 函数的第 5 个参数，即值的数据，需要的是 CONST BYTE*类型，而变量 dwAge 是 DWORD 类型，因此需要进行强制类型转换。另外，现在写入的是一个整型，占据 4 个字节，所以在 RegSetValueEx 函数中将写入数据的长度直接指定为 4。

编译并运行 File 程序，单击【文件操作\写注册表】菜单项。然后打开注册表编辑器，可以看到在 HKEY_LOCAL_MACHINE\Software\www.phei.com.cn\admin 项下多了一个值（如图 13.24 所示），值的名称是 age，类型是 REG_DWORD，值的数据是 0x0000001e，这是十六进制表示，十进制数是 30。

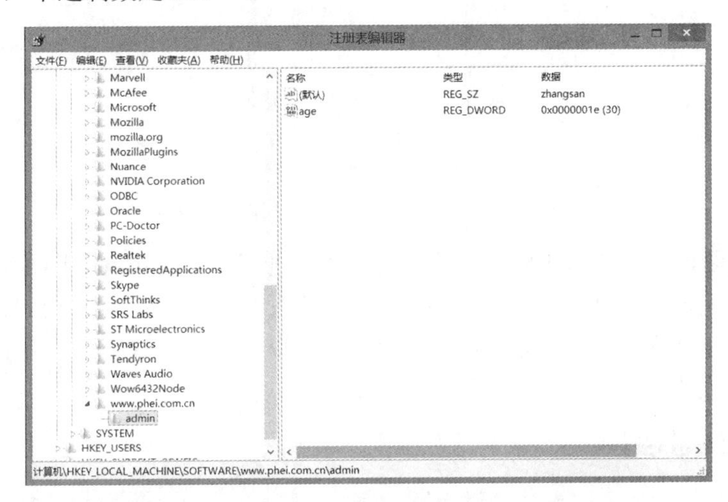

图 13.24 向注册表中写入 DWORD 类型的值

在 File 程序中读取刚才写入注册表的整型数据，首先将 OnRegRead 函数中的已有代码注释起来，然后添加如例 13-29 所示的实现代码。

例 13-29

```
HKEY hKey;
    RegOpenKeyEx(HKEY_LOCAL_MACHINE,
        L"Software\\www.phei.com.cn\\admin",
        0, KEY_READ | KEY_WOW64_64KEY, &hKey);
    DWORD dwType;
    DWORD dwValue;
    DWORD dwAge;
    RegQueryValueEx(hKey, L"age", 0, &dwType, (LPBYTE)&dwAge, &dwValue);
    CString str;
    str.Format(L"age=%d", dwAge);
    MessageBox(str);
```

在例 13-29 所示代码中，首先调用 RegOpenKeyEx 函数打开指定的注册表项（HKEY_LOCAL_MACHINE\Software\www.phei.com.cn\admin）。然后，调用 RegQuery ValueEx 函数得到该注册表项的值（age）的数据类型和数据。其中，该函数的第四个参数指向一个 DWORD 类型的指针变量，用来接收返回的数据类型。另外还需要一个缓冲区来接收返回的数据，因为现在接收的是一个整型数据，所以可以直接定义一个 DWORD 类型的变量（dwAge）来接收该数据；该函数的最后一个参数 dwValue 用来接收返回的数据的大小。在接收到所需数据之后，对其进行格式化，并保存到 str 这个对象中，最后调用 MessageBox 函数把该字符串显示出来。

运行 File 程序，单击【文件操作\读注册表】菜单项，从程序弹出的消息框中（如图 13.25 所示），可以看到提示信息：age=30，表明读取到的数据是正确的。

图 13.25　从注册表中读取整型数据的结果显示

以上就是通过 Win32 API 提供的函数对注册表进行操作的介绍，上面介绍的只是其中的一部分函数，Win32 API 还提供了一些以 Reg 开头的函数，读者可以自行查看相关资料了解这些函数。只要掌握了这些函数的用法，就可以灵活地对注册表进行编程了。

13.9　本章小结

本章主要介绍了与文件操作相关的内容，包括普通的磁盘文件、INI 文件，以及注册表的读写操作。主要内容包括：

- const char *与 char * const 的区别；
- C 语言对文件读写的支持；
- 文本文件和二进制文件的区别，以及用文本方式读写文件和以二进制方式读写文件的注意事项；
- C++对文件读写的支持，涉及 ofstream 和 ifstream 的用法；
- Win32 API 对文件读写的支持，主要介绍了 CreateFile 函数、WriteFile 函数、ReadFile 函数的使用；
- MFC 对文件读写的支持，主要介绍了 CFile 类和 CFileDialog 类的使用；
- INI 文件和注册表的读写方式及相关知识点。

第 14 章 文档与串行化

本章主要介绍 CArchive 类的使用、文档串行化，以及使用可串行化的类的对象来保存图形绘制数据。

14.1 使用 CArchive 类对文件进行读写操作

本章首先介绍一种新的读写文件的方式：使用 MFC 提供的 CArchive 类来实现。CArchive 类没有基类。我们知道，一个对象一旦被构造，它就存活于内存中了，当其生命周期结束后，该对象就要被销毁。我们可以利用 CArchive 类将对象数据保存到永久设备（例如磁盘文件）上，这样，即使应用程序被关闭，但当被再次重启后，仍可以从磁盘文件中读取对象数据，然后在内存中重新构建相应的对象。让对象数据持久性的过程就称之为**串行化（或称为序列化）**。

读者可以认为一个 CArchive 对象就是一种二进制流。就像一个输入/输出流一样，一个 CArchive 对象与一个文件相关，并允许带缓冲机制的数据写入和读取。与输入/输出流不同的是，后者处理的是 ASCII 码字符序列，而一个 CArchive 对象以一种有效的、非冗余的格式处理二进制对象数据。

在程序中使用 CArchive 对象时需要注意，在创建 CArchive 对象之前必须先创建一个 CFile 类或其派生类对象，并且因为存档对象既可以用来加载数据，也可以用来保存数据，所以必须确保这个 CFile 类对象的打开方式与该存档（archive）对象的加载/保存状态相一致。当构造了一个 CArchive 对象后，就可以将它与一个代表某个打开文件的 CFile 类对象或其派生类对象相关联，但应注意，一个文件（即 CFile 对象）只能与一个活动的存档对象相关联。

CArchive 对象不仅可以处理基本类型的数据，还可以处理 CObject 类的派生类对象。CArchive 类重载了提取（>>）和插入（<<）操作符，它们既支持基本类型，也支持 CObject 类的派生类，为用户提供了一种方便的对象存档编程接口。其中提取（>>）操作符是从存档对象加载 CObject 类型和基本类型的数据；插入（<<）操作符是将 CObject 类型和基本

类型的数据存储到存档对象中。在 CArchive 类中，这两种操作符分别都有多种重载形式（如例 14-1 代码所示）。通过这些重载的函数，我们可以利用 CArchive 对象来完成文件的读写操作。

例 14-1

```
friend CArchive& operator >>( CArchive& ar, CObject *& pOb );
CArchive& operator >>( BYTE& by );
CArchive& operator >>( WORD& w );
```

CArchive 类的构造函数的原型声明如下所示：

```
CArchive( CFile* pFile, UINT nMode, int nBufSize = 4096, void* lpBuf = NULL );
```

该构造函数具有三个参数，其含义分别如下所述：

■ pFile

指向文件对象的指针，该文件对象是持久数据的最终来源或目的地。

■ nMode

指定对象是被用来加载的，且是用来保存的标志。取值可以是表 14.1 所示值之一。

表 14.1 nMode 参数取值

取　　值	说　　明
CArchive::load	从存档对象中装载数据。要求 CFile 对象具有读取访问许可
CArchive::store	将数据保存到存档对象中。要求 CFile 对象具有写入访问许可
CArchive::bNoFlushOnDelete	禁止存档对象析构时自动调用存档对象的 Flush 操作。如果设置了此标志，那么在存档对象析构前必须显式地调用其 Close 函数。否则，数据将被破坏

■ nBufSize

指定内部文件缓冲区的大小，以字节为单位。默认的缓冲区大小是 4096 字节。

■ lpBuf

可选指针，指向用户提供的大小为 nBufSize 的缓冲区。如果未指定这个参数，那么存档对象将从应用程序的局部堆中分配一块缓冲区，并且该对象销毁时将释放这块内存。但是存档对象并不会释放用户提供的缓冲区，所以，如果指定了这个参数，就要手动地释放这块内存。

下面将介绍使用 CArchive 类读写文件的具体过程。为方便起见，本章将在第 12 章已有程序的基础上继续添加功能。首先打开第 12 章已有的 Graphic 项目，为该项目的主菜单增加一个子菜单，菜单名称为：文件操作。然后，为其添加两个菜单项，并分别为它们添加相应的命令响应函数，本例让 CGraphicView 类接收这些菜单项的命令响应。这两个新添加的菜单项 ID、名称，以及相应的响应函数名称如表 14.2 所示。

表 14.2 新添菜单项属性及响应函数名称

ID	菜单名称	响应函数
IDM_FILE_WRITE	写入文件	OnFileWrite
IDM_FILE_READ	读取文件	OnFileRead

在 OnFileWrite 函数中添加如例 14-2 所示的代码。

例 14-2

```
void CGraphicView::OnFileWrite()
{
    //构造 CFile 文件对象
    CFile file(L"1.txt",CFile::modeCreate | CFile::modeWrite);
    //构造存档对象
    CArchive ar(&file,CArchive::store);
    int i=4;
    char ch='a';
    float f=1.3f;
    CString str("http://www.phei.com.cn");
    //保存数据
    ar<<i<<ch<<f<<str;
}
```

在上述例 14-2 所示代码中，首先构建了一个 CFile 类型的文件对象 file。接着构造了一个 CArchive 类型的对象 ar，其构造函数的第一个参数就是与该存档对象相关联的文件对象（file），第二个参数是模式标志，对于保存操作，应该选择 CArchive::store 标志。因为 CArchive 类的构造函数的后两个参数都有默认值，所以不用为它们赋值。然后，定义了一个整型变量（i）、一个字符型变量（ch）、一个浮点型变量（f）和一个 CString 类型的对象（str），并为它们赋了相应的值。最后，调用 CArchive 对象重载的插入（<<）操作符将数据保存到文件中。

知识点　在 C/C++中，浮点数在默认情况下被定义为 double 类型。如果希望指定 float 类型的数值，则需要在该数值后加上字母 f。

运行 Graphic 程序，单击【文件操作\写入文件】菜单项，在 Graphic 程序所在目录下可以发现多了一个名为“1.txt”的文件。

下面利用 CArchive 类实现对文件的读取操作，在 OnFileRead 函数中添加如例 14-3 所示的代码。

例 14-3

```
void CGraphicView::OnFileRead()
{
    //构造 CFile 文件对象
    CFile file(L"1.txt",CFile::modeRead);
    //构造存档对象
    CArchive ar(&file,CArchive::load);
    int i;
    char ch;
    float f;
    CString str;
    CString strResult;
```

```
        //读取数据
        ar>>i>>ch>>f>>str;
        strResult.Format(L"%d,%c,%f,%s",i,ch,f,str);
        MessageBox(strResult);
    }
```

在上述例 14-3 所示代码中，首先定义了一个 CFile 类型的文件对象 file，并且该文件对象按照读取方式（CFile::modeRead）打开。接着，构造了一个 CArchive 对象 ar，其构造函数的第一个参数就是与该存档对象相关联的文件对象，第二个参数是模式标志，因为现在是加载数据，所以将其设置为 CArchive::load。接下来，定义了一个整型变量（i）、一个字符型变量（ch）、一个浮点型变量（f）和一个 CString 类型的对象（str），用于保存从文件中读取的数据。再定义一个 CString 类型的对象 strResult，用于保存读取数据格式化后的结果。接着利用 CArchive 类提供的提取操作符（>>）加载数据。注意，**对象保存的顺序和提取的顺序必须一致。**然后对读取到的数据进行格式化，最后使用 MessageBox 函数将所读取的数据显示出来。

图 14.1　显示读取数据的消息框

运行 Graphic 程序，单击【文件操作\读取数据】菜单项，程序即可弹出如图 14.1 所示消息框，可以看到读取的结果是正确的。

通过上面的例子，读者可以发现，对存档对象来说，无论什么类型的数据，都可以使用插入（<<）操作符将其保存到文件中，使用提取（>>）操作符从文件中加载这些数据，操作非常方便。

14.2　MFC 框架程序提供的文件新建功能

在 Graphic 程序中，可以看到 CGraphicDoc 类有一个 OnNewDocument 函数，我们可以先在此函数处设置一个断点，然后调试运行程序，将会发现程序启动后会进入 OnNewDocument 函数。继续运行程序，当程序界面出现后，单击【文件\新建】菜单项，发现程序也会进入 OnNewDocument 函数中。实际上，OnNewDocument 函数是【文件\新建】命令处理的一部分，是由框架调用的一个虚函数。

前面的内容曾说过，当程序启动时会建立一个文档，文档的默认标题为“无标题”（如图 14.2 所示）。既然 OnNewDocument 这个函数在程序启动时就要被调用，因此可以在这个函数中设置文档的标题。也就是说，我们可以在 CGraphicDoc 类的 OnNewDocument 函数中修改文档的标题，这可以通过使用 CDocument 类中的成员函数 SetTitle 来实现。

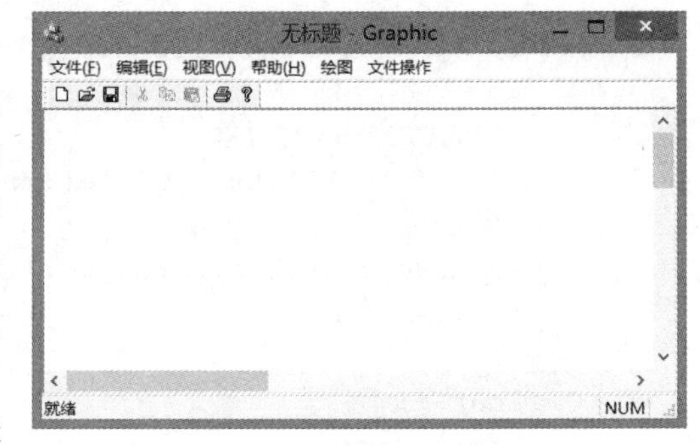

图 14.2　窗口默认的文档标题

下面在 OnNewDocument 函数中添加如例 14-4 所示代码中加灰显示的那行代码，将文档标题设置为一个网址：http://www.phei.com.cn。

例 14-4

```
BOOL CGraphicDoc::OnNewDocument()
{
    if (!CDocument::OnNewDocument())
        return FALSE;

    SetTitle(L"http://www.phei.com.cn");

    return TRUE;
}
```

运行 Graphic 程序，这时可以看到文档的标题变成了：http://www.phei.com.cn，如图 14.3 所示。

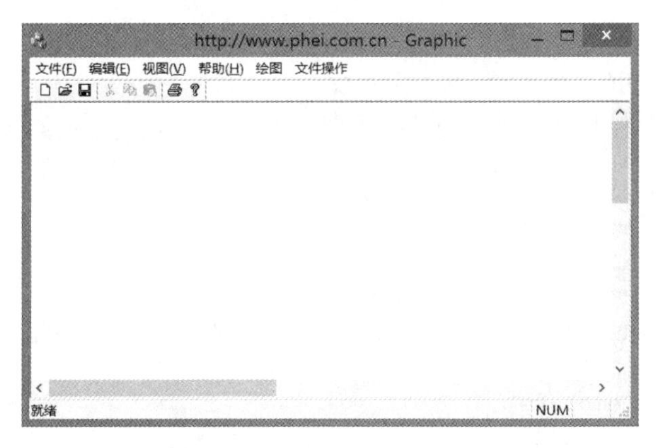

图 14.3　在 OnNewDocument 函数中设置文档标题后的结果

14.2.1　IDR_MAINFRAME 字符串资源

除了可以在 OnNewDocument 函数中修改文档标题以外，还可以通过 IDR_MAINFRAME 字符串资源来实现。打开 Graphic 程序的字符串资源表，可以看到其中有一个名为 IDR_MAINFRAME 的字符串资源，该资源字符串实际上是由"\n"字符分隔的 7 个子串，如图 14.4 所示。

IDR_MAINFRAME　　128　　Graphic\n\nGraphic\n\n\nGraphic.Document\nGraphic.Document

图 14.4　程序默认的 IDR_MAINFRAME 字符串资源

从图 14.4 可以看到前两个"\n"字符之间没有任何内容，正因为如此，文档才没有标题，在程序运行后，窗口标题上显示的文档名称就是"无标题"。我们可以在这两个"\n"字符之间先添加一个标题，例如"Graphic"，然后将先前添加的 SetTitle 语句（例 14-4 所示代码中加灰显示的那行代码）注释起来。再次运行 Graphic 程序，可以看到这时程序窗口上文档标题就变成了"Graphic"，如图 14.5 所示。

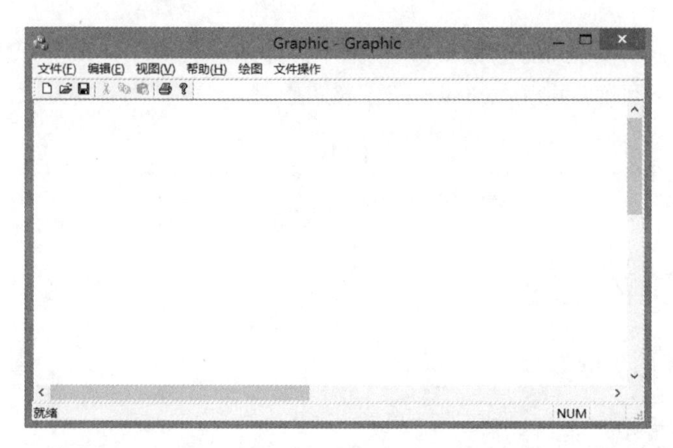

图 14.5　通过修改 IDR_MAINFRAME 字符串资源设置窗口的文档标题

那么 IDR_MAINFRAME 字符串资源是何时传递给程序的框架的呢？在 CGraphicApp 类的 InitInstacne 函数中，可以找到如例 14-5 所示的这段代码。

例 14-5

```
// 注册应用程序的文档模板。文档模板
// 将用作文档、框架窗口和视图之间的连接

CSingleDocTemplate* pDocTemplate;
pDocTemplate = new CSingleDocTemplate(
    IDR_MAINFRAME,
    RUNTIME_CLASS(CGraphicDoc),
    RUNTIME_CLASS(CMainFrame),       // 主 SDI 框架窗口
    RUNTIME_CLASS(CGraphicView));
if (!pDocTemplate)
    return FALSE;
AddDocTemplate(pDocTemplate);
```

这段代码首先定义了一个单文档模板指针 pDocTemplate，然后构造单文档模板对象，该构造函数的第一个参数是一个资源 ID：IDR_MAINFRAME，也就是说，这时把 IDR_MAINFRAME 字符串资源传递给了单文档模板对象。前面已经提过，**一个资源 ID 可以标识多种资源**。在这里，这个 IDR_MAINFRAME 资源不仅表示字符串资源，它还表示菜单资源和图标资源。根据例 14-5 所示代码，我们发现在构造单文档模板对象时，将文档类、框架类、视类都作为参数传递给了该对象，也就是通过单文档模板对象将文档类、框架类、视类对象关联在了一起。程序调用 AddDocTemplate 函数将已构造的文档模板对象加入应用程序的文档模板链中，这时就把 IDR_MAINFRAME 字符串资源传递给了应用程序的框架。

对于我们所看到的 IDR_MAINFRAME 字符串资源，可以利用文档模板类（CDoc Template）的成员函数 GetDocString 来获取各个子串。该函数的声明形式如下所述：

```
    virtual BOOL GetDocString( CString& rString, enum DocStringIndex index )
const;
```

该函数具有两个参数，其含义分别如下所述：

■ rString

是一个 CString 对象的引用，当函数返回时，该参数将包含要查找的子串。

■ index

枚举类型。指定将要查找的子串的索引，可以指定表 14.3 中所列 7 个值之一，并且这 7 个值的排列顺序与 IDR_MAINFRAME 字符串资源中各子串的排列顺序一致。

表 14.3　IDR_MAINFRAME 字符串资源中各子串的含义

取　值	说　明
CDocTemplate::windowTitle	主窗口标题栏上的字符串，仅在 SDI 程序出现，MDI 程序将以 IDR_MAINFRAME 字符串为默认值
CDocTemplate::docName	默认文档的名称。如果没有指定，则默认文档的名称是“无标题”
CDocTemplate::fileNewName	文档类型的名称。如果应用程序支持多种类型的文档，则此字符串将显示在“File/New”对话框中。如果没有指定，就不能够在“File/New”对话框处理这种文件
CDocTemplate::filterName	文档类型的描述和一个适用于此类型的通配符过滤器。这个字符串将出现在“File/Open”对话框中的文件类型列表框中。要和 CDocTemplate::filterExt 一起使用
CDocTemplate::filterExt	文档的扩展名。如果没有指定，就不能够在“File/Open”对话框中处理这种文档。要和 CDocTemplate::filterName 一起使用
CDocTemplate::regFileTypeId	如果以::RegisterShellFileTypes 向系统的注册表注册文件类型，则此值会出现在 HKEY_CLASSES_ROOT 之下成为其子项，并仅供 Windows 内部使用。如果没有指定，这种文件类型就无法注册
CDocTemplate::regFileTypeName	这也是存储在注册表中的文件类型名称。它会显示于程序中用以访问注册表的对话框内

因此，如果把 Graphic 程序的 IDR_MAINFRAME 字符串资源中第一个子串替换为：“http://www.phei.com.cn”，再次运行 Graphic 程序，就可以看到该程序主框架窗口的标题变成了：http://www.phei.com.cn，如图 14.6 所示。

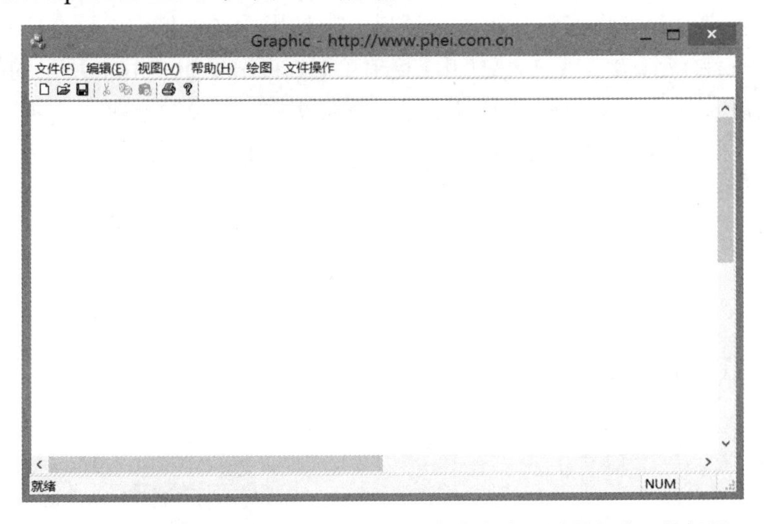

图 14.6　通过修改 IDR_MAINFRAME 字符串资源设置主窗口的标题

上面的程序已经把 IDR_MAINFRAME 字符串资源中第二个子串设置为了“Graphic”，因此在程序运行时，主窗口上文档的标题为 Graphic（如图 14.6 所示）。当我们单击【文件\保存】菜单命令保存文档时，默认的文档名称也是 Graphic，如图 14.7 所示。

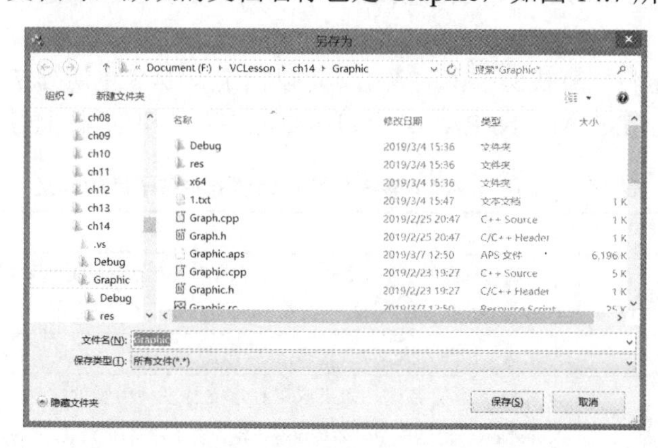

图 14.7　设置文档标题后保存文件时默认文件名就是所设置的文档标题

> **提示：** 如果读者使用的是第 12 章已有的程序，那么要注意，我们在第 12 章的程序中已经为【文件】子菜单下的【打开】和【保存】菜单项在 CGraphicView 类中添加了命令消息响应函数 OnFileOpen 和 OnFileSave，因此在单击【文件\保存】菜单命令时，将看不到框架默认提供的“另存为”对话框。可以利用类向导先将上述两个命令消息响应函数删除，即可看到如图 14.7 所示的界面了。

如果希望程序能够支持多种类型的文档，就可以在 CGraphicApp 类的 InitInstacne 函数中，像上面例 14-5 所示代码段一样，再去构造一种新的文档模板，并调用 AddDocTemplate 函数将这个新的文档模板添加到应用程序的文档模板链中，这样，在 IDR_MAINFRAME 字符串资源的第三个子串中指定的文档类型名称将出现在“File/New”对话框中。

IDR_MAINFRAME 字符串资源的第四个子串是对文档类型的描述和一个适用于此类型的通配符过滤器，该子串应该与第五个子串一起使用。在本例中，这个字符串是空的，当 Graphic 程序运行后，单击【文件\打开】菜单项时，将出现如图 14.8 所示的打开对话框，可以发现此时在文件类型下拉列表框中只有“所有文件（*.*）”一项。

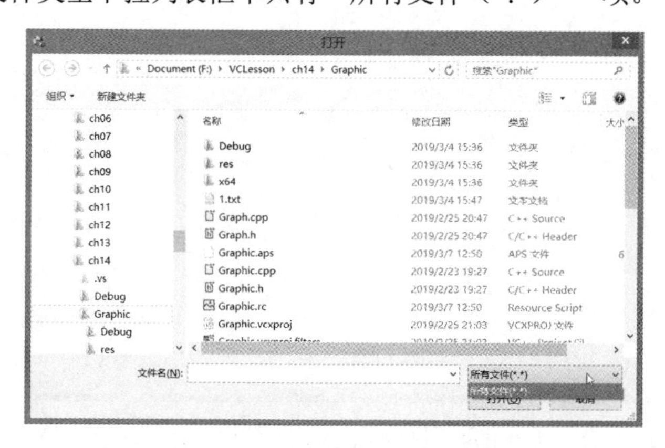

图 14.8　默认的文件打开对话框

下面，修改 Graphic 程序中 IDR_MAINFRAME 字符串资源的第四个子串，首先将其指定为：“Text Files(*.txt)”，并将第五个子串设置为：“.txt”。然后运行 Graphic 程序，单击【文件\打开】菜单项，程序将弹出如图 14.9 所示的“打开”对话框，可以看到现在在文件类型下拉列表框中有了一个“Text Files(*.txt)”选项，并且若选中该选项的话，在文件列表中就只能看到文本文件了。

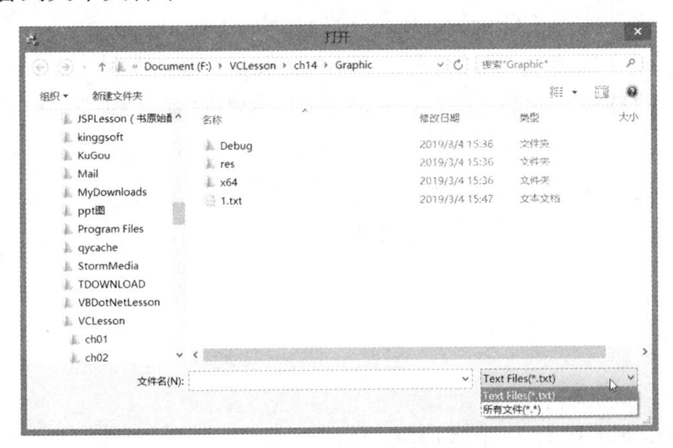

图 14.9　修改 IDR_MAINFRAME 字符串中第四个子串设置文件打开对话框中的文件类型选项

当选择【文件\保存】菜单项时，在出现的“另存为”对话框中，可以看到程序自动为文件添加了一个后缀：.txt（如图 14.10 所示）。这是因为我们在 IDR_MAINFRAME 字符串资源的第五个子串中设置了文件默认的后缀名：.txt。

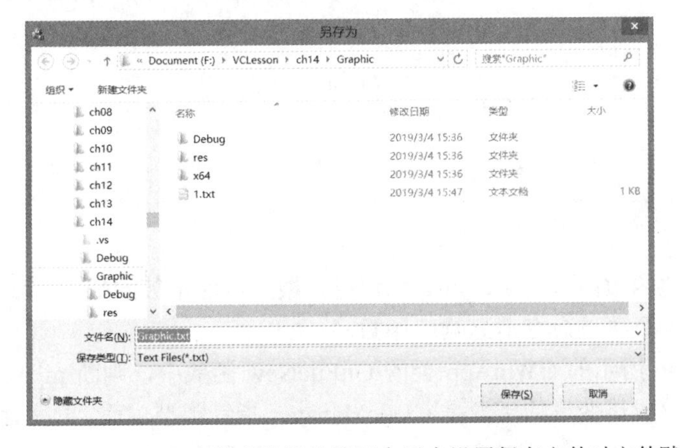

图 14.10　IDR_MAINFRAME 字符串资源的第五个子串设置保存文件时文件默认的后缀名

14.2.2　OnNewDocument 函数的调用过程

前面已经提过，OnNewDocument 函数是文件新建功能的一部分，当程序初始启动时，或者单击【新建】菜单项时都会调用这个函数。根据前面的知识我们知道，对于新建菜单项来说，应该有一个相应的菜单命令消息响应函数，但是 OnNewDocument 函数并不是一个消息响应函数，它只是一个虚函数。此外，在 MFC 内部，对于一个菜单项的单击事件来说，它所提供的响应函数的名称是根据菜单项的 ID 来设置的，【新建】菜单项的 ID 是

ID_FILE_NEW，那么它的响应函数应该是 OnFileNew。但是在程序的文档类中，并没有看到 OnFileNew 这样的消息响应函数，那么我们就有理由相信这个 OnFileNew 函数存在于应用程序的框架内部；当单击【文件\新建】菜单项后，仍然由 OnFileNew 这个响应函数响应，然后该函数再去调用 OnNewDocument 函数。因为 OnNewDocument 函数是虚函数，如果子类（本例中是 CGraphicDoc）重写了这个函数，就会调用子类中的这个虚函数，对本例来说，就是调用 CGraphicDoc 类的 OnNewDocument 函数。给我们的感觉就是一旦单击【文件\新建】菜单命令，程序就调用 CGraphicDoc 类的 OnNewDocument 函数。

为了验证我们的猜想，可以在 Microsoft 提供的 MFC 源代码中找到 OnFileNew 函数，下面看看它的实现过程。在 D:\Program Files (x86)\Microsoft Visual Studio\2017\Community\VC\Tools\MSVC\14.16.27023\atlmfc\src\mfc 目录下有一个 appdlg.cpp 文件，在该文件中可以看到 CWinApp 类有一个成员函数：OnFileNew，代码如例 14-6 所示。

例 14-6

```
void CWinApp::OnFileNew()
{
    if (m_pDocManager != NULL)
        m_pDocManager->OnFileNew();
}
```

那么这个 OnFileNew 函数是否就是【文件\新建】菜单命令的响应函数呢？读者可以在该函数名上单击鼠标右键，从弹出的快捷菜单中选择【转到定义】菜单项，从查找结果中选择 CWinApp 类的 OnFileNew 函数（位于 afxwin.h 文件中），可以看到如例 14-7 所示的代码。

例 14-7

```
protected:
    // map to the following for file new/open
    afx_msg void OnFileNew();
    afx_msg void OnFileOpen();
```

可以看到在该函数前面有 afx_msg 标识符，根据前面章节的知识，我们知道该标识符表明这个函数是一个菜单命令消息响应函数。

在上述例 14-6 所示的 CWinApp 类的 OnFileNew 函数中，判断 m_pDocManager 成员变量是否为空，该成员变量的类型是 CDocManager 指针类型，而 CDocManager 对象是文档管理器。在 CDocManager 类内部有一个 CPtrList 类型的指针链表（m_templateList），维护了一系列的文档模板指针。当我们在 CGraphicApp 类的 InitInstance 函数中调用 AddDocTemplate 函数加入一个文档模板指针时，实际上就是加入 CDocManager 对象的这个指针链表中。

在上述例 14-6 所示 CWinApp 类的 OnFileNew 函数中，如果判断 m_pDocManager 成员变量不为空的话，就调用文档管理器对象的 OnFileNew 函数。该函数的定义位于 MFC 源文件 docmgr.cpp 文件中，定义代码如例 14-8 所示。

例 14-8

```
1. void CDocManager::OnFileNew()
2. {
3.  if (m_templateList.IsEmpty())
4.  {
5.      TRACE(traceAppMsg, 0, "Error: no document templates registered with
CWinApp.\n");
6.      AfxMessageBox(AFX_IDP_FAILED_TO_CREATE_DOC);
7.      return;
8.  }

9.  CDocTemplate* pTemplate = (CDocTemplate*)m_templateList.GetHead();
10. if (m_templateList.GetCount() > 1)
11. {
12.     // more than one document template to choose from
13.     // bring up dialog prompting user
14.     CNewTypeDlg dlg(&m_templateList);
15.     INT_PTR nID = dlg.DoModal();
16.     if (nID == IDOK)
17.         pTemplate = dlg.m_pSelectedTemplate;
18.     else
19.         return;     // none - cancel operation
20. }

21. ASSERT(pTemplate != NULL);
22. ASSERT_KINDOF(CDocTemplate, pTemplate);

23. pTemplate->OpenDocumentFile(NULL);
24.     // if returns NULL, the user has already been alerted
25. }
```

读者先在如例 14-8 所示 CDocManager 类的 OnFileNew 函数开始位置处设置一个断点，然后阅读这段代码，可以看到，在该函数中，判断成员变量 m_templateList 是否为空（第 3 行代码），该成员变量的定义位于 afxwin.h 文件中，代码如下所示。

```
// Implementation
protected:
 CPtrList m_templateList;
```

可以看到，m_templateList 成员实际上是一个 CPtrList 类型的变量，而 CPtrList 就是一个指针链表。也就是前面所说的，文档管理器利用这个指针链表来维护文档模板的指针。

如果判断 m_templateList 成员变量不为空，那么 CDocManager 类的 OnFileNew 函数就取出一个文档模板的指针（第 9 行代码），再判断一下文档模板链表中文档模板总数是否大于 1（第 10 行代码）。对于 Graphic 程序来说，它是一个单文档程序，并且在 InitInstance 函数中只调用了一次 AddDocTemplate 函数，所以这个数量不会大于 1。接下来 CDocManager 类的 OnFileNew 函数利用得到的模板指针（pTemplate）调用 OpenDocumentFile

函数（第 23 行代码），我们在此函数调用处也设置一个断点。

我们继续在 OpenDocumentFile 函数上单击鼠标右键，选择【转到定义】菜单命令，找到 CDocTemplate 类的 OpenDocumentFile 函数定义处（位于 afxwin.h 文件中），代码如下所示。

```
virtual CDocument* OpenDocumentFile(
    LPCTSTR lpszPathName, BOOL bMakeVisible = TRUE) = 0;
```

可以看出，CDocTemplate 类的 OpenDocumentFile 是一个纯虚函数。因为本例是一个单文档类型的程序，使用的文档模板是从 CDocTemplate 派生的 CSingleDocTemplate 类，在调用时实际传递的是 CSingleDocTemplate 对象指针，因此这里调用的 OpenDocumentFile 函数实际上是 CSingleDocTemplate 类的成员函数，该函数的定义位于 MFC 源程序：docsingl.cpp 文件中，其定义代码如例 14-9 所示。

例 14-9

```
CDocument*  CSingleDocTemplate::OpenDocumentFile(LPCTSTR  lpszPathName, BOOL bMakeVisible)
{
    return OpenDocumentFile(lpszPathName, TRUE, bMakeVisible);
}

CDocument*  CSingleDocTemplate::OpenDocumentFile(LPCTSTR  lpszPathName, BOOL bAddToMRU, BOOL bMakeVisible)
{
①   CDocument* pDocument = NULL;
    CFrameWnd* pFrame = NULL;
    BOOL bCreated = FALSE;      // => doc and frame created
    BOOL bWasModified = FALSE;

    if (m_pOnlyDoc != NULL)
    {
        // already have a document - reinit it
        pDocument = m_pOnlyDoc;
        if (!pDocument->SaveModified())
        {
            // set a flag to indicate that the document being opened should not
            // be removed from the MRU list, if it was being opened from there
            g_bRemoveFromMRU = FALSE;
            return NULL;        // leave the original one
        }

        pFrame = (CFrameWnd*)AfxGetMainWnd();
        ASSERT(pFrame != NULL);
        ASSERT_KINDOF(CFrameWnd, pFrame);
        ASSERT_VALID(pFrame);
    }
    else
    {
        // create a new document
```

```
②          pDocument = CreateNewDocument();
           ASSERT(pFrame == NULL);     // will be created below
           bCreated = TRUE;
       }

       if (pDocument == NULL)
       {
           AfxMessageBox(AFX_IDP_FAILED_TO_CREATE_DOC);
           return NULL;
       }
       ASSERT(pDocument == m_pOnlyDoc);

       if (pFrame == NULL)
       {
           ASSERT(bCreated);

           // create frame - set as main document frame
           BOOL bAutoDelete = pDocument->m_bAutoDelete;
           pDocument->m_bAutoDelete = FALSE;
                       // don't destroy if something goes wrong
③          pFrame = CreateNewFrame(pDocument, NULL);
           pDocument->m_bAutoDelete = bAutoDelete;
           if (pFrame == NULL)
           {
               AfxMessageBox(AFX_IDP_FAILED_TO_CREATE_DOC);
               delete pDocument;       // explicit delete on error
               return NULL;
           }
       }

       if (lpszPathName == NULL)
       {
           // create a new document
           SetDefaultTitle(pDocument);

           // avoid creating temporary compound file when starting up invisible
           if (!bMakeVisible)
               pDocument->m_bEmbedded = TRUE;

④          if (!pDocument->OnNewDocument())
           {
               // user has been alerted to what failed in OnNewDocument
               TRACE(traceAppMsg, 0, "CDocument::OnNewDocument returned FALSE.\n");
               if (bCreated)
                   pFrame->DestroyWindow();    // will destroy document
               return NULL;
           }
       }
       else
       {
           CWaitCursor wait;
```

```
        // open an existing document
        bWasModified = pDocument->IsModified();
        pDocument->SetModifiedFlag(FALSE);  // not dirty for open

⑤       if (!pDocument->OnOpenDocument(lpszPathName))
        {
            // user has been alerted to what failed in OnOpenDocument
            TRACE(traceAppMsg, 0, "CDocument::OnOpenDocument returned FALSE.\n");
            if (bCreated)
            {
                pFrame->DestroyWindow();    // will destroy document
            }
            else if (!pDocument->IsModified())
            {
                // original document is untouched
                pDocument->SetModifiedFlag(bWasModified);
            }
            else
            {
                // we corrupted the original document
                SetDefaultTitle(pDocument);

                if (!pDocument->OnNewDocument())
                {
                    TRACE(traceAppMsg, 0, "Error: OnNewDocument failed
                         after trying "
                       "to open a document - trying to continue.\n");
                    // assume we can continue
                }
            }
            return NULL;        // open failed
        }
        pDocument->SetPathName(lpszPathName, bAddToMRU);
        pDocument->OnDocumentEvent(CDocument::onAfterOpenDocument);
    }

    CWinThread* pThread = AfxGetThread();
    ASSERT(pThread);
    if (bCreated && pThread->m_pMainWnd == NULL)
    {
        // set as main frame (InitialUpdateFrame will show the window)
        pThread->m_pMainWnd = pFrame;
    }
    InitialUpdateFrame(pFrame, pDocument, bMakeVisible);

    return pDocument;
}
```

首先在例14-9所示第二个OpenDocumentFile函数开始处设置一个断点，然后阅读该段代码，可以看到，在该函数中，首先定义了一个文档类指针、框架类指针（①位置处的代码），接下来调用了CreateNewDocument函数（②位置处的代码），该函数用来创建一个文档类的对象，在此函数调用处也设置一个断点。接下来，在上述代码中又调用了 CreateNewFrame 函数（③位置处的代码，并在此函数调用处设置一个断点），该函数将创建一个框架类对象，同时还将创建一个视类对象（读者可自行跟踪这个 CreateNewFrame 函数研究视类对象的创建）。也就是说，在第一次启动程序时，在 OpenDocumentFile 函数内部创建了文档类对象，同时还创建了框架类对象和视类对象。这就是 **MFC 提供的文档/视类结构的一个特点：每当有一份文档产生时，总会产生一个文档类对象、框架类对象和视类对象，它们三位一体来为这份文档服务。**

接着，CSingleDocTemplate 类的 OpenDocumentFile 函数调用了 pDocument 对象的 OnNewDocument 函数（④位置处的代码，在此函数处设置一个断点），这是一个虚函数。在前面第 4 章已经提到，**当程序运行时，MFC 框架内部接受的无论是文档类指针、框架类指针，还是视类指针，它们都指向派生类的指针**。也就是说，这时所获得的 pDocument 指针，并不是指向 CDocument 这个基类的对象的，而是指向 CGraphicDoc 类对象的，因此利用这个指针所调用的函数，都是派生类的函数。也就是说，这时实际上调用的是 CGraphicDoc 类的 OnNewDocument 函数。

读者可以调试运行 Graphic 程序，将会看到程序将按照如图 14.11 所示的调用顺序执行。首先进入 CWinApp 类的 OnFileNew 函数。CWinApp 这个类是从 CCmdTarget 类间接派生而来的，在前面章节中已经提到，凡是从 CCmdTarget 类派生的类都可以接收命令消息，而菜单单击消息恰好就是命令消息，因此在 CWinApp 类中可以对【文件\新建】菜单命令进行响应。

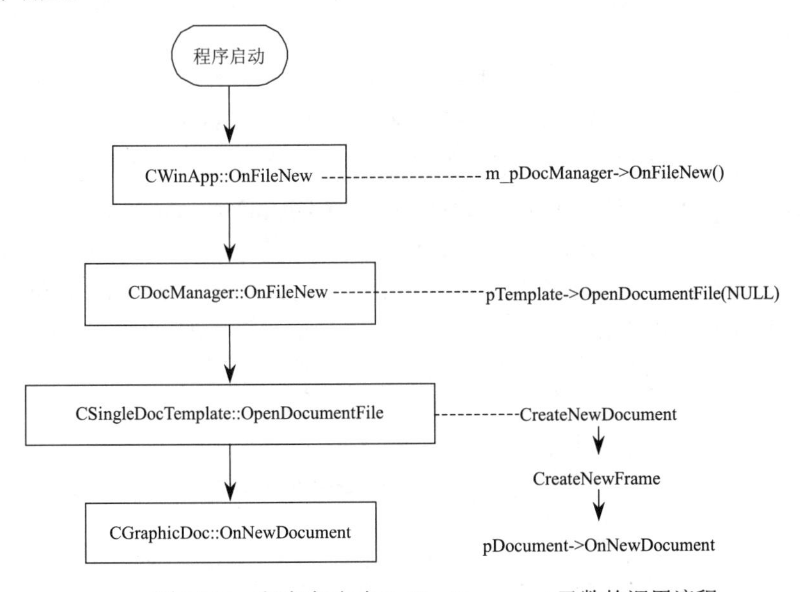

图 14.11　程序启动时 OnNewDocument 函数的调用流程

继续运行程序，将进入 CDocManager 类的 OnFileNew 函数。继续运行，程序将利用文档模板指针 pTemplate 调用 OpenDocumentFile 函数。而 pTemplate 这个模板指针就是单文档模板（CSingleDocTemplate 类型）指针。文档模板管理文档类、框架类和视类对象，而它自身则是由文档管理器管理的。

继续运行程序，将进入 CSingleDocTemplate 类的 OpenDocumentFile 函数，单步执行代码，可以看到该函数首先创建文档类的对象，之后创建框架类对象，同时创建视类对象。当然，在框架类对象创建完成之后，还要把框架窗口创建出来，同样，在创建视类对象的同时，还要创建视类窗口。CSingleDocTemplate 类的 OpenDocumentFile 函数利用文档指针（pDocument），调用 OnNewDocument 函数。这时在自动窗口中可以看到，这个指针实际上是指向 CGraphicDoc 类对象的指针（如图 14.12 所示）的，因此就会调用到子类 CGraphicDoc 的 OnNewDocument 函数。以下就是程序初始启动时，OnNewDocument 函数被调用的流程。

```
152         if (!pDocument->OnNewDocument())  已用时间 <= 53ms
153         {
154             // user has been alerted to what failed in OnNewDocument
155             TRACE(traceAppMsg, 0, "CDocument::OnNewDocument returned FALSE.\n");
156             if (bCreated)
157                 pFrame->DestroyWindow();    // will destroy document
158             return NULL;
159         }
```

110 %

自动窗口

名称	值	类型
bMakeVisible	1	int
pDocument	0x000000f9d5266200 {...}	CDocument * {Graphic.exe!CGraphicDoc}

图 14.12　pDocument 指针当前值

在 Graphic 程序界面出现之后，选择【文件\新建】菜单项，程序会再次依次进入 CWinApp 类的 OnFileNew 函数、CDocManager 类的 OnFileNew 函数和 CSingleDocTemplate 类的 OpenDocumentFile 函数。这时，对于单文档类型的应用程序来说，它会重复地利用已创建的框架类对象、文档类对象和视类对象。而如果是多文档类型的应用程序，则会去创建一个新的文档类对象、框架类对象和视类对象。因为 Graphic 程序是一个单文档类型的程序，并且此时文档类对象、框架类对象和视类对象已经创建了，所以不需要再去创建它们了，也就是说，这时在 CSingleDocTemplate 类的 OpenDocumentFile 函数中不再调用 CreateNewDocument 函数和 CreateNewFrame 函数，而是直接调用 pDocument 对象的 OnNewDocument 函数。以上就是当单击【文件\新建】菜单项时，OnNewDocument 函数被调用的内部过程，如图 14.13 所示。

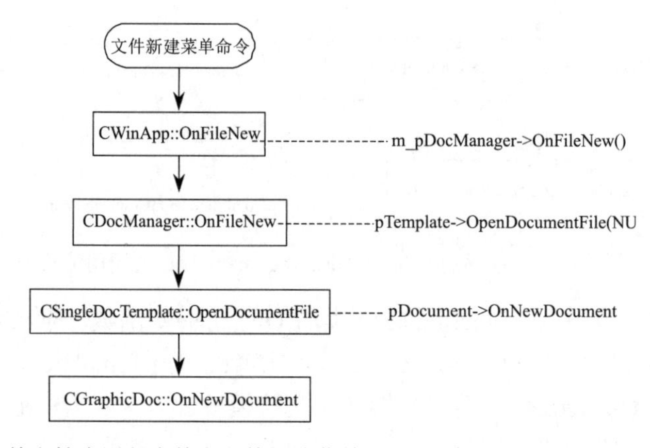

图 14.13　单文档应用程序单击文件新建菜单项后 OnNewDocument 函数的调用流程

14.3 文档串行化

14.3.1 文档类的 Serialize 函数

CGraphicDoc 类有一个 Serialize 函数，该函数原始定义代码如例 14-10 所示。可以看到，该函数有一个参数，类型是 CArchive 引用类型。

例 14-10

```
void CGraphicDoc::Serialize(CArchive& ar)
{
    if (ar.IsStoring())
    {
        // TODO: 在此添加存储代码
    }
    else
    {
        // TODO: 在此添加加载代码
    }
}
```

在此函数中，判断 CArchive 对象 ar 的当前状态，如果是存储状态，则在其后增加相应的存储代码，否则在 else 子块中增加加载数据的代码。

我们首先将先前为 Graphic 程序设置的断点全部移除，然后在例 14-10 所示的 Serialize 函数处设置一个断点，调试运行 Graphic 程序。选择【文件\保存】菜单项，输入文件名，单击【保存】按钮，将可以看到程序进入这个 Serialize 函数。继续运行程序，单击【文件\打开】菜单项，选择另外一个文件，单击【打开】按钮，会发现程序又进入这个 Serialize 函数。实际上，这个 Serialize 函数就是文档类提供的用来保存和加载数据的函数，我们可以利用其参数提供的 CArchive 对象来保存或加载我们自己的数据。

下面，我们通过一个简单的例子来演示如何利用 CGraphicDoc 类的 Serialize 函数实现数据的保存和加载。首先在例 14-10 所示的 Serialize 函数的 if 子句块中添加如例 14-11 所示的代码。

例 14-11

```
int i=5;
char ch='b';
float f=1.2f;
CString str("http://www.phei.com.cn");
ar<<i<<ch<<f<<str;
```

上述例 14-11 所示代码首先定义了一个整型变量（i）、一个字符变量（ch）、一个浮点变量（f）和一个 CString 类型的变量（str），并为它们赋予了相应的值，然后利用 CArchive 类重载的插入操作符（<<）保存这些数据。

我们在上述例 14-10 所示的 Serialize 函数的 else 子句块中添加如例 14-12 所示的代码。

例 14-12

```
int i;
char ch;
float f;
CString str;
CString strResult;
ar>>i>>ch>>f>>str;
strResult.Format(L"%d,%c,%f,%s",i,ch,f,str);
AfxMessageBox(strResult);
```

上述例 14-12 所示代码首先定义了一个整型变量（i）、一个字符变量（ch）、一个浮点变量（f）和一个 CString 类型的变量（str），分别用来保存加载后的数据。此外，还额外定义了一个 CString 类型的对象（strResult），用来保存对加载后得到的数据进行格式化后的字符串。然后，利用 CArchive 重载的加载操作符（>>）加载数据，一定要注意保存和读取数据的顺序。最后，利用 AfxMessageBox 函数显示加载得到的数据。

运行 Graphic 程序，选择【文件\保存】菜单项，使用默认的保存文件名 Graphic.txt，单击【保存】按钮，然后我们在该程序所在目录下可以看到 Graphic.txt 文件。在不关闭 Graphic 程序的情况下，单击【文件\打开】菜单项，选择 Graphic.txt 文件，单击【打开】按钮，程序并没有如我们所希望的那样出现显示读取结果的消息框。为了找到问题的原因，我们在 CGraphicDoc 类的 Serialize 函数开始处，以及 else 子句块中先分别设置一个断点，然后调试运行 Graphic 程序，选择【文件\保存】菜单项，程序将弹出“另存为”对话框，选择 Graphic.txt 文件作为保存目标文件，发现程序进入 CGraphicDoc 类的 Serialize 函数内，并且判断出当前 ar 对象的状态是保存，于是通过 CArchive 对象将数据保存到文件中；当选择【文件\打开】菜单项时，程序弹出“打开”对话框，选择 Graphic.txt 文件打开，但是发现程序并没有进入 CGraphicDoc 类的 Serialize 函数中，这是为什么呢？我们来分析一下程序运行过程。当保存数据时，先前创建的文档类的对象就与该数据关联在一起了，表示了该数据。当再次打开刚保存的文件时，在 MFC 框架内部，它判断出这是同一份数据，并且和这个数据相关联的文档类对象的指针已经存在了，它就不会再去调用文档类的 Serialize 函数了，这就是我们在打开同一份文档时没有进入 CGraphicDoc 类的 Serialize 函数的原因。

当然，这种设计实际上是合情合理的。例如，首先在 Word 文档中编辑一个文本，当编辑完成之后将它保存，然后在没有关闭该窗口的情况下再去打开同一份文档，这时打开的文档数据与当前在窗口中显示的数据是完全一样的，那么就没有必要再去打开同样的文档，这样做可以提高效率。同样地，刚才在保存数据时，并没有保存窗口中的数据，而是直接在 CGraphicDoc 类的 Serialize 函数中保存数据，这时在 MFC 框架内部会为文件关联一个文档对象，当你打开文件时，它发现打开的是同样的一份文件，那么它就会使用和这个文件相关联的文档对象，框架认为你的数据已经在视类窗口中，所以就没有再调用 CGraphicDoc 类的 Serialize 函数。这也是前面章节中提到的文档/视类框架结构的特点，在此结构中，文档类负责管理数据，提供对数据的保存和加载，视类负责显示数据，为用户提供编辑数据和修改数据的功能。MFC 提供的文档/视类/框架结构，相当于把数据的处理和显示功能划分为不同的模块来完成。这种结构相当于为程序员搭建了一个框架，程序员只需要遵照此框架去完成内部的具体实现就可以了。

14.3.2　MFC 框架对 Serialize 函数的调用过程

在 Graphic 程序运行后，当单击【文件\保存】和【文件\打开】菜单项时都会出现一个对话框，但是在 CGraphicDoc 类中并没有看到相应的菜单命令响应函数，因此我们可以推断这些命令响应函数一定也是在 MFC 框架内部实现的。我们可以跟踪【文件\打开】命令的消息响应函数，同时查看 MFC 框架对 CGraphicDoc 类的 Serialize 函数的调用过程。

同样，在 Visual Studio 提供的 MFC 源文件 appdlg.cpp 中，可以看到 OnFileOpen 也是 CWinApp 的一个成员函数。并且按照上面查看 CWinApp 类的 OnFileNew 函数定义的方法，可以发现在 OnFileOpen 函数的声明前面有 afx_msg 标识符，说明这个函数确实是菜单命令消息响应函数。该函数的实现代码如例 14-13 所示。

例 14-13

```
void CWinApp::OnFileOpen()
{
    ENSURE(m_pDocManager != NULL);
    m_pDocManager->OnFileOpen();
}
```

可以看到，CWinApp 类的 OnFileOpen 函数调用了文档管理器的 OnFileOpen 函数，该函数的定义位于 MFC 源文件 docmgr.cpp 文件中，定义代码如例 14-14 所示。

例 14-14

```
void CDocManager::OnFileOpen()
{
    // prompt the user (with all document templates)
    CString newName;
    if (!DoPromptFileName(newName, AFX_IDS_OPENFILE,
        OFN_HIDEREADONLY | OFN_FILEMUSTEXIST, TRUE, NULL))
        return; // open cancelled

    AfxGetApp()->OpenDocumentFile(newName);
        // if returns NULL, the user has already been alerted
}
```

可以看到，在 CDocManager 类的 OnFileOpen 函数中调用了一个函数 DoPrompt FileName，从其函数名大概可以猜到这是一个显示“打开/另保存”对话框的函数（读者先在此函数调用处设置一个断点）。该函数的实现代码如例 14-15 所示。

例 14-15

```
BOOL CDocManager::DoPromptFileName(CString& fileName, UINT nIDSTitle,
DWORD lFlags, BOOL bOpenFileDialog, CDocTemplate* pTemplate)
```

```
{
    CFileDialog dlgFile(bOpenFileDialog, NULL, NULL, OFN_HIDEREADONLY |
OFN_OVERWRITEPROMPT, NULL, NULL, 0);

    CString title;
    ENSURE(title.LoadString(nIDSTitle));

    dlgFile.m_ofn.Flags |= lFlags;

    CString strFilter;
    CString strDefault;
    if (pTemplate != NULL)
    {
        ASSERT_VALID(pTemplate);
        _AfxAppendFilterSuffix(strFilter, dlgFile.m_ofn, pTemplate, &strDefault);
    }
    else
    {
        // do for all doc template
        POSITION pos = m_templateList.GetHeadPosition();
        BOOL bFirst = TRUE;
        while (pos != NULL)
        {
            pTemplate = (CDocTemplate*)m_templateList.GetNext(pos);
            _AfxAppendFilterSuffix(strFilter, dlgFile.m_ofn, pTemplate,
                bFirst ? &strDefault : NULL);
            bFirst = FALSE;
        }
    }

    // append the "*.*" all files filter
    CString allFilter;
    VERIFY(allFilter.LoadString(AFX_IDS_ALLFILTER));
    strFilter += allFilter;
    strFilter += (TCHAR)'\0';   // next string please
    strFilter += _T("*.*");
    strFilter += (TCHAR)'\0';   // last string
    dlgFile.m_ofn.nMaxCustFilter++;

    dlgFile.m_ofn.lpstrFilter = strFilter;
    dlgFile.m_ofn.lpstrTitle = title;
    dlgFile.m_ofn.lpstrFile = fileName.GetBuffer(_MAX_PATH);

    INT_PTR nResult = dlgFile.DoModal();
    fileName.ReleaseBuffer();
    return nResult == IDOK;
}
```

可以看到，在 CDocManager 类的 DoPromptFileName 函数中构造了一个 CFileDialog 对象 dlgFile，由此我们可以知道原来 MFC 框架也是利用 CFileDialog 这个类来显示文件“打开”对话框的。

让我们回到上述如例 14-14 所示 CDocManager 类的 OnFileOpen 函数，可以看到，接下来该函数调用 AfxGetApp 函数获得应用程序（CWinApp）类的对象指针，并利用该指针调用 CWinApp 对象的 OpenDocumentFile 函数（我们在此行代码处也设置一个断点）。而 CWinApp 类的 OpenDocumentFile 函数定义位于 appui.cpp 文件中，代码如例 14-16 所示。

例 14-16

```
CDocument* CWinApp::OpenDocumentFile(LPCTSTR lpszFileName)
{
    ENSURE_VALID(m_pDocManager);
    return m_pDocManager->OpenDocumentFile(lpszFileName);
}

CDocument* CWinApp::OpenDocumentFile(LPCTSTR lpszFileName, BOOL bAddToMRU)
{
    ENSURE_VALID(m_pDocManager);
    return m_pDocManager->OpenDocumentFile(lpszFileName, bAddToMRU);
}
```

可以看到，CWinApp 类的 OpenDocumentFile 函数实际上就是调用 CDocManager 类的 OpenDocumentFile 函数。后者位于 docmgr.cpp 中，代码如例 14-17 所示。

例 14-17

```
CDocument* CDocManager::OpenDocumentFile(LPCTSTR lpszFileName)
{
    return OpenDocumentFile(lpszFileName, TRUE);
}

CDocument* CDocManager::OpenDocumentFile(LPCTSTR lpszFileName, BOOL bAddToMRU)
{
    if (lpszFileName == NULL)
    {
        AfxThrowInvalidArgException();
    }
    // find the highest confidence
    POSITION pos = m_templateList.GetHeadPosition();
    CDocTemplate::Confidence bestMatch = CDocTemplate::noAttempt;
    CDocTemplate* pBestTemplate = NULL;
①   CDocument* pOpenDocument = NULL;

    TCHAR szPath[_MAX_PATH];
    ASSERT(AtlStrLen(lpszFileName) < _countof(szPath));
    TCHAR szTemp[_MAX_PATH];
    if (lpszFileName[0] == '\"')
```

```
        ++lpszFileName;
    Checked::tcsncpy_s(szTemp, _countof(szTemp), lpszFileName, _TRUNCATE);
    LPTSTR lpszLast = _tcsrchr(szTemp, '\"');
    if (lpszLast != NULL)
        *lpszLast = 0;

    if( AfxFullPath(szPath, szTemp) == FALSE )
    {
        ASSERT(FALSE);
        return NULL; // We won't open the file. MFC requires paths with
                    // length < _MAX_PATH
    }

    TCHAR szLinkName[_MAX_PATH];
    if (AfxResolveShortcut(AfxGetMainWnd(), szPath, szLinkName, _MAX_PATH))
        Checked::tcscpy_s(szPath, _countof(szPath), szLinkName);

    while (pos != NULL)
    {
        CDocTemplate* pTemplate = (CDocTemplate*)m_templateList.GetNext(pos);
        ASSERT_KINDOF(CDocTemplate, pTemplate);

        CDocTemplate::Confidence match;
        ASSERT(pOpenDocument == NULL);
②      match = pTemplate->MatchDocType(szPath, pOpenDocument);
        if (match > bestMatch)
        {
            bestMatch = match;
            pBestTemplate = pTemplate;
        }
        if (match == CDocTemplate::yesAlreadyOpen)
            break;      // stop here
    }

    if (pOpenDocument != NULL)
    {
        POSITION posOpenDoc = pOpenDocument->GetFirstViewPosition();
        if (posOpenDoc != NULL)
        {
            CView* pView = pOpenDocument->GetNextView(posOpenDoc); // get
            first one
            ASSERT_VALID(pView);
            CFrameWnd* pFrame = pView->GetParentFrame();

            if (pFrame == NULL)
                TRACE(traceAppMsg, 0, "Error: Can not find a frame for
                document to activate.\n");
            else
            {
                pFrame->ActivateFrame();
```

```
                        if (pFrame->GetParent() != NULL)
                        {
                            CFrameWnd* pAppFrame;
                            if (pFrame != (pAppFrame = (CFrameWnd*)AfxGetApp()->
                                        m_pMainWnd))
                            {
                                ASSERT_KINDOF(CFrameWnd, pAppFrame);
                                pAppFrame->ActivateFrame();
                            }
                        }
                    }
                }
                else
                    TRACE(traceAppMsg, 0, "Error: Can not find a view for document
to activate.\n");
    ⑥          return pOpenDocument;
        }

        if (pBestTemplate == NULL)
        {
            AfxMessageBox(AFX_IDP_FAILED_TO_OPEN_DOC);
            return NULL;
        }

    ③  return pBestTemplate->OpenDocumentFile(szPath);
    }
```

读者先在 CDocManager 类的 OpenDocumentFile 函数开始处设置一个断点。然后阅读此函数的实现代码，可以看到，在此函数中定义了一个 CDocument 类型的指针变量：pOpenDocument（① 位置处的代码），并在后面有一个函数调用：MatchDocType（② 位置处的代码），该函数将 pOpenDocument 指针变量作为参数传递进去了，我们在此行代码设置一个断点。在该代码的最后利用文档模板的指针调用 OpenDocumentFile（③ 位置处的代码）。因为本程序是一个单文档类型的程序，所以这里实际上调用的是单文档模板类 CSingleDocTemplate 的 OpenDocumentFile 函数，该函数的代码可参见本章前面的内容（例 14-9）。可以看到，在 OpenDocumentFile 函数中，对 lpszPathName 变量进行判断的 else 子句块下面调用了文档对象的 OnOpenDocument 函数（例 14-9 所示代码的 ⑤ 位置处的代码），这个函数的定义位于 doccore.cpp 文件中，代码如例 14-18 所示。

例 14-18

```
    BOOL CDocument::OnOpenDocument(LPCTSTR lpszPathName)
    {
    #ifdef _DEBUG
        if (IsModified())
            TRACE(traceAppMsg, 0, "Warning: OnOpenDocument replaces an unsaved
document.\n");
    #endif
```

```
    ENSURE(lpszPathName);

    CFileException* pfe = new CFileException;
①  CFile* pFile = GetFile(lpszPathName,
        CFile::modeRead|CFile::shareDenyWrite, &fe);
    if (pFile == NULL)
    {
        TRY
        {
            ReportSaveLoadException(lpszPathName, pfe,
                FALSE, AFX_IDP_FAILED_TO_OPEN_DOC);
        }
        END_TRY
        DELETE_EXCEPTION(pfe);
        return FALSE;
    }

    DELETE_EXCEPTION(pfe);

    DeleteContents();
    SetModifiedFlag();  // dirty during de-serialize

②  CArchive  loadArchive(pFile,  CArchive::load  |  CArchive::bNoFlushOn
Delete);
    loadArchive.m_pDocument = this;
    loadArchive.m_bForceFlat = FALSE;
    TRY
    {
        CWaitCursor wait;
        if (pFile->GetLength() != 0)
③           Serialize(loadArchive);     // load me
        loadArchive.Close();
        ReleaseFile(pFile, FALSE);
    }
    CATCH_ALL(e)
    {
        ReleaseFile(pFile, TRUE);
        DeleteContents();   // remove failed contents

        TRY
        {
            ReportSaveLoadException(lpszPathName, e,
                FALSE, AFX_IDP_FAILED_TO_OPEN_DOC);
        }
        END_TRY
        DELETE_EXCEPTION(e);
        return FALSE;
    }
    END_CATCH_ALL
```

```
    SetModifiedFlag(FALSE);     // start off with unmodified

    return TRUE;
}
```

这时已经进入文档基类（CDocument）中了。在 CDocument 类的 OnOpenDocument 函数中，根据得到的文件名，先构造一个 CFile 对象（① 位置处的代码），然后利用此对象指针构造一个 CArchive 对象（② 位置处的代码），随后有一个 Serialize 函数的调用（③ 位置处的代码），可以在此调用处设置一个断点。

调试运行 Graphic 程序，当程序界面出现后，选择【文件\打开】菜单项，程序进入 CWinApp 类的 OnFileOpen 函数，该函数将调用 CDocManager 类的 OnFileOpen 函数。继续运行，程序进入 CDocManager 类的 DoPromptFileName 函数，该函数的作用就是弹出一个文件“打开”对话框（或“保存”对话框）。继续运行，程序就会弹出一个文件“打开”对话框，从中选择一个文件（例如 Graphic.txt 文件）并打开，程序会调用 CWinApp 类的 OpenDocmentFile 函数。继续运行，程序回到 CDocManager 类的 OpenDocmentFile 函数。继续运行，程序进入 CSingleDocTemplate 类的 OpenDocumentFile 函数。在此函数中，调用了文档对象的 OnOpenDocument 函数，因此，程序进入 CDocument 类的 OnOpenDocument 函数。在该函数中，首先构造 CFile 对象，接着构造 CArchive 对象，然后调用 Serialize 函数，这是一个虚函数，根据多态性原则，它调用子类 CGraphicDoc 类的 Serialize 函数。继续运行，就可以看到程序进入了 CGraphicDoc 类的 Serialize 函数。因为此时是从文件加载数据的，所以进入该函数中的 else 分支。继续运行程序，即可从弹出的消息框中看到读取的数据。上述过程如图 14.14 所示。

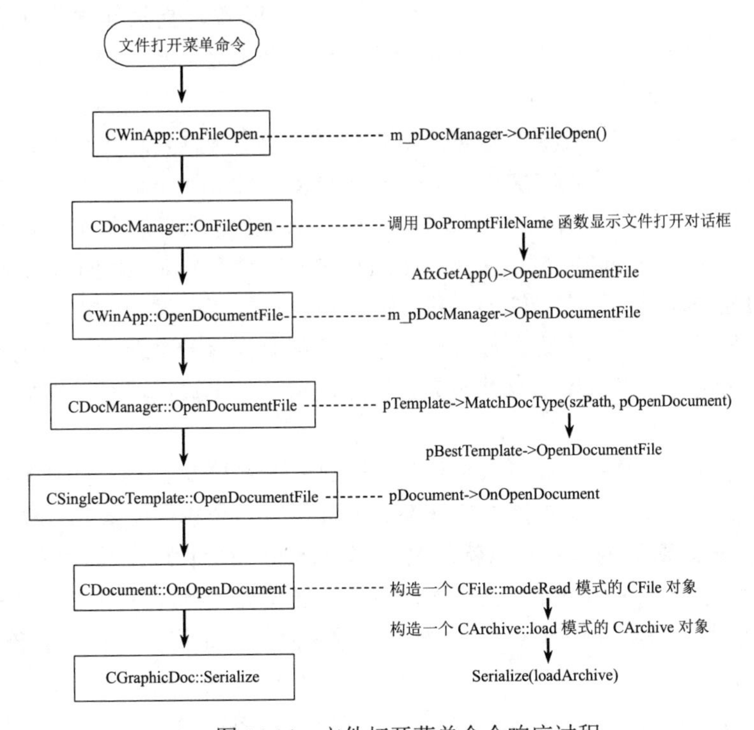

图 14.14　文件打开菜单命令响应过程

之前我们看到一个现象，就是当保存数据后，在不关闭程序窗口的情况下，再次打开同一个文件时，程序并不会进入 Serialize 函数中。读者可以再次调试运行 Graphic 程序，先单击【文件\保存】菜单项，并选择一个文件，例如 Graphic.txt 文件保存数据。然后单击【文件\打开】菜单项，这时程序会依次进入 CWinApp 类的 OnFileOpen 函数、CDocManager 类的 OnFileOpen 函数，通过 DoPrompFileName 函数调用显示文件打开对话框。选择我们刚才所保存的文件：Graphic.txt，程序进入 CWinApp 类的 OpenDocumentFile 函数，然后进入 CDocManager 类的 OpenDocumentFile 函数。读者要注意了，这里非常关键！在此函数中，我们单步运行程序，一直运行到 MatchDocType 函数调用处。当执行完这个函数调用后，可以发现 pOpenDocument 这个指针有值了，也就是说，程序发现这个文件已经与先前的一个文档对象相关联了，即获得了先前的文档对象指针：CGraphicDoc 类型的指针（如图 14.15 所示）。因为此时 pOpenDocument 指针不为空了，所以 CDocManager 类的 OpenDocumentFile 函数将直接返回 pOpenDocument 这个文档类指针（如例 14-17 所示 CDocManager 类 OpenDocumentFile 函数实现代码中⑥位置处的代码），函数的执行就结束了，它并没有调用 CSingleDocTemplate 类的 OpenDocumentFile 函数，也就没有调用 CDocument 函数中的 Serialize 函数，当然其子类 CGraphicDoc 中的 Serialize 函数也就没有被调用。这就是上面在保存数据之后再次打开同一个文件时，看不到读取的数据的消息框的原因。

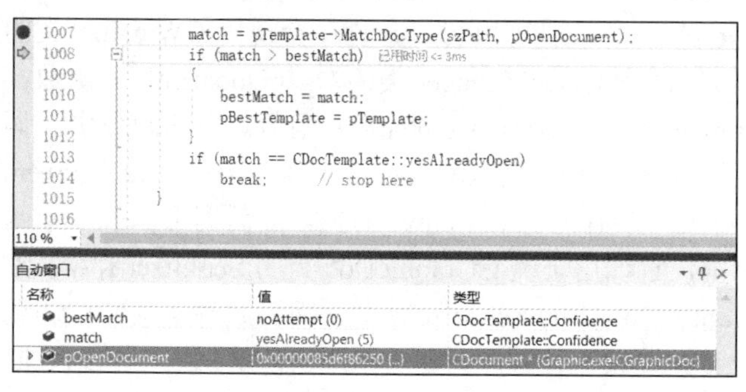

图 14.15　pOpenDocument 指针已经指向 CGraphicDoc 类的对象

读者可以试验一下，如果在保存数据之后，打开另一个文件，这时程序就会弹出消息框，显示读取到的数据，说明这时调用了 CGraphicDoc 类的 Serialize 函数。这就说明文档对象与文件是相关联的。一旦换了一个文件，文档对象就会将它的数据清空，然后将新文件中的数据与这个对象相关联。注意，在这个过程中，文档对象是同一个文档对象。因为对单文档类型的程序来说，每次只能写一份文档，所以从效率上考虑，没有必要构造多个文档对象。但是对多文档程序来说，每打开一个文件都会构造一个新的文档对象。一定要注意，对单文档来说，文档对象本身并不会被销毁，它只是将数据清空，然后再与一个新的文件相关联。

上面的调试过程比较复杂，读者只要记住，**【文件\新建】和【文件\打开】菜单项的命令响应函数都是在 CWinApp 类中提供的。CWinApp 类有一个成员变量 m_pDocManager，是指向 CDocManager 对象的指针，也就是说，CWinApp 负责管理文档管理器，而后者有一个文档模板指针链表 m_templateList，用来保存文档模板的指针，即文档管理器负责管理文档模板，而后者又是用来管理文档类、框架类和视类的，始终让这三个对象三位一体，一起为文档服务。**正因为如此，在上述调试过程中，我们看到都是由 CWinApp 对象转到 CDocManager 对象，再转到 CSingleDocTemplate 对象的，如果牵扯到 CDocument 对象，就会转到文档对象的函数中。读者只要掌握了这一脉络，不管函数调用如何跳来跳去，都会很清楚地知道它们之间的调用逻辑。

14.4 可串行化的类

14.4.1 实现类对串行化的支持

下面利用 Serialize 函数来保存第 12 章中定义的 CGraph 对象。如果要用 CArchive 类保存一个对象的话，那么这个对象的类必须支持串行化。一个可串行化的类通常都有一个 Serialize 成员函数。如果要使一个类可串行化，则需要经过以下五个步骤来实现。

1. 从 CObject 派生类（或从 CObject 派生的某个类派生）；
2. 重写 Serialize 成员函数；
3. 使用 DECLARE_SERIAL 宏（在类声明中）。该宏的声明形式如下所示：

```
DECLARE_SERIAL( class_name )
```

其中参数 class_name 就是想要成为可串行化类的类名。

4. 定义不带参数的构造函数；
5. 为类在实现文件中使用 IMPLEMENT_SERIAL 宏。该宏的声明如下所示：

```
IMPLEMENT_SERIAL( class_name, base_class_name, wSchema )
```

其中 class_name 参数是类的名称，base_class 参数是基类的名称，wSchema 是版本号。当从文件中读取对象数据时，需要对所保存的数据版本号进行判断，如果与当前 CArchive 对象的版本号一致，则加载操作成功，否则失败。

综上所述，为了使用 CArchive 对象保存 CGraph 对象，首先要使 CGraph 类成为一个可串行化的类，然后按照步骤分别处理：

1. 修改 CGraph 类的定义，使其从 CObject 派生，即在 Graph.h 文件中将 CGraph 类的定义修改为：

```
class CGraph : public CObject
```

2. 重载 Serialize 函数；

在 Graph.h 头文件中增加该函数的声明：

```
void Serialize( CArchive& archive );
```

并在 Graph.cpp 源文件中实现这个函数，具体代码如例 14-19 所示。

例 14-19

```
void CGraph::Serialize(CArchive& ar)
{
    if(ar.IsStoring())
    {
        ar<<m_nDrawType<<m_ptOrigin<<m_ptEnd;
    }
```

```
    else
    {
        ar>>m_nDrawType>>m_ptOrigin>>m_ptEnd;
    }
}
```

在例 14-19 所示的 Serialize 函数中，判断 CArchive 对象 ar 的状态，如果是存储，则保存 CGraph 对象中图形三要素：绘制类型、绘制起点和终点；否则，就是加载数据，利用重载的提取操作符获取数据。注意保存和提取数据的顺序。

3 在声明 CGraph 类时，使用 DECLARE_SERIAL 宏，即在 Graph.h 头文件中，在 CGraph 类定义的内部添加下面这句宏调用的代码：

```
DECLARE_SERIAL(CGraph)
```

4 为 CGraph 类定义一个不带参数的构造函数。因为现在在 CGraph 类中正好有一个不带参数的构造函数，所以就不需要再定义了；

5 为 CGraph 类在实现文件中使用 IMPLEMENT_SERIAL 宏。即在 Graph.cpp 源文件中，在 CGraph 类的构造函数前面添加下面这句宏调用的代码：

```
IMPLEMENT_SERIAL(CGraph, CObject, 1 )
```

经过以上这几个步骤之后，CGraph 类就支持串行化了，为此类再增加一个图形绘制函数：Draw，从而将图形数据和图形绘制封装在一个类中，这也符合面向对象的思想。增加的 Draw 函数的实现代码如例 14-20 所示。

例 14-20

```
void CGraph::Draw(CDC *pDC)
{
    //创建透明画刷并选入设备描述表中
    CBrush
*pBrush=CBrush::FromHandle((HBRUSH)GetStockObject(NULL_BRUSH));
    CBrush *pOldBrush=pDC->SelectObject(pBrush);
    //根据绘制类型绘制相应的图形
    switch(m_nDrawType)
    {
    case 1:
        pDC->SetPixel(m_ptEnd,RGB(0,0,0));
        break;
    case 2:
        pDC->MoveTo(m_ptOrigin);
        pDC->LineTo(m_ptEnd);
        break;
    case 3:
        pDC->Rectangle(CRect(m_ptOrigin,m_ptEnd));
        break;
    case 4:
        pDC->Ellipse(CRect(m_ptOrigin,m_ptEnd));
        break;
```

```
        }
        pDC->SelectObject(pOldBrush);
    }
```

在新增的 Draw 函数中，在绘制图形之前首先创建一个透明的画刷（pBrush），并且前面已经介绍过，GetStockObject 函数返回的是 HGDIOBJ 类型，而这里需要的是 HBRUSH 类型，因此需要进行强制类型转换。接着，把新创建的透明画刷选入设备描述表中，并将返回的之前设备描述表中的画刷（pOldBrush）保存起来。然后，根据绘制类型绘制相应的图形：如果绘制类型是 1，则绘制一个点；如果绘制类型是 2，则绘制一条直线；如果绘制类型是 3，则绘制一个矩形；如果绘制类型是 4，则绘制一个椭圆。在图形绘制完成之后，将先前的画刷（pOldBrush）重新选入设备描述表中。

如果读者是重新创建的一个项目，而不是在第 12 章已有程序上继续添加功能，那么可以把第 12 章中已有程序的菜单资源复制过来。因为对第 12 章的程序来说，其所有资源都保存在 Graphic.rc 这个文件中。我们可以在 Visual Studio 集成环境中，利用【文件\打开\文件】菜单命令，弹出“打开文件”对话框，找到这个文件并打开，即可在 Visual Studio 编辑环境中看到该程序所有的资源。如图 14.16 所示。

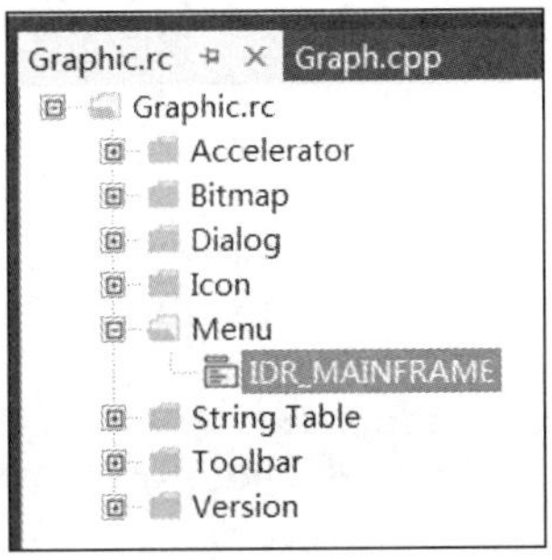

图 14.16　第 12 章示例程序使用的资源

首先打开 Menu 分支，双击 IDR_MAINFRAME 菜单资源，即可在资源编辑窗口中打开这个菜单资源，在绘图子菜单上单击鼠标右键，从弹出的快捷菜单中选择【复制】菜单项，然后在本章的项目中，切换到资源视图窗口，打开 IDR_MAINFRAME 菜单资源，在文件操作子菜单后单击鼠标右键，从弹出的快捷菜单中选择【粘贴】菜单项，就完成了菜单资源的复制。在编程过程中，如果想要复制资源的话，那么都可以采用这种方式来实现，这样可以节省开发的时间。但是在复制之后会有点问题：复制得到的这些菜单项 ID 号不是原先定义的 ID 了，这时，我们只能手工修改这些菜单项的 ID 了。然后给绘图子菜单下的四个菜单项分别添加命令响应，并添加 LBUTTONDOWN 和 LBUTTONUP 消息的响应函数，函数的实现可以复制已有的第 12 章程序中相应函数的实现代码。最后，可以调整一下代码，删除无用的代码。

14.4.2　利用可串行化类的 Serialize 函数保存和加载对象

下面，在 CGraphicView 类的 OnLButtonUp 函数中，当绘制图形之后，将图形要素保存起来，在前面第 12 章中使用的是集合类 CPtrList，这里使用另一个类 CObArray 来实现，该类的用法与 CPtrList 非常类似，只是在添加元素时添加的是 CObject 指针。因为 CGraph 类就是从 CObject 类派生的，所以使用 CObArray 类也是合适的。为了保存多个图形要素，为 CGraphicView 类添加一个 CObArray 类型的成员变量 m_obArray，并将其访问权限设置为 public 类型，因为随后在文档类中需要访问这个变量。

另外，为了简单起见，不再设置画笔的颜色，所以将 OnLButtonUp 函数中已有的构造

CPen 对象的代码，以及将此对象选入设备描述表中的代码注释起来或删除。在绘制图形之后，添加如例 14-21 所示代码中加灰显示的代码，先构造 CGraph 对象，然后将该对象添加到集合类中。

例 14-21

```
void CGraphicView::OnLButtonUp(UINT nFlags, CPoint point)
{
    CClientDC dc(this);
    CBrush *pBrush = CBrush::FromHandle((HBRUSH)GetStockObject(NULL_BRUSH));
    CBrush *pOldBrush = dc.SelectObject(pBrush);

    switch (m_nDrawType)
    {
    case 1:
        dc.SetPixel(point, m_clr);
        break;
    case 2:
        dc.MoveTo(m_ptOrigin);
        dc.LineTo(point);
        break;
    case 3:
        dc.Rectangle(CRect(m_ptOrigin, point));
        break;
    case 4:
        dc.Ellipse(CRect(m_ptOrigin, point));
        break;
    }
    dc.SelectObject(pOldBrush);

    CGraph *pGraph=new CGraph(m_nDrawType,m_ptOrigin,point);
①   m_obArray.Add(pGraph);

    CView::OnLButtonUp(nFlags, point);
}
```

另外，在 CGraphicView 类中如果要使用 CGraph 类型的对象，那么必须将该对象定义所在的头文件包含进来。为此，在 GraphicView.cpp 文件的头部添加下面这条语句：

```
#include "Graph.h"
```

在 CGraphicDoc 类的 Serialize 函数中，将 CGraphicView 对象的集合类对象成员 m_obArray 中保存的图形元素写入文件中。将该函数中先前添加的代码注释起来。另外，在文档类中想要访问视类的对象，就要先获得视类对象的指针。我们知道，**对于一个文档类对象来说，可以有多个视类对象与之相关。但对于一个视类对象来说，它只能与一个文档类对象相关**。因此，为了获得与文档对象相关的视类对象，首先要通过 CDocument 类的 GetFirstViewPosition 成员函数获得与该文档对象相关的视类链表中第一个视类对象的位置，然后通过 GetNextView 函数得到当前位置所指示的视类对象指针。CDocument 类的 GetFirstViewPosition 成员函数的原型声明如下所示：

```
virtual POSITION GetFirstViewPosition( ) const;
```

该函数将返回与文档相关联的视类对象链表中的第一个视类对象的位置，这个位置可以被 GetNextView 函数迭代使用。返回值类型是 POSOTION，这种类型被 MFC 中的集合类用来表示集合中元素的位置。

GetNextView 函数的原型声明如下所示：

```
virtual CView* GetNextView( POSITION& rPosition ) const;
```

可以看到，GetNextView 函数有一个 POSITION 类型的参数：rPosition。当调用 GetFirstViewPosition 函数之后就可以获得第一个视类对象的位置，将这个值作为参数传递给 GetNextView 函数，在该函数调用之后，将返回这个位置所标识的视类对象指针，并在 rPosition 参数中返回下一个视类对象的位置。于是，通过不断地调用 GetNextView 函数，就可以得到与文档类对象相关的每一个视类对象。如果到了视类链表的末尾，即没有下一个视类对象了，rPosition 的值就会被设置为 NULL。因此在程序中可以根据这个条件，终止调用 GetNextView 函数。通过这种方法可以迭代地访问与文档对象相关的每一个视类对象。因为本例是一个单文档类型的程序，所以它只有一个视类对象。

下面在 CGraphicDoc 类的 Serialize 函数的开始位置添加如例 14-22 所示代码中加灰显示的代码。

例 14-22

```
void CGraphicDoc::Serialize(CArchive& ar)
{
    POSITION pos=GetFirstViewPosition();
    CGraphicView *pView=(CGraphicView*)GetNextView(pos);
    if (ar.IsStoring())
    {

    }
    else
    {

    }
}
```

上述例 14-22 所示代码通过调用 GetFirstViewPosition 函数和 GetNextView 函数获取与文档对象相关的第一个视类对象的指针，也就是 CGraphicView 对象的指针。要注意的是，GetNextView 函数返回的是 CView*，而我们需要的是 CGraphicView*，因此需要进行一个强制类型转换。

有了视类对象指针，就可以利用此指针访问视类对象的成员变量了。在 CGraphicDoc 类的 Serialize 函数中，在保存数据时，得到 CGraphicView 对象的 m_obArray 这个集合类对象中保存的对象数目，然后利用一个 for 循环遍历这些元素，分别将它们保存到文件中。但是，如果 for 循环语句用下面这句代码来实现：

```
for(int i=0;i<pView->m_obArray.GetSize();i++)
```

那么，在每次循环时都会调用 GetSize 函数去求取集合类对象中元素的数目，这样会影响程序的执行效率。我们在编写代码时，应该注意代码优化问题。这里，我们可以把 GetSize 这个函数调用提取出来，单独定义一个变量来保存该函数调用后得到的集合类对象元素数目。如果要提取已保存到文件中的数据，则需要知道该文件中保存的对象数目。所以在保存集合类对象中的图形对象时，可以在保存具体的对象数据之前，先将对象数目也保存到文件中。接下来，在 for 循环内部，利用 CArchive 对象保存集合类对象中所保存的图形对象。因为 CGraph 类本身支持串行化，所以可以直接保存该类对象。然后，我们在例 14-22 所示 CGraphicDoc 类 Serialize 函数的 if 语句块中添加下述代码。

```
int nCount=pView->m_obArray.GetSize();
ar<<nCount;
for(int i=0;i<nCount;i++)
{
    ar<<pView->m_obArray.GetAt(i);
}
```

在读取对象数据时，可以先取出对象数目，然后利用 for 循环语句来读取所有对象的数据。在每次取出一个 CGraph 对象之后，都将这个对象的地址加入 CGraphicView 对象的 m_obArray 这个集合类对象中。于是，我们在例 14-22 所示 CGraphicDoc 类 Serialize 函数的 else 分支下添加下述代码：

```
int nCount;
ar>>nCount;
CGraph *pGraph;
for(int i=0;i<nCount;i++)
{
    ar>>pGraph;
    pView->m_obArray.Add(pGraph);
}
```

注意，这里并没有先构造一个 CGraph 对象，再读取其数据。因为在利用 CArchive 类重载的提取操作符（>>）读取对象时，它会先自动调用 CGraph 类的不带参数的构造函数去构造相应对象，然后将这个对象的地址赋给 pGraph 这个指针变量，所以并不需要为该指针变量分配内存空间。

在 CGraphicDoc 类中要访问 CGraphicView 类和 CGraph 类，需要包含相应的头文件，即在 GraphicDoc.cpp 文件的头部添加下述语句：

```
#include "GraphicView.h"
#include "Graph.h"
```

在提取文件数据时，当我们将 CGraph 对象添加到集合类对象之后，还需要将这些图形在程序窗口中显示出来，这可以在 CGraphicView 类的 OnDraw 函数中完成图形的重绘。因为在 CGraph 类中已经包含了图形绘制函数（Draw），所以这里只需要调用这个函数就可以。

在 CGraphicView 类的 OnDraw 函数中添加如例 14-23 所示代码中加灰显示的代码。

例 14-23

```
void CGraphicView::OnDraw(CDC* pDC)
```

```
    {
        CGraphicDoc* pDoc = GetDocument();
        ASSERT_VALID(pDoc);
        if (!pDoc)
            return;

        int nCount;
        nCount=m_obArray.GetSize();
        for(int i=0;i<nCount;i++)
        {
            ((CGraph*)m_obArray.GetAt(i))->Draw(pDC);
        }
    }
```

新添加的代码通过调用集合类对象的 GetAt 函数获取元素，并将结果强制转换为 CGraph*类型，然后利用此指针调用 CGraph 对象的 Draw 函数完成图形的绘制。而在调用 Draw 函数时，需要传递一个 CDC*类型的参数，正好 CGraphicView 类的 OnDraw 函数中有一个 CDC 指针类型的变量 pDC，因此直接把这个变量作为参数传递给 Draw 函数就可以了。

运行 Graphic 程序，先选择【绘图】子菜单下的各种图形绘制菜单项，在窗口中绘制一些图形。然后选择【文件\保存】菜单项，把图形对象保存到一个指定的文件中，例如 Graphic.txt。然后退出程序，再次运行，选择【文件\打开】菜单项，并选择 Graphic.txt 文件打开。这时就可以从该文件中加载数据，并在内存中重新构造 CGraph 对象，随即就可以看到在程序窗口中显示出先前绘制的图形了。以上就是利用 CArchive 类和可串行化类的 Serialize 函数保存对象和加载对象的实现过程。

14.4.3　版本号

上面介绍 IMPLEMENT_SERIAL 宏时，曾说过它的第三个参数是一个版本号。现在其值为 1，将值修改为 2：

```
IMPLEMENT_SERIAL(CGraph, CObject, 2)
```

再次运行 Graphic 程序，单击【文件\打开】菜单项，选择 Graphic.txt 文件打开，程序将弹出如图 14.17 所示的警告对话框，提示“意外的文件格式”。这是因为在先前保存数据时使用的版本号是 1，而现在读取时发现对象的版本号（2）与保存的版本号（1）不一致，所以程序就会弹出这样的警告消息框。

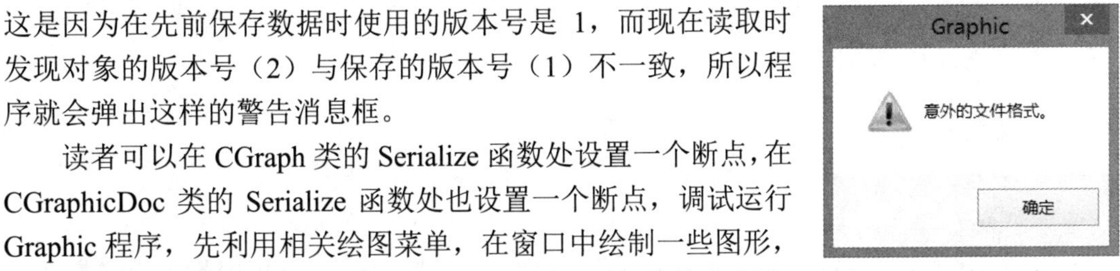

图 14.17　因版本号不一致而出现的警告信息

读者可以在 CGraph 类的 Serialize 函数处设置一个断点，在 CGraphicDoc 类的 Serialize 函数处也设置一个断点，调试运行 Graphic 程序，先利用相关绘图菜单，在窗口中绘制一些图形，然后单击【文件\保存】菜单命令，并选择一个文件（例如 Graphic.txt）保存绘制的图形对象，这时程序会进入 CGraphicDoc

类的 Serialize 函数。然后单步调试程序，发现当程序执行下面这条语句时，将跳转到 CGraph 类的 Serialize 函数处。

```
ar<<pView->m_obArray.GetAt(i);
```

继续单步调试程序，当前是存储状态，进入 if 语句块中，利用 CArchive 对象保存 CGraph 对象三个变量，也就是我们要保存的图形三个要素。继续调试，因为本例绘制了三条直线，所以三次进入了 CGraph 类的 Serialize 函数。通过以上的调试过程，可以看到，对于 CGraphicDoc 类的 Serialize 函数来说，最终在保存对象的数据时，实际上调用的是对象本身（即 CGraph 对象）的 Serialize 函数，这种调用是由框架自动完成的。也就是说，在利用文档类的 Serialize 函数保存一个可串行化类的对象的数据时，实际上利用的是对象本身的 Serialize 函数来完成的。也就是说，对象要保存和读取的数据都需要在该对象的 Serialize 函数中确定。这就**要求在设计可串行化的类时，在其内部确定需要串行化的数据**。这就是可串化类的内部实现机制。

14.4.4 利用 CObArray 类对串行化的支持保存和加载数据

CObArray 类结合了 IMPLEMENT_SERIAL 宏支持串行化，转储该集合类中的元素。也就是说，CObArray 这个类本身也支持串行化。下面就利用 CObArray 类对串行化的支持，保存该数组中的所有元素。

由于 CObArray 类支持串行化，该类也应该有一个 Serialize 函数。CGraphicDoc 对象的 Serialize 函数是由框架调用的，在这个函数中，我们可以直接将它的参数 ar（CArchive 类型）传递给 CObArray 对象的 Serialize 函数（添加的代码如例 14-24 中加灰显示的那行代码所示）。注意，一定要把这句代码调用放到 if/else 语句的外面。

说明：请读者先将 CGraphicDoc 类的 Serialize 函数中 if/else 语句块内先前添加的代码都注释起来。

例 14-24

```
void CGraphicDoc::Serialize(CArchive& ar)
{
    POSITION pos=GetFirstViewPosition();
    CGraphicView *pView=(CGraphicView*)GetNextView(pos);
    if (ar.IsStoring())
    {

    }
    else
    {

    }
    pView->m_obArray.Serialize(ar);
}
```

运行 Graphic 程序，首先选择相应菜单绘制一些图形，接着单击【文件\保存】菜单命令，并选择一个保存目标文件。之后关闭程序，然后再次运行程序，单击【文件\打开】菜单命令，并选择同一个文件打开，然后在程序窗口中就可以看到刚才绘制的图形了。

下面让我们看一看 MFC 的源代码，了解 CObArray 类实现串行化的过程。CObArray 类的 Serialize 函数的实现位于 array_o.cpp 文件中，源代码如例 14-25 所示。

例 14-25

```
/////////////////////////////////////////////////////////////////////
// Serialization

void CObArray::Serialize(CArchive& ar)
{
    ASSERT_VALID(this);

    CObject::Serialize(ar);

    if (ar.IsStoring())
    {
        ar.WriteCount(m_nSize);
        for (INT_PTR i = 0; i < m_nSize; i++)
            ar << m_pData[i];
    }
    else
    {
        DWORD_PTR nOldSize = ar.ReadCount();
        SetSize(nOldSize);
        for (INT_PTR i = 0; i < m_nSize; i++)
            ar >> m_pData[i];
    }
}
```

在上述例 14-25 所示 CObArray 类的 Serialize 函数中，首先调用基类 CObject 的 Serialize 函数，接着判断参数 CArchive 对象的状态，如果是保存数据，则调用 WriteCount 函数。在浏览程序代码时，如果编码比较规范的话，那么不用去看某些函数是如何实现的，根据其名称大概就能猜测到它的功能。像 WriteCount 这个函数，我们一看就知道它是将数组中元素的数目写入文件中。然后，CObArray 类的 Serialize 函数利用一个 for 循环将数组中所有元素依次写入文件中。可以看到，Serialize 函数的这种实现与我们上面第一次编写的代码很相似，也是先将数组中的元素数目写入文件，接着利用一个 for 循环，依次取出数组中的每一个元素，将它们一一写入文件。同样地，当加载时，首先读取写入到文件中的元素数目，然后利用 for 循环依次加载数组中的每一个元素。当然，对于每一个数组元素所代表的对象来说（本例是 CGraph 类型的对象），它也会去调用 CGraph 类的 Serialize 函数。读者可以自己在 CObArray 类的 Serialize 函数处设置一个断点，然后调试运行程序，看看其调用过程。

既然文档类是用来保存数据的，那么可以将 CObArray 数组定义放到文档类中。对本例来说，也就是为 CGraphicDoc 添加 CObArray 类型的成员变量 m_obArray，并将其访问权限设置为 public 类型。

然后将程序中调用 CGraphicView 类 m_obArray 对象的地方都修改为调用 CGraphicDoc 类的 m_obArray 对象，这样就需要在 CGraphicView 类中访问 CGraphicDoc 类的成员，因此要先得到文档类的指针。在 CGraphicView 类中有一个 GetDocument 函数，其实现代码如例 14-26 所示。

例 14-26

```
CGraphicDoc* CGraphicView::GetDocument() const // 非调试版本是内联的
{
    ASSERT(m_pDocument->IsKindOf(RUNTIME_CLASS(CGraphicDoc)));
    return (CGraphicDoc*)m_pDocument;
}
```

可以看到，CGraphicView 类 GetDocument 函数的返回值就是 CGraphicDoc 类的指针，也就是说，视类中已经为我们准备好了可以获得文档类指针的函数，可以直接获得指向文档类对象的指针。这就是 MFC 为我们提供的文档/框架/视类结构，它将这几个类对象之间互相调用的机制都设计好了，我们只需要遵照该机制进行调用，获得相应对象的指针即可。因此，在 CGraphicView 类的函数中访问文档类对象的成员时，可以首先直接定义一个 CGraphicDoc 类型的指针，接着调用 GetDocument 函数，得到指向文档类对象的指针，然后利用这个指针访问文档对象内部的成员。

下面，我们修改上述例 14-21 所示 CGraphicView 类 OnLButtonUp 函数的代码，将先前调用集合类对象的 Add 方法的语句（即①符号所在语句）注释起来，然后在其后添加下述语句：

```
CGraphicDoc *pDoc=GetDocument();
pDoc->m_obArray.Add(pGraph);
```

在 CGraphicView 类的 OnDraw 函数中也要进行相应的修改，我们可以看一下例 14-23 列出的 OnDraw 函数的代码，在 OnDraw 函数中已经调用了 GetDocument 函数得到文档类对象的指针。前面的章节也已经介绍过，在文档/视类结构中，文档是用来保存数据和加载数据的。而在窗口绘制时，应用程序框架将调用 OnDraw 函数，并且认为数据应当是从文档类对象中获取到的，于是就自动添加了获取文档类对象指针的调用，之后就可以利用该文档类对象指针获取文档类对象的数据，在视类窗口中显示这些数据。因此，我们可以这样修改 OnDraw 函数的代码，将先前调用 CGraphicView 类 m_obArray 对象的地方均换成调用 CGraphicDoc 类的 m_obArray 对象，即修改后的 OnDraw 函数代码如例 14-27 所示。

例 14-27

```
void CGraphicView::OnDraw(CDC* pDC)
{
    CGraphicDoc* pDoc = GetDocument();
    ASSERT_VALID(pDoc);
    if (!pDoc)
```

```
        return;

    int nCount;
//  nCount=m_obArray.GetSize();
    nCount=pDoc->m_obArray.GetSize();
    for(int i=0;i<nCount;i++)
    {
//      ((CGraph*)m_obArray.GetAt(i))->Draw(pDC);
        ((CGraph*)pDoc->m_obArray.GetAt(i))->Draw(pDC);
    }
}
```

在上述例 14-24 所示 CGraphicDoc 类的 Serialize 函数中，将先前我们自己添加的代码（即加灰显示的那行代码）注释起来。因为现在 m_obArray 变量就是 CGraphicDoc 类的成员变量，所以可以直接使用。添加下面如例 14-28 所示加灰显示的这条语句。

例 14-28

```
void CGraphicDoc::Serialize(CArchive& ar)
{
    POSITION pos=GetFirstViewPosition();
    CGraphicView *pView=(CGraphicView*)GetNextView(pos);
    if (ar.IsStoring())
    {
        // TODO: add storing code here
    }
    else
    {
        // TODO: add loading code here
    }
    //pView->m_obArray.Serialize(ar);
    m_obArray.Serialize(ar);
}
```

运行 Graphic 程序，绘制一些图形，然后保存；关闭程序，再次运行，打开同一个文件，就可以看到先前绘制的内容在窗口中显示出来了。

知识点　让我们再回顾一下 Document/View 结构：

（1）在 MFC 中，文档类负责管理数据，提供保存和加载数据的功能。视类负责数据的显示，以及给用户提供对数据的编辑和修改功能。

（2）MFC 给我们提供 Document/View 结构，将一个应用程序所需要的“数据处理与显示”的函数空壳都设计好了，这些函数都是虚函数，我们可以在派生类中重写这些函数。有关文件读写的操作在 CDocument 的 Serialize 函数中进行，有关数据和图形显示的操作在 CView 的 OnDraw 函数中进行。我们在其派生类中，只需要去关注 Serialize 和 OnDraw 函数就可以了，其他的细节，我们不需要去理会，程序就可以良好地运行。

（3）在单击“文件\打开”菜单命令后，应用程序框架会激活文件“打开”对话框，让用户指定将要打开的文件名，程序自动调用 CGraphicDoc 类的 Serialize 函数读取该文件。应用程序框架还会调用 CGraphicView 类的 OnDraw 函数，传递一个显示 DC，以便重新绘制窗口内容。

（4）MFC 提供 Document/View 结构，是希望程序员将精力放在数据结构的设计和数据显示的操作上，而不要把时间和精力花费在对象与对象之间、模块与模块之间的通信上。

（5）一个文档对象可以与多个视类对象相关联，而一个视类对象只能与一个文档对象相关联。

14.5 文档对象数据的销毁

本章前述内容实现的 Graphic 程序，还隐含着一个错误，当新建一个文档对象时，或者打开一个文档对象时，先前文档所保存的数据并没有被销毁，这主要是指 CGraphicView 类 OnLButtonUp 函数中在堆上为 CGraph 对象分配的内存（即下面这条语句调用分配的内存）没有被释放。

```
CGraph *pGraph=new CGraph(m_nDrawType,m_ptOrigin,point);
```

当我们新建一个文档时，程序文档对象所保存的数据要被销毁，然后再与一个新的文档相关联。然而对于在堆上分配的内存，必须由程序员自己去释放。

我们可以看一下 CDocument 类的 OnNewDocument 函数的实现，其源代码位于 doccore.cpp 中，如例 14-29 所示。

例 14-29

```
BOOL CDocument::OnNewDocument()
{
#ifdef _DEBUG
    if(IsModified())
        TRACE(traceAppMsg, 0, "Warning: OnNewDocument replaces an unsaved document.\n");
#endif

    DeleteContents();
    m_strPathName.Empty();      // no path name yet
    SetModifiedFlag(FALSE);     // make clean
    OnDocumentEvent(onAfterNewDocument);

    return TRUE;
}
```

可以看到，CDocument 类 OnNewDocument 函数的默认实现是调用 CDocument 类的另一个成员函数 DeleteContents，以确保这个文档是空的，标记该新文档是干净的。同样的，当单击【文件\打开】菜单命令后，程序框架会调用 OnOpenDocument 函数，其默认实现是打开指定的文件，调用 DeleteContents 函数以确保这个文档是空的。也就是说，不管是新建文档，还是打开一个已有文档，都是先删除文档数据，因为本例是单文档应用类型的程序，它只有一个文档对象，该对象将被重复使用，所以应该在该文档对象被再次使用之前删除和这个文档对象相关联的所有数据。因为文件打开和新建都会调用 DeleteContents 函数，所以在这个函数中释放文档对象在堆上分配的内存是比较合适的。**DeleteContents 函数是一个虚函数，主要由框架调用，用来删除文档的数据，同时并不销毁 CDocument 对象本身。它在文档将要被销毁之前被调用，也会在该文档对象重复使用之前被调用，以确保文档是空的。**对单文档应用程序来说，这一点特别重要，因为仅仅使用一个文档，无论用户是创建，还是打开另一个文档，该文档对象都是被重复使用的，所以在文档对象被重复使用之前，应该释放已分配的内存。

对 Graphic 程序来说，在 DeleteContents 函数被调用时就应该释放在堆上分配的 CGraph 对象的内存。于是，我们为 CGraphicDoc 类增加虚函数 DeleteContents 的重载，然后在其中添加如例 14-30 所示的代码。

例 14-30

```
1. void CGraphicDoc::DeleteContents()
2. {
3.      int nCount;
4.      nCount = m_obArray.GetSize();
5.      for(int i=0;i<m_obArray.GetSize();i++)
6.      {
7.         delete m_obArray.GetAt(i);
8.         m_obArray.RemoveAt(i);
9.      }
10.     CDocument::DeleteContents();
11. }
```

在上述例 14-30 所示代码中，首先定义了一个整型变量 nCount，保存 m_obArray 数组中的元素个数。接着通过 for 循环遍历 m_obArray 数组中的每一个元素，并利用 CObArray 类的 GetAt 成员函数取出指定索引的元素。在 CObArray 数组中保存的元素都是指针，而先前是利用 new 操作符为其分配内存的，因此要用 delete 操作符释放这个指针所指向的堆内存。读者一定要注意，虽然这时删除了这个指针所指向的堆内存，但是对于 m_obArray 数组所保存的元素来说，其内存并没有被删除，也就是说，它所保存的指针值还是存在的，所以我们还需要把数组所保存的元素，即 CGraph 指针值删除掉。在 CObArray 类中有一个成员函数 RemoveAt，可以删除指定索引处的元素，其原型声明如下所示：

```
void RemoveAt( int nIndex, int nCount = 1 );
```

该函数的第一个参数（nIndex）设定索引，第二个参数（nCount）指定要删除的元素数目。

在例 14-30 所示代码中，在释放堆内存之后，调用 RemoveAt 函数删除指定索引 i 处的元素。

我们先在上述例 14-30 所示代码的 for 循环处设置一个断点，然后调试运行程序，利用相应绘图菜单命令绘制一些图形，例如绘制三条直线，这时会产生三个图形对象（即

CGraph 对象）。我们知道，当新建文件、打开文件，或者关闭程序时（文档对象被销毁时），都会去调用文档类对象（本例即 CGraphicDoc 对象）的 DeleteContents 函数。因此，我们执行关闭 Graphic 程序的操作，程序将进入上述例 14-30 所示的 DeleteContents 函数中。读者可以看到此时 nCount 变量的值等于 3，这个数值是正确的，因为 m_obArray 数组中确实是保存了三个元素。单步执行程序，这时索引 i 是 0，随即释放索引 0 位置处的元素所在的堆内存（第 7 行代码），删除元素本身（第 8 行代码），这是第一次循环。继续运行，进入第二次循环，此时 i 为 1，所以删除索引为 1 的元素所指向的堆内存（第 7 行代码）、并删除元素本身（第 8 行代码）。继续运行，接下来应释放索引为 2 的元素所指向的堆内存，但是发现程序直接退出了，并没有进入第三次循环。

这里之所有没有成功删除内存，主要是因为利用 RemoveAt 函数删除元素时出现了问题，该函数在数组指定的索引位置处开始删除一个或多个元素，在这个过程中，它会下移在这个元素之上的所有元素，并减少这个数组的上界。也就是说，RemoveAt 函数的调用会导致数组中剩余元素的重新排列。例如，数组有三个元素，当删除索引为 0 的元素时，原先索引为 1 和 2 的元素都会下移，即索引 1 的元素现在索引为 0，索引 2 的元素现在索引为 1。因此在上述代码中，第二次进入循环时，i 已经变成了 1，于是它删除的实际是原先索引为 2 的那个元素，即数组中的最后一个元素，但是在删除这个元素之后，还漏掉了一个元素，即原索引为 1，现索引为 0 的那个元素，也就是说，在循环两次之后就出现问题了。这也是我们经常容易犯的错误，把判断元素数目的代码放置在条件判断的位置（上述代码中 for 循环的条件判断语句：i< m_obArray.GetSize()），对于刚才这种写法，因为在删除元素后，它的大小就会发生变化，GetSize()函数的返回值也在不断变化，原先是 3 个元素，删除一个后变成了 2 个，所以在第三次循环时，索引 i 是 2，而 GetSize 函数的返回值是 1，从而导致循环结束。而这样一种调用，程序员根本发现不了它有问题。

当我们不断地新建文档和打开另一个文档时，实际上就隐含内存泄漏的发生，因为有些对象的内存没有被释放。如果我们对 RemoveAt 函数调用的机制不太了解的话，所编写的代码就会存在内存泄漏的隐息，因此在这里需要修改代码，在释放元素所指向的堆内存之后（第 7 行代码），先不删除这个元素本身，在 for 循环结束之后，也就是所有元素所指向的堆内存都被释放之后，再删除这些元素。为了删除 m_obArray 数组中的所有元素，并不需要再进行一次循环，逐一删除，因为在 CObArray 类中还有一个成员函数 RemoveAll，用于从这个数组中删除所有元素。也就是说，在上述 for 循环之后，可以调用 m_obArray 对象的 RemoveAll 函数，删除其所有元素。这样的话，程序就不会出现问题了。修改后的代码如例 14-31 所示。

例 14-31

```
void CGraphicDoc::DeleteContents()
{
    int nCount;
    nCount=m_obArray.GetSize();
    for(int i=0;i<nCount;i++)
    {
        delete m_obArray.GetAt(i);
        //m_obArray.RemoveAt(i);
```

```
    }
    m_obArray.RemoveAll();

    CDocument::DeleteContents();
}
```

读者可以再次调试运行 Graphic 程序，同样也绘制三条直线，执行关闭程序的操作，程序进入 CGraphicDoc 类的 DeleteContents 函数中，继续调试程序，将会看到 DeleteContents 函数中的 for 循环确实执行了三次，把程序中分配的堆内存都释放掉了，最后删除了数组中的所有元素。

另外，我们还可以采用另一种实现方式，可以从索引最大的元素开始删除，这时的实现代码如例 14-32 所示。

例 14-32

```
void CGraphicDoc::DeleteContents()
{
    int nCount;
    nCount=m_obArray.GetSize();
    while(nCount--)
    {
        delete m_obArray.GetAt(nCount);
        m_obArray.RemoveAt(nCount);
    }

    CDocument::DeleteContents();
}
```

在上述例 14-32 代码中，在得到数组元素大小后，进行 while 循环，在此循环中，释放当前索引位置处元素保存的指针所指向的堆内存。我们可以分析一下这时程序的执行流程，首先 nCount 等于 3，进入 while 循环，判断条件为真，然后 nCount 值减 1。于是删除 m_obArray 数组中索引为 2 的那个元素保存的指针所指向的堆内存，并删除元素本身；进入 while 语句，判断 nCount 值为 2，条件为真，继续循环，nCount 值减 1 变成 1，释放索引 1 位置处的元素保存的指针所指向的堆内存，并删除该元素本身；因为 nCount 值为 1，while 语句的条件仍为真，继续循环，nCount 值减 1 变为 0，释放索引 0 位置处的元素保存的指针所指向的堆内存，并删除该元素本身；这时，因为 nCount 值为 0，while 条件为假，所以 while 循环终止。可见，当绘制三条直线时，上述 while 循环确实执行了三次。读者可以自行调试运行 Graphic 程序，测试这段代码。

再介绍一种实现方式，就是利用 CObArray 类的 RemoveAt 函数调用会导致数组元素重排的特性，始终删除索引为 0 的元素，实现代码如例 14-33 所示。

例 14-33

```
void CGraphicDoc::DeleteContents()
{
    int nCount;
```

```
        nCount = m_obArray.GetSize();
        for (int i = 0; i < nCount; i++)
        {
            delete m_obArray.GetAt(0);
            m_obArray.RemoveAt(0);
        }

        CDocument::DeleteContents();
    }
```

在上述例 14-33 代码中，得到数组元素大小后，进行 for 循环。在第一次循环时，释放了索引为 0 的元素所指向的堆内存，并从数组中删除了该元素本身，这将导致剩余元素的重排，原先索引为 1 和 2 的元素其索引将变成 0 和 1，因此，第二次循环继续删除索引为 0 的元素，其实就是删除的原先索引为 1 的元素，剩余元素重排，第三个元素的索引变为 0；第三次循环继续删除索引为 0 的元素，其实就是删除原先索引为 2 的元素。读者可以仔细想想这个过程，并通过调试运行 Graphic 程序，来验证结果是否正确。

14.6 本章小结

本章主要介绍了以下内容：

- 文件读写的另一种方式：利用 CArchive 类来实现；
- MFC 框架程序提供的文件新建与打开功能内部的实现机制；
- 利用 CDocument 类的串行化存储功能保存与加载数据；
- 实现类对串行化的支持，以及 CObArray 的串行化实现内幕。

其中，还阐述了 MFC 框架程序的文档类和视类的关系，以及如何获得相互的指针引用。另外，在新建或打开另一个文档时需要释放自己在堆内存中分配的内存，这主要是在 DeleteContents 函数中进行的。同时，还应注意删除文档数据时常犯的错误。

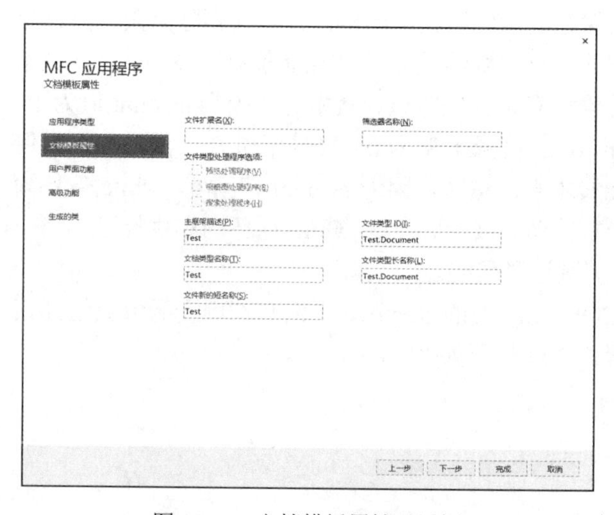

图 14.18 文档模板属性对话框

本章还介绍了 IDR_MAINFRAME 字符串资源的使用，通过设置该字符串资源中的各个子串，可以改变程序的一些特性。实际上，在利用 MFC 应用程序向导生成应用程序框架的第二步也可以改变该字符串中子串的内容，如图 14.18 所示，可以看到“文档模板属性”对话框上正好有 7 个编辑框，分别对应于 IDR_MAINFRAME 字符串资源的 7 个子串。

第 15 章 网络编程

网络程序的实现可以有多种方式，Windows Socket 就是其中一种比较简单的实现方法。Socket 是连接应用程序与网络驱动程序的桥梁，Socket 在应用程序中创建，通过绑定操作与驱动程序建立关系。此后，应用程序送给 Socket 的数据，由 Socket 交给驱动程序向网络上发送出去。计算机从网络上收到与该 Socket 绑定的 IP 地址和端口号相关的数据后，由驱动程序交给 Socket，应用程序便可从该 Socket 中提取接收到的数据。网络应用程序就是这样通过 socket 进行数据的发送与接收的。

15.1 计算机网络基本知识

计算机网络是相互连接的独立自主的计算机的集合，最简单的网络形式是由两台计算机组成的。如图 15.1 所示。

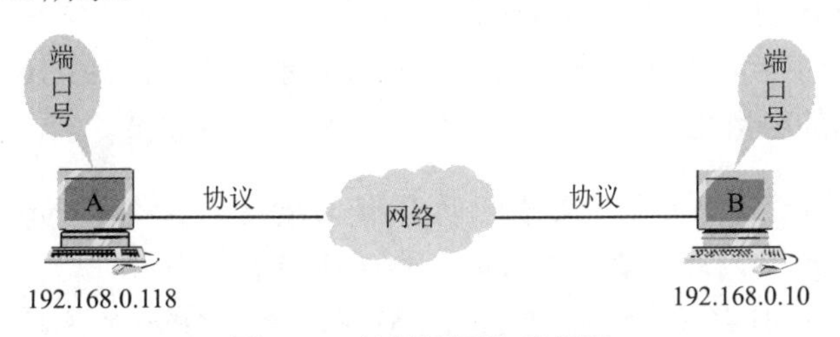

图 15.1　计算机网络示意图

在图 15.1 中，计算机 A 通过网络与计算机 B 进行通信，要完成一次通信，A 主机需要知道是与谁在进行通信。例如你正与张三进行通信，张三就是与你通信的人的名字。如果在你的周围有许多人，你想要与张三进行通信，你就得说："张三，我晚上请你吃饭。"这样的话，其他人听到这句话是不会有反应的，于是你就完成了与张三的这次通信。在网络上，一台主机要与另一台主机进行通信，要知道与之通信的那台主机的名称，在 Internet 上通过一个称之为 IP 地址的 4 个字节的整数来标识网络设备，通常采用点分十进制的格式来表示 IP 地址（如图 15.1 所示的 192.168.0.118）。有了 IP 地址，就相当于主机有了身份。对 A 主机来说，它想要与 B 主机进行通信，它可以把数据发送给具有 IP 地址为 192.168.0.10 的那台主机。对 B 主机来说，如果要回复信息，它可以将信息回复到 IP 地址为 192.168.0.118 的主机。这样的话，主机 A 和主机 B 就可以完成这次通信了。但在通信的过程中，还有一个问题，例如当你与一个美国人交流时，如果你说的是中文，而对方说的是英文，那么你们之间是无法正常交流的。我们在《智取威虎山》中看到，土匪之间是根据暗号进行通信的，一个说："天王盖地虎"，另一个说："宝塔镇河妖"。这个暗号就是土匪之间进行通信所制定的规则。同样，在 Internet 上，两台主机要进行通信，它们也要遵循约定的规则。我们把这种规则称为协议。如果 A 主机和 B 主机采用同样的协议，它们之间就可以进行通信了。

现在身份有了，通信的规则也有了，两台主机是否就可以完成通信了呢？要注意的是，计算机是没有生命的，真正完成计算机之间通信的是在计算机上运行的网络应用程序。但是在一台计算机上可以同时运行多个程序，例如，我们可以一边使用下载软件下载资料，一边可以通过影音软件在线收看流媒体电影。那么发送给某个 IP 地址所标识的主机的数据，应该由哪个网络应用程序来接收呢？于是，为了标识在计算机上运行的每一个网络通信程序，为它们分别分配一个端口号。在发送数据时，除了指定接收数据的主机 IP 地址以外，还要指定端口号。这样，在指定 IP 地址的计算机上，将会由在指定端口号上等待数据的网络应用程序接收数据。网络通信与我们平时打电话的过程是类似的。IP 地址就相当于一个公司的总机号码，端口号就相当于分机号码。在打电话时，拨通总机后，还需要转到分机上。

为了实现网络编程，下面介绍一些程序员应该了解和掌握的网络知识。

15.1.1 IP 地址

- 在 IP 网络中每一台主机都必须有一个唯一的 IP 地址；
- IP 地址是一个逻辑地址；
- 因特网上的 IP 地址具有全球唯一性；
- 32 位，4 个字节，常用点分十进制的格式表示，例如：192.168.0.16。每个字节用一个十进制的整数来表示，用一个点（.）来分隔各字节。

> **提示：** 由于 4 个字节所能表示的 IP 地址资源实在有限，严重限制了互联网的应用和发展，因此互联网工程任务组（IETF）设计了用于替代 IPv4 的下一代 IP 协议——IPv6（Internet Protocol Version 6）。IPv6 的地址长度是 128 位，是 IPv4 地址长度的 4 倍。不过由于目前 IPv6 的应用度还不是很高，因此本书仍然以 IPv4 为主。

15.1.2 协议

- 为进行网络中的数据交换（通信）而建立的规则、标准或约定（=语义+语法+规则）；
- 不同层具有各自不同的协议。

15.1.3　网络的状况

- 多种通信媒介——有线、无线……
- 不同种类的设备——通用、专用……
- 不同的操作系统——UNIX、Windows……
- 不同的应用环境——固定、移动……
- 不同业务种类——分时、交互、实时……
- 宝贵的投资和积累——有形、无形……
- 用户业务的延续性——不允许出现大的跌宕起伏。

它们互相交织，形成了非常复杂的系统应用环境。

15.1.4　网络异质性问题的解决

- 网络体系结构就是使这些用不同媒介连接起来的不同设备和网络系统在不同的应用环境下实现互操作，并满足各种业务需求的一种粘合剂，它营造了一种“生存空间”——任何厂商的任何产品和任何技术只要遵守这个空间的行为规则，就能够在其中生存并发展。
- 网络体系结构解决异质性问题采用的是分层方法——把复杂的网络互联问题划分为若干个较小的、单一的问题，在不同层上予以解决。这就像我们在编程时把问题分解为很多小的模块来解决一样。

15.1.5　ISO/OSI 七层参考模型

ISO 国际标准化组织提出了 OSI 七层参考模型，OSI（Open System Interconnection）参考模型将网络的不同功能划分为七层，如图 15.2 所示。

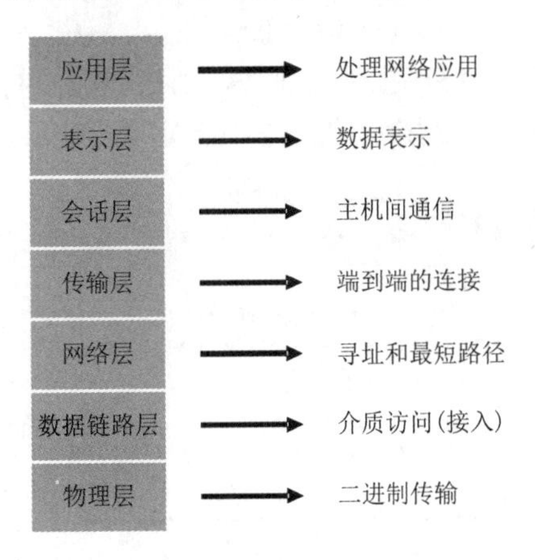

图 15.2　OSI 参考模型

从低到高各层的功能分别如下所述：

- 物理层

提供二进制传输，确定在通信信道上如何传输比特流。

■ 数据链路层

提供介质访问，加强物理层的传输功能，建立一条无差错的传输线路。

■ 网络层

提供 IP 寻址和路由。因为在网络上数据可以经由多条线路到达目的地，网络层负责找出最佳的传输线路。

■ 传输层

为源端主机到目的端主机提供可靠的数据传输服务，隔离网络的上下层协议，使得网络应用与下层协议无关。

■ 会话层

在两个相互通信的应用进程之间建立、组织和协调其相互之间的通信。

■ 表示层

处理被传送数据的表示问题，即信息的语法和语义。如有必要，可使用一种通用的数据表示格式，在多种数据表示之间进行转换。例如在日期、货币、数值等本地数据表示格式和标准数据表示格式之间进行转换，还有数据的加解密、压缩和解压缩等。

■ 应用层

为用户的网络应用程序提供网络通信的服务。

应注意以下几点：

- OSI 七层参考模型并不是物理实体上存在这七层，这只是一个功能的划分，是一个抽象的网络参考模型。
- 在进行一次网络通信时，每一层为本次通信提供本层的服务。通信实体的对等层之间不允许直接通信。
- 各层之间是严格单向依赖。
- 上层使用下层提供的服务——Service user。
- 下层向上层提供服务——Service provider。

例如，如果传输层要使用网络层提供的服务，那么传输层将作为服务的使用者，而网络层就是服务的提供者。如图 15.3 所示的就是一个对等通信示例。

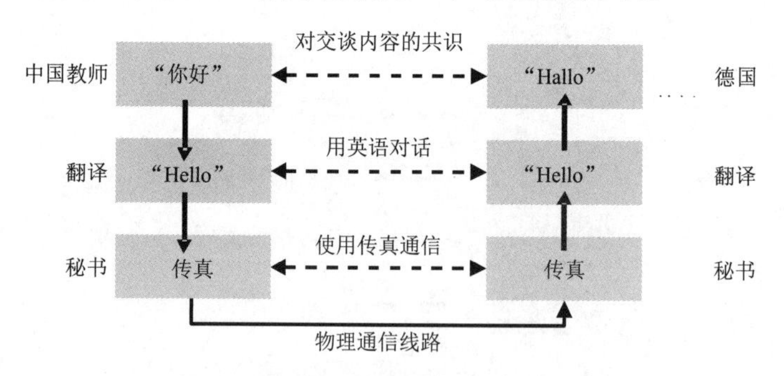

图 15.3　对等通信示例

在图 15.3 所示的对等通信示例中，在中国的一位教师要向在德国的一位教师问好，于是，他说：“你好”。这句话就交给翻译，翻译将其翻译为英文，并交给秘书，后者使用传真通过电话线路将数据发送给在德国的秘书，后者在接收到这个数据之后，交给翻译，德国的这位翻译将英文的“Hello”翻译为德文的“Hallo”，之后交给德国教师，于是这位德国教师就知道那位中国教师向他问好了。

这个信息的传输过程与网络上两个通信实体进行通信的过程是相似的。作为上层来说，它要使用下层提供的服务。中国教师要使用翻译给他提供的翻译服务，而翻译需要使用秘书提供的传真服务。数据是从最底层通过物理通信线路传输出去的。但是对于这两个教师来说，他们之间有一个虚拟的连接，中国教师说的“你好”，到了德国教师处，即为“Hallo”，中国教师认为他是与这位德国教师直接进行通信的，实际上这次通信是通过下层提供的服务来完成的。同样的，对于翻译来说，他们也认为他们之间是直接进行通信的。实际上，最终的通信是通过最底层的物理通信线路来完成的。在两个通信实体进行通信时，应用层所发出的数据经过表示层、会话层、传输层、网络层、数据链路层，最终到达物理层，在该层通过物理线路传输给另一个实体的物理层。数据再依次向上传递，传递给另一个实体的应用层。这就是两个通信实体在通信时数据传输的过程。

对等层通信的实质就是：

- 对等层实体之间虚拟通信。
- 下层向上层提供服务，实际通信在最底层完成。

下面我们介绍一下 OSI 七层参考模型中的应用层、传输层和网络层所使用的协议。

- **应用层**：远程登录协议 Telnet、文件传输协议 FTP、 超文本传输协议 HTTP、域名服务 DNS、简单邮件传输协议 SMTP、邮局协议 POP3 等。

  其中，从网络上下载文件时使用的是 FTP 协议，上网浏览网页时使用的是 HTTP 协议；DNS 也是一种应用比较广泛的协议，我们在访问网络上一台主机时，通常不直接输入对方的 IP 地址，而输入这台主机的一个域名，例如在访问新浪网时，通常会输入：www.sina.com.cn，这就是新浪网的域名，通过 DNS 服务就可以将这个域名解析为它所对应的 IP 地址，通过 IP 地址就可以访问新浪网的主机了；通过 FoxMail 发送电子邮件时，就会使用 SMTP 协议；利用 FoxMail 从邮件服务器（例如 263）上收取电子邮件时，就会使用 POP3 协议。
- **传输层**：传输控制协议 TCP、用户数据报协议 UDP。

  TCP：面向连接的可靠的传输协议。利用 TCP 协议进行通信时，要经过三步握手，以建立通信双方的连接。一旦连接建立好，就可以进行通信了。TCP 提供了数据确认和数据重传的机制，保证了发送的数据一定能到达通信的对方。这就与打电话一样，要拨打对方的电话号码以建立连接，一旦电话拨通，在连接建立之后，你所说的每一句话就都能够传送到通话的另一方。

  UDP：是无连接的、不可靠的传输协议。在采用 UDP 进行通信时，不需要建立连接，可以直接向一个 IP 地址发送数据，但是对方能否收到，就不敢保证了。我们知道在网络上传输的是电信号，既然是电信号，在传输过程中就会有衰减，因此数据有可能在网络上就消失了，也有可能我们所指定的 IP 地址还没有分配，或者该 IP 地址所对应的主机还没有运行，这些情况都有可能导致接收不到发送的数据。这就好像寄信的过程，我们所寄的信件有可能在运输的途中丢失，也有可能收信人搬家了，这都会导致信件的丢失。但另一方面，我们在寄信时不需要和对方认识，也就是说，不需要建立连接。例如，我给某个国家的领导人写了一封信，想谈谈两国的关系，这封信能够寄出，但是能否到达就不好说了。既然 UDP 协议有这么多缺点，那么为什么还要使用它呢？这主要是因为 UDP 协议不需要建立连接，而且没有数据确认和重传机制，所以实时性较高。因此，对一些实时性要求较高的场合，例如视频会议，就可以采用 UDP 协议来实现。因为对于这类应用来说，丢失少量数据并不会影响视频的观看。但对于数据完整性要求较高的场合，就应采用 TCP 协议，例如从网络上下载某个安装程序，如果丢失了一些数据，这个安装程序就会无法使用。

- **网络层**：网际协议 IP、Internet 互联网控制报文协议 ICMP、Internet 组管理协议 IGMP。

15.1.6 数据封装

一台计算机要向另一台计算机发送数据，首先必须将该数据打包，打包的过程称为封装。**封装**就是在数据前面加上特定的协议头部，如图 15.4 所示。例如，利用 TCP 协议传送数据时，当数据到达传输层时，就会加上 TCP 协议头，当该数据到达网络层时，在其前面还会加上 IP 协议头。

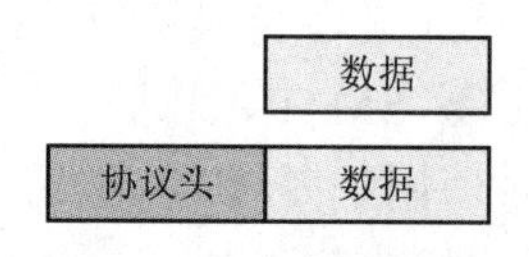

图 15.4　数据封装示意

在 OSI 参考模型中，对等层协议之间交换的信息单元统称为**协议数据单元**（PDU，Protocol Data Unit）。OSI 参考模型中的每一层都要依靠下一层提供的服务。为了提供服务，下层把上层的 PDU 作为本层的数据封装，然后加入本层的头部（有的层还要加入尾部，例如数据链路层）。在头部的数据中含有完成数据传输所需要的控制信息。我们在寄信时，要把信件放到信封中，当收信人收到这封信时，要打开信封，取出信件。这种数据自上而下递交的过程实际上就是不断封装的过程。到达目的地后自下而上递交的过程就是不断拆封的过程。由此可知，在物理线路上传输的数据，其外面实际上被封装了多层“信封”。但是，某一层只能识别由对等层封装的“信封”，而对于被封装在“信封”内部的数据仅仅是拆封后将其提交给上层，本层不做任何处理。

15.1.7 TCP/IP 模型

TCP/IP 起源于美国国防部高级研究规划署（DARPA）的一项研究计划——实现若干台主机的相互通信。现在，TCP/IP 已成为 Internet 上通信的工业标准。

因为 OSI 七层参考模型比较复杂，所以目前应用的比较多的是 TCP/IP 模型，该模型包括 4 个层次：

- 应用层
- 传输层

■ 网络层
■ 网络接口层

TCP/IP 与 OSI 参考模型的对应关系如图 15.5 所示。

其中，TCP/IP 模型中的网络接口层对应 OSI 参考模型中的数据链路层和物理层；TCP/IP 模型中的网络层对应 OSI 参考模型中的网络层；TCP/IP 模型中的传输层对应 OSI 参考模型中的传输层；TCP/IP 模型中的应用层对应 OSI 参考模型中的会话层、表示层和应用层这三层。

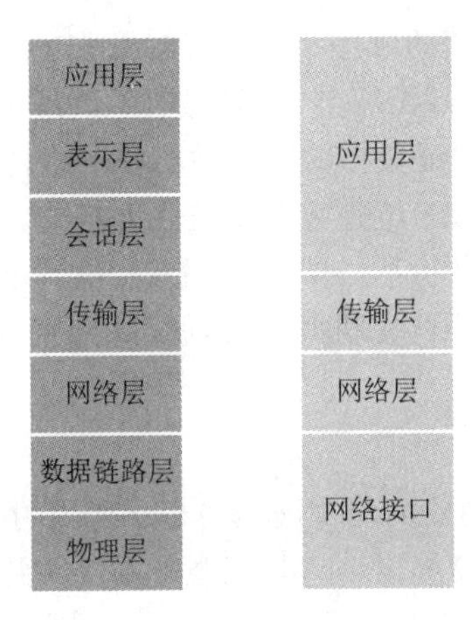

图 15.5　TCP/IP 与 OSI 参考模型的对应关系

15.1.8　端口

按照 OSI 七层模型的描述，传输层提供进程（也就是活动的应用程序）通信的能力。为了标识通信实体中进行通信的进程（应用程序），TCP/IP 协议提出了协议端口（protocol port，简称端口）的概念。

端口是一种抽象的软件结构（包括一些数据结构和 I/O 缓冲区）。应用程序通过系统调用与某端口建立连接（binding）后，传输层传给该端口的数据都被相应的进程所接收，相应进程发给传输层的数据都通过该端口输出。

端口用一个整数型标识符来表示，即**端口号**。端口号跟协议相关，TCP/IP 传输层的两个协议 TCP 和 UDP 是完全独立的两个软件模块，因此各自的端口号也相互独立。也就是说，基于 TCP 和 UDP 协议的不同的网络应用程序，它们可以拥有相同的端口号。端口使用一个 16 位的数字来表示，它的范围是 0～65535，1024 以下的端口号保留给预定义的服务。例如：http 使用 80 端口。我们在编写网络应用程序时，要为程序指定 1024 以上的端口号。

15.1.9　套接字（socket）的引入

为了能够方便的开发网络应用软件，由美国伯克利大学在 UNIX 上推出了一种应用程序访问通信协议的操作系统调用套接字（socket）。socket 的出现，使程序员可以很方便地访问 TCP/IP，从而开发各种网络应用的程序。随着 UNIX 的应用推广，套接字在编写网络软件中得到了极大的普及。后来，套接字又被引进了 Windows 等操作系统，成为开发网络应用程序的非常有效快捷的工具。

套接字存在于通信区域中。**通信区域**也叫地址族，它是一个抽象的概念，主要用于将通过套接字通信的进程的共有特性综合在一起。套接字通常只与同一区域的套接字交换数据（也有可能跨区域通信，但这只在执行了某种转换进程后才能实现）。Windows Sockets 只支持一个通信区域：网际域（AF_INET），这个域被使用网际协议簇通信的进程使用。

15.1.10 网络字节顺序

不同的计算机存放多字节值的顺序不同，有的机器在起始地址存放低位字节（低位先存），有的机器在起始地址存放高位字节（高位先存）。**基于 Intel 的 CPU，即我们常用的 PC 机采用的是低位先存。为保证数据的正确性，在网络协议中需要指定网络字节顺序，TCP/IP 协议使用 16 位整数和 32 位整数的高位先存格式。**由于不同的计算机存放数据字节的顺序不同，因此在发送送数据后，即使接收方接收到该数据，也有可能无法查看所接收到的数据。所以，**在网络中不同主机间进行通信时，要统一采用网络字节顺序。**

15.1.11 客户机/服务器模式

在 TCP/IP 网络应用中，通信的两个进程间相互作用的主要模式是客户机/服务器模式（client/server），即客户向服务器提出请求，在服务器接收到请求后，提供相应的服务。

客户机/服务器模式的建立基于以下两点：首先，建立网络的起因是网络中软硬件资源、运算能力和信息不均等，需要共享，从而造就拥有众多资源的主机提供服务，资源较少的客户请求服务这一非对等作用。其次，网间进程通信完全是异步的，在相互通信的进程间既不存在父子关系，又不共享内存缓冲区，因此需要一种机制为希望通信的进程间建立联系，为二者的数据交换提供同步，这就是基于客户机/服务器模式的 TCP/IP。

这就好像我们在拨打 800 免费电话时，位于电话另一端的工作人员就属于一种服务器，其等待我们的连接请求，作为客户方的我们，当拨打电话建立连接后，要提出我们的请求，比如一个查询服务，800 那端的工作人员就为我们提供这样的一种服务。

客户机/服务器模式在操作过程中采取的是主动请求的方式。服务器方要先启动，并根据请求提供相应的服务：

1. 打开一个通信通道并告知本地主机，它愿意在某一地址和端口上接收客户请求。
2. 等待客户请求到达该端口。
3. 接收到重复服务请求，处理该请求并发送应答信号。接收并发送服务请求，要激活一个新的进程（或线程）来处理这个客户请求。新进程（或线程）处理此客户请求，并不需要对其他请求做出应答。在服务完成后，关闭此新进程与客户的通信链路，并终止。
4. 返回第二步，等待另一客户请求。
5. 关闭服务器。

而客户方：

1. 打开一个通信通道，并连接到服务器所在主机的特定端口。
2. 向服务器发送服务请求报文，等待并接收应答；继续提出请求。
3. 在请求结束后关闭通信通道并终止。

15.2 Windows Sockets 的实现

Windows Sockets 是 Microsoft Windows 的网络程序设计接口，它是从 Berkeley Sockets 扩展而来的，以动态链接库的形式提供给我们使用。Windows Sockets 在继承了 Berkeley Sockets 主要特征的基础上，又对它进行了重要扩充。这些扩充主要是提供了一些异步函数，并增加了符合 Windows 消息驱动特性的网络事件异步选择机制。

Windows Sockets 1.1 和 Berkeley Sockets 都基于 TCP/IP 协议，它们中的很多函数都是一致的，也就是说，如果我们采用双方共有的这些函数编写网络程序，那么这些网络程序将会很容易地移植到其他系统下，例如 UNIX 系统。Windows Sockets 2 从 Windows Sockets 1.1 发展而来，与协议无关并向下兼容，可以使用任何底层传输协议提供的通信能力，来为上层应用程序完成网络数据通信，而不关心底层网络链路的通信情况，真正实现了底层网络通信对应用程序的透明。

15.2.1 套接字的类型

■ 流式套接字（SOCK_STREAM）

提供面向连接、可靠的数据传输服务，数据无差错、无重复的发送，且按发送顺序接收。流式套接字实际上是基于 TCP 协议实现的。

■ 数据报式套接字（SOCK_DGRAM）

提供无连接服务。数据包以独立包形式发送，不提供无错保证，数据可能丢失或重复，并且接收顺序混乱。数据报式套接字实际上是基于 UDP 协议实现的。

■ 原始套接字（SOCK_RAW）

15.2.2 基于 TCP（面向连接）的 socket 编程

基于 TCP（面向连接）的 socket 编程的服务器端程序流程如下：

1. 创建套接字（socket）。
2. 将套接字绑定到一个本地地址和端口上（bind）。
3. 将套接字设为监听模式，准备接收客户请求（listen）。
4. 等待客户请求到来（accept）；当请求到来后，接受连接请求，返回一个新的对应于此次连接的套接字。
5. 用返回的套接字和客户端进行通信（send/recv）。
6. 返回，等待另一客户请求。
7. 关闭套接字。

基于 TCP（面向连接）的 socket 编程的客户端程序流程如下：

1. 创建套接字（socket）。
2. 向服务器发出连接请求（connect）。
3. 和服务器端进行通信（send/recv）。

4 关闭套接字。

在服务器端，当调用 accept 函数时，程序就会等待，等待客户端调用 connect 函数发出连接请求，然后服务器端接受该请求，于是双方就建立了连接。之后，服务器端和客户端就可以利用 send 和 recv 函数进行通信了。读者应注意，在客户端并不需要调用 bind 函数。因为服务器需要接收客户端的请求，所以必须告诉本地主机它打算在哪个 IP 地址和哪个端口上等待客户请求，因此必须调用 bind 函数来实现这一功能。而对客户端来说，当它发起连接请求，服务器端接受该请求后，在服务器端就保存了该客户端的 IP 地址和端口的信息。这样，对服务器端来说，一旦建立连接，实际上它就已经保存了客户端的 IP 地址和端口号的信息，因此就可以利用所返回的套接字调用 send/recv 函数与客户端进行通信。

15.2.3 基于 UDP（面向无连接）的 socket 编程

服务器端也叫接收端，对于基于 UDP（面向无连接）的套接字编程来说，它的服务器端和客户端这种概念不是很强化，我们也可以把服务器端，即先启动的一端称为接收端，发送数据的一端称为发送端，也称为客户端。

我们先看一下接收端程序的编写：

1 创建套接字（socket）。

2 将套接字绑定到一个本地地址和端口上（bind）。

3 等待接收数据（recvfrom）。

4 关闭套接字。

对于基于 UDP 的套接字编程，为什么仍然需要调用 bind 函数进行绑定呢？应注意，虽然面向无连接的 socket 编程无须建立连接，但是为了完成这次通信，对于接收端来说，它必须先启动以接收客户端发送的数据，因此接收端必须告诉主机它在哪个地址和端口上等待数据的到来，也就是说，接收端（服务器端）必须调用 bind 函数将套接字绑定到一个本地地址和端口上。

对于客户端程序的编写非常简单：

1 创建套接字（socket）。

2 向服务器发送数据（sendto）。

3 关闭套接字。

注意，在基于 UDP 的套接字编程时，使用的是 sendto 和 recvfrom 这两个函数实现数据的发送和接收，而在基于 TCP 的套接字编程时，发送数据调用 send 函数，接收数据调用 recv 函数。

套接字表示了通信的端点。我们利用套接字进行通信与利用电话机进行通信是一样的，套接字相当于电话机，IP 地址相当于总机号码，而端口号则相当于分机。

15.3 相关函数

在实际动手编写套接字程序之前，先介绍利用套接字编程时需要用到的一些函数。

15.3.1 WSAStartup 函数

在利用套接字编程时，第一步需要加载套接字库，这通过 WSAStartup 函数来实现。该函数有两个功能：一是加载套接字库，二是进行套接字库的版本协商，也就是确定要使用的 socket 版本。该函数的原型声明如下所示：

```
int WSAAPI WSAStartup( WORD wVersionRequested, LPWSADATA lpWSAData );
```

WSAStartup 函数有两个参数，其含义分别如下所述：

■ wVersionRequested

用来指定准备加载的 Winsock 库的版本。高位字节指定所需要的 Winsock 库的副版本，而低位字节则是主版本。例如，版本号 2.1，其中 2 就是主版本号，1 就是副版本号，Windows Sockets 规范的当前版本是 2.2，当前的 WinSock 库支持的版本包括：1.0、1.1、2.0、2.1 和 2.2。可以利用 MAKEWORD（x,y）宏（其中 x 是高位字节，y 是低位字节）方便地获得 wVersion Requested 的正确值。

■ lpWSAData

这是一个返回值，指向 WSADATA 结构的指针，WSAStartup 函数用其加载的库版本有关的信息填在这个结构中。

WSADATA 结构的定义如下所示：

```
typedef struct WSAData {
  WORD wVersion;
  WORD wHighVersion;
  char szDescription[WSADESCRIPTION_LEN+1];
  char szSystemStatus[WSASYS_STATUS_LEN+1];
  unsigned short iMaxSockets;
  unsigned short iMaxUdpDg;
  char FAR * lpVendorInfo;
} WSADATA, *LPWSADATA;
```

WSAStartup 函数把 WSAData 结构中的第一个字段 wVersion 设置为打算使用的 Winsock 版本。wHighVersion 字段容纳的是现有的 Winsock 库的最高版本。记住，在这两个字段中，高位字节代表的是 Winsock 副版本，而低位字节代表的则是 Winsock 主版本。szDescription 和 szSystemStatus 这两个字段由特定的 Winsock 实施方案设定，事实上并没有用。不要使用下面这两个字段：iMaxSockets 和 iMaxUdpDg，它们是假定同时最多可打开多少套接字和数据报的最大长度。然而，要知道数据报的最大长度应该通过 WSAEnumProtocols 函数来查询协议信息；同时最多可打开套接字的数目不是固定的，在很大程度上与可用物理内存的多少有关。lpVendorInfo 字段是为 Winsock 实施方案有关的指定厂商信息预留的，任何一个 Win32 平台上都没有使用这个字段。

如果 Ws2_32.dll 或底层网络子系统没有被正确地初始化或没有被找到，WSAStartup 函数将返回 WSASYSNOTREADY。此外，这个函数允许你的应用程序协商使用某种版本的 WinSock 规范，如果请求的版本等于或高于 WinSock 动态库所支持的最低版本，则

WSAData 的 wVersion 成员中将包含你的应用程序应该使用的版本，它是动态库所支持的最高版本与请求版本中较小的那个。反之，如果请求的版本低于 WinSock 动态库所支持的最低版本，则 WSAStartup 函数将返回 WSAVERNOTSUPPORTED。关于 WSAStartup 函数更详细的信息，请查阅 MSDN 中相关内容。

对于每一个 WSAStartup 函数的成功调用（即成功加载 WinSock 动态库后），在最后都对应一个 WSACleanUp 调用，以便释放为该应用程序分配的资源，终止对 WinSock 动态库的使用。

15.3.2 socket 函数

加载了套接字库之后，就可以调用 socket 函数创建套接字了，该函数的原型声明如下所示：

```
SOCKET WSAAPI socket( int af, int type, int protocol );
```

socket 函数接收三个参数。第一个参数（af）指定地址族，对于 TCP/IP 协议的套接字，它只能是 AF_INET（也可写成 PF_INET，IPv4）或 AF_INET6（IPv6）；第二个参数（type）指定 socket 类型，对于 1.1 版本的 socket，它只支持两种类型的套接字，SOCK_STREAM 指定产生流式套接字，SOCK_DGRAM 产生数据报套接字；第三个参数（protocol）是与特定的地址家族相关的协议，如果指定为 0，那么系统就会根据地址格式和套接字类别，自动选择一个合适的协议，这是推荐使用的一种选择协议的方法。

如果 socket 函数调用成功，它就会返回一个新的 SOCKET 数据类型的套接字描述符；如果调用失败，这个函数就会返回一个 INVALID_SOCKET 值，错误信息可以通过 WSAGetLastError 函数返回。

15.3.3 bind 函数

在创建了套接字之后，应该将该套接字绑定到本地的某个地址和端口上，这需要通过 bind 函数来实现。该函数的原型声明如下所示：

```
int WSAAPI bind( SOCKET s, const sockaddr *name, int namelen );
```

这个函数接收三个参数。第一个参数（s）指定要绑定的套接字；第二个参数（name）指定了该套接字的本地地址信息，这是一个指向 sockaddr 结构的指针变量，由于该地址结构是为所有的地址家族准备的，这个结构可能（通常会）随所使用的网络协议不同而不同，所以，要用第三个参数（namelen）指定该地址结构的长度。

sockaddr 结构的定义如下所示：

```
struct sockaddr {
    u_short sa_family;
    char sa_data[14];
};
```

sockaddr 结构的第一个字段（sa_family）指定地址家族，对于 TCP/IP 协议的套接字，必须设置为 AF_INET；第二个字段（sa_data）仅仅表示要求一块内存分配区，起到占位的作用，该区域中指定与协议相关的具体地址信息。由于实际要求的只是内存区，所以对于不同的协议家族，用不同的结构来替换 sockaddr。除了 sa_family 外，sockaddr 是按网络字节顺序表示的。在基于 TCP/IP 的 socket 编程过程中，可以用 sockaddr_in 结构替换 sockaddr，以方便我们填写地址信息。

sockaddr_in 结构体的定义如下：

```
 struct sockaddr_in{
 short sin_family;
  unsigned short sin_port;
  struct in_addr sin_addr;
  char sin_zero[8];
};
```

其中 sin_family 表示地址族，对于 IP 地址，sin_family 成员将一直是 AF_INET；成员 sin_port 指定的是要分配给套接字的端口；成员 sin_addr 给出的是套接字的主机 IP 地址；成员 sin_zero 只是一个填充数，以使 sockaddr_in 结构和 sockaddr 结构的长度一样。如果这个函数调用成功，那么它将返回 0。如果调用失败，这个函数就会返回一个 SOCKET_ERROR，错误信息可以通过 WSAGetLastError 函数返回。

另外，sockaddr_in 结构中 sin_addr 成员的类型是 in_addr，该结构的定义如下所示：

```
struct in_addr {
           union {
                   struct { u_char s_b1,s_b2,s_b3,s_b4; } S_un_b;
                   struct { u_short s_w1,s_w2; } S_un_w;
                   u_long S_addr;
           } S_un;
```

可以看到，in_addr 结构实际上是一个联合，通常利用这个结构将一个点分十进制格式的 IP 地址转换为 u_long 类型，并将结果赋给成员 S_addr。

15.3.4　inet_addr 和 inet_ntoa 函数

可以将 IP 地址指定为 INADDR_ANY，允许套接字向任何分配给本地机器的 IP 地址发送或接收数据。在多数情况下，每个机器只有一个 IP 地址，但有的机器可能会有多个网卡，每个网卡都可以有自己的 IP 地址，用 INADDR_ANY 可以简化应用程序的编写。将地址指定为 INADDR_ANY，将允许一个独立应用接受来自多个接口的回应。如果我们只想让套接字使用多个 IP 中的一个地址，就必须指定实际地址，要做到这一点，可以用 inet_addr 函数来实现，该函数的原型声明如下所示：

```
unsigned long WSAAPI inet_addr (  const char *cp  );
```

inet_addr 函数需要一个字符串作为其参数，该字符串指定了以点分十进制格式表示的 IP 地址（例如 192.168.0.16）。而且 inet_addr 函数会返回一个适合分配给 S_addr 的 u_long 类型的数值。

inet_ntoa 函数会完成相反的转换，它接受一个 in_addr 结构体类型的参数并返回一个以点分十进制格式表示的 IP 地址字符串。该函数的原型声明如下所示：

```
char * WSAAPI inet_ntoa (  in_addr in  );
```

15.3.5 inet_pton 和 inet_ntop 函数

这两个函数是为了适应 IPv6 而出现的，用于将 Internet 网络地址在“标准文本表示形式”和“数字二进制形式”之间进行转换，对于 IPv4 地址和 IPv6 地址都适用，函数中 p 和 n 分别代表表达（presentation）和数值（numeric）。

inet_pton 函数的原型声明如下：

```
INT WSAAPI inet_pton(
    INT           Family,
    PCSTR         pszAddrString,
    PVOID         pAddrBuf
);
```

该函数将标准文本表示形式的 IPv4 或 IPv6 Internet 网络地址转换为数字二进制形式。

参数 Family 可以是 AF_INET（IPv4），也可以是 AF_INET6（IPv6）。

参数 pszAddrString 指向以空结尾的字符串的指针，该字符串包含要转换为数字二进制形式的 IP 地址的文本表示形式。

参数 pAddrBuf 指向缓冲区的指针，用于存储转换后的数字二进制表示形式的 IP 地址。如果参数 Family 指定 AF_INET，则 pAddrBuf 的大小应足以容纳 in_addr 结构体；如果参数 Family 指定 AF_INET6，则 pAddrBuf 的大小应足以容纳 in6_addr 结构体。

如果转换成功，则返回 1，pAddrBuf 参数指向的缓冲区包含网络字节顺序的二进制数字格式的 IP 地址；如果 pAddrBuf 参数指向的字符串不是有效的 IPv4 点分十进制字符串或有效的 IPv6 地址字符串，则该函数返回 0；如果转换出错，则返回-1，错误代码可以通过调用 WSAGetLastError 函数来得到。

inet_ntop 函数的原型声明如下：

```
PCSTR WSAAPI inet_ntop(
    INT            Family,
    const VOID     *pAddr,
    PSTR           pStringBuf,
    size_t          StringBufSize
);
```

该函数将 IPv4 或 IPv6 Internet 网络地址转换为 Internet 标准格式的字符串。

参数 Family 可以是 AF_INET（IPv4），也可以是 AF_INET6（IPv6）。

参数 pAddr 指定一个二进制结构的 IP 地址。当 Family 参数是 AF_INET 时，pAddr 参数必须指向一个包含要转换的 IPv4 地址的 in_addr 结构；当 Family 参数是 AF_INET6 时，pAddr 参数指向一个包含要转换的 IPv6 地址的 in6_addr 结构。

参数 pStringBuf 指定一个缓冲区，用来接收转换后以空结尾的字符串形式的 IP 地址。

对于 IPv4 地址，此缓冲区应至少可以容纳 16 个字符；对于 IPv6 地址，此缓冲区应至少可以容纳 46 个字符。

参数 StringBufSize 指定缓冲区 pStringBuf 的大小，对于 IPv4 网络地址，这个大小至少是 INET_ADDRSTRLEN 字节长，对于 IPv6 网络地址，这个大小至少是 INET6_ADDRSTRLEN 字节长。

如果函数调用成功，则返回转换后的字符串的首地址，也就是说，通过函数的返回结果和参数 pStringBuf 都可以得到转换后的 IP 地址字符串；如果函数调用失败，则返回 NULL，错误代码可以通过调用 WSAGetLastError 函数来得到。

15.3.6　listen 函数

listen 函数的作用是将指定的套接字设置为监听模式。其原型声明如下所示：

```
int WSAAPI listen (  SOCKET s,      int backlog  );
```

其中，第一个参数（s）是套接字描述符；第二个参数（backlog）是等待连接队列的最大长度。如果设置为 SOMAXCONN，那么下层的服务提供者将负责把这个套接字设置为最大的合理值。要注意的是，设置这个值是为了设置等待连接队列的最大长度，而不是在一个端口上同时可以进行连接的数目。例如，如果将 backlog 参数设置为 2，当有 3 个请求同时到来时，前两个连接请求就会被放到等待请求连接队列中，然后由应用程序依次为这些请求服务，而第 3 个连接请求就被拒绝了。

15.3.7　accept 函数

Windows Sockets 的 accept 函数接受客户端发送的连接请求。

```
SOCKET WSAAPI accept (
  SOCKET s,
  sockaddr *addr,
  int *addrlen
);
```

accept 函数具有三个参数，其中第一个参数（s）是套接字描述符，该套接字已经通过 listen 函数将其设置为监听状态；第二个参数（addr）是指向一个缓冲区的指针，该缓冲区用来接收连接实体的地址，也就是当客户端向服务器发起连接，服务器端接受这个连接时，保存发起连接的这个客户端的 IP 地址信息和端口信息；第三个参数（addrlen）也是一个返回值，指向一个整型的指针，返回包含地址信息的长度。

15.3.8　send 函数

Windows Sockets 的 send 函数通过一个已建立连接的套接字发送数据。其原型声明如下所示：

```
int WSAAPI send (
   SOCKET s,
```

```
    const char *buf,
    int len,
    int flags
);
```

send 函数有四个参数，其中第一个参数（s）是一个已建立连接的套接字；第二个参数（buf）指向一个缓冲区，该缓冲区包含将要传递的数据；第三个参数（len）是缓冲区的长度；第四个参数（flags）设定的值将影响函数的行为，一般将其设置为 0 即可。

15.3.9 recv 函数

Windows Sockets 的 recv 函数从一个已连接的套接字接收数据。

```
int WSAAPI recv (
    SOCKET s,
    char *buf,
    int len,
    int flags
);
```

recv 函数有四个参数，其中第一个参数（s）是在建立连接之后准备接收数据的那个套接字，第二个参数（buf）是一个指向缓冲区的指针，用来保存接收的数据；第三个参数（len）是缓冲区的长度；第四个参数（flags）与 send 函数的第四个参数类似，通过设置这个值可以影响这些函数调用的行为。

15.3.10 connect

Windows Sockets 的 connect 函数将与一个特定的套接字建立连接。其原型声明如下所示：

```
int WSAAPI connect (
    SOCKET s,
    const sockaddr *name,
    int namelen
);
```

connect 函数有三个参数，其中第一个参数（s）是即将在其上建立连接的那个套接字；第二个参数（name）设定连接的服务器端地址信息；第三个参数（namelen）指定服务器端地址的长度。

15.3.11 recvfrom

Windows Sockets 的 recvfrom 函数将接收一个数据报信息并保存源地址。其原型声明如下所示：

```
int WSAAPI recvfrom (
    SOCKET s,
    char *buf,
    int len,
```

```
    int flags,
    sockaddr *from,
    int *fromlen
);
```

recvfrom 函数有六个参数，其中第一个参数（s）是准备接收数据的套接字；第二个参数（buf）是一个指向缓冲区的指针，该缓冲区用来接收数据；第三个参数（len）是缓冲区的长度；第四个参数（flags）与 send 函数的第四个参数类似，通过设置这个值可以影响这些函数调用的行为；第五个参数（from）是一个指向地址结构体的指针，主要用来接收发送数据方的地址信息；最后一个参数（fromlen）是一个整型的指针，并且它是一个 in/out 类型的参数，表明在调用前需要给它指定一个初始值，当函数调用之后，会通过这个参数返回一个值，该返回值是地址结构的大小。

15.3.12　sendto 函数

Windows Sockets 的 sendto 函数将向一个特定的目的方发送数据。其原型声明如下所示：

```
int WSAAPI sendto (
    SOCKET s,
    const char *buf,
    int len,
    int flags,
    const sockaddr *to,
    int tolen
);
```

sendto 函数有六个参数，其中第一个参数（s）是一个（可能已建立连接）的套接字描述符；第二个参数（buf）是一个指向缓冲区的指针，该缓冲区包含将要发送的数据；第三个参数（len）指定缓冲区中数据的长度；第四个参数（flags）与 send 函数的第四个参数类似，通过设置这个值可以影响这些函数调用的行为；第五个参数（to）是一个可选的指针，指定目标套接字的地址；最后一个参数（tolen）是参数 to 中指定的地址的长度。

15.3.13　htons 和 htonl 函数

Windows Sockets 的 htons 函数将把一个 u_short 类型的值从主机字节顺序转换为 TCP/IP 网络字节顺序。其原型声明如下所示：

```
u_short WSAAPI htons ( u_short hostshort );
```

该函数只有一个参数：hostshort，是一个以主机字节顺序表示的 16 位数值。

与 htons 函数相类似的还有一个函数：htonl，该函数把一个 u_long 类型的值从主机字节顺序转换为 TCP/IP 网络字节顺序。其原型声明如下所示：

```
u_long WSAAPI htonl ( u_long hostlong );
```

该函数只有一个参数：hostlong，是一个以主机字节顺序表示的 32 位数值。

15.4 基于 TCP 的网络应用程序的编写

15.4.1 服务器端程序

首先，利用 Visual Studio 集成开发环境新建一个“Windows 控制台应用程序”类型的应用程序，项目名为：TCPSrv，解决方案名称为：ch15。

然后在项目自带的 TCPSrv.cpp 文件中，按照上面讲述的基于 TCP（面向连接）的 socket 编程中的服务器端开发流程，编写具体的实现代码，结果如例 15-1 所示。

例 15-1

```
#include "pch.h"
#include <iostream>
#include <Winsock2.h>
#include <ws2tcpip.h>

int main()
{
     //加载套接字库
    WORD wVersionRequested;
    WSADATA wsaData;
    int err;

    wVersionRequested = MAKEWORD(1, 1);

    err = WSAStartup(wVersionRequested, &wsaData);
    if (err != 0) {
        return -1;
    }


    if (LOBYTE(wsaData.wVersion) != 1 ||
        HIBYTE(wsaData.wVersion) != 1) {
        WSACleanup();
        return -1;
    }
    //创建用于监听的套接字
    SOCKET sockSrv = socket(AF_INET, SOCK_STREAM, 0);

    SOCKADDR_IN addrSrv;
    addrSrv.sin_addr.S_un.S_addr = htonl(INADDR_ANY);
    addrSrv.sin_family = AF_INET;
    addrSrv.sin_port = htons(6000);

    //绑定套接字
    bind(sockSrv, (SOCKADDR*)&addrSrv, sizeof(SOCKADDR));
```

```
    //将套接字设为监听模式，准备接收客户请求
    listen(sockSrv, 5);

    SOCKADDR_IN addrClient;
    int len = sizeof(SOCKADDR);

    while (1)
    {
        //等待客户请求到来
        SOCKET sockConn = accept(sockSrv, (SOCKADDR*)&addrClient, &len);
        char sendBuf[100];
        char str[INET_ADDRSTRLEN];
        sprintf_s(sendBuf, 100, "Welcome %s to http://www.phei.com.cn",
            inet_ntop(AF_INET, &addrClient.sin_addr, str, sizeof(str)));
        //发送数据
        send(sockConn, sendBuf, strlen(sendBuf) + 1, 0);
        char recvBuf[100];
        //接收数据
        recv(sockConn, recvBuf, 100, 0);
        //打印接收的数据
        printf("%s\n", recvBuf);
        //关闭套接字
        closesocket(sockConn);
    }
    return 0;
}
```

小技巧：如果程序代码的缩进比较混乱，可以先将需要调整的代码全部选中，然后同时按下 Ctrl+K，再同时按下 Ctrl+D，代码就会变得整齐了。

在本例中，因为使用了 WinSock 库中的函数，因此需要包含头文件 Winsock2.h，并且用到了新版本的 inet_ntop 函数，因此还需要包含头文件 ws2tcpip.h。为此，在源文件开始位置添加下述语句：

```
#include <Winsock2.h>
#include <ws2tcpip.h>
```

接下来，在 main 函数中，定义了一个 WORD 类型的变量 wVersionRequested，用来保存 WinSock 库的版本号，然后调用 MAKEWORD 宏创建一个包含了请求版本号的 WORD 值，之后，调用 WSAStartup 函数加载套接字库，如果其返回值不等于 0，则程序退出。之后，判断 wsaData.wVersion 的低字节和高字节是否都等于 1，如果不是我们所请求的版本，那么调用 WSACleanup 函数，终止对 Winsock 库的使用并返回。

在加载套接字库之后，就可以按照上面讲述的基于 TCP（面向连接）的 socket 编程中的服务器端程序流程来编写实现代码。

1 创建套接字（socket）。

利用 socket 函数创建套接字。定义了一个 SOCKET 类型的变量 sockSrv，用来接收 socket 函数返回的套接字。对本例来说，我们使用的是 IPv4 地址，因此，第一个参数传递 AF_INET；本例是基于 TCP 协议的网络程序，需要创建的是流式套接字，因此将 socket 函数的第二个参数设置为 SOCK_STREAM；将其第三个参数指定为 0，这样的话，该函数将根据地址格式和套接字类别，自动选择一个合适的协议。

2 将套接字绑定到一个本地地址和端口上（bind）。

在创建了套接字之后，应该将这个套接字绑定到本地的某个地址和端口上。这时就需要调用 bind 函数。在绑定之前，首先定义了一个 SOCKADDR_IN 类型的变量 addrSrv，然后对该地址结构体变量中的成员进行赋值。对该变量的 sin_addr.S_un.S_addr 成员赋值，该成员需要 u_long 类型。前面已经提过，在 SOCKADDR_IN 结构体中，除了 sa_family 成员以外，其他成员都是按网络字节顺序表示的。为了将 INADDR_ANY 值转换为网络字节顺序，需要使用 htonl 函数，该函数将一个 u_long 类型的值从主机字节顺序转换为 TCP/IP 的网络字节顺序。要注意的是，这里不做转换也是可以的，因为 INADDR_ANY 这个宏的值就是 0，所以转换为网络字节顺序之后其值还是 0，但这里仍然建议要做这个转换，主要是表明这里使用的是网络字节顺序，同时也给程序员一个提醒；接下来，代码指定 sin_family 成员的值为 AF_INET；最后指定端口 sin_port 字段的值，前面已经提过，为所编写的网络程序指定端口号时，要使用 1024 以上的端口号，本例使用 6000 这个端口号。同时要注意，这里需要的是网络字节顺序，并且因为端口号是两个字节，所以我们调用 htons 函数来做转换。读者一定要注意 htons 与 htonl 这两个函数之间的区别，如果利用 htons 将一个 int 或 long 型数值转换为网络字节顺序，则可能会丢失数据。

接下来，调用 bind 函数把套接字 sockSrv 绑定到本地地址和指定的端口号上。该函数的第一个参数就是将要绑定的套接字；第二个参数需要一个指针，可以用取地址符来实现，并且 addrSrv 变量是 SOCKADDR_IN 结构体类型，而这里需要的是 SOCKADDR*类型，所以需要进行强制类型转换。注意：对 SOCKADDR 类型来说，其大写和小写是一样的，在其上单击鼠标右键，选择【转到定义】菜单项即可定位于该类型的定义处。

bind 函数的第三个参数是指定地址结构的大小，可以利用 sizeof 操作符来获取。

3 将套接字设为监听模式（listen），准备接收客户请求。

在绑定之后，就应该调用 listen 函数，将已绑定的套接字设置为监听模式。该函数第一个参数就是将要设置的套接字，第二个参数是等待连接队列的最大长度，本例将此参数设置为 5。

4 等待客户请求到来（accept）；当请求到来后，接受连接请求，返回一个新的对应于此次连接的套接字。

接下来，需要调用 accept 函数等待并接受客户的连接请求。此时，需要定义一个地址结构体 SOCKADDR_IN 的变量（本程序中即 addrClient 变量），用来接收客户端的地址信息。另外，对 accept 函数的第三个参数来说，在调用该函数之前必须为它赋予一个初始值，就是 SOCKADDR_IN 结构体的长度，否则调用会失败。为此，上述代码定义了一个 int 类型的变量 len，并将其初始化为 SOCKADDR_IN 结构体的长度。

作为服务器端程序来说，它需要不断地等待客户端的连接请求的到来，所以，程序使用了一个循环，而且是一个死循环，让服务器端程序能够不断地运行。在此循环中，第一步是调用 accept 函数等待并接受客户的连接请求，其中第一个参数是处于监听状态的套接字；第二个参数利用 addrClient 变量接收客户端的地址信息。当客户端连接请求到来时，该函数接受该请求，建立连接，同时返回一个针对当前这个新连接的套接字描述符，保存于 sockConn 变量中，之后就可以利用这个新套接字与客户端进行通信了，而我们先前的套接字仍继续监听客户端的连接请求。

5 用返回的套接字和客户端进行通信（send/recv）。

此时，可以利用 send 函数向客户端发送数据。为了发送数据，首先定义了一个字符数组，并将客户端的地址进行格式化处理后放到这个数组中。在格式化客户端的地址时，使用了 inet_ntop 函数，其第一个参数指定为 AF_INET；第二参数要求 in_addr 结构体类型变量的地址，而 SOCKADDR_IN 结构体中的 sin_addr 成员是 in_addr 类型的，正好可以作为参数传递；第三个参数指定一个缓冲区，保存转换后的以点分十进制格式表示的 IP 地址字符串（针对 IPv4），这里用宏 INET_ADDRSTRLEN（值为 22）定义了一个字符数组 str，接收转后的字符串；第四个参数指定缓冲区的大小。

接下来就可以调用 send 函数向客户端发送数据了，注意这个函数使用的套接字，这里需要使用已建立连接的那个套接字（sockConn），而不是用于监听的那个套接字（addrSrv）。另外，发送数据的长度可以用 strlen 函数获得，但上述程序在发送数据时，多发送了一个字节，主要是为了让接收端在接收数据后，可以在该数据字符串之后增加一个“\0”结尾标志。

在发送完数据之后，还可以从客户端接收数据，这可以使用 recv 函数，应注意，该函数的第一个参数也应该是建立连接之后的那个套接字（sockConn）。并且定义一个字符数组 recvBuf，用来保存接收的数据。

当接收到数据之后，利用 printf 函数将其显示出来。上述代码调用 printf 函数时在接收到的数据之后加上一个“\n”字符，这将打印一个换行符。

6 返回，等待另一客户请求。

当前通信完成之后，需要先调用 closesocket 函数关闭已建立连接的套接字，释放为该套接字分配的资源。然后进入下一个循环，等待另一客户请求的到来。

7 关闭套接字。

本例是一个死循环，如果不是一个死循环的话，则在 while 循环结束之后还需要关闭监听套接字，并调用 WSACleanup 函数终止对套接字库的使用。

因为本程序使用了 WinSock 库中的函数，按照动态链接库的使用方法之一，这时还需要为程序链接相应的.lib 文件。这里，需要为本程序链接相应的库文件：ws2_32.lib。方法是选择【项目\TCPSrv 属性】菜单项，并在弹出的“TCPSrv 属性页”对话框上展开“链接器”分支，选择“输入”，在右边窗口的“附加依赖项”中输入：ws2_32.lib，注意以分号（;）分隔不同的项。如图 15.6 所示。

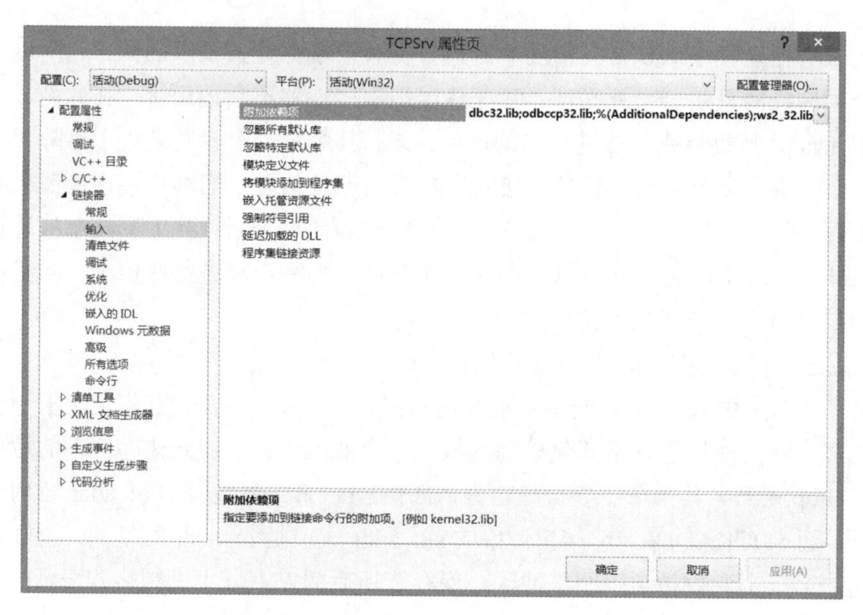

图 15.6　添加 ws2_32.lib 文件的链接

最后利用【生成\生成 TCPSrv】菜单项命令，生成 TCPSrv 执行程序。

> **提示：**也可以使用预处理指令#pragma comment 来为程序链接所需要的库文件。在 TCPSrv.cpp 文件的头部添加如下的预处理指令代码：
>
> #pragma comment(lib,"ws2_32.lib")
>
> 表示程序链接时链接 ws2_32.lib 这个库。这和在项目属性中添加要链接的库的效果是一样的，不同的是，如果使用预处理指令，那么这个程序代码就可以被其他人或者在更换 Visual Studio 版本时直接使用，不再需要对项目属性进行配置。

15.4.2　客户端程序

我们将客户端程序和服务器端程序放置在同一个解决方案下。在“解决方案资源管理器”窗口中，右键单击“解决方案'ch15'”，从弹出的菜单中选择【添加\新建项目】，新建一个 Windows 控制台应用程序，项目名为：TCPClient。之后将该项目设为启动项目。

在 TCPClient.cpp 中添加如例 15-2 所示代码。

例 15-2

```
#include "pch.h"
#include <iostream>
#include <Winsock2.h>
#include <Ws2tcpip.h>
#pragma comment(lib,"Ws2_32.lib")

int main()
{
```

```
    //加载套接字库
    WORD wVersionRequested;
    WSADATA wsaData;
    int err;

    wVersionRequested = MAKEWORD(1, 1);

    err = WSAStartup(wVersionRequested, &wsaData);
    if (err != 0) {
        return -1;
    }


    if (LOBYTE(wsaData.wVersion) != 1 ||
        HIBYTE(wsaData.wVersion) != 1) {
        WSACleanup();
        return -1;
    }
    //创建套接字
    SOCKET sockClient = socket(AF_INET, SOCK_STREAM, 0);

    SOCKADDR_IN addrSrv;
    inet_pton(AF_INET, "127.0.0.1", &addrSrv.sin_addr);
    addrSrv.sin_family = AF_INET;
    addrSrv.sin_port = htons(6000);
    //向服务器发出连接请求
    connect(sockClient, (SOCKADDR*)&addrSrv, sizeof(SOCKADDR));

    //接收数据
    char recvBuf[100];
    recv(sockClient, recvBuf, 100, 0);
    printf("%s\n", recvBuf);
    //发送数据
    send(sockClient, "This is lisi", strlen("This is lisi") + 1, 0);
    //关闭套接字
    closesocket(sockClient);
    WSACleanup();
    return 0;
}
```

因为在利用套接字编写网络应用程序时，都需要使用套接字库提供支持，所以加载套接字库这部分代码可以重用。读者可以直接复制 TCPSrv 项目中已有的这部分代码，然后按照上面介绍的基于 TCP（面向连接）的 socket 编程的客户端程序流程完成该程序。

1 创建套接字（socket）。

利用 socket 函数创建套接字，为函数的第一个参数指定 AF_INET（或 PF_INET）；因为本例是基于 TCP 的网络应用程序，所以第二个参数是 SOCK_STREAM；第三个参数设置为 0，让其自动选择一个合适的协议。

2 向服务器发出连接请求（connect）。

对于客户端来说，它不需要绑定，可以直接连接服务器端，这可以通过调用 connect 函数与服务器端建立一个连接。首先定义一个地址结构体（SOCKADDR_IN）变量 addrSrv，然后利用 inet_pton 函数将点分十进制格式的 IP 地址“127.0.0.1”转换为数字二进制形式，并保存在 addrSrv 的成员 sin_addr 中。因为在本例中服务器端和客户端都是本地的，所以可以使用一个特殊的 IP 地址：127.0.0.1，这是本地回路地址，无论机器上是否有网卡，都可以使用这个 IP 地址。如果编写的网络程序就是在本地机器上运行的，则可以使用这个 IP 地址进行一些测试；如果编写的程序需要在两台机器上进行通信，此时就应该使用服务器端程序所在机器上的 IP 地址。接着将 addrSrv 的 sin_family 成员设置为 AF_INET。最后将端口成员（addrSrv.sin_port）设定为服务器程序等待接收客户端连接请求的那个端口，注意，这里的端口需要与服务器端使用的端口号保持一致，而且需要使用网络字节顺序。设置完 addSrv 变量的各个成员之后，就可以调用 connect 函数建立连接了。

3 和服务器端进行通信（send/recv）。

当建立连接之后，就可以接收服务器端发送的数据了，本例定义了一个有 100 个字节的字符数组 recvBuf，用来接收服务器发送的数据，接着调用 recv 函数接收数据。之后调用 printf 函数将接收到的数据打印出来，并且在打印时，在接收到的数据后面加上一个“\n”字符，即打印一个换行符。

客户端可以调用 send 函数向服务器端程序发送数据，注意，这时使用的套接字与上面 recv 函数使用的是一样的，并且在发送时也多发送一个字节，在服务器接收到数据后可以将最后一个字节的数据设置为“\0”，表示字符串的结束。

4 关闭套接字。

当通信完成之后，需要调用 closesocket 函数关闭套接字，释放为此套接字分配的资源。调用 WSACleanup 函数，终止对套接字库的使用。

同样，客户端程序也需要链接库文件：ws2_32.lib，在客户端程序中，我们使用#pragma comment 预处理指令来链接库文件。利用【生成\生成 TCPClient】菜单项命令，生成 TCPClient 执行程序。

这时，基于 TCP 的服务器端和客户端程序都已经生成了。注意：服务器端程序应该总是先启动的。我们首先运行服务器端程序，然后运行客户端程序，可以看到客户端程序收到了服务器端返回的信息：Welcome 127.0.0.1 to http://www.phei.com.cn；而服务器端程序收到了客户端程序发送的信息：This is lisi。如图 15.7 所示。

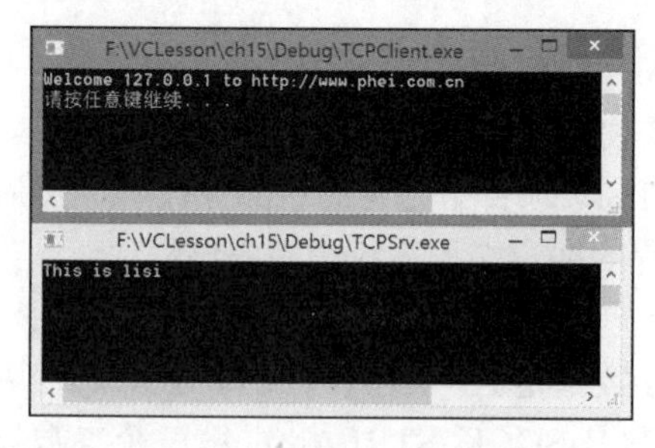

图 15.7　基于 TCP 的网络应用程序运行结果

如果这时服务器端程序和客户端程序是在两台机器上运行的，在客户端收到的信息中就会显示客户端程序所在机器上的 IP 地址。

从图 15.7 可以看到，这时客户端程序已经退出了，但服务器端程序仍在运行。这是因为服务器程序采用了一个死循环，当它为一个客户端提供服务之后，服务器端仍继续监听下一个客户端的请求，所以可以启动多个客户端，服务器端程序都可以为它们提供服务。读者可以自行测试这种情况。

提示：在执行客户端程序时，因运行太快而导致命令提示符窗口一闪而过，为了能够更好地看到结果，可以在客户端程序的最后、return 0 语句之前加入下面的一句代码，暂停程序运行，便于我们观察结果。

system("PAUSE ");

15.5 基于 UDP 的网络应用程序的编写

15.5.1 服务器端程序

在解决方案 ch15 下添加一个新的 Windows 控制台应用程序，项目名称为 UDPSrv，在创建完成后将该项目设置为启动项目。接下来在项目自带的 UDPSrv.cpp 文件中添加基于 UDP 的服务器端程序的实现代码，如例 15-3 所示。

例 15-3

```
#include "pch.h"
#include <iostream>

#include <Winsock2.h>
#pragma comment(lib,"Ws2_32.lib")

int main()
{
     //加载套接字库
    WORD wVersionRequested;
    WSADATA wsaData;
    int err;

    wVersionRequested = MAKEWORD(1, 1);

    err = WSAStartup(wVersionRequested, &wsaData);
    if (err != 0) {
        return -1;
    }


    if (LOBYTE(wsaData.wVersion) != 1 ||
        HIBYTE(wsaData.wVersion) != 1) {
        WSACleanup();
        return -1;
    }
    //创建套接字
    SOCKET sockSrv = socket(AF_INET, SOCK_DGRAM, 0);
```

```
    SOCKADDR_IN addrSrv;
    addrSrv.sin_addr.S_un.S_addr = htonl(INADDR_ANY);
    addrSrv.sin_family = AF_INET;
    addrSrv.sin_port = htons(6000);
    //绑定套接字
    bind(sockSrv, (SOCKADDR*)&addrSrv, sizeof(SOCKADDR));

    //等待并接收数据
    SOCKADDR_IN addrClient;
    int len = sizeof(SOCKADDR);
    char recvBuf[100];
    recvfrom(sockSrv, recvBuf, 100, 0, (SOCKADDR*)&addrClient, &len);
    printf("%s\n", recvBuf);
    //关闭套接字
    closesocket(sockSrv);
    WSACleanup();

    return 0;
}
```

同样，在利用套接字编写网络应用程序时都需要套接字库，所以这部分代码可以重用，因此可以直接复制上面程序中已有的这部分代码。按照上面介绍的基于 UDP（面向无连接）的 socket 编程的服务器端程序流程完成该程序。

1 创建套接字（socket）。

与上面基于 TCP 的服务器端程序一样，这里也需要调用 socket 函数创建一个套接字，第一个参数指定为 AF_INET（或 PF_INET）；因为现在是基于 UDP 的网络应用程序，应该创建数据报套接字，因此第二个参数应指定为 SOCK_DGRAM；第三个参数设为 0。

2 将套接字绑定到一个本地地址和端口上（bind）。

首先定义了一个 SOCKADDR_IN 类型的变量 addrSrv，然后对其数据成员进行赋值。接下来调用 bind 函数，将套接字与本地的一个 IP 地址与端口相绑定。

3 等待接收数据（recvfrom）。

对于基于 UDP 的服务器端程序来说，它就是一个接收端，所以接下来调用 recvfrom 函数接收数据。注意，在编写基于 UDP 的网络程序时，在接收数据时，使用的是 recvfrom 函数，而前面基于 TCP 的服务器端程序接收数据时使用的是 recv 函数。

为了接收数据，首先定义了一个地址结构的变量 addrClient，用来接收发送方的地址信息。然后定义一个整型变量 len，并将地址结构的长度作为初值赋给该变量。接下来定义一个有 100 个元素的字符数组 recvBuf，用来接收数据。之后，就可以调用 revefrom 函数接收数据了。

在接收到数据之后，利用 printf 函数将其格式化打印输出。

4 关闭套接字。

在通信完成之后，调用 closesocket 函数关闭套接字，释放为该套接字分配的资源。调用 WSACleanup 函数，终止对套接字库的使用。

可以看到，基于 UDP 的服务器端程序的编写比较简单，在绑定套接字之后就可以接收数据了，不需要建立监听或者连接。

15.5.2　客户端程序

现在编写基于 UDP 的网络客户端应用程序，与服务器端程序一样，在解决方案 ch15 下创建一个新的 Windows 控制台应用程序，项目名称为 UDPClient，在创建完成后将该项目设置为启动项目。接下来在项目自带的 UDPClient.cpp 文件中添加基于 UDP 的客户端程序的实现代码，如例 15-4 所示。

例 15-4

```
#include "pch.h"
#include <iostream>

#include <Winsock2.h>
#include <Ws2tcpip.h>
#pragma comment(lib,"Ws2_32.lib")

int main()
{
    //加载套接字库
    WORD wVersionRequested;
    WSADATA wsaData;
    int err;

    wVersionRequested = MAKEWORD(1, 1);

    err = WSAStartup(wVersionRequested, &wsaData);
    if (err != 0) {
        return -1;
    }


    if (LOBYTE(wsaData.wVersion) != 1 ||
        HIBYTE(wsaData.wVersion) != 1) {
        WSACleanup();
        return -1;
    }
    //创建套接字
    SOCKET sockClient = socket(AF_INET, SOCK_DGRAM, 0);
    SOCKADDR_IN addrSrv;
    inet_pton(AF_INET, "127.0.0.1", &addrSrv.sin_addr);
    addrSrv.sin_family = AF_INET;
    addrSrv.sin_port = htons(6000);
    //发送数据
    sendto(sockClient, "Hello", strlen("Hello") + 1, 0,
        (SOCKADDR*)&addrSrv, sizeof(SOCKADDR));
    //关闭套接字
```

```
    closesocket(sockClient);
    WSACleanup();
}
```

同样，在利用套接字编写网络应用程序时，都需要套接字库，所以这部分代码可以重用。因此可以直接复制上面程序中已有的这部分代码。然后按照上面介绍的基于 UDP（面向无连接）的 socket 编程的客户端程序流程完成该程序。

1 创建套接字（socket）。

调用 socket 创建套接字，第一个参数指定为 AF_INET（或 PF_INET）；第二个参数是套接字类型，指定为 SOCK_DGRAM；第三个参数指定为 0。

2 向服务器发送数据（sendto）。

因为对基于 UDP 的客户端程序来说，也不需要将套接字绑定到本地 IP 地址和端口号上，因此在创建完套接字之后，可以直接发送数据，这需要调用 sendto 函数。首先定义一个地址结构类型的变量 addrSrv，并给其成员赋值。利用 inet_pton 函数将点分十进制格式的 IP 地址（127.0.0.1）转换为数字二进制形式，并保存在 addrSrv 的成员 sin_addr 中。然后将 addrSrv 的 sin_family 成员设置为 AF_INET。最后将端口成员（addrSrv.sin_port）设定为等待接收客户端数据的服务器程序使用的端口号，即 6000。

接下来，调用 sendto 函数发送一个简单的字符串：Hello，并且多发送一个字节，主要是为了服务器端在接收到该数据后可以将最后一个元素设置为“\0”，表示字符串的结尾。

3 关闭套接字。

在数据发送完成之后，调用 closesocket 函数关闭套接字的使用。最后，调用 WSACleanup 函数，终止对套接字库的使用。

至此，基于 UDP 的服务器端和客户端程序都已经编写完成了。同样，在测试时，服务器端程序要先启动，然后启动客户端程序。服务器端程序和客户端程序运行后的界面如图 15.8 所示。

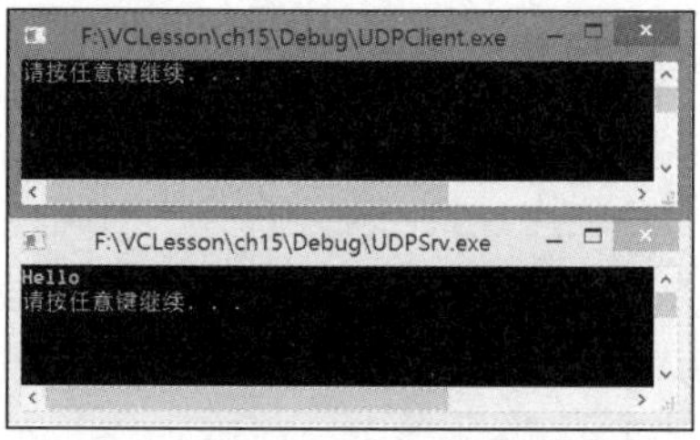

图 15.8　基于 UDP 的网络应用程序运行结果

可以看到，这时客户端已经终止了，服务器端收到一条信息：Hello。这里，服务器端作为接收端，客户端作为发送端。

通过以上的程序代码可以看到，基于 UDP 的网络应用程序的编写非常简单，因为不需要建立连接，所以对客户端程序来说，当创建完套接字之后，就可以直接利用 sendto 函数发送数据了。**应注意的是，基于 TCP 和基于 UDP 的网络应用程序在发送和接收数据时使用的函数是不一样的：前者使用 send 和 recv，后者使用 sendto 和 recvfrom。**

15.6　基于 UDP 的简单聊天程序

接下来，我们编写一个简单的基于字符界面的聊天程序。对于聊天程序来说，即使丢失一些数据，也不会影响信息的交流，可以根据上下文的情况，知道对方所要表达的意思，或者根据对方回复的信息，重新发送我们所说的话。对于 TCP 来说，在通信前，需要经过三步握手协议以建立连接，而建立连接的过程往往是比较耗费时间的。在连接建立后，在聊天过程中，可能经过好长一段时间，聊天的双方才会说一句话，那么连接是应该保持，还是应先断开，等对方说话时再建立连接呢？也就是说，TCP 协议的面向连接、数据确认和重传机制将会影响聊天的效率。所以对于聊天类的软件来说，通常都采用基于 UDP 的方式来实现。这种实现方式的特点是不需要建立连接，也没有数据确认和重传机制，因此实时性较高。

本示例的基本实现过程是：客户端用户通过键盘输入一串数据并回车，数据就被发送给服务器端。后者在收到数据后，需要进行判断，如果发送来的数据第一个字符是“q”，则表明聊天的对方想要退出聊天过程，于是服务器端也发送一个“q”字符，聊天过程终止；否则将接收到的信息和对方的 IP 地址进行格式化后，在屏幕上打印输出，然后通过键盘输入回复信息。同样，客户端接收到服务器端发送来的数据后，也要进行一个判断，如果第一个字符是“q”，则表明服务器端想退出聊天过程，于是，客户端也发送一个“q”字符，聊天过程就终止；否则将接收到的信息和对方的 IP 地址进行格式化后在屏幕上打印输出，然后通过键盘输入回复信息，继续上述聊天过程。

15.6.1　服务器端程序

在解决方案 ch15 下添加一个新的 Windows 控制台应用程序，项目名称为 NetSrv。然后在 NetSrv.cpp 文件中添加聊天服务器端程序的实现代码，结果如例 15-5 所示。

例 15-5

```
#include "pch.h"
#include <iostream>

#include <Winsock2.h>
#include <Ws2tcpip.h>
#pragma comment(lib,"Ws2_32.lib")

int main()
{
    //加载套接字库
    WORD wVersionRequested;
    WSADATA wsaData;
    int err;

    wVersionRequested = MAKEWORD(1, 1);

    err = WSAStartup(wVersionRequested, &wsaData);
    if (err != 0) {
        return -1;
    }
```

```
    if (LOBYTE(wsaData.wVersion) != 1 ||
        HIBYTE(wsaData.wVersion) != 1) {
        WSACleanup();
        return -1;
    }
    //创建套接字
    SOCKET sockSrv = socket(AF_INET, SOCK_DGRAM, 0);

    SOCKADDR_IN addrSrv;
    addrSrv.sin_addr.S_un.S_addr = htonl(INADDR_ANY);
    addrSrv.sin_family = AF_INET;
    addrSrv.sin_port = htons(6000);

    //绑定套接字
    bind(sockSrv, (SOCKADDR*)&addrSrv, sizeof(SOCKADDR));

    char recvBuf[100];
    char sendBuf[100];
    char tempBuf[200];
    char str[INET_ADDRSTRLEN];
    SOCKADDR_IN addrClient;
    int len = sizeof(SOCKADDR);

    while (1)
    {
        //等待并接收数据
        recvfrom(sockSrv, recvBuf, 100, 0, (SOCKADDR*)&addrClient, &len);
        if ('q' == recvBuf[0])
        {
            sendto(sockSrv, "q", strlen("q") + 1, 0, (SOCKADDR*)&addrClient, len);
            printf("Chat end!\n");
            break;
        }
        sprintf_s(tempBuf, 200, "%s say : %s",
            inet_ntop(AF_INET, &addrClient.sin_addr, str, sizeof(str)), recvBuf);

        printf("%s\n", tempBuf);
        //发送数据
        printf("Please input data:\n");
        gets_s(sendBuf);
        sendto(sockSrv, sendBuf, strlen(sendBuf)+1,0,(SOCKADDR*)&addrClient, len);
    }
    //关闭套接字
    closesocket(sockSrv);
    WSACleanup();
    return 0;
}
```

在上述例 15-5 所示代码中，首先加载套接字库，这可以复制上面程序中已有的代码。

接着，调用 socket 函数创建套接字，第一个参数指定为 AF_INET（或 PF_INET）；因为是基于 UDP 协议的网络应用程序，所以创建的是数据报类型的套接字，即第二个参数应指定为 SOCK_DGRAM；第三个参数指定为 0。

对于服务器，即接收端来说，需要进行套接字绑定操作，将套接字绑定到本地机器的一个 IP 地址和端口号上。因此，定义一个地址结构（SOCKADDR_IN）类型的变量 addrSrv，并对其成员赋值。接着，就调用 bind 函数，将套接字与本地地址和端口绑定起来。

接下来，定义四个字符数组，其中 recvBuf 用来保存接收的信息；sendBuf 用来保存发送的信息；tempBuf 用来存放中间临时数据；str 用来存放 inet_ntop 函数调用后的点分十进制格式的 IP 地址字符串。

在接收时需要获取与之通信的对方的地址信息，这是通过 recvfrom 函数得到的，该函数会将通信对方的地址信息保存在地址结构（SOCKADDR_IN）类型的变量中，因此定义了变量 addrClient。接着，定义一个整型变量 len，并将其初始为地址结构体的长度。

然后，进行一个 while 循环，保证通信的过程能够不断地进行下去。当循环结束时，调用 closesocket 函数关闭套接字，再调用 WSACleanup 函数，终止对套接字库的使用。

在 while 循环中，因为这是基于 UDP 的服务器端程序（即接收端），所以应调用 recvfrom 函数接收客户端的数据。在接收到数据后，对该数据进行判断，如果第一个字符是“q”，则表明数据发送方想要退出聊天过程，于是服务器端程序也给对方发送一个“q”字符。因为发送方地址（addrClient）在调用 recvfrom 函数时已经得到了，所以 sendto 函数中可以直接使用这个地址。

在数据发送完成之后，调用 printf 函数打印语句：Chat end!。既然聊天终止了，那么就要退出循环，为此调用 break 语句，终止 while 循环。

如果 recvBuf[0]不是“q”字符，则说明收到了对方发送的数据，于是将数据格式化，格式化的模式是：“对方”IP say“对方”发送的数据。其中，addrClient.sin_addr 字段保存的就是对方的 IP 地址，可以利用 inet_ntop 函数将该地址转换为点分十进制表示的字符串，而 recvBuf 数组中就是接收到的数据。程序将格式化后的字符串放到 tempBuf 数组中，之后调用 printf 函数将这串字符打印输出。

在输出客户端发送过来信息后，服务器端应该根据这些信息做出回复，并且回复信息应通过标准输入设备，即键盘来获取，这可以调用函数 gets_s 来实现，其原型声明如下所示：

```
template <size_t size>
char *gets_s(
   char (&buffer)[size]
); // C++ only
```

该函数有一个优点，就是可以从标准输入流中获取一行数据。当通过键盘输入数据并按下回车键后，输入的数据就可以存放在由参数 buffer 指定的缓冲区中了。

在得到标准输入流中的数据前，本程序提示：“Please input data:”。当得到数据后，调用 sendto 函数发送该数据，并且与前面的程序一样，多发送一个字节。至此，就完成了发送的过程。

利用【生成\生成 NetSrv】菜单项命令，生成 NetSrv 执行程序。

15.6.2 客户端程序

下面编写基于 UDP 的聊天客户端程序，在解决方案 ch15 下添加一个新的 Windows 控制台应用程序，项目名称为 NetClient。在 NetClient.cpp 文件中添加聊天客户端程序的实现代码，结果如例 15-6 所示。

例 15-6

```
#include "pch.h"
#include <iostream>

#include <Winsock2.h>
#include <Ws2tcpip.h>
#pragma comment(lib,"Ws2_32.lib")

int main()
{
    //加载套接字库
    WORD wVersionRequested;
    WSADATA wsaData;
    int err;

    wVersionRequested = MAKEWORD(1, 1);

    err = WSAStartup(wVersionRequested, &wsaData);
    if (err != 0) {
        return -1;
    }


    if (LOBYTE(wsaData.wVersion) != 1 ||
        HIBYTE(wsaData.wVersion) != 1) {
        WSACleanup();
        return -1;
    }

    //创建套接字
    SOCKET sockClient = socket(AF_INET, SOCK_DGRAM, 0);

    SOCKADDR_IN addrSrv;
    inet_pton(AF_INET, "127.0.0.1", &addrSrv.sin_addr);
    addrSrv.sin_family = AF_INET;
    addrSrv.sin_port = htons(6000);

    char recvBuf[100];
```

```
    char sendBuf[100];
    char tempBuf[200];
    char str[INET_ADDRSTRLEN];

    int len = sizeof(SOCKADDR);

    while (1)
    {
        //发送数据
        printf("Please input data:\n");
        gets_s(sendBuf);
        sendto(sockClient, sendBuf, strlen(sendBuf) + 1, 0,
            (SOCKADDR*)&addrSrv, len);
        //等待并接收数据
        recvfrom(sockClient, recvBuf, 100, 0, (SOCKADDR*)&addrSrv, &len);
        if ('q' == recvBuf[0])
        {
            sendto(sockClient, "q", strlen("q") + 1, 0,
                (SOCKADDR*)&addrSrv, len);
            printf("Chat end!\n");
            break;
        }
        sprintf_s(tempBuf, 200, "%s say : %s",
            inet_ntop(AF_INET, &addrSrv.sin_addr, str, sizeof(str)), recvBuf);
        printf("%s\n", tempBuf);
    }
    //关闭套接字
    closesocket(sockClient);
    WSACleanup();

    return 0;
}
```

在上述例 15-6 所示代码中，首先加载套接字库，这可以复制上面程序中已有的代码。

然后，按照上面讲述的基于 UDP（面向无连接）的 socket 编程的客户端程序的编写过程，第一步调用 socket 函数创建套接字，其参数设置与上面 NetSrv 程序中的相同。

对基于 UDP 的客户端程序来说，它不需要绑定，但它需要设定数据发送的目标方（服务器端）的地址信息，于是定义一个地址变量 addrSrv，并将该变量中的字段设定为服务器端的地址信息。因为在本例中，服务器端和客户端程序都是在本机上运行的，所以 IP 地址还是使用 127.0.0.1，利用 inet_pton 函数将点分十进制格式的 IP 地址转换为数字二进制格式。

接下来，定义四个字符数组，其中 recvBuf 用来保存接收的信息；sendBuf 用来保存发送的信息；tempBuf 用来存放中间临时数据；str 用来存放 inet_ntop 函数调用后的点分十进制格式的 IP 地址字符串。

因为在调用 recvfrom 函数接收数据时，该函数的最后一个参数将接收返回的地址结构的长度，但是在调用之前这个参数变量必须经过初始化，因此，定义一个整型变量 len，并将其初始化为地址结构类型 SOCKADDR 的长度。

然后，程序进行一个 while 循环。在该循环中，作为数据发送端来说，要发送数据，并且要发送的数据是用户通过键盘输入的。于是程序首先提示用户让其输入数据，然后调用 gets_s 函数获取用户输入的数据。得到数据后，就可以调用 sendto 函数发送数据。

在发送完数据之后，就等待服务器端的回应信息，于是调用 recvfrom 函数。同样地，在接收到数据之后，判断服务器端是否想要退出，即接收到的第一个字符是否是“q”字符，如果是，则表明服务器端想要退出，也发送一个“q”字符，并且多发送一个字节，之后，打印信息：Chat end!，表明聊天终止，调用 break 语句终止 while 循环。如果服务器端发送来的数据第一个字符不是字符“q”，则把服务器端回复的信息进行格式化，然后输出到标准输出设备，即屏幕上。格式化的模式是：服务器端 IP say 服务器端回复的数据，其中服务器端 IP 地址可以通过变量 addrSrv 的 sin_addr 字段获得，然后调用 inet_ntop 函数将 in_addr 结构类型的数据转换为点分十进制格式表示的 IP 地址字符串。

当退出 while 循环后，需要调用 closesocket 函数关闭套接字，并调用 WSACleanup 函数终止套接字库的使用。

以上就是基于 UDP 的简单网络聊天程序的客户端的实现。利用【生成\生成 NetClient】菜单项命令，生成 NetClient 执行程序。

至此，基于 UDP 的简单网络聊天程序的服务器端和客户端程序都已经完成了，可以看看效果。首先启动服务器端，然后启动客户端，接着在客户端输入“hello”，并按回车键，然后就可以看到服务器端收到了：“127.0.0.1 say：Hello”这条信息。这时，后者也可以输入“hello”，并按回车键，客户端会立即收到服务器端的回应信息。服务器端和客户端可以继续按此方式聊天。当某一端不想再继续聊天时，可以输入“q”字符并回车，就可以看到双方的聊天过程终止了。

这里我们实现了一个简单的基于 UDP 的网络聊天程序，后面的章节还会介绍一个基于图形界面的采用多线程技术实现的网络聊天程序。

15.7 本章小结

本章主要讲述的是利用 Windows Sockets 编写网络应用程序方面的知识，包括基于 TCP 和 UDP 协议的 Socket 工作原理及相应网络程序的编写过程。在利用 Socket 编写网络程序时，有一些固定的步骤：加载套接字库、创建套接字、绑定地址信息。对于基于 TCP 的服务器端程序来说，需要先设置监听套接字，然后调用 accept 函数等待客户请求的到来。而对于基于 UDP 的网络应用程序来说，不需要建立连接，可以直接发送和接收数据。

另外，本章还介绍了利用 Socket 编程时一些常用的函数，利用它们可以实现相关的 Socket 网络应用。在学完本章的内容后，读者可以亲自自己动手实践一下，将会发现编写网络程序的过程并不是很复杂。

第 16 章 多线程

本章将介绍多线程程序的编写，并利用多线程技术实现一个图形界面的网络聊天室程序。

16.1 基本概念

16.1.1 进程

1. 程序和进程

初学者经常混淆程序和进程的概念。**程序是计算机指令的集合，它以文件的形式存储在磁盘上。而进程通常被定义为一个正在运行的程序的实例，是一个程序在其自身的地址空间中的一次执行活动。**我们编写的程序在编译后生成的后缀为.exe 的可执行程序，是以文件的形式存储在磁盘上的，当运行这个可执行程序时，就启动了该程序的一个实例，我们把它称之为进程。**一个程序可以对应多个进程**，例如可以同时打开多个记事本程序的进程，同时，在一个进程中也可以同时访问多个程序。

进程是资源申请、调度和独立运行的单位，它使用系统中的运行资源；而程序不能申请系统资源，不能被系统调度，也不能作为独立运行的单位，它不占用系统的运行资源。

2. 进程组成

进程由两个部分组成。

（1）操作系统用来管理进程的内核对象

内核对象也是系统用来存放关于进程的统计信息的地方。内核对象是操作系统内部分配的一个内存块，该内存块是一种数据结构，其成员负责维护该对象的各种信息。由于内核对象的数据结构只能被内核访问使用，因此应用程序在内存中无法找到该数据结构，并直接改变其内容，只能通过 Windows 提供的一些函数来对内核对象进行操作。

（2）地址空间

它包含所有可执行模块或 DLL 模块的代码和数据。另外，它也包含动态内存分配的空间，例如线程的栈（stacks）和堆（heap）分配空间。

进程从来不执行任何东西，它只是线程的容器。若要使进程完成某项操作，则必须拥有一个在它的环境中运行的线程，此线程负责执行包含在进程的地址空间中的代码。也就是说，**真正完成代码执行的是线程，而进程只是线程的容器，或者说是线程的执行环境。**

单个进程可能包含若干个线程，这些线程都“同时”执行进程地址空间中的代码。每个进程至少拥有一个线程，来执行进程的地址空间中的代码。当创建一个进程时，操作系统会自动创建这个进程的第一个线程，称为**主线程**，也就是执行 main 函数或 WinMain 函数的线程，可以把 main 函数或 WinMain 函数看作是主线程的进入点函数。此后，主线程可以创建其他线程。

3. 进程地址空间

系统赋予每个进程独立的虚拟地址空间。对于 32 位进程来说，这个地址空间是 4GB。对 32 位指针来说，它能寻址的范围是 2^{32}，即 4GB。对于 64 位进程来说，64 位指针的寻址范围是 2^{64}，因此这个地址空间大小为 16EB。

每个进程都有它自己的私有地址空间。进程 A 可能有一个存放在它的地址空间中的数据结构，地址是 0x12345678，而进程 B 则有一个完全不同的数据结构存放在它的地址空间中，地址也是 0x12345678。当进程 A 中运行的线程访问地址为 0x12345678 的内存时，这些线程访问的是进程 A 的数据结构。当进程 B 中运行的线程访问地址为 0x12345678 的内存时，这些线程访问的是进程 B 的数据结构。进程 A 中运行的线程不能访问进程 B 的地址空间中的数据结构，反之亦然。

4GB 是虚拟的地址空间，只是内存地址的一个范围。在你能成功地访问数据而不会出现非法访问之前，必须赋予物理存储器，或者将物理存储器映射到各个部分的地址空间。这里所说的物理存储器包括内存和页文件的大小。页文件透明地为应用程序增加了可以使用的内存。它通过在磁盘上划分出一块空间当作内存使用，从而增加了应用程序可以使用的内存，我们把这块内存称为**虚拟内存**。我们可以在资源管理器选中系统安装所在的盘符，单击【查看】子菜单，单击最右侧的“选项”图标按钮，出现如图 16.1 所示的“文件夹选项”对话框。切换到“查看”属性页，取消“隐藏受保护的操作系统文件(推荐)”的复选，以及选中“显示隐藏的文件、文件夹和驱动器”，如图 16.2 所示。单击【确定】按钮，就可以在该驱动器下看到有一个名为 pagefile.sys 的文件，在笔者的机器上，该文件的大小是 3167MB，这个文件就是页文件。

如果想要修改页文件的大小，则可以在资源管理器中用鼠标右键单击“这台电脑”节点，从弹出的快捷菜单中选择【属性】命令，出现如图 16.3 所示的界面。单击“高级系统设置”，出现“系统属性”对话框，如图 16.4 所示。在“高级”属性页中，单击“性能”

中的【设置】按钮，出现“性能选项”对话框，切换到“高级”属性页，如图 16.5 所示。单击【更改】按钮，出现“虚拟内存”对话框，如图 16.6 所示。取消“自动管理所有驱动器的分页文件大小”的复选，选择一个磁盘空间比较富裕的驱动器，选中“自定义大小”单选按钮，根据自身磁盘空间的情况，输入初始大小和最大值，如图 16.7 所示。单击【设置】按钮完成页文件的配置，单击【确定】按钮后，需要重启一下操作系统才会生效。

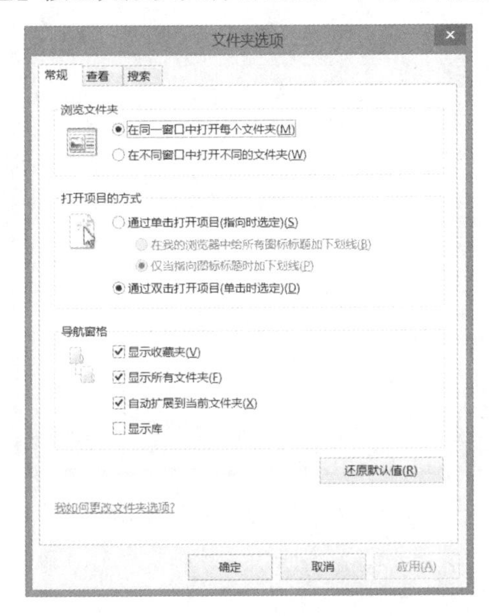

图 16.1　“文件夹选项”对话框

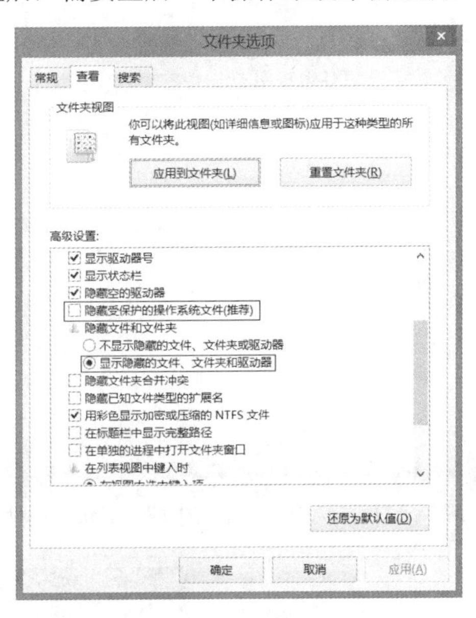

图 16.2　显示隐藏的系统文件

图 16.3　“我的电脑”属性

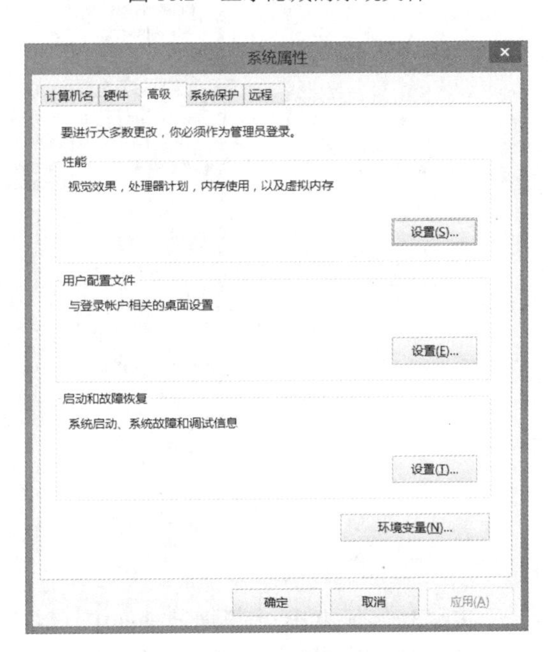

图 16.4　“系统属性”对话框

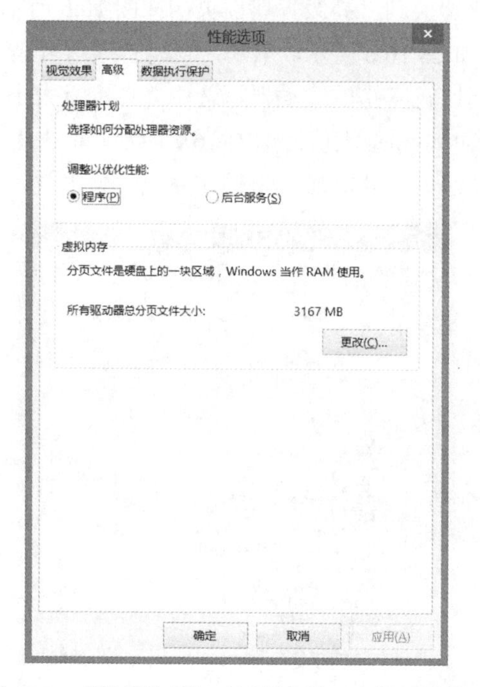

图 16.5 “性能选项”对话框中的“高级”属性页

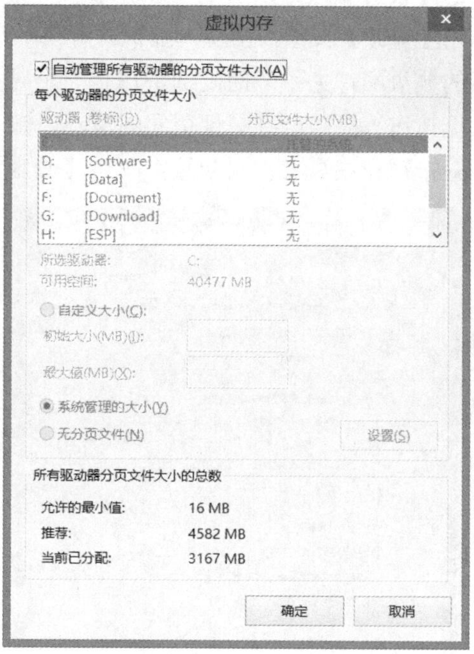

图 16.6 “虚拟内存”对话框

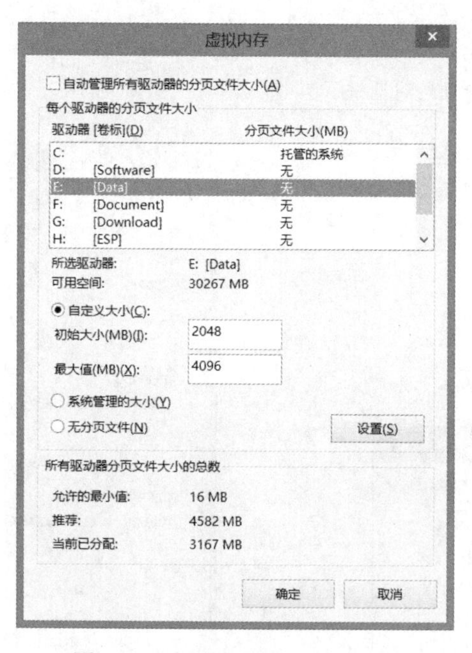

图 16.7 手动配置页文件的大小

实际上，在 4GB 虚拟地址空间中，2GB 是内核方式分区，供内核代码、设备驱动程序、设备 I/O 高速缓冲、非页面内存池的分配和进程页面表等使用，而用户方式分区使用的地址空间约为 2GB，这个分区是进程的私有地址空间所在的地方，其中还有一部分地址空间作为 NULL 指针分区。一个进程不能读取、写入或者以任何方式访问驻留在该分区中的另一个进程的数据。对于所有应用程序来说，该分区是维护进程的大部分数据的地方。

16.1.2　线程

1．线程组成

线程由两个部分组成。

（1）线程的内核对象。操作系统用它来对线程实施管理。内核对象也是系统用来存放线程统计信息的地方。

（2）线程栈（stack）。它用于维护线程在执行代码时需要的所有函数参数和局部变量。

当创建线程时，系统创建一个线程内核对象。该线程内核对象不是线程本身，而是操作系统用来管理线程的较小的数据结构。可以将线程内核对象视为由关于线程的统计信息组成的一个小型数据结构。

线程总是在某个进程环境中创建的。系统从进程的地址空间中分配内存，供线程的栈使用。新线程运行的进程环境与创建线程的环境相同，因此，新线程可以访问进程的内核对象的所有句柄、进程中的所有内存和在这个相同的进程中的所有其他线程的堆栈，这使得单个进程中的多个线程能够非常容易地互相通信。

线程只有一个内核对象和一个栈，保留的记录很少，因此所需要的内存也很少。由于线程需要的开销比进程少，因此在编程中经常采用多线程来解决编程问题，而尽量避免创建新的进程。

2．线程运行

操作系统为每一个运行线程安排一定的 CPU 时间——**时间片**。系统通过一种循环的方式为线程提供时间片，线程在自己的时间内运行，因时间片相当短，因此给用户的感觉就好像多个线程是同时运行的一样。在生活中，如果我们把一根点燃的香快速地从眼前划过，那么看到的将是一条线。实际上这条线是由许多点组成的，由于人眼具有视觉残留效应，因而我们的感觉好像就是一条线。如果将这根香很慢地从眼前划过，我们就能够看到一个一个的点。同样地，因为线程执行的时间片非常短，所以在多个线程之间会频繁地发生切换，给我们的感觉就是这些线程在同时运行一样。如果计算机拥有多个 CPU，线程就能真正意义上同时运行了。

3．单线程程序与多线程程序

如图 16.8 所示是单线程程序和多线程程序的图解示意图。对单线程程序来说，在进程的地址空间中只有一个线程在运行，例如，一位病人去医院看病，需要动手术，医院为他安排了一位医生为他动手术，那么这位医生就是主线程，由这个主线程完成动手术这一任务。

多线程程序，在进程地址空间中有多个线程，其中有一个是主线程，例如在上述例子中，医院为了保证这位病人的手术能够成功，为医生配备了几位护士，医生作为主线程，护士作为所创建的线程，由多个线程同时完成为病人动手术这一任务。医生负责主刀，一位护士负责为医生递送动手术用的器具，另一位护士负责为医生擦汗，他们共同完成为病人动手术这一任务，当然，效率就比较高，病人生存的希望也就比较大了。这就是多线程程序的好处。

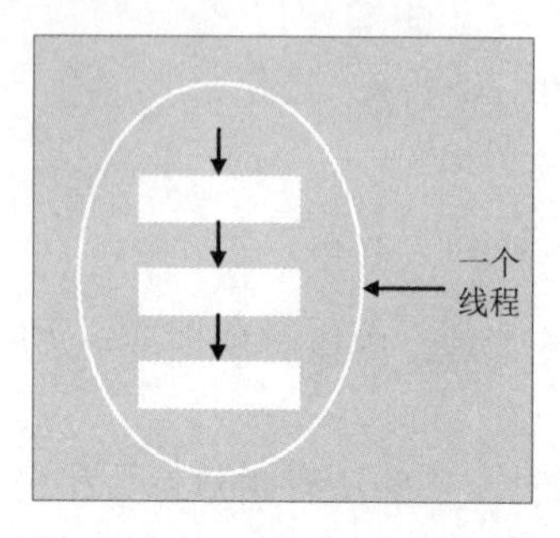

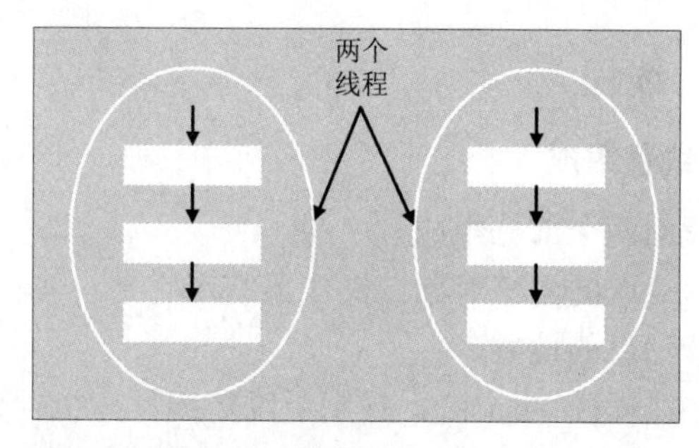

图 16.8　单线程程序和多线程程序示意图

既然在单 CPU 的条件下，某一时刻只能有一个线程在运行。那为什么还要编写多线程程序呢？读者应注意，我们所编写的多线程程序，每一个线程都可以独立地完成一个任务。当该程序移植到多 CPU 的平台上时，其中的多个线程就可以真正并发地同时运行了。那我们是否可以用多进程程序来取代多线程程序呢？当然这也是可以的，但是还是应该尽量采用多线程程序，有两个原因：一是对进程的创建来说，系统要为进程分配私有的 4GB 的虚拟地址空间，当然它所占用的资源就比较多，而对多线程程序来说，多个线程是共享同一个进程的地址空间，所以占用的资源较少。二是当进程间切换时，需要交换整个地址空间，而线程之间的切换只是执行环境的改变，因此效率比较高。

16.2　线程创建函数

创建线程可以使用系统提供的 API 函数 CreateThread 来完成，该函数将创建一个线程。该函数的原型声明如下所述：

```
HANDLE CreateThread(
  LPSECURITY_ATTRIBUTES lpThreadAttributes,
  DWORD dwStackSize,
  LPTHREAD_START_ROUTINE lpStartAddress,
  LPVOID lpParameter,
  DWORD dwCreationFlags,
  LPDWORD lpThreadId
);
```

下面具体介绍 CreateThread 函数的每个参数：

■ lpThreadAttributes

指向 SECURITY_ATTRIBUTES 结构体的指针，关于这个结构体在前面已经讲过了，这里可以为其传递 NULL，让该线程使用默认的安全性。但是，如果希望所有的子进程都能够继承该线程对象的句柄，就必须设定一个 SECURITY_ATTRIBUTES 结构体，将它的 bInheritHandle 成员初始化为 TRUE。

■ dwStackSize

设置线程初始栈的大小，即线程可以将多少地址空间用于它自已的栈，以字节为单位。系统会把这个参数值四舍五入为最接近的页面大小。页面是系统管理内存时使用的内存单位，不同 CPU 其页面大小不同，x86 使用的页面大小是 4KB。当保留地址空间的一块区域时，系统要确保该区域的大小是系统页面大小的倍数。例如，希望保留 10KB 的地址空间区域，系统会自动对这个请求进行四舍五入，使保留的区域大小是页面大小的倍数，在 x86 平台下，系统将保留一块 12KB 的区域，即 4KB 的整数倍。如果这个值为 0，或者小于默认的提交大小，那么默认将使用与调用该函数的线程相同的栈空间大小。

■ lpStartAddress

指向应用程序定义的 LPTHREAD_START_ROUTINE 类型的函数的指针，这个函数将由新线程执行，表明新线程的起始地址。我们知道 main 函数是主线程的入口函数，同样地，新创建的线程也需要有一个入口函数，这个函数的地址就由此参数指定。这就要求在程序中定义一个函数作为新线程的入口函数，该函数的名称任意，但函数类型必须遵照下述声明形式：

```
DWORD WINAPI ThreadProc(LPVOID lpParameter);
```

即新线程入口函数有一个 LPOVID 类型的参数，并且返回值是 DWORD 类型。许多初学者不知道这个函数名称“ThreadProc”能够改变。实际上，在调用 CreateThread 创建新线程时，我们只需要传递线程函数的入口地址，而线程函数的名称是无所谓的。

■ lpParameter

对于 main 函数来说，可以接受命令行参数。同样，我们可以通过这个参数给创建的新线程传递参数。该参数提供了一种将初始化值传递给线程函数的手段。这个参数的值既可以是一个数值，也可以是一个指向其他信息的指针。

■ dwCreationFlags

设置用于控制线程创建的附加标记。它可以是两个值中的一个：CREATE_SUSPENDED 或 0。如果该值是 CREATE_SUSPENDED，那么线程创建后处于暂停状态，直到程序调用了 ResumeThread 函数为止；如果该值是 0，那么线程在创建之后就立即运行。

■ lpThreadId

这个参数是一个返回值，它指向一个变量，用来接收线程 ID。当创建一个线程时，系统会为该线程分配一个 ID。这个参数是可选的，如果设置为 NULL，则不会返回线程 ID。

16.3　简单多线程示例

下面编写一个多线程程序。新建一个“Windows 控制台应用程序”类型的项目，项目名称为 MultiThread，解决方案名称为 ch16。在 MultiThread.cpp 中添加如例 16-1 所示的代码。

例 16-1

```
#include "pch.h"
#include <iostream>
```

```
#include <windows.h>

using namespace std;

DWORD WINAPI Fun1Proc(
LPVOID lpParameter   // thread data
);
int main()
{
1.     HANDLE hThread1;
2.     hThread1=CreateThread(NULL,0,Fun1Proc,NULL,0,NULL);
3.     CloseHandle(hThread1);
4.     cout<<"main thread is running\n";
       return 0;
}

//线程 1 的入口函数
DWORD WINAPI Fun1Proc(
LPVOID lpParameter   // thread data
)
{
   cout<<"thread1 is running\n";
   return 0;
}
```

上述例 16-1 所示代码创建了一个简单的多线程程序，主要由以下几个部分组成：

（1）包含必要的头文件

因为程序中需要访问 Windows API 函数，因此需要包含 windows.h 文件。

（2）线程函数

对于线程入口函数的写法并不需要死记硬背，但是一定要知道如何查到这个函数的写法，等到使用的次数多了，自然就知道如何编写这个函数了。这里的线程函数 Fun1Proc 的功能非常简单，就是在标准输出设备上输出一句话："thread1 is running"，然后就退出。

（3）main 函数

当程序启动运行后，就会产生主线程，main 函数就是主线程的入口函数。在这个主线程中可以创建新的线程。在上述 main 函数中调用 CreateThread 函数创建一个新线程（下面将这个新线程称为线程 1），该函数的第一个参数设置为 NULL，让新线程使用默认的安全性；第二个参数设置为 0，让新线程采用与调用线程一样的栈大小；第三个参数指定线程 1 入口函数的地址；第四个参数是传递给线程 1 的参数，这里不需要使用这个参数，所以将其设置为 NULL；第五个参数，即线程创建标记，设置为 0，让线程一旦创建就立即运行；第六个参数，即新线程的 ID，因为这里不需要使用该 ID，所以将其设置为 NULL。

在创建线程完成之后，调用 CloseHandle 函数关闭新线程的句柄。这里，读者可能会产生疑问：刚刚创建了线程，为什么又将它关闭了呢？读者应注意，实际上调用 CloseHandle 函数并没有中止新创建的线程，只是表示在主线程中对新创建的线程的引用不感兴趣，因此将它关闭。另一方面，当关闭该句柄时，系统会递减该线程内核对象的使用计数。当创建的这个新线程执行完毕之后，系统也会递减该线程内核对象的使用计数。当使用计数为 0 时，系统就会释放该线程内核对象。如果没有关闭线程句柄，系统就会一直保持着对线程内核对象的引用，这样，即使该线程执行完毕，它的引用计数也不会为 0，该线程内核对象也就不会被释放，只有等到进程终止时，系统才会清理这些残留的对象。因此，在程序中，当不再需要线程句柄时，应将其关闭，让这个线程内核对象的引用计数减 1。

接下来，main 函数在标准输出设备上输出一句话："main thread is running"。

编译并运行 MultiThread 程序，多执行几次，可以看到如图 16.9 所示的窗口，在该窗口中输出了一句话："main thread is running"，表明主线程运行了，但是并没有看到"thread1 is running"这句话。

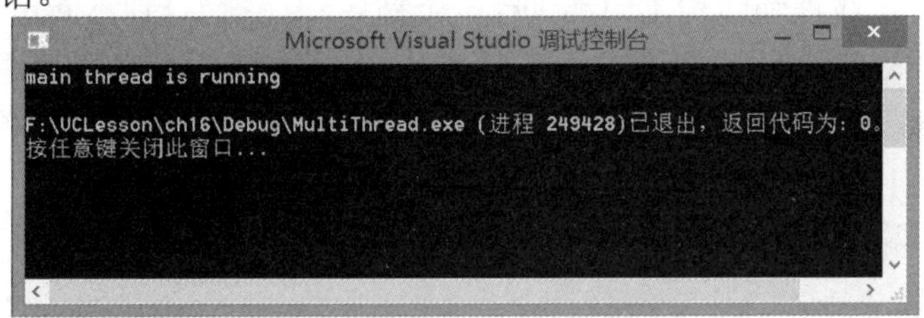

图 16.9　创建的新线程并未运行

为什么会出现这样的结果呢？是因为线程创建失败了吗？实际情况并非如此，对于主线程来说，操作系统为它分配了时间片，因此它能够运行。在上述主线程的入口函数 main 中，当调用第 2 行代码创建线程后，就会接着执行它的下一行代码，即调用 CloseHandle 函数关闭线程句柄，之后就是执行其第 4 行代码，在标准输出设备上输出一句话，然后该函数就退出了，也就是说主线程执行完成了。当主线程执行完毕后，进程也就退出了，这时进程中所有的资源，包括还没有执行的线程都要退出，也就是说新创建的线程 1 还没有机会执行就退出了，因此在窗口中就没有看到"thread1 is running"这句话。

为了让新创建的线程能够得到执行的机会，需要让主线程暂停执行，从而避免进程退出，这样，新创建的线程 1 就可以得到执行的机会，从而输出"thread1 is running"这句话。

在程序中，如果想让某个线程暂停运行，则可以调用 Sleep 函数，该函数可使调用线程暂停自己的运行，直到指定的时间间隔过去为止。该函数的原型声明如下所示：

```
void Sleep(DWORD dwMilliseconds);
```

Sleep 函数有一个 DWORD 类型的参数，指定线程睡眠的时间值，以毫秒为单位，也就是说，如果将此参数指定为 1000，则实际上是让线程睡眠 1 秒钟。

在上述例 16-1 所示 main 函数的最后、return 语句之前添加下面这条语句，让主线程暂停运行 10ms，在单 CPU 的情况下，这将使其放弃执行的权利，操作系统就会选择线程 1 让其运行；而在多 CPU 的情况下，因为进程没有退出，线程 1 也就有了执行的机会。当该线程运行完成之后，10ms 间隔时间到了，主线程就会恢复运行，main 函数退出，进程结束。

```
Sleep(10);
```

再次运行 MultiThread 程序，就会看到如图 16.10 所示的窗口。可以看到程序输出了“main thread is running”和“thread1 is running”这两句话，说明新创建的线程执行了。

图 16.10　简单多线程示例程序成功执行

下面，我们在主线程和线程 1 中都进行一个循环，让它们分别不断地输出“main thread is running”和“thread1 is running”这两句话，看一下这两个线程之间交替执行的情况。为了控制循环的次数，可以定义一个变量，当其值递增到某个给定值时就停止循环。

在上述例 16-1 所示 main 函数之前添加如下语句，定义一个全局的 int 类型的变量：index，以控制循环的次数，并将其初始化为 0：

```
int index=0;
```

在 main 函数的第 4 行代码之前添加下面这条语句，即当 index 大于 1000 时，退出 while 循环。这时，就可以不需要 Sleep 函数了，将其注释起来。

```
while(index++<1000)
```

同样，在线程 1 的入口函数 Fun1Proc 中，在其第 1 行代码前添加上面这条语句。

再次运行 MultiThread 程序，将会看到如图 16.11 所示的窗口，该窗口展示的信息是笔者机器上运行的结果，在读者机器上运行 MultiThread 程序，结果可能会有所不同。在单 CPU 的系统下，主线程运行一段时间之后，当它的时间片到期，操作系统就会调度线程 1 开始运行，为线程 1 分配一个时间片。当线程 1 运行一段时间后，它的时间片到期，操作系统又会重新调度主线程开始运行，于是就看到主线程和线程 1 在交替运行。在多 CPU 平台下，这两个线程是可以同时并发运行的，但由于程序中的循环，以及标准输出设备只有一个的原因，所以信息的显示也呈现出了交替的规律。

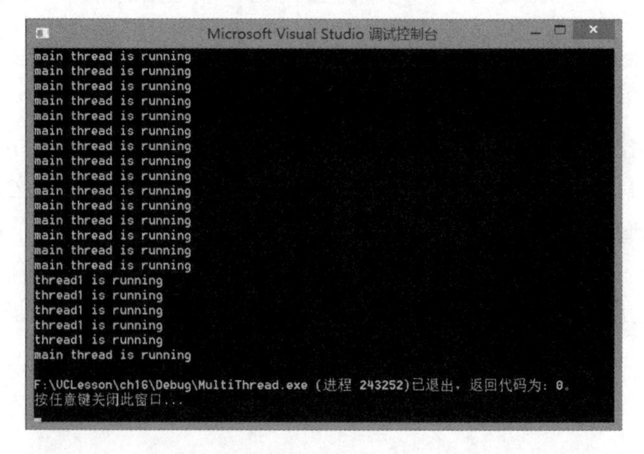

图 16.11　主线程和其他线程在多核 CPU 平台上运行的结果

16.4 线程同步

16.4.1 火车站售票系统模拟程序

下面，我们来编写一个模拟火车站售票系统的程序。我们知道，在实际生活中，多个人可以同时购买火车票。也就说，火车站的售票系统肯定是采用多线程技术实现的。这里，我们在上面已编写的 MultiThread 程序中再创建一个线程：线程 2，由主线程创建的两个线程（线程 1 和线程 2）负责销售火车票。可以参照 MultiThread.cpp 文件中线程 1 的创建代码创建线程 2。这时的程序代码如例 16-2 所示。

例 16-2

```
#include "pch.h"
#include <iostream>
#include <windows.h>

using namespace std;

DWORD WINAPI Fun1Proc(
  LPVOID lpParameter   // thread data
);

DWORD WINAPI Fun2Proc(
  LPVOID lpParameter   // thread data
);

//int index = 0;
int tickets=100;

int main()
{
     HANDLE hThread1;
     HANDLE hThread2;
     //创建线程
     hThread1=CreateThread(NULL,0,Fun1Proc,NULL,0,NULL);
     hThread2=CreateThread(NULL,0,Fun2Proc,NULL,0,NULL);
     CloseHandle(hThread1);
     CloseHandle(hThread2);
/*   while(index++<1000)
            cout<<"main thread is running"<<endl;
     Sleep(10);*/
     Sleep(4000);
     return 0;
}
//线程 1 的入口函数
```

```
1. DWORD WINAPI Fun1Proc(
2.   LPVOID lpParameter   // thread data
3. )
4. {
5. /*    while(index++<1000)
6.            cout<<"thread1 is running"<<endl;*/
7.       char buf[100] = { 0 };
8.       while(TRUE)
9.       {
10.          if(tickets>0)
11.          {
12.              sprintf_s(buf, "thread1 sell ticket : %d\n", tickets);
13.              cout << buf;
14.              tickets--;
15.          }
16.          else
17.              break;
18.      }
19.
20.      return 0;
21. }

//线程 2 的入口函数
DWORD WINAPI Fun2Proc(
  LPVOID lpParameter   // thread data
)
{
    char buf[100] = { 0 };
    while (TRUE)
    {
        if (tickets > 0)
        {
            sprintf_s(buf, "thread2 sell ticket : %d\n", tickets);
            cout << buf;
            tickets--;
        }
        else
            break;
    }
    return 0;

}
```

在上述例 16-2 所示代码中，首先添加了线程 2 入口函数（Fun2Proc）的声明，然后在 main 函数中调用 CreateThread 函数创建该线程，并在该线程创建之后，调用 CloseHandle 函数将此线程的句柄关闭。

接着定义了一个全局的变量 tickets，用来表示销售的剩余票数。本例为该变量赋予初值 100，新创建的两个线程将负责销售这 100 张票。

对于第一个线程函数（Fun1Proc）来说，为了让该线程能够不断地销售火车票，需要进行一个 while 循环。在此循环中，判断 tickets 变量的值，如果大于 0，就销售一张票，并将该票的票号进行输出，即例 16-2 所示代码中的 12、13 行，tickets 变量的值减 1；如果 tickets 等于或小于 0，则表明票已经卖完了，调用 break 语句终止 while 循环。

对于第二个线程函数（Fun2Proc）来说，其实现过程与第一个线程函数是一样的，只是输出语句是：“thread2 sell ticket : %d\n”。

对主线程来说，需要保证在创建的两个线程卖完这 100 张票之前，该线程不能退出。否则，主线程退出了，进程就结束了，线程 1 和线程 2 也就退出了。这时，有些读者可能会想到这样做：为了让主线程持续运行，可以让它进行一个空的 while 循环，例如在 main 函数的最后、return 语句之前添加如下代码：

```
while(TRUE){}
```

要注意的是，采用这种方式，对于主线程来说，它会持续运行而不会结束了，但是这样会占用 CPU 的资源和时间，从而影响 MultiThread 程序执行的效率。因此，为了让主线程不退出，并且不影响程序运行的效率，我们可以使用 Sleep 函数，并让其睡眠一段时间，例如 4 秒。这样，当程序执行到 Sleep 函数时，主线程就放弃其执行的权利，进入等待状态，这时的主线程是不占用 CPU 时间的。

编译并运行 MultiThead 程序，将出现如图 16.12 所示的窗口。可以看到线程 1 和线程 2 销售的票的数据交替在窗口中出现。

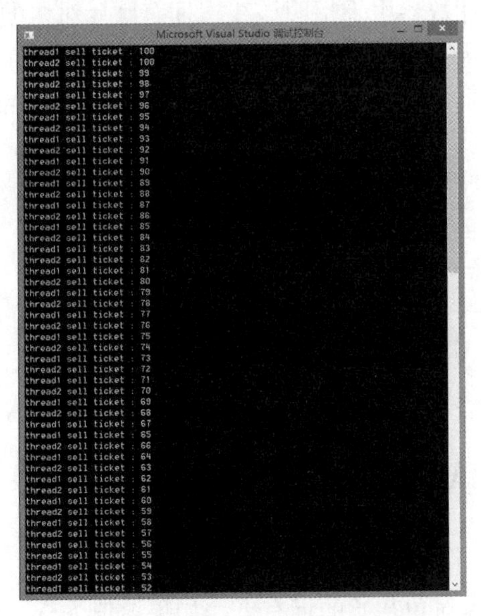

图 16.12　火车票销售系统模拟程序运行结果

16.4.2　多线程程序容易出现的问题

细心的读者可能已经发现，在图 16.12 所示的火车票销售数据中，票号为 100 的这张票被线程 1 和线程 2 分别销售了一次，也就是说，票号为 100 的这张票被销售了 2 次，如果在真实的火车票售票系统中出现这个问题，那麻烦就大了。

为什么会出现这样的问题呢？这是因为在多 CPU 的平台下，线程 1 和线程 2 在被创建后可以并发运行，变量 tickets 初始为 100，线程 1 函数 Fun1Proc 执行进入 if 语句处（例 16-2 所示代码的第 10 行），然后判断出 tickets 大于 0，于是开始销售票号为 100 的票（此时 tickets 变量的自减操作还没有执行）；与此同时，线程 2 也在执行，也进入了 if 语句块中，判断出 tickets 大于 0，也开始销售票号为 100 的票，于是我们就看到了重复票号的销售数据。

上述问题的出现主要是因为两个线程访问了同一个全局变量：tickets。为了避免这种问题的发生，就要求在多个线程之间进行一个同步处理，保证在一个线程访问共享资源时，其他线程不能访问该资源。对本例来说，就是当一个线程在销售火车票的过程中，其他线程在该时间段内不能访问同一种资源，本例就是指全局变量 tickets，必须等到前者完成火车票的销售过程之后，其他线程才能访问该资源。这与我们在商场买衣服时所进行的活动类似，当我们在试衣间进行试衣服这一活动时，其他试衣服的人必须等待，只有在我们完成了试衣服这一活动并离开试衣间时，其他人才能进入该试衣间。

16.4.3 利用互斥对象实现线程同步

互斥对象（mutex）属于内核对象，它能够确保线程拥有对单个资源的互斥访问权。互斥对象包含一个使用数量、一个线程 ID 和一个计数器。其中 ID 用于标识系统中的哪个线程当前拥有互斥对象，计数器用于指明该线程拥有互斥对象的次数。

为了创建互斥对象，需要调用函数 CreateMutex，该函数可以创建或打开一个命名的或匿名的互斥对象，程序就可以利用该互斥对象完成线程间的同步。CreateMutex 函数的原型声明如下所述：

```
HANDLE CreateMutex(
  LPSECURITY_ATTRIBUTES lpMutexAttributes,
  BOOL bInitialOwner,
  LPCTSTR lpName
);
```

该函数具有三个参数，其含义分别如下所述：

■ lpMutexAttributes

一个指向 SECURITY_ATTRIBUTES 结构的指针，可以给该参数传递 NULL 值，让互斥对象使用默认的安全性。

■ bInitialOwner

BOOL 类型，指定互斥对象初始的拥有者。如果该值为真，则创建这个互斥对象的线程获得该对象的所有权；否则，该线程将不获得所创建的互斥对象的所有权。

■ lpName

指定互斥对象的名称。如果此参数为 NULL，则创建一个匿名的互斥对象。

如果调用成功，则该函数将返回所创建的互斥对象的句柄。如果创建的是命名的互斥对象，并且在 CreateMutex 函数调用之前，该命名的互斥对象存在，那么该函数将返回已经存在的这个互斥对象的句柄，而这时调用 GetLastError 函数将返回 ERROR_ALREADY_EXISTS。

另外，当线程对共享资源访问结束后，应释放该对象的所有权，也就是让该对象处于已通知状态。这时需要调用 ReleaseMutex 函数，该函数将释放指定对象的所有权。该函数的原型声明如下所示：

```
BOOL ReleaseMutex( HANDLE hMutex );
```

ReleaseMutex 函数只有一个 HANDLE 类型的参数，即需要释放的互斥对象的句柄。该函数的返回值是 BOOL 类型，如果函数调用成功，则返回非 0 值；否则返回 0 值。

另外，线程必须主动请求共享对象的使用权才有可能获得该所有权，这可以通过调用 WaitForSingleObject 函数来实现，该函数的原型声明如下所述：

```
DWORD WaitForSingleObject( HANDLE hHandle,  DWORD dwMilliseconds );
```

该函数有两个参数，其含义分别如下所述：

■ hHandle

所请求的对象的句柄。本例将传递已创建的互斥对象的句柄 hMutex。一旦互斥对象处于有信号状态，则该函数就返回。如果该互斥对象始终处于无信号状态，即未通知的状态，则该函数就会一直等待，这样就会暂停线程的执行。

■ dwMilliseconds

指定等待的时间间隔，以毫秒为单位。如果指定的时间间隔已过，那么即使所请求的对象仍处于无信号状态，WaitForSingleObject 函数也会返回。如果将此参数设置为 0，那么 WaitForSingleObject 函数将测试该对象的状态并立即返回；如果将此参数设置为 INFINITE，则该函数会永远等待，直到等待的对象处于有信号状态才会返回。

在调用 WaitForSingleObject 函数后，该函数会一直等待，只有在以下两种情况下才会返回：

- 指定的对象变成有信号状态；
- 指定的等待时间间隔已过。

如果函数调用成功，那么 WaitForSingleObject 函数的返回值将表明引起该函数返回的事件，表 16.1 列出了该函数可能的返回值。

表 16.1 WaitForSingleObject 函数的返回值

返 回 值	说 明
WAIT_OBJECT_0	所请求的对象是有信号状态
WAIT_TIMEOUT	指定的时间间隔已过，并且所请求的对象是无信号状态
WAIT_ABANDONED	所请求的对象是一个互斥对象，并且先前拥有该对象的线程在终止前没有释放该对象。这时，该对象的所有权将授予当前调用线程，并且将该互斥对象被设置为无信号状态

下面，我们修改上述如例 16-2 所示的 MultiThread 程序代码，利用互斥对象来实现线程同步。最终的实现代码如例 16-3 所示。

例 16-3

```
#include "pch.h"
#include <iostream>
#include <windows.h>

using namespace std;

DWORD WINAPI Fun1Proc(
  LPVOID lpParameter   // thread data
);

DWORD WINAPI Fun2Proc(
  LPVOID lpParameter   // thread data
);
int tickets=100;
HANDLE hMutex;
int main()
{
    HANDLE hThread1;
    HANDLE hThread2;

    //创建互斥对象
    hMutex=CreateMutex(NULL,FALSE,NULL);

    //创建线程
    hThread1=CreateThread(NULL,0,Fun1Proc,NULL,0,NULL);
    hThread2=CreateThread(NULL,0,Fun2Proc,NULL,0,NULL);
    CloseHandle(hThread1);
    CloseHandle(hThread2);
    Sleep(4000);
    return 0;
}

//线程 1 的入口函数
DWORD WINAPI Fun1Proc(
  LPVOID lpParameter   // thread data
)
{
    char buf[100] = { 0 };
    while(TRUE)
    {
        WaitForSingleObject(hMutex,INFINITE);
        if(tickets>0)
        {
            sprintf_s(buf, "thread1 sell ticket : %d\n", tickets);
            cout << buf;
            tickets--;
```

```
        }
        else
            break;
        ReleaseMutex(hMutex);
    }

    return 0;
}

//线程 2 的入口函数
DWORD WINAPI Fun2Proc(
  LPVOID lpParameter   // thread data
)
{
    char buf[100] = { 0 };
    while(TRUE)
    {
        WaitForSingleObject(hMutex,INFINITE);
        if(tickets>0)
        {
            sprintf_s(buf, "thread2 sell ticket : %d\n", tickets);
            cout << buf;
            tickets--;      }
        else
            break;
        ReleaseMutex(hMutex);
    }

    return 0;
}
```

在上述例 16-3 所示代码中，首先定义了一个 HANDLE 类型的全局变量 hMutex，用来保存随后创建的互斥对象句柄。

接下来，在 main 函数中，调用 CreateMutex 函数创建一个匿名的互斥对象。

然后在线程 1 和线程 2 中，在需要保护的代码前面添加 WaitForSingleObject 函数的调用，让其请求互斥对象的所有权，这样线程 1 和线程 2 就会一直等待，除非所请求的对象处于有信号状态，该函数才会返回，线程才能继续往下执行，即才能执行受保护的代码。为此，在例 16-3 所示代码中，在线程 1 和线程 2 访问它们共享的全局变量 tickets 之前，添加了下述语句，实现线程同步：

```
WaitForSingleObject(hMutex,INFINITE);
```

当执行到这条语句时，线程 1 和线程 2 就会等待，除非所等待的互斥对象 hMutex 处于有信号状态，线程才能继续向下执行，即才能访问 tickets 变量，完成火车票的销售工作。

当对所要保护的代码操作完成之后，应该调用 ReleaseMutex 函数释放当前线程对互斥对象的所有权，这时，操作系统就会将该互斥对象的线程 ID 设置为 0，将该互斥对象设置为有信号状态，这使得其他线程有机会获得该对象的所有权，从而获得对共享资源的访问。

下面，我们来分析一下例 16-3 所示程序的执行过程。在创建互斥对象时，第二个参数传递的是 FALSE 值，这表明当前没有线程拥有这个互斥对象，于是，操作系统就会将该互斥对象设置为有信号状态。当第一个线程开始运行时，进入 while 循环后，调用 WaitForSingleObject 函数，因为这时互斥对象处于有信号状态，所以该线程就请求到了这个互斥对象，操作系统就会将该互斥对象的线程 ID 设置为线程 1 的 ID，接着，操作系统会将这个互斥对象设置为未通知状态。当线程 2 开始执行后，进入 while 循环，调用 WaitForSingleObject 函数，但这时该互斥对象已经被线程 1 所拥有，处于未通知状态，线程 2 没有获得互斥对象的所有权，因此 WaitForSingleObject 函数就会处于等待状态，从而导致线程 2 处于暂停执行状态。当线程 1 销售完一张火车票后，调用 ReleaseMutex 函数释放互斥对象的所有权，也就是让该对象处于已通知状态，那么线程 2 的 WaitForSingleObject 函数就可以得到互斥对象的所有权，线程 2 继续执行下面的代码。同样地，当线程 2 销售了一张火车票之后，也通过调用 ReleaseMutex 函数，释放它对互斥对象的所有权。

我们可以把互斥对象看成是一把房间钥匙，只有得到这把钥匙后，我们才能进入这个房间，完成应做的工作。当我进入房间关上门后，因为钥匙在我手上，其他人拿不到该钥匙，因此就无法进入这个房间，只能等待。只有等我离开这个房间并交出钥匙，其他人才能进入该房间，完成应做的工作，最后离开房间，交出钥匙。

编译并运行 MultiThread 程序，将会发现这时所销售的票号正常，没有看到重复销售的票号了。这就是通过互斥对象来保护多线程间的共享资源，本例是保护对全局变量的访问，使得当其中一个线程访问该资源时，其他线程不能访问同一种资源。

读者应注意 WaitForSingleObject 函数的调用位置，如果我们把例 16-3 所示代码中的两个线程函数中调用 WaitForSingleObject 函数的代码放到 while 循环之前，并把 ReleaseMutex 函数的调用放在 while 循环结束之后（即这时线程 1 入口函数的代码如例 16-4 所示，线程 2 入口函数的代码做相应变化），那么这时程序会出现什么情况呢？

例 16-4

```
DWORD WINAPI Fun1Proc(
  LPVOID lpParameter   // thread data
)
{
    WaitForSingleObject(hMutex,INFINITE);
    while(TRUE)
    {
        if(tickets>0)
        {
            Sleep(1);
            cout<<"thread1 sell ticket : "<<tickets--<<endl;
        }
        else
```

```
            break;
        }
        ReleaseMutex(hMutex);

        return 0;
    }
```

读者可以试着运行这时的 MultiThread 程序，将会看到火车票的销售工作是没有问题的，但是发现这时只是 1 个线程在销售票。我们可以分析这时的程序执行过程，当线程 1 开始运行时，它调用 WaitForSingleObject 函数请求互斥对象，由于这时互斥对象处于有信号状态，线程 1 可以请求到该对象，因此继续执行，进入 while 循环；与此同时，线程 2 开始执行，它也调用 WaitForSingleObject 函数请求互斥对象，但是该互斥对象当前已被线程 1 所拥有，于是线程 2 请求不到该对象的所有权，线程 2 只能等待。当线程 1 销售完一张火车票后，它又进入下一次循环，没有释放对互斥对象的所有权。也就是说，该互斥对象始终被线程 1 所拥有，线程 1 将在 while 循环内部不断地销售火车票，直到所有的 100 张火车票被卖完为止，线程 1 才会退出 while 循环，调用 ReleaseMutex 函数释放对互斥对象的所有权，这时，线程 2 才能获得该互斥对象的所有权，继续执行下面的代码，但是该线程判断出票号已经不大于 0 了，因此就没有执行 if 语句中的代码，直接退出了 while 循环，调用 ReleaseMutex 函数释放互斥对象的所有权，线程 2 结束。所以，程序的结果就是线程 2 没有销售一张火车票。通过本例是想提醒读者，一定要注意调用 WaitForSingleObject 函数的位置。

下面仍以例 16-3 所示代码为例，如果在创建互斥对象时，将第二个参数设置为 TRUE，再次运行 MultiThread 程序，那么会看到线程 1 和线程 2 都没有销售票。我们来分析这时的程序执行过程，当调用 CreateMutex 函数创建互斥对象时，如果将第二个参数设置为 TRUE，则表明创建互斥对象的线程（本例是主线程）拥有该互斥对象，而我们在主线程中并没有释放该对象，因此对于线程 1 和线程 2 来说，它们是无法获得该互斥对象的所有权的，它们只能等待，直到主线程结束，才会释放该互斥对象的所有权，但这时进程退出了，两个线程也就退出了。

如果我们这样做：在线程函数的 while 循环内部，在调用 WaitForSingleObject 函数之前，先调用 ReleaseMutex 函数释放互斥对象的所有权，之后，再调用 WaitForSingleObject 函数请求该互斥对象的所有权，那么这时线程 1 和线程 2 能否得到该互斥对象的所有权呢？读者可以试着按照此方法修改代码，再次运行 MultiThread 程序，将会看到线程 1 和线程 2 仍未得到销售火车票的机会。下面分析出现这种情况的原因。

对于互斥对象来说，它是唯一与线程相关的内核对象。当主线程拥有互斥对象时，操作系统会将互斥对象的线程 ID 设置为主线程的 ID。当在线程 1 中调用 ReleaseMutex 函数释放互斥对象的所有权时，操作系统会判断线程 1 的线程 ID 与互斥对象内部所维护的线程 ID 是否相等，只有相等才能完成释放操作。正因为在上述实现方法中，释放互斥对象的线程与互斥对象内部所维护的线程 ID 不相等，所以该互斥对象并没有被释放，请求该互斥对象所有权的操作就只能一直等待，线程 1 和线程 2 都没有执行 if 语句下的代码，从而就没有看到线程售票的信息。

也就是说，**对互斥对象来说，谁拥有谁释放**。知道了这一原则，我们就可以这样做：在 main 函数中，当调用 CreateMutex 创建了互斥对象之后，调用 ReleaseMutex 函数释放主线程对该互斥对象的所有权。这时 main 函数的代码如例 16-5 所示。

例 16-5

```
int main()
{
    HANDLE hThread1;
    HANDLE hThread2;

    //创建互斥对象
    hMutex=CreateMutex(NULL,TRUE,NULL);

    //创建线程
    hThread1=CreateThread(NULL,0,Fun1Proc,NULL,0,NULL);
    hThread2=CreateThread(NULL,0,Fun2Proc,NULL,0,NULL);
    CloseHandle(hThread1);
    CloseHandle(hThread2);
    ReleaseMutex(hMutex);

    Sleep(4000);
    return 0;
}
```

读者可以再次运行 MultiThread 程序，这时会看到线程 1 和线程 2 交替销售火车票了。说明这两个线程得到了互斥对象的所有权，从而执行了 if 语句下的代码。

对于本程序的编写，还有一种情况需要说明，就是在主线程中，当调用 CreateMutex 函数创建互斥对象之后，调用 WaitForSingleObject 函数请求该互斥对象（即在上述例 16-5 所示 main 函数中调用 CreateMutex 函数的代码之后添加下面这条语句），再调用 ReleaseMutex 函数释放主线程对该互斥对象的所有权，这时程序的结果会是怎样的呢？

```
WaitForSingleObject(hMutex,INFINITE);
```

读者可以运行这时的 MultiThread 程序，将会发现线程 1 和线程 2 没有执行 if 语句下的代码。我们分析这时的程序执行情况，当调用 WaitForSingleObject 函数请求互斥对象时，操作系统需要判断当前请求互斥对象的线程的 ID 是否与互斥对象当前拥有者的线程 ID 相等，如果相等，那么即使该互斥对象处于未通知状态，调用线程仍然能够获得其所有权，然后 WaitForSingleObject 函数返回。对于同一个线程多次拥有的互斥对象来说，该互斥对象内部的计数器记录了该线程拥有的次数。在本例中，当第一次创建互斥对象时，主线程拥有这个互斥对象，除了将互斥对象的线程 ID 设置为主线程的 ID 以外，同时还将该互斥对象内部的计数器变为 1。这里应注意，当主线程拥有该互斥对象时，该对象就处于未通知状态了，但是当在主线程中调用 WaitForSingleObject 函数请求该互斥对象的所有权时，因为请求的线程的 ID 和该互斥对象当前所有者的线程 ID 是相同的，所以仍然能够请求到这个互斥对象，操作系统通过互斥对象内部的计数器来维护同一个线程请求到该互斥对象的次数，于是该计数器就会增加 1，这时，互斥对象内部计数器的值为 2。当接下来调用

ReleaseMutex 函数释放该互斥对象的所有权时，实际上就是递减这个计数器，但此时该计数器的值仍为 1，因此操作系统不会将这个互斥对象变为已通知状态。自然，随后在线程 1 和线程 2 请求这个互斥对象时，它们是得不到该对象的所有权的。

如果想让线程 1 和线程 2 能够执行 if 语句下的代码，那么只能在主线程中再次调用 ReleaseMutex 函数，这时该互斥对象内部维护的计数器就变成 0 了，操作系统就会将该互斥对象的线程 ID 设置为 0，同时将该对象设置为有信号状态。之后，线程 1 和线程 2 就可以请求到该互斥对象的所有权了。读者可以自行测试这种情况。

正是因为互斥对象具有与线程相关的这一特点，所以在使用互斥对象时需要小心，如果多次在同一个线程中请求同一个互斥对象，那么就需要相应地多次调用 ReleaseMutex 函数释放该互斥对象。

下面我们再看一种情况，我们将两个线程的入口函数改为如例 16-6 所示代码。

例 16-6

```
//线程 1 的入口函数
DWORD WINAPI Fun1Proc(
  LPVOID lpParameter   // thread data
)
{
    WaitForSingleObject(hMutex,INFINITE);
    cout<<"thread1 is running\n";

    return 0;
}

//线程 2 的入口函数
DWORD WINAPI Fun2Proc(
  LPVOID lpParameter   // thread data
)
{
    WaitForSingleObject(hMutex,INFINITE);
    cout<<"thread2 is running\n";
    return 0;
}
```

在例 16-6 所示代码中，线程 1 请求互斥对象之后输出一句话：thread1 is running，接下来它并没有释放该互斥对象就退出了。线程 2 的函数实现代码是一样的。那么现在线程 2 能获得互斥对象的所有权吗？我们可以运行这时的 MultiThread 程序，结果如图 16.13 所示，可以看到，线程 1 和线程 2 都完整地运行了。

图 16.13　利用互斥对象实现多线程同步示例程序结果

在程序运行时，操作系统维护了线程的信息及与该线程相关的互斥对象的信息，因此它知道哪个线程终止了。如果某个线程得到了其所需的互斥对象的所有权，完成了线程代码的运行，但没有释放该互斥对象的所有权就退出了，那么操作系统一旦发现该线程已经终止，它就会自动将该线程所拥有的互斥对象的线程 ID 设为 0，并将其计数器归 0。因此，在本例中，操作系统判断出线程 1 终止了，它就会将互斥对象的引用计数置为 0，线程 ID 也置为 0，这时线程 2 就可以得到互斥对象的所有权了。

另外，可以根据 WaitForSingleObject 函数的返回值知道当前线程得到互斥对象的所有权是正常得到的，还是因先前拥有该对象的线程退出后获得的。但是，如果判断其返回值为 WAIT_ABANDONED，那就要小心了，由于不知道是因为先前拥有该对象的线程在终止之前没有调用 ReleaseMutex 函数释放所有权，还是先前拥有该对象的线程异常终止，这时在线程中，通过 WaitForSingleObject 函数所保护的代码，它们所访问的资源当前处于什么状态是不清楚的，如果这时进入这段代码对所保护的资源进行操作，那么结果将是未知的。因此，在程序中应该根据 WaitForSingleObject 函数的返回值进行一些相应处理。

16.5 保证应用程序只有一个实例运行

不知道读者是否曾经注意过，很多软件在运行时，只能运行一个程序的实例。不管你打开多少次该软件，它都是将先前已经运行的实例激活，使其处于前台运行。

对于这种同时只能有应用程序的一个实例运行的功能，可以通过命名的互斥对象来实现。在调用 CreateMutex 函数创建一个命名的互斥对象后，如果其返回值是一个有效的句柄，那么可以接着调用 GetLastError 函数，如果该函数返回的是 ERROR_ALREADY_EXISTS，就表明先前已经创建了这个命名的互斥对象，也就可以知道先前已经有该应用程序的一个实例在运行了。当然，如果 GetLastError 函数返回的不是 ERROR_ALREADY_EXISTS，就说明这个互斥对象是新创建的，从而也就知道当前启动的这个进程是应用程序的第一个实例。

下面，我们就为 MultiThread 程序添加代码，以实现只能启动该程序的一个实例。修改后的 main 函数如例 16-7 所示。

例 16-7

```
int main()
{
     HANDLE hThread1;
     HANDLE hThread2;

     //创建互斥对象
     hMutex=CreateMutex(NULL, FALSE, L"tickets");
     if(hMutex)
     {
         if(ERROR_ALREADY_EXISTS==GetLastError())
         {
             cout<<"only one instance can run!\n";
```

```
            return -1;
        }
    }

    //创建线程
    hThread1=CreateThread(NULL,0,Fun1Proc,NULL,0,NULL);
    hThread2=CreateThread(NULL,0,Fun2Proc,NULL,0,NULL);
    CloseHandle(hThread1);
    CloseHandle(hThread2);

    Sleep(4000);
    return 0;
```

在上述例 16-7 所示代码中，首先调用 CreateMutex 函数创建一个命名的互斥对象，至于该对象的名字，读者可以根据需要随意指定。接着，判断返回的互斥对象句柄（hMutex）是否有值，如果有值，就调用 GetLastError 函数，并对其返回值进行判断。如果判断出该函数返回的是 ERROR_ALREADY_EXISTS，那么说明该命名的互斥对象已经被创建了，也就说明已经有一个该程序的实例在运行了，于是输出一行字符："only instance can run!"，提示用户同时只能运行该程序的一个实例，程序立即返回，不再继续执行。

读者可以先运行一个 MultiThread 程序的实例，然后再次运行该程序，这时程序会打印出"only one instance can run!"这行字符，如图 16.14 所示。因为该程序在第二次运行时，它判断出先前已经有一个该程序的实例在运行了，所以它就打印出提示信息并立即退出。这就是利用命名的互斥对象实现只能有应用程序的一个实例在运行的方法。

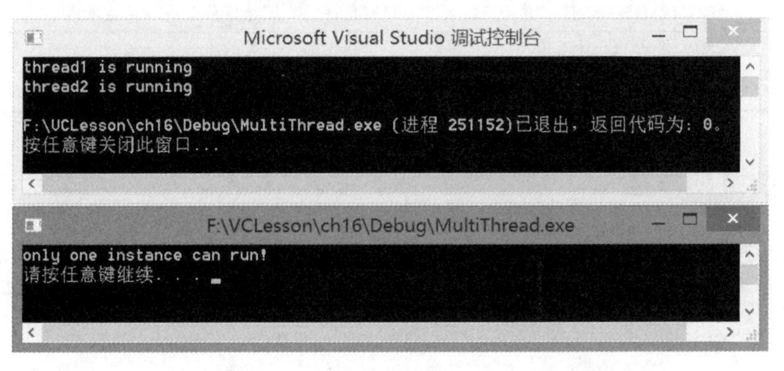

图 16.14　只能运行应用程序的一个实例

16.6　网络聊天室程序的实现

下面利用多线程技术编写一个图形界面的网络聊天室程序。在 ch16 解决方案下新建一个基于对话框的 MFC 应用程序，项目取名为 Chat。在创建完成后，将该项目设为启动项目，并将该对话框资源上已有的控件全部删除，将对话框的 Caption 属性设置为 Chat，然后添加一些控件，并设置它们相关的属性，结果如图 16.15 所示。

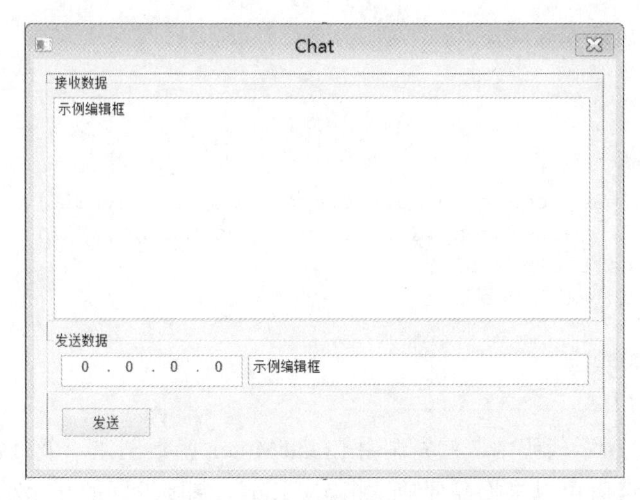

图 16.15 Chat 程序使用的对话框资源

该对话框上各控件的 ID 及说明如表 16.2 所示（按控件在对话框上从上到下、从左到右的顺序）。

表 16.2 对话框上添加的控件

控件名称	ID	Caption	说　明
Group Box	IDC_STATIC	接收数据	标示作用
Edit Control	IDC_EDIT_RECV	无	显示所接收到的数据
Group Box	IDC_STATIC	发送数据	标示作用
IP Address Control	IDC_IPADDRESS1	无	允许用户按照点分十进制格式输入 IP 地址
Edit Control	IDC_EDIT_SEND	无	允许用户输入将要发送的内容
Button	IDC_BTN_SEND	发送	单击此按钮，将编辑框中的内容发送给聊天的对方

16.6.1 加载套接字库

本章仍采用前面章节介绍的套接字知识来编写这个网络聊天程序。根据前面的知识，我们知道这时应该先加载套接字库，并进行版本协商。在 MFC 中，提供了一个完成这种功能的函数 AfxSocketInit，该函数的原型声明如下所示：

```
BOOL AfxSocketInit( WSADATA* lpwsaData = NULL );
```

AfxSocketInit 函数有一个参数，是指向 WSADATA 结构体的指针。该函数内部将调用 WSAStartup 函数来加载套接字库。使用这个函数还有一个好处，它可以确保应用程序在终止之前，调用 WSACleanup 函数以终止对套接字库的使用。并且在利用 AfxSocketInit 函数加载套接字库时，不需要为项目链接 ws2_32.lib 库文件。

如果函数调用成功，则 AfxSocketInit 将返回非 0 值；否则返回 0。

但应注意，应该在应用程序类（即工程中派生于 CWinApp 类的那个类）重载的 InitInstance 函数中调用 AfxSocketInit 函数。本例就在 CChatApp 类的 InitInstance 函数中调用 AfxSocketInit 函数，在 InitInstance 函数的开始位置添加下述例 16-8 所示代码。

例 16-8

```
if(!AfxSocketInit())
{
        AfxMessageBox(L"加载套接字库失败！");
        return FALSE;
}
```

上述例 16-8 所示代码调用了 AfxSocketInit 函数，并对其返回值进行判断，如果返回的是 0 值，即加载套接字库和版本协商操作失败，则弹出一个消息框，告诉用户："加载套接字库失败！"，InitInstance 函数返回 FALSE，这样，Chat 程序就不能继续运行了。

因为在程序中调用了 AfxSocketInit 这个函数，所以需要包含相应的头文件：Afxsock.h。这里，我们在 Chat 项目的 stdafx.h 中添加下述代码，该头文件是项目自带的。stdafx.h 是一个预编译头文件，在该文件中包含了 MFC 应用程序运行所需的一些必要的头文件，例如，该文件包含了 afxwin.h 文件，后者就包括了 MFC 核心和标准的组件。对于所有的 MFC 程序来说，它们第一个要包含的头文件就是 stdafx.h 这个预编译头文件。

```
#include <Afxsock.h>
```

16.6.2　创建并初始化套接字

下面，首先为 CChatDlg 类增加一个 SOCKET 类型的成员变量 m_socket，即套接字描述符，并将其访问权限设置为 private 类型。然后为 CChatDlg 类添加一个 BOOL 类型的成员函数：InitSocket，用来初始化该类的套接字成员变量，该函数的实现代码如例 16-9 所示。

例 16-9

```
//创建并初始化套接字
BOOL CChatDlg::InitSocket()
{
    //创建套接字
    m_socket=socket(AF_INET,SOCK_DGRAM,0);
    if(INVALID_SOCKET==m_socket)
    {
        MessageBox(L"套接字创建失败！");
        return FALSE;
    }
    SOCKADDR_IN addrSock;
    addrSock.sin_family=AF_INET;
    addrSock.sin_port=htons(6000);
    addrSock.sin_addr.S_un.S_addr=htonl(INADDR_ANY);

    int retval;
    //绑定套接字
    retval=bind(m_socket,(SOCKADDR*)&addrSock,sizeof(SOCKADDR));
    if(SOCKET_ERROR==retval)
    {
        closesocket(m_socket);
```

```
        MessageBox(L"绑定失败!");
        return FALSE;
    }
    return TRUE;
}
```

在上述例16-9所示的初始化套接字的函数中，首先调用socket函数创建一个套接字，因为对于聊天这种网络程序来说，通常都是采用基于UDP协议来实现的，所以在本例中则socket函数的第二个参数设置为SOCK_DGRAM，以创建数据报类型的套接字。如果没有错误发生，则socket函数返回创建的套接字描述符，否则返回INVALID_SOCKET，这时可以提示用户："套接字创建失败！"，InitSocket函数返回FALSE。

本例实现的Chat程序既包含了接收端的功能，又包含了发送端的功能。对接收端程序来说，它需要绑定到某个IP地址和端口上，所以在InitSocket函数中，定义了一个地址结构体SOCKADDR_IN类型的变量addrSock，并对其成员分别进行赋值。第一个成员指定地址族；第二个成员指定端口，本例使用6000；第三个成员指定IP地址，本例让Chat程序能够接收发送到本地的任意IP地址的数据。接下来就调用bind函数将套接字与指定的IP和端口绑定了，如果没有错误发生，则bind函数返回0；否则返回SOCKET_ERROR，这时调用closesocket关闭套接字，并提示用户："绑定失败!"，然后，InitSocket返回FALSE。

最后，如果上述操作都成功实现，则InitSocket函数返回TRUE。这就是在InitSocket函数中对套接字进行初始化的处理过程。接下来可以在CChatDlg类的OnInitDialog函数中调用这个函数，以便让程序完成套接字的初始化工作，添加代码如例16-10所示代码中加灰显示的那行语句。

例 16-10

```
BOOL CChatDlg::OnInitDialog()
{
    CDialog::OnInitDialog();


…
    InitSocket();

    return TRUE;
}
```

16.6.3 实现接收端功能

下面，编写接收端程序。因为在接收端接收数据时，如果没有数据到来，那么recvfrom函数会阻塞，从而导致程序暂停运行，所以，我们可以将接收数据的操作放置在一个单独的线程中完成，并给这个线程传递两个参数，一个是已创建的套接字，另一个是对话框控件的句柄，这样，在该线程中，当接收到数据后，可以将该数据传回给对话框，经过处理后显示在接收编辑框控件上。我们可以看一看CreateThread函数的声明，发现该函数只提供了一个参数（即该函数的第四个参数），用来向创建的线程传递参数。而现在我们需要传递两个参数，这应如何实现呢？"山重水复疑无路，柳暗花明又一村"，我们可以看到

CreateThread 函数的第四个参数是指针类型，既然是一个指针，那么它既可以是一个指向变量的指针，也可以是一个指向对象的指针，因此，我们可以定义一个结构体，在该结构体中包含想要传递给线程的两个参数，然后将该结构体类型的指针变量传递给 CreateThread 函数的第四个参数。

首先，我们在 CChatDialog 类的头文件中，在该类的声明的外部定义一个 RECVPARAM 结构体，代码如例 16-11 所示。

例 16-11

```
struct RECVPARAM
{
    SOCKET sock;          //已创建的套接字
    HWND hwnd;            //对话框句柄
};
```

在该结构体中，定义了两个成员，一个是 SOCKET 类型的成员 sock，另一个是 HWND 类型的成员 hwnd。

> **提示：**在定义结构体时，一定要在其后加上分号。

在 CChatDialog 类的 OnInitDialog 函数中，在上面刚刚添加的 InitSocket 函数调用（例 16-10 所示代码中加灰显示的那行代码）后面添加下述代码（如例 16-12 所示），以完成数据接收线程的创建，并传递所需的参数。

例 16-12

```
RECVPARAM *pRecvParam=new RECVPARAM;
pRecvParam->sock=m_socket;
pRecvParam->hwnd=m_hWnd;
//创建接收线程
HANDLE hThread=CreateThread(NULL,0,RecvProc,(LPVOID)pRecvParam,0,NULL);
//关闭该接收程句柄，释放其引用计数
CloseHandle(hThread);
```

在上述例 16-12 所示代码中，首先定义了一个 RECVPARAM 结构的指针变量 pRecvParam，并利用 new 操作符为该变量分配空间。然后，对该结构体变量中的两个成员进行初始化，将 sock 成员设置为已创建的套接字，将 hwnd 成员设置为对话框的句柄。在前面章节已经介绍过，所有与窗口有关的类都有一个数据成员 m_hWnd，它保存了与该类相关的窗口的句柄。因此，CChatDialog 类的成员变量 m_hWnd 就是该对话框的句柄。

接下来，就调用 CreateThread 函数创建数据接收线程，其中第四个参数就是我们要向数据接收线程入口函数传递的参数，因为该参数的类型是 LPVOID，而我们要传递的是 RECVPARAM 指针类型，所以需要进行强制类型转换。

然后，我们要完成数据接收线程入口函数的编写。我们可以按照本章前面介绍的方法，把线程入口函数定义为一个全局函数，但在实际开发中，有些公司要求在面向对象的编程中不能使用全局函数，所有的数据成员和方法都必须封装到类中，那么是否可以将线程函数定义为类的成员函数呢？我们可以试验一下，按照前面介绍的线程入口函数的写法为

CChatDialog 类增加一个成员函数 RecvProc，并在此函数中添加一条简单的 return 语句，结果如例 16-13 所示。

例 16-13

```
DWORD WINAPI CChatDlg::RecvProc(LPVOID lpParameter)
{

    return 0;
}
```

然后编译 Chat 程序，编译器将报告如下错误：

```
E0167   "DWORD (__stdcall CChatDlg::*)(LPVOID lpParameter)" 类型的实参与
"LPTHREAD_START_ROUTINE" 类型的形参不兼容
```

当创建线程时，系统的运行时代码会调用线程函数来启动线程。因为这里的线程函数是 CChatDialog 类的成员函数，为了调用这个函数，必须先产生一个 CChatDialog 类的对象，然后才能调用该对象内部的成员函数。然而，对于运行时代码来说，它如何知道要产生哪一个对象呢？也就是说，运行时代码根本不知道如何去产生一个 CChatDialog 类的对象。对于运行时代码来说，如果要调用线程函数来启动某个线程的话，那么应该不用产生任何对象就可以调用这个线程函数，而这里我们错误地将这个线程函数定义为类的成员函数，所以就出错了。可以这样来解决这个问题：将线程函数声明为类的静态函数，即在 CChatDialog 类的头文件中，在 RecvProc 函数声明的最前面添加关键词：static，这时该函数的声明代码如下所示：

```
static DWORD WINAPI RecvProc(LPVOID lpParameter);
```

因为对类的静态函数而言，它不属于该类的任何一个对象，而只属于类本身。因此，在 CChatDialog 类的 OnInitDialog 函数中创建线程时，运行时代码就可以直接调用 CChatDialog 类的静态函数，从而启动线程。再次编译 Chat 程序，将会看到程序成功编译。

通过上例说明，如果公司要求完全采用面向对象的思想来编程，也就是说，不能使用全局函数和全局变量，则可以采用静态成员函数和静态成员变量的方法来解决上述问题。

下面，为 RecvProc 这个线程入口函数添加实现代码以完成数据接收的功能，结果如例 16-14 所示。

例 16-14

```
DWORD WINAPI CChatDlg::RecvProc(LPVOID lpParameter)
{
    //获取主线程传递的套接字和窗口句柄
    SOCKET sock = ((RECVPARAM*)lpParameter)->sock;
    HWND hwnd = ((RECVPARAM*)lpParameter)->hwnd;
    delete lpParameter;

    SOCKADDR_IN addrFrom;
    int len = sizeof(SOCKADDR);
```

```
    char recvBuf[200];
    char tempBuf[300];
    char str[INET_ADDRSTRLEN];
    int retval;
    while (TRUE)
    {
        //接收数据
        retval = recvfrom(sock, recvBuf, 200, 0, (SOCKADDR*)&addrFrom, &len);
        if (SOCKET_ERROR == retval)
            break;
        sprintf_s(tempBuf, "%s 说: %s",
            inet_ntop(AF_INET, &addrFrom.sin_addr, str, sizeof(str)), recvBuf);

        ::PostMessage(hwnd, WM_RECVDATA, 0, (LPARAM)tempBuf);
    }
    return 0;
}
```

在 RecvProc 这个线程函数中，首先取出主线程传递来的参数，将参数 lpParameter 转换为 RECVPARAM*类型，然后访问该结构体中的成员。

接下来就可以调用 recvfrom 函数接收数据了。为了让接收线程能够不断地运行，线程函数 RecvProc 进行了一个 while 循环，在此循环中不断地调用 recvfrom 函数接收数据，如果该函数调用失败，则返回 SOCKET_ERROR 值，这时就调用 break 语句，终止 while 循环；否则返回接收到的字节数，然后对接收到的数据进行格式化，并将格式化后的数据传递给对话框，因为我们已经将对话框的句柄作为参数传递给线程了，所以可以采用发送消息的方式将数据传递给对话框。本例调用 PostMessage 函数向对话框发送一条自定义的消息：WM_RECVDATA，将参数 wParam 设置为 0，而将需要显示的数据作为 lParam 参数传递，并将该数据转换为参数 lParam 需要的类型：LPARAM。

在 CChatDlg 类的头文件中，定义 WM_RECVDATA 这个消息的值，即在该头文件中添加下面这条语句：

```
#define WM_RECVDATA     WM_USER+1
```

并在 CChatDlg 类的头文件中添加该消息响应函数原型的声明，即添加例 16-15 所示代码中加灰显示的那句代码。

例 16-15

```
// 生成的消息映射函数
//{{AFX_MSG(CChatDlg)
virtual BOOL OnInitDialog();
afx_msg void OnSysCommand(UINT nID, LPARAM lParam);
afx_msg void OnPaint();
afx_msg HCURSOR OnQueryDragIcon();
afx_msg LRESULT OnRecvData(WPARAM wParam,LPARAM lParam);
DECLARE_MESSAGE_MAP()
```

在 CChatDlg 类的源文件中添加 WM_RECVDATA 消息映射，即添加例 16-16 所示代码中加灰显示的那句代码，注意该代码后不要添加任何标点符号。这里再次提醒读者，因为 CAboutDlg 和 CChatDialog 这两个类的实现代码在同一个源文件中，所以一定要看仔细，注意消息映射的位置，不要写错位置了。

例 16-16

```
BEGIN_MESSAGE_MAP(CChatDlg, CDialog)
    ON_WM_SYSCOMMAND()
    ON_WM_PAINT()
    ON_WM_QUERYDRAGICON()
    ON_MESSAGE(WM_RECVDATA,OnRecvData)
END_MESSAGE_MAP()
```

最后就是该消息响应函数的实现，具体代码如例 16-17 所示。

例 16-17

```
//接收数据消息响应函数
LRESULT CChatDlg::OnRecvData(WPARAM wParam,LPARAM lParam)
{
    //取出接收到的数据
    CString str;
    USES_CONVERSION;
    str = A2T((char*)lParam);
    CString strTemp;
    //获得已有数据
    GetDlgItemText(IDC_EDIT_RECV, strTemp);
    str += "\r\n";
    str += strTemp;
    //显示所有接收到的数据
    SetDlgItemText(IDC_EDIT_RECV, str);

    return 0;
}
```

每当接收到新的数据时，应在对话框的接收编辑框的第一行显示该数据，而之前的数据应依次向下移动。在例 16-17 所示 OnRecvData 函数中，定义了一个 CString 类型的变量 str，用来保存从消息响应函数的 lParam 参数取出的数据，即当前接收到的新数据。但现在有个问题，前面章节提到过，Visual Studio 2017 默认使用 Unicode 字符集，CString 会被解析为宽字符版本，用于存储 Unicode 字符串，而我们接收到的数据是 ANSI 字符串（char 类型的字符数据），所以这里需要做一个转换。ANSI 和 Unicode 之间的相互转换，可以调用 MultiByteToWideChar 和 WideCharToMultiByte 这两个函数来完成，不过由于这两个函数的调用比较复杂，为了简单起见，我们使用宏 A2T（也可以直接使用宏 A2W）将 ANSI 字符串转换为 Unicode 字符串，而这个宏在使用之前必须使用另一个宏来启用它，即上述代码中加灰显示的第一句代码，如下：

```
USES_CONVERSION;
```

注意后面的分号不能省略。

接着，我们又定义了一个 CString 类型的变量 strTemp，用来保存从编辑框控件中获得的已有文本，即之前接收到的数据，该文本的获得通过调用 GetDlgItemText 函数来实现。接下来为新收到的数据添加回车换行符："\r\n"，并加上先前已有的数据，最后调用 SetDlgItemText 函数，将处理后的数据放回到接收数据的编辑框中进行显示。

16.6.4　实现发送端功能

本例的设计是当用户单击对话框上的【发送】按钮后，程序将用户输入的数据发送给聊天的对方。为此，需要捕获【发送】按钮的单击消息，并在其中实现发送功能。我们双击对话框资源上的【发送】按钮，Visual Studio 开发环境将为该按钮自动生成一个按钮单击命令响应函数：OnBnClickedBtnSend，在此函数中添加代码来实现数据发送的功能，结果如例 16-18 所示。

例 16-18

```
//数据发送处理
void CChatDlg::OnBnClickedBtnSend()
{
    //获取对方 IP
    DWORD dwIP;
    ((CIPAddressCtrl*)GetDlgItem(IDC_IPADDRESS1))->GetAddress(dwIP);

    SOCKADDR_IN addrTo;
    addrTo.sin_family = AF_INET;
    addrTo.sin_port = htons(6000);
    addrTo.sin_addr.S_un.S_addr = htonl(dwIP);

    CString strSend;

    //获得待发送数据
    GetDlgItemText(IDC_EDIT_SEND, strSend);

    USES_CONVERSION;
    char *pStrSend = T2A(strSend);

    //发送数据
    sendto(m_socket, pStrSend, strlen(pStrSend) + 1, 0,
        (SOCKADDR*)&addrTo, sizeof(SOCKADDR));
    //清空发送编辑框中的内容
    SetDlgItemText(IDC_EDIT_SEND, L"");
}
```

在上述例 16-18 所示 OnBtnSend 函数中，需要从 IP 地址控件（其 ID 为 IDC_IPADDRESS1）上得到对方 IP 地址。在 MFC 中，如果需要对控件进行操作，那么都是利用控件所对应的类来完成的，IP 控件对应的 MFC 类是 CIPAddressCtrl。这个类有一个 GetAddress 成员函数，该函数将返回 IP 地址控件中非空白字段的数值。GetAddress 函数有两种声明形式，其中一种如下所示：

```
int GetAddress( DWORD& dwAddress );
```

GetAddress 函数的这种声明形式需要一个 DWORD 引用类型的参数，也就是说，我们只需要定义一个 DWORD 变量，并将其传递给 GetAddress 函数，就可得到以 DWORD 值表示的 IP 地址。因而在上述例 16-18 所示的 OnBtnSend 函数中，首先调用 GetDlgItem 函数得到 IP 地址控件，因为该控件是 CIPAddressCtrl 类型，所以需要将 GetDlgItem 函数的返回值强制转换为 CIPAddressCtrl*类型，然后调用该类的 GetAddress 函数得到 IP 地址。

接着定义了一个地址结构（SOCKADDR_IN）变量 addrTo，并设置其成员的值。其他成员的设置前面内容已经介绍过了，这里主要关注第三个成员 sin_addr.S_un.S_addr 的设置，该成员是聊天对方的 IP 地址，并且要求是 DWORD 类型，虽然刚刚获得的 IP 地址 dwIP 也是 DWORD 类型，但它是主机字节顺序，这里需要调用 htonl 函数将其转换为网络字节顺序。

接下来调用 GetDlgItemText 函数得到要发送的数据，然后调用 sendto 函数发送该数据。这里遇到的问题和例 16-17 一样，因为发送数据的 sendto 函数的第二个参数需要是 const char*类型，也就是说，发送的是 ANSI 字符串数据，因此这里要将 CString 的对象 strSend 所表示的 Unicode 字符串转换为 ANSI 字符串，这可以使用 T2A 宏（也可以直接使用 W2A 宏）来完成，同样，要启用该宏，需要使用 USES_CONVERSION 宏。

当数据发送完成之后，调用 SetDlgItemText 函数清空发送编辑框中的内容。

编译并运行 Chat 程序，在 IP 地址控件中输入与之聊天的对方 IP 地址，例如，输入本地回路 IP 地址：127.0.0.1，并在发送编辑框中输入一些字符，单击【发送】按钮，在接收编辑框中就可以看到发送的数据。但是当再次发送数据后，看到在接收编辑框中两次接收到的数据之间并没有换行，所有的数据都是在同一行显示的，如图 16.16 所示。

但是在上面的 OnRecvData 函数（例 16-17 所示代码）中已经为接收到的数据添加了“\r\n”，即回车换行符，那为什么在显示时文字没有换行呢？读者应注意，**为了让编辑框控件接受换行符，必须设置该控件支持多行数据这一属性**。在对话框资源中，选中显示接收数据的编辑框，在属性窗口中，将 Multiline 属性设置为 TRUE。

图 16.16　多次接收到的数据并未换行显示

再次运行 Chat 程序，试着发送几条数据，这时可以看到数据以多行的方式显示了，如图 16.17 所示。

另外，在 Chat 程序中还可以将【发送】按钮设置为默认按钮，这样用户在输入要发送的数据之后，只需要按下回车键就可以发送数据了。为了实现这样的功能，我们可以修改该按钮的属性，将其 Default Button 属性设置为 TRUE。当然，我们还可以将该按钮隐藏起来，这可以通过将其 Visible 属性设置为 FALSE 来实现。这样 Chat 程序运行时就看不到【发送】按钮了，用户只要按下回车键就可以发送数据。对于聊天程序来说，这种操作方式对用户是很方便的。这时的程序运行界面如图 16.18 所示。

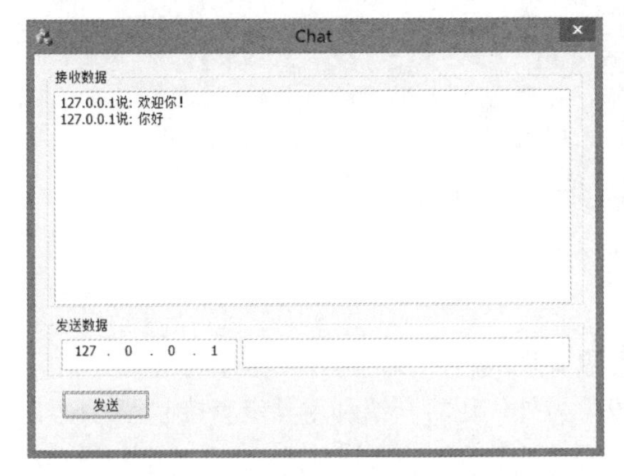

图 16.17　多次接收到的数据分行显示

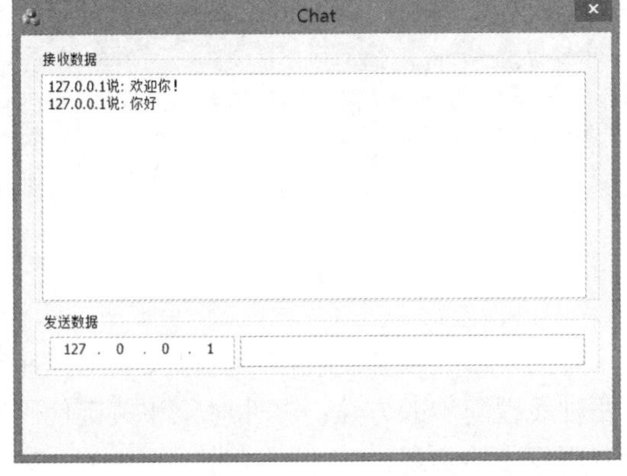

图 16.18　隐藏发送按钮时程序运行界面

16.7　本章小结

本章主要介绍的是多线程编程方面的知识，其中介绍了采用多线程编程时可能会出现的问题，以及解决方法，即利用互斥对象实现线程同步的方法，并介绍了利用命名互斥对象来保证应用程序只有一个实例运行的实现方式。最后利用多线程技术实现了一个图形界面的网络聊天室程序，因为本例是在一个程序中同时实现接收端和发送端的功能，所以只需要在聊天双方各自的机器上安装本程序，在聊天时，通过输入对方主机的 IP 地址，就可以与对方进行通信了。

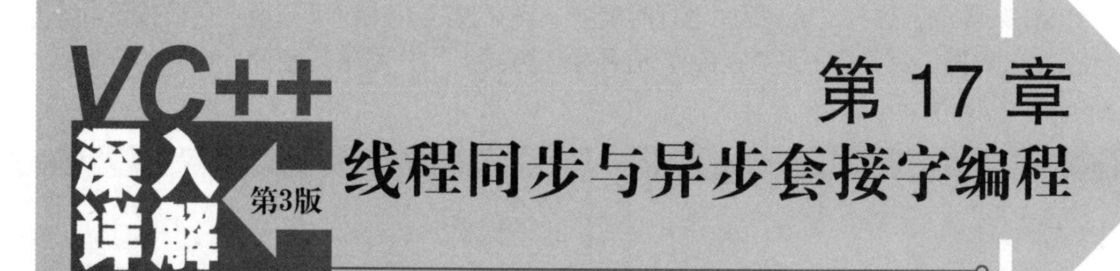

第 17 章 线程同步与异步套接字编程

上一章介绍了线程同步，以及利用互斥对象实现线程同步的方法。本章将继续介绍另两种线程同步的方法：事件对象和关键代码段，另外，还将介绍利用异步套接字编写网络应用程序的实现。

17.1 事件对象

事件对象也属于内核对象，它包含以下三个成员：

- 使用计数；
- 用于指明该事件是一个自动重置的事件还是一个人工重置的事件的布尔值；
- 用于指明该事件处于已通知状态还是未通知状态的布尔值。

事件对象有两种不同的类型：**人工重置的事件对象**和**自动重置的事件对象**。当人工重置的事件对象得到通知时，等待该事件对象的所有线程均变为可调度线程。当一个自动重置的事件对象得到通知时，在等待该事件对象的线程中只有一个线程变为可调度线程。

17.1.1 创建事件对象

在程序中可以通过 CreateEvent 函数创建或打开一个命名的或匿名的事件对象，该函数的原型声明如下所示：

```
HANDLE CreateEvent(
  LPSECURITY_ATTRIBUTES lpEventAttributes,
  BOOL bManualReset,
  BOOL bInitialState,
  LPCTSTR lpName
);
```

该函数有四个参数，各参数含义如下所述：

- lpEventAttributes

指向 SECURITY_ATTRIBUTES 结构体的指针。如果其值为 NULL，则使用默认的安全性。

■ bManualReset

BOOL 类型，指定创建的是人工重置事件对象，还是自动重置事件对象。如果此参数为 TRUE，则表示该函数将创建一个人工重置事件对象；如果此参数为 FALSE，则表示该函数将创建一个自动重置事件对象。如果是人工重置事件对象，当线程等待到该对象的所有权之后，则需要调用 ResetEvent 函数手动地将该事件对象设置为无信号状态；如果是自动重置事件对象，当线程等到该对象的所有权之后，则系统会自动将该对象设置为无信号状态。

■ bInitialState

BOOL 类型，指定事件对象的初始状态。如果此参数值为真，那么该事件对象初始是有信号状态；否则是无信号状态。

■ lpName

指定事件对象的名称。如果此参数值为 NULL，那么将创建一个匿名的事件对象。

17.1.2 设置事件对象状态

SetEvent 函数将把指定的事件对象设置为有信号状态，该函数的原型声明如下所示：

```
BOOL SetEvent(HANDLE hEvent);
```

SetEvent 函数有一个 HANDLE 类型的参数，该参数指定将要设置其状态的事件对象的句柄。

17.1.3 重置事件对象状态

ResetEvent 函数将把指定的事件对象设置为无信号状态，该函数的原型声明如下所示：

```
BOOL ResetEvent(HANDLE hEvent);
```

ResetEvent 函数有一个 HANDLE 类型的参数，该参数指定将要重置其状态的事件对象的句柄。如果调用成功，则该函数返回非 0 值；否则返回 0 值。

17.1.4 利用事件对象实现线程同步

本章仍以第 16 章火车票销售系统的例子来讲解线程间的同步，但这里是利用事件对象来实现的。事件对象与第 16 章介绍的互斥对象都属于内核对象。

新建一个 Windows 控制台应用程序，项目名为：Event，解决方案名为：ch17。之后，在项目自带的 Event.cpp 文件中添加如例 17-1 所示的代码，读者可以复制第 16 章示例程序中的 MultiThread.cpp 文件中的内容，并做相应的调整。

例 17-1

```
#include "pch.h"
#include <iostream>
#include <windows.h>

using namespace std;
```

```
DWORD WINAPI Fun1Proc(
  LPVOID lpParameter   // thread data
);

DWORD WINAPI Fun2Proc(
  LPVOID lpParameter   // thread data
);

int tickets=100;
HANDLE g_hEvent;

int main()
{
    HANDLE hThread1;
    HANDLE hThread2;

    //创建人工重置事件内核对象
★   g_hEvent=CreateEvent(NULL,TRUE,FALSE,NULL);

    //创建线程
    hThread1=CreateThread(NULL,0,Fun1Proc,NULL,0,NULL);
    hThread2=CreateThread(NULL,0,Fun2Proc,NULL,0,NULL);
    CloseHandle(hThread1);
    CloseHandle(hThread2);

    //让主线程睡眠 4 秒
    Sleep(4000);
    //关闭事件对象句柄
    CloseHandle(g_hEvent);
    return 0;
}

//线程 1 的入口函数
DWORD WINAPI Fun1Proc(
  LPVOID lpParameter   // thread data
)
{
    char buf[100] = { 0 };
    while(TRUE)
    {
        //请求事件对象
        WaitForSingleObject(g_hEvent,INFINITE);
        if(tickets>0)
        {
            sprintf_s(buf, "thread1 sell ticket : %d\n", tickets);
            cout << buf;
            tickets--;
        }
        else
```

```
            break;
        }

        return 0;
    }

    //线程 2 的入口函数
    DWORD WINAPI Fun2Proc(
      LPVOID lpParameter   // thread data
    )
    {
        char buf[100] = { 0 };
        while(TRUE)
        {
            //请求事件对象
            WaitForSingleObject(g_hEvent,INFINITE);
            if(tickets>0)
            {
                sprintf_s(buf, "thread2 sell ticket : %d\n", tickets);
                cout << buf;
                tickets--;
            }
            else
                break;
        }

        return 0;
    }
```

上述例 17-1 所示代码主要由以下几个部分组成。

（1）包含必要的头文件

因为程序中需要访问 Windows API 函数，因此需要包含 windows.h 文件。

（2）线程函数

在每个线程中都调用 WaitForSingleObject 函数请求事件对象，一旦得到事件对象之后，就可以进入所保护的代码中，完成销售火车票的工作。

（3）全局变量的定义

定义了两个全局变量，其中一个是整型变量 tickets，表示当前销售的票号，初始值为 100；另一个是 HANDLE 类型的变量 g_hEvent，用来保存之后创建的事件对象的句柄。

（4）main 函数

当程序启动运行后，就会产生主线程，main 函数就是主线程的入口函数。在这个主线程中可以创建新的线程。在上述 main 函数中，首先调用 CreateEvent 函数创建了一个事件内核对象，该函数的第一个参数设置为 NULL，让该事件对象使用进程默认的安全性；第二个参数设置为 TRUE，即创建一个人工重置的事件对象；第三个参数设置为 FALSE，即该事件对象初始处于无信号状态；最后一个参数设置为 NULL，即创建一个匿名的事件对象。然后调用 CreateThread 函数创建两个新的线程。接着，让主线程睡眠 4 秒。在 main

函数结束之前，调用 CloseHandle 函数关闭所创建的事件对象句柄。

编译并运行 Event 程序，将会发现线程 1 和线程 2 并没有如我们所期望的那样完成销售火车票的工作。读者应注意，在上述例 17-1 所示代码的 main 函数中创建事件对象时，将其初始状态设置为了无信号状态，当线程 1 和线程 2 请求 g_hEvent 这个事件对象时，因为该事件对象始终都处于无信号状态，WaitForSingleObject 函数将导致线程暂停，这两个线程都没有得到该事件对象，因此也就没有运行线程函数中 if 语句块内的代码。如果想让线程 1 或线程 2 得到 g_hEvent 这个事件对象的所有权，就必须将该事件对象设置为有信号状态。有两种方法可以实现这一目的，一种方法是在创建事件对象时，将 CreateEvent 函数的第三个参数设置为 TRUE，这样所创建的事件对象初始就处于有信号状态。另一种方法是在创建事件对象之后，通过调用 SetEvent 函数把指定的事件对象设置为有信号状态。这里我们采用后一种方法，在例 17-1 所示代码的 main 函数中，在创建事件对象（即★符号所示代码行）之后，添加下面这条语句：

```
SetEvent(g_hEvent);
```

再次运行 Event 程序，结果如图 17.1 所示。

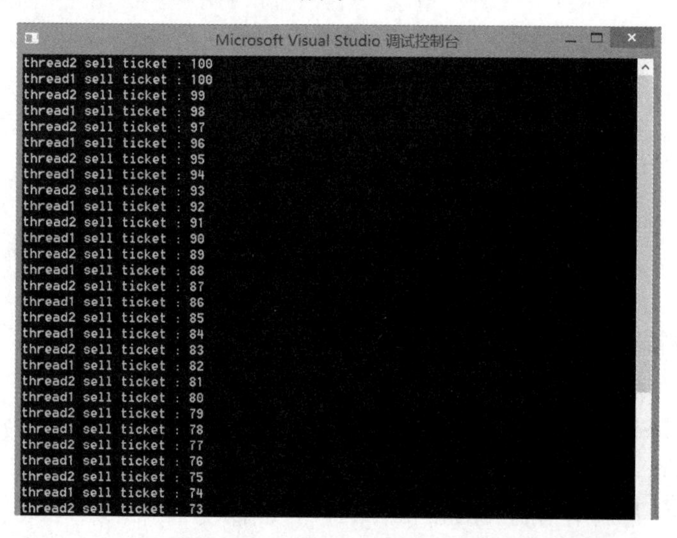

图 17.1　利用事件对象实现线程同步示例程序运行结果失败

可以看到，这时线程 1 和线程 2 确实销售了火车票，但是发现一开始线程 1 和线程 2 就销售了重复的票号 100，这就说明程序存在问题。前面的内容曾提到，当人工重置的事件对象得到通知时，等待该事件对象的所有线程均变为可调度线程。本例现在创建的就是一个人工重置的事件对象（g_hEvent)，当这个事件对象变成有信号状态时，所有等待该对象的线程都变为可调度线程，也就是说，线程 1 和线程 2 可以同时运行，正因为这两个线程可以同时运行，所以对其所保护的代码来说，这两个线程可以同时去执行该代码，从而导致程序打印出两次票号 100。既然两个线程可以同时运行，就说明程序实现的线程间的同步失败了。究其原因，主要是因为本例创建的是人工重置的事件对象。当一个线程等待到一个人工重置的事件对象之后，这个事件对象仍然处于有信号状态，所以其他线程可以得到该事件对象，从而进入所保护的代码并执行。那么如何解决这一问题呢？读者可能会想到这样的方法：既然人工重置事件对象在被一个线程得到之后仍是有信号状态，那么线程在得到该事件对象之后，立即调用 ResetEvent 函数，将该事件对象设置为无信号状态，然后在对所保护的代码访问结束之后再调用 SetEvent 函数将该事件对象设置为有信号状态，这时才允许其他线程获得该事件对象的所有权。也就是说，这时线程函数的代码如例 17-2 所示。

例 17-2

```
DWORD WINAPI Fun1Proc(
  LPVOID lpParameter   // thread data
)
{
    char buf[100] = { 0 };
    while(TRUE)
    {
        WaitForSingleObject(g_hEvent,INFINITE);
        ResetEvent(g_hEvent);
        if(tickets>0)
        {
            sprintf_s(buf, "thread1 sell ticket : %d\n", tickets);
            cout << buf;
            tickets--;
            SetEvent(g_hEvent);
        }
        else
        {
            SetEvent(g_hEvent);
            break;
        }
    }

    return 0;
}

DWORD WINAPI Fun2Proc(
  LPVOID lpParameter   // thread data
)
{
    char buf[100] = { 0 };
    while(TRUE)
    {
        WaitForSingleObject(g_hEvent,INFINITE);
        ResetEvent(g_hEvent);
        if(tickets>0)
        {
            sprintf_s(buf, "thread2 sell ticket : %d\n", tickets);
            cout << buf;
            tickets--;
            SetEvent(g_hEvent);
        }
        else
```

```
        {
            SetEvent(g_hEvent);
            break;
        }
    }

    return 0;
}
```

这样是不是就可以解决问题了呢？我们来分析这时程序的执行过程。在多 CPU 平台下，线程 1 和线程 2 并发运行，假定线程 1 先获得事件对象，调用 ResetEvent 函数将事件对象 g_hEvent 设置为无信号状态，此时线程 2 无法请求到该对象，只能等待；线程 1 继续运行，销售一张火车票，再调用 SetEvent 函数将 g_hEvent 事件对象设置为有信号状态，此时线程 2 就可以得到该事件对象，然后调用 ResetEvent 函数将事件对象设置为无信号状态，线程 1 开始等待；在线程 2 对保护的代码执行完成之后，也调用 SetEvent 函数将该事件设置为有信号状态，线程 1 又可以获得该对象，然后重复上述执行过程。从这个过程描述来看，一切显得很完美，但实际上，上述代码已经暗藏了 Bug。这里面存在的问题我们分两种情况来说明。

第一种情况，在单 CPU 平台下，同一时刻只能有一个线程在运行，假设线程 1 先执行，它得到事件对象 g_hEvent，但是正好这时，它的时间片终止了，于是轮到线程 2 执行，但因为现在在线程 1 中，ResetEvent 函数还没有被执行，所以该事件对象仍然处于有信号状态，因此线程 2 就可以得到该事件对象，也就是说，此时两个线程都可以进入所保护的代码，于是结果就不可预料了。

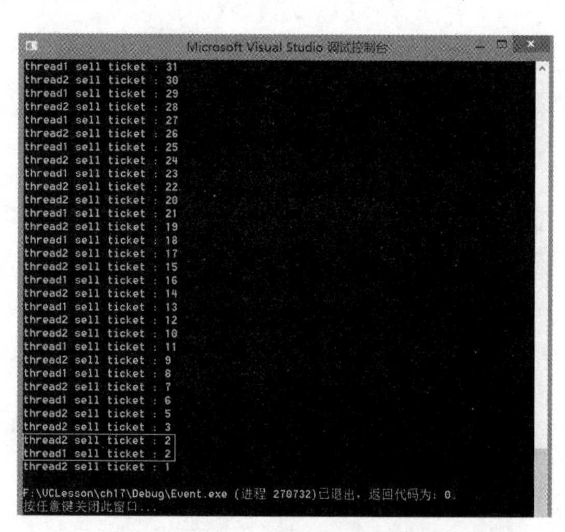

图 17.2　多 CPU 平台下使用人工重置事件对象实现线程同步失败的运行结果

第二种情况，在多 CPU 平台下，线程 1 和线程 2 可以并发运行，在理想情况下，当事件对象变为有信号状态，而 ResetEvent 函数还没有被调用时，这两个线程将同时得到该事件对象，从而都进入所保护的代码，并发地访问受保护的资源，当然结果也就是未知的了。如图 17.2 所示就是在多 CPU 平台下运行时出现的可能结果之一。

所以，**为了实现线程间的同步，不应该使用人工重置的事件对象，而应该使用自动重置的事件对象**。也就是说，应该修改上述例 17-1 所示代码中对 CreateEvent 函数的调用（即★符号所在那行代码），将其第二个参数设置为 FALSE，修改结果如下所示：

```
g_hEvent=CreateEvent(NULL,FALSE,FALSE,NULL);
```

这时 Event 程序的主线程将创建一个自动重置事件对象 g_hEvent，且它的初始状态为无信号状态。读者还应该将先前在线程函数中添加的 ResentEvent 函数和 SetEvent 函数调用（即上述例 17-2 所示代码中加灰显示的那些代码）注释起来。

再次运行 Event 程序，会发现线程 1 打印出票号 100 之后，线程就没有再继续运行了，程序结果如图 17.3 所示。

图 17.3　只有线程 1 打印出票号 100

我们来分析原因，前面已经提到，当一个自动重置的事件得到通知时，在等待该事件的线程中只有一个线程变为可调度线程。上述结果说明线程 1 得到了事件对象，同时因为它是一个自动事件，所以操作系统会将该事件对象立即设置为无信号状态；线程 2 运行时调用 WaitForSingleObject 函数请求事件对象，由于这时该事件对象已经处于无信号状态，所以线程 2 只能等待。线程 1 继续运行，输出销售的票号 100，tickets 变量自减一，开始下一轮循环，线程 1 继续请求事件对象，然而不幸的是，该事件对象的状态是无信号状态，所以线程 1 的 WaitForSingleObject 函数也无法得到该事件对象，于是线程 1 也只能等待。最后的结果就是，线程 1 和线程 2 都在等待，我们就看到了如图 17.3 所示的结果。

对于自动重置的事件对象，一旦某个线程请求到事件对象后，操作系统就会将该事件对象设置为无信号状态，所以为了让本程序能够正常运行，在线程对保护的代码访问完成之后应该立即调用 SetEvent 函数，将该事件对象设置为有信号状态，允许其他等待该对象的线程变成可调度状态。也就是说，这时线程 1 函数的代码如例 17-3 所示，加灰显示的代码是新添加的代码（按照同样的方法为线程 2 函数添加 SetEvent 函数调用）。

例 17-3

```
1.  DWORD WINAPI Fun1Proc(
2.  LPVOID lpParameter   // thread data
3.  )
4.  {
5.      char buf[100] = { 0 };
6.      while(TRUE)
7.      {
8.          WaitForSingleObject(g_hEvent,INFINITE);
9.          if(tickets>0)
10.         {
11.             sprintf_s(buf, "thread1 sell ticket : %d\n", tickets);
12.             cout << buf;
13.             tickets--;
14.             SetEvent(g_hEvent);
15.         }
16.         else
17.         {
18.             SetEvent(g_hEvent);
19.             break;
```

```
20.         }
21.     }
22.     return 0;
23. }
```

在完成上述代码修改之后，再次运行 Event 程序，就可以看到正常的程序执行结果了。

通过上面的例子可以知道，在使用事件对象实现线程间同步时，一定要注意区分人工重置事件对象和自动重置事件对象。**当人工重置的事件对象得到通知时，等待该事件对象的所有线程均变为可调度线程；当一个自动重置的事件对象得到通知时，在等待该事件对象的线程中只有一个线程变为可调度线程，同时操作系统会将该事件对象设置无信号状态，这样，当对所保护的代码执行完成后，需要调用 SetEvent 函数将该事件对象设置为有信号状态。而人工重置的事件对象，在一个线程得到该事件对象之后，操作系统并不会将该事件对象设置为无信号状态，除非显式地调用 ResetEvent 函数将其设置为无信号状态，否则该对象会一直是有信号状态。**

17.1.5 保证应用程序只有一个实例运行

通过创建一个命名的事件对象，也可以实现应用程序只有一个实例运行这一功能。对 CreateEvent 函数来说，如果创建的是命名的事件对象，并且在此函数调用之前此事件对象已经存在，那么该函数将返回已存在的这个事件对象的句柄，并且之后的 GetLastError 调用将返回 ERROR_ALREADY_ EXISTS。因此，与上一章使用命名互斥对象的实现方法一样，调用 CreateEvent 函数创建命名事件对象并根据其返回值判断应用程序是否已经有一个实例在运行，如果有，则应用程序退出，从而实现应用程序只有一个实例运行这一功能。

为此，我们需要修改 Event 程序的 main 函数，将已有的 CreateEvent 调用注释起来，在其后添加下述代码。

```
g_hEvent=CreateEvent(NULL, FALSE, FALSE, L"tickets");
if(g_hEvent)
{
    if(ERROR_ALREADY_EXISTS==GetLastError())
    {
        cout<<"only one instance can run!"<<endl;
        return -1;
    }
}
```

读者可以连续运行两个 Event 程序，会发现在第二个程序运行后其窗口将打印出："only one instance can run!" 这行字符串，并且程序随即结束。这就说明 Event 程序已经判断出当前有一个实例在运行，于是第二个实例就退出了，从而保证程序只有一个实例在运行。

17.2 关键代码段

下面再介绍另一种实现线程同步的方法，利用关键代码段来实现。**关键代码段，也称**

为临界区，工作在用户方式下。它是指一个小代码段，在代码能够执行前，它必须独占对某些资源的访问权。通常把多线程中访问同一种资源的那部分代码当作关键代码段，例如上述例 17-3 所示代码中，线程函数 Fun1Proc 的第 9 行到第 20 行的代码就可以看作是一个关键代码段。

17.2.1　相关的 API 函数

关键代码段非常类似于我们平常使用的公用电话亭，当我们想要进入公用电话亭使用电话这种资源时，首先需要判断电话亭里是否有人，如果有人正在里面使用电话，那么我们只能在电话亭外等待；当那个人使用完电话，并离开电话亭后，我们才能进入电话亭使用电话这种资源。同样地，当我们使用完电话后，也要离开电话亭。关键代码段的机制与此类似，就好像我们要进入电话亭使用电话这一资源时，首先需要建立一个电话亭一样，在进入关键代码段之前，首先需要初始化一个关键代码段，这可以调用 InitializeCriticalSection 函数实现，该函数的原型声明如下所示：

```
void InitializeCriticalSection( LPCRITICAL_SECTION lpCriticalSection);
```

该函数有一个参数，是一个指向 CRITICAL_SECTION 结构体的指针。该参数是 out 类型，即作为返回值使用。因此，在使用时，只需要构造一个 CRITICAL_SECTION 结构体类型的对象，然后将该对象的地址传递给 InitializeCriticalSection 函数，系统自动维护该对象，我们不需要了解或访问该结构体对象内部的成员。

当有了一个公用电话亭，并且我们想要进入该电话亭去使用电话时，需要先判断里面是否已经有人了，没有人我们才能进去。同样，如果想要进入关键代码段，首先需要调用 EnterCriticalSection 函数，以获得指定的临界区对象的所有权。该函数等待指定的临界区对象的所有权，如果该所有权赋予了调用线程，则该函数就返回；否则该函数会一直等待，从而导致线程等待。

当调用线程获得了指定的临界区对象的所有权后，该线程就进入关键代码段，对所保护的资源进行访问。就好像在公用电话亭没人时，我们可以进去使用电话这种资源一样。当使用完电话之后，我们就会离开公用电话亭。同样，在线程使用完所保护的资源之后，需要调用 LeaveCriticalSection 函数，释放指定的临界区对象的所有权，之后，其他想要获得该临界区对象所有权的线程就可以获得该所有权，从而进入关键代码段，访问保护的资源。

在日常生活中，当不再需要某个公用电话亭时，就会将其拆除掉。同样，对临界区对象来说，当不再需要时，需要调用 DeleteCriticalSection 函数释放该对象，该函数将释放一个没有被任何线程所拥有的临界区对象的所有资源。

以上就是利用关键段实现线程同步需要调用的四个函数，以及调用步骤。

17.2.2　利用关键代码段实现线程同步

下面就利用关键代码段来实现线程同步。首先在解决方案 ch17 下新建一个 Windows 控制台应用程序，项目名为 Critical，在创建完成后将该项目设为启动项目。然后在 Critical.cpp 中编写具体的实现代码，可以复制上面编写的 Event.cpp 文件中的内容，并删除其中与事件对象相关的代码，然后添加使用临界区对象实现线程同步的代码，结果如例 17-4 所示。

例 17-4

```
#include "pch.h"
#include <iostream>
#include <windows.h>

using namespace std;

DWORD WINAPI Fun1Proc(
  LPVOID lpParameter   // thread data
);

DWORD WINAPI Fun2Proc(
  LPVOID lpParameter   // thread data
);

int tickets=100;

CRITICAL_SECTION g_cs;

int main()
{
    HANDLE hThread1;
    HANDLE hThread2;
    hThread1=CreateThread(NULL,0,Fun1Proc,NULL,0,NULL);
    hThread2=CreateThread(NULL,0,Fun2Proc,NULL,0,NULL);
    CloseHandle(hThread1);
    CloseHandle(hThread2);

    InitializeCriticalSection(&g_cs);
    Sleep(4000);

    DeleteCriticalSection(&g_cs);
    return 0;
}

DWORD WINAPI Fun1Proc(
  LPVOID lpParameter   // thread data
)
{
    char buf[100] = { 0 };
    while(TRUE)
    {
        EnterCriticalSection(&g_cs);
        if(tickets>0)
        {
```

```
            sprintf_s(buf, "thread1 sell ticket : %d\n", tickets);
            cout << buf;
            tickets--;
            LeaveCriticalSection(&g_cs);
        }
        else
        {
            LeaveCriticalSection(&g_cs);
            break;

        }
    }

    return 0;
}

DWORD WINAPI Fun2Proc(
  LPVOID lpParameter   // thread data
)
{
    char buf[100] = { 0 };
    while(TRUE)
    {
        EnterCriticalSection(&g_cs);
        if(tickets>0)
        {
            sprintf_s(buf, "thread2 sell ticket : %d\n", tickets);
            cout << buf;
            tickets--;
            LeaveCriticalSection(&g_cs);
        }
        else
{
            LeaveCriticalSection(&g_cs);
            break;

        }
    }
    return 0;
}
```

上述例 17-4 所示代码中与 Event 程序相同的部分就不再讲述了，这里仅解释新添加的与关键代码段相关的代码。

因为多个线程都需要访问临界区对象，所以将它定义为全局对象，即上述代码中定义的 CRITICAL_SECTION 类型的对象 g_cs。

按照上面讲述的关键段代码段使用的过程，在 main 函数中调用 InitializeCriticalSection 函数创建临界区对象，并在程序退出前，调用 DeleteCriticalSection 函数释放没有被任何线程使用的临界区对象的所有资源。

在主线程创建的两个线程中，在进入关键代码段访问受保护的代码之前，需要调用 EnterCriticalSection 函数，以判断能否得到指定的临界区对象的所有权，如果无法得到该所有权，那么 EnterCriticalSection 函数会一直等待，从而导致线程暂停运行；如果能够得到该所有权，那么该线程就进入关键代码段中，访问受保护的资源。当该访问完成之后，需要调用 LeaveCriticalSection 函数，释放指定的临界区对象的所有权。

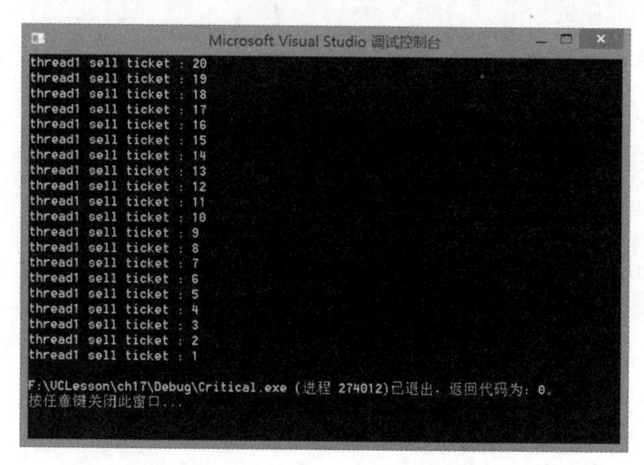

图 17.4　线程 1 没有释放临界区对象所有权时的程序结果

编译并运行 Critical 程序，将会看到程序结果正常。

在使用临界区对象编程时，有一点需要注意，有时在得到临界区对象的所有权之后，可能会忘记释放该所有权，这将造成什么样的后果呢？我们可以把例 17-4 所示代码中线程 1 函数 Fun1Proc 中的 LeaveCriticalSection 函数调用注释起来，再次运行 Critical 程序，将会看到始终是线程 1 在销售火车票，线程 2 没有得到销售的机会，程序结果如图 17.4 所示。

为了验证线程 2 确实没有得到执行关键代码段的机会，在例 17-4 所示代码中线程 2 函数 Fun2Proc 中，在 while 循环结束后，输出一句话，即在该函数的 return 语句之前添加下面这条语句：

```
cout<<"thread2 is running!\n";
```

如果线程 2 得到了执行关键代码段的机会，那么它就会打印出这句话：“thread2 is running!”。

再次运行 Critical 程序，将会发现始终没有看到“thread2 is running!”这句话，这说明线程 2 始终没有得到执行关键代码段的机会。这主要是因为线程 1 获得了临界区对象的所有权，虽然线程 1 在执行完成之后就退出了，但是因为该线程一直未释放临界区对象的所有权，导致线程 2 始终无法得到该所有权，只能一直等待，无法执行下面的关键代码段，直到进程退出时，该线程也就退出了。这就好像在公用电话亭使用电话这种资源时，当一个人打完电话离开电话亭走了，但由于某种原因，他把电话亭锁起来了，这时其他想要进入该电话亭使用电话的人始终判断该电话亭有人，一直进不去，虽然实际上先前使用电话的那个人已经走了。同样地，虽然这时线程 1 的运行已经终止并退出了，但线程 2 仍然无法得到运行的机会。

17.3　线程死锁

有一个哲学家进餐的问题能够很好地描述线程死锁。哲学家进餐的问题是这样的：有多位哲学家一起用餐，但每人只有一支筷子，当然用一支筷子是无法吃食物的。这时，如果有一位哲学家能将他的那只筷子交出来，让其他哲学家先吃，之后，再将一双筷子交回来，这样，所有哲学家就都能够吃到食物了。但是哲学家们考虑问题时想得比较深，他们担心把筷子交给别人先吃，那么别人吃完食物之后，不把筷子交回来的话，自己就吃不到食物了。所以他们都希望其他人先把筷子交出来，让自己先吃。然而由于每位哲学家都这样想，从而导致每位哲学家都不肯交出筷子，于是所有的哲学家看着满桌的美食，可就是吃不到，这就是一个线程死锁的实例。

对多线程来说，如果线程 1 拥有了临界区对象 A，等待临界区对象 B 的拥有权，线程 2 拥有了临界区对象 B，等待临界区对象 A 的拥有权，那么这就造成了死锁。下面通过代码来演示线程死锁的发生。我们在已有的 Critical 程序上进行修改，结果如例 17-5 所示。

例 17-5

```
#include "pch.h"
#include <iostream>
#include <windows.h>

using namespace std;

DWORD WINAPI Fun1Proc(
  LPVOID lpParameter   // thread data
);

DWORD WINAPI Fun2Proc(
  LPVOID lpParameter   // thread data
);

int tickets=100;

CRITICAL_SECTION g_csA;
CRITICAL_SECTION g_csB;

int main()
{
    HANDLE hThread1;
    HANDLE hThread2;
    hThread1=CreateThread(NULL,0,Fun1Proc,NULL,0,NULL);
    hThread2=CreateThread(NULL,0,Fun2Proc,NULL,0,NULL);
    CloseHandle(hThread1);
    CloseHandle(hThread2);

    InitializeCriticalSection(&g_csA);
    InitializeCriticalSection(&g_csB);
    Sleep(4000);

    DeleteCriticalSection(&g_csA);
```

```
    DeleteCriticalSection(&g_csB);
    return 0;
}

DWORD WINAPI Fun1Proc(
  LPVOID lpParameter   // thread data
)
{
    char buf[100] = { 0 };
    while(TRUE)
    {
        EnterCriticalSection(&g_csA);
        Sleep(1);
        EnterCriticalSection(&g_csB);
        if(tickets>0)
        {
            sprintf_s(buf, "thread1 sell ticket : %d\n", tickets);
            cout << buf;
            tickets--;
            LeaveCriticalSection(&g_csB);
            LeaveCriticalSection(&g_csA);
        }
        else
        {
            LeaveCriticalSection(&g_csB);
            LeaveCriticalSection(&g_csA);
            break;
        }
    }

    return 0;
}

DWORD WINAPI Fun2Proc(
  LPVOID lpParameter   // thread data
)
{
    char buf[100] = { 0 };
    while(TRUE)
    {
        EnterCriticalSection(&g_csB);
        Sleep(1);
        EnterCriticalSection(&g_csA);
        if(tickets>0)
        {
            sprintf_s(buf, "thread2 sell ticket : %d\n", tickets);
            cout << buf;
            tickets--;
```

```
                LeaveCriticalSection(&g_csA);
                LeaveCriticalSection(&g_csB);
            }
            else
            {
                LeaveCriticalSection(&g_csA);
                LeaveCriticalSection(&g_csB);
                break;
            }
        }
        cout<<"thread2 is running!\n";
        return 0;
    }
```

首先，上述例 17-5 所示代码创建了两个临界区对象：g_csA 和 g_csB。在程序中，如果需要对某一种资源进行保护的话，就可以构建一个临界区对象，这与现实生活中的情况是一样的。例如，如果在程序中想要保护电话这种资源的话，那就构建一个临界区对象来实现，就好像建立一个电话亭一样；如果在程序中还想访问自动柜员机这种资源的话，就可以再创建一个临界区对象，对自动柜员机这种资源进行保护。

接着，在 main 函数中，调用 InitializeCriticalSection 函数对新创建的两个临界区对象 g_csA 和 g_csB 分别进行初始化，并在程序退出前调用 DeleteCritical Section 函数释放这两个临界区对象（已经没有任何线程拥有它们了）的所有资源。

然后，在线程 1 中调用 EnterCriticalSection 函数先请求临界区对象 g_csA 的所有权，当得到该所有权后，再去请求临界区对象 g_csB 的所有权，为了更好地看到效果，我们在两次 EnterCriticalSection 函数调用之间使用 Sleep 函数让线程睡眠 1ms。当线程 1 访问完保护的资源后，调用 LeaveCriticalSection 函数释放两个临界区对象的所有权。注意：因为在调用 LeaveCriticalSection 函数时，该函数会立即返回，并不会导致线程等待，所以释放临界区对象所有权的顺序是无所谓的。

对线程 2 来说，它先请求临界区对象 g_csB 的所有权，然后再去等待临界区对象 g_csA 的所有权。在访问完保护的资源之后，释放所有临界区对象的所有权。

下面，我们来分析上述程序的执行过程。当线程 1 得到临界区对象 g_csA 的所有权之后，调用 Sleep 函数，让线程 1 睡眠 1ms，这将导致线程 1 暂停运行，其目的是为了让线程 2 优先得到临界区对象 g_csB 的所有权。线程 2 首先等待的是临界区对象 g_csB 的所有权，当它得到该所有权之后，调用 Sleep 函数，让线程 2 也睡眠 1ms，其目的也是为了保证线程 1 优先得到临界区对象 g_csA 的所有权。当线程 1 睡眠时间到了后，继续运行，这时它需要等待临界区对象 g_csB 的所有权，然而这时临界区对象 g_csB 已经被线程 2 所拥有，因此线程 1 只能等待；当线程 2 睡眠时间到了后，继续运行，这时它需要等待临界区对象 g_csA 的所有权，然而临界区对象 g_csA 的所有权已经被线程 1 所拥有，因此线程 2 也进入等待状态。这样就导致线程 1 和线程 2 都在等待对方交出临界区对象的所有权，于是就造成了死锁。

这时我们可以运行 Critical 程序，将会看到如图 17.5 所示的结果。可以看到，线程 1

和线程 2 都没有执行关键代码段中的代码，说明它们都没有得到所需的临界区对象的所有权。

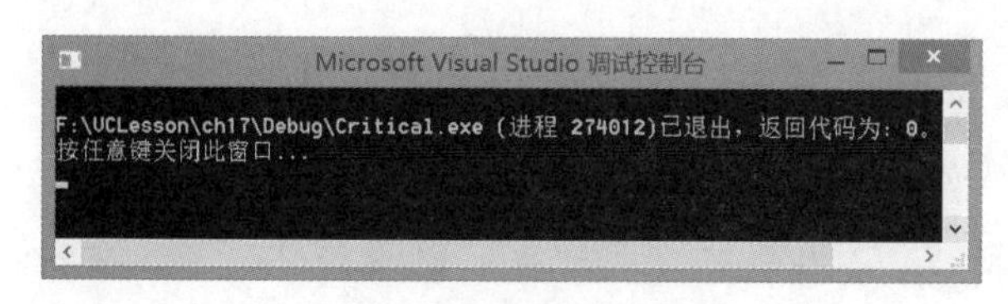

图 17.5　线程死锁结果

因此，在利用多线程技术编写程序的过程中，在实现线程同步时一定要多加注意，应避免发生线程死锁。

17.4　互斥对象、事件对象与关键代码段的比较

从上一章开始，本书已经介绍了三种线程同步的方式，它们之间的区别如下所述：

- 互斥对象和事件对象都属于内核对象，利用内核对象进行线程同步时，速度较慢，但利用互斥对象和事件对象这样的内核对象，可以在多个进程中的各个线程间进行同步。
- 关键代码段工作在用户方式下，同步速度较快，但在使用关键代码段时，很容易进入死锁状态，因为在等待进入关键代码段时无法设定超时值。

通常，在编写多线程程序并需要实现线程同步时，首选关键代码段，因为它的使用比较简单，如果是在 MFC 程序中使用的话，则可以在类的构造函数中调用 InitializeCritical Section 函数，在该类的析构函数中调用 DeleteCriticalSection 函数，在所需保护的代码前面调用 EnterCriticalSection 函数，在访问完所需保护的资源之后，调用 LeaveCriticalSection 函数。可见，关键代码段在使用上是非常方便的，但有几点需要注意：一是在程序中调用了 EnterCriticalSection 函数之后，一定要相应地调用 LeaveCriticalSection 函数，否则其他等待该临界区对象所有权的线程将无法执行；二是如果在访问关键代码段时，使用了多个临界区对象，就要注意防止线程死锁的发生。另外，如果需要在多个进程间的各个线程间实现同步的话，那么可以使用互斥对象和事件对象。

如果读者希望深入学习多线程编程及线程同步方面的知识，则可以阅读《Windows 核心编程》这本书。

17.5　基于消息的异步套接字

Windows 套接字在两种模式下执行 I/O 操作：阻塞模式和非阻塞模式。在阻塞模式下，在 I/O 操作完成前，执行操作的 Winsock 函数会一直等待下去，不会立即返回（也就是不会将控制权交还给程序），例如，在程序中调用了 recvfrom 函数后，如果这时网络上没有数据传送过来，该函数就会阻塞程序的执行，从而导致调用线程暂停运行。第 16 章编写的网络聊天程序就工作在阻塞模式下，我们为了接收数据而单独创建了一个线程，在该线

程中调用 recvfrom 函数接收数据，如果网络上没有数据传送过来，该函数就会阻塞，从而导致所创建的那个线程暂停运行，但这并不会影响主线程的运行。而在非阻塞模式下，Winsock 函数无论如何都会立即返回，在该函数执行的操作完成之后，系统会采用某种方式将操作结果通知给调用线程，后者根据通知信息可以判断该操作是正常完成了，还是出现错误了。

因为在很多情况下，阻塞方式会影响应用程序的性能，所以有时需要采用非阻塞方式实现网络应用程序，有多种机制可以实现这种方式。Windows Sockets 为了支持 Windows 的消息驱动机制，使应用程序开发者能够方便地处理网络通信，它对网络事件采用了基于消息的异步存取策略。Windows Sockets 的异步选择函数 WSAAsyncSelect 提供了消息机制的网络事件选择，当使用它登记的网络事件发生时，Windows 应用程序相应的窗口函数将收到一个消息，消息中指示了发生的网络事件，以及与该事件相关的一些信息。

因此，可以针对不同的网络事件进行登记，例如，登记一个网络读取事件，一旦有数据到来，就会触发这个事件，操作系统就会通过一个消息来通知调用线程，后者就可以在相应的消息响应函数中接收这个数据。因为是在该数据到来之后，操作系统发出的通知，所以这时肯定能够接收到数据。采用异步套接字能够有效地提高应用程序的性能。

17.5.1　相关函数说明

1. WSAAsyncSelect 函数

```
int WSAAsyncSelect(SOCKET s,HWND hWnd, unsigned int wMsg, long lEvent)
```

该函数为指定的套接字请求基于 Windows 消息的网络事件通知，并自动将该套接字设置为非阻塞模式。该函数有三个参数，其含义分别如下所述：

■ s

标识请求网络事件通知的套接字描述符。

■ hWnd

标识一个网络事件发生时接收消息的窗口的句柄。

■ wMsg

指定网络事件发生时窗口将接收到的消息。

■ lEvent

指定应用程序感兴趣的网络事件，该参数可以是表 17.1 中列出的值之一，并且可以采用位或操作来构造多个事件。

表 17.1　lEvent 参数的取值

取　值	说　明
FD_READ	应用程序想要接收有关是否可读的通知，以便读取数据
FD_WRITE	应用程序想要接收有关是否可写的通知，以便发送数据
FD_OOB	应用程序想要接收是否带外（OOB）数据抵达的通知
FD_ACCEPT	应用程序想要接收与进入连接有关的通知
FD_CONNECT	应用程序想要接收连接操作已完成的通知

续表

取　值	说　明
FD_CLOSE	应用程序想要接收与套接字关闭有关的通知
FD_QOS	应用程序想要接收套接字“服务质量”发生更改的通知
FD_GROUP_QOS	应用程序想要接收套接字组“服务质量”发生更改的通知
FD_ROUTING_INTERFACE_CHANGE	应用程序想要接收在指定的方向上，与路由接口发生变化有关的通知
FD_ADDRESS_LIST_CHANGE	应用程序想要接收针对套接字的协议家族，本地地址列表发生变化的通知

2. WSAEnumProtocols

```
int WSAEnumProtocols( LPINT lpiProtocols, LPWSAPROTOCOL_INFO lpProtocolBuffer,
ILPDWORD lpdwBufferLength )
```

Win32 平台支持多种不同的网络协议，采用 Winsock2 就可以编写可直接使用任何一种协议的网络应用程序了。通过 WSAEnumProtocols 函数可以获得系统中安装的网络协议的相关信息。该函数各个参数的含义如下所述：

■ lpiProtocols

一个以 NULL 结尾的协议标识号数组。这个参数是可选的，如果 lpiProtocols 为 NULL，则 WSAEnumProtocols 函数将返回所有可用协议的信息，否则，只返回数组中列出的协议信息。

■ lpProtocolBuffer

out 类型的参数，作为返回值使用，一个用 WSAPROTOCOL_INFO 结构体填充的缓冲区。WSAPROTOCOL_INFO 结构体用来存放或得到一个指定协议的完整信息。

■ lpdwBufferLength

in/out 类型的参数。在输入时，指定传递给 WSAEnumProtocols 函数的 lpProtocolBuffer 缓冲区的长度；在输出时，可以传递给 WSAEnumProtocols 以检索所有请求信息的最小缓冲区的大小。

WSAEnumProtocols 函数不能重复调用，传入的缓冲区必须足够大以便能存放所有的元素。这个规定降低了该函数的复杂度，并且由于一个机器上装载的协议数目往往很少，因此并不会产生问题。

3. WSAStartup

WSAStartup 函数将初始化进程使用的 WS2_32.DLL，该函数原型声明如下所示。

```
int WSAStartup( WORD wVersionRequested, LPWSADATA lpWSAData);
```

WSAStartup 函数有两个参数，其含义分别如下所述：

■ wVersionRequested

调用进程可以使用的 Windows Sockets 支持的最高版本。该参数的高位字节指定 Winsock 库的副版本，而低位字节则是主版本。

■ lpWSAData

out 类型的参数，作为返回值使用，是一个指向 WSADATA 数据结构类型变量的指针，用来接收 Windows Sockets 实现的细节。

4. WSACleanup

WSACleanup 函数将终止程序对套接字库（WS2_32.DLL）的使用。该函数的原型声明如下所示。

```
int  WSACleanup (void);
```

5. WSASocket

Winsock 库中的扩展函数 WSASocket 将创建套接字，其原型声明如下所示：

```
SOCKET WSASocket( int af, int type, int protocol, LPWSAPROTOCOL_INFO
lpProtocolInfo, GROUP g, DWORD dwFlags );
```

该函数前三个参数和前面介绍过的 socket 函数的前三个参数含义相同，其他参数的含义如下所述：

■ lpProtocolInfo

一个指向 WSAPROTOCOL_INFO 结构体的指针，该结构体定义了所创建的套接字的特性。如果 lpProtocolInfo 为 NULL，则 WinSock2 DLL 使用前三个参数来决定使用哪一个服务提供者，它选择能够支持规定的地址族、套接字类型和协议值的第一个传输提供者。如果 lpProtocolInfo 不为 NULL，则套接字绑定到与指定的结构 WSAPROTOCOL_INFO 相关的提供者。

■ g

保留。

■ dwFlags

指定套接字属性的描述。如果该参数的取值为 WSA_FLAG_OVERLAPPED，那么将创建一个重叠套接字，这种类型的套接字后续的重叠操作与前面讲述的文件的重叠操作是类似的。随后在套接字上调用 **WSASend**、**WSARecv**、**WSASendTo**、**WSARecvFrom**、**WSAIoctl** 这些函数都会立即返回。在这些操作完成之后，操作系统会通过某种方式来通知调用线程，后者就可以根据通知信息判断操作是否完成。

6. WSARecvFrom

```
int WSARecvFrom( SOCKET s, LPWSABUF lpBuffers, DWORD dwBufferCount, LPDWORD
lpNumberOfBytesRecvd, LPDWORD lpFlags, sockaddr *lpFrom, LPINT lpFromlen,
LPWSAOVERLAPPED lpOverlapped, LPWSAOVERLAPPED_COMPLETION_ROUTINE lpCompletionRoutine );
```

WSARecvFrom 函数接收数据报类型的数据，并保存数据发送方的地址。该函数有 9 个参数，其含义分别如下所述：

■ s

标识套接字描述符。

■ lpBuffers

in/out 类型的参数，一个指向 WSABUF 结构体数组的指针，该结构体的定义如下所示。

```
typedef struct __WSABUF {
    u_long len;      // buffer length
    char *buf;       // pointer to buffer
} WSABUF, FAR * LPWSABUF;
```

每一个 WSABUF 结构体包含一个指向缓冲区的指针（buf 成员）和该缓冲区的长度（len）。

■ dwBufferCount

lpBuffers 数组中 WSABUF 结构体的数目。

■ lpNumberOfBytesRecvd

out 类型的参数，如果接收操作立即完成，那么该参数是一个指向本次调用所接收的字节数的指针。

■ lpFlags

in/out 类型的参数，一个指向标志位的指针，这些标志将会影响函数的行为。该参数的取值如表 17.2 所示，可以利用位或操作将这些标志组合起来使用。

表 17.2 lpFlags 参数取值

标　志	说　明
MSG_PEEK	浏览到来的数据。这些数据被复制到缓冲区，但并不从输入队列中移除。此标志仅对非重叠套接字有效
MSG_OOB	处理带外（OOB）数据
MSG_PARTIAL	此标志仅用于面向消息的套接字。作为输出参数时，此标志表明数据是发送方传送的消息的一部分。消息的剩余部分将在随后的接收操作中被传送。如果随后的某个接收操作没有此标志，就表明这是发送方发送的消息的尾部。作为输入参数时，此标志表明接收操作应该是完成的，即使只是一条消息的部分数据，也已被服务提供者所接收。

■ lpFrom

out 类型的参数，是一个可选的指针，指向重叠操作完成后存放源地址的缓冲区。

■ lpFromlen

in/out 类型的参数，一个指向 lpFrom 指定的缓冲区大小的指针，仅当指定了 lpFrom 参数时才需要使用这个参数。

■ lpOverlapped

一个指向 WSAOVERLAPPED 结构体的指针（对于非重叠套接字则忽略）。

■ lpCompletionRoutine

一个指向接收操作完成时调用的完成例程的指针（对于非重叠套接字则忽略）。

如果创建的是重叠套接字，那么在使用 WSARecvFrom 函数时，一定要注意最后两个参数的值。因为这时将采用重叠 IO 操作，WSARecvFrom 函数会立即返回。当接收数据这一操作完成之后，操作系统会调用 lpCompletionRoutine 参数指定的例程来通知调用线程，这个例程实际上就是一个回调函数，该函数的原型声明如下所示：

```
void CALLBACK CompletionROUTINE(
  IN DWORD dwError,
```

```
    IN DWORD cbTransferred,
    IN LPWSAOVERLAPPED lpOverlapped,
    IN DWORD dwFlags
  );
```

通过 WSARecvFrom 函数的第 2 个参数，可以知道，在调用该函数接收数据时，可以同时指定多个 WASBUF 结构体变量，一起来接收数据，并通过该函数的第 3 个参数指定 WASBUF 结构体的数量。

为什么要定义多个 WASBUF 结构体变量同时去接收数据呢？是数据量太大吗？当然不是，如果是数据量太大，那么可以定义一个大容量的数据缓冲区进行一次接收操作就可以了，并没有必要定义多个缓冲区。那么同时指定多个缓冲区有什么好处呢？假如我们要开发一个防火墙产品，其中包括防火墙管理中心，既然作为管理中心，就需要接收防火墙日志信息，而日志信息的格式通常都是由我们自己定义的，也就是在一连串的字节流中，人为地定义前几个字节、中间几个字节，以及最后几个字节各自表示的含义，如果采用 WSARecv From 函数接收数据，就可以针对传送的信息，分别提供不同的缓冲区去接收，然后相应地取出缓冲区中的数据进行处理，这样就避免通过编码去切分字节流。这就是提供多个缓冲区同时接收数据的好处。

7. WSASendTo

```
    int WSASendTo( SOCKET s, LPWSABUF lpBuffers, DWORD dwBufferCount, LPDWORD
lpNumberOfBytesSent, DWORD dwFlags, const struct sockaddr FAR *lpTo, int iToLen,
LPWSAOVERLAPPED        lpOverlapped,        LPWSAOVERLAPPED_COMPLETION_ROUTINE
lpCompletionRoutine );
```

■ s

标识一个套接字（可能已连接）的描述符。

■ lpBuffers

一个指向 WSABUF 结构体的指针。每一个 WSABUF 结构体包含一个缓冲区的指针和缓冲区的长度。

■ dwBufferCount

lpBuffers 数组中 WSABUF 结构体的数目。

■ lpNumberOfBytesSent

out 类型的参数，如果发送操作立即完成，则为一个指向本次调用所发送的字节数的指针。

■ dwFlags

指示影响操作行为的标志位。本例设置为 0 即可。

■ lpTo

可选指针，指向目标套接字的地址。

■ iToLen

lpTo 中地址的长度。

■ lpOverlapped

一个指向 WSAOVERLAPPED 结构的指针（对于非重叠套接字则忽略）。

■ lpCompletionRoutine

一个指向接收操作完成时调用的完成例程的指针（对于非重叠套接字则忽略）。

17.5.2 网络聊天室程序的实现

下面采用基于消息的异步套接字实现第 16 章中已经实现过的网络聊天程序。首先，在 ch17 解决方案下新建一个基于对话框的 MFC 应用程序，项目名为 Chat。当项目创建好后，将该项目设为启动项目，并将项目中的对话框资源上自动创建的控件全部删除，然后添加一些控件，本章实现的程序界面与第 16 章 Chat 程序的界面完全相同，所以可以直接复制后者已有的对话框资源，具体的复制方法，在本书前面章节中已经介绍过，这里不再赘述。

1. 加载套接字库

与套接字编程一样，首先需要加载套接字库并进行版本协商。第 16 章我们使用了 MFC 函数 AfxSocketInit 来完成这一任务，但是该函数只能加载 1.1 版本的套接字库，本程序需要使用套接字库 2.0 版本中的一些函数，为此，我们调用 WSAStartup 函数来初始化程序中所使用的套接字库。同样，应该在应用程序类，即在 CChatApp 类的 InitInstance 函数中加载套接字，在该函数的开始位置添加下述例 17-6 所示的代码。

例 17-6

```
WORD wVersionRequested;
WSADATA wsaData;
int err;

wVersionRequested = MAKEWORD( 2, 2 );

err = WSAStartup( wVersionRequested, &wsaData );
if ( err != 0 ) {

    return FALSE;
}


if ( LOBYTE( wsaData.wVersion ) != 2 ||
    HIBYTE( wsaData.wVersion ) != 2 ) {

    WSACleanup( );
    return FALSE;
}
```

如果调用成功，则 WSAStartup 函数返回 0 值；否则，它返回一个预定义的错误代码。在上述例 17-6 所示代码中，对该函数的返回值进行检测，如果不是 0 值，则说明 WSAStartup 函数调用失败，InitInstance 函数立即返回 FALSE 值。

本例加载 2.2 版本的 Winsock 库，如果版本不合要求，就调用 WSACleanup 函数终止对套接字库的使用，InitInstance 函数立即返回 FALSE 值。

同样，因为调用了 Winsock 2.0 版本中的函数，所以还需要包含相应的头文件：winsock2.h。与第 16 章的 Chat 程序一样，将该文件的包含语句放在 stdafx.h 文件中，在该文件中添加下面这条语句：

```
#include <winsock2.h>
```

当然，还需要为 Chat 项目链接 ws2_32.lib 文件。如果采用预处理指定#pragma comment 来链接 ws2_32.lib 文件，那么也可以把下面的预处理指令调用一起放到 stdafx.h 文件中。

```
#pragma comment(lib,"ws2_32.lib")
```

2. 创建并初始化套接字

接下来创建并初始化套接字，实现步骤与第 16 章的 Chat 程序一样，为 CChatDlg 类增加一个 SOCKET 类型的成员变量 m_socket，即套接字描述符，并将其访问权限设置为私有的。为 CChatDlg 类添加一个 BOOL 类型的成员函数 InitSocket，用来初始化该类的套接字成员变量，该函数的实现代码如例 17-7 所示。

例 17-7

```
BOOL CChatDlg::InitSocket()
{
    m_socket=WSASocket(AF_INET,SOCK_DGRAM,0,NULL,0,0);
    if(INVALID_SOCKET==m_socket)
    {
        MessageBox(L"创建套接字失败！");
        return FALSE;
    }
    SOCKADDR_IN addrSock;
    addrSock.sin_addr.S_un.S_addr=htonl(INADDR_ANY);
    addrSock.sin_family=AF_INET;
    addrSock.sin_port=htons(6000);
    if(SOCKET_ERROR==bind(m_socket,(SOCKADDR*)&addrSock,sizeof(SOCKADDR)))
    {
        MessageBox(L"绑定失败！");
        return FALSE;
    }
    if(SOCKET_ERROR==WSAAsyncSelect(m_socket,m_hWnd,UM_SOCK,FD_READ))
    {
        MessageBox(L"注册网络读取事件失败！");
        return FALSE;
    }

    return TRUE;
}
```

在第 16 章示例中使用的是 socket 函数创建套接字，这里使用 Winsock 库中的扩展函数：WSASocket 来完成这一功能。

提示：在 Windows Sockets 中，对增加的扩展函数而言，前面都有 WSA 前缀。

在上述例 17-7 所示代码中，在调用 WSASocket 函数后，对 WSASocket 函数的返回值进行判断，如果是 INVALID_SOCKET，则说明该函数调用失败，于是提示用户："创建套接字失败！"，并让 InitSocket 函数立即返回，返回值是 FALSE。

如果套接字创建成功，接下来，就要将该套接字绑定到某个 IP 地址和端口上，WinSock 2.0 版本的库中没有提供 bind 函数的扩展函数，所以这里仍使用该函数来完成套接字的绑定。首先定义一个地址结构体（SOCKADDR_IN）变量 addrSock，并为其成员赋值。然后调用 bind 函数，并对其返回值进行判断，如果是 SOCKET_ERROR，则说明 bind 函数调用出错了，就提示用户："绑定失败！"。

接下来，就可以调用 WSAAsyncSelect 函数请求一个基于 Windows 消息的网络事件通知，该函数的第一个参数是标识请求网络事件通知的套接字描述符；本例让对话框窗口接收消息，因此第二个参数指定该对话框的窗口句柄，即 CChatDlg 类的 m_hWnd 成员；第三个参数指定了一个自定义的消息（UM_SOCK），一旦指定的网络事件发生，操作系统就会发送该自定义的消息通知调用线程；第四个参数是注册的事件，本例注册了一个读取事件（FD_READ），这样，一旦有数据到来，就会触发 FD_READ 事件，系统就会通过 UM_SOCK 消息来通知调用线程，于是在该消息的响应函数中就可以接收到数据了。在上述代码中，对 WSAAsyncSelect 函数的返回值加以判断，如果函数调用失败，则提示用户："注册网络读取事件失败！"，并返回 FALSE。

如果上述操作全部成功，则 InitSocket 函数返回 TRUE。这就是在 InitSocket 函数中对套接字进行初始化的处理过程。然后可以在 CChatDlg 类的 OnInitDialog 函数中调用这个函数，以便使程序完成套接字的初始化工作。可以在 OnInitDialog 函数最后的 return 语句之前添加下面这条语句：

```
InitSocket();
```

不要忘记在 CChatDlg 类的头文件中定义自定义消息 UM_SOCK，定义代码如下所示：

```
#define UM_SOCK     WM_USER+1
```

3. 实现接收端功能

这里应注意，在注册的事件发生后，当操作系统向调用进程发送相应的消息时，还会将该事件相应的信息一起传递给调用进程，这些信息是通过消息的两个参数传递的。在 CChatDlg 类的头文件中添加如例 17-8 所示代码中加灰显示的那句代码，即 UM_SOCK 消息响应函数原型的声明。

例 17-8

```
// 生成的消息映射函数
virtual BOOL OnInitDialog();
afx_msg void OnSysCommand(UINT nID, LPARAM lParam);
afx_msg void OnPaint();
afx_msg HCURSOR OnQueryDragIcon();
```

```
afx_msg LRESULT OnSock(WPARAM,LPARAM);
DECLARE_MESSAGE_MAP()
```

在 CChatDlg 类的源文件中添加 UM_SOCK 消息映射，即添加如例 17-9 所示代码中加灰显示的那句代码。

例 17-9

```
BEGIN_MESSAGE_MAP(CChatDlg, CDialog)
    ON_WM_SYSCOMMAND()
    ON_WM_PAINT()
    ON_WM_QUERYDRAGICON()
    ON_MESSAGE(UM_SOCK,OnSock)
END_MESSAGE_MAP()
```

该消息响应函数的实现代码如例 17-10 所示。

例 17-10

```
LRESULT CChatDlg::OnSock(WPARAM wParam,LPARAM lParam)
{
1.  switch (LOWORD(lParam))
2.  {
3.  case FD_READ:
4.      WSABUF wsabuf;
5.      wsabuf.buf = new char[200]{ 0 };
6.      wsabuf.len = 200;
7.      DWORD dwRead;
8.      DWORD dwFlag = 0;
9.      SOCKADDR_IN addrFrom;
10.     int len = sizeof(SOCKADDR);
11.     CString str;
12.     CString strTemp;
13.     char tempBuf[300] = { 0 };
14.     char buf[INET_ADDRSTRLEN];
15.     if (SOCKET_ERROR == WSARecvFrom(m_socket, &wsabuf, 1, &dwRead,
            &dwFlag,(SOCKADDR*)&addrFrom, &len, NULL, NULL))
16.     {
17.         MessageBox(L"接收数据失败！");
18.         delete[] wsabuf.buf;
19.         return -1;
20.     }
21.     sprintf_s(tempBuf, "%s 说 :%s",
            inet_ntop(AF_INET, &addrFrom.sin_addr, buf, sizeof(buf)),
            wsabuf.buf);
22.     USES_CONVERSION;
23.     str = A2T((char*)tempBuf);
24.     str += "\r\n";
25.     GetDlgItemText(IDC_EDIT_RECV, strTemp);
26.     str += strTemp;
```

```
27.     SetDlgItemText(IDC_EDIT_RECV, str);
28.     delete[] wsabuf.buf;
29.     break;
30. }
    return 0;
}
```

读者可能会认为，既然我们只请求了一个基于 Windows 消息的网络事件通知，即只请求了 FD_READ 这种网络事件，那么在 OnSock 函数中就可以直接调用 WSARecvFrom 函数接收数据了，这种想法本身并没有错误。但是需要注意，在套接字上请求网络事件通知时，可以同时请求多个网络事件，也就是说，不但可以请求 FD_READ 网络读取事件，还可以同时请求 FD_WRITE 网络写入事件，那么在对指定的消息进行处理时，即在相应的消息响应函数中，就应该根据当前发生的网络事件进行相应的处理。在本例中，因为只请求了 FD_READ 网络读取事件，所以在 OnSock 函数中可以直接调用 WSARecvFrom 函数去接收数据。但这并不是一种良好的代码设计风格，作为一种良好的编码风格，应该在此函数中判断是不是网络读取事件发生了，如果是，然后再读取数据。

一旦网络事件发生，系统就会发送自定义的消息通知调用线程，该消息发送的信息是随着消息的两个参数发送的。当一个指定的网络事件在指定的套接字上发生时，应用程序窗口接收到对应的消息，该消息的 wParam 参数标识已经发生网络事件的套接字，lParam 参数的低位字标识已经发生的网络事件，高位字包含了任何错误代码，也就是说通过取出 lParam 参数的低位字，就可以知道当前发生的网络事件类型。

在上述例 17-10 所示代码的 OnSock 函数中，使用 switch 语句，利用 LOWORD 宏取出 lParam 参数的低位字，并判断是不是网络读取事件发生了，如果网络读取事件发生了，就调用 Winsock 库的扩展函数 WSARecvFrom 接收数据。在调用该函数之前，先根据其需要的参数定义一些变量。首先定义了一个 WSABUF 结构体类型的变量 wsabuf，并为其成员赋值，将其缓冲区设置为 200 个字节并初始化为 0；接着，定义一个 dwRead 变量，用来保存实际接收到的数据长度；又定义一个 SOCKADDR_IN 结构体变量 addrFrom，用来接收发送方的地址信息，还定义了一个变量 len，并用 SOCKADDR_IN 地址结构体长度对其初始化。然后，就调用 WSWRecvFrom 函数接收数据，第一个参数是套接字描述符；第二个参数指定接收数据的 WSABUF 结构体数组；第三个参数指定用来接收数据的 WSABUF 结构体变量的数目；第四个参数保存实际接收到的数据；第五个参数是标志位，本例指定为 0 即可；第六个参数是用来接收发送方地址信息的地址结构体指针；第七个参数是前一参数的长度；本例将最后两个参数都设置为 NULL。另外，因为数据接收操作是在网络读取事件发生时进行的，所以一般这种读取操作都能成功，但是为了代码风格统一，在程序中对 WSARecvFrom 函数的返回值进行了判断，如果出错，则利用 MessageBox 函数显示一个消息框，提示用户："接收数据失败！"，然后释放已分配的内容，最后直接返回。

上述例 17-10 所示代码中的 OnSock 函数在接收到数据后，将该数据进行格式化。首先，取出发送端地址（保存在 addrFrom 变量的 sin_addr 成员中），并调用 inet_ntop 函数将它转换为点分十进制格式的字符串；之后，将格式化后的 ANSI 字符串通过调用 A2T 宏转换为 Unicode 字符串。接下来，从对话框的接收编辑框中取出已有的数据，保存到 strTemp 变量中；接着，将当前接收到的数据加上回车换行符后，再加上 strTemp 变量中保存的之前接收到的数据，调用 SetDlgItemText 函数将所有数据都放置到接收编辑框上。最后一定不要忘记释放已分配的内存。

另外，为了让接收编辑框控件支持回车换行，还需要设置其 Multiline 属性。以上就是数据的接收部分。

4．实现发送端功能

接下来，编写发送端程序。双击 Chat 程序主界面对话框资源上的【发送】按钮，Visual Studio 开发环境将为该按钮自动生成一个按钮单击命令响应函数：OnBnClickedBtnSend，然后在此函数中添加代码实现数据发送的功能，结果如例 17-11 所示。

例 17-11

```
void CChatDlg::OnBnClickedBtnSend ()
{
1.  DWORD dwIP;
2.  CString strSend;
3.  WSABUF wsabuf;
4.  DWORD dwSend;
5.  SOCKADDR_IN addrTo;

6.  USES_CONVERSION;

7.  ((CIPAddressCtrl*)GetDlgItem(IDC_IPADDRESS1))->GetAddress(dwIP);
8.  addrTo.sin_addr.S_un.S_addr = htonl(dwIP);
9.  addrTo.sin_family = AF_INET;
10. addrTo.sin_port = htons(6000);

11. GetDlgItemText(IDC_EDIT_SEND, strSend);

12. wsabuf.buf = T2A(strSend);
13. wsabuf.len = strlen(wsabuf.buf) + 1;

14. SetDlgItemText(IDC_EDIT_SEND, L"");
15. if (SOCKET_ERROR == WSASendTo(m_socket, &wsabuf, 1, &dwSend, 0,
        (SOCKADDR*)&addrTo, sizeof(SOCKADDR), NULL, NULL))
16. {
17.     MessageBox(L"发送数据失败！");
18.     return;
19. }
}
```

在发送数据时，首先获取 IP 地址控件上的用户输入的对方 IP 地址，这可以通过调用 GetDlgItem 函数得到 IP 地址控件，然后调用该控件对象的 GetAddress 函数得到 IP 地址。

接着，定义一个地址结构（SOCKADDR_IN）变量 addrTo，表示数据发送的目的地，并设置其成员，成员 sin_family 设置为 AF_INET；因为接收端是在 6000 这个端口号等待接收数据的，所以将成员 sin_port 设置为 6000；成员 sin_addr.S_un.S_addr 是对方 IP 地址，并且是 DWORD 类型，虽然上面刚刚获得的 IP 地址 dwIP 也是 DWORD 类型，但是这里仍然需要调用 htonl 函数进行转换，因为这里需要的是网络字节顺序的地址，而 dwIP 变量保存的是主机字节顺序的地址。

本例在发送数据时，也利用 Winsock 提供的扩展函数 WSASendTo 来实现。首先定义一个 CString 类型的变量 strSend，然后调用 GetDlgItemText 函数从发送编辑框上获取要发送的数据，并保存到 strSend 变量中。接着，因为 WASSendTo 函数参数的需要，定义了一个 WSABUF 结构类型的变量 wsabuf，用来保存将要发送的数据和长度，但是不能直接将 strSend 中的数据赋给 wsabuf 变量的 buf 成员，又因为该成员的类型是 char*，而 strSend 是 CString 类型，在默认的 Visual Studio 设置中，CString 存储的是 Unicode 字符串，为此，使用 T2A 宏，将其转换为 ANSI 字符串，赋给 wsabuf 的 buf 成员。同时，给 wsabuf 的 len 成员赋值时，在发送数据的长度上多加一个字节，这主要是多传送一个“\0”字符，这样在接收端将接收到以“\0”为结尾的数据。上述代码中又定义了一个 DWORD 类型的变量 dwSend，用来接收实际发送的字节数。接下来，调用 SetDlgItemText 函数将发送编辑框中的内容清空。最后调用 WSASendTo 函数发送数据，同样，可以对该函数的返回值进行判断，如果该函数返回的是 SOCKET_ERROR，说明发送数据操作失败了，则提示用户：“发送数据失败！”，然后直接返回。

> **提示：**在给 wsabuf 变量的 len 成员赋值时，不能使用 strSend 的成员函数 GetLength 来得到数据的长度，该函数是返回字符串中的字符数目，对于中文字符“你好”，GetLength 返回 2，而字符串“你好”实际上是 4 个字节，这样在发送数据的时候就会丢失数据。将中文数据“你好”保存在 char*类型的缓冲区中，一个中文字符被拆分为 2 个字符来存储，因此调用 strlen 函数得到中文字符串“你好”的长度就是 4，这样在发送数据时就不会丢失数据。

当然，与第 16 章的 Chat 程序一样，还可以将【发送】按钮设置为默认按钮，这样用户在输入了将要发送的数据之后，只要按下回车键就可以发送该数据了。

编译 Chat 程序，编译器会提示如下错误：

```
    1>f:\vclesson\ch17\chat\chatdlg.cpp(215): error C4996: 'WSAAsyncSelect': Use WSAEventSelect() instead or define _WINSOCK_DEPRECATED_NO_WARNINGS to disable deprecated API warnings
```

这个警告是说 WSAAsyncSelect 函数已经不建议使用了，建议你使用 WSAEventSelect 函数。其实 WSAAsyncSelect 函数挺好用的，可能微软觉得若发送消息给窗口进行处理，消息还要排队就会影响效率，所以给了个新的函数 WSAEventSelect，让我们采用事件通知的方式来实现异步处理。关于 WSAEventSelect 函数的用法，读者可以参看 MSDN 或者相关文档。在本例中，我们在预处理中添加_WINSOCK_DEPRECATED_NO_WARNINGS 宏定义，来解决这个警告的出现。方法是，单击菜单栏上的【项目】→【Chat 属性】，在出现的“Chat 属性页”对话框中展开“C/C++”分支，选中“预处理器”，在右边窗口的“预处理器定义”中添加_WINSOCK_DEPRECATED_NO_WARNINGS 宏的定义，如图 17.6 所示。

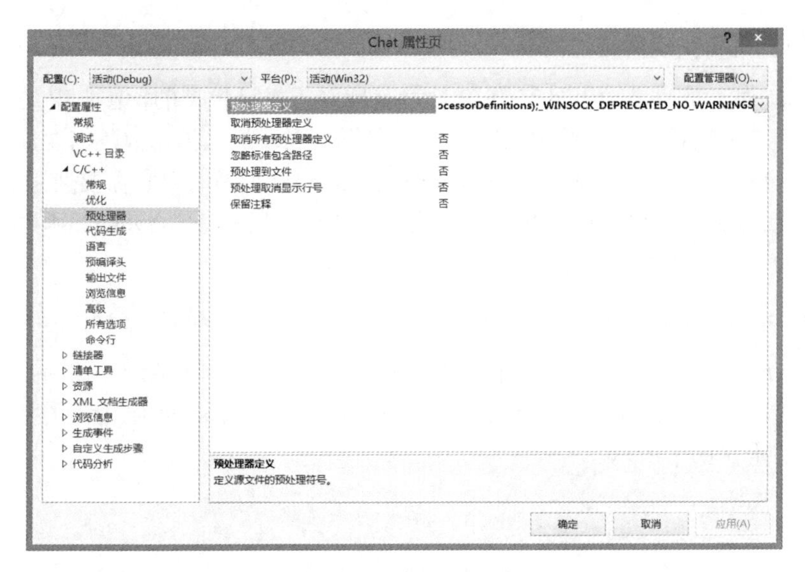

图 17.6　为项目添加_WINSOCK_DEPRECATED_NO_WARNINGS 宏定义

再次编译运行 Chat 程序，将会发现本程序实现了第 16 章 Chat 程序相同的功能。

读者应该注意到，本程序在同一个线程中实现了接收端和发送端，如果采用阻塞套接字，就会因为 WSARecvFrom 函数的阻塞调用而导致线程暂停运行，所以本程序采用了异步选择机制在同一个线程中完成了接收端和发送端的功能，程序运行的效果与第 16 章采用多线程技术实现的聊天室程序的结果是类似的。**在编写网络应用程序时，采用异步选择机制可以提高网络应用程序的性能，如果再配合多线程技术，那么将大大提高所编写的网络应用程序的性能。**

5. 终止套接字库的使用

最后需要为 CChatApp 类增加一个析构函数，主要是在此函数中调用 WSACleanup 函数，终止对套接字库的使用，具体代码如例 17-12 所示。

例 17-12

```
CChatApp::~CChatApp()
{
    WSACleanup();
}
```

同样，为 CChatDlg 类也提供一个析构函数，在此函数中判断 m_socket 变量是否有值，如果该套接字有值，则调用 closesocket 函数关闭该套接字，释放该套接字相关的资源，具体代码如例 17-13 所示。

例 17-13

```
CChatDlg::~CChatDlg()
{
    if(m_socket)
        closesocket(m_socket);
}
```

6. 利用主机名实现网络访问

上述 Chat 程序是通过输入对方的 IP 地址来向对方发送数据的，但是 IP 地址记忆起来不太方便，用户可能希望能够通过指定对方的主机名来发送数据。但是需要注意，在填充 SOCKADDR_IN 这个地址结构中的 sin_addr.S_un.S_addr 成员时，它需要使用 IP 地址，所以在程序中需要将主机名转换为 IP 地址，这可以通过调用 gethostbyname 函数完成这种转换。该函数的原型声明如下所示：

```
struct hostent* FAR gethostbyname (  const char FAR * name  );
```

gethostbyname 函数从主机数据库中获取主机名相对应的 IP 地址，该函数只有一个参数，是一个指向空终止的字符串。gethostbyname 函数返回 hostent 结构体类型的指针，该结构体类型的定义如下所示。

```
typedef struct hostent {
   char FAR *      h_name;
   char FAR * FAR * h_aliases;
   short           h_addrtype;
   short           h_length;
   char FAR * FAR * h_addr_list;
} HOSTENT, *PHOSTENT, FAR *LPHOSTENT;;
```

hostent 结构中的最后一个成员 h_addr_list 是一个指针数组，它的每一个元素存放的都是一个以网络字节顺序表示的主机 IP 地址，其中 h_addr_list[0]被定义为 h_addr 宏，这主要是为了兼容以前的软件。因为一台主机可能会有多个 IP 地址，当利用主机名查询该主机的 IP 时，可能会返回多个 IP 地址，所以需要一个指针数组来存放这些地址。读者只需要记住，这个指针数组中的每一个元素都是一个字符指针，其所指向的内存中存放的数据是以网络字节顺序存放的 IP 地址即可。

下面，在 Chat 程序的对话框中增加一个编辑框，允许用户在其中输入对方的主机名，并将其 ID 设置为 IDC_EDIT_HOSTNAME。

在上述 17-11 所示代码中的 OnBnClickedBtnSend 函数第 5 行代码后添加下述代码，以定义一个 CString 对象类型的对象 strHostName，用来保存用户输入的主机名和一个 HOSTENT 结构类型的指针，以便 gethostbyname 函数使用。

```
CString strHostName;
HOSTENT* pHost;
```

修改 OnBnClickedBtnSend 函数中对 addrTo 变量的 sin_addr.S_un.S_addr 成员进行赋值的代码（即用例 17-14 所示代码替换上述例 17-11 所示 OnBnClickedBtnSend 函数中第 7 行和第 8 行代码）。

例 17-14

```
if(GetDlgItemText(IDC_EDIT_HOSTNAME,strHostName),strHostName=="")
{
    ((CIPAddressCtrl*)GetDlgItem(IDC_IPADDRESS1))->GetAddress(dwIP);
    addrTo.sin_addr.S_un.S_addr=htonl(dwIP);
```

```
    }
    else
    {
        pHost = gethostbyname(T2A(strHostName));
        addrTo.sin_addr.S_un.S_addr = *((DWORD*)pHost->h_addr_list[0])
    }
```

在例 17-14 所示代码中，首先调用 GetDlgItemText 函数获得主机名编辑框中的数据，然后判断得到的主机名是否为空，如果为空，则像先前一样，从 IP 地址控件上得到 IP 地址，然后给地址结构体变量 addrTo 中的地址成员赋值；如果用户输入了主机名，就利用 gethostbyname 函数根据主机名获得 IP 地址，之后，就可以对地址结构体变量 addrTo 中的地址成员(sin_addr. S_un.S_addr)赋值了。但这个成员需要的是网络字节顺序表示的 u_long 类型的地址，虽然 gethostbyname 函数返回的 IP 地址也是以网络字节顺序表示的，但其类型是 char*，这里先从地址数组（pHost->h_addr_list）中将得到的 IP 地址取出来，可能有多个 IP 地址信息，我们使用第一个地址就可以了，该元素是 char*类型，并且该指针所指向的内存中存放的就是以网络字节顺序表示的 IP 地址。那么如何将一个 char*类型的数据转换为 u_long 类型呢？我们知道，只要内存中存放的数据类型是兼容的，那么各种指针之间就是可以相互转换的。所以，可以先将 char*转换为 DWORD*类型，也就是 u_long*类型，然后利用取值符（*）取出该指针所指向的内存中的数据。对 u_long 类型来说，其值占 4 个字节，因此读取一个 u_long 类型的值，也就是取出了 4 个字节的数据。且因为该内存中本来存放的就是网络字节顺序的 IP 地址，所以这时取出的这 4 个字节的数值正好就是 u_long 类型的 IP 地址。这就是笔者在前面曾经提到过的，在编程过程中，我们头脑中要有一个相应的内存模型，这样在对一些数据类型进行转换操作时就比较清楚了。

运行这时的 Chat 程序，在主机名编辑框中输入对方机器的主机名，并在发送数据编辑框中输入数据，按下回车键，即可在接收编辑框中看到接收到的数据。程序界面如图 17.7 所示。

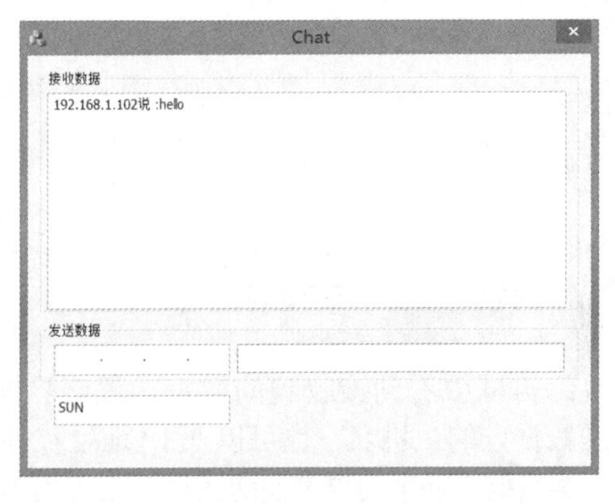

图 17.7　通过指定对方的主机名发送数据

读者可以看到，在接收编辑框中，这时显示的仍是发送方的 IP 地址，如果希望显示发送方的主机名，那么在接收到对方发送的数据之后，需要将对方的 IP 地址转换为对方机器的主机名，这可以通过另一个函数 gethostbyaddr 来完成，该函数的原型声明如下所示：

```
struct HOSTENT FAR * gethostbyaddr (
  const char * addr,
  int len,
  int type
);
```

gethostbyaddr 函数有三个参数，其中第一个参数是 const char*类型，是一个指向以网络字节顺序表示的地址的指针；第二个参数是地址长度，对于 AF_INET 地址族，地址长度必须是 4 个字节；最后一个参数是地址类型，IPv4 必须设置为 AF_INET（或者 PF_INET）。

gethostbyaddr 函数将根据指定的 IP 地址，获取相应的主机信息。其返回值是一个 HOSTENT 结构体类型的指针。如果能找到相应的主机信息，那么返回的 HOSTENT 结构体中的 h_name 数据成员就是主机名。

下面，在上述例 17-10 所示代码中接收数据的消息响应函数 OnSock 中，定义一个 HOSTENT 结构体指针变量 pHost，在调用 WSARecvFrom 函数接收数据之后，调用 gethostbyaddr 函数，并修改进行数据格式化的那行代码，具体代码如下所示（即用下述代码段替换上述例 17-10 所示 OnSock 函数中第 21 行代码）：

```
HOSTENT *pHost;
pHost = gethostbyaddr((char*)&addrFrom.sin_addr.S_un.S_addr, 4, AF_INET);
sprintf_s(tempBuf, "%s 说 :%s", pHost->h_name, wsabuf.buf);
```

由于 gethostbyaddr 函数需要一个以网络字节顺序表示的地址，从 SOCKADDR_IN 地址结构体变量 addrFrom 中的 sin_addr.S_un.S_addr 成员可以取出一个 u_long 类型的以网络字节顺序表示的 IP 地址数据，但这里需要的是 const char*类型。前面已经提到，只要我们清楚地知道数据的内存模型，就可以很容易地完成不同数据类型之间的转换。这里，addrFrom.sin_addr.S_un.S_addr 成员是 u_long 类型，但需要的是 const char*，于是我们可以先对该成员进行取地址操作，得到一个 u_long*的数据，再强制类型转换为 char*就可以了。

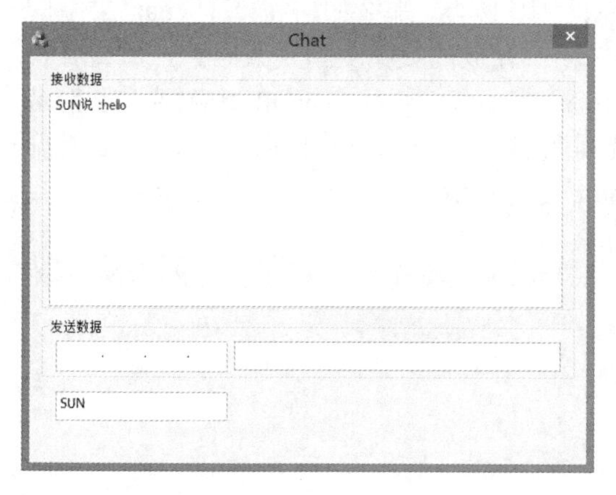

图 17.8　接收方显示数据发送方的主机名

在得到对方主机的信息后，通过 HOSTENT 结构体变量 pHost 的 h_name 成员取出主机名称，并进行相应的格式化。

再次运行 Chat 程序，在主机名编辑框中输入对方的主机名，并在发送数据编辑框中输入要发送的数据，按下回车键，即可在接收编辑框中看到接收到的数据，程序界面如图 17.8 所示。可以看到，这时显示的就是发送数据方的主机名。也可以在 IP 地址控件中输入 IP 地址，然后发送数据，同样，在接收数据编辑框中显示的也是发送数据方的主机名。

17.6　本章小结

本章介绍了另外两种线程同步的方式：事件对象和关键代码段，以及基于异步消息的网络程序的实现，这种实现方式是基于消息的，可以提高网络应用程序的效率。在 Windows 平台下，为了编写高性能的网络应用程序，除了要对协议本身有所了解之外，还需要了解网络应用程序在 Windows 平台下工作的原理。另外，在编写网络应用程序时，因为网络状况瞬息万变，所以应该总是对函数的返回值进行判断，如果发生错误，就要进行相应的处理。另外需要提醒读者的是，在编写网络应用程序时，一定要仔细，多做实验，基于所运行的平台具有的特点，相应地调整网络程序实现的细节，这样，才能编写出真正高性能的网络应用程序。

第 18 章 进程间通信

当一个 32 位进程启动后，操作系统为其分配 4GB 的私有地址空间。位于同一个进程中的多个线程共享同一个地址空间，因此线程之间的通信非常简单。然而，由于每个进程所拥有的 4GB 地址空间都是私有的，一个进程不能访问另一个进程地址空间中的数据，因此进程间的通信相对就比较困难些。在 Windows 平台下，系统为我们提供了多种进程间通信的机制，在前面的章节中已经介绍了利用 Socket 编写网络通信程序的方法。实际上，网络程序就是在两个进程或多个进程间的通信，但 Socket 编程需要我们对相关的网络协议有所了解，另外，即使我们只传递一个简单的数据，利用 Socket 编程也需要较多的编码。本章将介绍以下 4 种进程间通信方式：

- 剪贴板
- 匿名管道
- 命名管道
- 邮槽

18.1 剪贴板

平时我们对剪贴板的应用还是比较多的，当我们在 Word 文档中同时按下键盘上的"Ctrl+C"组合键复制一份数据后，在 PowerPoint 文档中同时按下"Ctrl+V"组合键就可以粘贴该数据。实际上，这一过程就是 Word 进程与 PowerPoint 进程之间利用剪贴板实现的一次数据传输。剪贴板实际上是系统维护管理的一块内存区域，当在一个进程中复制数据时，是将这个数据放到该块内存区域中，当在另一个进程中粘贴数据时，是从该块内存区域中取出数据，然后显示在窗口上。

下面，我们编写一个利用剪贴板通信的程序。新建一个基于对话框的 MFC 应用程序，项目名为 Clipboard，解决方案名为 ch18，并删除自动产生的对话框资源上已有的控件，在其上放置两个编辑框控件，其 ID 分别为：IDC_EDIT_SEND 和 IDC_EDIT_RECV。接着

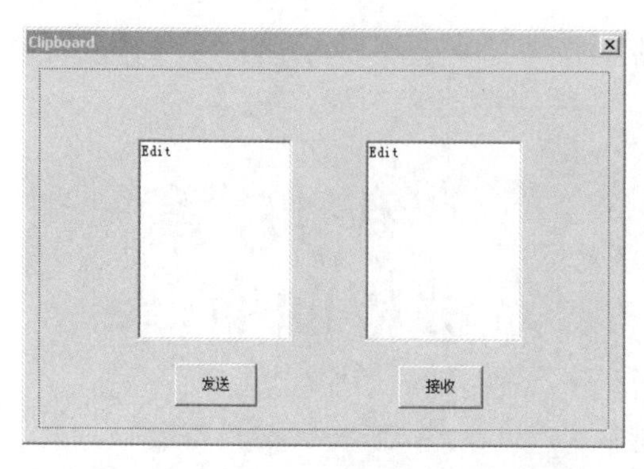

图 18.1　剪贴板程序使用的对话框资源

在这两个编辑框下方分别放置一个按钮，Caption 属性分别设置为：“发送”和“接收”，ID 分别设置为：IDC_BTN_SEND 和 IDC_BTN_RECV。设计完成的对话框资源如图 18.1 所示。

本程序的基本思路是：在左边编辑框中输入数据，当单击【发送】按钮后，将该数据发送到剪贴板上；当单击【接收】按钮后，从剪贴板上取出数据，并在右边的编辑框中显示该数据。读者可以看出，本程序实际上还是在同一个进程内通信。这主要是为了演示方便，将数据发送和数据接收放到同一个程序中实现了。学习完本章的内容后，读者可以试着利用剪贴板分别在两个程序间实现数据发送和数据接收的功能。稍后，笔者会演示本程序与记事本程序之间的通信。

18.1.1　数据发送

在把数据放置到剪贴板之前，需要先打开剪贴板，这可以利用 CWnd 类的 OpenClipBoard 成员函数实现，该函数的原型声明如下所示。

```
BOOL OpenClipboard( );
```

OpenClipboard 函数的返回值是 BOOL 类型。如果打开剪贴板操作成功，则该函数返回非 0 值；如果其他程序或者当前窗口已经打开了剪贴板，则该函数返回 0 值。如果某个程序已经打开了剪贴板，则其他应用程序将不能修改剪贴板，直到前者调用了 CloseClipboard 函数。并且只有在调用了 EmptyClipboard 函数之后，打开剪贴板的当前窗口才拥有剪贴板。EmptyClipboard 函数将清空剪贴板，并释放剪贴板中数据的句柄，然后将剪贴板的所有权分配给当前打开剪贴板的窗口。因为剪贴板是所有进程都可以访问的，所以在我们编写的这个 Clipboard 进程使用剪贴板之前，可能已经有其他进程把数据放置到剪贴板上了，那么在该进程打开剪贴板之后，需要调用 EmptyClipboard 函数，清空剪贴板，释放剪贴板上数据的句柄，并将剪贴板的所有权分配给当前打开剪贴板的窗口，之后就可以向剪贴板上放置数据了。向剪贴板上放置数据，可以通过调用 SetClipboardData 函数实现。这个函数是以指定的剪贴板格式向剪贴板上放置数据，该函数的原型声明如下所示：

```
HANDLE SetClipboardData(UINT uFormat, HANDLE hMem );
```

需要注意的是，当前调用 SetClipboardData 函数的窗口必须是剪贴板的拥有者，而且在这之前，该程序必须已经调用 OpenClipboard 函数打开了剪贴板。在随后响应 WM_RENDERFORMAT 和 WM_RENDERALLFORMATS 消息时，当前剪贴板的拥有者在调用 SetClipboardData 函数之前就不必再调用 OpenClipboard 函数了。SetClipboardData 函数有两个参数，其含义分别如下所述。

■ uFormat

指定剪贴板格式，这个格式可以是已注册的格式，或者是任一种标准的剪贴板格式（读者可自行查看 MSDN 中提供的帮助信息）。在本程序中只是利用剪贴板作为进程间通信的一种方式，因此选择标准的剪贴板格式，并且因为要传输文本数据，所以选择 CF_TEXT 格式，该格式表示文本格式，在这种格式下，每行数据以“0x0D0x0A”（回车换行）这一组合字符终止，并以空字符作为数据的结尾。

■ hMem

具有指定格式的数据的句柄。该参数可以是 NULL，指示调用窗口直到有对剪贴板数据的请求时，才提供指定剪贴板格式的数据。如果窗口采用延迟提交技术，则该窗口必须处理 WM_ RENDERFORMAT 和 WM_RENDERALLFORMATS 消息。

> **知识点**　当一个提供数据的进程创建了剪贴板数据之后，直到其他进程获取剪贴板数据之前，这些数据都要占据内存空间。如果在剪贴板上放置的数据过大，就会浪费内存空间，降低对资源的利用率。为了避免这种浪费，就可以采取**延迟提交技术**，也就是由数据提供进程先提供一个指定格式的空剪贴板数据块，即把 SetClipboardData 函数的 hMem 参数设置为 NULL。当需要获取数据的进程想要从剪贴板上得到数据时，操作系统会向数据提供进程发送 WM_RENDERFORMAT 消息，而数据提供进程可以响应这个消息，并在此消息的响应函数中，再一次调用 SetClipboardData 函数，将实际的数据放到剪贴板上。当再次调用 SetClipboardData 函数时，就不需要再调用 OpenClipboard 函数，也不再需要调用 EmptyClipboard 函数了。
>
> 也就是说，为了提高资源利用率，避免浪费内存空间，可以采取延迟提交技术。在第一次调用 SetClipboardData 函数时，将其 hMem 参数设置为 NULL，在剪贴板上以指定的剪贴板格式放置一个空剪贴板数据块。直到有其他进程需要数据或者自身进程需要终止运行时再次调用 SetClipboardData 函数，这时才真正提交数据。

应用程序在调用 SetClipboardData 函数之后，系统就拥有了 hMem 参数所标识的数据对象。该应用程序可以读取这个数据对象，但是在应用程序调用 CloseClipboard 函数之前，它不能释放该对象的句柄，或者锁定这个句柄。如果 hMem 参数标识了一个内存对象，那么这个对象必须利用 GMEM_MOVEABLE 标志调用 GlobalAlloc 函数为其分配内存。

GlobalAlloc 函数从堆上分配指定数目的字节，Win32 内存管理没有提供一个单独的本地堆和全局堆。也就是说，在 Win32 平台下，已经没有本地堆和全局堆了，在以前的 Win16 平台下有本地堆和全局堆。因为与其他内存管理函数相比，全局内存函数的运行速度要稍稍慢一些，而且它们没有提供更多的特性，所以新的应用程序应该使用堆函数。然而全局函数仍然与动态数据交换，以及与剪贴板函数一起使用。本程序利用剪贴板在进程间进行通信，因此还需要使用 GlobalAlloc 这个函数。该函数的原型声明如下所示：

```
HGLOBAL GlobalAlloc( UINT uFlags, SIZE_T dwBytes);
```

GlobalAlloc 函数有两个参数，其中 dwBytes 指定分配的字节数，uFlags 是一个标记，用来指定分配内存的方式，该参数可以取表 18.1 中列出的一个或多个值，但是应注意，在这些值中的有些值是不能一起使用的。如果 uFlags 参数值是 0，则该标记就是默认的 GMEM_FIXED。

表 18.1　uFlags 参数取值

值	说　明
GHND	GMEM_MOVEABLE 和 GMEM_ZEROINIT 的组合
GMEM_FIXED	分配一块固定内存，返回值是一个指针
GMEM_MOVEABLE	分配一块可移动的内存，在 Win32 平台下，内存块在物理内存中从来不被移动，但可在一个默认堆中被移动。在创建一个进程时，系统为应用程序分配一块默认堆。返回值是一块内存对象句柄，如果想将这个句柄转换为一个指针，则可以使用 GlobalLock 函数。这个标志不能与 GMEM_FIXED 标志一起使用
GMEM_ZEROINIT	初始化内存的内容为 0
GPTR	GMEM_FIXED 和 GMEM_ZEROINIT 的组合

如表 18.1 中提到的 GlobalLock 函数，其作用是对全局内存对象加锁，然后返回该对象内存块第一个字节的指针。该函数的原型声明如下所示：

```
LPVOID GlobalLock( HGLOBAL hMem);
```

GlobalLock 函数的参数是一个全局内存对象句柄（HGLOBAL 类型），返回值是一个指针。在每个内存对象的内部数据结构中都包含一个初始值为 0 的锁计数，对于可移动的内存对象来说，GlobalLock 函数将其锁计数加 1，而 GlobalUnlock 函数将该锁计数减 1。对于一个进程来说，在每一次调用 GlobalLock 函数之后，一定要记得调用 GlobalUnlock 函数。被锁定的内存对象的内存块将保持锁定，直到它的锁计数为 0，这时，该内存块才能被移动或者被废弃。另外，已被加锁的内存不能被移动或者被废弃，除非调用了 GlobalRealloc 函数重新分配了该内存对象。

使用 GMEM_FIXED 标志分配的内存对象的锁计数总是 0。对于这些对象，GlobalLock 函数返回的指针值等于指定的句柄值。GMEM_FIXED 与 GMEM_MOVEABLE 这两个标志的区别是：如果指定的是前者，那么 GlobalAlloc 函数返回的句柄值就是分配的内存地址；如果指定的是后者，那么 GlobalAlloc 函数返回的不是实际内存的地址，而是指向该进程中句柄表条目的指针，在该条目中包含有实际分配的内存指针。

很多函数都使用 HGLOBAL 类型作为返回值或参数来代替内存地址，如果这样的一个函数返回了一个 HGLOBAL 类型的值，那么我们就应该假定它的内存是采用 GMEM_MOVEABLE 标志来分配的，这也就意味着必须调用 GlobalLock 函数对该全局内存对象加锁，并且返回该内存的地址。如果一个函数采用了 HGLOBAL 类型的参数，那么为了保证安全，我们应该用 GMEM_MOVEABLE 标志调用 GlobalAlloc 函数来生成这个参数值。在本例的剪贴板程序中，需要采用 GMEM_MOVEABLE 标志来分配内存。

下面就编写向剪贴板发送数据的代码。双击 Clipboard 程序中的主界面对话框资源上的【发送】按钮，Visual Studio 开发环境将为我们自动创建该按钮的单击命令响应函数：OnBnClickedBtnSend，在此函数中添加代码以实现向剪贴板发送数据的功能，结果如例 18-1 所示。

例 18-1

```
void CClipboardDlg::OnBnClickedBtnSend()
{
    if (OpenClipboard())    //打开剪贴板
    {
        CString str;        //保存发送编辑框控件上的数据
        HANDLE hClip;       //保存调用 GlobalAlloc 函数后分配的内存对象的句柄
        char *pData;        //保存 str 对象转换后的 ANSI 字符串
        char *pBuf;         //保存调用 GlobalLock 函数后返回的内存地址
        EmptyClipboard();   //清空剪贴板上的数据

        GetDlgItemText(IDC_EDIT_SEND, str);

        USES_CONVERSION;
        pData = T2A(str);

        hClip = GlobalAlloc(GMEM_MOVEABLE, strlen(pData) + 1);
        pBuf = (char*)GlobalLock(hClip);
        strcpy_s(pBuf, strlen(pData) + 1, pData);
        GlobalUnlock(hClip);
        SetClipboardData(CF_TEXT, hClip);
        CloseClipboard();   //关闭剪贴板
    }
}
```

在上述例 18-1 所示 OnBnClickedBtnSend 函数中，首先调用 OpenClipboard 打开剪贴板，如果成功打开，则调用 EmptyClipboard 函数清空剪贴板，释放剪贴板上数据的句柄，并将剪贴板的所有权分配给当前窗口。接着，调用 GetDlgItemText 函数获得发送编辑框中的数据，并保存到 str 变量中。之后，调用 T2A 宏将 str 对象中保存的 Unicode 字符串转换为 ANSI 字符串，保存到 pData 中。由于后面要演示和记事本程序之间的互相通信，而记事本默认使用 ANSI 字符，因此我们往剪贴板中存放 ANSI 字符数据。

接下来，就可以使用 GMEM_MOVEABLE 标志来调用 GlobalAlloc 函数分配内存对象了。该函数的第二个参数用来指定分配的字节数，如果设定的是文本数据，那么在剪贴板中，该数据是以空字符作为结尾的，假如我们按照数据实际大小分配内存空间，那么当把该数据放置到剪贴板上以后，剪贴板会在该数据的最后一个字节放置一个空字符，这样就会丢失一个数据，因此这里在分配内存时要多分配一个字节。

然后，需要把 GlobalAlloc 函数返回的句柄转换为指针，这可以通过调用 GlobalLock 函数来完成，该函数对内存对象加锁，并返回它的内存地址。因为 GlobalLock 函数返回的类型是 LPVOID，而这里需要的是 char*类型，所以需要进行强制类型转换。

之后，可以调用 strcpy_s 函数将 pData 中的数据复制到 pBuf 指向的内存中，然后调用 GlobalUnlock 函数对该内存块解锁。解锁完成之后，就可以调用 SetClipboardData 函数以指定的剪贴板格式向剪贴板上放置数据了，该函数第一个参数指定使用文本格式 CF_TEXT（如果放置 Unicode 字符串，则可以设置 CF_UNICODETEXT），第二个参数包含了将要放置的数据内存的句柄 hClip。

最后，读者一定要记住，**在把数据放置到剪贴板之后，一定要记得调用 CloseClipboard 函数关闭剪贴板，否则其他进程将无法打开剪贴板。**

编译并运行 Clipboard 程序，在左边发送编辑框中任意输入一些数据，例如：“Hello”，之后单击【发送】按钮。打开记事本程序，选择【编辑\粘贴】菜单命令，即可以看到记事本程序接收到了“Hello”这串字符。结果如图 18.2 所示。这就说明我们编写的 Clipboard 程序与系统提供的记事本程序之间通过剪贴板完成了数据的传输。

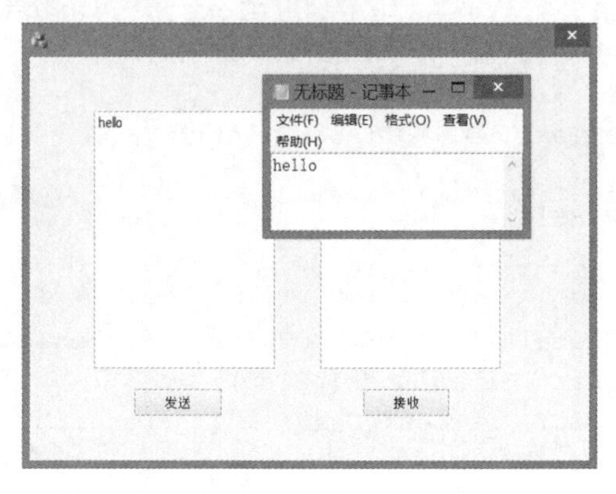

图 18.2　Clipboard 程序与记事本程序之间实现的数据传输

18.1.2　数据接收

现在开始编写接收端的程序。双击 Clipboard 程序主界面对话框资源上的【接收】按钮，Visual Studio 将为我们自动创建该按钮的单击命令响应函数：OnBnClickedBtnRecv，在此函数中添加代码以实现从剪贴板接收数据的功能，结果如例 18-2 所示。

例 18-2

```
void CClipboardDlg::OnBnClickedBtnRecv()
{
    if(OpenClipboard())
    {
        if(IsClipboardFormatAvailable(CF_TEXT))
        {
            HANDLE hClip;
            char *pBuf;
            hClip=GetClipboardData(CF_TEXT);
            pBuf=(char*)GlobalLock(hClip);
            GlobalUnlock(hClip);
            USES_CONVERSION;
            SetDlgItemText(IDC_EDIT_RECV, A2T(pBuf));
        }
        CloseClipboard();
    }
}
```

同样地，在接收端也需要调用 OpenClipboard 函数打开剪贴板。但要注意，在接收端不应调用 EmptyClipboard 函数，因为这时是从剪贴板中得到数据的。

在获得数据之前，应该查看一下在剪贴板中是否有我们想要的特定格式的数据，这可以通过调用 IsClipboardFormatAvailable 函数实现，该函数的原型声明如下所示：

```
BOOL IsClipboardFormatAvailable(UINT format);
```

IsClipboardFormatAvailable 函数用来检测剪贴板上是否包含了参数 format 指定的特定格式的数据。如果在剪贴板上的数据格式可用，那么该函数返回非 0 值；否则返回 0 值。因此我们在 OnBnClickedBtnRecv 函数中通过调用 IsClipboardFormatAvailable 函数，判断剪贴板上文本格式的数据是否可用，若可用，再接收剪贴板上的数据。

从剪贴板上获得数据应该调用 GetClipboardData 函数，该函数将从剪贴板中获得指定格式的数据，当然，前提是当前已经打开了剪贴板。GetClipboardData 函数的原型声明如下所示：

```
HANDLE GetClipboardData(UINT uFormat);
```

GetClipboardData 函数根据参数 uFormat 指定的格式，返回一个以指定格式存在的剪贴板对象的句柄。所以，上述 OnBnClickedBtnRecv 函数中定义一个句柄变量 hClip，调用 GetClipboardData 函数得到文本格式（CF_TEXT）的数据，并把该数据句柄保存到 hClip 变量中。

同样，如果想要使用指针类型的内存地址，则仍然需要调用 GlobalLock 函数进行一个转换，即把句柄（hClip）转换为地址（pBuf）。接着，就可以调用 GlobalUnlock 函数对内存对象进行解锁。之后，调用 SetDlgItemText 函数将从剪贴板中获得的数据放置到接收编辑框控件中。

一定要记住调用 CloseClipboard 函数关闭剪贴板。

编译并运行 Clipboard 程序，首先，在窗口左边的编辑框中任意输入一些数据。之后，单击【发送】按钮，然后单击【接收】按钮，可以看到，这时窗口右边的编辑框中就收到了发送的数据，程序运行结果如图 18.3 所示。

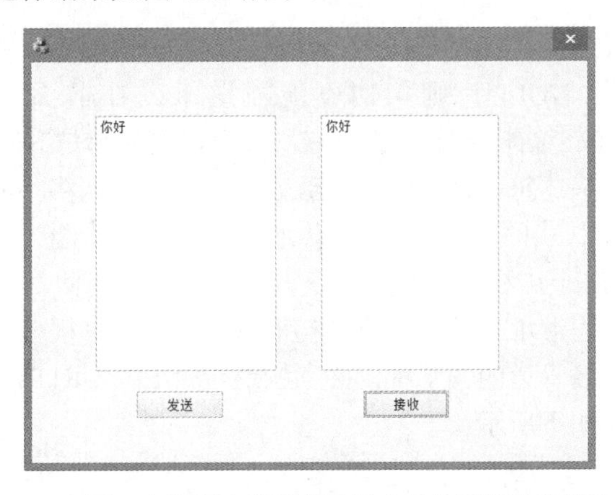

图 18.3　在同一个进程中利用剪贴板实现数据发送和接收功能

另外，我们也可以在记事本程序中输入一些数据，并复制该数据，然后，在本程序中单击【接收】按钮，这时，在窗口右边的编辑框中也可以看到从记事本程序中复制的数据。读者可以自行测试一下。

因为剪贴板是系统提供的，所有进程都可以访问它，所以可以采用剪贴板作为进程间通信的一种方式，并且正如读者所看到的，若采用这种方式实现进程间的通信，那么代码的编写比较简单。

18.2 匿名管道

18.2.1 基础知识

匿名管道是一个未命名的、单向的管道，通常用来在一个父进程和一个子进程之间传输数据。匿名管道只能实现本地机器上两个进程间的通信，而不能实现跨网络的通信。

为了创建匿名管道，需要调用 CreatePipe 函数，该函数的原型声明如下所示：

```
BOOL CreatePipe(
  PHANDLE hReadPipe,
  PHANDLE hWritePipe,
  LPSECURITY_ATTRIBUTES lpPipeAttributes,
  DWORD nSize
);
```

CreatePipe 函数将创建一个匿名管道，返回该匿名管道的读写句柄。该函数有四个参数，其含义分别如下所述。

■ hReadPipe 和 hWritePipe

这两个参数都是 out 类型，即作为返回值来使用。前者返回管道的读取句柄，后者接收管道的写入句柄。也就是说，在程序中需要定义两个句柄变量，将它们的地址分别传递给这两个参数，CreatePipe 函数将通过这两个参数返回创建的匿名管道的读写句柄。

■ lpPipeAttributes

一个指向 SECURITY_ATTRIBUTES 结构体的指针，检测返回的句柄是否能被子进程继承。如果此参数为 NULL，则句柄不能被继承。在前面的章节中，凡是需要 SECURITY_ATTRIBUTES 结构体指针的地方，我们传递的都是 NULL 值，让系统为创建的对象赋予默认的安全描述符，这样的话，函数所返回的句柄将不能被子进程所继承。但在本章匿名管道的例子中，不能再为此参数传递 NULL 值了，因为匿名管道只能在父进程与子进程之间进行通信。子进程如果想要想获得匿名管道的句柄，只能从父进程继承而来。当一个子进程从其父进程继承了匿名管道的句柄后，这两个进程就可以通过该句柄进行通信了。所以，在本章匿名管道的例子中，必须构造一个 SECURITY_ATTRIBUTES 结构体变量，该结构体的定义如下所示：

```
typedef struct _SECURITY_ATTRIBUTES {
  DWORD nLength;
  LPVOID lpSecurityDescriptor;
```

```
  BOOL bInheritHandle;
} SECURITY_ATTRIBUTES, *PSECURITY_ATTRIBUTES;
```

SECURITY_ATTRIBUTES 结构体有三个成员，第一个成员 nLength 指定该结构体的大小；第二个成员 lpSecurityDescriptor 是一个指向安全描述符的指针，在本章匿名管道的例子中，可以给这个成员传递 NULL 值，让系统为创建的匿名管道赋予默认的安全描述符；第三个成员 bInheritHandle 很关键，该成员指定所返回的句柄是否能被一个新的进程所继承，如果此成员为 TRUE，那么返回的句柄能够被新进程继承。在本章匿名管道的例子中，需要将此成员设置为 TRUE，让子进程可以继承父进程创建的匿名管道的读写句柄。

■ nSize

指定管道的缓冲区大小，该大小仅仅是一个建议值，系统将使用这个值来计算一个适当的缓冲区大小。如果此参数是 0，系统则使用默认的缓冲区大小。

18.2.2　进程的创建

为了启动一个进程，可以调用 CreateProcess 函数，该函数的原型声明如下所示：

```
BOOL CreateProcess(
  LPCTSTR lpApplicationName,
  LPTSTR lpCommandLine,
  LPSECURITY_ATTRIBUTES lpProcessAttributes,
  LPSECURITY_ATTRIBUTES lpThreadAttributes,
  BOOL bInheritHandles,
  DWORD dwCreationFlags,
  LPVOID lpEnvironment,
  LPCTSTR lpCurrentDirectory,
  LPSTARTUPINFO lpStartupInfo,
  LPPROCESS_INFORMATION lpProcessInformation
);
```

下面将详细地介绍 CreateProcess 函数的各个参数的含义。

■ lpApplicationName

一个指向 NULL 终止的字符串，用来指定可执行程序的名称。该名称可以是该程序的完整路径和文件名，也可以是部分名称。如果是后者，CreateProcess 函数就在当前路径下搜索可执行文件名，但不会使用搜索路径进行搜索。注意：一定要加上扩展名，系统不会自动假设文件名有一个“.exe”扩展名。

lpApplicationName 参数可以为 NULL，这时，文件名必须是 lpCommandLine 指向的字符串中的第一个空格界定的标记。如果使用了包含空格的长文件名，那么应该使用引号将该名称包含起来，以表明文件名的结束和参数的开始，否则文件名会产生歧义。例如“c:\program files\sub dir\program name”这个字符串会被解释为多种形式，系统将按照下面的顺序来进行处理。

c:\program.exe files\sub dir\program name

c:\program files\sub.exe dir\program name

c:\program files\sub dir\program.exe name

c:\program files\sub dir\program name.exe

■ lpCommandLine

一个指向 NULL 终止的字符串，用来指定传递给新进程的命令行字符串。系统会在该字符串的最后增加一个 NULL 字符，并且如有必要，它会去掉首尾空格。

我们可以在 lpApplicationName 参数中传递可执行文件的名称，在 lpCommandLine 参数中传递命令行的参数。但应注意，如果在 lpCommandLine 参数中传递了一个可执行的文件名，并且没有包含路径，那么这时 CreateProcess 函数将按照以下顺序搜索可执行文件：

（1）应用程序被装载的目录。

（2）父进程的目录。

（3）32 位 Windows 系统目录。可以使用 GetSystemDirectory 函数来得到该目录的路径。

（4）16 位 Windows 系统目录。没有函数可以获取该目录的路径，但该目录会被搜索到，这个目录的名称是 System。

（5）Windows 目录。可以使用 GetWindowsDirectory 函数来得到该目录的路径。

（6）PATH 环境变量中列出的目录。

可以将文件名和命令行参数构造为一个字符串，一并传递给这个参数，当 CreateProcess 函数分析 lpCommandLine 参数所指向的字符串时，它将查看该字符串中以空格分隔的第一个标记，并假设该标记就是将要运行的可执行文件的名字。如果这个可执行文件的文件名没有扩展名，则假设它的扩展名为“.exe”，当然，如果文件名包含全路径，那么系统将使用全路径来查看可执行文件，并且不再搜索上述目录。

lpCommandLine 参数也可以为空，这时，CreateProcess 函数将使用 lpApplicationName 参数作为命令行。这两个参数的区别在于，如果在 lpApplicationName 参数中指定可执行文件名，那么系统将只在当前目录下查找该可执行文件，如果没有找到，就失败返回。另外，系统不会为该文件加上一个扩展名；在 lpCommandLine 参数中指定可执行文件名，如果没有指定目录的话，系统就会按照上面介绍的顺序查找该文件，若按此顺序在所有路径下都没有找到该文件，CreateProcess 函数才失败返回。此外，如果在 lpCommandLine 参数指定文件名时没有加扩展名，那么这个函数会自动添加.exe 扩展名。通常在调用 CreateProcess 函数时，我们将可执行文件名和命令行参数都传递给 lpCommandLine 参数。

■ lpProcessAttributes 和 lpThreadAttributes

参数 lpProcessAttributes 和 lpThreadAttributes 都是指向 SECURITY_ATTRIBUTES 结构体的指针。当调用 CreateProcess 函数创建新进程时，系统将为新进程创建一个进程内核对象和一个线程内核对象，后者用于进程的主线程。而 lpProcessAttributes 和 lpThreadAttributes 这两个参数分别用来设置新进程的进程对象和线程对象的安全性，以及指定父进程将来创建的其他子进程是否可以继承这两个对象的句柄，在我们的程序中不需要创建其他的子进程，可以为这两个参数传递 NULL，让系统为这两个对象赋予默认的安全描述符。

■ bInheritHandles

该参数用来指定父进程随后创建的子进程是否能够继承父进程的对象句柄。如果该参数为 TRUE，那么父进程的每个可继承的打开句柄都能被子进程继承。继承的句柄与原始句柄拥有同样的值和访问特权。在下面的例子中，我们将会把这个参数设置为 TRUE，让子进程继承父进程创建的管道的读写句柄。

■ dwCreationFlags

控制优先级类和进程创建的附加标记。如果只是为了启动子进程，则并不需要设置它创建的标记，可以直接将此参数设置为 0。这个参数可以取的创建标志如表 18.2 所示，这些标志可以利用或操作符组合，从而同时设定多个标记。

表 18.2　进程创建标志

进程创建附加标记	说　明
CREATE_BREAKAWAY_FROM_JOB	如果调用进程与某个作业相关联，那么在指定此标志后，该进程的子进程将不与该作业相关联。如果调用进程没有与任一作业相关联，那么这个标志将没有作用
CREATE_DEFAULT_ERROR_MODE	告诉系统，新进程不继承父进程使用的错误模式，而是将获得当前默认的错误模式
CREATE_NEW_CONSOLE	告诉系统，为新进程创建一个新控制台窗口，而不是继承父进程的控件台窗口。该标志不能与 DETACHED_PROCESS 标志一起使用
CREATE_NEW_PROCESS_GROUP	如果设定本标志，则函数创建一个新进程组，这个新进程是该新进程组的根进程。进程组包括该根进程的所有子进程。GenerateConsoleCtrlEvent 函数使用进程组向一组控件台进程发送 Ctrl+Break 信号
CREATE_NO_WINDOW	告诉系统不要为应用程序创建任何控制台窗口。可以使用本标志运行一个没有用户界面的控制台应用程序
CREATE_SEPARATE_WOW_VDM	此标志仅在启动基于 16 位 Windows 的应用程序时有效。它告诉系统创建一个单独的 DOS 虚拟机（VDM），并且在该 VDM 中运行 16 位 Windows 应用程序。按照默认设置，所有 16 位 Windows 应用程序都在单个共享的 VDM 中运行。在单独的 VDM 中运行应用程序的优点是：如果应用程序崩溃，则它只会使单个 VDM 停止工作，而在别的 VDM 中运行的其他程序仍然可以继续正常运行。另外，在单独的 VDM 中运行的 16 位 Windows 应用程序有它单独的输入队列。这意味着如果一个应用程序临时挂起，则在各个 VDM 中的其他应用程序仍然可以继续接收输入信息。运行多个 VDM 的缺点是：每个 VDM 都要消耗大量的物理存储器
CREATE_SHARED_WOW_VDM	此标志仅在启动基于 16 位 Windows 的应用程序时有效。按照默认设置，除非设定了 CREATE_SEPARATE_WOW_ VDM 标志，否则所有 16 位 Windows 应用程序都必须在单个的 VDM 中运行。如果在注册表中 HKEY_LOCAL_MACHINE\system\CurrentControlSet\Control\WOW 下的 DefaultSeparateVDM 的值是：“yes”，那么这个标志促使 CreateProcess 函数重写此值，改变该默认行为特性，并且在系统共享的 VDM 中运行新进程
CREATE_SUSPENDED	在新进程创建后，它的主线程被挂起，而且直到调用了 ResumeThread 函数时才能运行。这使得父进程能够修改子进程的地址空间中的内存，改变子进程的主线程的优先级，或者在进程有机会执行任何代码之前将进程添加给一个作业。在父进程修改了子进程后，它可以通过调用 ResumeThread 函数允许子进程开始执行
CREATE_UNICODE_ENVIRONMENT	告诉系统，子进程的环境块使用 Unicode 字符集。按照默认设置，进程的环境块使用的是 ANSI 字符集
DEBUG_PROCESS	如果设置此标志，则父进程（即调用进程）被看作是一个调试程序，而新进程被看作是一个正被调试的进程。系统将被调试进程中发生的一切调试事件都通知给父进程

续表

进程创建附加标记	说　明
DEBUG_ONLY_THIS_PROCESS	如果没有设置本标志，并且调用进程正被调试，那么新进程将成为调用进程的调试程序调试的另一个进程。如果调用进程不是一个正被调试的进程，则没有与调试相关的行为发生
DETACHED_PROCESS	用于阻止基于 CUI 的进程对它的父进程的控制台窗口的访问，并告诉系统将它的输出发送到新的控制台窗口。如果基于 CUI 的进程是由另一个基于 CUI 的进程创建的，那么按照默认设置，新进程将使用父进程的控制台窗口（当通过命令外壳程序来运行 C 编译器时，新控制台窗口并不创建，它的输出将被附加在现有控制台窗口的底部）。通过设定本标志，新进程将把它的输出发送到一个新控制台窗口

dwCreationFlags 参数也用于控制新进程的优先级别，其取值如表 18.3 所示。

表 18.3　进程优先级别

进程优先类别标志	说　明
IDLE_PRIORITY_CLASS	空闲
BELOW_NORMAL_PRIORITY_CLASS	低于正常
NORMAL_PRIORITY_CLASS	正常
ABOVE_NORMAL_PRIORITY_CLASS	高于正常
HIGH_PRIORITY_CLASS	高
REALTIME_PRIORITY_CLASS	实时

■ lpEnvironment

一个指向环境块的指针，如果此参数是 NULL，那么新进程使用调用进程的环境。通常都是给此参数传递 NULL。

■ lpCurrentDirectory

一个指向空终止的字符串，用来指定子进程当前的路径，这个字符串必须是一个完整的路径名，包括驱动器的标识符，如果此参数为 NULL，那么新的子进程将与调用进程，即父进程拥有相同的驱动器和目录。

■ lpStartupInfo

一个指向 STARTUPINFO 结构体的指针，用来指定新进程的主窗口将如何显示。该结构体的定义如下所示：

```
typedef struct _STARTUPINFO { // si
    DWORD  cb;
    LPTSTR lpReserved;
    LPTSTR lpDesktop;
    LPTSTR lpTitle;
    DWORD  dwX;
    DWORD  dwY;
    DWORD  dwXSize;
    DWORD  dwYSize;
    DWORD  dwXCountChars;
```

```
    DWORD   dwYCountChars;
    DWORD   dwFillAttribute;
    DWORD   dwFlags;
    WORD    wShowWindow;
    WORD    cbReserved2;
    LPBYTE  lpReserved2;
    HANDLE  hStdInput;
    HANDLE  hStdOutput;
    HANDLE  hStdError;
} STARTUPINFO, *LPSTARTUPINFO;
```

可以看到，STARTUPINFO 结构体的成员比较多，对这种拥有很多成员的结构体，在使用时并不需要为其所有成员都赋值，那么如何才能知道哪些成员能满足我们的需要呢？这里为读者介绍一个技巧，像这种结构体，在开始时可以大致浏览一下，找到一些特殊成员，例如上述的 dwFlags 成员，通过其字面上的意思，我们猜测该字段可能用来设置一个标记。在一个结构体中的标记往往是用来设置在什么情况下应该使用该结构中的哪些成员的。对这里的 dwFlags 成员来说，如果选择 STARTF_USESTDHANDLES 标记，那么将使用 STARTUPINFO 结构体中的 hStdInput、hStdOutput 和 hStdError 成员设置所创建的新进程的标准输入、标准输出和标准错误句柄，也就是说，这时只需要为 STARTUPINFO 结构体中的这三个成员赋值即可。另外，在很多结构体中都有类似于 cb 或 nlens 这样的成员，它们都用来表示该结构体本身的大小，以字节为单位，通常都需要为此类成员赋值，否则函数调用可能会失败。因此，在使用 STARTUPINFO 结构体时，还应设置其 cb 成员的值，即该结构体的大小。

■ lpProcessInformation

这个参数作为返回值使用，是一个指向 PROCESS_INFORMATION 结构体的指针，用来接收关于新进程的标识信息。该结构体的定义如下所示：

```
typedef struct _PROCESS_INFORMATION {
  HANDLE hProcess;
  HANDLE hThread;
  DWORD dwProcessId;
  DWORD dwThreadId;
} PROCESS_INFORMATION;
```

PROCESS_INFORMATION 结构有四个成员。前两个成员 hProcess 和 hThread 分别是新创建的进程句柄和新创建进程的主线程句柄；后两个成员 dwProcessId 和 dwThreadId 分别是全局进程标识符和全局线程标识符，前者可以用来标识一个进程，后者可以用来标识一个线程。

当启动一个进程时，系统为会此进程分配一个标识符，同时这个进程中的线程也会被分配一个标识符，在一个进程运行时，该进程的标识符和线程的标识符是唯一的，但应注意，当该进程停止运行时，该进程的标识符和其线程的标识符可能会被系统分配给另一个进程和另一个线程使用。如果一个函数调用依赖于进程的标识符或者线程的标识符，那么就要确保该进程当前处于运行状态，否则结果无法预料。

18.2.3 父进程的实现

下面，我们就利用匿名管道实现进程间的通信。首先实现父进程，在解决方案 ch18 下新建一个单文档类型的 MFC 应用程序，项目名为 Parent，项目样式选择 MFC standard，在创建完成后，将该项目设为启动项目。

然后为该项目增加一个子菜单，名称为：匿名管道。接着，为该子菜单添加三个菜单项，并分别为它们添加相应的命令响应函数，本例选择 CParentView 类接收这些命令响应函数。各菜单项的 ID、名称，以及响应函数如表 18.4 所示。

表 18.4 添加的菜单项及相应的响应函数

ID	菜单名称	响应函数
IDM_PIPE_CREATE	创建管道	OnPipeCreate
IDM_PIPE_READ	读取数据	OnPipeRead
IDM_PIPE_WRITE	写入数据	OnPipeWrite

接下来，为 CParentView 类增加以下两个私有成员变量，即两个句柄，它们将分别作为匿名管道的读写句柄来使用。

```
private:
    HANDLE hWrite;
    HANDLE hRead;
```

在 CParentView 类的构造函数中将它们都初始化为 NULL：

```
CParentView::CParentView()
{
    hRead=NULL;
    hWrite=NULL;
}
```

然后在 CParentView 类的析构函数中，判断这两个变量是否有值，如有，则调用 CloseHandle 函数关闭这两个变量。

```
CParentView::~CParentView()
{
    if(hRead)
        CloseHandle(hRead);
    if(hWrite)
        CloseHandle(hWrite);
}
```

1. 创建匿名管道

现在就可以在【创建管道】菜单项命令响应函数 OnPipeCreate 中调用 CreatePipe 创建匿名管道，返回管道的读写句柄。代码如例 18-3 所示。

例 18-3

```
void CParentView::OnPipeCreate()
{
```

```
1.  SECURITY_ATTRIBUTES sa;
2.  sa.bInheritHandle=TRUE;
3.  sa.lpSecurityDescriptor=NULL;
4.  sa.nLength=sizeof(SECURITY_ATTRIBUTES);
5.  if(!CreatePipe(&hRead,&hWrite,&sa,0))
6.  {
7.      MessageBox(L"创建匿名管道失败！");
8.      return;
9.  }
10. STARTUPINFO sui;
11. PROCESS_INFORMATION pi;
12. ZeroMemory(&sui,sizeof(STARTUPINFO));
13. sui.cb=sizeof(STARTUPINFO);
14. sui.dwFlags=STARTF_USESTDHANDLES;
15. sui.hStdInput=hRead;
16. sui.hStdOutput=hWrite;
17. sui.hStdError=GetStdHandle(STD_ERROR_HANDLE);
18.
19. if(!CreateProcess(L"..\\Debug\\Child.exe",NULL,NULL,NULL,
        TRUE,0,NULL,NULL,&sui,&pi))
20. {
21.     CloseHandle(hRead);
22.     CloseHandle(hWrite);
23.     hRead=NULL;
24.     hWrite=NULL;
25.     MessageBox(L"创建子进程失败！");
26.     return;
27. }
28. else
29. {
30.     CloseHandle(pi.hProcess);
31.     CloseHandle(pi.hThread);
32. }
}
```

在例 18-3 所示代码中，首先定义了一个安全结构体（SECURITY_ATTRIBUTES）类型的变量 sa，并对其成员分别赋值。这里需要将 bInheritHandle 成员设置为 TRUE，让子进程可以继承父进程创建的匿名管道的读写句柄；将安全描述符成员（lpSecurityDescriptor）设置为 NULL，让系统为创建的匿名管道赋予默认的安全描述符；长度成员（nLength）可以利用 sizeof 函数得到 SECURITY_ ATTRIBUTES 结构体的长度。

然后调用 CreatePipe 函数创建匿名管道（第 5 行代码），前两个参数就是返回的管道的读取和写入句柄，第三个参数就是刚刚定义的安全结构体变量的地址，最后一个参数设置为 0，让系统使用默认的缓冲区大小。CreatePipe 函数如果调用失败，则返回一个 0 值，这时提示用户："创建匿名管道失败!"，并立即返回。

如果创建匿名管道成功，就启动子进程，并将匿名管道的读写句柄传递给子进程。为了启动一个进程，可以调用 CreateProcess 函数，根据前面的介绍，我们知道该函数的第九个参数需要一个 STARTUPIOFO 结构体类型的值，因此在上述代码中定义了一个这种结构体类型的变量 sui（第 10 行代码），因为在该结构体中有多个成员，而我们只用到了其中的一小部分，那么其他的成员，在没有将它们置为 0 之前，都只是一些随机的值，如果将这些随机的值传递给 CreateProcess 函数，则可能会影响该函数执行的结果，所以应该调用 ZeroMemory 函数将 sui 变量中所有成员都设置为 0（第 12 行代码）。

接下来，为 sui 变量的几个必要成员赋值。正如前面所说，通常在使用结构体变量时，都会为该结构体中表示结构体本身大小的成员赋值，因此，这里首先用 STARTUPIOFO 结构体长度为 sui 变量的 cb 成员赋值；接着，设定标志成员 dwFlags 的值为 STARTF_USESTDHANDLES，当采用此标志时，就表示当前 STARTUPIOFO 这个结构体变量中的标准输入、标准输出和标准错误句柄这三个成员是有用的，本例将子进程的标准输入句柄、输出句柄分别设置为管道的读句柄和写句柄。当调用 CreateProcess 函数启动一个子进程时，它将继承父进程中所有可继承的已打开的句柄，但在子进程中无法知道它所继承的句柄中哪一个是管道的读句柄，哪一个是管道的写句柄，因为管道的读、写句柄并不是通过参数或者其他方式传递进来的，它们只是子进程从其父进程中继承的众多句柄中的两个。为了让子进程从众多继承的句柄中区分出管道的读、写句柄，就必须将子进程的特殊句柄设置为管道的读、写句柄，这里是将子进程的标准输入和输出句柄分别设置为管道的读、写句柄。这样，在子进程中，只要得到了标准输入和标准输出句柄，就相当于得到了这个管道的读、写句柄。接下来，还要设置子进程的标准错误设备句柄，这可以通过 GetStdHandle 函数得到，该函数可以获得标准输入或标准输出句柄，或者一个标准错误输出句柄。该函数的原型声明如下：

```
HANDLE GetStdHandle(DWORD nStdHandle);
```

GetStdHandle 函数有一个 DWORD 类型的参数，通过为该参数指定不同的值来得到不同的句柄。该参数的取值如表 18.5 所示。

表 18.5　nStdHandle 参数取值

值	含　义
STD_INPUT_HANDLE	标准输入设备句柄
STD_OUTPUT_HANDLE	标准输出设备句柄
STD_ERROR_HANDLE	标准错误设备句柄

由表 18.5 可知，如果将 GetStdHandle 函数的参数指定为 STD_ERROR_HANDLE，那么该函数返回的就是一个标准的错误设备句柄。应注意，这里得到的是父进程的标准错误句柄，也就是说，将子进程的标准错误句柄设置为父进程的标准错误句柄。虽然这个标准错误设备句柄在本程序中没有被使用，但读者应该清楚这里得到的是父进程的错误句柄。

接下来，在例 18-3 所示的 OnPipeCreate 函数中调用 CreateProcess 函数创建子进程（第 19 行代码）。将该函数的第一个参数设置为子进程的应用程序的文件名，这里先指定为“..\\Debug\\Child.exe”，下面再编写 Child 这个子进程程序，子进程程序的目录与本程序所在目录保持平级；第二个参数指定命令行参数，本例不需要指定，将其设置为 NULL；第三个参数和第四个参数分别是进程安全属性和线程安全属性，均设置为 NULL，使用默认的安全属性；第五个参数设置为 TRUE，让父进程的每一个可继承的打开句柄都能被子进程所继承；第六个参数是创建标志，本例并不需要指定，将其设置为 0；第七个参数设置为 NULL，让新进程使用调用进程的环境；第八个参数把当前路径设置为 NULL，让子进程与父进程拥有同样的驱动器和路径；第九个参数就是刚刚定义的 STARTUPINFO 结构体变量 sui 的地址；第十个参数是 PROCESS_INFORMATION 结构体变量指针，同样，先定义一个该结构体类型的变量 pi（第 11 行代码），然后将该变量的地址传递给这个参数。

程序需要对 CreateProcess 函数的返回值进行判断，如果该函数调用失败，则返回 0 值，这时调用两次 CloseHandle 函数关闭管道的读、写句柄，并将这两个句柄设置为 NULL（这是为了避免在 CParentView 类的析构函数中再次调用 CloseHandle 函数关闭这些句柄，所以将它们设置为 NULL），然后提示用户："创建子进程失败!" 并返回；如果 CreateProcess 函数调用成功，则调用 CloseHandle 函数关闭所返回的子进程的句柄和子进程中主线程的句柄。为什么要这么做呢？前面已经提到，在创建一个新进程时，系统会为该进程建立一个进程内核对象和一个线程内核对象，而内核对象都有一个使用计数，系统会为这两个对象赋予初始的使用计数：1，在 CreateProcess 函数返回之前，它将打开创建的进程对象和线程对象，并将每个对象与进程和线程相关的句柄放在其最后一个参数 PROCESS_INFORMATION 结构体变量的相应成员中。当 CreateProcess 函数在其内部打开这些对象时，每个对象的使用计数就变为了 2，如果在父进程中不需要使用子进程的这两个句柄，则可以调用 CloseHandle 函数关闭它们，系统会将子进程的进程内核对象和线程内核对象的计数减 1，当子进程终止运行时，系统会再次将这些使用计数减 1，这时子进程的进程内核对象和线程内核对象的计数都变为了 0，这两个内核对象就能够被释放了。所以在编程时，若不需要这些内核对象，则应该调用 CloseHandle 函数来关闭它们。

以上就是在父进程中创建匿名管道的实现代码。当子进程启动之后，在父进程与子进程之间就可以通过创建的匿名管道来读取数据和写入数据。对于管道的读取和写入实际上是通过调用 ReadFile 和 WriteFile 这两个函数来完成的。前面已经提到过，这两个函数不仅能够完成对文件的读、写，还可以完成对像控制台和管道这类对象的读、写操作。

2．读取数据

下面在 OnPipeRead 函数中实现匿名管道的读取操作，结果如例 18-4 所示。

例 18-4

```
void CParentView::OnPipeRead()
{
    char buf[100];
    DWORD dwRead;
    if (!ReadFile(hRead, buf, 100, &dwRead, NULL))
    {
        MessageBox(L"读取数据失败！");
        return;
    }
    USES_CONVERSION;
    MessageBox(A2T(buf));
}
```

在实现读取操作时，首先定义了一个 char 类型的字符数组 buf，用来存放将要读取到的数据。然后，定义了一个 DWORD 类型的变量 dwRead，用来保存实际读取的字节数。接下来就是调用 ReadFile 函数利用匿名管道的读句柄从管道中读取数据。该函数如果调用失败，则返回 0 值，这时提示用户："读取数据失败!"；如果 ReadFile 函数调用成功，则调用 MessageBox 函数显示读取到的数据。

3. 写入数据

下面在 OnPipeWrite 函数中实现匿名管道的写入操作，结果如例 18-5 所示。

例 18-5

```
void CParentView::OnPipeWrite()
{
    char buf[] = "http://www.phei.com.cn";
    DWORD dwWrite;
    if (!WriteFile(hWrite, buf, strlen(buf) + 1, &dwWrite, NULL))
    {
        MessageBox(L"写入数据失败！");
        return;
    }
}
```

同样地，在实现写入操作时，首先定义了一个 char 类型的字符数组 buf，其内容是一个网址："http://www.phei.com.cn"，就是我们将要写入的数据。然后，定义了一个 DWORD 类型的变量 dwWrite，用来保存实际写入的字节数。接下来就是调用 WriteFile 函数利用匿名管道的写入句柄向管道写入数据。该函数如果调用失败，则返回 0 值，这时提示用户："写入数据失败!"，然后调用 return 语句返回。最后，需要利用【生成\生成 Parent】菜单命令生成 Parent 程序。

以上就是利用匿名管道实现父进程与子进程之间通信的父进程程序的实现，在父进程中创建匿名管道，返回该管道的读、写句柄，调用 CreateProcess 函数启动子进程，并且将子进程的标准输入和标准输出句柄设置为匿名管道的读、写句柄，相当于将该管道的读、写句柄做上了一个标记，传递给子进程，在子进程中得到自己的标准输入和标准输出句柄时，相当于得到了匿名管道的读、写句柄。

18.2.4 子进程的实现

下面开始编写利用匿名管道实现父进程与子进程之间通信的子进程程序，同样，首先按父进程程序的创建方式创建一个单文档的 MFC 应用程序，项目名为 Child。然后为 Child 项目增加一个子菜单，名称为：匿名管道。接着，为该子菜单添加两个菜单项，并分别为它们添加相应的命令响应函数，本例选择 CChildView 类接收这些命令响应函数。各菜单项的 ID、名称，以及响应函数如表 18.6 所示。

表 18.6　添加的菜单项及相应的响应函数

ID	菜单名称	响应函数
IDM_PIPE_READ	读取数据	OnPipeRead
IDM_PIPE_WRITE	写入数据	OnPipeWrite

同样，为 CChildView 类增加以下两个私有成员变量，即两个句柄，它们将分别作为匿名管道的读取句柄和写入句柄。

```
private:
    HANDLE hWrite;
    HANDLE hRead;
```

在 CChildView 类的构造函数中将它们都初始化为 NULL：

```
CChildView:: CChildView ()
{
    hRead = NULL;
    hWrite = NULL;
}
```

然后在 CChildView 类的析构函数中，判断这两个变量是否有值，如有值，则调用 CloseHandle 函数关闭这两个变量。

```
CChildView::~ CChildView ()
{
    if(hRead)
        CloseHandle(hRead);
    if(hWrite)
        CloseHandle(hWrite);
}
```

1. 获得管道的读取和写入句柄

为了利用父进程创建的匿名管道进行通信，在子进程中，首先要得到子进程的标准输入句柄和输出句柄，这可以在 CChildView 类窗口完全创建成功后去获取。因此，根据前面的知识，我们可以为 CChildView 类增加虚函数 OnInitialUpdate，这个函数是当窗口成功创建之后第一个调用的函数。在此函数中可以通过调用 GetStdHandle 函数获取子进程的标准输入句柄和输出句柄，具体代码如例 18-6 所示。

例 18-6

```
void CChildView::OnInitialUpdate()
{
    CView::OnInitialUpdate();

    hRead = GetStdHandle(STD_INPUT_HANDLE);
    hWrite = GetStdHandle(STD_OUTPUT_HANDLE);
}
```

2．读取数据

得到匿名管道的读取句柄和写入句柄后，就可以利用它们读取和写入数据了。接下来，在 OnPipeRead 函数中实现从父进程创建的管道上读取数据。子进程中读取数据的实现与上面 Parent 程序中读取数据的实现是一样的，即具体实现代码如例 18-7 所示。

例 18-7

```
void CChildView::OnPipeRead()
{
    char buf[100];
    DWORD dwRead;
    if (!ReadFile(hRead, buf, 100, &dwRead, NULL))
    {
        MessageBox(L"读取数据失败！");
        return;
    }
    USES_CONVERSION;
    MessageBox(A2T(buf));
}
```

3．写入数据

在 OnPipeWrite 函数中，实现向父进程创建的管道中写入数据的功能，子进程中写入数据的实现与上面 Parent 程序中写入数据的实现是一样的，但为了区分父进程与子进程写入的数据，这里让子进程写入不同的数据，具体实现代码如例 18-8 所示。

例 18-8

```
void CChildView::OnPipeWrite()
{
    char buf[] = "匿名管道测试程序";
    DWORD dwWrite;
    if (!WriteFile(hWrite, buf, strlen(buf) + 1, &dwWrite, NULL))
    {
        MessageBox(L"写入数据失败！");
        return;
    }
}
```

最后，需要利用【生成\生成 Child】菜单命令生成 Parent 程序。

以上就是利用匿名管道实现进程间通信的子进程程序的过程。在子进程中，只需要获得父进程创建的匿名管道的读、写句柄，就可以利用这两个句柄实现从管道读取数据，或者向管道写入数据。

现在我们来测试一下 Parent 进程和 Child 进程的通信效果。如果我们按照通常启动程序的方法，独立地启动这两个进程，那么这时这两个进程之间是否可以进行通信呢？读者应注意，对于匿名管道来说，它只能在父进程与子进程之间进行通信。两个进程如果想要具有父子关系，则必须由父进程通过调用 CreateProcess 函数去启动子进程。像通常那样单独启动这两个进程，它们之间并没有父子关系，并不会因为一个程序名是“Parent”，另一个程序名是“Child”，它们之间就具有父子关系了。对于子进程来说，它必须由父进程来启动。所以这里我们应该先启动 Parent 程序，然后选择【创建管道】菜单项来启动子进程。接着，可以在 Parent 程序中选择【写入数据】菜单项，即在父进程中向创建的匿名管道写入数据，然后在 Child 程序中选择【读取数据】菜单项，将会看到 Child 程序弹出一个消息框，提示接收到数据：“http://www.phei.com.cn”，如图 18.4 所示。同样地，子进程也可以向匿名管道写入数据，在父进程中读取数据，即在 Child 程序中选择【写入数据】菜单项，然后在 Parent 程序中选择【读取数据】菜单项，将会看到 Parent 程序弹出一个消息框，提示接收到数据：“匿名管道测试程序”，如图 18.5 所示。

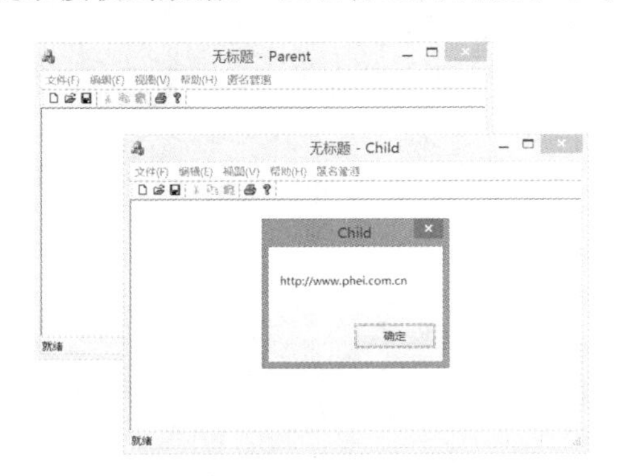

图 18.4　利用匿名管道实现父子进程间通信程序运行结果（一）

图 18.5　利用匿名管道实现父子进程间通信程序运行结果（二）

另外，利用匿名管道还可以实现在同一个进程内读取和写入数据。例如，可以在 Parent 进程中首先通过单击【创建管道】菜单项创建匿名管道，接着单击【写入数据】菜单项，向匿名管道写入数据，然后单击【读取数据】菜单项，从该管道读取数据。将会看到程序的结果也是正确的。

以上就是对匿名管道的使用，它主要用来在父进程与子进程间进行通信。利用匿名管道实现父进程与子进程间通信时，需要注意一点：因为匿名管道没有名称，所以只能在父进程中调用 CreateProcess 函数创建子进程时，将管道的读、写句柄传递给子进程。

18.3　命名管道

18.3.1　基础知识

命名管道通过网络来完成进程间的通信，它屏蔽了底层的网络协议细节。我们在不了解网络协议的情况下，也可以利用命名管道来实现进程间的通信。上面介绍的匿名管道只能在本地机器上的父进程与子进程间进行通信，而**命名管道不仅可以在本机上实现两个进程间的通信，还可以跨网络实现两个进程间的通信。**

命名管道充分利用了 Windows 内建的安全机制。在创建管道时，可以指定具有访问权限的用户，而其他用户则不能访问这个管道。如果采用 Sockets 编写网络应用，那么为了完成用户身份验证需要程序员自行编码实现，而采用命名管道就不需要再编写身份验证的代码了。

将命名管道作为一种网络编程方案时，它实际上建立了一个客户机/服务器通信体系，并在其中可靠地传输数据。命名管道是围绕 Windows 文件系统设计的一种机制，采用“命名管道文件系统（Named Pipe File System，NPFS）”接口，因此，客户机和服务器可利用标准的 Win32 文件系统函数（例如 ReadFile 和 WriteFile）来进行数据的收发。命名管道服务器和客户机的区别在于：服务器是唯一一个有权创建命名管道的进程，也只有它才能接受管道客户机的连接请求。而客户机只能同一个现成的命名管道服务器建立连接。

命名管道提供了两种基本通信模式：字节模式和消息模式。在字节模式下，数据以一个连续的字节流的形式在客户机和服务器之间流动。而在消息模式下，客户机和服务器则通过一系列不连续的数据单位进行数据的收发，每次在管道上发出了一条消息后，它都必须作为一条完整的消息读入。

在程序中如果要创建一个命名管道，则需要调用 CreateNamedPipe 函数。该函数的原型声明如下所示：

```
HANDLE CreateNamedPipe(
  LPCTSTR lpName,
  DWORD dwOpenMode,
  DWORD dwPipeMode,
  DWORD nMaxInstances,
  DWORD nOutBufferSize,
  DWORD nInBufferSize,
  DWORD nDefaultTimeOut,
  LPSECURITY_ATTRIBUTES lpSecurityAttributes
);
```

CreateNamedPipe 函数创建一个命名管道的实例，并返回该命名管道的句柄。一个命名管道的服务器进程使用该函数创建命名管道的第一个实例，并建立它的基本属性，或者创建一个现有的命名管道的新实例。如果需要创建一个命名管道的多个实例，就需要多次调用 CreateNamedPipe 函数。该函数各个参数的含义分别如下所述。

■ lpName

一个指向空终止的字符串，该字符串的格式必须是：“\\.\pipe\pipename”。其中该字符串首先是两个连续的反斜杆，其后的圆点表示是本地机器，如果想要与远程的服务器建立连接，那么在这个圆点位置处应指定这个远程服务器的名称。接下来是“pipe”这个固定的字符串，也就是说这个字符串的内容不能被修改，但其大小写是无所谓的。最后是要创建的命名管道的名称。

■ dwOpenMode

指定管道的访问方式、重叠方式、写直通方式，还有管道句柄的安全访问方式。

这个参数的管道访问方式必须是表 18.7 所列值之一，并且管道的每一个实例都必须有同样的访问方式。

表 18.7 命名管道的访问方式

管道访问方式	说 明
PIPE_ACCESS_DUPLEX	双向模式，服务器进程和客户端进程都可以从管道读取数据和向管道中写入数据。该模式等价于指定 GENERIC_READ | GENERIC_WRITE。当客户端调用 CreateFile 函数与管道连接时，可以指定 GENERIC_READ 或 GENERIC_WRITE，或者二者都指定
PIPE_ACCESS_INBOUND	管道中的数据流向只能是从客户端到服务器端进程，相当于指定 GENERIC_READ。也就是说，如果在服务器端创建命名管道时指定 PIPE_ACCESS_INBOUND 访问方式，那么服务器端就只能读取数据，而客户端就只能向管道写入数据
PIPE_ACCESS_OUTBOUND	管道中的数据流向只能是从服务器到客户端进程。服务器端只能向管道写入数据，而客户端只能从管道读取数据

该参数还可以包含表 18.8 中所列出的标记中的一个或多个，用来指定写直通方式和重叠方式。

表 18.8 写直通和重叠方式

写直通和重叠方式	说 明
FILE_FLAG_WRITE_THROUGH	允许写直通方式。该方式只影响对字节类型管道的写入操作，并且只有当客户端与服务器端进程位于不同的计算机上时才有效。如果采用了该方式，那么只有等到欲写入命名管道的数据通过网络传送过去，并且放在了远程计算机的管道缓冲区中后，写数据的函数才会成功返回。如果没有采用该方式，那么系统就会通过缓冲数据来提高网络操作的效率，直到累积的字节数达到了最小值，或超过了最大时间值
FILE_FLAG_OVERLAPPED	允许采用重叠模式，如果采用了该模式，那么那些可能会需要一定时间才能完成的读写操作会立即返回。在重叠模式下，前台线程可以执行其他操作，而耗费时间的操作可以在后台进行。例如，在重叠模式下，一个线程可以在管道的多个实例上同时处理输入和输出操作，或者在同一个管道句柄上同时执行读写操作。如果没有指定重叠模式，那么在管道句柄上执行的读取和写入操作只有在这些操作完成之后才能返回。ReadFileEx 和 WriteFileEx 函数只能在重叠模式下使用管道句柄，而 ReadFile、WriteFile、ConnectNamedPipe 和 TransactNamedPipe 函数既可以以重叠方式执行，也可以采用同步方式执行

关于重叠操作，前面已经介绍了，如果采用了重叠操作，对管道的读、写函数将立即返回。当该操作完成之后，系统会通过一种方式通知调用进程，本例将创建一个允许重叠操作的命名管道。

该参数还可以包含表 18.9 中所列出的标记中的一个或多个，用来指定管道的安全访问方式。

表 18.9 安全访问方式

安全访问方式	说 明
WRITE_DAC	调用者对命名管道的任意访问控制列表（ACL）都可以进行写入访问
WRITE_OWNER	调用者对命名管道的所有者可以进行写入访问
ACCESS_SYSTEM_SECURITY	调用者对命名管道的安全访问控制列表（SACL）可以进行写入访问

■ dwPipeMode

指定管道句柄的类型、读取和等待方式。管道句柄的类型可以取表 18.10 所列值之一。

表 18.10　管道句柄的类型

值	说　明
PIPE_TYPE_BYTE	数据以字节流的形式写入管道，该方式不能在 PIPE_READMODE_MESSAGE 读方式下使用
PIPE_TYPE_MESSAGE	数据以消息流的形式写入管道，该方式在 PIPE_READMODE_MESSAGE 和 PIPE_READMODE_BYTE 读方式下都可使用

读者应注意，同一个命名管道的每一个实例都必须具有相同的类型。如果该参数值为 0，那么默认是字节类型方式。也就是说，通过这个参数，可以指定创建的是字节模式，还是消息模式的管道，如果是 PIPE_TYPE_BYTE，则创建的是字节模式，该模式不能和 PIPE_READMODE_MESSAGE 读模式一起使用。因为当把命名管道指定为消息模式时，系统发送消息时有一个定界符，当我们以消息读的模式去读取时，通过该定界符就可以读取到一条完整的消息，但如果采用字节读的方式读取，则忽略该定界符而直接读取数据，所以，对消息模式的命名管道来说，可以采用消息读，也可以采用字节读的方式读取数据。但是，对字节模式的命名管道来说，数据是一种字节流格式，没有定界符，因此如果采用消息读的模式读取，就不知道应该读取多少字节的数据才合适。

管道句柄的读取方式可以是表 18.11 所列值之一，同一管道的不同实例可以指定不同的读取方式。如果该值置为 0，则默认是字节读方式。

表 18.11　管道句柄的读取方式

管道句柄的读取方式	说　明
PIPE_READMODE_BYTE	以字节流的方式从管道读取数据。这种方式在 PIPE_TYPE_BYTE 和 PIPE_TYPE_MESSAGE 类型下均可使用
PIPE_READMODE_MESSAGE	以消息流的方式从管道读取数据。该方式只有在 PIPE_TYPE_MESSAGE 类型下才可使用

管道句柄的等待方式可以是表 18.12 所列值之一，同一管道的不同实例可以采取不同的等待方式。如果该值设置为 0，则默认是阻塞方式。

表 18.12　管道句柄的等待方式

管道句柄的等待方式	说　明
PIPE_WAIT	允许阻塞方式，在这种方式下，ReadFile、WriteFile 或 ConnectNamedPipe 函数必须等到读取到了数据或写入了所有数据或有一个客户连接到来后才能返回
PIPE_NOWAIT	允许非阻塞方式，在这种方式下，ReadFile、WriteFile 或 ConnectNamedPipe 函数总是立即返回

注意：为与 Microsoft LAN Manager 版本 2.0 兼容，故支持非阻塞方式，它不应该用于实现命名管道的异步输入/输出。

■ nMaxInstances

指定管道能够创建的实例的最大数目。该参数的取值范围从 1 到 PIPE_ UNLIMITED_INSTANCES。如果是 PIPE_UNLIMITED_INSTANCES，那么可以创建的管道实例数目仅仅受限于系统可使用的资源。例如，如果将这个参数值设置为 5，也就是说，最多可以创建该命名管道的 5 个实例，那么这是否就表示同时有 5 个客户端能够连接到这个命名管道的实例上呢？实际上，这里所指的最大实例数目是指对同一个命名管道最多所能创建的实例数目。如果希望同时能够连接 5 个客户端，那么必须调用 5 次 CreateNamedPipe 函数创建 5 个命名管道实例，然后才能同时接收 5 个客户端连接请求的到来。**对同一个命名管道的实例来说，在某一时刻，它只能和一个客户端进行通信。**

■ nOutBufferSize

指定为输出缓冲区所保留的字节数。

■ nInBufferSize

指定为输入缓冲区所保留的字节数。

实际上，输入和输出缓冲区的大小是可变的，保留给命名管道的每一端的实际缓冲区的大小既可以是系统默认值，也可以是系统最小值、系统最大值，或延伸到下一个分配边界的一个指定值。

■ nDefaultTimeOut

指定默认的超时值，单位是 ms。同一个管道的不同实例必须指定同样的超时值。

■ lpSecurityAttributes

指向 SECURITY_ATTRIBUTES 结构的指针，该结构指定了命名管道的安全描述符，并确定子进程是否可以继承这个函数返回的管道句柄。可以将这个参数设置为 NULL，让命名管道具有默认的安全描述符，而且该句柄不能被继承。

18.3.2　服务器端程序

下面，我们就利用命名管道实现进程间的通信。首先实现服务器端程序，在解决方案 ch18 下新建一个单文档类型的 MFC 应用程序，项目名为 NamedPipeSrv，项目样式选择 MFC standard。然后，为该项目增加一个子菜单，名称为“命名管道”。接着，为该子菜单添加三个菜单项，并分别为它们添加相应的命令响应函数，本例选择 CNamedPipeSrvView 类接收这些命令响应函数。各菜单项的 ID、名称，以及响应函数如表 18.13 所示。

表 18.13　添加的菜单项及相应的响应函数

ID	菜单名称	响应函数
IDM_PIPE_CREATE	创建管道	OnPipeCreate
IDM_PIPE_READ	读取数据	OnPipeRead
IDM_PIPE_WRITE	写入数据	OnPipeWrite

接下来，为 CNamedPipeSrvView 类增加一个句柄变量，用来保存创建的命名管道实例的句柄。

```
private:
    HANDLE hPipe;
```

在 CNamedPipeSrvView 类的构造函数中将其初始化为 NULL：

```
CNamedPipeSrvView:: CNamedPipeSrvView ()
{
    hPipe =NULL;
}
```

在 CNamedPipeSrvView 类的析构函数中，如果判断该句柄有值，则调用 CloseHandle 函数关闭该句柄：

```
CNamedPipeSrvView::~ CNamedPipeSrvView ()
{
    if(hPipe)
        CloseHandle(hPipe);
}
```

1. 创建命名管道

在 OnPipeCreate 函数中就可以调用 CreateNamedPipe 函数创建命名管道了，具体代码如例 18-9 所示。

例 18-9

```
void CNamedPipeSrvView::OnPipeCreate()
{
    //创建命名管道
    hPipe=CreateNamedPipe("\\\\.\\pipe\\MyPipe",
        PIPE_ACCESS_DUPLEX | FILE_FLAG_OVERLAPPED,
        0,1,1024,1024,0,NULL);
    if(INVALID_HANDLE_VALUE==hPipe)
    {
        MessageBox("创建命名管道失败！");
        hPipe=NULL;
        return;
    }
    //创建匿名的人工重置事件对象
    HANDLE hEvent;
    hEvent=CreateEvent(NULL,TRUE,FALSE,NULL);
    if(!hEvent)
    {
        MessageBox("创建事件对象失败！");
        CloseHandle(hPipe);
        hPipe=NULL;
        return;
    }
    OVERLAPPED ovlap;
    ZeroMemory(&ovlap,sizeof(OVERLAPPED));
    ovlap.hEvent=hEvent;
    //等待客户端请求的到来
    if(!ConnectNamedPipe(hPipe,&ovlap))
    {
```

```
        if(ERROR_IO_PENDING!=GetLastError())
        {
            MessageBox("等待客户端连接失败！");
            CloseHandle(hPipe);
            CloseHandle(hEvent);
            hPipe=NULL;
            return;
        }
    }
    if(WAIT_FAILED==WaitForSingleObject(hEvent,INFINITE))
    {
        MessageBox("等待对象失败！");
        CloseHandle(hPipe);
        CloseHandle(hEvent);
        hPipe=NULL;
        return;
    }
    CloseHandle(hEvent);
}
```

在利用 C 语言编程时，如果想要指定两个反斜杠，那么在代码中就需要输入四个反斜杠。所以，在例 18-9 所示代码中调用 CreateNamedPipe 函数时，将管道的名称指定为："\\\\.\\pipe\\MyPipe"；管道访问的模式设定为 PIPE_ACCESS_DUPLEX，即双向模式，服务器进程和客户端进程都可以从管道读取数据和向管道中写入数据，同时指定 FILE_FLAG_OVERLAPPED 标志，允许重叠方式；第三个参数用来指定管道类型、读取方式和等待方式，本例将其值设为 0，即默认为字节类型和字节读方式；第四个参数用来指定管道实例的最大数目，本例设置为 1，因为本程序是一个测试程序，只需要一个客户端连接就可以了；第五个参数和第六个参数分别用来指定输出缓冲区大小和输入缓冲区大小，本例都设置为 1024；第七个参数指定超时值，本例设为 0；最后一个参数指定安全属性，本例设置为 NULL，让管道句柄使用默认的安全性。

如果 CreateNamedPipe 函数调用成功，那么它将返回一个有效的管道句柄；否则返回 INVALID_HANDLE_VALUE，可以调用 GetLastError 函数获得更多的错误信息。在程序中可以对 CreateNamedPipe 函数的返回值进行判断，如果失败，则提示用户："创建命名管道失败!"，接着，将管道句柄变量（hPipe）设置为 NULL，这样是为了避免程序失败时在 CNamedPipeSrvView 对象的析构函数中再次调用 CloseHandle 函数关闭这个句柄，然后让 OnPipeCreate 函数直接返回；如果成功创建了命名管道的实例，就可以调用 ConnectNamedPipe 函数，等待客户端请求的到来。这个函数允许一个服务端进程等待一个客户端进程连接到命名管道的一个实例上。这个函数的命名不太好，给人的直觉好像是去连接服务器端的命名管道，实际上这个函数的作用是让服务器等待客户端的连接请求的到来。该函数声明如下所示：

```
BOOL ConnectNamedPipe(HANDLE hNamedPipe, LPOVERLAPPED lpOverlapped);
```

ConnectNamedPipe 函数有两个参数，其含义分别如下所述。

■ hNamedPipe

指向一个命名管道实例的服务器的句柄，该句柄由 CreateNamedPipe 函数返回。

■ lpOverlapped

指向一个 OVERLAPPED 结构的指针，如果 hNamedPipe 参数所标识的管道是用 FILE_FLAG_OVERLAPPED 标记打开的，则这个参数不能是 NULL，必须是一个有效的指向 OVERLAPPED 结构的指针；否则该函数可能会错误地执行。如果 hNamedPipe 参数所标识的管道是用 FILE_FLAG_OVERLAPPED 标记打开的，并且这个参数不是 NULL，则这个参数所指向的 OVERLAPPED 结构体中必须包含人工重置事件对象句柄。

于是，上述 OnPipeCreate 函数调用 CreateEvent 函数创建了一个匿名的人工重置事件对象句柄（注意：第二个参数一定要指定为 TRUE）。如果 CreateEvent 函数调用失败，则返回 NULL，对该函数的返回值进行判断，如果调用失败，则提示用户："创建事件对象失败!"，并在调用 return 语句让 OnPipeCreate 函数返回之前，调用 CloseHandle 函数关闭命名管道的句柄，然后将其设置为 NULL，这主要是为了避免程序关闭时，在 CNamedPipeSrvView 对象的析构函数中再次调用 CloseHandle 函数关闭这个句柄。

如果成功创建了匿名的人工重置事件对象，那么接下来就定义一个 OVERLAPPED 结构体类型的变量 ovlap，虽然在程序中只需要使用到该变量的事件对象句柄成员（hEvent），但仍然应该先将 ovlap 变量的所有成员都设置为 0，以免它们影响函数运行的结果，然后将 hEvent 成员设置为刚刚创建的一个有效的人工重置事件对象句柄。

接着就可以调用 ConnectNamedPipe 函数等待客户端请求的到来，该函数的第一个参数就是前面调用 CreateNamedPipe 函数返回的一个有效的命名管道句柄，第二个参数就是指向 OVERLAPPED 结构体变量的指针，即 ovlap 变量的地址。

如果 ConnectNamedPipe 函数调用失败，则返回 0 值，但其中有一种特殊情况并不表明等待连接事件失败了，如果这时调用 GetLastError 函数返回 ERROR_IO_PENDING，那么并不表示 ConnectNamedPipe 函数失败了，只是表明这个操作是一个未决的操作，在随后的某个时间这个操作可能能够完成。因此在程序中，当 ConnectNamedPipe 函数返回 0 时，还应调用 GetLastError 函数，并对其返回值进行判断，如果不是 ERROR_IO_PENDING，才说明 ConnectNamedPipe 函数调用失败了，这时提示用户："等待客户端连接失败!"，然后调用 CloseHandle 函数分别关闭管道句柄和事件对象句柄，并将管道句柄设置为 NULL，之后调用 return 语句返回。

如果上述操作都成功了，那么这时调用 WaitForSingleObject 函数等待事件对象（hEvent）变为有信号状态。读者应注意，前面我们已将该事件对象句柄赋给了 ovlap 变量的 hEvent 成员，也就是说，变量 hEvent 和 ovlap.hEvent 现在标识的是同一个对象，因此在调用 WaitForSingleObject 函数时，采用这两个对象中的任一个都是可以的。本例将 WaitForSingleObject 函数的第二个参数设置为 INFINITE，即让线程永远等待，直到所等待的事件对象变为有信号状态。

同样的，应该对 WaitForSingleObject 函数的返回值进行判断，如果调用失败，则提示用户"等待事件对象失败!"，然后关闭相关的句柄，并将管道句柄设置为 NULL，之后调用 return 语句返回。

最后，当请求到所等待的事件对象后，也就是当该事件对象变成有信号状态时，说明已经有一个客户端连接到命名管道的实例上了。这时，就不再需要该事件对象句柄了，可以调用 CloseHandle 函数将它关闭。

2．读取数据

对于命名管道的数据读取操作，与上面匿名管道的读取操作是一样的，因此可以直接复制已有的代码，将 ReadFile 函数的第一个参数修改为本例创建的命名管道的句柄即可，结果如例 18-10 所示。

例 18-10

```
void CNamedPipeSrvView::OnPipeRead()
{
    char buf[100];
    DWORD dwRead;
    if(!ReadFile(hPipe,buf,100,&dwRead,NULL))
    {
        MessageBox(L"读取数据失败！");
        return;
    }
    USES_CONVERSION;
    MessageBox(A2T(buf));

}
```

3．写入数据

对于命名管道的数据写入操作，与上面匿名管道的写入操作是一样的，所以可以直接复制已有的代码，将 WriteFile 函数的第一个参数修改为本例创建的命名管道的句柄即可，结果如例 18-11 所示。

例 18-11

```
void CNamedPipeSrvView::OnPipeWrite()
{
    char buf[] = "http://www.phei.com.cn";
    DWORD dwWrite;
    if(!WriteFile(hPipe,buf,strlen(buf)+1,&dwWrite,NULL))
    {
        MessageBox(L"写入数据失败！");
        return;
    }

}
```

至此，我们就完成了利用命名管道实现进程间通信的服务器端程序，利用【生成\生成 NamedPipeSrv】菜单命令生成 NamedPipeSrv 程序。

18.3.3 客户端程序

接下来创建命名管道的客户端程序。同样，在解决方案 ch18 下首先新建一个单文档类型的 MFC 应用程序，项目名为 NamedPipeClt，项目样式选择 MFC standard。然后，为该项目增加一个子菜单，名称为“命名管道”。接着，为该子菜单添加三个菜单项，并分别为它们添加相应的命令响应函数，本例选择 CNamedPipeCltView 类接收这些命令响应函数。各菜单项的 ID、名称，以及响应函数如表 18.14 所示。

表 18.14 添加的菜单项及相应的响应函数

ID	菜单名称	响应函数
IDM_PIPE_CONNECT	连接管道	OnPipeConnect
IDM_PIPE_READ	读取数据	OnPipeRead
IDM_PIPE_WRITE	写入数据	OnPipeWrite

为 CNamedPipeCltView 类增加一个句柄变量，用来保存命名管道实例的句柄。

```
private:
    HANDLE hPipe;
```

同样地，在 CNamedPipeCltView 类的构造函数中将其初始化为 NULL：

```
CNamedPipeCltView:: CNamedPipeCltView ()
{
    hPipe =NULL;
}
```

在 CNamedPipeCltView 类的析构函数中，如果判断该句柄有值，则调用 CloseHandle 关闭该句柄：

```
CNamedPipeCltView::~ CNamedPipeCltView ()
{
    if(hPipe)
        CloseHandle(hPipe);
}
```

1. 连接命名管道

客户端在连接服务器端程序创建的命名管道之前，首先应判断一下，是否有可用的命名管道，这可以通过调用 WaitNamedPipe 函数实现，该函数会一直等待，直到指定的超时间隔已过，或者指定的命名管道的实例可以用来连接了，也就是说该管道的服务器进程有了一个未决的 ConnectNamedPipe 操作。WaitNamedPipe 函数的原型声明如下所示：

```
BOOL WaitNamedPipe(LPCTSTR lpNamedPipeName, DWORD nTimeOut);
```

该函数有两个参数，各自的含义分别如下所述。

■ lpNamedPipeName

指定命名管道的名称，这个名称必须包括创建该命名管道的服务器进程所在的机器的名称，该名称的格式必须是："\\.\pipe\pipename"。如果在同一台机器上运行命名管道的服务器端程序和客户端程序，则当指定这个名称时，在开始的两个反斜杠后可以设置一个圆点，表示服务器进程在本地机器上运行；如果是跨网络通信，则在这个圆点位置处应指定服务器端程序所在的主机名。

■ nTimeOut

指定超时间隔。其取值如表 18.15 所示。

表 18.15 nTimeOut 参数取值

取 值	说 明
NMPWAIT_USE_DEFAULT_WAIT	超时间隔就是服务器端创建该命名管道时指定的超时值
NMPWAIT_WAIT_FOREVER	一直等待，直到出现了一个可用的命名管道的实例

也就是说，如果这个参数的值是 NMPWAIT_USE_DEFAULT_WAIT，并且在服务器端调用 CreateNamedPipe 函数创建命名管道时，设置的超时间隔为 1000ms，那么 WaitNamedPipe 函数将以服务器端指定的 1000ms 为超时间隔。但有一点需要注意，对同一个命名管道的所有实例来说，它们必须使用同样的超时间隔。

如果当前命名管道的实例可以使用，那么客户端就可以调用 CreateFile 函数打开这个命名管道，与服务器端进程进行通信了。客户端连接命名管道的代码如例 18-12 所示。

例 18-12

```
void CNamedPipeCltView::OnPipeConnect()
{
    //判断是否有可以利用的命名管道
    if(!WaitNamedPipe(L"\\\\.\\pipe\\MyPipe",NMPWAIT_WAIT_FOREVER))
    {
        MessageBox("当前没有可用的命名管道实例！");
        return;
    }
    //打开可用的命名管道，并与服务器端进程进行通信
    hPipe = CreateFile(L"\\\\.\\pipe\\MyPipe",
        GENERIC_READ | GENERIC_WRITE,0, NULL,
        OPEN_EXISTING, FILE_ATTRIBUTE_NORMAL, NULL);
    if(INVALID_HANDLE_VALUE==hPipe)
    {
        MessageBox(L"打开命名管道失败！");
        hPipe=NULL;
        return;
    }

}
```

在例 18-12 所示的 OnPipeConnect 函数中，首先调用 WaitNamedPipe 函数，将其超时值设置为 NMPWAIT_WAIT_FOREVER，即让该函数一直等待，直到指定的命名管道的一个实例可用为止。并对 WaitNamedPipe 函数的返回值进行判断，如果该函数调用失败，即

返回值是 0，则提示用户：“当前没有可用的命名管道实例！”，然后立即返回。

如果当前指定的命名管道有一个实例可以使用，那么就调用 CreateFile 函数打开该命名管道。前面介绍 CreateFile 函数时已经提到，该函数不仅可以对文件进行操作，还可以对管道进行操作。当然，这里指定的文件名就是想要访问的管道名称，并且为了对管道进行读取和写入操作，需要同时指定 GENERIC_READ 和 GENERIC_WRITE 这两种访问方式；CreateFile 函数的第三个参数用来指定共享方式，在本例中，该管道实例只能接受一个客户端请求的到来，不需要共享，因此将该参数设置为 0；第四个参数是设置安全属性，本例将其设置为 NULL；第五个参数是指定创建标记，本例将其设置为 OPEN_EXISTING，即打开现有的管道；第六个参数是指定文件属性，本例将其指定为 FILE_ATTRIBUTE_NORMAL；最后一个参数是指定模板文件，本例将其设置为 NULL。

如果 CreateFile 函数调用失败，则返回值是 INVALID_HANDLE_VALUE。因此，如果判断该函数的返回值是 INVALID_HANDLE_VALUE，则提示用户：“打开命名管道失败！”，并将管道句柄（hPipe）设置为 NULL，然后立即返回。

2. 读取数据

如果客户端成功打开了指定的命名管道，那么就可以进行读取和写入操作了。这里，我们可以直接复制上面服务器端已编写的从命名管道读取数据的代码，结果如例 18-13 所示。

例 18-13

```
void CNamedPipeCltView::OnPipeRead()
{
    char buf[100];
    DWORD dwRead;
    if(!ReadFile(hPipe,buf,100,&dwRead,NULL))
    {
        MessageBox(L"读取数据失败！");
        return;
    }
    USES_CONVERSION;
    MessageBox(A2T(buf));
}
```

3. 写入数据

可以直接复制上面服务器端已编写的向命名管道写入数据的代码，但为了加以区分，将客户端写入的数据修改为：“命名管道测试程序”，即客户端向命名管道写入数据的代码如例 18-14 所示。

例 18-14

```
void CNamedPipeCltView::OnPipeWrite()
{
    char buf[] = "命名管道测试程序";
    DWORD dwWrite;
    if(!WriteFile(hPipe,buf,strlen(buf)+1,&dwWrite,NULL))
```

```
        {
            MessageBox("写入数据失败！");
            return;
        }
    }
```

至此我们就完成了利用命名管道实现进程间通信的客户端程序，利用【生成\生成 NamedPipeClt】菜单命令生成 NamedPipeClt 程序。

因为在采用命名管道实现进程间的通信时，通信的两个进程间不需要有任何关系，所以可以独立地运行 NamedPipeSrv 和 NamedPipeClt 这两个进程，首先在服务器端单击【命名管道\创建管道】菜单项创建指定的命名管道，在客户端进程中单击【命名管道\连接管道】菜单项连接到这个命名管道；接着在服务器端单击【命名管道\写入数据】菜单项向命名管道中写入数据，在客户端单击【命名管道\读取数据】菜单项从命名管道读取数据，这时客户端将弹出一个消息框，提示收到一个网址字符串："http://www.phei.com.cn"，程序运行界面如图 18.6 所示。当然，也可以由客户端进程写入数据，并由服务器端进程读取数据，即单击客户端程序的【命名管道\写入数据】菜单项向命名管道中写入数据，然后在服务器端单击【命名管道\读取数据】菜单项从命名管道读取数据，这时服务器端将弹出一个消息框，提示收到"命名管道测试程序"字符串，程序运行界面如图 18.7 所示。

以上就是利用命名管道完成进程间通信的实现，具体过程是：在服务器端调用 CreateNamedPipe 创建命名管道之后，调用 ConnectNamedPipe 函数让服务器端进程等待客户端进程连接到该命名管道的实例上。在客户端，首先调用 WaitNamedPipe 函数判断当前是否有可用的命名管道实例，如果有，就调用 CreateFile 函数打开该命名管道的实例，并建立一个连接。

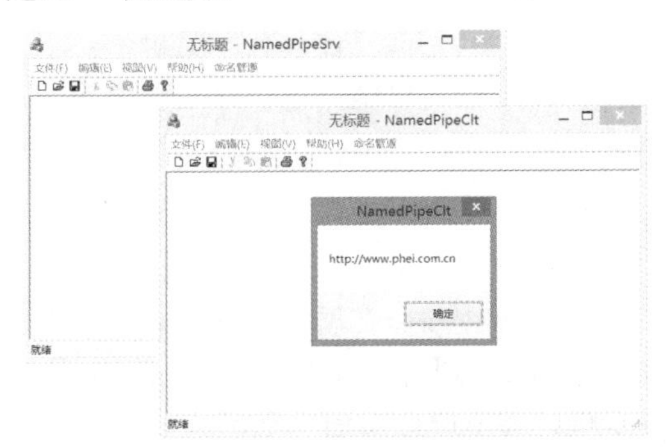

图 18.6　利用命名管道实现进程间通信的程序结果（一）

图 18.7　利用命名管道实现进程间通信的程序结果（二）

18.4　邮槽

邮槽是基于广播通信体系设计出来的，它采用无连接的、不可靠的数据传输。邮槽是一种单向通信机制，创建邮槽的服务器进程读取数据，打开邮槽的客户机进程写入数据。为保证邮槽在各种 Windows 平台下都能够正常工作，我们在传输消息的时候，应将消息的长度限制在 424 字节以下。

在程序中，可以通过调用 CreateMailslot 函数创建一个邮槽。该函数利用指定的名称创建一个邮槽，然后返回所创建的邮槽的句柄。CreateMailslot 函数的原型声明如下所示：

```
HANDLE CreateMailslot(
  LPCTSTR lpName,
  DWORD nMaxMessageSize,
  DWORD lReadTimeout,
  LPSECURITY_ATTRIBUTES lpSecurityAttributes
);
```

CreateMailslot 函数有四个参数，其含义分别如下所示。

■ lpName

指向一个空终止字符串的指针，该字符串指定了邮槽的名称，该名称的格式必须是："\\.\mailslot\[path]name"，其中前两个反斜杠之后的字符表示服务器所在机器的名称，圆点表示是本地主机；接着是硬编码的字符串："mailslot"，这几个字符不能改变，但大小写无所谓；最后的字符串（[path]name）就是程序员为邮槽取的名称。

■ nMaxMessageSize

用来指定可以被写入邮槽的单一消息的最大尺寸，为了可以发送任意大小的消息，可以将该参数设置为 0。

■ lReadTimeout

指定读取操作的超时时间间隔，以 ms 为单位。读取操作在超时之前可以等待一个消息被写入这个邮槽之中。如果将这个值设置为 0，则没有消息可用，该函数将立即返回；如果将这个值设置为 MAILSLOT_WAIT_FOREVER，则该函数将一直等待，直到有消息可用。

■ lpSecurityAttributes

指向一个 SECURITY_ATTRIBUTES 结构的指针。可以简单地给这个参数传递 NULL 值，让系统为所创建的邮槽赋予默认的安全描述符。

18.4.1 服务器端程序

下面就利用邮槽实现进程间的通信，首先实现服务器程序。在解决方案 ch18 下新建一个单文档类型的 MFC 应用程序，项目名为 MailslotSrv，项目样式选择 MFC standard。

因为对邮槽服务器端进程来说只能接收数据，所以为该项目添加一个子菜单，名称为：接收数据，将其 Popup 属性设置为：FALSE，ID 设置为：IDM_MAILSLOT_RECV。然后为该菜单项添加命令响应函数，并选择 CMailslotSrvView 类作为响应类。然后，就可以在此响应函数中实现邮槽服务器端程序的功能，代码如例 18-15 所示。

例 18-15

```
void CMailslotSrvView::OnMailslotRecv()
{
    HANDLE hMailslot;
    //创建邮槽
    hMailslot = CreateMailslot(L"\\\\.\\mailslot\\MyMailslot", 0,
```

```
        MAILSLOT_WAIT_FOREVER, NULL);
    if (INVALID_HANDLE_VALUE == hMailslot)
    {
        MessageBox(L"创建邮槽失败！");
        return;
    }
    TCHAR buf[100] = { 0 };
    DWORD dwRead;
    //从邮槽读取数据
    if (!ReadFile(hMailslot, buf, 100, &dwRead, NULL))
    {
        MessageBox(L"读取数据失败！");
        CloseHandle(hMailslot);
        return;
    }
    MessageBox(buf);
    CloseHandle(hMailslot);
}
```

在例 18-15 所示代码中，首先定义了一个句柄变量 hMailslot，用来保存将要创建的邮槽的句柄。然后调用 CreateMailslot 函数创建一个邮槽。在调用这个函数时，将邮槽名称指定为 MyMailslot；第二个参数设置为 0，让消息可以是任意大小；第三个参数，即读取超时间隔设置为 MAILSLOT_WAIT_FOREVER，让函数一直等待；最后一个参数设置为 NULL，让系统为所创建的邮槽赋予默认的安全描述符。

如果 CreateMailslot 函数调用失败，则函数返回 INVALID_HANDLE_VALUE 值，因此如果该函数返回的是 INVALID_HANDLE_VALUE，则提示用户："创建邮槽失败！"，并立即返回。

因为对邮槽服务器端进程来说只能接收数据，所以如果邮槽创建成功，那么就可以直接调用 ReadFile 函数从邮槽读取数据了，并显示读取到的数据。

最后，调用 CloseHandle 函数关闭邮槽句柄。

> **注意：** 在例 18-15 中加灰显示的代码（之前的数据发送和接收都是传递的 char 类型的字符数据，即 ANISI 字符串）使用 TCHAR 类型，默认会被解析为宽字符，即 Unicode 字符。这里更换数据类型，主要是为了让读者看看 Unicode 数据的处理方式。

以上就是邮槽服务器端程序的实现，利用【生成\生成 MailslotSrv】菜单命令生成 MailslotSrv 程序。

18.4.2 客户端程序

同样，按照服务器端程序的创建方式，在解决方案 ch18 下新建一个单文档类型的 MFC 应用程序，项目名为 MailslotClt，项目样式选择 MFC standard。

因为对邮槽客户端程序来说，只能是发送数据，所以，同样为客户端程序增加一个子菜单，名称为：发送数据，将其 Popup 属性设置为：FALSE，ID 设置为：IDM_MAILSLOT_SEND。然后为该菜单项添加命令响应函数，并选择 CMailslotCltView 类作为响应类。在此响应函数中实现邮槽客户端程序的功能，代码如例 18-16 所示。

例 18-16

```
void CMailslotCltView::OnMailslotSend()
{
    HANDLE hMailslot;
    //打开邮槽
    hMailslot = CreateFile(L"\\\\.\\mailslot\\MyMailslot", GENERIC_WRITE,
        FILE_SHARE_READ, NULL, OPEN_EXISTING,
        FILE_ATTRIBUTE_NORMAL, NULL);
    if (INVALID_HANDLE_VALUE == hMailslot)
    {
        MessageBox(L"打开邮槽失败！");
        return;
    }
    TCHAR buf[] = L"http://www.phei.com.cn";
    DWORD dwWrite;
    //向邮槽写入数据
    if (!WriteFile(hMailslot, buf, _tcslen(buf) * sizeof(TCHAR), &dwWrite,
NULL))
    {
        MessageBox(L"写入数据失败！");
        CloseHandle(hMailslot);
        return;
    }
    CloseHandle(hMailslot);
}
```

在例 18-16 所示代码中，首先定义了一个句柄变量 hMailslot，用来保存随后打开的邮槽句柄。对于邮槽客户端来说，首先需要打开邮槽，这也是通过调用 CreateFile 函数实现的，该函数的第一个参数指定邮槽的名称；第二个参数指定访问方式，对客户端程序来说，只能是写入数据，所以使用 GENERIC_WRITE；第三个参数是共享的方式，对邮槽客户端来说，它只能是写入数据，由服务器端读取数据，所以这里需要设置一个共享读（FILE_SHARE_READ）标志，让服务器端进程可以从邮槽读取数据；第四个参数指定安全描述符，本例将其设置为 NULL，即使用系统默认的安全性；第五个参数指定打开的方式，本例将其设置为 OPEN_EXISTING 标志；第六个参数指定文件属性，本例将其指定为 FILE_ATTRIBUTE_NORMAL；最后一个参数指定模板文件，本例将其设置为 NULL。

接着，上述程序判断 CreateFile 函数的返回值，如果该函数调用失败，则返回 INVALID_HANDLE_VALUE 值，这时就提示用户："打开邮槽失败！"。

对客户端程序来说，如果邮槽打开操作成功，就可以向邮槽发送数据了，这可以通过调用 WriteFile 函数实现。

在数据写入操作完成之后，应该调用 CloseHandle 关闭邮槽句柄。

> **注意**：例 18-16 中加灰显示的代码，对于宽字符的数据来说，数据所占的字节大小和字符数并不能等同，例如，数据“中国”，字符数是 2，但是字节数是 4，即使使用的是英文字符数据，如“ab”，在 Unicode 字符集下，其字节数也是 4，所以在调用_tcslen 得到字符数后，还需要乘以数据类型本身的大小。TCHAR 类型会根据你项目采用的字符集自动转换为 char 或者 WCHAR，因此在编写适应不同字符集下的程序或在获取字符数据的字节数时，都可以采用例 18-16 加灰显示代码中的方式，即下述获取字节数的方式：
>
> ```
> _tcslen(buf) * sizeof(TCHAR)
> ```

以上就是邮槽客户端程序的实现，利用【生成\生成 MailslotClt】菜单命令生成 MailslotClt 程序。

到此为止，我们就完成了利用邮槽实现进程间通信的服务端程序和客户端程序，读者可以看到，这两个程序的编写都比较简单。服务器端需要调用 CreateMailslot 函数创建邮槽，要注意的是，如果邮件服务端进程和客户端进程不在同一台机器上运行，那么本例中指定的邮槽名称字符串中的圆点应该替换为服务器进程所在机器的主机名。之后，如果邮槽创建成功，就可以调用 ReadFile 函数从邮槽读取数据了。而邮槽的客户端首先应该调用 CreateFile 函数打开指定的邮槽，如果打开操作成功，就可以调用 WriteFile 函数向邮槽写入数据了。我们可以分别运行上述实现的 MailslotSrv 和 MailslotClt 程序。然后，单击服务器端的【接收数据】菜单项，接着单击客户端的【发送数据】菜单项，即可看到邮槽服务器端接收到数据了，程序运行界面如图 18.8 所示。

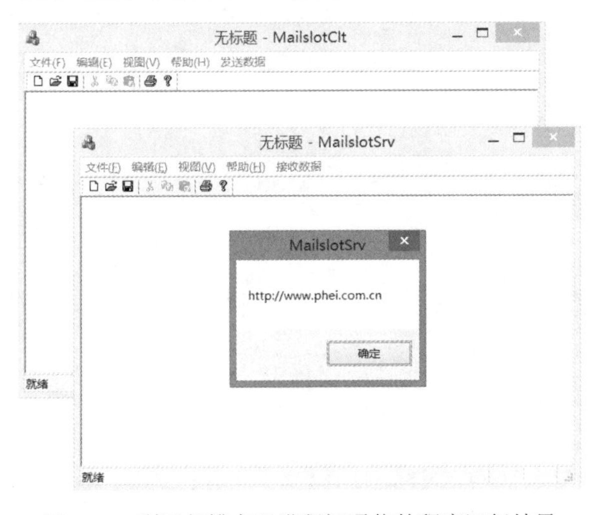

图 18.8　利用邮槽实现进程间通信的程序运行结果

读者可能会有这样的疑问，邮槽只能实现单向通信，那么如果想利用邮槽编写一个既能读取数据，又能发送数据的程序时应该怎么办呢？其实解决方法很简单，我们只需要在同一个程序中同时实现邮槽的服务器端（即读取端）和客户端（即发送端），利用前者接收数据，利用后者发送数据就可以了。这样，就可以在同一个程序中通过邮槽接收和发送数据了。

另外，邮槽是基于广播通信的，也就是说，邮槽可以实现一对多的单向通信，我们可以利用邮槽这一特性编写一个网络会议通知系统，而且实现这样的系统所需编写的代码非常少。如果读者是一位项目经理，就可以给你手下每一位员工的机器都安装上这个系统中的邮槽服务器端程序，在你自己的机器上安装邮槽的客户端程序。这样，如果你想要通知员工开会，就可以通过已安装的邮槽客户端程序将开会通知这一信息发送出去，因为在员工机器上都安装了邮槽服务器端程序，所以他们能同时接收到你发出的会议通知信息。不过需要将这些机器都加入 Windows 的同一个域中。采用邮槽实现这样的程序是非常简单的，如果采用 Sockets 来实现这样的通信，那么代码将比较复杂。

18.5 本章小结

本章主要为读者介绍了四种进程间通信的方式，其中剪贴板和匿名管道只能实现同一台机器上两个进程间的通信，而不能实现跨网络的通信；命名管道和邮槽不仅可以实现在同一台机器上两个进程之间的通信，还可以实现跨网络的进程之间的通信；另外，邮槽可以实现一对多通信，而命名管道只能是点对点的单一的通信，邮槽的缺点是数据量较小，通常都在 424 字节以下，如果数据量较大，则可以采用命名管道的方式来完成。这四种方式各有优缺点，在实际应用中应根据具体情况选用合适的方式。

第 19 章 ActiveX 控件

本章将介绍 ActiveX 控件的应用与工作原理。读者可以把 ActiveX 控件看作是一个极小的服务器应用程序，它不能独立运行，必须嵌入某个容器程序中，与该容器一起运行。容器应用程序是可以嵌入或链接对象的应用程序。服务器应用程序是创建对象并且当对象被双击时，可以被启动的应用程序。我们常用的 Word 就是一个容器应用程序，例如，如果在 Word 文档中嵌入或链接一个 Excel 表格对象，则这时的 Excel 就是服务器应用程序。在双击 Word 文档中嵌入或链接的这个 Excel 表格对象后，将启动 Excel 程序来完成对这个表格的编辑工作。Excel 就是拥有这个表格对象的服务器应用程序，而 Word 程序则是可以容纳这个表格对象的容器应用程序。另外，我们也可以在 Excel 文档中嵌入或链接一个 Word 文档对象，因此对 Word 来说，它不仅仅是一个容器应用程序，同时也是一个服务器应用程序。

19.1 ActiveX 控件

下面，让我们看看 ActiveX 控件的应用。因为使用 VB.NET 作为 ActiveX 控件的测试容器是非常方便的，所以我们先来看看在 VB.NET 程序中如何使用一个 ActiveX 控件。在 VB.NET 的窗体应用程序中，展开左侧的工具箱窗口，在“所有 Windows 窗体”分支下，任意位置处单击鼠标右键，从弹出菜单中单击【选择项】，如图 19.1 所示。出现如图 19.2 所示的“选择工具箱项”对话框，切换到“COM 组件”标签页，可以看到所有可加载的 ActiveX 控件。这里，我们选择 Windows Media Player 控件。该控件对应的文件名是 wmp.dll，**ActiveX 控件的后缀名通常是 ocx 和 dll**。在选择了需要的控件后，在工具箱窗口的“所有 Windows 窗体”下就会多出一个 Windows Media Player 控件，如图 19.3 所示。

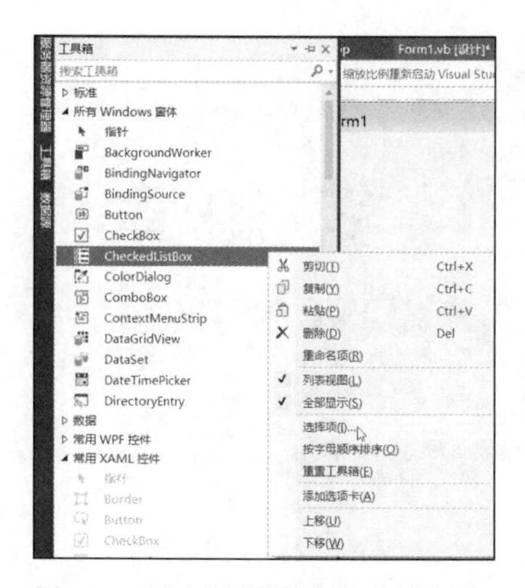

图 19.1 通过右键菜单中的【选择项】加载 ActionX 控件

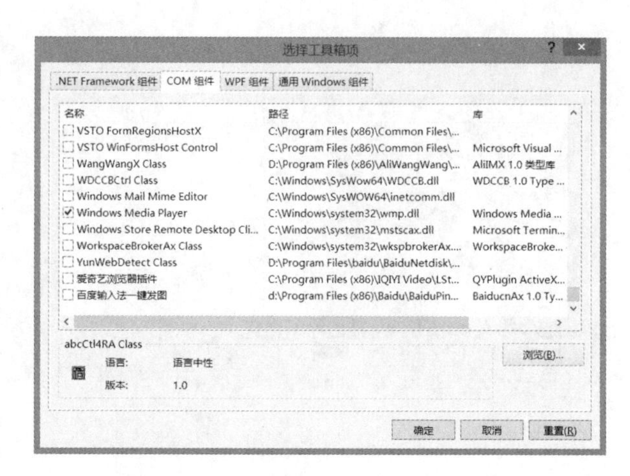

图 19.2 在“选择工具箱项”对话框中选择 ActiveX 控件

图 19.3 添加 ActiveX 控件后将自动在工具箱中添加一项

可以像使用普通控件一样，将该控件拖放到 VB.NET 程序的 Form 中使用。

作为一个典型的 ActiveX 控件，它具有方法、属性、事件这三种特性。

19.1.1 ActiveX 控件的好处

在实际编程工作中，我们可以将常用的功能封装在一个 ActiveX 控件中，将该控件提供给 VB.NET 或者 ASP.NET 的开发人员使用。例如，我们开发了一个中国地图控件，正好有一个公司有许多分支机构，它会不断地在全国各地增加它的加盟店，而公司总部需要实时地观测它每月新增的这些加盟店所处的位置，这就需要用到我们开发的这种地图控件，以便可以通过图形的方式来显示各加盟店的地理位置。于是这家公司就可以直接购买我们开发的这个地图控件，在地图上显示其各分支机构的位置，而不需要再自行开发这种控件了。

19.1.2 MFC ActiveX 控件向导

下面，我们使用 VC++编写一个 ActiveX 控件，这可以利用 MFC ActiveX 控件向导生成一个 ActiveX 控件程序的框架。MFC 为 ActiveX 控件的开发提供了很好的支持，对 ActiveX 控件来说，它的底层实际上是采用 COM 技术实现的，利用 MFC ActiveX 控件向导，即使对 COM 不了解，我们也可以开发出一个功能很完善的 ActiveX 控件。

本例将开发一个时钟控件。在 Visual Studio 开发环境中，选择【文件\新建\项目】菜单项，在打开的“新建项目”对话框左侧展开“Visual C++”分支，选中“MFC/ATL”，在中间窗口中选择“MFC ActiveX 控件”，项目名为 Clock，解决方案名称为 ch19。如图 19.4 所示。

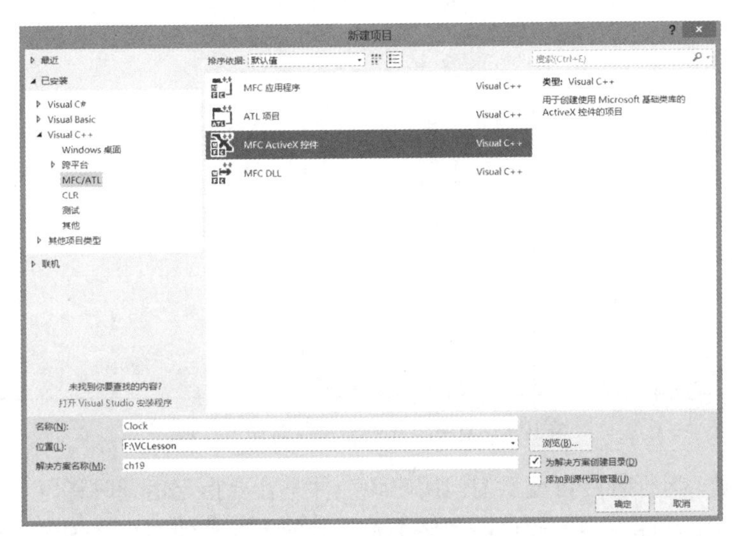

图 19.4　“新建项目”对话框

单击【确定】按钮，出现“MFC ActiveX 控件”对话框，如图 19.5 所示。

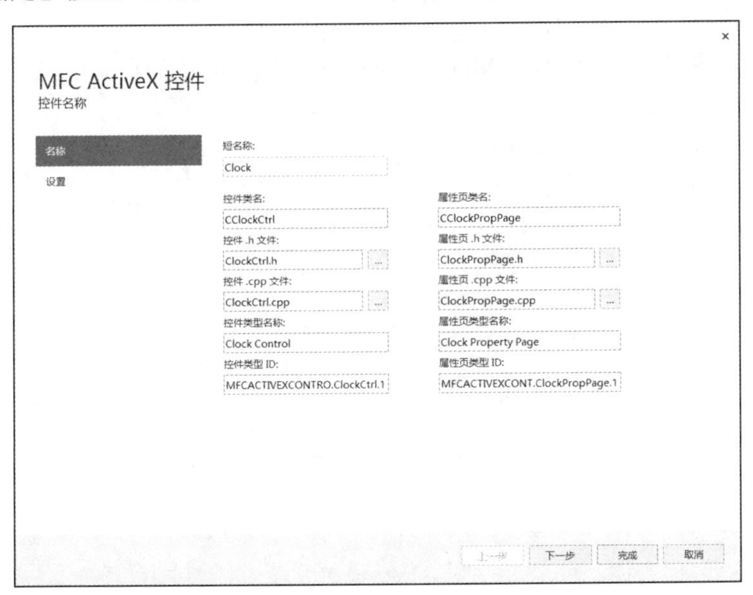

图 19.5　MFC ActiveX 控件向导第一步

在这一步中给出了 ActiveX 控件中类的名称、文件名、控件的类型名、控件类型 ID 等信息，本例保持默认设置不变，单击“下一步”，出现如图 19.6 所示的“设置”界面。

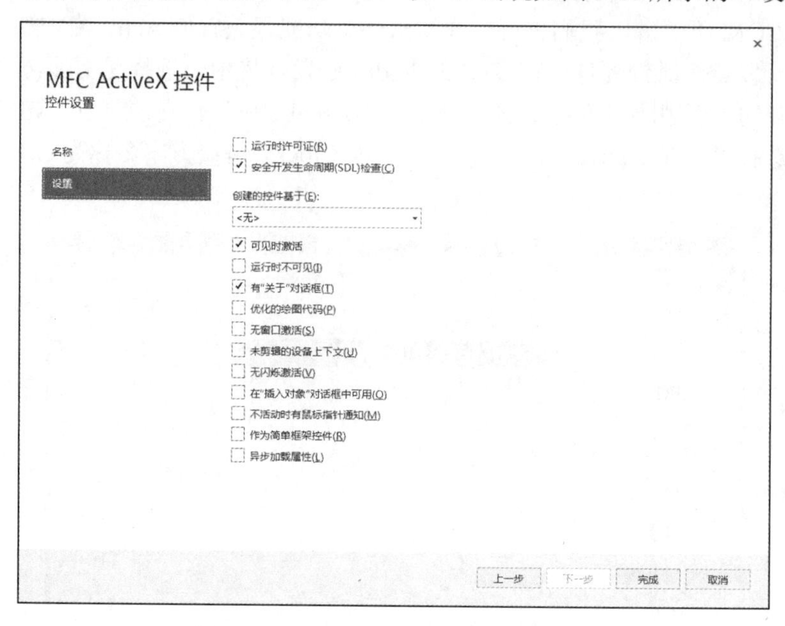

图 19.6　MFC ActiveX 控件向导第二步

第一个选项“运行时许可证”询问用户该控件是否要指定运行时许可。我们花费大量的时间开发了一个功能很强的控件，当然不希望其他人免费使用这个控件，那么在编写这个控件之前，就可以选择生成一个运行时许可，这样的话，其他人即使拿到这个控件，但是如果没有许可，则仍将无法使用，只有得到许可后才能使用。所有选项保持默认设置，单击【完成】按钮，这样就创建了一个 ActiveX 控件项目。

切换到类视图窗口，可以看到 MFC ActiveX 控件向导为我们自动生成了三个类，如图 19.7 所示。

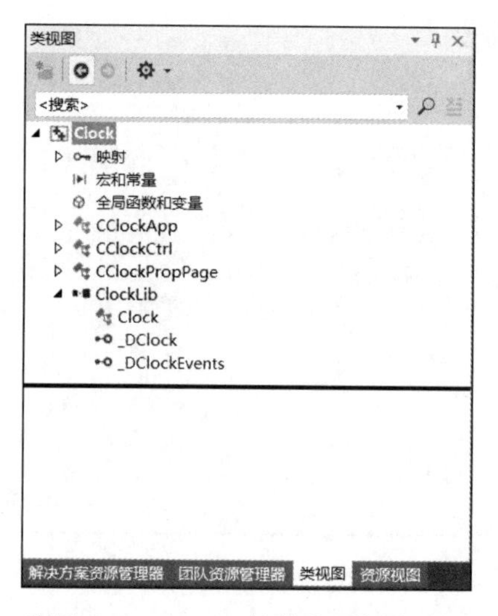

图 19.7　利用 MFC ActiveX 控件向导创建的项目中的类

其中 CClockApp 类派生于 COleControlModule 类，而后者的派生层次结构如图 19.8 所示。

可以看到，COleControlModule 类是从 CWinApp 类派生的，所以可以把该类看作是一个应用程序类，它的实例表示控件程序本身。也就是说，本例中的 CClockApp 类就相当于前面创建的单文档应用程序的应用程序类。

CClockCtrl 类派生于 COleControl 类，后者的派生层次结构如图 19.9 所示。

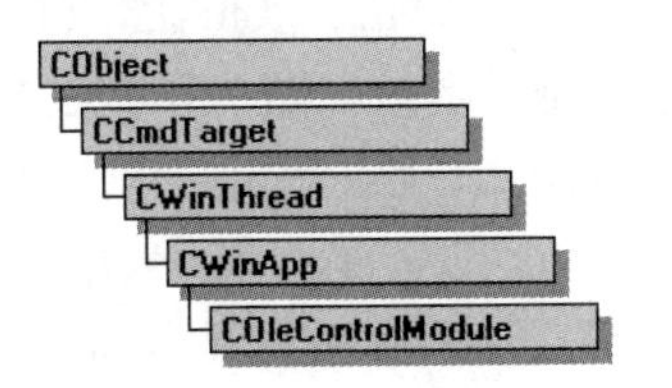

图 19.8　COleControlModule 类派生层次结构

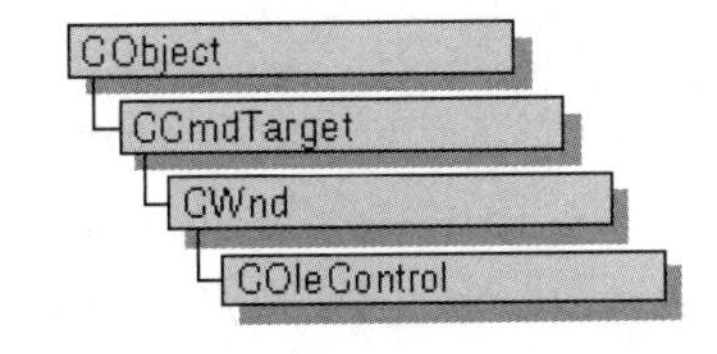

图 19.9　COleControl 类派生层次结构

可以看到，COleControl 类是从 CWnd 类派生的，因此，它也是一个窗口类，相当于单文档应用程序中的主窗口类或者视类，那么对控件窗口进行的操作都将在 CClockCtrl 类中完成。在该类中，可以看到它提供了一个 OnDraw 函数，当控件窗口发生重绘时就会调用这个函数。如果控件需要输出图形，就可以在这个函数中编写相应的实现代码。

如例 19-1 所示代码是 CClockCtrl 类头文件中的部分内容，从中可以看到，在该文件中不仅提供了一个消息映射，还提供了一个调度映射和事件映射。其中**调度映射是 MFC 提供的一种映射机制，主要是为了让外部应用程序可以方便地访问控件的属性和方法，而事件映射也是 MFC 提供的一种映射机制，让控件可以向包含它的容器发送事件通知**。稍后我们为 Clock 控件添加方法和属性时就会用到这两个映射。

例 19-1

```
// 消息映射
    DECLARE_MESSAGE_MAP()

// 调度映射
    DECLARE_DISPATCH_MAP()

    afx_msg void AboutBox();
// 事件映射
    DECLARE_EVENT_MAP()
```

CClockPropPage 类派生于 COlePropertyPage 类，后者的派生层次结构如图 19.10 所示。

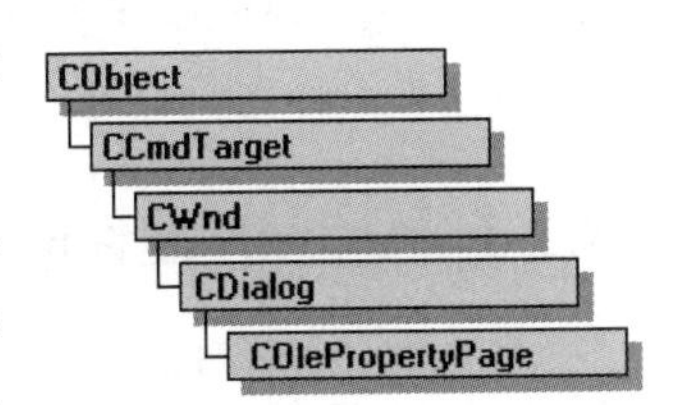

图 19.10　COlePropertyPage 类派生层次结构

可以看到，COlePropertyPage 类派生于 CDialog 类，它以一种类似于对话框的图形界面显示一个自定义控件的属性。也就是说，CClockPropPage 类是用来显示 Clock 控件的属性页的。既然 CClockPropPage 类是一个对话框类，那么就应该有一个对话框资源与之相关联。在该类的头文件中，可以看到下面这条语句，说明该类与一个 ID 为 IDD_ PROPPAGE_CLOCK 的对话框资源相关联：

```
enum { IDD = IDD_PROPPAGE_CLOCK };
```

另外，读者可以在图 19.7 中看到，在 ClockLib 分支下，有这样两项内容：_DClock 和_DClockEvents，它们的前面都有一个像平放着的小勺一样的图标（⊷），该图标表示对应的项是接口，**接口是控件与外部程序进行通信的协议**。可以把接口看作是函数的集合，外部程序通过这个接口所暴露出来的方法去访问控件的属性和方法。实际上，可以把接口看作是一个抽象基类，在此接口中定义的所有函数都是纯虚函数，这些函数的实现是在 CClockCtrl 类中完成的。MFC 通过底层的封装，让 CClockCtrl 类继承自接口：_DClock，通过该接口调用的函数实际上调用的是 CClockCtrl 类中真正实现的函数。ActiveX 控件中的接口与计算机硬件的接口是类似的，例如，在计算机硬件中，主板与显卡间的通信是通过主板上的插槽完成的，这个插槽就是主板与显卡进行通信的接口，一旦我们制定了这个接口，就可以任意地选择一块主板与一块显卡进行通信。因为该接口是标准的，所以选择任一厂商生产的主板，任一厂商生产的显卡都是可以的，只要它们的接口遵从共同的标准。主板通过该接口所暴露出来的方法去调用显卡的显示功能，而显卡需要实现该接口所暴露出来的方法。显卡就相当于这里的 ActiveX 控件，而主板就相当于与控件通信的外部容器。如果两个通信实体要通过接口进行通信，那么肯定是其中的一个实体实现该接口所显露出来的方法，而另一个实体通过接口调用这些方法。这里，就是 ActiveX 控件实现接口所暴露出来的方法，而容器调用这些方法。关于接口的底层实现，需要了解一些 COM 的基本知识，读者感兴趣的话，可以自行查看相关资料。在本例中，因为由 MFC 提供封装，所以底层的细节是看不到的。但是，如果采用 COM（可以采用 ATL，即活动模板库）来编写 ActiveX 控件的话，那么这些底层的通信细节是可以看到的。

这里，我们先利用【生成\生成 Clock】菜单命令生成 Clock 控件程序，结果出现如下的错误提示信息。

```
warning MSB3075: 命令“regsvr32 /s "F:\VCLesson\ch19\Debug\Clock.ocx"”已退出，代码为 5。请验证您是否拥有运行此命令的足够权限
error MSB8011: 未能注册输出。请尝试启用“逐用户重定向”，或者使用提升的权限从命令提示符处注册该组件
已完成生成项目“Clock.vcxproj”的操作 - 失败
```

我们编写的 ActiveX 控件需要经过注册后才能使用，而这个错误信息是告诉我们 Clock 控件注册失败。虽然有这个错误提示信息，但是我们的控件程序依然生成了，在解决方案 ch19 目录下的 Debug 子目录下可以看到一个名为 Clock.ocx 的文件，该文件就是程序生成的 ActiveX 控件文件。下一节将详细介绍 ActionX 控件的注册。

19.1.3 ActiveX 控件的注册

在图 19.2 中可以看到，当选中 Windows Media Player 控件时，会自动列出该控件所在文件的完整路径，这是因为所有可调用的 ActiveX 控件都经过了注册，因此使用 ActiveX 控件的程序才能找到它。在上面的错误提示信息中，我们看到一个命令：regsvr32，该命

令的作用就是注册 ActiveX 控件。在 Visual Studio 开发环境中生成 ActiveX 控件时，Visual Studio 在控件生成后，会自动调用 regsvr32 程序去注册 ActiveX 控件，将该控件的所有信息，包括其所在路径都写入注册表中。当在 VB.NET 等容器中加载 ActiveX 控件时，它们会从注册表中搜寻所有的 ActiveX 控件的相关信息，并在它们的控件对话框中列出这些控件，这就是在 VB.NET 中能够找到 ActiveX 控件相关信息的原因。读者应记住，**所有的 ActiveX 控件必须在注册之后才能使用**。

在第 13 章的 13.8.2 节中，我们提到过，从 Windows 7 开始，对注册表的写入需要相应的管理权限才能完成，上述的错误信息就是因为权限不够而导致往注册表里写入 Clock 控件的相关信息失败而产生的。那么我们能不能按照第 13.8.2 节介绍的方法提升 Clock 程序的权限来解决这个问题呢？答案是否定的，因为 regsvr32 命令并不是由程序自身去调用的，而是由 Visual Studio 开发环境调用的，所以要提升权限的是 Visual Studio 这个 IDE。关闭 Visual Studio，然后以管理员身份运行该程序，再次生成 Clock 程序，可以发现一切正常，错误提示信息没有了。在 VB.NET 窗体程序中，按照第 19.1 节介绍的方法，可以找到我们刚生成的 Clock 控件，说明该控件的注册信息都已经写入注册表中了。

当然，我们也可以在命令提示符窗口中自己调用 regsvr32 命令来注册 Clock 控件，不过这个命令提示符窗口也必须以管理员身份启动，然后执行下面的命令来注册 Clock 控件。

```
regsvr32 F:\VCLesson\ch19\Debug\Clock.ocx
```

执行注册命令后，会弹出如图 19.11 所示的信息对话框。

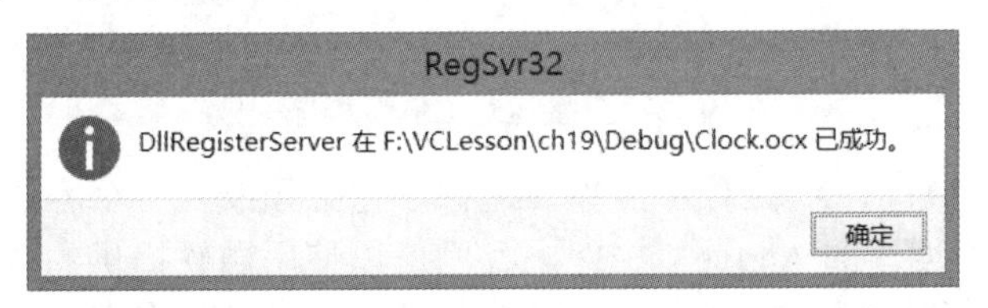

图 19.11　成功注册 Clock 控件的提示信息

在该信息框中提示："DllRegisterServer 在 F:\VCLesson\ch19\Debug\Clock.ocx 已成功。"这里的 DllRegisterServer 是一个函数，并且是 ActiveX 控件提供的一个函数。当执行 regsvr32 这一命令时，它实际上调用指定控件的 DllRegisterServer 函数，将该控件的信息写入注册表中。

如果想要删除 ActiveX 控件的注册信息，则可以利用 regsvr32 命令的/u 选项来实现。在刚才的命令提示符窗口中输入下面的命令来删除 Clock 控件的注册信息。

```
regsvr32 /u F:\VCLesson\ch19\Debug\Clock.ocx
```

执行命令后，会弹出如图 19.12 所示的信息对话框。

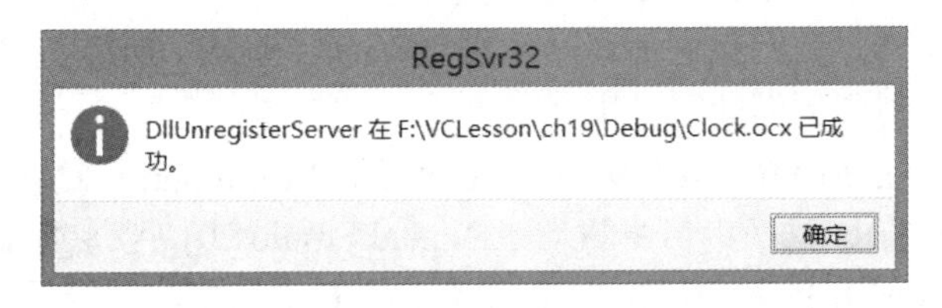

图 19.12　成功注销 Clock 控件的提示信息

在该信息框中提示“DllUnregisterServer 在 F:\VCLesson\ch19\Debug\Clock.ocx 已成功。”同样的，DllUnregisterServer 也是 ActiveX 控件提供的一个函数。当执行“regsvr32 /u”这一命令时，实际上调用的是指定控件的 DllUnregisterServer 函数来删除该控件的注册信息，因为对于 regsvr32 这个程序来说，它并不知道需要删除哪些信息，所以它只是调用控件的 DllUnregisterServer 函数，由后者来删除该控件在注册表中的注册信息。当删除了 Clock 控件在注册表中的信息之后，如果在 VB.NET 程序中再想加载 Clock 控件，在控件列表中就找不到这个控件了。

由此我们可以知道，实际上 ActiveX 控件的注册和取消注册都是利用该控件自身提供的两个函数来完成的，regsvr32 程序只是调用这些函数而已。DllRegisterServer 和 DllUnregisterServer 这两个函数可以在 Clock 项目的 Clock.cpp 文件中看到。

19.1.4 ActiveX 控件的测试

如果我们在 Visual Studio 开发环境中直接运行 Clock 程序，则会出现如图 19.13 所示的错误对话框。

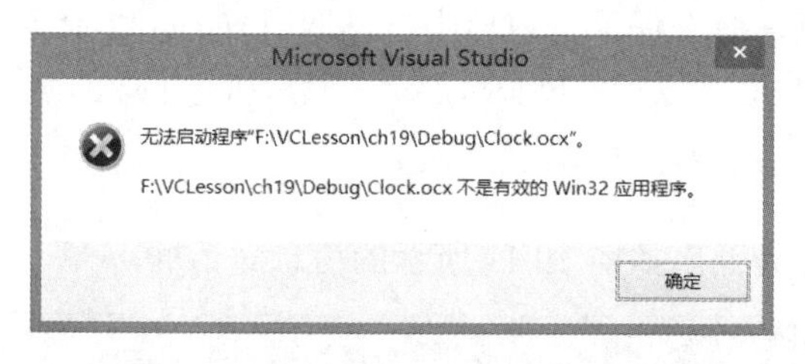

图 19.13　直接运行 Clock 程序失败

前面已经提到，ActiveX 控件不能独立运行，它必须嵌入一个容器中运行。为了便于在开发阶段测试我们编写的 ActiveX 控件，我们可以使用微软提供的 ActiveX Control Test Container 这个应用程序作为 Clock 控件的容器。不过，很不幸的是，从 Visual Studio 2010 之后的版本开始，该程序就没有随 Visual Studio 的新版本而提供了。我们可以从网上搜索并下载这个程序来使用，也可以下载 Visual Studio 2010 版本。ActiveX Control Test Container 在 Visual Studio 2010 中不是作为一个工具项提供的，而是作为一个例子程序提供的。该例子程序位于“Visual Studio 2010 安装的盘符:\Program Files\Microsoft Visual Studio 10.0\Samples\1033\VC2010Samples.zip”，解压 VC2010Samples.zip，会出现一个 C++目录，进入该目录，依次进入 MFC\ole\TstCon，TstCon 目录就是 ActiveX Control Test Container 程序所在的目录。双击目录中的 TstCon.sln，调用 Visual Studio 打开这个解决方案，生成该程序的可执行文件即可，读者可以根据自己的需要选择生成 32 位版本或者 64 位版本的可执行程序，得到一个名为 TstCon.exe 的可执行程序。

为了开发时的便利，我们将这个程序添加到 Visual Studio 2017 的【工具】子菜单下。首先将 TstCon.exe 复制到下面的目录中：

D:\Program Files (x86)\Microsoft Visual Studio\2017\Community\Common7\Tools

读者可自行将盘符 D 替换为自身机器上 Visual Studio 2017 安装的盘符。

然后在 Visual Studio 的开发环境中单击【工具】子菜单，选择【外部工具】，出现如图 19.14 所示的“外部工具”对话框。

单击【添加】按钮，标题输入：ActiveX Control Test Container，命令输入 TstCon.exe 程序所在的全路径名，即 D:\Program Files (x86)\Microsoft Visual Studio\2017\Community\Common7\Tools\TstCon.exe，如图 19.15 所示。

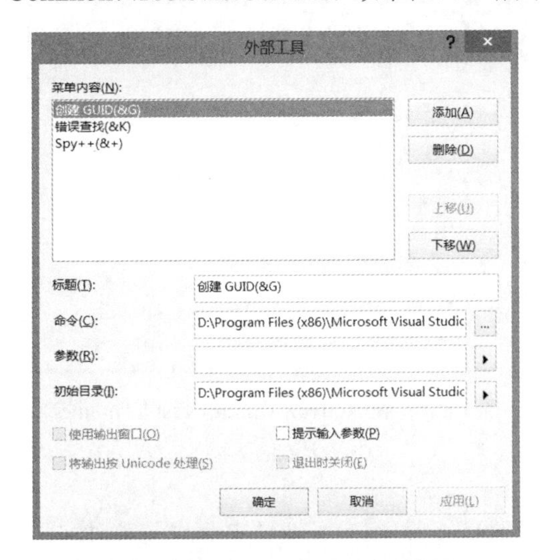

图 19.14 “外部工具”对话框

图 19.15 配置外部工具：ActiveX Control Test Container

单击【确定】后，就可以在【工具】子菜单下看到【ActiveX Control Test Container】菜单项了。单击该菜单项，将出现如图 19.16 所示的运行界面。

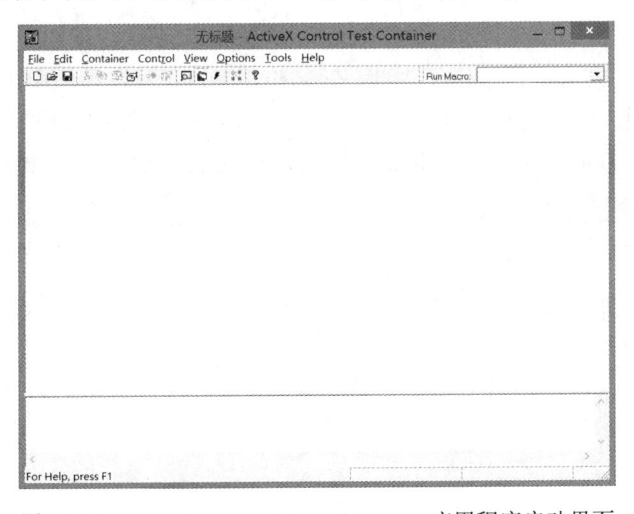

图 19.16 ActiveX Control Test Container 应用程序启动界面

现在我们就可以加载特定的 ActiveX 控件了，方法是选择【Edit\Insert New Control...】菜单项，这时将打开如图 19.17 所示的“Insert Control”对话框，找到我们编写的 Clock 控件，然后单击对话框上的【OK】按钮关闭该对话框，这时，在 ActiveX Control Test Container 应用程序中就加载了 Clock 控件，这个 ActiveX 控件当前的功能是绘制一个椭圆，如图 19.18 所示。当然，该控件的代码都是由 MFC 自动生成的，我们并没有编写一行代码。读者可以看到，利用 MFC ActiveX ControlWizard，不需要我们编写一行代码就可以生成一个绘制椭圆的 ActiveX 控件。

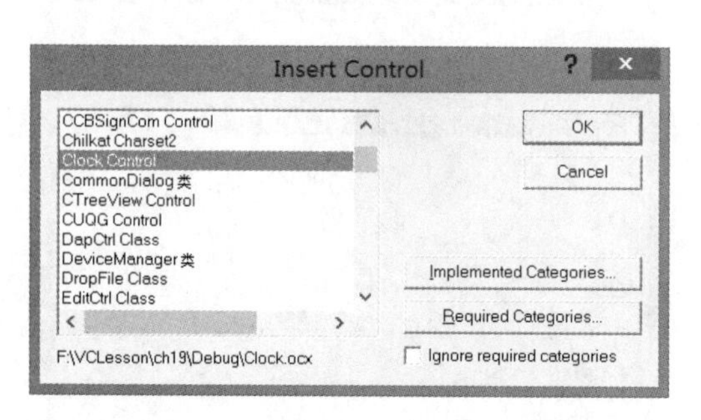

图 19.17 “Insert Control”对话框

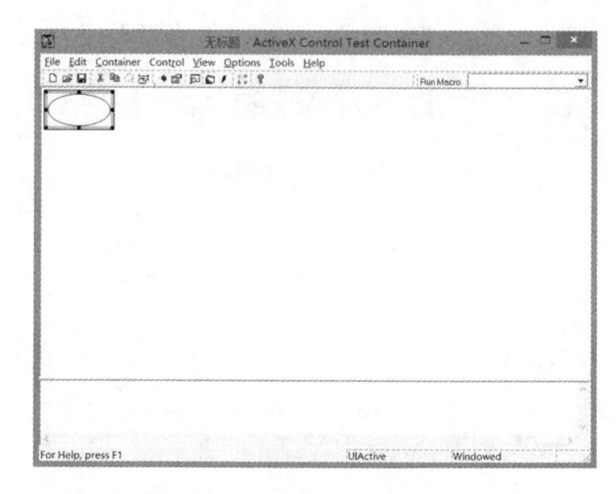

图 19.18 在 ActiveX Control Test Container 中插入 Clock 控件

提示：如果控件处于加载状态，在 Visual Studio 开发环境中生成该控件文件的话，就会出现一个错误，因为在生成控件文件时需要重写相应的控件文件。所以，在 ActiveX Control Test Container 这一测试容器中加载了 Clock 控件之后，都应取消该控件的加载，或者关闭该程序，以保证我们下面的工作能够顺利进行。

接下来，为了进一步方便我们开发 ActiveX 控件，我们希望在执行程序时，能够直接调出 ActiveX Control Test Container，为此，在 Visual Studio 开发环境中单击子菜单【项目】，选择【Clock 属性】，在出现的“Clock 属性页”对话框左侧选中“调试”，在右边窗口的命令中输入 ActiveX Control Test Container 程序文件所在的完整路径，如图 19.19 所示。

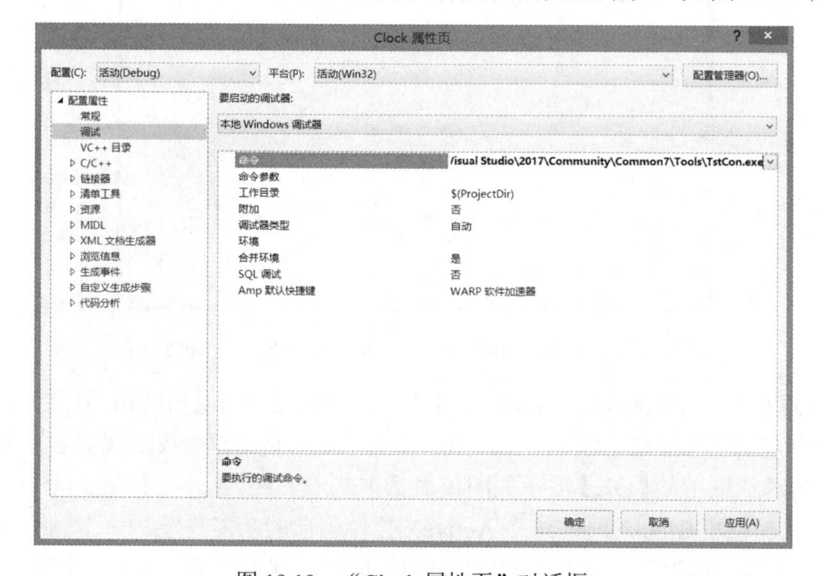

图 19.19 “Clock 属性页”对话框

单击【确定】按钮，再执行 Clock 程序，就会直接启动 ActiveX Control Test Container。

19.1.5　时钟控件的实现

下面继续完成 Clock 控件的实现，让该控件显示系统当前的时间，这可以在 CClockCtrl 类的 OnDraw 函数中完成。在该函数中已经自动生成了两行代码，分别用来填充控件的背景和绘制椭圆，我们先将这两行代码注释起来，然后添加下述如例 19-2 所示代码中加灰显示的代码。

例 19-2

```
    void CClockCtrl::OnDraw(CDC* pdc, const CRect& rcBounds, const CRect&
rcInvalid)
    {
        if (!pdc)
            return;
        // TODO: 用您自己的绘图代码替换下面的代码。
        //pdc->FillRect(rcBounds,
    CBrush::FromHandle((HBRUSH)GetStockObject(WHITE_BRUSH)));
        //pdc->Ellipse(rcBounds);

    ★   CTime time=CTime::GetCurrentTime();
        CString str=time.Format("%H:%M:%S");
        pdc->TextOut(0,0,str);
    }
```

如果想要获得当前系统时间，则可以使用 CTime 类的静态方法 GetCurrentTime，该函数将返回表示系统当前时间的 CTime 对象，之后可以利用 CTime 对象的 Format 方法对得到的 CTime 类型的时间进行格式化，返回一个 CString 对象，将表示时间的字符串显示在控件窗口中。当控件需要刷新时，就会调用 OnDraw 函数，并传递一个 CDC*类型的指针变量，在此函数中就可以利用该指针完成窗口的绘制工作。本例利用该指针在控件窗口（0, 0）位置处显示格式化后得到的时间字符串。

编译并运行 Clock 程序，因为先前我们已经配置了 ActiveX Control Test Container 应用程序来代替 Clock 程序的执行，所以这时会自动启动该程序，然后利用【Edit\Insert New Control…】菜单项插入 Clock 控件，可以看到在 Clock 控件的窗口上显示了系统的当前时间，如图 19.20 所示。

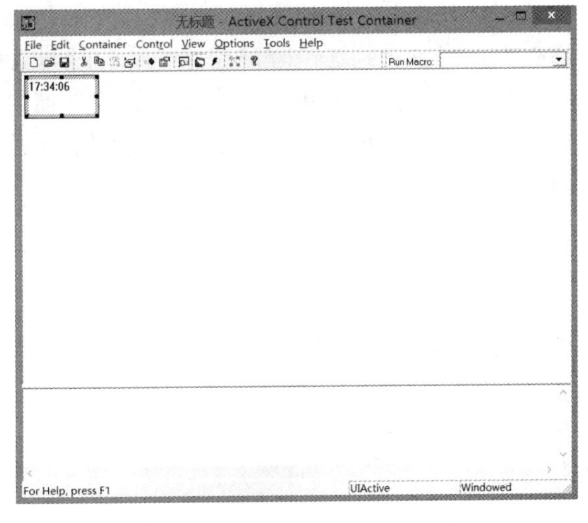

图 19.20　控件窗口上显示系统当前时间

可是，这时控件上显示的时间是静止的，为了让该时间“动起来”，前面已经介绍过解决方法，就是设置一个定时器，让它每隔一秒钟发送一个 WM_TIMER 消息，在响应该定时器消息的处理函数中，让该控件刷新，重新输出当前系统时间。

首先为 CClockCtrl 类增加一个 UINT 类型的私有成员变量 m_timerId，用于保存 SetTimer 函数调用后返回的定时器标识符，并在 CClockCtrl 类的构造函数中将这个变量初始化为 0。接下来，根据前面的知识，我们知道可以在控件窗口创建完成之后设置定时器，为此我们需要为 CClockCtrl 类增加 WM_CREATE 消息的处理函数，然后在此函数中，在控件窗口创建完成之后，调用 SetTimer 函数创建定时器。具体代码如例 19-3 所示。

例 19-3

```
int CClockCtrl::OnCreate(LPCREATESTRUCT lpCreateStruct)
{
    if (COleControl::OnCreate(lpCreateStruct) == -1)
        return -1;

    m_timerId = SetTimer(1,1000,NULL);

    return 0;
}
```

接下来，再为 CClockCtrl 类增加 Windows 消息 WM_TIMER 的处理，在其响应函数 OnTimer 中调用 Invalidate 函数，使窗口无效，这样就可以使窗口重绘。具体实现代码如例 19-4 所示。

例 19-4

```
void CClockCtrl::OnTimer(UINT nIDEvent)
{
    Invalidate();
    COleControl::OnTimer(nIDEvent);
}
```

编译并运行 Clock 控件，在随后打开的 ActiveX Control Test Container 应用程序中插入该控件，将会看到这个时钟控件显示的时间随系统当前时间而变化了。

另外，还可以调用另一个函数让控件窗口重绘，这个函数是 InvalidateControl，这是 COleControl 类的一个成员函数，该函数的原型声明如下所示：

```
void InvalidateControl( LPCRECT lpRect = NULL );
```

调用 InvalidateControl 函数可以强制控件重绘自身，如果它的参数是 NULL，那么整个控件都将被重绘。因此，在上述代码中，可以将 Invalidate 函数的调用替换为 InvalidateControl 函数。读者可以再次测试程序，会发现 Clock 控件显示的结果是一样的。

19.2 属性

我们在使用控件的时候，发现控件都有一些属性。下面我们要为 Clock 控件添加

BackColor（背景色）和 ForeColor（前景色）属性，可以让控件的使用者设置该控件的背景色和前景色。

19.2.1 标准属性

在 ActiveX 控件中有四种属性。

- **Stock：**为每个控件提供的标准属性，如字体或颜色。
- **Ambient：**围绕控件的环境属性——已被置入容器的属性。这些属性不能被更改，但控件可以使用它们调整自己的属性。
- **Extended：**这些是由容器处理的属性，一般包括大小和在屏幕上的位置。
- **Custom：**由控件开发者添加的属性。

很不幸的是，我们使用的 Visual Studio 2017（版本 15.9.6）对 ActiveX 控件开发的支持实在是太差了，在早先的 Visual Studio 版本中提供的添加属性向导也不再提供了。对于 BackColor 和 ForeColor 这种标准属性，我们只能通过编码的方式去实现了。

切换到类视图窗口，展开 ClockLib 节点，在_DClock 接口上双击，这将打开 Clock.idl 文件。前面我们提到过，MFC 的 ActiveX 控件底层是采用 COM 技术实现的。微软的 COM 技术实现了二进制标准的兼容，可以让我们编写的 COM 组件在不同的程序语言中被调用。在 COM 规范中，最重要的就是接口，为了接口的独立性，微软采用了一种独立的中间语言来实现接口，即 IDL（Interface Definition Language，接口定义语言）。COM IDL 以开放软件基金会（Open Software Foundation，OSF）的 DCE RPC（Distributed Computing Environment Remote Procedure Call，分布式计算环境中的远程过程调用）IDL 为基础。DCE IDL 使我们可以用一种与语言无关的方式来描述远程调用，也使 IDL 编译器能够产生相应的网络代码，在各种各样的网络传输环境中透明地传输所描述的操作。COM IDL 只是在 DCE IDL 的基础上，加入了一些与 COM 相关的扩展，以便支持 COM 中面向对象的特性（比如继承性、多态性）。Clock.idl 就是一个接口定义文件。

在 Clock.idl 文件中找到 dispinterface _DClock，在“properties:”下添加如例 19-5 所示代码中加灰显示的代码。

例 19-5

```
#include <olectl.h>
#include <idispids.h>

[ uuid(b32e2d05-e301-49cf-8da4-5e7ca2a3573c), version(1.0),
  control ]
library ClockLib
{
    importlib(STDOLE_TLB);

    //  CClockCtrl 的主调度接口
    [
        uuid(eda972a2-6a97-48bd-989d-281d75997dde)
    ]
```

```
        dispinterface _DClock
        {
            properties:
                [id(DISPID_BACKCOLOR), bindable, requestedit] OLE_COLOR BackColor;
                [id(DISPID_FORECOLOR), bindable, requestedit] OLE_COLOR ForeColor;
            methods:

                [id(DISPID_ABOUTBOX)] void AboutBox();

        };
        ......
    };
```

接着转到ClockCtrl.cpp文件中，找到调度映射，在BEGIN_DISPATCH_MAP(CClockCtrl, COleControl)宏和END_DISPATCH_MAP()宏之间添加如例19-6所示代码中加灰显示的代码。

例 19-6

```
    // 调度映射
    BEGIN_DISPATCH_MAP(CClockCtrl, COleControl)
        DISP_FUNCTION_ID(CClockCtrl, "AboutBox", DISPID_ABOUTBOX, AboutBox,
VT_EMPTY, VTS_NONE)
        DISP_STOCKPROP_BACKCOLOR()
        DISP_STOCKPROP_FORECOLOR()
    END_DISPATCH_MAP()
```

之后，在类视图窗口的_Dclock接口下，可以看到多了两个属性：BackColor和ForeColor，如图19.21所示。

图 19.21 _DClock 接口下新增的 BackColor 和 ForeColor 属性

单击菜单栏上的【生成\生成 Clock】菜单项命令，生成 Clock 控件。按照第 19.1 节介绍的方法，在 VB.NET 窗体应用程序中加载 Clock 控件，并将其拖放到 Form 中，选中 Clock 控件，在属性窗口中，可以看到新添加的两个属性：BackColor 和 ForeColor，如图 19.22 所示。

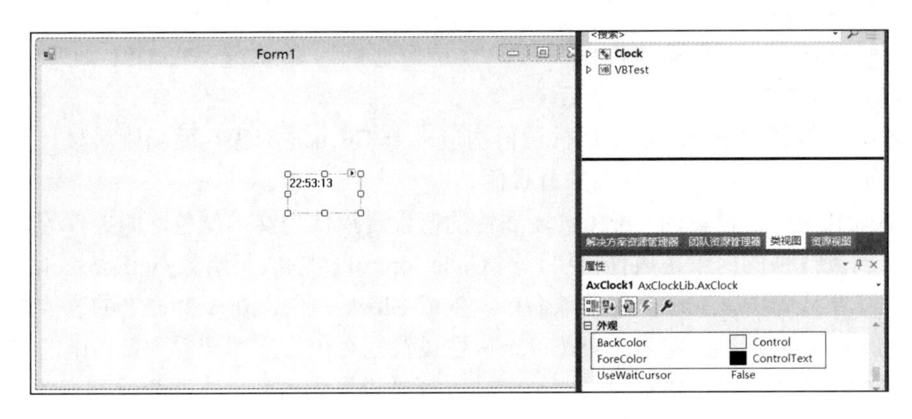

图 19.22　在 Clock 控件的属性窗口中列出了新添加的属性

在该属性窗口中，我们可以设置这两个属性的值，例如将 BackColor 设置为红色，将 ForeColor 设置为蓝色，但是你会发现窗体中的 Clock 控件并没有发生改变。用户当然希望在修改了这两个属性的值以后，该控件的背景和文本颜色能够做出相应的改变。为了实现这一功能，还需要在 CClockCtrl 类的 OnDraw 函数中编写一些代码，结果如例 19-7 所示。

例 19-7

```
void CClockCtrl::OnDraw(CDC* pdc, const CRect& rcBounds, const CRect&
rcInvalid)
{
    if (!pdc)
        return;
1.  CBrush brush(TranslateColor(GetBackColor()));
2.  pdc->FillRect(rcBounds, &brush);
3.  pdc->SetTextColor(TranslateColor(GetForeColor()));

4.  CTime time=CTime::GetCurrentTime();
5.  CString str=time.Format("%H:%M:%S");
6.  pdc->TextOut(0,0,str);
}
```

因为 BackColor 和 ForeColor 这两个属性是 ActiveX 控件的标准属性，所以需要调用 MFC 提供的函数才能得到这两个属性的值。在上述 OnDraw 函数中，首先调用 GetBackColor 函数得到 BackColor 属性的值。该函数是 COleControl 类的一个成员函数，其原型声明如下所示：

```
OLE_COLOR GetBackColor( );
```

GetBackColor 函数的返回值类型是 OLE_COLOR，通过调用 COleControl 类的另一个成员函数 TranslateColor 可以将这种类型的值转换为我们通常使用的颜色类型 COLORRGB 的值。TranslateColor 函数的原型声明如下所示：

```
COLORREF TranslateColor(OLE_COLOR clrColor,HPALETTE hpal = NULL );
```

该函数有两个参数，第一个参数 clrColor 就是要转换的 OLE_COLOR 类型的颜色值，第二个参数是一个调色板的句柄，该参数是可选的，默认值是 NULL。返回值就是 COLORREF 类型的颜色值。

接着利用得到的 BackColor 属性的值构造一个 CBrush 对象，即画刷对象。然后调用 FillRect 函数利用该画刷填充控件的背景色。

接下来利用用户设置的 ForeColor 属性的值设置控件的文本颜色，即控件的前景色。同样地，得到控件的前景色属性需要调用 COleControl 类的成员函数 GetForeColor。

单击【生成\生成 Clock】菜单项命令，生成 Clock 控件，在 VB.NET 的窗体程序中测试最新的 Clock 控件，先将其 BackColor 属性设置为红色，立即会看到窗体上的 Clock 控件的背景色变成了红色；然后将其 ForeColor 属性设置为蓝色，立即会看到窗体上 Clock 控件的前景色变成了蓝色，如图 19.23 所示。

但是，我们看到 Clock 控件上文字下方有一块白色的区域，这是文字的背景色。如果把控件的文字背景设置为透明模式，就不会有这块白色区域了，效果会更好一些。关闭 VB.NET 项目，回到 Clock 项目中，在上述例 19-7 所示 CClockCtrl 类的 OnDraw 函数的第 3 行代码之前添加下面这条语句，将文字的背景设置为透明的：

```
pdc->SetBkMode(TRANSPARENT);
```

再次生成最新的 Clock 控件，并在 VB.NET 的窗体程序中测试该控件，在控件的属性窗口中，将该控件的 BackColor 和 ForeColor 属性分别选定为红色和蓝色，这时会发现 Form 窗体上 Clock 控件的显示正常了，如图 19.24 所示。

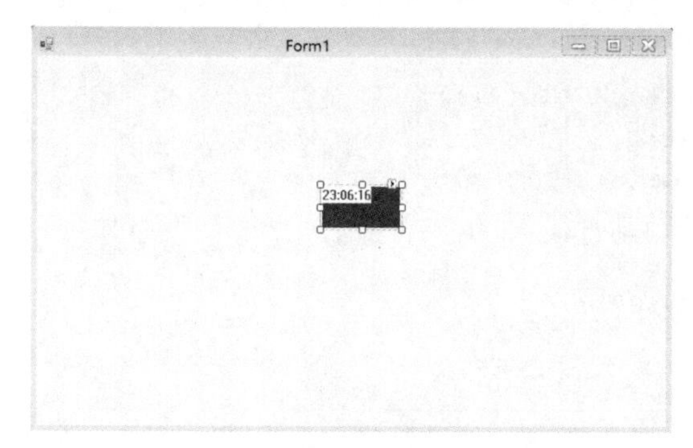

图 19.23　通过设置 Clock 控件的属性修改控件的外观

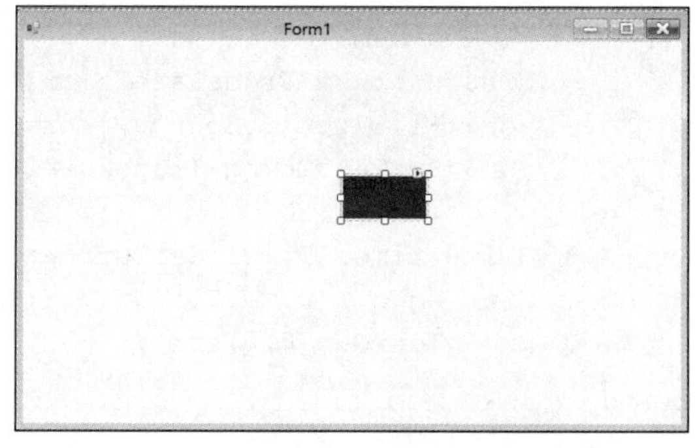

图 19.24　将控件的文字背景设置为透明模式后的控件显示效果

我们注意到 Form 中的 Clock 控件右上方有一个向右的箭头图标，单击一下，会出现一个快捷菜单，如图 19.25 所示。单击菜单中的【ActiveX-属性】，会弹出如图 19.26 所示的对话框，这就是 ActiveX 控件自身的一个属性表单。

通常，作为 ActiveX 控件来说，它会提供一个属性表单，该属性表单由多个属性页组成，每页上会提供一些选项，用来对这个 ActiveX 控件进行一些设置。我们看到的图 19.26 所示的 Clock 控件的常规属性页上的内容，实际上就是 Clock 程序中 IDD_PROPPAGE_CLOCK 对话框资源上的内容。通过查看程序，可以发现，CClockPropPage 类就是 IDD_PROPPAGE_CLOCK 对话框资源的实现类。也就是说，这时在 Clock 控件的属性表单中已经有了一个属性页，该属性页是通过 CClockPropPage 类实现的。

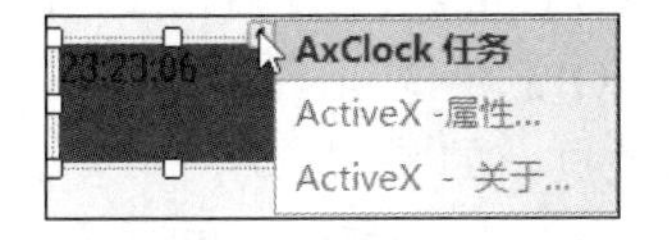

图 19.25　调用 ActiveX 控件的属性页

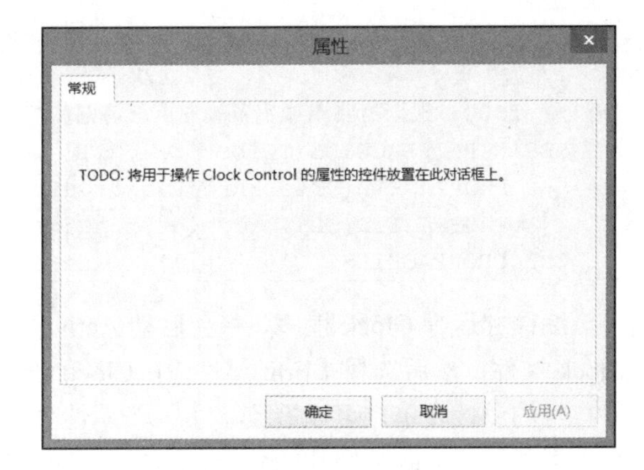

图 19.26　ActiveX 控件自身的属性表单

下面，我们希望在 Clock 控件的属性表单中增加一个提供颜色属性的属性页，让用户可以通过该控件自身的属性表单设定其背景色和前景色，这是考虑到并不是所有的容器都会像 Visual Studio 一样有属性窗口，如果某个容器没有提供这样的属性设置窗口，就可以让用户通过控件自身的属性表单对控件进行设置。

回到 Clock 项目，在 ClockCtl.cpp 源文件中可以看到如例 19-8 所示的这段代码。

例 19-8

```
// 属性页
// TODO: 根据需要添加更多属性页。请记住增加计数!
BEGIN_PROPPAGEIDS(CClockCtrl, 1)
    PROPPAGEID(CClockPropPage::guid)
END_PROPPAGEIDS(CClockCtrl)
```

上述例 19-8 所示的代码提示我们：可以根据自己的需要增加属性页，但应相应地增加属性页总数。刚才我们在 VB.NET 的窗体程序中能够显示 CClockPropPage 类对应的属性页，就是因为添加了上述加灰显示的代码，这行代码通过使用 CClockPropPage 类的全局唯一标识符（guid）调用 PROPPAGEID 宏增加该属性页。guid 是一个 128 位的整数，用来唯一地标识一个组件，或者一个接口。同样地，为了增加颜色属性页，也需要在这里调用 PROPPAGEID 宏来实现，并且还需要使用该属性页的 guid，对于 ActiveX 控件来说，其颜色属性页的 guid 值是 CLSID_CColorPropPage，因此在例 19-8 所示代码的 END_PROPPAGEIDS 宏之前添加下面这条语句：

```
PROPPAGEID(CLSID_CColorPropPage)
```

这时，在 Clock 控件的属性表单中就添加了一个颜色属性页，但是，读者要注意，**一定要相应地增加属性页的总数**，即增加例 19-8 所示代码中 BEGIN_PROPPAGEIDS 宏的第二个参数的值，该参数表示属性表单中当前属性页的个数，因为现在我们为 Clock 属性表单增加了一个属性页，因此该数字也要相应地改变，变成 2，否则在使用该控件时，在调用其属性表单时会出现非法访问错误。修改后的代码将变为如例 19-9 所示的代码，其中加灰显示的代码就是新增的或修改的代码。

例 19-9

```
// 属性页
// TODO：根据需要添加更多属性页。请记住增加计数！
BEGIN_PROPPAGEIDS(CClockCtrl, 2)
    PROPPAGEID(CClockPropPage::guid)
    PROPPAGEID(CLSID_CColorPropPage)
END_PROPPAGEIDS(CClockCtrl)
```

编译并运行 Clock 程序，将会启动 ActiveX Control Test Container 容器程序，首先插入 Clock 控件，然后选择【Edit\属性(P)...Clock Control 对象(O)】菜单项，这时就会打开该控件自身的属性表单，可以看到多了一个属性页：颜色属性页，如图 19.27 所示。在此属性页中可以设置 Clock 控件的背景色和前景色，将 BackColor 设置为红色，单击【应用】按钮，立即可以看到 Clock 控件的背景变成了红色，如图 19.28 所示。应注意，这个属性表单是控件自身提供的。

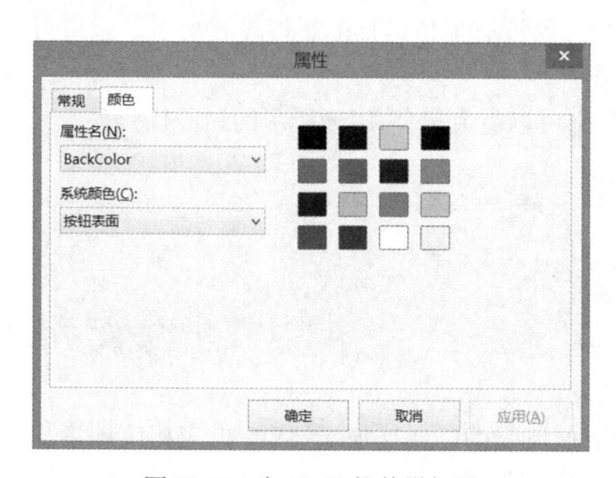

图 19.27　为 Clock 控件增加了一个颜色属性页

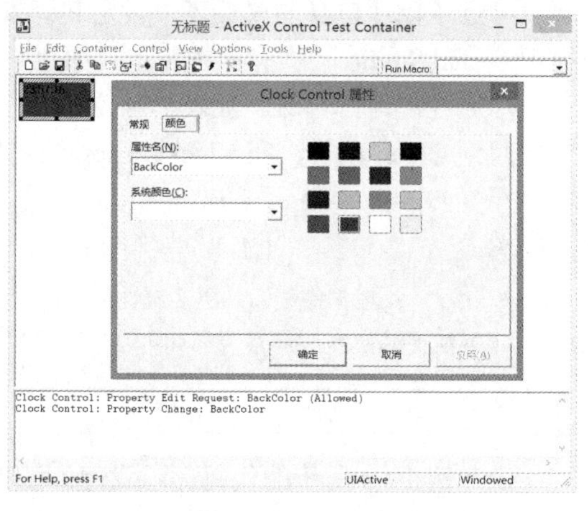

图 19.28　通过控件自带的颜色属性页设置控件的背景色

19.2.2　自定义属性

自定义属性与标准属性的区别在于，自定义属性需要自己实现，并没有被 COleControl 类所实现。自定义属性用于将 ActiveX 控件的某个状态或外观向使用该控件的用户公开。自定义属性有四种实现类型：成员变量实现、带通知的成员变量实现、Get/Set 方法实现、参数化实现。

■ 成员变量实现

这种实现将属性的状态表示为控件类中的成员变量。对于控件而言，当不需要知道属性值何时更改时，使用成员变量实现。在这三种类型中，这种实现为属性创建的支持代码量最少。成员变量实现的调度映射项宏是 DISP_PROPERTY。

■ 带通知的成员变量实现

这种实现由一个成员变量和一个通知函数组成。属性值更改后，框架将自动调用这个通知函数。当需要在属性值更改后得到通知时，使用带通知的成员变量实现。这种实现的调度映射项宏为 DISP_PROPERTY_NOTIFY_ID。

■ Get/Set 方法实现

这种实现由控件类中的一对成员函数组成。当控件用户请求属性的当前值时，Get/Set 方法实现自动调用 Get 成员函数，而当控件用户请求更改属性值时自动调用 Set 成员函数。当需要在运行时计算属性值、在更改实际属性之前验证控件用户传递的值，或实现只读或只写属性类型时，使用这种实现。这种实现的调度映射项宏是 DISP_PROPERTY_EX。

■ 参数化实现

参数化属性（有时称为属性数组）可用于通过控件的单个属性访问一组值。这种实现的调度映射项宏是 DISP_PROPERTY_PARAM。

当前 Clock 控件是每隔 1 秒更新一次时间的显示，接下来，我们给 Clock 控件增加一个自定义的属性：时间间隔，并采用带通知的成员变量实现。在用户设置了该属性的值以后，Clock 控件就按照用户指定的时间间隔值来更新显示的时间。

不幸的是，与创建标准属性一样，在 Visual Studio 2017（版本 15.9.6）中，由于添加属性向导的缺失，导致我们无法使用向导帮我们自动生成必要的代码，所有的代码需要自己编码来实现。

切换到类视图窗口，展开 ClockLib 节点，在_DClock 接口上双击，打开 Clock.idl 文件。找到 dispinterface _DClock，在“properties:”下添加如例 19-10 所示代码中加灰显示的代码。

例 19-10

```
dispinterface _DClock
{
    properties:
        [id(DISPID_BACKCOLOR), bindable, requestedit] OLE_COLOR BackColor;
        [id(DISPID_FORECOLOR), bindable, requestedit] OLE_COLOR ForeColor;
        [id(1)] LONG Interval;
   methods:
        [id(DISPID_ABOUTBOX)] void AboutBox();
};
```

在 IDL 文件中定义的属性，对外都是可以看到并使用的。在控件的实现类（本例是 CClockCtrl 类）中，还需要定义一个对应的成员变量，并与接口中的属性进行绑定，在内部使用该成员变量来接收或改变属性的值。

在 ClockCtrl.h 文件中为类 CClockCtrl 添加一个 LONG 型的成员变量 m_Interval（在 CClockCtrl 类的构造函数中将其初始化 1000）、一个枚举常量 dispidInterval，一个通知函数 OnIntervalChanged 的原型声明。

ClockCtrl.h 文件中新添加的代码如例 19-11 所示代码中加灰显示的代码。

例 19-11

```
// 调度和事件 ID
public:
    enum {
```

```
                dispidInterval = 1
            };
        afx_msg int OnCreate(LPCREATESTRUCT lpCreateStruct);
    protected:
        void OnIntervalChanged(void);
        LONG m_Interval;
```

要注意，枚举常量 dispidInterval 的值与 Clock.idl 文件中 Interval 属性的 ID 值要保持一致，参见例 19-10。

OnIntervalChanged 函数用于在控件的使用者修改 Interval 属性后得到通知。成员变量 m_Interval 用于在控件的实现类中控制定时器的时间间隔值。

打开 ClockCtrl.cpp 文件，找到调度映射，添加如例 19-12 所示代码中加灰显示的代码。

例 19-12

```
    BEGIN_DISPATCH_MAP(CClockCtrl, COleControl)
        DISP_FUNCTION_ID(CClockCtrl, "AboutBox", DISPID_ABOUTBOX, AboutBox,
VT_EMPTY, VTS_NONE)
        DISP_STOCKPROP_BACKCOLOR()
        DISP_STOCKPROP_FORECOLOR()
        DISP_PROPERTY_NOTIFY_ID(CClockCtrl,    "Interval",    dispidInterval,
m_Interval, OnIntervalChanged, VT_I4)
    END_DISPATCH_MAP()
```

DISP_PROPERTY_NOTIFY_ID 宏第一个参数指定控件类的名称，第二个参数指定属性的外部名称，即控件的使用者看到的名称，第三个参数指定属性的调度 ID，第四个参数指定存储属性的成员变量的名称，第五个参数指定通知函数的名称，第六个参数指定属性的类型，该参数的类型是 VARTYPE，其可能的取值如表 19.1 所示。

表 19.1　DISP_PROPERTY_NOTIFY_ID 宏第六个参数的取值

符　号	属性类型
VT_I2	short
VT_I4	long
VT_R4	float
VT_R8	double
VT_CY	CY
VT_DATE	DATE
VT_BSTR	CString
VT_DISPATCH	LPDISPATCH
VT_ERROR	SCODE
VT_BOOL	BOOL
VT_VARIANT	VARIANT
VT_UNKNOWN	LPUNKNOWN

接下来，编写 OnIntervalChanged 函数的实现，在该函数中根据用户输入的时间间隔值控制 Clock 控件的显示更新，代码如例 19-13 所示。

例 19-13

```
void CClockCtrl::OnIntervalChanged()
{
    AFX_MANAGE_STATE(AfxGetStaticModuleState());
    if (m_interval < 0 || m_interval > 6000)
    {
        m_interval = 1000;
    }
    else
    {
        m_interval = m_interval / 1000 * 1000;
        if(m_timerId != 0)
            KillTimer(m_timerId);
        m_timerId = SetTimer(1, m_interval, NULL);
    }
    SetModifiedFlag();
}
```

AFX_MANAGE_STATE(AfxGetStaticModuleState())用于模块切换时的状态保护，该宏的机制比较复杂，感兴趣的读者可以查看 MSDN 或相关文档。

因为时间间隔不能为负数，也不能太大。所以在 OnIntervalChanged 函数中，首先对 m_interval 变量的值进行判断，如果用户设置的时间间隔属性值小于 0，或者大于 6000，则将这个间隔值设置为 1000。否则，进行调整，即对用户输入的值取整，得到一个整数的秒数。接着，调用 KillTimer 函数销毁先前设置的定时器（其标识保存在成员变量 m_timerId 中），然后再次调用 SetTimer 函数利用新的时间间隔设置定时器，返回的定时器标识仍保存在 m_timerId 中，时间间隔用 Clock 控件的 m_interval 属性值来设置。最后调用 SetModifiedFlag 函数设置属性被修改的标记。

编译并运行 Clock 控件，这将启动 ActiveX Control Test Container 容器程序。利用【Edit\Insert New Control…】命令插入 Clock 控件后，选中该控件，单击【Control\Invoke Methods…】菜单项，这时将显示如图 19.29 所示的对话框。

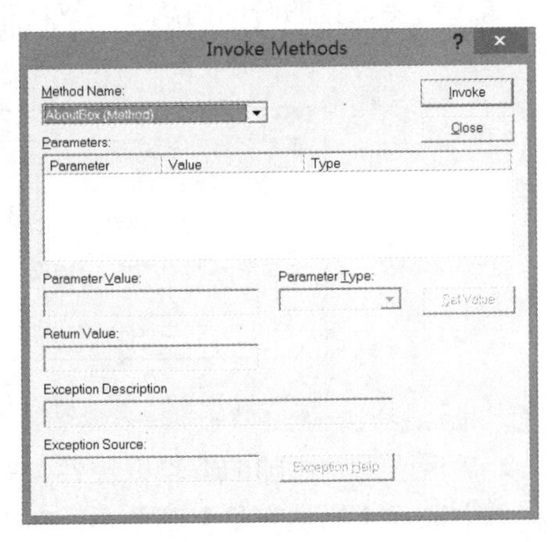

图 19.29　Invoke Methods 对话框

在此对话框中有一个方法名称（Method Name）下拉列表，在此列表中列出了当前控件提供的方法，如图 19.30 所示。

如果想要得到某个属性值，则应该选择 PropGet 类型的方法；如果想要设置某个属性的值，则应该选择 PropPut 类型的方法。这里我们想要设置 Clock 控件的 Interval 属性的值，因此应该选择 Interval

(PropPut)项，然后在对话框的 Parameter 编辑框中输入数值 2000，单击【Set Value】按钮，这时就把 Interval 属性的值设置为 2000 了，如图 19.31 所示。

AboutBox (Method)
AboutBox (Method)
BackColor (PropGet)
BackColor (PropPut)
ForeColor (PropGet)
ForeColor (PropPut)
Interval (PropGet)
Interval (PropPut)

图 19.30　Clock 控件当前提供的方法

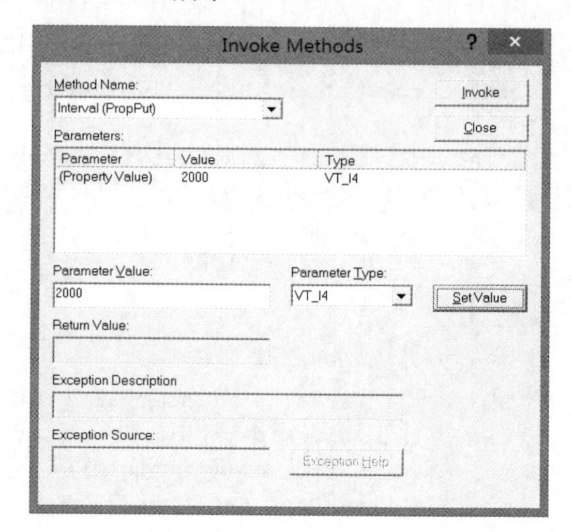

图 19.31　调用 Interval(PropPut)方法设置该属性的值

但是，这时这个属性值还未生效，需要单击【Invoke】按钮才行。之后就会发现 Clock 控件显示的时间每隔 2 秒跳动一次，说明设置生效了。

下面，我们希望能够通过控件的属性表单设置控件的 Interval 自定义属性。也就是说，在控件的属性表单中增加一个属性页，在该属性页上提供对时间间隔属性进行设置的接口。在 Clock 控件中，正好有一个名称为“常规”的属性页当前还没有使用（如图 19.26 所示），于是，我们可以在这个属性页上增加一个编辑框，让用户根据需要输入时间间隔属性的值。

首先在资源视图窗口中打开 IDD_PROPPAGE_CLOCK 对话框资源，删除该对话框资源中已有的内容，在其中放置一个静态文本控件，将其 Catpion 属性设置为：“Interval:”。再放置一个编辑框控件，将其 ID 属性设置为：IDC_EDIT_INTERVAL，让用户在此编辑框中输入想要设置的时间间隔值。这时的 IDD_PROPPAGE_ CLOCK 对话框资源如图 19.32 所示。

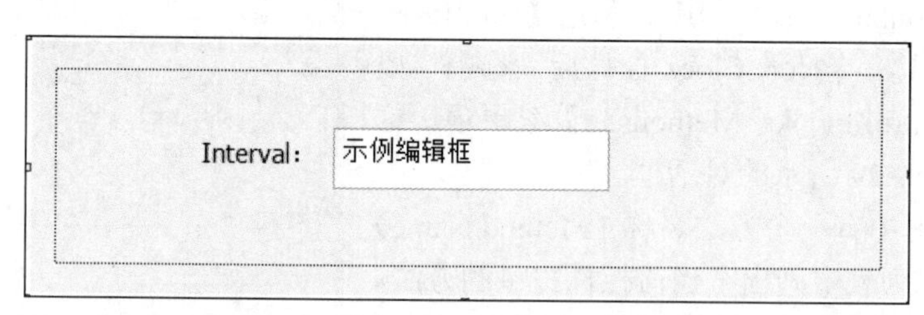

图 19.32　修改后的 IDD_PROPPAGE_CLOCK 对话框资源

然后，为新添加的编辑框控件关联一个成员变量，在该控件上单击鼠标右键，从弹出菜单中选择【添加变量】菜单项，在出现的“添加控件变量”对话框中，类别选择“值”，名称为 m_updateInterval，变量类型为 LONG，结果如图 19.33 所示。

图 19.33　为编辑框控件关联一个值类别的成员变量

单击【完成】按钮关闭“添加控件变量”对话框。这时，在 CClockPropPage 类的 DoDataExchange 函数中自动添加了如例 19-14 所示代码中加灰显示的代码。

例 19-14

```
void CClockPropPage::DoDataExchange(CDataExchange* pDX)
{
    DDP_PostProcessing(pDX);
    DDX_Text(pDX, IDC_EDIT_INTERVAL, m_updateInterval);
}
```

在 DoDataExchange 函数中，添加对 DDP_Text 函数的调用，将控件的 Interval 属性与属性页中的编辑框控件进行同步，同时，一定要注意，将 DDP_PostProcessing(pDX)这句代码放到最后。修改后的 DoDataExchange 函数代码如例 19-15 所示。

例 19-15

```
void CClockPropPage::DoDataExchange(CDataExchange* pDX)
{
    DDX_Text(pDX, IDC_EDIT_INTERVAL, m_updateInterval);
    DDP_Text(pDX, IDC_EDIT_INTERVAL, m_updateInterval, _T("Interval"));
    DDP_PostProcessing(pDX);
}
```

编译并运行 Clock 控件，这将启动 ActiveX Control Test Container 容器程序。当插入 Clock 控件后，选择【Edit\属性(P)...Clock Control 对象(O)】菜单项，打开 Clock 控件的属性页，在“常规”属性页的编辑框控件中输入 3000（如图 19.34 所示），单击【应用】按钮，这时读者可以看到，Clock 控件显示的时间是每隔 3 秒跳动一次。

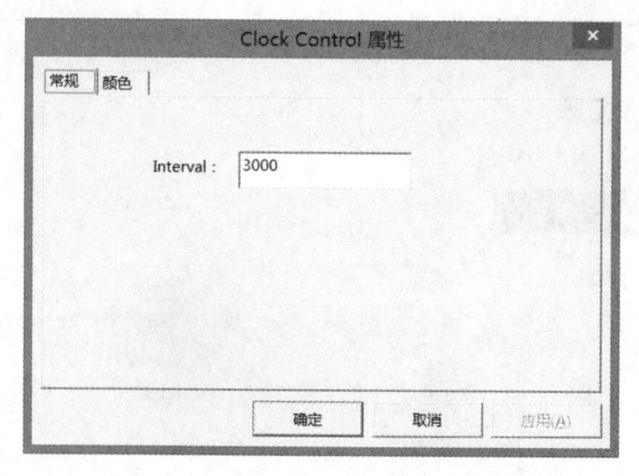

图 19.34　在 ActiveX Control Test Container 容器中对 Clock 控件的 Interval 属性进行测试

19.3　方法

下面，为 Clock 控件添加一个自定义的方法，该方法很简单，在用户调用的时候弹出一个“Hello World”信息框。与添加属性遇到的问题一样，Visual Studio 2017 没有提供早前版本自带的添加方法向导，使得我们只能自己编码来实现为 Clock 控件增加方法。

打开 Clock.idl 文件，找到 dispinterface _DClock，在“methods:”下添加如例 19-16 所示代码中加灰显示的代码。

例 19-16

```
dispinterface _DClock
{
    properties:
        [id(DISPID_BACKCOLOR), bindable, requestedit] OLE_COLOR BackColor;
        [id(DISPID_FORECOLOR), bindable, requestedit] OLE_COLOR ForeColor;
        [id(1)] LONG Interval;
    methods:
        [id(DISPID_ABOUTBOX)] void AboutBox();
        [id(2)] void Hello(void);
}
```

接下来，在 ClockCtrl.h 文件中为类 CClockCtrl 添加一个枚举常量 dispidHello，以及 Hello 方法的原型声明。ClockCtrl.h 文件中新添加的代码如例 19-17 所示代码中加灰显示的代码。

例 19-17

```
// 调度和事件 ID
public:
    enum {
    dispidInterval = 1,
        dispidHello = 2,
        };
```

```
    afx_msg int OnCreate(LPCREATESTRUCT lpCreateStruct);
protected:
    void OnIntervalChanged(void);
    LONG m_Interval;
    void Hello(void);
```

枚举常量 dispidHello 的值与 Clock.idl 文件中 Hello 方法的 ID 值要保持一致，参见例 19-16。

打开 ClockCtrl.cpp 文件，找到调度映射，添加如例 19-18 所示代码中加灰显示的代码。

例 19-18

```
BEGIN_DISPATCH_MAP(CClockCtrl, COleControl)
    DISP_FUNCTION_ID(CClockCtrl, "AboutBox", DISPID_ABOUTBOX, AboutBox,
VT_EMPTY, VTS_NONE)
    DISP_STOCKPROP_BACKCOLOR()
    DISP_STOCKPROP_FORECOLOR()
    DISP_PROPERTY_NOTIFY_ID(CClockCtrl,   "Interval",   dispidInterval,
m_Interval, OnIntervalChanged, VT_I4)
    DISP_FUNCTION_ID(CClockCtrl, "Hello", dispidHello, Hello, VT_EMPTY,
VTS_NONE)
END_DISPATCH_MAP()
```

DISP_FUNCTION_ID 宏第一个参数指定控件类的名称；第二个参数指定方法的外部名称，即控件的使用者看到的名称；第三个参数指定属性的调度 ID；第四个参数指定控件类成员函数的名称；第五个参数指定函数的返回类型，VT_EMPTY 对应 void 类型，该参数的其他取值参见表 19.1；第六个参数是以空格分隔的一个或多个常量的列表，用于指定函数的参数列表，这些常量可以是表 19.2 中所列的值。

表 19.2　DISP_FUNCTION_ID 宏第六个参数的取值

符　号	参数类型
VTS_I2	Short
VTS_I4	Long
VTS_R4	Float
VTS_R8	Double
VTS_CY	const CY or CY*
VTS_DATE	DATE
VTS_BSTR	LPCSTR
VTS_DISPATCH	LPDISPATCH
VTS_SCODE	SCODE
VTS_BOOL	BOOL
VTS_VARIANT	const VARIANT* or VARIANT&
VTS_UNKNOWN	LPUNKNOWN
VTS_PI2	short*1

续表

符　号	参数类型
VTS_PI4	long*
VTS_PR4	float*
VTS_PR8	double*
VTS_PCY	CY*
VTS_PDATE	DATE*
VTS_PBSTR	BSTR*
VTS_PDISPATCH	LPDISPATCH*
VTS_PSCODE	SCODE*
VTS_PBOOL	BOOL*
VTS_PVARIANT	VARIANT*
VTS_PUNKNOWN	LPUNKNOWN*
VTS_NONE	No parameters

接下来，编写 Hello 方法的实现，在该方法中使用 MessageBox 函数弹出一个“Hello World”信息框，代码如例 19-19 所示。

例 19-19

```
void CClockCtrl::Hello(void)
{
    AFX_MANAGE_STATE(AfxGetStaticModuleState());

    MessageBox(L"Hello World");
}
```

编译并生成 Clock 控件，利用 ActiveX Control Test Container 容器测试该控件。在该容器中调用控件方法的步骤是：选中 Clock 控件，选择【Control\Invoke Methods…】菜单项，这时将打开 Invoke Methods 对话框，在此对话框的 Method Name 下拉列表框中选中“Hello”方法，然后单击【Invoke】按钮，就会调用 Clock 控件的 Hello 方法，将出现一个如图 19.35 所示的消息框。

图 19.35　调用 Clock 控件的 Hello 方法后显示的信息框

19.4　事件

ActiveX 控件有两种事件：标准事件和自定义事件。

19.4.1 标准事件

切换到类视图窗口，在 CClockCtrl 类上单击鼠标右键，选择【添加】→【添加事件】，出现“添加事件向导”对话框。展开“事件名称”组合框，会看到其下拉列表中列出了预先准备好的一些事件（如图 19.36 所示），这些事件就是 MFC 提供的标准事件，例如 KeyDown 事件。

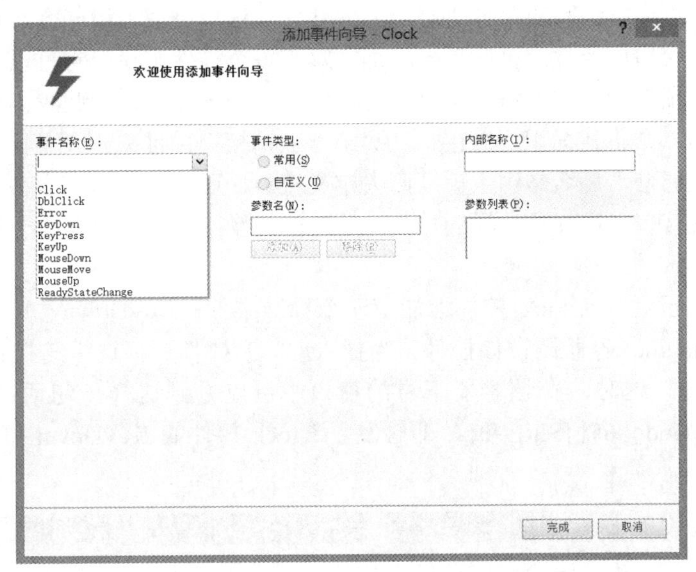

图 19.36 “添加事件向导”对话框

选中 KeyDown 事件，单击【完成】按钮，在类视图中展开 ClockLib 节点，选中_DClockEvents 接口，可以看到下面增加了一个方法：KeyDown，该方法就是刚刚添加的 KeyDown 事件。为什么添加的事件会增加到_DClockEvents 接口中，而没有放到_DClock 接口中呢？读者可以在 Clock.odl 文件的最后看到例 19-20 所示的这段代码。

例 19-20

```
// CClockCtrl 的类信息

    [
        uuid(6ebda40d-f4ad-4a7c-8979-2b5b4ebca09e)
    ]
    coclass Clock
    {
        [default] dispinterface _DClock;
        [default, source] dispinterface _DClockEvents;
    };
```

在例 19-20 所示代码中，可以看到，在说明_DClockEvents 接口时，其前面有一个“source”标识，而_DClock 接口前面并没有此标识。“source”标识表明_DClockEvents 接口是一个源接口。**源接口**表示控件将使用这个接口来发送通知事件，这个接口不是控件本身实现的接口。前面已经提过，作为利用接口进行通信的双方，肯定是一方调用接口所暴露出来的方法，另一方实现该接口所提供的方法。我们现在所实现的 Clock 控件正是调用_DClockEvents 接口提供的方法，向容器发出事件通知。既然控件使用_DClockEvents 接口提供的方法，那么谁负责实现这个方法呢？实际上，_DClockEvents 接口中的方法是由容器来实现的。容器通过一种机制知道控件中定义了一个源接口，于是它就实现该接口。对于 VB.NET 这一容器来说，它提供的接口方法实现就是调用某个窗体过程。程序员可以在这个窗体调用过程中，编写对事件进行响应的代码。这里，读者可能会有这样的疑问，为什么容器实现的接口由控件定义呢？一方面，对于每个控件来说，它可以有自己的事件接口，而容器无法预先知道控件将使用哪一个事件接口发出通知，因此我们在编写控件的同时指定事件接口，并将其标识为源接口。另一方面，接口由谁来定义是无所谓的，例如，主板与显卡进行通信，那么是由主板厂商去定义接口，还是由显卡产商去定义接口，或者他们一起来定义接口，这都是一样的，关键是通信的双方能够遵照同一个接口进行通信就可以了。

现在，我们已经为 Clock 控件增加了一个标准事件：KeyDown，再次利用 ActiveX Control Test Container 容器测试该控件。当插入 Clock 控件后，选中该控件，然后按下键盘上的任一按键，这时，在该容器下方的窗口中可以看到这样一句话：Clock Control: KeyDown {KeyCode=65}{Shift=0}，即触发了 Clock 控件的 KeyDown 事件，如图 19.37 所示。

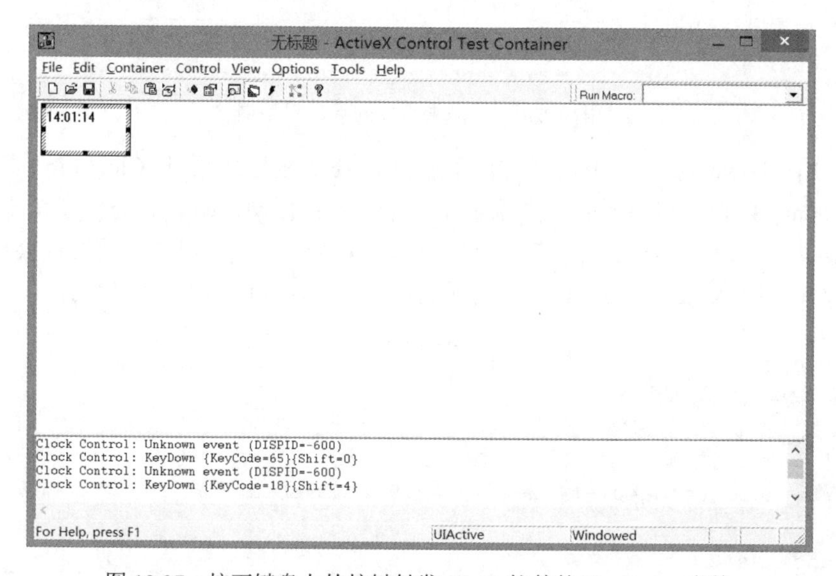

图 19.37　按下键盘上的按键触发 Clock 控件的 KeyDown 事件

19.4.2　自定义事件

与上面添加标准事件的过程一样，在 CClockCtrl 类上单击鼠标右键，选择【添加】→【添加事件】，出现“添加事件向导”对话框，事件名称输入：NewMinute，事件类型选择：自定义，内部名称输入：FireNewMinute，结果如图 19.38 所示。

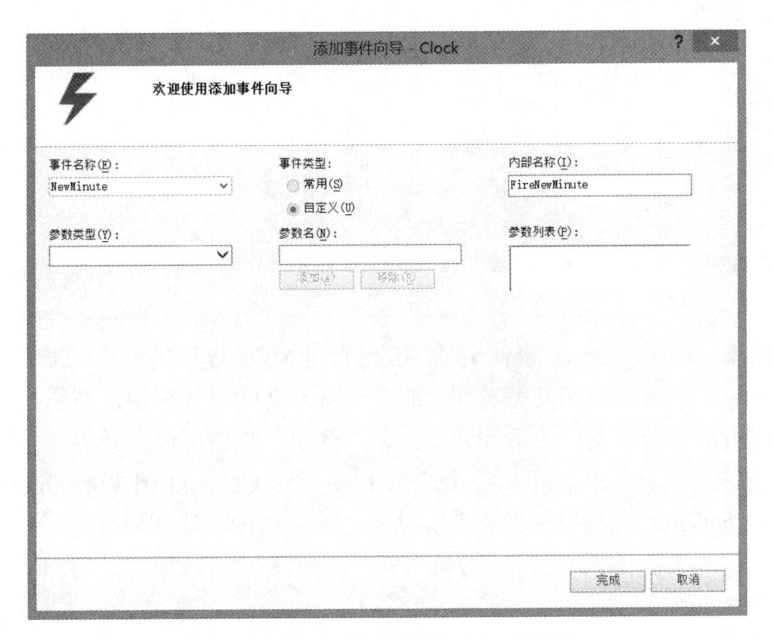

图 19.38　“添加事件向导”对话框

单击【完成】按钮关闭“添加事件向导”对话框，打开“类视图”窗口，可以看到_DClockEvents 接口下又增加了一个方法：NewMinute，并且在 CClockCtrl 类的头文件中增加了一个 FireNewMinute 方法。在控件内部，调用 FireNewMinute 方法向容器发出事件通知，而在此方法内部，它会调用_DClockEvents 接口的 NewMinute 方法向容器发出事件通知。自动生成的 FireNewMinute 方法的实现代码如例 19-21 所示。

例 19-21

```
protected:
    void FireNewMinute()
    {
        FireEvent(eventidNewMinute, EVENT_PARAM(VTS_NONE));
    };
```

在 CClockCtrl 类的头文件中，还新增了一个枚举常量的定义，即例 19-22 所示代码中加灰显示的这句代码。

例 19-22

```
// 调度和事件 ID
public:
    enum {
    eventidNewMinute = 1L,
        dispidInterval = 1,
        dispidHello = 2,
    };
```

在 CClockCtrl 类的源文件中，新增了事件映射的定义，即例 19-23 所示代码中加灰显示的这句代码。

例 19-23

```
// 事件映射
BEGIN_EVENT_MAP(CClockCtrl, COleControl)
    EVENT_STOCK_CLICK()
    EVENT_STOCK_DBLCLICK()
    EVENT_STOCK_KEYDOWN()
EVENT_CUSTOM_ID("NewMinute", eventidNewMinute, FireNewMinute, VTS_NONE)
END_EVENT_MAP()
```

对于上面添加的 KeyDown 事件来说，因为它是 MFC 提供的一个标准事件，它的触发过程被底层屏蔽了，所以我们没有看到。而对于自定义的事件来说，必须在某个条件到来时，显式地调用某个函数发出该事件通知。在本例中，我们可以在新的一分钟到达时，发出 NewMinute 事件通知。我们可以在上述例 19-2 所示 CClockCtrl 类的 OnDraw 函数中，在调用 GetCurrentTime 函数得到当前系统时间之后，添加下述代码：

```
if(0==time.GetSecond())
{
    FireNewMinute();
}
```

也就是说，在得到当前系统时间之后，对秒数进行判断，如果秒数为 0，即到达了新的一分钟，就调用 FireNewMinute 方法，向容器发出 NewMinute 事件通知。而 NewMinute 事件是由容器实现的。对于 VB.NET 这一容器来说，这时它将调用某个事先已指定的窗体过程。

编译并运行 Clock 控件，启动 ActiveX Control Test Container 程序。当插入该控件后，可以看到当控件上显示的时间一旦到达新的一分钟时，在该容器下面的窗口中就会显示这样一句话：Clock Control: NewMinute，即触发了一个 NewMinute 事件。如图 19.39 所示。

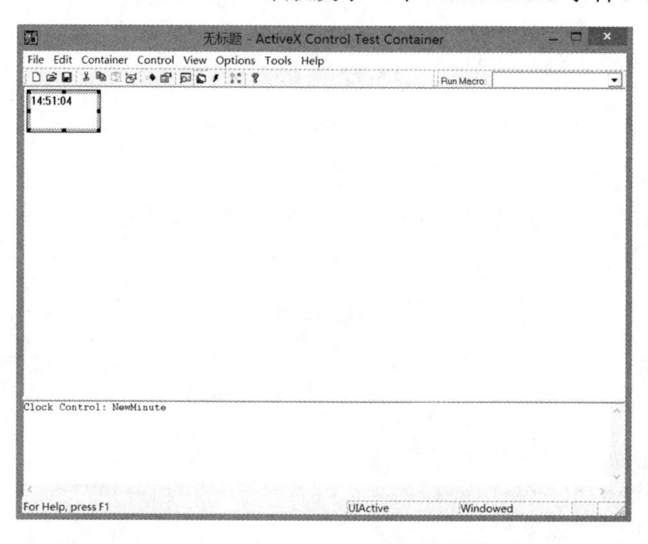

图 19.39　ActiveX Control Test Container 对 Clock 控件的 NewMinute 事件的响应

到此为止，我们为 Clock 控件添加了一个标准事件：Click，和一个自定义事件：NewMinute。读者一定要注意，对标准事件来说，其触发过程由 MFC 底层实现。但对自定义事件来说，必须要在某个条件到来时，在代码中显式地调用某个函数发出该事件通知。

19.5 属性的持久性

在 ActiveX Control Test Container 程序中，打开 Clock 控件自身的属性表单，在常规属性页中将 Interval 属性值设置为 3000，并在其颜色属性页上分别修改 BackColor 和 ForeColor 的值，单击【File\Save Session】菜单项命令保存本次测试，之后关闭 ActiveX Control Test Container。再次运行 ActiveX Control Test Container 程序，打开刚才保存的文件，你会看到 Clock 控件的背景色和前景色仍是上次关闭前的颜色，没有发生改变，说明 Clock 控件的背景色和前景色属性的值已经被保存下来了，也就是说，这两个属性实现了持久性。

下面再来看看 Interval 这个属性，之前已经将该属性的值设置为 3000，可是在 Clock 控件的常规属性页中看到该属性的值仍然是初始值 1000，说明该属性的值没有被保存下来。作为一个 ActiveX 控件，其属性都应该具有持久性。因为在使用 ActiveX 控件时，用户希望本次对该控件设置的属性值，在下次打开程序时，该控件的这些值仍能保持不变。如果再次打开程序时，该 ActiveX 控件的属性值还需要从头再设置一遍的话，那么这对用户来说是非常不方便的。所以，我们应该让 Clock 控件的 Interval 这一自定义属性也具有持久性，当程序保存控件各标准属性的值时，用户对 Clock 控件设置的 Interval 属性值也应被保存。

回到 Visual Studio 开发环境中，在 CClockCtrl 类中可以看到有一个 DoPropExchange 函数，该函数提供了对控件属性持久性的支持，在该函数中为每一个具有持久性的自定义属性调用以“PX_”开头的函数。MFC 为一些基本数据类型都提供了一个以“PX_”开头的函数，例如 PX_Short、PX_Long 等。前面我们将 Interval 属性值的类型定义为 LONG，因此这里可以调用 PX_Long 函数，让该属性具有持久性。该函数的原型声明如下所示：

```
BOOL PX_Long( CPropExchange* pPX, LPCTSTR pszPropName, long& lValue, long lDefault);
```

PX_Long 函数有四个参数，其含义分别如下所述。

■ pPX

指向 CPropExchange 对象的一个指针。在本例中，DoPropExchange 函数正好有一个同样类型的参数，可以直接将该参数传递给 PX_Long 函数的第一个参数。

■ pszPropName

提供给外部程序使用的属性的名称。

■ lValue

与属性相关联的类的成员变量。

■ lDefault

属性默认值。也就是说，调用 PX_Long 函数让属性具有持久性时，还可以为该属性指定一个默认值。

下面，就在 CClockCtrl 类的 DoPropExchange 函数的最后添加下面这条语句，让 Interval

属性具有持久性，并设置其默认值为 1000。

```
PX_Long(pPX, L"Interval", m_Interval, 1000);
```

运行 ActiveX Control Test Container 程序，插入 Clock 控件，在该控件的常规属性页中将 Interval 属性的值设置为 2000，保存本次测试并关闭程序。再次运行 ActiveX Control Test Container 程序，打开刚才保存的文件，可以发现 Clock 控件的常规属性页中 Interval 属性的值是 2000，说明 Interval 属性值已经被保存下来了。不过，我们同时注意到，窗口中的 Clock 控件显示的时间还是每隔 1 秒跳动一次，这是因为我们先前在 CClockCtrl 类的 OnCreate 函数（上述例 19-3 所示代码）中调用 SetTimer 函数创建定时器时，将定时器的时间间隔直接指定为了 1000 这个数值，所以这时 Clock 控件仍以 1 秒为间隔来更新。我们将该行代码修改为下面这条语句：

```
SetTimer(1, m_Interval, NULL);
```

也就是说，不为定时器指定一个具体的更新时间间隔数值，而是由与 Clock 控件的 Interval 属性相关联的成员变量 m_Interval 来控制这个时间间隔值。

生成 Clock 程序，运行 ActiveX Control Test Container，直接打开先前保存的文件，可以看到 Clock 控件显示的时间是每隔 2 秒跳动一次了，这就说明 Interval 属性的值确实被保存下来，并在程序中应用生效了。对于用户来说，如果在每次设置了控件的属性之后，以后再次启动程序时，先前设置的属性值仍能保持不变，他们就会认为该控件具有较好的易用性。

有的容器程序会为 ActiveX 控件提供一个属性设置界面，用于对控件的属性进行设置，但这样就会牵涉到一个问题：在控件本身自带的属性页中设置的属性值如何与容器程序提供的属性界面中的属性值进行同步。

根据前面的知识我们知道，当 Interval 这个属性的值发生改变时，会调用 CClockCtrl 对象的 OnIntervalChanged 函数。因此，我们可以在这个函数的内部通知控件的容器，告诉后者 Interval 这个属性的值已经发生改变了。这可以通过调用 COleControl 类的成员函数 BoundPropertyChanged 来完成，该函数将通知容器绑定的属性值发生了改变。BoundPropertyChanged 函数的原型声明如下所示：

```
void BoundPropertyChanged( DISPID dispid );
```

该函数有一个参数，该参数是控件的一个绑定属性的调度 ID。

在 Clock.odl 文件中，找到如例 19-24 所示的这段代码。

例 19-24

```
    //  CClockCtrl 的主调度接口

    [
        uuid(eda972a2-6a97-48bd-989d-281d75997dde)
    ]
    dispinterface _DClock
    {
```

```
    properties:
        [id(DISPID_BACKCOLOR), bindable, requestedit] OLE_COLOR BackColor;
        [id(DISPID_FORECOLOR), bindable, requestedit] OLE_COLOR ForeColor;
        [id(1)] LONG Interval;
    methods:
        [id(DISPID_ABOUTBOX)] void AboutBox();
        [id(2)] void Hello(void);
};
```

可以看到，在_DClock 接口中所定义的每一个属性前面都有一个 ID 属性，其中括号内的数值就是该属性的调度 ID，对 Interval 这个属性来说，它的调度 ID 是 1。同时，可以看到接口中的方法也有一个调度 ID， Hello 方法的调度 ID 是 2。BoundPropertyChanged 函数的参数可以直接指定在 IDL 中给出的 ID 值。

在 CClockCtrl 类的 OnIntervalChanged 函数中添加下面例 19-25 所示代码中加灰显示的那句代码，通知容器：Clock 控件中调度 ID 为 1 的属性的值发生了改变。

例 19-25

```
void CClockCtrl::OnIntervalChanged()
{
    AFX_MANAGE_STATE(AfxGetStaticModuleState());
    if (m_Interval < 0 || m_Interval > 6000)
    {
        m_Interval = 1000;
    }
    else
    {
        m_Interval = m_Interval / 1000 * 1000;
        if(m_timerId != 0)
            KillTimer(m_timerId);
        m_timerId = SetTimer(1, m_Interval, NULL);
        BoundPropertyChanged(0x1);
    }
    SetModifiedFlag();
}
```

19.6　环境属性

在容器中使用 ActiveX 控件时，分为两种情况，一种是在设计模式下，通过控件自身的属性表单，或者容器提供的接口改变该控件的属性；另一种是在运行模式下，通过调用控件的方法来改变其属性。下面让我们实现这样一个特殊的功能：在设计模式下，Clock 控件显示的时间是静止不变的，而只有在运行模式下，才让该时间“动起来”。对于控件来说，可以通过一个环境属性 UserMode 来判断其当前所处的状态，是处于设计模式下还是运行模式下。利用 COleControl 类的成员函数 AmbientUserMode 可以得到 UserMode 环境属性，该函数的原型声明如下所示：

```
BOOL AmbientUserMode( );
```

该函数的返回值是 BOOL 类型，如果处于用户模式，即运行模式，则返回非 0 值；如果处于设计模式，则返回 0 值。因此，在程序中可以根据 AmbientUserMode 函数的返回值，判断控件所处的状态。

在 CClockCtrl 类的 OnTimer 函数中添加如例 19-26 所示代码中加灰显示的代码。

例 19-26

```
void CClockCtrl::OnTimer(UINT nIDEvent)
{
    if(AmbientUserMode())
        InvalidateControl();
    COleControl::OnTimer(nIDEvent);
}
```

在 OnTimer 函数中，首先调用 AmbientUserMode 函数，并对其返回值进行判断，如果返回非 0 值，则说明控件处于运行模式下，就调用 InvalidateControl 函数刷新控件，让时间不停地更新显示；如果该函数返回 0 值，则说明控件处于设计模式下，就不调用 InvalidateControl 函数，于是，控件显示的时间就是静止不动的。

生成 Clock 控件，启动 ActiveX Control Test Container 程序，测试最新的 Clock 控件。插入 Clock 控件后，这时在设计模式下，可以看到 Clock 控件显示的时间是静止不动的。如果想要切换到运行模式，则可以将【Options】菜单下的【Design Mode】菜单项前面的复选标记取消，这时就变成了运行模式，可以看到 Clock 控件上的时间随系统时间而变化了。我们可以利用【Options\Design Mode】菜单项在设计模式和运行模式之间进行切换。

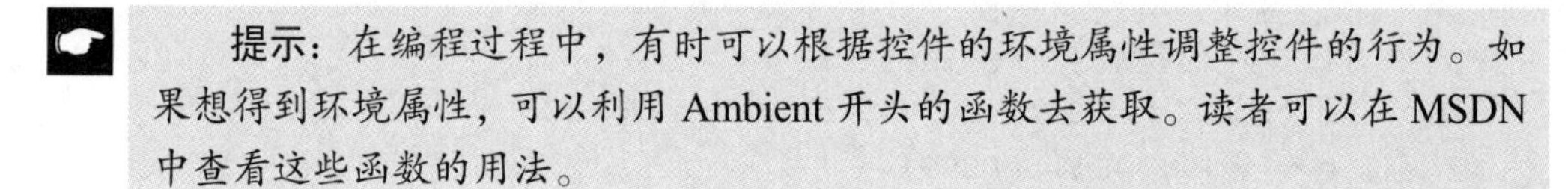
提示：在编程过程中，有时可以根据控件的环境属性调整控件的行为。如果想得到环境属性，可以利用 Ambient 开头的函数去获取。读者可以在 MSDN 中查看这些函数的用法。

经过完整的测试后，就可以生成一个发行版的 ActiveX 控件 Clock 了。方法是在 Visual Studio 开发环境的工具栏上的“解决方案配置”组合框中选择 Release 即可（如图 19.40 所示），利用【生成\生成 Clock】菜单项命令，生成 Clock 控件程序。

图 19.40　选择发行版生成控件

通常，我们都是在 Debug 模式下，也就是在调试模式下进行开发的。在此模式下有助于我们发现程序编写过程中发生的一些错误（例如非法访问错误），还可以帮助我们调试程序、跟踪程序，进而排查错误。但是，在调试方式下生成的可执行文件或者控件文件，往往都比较大，因为在这些文件中包含了一些调试信息。在开发完成之后，可以选择 Release 方式，重新生成可执行文件或者控件文件。在发行模式下进行编译时，VC 编译器会对程序做一些优化，例如，在代码生成和执行速度上做一些优化，同时，生成的可执行文件或者控件文件都比较小，因为其中没有再包含调试信息了。

19.7 ActiveX 控件测试程序

下面，我们再编写一个 ActiveX 控件的测试程序，看看在 VC++中如何访问 ActiveX 控件。新建一个基于对话框的 MFC 应用程序，项目名为 ClockTest。在项目创建完成后，删除自动生成的对话框资源上的静态文本控件。

在 Visual Studio 开发环境中，如果想要在对话框资源上添加一个 ActiveX 控件，方法是：在对话框资源上单击鼠标右键，从弹出的快捷菜单中选择【插入 ActiveX 控件】菜单项，这时，将显示如图 19.41 所示的对话框，在此对话框中找到 Clock 控件并选中，然后单击【确定】按钮关闭该对话框即可。

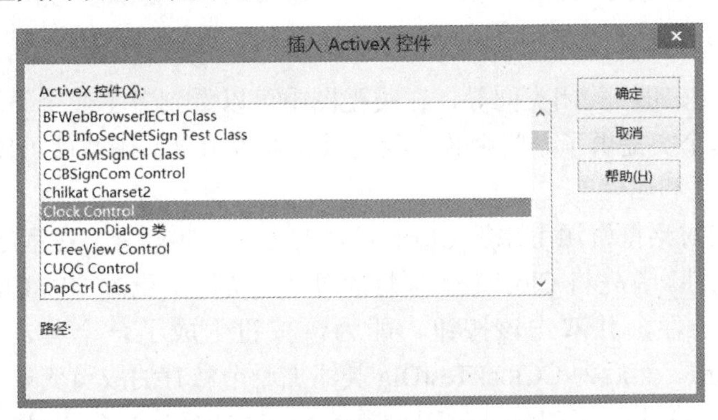

图 19.41 “插入 ActiveX 控件”对话框

这时，在对话框资源上就插入了 Clock 控件，选中该控件，在属性窗口中可以看到标准属性 BackColor 和 ForeColor，自定义属性 Interval（初始值 1000），将背景色修改为红色，将前景色设置为蓝色，Interval 属性修改为 2000。然后单击“对话框编辑器”工具栏上的【测试对话框】按钮，对 ClockTest 的对话框界面进行简单的测试，读者将会看到 Clock 这个 ActiveX 控件显示的时间每隔 2 秒跳动一次。

如果需要经常使用 Clock 控件，那么可以将该控件的图标添加到工具箱的“对话框编辑器”分支下，在使用时，直接拖放到对话框中就可以了。

接下来我们需要在 ClockTest 项目中引入 Clock 控件的类，这样才能通过编码的方式访问该控件的属性、方法和事件。打开类向导，单击【添加类】按钮右端的向下箭头，从弹出的菜单中选择【ActiveX 控件中 MFC 类】，如图 19.42 所示。在出现的“从 ActiveX 控件添加类向导”对话框中，选中“注册表”选项，从右侧的下拉列表框找到 Clock 控件，在“接口”列表框中，选中_DClock 接口，单击向右箭头，修改生成的类名为：CClock，头文件名为：Clock.h，源文件名为：Clock.cpp，如图 19.43 所示。

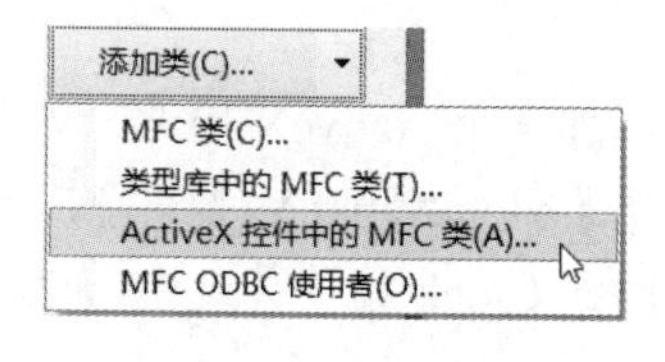

图 19.42 添加 ActiveX 控件中的 MFC 类

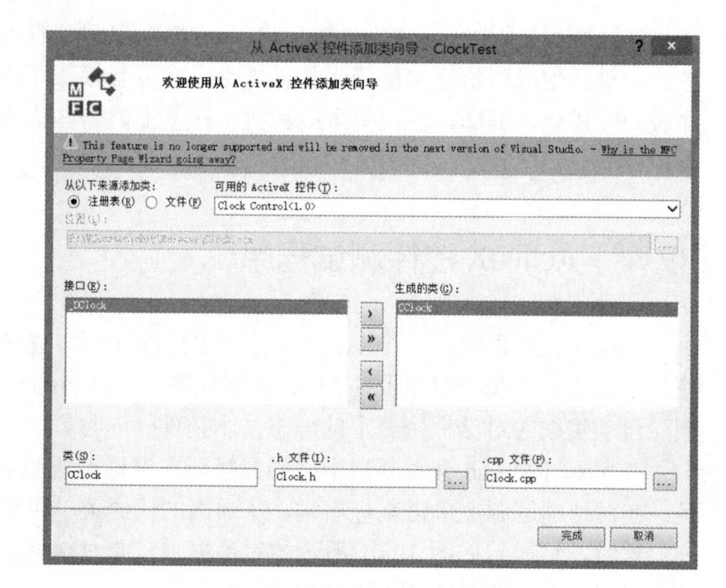

图 19.43 添加 Clock 控件的类

单击【完成】按钮，关闭类向导，在类视图中可以看到多了一个类 CClock，该类从 CWnd 类继承。这个类提供了一些函数，我们只需要调用这些函数就可以访问 Clock 这个 ActiveX 控件的方法和属性。

上面介绍了向对话框资源上添加 Clock 控件的方法，实际上，在程序中也可以动态地产生一个 Clock 控件。首先将 ClockTest 项目的对话框资源上已添加的 Clock 控件删除，然后添加一个按钮控件，并双击该按钮，即为该按钮生成了一个单击命令响应函数：OnBnClickedButton1。然后为 CClockTestDlg 类添加一个私有的成员变量，类型是 CClock，名称是 m_clock，并且在 CClockTestDlg 类的头文件中包含 CClock 类的定义，即在 ClockTestDlg.h 文件的头部添加下面这条语句。

```
#include "Clock.h"
```

接下来就可以在 OnBnClickedButton1 函数中利用 m_clock 这个对象，调用 CClock 类的方法对 Clock 控件进行操作了。OnBnClickedButton1 函数的代码如例 19-27 所示。

例 19-27

```
void CClockTestDlg::OnButton1()
{
    m_clock.Create(L"Clock",WS_CHILD | WS_VISIBLE,CRect(0,0,100,50),
        this,123);
}
```

上述例 19-27 所示代码利用 CClock 这个类的 Create 方法动态创建一个 Clock 控件。利用控件封装类产生一个控件，与我们以前利用 CButton 类动态产生一个按钮控件的操作是一样的，也是调用控件类的创建方法，这里调用 CClock 类对象的 Create 方法来实现。

该函数的第一个参数指定控件的文本，本例设置为“Clock”；第二个参数是窗口的类型，因为 Clock 这个 ActiveX 控件也是一个窗口类型的对象，所以它也具有窗口的标准类型，因此这里将其类型设置为 WS_CHILD 和 WS_VISIBLE；第三个参数指定控件窗口在对话框中占据的区域；第四个参数为这个控件指定父窗口，即对话框窗口；最后一个参数指定控件的 ID，这里可以给其指定任意一个值。

编辑并运行 ClockTest 程序，当单击对话框上的【Button1】按钮时，在对话框窗口的左上角就会出现一个时钟控件。结果如图 19.44 所示。

另外，还可以利用 m_clock 这个对象去调用 Clock 控件的方法，例如 Hello 方法。在上述例 19-27 所示 CClockTestDlg 类 OnButton1 函数的最后添加下面这条语句：

```
m_clock.Hello();
```

编译并运行 ClockTest 程序，当单击对话框上的【Button1】按钮时，在对话框窗口的左上角会出现一个时钟控件，同时会显示一个信息框，上面显示的信息是“Hello”，这是调用 Clock 控件的 Hello 方法的结果，这时程序的界面如图 19.45 所示。

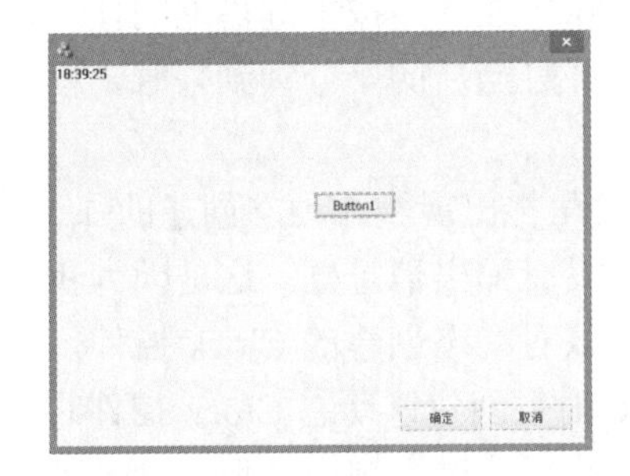

图 19.44　动态创建 Clock 控件的程序运行结果

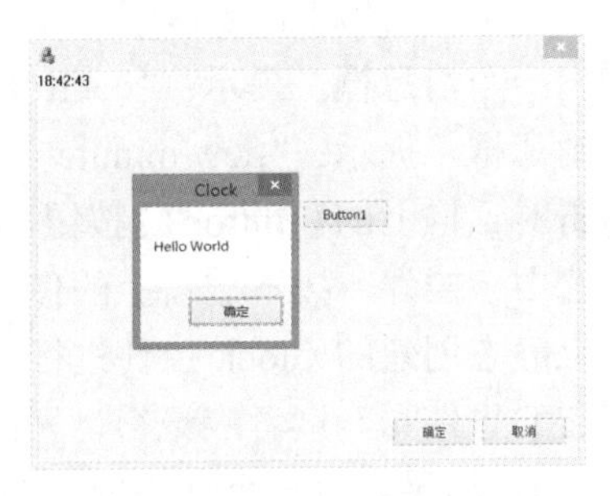

图 19.45　动态创建 Clock 控件并调用其 Hello 方法后的结果

下面，让我们看看在 VC++中访问 ActiveX 控件的事件的方法。

首先在对话框资源上插入一个 Clock 控件，然后在该控件上单击鼠标右键，从弹出的快捷菜单上选择【添加事件处理程序】，将打开如图 19.46 所示“事件处理程序向导”对话框。可以看到，Clock 控件具有 KeyDown 事件和 NewMinute 事件。

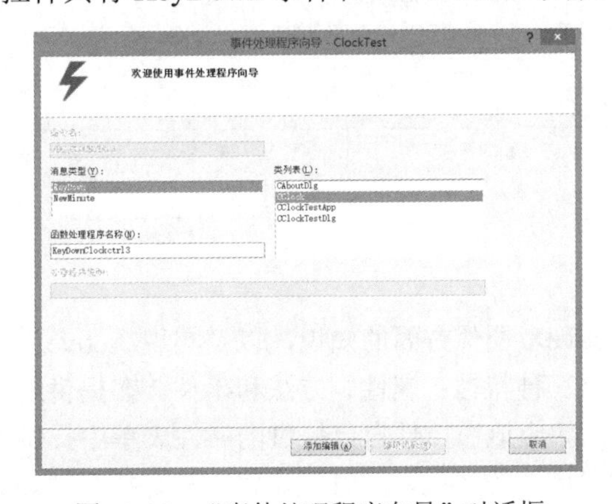

图 19.46　“事件处理程序向导”对话框

在类列表中选中 CClockTestDlg，为 Clock 控件增加 KeyDown 和 NewMinute 这两个事件的处理，函数处理程序名称保持不变。然后在这两个事件的响应函数中，都调用 MessageBox 函数弹出一个信息框，提示用户当前发生的事件，具体实现代码如例 19-28 所示。

例 19-28

```
void CClockTestDlg::KeyDownClockctrl3(short* KeyCode, short Shift)
{
    MessageBox(L"control is keydown!");
}

void CClockTestDlg::NewMinuteClockctrl3()
{
    MessageBox(L"new minute!");
}
```

编译并运行 ClockTest 程序，选中对话框上的 Clock 控件，按下键盘上的任一按键，这时弹出一个消息框，提示："control is keydown!"。并且当新的一分钟到来时，程序会弹出一个消息框，提示："new minute!"。

单击对话框上的【Button1】按钮，这时对话框左上角将出现刚才动态创建的那个 Clock 控件，选中该控件，按下键盘上的任一按键，程序并没有弹出消息框。这是因为我们只对对话框上静态创建的 Clock 控件进行了事件响应。那么对动态创建的 Clock 控件，应该如何响应它的事件呢？读者应记得，先前在调用 Create 函数创建该动态 Clock 控件时，指定了它的 ID，如果想对一个动态创建的 ActiveX 控件的事件进行响应，那么读者可以参看 ClockTestDlg.cpp 源文件中为静态创建的 Clock 控件自动生成的事件响应代码(其中事件映射代码如例 19-29 所示)，然后试着自行完成。

例 19-29

```
    BEGIN_EVENTSINK_MAP(CClockTestDlg, CDialogEx)
        ON_EVENT(CClockTestDlg, IDC_CLOCKCTRL3, DISPID_KEYDOWN, CClockTestDlg::
KeyDownClockctrl3, VTS_PI2 VTS_I2)
        ON_EVENT(CClockTestDlg, IDC_CLOCKCTRL3, 1, CClockTestDlg::NewMinuteClockctrl3,
VTS_NONE)
    END_EVENTSINK_MAP()
```

19.8 本章小结

本章主要介绍了 ActiveX 控件方面的知识，以及实现 ActiveX 控件的方法。**一个典型的 ActiveX 控件需要提供三种特性：属性、方法和事件。**在提供这三种特性时，应该做到界面友好、使用便利。例如应该在控件自己提供的属性表单中提供相应的属性页，让用户可以通过这些属性页设置控件的属性，同时应让属性具有持久性。另外，当在属性页上修改了控件的属性后，应该让控件将此改变信息通知给容器。本章还介绍了 ActiveX 控件的环境属性 UserMode，关于其他环境属性，读者可以自行查阅 MSDN。

除此之外，本章还简单地介绍了 Debug 和 Release 版本的区别，编写了一个 VC++程序调用前面实现的 ActiveX 控件。要注意的是，如果直接在对话框资源上插入 ActiveX 控件，那么它并不会为工程增加控件类。只有通过使用类向导添加“ActiveX 控件中的 MFC 类”才会生成一个控件封装类。这时，在程序中可以直接调用这个封装类提供的方法来完成对控件的访问。

如果读者希望了解关于 ActiveX 控件的更多知识，则可以查看 MSDN 中的相关内容。最后，建议读者在开发 ActiveX 控件时，不要使用 Visual Studio 2017，这个版本对 ActiveX 控件的开发提供的支持实在太差了。

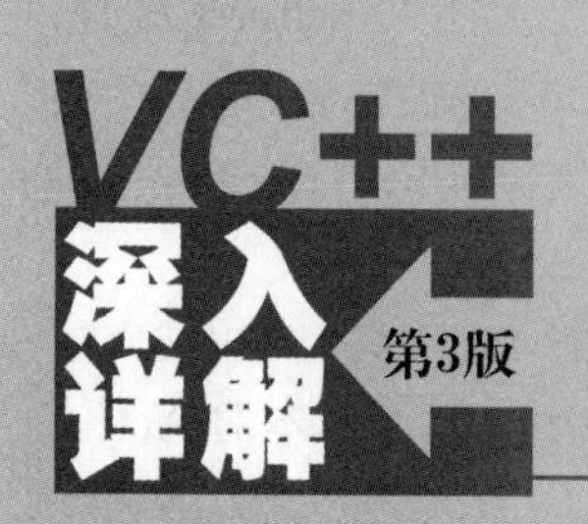

第 20 章 动态链接库

20.1 动态链接库概述

自从微软推出第一个版本的 Windows 操作系统以来，动态链接库（DLL）一直就是 Windows 操作系统的基础。动态链接库通常不能直接运行，也不能接收消息。它们是一些独立的文件，其中包含能被可执行程序或其他 DLL 调用来完成某项工作的函数。只有在其他模块调用动态链接库中的函数时，它才发挥作用。在实际编程时，我们可以把完成某种功能的函数放在一个动态链接库中，提供给其他程序调用。

Windows API 中所有的函数都包含在 DLL 中，其中有 3 个最重要的 DLL。

■ Kernel32.dll

它包含用于管理内存、进程和线程的函数，例如 CreateThread 函数。

■ User32.dll

它包含用于执行用户界面任务（如窗口的创建和消息的传送）的函数，例如 CreateWindow 函数。

■ GDI32.dll

它包含用于画图和显示文本的函数。

20.1.1 静态库和动态库

■ 静态库

函数和数据被编译进一个二进制文件（通常扩展名为.LIB）。在使用静态库的情况下，在编译链接可执行文件时，链接器从库中复制这些函数和数据并把它们和应用程序的其他模块组合起来创建最终的可执行文件（.EXE 文件）。当发布产品时，只需要发布这个可执行文件即可，并不需要发布被使用的静态库。

■ 动态库

在使用动态库的时候，往往提供两个文件：一个引入库文件和一个 DLL（.dll）文件。

虽然引入库的后缀名也是“lib”，但是，动态库的引入库文件和静态库文件有着本质上的区别，对一个 DLL 来说，其引入库文件包含该 DLL 导出的函数和变量的符号名，而 DLL 文件包含该 DLL 实际的函数和数据。在使用动态库的情况下，在编译链接可执行文件时，只需要链接该 DLL 的引入库文件，该 DLL 中的函数代码和数据并不复制到可执行文件中，直到可执行程序运行时，才去加载所需的 DLL，将该 DLL 映射到进程的地址空间中，然后访问 DLL 中导出的函数。这时，在发布产品时，除了发布可执行文件以外，还要发布该程序将要调用的动态链接库。

20.1.2 使用动态链接库的好处

■ 可以采用多种编程语言来编写

我们可以采用自己熟悉的开发语言编写 DLL，然后由其他语言编写的可执行程序来调用这些 DLL。例如，可以利用 VB.NET 来编写程序的界面，然后调用使用 VC++编写的完成程序业务逻辑的 DLL。

■ 增强产品的功能

在发布产品时，可以发布产品功能实现的动态链接库规范，让其他公司或个人遵照这个规范开发自己的 DLL，以取代产品原有的 DLL，让产品调用新的 DLL，从而实现功能的增强。在实际工作中，我们看到许多产品都提供了界面插件功能，允许用户动态地更换程序的界面，这就可以通过更换界面 DLL 来实现。

■ 提供二次开发的平台

在销售产品的同时，可以采用 DLL 的形式提供一个二次开发的平台，让用户可以利用该 DLL 调用其中实现的功能，编写符合自己业务需要的产品，从而实现二次开发。

■ 简化项目管理

一个大型开发项目，通常由多个项目小组同时开发，如果采用串行开发，则效率是非常低的。我们可以将项目细分，将不同功能交由各项目小组以多个 DLL 的方式实现，这样，各个项目小组就可以同时进行开发了。

■ 可以节省磁盘空间和内存

如果多个应用程序需要访问同样的功能，那么可以将该功能以 DLL 的形式提供，这样在机器上只需要存在一份该 DLL 文件就可以了，从而节省磁盘空间。另外，如果多个应用程序使用同一个 DLL，该 DLL 的页面只需要放入内存一次，所有的应用程序就都可以共享它的页面了。这样，内存的使用将更加有效。

如图 20.1 所示就是一个动态链接库被两个进程访问时的内存示意图。本书前面的章节已经讲述过，当 32 位进程被加载时，系统为它先分配一个 4GB 的地址空间，接着分析该可执行模块，找到该程序将要调用哪些 DLL，然后系统搜索这些 DLL，找到后就加载它们，并为它们分配虚拟的内存空间，最后将 DLL 的页面映射到调用进程的地址空间。从图 20.1 中，我们可以看到，DLL 的虚拟内存有代码页面和数据页面，它们被分别映射到第一个进程的代码页面和数据页面。如果这时第二个进程也启动了，并且它也需要访问该 DLL，那么这时只需要将该 DLL 在虚拟内存中的代码页面和数据页面映射到第二个进程的地址空间即可。在内存中，只需要存在一份 DLL 的代码和数据。多个进程可以共享 DLL

的同一份代码，这样可以节省内存空间。

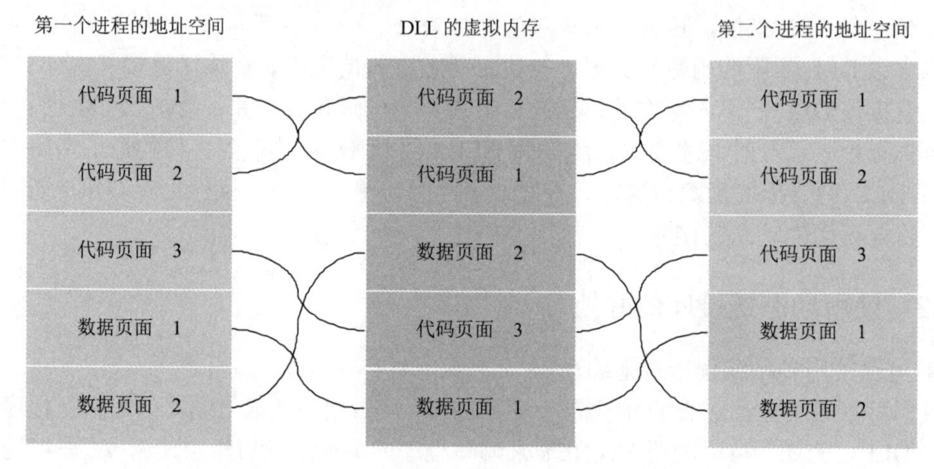

图 20.1　两个进程访问同一个 DLL 时的情形

■ 有助于资源的共享

DLL 可以包含对话框模板、字符串、图标和位图等多种资源，多个应用程序可以使用 DLL 来共享这些资源。在实际开发中，可以编写一个纯资源的动态链接库，供其他应用程序来访问。

■ 有助于实现应用程序的本地化

如果产品需要提供多语言版本，那么就可以使用 DLL 来支持多语言。可以为每种语言创建一个只支持这种语言的动态链接库。

20.1.3　动态链接库的加载

在程序中，有以下两种加载动态链接库的方式：

■ 隐式链接

■ 显式加载

20.2　DLL 的创建和使用

下面就开始介绍如何利用 VC++创建 DLL 及其调用方式。首先利用 Visual Studio 新建一个“动态链接库(DLL)”类型的项目，项目名为 Dll1，解决方案名为 ch20。然后，打开项目自带的 Dll1.cpp，并在其中编写一个完成加法运算的函数和一个完成减法运算的函数，结果代码如例 20-1 所示。

例 20-1

```
int  add(int a,int b)
{
     return a+b;
}
```

```
int  subtract(int a,int b)
{
    return a-b;
}
```

然后利用【生成\生成 DLL1】菜单命令生成 Dll1 这一动态链接库程序。之后，在 ch20 解决方案的 Debug 目录下，可以看到有一个 Dll1.dll 文件，这就是生成的动态链接库文件。

20.2.1　Dumpbin 命令

现在既然有了这个 DLL 文件，在其他程序中是否就可以访问该 DLL 中的 add 和 subtract 这两个函数了呢？有一点读者一定要清楚地知道：**如果应用程序想要访问某个 DLL 中的函数，那么该函数必须是已经被导出的函数。**为了查看一个 DLL 中有哪些导出函数，可以利用 Visual Studio 提供的命令行工具 dumpbin 来实现。

dumpbin.exe 文件位于 Visual Studio 安装目录下的 2017\Community\VC\Tools\MSVC\14.16.27023\bin\Hostx64\x64 目录下，在笔者机器上，该文件的完整路径为：D:\Program Files (x86)\Microsoft Visual Studio\2017\Community\VC\Tools\MSVC\14.16.27023\bin\Hostx64\x64\dumpbin.exe。

打开“命令提示符”窗口，进入 dumpbin.exe 文件所在的目录，输入 dumpbin 命令，然后回车，即可列出该命令的使用方法，如图 20.2 所示。

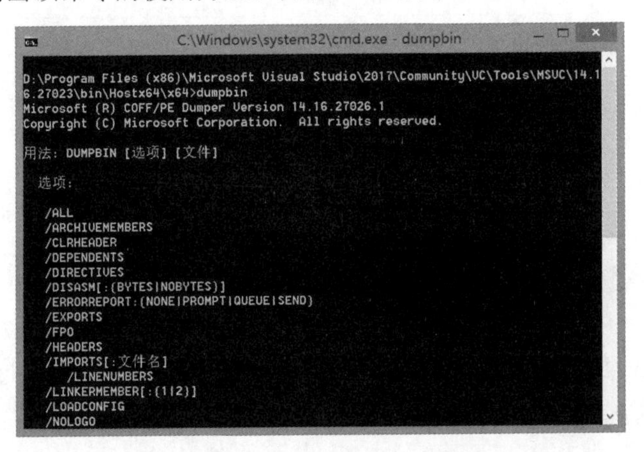

图 20.2　dumpbin 命令的使用方法

dumpbin.exe 命令所在的目录层数太多，换到其他路径下使用又找不到该命令，为了方便使用 dumpbin，我们可以将该文件的路径添加到 Windows 的 PATH 环境变量中。

如果想要查看一个 DLL 提供的导出函数，可以使用/EXPORTS 选项来运行 dumpbin 命令。配置好 PATH 环境变量后，重新打开命令提示符窗口，进入 Dll1.dll 文件所在目录下，在命令行提示符后输入下述命令并回车：

```
dumpbin -exports dll1.dll
```

即可看到该命令输出了一些信息，如图 20.3 所示。但是在这些输出信息中没有看到任何与函数有关的信息，这说明 Dll1.dll 没有导出函数。

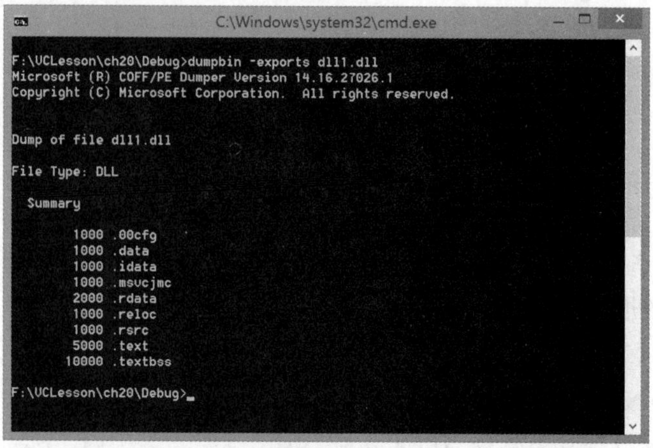

```
C:\Windows\system32\cmd.exe
F:\VCLesson\ch20\Debug>dumpbin -exports dll1.dll
Microsoft (R) COFF/PE Dumper Version 14.16.27026.1
Copyright (C) Microsoft Corporation.  All rights reserved.


Dump of file dll1.dll

File Type: DLL

  Summary

        1000 .00cfg
        1000 .data
        1000 .idata
        1000 .msvcjmc
        2000 .rdata
        1000 .reloc
        1000 .rsrc
        5000 .text
       10000 .textbss

F:\VCLesson\ch20\Debug>
```

图 20.3　Dll1.dll 的导出信息（一）

20.2.2　从 DLL 中导出函数

为了让 DLL 导出一些函数，需要在每一个将要被导出的函数前面添加标识符：_declspec（dllexport）。修改上述例 20-1 所示 Dll1.cpp 文件中的代码，这时的 add 函数和 subtract 函数的定义如例 20-2 所示。

例 20-2

```
_declspec(dllexport) int  add(int a,int b)
{
    return a+b;
}

_declspec(dllexport) int  subtract(int a,int b)
{
    return a-b;
}
```

重新生成 Dll1 动态连接库，这时 Visual Studio 的“输出”窗口中将会输出如下信息：

```
1>------ 已启动生成: 项目: Dll1, 配置: Debug Win32 ------
1>Dll1.cpp
1>  正在创建库 F:\VCLesson\ch20\Debug\Dll1.lib 和对象 F:\VCLesson\ch20\Debug\Dll1.exp
1>Dll1.vcxproj -> F:\VCLesson\ch20\Debug\Dll1.dll
========== 生成: 成功 1 个，失败 0 个，最新 0 个，跳过 0 个 ==========
```

可以看到，这时又生成了两个新文件，其中 Dll1.lib 文件就是前面提到的引入库文件，该文件中保存的是 Dll1.dll 中导出的函数和变量的符号名；Dll1.exp 文件是一个输出库文件，在这里，该文件并不重要。

再次利用 dumpbin 命令查看 Dll1.dll 导出函数的信息，结果如图 20.4 所示。

```
C:\Windows\system32\cmd.exe

F:\VCLesson\ch20\Debug>dumpbin -exports dll1.dll
Microsoft (R) COFF/PE Dumper Version 14.16.27026.1
Copyright (C) Microsoft Corporation.  All rights reserved.


Dump of file dll1.dll

File Type: DLL

  Section contains the following exports for Dll1.dll

    00000000 characteristics
    FFFFFFFF time date stamp
        0.00 version
           1 ordinal base
           2 number of functions
           2 number of names

    ordinal hint RVA      name

          1    0 00011136 ?add@@YAHHH@Z = @ILT+305(?add@@YAHHH@Z)
          2    1 000111E5 ?subtract@@YAHHH@Z = @ILT+480(?subtract@@YAHHH@Z)

  Summary

        1000 .00cfg
        1000 .data
        1000 .idata
        1000 .msvcjmc
        2000 .rdata
        1000 .reloc
        1000 .rsrc
        5000 .text
       10000 .textbss

F:\VCLesson\ch20\Debug>_
```

图 20.4　Dll1.dll 的导出信息（二）

可以看到，这时多了一些输出信息，其中有这么一段信息：

```
ordinal hint   RVA       name

      1    0   00011136  ?add@@YAHHH@Z = @ILT+305(?add@@YAHHH@Z)
      2    1   000111E5  ?subtract@@YAHHH@Z = @ILT+480(?subtract@@YAHHH@Z)
```

在这段信息中，“ordinal”列列出的信息：“1”和“2”是导出函数的序号；“hint”列列出的数字是提示码，该信息不重要；“RVA”列列出的地址值是导出函数在 DLL 模块中的位置，也就是说，通过该地址值，可以在 DLL 中找到它们；最后一列“name”列出的是导出函数的名称，可以看到这些名称很奇怪，add 导出函数的名称是“?add@@YAHHH@Z”，subtract 导出函数的名称是“?subtract@@YAHHH@Z”。

我们知道，C++支持函数重载，对于重载的多个函数来说，其函数名都是一样的，为了加以区分，在编译链接时，C++会按照自己的规则篡改函数的名称，这一过程称为“**名字改编**”，有的书中也称之为“名字粉碎”。不同的 C++编译器会采用不同的规则进行名字改编，这样的话，利用不同 C++编译器生成的程序在调用动态链接库中提供的函数时，可能会出现问题。关于这个问题的解决，下面的章节会详细介绍。

20.3　隐式链接方式加载 DLL

这时，我们看到 Dll1.dll 已经导出了两个函数：add 和 subtract，接下来我们编写一个测试程序测试这个动态链接库。在 ch20 解决方案下添加一个基于对话框的 MFC 应用程序，项目名为 DllTest。在该项目的主对话框资源上放置两个按钮，其 ID 和 Caption 属性，以及鼠标单击命令响应函数名称和函数功能分别如表 20.1 所示。

表 20.1　DllTest 对话框窗口上按钮控件属性设置

ID	Caption	命令响应函数	函数功能
IDC_BTN_ADD	Add	OnBnClickedBtnAdd	调用 Dll1.dll 的 add 函数
IDC_BTN_SUBTRACT	Subtract	OnBnClickedBtnSubtract	调用 Dll1.dll 的 subtract 函数

20.3.1　利用 extern 声明外部函数

在 DllTest 这个测试程序中，在调用 Dll1.dll 中的 add 和 subtract 函数之前，为了让编译器知道这两个函数，需要对这两个函数做一个声明，声明语句如例 20-3 所示（应放在 OnBnClickedBtnAdd 函数和 OnBnClickedBtnSubtract 函数的定义之前），前面加上 extern 关键字表明函数是在外部定义的。

例 20-3

```
extern int add(int a,int b);
extern int subtract(int a,int b);
```

在 OnBnClickedBtnAdd 函数中就可以调用 Dll1.dll 导出的 add 函数了，代码如例 20-4 所示。

例 20-4

```
void CDllTestDlg::OnBnClickedBtnAdd()
{
     CString str;
     str.Format(L"5+3=%d",add(5,3));
     MessageBox(str);
}
```

在例 20-4 所示代码中，首先定义了一个 CString 对象 str，然后调用 Dll1.dll 提供的 add 方法计算“5+3”的结果，并利用 Format 方法将该结果格式化到 str 对象中，最后用 MessageBox 函数显示该结果。

在 OnBnClickedBtnSubtract 函数中调用 Dll1.dll 导出的 subtract 函数，代码如例 20-5 所示。

例 20-5

```
void CDllTestDlg::OnBnClickedBtnSubtract()
{
    CString str;
    str.Format(L"5-3=%d",subtract(5,3));
    MessageBox(str);
}
```

生成 DllTest 程序，这时将会出现两个错误，Visual Studio 的“输出”窗口中部分输出信息如下所示：

```
1>正在生成代码...
1>DllTestDlg.obj : error LNK2019: 无法解析的外部符号 "int __cdecl add
```

```
(int,int)" (?add@@YAHHH@Z)，该符号在函数 "public: void __thiscall CDllTestDlg::OnBnClickedBtnAdd(void)" (?OnBnClickedBtnAdd@CDllTestDlg@@QAEXXZ) 中被引用
    1>DllTestDlg.obj : error LNK2019: 无法解析的外部符号 "int __cdecl subtract (int,int)" (?subtract@@YAHHH@Z)，该符号在函数 "public: void __thiscall CDllTestDlg::OnBnClickedBtnSubtract(void)" (?OnBnClickedBtnSubtract@CDllTestDlg@@QAEXXZ) 中被引用
    1>F:\VCLesson\ch20\Debug\DllTest.exe : fatal error LNK1120: 2 个无法解析的外部命令
```

可以看到，DllTest 程序编译成功通过，产生的两个错误是在程序链接时发生的。因为这里调用的 add 和 subtract 函数都已经做了声明，所以编译可以通过。当链接时，链接器需要知道这两个函数到底是在哪个地方实现的，它要找到这两个函数的实现。正因为没有找到该信息，所以链接时就出错了。

为了解决这个问题，需要利用动态链接库的引入库文件。在 Dll1.dll 文件所在目录下，复制 Dll1.lib 文件，并将其粘贴到 DllTest 程序所在目录下，Dll1.lib 文件中就包含了 Dll1.dll 中导出函数的符号名。在 DllTest 项目中，选择【项目\DllTest 属性】菜单命令，在“DllTest 属性页”对话框中，展开“链接器”分支，选中“输入”项，在右边窗口的“附加依赖项”中输入：Dll1.lib，如图 20.5 所示。

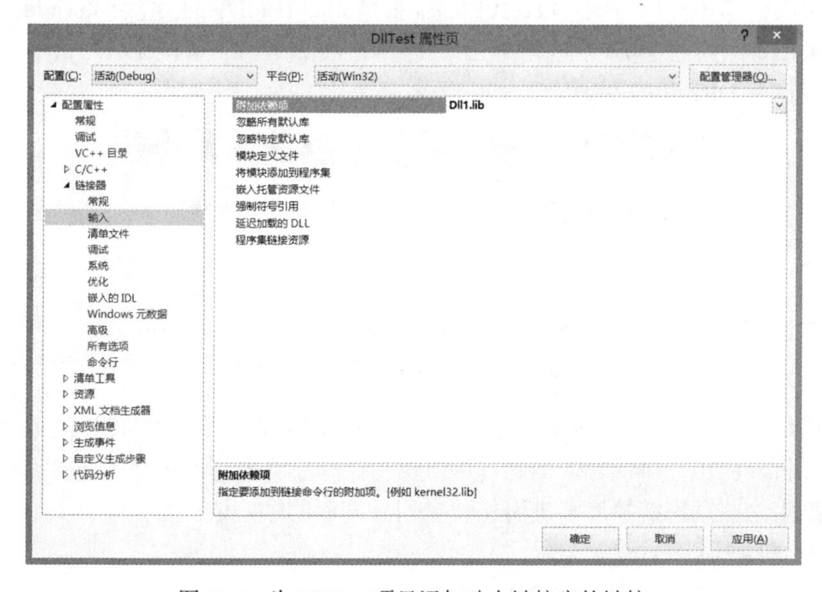

图 20.5　为 DllTest 项目添加动态链接库的链接

再次生成 DllTest 程序，这时会成功生成 DllTest.exe 文件。也就是说，当应用程序需要调用某个动态链接库提供的函数时，在程序链接时只需要包含该动态链接库提供的输入库文件就可以了。前面已经提到，在引入库文件中并没有包含实际的代码，它只是用来为链接程序提供必要的信息。我们也可以查看可执行程序的输入信息，以及其加载的 DLL 信息，这同样可以利用 dumpbin 命令来实现。在命令行方式下，首先进入 DllTest.exe 文件所在目录，然后输入下述命令并回车：

```
dumpbin -imports dlltest.exe
```

这时，将输出 DllTest 程序的输入信息，如图 20.6 所示（由于输入的内容较多，篇幅有限，这里仅列出了部分信息）。

```
C:\Windows\system32\cmd.exe

F:\VCLesson\ch20\Debug>dumpbin -imports dlltest.exe
Microsoft (R) COFF/PE Dumper Version 14.16.27026.1
Copyright (C) Microsoft Corporation.  All rights reserved.


Dump of file dlltest.exe

File Type: EXECUTABLE IMAGE

  Section contains the following imports:

    Dll1.dll
                432030 Import Address Table
                432834 Import Name Table
                     0 time date stamp
                     0 Index of first forwarder reference

                    1 ?subtract@@YAHHH@Z
                    0 ?add@@YAHHH@Z

    mfc140ud.dll
                432278 Import Address Table
                432A7C Import Name Table
                     0 time date stamp
```

图 20.6　DllTest 程序使用的 DLL 信息

从输出的信息中可以看到，DllTest 程序需要调用 Dll1.dll 中的两个函数：add 和 subtract。

运行 DllTest 程序，却发现程序弹出一个如图 20.7 所示的错误提示对话框，提示无法找到动态链接库 Dll1.dll 文件。

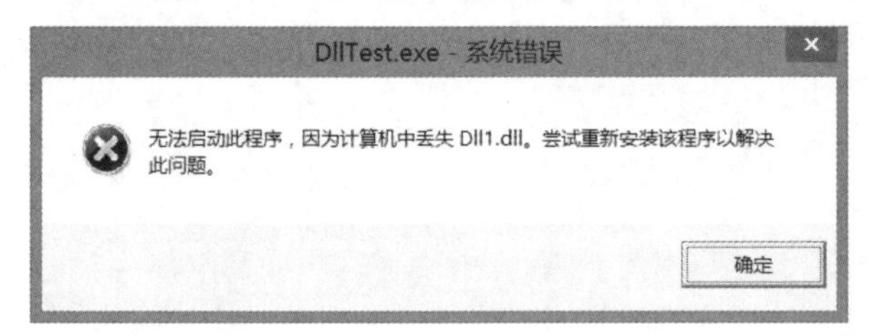

图 20.7　找不到 Dll1.dll 文件错误提示

前面已经提到，当 32 位应用程序运行时，系统将为它分配一个 4GB 的地址空间，加载模块会分析该应用程序的输入信息，从中找到该程序将要访问的动态链接库信息，在用户机器上搜索这些动态链接库，进而加载它们。搜索的顺序依次是：

- 程序的执行目录

本例即：“F:\VCLesson\ch20\Debug”。

- 当前目录

DllTest 项目所在目录，本例是：F:\VCLesson\ch20\DllTest。

- 系统目录

依次是 C:\Windows\system32、C:\Windows\system、C:\Windows。

- path 环境变量中所列出的路径

读者可以发现，加载模块搜索动态链接库的顺序，与前面讲述 CreateProcess 函数搜索可执行模块的顺序是一样的。为了让可执行文件能够正常运行，必须让加载模块能够找到该应用程序所需的所有动态链接库，如果加载模块未能找到其中的一个动态链接库，可执行程序就将终止运行。在实际编程时，可以把这些动态链接库放置在加载模块将要搜索的目录中的任一目录下。

提示：Visual Studio 对项目的组织方式是将同一个解决方案中所有项目生成的可执行程序、库文件等都放到解决方案目录下的 Debug 目录（或者 Release 目录）中，因此，对于本例来说，运行 DllTest 程序是可以找到 Dll1.dll 文件的，因为 DllTest.exe 和 Dll1.dll 默认都在 Debug 目录下，上述演示的错误只是为了告诉读者，在使用动态链接库时，不仅需要链接输入库文件，在运行时还需要能够找到动态链接库文件。

可以把 Dll1.dll 放置在 DllTest 项目所在目录下，再次运行 DllTest 程序，并分别单击对话框窗口上的【Add】和【Subtract】按钮，将分别弹出如图 20.8 和图 20.9 所示的对话框，可以看到 DllTest 程序正确地调用了 Dll1.dll 提供的 add 和 subtract 函数。

图 20.8　单击【Add】按钮后的结果

图 20.9　单击【Subtract】按钮后的结果

20.3.2　Dependency Walker 工具

为了查看一个可执行模块依赖的动态链接库，除了利用上面介绍的 dumpbin 命令以外，还可以使用一个图形化的工具：Dependency Walker，该工具不仅能够查看可执行程序，还可以查看动态链接库，主要是查看它们依赖于哪些动态链接库。该工具在早先的 VC++ 6.0 中是自带的，新版本的 Visual Studio 中没有提供该工具，需要单独下载，下载的网址：http://www.dependencywalker.com/。

读者可以根据自己机器的情况选择下载 x86 或者 x64 的版本，下载文件是一个 ZIP 压缩文件，解压缩后有一个 depends.exe 文件，运行这个程序，单击该程序界面上的【File\Open…】菜单项，将弹出“打开文件”对话框，在此对话框中找到 DllTest.exe 文件所在目录，并选中该文件，单击【打开】按钮，这时 Dependency Walker 程序的界面如图 20.10 所示。

可以看到，DllTest 程序需要访问 Dll1.dll 这一动态链接库，但是在该文件名称前面有一个问号（至于右下角窗口中的错误报告不用管它），这是因为 Dependency Walker 工具在打开 DllTest.exe 时，没有找到 Dll1.dll 这个动态链接库。这是因为前面我们将该动态链接库文件移到了 DllTest 项目所在目录下，即：“F:\VCLesson\ch20\DllTest”目录下。这里，我们可以将 Dll1.dll 文件重新放置到解决方案 ch20 目录下的 Debug 目录中，关闭 Dependency Walker 工具，并重新利用该工具打开 DllTest.exe 文件。这时，在 Depends 界面中可以看到

Dll1.dll 名称前没有问号了（如图 20.11 所示）。因为现在 Dll1.dll 文件与 DllTest.exe 这一可执行程序位于同一目录，在打开 DllTest.exe 文件时，就可以找到该动态链接库了。

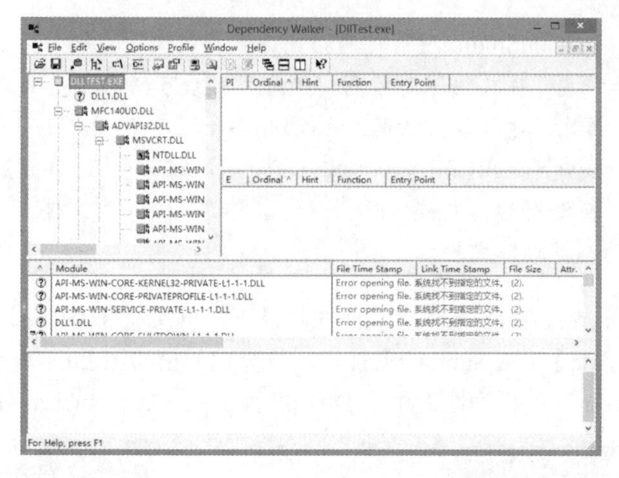

图 20.10　利用 Dependency Walker 工具查看 DllTest 程序的输入信息（一）

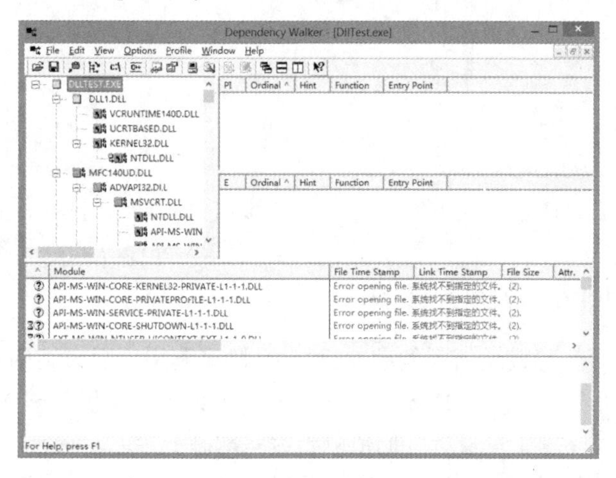

图 20.11　利用 Dependency Walker 工具查看 DllTest 程序的输入信息（二）

在图 20.11 所示的界面中，左上方的窗格中显示了 DllTest 应用程序需要访问的动态链接库的名称，当选中其中的一个动态链接库时，在该窗口右上方的窗格中就列出了该动态链接库中将被可执行程序调用的函数，例如在本例中，当在 Dependency Walker 窗口左上方窗格中选中“Dll1.Dll”后，在右上方窗格中就列出了该动态链接库中被 DllTest 程序调用的 add 和 subtract 函数，位于窗口右边的中间窗格中列出了该动态链接库导出的函数。对应用程序来说，并不需要调用一个动态链接库中所有的导出函数，可以根据需要仅调用其中的某些函数。

20.3.3　利用_declspec（dllimport）声明外部函数

除了使用 extern 关键字表明函数是外部定义的之外，还可以使用标识符：_declspec（dllimport）来表明函数是从动态链接库中引入的。在 DllTest 程序中，将 DllTestDlg.cpp

文件中先前利用 extern 声明 add 和 subtract 的语句（即上述例 20-3 所示代码）注释起来，在其后添加下述如例 20-6 所示代码。

例 20-6

```
_declspec(dllimport) int add(int a,int b);
_declspec(dllimport) int subtract(int a,int b);
```

编译并运行 DllTest 程序，单击【Add】和【Subtract】按钮，可以发现程序结果与先前的 DllTest 程序是一样的。

与使用 extern 关键字这种方式相比，在使用_declspec（dllimport）标识符声明外部函数时，它将告诉编译器该函数是从动态链接库中引入的，编译器可以生成运行效率更高的代码。因此，如果调用的函数来自于动态链接库，则应该采用这种方式声明外部函数。

20.4　完善 DLL 例子

当一个 DLL 实现之后，通常都会交给客户程序，以便后者能访问该 DLL。但是客户端程序如何知道该 DLL 中有哪些导出函数呢？对上述 DllTest 例子来说，因为该程序使用的动态链接库 Dll1.dll 是我们自己编写的，所以我们清楚该 DLL 中的导出函数。但如果 DLL 程序的实现者和使用者不是同一个人，那么后者只能通过前面介绍的一些工具来查看该 DLL 提供的导出函数，并猜测这些函数的原型。这种做法对 DLL 的调用不是很方便。通常在编写动态链接库时，都会提供一个头文件，在此文件中提供 DLL 导出函数原型的声明，以及函数的有关注释文档。

接下来，我们就为 Dll1 项目添加一个头文件：Dll1.h，并在其中添加下述例 20-7 所示代码。

例 20-7

```
_declspec(dllimport) int add(int a,int b);
_declspec(dllimport) int subtract(int a,int b);
```

读者应注意，我们在 Dll1 项目中增加的头文件 Dll1.h 是给该 DLL 的客户端，即调用该 DLL 的程序使用的，因此在声明 add 和 subtract 这两个函数时，使用的是“dllimport”关键字，向客户程序表明它们是从动态链接库中导入的。

在测试程序 DllTest 中，将 DllTestDlg.cpp 文件中先前添加的 add 和 subtract 这两个函数的声明语句（即例 20-6 所示代码）注释起来，并在该文件的前部添加下面这条语句，以包含 dll1.h 文件。

```
#include "..\Dll1\Dll1.h"
```

提示：读者应注意 Dll1.h 文件的路径。

编译并运行 DllTest 程序，分别单击对话框窗口上的【Add】和【Subtract】按钮，将会发现程序运行结果是一样的。

通过上述方法，在发布 Dll1.dll 动态链接库的同时，可以将 Dll1.h 这个头文件一起提供给使用者。

下面，我们对 Dll1.h 进行改造，使其不仅能够为调用动态链接库的客户端程序服务，同时也能够由动态链接库程序自身来使用。改造后的 Dll1.h 文件内容如例 20-8 所示。

例 20-8

```
#ifdef DLL1_API
#else
#define DLL1_API _declspec(dllimport)
#endif

DLL1_API int add(int a,int b);
DLL1_API int subtract(int a,int b);
```

在该文件中，首先使用条件编译指令判断是否定义了 DLL1_API 符号，如果已经定义了该符号，那么不做任何处理；否则定义该符号，将其定义为：_declspec（dllimport）。然后使用所定义的 DLL1_API 宏来代替 add 函数和 subtract 函数声明前面的_declspec（dllimport）标识符。

接下来，在动态链接库的源程序 Dll1.cpp 文件中，首先利用#define 指令定义 DLL1_API 宏，然后使用#include 指令包含 Dll1.h 文件。之后，在定义 add 和 subtract 函数时就不再需要指定_declspec（dllexport）标识符了，将其删除，这时的 Dll1.cpp 文件的内容如例 20-9 所示。

例 20-9

```
#define DLL1_API _declspec(dllexport)
#include "Dll1.h"

int add(int a,int b)
{
    return a+b;
}

int subtract(int a,int b)
{
    return a-b;
}
```

前面已经介绍过，在程序编译时，头文件不参与编译，源文件单独编译。因此，在编译 Dll1.cpp 文件时，首先定义 DLL1_API 宏，将其定义为：_declspec（dllexport）。然后包含 Dll1.h，这将展开该头文件。在展开该头文件之后，首先判断 DLL1_API 宏是否已经定义了。这时已经定义了这个宏，直接编译其后的 add 和 subtract 函数的声明。因为在声明这两个函数时，都使用了 DLL1_API 宏，而且这时该宏的定义是：_declspec（dllexport），表明这两个函数是动态链接库的导出函数。

之后，将这个 DLL 交由其他程序使用，只要后者没有定义 DLL1_API 宏，那么该宏的定义就是：_declspec（dllimport），即 add 和 subtract 函数是导入函数。通过上述方法，Dll1.h 这个头文件既可以由实现 DLL 的程序使用，也可以由调用该 DLL 的客户端程序使用。

20.5　从 DLL 中导出 C++类

上面，我们介绍了如何从动态链接库中导出函数，以供其他程序使用。实际上，在一个动态链接库中还可以导出一个 C++类。为了实现这样的功能，仍以 Dll1 为例，在 Dll1.h 文件中添加如例 20-10 所示代码。

例 20-10

```
class DLL1_API Point
{
public:
 void output(int x,int y);
};
```

如例 20-10 所示代码定义一个 Point 类，并且为该类定义了一个 public 访问权限的函数：output，该函数有两个 int 类型的参数：x 和 y。为了从动态链接库中导出一个类，需要在 class 关键字和类名之间加入导出标识符，这样就可以导出整个类了。但读者应注意，在访问该类的成员函数时，仍受限于函数自身的访问权限。也就是说，如果该类的某个成员函数访问权限是 private，那么外部程序仍无法访问这个函数。

本例中，我们希望当外部程序调用 Point 类的 output 函数时，该函数将参数 x 和 y 的值显示在该调用程序的窗口中。因此，接下来，在 Dll1.cpp 文件中实现 Point 这个类中的成员函数 output，结果如例 20-11 所示。

例 20-11

```
void Point::output(int x,int y)
{
    //返回调用者进程当前正在使用的那个窗口的句柄
    HWND hwnd = GetForegroundWindow();
    //获取 DC
    HDC hdc = GetDC(hwnd);
    TCHAR buf[20] = { 0 };

    _stprintf_s(buf, L"x=%d,y=%d", x, y);
    //输出坐标
    TextOut(hdc, 0, 0, buf, _tcslen(buf));
    //释放 DC
    ReleaseDC(hwnd, hdc);
}
```

Windows API 提供的 GetForegroundWindow 函数将返回前景窗口的句柄，这个前景窗口就是当前用户正在使用的那个程序窗口。因此在上述例 20-11 所示代码中，通过调用 GetForegroundWindow 函数，获得调用者进程当前正在使用的那个窗口的句柄。对于上述例子来说，Dll1.dll 的客户端程序是 DllTest 程序，于是调用 GetForegroundWindow 函数后得到的就是 DllTest 程序主对话框窗口的句柄。

在得到了窗口句柄之后，该窗口的 DC 也就得到了（通过调用 GetDC 函数得到）。之后定义了一个字符缓冲区（buf），并将该字符数组中的元素都初始化为 0。然后调用 _stprintf_s 函数将坐标（*x*, *y*）格式化到该字符数组中。最后，就可以调用 TextOut 函数在窗口（0, 0）位置处输出坐标了。在上述例 20-11 所示代码的最后调用 ReleaseDC 函数释放设备句柄。

因为上述例 20-11 所示代码中使用了与字符集无关的_stprintf_s 宏，所以程序需要包含相应的头文件：TCHAR.H。也就是说，需要在 Dll1.cpp 文件的前部添加下述代码：

```
#include <TCHAR.H>
```

生成 Dll1 动态链接库。读者一定要注意，如果采用隐式链接方式加载 DLL，一旦 Dll1.dll 更新了，一定要将新的 Dll1.dll 和 Dll1.lib 文件复制到测试项目下。对于本例来说，我们可以修改项目 DllTest 的项目属性，将“链接器\输入”中的“附加依赖项”的值替换为：..\Debug\Dll1.lib，然后删除原先复制到项目 DllTest 目录下的 Dll1.lib 文件。

为了测试这个新生成的 DLL，接下来切换到 DllTest 项目，并在其对话框中再增加一个按钮，将其 ID 属性设置为 IDC_BTN_OUTPUT，Caption 属性设置为 Output，然后双击该按钮，为该按钮添加鼠标单击命令响应函数 OnBnClickedBtnOutput，并在此函数中添加如例 20-12 所示的代码。

例 20-12

```
void CDllTestDlg::OnBnClickedBtnOutput()
{
    Point pt;
    pt.output(5,3);
}
```

在上述例 20-12 所示代码中，首先定义了一个 Point 类型的对象 pt，然后调用该对象的 output 函数。

编译并执行 DllTest 程序，当程序窗口显示后，单击该窗口上的【Output】按钮，就可以在该程序窗口的左上角看到输出的信息了，如图 20.12 所示。

现在，我们可以利用 dumpbin 命令的 exports 选项查看 Dll1.dll 这一动态链接库的导出情况。结果如图 20.13 所示。可以看到，此时的 Dll1.dll 导出了一个类 Point，还导出了这个类中的成员函数 output。

同样，可以利用 Dumpbin 命令的 imports 选项查看测试程序的导入情况。结果如图 20.14 所示，可以看到，DllTest 这一可执行程序从 Dll1.dll 中导入了 subtract、add 和 Point 类的 output 函数。

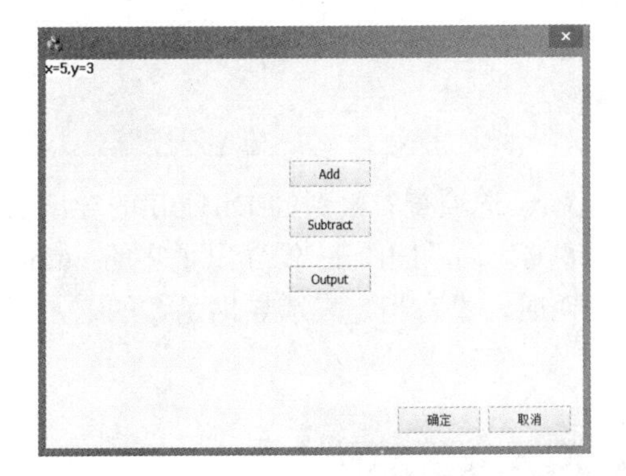

图 20.12　访问 DLL 导出的 C++类的成员函数的结果

```
C:\Windows\system32\cmd.exe
Dump of file dll1.dll

File Type: DLL

  Section contains the following exports for Dll1.dll

    00000000 characteristics
    FFFFFFFF time date stamp
        0.00 version
           1 ordinal base
           5 number of functions
           5 number of names

    ordinal hint RVA      name

          1    0 000112EE ??4Point@@QAEAAV0@$$QAV0@@Z = @ILT+745(??4Point@@QAEAAV0@$$QAV0@@Z)
          2    1 0001101E ??4Point@@QAEAAV0@ABV0@@Z = @ILT+25(??4Point@@QAEAAV0@ABV0@@Z)
          3    2 0001114F ?add@@YAHHH@Z = @ILT+330(?add@@YAHHH@Z)
          4    3 0001123F ?output@Point@@QAEXHH@Z = @ILT+570(?output@Point@@QAEXHH@Z)
          5    4 00011203 ?subtract@@YAHHH@Z = @ILT+510(?subtract@@YAHHH@Z)

  Summary
```

图 20.13　Dll1.dll 的导出信息（三）

```
C:\Windows\system32\cmd.exe
F:\VCLesson\ch20\Debug>dumpbin -imports dlltest.exe
Microsoft (R) COFF/PE Dumper Version 14.16.27026.1
Copyright (C) Microsoft Corporation.  All rights reserved.


Dump of file dlltest.exe

File Type: EXECUTABLE IMAGE

  Section contains the following imports:

    Dll1.dll
                432030 Import Address Table
                432838 Import Name Table
                     0 time date stamp
                     0 Index of first forwarder reference

                    3 ?output@Point@@QAEXHH@Z
                    4 ?subtract@@YAHHH@Z
                    2 ?add@@YAHHH@Z

    mfc140ud.dll
                43227C Import Address Table
                432A84 Import Name Table
                     0 time date stamp
                     0 Index of first forwarder reference
```

图 20.14　DllTest 可执行程序的导入信息

另外，在实现动态链接库时，可以不导出整个类，而只导出该类中的某些函数。下面仍以 Dll1 为例来讲解这种功能的实现。切换到 Dll1 项目，在 Dll1.h 文件中，将声明 Point 类时使用的 DLL1_API 宏注释起来，在 output 函数的声明前放置 DLL1_API 宏。这样，就表示只导出 Point 类中的成员函数 output。为了证实 Dll1 仅导出了 Point 类的 output 这一函数，而没有导出其他成员函数，我们为 Point 这个类再添加一个成员函数 test，这时 Point 类的定义代码如例 20-13 所示。

例 20-13

```
class /*DLL1_API*/ Point
{
public:
 void DLL1_API output(int x,int y);
 void test();
}
```

在 Dll1.cpp 文件中添加 test 函数的实现，代码如例 20-14 所示，该函数不做任何处理。

例 20-14

```
void Point::test()
{
}
```

生成 Dll1.dll，并再次利用 dumpbin 命令的 exports 选项查看最新的 Dll1.dll 的导出信息，结果如图 20.15 所示。可以看到，这时对 Point 类来说，Dll1.dll 仅导出了它的 output 成员函数。对于该类其他成员函数来说，因为在声明时，没有指定表示导出函数的宏，所以 Dll1.dll 这一动态链接库没有导出这些函数。

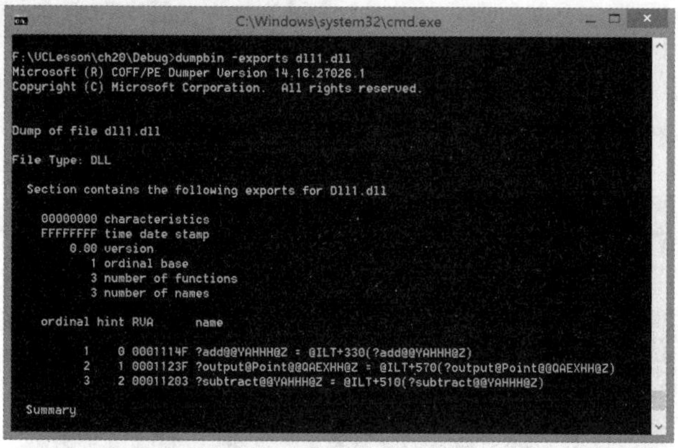

```
C:\Windows\system32\cmd.exe
F:\VCLesson\ch20\Debug>dumpbin -exports dll1.dll
Microsoft (R) COFF/PE Dumper Version 14.16.27026.1
Copyright (C) Microsoft Corporation.  All rights reserved.


Dump of file dll1.dll

File Type: DLL

  Section contains the following exports for Dll1.dll

    00000000 characteristics
    FFFFFFFF time date stamp
        0.00 version
           1 ordinal base
           3 number of functions
           3 number of names

    ordinal hint RVA      name

          1    0 0001114F ?add@@YAHHH@Z = @ILT+330(?add@@YAHHH@Z)
          2    1 0001123F ?output@Point@@QAEXHH@Z = @ILT+570(?output@Point@@QAEXHH@Z)
          3    2 00011203 ?subtract@@YAHHH@Z = @ILT+510(?subtract@@YAHHH@Z)

  Summary
```

图 20.15　Dll1.dll 的导出信息（四）

由此，我们可以知道动态链接库导出整个类和仅导出该类的某些成员函数在实现方式上的区别：如果在声明类时，指定了导出标志，那么该类中的所有函数都将被导出；否则只有那些声明时指定了导出标志的类成员函数才被导出。但对这两种情况生成的 DLL，客户端程序在访问方式上是没有区别的，都是先构造该类的一个对象，然后利用该对象访问该类导出的成员函数。读者可以运行 DllTest 程序，测试最新的 Dll1 动态链接库，单击【Output】按钮，将看到程序的结果是一样的。另外，在导出类的成员函数时需要注意，该函数必须具有 public 类型的访问权限，否则，该函数即使被导出，也不能被其他程序访问。

20.6　解决名字改编问题

前面已经提到，C++编译器在生成 DLL 时，会对导出的函数进行名字改编，并且不同的编译器使用的改编规则不一样，因此改编后的名字是不一样的。这样，如果利用不同的编译器分别生成 DLL 和访问该 DLL 的客户端程序的话，那么后者在访问该 DLL 的导出函数时就会出现问题。例如，如果用 C++语言编写了一个 DLL，那么用 C 语言编写的客户端程序访问该 DLL 中的函数时就会出现问题。因为后者将使用函数原始名称来调用 DLL 中的函数，而 C++编译器已经对该名称进行了改编，所以 C 语言编写的客户端程序就找不到所需的 DLL 导出函数。对上述 Dll1.dll 和 DllTest.exe 程序来说，因为采用的是同一种 C++编译器，后者知道该 DLL 中导出函数改编后的名称，所以调用时没有出现问题。

鉴于以上原因，我们希望动态链接库文件在编译时，导出函数的名称不要发生改变。**为了实现这一目的，在定义导出函数时，需要加上限定符：extern "C"。注意双引号中的“C”字母一定要大写。**仍以 Dll1 和 DllTest 为例，切换到 Dll1 项目，找到 Dll1.cpp 文件中定义 DLL1_API 宏的代码，在其中添加限定符：extern "C"。同样，在 Dll1.h 文件中找到定义 DLL1_API 宏的代码，添加限定符：extern "C"。将 Dll1.h 头文件中 Point 类的定义代码，以及 Dll1.cpp 源文件中 Point 类成员函数的实现代码都注释起来（下面将解释原因）。这时，Dll1.h 文件和 Dll1.cpp 文件的代码分别如例 20-15 和例 20-16 所示。

例 20-15

```
#ifdef DLL1_API
#else
#define DLL1_API extern "C" _declspec(dllimport)
#endif

DLL1_API int add(int a,int b);
DLL1_API int subtract(int a,int b);

/*class  Point
{
public:
    void DLL1_API output(int x,int y);
    void test();
};*/
```

例 20-16

```
#define DLL1_API extern "C" _declspec(dllexport)
#include "Dll1.h"

#include "stdafx.h"

#include <TCHAR.H>

int add(int a,int b)
{
    return a+b;
}

int subtract(int a,int b)
{
    return a-b;
}

/*
void Point::output(int x,int y)
{
    HWND hwnd=GetForegroundWindow();
```

```
    HDC hdc=GetDC(hwnd);
    char buf[20];
    memset(buf,0,20);
    sprintf(buf,"x=%d,y=%d",x,y);
    TextOut(hdc,0,0,buf,strlen(buf));
    ReleaseDC(hwnd,hdc);
}

void Point::test()
{
}
*/
```

生成 Dll1.dll 文件，并用 dumpbin 命令的 exports 选项查看该动态链接库的导出信息，结果如图 20.16 所示，可以发现这时该 DLL 导出的 add 和 subtract 这两个函数的名字没有发生改编。

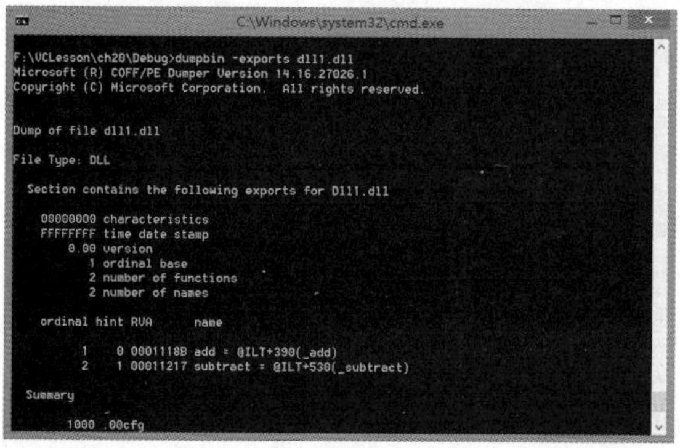

```
C:\Windows\system32\cmd.exe
F:\VCLesson\ch20\Debug>dumpbin -exports dll1.dll
Microsoft (R) COFF/PE Dumper Version 14.16.27026.1
Copyright (C) Microsoft Corporation.  All rights reserved.


Dump of file dll1.dll

File Type: DLL

  Section contains the following exports for Dll1.dll

    00000000 characteristics
    FFFFFFFF time date stamp
        0.00 version
           1 ordinal base
           2 number of functions
           2 number of names

    ordinal hint RVA      name

          1    0 0001118B add = @ILT+390(_add)
          2    1 00011217 subtract = @ILT+530(_subtract)

  Summary

        1000 .00cfg
```

图 20.16　Dll1.dll 的导出信息（五）

接着，切换到 DllTest 项目，并将该程序中调用 Point 类的代码注释起来，之后运行该程序，并分别单击【Add】和【Subtract】按钮，将会发现这时客户端程序是可以访问 Dll1 中的导出函数的。

利用限定符 extern "C"可以解决 C++和 C 语言之间相互调用时函数命名的问题。但是这种方法有一个缺陷，就是不能用于导出一个类的成员函数，只能用于导出全局函数这种情况。这就是为什么我们要将 Point 类的代码注释的原因。

另外，如果导出函数的调用约定发生了改变，那么即使使用了限定符 extern "C"，该函数的名字仍会发生改编。为了说明这种情况，再次回到 Dll1 项目，并修改 Dll1.h 文件中 add 函数和 subtract 函数的声明代码，使这两个函数采用标准调用约定，即在声明这些函数时添加_stdcall 关键字，结果如例 20-17 所示。

例 20-17

```
#ifdef DLL1_API
#else
#define DLL1_API extern "C" _declspec(dllimport)
#endif
```

```
DLL1_API int _stdcall add(int a,int b);
DLL1_API int _stdcall subtract(int a,int b);
```

同时，在 Dll1.cpp 源文件中，在 add 函数和 subtract 函数的定义前也需要添加_stdcall 关键字，结果如例 20-18 所示。

例 20-18

```
#define DLL1_API extern "C" _declspec(dllexport)
#include "Dll1.h"

#include <Windows.h>
#include <stdio.h>

int _stdcall add(int a,int b)
{
    return a+b;
}

int _stdcall subtract(int a,int b)
{
    return a-b;
}
```

如果没有添加_stdcall 关键字，那么函数的调用约定就是 C 调用约定。前面的内容已经提到，标准调用约定就是 WINAPI 调用约定，也就是 pascal 调用约定，这种约定方式与 C 调用约定不一样。

生成最新的 Dll1.dll，利用 Dumpbin 命令的 exports 选项查看该动态链接库的导出情况，结果如图 20.17 所示。可以看到，这时导出函数名字仍然发生了变化，例如 add 函数的名字变为：_add@8，在 add 这一函数名字前面加了一条下画线，后面添加一个“@”符号，接着是数字 8，该数字表示 add 函数的参数所占字节数，因为 add 函数具有两个 int 类型的参数，所以其占用 8 个字节。

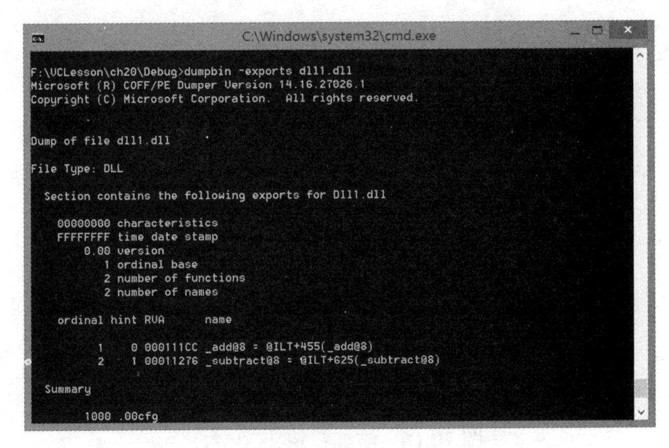

图 20.17　Dll1.dll 的导出信息（六）

也就是说，如果函数的调用约定发生了变化，即使在声明这些导出函数时使用了 extern "C"限定符，它们的名字仍然会发生改编。我们知道，C 语言和 Delphi 语言（很古老的语言了，☺）使用的调用约定是不一样的，后者使用的是 pascal 调用约定，即标准调用约定：_stdcall。如果现在需要利用 C 语言编写一个 DLL，由使用 Delphi 编写的客户端程序访问的话，那么在导出函数时，应指定其使用标准的函数调用约定。但是，这仍会出现问题，因为这时函数名称会发生改编。在这种情况下，可以通过一个称为模块定义文件（DEF）的方式来解决名字改编问题。

下面，我们再新建一个“动态链接库(DLL)”类型的项目，项目名为 Dll2。在项目自带的源文件 Dll2.cpp 中编写一个完成加法运算的函数和一个完成减法运算的函数，结果代码如例 20-19 所示。

例 20-19

```
int add(int a,int b)
{
    return a+b;
}

int subtract(int a,int b)
{
    return a-b;
}
```

为该项目添加一个模块定义文件，方法是：在“解决方案资源管理器”中，鼠标右键单击 Dll2 项目，从弹出菜单中选择【添加】→【新建项】，在“添加新项”对话框中，选中“代码”节点，在右侧窗口中，选中“模块定义文件(.def)”，名称输入：Dll2.def，如图 20.18 所示。

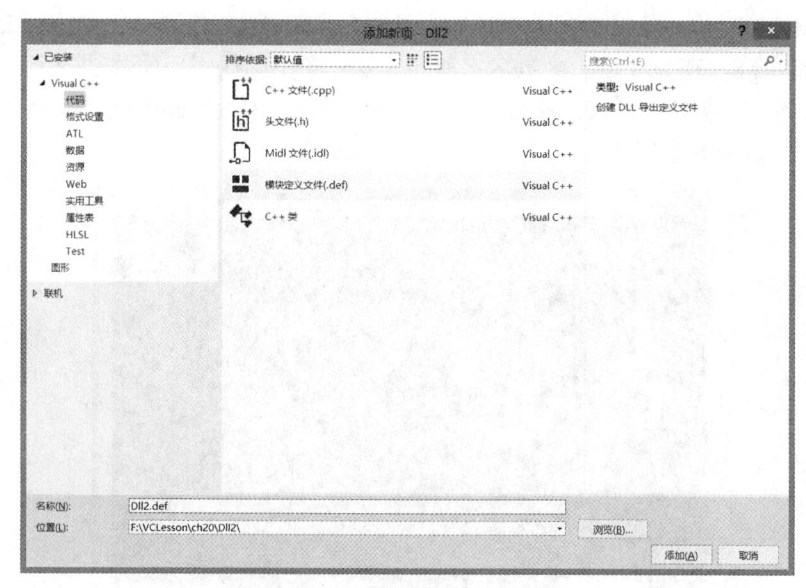

图 20.18　添加模块定义文件

单击【添加】按钮，在 Dll2.def 文件中，添加如例 20-20 所示的代码。

例 20-20

```
LIBRARY Dll2

EXPORTS
add
subtract
```

其中 LIBRARY 语句用来指定动态链接库的内部名称，该名称与生成的动态链接库的名称一定要匹配，这句代码并不是必需的。EXPORTS 语句的作用是表明 DLL 将要导出的函数，以及为这些导出函数指定符号名。当链接器在链接时，会分析这个 DEF 文件，当发现在 EXPORTS 语句下面有 add 和 subtract 这两个符号名，并且它们与源文件中定义的 add 和 subtract 函数的名字是一样的时候，它就会以 add 和 subtract 这两个符号名导出相应的函数。如果将要导出的符号名和源文件中定义的函数名不一样，则可以按照下述语法指定导出函数：

```
entryname=internalname
```

其中等号左边的 entryname 项是导出的符号名，右边的 internalname 项是 DLL 中将要导出的函数的名字。关于 EXPORTS 语句的详细用法，读者可以查阅 MSDN。

生成 Dll2.dll，然后利用 Dumpbin 命令的 exports 选项查看该动态链接库的导出信息。结果如图 20.19 所示，可以看到，这时输出的动态链接库导出的函数名字是 add 和 subtract，即按照 Dll2.def 文件中列出的名字输出的，没有发生名字改编。

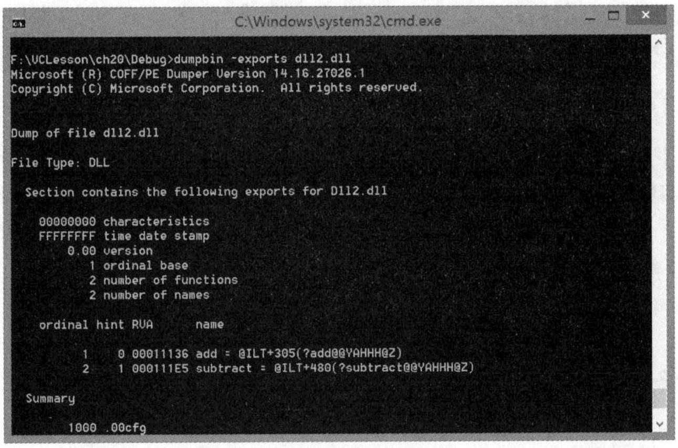

```
C:\Windows\system32\cmd.exe

F:\VCLesson\ch20\Debug>dumpbin -exports dll2.dll
Microsoft (R) COFF/PE Dumper Version 14.16.27026.1
Copyright (C) Microsoft Corporation.  All rights reserved.


Dump of file dll2.dll

File Type: DLL

  Section contains the following exports for Dll2.dll

    00000000 characteristics
    FFFFFFFF time date stamp
        0.00 version
           1 ordinal base
           2 number of functions
           2 number of names

    ordinal hint RVA      name

          1    0 00011136 add = @ILT+305(?add@@YAHHH@Z)
          2    1 000111E5 subtract = @ILT+480(?subtract@@YAHHH@Z)

  Summary

        1000 .00cfg
```

图 20.19　Dll2.dll 的导出信息

20.7　显示加载方式加载 DLL

20.7.1　LoadLibary 函数

上面的例子都是通过隐式链接加载方式来实现对动态链接库的访问的，下面将采用动态加载的方式来访问动态链接库。

切换到 DllTest 项目，将 DllTestDlg.cpp 文件中包含 Dll1.h 文件的那行代码注释起来，并且在项目属性中删除对 Dll1.lib 文件的链接。

使用动态方式加载动态链接库，需要用到 LoadLibrary 函数。该函数的作用是将指定的可执行模块映射到调用进程的地址空间。LoadLibrary 函数的原型声明如下所示：

```
HMODULE LoadLibrary( LPCTSTR lpFileName);
```

LoadLibrary 函数不仅能够加载 DLL（.dll），还可以加载可执行模块（.exe）。一般来说，当加载可执行模块时，主要是为了访问该模块内的一些资源，例如对话框资源、位图资源或图标资源等。LoadLibrary 函数有一个字符串类型（LPCTSTR）的参数，该参数指定了可执行模块的名称，既可以是一个.dll 文件，也可以是一个.exe 文件。如果调用成功，则 LoadLibrary 函数返回所加载的那个模块的句柄，该函数的返回类型是 HMODULE。HMODULE 类型和 HINSTANCE 类型可以通用。

当获取到动态链接库模块的句柄后，接下来就要想办法获取该动态链接库中导出函数的地址，这可以通过调用 GetProcAddress 函数来实现。该函数用于获取 DLL 中导出函数的地址，其原型声明如下所示：

```
FARPROC GetProcAddress( HMODULE hModule, LPCSTR lpProcName);
```

可以看到，GetProcAddress 函数有两个参数，其含义分别如下所述：

■ hModule

指定动态链接库模块的句柄，即 LoadLibrary 函数的返回值。

■ lpProcName

一个指向常量的字符指针，指定 DLL 导出函数的名字或函数的序号。读者应注意，如果该参数指定的是导出函数的序号，那么该序号必须在低位字中，高位字必须是 0。

如果调用成功，则 GetProcAddress 函数返回指定导出函数的地址；否则返回 NULL。

下面，我们就利用 DllTest 程序动态加载 Dll2.dll 并访问它提供的导出函数。先将 DllTest 程序中调用 Dll1.dll 提供的函数的代码注释起来，然后在【Add】按钮鼠标单击命令响应函数中实现动态加载 Dll2.dll，并访问其导出的 add 函数以完成加法操作。这时 OnBnClickedBtnAdd 函数的实现如例 20-21 所示。

例 20-21

```
void CDllTestDlg::OnBtnAdd()
{
1.  HINSTANCE hInst;
2.  hInst=LoadLibrary(L"Dll2.dll");                        //动态加载 DLL
3.  typedef int (*ADDPROC)(int a,int b);                   //定义函数指针类型
4.  ADDPROC Add=(ADDPROC)GetProcAddress(hInst,"add");      //获取 DLL 的导出函数
5.  if(!Add)
6.  {
7.      MessageBox(L"获取函数地址失败！");
8.      return;
9.  }
10. CString str;
```

```
11. str.Format(L"5+3=%d",Add(5,3));
12. MessageBox(str);
}
```

在例 20-21 所示代码中，首先定义了一个实例句柄对象 hInst，然后调用 LoadLibrary 函数加载 Dll2.dll。接着利用 typedef 定义了一个函数指针类型 ADDPROC，它所表示的函数有两个 int 类型的参数，并且该函数的返回类型也是 int 类型。在程序中之所以定义函数指针类型，主要是为了在需要时可以用来产生一个函数指针变量，该变量可以接收通过 GetProcAddress 函数所返回的函数地址。读者一定要注意，这里的 ADDPROC 是一个函数指针类型，而不是一个变量。接着利用该类型定义了一个函数指针变量 Add，并将 GetProcAddress 函数的返回值赋给该变量。不过，由于 GetProcAddress 函数返回的类型是 FARPROC，而这里需要的是 ADDPROC 类型，所以需要进行一个强制类型转换。紧接着，程序判断 Add 变量是否有值，即判断 GetProcAddress 函数是否得到了 DLL 中导出函数 add 的地址。如果该变量为 NULL，则说明 GetProcAddress 函数没有得到该导出函数的地址，于是就利用 MessageBox 函数弹出一个消息框提示用户："获取函数地址失败！"，然后程序直接返回；如果得到了 DLL 中导出函数 add 的指针，那么就可以通过 Add 变量调用 Dll2 提供的导出函数 add 了。

编译并运行 DllTest 程序，单击【Add】按钮，即可发现该程序确实调用了 Dll2.dll 导出的 add 函数实现加法功能。通过本例可以看出，在动态加载 DLL 时，客户端程序不需要包含导出函数声明的头文件和引入库文件，只需要.dll 文件即可。

通过以上的例子，我们可以看到，动态加载和隐式链接这两种加载 DLL 的方式各有优点，如果采用动态加载方式，那么可以在需要时才加载 DLL，而隐式链接方式实现起来比较简单，在编写客户端代码时就可以把链接工作做好，在程序中可以随时调用 DLL 导出的函数。但是，如果程序需要访问十多个 DLL，都采用隐式链接方式加载的话，那么在该程序启动时，这些 DLL 都需要被加载到内存中，并映射到调用进程的地址空间，这样将加大程序的启动时间。而且，一般来说，在程序运行过程中只是在某个条件满足时才需要访问某个 DLL 中的某个函数，在其他情况下都不需要访问这些 DLL 中的函数。但是这时所有的 DLL 都已经被加载到内存中，资源浪费是比较严重的。在这种情况下，就可以采用动态加载的方式访问 DLL，在需要时才加载所需的 DLL，也就是说，在需要时 DLL 才会被加载到内存中，并被映射到调用进程的地址空间中。有一点需要说明，实际上，在采用隐式链接方式访问 DLL 时，程序启动也是通过调用 LoadLibrary 函数加载该进程需要的动态链接库的。

另外，当采用动态方式加载 DLL 时，在客户端程序中看不到该 DLL 的输入信息。读者可以利用 dumpbin 命令的 imports 选项查看这时的 DllTest.exe 的输入信息，将会发现，在 DllTest.exe 中找不到调用 Dll2.dll 的信息。

20.7.2 调用约定

如果这时我们将 Dll2 项目中导出函数的调用约定修改为标准约定，那么生成的 DLL，其导出函数名字会被改编吗？我们可以试验一下，打开 Dll2.cpp 文件，修改 add 和 subtract 函数的定义，使它们都采用标准调用约定，结果如例 20-22 所示。

例 20-22

```
int _stdcall add(int a,int b)
{
    return a+b;
}

int _stdcall subtract(int a,int b)
{
    return a-b;
}
```

生成最新的 Dll2.dll，然后利用 dumpbin 命令的 exports 选项查看该 DLL 的导出信息，将会发现导出函数的名字仍是 Dll2.def 文件中列出的函数名称：add 和 subtract，没有发生名字改编。

这时应注意，因为 Dll2 中导出函数的调用约定发生了改变，那么测试程序 DllTest 中的调用该函数的代码也需要进行相应的改变，即在定义 ADDPROC 这一函数指针类型时，应该定义一个标准调用约定的函数指针类型，否则访问时将会出错。这时，CDllTestDlg 类的 OnBnClickedBtnAdd 函数代码如例 20-23 所示，其中加灰显示的那句代码就是新修改的代码。

例 20-23

```
void CDllTestDlg::OnBnClickedBtnAdd()
{
1.  HINSTANCE hInst;
2.  hInst=LoadLibrary(L"Dll2.dll");
3.  typedef int (_stdcall *ADDPROC)(int a,int b);
4.  ADDPROC Add=(ADDPROC)GetProcAddress(hInst,"add");
5.  if(!Add)
6.  {
7.      MessageBox(L"获取函数地址失败！");
8.      return;
9.  }
10. CString str;
11. str.Format(L"5+3=%d",Add(5,3));
12. MessageBox(str);
}
```

也就是说，当 DLL 中导出函数采用的是标准调用约定时，访问该 DLL 的客户端程序也应该采用该约定类型来访问相应的导出函数。

再分析这样一种情况：如果 DLL 导出函数发生了名字改编，那么动态加载 DLL 时会发生什么问题？

在解决方案 ch20 下再新建一个“动态链接库(DLL)”类型的项目，项目名为 Dll3，然后在项目自带的 Dll3.cpp 中编写一个完成加法运算的 add 函数，并为其加上_declspec（dllexport）标识符，表明该函数是导出函数。结果代码如例 20-24 所示。

例 20-24

```
_declspec(dllexport) int add(int a,int b)
{
    return a+b;
}
```

生成 Dll3.dll，切换到 DllTest 项目，修改 OnBnClickedBtnAdd 函数中加载 DLL 的那行代码（上述例 20-23 所示代码中第 2 行代码），让该函数加载 Dll3.dll 这一动态链接库，将其下面那行代码中的“_stdcall”标识符注释起来，修改后的代码如例 20-25 所示。

例 20-25

```
void CDllTestDlg::OnBnClickedBtnAdd()
{
1.  HINSTANCE hInst;
2.  hInst=LoadLibrary(L"Dll3.dll");
3.  typedef int (/*_stdcall*/ *ADDPROC)(int a,int b);
4.  ADDPROC Add=(ADDPROC)GetProcAddress(hInst,"add");
5.  if(!Add)
6.  {
7.      MessageBox(L"获取函数地址失败！");
8.      return;
9. }
10. CString str;
11. str.Format(L"5+3=%d",Add(5,3));
12. MessageBox(str);
}
```

编译并运行 DllTest 程序，当程序界面显示之后，单击【Add】按钮，这时将弹出一个消息框，提示：“获取函数地址失败！”。这是因为在生成 Dll3.dll 程序时，导出函数 add 的名称会发生名字改编。可以利用 dumpbin 命令的 exports 选项查看 Dll3.dll 的导出信息，结果如图 20.20 所示。可以看到，这时导出函数 add 的名称变成了：“?add@@YAHHH@Z”。因此，在 DllTest 程序中访问 Dll3.dll 的导出函数 add 时，就找不到该函数了。

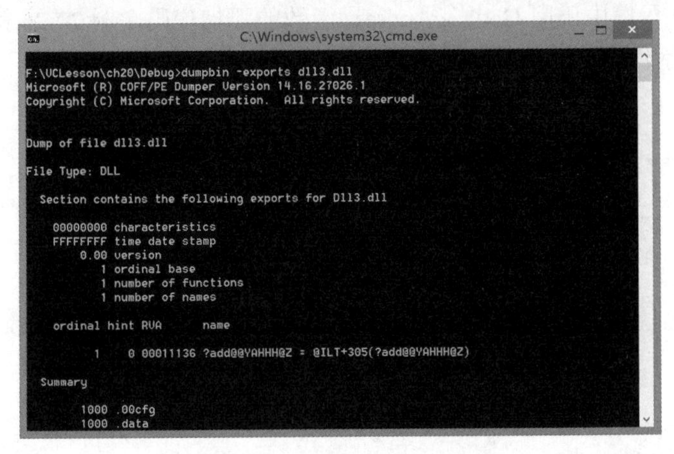

图 20.20　Dll3.dll 的导出信息

为了验证“?add@@YAHHH@Z”就是Dll3.dll中导出函数add的名字，我们可以修改DllTest程序中获得add函数地址的那行代码（例20-25第4行代码），让GetProcAddress函数直接获得“?add@@YAHHH@Z”这一函数的地址，修改后的代码如例20-26所示。

例20-26

```
void CDllTestDlg::OnBnClickedBtnAdd()
{
1.  HINSTANCE hInst;
2.  hInst=LoadLibrary(L"Dll3.dll");
3.  typedef int (/*_stdcall*/ *ADDPROC)(int a,int b);
4.  ADDPROC Add=(ADDPROC)GetProcAddress(hInst,"?add@@YAHHH@Z");
5.  if(!Add)
6.  {
7.      MessageBox(L"获取函数地址失败！");
8.      return;
9.  }
10. CString str;
11. str.Format(L"5+3=%d",Add(5,3));
12. MessageBox(str);
}
```

编译并运行DllTest程序，之后单击【Add】按钮，可以发现调用成功。说明“?add@@YAHHH@Z”确实是Dll3.dll中导出函数add的名字。

20.7.3 根据序号访问DLL中的导出函数

前面已经提过，在访问动态链接库时，除了使用导出函数的名称以外，还可以根据导出函数的序号来访问该函数。但GetProcAddress函数的第二个参数是指向常量的字符指针（LPCSTR），那么如何把int类型的序号转换为LPCSTR类型的变量呢？这需要调用本书前面章节介绍过的MAKEINTRESOURCE宏，该宏将会把指定的函数序号转换为相应的函数名字字符串。通过图20.20可以看到add函数的序号为1。

修改DllTest程序中调用GetProcAddress函数的那句代码（例20-26第4行代码），结果如例20-27所示代码中加灰显示的那句代码。

例20-27

```
void CDllTestDlg::OnBnClickedBtnAdd()
{
1.  HINSTANCE hInst;
2.  hInst=LoadLibrary(L"Dll3.dll");
3.  typedef int (/*_stdcall*/ *ADDPROC)(int a,int b);
4.  ADDPROC Add=(ADDPROC)GetProcAddress(hInst, MAKEINTRESOURCEA(1));
5.  if(!Add)
6.  {
7.      MessageBox(L"获取函数地址失败！");
8.      return;
9.  }
```

```
10. CString str;
11. str.Format(L"5+3=%d",Add(5,3));
12. MessageBox(str);
}
```

注意，这里加灰显示的代码中调用的是 MAKEINTRESOURCEA 宏，因为 GetProcAddress 的第二个参数需要的是一个 ANSI 字符串，而 MAKEINTRESOURCE 宏在默认的 Visual Studio 编译环境中会被转换为宽字符版本，从而返回 Unicode 字符串，所以这里我们直接使用 ANSI 版本的 MAKEINTRESOURCEA 宏。

编译并运行 DllTest 程序，然后单击【Add】按钮，可以发现程序调用成功。

虽然可以利用函数序号来访问 DLL 提供的导出函数，但是在实际编程时，建议读者还是应该使用函数名称来访问 DLL 的函数，这样不容易出错。

20.8　DllMain 函数

在编写 DLL 程序时，还有一个比较重要的函数 DllMain。通过前面的介绍，我们知道，对可执行模块来说，其入口函数是 WinMain。而对 DLL 来说，其入口函数是 DllMain，但该函数是可选的。也就是说，在编写 DLL 程序时，可以提供 DllMain 函数也可以不提供。如果提供了 DllMain 函数，那么当系统加载该 DLL 时，就会调用该函数。DllMain 函数的原型声明如下所示：

```
BOOL WINAPI DllMain(HINSTANCE hinstDLL, DWORD fdwReason, LPVOID lpvReserved);
```

可见，DllMain 函数有三个参数，其含义分别如下所述：

■ hinstDLL

动态链接库模块的句柄。当 DLL 初次被加载时，它的句柄会通过此参数传递进来，就好像 WinMain 函数有一个当前实例句柄参数一样。因此，在编写 DLL 程序时，如果某些函数需要用到当前 DLL 模块的句柄，那么就可以为该 DLL 提供 DllMain 函数，然后将通过参数 hinstDLL 传递进来的模块句柄保存到一个全局变量中，供其他函数使用。

■ fdwReason

一个标记值，用来指示调用该 DLL 入口函数的原因。该参数的取值是表 20.2 中所列值之一。

表 20.2　fdwReason 参数取值

取　　值	说　　明
DLL_PROCESS_ATTACH	进程第一次加载 DLL 并调用 DllMain 函数
DLL_THREAD_ATTACH	当前进程正创建一个新线程
DLL_THREAD_DETACH	线程结束
DLL_PROCESS_DETACH	进程结束

在编写 DLL 程序时，如果提供了 DllMain 函数，在此函数中就可以利用 switch/case 语句，对调用该 DLL 的每一种情况都进行判断，并分别加以处理。

■ lpvReserved

保留参数。不需要关心此参数，但可以检测这个指针值，如果 DLL 被动态加载，则此参数值为 NULL；如果是静态加载，则此参数值为非 NULL。

读者应注意，如果提供了 DllMain 函数，那么在此函数中不要进行太复杂的调用。因为在加载该动态链接库时，可能还有一些核心动态链接库没有被加载。例如，我们自己编写的某个 DLL 被加载时，user32.dll 或 GDI32.dll 这两个核心动态链接库还没有被加载。前面的内容已经介绍了，程序在运行时，加载程序会依次加载该进程需要的 DLL，而我们自己编写的 DLL 可能会比较靠前地被加载。如果自己编写的 DllMain 函数需要调用这两个核心 DLL 中的某些函数的话，那么这时就会失败，从而导致程序终止。

20.9 MFC DLL

Visual Studio 集成开发环境还提供了一个向导：MFC DLL，它将帮助我们创建一个支持 MFC 类库的 DLL。在此向导中，增加了对 MFC 类库的支持，下面我们就利用该向导创建一个 MFC DLL。

在 Visual Studio 开发环境中，新建项目时选择“Visual C++”→“MFC/ATL”，选中“MFC DLL”项目名为 Dll4，单击【确定】按钮后，进入如图 20.21 所示的向导界面。

图 20.21　创建 MFC DLL 的向导界面

该界面允许用户选择将要创建的 DLL 的类型，有以下三种可选类型：

■ 使用共享 MFC DLL 的常规 DLL

创建一个常规的动态链接库，该 DLL 使用共享的 MFC DLL。如果选择此选项创建一个常规的动态链接库的话，当发布该 DLL 产品时，一定要确保用户机器上有 MFC 动态链接库。如果用户机器上没有 MFC DLL，那么该 DLL 将不能被加载。

■ 静态链接到 MFC 的常规 DLL

创建一个常规的动态链接库，该 DLL 使用 MFC 的静态链接。关于静态库和动态库，前面的内容已经介绍了，如果采用静态库，那么在发布产品时，只需要提供实现的 DLL 即可。

■ MFC 扩展 DLL

创建一个扩展的 MFC DLL，该 DLL 也使用共享的 MFC DLL。MFC 扩展 DLL 与 MFC 常规 DLL 之间的区别是：前者可以导出 MFC 类，后者不能导出 MFC 类，只能导出自己编写的 C++类。

编写支持 MFC 的 DLL 与前面编写 Win32 DLL 的方法是类似的，只是前者对 MFC 提供了很好的支持。

另外，还有一点需要提醒读者，在访问 DLL 的客户端程序中，如果对 DLL 的访问已经完成，不再需要访问该 DLL 时，则应该调用 FreeLibrary 函数释放该 DLL。FreeLibrary 函数主要是减少被加载的 DLL 的引用计数。当此计数变为 0 时，该 DLL 模块将从调用进程的地址空间卸载。FreeLibrary 函数的函数原型声明如下所示：

```
BOOL FreeLibrary(  HMODULE hModule);
```

FreeLibrary 函数有一个 HMODULE 类型的参数，该参数指定将要释放的那个 DLL 的模块句柄。调用 FreeLibrary 函数后，该句柄不再有效。

也就是说，**如果采用动态加载方式使用 DLL，那么在需要访问时，调用 LoadLibary 函数加载该 DLL；当不再需要访问该 DLL 时，调用 FreeLibrary 函数释放对该 DLL 的引用。**

20.10　本章小结

本章介绍了动态链接库程序的编写和调用方法，主要讲述了以下内容。

■ 静态库与动态库的区别；

■ 加载 DLL 的两种方式：隐式链接和动态加载，及其具体实现；

■ DLL 导出函数的名字改编问题及解决方法；

■ DllMain 函数的作用。

另外，还介绍了查看动态链接库导出信息的方法：

■ dumpbin 命令

■ Dependency Walker 工具

第 21 章 HOOK 编程

21.1 HOOK 编程

21.1.1 基本知识

首先回顾一下第 2 章中讲述的 Windows 消息传递机制。当在应用程序窗口中按下鼠标左键时，操作系统会感知到这一事件，然后产生鼠标左键按键消息，接着把此消息放到应用程序的消息队列中，应用程序通过调用 GetMessage 函数取出消息，然后调用 Dispatch Message 函数将这条消息调度给操作系统，操作系统会调用在设计窗口类时指定的应用程序窗口过程对这一消息进行处理。这一过程就是所有运行在 Windows 平台下的窗口应用程序的消息传递过程，如图 21.1 所示。

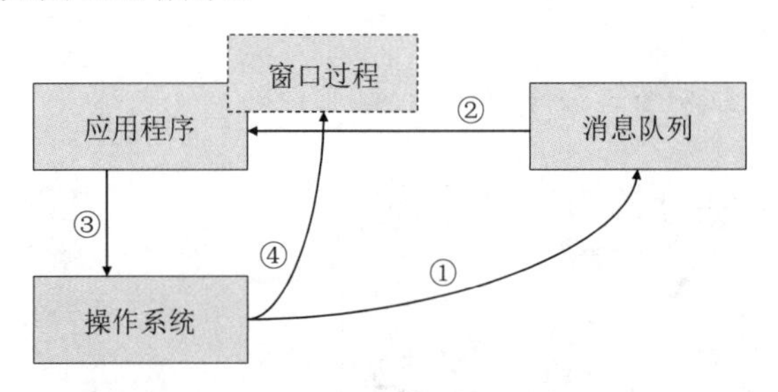

图 21.1　Windows 应用程序的消息传递过程

在实际应用中，有时可能需要对某个特殊消息进行屏蔽，例如，我们开发了一个应用程序，不想让它对键盘上的回车键和空格键做出响应，就需要截获所有消息，然后进行判断，如果是回车或空格按键消息，就将这两种消息屏蔽掉，也就是说，不让这样的消息继续传递下去。另一种情况，例如，我们开发了一个安装程序，在安装过程中希望安装程序不能响应用户的鼠标和键盘的按键消息，以免影响软件的安装过程，那么也需要截获这两类消息，让它们不再继续向下传递。

为了实现这一功能，可以安装一个 HOOK 过程，称为**钩子过程**。操作系统在传递消息时，将我们感兴趣的消息先传递给 HOOK 过程，在此函数中进行检查，然后再决定是否放行该消息。这就好像逃犯在逃亡时可能会经过许多路段，为了抓住他，警察要在某些地方设置检查站，以便检查过往的车辆和行人。我们可以把车辆和行人看作是消息，检查站就是 HOOK 过程。如果在某个检查站发现了这个逃犯，就会把他抓起来。这样就相当于阻止了逃犯的逃亡过程，让他无法再继续逃亡下去了。这个道理和钩子过程是一样的，操作系统将我们感兴趣的消息都先交给钩子过程，后者实际上就是一个函数，在此函数中进行判断，如果是我们希望屏蔽掉的消息，那么就直接处理掉，不让它再继续向下传递。如果是其他我们不感兴趣的消息，就放弃对它们的处理，就像对于那些不是逃犯的行人和车辆一样，警察将会让他们继续前进。

在程序中实现时，可以通过 SetWindowsHookEx 函数来安装一个钩子过程。该函数的声明如下所示：

```
HHOOK SetWindowsHookEx(
  int idHook,
  HOOKPROC lpfn,
  HINSTANCE hMod,
  DWORD dwThreadId
);
```

该函数各个参数的含义如下所述。

■ idHook

指定将要安装的钩子过程的类型，此参数可以是表 21.1 列出的值之一。

表 21.1　idHook 参数的取值

idHook 取值	说　明
WH_CALLWNDPROC	安装一个钩子过程，在操作系统将消息发送到目标窗口处理过程之前，对该消息进行监视
WH_CALLWNDPROCRET	安装一个钩子过程，它对已被目标窗口过程处理过了的消息进行监视
WH_CBT	安装一个钩子过程，接受对 CBT 应用程序有用的消息
WH_DEBUG	安装一个钩子过程，以便对其他钩子过程进行调试
WH_FOREGROUNDIDLE	安装一个钩子过程，当应用程序的前台线程即将进入空闲状态时该钩子过程被调用，它有助于在空闲时间内执行低优先级的任务
WH_GETMESSAGE	安装一个钩子过程，对发送到消息队列的消息进行监视
WH_JOURNALPLAYBACK	安装一个钩子过程，对此前由 WH_JORNALRECORD 钩子过程记录的消息进行发送
WH_JOURNALRECORD	安装一个钩子过程，对发送到系统消息队列的输入消息进行记录
WH_KEYBOARD	安装一个钩子过程，对键盘按键消息进行监视
WH_KEYBOARD_LL	此钩子过程只能在 Windows NT 中安装，用来对底层的键盘输入事件进行监视
WH_MOUSE	安装一个钩子过程，对鼠标消息进行监视
WH_MOUSE_LL	此钩子过程只能在 Windows NT 中安装，用来对底层的鼠标输入事件进行监视
WH_MSGFILTER	安装一个钩子过程，以监视由对话框、消息框、菜单条或滚动条中的输入事件引发的消息
WH_SHELL	安装一个钩子过程，以接受对外壳应用程序有用的通知
WH_SYSMSGFILTER	安装一个钩子过程，以监视由对话框、消息框、菜单条或滚动条中的输入事件引发的消息。该钩子过程对系统中所有应用程序的这类消息都进行监视

■ lpfn

指向相应的钩子过程。如果参数 dwThreadId 为 0，或者指定了一个其他进程创建的线程的标识符，那么参数 lpfn 必须指向一个位于某动态链接库中的钩子过程。否则，参数 lpfn 可以指向当前进程相关的代码中定义的一个钩子过程。

■ hMod

指定 lpfn 指向的钩子过程所在的 DLL 的句柄。如果参数 dwThreadId 指定的线程由当前进程创建，并且相应的钩子过程定义于与当前进程相关的代码中，那么必须将参数 hMod 设置为 NULL。

■ dwThreadId

指定与钩子过程相关的线程标识。如果其值为 0，那么安装的钩子过程将与桌面上运行的所有线程都相关。

SetWindowsHookEx 函数的作用是安装一个应用程序定义的钩子过程，并将其放到钩子链中。为了让读者更好地理解钩子链的概念，我们再看一看前面所举的逃犯的例子。警察在抓捕逃犯时，可以在多个地方设置检查站，逐一对车辆和行人进行排查，同样地，应用程序也可以安装多个钩子过程，对我们感兴趣的多个消息逐一进行检查。这样，多个钩子过程就形成了钩子链，要注意的是，**最后安装的钩子过程总是排列在该链的前面。**

如果调用成功，则 SetWindowsHookEx 函数的返回值就是所安装的钩子过程的句柄，否则返回 NULL。另外，安装的钩子过程可以与某个特定线程相关，也可以和所有线程相关，取决于 dwThreadId 这一参数的取值。

21.1.2 进程内钩子

下面编程实现一个进程内的钩子。新建一个基于对话框的 MFC 应用程序，项目名为 InnerHook，解决方案名为 ch21。在项目创建完成后，删除自动创建的对话框资源中默认存在的静态文本控件。

1. 安装鼠标钩子

如果想监视鼠标消息，就需要先定义相应的鼠标钩子过程，该钩子过程的定义形式如下所示：

```
LRESULT CALLBACK MouseProc(int nCode, WPARAM wParam, LPARAM lParam);
```

该函数具有三个参数，各参数的含义及取值如下所述。

■ nCode

确定钩子过程如何处理当前消息，此参数可以是表 21.2 中所列值之一。

表 21.2 nCode 参数的取值

nCode 取值	说　明
HC_ACTION	表明参数 wParam 和 lParam 包含了关于鼠标消息的信息
HC_NOREMOVE	表明参数 wParam 和 lParam 包含了关于鼠标消息的信息，而且此鼠标消息尚未从消息队列中删除（应用程序调用 PeekMessage 函数并设置了 PM_NOREMOVE 标志）

■ wParam

指示鼠标消息的标识。

■ lParam

指向 MOUSEHOOKSTRUCT 结构体指针。这个参数并不重要，因此不详细讲述，如果读者感兴趣的话，可自行查阅相关资料。

在钩子过程中对信息处理完成之后，如果想把信息继续传递给下一个钩子过程，则可以调用 CallNextHookEx 函数来实现。该函数的功能是把钩子信息传递给钩子链中下一个等待接收信息的钩子过程。该函数的声明如下所示：

```
LRESULT CallNextHookEx(HHOOK hhk, int nCode, WPARAM wParam, LPARAM lParam);
```

其中第一个参数（hhk）指定当前钩子过程句柄，就是调用 SetWindowsHookEx 函数后得到的返回值，其他三个参数与 MouseProc 函数相应参数相同。

如果钩子函数返回非 0 值，则表示已经对当前消息进行了处理。这样，系统就不会再将这个消息传递给目标窗口过程了。因此，如果钩子过程对当前消息进行了处理，则应返回一个非 0 值，以避免系统再次将此消息传递给目标窗口过程；否则建议调用 CallNextHookEx 函数并返回该函数的返回值，以便其他安装了 WH_MOUSE 类型钩子过程的应用程序获得相应的钩子通知。在本例中，我们可以在 CInnerHookDlg 类的 OnInitDialog 函数定义之前定义鼠标钩子过程，并让它直接返回非 0 值，这样系统将不再继续传递鼠标消息，相当于把鼠标消息屏蔽掉了。本例实现的鼠标钩子过程具体代码如例 21-1 所示。

例 21-1

```
LRESULT CALLBACK MouseProc( int nCode, WPARAM wParam, LPARAM lParam)
{
    return 1;
}
```

为了保存 SetWindowsHookEx 函数返回的鼠标钩子过程句柄，应该再定义一个 HHOOK 类型的全局变量并将其初始化为 NULL，其定义位置可放置在上述例 21-1 所示 MouseProc 函数的前面：

```
HHOOK g_hMouse = NULL;
```

在 CInnerHookDlg 类的 OnInitDialog 函数中调用 SetWindowsHookEx 函数，创建鼠标钩子过程。即添加如例 21-2 所示代码中加灰显示的那行代码。

例 21-2

```
BOOL CInnerHookDlg::OnInitDialog()
{
 CDialog::OnInitDialog();

......
    g_hMouse = g_hMouse = SetWindowsHookEx(
        WH_MOUSE, MouseProc, NULL, GetCurrentThreadId());
```

```
    return TRUE;  // return TRUE  unless you set the focus to a control
}
```

因为这里创建的是鼠标钩子过程，所以在上述例 21-2 所示代码调用 SetWindowsHookEx 函数时，将其第一个参数指定为 WH_MOUSE；第二个参数就是上面定义的鼠标钩子过程名称；对于第三个参数因为这里创建的钩子过程是当前进程中的当前线程，即与主线程相关，所以，将此参数设置为 NULL；对于第四个参数，既然钩子过程与当前线程相关，这里就应该传递当前线程的 ID，该 ID 可以通过调用 GetCurrentThreadId 函数获得。

编译并运行 InnerHook 程序，然后在程序窗口中任意位置单击鼠标按键，将会发现鼠标按键已经不起作用了。我们可以按下回车键或空格键来关闭这个程序窗口，因为当前焦点位于默认按钮【确定】上，所以当按下回车键或空格键时，程序将执行 OnOK 函数，后者将关闭“对话框”窗口。

2．安装键盘钩子

为了给程序安装键盘钩子，首先需要定义键盘钩子过程。

（1）屏蔽所有键盘按钮消息

如果希望屏蔽所有的键盘按键消息，那么可以直接让该过程返回非 0 值，表示已经处理了键盘消息。因此，键盘钩子过程的具体代码如例 21-3 所示。

例 21-3

```
LRESULT CALLBACK KeyboardProc(int code, WPARAM wParam, LPARAM lParam )
{
    return 1;
}
```

提示：键盘钩子过程的声明形式可参考 MSDN 中提供的帮助。

然后，为了保存 SetWindowsHookEx 函数返回的键盘钩子过程句柄，应该再定义一个 HHOOK 类型的全局变量并初始化为 NULL：

```
HHOOK g_hKeyboard=NULL;
```

然后在 CInnerHookDlg 类的 OnInitDialog 函数中调用 SetWindowsHookEx 函数，创建键盘钩子过程。即添加如例 21-4 所示代码中加灰显示的那行代码。

例 21-4

```
BOOL CInnerHookDlg::OnInitDialog()
{
    CDialog::OnInitDialog();

......
    g_hMouse = SetWindowsHookEx(
            WH_MOUSE, MouseProc, NULL, GetCurrentThreadId());
            g_hKeyboard = SetWindowsHookEx(
            WH_KEYBOARD, KeyboardProc, NULL, GetCurrentThreadId());
```

```
    return TRUE;
}
```

编译并运行 InnerHook 程序，可以发现此时程序不仅对鼠标按钮没有反应了，而且当按下回车键或空格键时，也不起作用了。也就是说，现在程序对鼠标消息和键盘消息都不响应了，为了关闭程序，只能通过任务管理器来强制终止该程序。

（2）仅屏蔽空格键消息

也可以在键盘消息处理中只屏蔽某些特定的按键，例如屏蔽空格按键，这样就需要在钩子过程中对到来的消息进行判断，找到需要处理的消息并做相应处理。读者可以看到，上述例 21-3 所示代码定义的键盘钩子过程（KeyboardProc 函数）有三个参数，其中参数 code 与鼠标钩子过程的第一个参数含义相同；**参数 wParam 是产生当前按键消息的键盘按键的虚拟键代码，这是 Windows 定义的与设备无关的键盘按键的代码。当按下键盘上的按键时，它实际上发送的是一个脉冲信号，Windows 定义了一些虚拟键代码来表示这些信号，并由键盘设备驱动程序负责解释。**因此，在钩子过程中可以通过 wParam 参数得到当前按下的是哪个按键，例如，如果想要判断当前按下的是不是空格按键，就可以先判断 wParam 参数的值是不是 VK_SPACE 宏（空格键的虚拟键码）的值，如果是，那么钩子过程就返回 1，表示已经对空格键进行了处理；否则，将按键消息传递给下一个钩子过程，如果没有下一个钩子过程了，则消息最终传递到程序窗口。

知识点 键盘虚拟键的宏都是以“VK_”开头的。

为了将消息传递给下一个钩子过程，需要调用 CallNextHookEx 函数，该函数的第一个参数是当前钩子过程的句柄，其余三个参数与键盘钩子过程 KeyboardProc 的三个参数一样，因此可以直接把 KeyboardProc 的三个参数值传递给 CallNextHookEx 函数的相应参数。修改后的仅屏蔽空格键的键盘钩子的过程代码如例 21-5 所示。

例 21-5

```
LRESULT CALLBACK KeyboardProc( int code, WPARAM wParam, LPARAM lParam)
{
    if(VK_SPACE==wParam)
     return 1;
    else
     return CallNextHookEx(g_hKeyboard,code,wParam,lParam);
}
```

再次运行 InnerHook 程序，此时按下空格键，程序没有反映，但是在按下回车键后，程序将退出。说明键盘钩子过程现在只屏蔽了空格键。

如果也想屏蔽回车键，那么只需要在上述键盘钩子过程中再多加一个判断条件：如果 wParam 是回车键虚拟键（VK_RETURN），那么也直接返回 1。这时，键盘钩子过程代码如例 21-6 所示。

例 21-6

```
LRESULT CALLBACK KeyboardProc( int code, WPARAM wParam, LPARAM lParam )
{
  if(VK_SPACE==wParam || VK_RETURN==wParam)
   return 1;
  else
   return CallNextHookEx(g_hKeyboard,code,wParam,lParam);
}
```

提示：并不需要记住所有按键的虚拟键，只需要记住常用的虚拟键代码的宏，在 Visual Studio 开发环境中，在常用虚拟键宏（例如 VK_SPACE）上单击鼠标右键，并从弹出的快捷菜单中选择【转到定义】，就会定位到该宏的定义代码处，从而就可以看到其他按键的虚拟键宏的定义（位于 WinUser.h 文件中，部分代码如例 21-7 所示）。至于 VK_0 到 VK_9，实际上与 ASCII 码的 0 到 9 是一样的，VK_A 到 VK_Z 与 ASCII 码的 A 到 Z 是一样的，因此就没有定义这些 VK_宏。

例 21-7

```
#define VK_SPACE         0x20
#define VK_PRIOR         0x21
#define VK_NEXT          0x22
#define VK_END           0x23
#define VK_HOME          0x24
#define VK_LEFT          0x25
#define VK_UP            0x26
#define VK_RIGHT         0x27
#define VK_DOWN          0x28
#define VK_SELECT        0x29
#define VK_PRINT         0x2A
#define VK_EXECUTE       0x2B
#define VK_SNAPSHOT      0x2C
#define VK_INSERT        0x2D
#define VK_DELETE        0x2E
#define VK_HELP          0x2F

/*
 * VK_0 - VK_9 are the same as ASCII '0' - '9' (0x30 - 0x39)
 * 0x3A - 0x40 : unassigned
 * VK_A - VK_Z are the same as ASCII 'A' - 'Z' (0x41 - 0x5A)
 */
```

再次运行 InnerHook 程序，可以发现这时按下键盘上的空格键或回车键，程序都没有响应，说明程序已经将这两个按键消息都屏蔽了。这时可以按下键盘上的“Alt+F4”组合键来关闭本程序。

(3) 屏蔽“Alt+F4”组合键消息

如果我们也想屏蔽键盘上的“Alt+F4”组合键的消息，那么应该如何处理呢？因为这时是两个按键，所以与上述的处理有一些不同，具体的实现代码如例 21-8 所示。

例 21-8

```
LRESULT CALLBACK KeyboardProc( int code, WPARAM wParam, LPARAM lParam)
{
   //if(VK_SPACE==wParam || VK_RETURN==wParam)
   if(VK_F4==wParam && (1==(lParam>>29 & 1)))
    return 1;
   else
    return CallNextHookEx(g_hKeyboard,code,wParam,lParam);
}
```

读者应该已经看到了，在键盘钩子过程函数中，还有一个参数 lParam，它是一个 32 位的整数，它的每一位或某些位表示特定的含义，用来指定按键重复的次数、扫描码、扩展键标记、上下文代码等标记。此参数可以是表 21.3 所列各值的组合值。

表 21.3 lParam 参数各位的含义

位	含 义
0～15 位	指示重复次数，此值记录了由于用户连续按键引发的按键重复次数
16～23 位	指示扫描码，此值依赖于键盘生产厂家
第 24 位	指示当前按键是否是功能键或数字小键盘上的键，如果是，则其值为 1
25～28 位	保留未用
第 29 位	上下文代码，如果 Alt 键被按下，则其值为 1；否则为 0
第 30 位	指示当前的键状态，如果在此消息被发送之前该键是按下的，则其值为 1；否则为 0
第 31 位	指示变化状态，如果此键正在被按下，则其值为 0

根据表 21.3 中所列的内容，我们可以知道键盘钩子过程的 lParam 参数的第 29 位表示的是上下文代码，如果该位的值是 1，就表示按下了 Alt 键。这样的话，我们就可以根据这一位来判断用户是否按下了 Alt 键。为了判断第 29 位的值，可以使用 C 语言中的移位操作，将 lParam 右移第 29 位后（右移的是 0～28 位），它的第 29 位就变成了最右边的位，然后再和数值 1 进行与操作，对数值 1 来说，只有最右边的一位是 1，其他位都是 0，经过这样的位与操作后，就能保证得到的结果除了最右边的一位以外，其他所有位都是 0。所以，如果这时 lParam 最右边一位（即原来的第 29 位）是 1，则经过与操作后得到的数为 1；如果最右边一位是 0，则经过与操作后得到的数为 0。在本例中，除了需要判断 Alt 键的按下状态以外，同时还需要判断 wParam 是否是 F4 键。

再次运行 InnerHook 程序，按下“Alt+F4”组合键，程序没有反应，说明程序已经屏蔽了这一组合按键消息，此时可以按空格键或回车键退出本程序。

(4) 只能按某个特定键退出程序

在实际编写程序过程中，可能还有这样的情况：希望程序能屏蔽鼠标消息和键盘消息，但又希望该程序能留一个“后门”，例如，按下 F2 键退出程序。

这时在键盘钩子过程中，就需要进行判断：如果 wParam 等于 VK_F2，就让程序退出；在其他情况下，将键盘消息都屏蔽掉。为了让程序退出，可以给应用程序的主窗口发送一条 WM_CLOSE 消息，让应用程序从主窗口退出，从而程序也就退出了。

可以调用 SendMessage 函数来发送消息，但这里的键盘钩子过程是一个全局函数，因此，在它内部只能调用全局的 SendMessage 函数。该函数的第一个参数是目标窗口的句柄，对本例来说，CInnerHookDlg 对象的成员变量 m_hWnd 保存了这个窗口句柄。我们可以在 InnerHookDlg.cpp 文件中再定义一个全局窗口句柄变量，并将其初始化 NULL。

```
HWND g_hWnd=NULL;
```

在 CInnerHookDlg 类的 OnInitDialog 函数中，将这个新定义的全局变量赋值为该对话框类的成员变量 m_hWnd，具体代码如例 21-9 所示代码中加灰显示的那行代码。

例 21-9

```
BOOL CInnerHookDlg::OnInitDialog()
{
   CDialog::OnInitDialog();
......
   g_hWnd = m_hWnd;
   g_hMouse = SetWindowsHookEx(
        WH_MOUSE, MouseProc, NULL, GetCurrentThreadId());

    g_hKeyboard = SetWindowsHookEx(
        WH_KEYBOARD, KeyboardProc, NULL, GetCurrentThreadId());

   return TRUE;  // return TRUE  unless you set the focus to a control
}
```

这样，在键盘钩子过程中就可以调用全局 SendMessage 函数向程序主窗口发送 WM_CLOSE 消息了。在发送关闭消息之后，最好将已安装的钩子过程移除，这可以通过调用 UnhookWindowsHookEx 函数来实现，该函数的功能是从钩子链中移走一个已安装的钩子。该函数的原型声明如下所示：

```
BOOL UnhookWindowsHookEx( HHOOK hhk);
```

可以看到 UnhookWindowsHookEx 有一个参数，就是希望移除的钩子过程的句柄，也就是先前调用 SetWindowsHookEx 函数得到的返回值。这时的键盘钩子过程的具体代码如例 21-10 所示。

例 21-10

```
LRESULT CALLBACK KeyboardProc(int code, WPARAM wParam, LPARAM lParam)
{
// if(VK_SPACE==wParam  VK_RETURN==wParam)
/* if(VK_F4==wParam && (1==(lParam>>29 & 1)))
      return 1;
   else
```

```
        return CallNextHookEx(g_hKeyboard,code,wParam,lParam);*/
    if(VK_F2==wParam)
    {
        ::SendMessage(g_hWnd,WM_CLOSE,0,0);
        UnhookWindowsHookEx(g_hKeyboard);
        UnhookWindowsHookEx(g_hMouse);
    }
    return 1;
}
```

编译并运行 InnerHook 程序，将会发现程序对鼠标和其他键盘按键都没有响应，当按下 F2 键时，程序退出。

21.1.3　全局钩子

到目前为止，InnerHook 程序只能屏蔽当前进程的主线程的鼠标消息和键盘消息，如果想要屏蔽当前正在运行的所有进程的鼠标消息和键盘消息，那么安装钩子过程的代码必须放到动态链接库中去实现。根据前面的介绍，如果想让安装的钩子过程与所有进程相关，则应该将 SetWindowsHookEx 函数的第四个参数设置为 0，并将它的第三个参数指定为安装钩子过程的代码所在的 DLL 的句柄。

下面我们先编写一个安装钩子过程的 DLL。在解决方案 ch21 下新建一个动态链接库项目，项目名为 Hook，如图 21.2 所示。

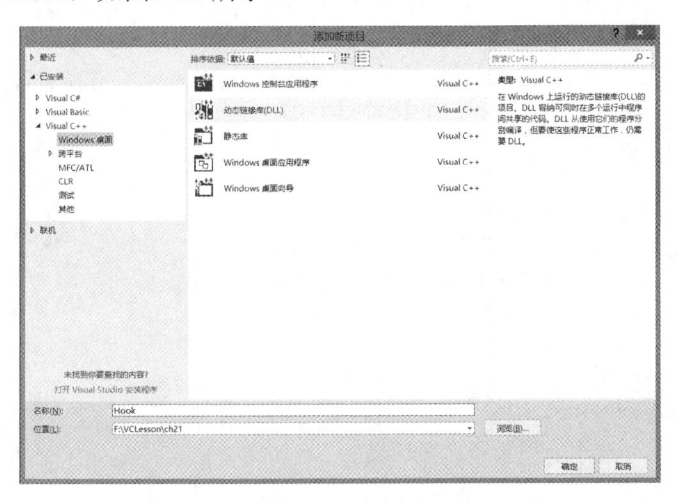

图 21.2　新建一个动态链接库项目

接下来就在 Hook.cpp 这一源文件中添加安装钩子过程的代码，结果如例 21-11 所示。

例 21-11

```
#include "stdafx.h"

HHOOK g_hMouse=NULL;
//鼠标钩子过程
LRESULT CALLBACK MouseProc( int nCode, WPARAM wParam, LPARAM lParam)
```

```
{
    return 1;
}
//安装鼠标钩子过程的函数
void SetHook()
{
    g_hMouse=SetWindowsHookEx(WH_MOUSE,MouseProc,GetModuleHandle(L"Hook"), 0);
}
```

在上述例 21-11 所示代码中，首先定义了一个全局变量 g_hMouse，用来保存安装的鼠标钩子句柄。接着定义鼠标钩子过程 MouseProc，该过程直接返回一个非 0 值，表示对鼠标消息已经处理了，也就是说，该钩子将屏蔽所有的鼠标消息。最后定义函数 SetHook，在此函数中调用 SetWindowsHookEx 函数安装鼠标钩子过程，该函数的第四个参数设置为 0，这样安装的钩子过程就和运行在同一桌面上的所有线程相关了。该函数的第三个参数要求指定安装钩子过程所在的 DLL 模块的句柄。有两种方式可以得到这一句柄，一种是为 DLL 程序提供一个 DllMain 函数，当第一次加载 DLL 时，系统会调用这个函数，并传递当前 DLL 模块的句柄。我们在新建动态链接库项目后，向导已经为我们提供了一个 dllmain.cpp 文件，该文件中就提供了 DllMain 函数。我们可以在 Hook.cpp 中定义一个类型为 HINSTANCE 的全局实例变量 g_hInst，然后打开 dllmain.cpp 文件，在 DllMain 函数中使用该变量保存系统传递来的 DLL 模块句柄，之后在调用 SetHook 函数时就可以使用这个句柄了。这两个文件的具体代码如例 21-12 所示。

例 21-12

```
                              dllmain.cpp
#include "stdafx.h"

extern HINSTANCE g_hInst;
BOOL APIENTRY DllMain( HMODULE hModule,
                       DWORD  ul_reason_for_call,
                       LPVOID lpReserved
                     )
{
     g_hInst = hModule;
    /*switch (ul_reason_for_call)
    {
    case DLL_PROCESS_ATTACH:
    case DLL_THREAD_ATTACH:
    case DLL_THREAD_DETACH:
    case DLL_PROCESS_DETACH:
        break;
    }*/
    return TRUE;
}

Hook.cpp
```

```
#include "stdafx.h"


HHOOK g_hMouse = NULL;
HINSTANCE g_hInst;

//鼠标钩子过程
LRESULT CALLBACK MouseProc(int nCode, WPARAM wParam, LPARAM lParam)
{
    return 1;
}
//安装鼠标钩子过程的函数
void SetHook()
{
    //g_hMouse = SetWindowsHookEx(
    //  WH_MOUSE, MouseProc, GetModuleHandle(L"Hook"), 0);
    g_hMouse = SetWindowsHookEx(WH_MOUSE, MouseProc, g_hInst, 0);
}
```

另一种方式就是例 21-11 所示代码中使用的方法，调用 GetModuleHandle 函数来得到指定的 DLL 模块句柄。如果指定的模块已经被映射到当前进程的地址空间中，那么该函数将返回该指定模块的句柄。GetModuleHandle 函数的声明形式如下所示：

```
HMODULE GetModuleHandle( LPCTSTR lpModuleName );
```

该函数有一个参数：lpModuleName，指向一个以 NULL 为终止符的字符串，该字符串指定了想要获取其模块句柄的模块名称，该模块可以是一个.exe 文件，也可以是一个.dll 文件。如果不指定扩展名，则系统会自动加上.dll 作为其扩展名。GetModuleHandle 函数将返回指定模块的句柄，返回值是 HMODULE 类型。前面已经介绍过，HMODULE 和 HINSTANCE 类型可以通用。

提示： 这里介绍的两种获取模块句柄的实现方式可任选一种。

为 Hook 程序定义一个模块定义文件，文件名为 Hook.def，编辑该文件，结果如例 21-13 所示。

例 21-13

```
LIBRARY Hook
EXPORTS
SetHook     @2
```

上述例 21-13 所示代码的第一行语句指定 DLL 内部名称，接着用 EXPORTS 关键字指定该 DLL 导出函数的名称。第 20 章已经提到，从 DLL 中导出的函数有一个序号，如果想自己指定序号，而不是使用由系统安排的序号，则可以在导出函数符号名后面加上@，接上一个序号数字，这个数字就是函数导出时的序号。

生成 Hook 程序，但是它不能独立运行，如果想让所定义的钩子过程起作用，则必须由某个客户程序调用 Hook.dll 中的 SetHook 函数，因此必须编写一个客户程序，让它加载这个 DLL，然后去调用该 DLL 提供的 SetHook 函数，这时就会调用 SetWindowsHookEx 函数，从而设置一个与当前所有进程相关的全局钩子。在上述这些操作完成之后，如果一个进程中的某个线程给一个窗口发送消息，操作系统在检查这个线程是否已经安装了钩子过程时，则会发现该线程已经安装了一个全局的钩子过程，于是就要找到包含这个钩子过程的 DLL，将这个 DLL 映射到该进程的地址空间中，并调用相应的钩子过程函数，然后将鼠标消息传递给该钩子过程。

下面，我们再新建一个基于对话框的 MFC 应用程序，项目名为 HookTest，用来测试上面所编写的 Hook 程序中设置全局钩子过程的代码。为了在 CHookTestDlg 类中调用 Hook.dll 中的 SetHook 函数，首先应在调用前进行如下声明（可以放在 OnInitialDialog 函数前面），表明 SetHook 这个符号是从 DLL 的.lib 文件中输入的。

```
_declspec(dllimport) void SetHook();
```

接着，为 HookTest 程序添加导入库文件 Hook.lib，修改项目 HookTest 的项目属性，将“链接器\输入”中的“附加依赖项”的值设置为：..\Debug\Hook.lib。

然后就可以在 CHookTestDlg 类的初始化函数 OnInitialDialog 中调用 DLL 中的 SetHook 函数了，代码如例 21-14 所示。

例 21-14

```
BOOL CHookTestDlg::OnInitDialog()
{
   CDialog::OnInitDialog();
……

   SetHook();

   return TRUE;
}
```

编译并运行 HookTest 程序，这时会发现鼠标消息已经被屏蔽掉了。当切换到其他程序窗口（可以利用“Alt+Tab”组合键实现），想用鼠标进行一些操作时，也会发现鼠标按键不起作用了。这就说明先前设计的全局钩子起作用了，也就是说，现在所有进程的鼠标消息都被屏蔽掉了。这时可以再利用“Alt+Tab”组合键切换回 HookTest 程序窗口，使该窗口成为激活状态，按下键盘上的空格键或回车键，即可让 HookTest 程序退出，之后就可以发现鼠标按键又重新起作用了。

这里顺便为读者介绍 DLL 的调试。如果希望跟踪 SetHook 函数的内部执行情况，则可以在上述 CHookTestDlg 类的 OnInitialDialog 函数中对 SetHook 函数的调用处（即例 21-14 所示代码中加灰显示的那行代码）设置一个断点，然后调试运行 HookTest 程序，当程序在设置的断点处暂停后（如图 21.3 所示），选择【调试\逐语句】菜单项（或使用 F11 功能键），这时程序就会跳转到 SetHook 函数的内部，而后者是在 Hook.dll 中实现的，也就是说，这时程序进入了 Hook.dll 中的代码（如图 21.4 所示），然后可以继续单步执行程序。在平时编程时，如果需要对编写的 DLL 及其客户程序进行联调，就可以使用这种方法。

```
HookTestDlg.cpp  Hook.def  dllmain.cpp  Hook.cpp  Inn
HookTest                                 → CHookTestDlg
 91          {
 92              pSysMenu->AppendMenu(MF_SEPARATOR);
 93              pSysMenu->AppendMenu(MF_STRING, IDM_ABOUTBOX,
 94          }
 95      }
 96
 97      // 设置此对话框的图标。 当应用程序主窗口不是对话框时
 98      //  执行此操作
 99      SetIcon(m_hIcon, TRUE);         // 设置大图标
100      SetIcon(m_hIcon, FALSE);        // 设置小图标
101
102      SetHook();
103
104      return TRUE;  // 除非将焦点设置到控件，否则返回 TRUE
105  }
```

图 21.3　程序暂停于设置的断点处

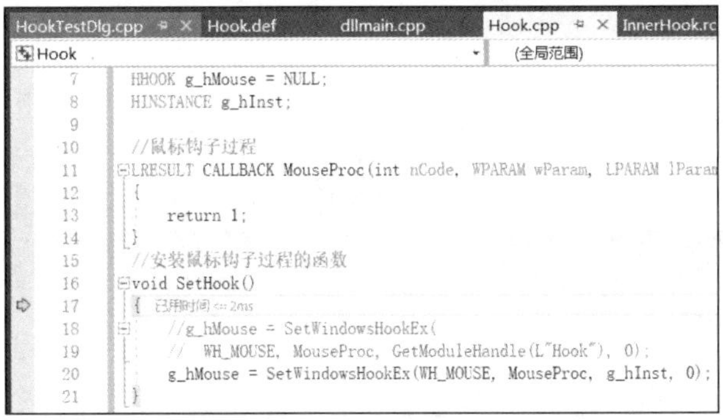

```
HookTestDlg.cpp  Hook.def  dllmain.cpp  Hook.cpp  InnerHook.rc
Hook                                     (全局范围)
 7   HHOOK g_hMouse = NULL;
 8   HINSTANCE g_hInst;
 9
10   //鼠标钩子过程
11   LRESULT CALLBACK MouseProc(int nCode, WPARAM wParam, LPARAM lParam
12   {
13       return 1;
14   }
15   //安装鼠标钩子过程的函数
16   void SetHook()
17   {  已用时间 <= 2ms
18       //g_hMouse = SetWindowsHookEx(
19       //  WH_MOUSE, MouseProc, GetModuleHandle(L"Hook"), 0);
20       g_hMouse = SetWindowsHookEx(WH_MOUSE, MouseProc, g_hInst, 0);
21   }
```

图 21.4　进入 Hook.dll 中的 SetHook 函数定义处

接下来，我们在 Hook.dll 中再安装一个键盘钩子。切换到 Hook 项目，在 Hook.cpp 文件中再定义一个 HHOOK 类型的全局变量 g_hKeyboard，以保存将要安装的键盘钩子句柄，同时对它进行初始化，定义代码如下：

```
HHOOK g_hKeyboard=NULL;
```

这里，不能让这个键盘钩子过程简单地返回一个非 0 值，并不是说这样做是错误的，而是因为现在安装的是一个全局钩子，是与机器上当前运行的所有进程相关的钩子，先前已经把所有鼠标消息都屏蔽了，如果这时再把所有键盘消息也屏蔽了，那么这个程序就没有办法退出了，同时在当前桌面上运行的其他程序也无法退出了。因此，在键盘钩子过程中应该留下一个“后门”，即当我们按下某个按键时，程序能够退出。本例仍利用 F2 键退出程序，这就需要在键盘钩子过程中进行判断，如果当前按下的是 F2 键，那么就退出程序；否则屏蔽该按键消息。根据前面的知识，我们知道，为了退出程序，应该向调用进程的主窗口发送一个 WM_CLOSE 消息，但是在动态链接库中如何能够得到调用进程的主窗口句柄呢？我们发现没有一个合适的现成函数能够实现这一功能，只能另想其他的办法。其实，办法非常简单，即为 Hook.dll 的导出函数 SetHook 增加一个窗口句柄类型（HWND）的参数。当调用进程加载 Hook.dll 后，在调用该 DLL 提供的 SetHook 函数时，让该调用进程将它自己的窗口句柄通过这个新增加的参数传递进来，我们只需要在 Hook.dll 中定义一个全局的窗口句柄变量，将传递进来的调用进程的主窗口句柄保存起来就可以了。因此，在 Hook.cpp 文件中增加下述定义：

```
HWND g_hWnd;
```

修改 SetHook 函数的定义，为其增加一个 HWND 类型的参数，在其内部保存该参数值，并添加安装键盘钩子过程的代码，结果如例 21-15 所示。

例 21-15

```
void SetHook(HWND hwnd)
{
    g_hWnd=hwnd;
    g_hMouse=SetWindowsHookEx(WH_MOUSE,MouseProc,GetModuleHandle(L"Hook"
),0);
    g_hKeyboard=SetWindowsHookEx(WH_KEYBOARD,KeyboardProc,GetModuleHandle("
Hook"),0);
}
```

编写键盘钩子过程代码，结果如例 21-16 所示。

例 21-16

```
LRESULT CALLBACK KeyboardProc(int code, WPARAM wParam, LPARAM lParam)
{
    if(VK_F2==wParam)
    {
        SendMessage(g_hWnd,WM_CLOSE,0,0);
        UnhookWindowsHookEx(g_hMouse);
        UnhookWindowsHookEx(g_hKeyboard);
    }
    return 1;
}
```

在上述例 21-16 所示键盘钩子过程中，如果判断用户当前按下的是 F2 键，那么就调用 SendMessage 函数向调用进程的主窗口句柄发送 WM_CLOSE 消息，让调用进程退出，然后移除所安装的所有钩子过程。

重新生成 Hook.dll，修改 HookTest 客户应用程序，将 SetHook 函数的声明修改为如下代码：

```
_declspec(dllimport) void SetHook(HWND hwnd);
```

接着修改 OnInitDialog 函数中对 SetHook 函数的调用，结果如例 21-17 所示。

例 21-17

```
BOOL CHookTestDlg::OnInitDialog()
{
    CDialog::OnInitDialog();
......
    SetHook(m_hWnd);
```

```
    return TRUE;  // return TRUE  unless you set the focus to a control
}
```

编译并运行 HookTest 程序，将会发现鼠标消息被屏蔽了，当按下键盘的空格键或回车键时，HookTest 程序也没有反应。切换到其他程序的窗口下，发现也是同样的效果。也就是说，这时，当前运行的所有进程的鼠标消息和键盘消息都被屏蔽了。我们可以切换回 HookTest 程序窗口，然后按下 F2 键，该程序就会退出，鼠标和键盘按键又都恢复正常了。

接下来，我们希望在程序切换时不能看到其他程序的窗口，即让用户始终看到的都是 HookTest 程序的窗口。为了达到这样的效果，可以把 HookTest 程序的窗口设置为最顶层窗口，并将该窗口的大小设置为屏幕的大小。这样，在程序运行时，用户就不能看到其他程序的窗口了。要完成这个功能，可以调用 SetWindowPos 函数，相信读者对此函数并不陌生，之前我们已经使用过它了。

在 CHookTestDlg 类的 OnInitDialog 函数中，在调用 SetHook 函数之前添加下述如例 21-18 所示代码中加灰显示的部分。

例 21-18

```
BOOL CHookTestDlg::OnInitDialog()
{
    CDialog::OnInitDialog();
......

    int cxScreen,cyScreen;
    cxScreen=GetSystemMetrics(SM_CXSCREEN);
    cyScreen=GetSystemMetrics(SM_CYSCREEN);
    SetWindowPos(&wndTopMost,0,0,cxScreen,cyScreen,SWP_SHOWWINDOW);
    SetHook(m_hWnd);

    return TRUE;  // return TRUE  unless you set the focus to a control
}
```

这里应该将窗口的宽度和高度设置为屏幕的宽度和高度，为了得到屏幕的宽度和高度，需要调用以前用过的 GetSystemMetrics 函数。另外，SetWindowPos 函数的第一个参数应该设置为 wndTopMost，即把当前窗口设置为最顶层窗口。

编译并运行 HookTest 程序，可以发现该程序的窗口占据了整个屏幕，当切换到其他窗口时，可以看到虽然 HookTest 程序处于不激活的状态（它的标题栏变灰了），但是在屏幕上仍然看不到其他程序的窗口。因为我们创建的 HookTest 程序窗口是一个顶层窗口，位于所有其他窗口之上。当我们在 HookTest 程序窗口处于不激活状态时按下 F2 键，会发现该程序没有任何反应。当切换回这个窗口上时，即 HookTest 程序窗口处于激活状态下，再按下 F2 键，HookTest 程序就退出了。

前面的内容已经提到，当 DLL 被多个进程使用时，这些进程可以共享 DLL 的代码和数据。因此，对于我们在 Hook.dll 中定义的全局句柄变量 g_hWnd，应该是被所有进程所共享的。这样的话，在切换到其他进程窗口后，当调用 SendMessage 给 g_hWnd 所表示的进程窗口发送一个 WM_CLOSE 消息时，HookTest 程序也应该能够退出，然而，上面我们已经通过实践发现 HookTest 程序并没有退出。让我们再回想一下在第 20 章中关于动态链接库被多个进程访问时的情形。图 21.5 是第 20 章中已经见过的图，是两个进程访问同一个 DLL 时的情形，它们共享同一份代码和同一份数据。既然它们是共享的，那么对所定义的全局变量也应该是共享的。但实际上通过先前的实验，发现它们并没有共享。因为如果全局变量是共享的，那么当切换到其他进程时，全局变量 g_hWnd 保存的仍应该是 HookTest 程序的主窗口句柄，这时按下 F2 键，HookTest 程序还是应该能够退出的，但是情况并非如此。

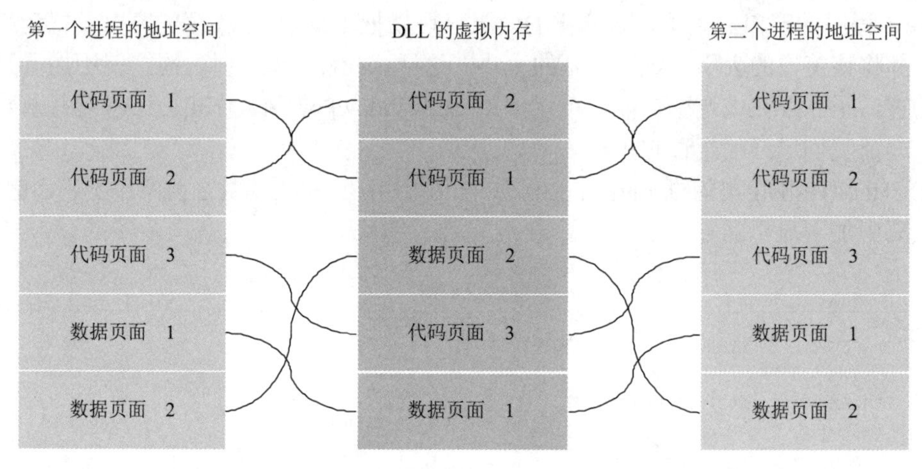

图 21.5　两个进程访问同一个 DLL 时的情形

我们可以详细地分析一下这种情况，如果多个进程可以共享同一份可写入的数据，那么这会造成很严重的后果。假设在 DLL 数据页面中有一个指针类型的变量，如果第一个进程修改了这个变量的地址值，第二个进程若能共享这个变量的话，它就很危险了，因为该变量的地址值已经被第一个进程修改了，其修改的地址对第二个进程来说可能是其他数据所占据的内存地址，所以，这就有可能导致潜在的错误。为了解决这一问题，即关于可写入的数据的改变问题，Windows 采用了**写入时复制**机制。例如，图 21.5 所示的调用情况，DLL 有一个数据可被两个进程共享，如果第 2 个进程想修改 DLL 数据页面 2 上的数据时，操作系统会分配一个新的页面，并将数据页面 2 上的数据复制一份到这个新的页面中，接下来将断开数据页面 2 到第 2 个进程数据空间的映射，将新的页面映射到第 2 个进程的地址空间，结果如图 21.6 所示。

这样，对第 2 个进程来说，它改变的实际上是新页面上的数据。而对第 1 个进程来说，它访问的仍是 DLL 中先前的原始数据。这就是 Windows 采用的写入时复制机制。在改变数据之前，这两个进程仍然共享同一份数据，并且对一个只读数据来说，也是在多个进程之间共享的。

对 HookTest 程序来说，当调用 SetHook 函数时，全局变量 g_hWnd 发生了改变，正因为它发生了改变，所以发生了写入时复制，为调用进程（HookTest）重新分配了一个页面，随后我们对 g_hWnd 这一全局变量设置的值就是在这个新页面中完成的；而切换到其他进程时，它们保存的仍是该全局变量的原始数据。因此，这时按下 F2 键，并不能使 HookTest 程序退出。

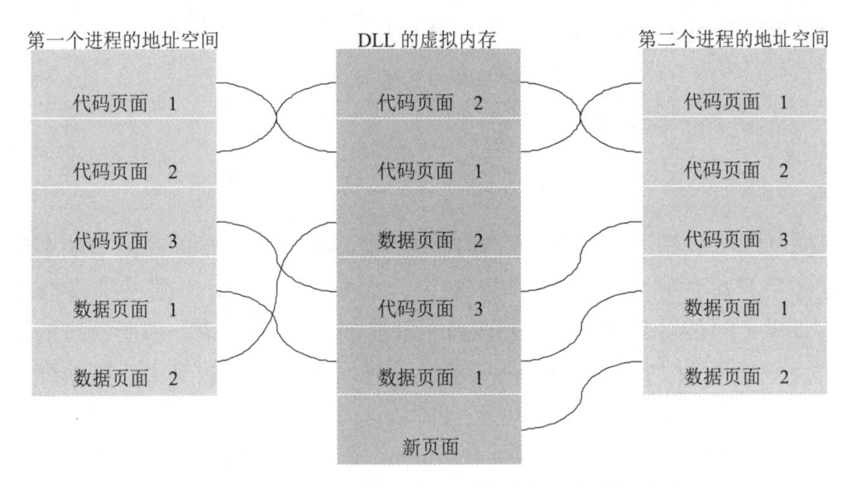

图 21.6　Windows 2000 采用的写入时复制机制

如果用户希望 HookTest 程序运行时，即使切换到其他进程，按下 F2 键也能使 HookTest 程序退出，那么这应该如何实现呢？实现这一功能的方法是：为 Hook.dll 创建一个新的节，并将此节设置为一个共享的节，将全局变量 g_hWnd 放到此节中，让该全局变量在多个进程间共享。

我们可以利用 dumpbin 命令的 Headers 选项查看一下当前 Hook.dll 中各节的信息列表，部分信息如图 21.7 所示。

```
C:\Windows\system32\cmd.exe

SECTION HEADER #2
   .text name
    50AC virtual size
   11000 virtual address (10011000 to 100160AB)
    5200 size of raw data
     400 file pointer to raw data (00000400 to 000055FF)
       0 file pointer to relocation table
       0 file pointer to line numbers
       0 number of relocations
       0 number of line numbers
60000020 flags
         Code
         Execute Read

SECTION HEADER #3
  .rdata name
    1EB0 virtual size
   17000 virtual address (10017000 to 10018EAF)
    2000 size of raw data
    5600 file pointer to raw data (00005600 to 000075FF)
       0 file pointer to relocation table
       0 file pointer to line numbers
       0 number of relocations
       0 number of line numbers
40000040 flags
         Initialized Data
         Read Only

  Debug Directories
```

图 21.7　初始 Hook.dll 中节的信息列表

在输出的信息中，可以看到 Hook.dll 有一个名称为“.text”的节，编译时编译器会把所有代码放置到这个节中。对于每个标准的节，其名称都是以圆点开头的，并且在每节信息的最后都列出了该节的读写权限说明，例如，对于如图 21.7 所示的结果中，.rdata 节是只读的（Read Only）。

下面，我们为 Hook.dll 创建一个新的节，并将全局变量 g_hWnd 放到这个节中。创建节可以用指令：#pragma data_seg 来实现，具体代码如例 21-19 所示。

例 21-19

```
#pragma data_seg("MySec")
HWND g_hWnd;
#pragma data_seg()
```

在上述例 21-19 的第一行代码中，字符串“MySec”就是新创建的节的名称。需要注意的是，这个字符串的最大长度限制为 8 个，如果超过 8 个，则系统将自动截断为 8 个。一个新节定义的最后必须以#pragma data_seg()这行代码结束，表明新节的结尾。上述例 21-19 所示代码只是把 g_hWnd 这个变量放置到这个新定义的节中，其他变量仍在原先的节中。

再次生成 Hook.dll 程序，然后利用 Dumpbin 命令查看该 DLL 中节的信息，结果在输出的节列表信息中并没有看到新创建的节：MySec。这是因为如果要向这个新建的节中放置变量的话，那么该变量必须是已经经过初始化的。为此，修改例 21-19 所示代码的第二行代码，将 g_hWnd 变量初始化为 NULL。结果如例 21-20 所示。

例 21-20

```
#pragma data_seg("MySec")
HWND g_hWnd=NULL;
#pragma data_seg()
```

再次生成 Hook.dll 程序，并利用 dumpbin 命令查看该 DLL 中节的信息，这时在输出信息中就可以看到新建的节：MySec（如图 21.8 所示），并且可以发现这个新节的读写权限是可读（Read）、可写（Write）。

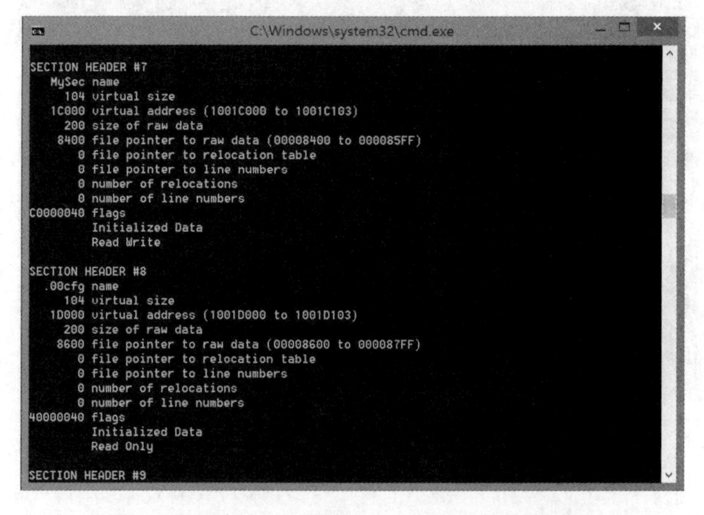

图 21.8　添加新节后的 Hook.dll 中节的信息列表

提示：如果希望在新建的节的名称前面也有一个圆点，那么可以直接的程序中在其名称前加上圆点符号即可。

接下来，我们将 MySec 节设置为共享的节，因为只有经过这样的处理之后，多个进程才能共享这个节中的数据。这时需要用到指令：#pragma comment，具体代码如例 21-21 所示。

例 21-21

```
#pragma data_seg("MySec")
HWND g_hWnd=NULL;
#pragma data_seg()

#pragma comment(linker,"/section:MySec,RWS")
```

这里将指令类型指定为 linker，表明该行代码用来指定链接选项。而字符串“/section:MySec, RWS”的含义是表明将 MySec 这个节设置为读（R）写（W）共享（S）类型。通过这种方式，程序为链接器传递一个链接选项。关于#pragma 指令的详细用法，读者可以查看 MSDN 中的相关信息。

重新生成 Hook.dll，并利用 dumpbin 命令查看该 DLL 中节的信息，这时在输出信息中就可以看到这个新节是共享的，如图 21.9 所示。

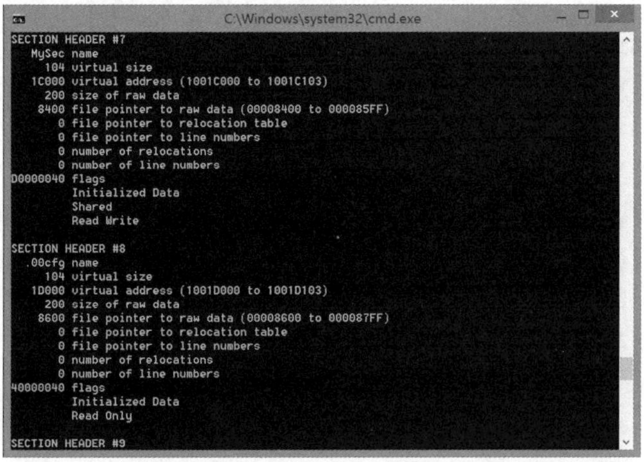

```
C:\Windows\system32\cmd.exe
SECTION HEADER #7
   MySec name
     104 virtual size
   1C000 virtual address (1001C000 to 1001C103)
     200 size of raw data
    8400 file pointer to raw data (00008400 to 000085FF)
       0 file pointer to relocation table
       0 file pointer to line numbers
       0 number of relocations
       0 number of line numbers
D0000040 flags
         Initialized Data
         Shared
         Read Write

SECTION HEADER #8
  .00cfg name
     104 virtual size
   1D000 virtual address (1001D000 to 1001D103)
     200 size of raw data
    8600 file pointer to raw data (00008600 to 000087FF)
       0 file pointer to relocation table
       0 file pointer to line numbers
       0 number of relocations
       0 number of line numbers
40000040 flags
         Initialized Data
         Read Only

SECTION HEADER #9
```

图 21.9　将新节 MySec 设置为共享的

除了利用上述方式将新建的节设置为共享的之外，还可以在 DLL 的模块定义文件中利用 SECTIONS 关键字来实现，具体方法是在该关键字下写上节的名称，后面指定节的属性。对本例来说，可以在 Hook.def 文件中已有内容之后添加如例 21-22 所示代码中加灰显示的代码。

例 21-22

```
LIBRARY Hook
EXPORTS
SetHook     @2
SECTIONS
MySec       READ WRITE SHARED
```

> **注意**：这里的读、写、共享属性只能用 Read、Write 和 Shared 英文单词来表示，不区分大小写，但不能是缩写。

当完成为 Hook.dll 添加一个新的共享节，并把全局变量 g_hWnd 放置到这个节之后，我们重新生成 Hook.dll，再次运行 HookTest 程序，切换到其他进程窗口，按下 F2 键，将会发现此时 HookTest 程序可以退出了。

这是因为我们已经在 Hook.dll 中创建了一个新的共享的节，并将 g_hWnd 变量放置在这个共享的节中，这样所有进程都可以共享 g_hWnd 的同一份数据了。当运行 HookTest 程序之后，g_hWnd 这一全局变量的值就是该程序的主窗口句柄。当切换到其他进程窗口时，对于 g_hWnd 这一全局变量来说，其表示的句柄值是同一个，即 HookTest 程序的主窗口句柄。当按下 F2 键，发送 WM_CLOSE 消息时，就是给该句柄所表示的窗口发送一个关闭消息，所以 HookTest 程序就退出了。

21.2 本章小结

本章主要介绍了 Hook 编程，同时介绍了进程内钩子和全局钩子两种类型。利用钩子，我们可以完成一些特殊的功能。本章已经给读者演示了一些，除此之外，我们还可以利用钩子去获取其他进程的数据，例如文本框中的密码信息。我们经常看到网上有很多软件可以用来破解密码，实际上用钩子就可以实现。我们可以再回顾一下 SetWindowsHookEx 函数，该函数可以安装各种钩子过程，如果想要得到其他进程中编辑框内的密码信息，则可以安装消息钩子（WH_GETMESSAGE），得到 WM_GETTEXT 消息的相关信息，从该消息的附加参数中就可以得到文本框内的密码信息。读者在使用钩子过程时，一定要小心，而且一定不要利用钩子进行破坏活动。钩子的种类有很多，读者可以花一些时间研究各种钩子的作用，以便在需要时能够利用钩子完成一些特殊的功能。